ANDRÉ WEIL
ŒUVRES SCIENTIFIQUES
COLLECTED PAPERS

Paris, 1929

André Weil
Œuvres Scientifiques
Collected Papers

Volume I
(1926-1951)

Corrected Second Printing

Springer-Verlag
New York Heidelberg Berlin

André Weil
Institute for Advanced Study
Princeton, New Jersey 08540
USA

Second Printing 1980

AMS Subject Classification: 01A75

Library of Congress Cataloging in Publication Data

Weil, André,
Collected papers.
1. Mathematics—Collected works.
QA3.W43 510′.8 78-20980
ISBN 0-387-90330-5

Printed in the United States of America.

9 8 7 6 5 4 3 2

ISBN 0-387-90330-5 Springer-Verlag New York

ISBN 3-540-90330-5 Springer-Verlag Berlin Heidelberg

Table des Matières
Volume I
[1926–1951]

Avant-Propos

Au siècle dernier, lorsqu'on publiait les œuvres complètes d'un savant, c'était un monument qu'on érigeait à sa gloire; entreprise laborieuse et coûteuse sans doute, mais honneur aussi, que les académies qui en assumaient la charge avaient coutume de réserver à leurs membres les plus illustres. On eût d'ailleurs regardé comme inconvenant de ne pas attendre pour cela qu'ils fussent morts, ou si voisins de la tombe qu'ils n'en valaient guère mieux.

Les facilités de la photocopie ont changé tout cela. Aussi ai-je cédé volontiers à la suggestion, flatteuse assurément, d'amis plus jeunes qui m'ont conseillé de faire paraître une édition collective de mes écrits; ma gratitude va aussi à la maison SPRINGER pour la bonne volonté avec laquelle elle a accueilli ce projet et le zèle qu'elle a apporté à sa bonne exécution.

Mais toute publication de ce genre est aussi une pierre ajoutée à l'histoire de notre science; à ce titre, elle ne peut manquer d'être d'autant plus utile que des commentaires appropriés replacent les fragments qui la composent dans la perspective de l'époque qui leur a donné naissance. M'appartenait-il d'entreprendre cette tâche? Ce n'est pas à moi d'en juger. Mais qui ne sait la valeur, pour l'histoire d'une science, des témoignages que nous ont laissés des auteurs du passé, non seulement les plus grands, mais ceux même de mérite secondaire, sur la genèse de leurs trouvailles et les mouvements d'idées qui les ont inspirées?

Il va sans dire que je n'ai pas prétendu faire l'histoire des idées mathématiques au cours du dernier demi-siècle. Tout au plus trouvera-t-on ici le tableau de quelques-unes de ces idées telles qu'elles se sont reflétées dans mon esprit, ou telles du moins que le souvenir m'en est resté. C'est dire que mes commentaires auront un caractère essentiellement subjectif d'un bout à l'autre, quel qu'ait été mon désir d'objectivité. En quelques occasions je ne me suis pas interdit d'indiquer que j'ai pu pressentir des idées ou des résultats dont ensuite, fort justement, le mérite est revenu à d'autres. Je puis aussi avoir été devancé parfois sans en faire la remarque, faute de m'en être aperçu. Est-il besoin de souligner qu'en aucun cas il ne s'est agi pour moi de revendiquer des priorités? Je n'ai jamais tenu de journal ni daté les notes destinées à mon seul usage. Pour les dates et pour les menus détails autobiographiques qu'on pourra rencontrer ici, je me suis fié à ma mémoire et aux lettres ou documents restés par hasard en ma possession. Peut-être jugera-t-on que j'ai fait à de tels détails une trop large place; mais j'ai souvent observé, à l'occasion de conférences sur l'histoire des mathématiques, que des informations de ce genre, même d'importance minime, ne contribuent pas peu à rehausser l'agrément d'un sec exposé historique.

Quant au contenu proprement dit de ces trois volumes, on y trouvera mes articles parus de 1926 à 1978, ainsi que divers inédits qu'il a paru convenable d'insérer pour des raisons scientifiques ou historiques. De mes ouvrages parus en librairie, il n'a été retenu que quelques préfaces; il ne s'agit pas ici, bien entendu, d' *Œuvres Complètes* au sens où on l'entendait autrefois, mais plutôt de *Collected Papers* (expression dont je ne trouve pas d'équivalent en français). Les articles parus en périodique ont été rangés strictement d'après l'ordre chronologique de leur publication, et, en principe, reproduits photographiquement, sauf en quelques cas où, pour raisons techniques, une nouvelle présentation typographique a paru nécessaire. Quelques fautes d'impression ou lapsus évidents ont été corrigés, mais je n'ai pas fourni l'effort de les rechercher systématiquement. Encore moins ai-je voulu corriger d'éventuelles erreurs mathématiques; quelques-unes ont été signalées dans les commentaires en fin de volume. Quant aux inédits, ils ont été insérés à la place correspondant à leur date de composition présumée. En appendice au volume II, on trouvera deux articles, l'un anonyme, l'autre pseudonyme, de la publication desquels j'ai été responsable en tant qu'éditeur de l' *American Journal* pour l'un, et des *Annals of Mathematics* pour l'autre.

Mes remercîments vont à tous les détenteurs de copyright (dont mention sera faite en son lieu), pour la permission de reproduire les articles en question. Ils vont tout particulièrement à C. Chevalley et à S. Lang, pour les articles écrits en collaboration avec eux, ainsi qu'à C. Lévi-Strauss, pour l'article qu'il m'a autorisé à détacher de sa thèse de doctorat; quant à C. Allendoerfer, avec qui je collaborai quand nous étions collègues à Haverford en 1941-1942, je ne puis plus qu'accorder ici un souvenir et un hommage à sa mémoire.

Je suis heureux de remercier aussi H. Cartan, pour la lettre en sa possession dont il m'a permis d'insérer la photographie au tome II, et pour m'avoir aidé à rafraîchir les souvenirs d'un demi-siècle passé en contact étroit l'un avec l'autre. Enfin, ma reconnaissance va à J.-P. Serre, qui non seulement a lu le manuscrit de mes commentaires et m'a fait part à ce sujet de mainte observation utile, mais surtout qui n'a cessé de m'encourager dans cette tâche et de me harceler jusqu'à ce qu'elle ait été menée à son terme. Au lecteur d'apprécier s'il a eu raison.

Princeton, le 7 novembre 1978

Curriculum

Né à Paris le 6 mai 1906.

Elève à l'Ecole Normale Supérieure, 1922–1925.

Boursier: Fondation Commercy, Rome 1925–1926; International Education Board (Rockefeller Foundation), Göttingen et Berlin, 1926–1927; Fondation Commercy, Paris 1927–1928.

Docteur ès sciences, Paris 1928.

Professeur, Aligarh Muslim University, Aligarh (United Provinces, British India), 1930–1932.

Chargé de cours, Faculté des Sciences de Marseille, 1932–1933.

Chargé de cours, puis maître de conférences, puis professeur, Faculté des Sciences de Strasbourg, 1933–1939.

Boursier, Rockefeller Foundation, 1941–1943.

Fellow, Guggenheim Foundation, 1944.

Professeur, Faculdade de Filosofia, Universidade de São Paulo, 1945–1947.

Professeur, University of Chicago, 1947–1958.

Professeur, Institute for Advanced Study, Princeton N.J., 1958–1976.

Membre du comité de rédaction, *American Journal of Mathematics,* 1955–1958; d°, *Annals of Mathematics,* 1958–1961.

Enseignement

(University of Chicago)

(Autumn 1947/Winter 1948) (a) Calculus of exterior differential forms and geometric applications; (b) Seminar on harmonic forms.

(Summer 1948)(a) Introduction to algebraic geometry; (b) Seminar on current literature.

(Autumn 1948/Winter 1949) (a) Algebraic geometry; (b) Seminar on current literature.

(Summer 1949) (a) Algebra I; (b) Seminar on elementary mathematics.

(Autumn 1949/Winter 1950) (a) Algebraic geometry; (b) Seminar on current literature.

(Summer 1950) (a) Functions of several complex variables; (b) Historical seminar.

(Autumn 1950/Winter 1951) (a) Harmonic integrals on algebraic manifolds; (b) Seminar on current literature.

(Spring 1951) (a) Arithmetic on an algebraic variety; (b) Seminar on current literature.

(Autumn 1951/Winter 1952) (a) Fibre-bundles; (b) Seminar on current literature.

(Summer 1953) (a) Elementary number-theory; (b) Seminar on current literature.

(Autumn 1953/Winter 1954) (a) Elliptic and modular functions; (b) Seminar on current literature.

(Autumn 1954/Winter 1955) (a) Algebraic geometry; (b) Seminar on current literature.

(Spring 1955) (a) Seminar on algebraic geometry; (b) Seminar on current literature.

(Autumn 1955/Winter 1956) (a) Dirichlet series and modular functions; (b) Seminar on current literature.

(Autumn 1956) (a) Algebraic number theory; (b) Seminar on modular functions.

(Winter 1957) (a) Quadratic forms; (b) Seminar on modular functions.

(Summer 1958) Automorphic functions of several variables.

(Institute for Advanced Study, Princeton N.J.)

(1958–1959) (a) Idele groups of semi-simple groups; (b) Joint Institute-University current literature seminar.

(1959–1960) (a) Adeles and algebraic groups; (b) Joint Inst.-Univ. current literature seminar.

(1960–1961) Joint Inst.-Univ. current literature seminar.

(1961–1962) (a) Discrete subgroups of Lie groups; (b) Joint Inst.-Univ. current literature seminar; (c) (at Princeton University) Algebraic number theory.

(1962–1963) The Poisson formula and some of its uses.

(1963–1964) The symplectic group of a locally compact abelian group, and Siegel's formula.

(1965–1966) Functional equations of zeta-functions.

(1969–1970) Zeta-functions and Mellin transforms.

(1971–1972) (a) The explicit formulas of number-theory; (b) Jacquet's theory of the functional equation for GL(n).

(1972–1973) Three hundred years of number-theory.

(1973–1974) Fifty years of number-theory.

(1974–1975) Elliptic functions according to Eisenstein.

(1975–1976) On Eisenstein's work.

Exposés au séminaire Bourbaki

(1e année, n° 16; Mai 1949)
Théorèmes fondamentaux de la théorie des fonctions thêta (d'après des mémoires de Poincaré et Frobenius), 10 pp.

(5e année, n° 72; Décembre 1952)
Variété de Picard et variétés jacobiennes, 8 pp.

(5e année, n° 83; Mai 1953)
Sur la théorie du corps de classes, 3 pp.

(8e année, n° 136; Mai 1956)
Multiplication complexe des fonctions abéliennes, 7 pp.

(9e année, n° 151; Mai 1957)
Sur le théorème de Torelli, 5 pp.

(10e année, n° 168; Mai 1958)
Modules des surfaces de Riemann, 7 pp.

(11e année, n° 186; Mai 1959)
Adèles et groupes algébriques, 9 pp.

(14e année, n° 239; Mai 1962)
Un théorème fondamental de Chern en géométrie riemannienne, 13 pp.

(18e année, n° 312; Juin 1966)
Fonction zêta et distributions, 9 pp.

(20e année, n° 346; Juin 1968)
Séries de Dirichlet et fonctions automorphes, 6 pp.

(26e année, n° 452; Juin 1974)
La cyclotomie jadis et naguère, 21 pp.

Bibliographie

(Les caractères gras désignent les livres et notes de cours; C.R. = Comptes Rendus de l'Académie des Sciences).

[1926] Sur les surfaces à courbure négative, *C.R.* 182, pp. 1069–1071.

[1927a] Sur les espaces fonctionnels, *C.R.* 184, pp. 67–69.

[1927b] Sul calcolo funzionale lineare, *Rend. Linc.* (VI) 5, pp. 773–777.

[1927c] L'arithmétique sur une courbe algébrique, *C.R.* 185, pp. 1426–1428.

[1928] L'arithmétique sur les courbes algébriques, *Acta Math.* 52, pp. 281–315.

[1929] Sur un théorème de Mordell, *Bull. Sc. Math.* (II) 54, pp. 182–191.

[1932a] On systems of curves on a ring-shaped surface, *J. Ind. Math. Soc.* 19, pp. 109–114.

[1932b] Sur les séries de polynomes de deux variables complexes, *C.R.* 194, pp. 1304–1305.

[1932c] (avec C. Chevalley) Un théorème d'arithmétique sur les courbes algébriques, *C.R.* 195, pp. 570–572.

[1934a] (avec C. Chevalley) Über das Verhalten der Integrale erster Gattung bei Automorphismen des Funktionenkörpers, *Hamb. Abh.* 10, pp. 358–361.

[1934b] Une propriété caractéristique des groupes de substitutions linéaires finis, *C.R.* 198, pp. 1739–1742.

[1934c] Une propriété caractéristique des groupes finis de substitutions, *C.R.* 199, pp. 180–182.

[1935a] Über Matrizenringe auf Riemannschen Flächen und den Riemann-Rochschen Satz, *Hamb. Abh.* 11, pp. 110–115.

[1935b] Arithmétique et Géométrie sur les variétés algébriques, *Act. Sc. et Ind.* no. 206, Hermann, Paris, pp. 3–16.

[1935c] Sur les fonctions presque périodiques de von Neumann, *C.R.* 200, pp. 38–40.

[1935d] L'intégrale de Cauchy et les fonctions de plusieurs variables, *Math. Ann.* 111, pp. 178–182.

[1935e] Démonstration topologique d'un théorème fondamental de Cartan, *C.R.* 200, pp. 518–520.

[1936a] Les familles de courbes sur le tore, *Mat. Sbornik* (N.S.) 1, pp. 779–781.

[1936b] Arifmetika algebraičeskykh mnogoobrazii (Arithmetic on algebraic varieties), *Uspekhi Mat. Nauk* 3, pp. 101–112.

[1936c] Matematika v Indii (Mathematics in India), *Uspekhi Mat. Nauk* 3, pp. 286–288.

[1936d] La mesure invariante dans les espaces de groupes et les espaces homogènes, *Enseign. Math.* 35, p. 241.

[1936e] La théorie des enveloppes en Mathématiques Spéciales, *Enseign. Scient.* 9e année, pp. 163–169.

[1936f] Les recouvrements des espaces topologiques; espaces complets, espaces bicompacts, *C.R.* 202, pp. 1002–1005.

[1936g] Sur les groupes topologiques et les groupes mesurés, *C.R.* 202, pp. 1147–1149.

[1936h] Sur les fonctions elliptiques p-adiques, *C.R.* 203, pp. 22–24.

[1936i] Remarques sur des résultats récents de C. Chevalley, *C.R.* 203, pp. 1208–1210.

[1937] Sur les espaces à structure uniforme et sur la topologie générale, *Act. Sc. et Ind.* no. 551, Hermann, Paris, pp. 3–40.

[1938a] Généralisation des fonctions abéliennes, *J. de Math. P. et App.*, (IX) 17, pp. 47–87.

[1938b] Zur algebraischen Theorie der algebraischen Funktionen, *Crelles J.* 179, pp. 129–133.

[1938c] "Science Française" (inédit).

[1939a] Sur l'analogie entre les corps de nombres algébriques et les corps de fonctions algébriques, *Revue Scient.* 77, pp. 104–106.

[1939b] Les groupes à p^n éléments, *Revue Scient.* 77, pp. 321–322.

[1940a] Une lettre et un extrait de lettre à Simone Weil (inédit).

[1940b] Sur les fonctions algébriques à corps de constantes fini, *C.R.* 210, pp. 592–594.

[1940c] Calcul des probabilités, méthode axiomatique, intégration, *Revue Scient.* 78, pp. 201–208.

[**1940d**] *L'intégration dans les groupes topologiques et ses applications*, Hermann, Paris (2e édition 1953).

[1941] On the Riemann hypothesis in function-fields, *Proc. Nat. Ac. Sci.* 27, pp. 345–347.

[1942] Lettre à Artin (inédit).

[1943a] (jointly with C. Allendoerfer) The Gauss-Bonnet theorem for Riemannian polyhedra, *Trans. A. M. S.* 53, pp. 101–129.

[1943b] Differentiation in algebraic number-fields, *Bull. A.M.S.* 49, p. 41.

[1945] A correction to my book on topological groups, *Bull. A. M. S.* 51, pp. 272–273.

[**1946a**] *Foundations of algebraic geometry,* Am. Math. Soc. Coll., vol. XXIX, New York (2nd edition 1962).

[1946b] Sur quelques résultats de Siegel, *Summa Brasil. Math.* 1, pp. 21–39.

[1947a] L'avenir des mathématiques, *"Les Grands Courants de la Pensée Mathématique",* éd. F. Le Lionnais, Cahiers du Sud, Paris, pp. 307–320 (2e éd., A. Blanchard, Paris 1962).

[1947b] Sur la théorie des formes différentielles attachées à une variété analytique complexe, *Comm. Math. Helv.* 20, pp. 110–116.

[**1948a,b**] (a) *Sur les courbes algébriques et les variétés qui s'en déduisent,* Hermann, Paris; (b) *Variétés abéliennes et courbes algébriques, ibid;* [2e édition de (a) et (b), sous le titre collectif *"Courbes algébriques et variétés abéliennes", ibid.,* 1971].

[1948c] On some exponential sums, *Proc. Nat. Ac. Sc.* 34, pp. 204–207.

[1949a] Sur l'étude algébrique de certains types de lois de mariage (Système Murngin), Appendice à la I[e] partie de: C. Lévi-Strauss, *Les structures élémentaires de la parenté,* P. U. F. Paris 1949, pp. 278–285.

[1949b] Numbers of solutions of equations in finite fields, *Bull. Am. Math. Soc.* 55, pp. 497–508.

[1949c] Fibre-spaces in algebraic geometry, in *Algebraic Geometry Conference,* U. of Chicago (mimeographed), pp. 55–59.

[1949d] Théorèmes fondamentaux de la théorie des fonctions thêta, *Séminaire Bourbaki* no. 16, mai 1949, 10 pp.

[1949e] Géométrie différentielle des espaces fibrés (inédit).

[1950a] Variétés abéliennes, in *Colloque d'Algèbre et Théorie des Nombres,* C.N.R.S., Paris, pp. 125–127.

[1950b] Number-theory and algebraic geometry, *Proc. Intern. Math. Congress, Cambridge, Mass.,* vol. II, pp. 90–100.

[1951a] Arithmetic on algebraic varieties, *Ann. of Math.* 53, pp. 412–444.

[1951b] Sur la théorie du corps de classes, *J. Math. Soc. Japan* 3, pp. 1–35.

[1951c] Review of "Introduction to the theory of algebraic functions of one variable, by C. Chevalley", *Bull. Am. Math. Soc.* 57, pp. 384–398.

[1952a] Sur les théorèmes de de Rham, *Comm. Math. Helv.* 26, pp. 119–145.

[1952b] Sur les "formules explicites" de la théorie des nombres premiers, *Comm. Lund* (vol. dédié à Marcel Riesz), p. 252.

[**1952c**] *Fibre-spaces in algebraic geometry* (Notes by A. Wallace). U. of Chicago, (mimeographed) 48 pp.

[1952d] Jacobi sums as "Grössencharaktere", *Trans. Am. Math. Soc.* 73, pp. 487–495.

[1952e] On Picard varieties, *Am. J. of Math.* 74, pp. 865–894.

[1952f] Criteria for linear equivalence, *Proc. Nat. Ac. Sc.* 38, pp. 258–260.

[1953] Théorie des points proches sur les variétés différentiables, in *Colloque de Géométrie Différentielle* (Strasbourg 1953), C.N.R.S., pp. 111–117.
[1954a] Remarques sur un mémoire d'Hermite, *Arch. d. Math.* 5, pp. 197-202.
[1954b] Mathematical Teaching in Universities, *Am. Math. Monthly* 61, pp. 34–36.
[1954c] The mathematical curriculum (a guide for students) (inédit).
[1954d] Sur les critères d'équivalence en géométrie algébrique, *Math. Ann.* 128, pp. 95–127.
[1954e] Footnote to a recent paper, *Am. J. of Math.* 76, pp. 347–350.
[1954f] (jointly with S. Lang) Number of points of varieties in finite fields, *Am. J. of Math.* 76, pp. 819–827.
[1954g] On the projective embedding of abelian varieties, in *Algebraic geometry and Topology, A Symposium in honor of S. Lefschetz,* Princeton U. Press, pp. 177–181.
[1954h] Abstract versus classical algebraic geometry, *Proc. Intern. Math. Congr. Amsterdam,* vol. III, pp. 550–558.
[1954i] Poincaré et l'arithmétique, in *Livre du Centenaire de Henri Poincaré,* Gauthier-Villars, Paris, 1955, pp. 206–212.
[1955a] On algebraic groups of transformations, *Am. J. of Math.* 77, pp. 355–391.
[1955b] On algebraic groups and homogeneous spaces, *Am. J. of Math.* 77, pp. 493–512.
[1955c] On a certain type of characters of the idèle-class group of an algebraic number-field, in *Proc. Intern. Symp. on Algebraic Number Theory, Tokyo-Nikko.* pp. 1–7.
[1955d] On the theory of complex multiplication, ibid., pp. 9–22.
[1955e] Science Française?, *La Nouvelle N.R.F.,* Paris, 3e année, n°25, pp. 97–109.
[1956] The field of definition of a variety, *Am. J. of Math.* 78, pp. 509–524.
[1957a] Zum Beweis des Torellischen Satzes, *Gött. Nachr. 1957,* no. 2, pp. 33–53.
[1957b] (avec C. Chevalley) Hermann Weyl (1885–1955), *Enseign. Math.* III, pp. 157–187.
[1957c] (1) Réduction des formes quadratiques, 9 pp.; (2) Groupes des formes quadratiques indéfinies et des fornes bilinéaires alternées, 14 pp., *Séminaire H. Cartan,* 10e année, novembre 1957.
[**1958a**] *Introduction à l'étude des variétés kählériennes,* Hermann, Paris.
[1958b] On the moduli of Riemann surfaces (to Emil Artin), (inédit).
[1958c] Final Report on contract AF 18(603)-57 (inédit).
[**1958d**] *Discontinous subgroups of classical groups* (Notes by A. Wallace), U. of Chicago (mimeographed).

[1959a] Adèles et groupes algébriques, *Séminaire Bourbaki*, mai 1959, n° 186, 9 pp.

[1959b] Y. Taniyama (lettre d'André Weil), *Sugaku-no Ayumi*, vol. 6. no. 4, pp. 21–22.

[1960a] De la métaphysique aux mathématiques, *Sciences*, pp. 52–56.

[1960b] Algebras with involutions and the classical groups, *J. Ind. Math. Soc.* 24, pp. 589–623.

[1960c] On discrete subgroups of Lie groups, *Ann. of Math.* 72, pp. 369–384.

[**1961a**] *Adeles and algebraic groups*, I.A.S., Princeton.

[1961b] Organisation et désorganisation en mathématique, *Bull. Soc. Franco-Jap. des Sc.* 3, pp. 25–35.

[1962a] Sur la théorie des formes quadratiques, in *Colloque sur la Théorie des Groupes Algébriques*, C.B.R.M., Bruxelles, pp. 9–22.

[1962b] On discrete subgroups of Lie groups (II), *Ann. of Math.* 75, pp. 578–602.

[1962c] Algebraic geometry, in *Encyclopedia Americana*, New York, pp. 455–457.

[1964a] Remarks on the cohomology of groups, *Ann. of Math.* 80, pp. 149–157.

[1964b] Sur certains groupes d'opérateurs unitaires, *Acta Math.* 111, pp. 143–211.

[1965] Sur la formule de Siegel dans la théorie des groupes classiques, *Acta Math.* 113, pp. 1–87.

[1966] Fonction zêta et distributions, *Séminaire Bourbaki* no. 312, juin 1966.

[1967a] Über die Bestimmung Dirichletscher Reihen durch Funktionalgleichungen, *Math. Ann.* 168, pp. 149–156.

[1967b] Review: "The Collected papers of Emil Artin", *Scripta Math.* 28, pp. 237–238.

[**1967c**] *Basic Number Theory* (Grundl. Math. Wiss. Bd. 144), Springer (3rd edition, 1974).

[1968a] Zeta-functions and Mellin transforms, in *Proc. of the Bombay Coll. on Algebraic Geometry*, T.I.F.R., Bombay, pp. 409–426.

[1968b] Sur une formule classique, *J. Math. Soc. Japan* 20, pp. 400–402.

[1970] On the analogue of the modular group in characteristic p, in "Functional Analysis, etc.", *Proc. Conf. in honor of M. Stone*, Springer, pp. 211–223.

[**1971a**] *Automorphic forms and Dirichlet series*, Lecture-Notes no. 189, Springer.

[1971b] Notice biographique, in *Œuvres de J. Delsarte*, C.N.R.S., Paris 1971, t.I, pp. 17–28.

[1971c] L'œuvre mathématique de Delsarte, ibid., pp. 29–47.

[1972] Sur les formules explicites de la théorie des nombres, *Izv. Mat. Nauk* (Ser. Mat.) 36, pp. 3–18.

[1973] Review of "The mathematical career of Pierre de Fermat, by M. S. Mahoney", *Bull. Am. Math. Soc.* 79, pp. 1138–1149.

[1974a] Two lectures on number theory, past and present, *Enseign. Math.* XX, pp. 87–110.

[1974b] Sur les sommes de trois et quatre carrés, *Enseign. Math.* XX, pp. 215–222.

[1974c] La cyclotomie jadis et naguère, *Enseign. Math.* XX, pp. 247–263.

[1974d] Sommes de Jacobi et caractères de Hecke, *Gött. Nachr.* 1974, Nr. 1, 14 pp.

[1974e] Exercices dyadiques, *Invent. math.* 27, pp. 1–22.

[1975a] Review of "Leibniz in Paris 1672–1676, his growth to mathematical maturity, by Joseph E. Hofmann", *Bull. Am. Math. Soc.* 81, pp. 676–688.

[1975b] Introduction to E.E. Kummer. *Collected Papers* vol. I, pp. 1–11.

[**1976a**] *Elliptic Functions according to Eisenstein and Kronecker,* (Ergebnisse d. Mathematik. Bd. 88), Springer.

[1976b] Sur les périodes des intégrales abéliennes, *Comm. on Pure and Appl. Math.* XXIX, pp. 813–819.

[1976c] Review of "Mathematische Werke, by Gotthold Eisenstein", *Bull. Am. Math. Soc.* 82, pp. 658–663.

[1977a] Remarks on Hecke's lemma and its use, in *Algebraic Number Theory,* Intern. Symposium Kyoto 1976, S. Iyanaga (ed.), Jap. Soc. for the Promotion of Science 1977, pp. 267–274.

[1977b] Fermat et l'équation de Pell, ΠΡΙΣΜΑΤΑ (W. Hartner Festschrift), Fr. Steiner Verlag, Wiesbaden 1977, pp. 441–448.

[1977c] Abelian varieties and the Hodge ring (inédit).

[1978a] Who betrayed Euclid?, *Arch. Hist. Exact Sci.* 19, pp. 91–93.

[1978b] History of mathematics: Why and how, *Proc. Intern. Math. Congress, Helsinki.*

[1926] Sur les surfaces à courbure négative

Note de M. André Weil, présentée par M. Hadamard

M. Carleman[1] a démontré qu'entre l'aire S et le contour L d'une surface minima subsiste toujours l'inégalité $S \leq L^2/4\pi$. Je veux montrer qu'il en est de même pour une variété simplement connexe, à courbure partout négative ou nulle. Une variété est déterminée lorsqu'on l'a définie au sens de l'*Analysis situs* et qu'on a défini sur elle un ds^2.

Supposons remplies les conditions de régularité nécessaires pour que la variété soit conformément représentable sur une aire plane C, de contour analytique γ. En prenant pour coordonnnées d'un point sur la variété les coordonnées du point correspondant de C, le ds^2 prendra la forme

$$ds^2 = e^{-2\varphi}(du^2 + dv^2)$$

et la courbure sera $e^{2\varphi}\Delta\varphi$; on aura donc $\Delta\varphi \leq 0$ dans C.

L'aire et le contour de la variété seront respectivement

$$S = \int_C e^{-2\varphi}\, du\, dv,$$

$$L = \int e^{-\varphi}\sqrt{du^2 + dv^2}.$$

Soit alors φ_0 la fonction harmonique de u, v, qui coincide avec φ sur γ. On aura

$$\varphi - \varphi_0 = 0 \text{ sur } \gamma, \qquad \Delta(\varphi - \varphi_0) \leq 0 \text{ dans C}, \qquad \text{donc } \varphi \geq \varphi_0$$

Soit encore ψ_0 la fonction harmonique conjuguée de φ_0: posons

$$u + iv = z, \qquad \varphi_0 + i\psi_0 = f(z),$$

et

$$\xi = \int_0^z e^{-f(z)}\, dz.$$

Lorsque z décrit l'aire C, ξ décrit dans son plan une aire C_0 simplement connexe, qui pourra se recouvrir elle-même, mais qui n'aura pas de point de ramification. L'aire Σ de C_0 sera égale à

$$\Sigma = \int_C e^{-2\varphi_0}\, du\, dv$$

et la longueur de son contour γ_0 à

$$\Lambda = \int_r e^{-\varphi_0}\sqrt{du^2 + dv^2}:$$

---

[1] *Math. Zeitschrift*, **9**, 1921, p. 154.

et l'on aura

$$S \leq \Sigma, \qquad L = \Lambda.$$

Supposons, pour fixer les idées, que C_0 ait au plus trois feuillets superposés. Son contour γ_0 partage le plan des ξ en un certain nombre de régions: soient A, B, ... celles d'entre elles que C_0 recouvre trois fois. Retranchons de γ_0 les contours de A, B, ...: il reste un ensemble γ_1 de lignes qui partage le plan en régions: soient A′, B′, ... celles que C_0 recouvre au moins deux fois. Retranchons de même de γ_1 les contours de A′, B′, ...: il restera un ensemble γ_2 de lignes qui borne la région A″ du plan que C_0 recouvre au moins une fois.

L'aire Σ de C_0 est alors la somme des aires σ, σ', σ'', ... des régions A, B, ..., A′, B′, ..., A″, et Λ est la somme des longueurs λ, λ', λ'', ... des contours de A, B, ... Mais A, B, ... sont des aires planes ordinaires, et l'on a les inégalités

$$\sigma \leq \frac{\lambda^2}{4\pi}, \qquad \sigma' \leq \frac{\lambda'^2}{4\pi}, \qquad \sigma'' \leq \frac{\lambda''^2}{4\pi}, \qquad \ldots,$$

d'où, *a fortiori*,

$$\Sigma \leq \frac{\lambda^2}{4\pi}$$

et, par conséquent,

$$S \leq \frac{L^2}{4\pi},$$

ce qui est l'inégalité cherchée. De plus, l'égalité ne peut être vérifiée que dans le cas suivant: 1° $\varphi = \varphi_0$, donc la variété initiale est identique à C_0; 2° $\Lambda^2 = \lambda^2 + \lambda'^2 + \cdots$, donc tous les λ sont nuls sauf l'un d'entre eux, et C_0 est une aire simple; 3° pour cette aire, $\Sigma = \Lambda^2/4\pi$: C_0 et, par conséquent, la variété initiale doivent se réduire à un cercle plan.

L'inégalité trouvée cesse d'être vraie dans le cas de la variété à connexion quelconque. La question se pose, comme l'indiquait M. Hadamard, de savoir si elle ne subsisterait pas pour une *surface* de l'espace ordinaire, à courbure partout négative ou nulle et à connexion quelconque.

[1927a] Sur les espaces fonctionnels

Note de M. André Weil, présentée par M. Hadamard

Parmi les ensembles de fonctions dont se sert l'analyse fonctionnelle, l'ensemble (C) des fonctions continues, et l'ensemble des fonctions de carré sommable ou espace hilbertien (H) jouent un rôle important. Je vais démontrer qu'au point de vue géométrique, ils sont essentiellement distincts; plus précisément, ils constituent deux types distincts d'espaces topologiquement affines au sens de M. Fréchet[1]. Ce résultat paraîtra bien naturel, mais on n'en a pas encore, je crois, donné de démonstration; et la portée de la méthode que je vais indiquer dépasse de beaucoup ce cas particulier.

La notion de limite, dans (C) et dans (H), est définie comme d'habitude par la convergence uniforme dans (C), et par la convergence en moyenne dans (H); la notion de continuité en résulte. Nous voulons montrer qu'il n'existe pas de transformation linéaire, biunivoque et bicontinue qui transforme (C) en (H). Supposons donc un moment qu'il en existe une T; autrement dit: 1° A toute fonction $f(x)$ de (C) correspond une fonction $\varphi(x) = Tf$ de (H), et à toute φ correspond $f = T^{-1}\varphi$; 2° si a, b sont des constantes, on a:

$$T(af_1 + bf_2) = aTf_1 + bTf_2,$$

et par suite

$$T^{-1}(a\varphi_1 + b\varphi_2) = aT^{-1}\varphi_1 + bT^{-1}\varphi_2;$$

pour $a = 1$, $f_2 = 0$, il en résulte qu'à $f = 0$ correspond $\varphi = Tf = 0$; 3° si f_n converge uniformément vers f, $\varphi_n = Tf_n$ converge en moyenne vers $\varphi = Tf$, et réciproquement.

Soit alors (0, 1) l'intervalle où varie x. Soit $\Omega|[\varphi]|$ une fonctionnelle linéaire et continue de φ; on a comme on sait[2]:

$$\Omega|[\varphi]| = \int_0^1 \varphi(x)\omega(x)dx,$$

où ω est de carré sommable.

Alors $\Omega|[Tf]|$ sera une fonctionnelle linéaire et continue de f, et par suite[2] il y a une fonction $\lambda(x)$ à variation bornée telle que

$$\Omega|[Tf]| = \int_0^1 f(x)d\lambda(x).$$

[1] M. Fréchet, *Les espaces abstraits topologiquement affines* (*Acta Math.*, **47**, 1926, p. 25).

[2] Cf. Paul Lévy, *Leçons sur l'analyse fonctionnelle*, 1922, p. 55–59.

Sur les espaces fonctionnels

De même de toute fonctionnelle $\Lambda|[f]|$ linéaire et continue

$$\Lambda|[f]| = \int_0^1 f(x)d\lambda(x),$$

on déduit la fonctionnelle linéaire et continue de φ

$$\Lambda|[T^{-1}\varphi]| = \int_0^1 \varphi(x)\omega(x)dx.$$

A toute fonction $\omega(x)$ de (H) correspond ainsi une fonction à variation bornée $\lambda(x) = \Theta\omega$, et réciproquement à λ correspond $\omega = \Theta^{-1}\lambda$, telles que, si $\varphi = Tf$ et si $\lambda = \Theta\omega$

$$\Omega|[\varphi]| = \int_0^1 \varphi\omega\, dx = \int_0^1 f\, d\lambda. \tag{1}$$

Soit alors une suite de fonctions continues $f_n(x)$, bornées dans leur ensemble, $|f_n(x)| \leq M$, et convergeant vers une fonction *discontinue* $F(x)$. Soit $\varphi_n = Tf_n$, et $\delta_n^2 = \int_0^1 \varphi_n^2\, dx$; δ_n reste fini, car si l'on avait $\lim_{i=\infty} \delta_{n_i} = \infty$, les fonctions f_{n_i}/δ_{n_i} convergeraient uniformément vers zéro sans que $\varphi_{n_i}/\delta_{n_i}$ converge en moyenne vers zéro. Soit donc $\delta_n \leq \Delta$.

On aura alors

$$\lim_{n=\infty} \Omega|[\varphi_n]| = \lim_{n=\infty} \int_0^1 f_n(x)d\lambda(x) = \int_0^1 F(x)d\lambda(x) = \mathscr{F}|[\lambda]|; \tag{2}$$

$\mathscr{F}|[\lambda]$ est une fonctionnelle linéaire de λ. $\mathscr{F}|[\Theta\omega]|$ est alors une fonctionnelle linéaire de ω; elle est continue, car si $\mu^2 = \int_0^1 \omega^2\, dx$, on a

$$|\Omega|[\varphi_n]|| = \left|\int_0^1 \varphi_n\omega\, dx\right| \leq \delta_n\mu,$$

d'où

$$|\mathscr{F}|[\Theta\omega]|| = \left|\lim_{n=\infty}\Omega|[\varphi_n]|\right| \leq \Delta\mu.$$

Il existe donc une fonction $\psi(x)$ de carré sommable telle que

$$\mathscr{F}|[\Theta\omega]| = \int_0^1 \psi(x)\omega(x)dx.$$

Soit alors $g(x) = T^{-1}\psi$, et, comme précédemment, $\lambda(x) = \Theta\omega$. (1), appliquée à g et à ψ, donne

$$\mathscr{F}|[\lambda]| = \int_0^1 g(x)d\lambda(x). \tag{3}$$

$\lambda(x)$ étant une fonction arbitraire à variation bornée, (3) et (2) ne sont compatibles que si $g(x) = F(x)$. Mais g est continue, et F discontinue, d'où contradiction.

[1927b] Sul calcolo funzionale lineare

Nota di André Weil, presentata[1] dal Socio V. Volterra

Vorrei in questa Nota definire alcune nozioni nuove nel calcolo funzionale, che sono applicabili a diverse questioni analitiche. L'Analisi lineare ha per fondamento astratto il concetto, dovuto al Fréchet[2], di spazio topologico affine. Sono stato costretto a definirlo in una maniera un po' diversa da quella del Fréchet:

Un insieme (E) di elementi P, Q, ..., è detto *spazio affine*, i cui punti sono gli elementi P, Q, ..., se si è definita in (E) l'addizione, che ad ogni coppia di punti P, Q fà corrispondere un punto P + Q, e la moltiplicazione scalare, che a un punto P e a un numero reale k fà corrispondere un punto $k \cdot \mathrm{P}$, di modo che siano soddisfatte le proprietà assiomatiche ben note:

$$\begin{cases} \mathrm{P} + \mathrm{Q} = \mathrm{Q} + \mathrm{P}, \quad (\mathrm{P} + \mathrm{Q}) + \mathrm{R} = \mathrm{P} + (\mathrm{Q} + \mathrm{R}), \quad k(l\mathrm{P}) = kl \cdot \mathrm{P}; \\ k(\mathrm{P} + \mathrm{Q}) = k\mathrm{P} + k\mathrm{Q}, \quad (k + l)\mathrm{P} = k\mathrm{P} + l\mathrm{P}, \\ 0 \cdot \mathrm{P} = 0 \cdot \mathrm{Q}, \quad 1 \cdot \mathrm{P} = \mathrm{P}. \end{cases}$$

(E) è detto di più *spazio topologico affine* se è affine, e se la nozione di limite, cioè di successione convergente, vi è definita colle seguenti proprietà:

1° la successione P, P, P, ... converge verso P; se $\mathrm{P}_1, \mathrm{P}_2, \mathrm{P}_3, \ldots$ converge verso P, ogni successione parziale $\mathrm{P}_{n_1}, \mathrm{P}_{n_2}, \mathrm{P}_{n_3}, \ldots$ converge verso P; se $\mathrm{P}_1, \mathrm{P}_2, \mathrm{P}_3, \ldots$ e $\mathrm{P}'_1, \mathrm{P}'_2, \mathrm{P}'_3, \ldots$ convergono tutt'e due verso P, la successione mista $\mathrm{P}_1, \mathrm{P}'_1, \mathrm{P}_2, \mathrm{P}'_2, \ldots$ converge pure verso P;

2° se $\mathrm{P}_1, \mathrm{P}_2, \mathrm{P}_3, \ldots$ e $\mathrm{Q}_1, \mathrm{Q}_2, \mathrm{Q}_3, \ldots$ convergono rispettivamente verso P e Q, e se $\lim_{n=\infty} k_n = k$, $\lim_{n=\infty} l_n = l$, allora $k_1\mathrm{P}_1 + l_1\mathrm{Q}_1$, $k_2\mathrm{P}_2 + l_2\mathrm{Q}_2$, $k_3\mathrm{P}_3 + l_3\mathrm{Q}_3, \ldots$ converge verso $k\mathrm{P} + l\mathrm{Q}$.

Due spazî topologici affini sono detti *simili* se si può stabilire fra essi una corrispondenza biunivoca che conservi l'addizione, la moltiplicazione e le successioni convergenti.

Questo premesso, è chiaro che i campi funzionali che vengono considerati nell'Analisi possono essere considerati senz'altro come spazî affini. Parecchi di essi sono stati definiti dal Fréchet (loc. cit.) come spazî topologici affini; ci proponiamo di dare una regola che conduca allo stesso scopo per un campo funzionale M dato ad arbitrio.

Supponiamo che ad ogni funzione f di M si possa far corrispondere una successione di numeri $(a_1, a_2, a_3, \ldots)$ di modo che, se $(a_1, a_2, a_3, \ldots)$ e $(b_1, b_2, b_3, \ldots)$ corrispondono a f e g, $(ka_1 + lb_1, ka_2 + lb_2, \ldots)$ corrisponda a $kf + lg$ e che di più i numeri $a_1, a_2, a_3, \ldots$ non possano essere nulli tutti insieme senza che la

[1] Nella seduta del 15 maggio 1927.

[2] «Acta math.», t. 47, p. 25.

Reprinted from *Rend. Linc.* (VI) 5, 1927, pp. 773–777.

funzione corrispondente sia identicamente nulla. Allora, se chiamiamo $\mathfrak{A}$ lo spazio affine, i cui punti sono le successioni di numeri reali $\mathfrak{a} = (a_1, a_2, a_3, \ldots)$, M sarà in corrispondenza biunivoca con un certo insieme contenuto in $\mathfrak{A}$: per ragione di semplicità, considereremo questo insieme come identico con M stesso.

M sarà dunque una *molteplicità lineare* in $\mathfrak{A}$, cioè un insieme tale, che se $\mathfrak{a} = (a_1, a_2, a_3, \ldots)$ e $\mathfrak{b} = (b_1, b_2, b_3, \ldots)$ appartengono ad M, $k\mathfrak{a} + l\mathfrak{b} = (ka_1 + lb_1, ka_2 + lb_2, \ldots)$ vi appartiene pure. Consideriamo le funzioni lineari seguenti dell'elemento $\mathfrak{a}$ di M:

$$\mathscr{F}_0[\mathfrak{a}] = k_1 a_1 + k_2 a_2 + \cdots + k_n a_n;$$

una tale funzione sarà chiamata *un funzionale di Baire di classe zero in* M.

Sia $\mathscr{F}'_0, \mathscr{F}''_0, \mathscr{F}'''_0, \ldots$ una successione di siffatti funzionali, scelta in modo tale che il limite

$$\lim_{n=\infty} \mathscr{F}_0^{(n)}[\mathfrak{a}] = \mathscr{F}_1[\mathfrak{a}]$$

esista qualunque sia il punto $\mathfrak{a}$ di M. Allora $\mathscr{F}_1[\mathfrak{a}]$ è una funzione lineare di $\mathfrak{a}$, definita in M (ma in generale non in tutto $\mathfrak{A}$): se non è uguale a un funzionale di classe zero, sarà chiamata un *funzionale di Baire di classe* 1 *in* M. Similmente, se i funzionali di classe 1, $\mathscr{F}'_1[\mathfrak{a}]$, $\mathscr{F}''_1[\mathfrak{a}], \ldots$ sono tali che $\lim_{n=\infty} \mathscr{F}_1^{(n)}[\mathfrak{a}] = \mathscr{F}_2[\mathfrak{a}]$ esista per ogni $\mathfrak{a}$ di M e non sia uguale, nè a un funzionale di classe 0 nè ad uno di classe 1, $\mathscr{F}_2[\mathfrak{a}]$ sarà detto un funzionale di Baire di classe 2. E così di seguito, transfinitamente.

Può darsi che esistano funzionali di classe α per ogni α finito o transfinito di seconda classe; allora M è detta di categoria Ω. Nel caso contrario, ci sarà un numero λ tale che esistono funzionali di classe α per $\alpha < \lambda$ e non per $\alpha \geq \lambda$: M è detta di categoria λ. La maggior parte dei campi funzionali dell'Analisi appartiene alla categoria 2.

Diciamo che una successione di funzionali di Baire in M:

$$\mathscr{F}'[\mathfrak{a}], \mathscr{F}''[\mathfrak{a}], \mathscr{F}'''[\mathfrak{a}], \ldots$$

converge verso $\mathscr{F}[\mathfrak{a}]$ se si ha, per ogni $\mathfrak{a}$ in M:

$$\lim_{n=\infty} \mathscr{F}^{(n)}[\mathfrak{a}] = \mathscr{F}[\mathfrak{a}].$$

Similmente, una successione di punti $\mathfrak{a}_1, \mathfrak{a}_2, \mathfrak{a}_3, \ldots$ di M sarà detta convergente verso $\mathfrak{a}$ se si ha, per ogni funzionale di Baire $\mathscr{F}[\mathfrak{a}]$ in M:

$$\lim_{n=\infty} \mathscr{F}[\mathfrak{a}_n] = \mathscr{F}[\mathfrak{a}].$$

La molteplicità M e l'insieme $\mathscr{E}$ degli $\mathscr{F}[\mathfrak{a}]$ sono così definiti come spazî topologici affini.

Sia poi $\Phi[\mathscr{F}]$ una funzione lineare e continua dell'elemento $\mathscr{F}$ in $\mathscr{E}$, tale cioè che si abbia:

$$\Phi[k\mathscr{F} + l\mathscr{F}'] = k\Phi[\mathscr{F}] + l\Phi[\mathscr{F}'],$$

e

$$\Phi[\mathscr{F}] = \lim_{n=\infty} \Phi[\mathscr{F}^{(n)}] \quad \text{se} \quad \mathscr{F}', \mathscr{F}'', \mathscr{F}''', \ldots \text{converge verso } \mathscr{F}.$$

Sur calcolo funzionale lineare

Pigliamo, in particolare, per $\mathscr{F}$ il funzionale di classe o $\mathscr{F}_0^{(k)}[\mathfrak{a}] = a_k$, e poniamo:

$$\Phi[\mathscr{F}_0^{(k)}] = a_k^*, \quad \text{e} \quad \mathfrak{a}^* = (a_1^*, a_2^*, a_3^*, \ldots).$$

Ad ogni Φ corrisponde così un punto $\mathfrak{a}^*$ di $\mathfrak{A}$, e, se Φ percorre l'insieme delle funzioni lineari e continue di $\mathscr{F}$, $\mathfrak{a}^*$ percorrerà una certa molteplicità lineare M*. Inoltre, se $\mathfrak{a}$ è un punto fisso di M e $\mathscr{F}$ un elemento variabile di $\mathscr{E}$, $\mathscr{F}[\mathfrak{a}]$ è una funzione lineare e continua di $\mathscr{F}$, alla quale corrisponde quindi un punto di M*, che non è altro che $\mathfrak{a}$ stesso, come si vede subito. M è dunque contenuta in M*.

M* è chiamata una molteplicità lineare *completa*; se M non è identica con M*, è detta una molteplicità *incompleta*. Le molteplicità che vengono considerate nell'Analisi sono quasi tutte complete. Una molteplicità incompleta sarebbe per esempio l'insieme dei punti $(a_1, a_2, a_3, \ldots)$ di $\mathfrak{A}$ tali che gli a_n si esprimono linearmente e con coefficienti razionali mediante un numero finito di essi. Nel calcolo funzionale, occorre sempre escludere le molteplicità incomplete, che non sono altro che molteplicità artificialmente ristrette.

Più generalmente, sia $\mathscr{E}$ uno spazio topologico affine, e P′, P″, P‴, . . . una successione di punti di $\mathscr{E}$, scelta in modo tale che, essendo $\mathscr{E}_0$ l'insieme dei punti $k_1\mathrm{P}' + k_2\mathrm{P}'' + \cdots + k_n\mathrm{P}^{(n)}$ $(n = 1, 2, 3, \ldots)$, cioè delle combinazioni lineari di punti $\mathrm{P}^{(n)}$ in numero finito, ogni punto di $\mathscr{E}$ appartenga ad uno dei derivati successivi di $\mathscr{E}_0$. Sia allora $\Phi[\mathrm{P}]$ una funzione lineare e continua del punto P in $\mathscr{E}$, e poniamo:

$$a_n = \Phi[\mathrm{P}^{(n)}], \qquad \mathfrak{a} = (a_1, a_2, a_3, \ldots);$$

quando $\Phi[\mathrm{P}]$ percorre l'insieme delle funzioni lineari e continue in $\mathscr{E}$, $\mathfrak{a}$ percorre in $\mathfrak{A}$ una molteplicità lineare M, e si vede subito che M è completa.

Prima di dare esempî, osserviamo che le nostre definizioni sono indipendenti in un largo modo dalla scelta delle «coordinate» $a_1, a_2, a_3, \ldots$ Sia infatti $(\alpha_1, \alpha_2, \alpha_3, \ldots)$ un altro sistema di coordinate in M: ci sarà una corrispondenza biunivoca e lineare fra $(a_1, a_2, a_3, \ldots)$ e $(\alpha_1, \alpha_2, \alpha_3, \ldots)$. Ciascuno degli α_n sarà dunque una funzione lineare di $\mathfrak{a}$ in M. Supponiamo ora:

1° che le α_n siano funzionali di Baire in M;

2° che ogni funzionale di Baire in M si possa dedurre da combinazioni lineari finite $k_1\alpha_1 + k_2\alpha_2 + \cdots + k_n\alpha_n$, per mezzo di passaggi al limite in numero finito o infinito.

In questo caso, che è sempre verificato nelle applicazioni, i funzionali di Baire, la definizione di successione convergente in M e in $\mathscr{E}$, la proprietà di essere completa, sono invarianti quando si passa dalle coordinate $(a_1, a_2, a_3, \ldots)$ alle $(\alpha_1, \alpha_2, \alpha_3, \ldots)$.

Diamo alcuni esempî di molteplicità complete che hanno importanza nell'Analisi; prenderemo sempre per coordinate $(a_1, a_2, a_3, \ldots)$ i coefficienti di Fourier delle funzioni in parola:

(*a*) l'insieme delle funzioni $\varphi(x)$ di quadrato sommabile; i funzionali di Baire sono gli integrali di Lebesgue:

$$\mathscr{F}[\varphi] = \int_0^1 \varphi\omega \, dx,$$

dove ω è pure di quadrato sommabile. La convergenza indicata dalle regole precedenti è la cosiddetta convergenza debole, dove ciascuno dei coefficienti di Fourier tende verso un limite, mentre $\int_0^1 \varphi_n^2\,dx$ rimane limitata. L'insieme è di categoria 2.

(*b*) l'insieme delle funzioni continue $f(x)$; i funzionali di Baire sono gli integrali di Stieltjes:

$$\mathscr{F}[f] = \int_0^1 f\,d\lambda(x),$$

dove λ è a variazione limitata. La convergenza è pure la convergenza debole, dove $f_n(x)$ converge semplicemente verso il limite $f(x)$, mentre $|f_n|$ rimane limitata $<$M. L'insieme è di categoria 2.

(*c*) l'insieme delle funzioni $f(z)$ analitiche nell'interno di un campo C; i funzionali di Baire sono gli integrali di Cauchy:

$$\mathscr{F}[f] = \int_\gamma f(z)\varphi(z)dz,$$

dove $\varphi(z)$ è una funzione analitica e regolare sul contorno di C, avente singolarità arbitrarie nell'interno di C, e dove γ è un contorno chiuso interiore a C e abbastanza vicino al contorno di C perchè $\varphi(z)$ vi sia regolare.[1] Una successione convergente di funzioni $f(z)$ è qui una successione uniformemente convergente in ogni campo C_1 completamente interiore a C. L'insieme è di categoria 2.

(*d*) L'insieme delle funzioni a variazione limitata $\theta(x)$. I funzionali di Baire sono gli integrali di Stieltjes:

$$\mathscr{F}[\theta] = a\theta(0) + \int_0^1 f(x)d\theta(x),$$

dove $f(x)$ è una funzione misurabile (B) di modulo limitato. Non definiremo la convergenza, che risulta un po' complicata. L'insieme è di categoria Ω.

---

[1] Cfr. i lavori di Fantappiè, «Rend. dei Lincei», voll. I, II, III, IV, V, s. 6ª, 1925–26–27, dove si tratta di tali funzionali, e anche L. Fantappiè, *I funzionali analitici*, Memoria riassuntiva pubblicata nei «Rend. del Seminario Matematico della R. Università de Roma», vol. IV, s. 2ª, 1925–26.

[1927c] L'arithmétique sur une courbe algébrique

Note de M. André Weil, présentée par M. Hadamard

Soit k un corps de nombres, algébrique et fini. J'étudie une courbe algébrique C, donnée par une équation dont les coefficients sont des nombres de k. L'on a le théorème suivant, que je nomme *théorème de décomposition*:

I. *A tout couple de points* A, M *sur* C, *à coordonnées algébriques a, b et x, y, il est possible de faire correspondre un idéal $\omega(\mathrm{A}, \mathrm{M})$ du corps $k(x, y, a, b)$, de telle sorte que, si $f(\mathrm{M})$ est une fonction rationnelle, à coefficients algébriques, des coordonnées de* M, *si $\mathrm{A}_1, \mathrm{A}_2, \ldots \mathrm{A}_n$ sont ses pôles, $\mathrm{B}_1, \mathrm{B}_2, \ldots, \mathrm{B}_n$ ses zéros, et si* M *est un point à coordonnées algébriques sur* C, *$f(\mathrm{M})$ se décompose en facteurs idéaux par la formule*

$$f(\mathrm{M}) = \frac{\lambda\omega(\mathrm{B}_1, \mathrm{M})\omega(\mathrm{B}_2, \mathrm{M}), \ldots, \omega(\mathrm{B}_n, \mathrm{M})}{\mu\omega(\mathrm{A}_1, \mathrm{M})\omega(\mathrm{A}_2, \mathrm{M}), \ldots, \omega(\mathrm{A}_n, \mathrm{M})},$$

λ et μ, ainsi que le p. g. c. d. du numérateur et du dénominateur du second membre, divisant des entiers indépendants de M, *et dépendant seulement du choix de f.*

Pour démontrer ce théorème, j'introduis la notion nouvelle de *distribution* sur une courbe C : K désignant un surcorps quelconque de k, j'appelle distribution sur C une fonction de point, définie en tous les points de C à coordonnées algébriques sauf au plus un nombre fini d'exceptions, et qui à chaque point M, de coordonnées x, y, où elle est définie, fait correspondre un idéal entier du corps $\mathrm{K}(x, y)$, de telle sorte qu'à des points conjugués par rapport à K correspondent des idéaux conjugués par rapport à K. On peut former le produit et le p. g. c. d. de deux ou plusieurs distributions.

Deux distributions $\mathbf{d}$, $\mathbf{d}'$ sont dites équivalentes, et l'on écrit $\mathbf{d} \sim \mathbf{d}'$, s'il y a deux entiers fixes a, a', tels qu'en tout point où $\mathbf{d}$, $\mathbf{d}'$ sont définies, les valeurs de $a \cdot \mathbf{d}$ et $a' \cdot \mathbf{d}'$ soient respectivement divisibles par celles de $\mathbf{d}'$ et $\mathbf{d}$. La relation d'équivalence est symétrique et transitive; on peut multiplier des équivalences membre à membre, et prendre leur p. g. c. d. membre à membre. Une distribution est dite divisible par une autre si elle est équivalente au produit de celle-ci par une troisième.

Soit $f(\mathrm{M})$ une fonction rationnelle des coordonnées de M, dont les coefficients appartiennent à un surcorps K de k. Si M est à coordonnées algébriques x, y, $f(\mathrm{M})$ définira un idéal principal fractionnaire dans K (x, y): soit $\sigma(\mathrm{M})$ le dénominateur de cet idéal réduit à sa plus simple expression; si M est pôle de f, nous prendrons $\sigma(\mathrm{M}) = 0$; si M est un zéro de f, $\sigma(\mathrm{M})$ sera indéterminé; σ est alors une distribution sur C, que nous dirons *engendrée par f*; et que nous noterons $[f]$.

Le théorème I résulte alors du suivant:

II. *Il est possible de faire correspondre à tout point* A *sur* C, *à coordonnées algébriques, une distribution $\mathbf{d}_{\mathrm{A}}$, définie en tout point à coordonnées algébriques, de* *telle sorte que le p. g. c. d. de* $\mathbf{d}_A$ *et* $\mathbf{d}_B$ *soit* ~ 1 *si* $A \neq B$, *et que l'on ait, si f est une fonction de pôles* $A_1, A_2, \ldots, A_n$:

$$[f] \sim \mathbf{d}_{A_1} \cdot \mathbf{d}_{A_2}, \ldots, \mathbf{d}_{A_n}.$$

A une équivalence près, $\mathbf{d}_A$ *est parfaitement déterminée par la donnée de* C *et* A.

Car l'on aura de même, en reprenant les notations du théorème I:

$$\left[\frac{1}{f}\right] \sim \mathbf{d}_{B_1} \cdot \mathbf{d}_{B_2}, \ldots, \mathbf{d}_{B_n}$$

d'où résulte le théorème I en appelant ω (A, M) l'idéal que $\mathbf{d}_A$ fait correspondre à M, et en se reportant à la définition de l'équivalence.

Pour démontrer le théorème II, on montre d'abord que si une fonction g n'a d'autres pôles que ceux de f, avec des multiplicités au plus égales, $[f]$ est divisible par $[g]$. C'est ce qu'on voit en écrivant l'équation qui relie f et g, équation qui, si elle est de degré m, contient effectivement un terme en g^m. On montre ensuite, par un procédé analogue, que si f et g n'ont pas de pôle commun, le p. g. c. d. de $[f]$ et $[g]$ est ~ 1. De là on déduit que, si la fonction h a parmi ses pôles tous les pôles communs à f et g, $[h]$ est divisible par le p. g. c. d. de $[f]$ et $[g]$, d'où l'on tire aisément le théorème II.

Avec des modifications convenables, les théorèmes précédents peuvent être étendus aux fonctions de point sur les variétés algébriques à un nombre quelconque de dimensions. La méthode de démonstration subsiste aussi dans ses grandes lignes, malgré quelques complications dues essentiellement à la présence de points d'indétermination pour les fonctions de plusieurs variables.

L'utilité du théorème de décomposition consiste cn ce qu'il permet de traduire arithmétiquement des résultats algébriques, et constitue par suite, comme je le ferai voir ultérieurement, un outil précieux dans l'étude des équations diophantiennes les plus générales.

[1928] L'arithmétique sur les courbes algébriques

Introduction.

La géométrie sur une courbe algébrique a pour objet l'étude des propriétés des points et systèmes de points[1] sur la courbe qui sont invariantes par rapport aux transformations birationnelles. Mais soit C une courbe algébrique donnée par une équation $f(x, y) = 0$ *à coefficients rationnels* (dans un certain domaine de rationalité k): appelons *points rationnels* les points qui sont à coordonnées rationnelles (dans k), et points algébriques ceux qui sont à coordonnées algébriques; appelons *système rationnel* de n points tout système de n points tel que les fonctions symétriques des coordonnées de ces points soient rationnelles, et système algébrique tout système de points algébriques; l'on peut se proposer d'étudier les propriétés des points et systèmes de points rationnels ou algébriques sur la courbe C, et particulièrement celles de ces propriétés qui sont invariantes par rapport aux transformations birationnelles à coefficients rationnels: c'est cette étude qui constitue l'objet de ce que je nomme *l'arithmétique sur la courbe C*. En particulier, la recherche des points rationnels sur une courbe donnée C est évidemment un problème invariant par rapport aux transformations birationnelles à coefficients rationnels, et rentre, à ce titre, dans l'arithmétique sur les courbes algébriques: lorsque le domaine de rationalité se réduit à l'ensemble des nombres rationnels, ce problème n'est autre que celui de la résolution en nombres rationnels des équations diophantiennes à deux variables, ou

[1] Afin de réserver le mot de groupe au sens qu'il a pris depuis Galois, je parlerai toujours de systèmes de points, bien qu'on ait l'habitude en géométrie algébrique de parler de groupes de points sur une courbe.

36 — 2822. *Acta mathematica.* 52. Imprimé le 4 novembre 1928.

encore (ce qui revient au même) de la résolution en nombres entiers des équations diophantiennes *homogènes* à trois variables.

Depuis Diophante, qui leur a laissé son nom, l'on a étudié une foule d'équations particulières de cette sorte, et certaines d'entre elles ont provoqué des efforts considérables: il suffira de citer l'équation $x^n + y^n = 1$, dont l'impossibilité en nombres rationnels pour $n > 2$, affirmée par Fermat dans ses Observations sur Diophante, est restée indémontrée jusqu'à ce jour. Mais ce n'est qu'à une époque toute récente que les progrès de la géométrie sur les courbes algébriques suggérèrent d'aborder par des méthodes analogues l'étude générale des équations diophantiennes à deux variables. Hilbert et Hurwitz[2] remarquèrent les premiers que la recherche des points rationnels sur une courbe algébrique est un problème invariant par les transformations birationnelles à coefficients rationnels: il en résultait que l'élément fondamental de classification des équations diophantiennes à deux variables est le genre de l'équation et non son degré; en utilisant des travaux de Noether, ils montrèrent comment les transformations birationnelles fournissent un procédé simple pour résoudre complètement toutes les équations diophantiennes de genre 0. Poincaré[3], sans connaître, à ce qu'il semble, le travail de Hilbert et Hurwitz, en retrouva les résultats, parmi beaucoup d'autres, dans un mémoire étendu, qui constitue au reste, comme il le dit lui-même, »plutôt un programme d'étude qu'une véritable théorie«; la plus grande partie de ce mémoire est consacrée à l'étude des points rationnels sur les courbes de genre 1, et particulièrement sur les cubiques. Ce qui s'y trouve de plus important, c'est la définition du *rang* d'une courbe de genre 1 à coefficients rationnels: admettons que la courbe contienne un point rationnel au moins, on pourra la ramener, par une transformation birationnelle à coefficients rationnels, à la forme canonique $y^2 = 4x^3 - g_2 x - g_3$; soit alors u l'argument elliptique sur la courbe, de sorte que $x = \wp u$ et $y = \wp' u$: si u et v sont les arguments de deux points rationnels, les formules d'addition des fonctions elliptiques montrent que les points d'arguments $u + v$, $u - v$ sont aussi rationnels (ce qu'on peut voir géométriquement, car les droites qui joignent le point $-u$ aux points $-v$, $+v$, coupent respectivement la courbe aux points $u + v$, $u - v$). En d'autres termes, les arguments des points rationnels forment un module; soit q le plus petit entier (fini ou infini) tel qu'il y ait dans ce module q nombres $u_1, u_2, \ldots, u_q$

---

[2] *Ueber die diophantischen Gleichungen vom Geschlecht Null,* Acta math. t. 14 (1890), p. 217.

[3] *Sur les propriétés arithmétiques des courbes algébriques,* J. de Liouville (V), t. 7 (1901), p. 161.

formant une base (ce qui veut dire que tout nombre du module sera de la forme $m_1u_1 + m_2u_2 + \cdots + m_qu_q$, les m_i étant entiers): $q + 1$ est appelé par Poincaré le *rang* de la cubique et de la courbe initiale; c'est un invariant par les transformations birationnelles à coefficients rationnels; on peut dire, brièvement, que c'est le nombre minimum de points rationnels sur la courbe à partir desquels tous les autres puissent se déduire par des opérations rationnelles.

Dans le dernier paragraphe de son mémoire, où il aborde les courbes de genre p quelconque, Poincaré montre que, pour généraliser les résultats trouvés pour le genre 1, il faut considérer, non plus les points rationnels sur la courbe, mais les systèmes rationnels de p points: là encore, il définit un invariant de la courbe par les transformations birationnelles à coefficients rationnels, le *rang*, qui est le nombre minimum des systèmes rationnels de p points à partir desquels tous les autres se déduisent par des opérations rationnelles.

Depuis Poincaré, le progrès le plus important a été fait par Mordell[4], qui démontra que le rang des courbes de genre 1 est nécessairement fini lorsque le domaine de rationalité se réduit à l'ensemble des nombres rationnels; son analyse, très ingénieuse, est une application, aux équations de la forme $ay^2 = x^4 - px^3 - qx^2 - rx - s$, de la méthode de descente infinie: cette méthode, appliquée systématiquement pour la première fois par Fermat qui lui donna ce nom, consiste, comme on sait, à donner un procédé par lequel, de toute solution d'une équation à étudier, on peut en déduire une autre, et à montrer que l'itération de ce procédé ne peut être poursuivie indéfiniment; c'est ainsi, par exemple, que Fermat démontra l'impossibilité de $y^2 = x^4 - z^4$ en nombres entiers, en faisant voir que de toute solution l'on peut en déduire une autre en nombres entiers plus petits.

Dans le présent travail, je démontre que le rang d'une courbe C est fini quel que soit son genre p et quel que soit le corps de nombres (algébrique et fini) que l'on choisit comme domaine de rationalité. Cette démonstration est exposée au chapitre II: comme celle de Mordell, elle consiste en une application de la méthode de descente infinie, et se divise par suite en deux parties: dans la première (§§ 11—14), l'étude arithmétique de la courbe C fournit un procédé par lequel, de tout système rationnel de p points sur C, l'on en déduit un autre;

---

[4] *On the rational solutions of the indeterminate equations of the third and fourth degrees*, Proc. of the Cambridge Philos. Soc., t. 21 (1922), p. 179. — Sur l'ensemble de la question, on consultera T. Nagell, *L'Analyse Indéterminée de degré supérieur* (Paris, Gauthiers-Villars, Collection »Mémorial des Sciences Mathématiques») où se trouve aussi une bibliographie étendue.

de même que le procédé de Mordell reposait sur la bissection des fonctions elliptiques, le mien est tiré de la bissection des fonctions abéliennes; du reste on pourrait utiliser la division par n quelconque avec la même facilité. Dans les §§ 15—19, je montre que l'itération du procédé ainsi trouvé ne peut être poursuivie indéfiniment, ou plutôt qu'elle conduit, à partir d'un certain moment, à des systèmes de p points faisant partie d'un ensemble fini assignable a priori: c'est ce qui résulte de l'étude arithmétique de la variété algébrique à p dimensions dont les éléments sont les systèmes de p points sur C, et qu'on appelle ordinairement la variété jacobienne de C; et l'on verra que la descente infinie fournit, dans ces conditions, le résultat désiré. Dans ce chapitre II se trouvent du reste quelques points qui ne sont peut-être pas sans intérêt pour la théorie des fonctions abéliennes, même indépendamment des conséquences arithmétiques qui en découlent.

Pour pouvoir effectuer la descente infinie dans un cas aussi général, où l'on ne dispose plus de l'appareil si commode des fonctions elliptiques, j'emploie des théorèmes généraux d'arithmétique sur les variétés algébriques, que je nomme théorèmes de décomposition: le chapitre I leur est consacré. Une propriété essentielle des courbes de genre 0 est que toute fonction rationnelle d'un point de la courbe peut être décomposée en facteurs dont chacun est relatif, soit à un seul pôle, soit à un seul zéro de la fonction. Si t est le paramètre sur la courbe, on a en effet:

$$f(M) = k \cdot \frac{(t-\xi)(t-\xi')\cdots(t-\xi^{(l)})}{(t-\eta)(t-\eta')\cdots(t-\eta^{(m)})}$$

ou d'une manière plus symétrique, en posant $t = \frac{x}{y}$ et en rendant homogène:

$$f(M) = \frac{\lambda \prod_{i=1}^{n} (\alpha_i x - \beta_i y)}{\mu \prod_{i=1}^{n} (\gamma_i x - \delta_i y)}.$$

Si de plus les coefficients de f et les coordonnées de M sont des nombres algébriques, on pourra supposer que $\lambda, \mu, \alpha_i, \beta_i, \gamma_i, \delta_i, x, y$ sont des entiers algébriques.

Pour une courbe quelconque, une telle décomposition en facteurs n'est évidemment plus possible. Il est vrai que la considération des idéaux dans le corps des fonctions rationnelles sur la courbe fournit des décompositions qui, d'un point de vue purement algébrique, sont susceptibles de rendre des services analogues: mais elles ne sont pas arithmétiquement utilisables. Or, si l'on se borne aux courbes et fonctions à coefficients algébriques et aux points à coordonnées algébriques, il existe, sur une courbe de genre quelconque, une décomposition effective des fonctions rationnelles en facteurs dont chacun est relatif à un seul pôle de la fonction s'il se trouve au dénominateur ou à un seul zéro s'il se trouve au numérateur: cette décomposition est donc l'analogue exact de la formule rappelée plus haut; il est vrai que l'on ne peut plus supposer que les facteurs accessoires, qui remplacent les facteurs λ et μ de cette formule, soient constants: mais en tout cas ils sont bornés, c'est-à-dire qu'ils divisent des entiers constants. Ce résultat constitue le »théorème de décomposition», et se trouve démontré dans les §§ 1—3. Le reste du chapitre I (§§ 4—10) est consacré à la généralisation de ce théorème aux variétés à plusieurs dimensions sans point singulier: la démonstration donnée pour les courbes s'étend à ce cas avec des modifications convenables. Je ne sais pas si le même théorème reste vrai pour les variétés les plus générales.

Les résultats exposés au chapitre I ont naturellement des rapports étroits avec la théorie des idéaux dans les corps de fonctions algébriques, qui pourrait du reste servir à en démontrer au moins une partie. Mais l'on peut lire le présent travail sans rien connaître de cette théorie, qui d'ailleurs, malgré l'importance des résultats déjà acquis, a sans doute encore bien des progrès à faire: je me suis contenté de renvoyer en note aux principaux mémoires où elle se trouve traitée.[5]

Dans la conclusion (§ 20) je donne au résultat du chapitre II sa forme définitive: on trouve que *tous les systèmes rationnels* de points sur une courbe dérivent d'un nombre fini d'entre eux par addition et soustraction. On constate en même temps qu'à toute courbe est attaché un groupe abélien de base finie, qui ne dépend que du domaine de rationalité, mais qui reste invariant par toutes les transformations birationnelles à coefficients dans ce domaine de rationalité; de là on déduit facilement la définition d'une infinité d'invariants numériques des courbes à coefficients algébriques.

[5] Je dois encore signaler tout particulièrement de remarquables résultats de B. L. van der Waerden, qui paraîtront dans les Math. Ann. sous le titre *Zur Produktzerlegung der Ideale in ganz-abgeschlossenen Ringen*, et qui, entre autres applications importantes, semblent susceptibles d'être employés avec fruit à l'étude des questions abordées dans notre chapitre I.

Enfin, au § 21, je signale quelques-unes des questions les plus difficiles qui se posent à propos des résultats trouvés. Il y en a encore bien d'autres, car l'arithmétique sur les courbes algébriques est un domaine presque inexploré.

J'ai reçu de MM. Garnier, Siegel, van der Waerden, des avis précieux au cours de la rédaction de ce travail: qu'il me soit permis de les remercier ici.

CHAPITRE I.

Le théorème de décomposition.

Par *corps* nous entendrons toujours un corps de nombres algébrique et fini. Si k est un corps, un surcorps de k est un corps contenant k.

Dans ce travail, nous prendrons pour domaine de rationalité un corps k, et le mot »rationnel» devra s'entendre, sauf indication contraire, au sens de *rationnel relativement à* k. K désignera toujours un surcorps arbitraire de k.

1. Un nombre sera dit rationnel relativement à K s'il appartient à K. Un être géométrique est dit *rationnel relativement à* K s'il peut être défini par des équations rationnelles à coefficients rationnels relativement à K, et il est dit simplement *rationnel* s'il est rationnel relativement au domaine de rationalité k. En particulier: une courbe algébrique plane sera rationnelle relativement à K si les coefficients de son équation sont dans K; une fonction des points de la courbe sera rationnelle relativement à K si c'est une fonction rationnelle, à coefficients dans K, des coordonnées d'un point de la courbe. Un point sera rationnel relativement à K si ses coordonnées sont dans K; un système de points le sera si les fonctions symétriques rationnelles, à coefficients dans K, des coordonnées de ses points ont des valeurs rationnelles relativement à K. Un point sera dit algébrique si ses coordonnées sont des nombres algébriques.

Soit S un système de points algébriques; nous appellerons $K(S)$ le plus petit surcorps de K relativement auquel S est rationnel, c'est-à-dire le corps obtenu en adjoignant à K les fonctions symétriques rationnelles des coordonnées des points de S. Si S se compose d'un seul point M, $K(M)$ sera le corps obtenu en adjoignant à K les coordonnées de M. $K(M_1, M_2, \ldots, M_k)$ désignera le corps obtenu en adjoignant à K les coordonnées des points $M_1, M_2, \ldots, M_k$.

Soit alors C une courbe algébrique rationnelle. Considérons une fonction des points algébriques de C, qui à chaque point algébrique M sur C fasse correspondre un idéal entier du corps $K(M)$, de telle sorte qu'à des points conjugués relativement à K correspondent des idéaux conjugués relativement à K: une telle fonction sera appelée une *distribution sur* C, rationnelle relativement à K. On peut former le produit et le pgcd (plus grand commun diviseur) de deux ou plusieurs distributions.

Deux distributions $\boldsymbol{d}, \boldsymbol{d}'$ sont dites *équivalentes*, et l'on écrit $\boldsymbol{d} \sim \boldsymbol{d}'$, s'il y a deux entiers fixes a, a', tels que les idéaux δ, δ' que $\boldsymbol{d}, \boldsymbol{d}'$ font correspondre à M satisfassent, quel que soit le point algébrique M, aux relations[6]:

$$\delta / a\delta', \quad \delta' / a'\delta.$$

La relation d'équivalence est symétrique et transitive. Si $\boldsymbol{d} \sim \boldsymbol{d}'$, $\boldsymbol{e} \sim \boldsymbol{e}'$, les produits $\boldsymbol{d}.\boldsymbol{e}$ et $\boldsymbol{d}'.\boldsymbol{e}'$ sont équivalents, les pgcd $(\boldsymbol{d}, \boldsymbol{e})$ et $(\boldsymbol{d}', \boldsymbol{e}')$ le sont aussi. Deux distributions $\boldsymbol{d}, \boldsymbol{d}'$ sont dites premières entre elles si $(\boldsymbol{d}, \boldsymbol{d}') \sim 1$. Convenons d'appeler *idéal borné* un idéal qui divise un entier fixe: alors deux distributions sont premières entre elles si leur pgcd est un idéal borné.

Une distribution $\boldsymbol{d}$ est dite divisible par une autre $\boldsymbol{a}$, et l'on écrit $\boldsymbol{a}/\boldsymbol{d}$, s'il y en a une troisième $\boldsymbol{b}$ telle que $\boldsymbol{d} \sim \boldsymbol{a}.\boldsymbol{b}$. Si $\boldsymbol{d}$ et $\boldsymbol{a}$ font correspondre à un point M les idéaux δ, α, il y aura alors un entier fixe a tel que $\alpha / a\delta$; réciproquement, s'il en est ainsi, on aura $\boldsymbol{a}/\boldsymbol{d}$. Si même l'on a trouvé un entier fixe a tel que l'on ait $\alpha / a\delta$ partout sauf en un nombre fini de points dont aucun n'est un zéro de $\boldsymbol{a}$, l'on aura encore $\boldsymbol{a}/\boldsymbol{d}$, car il suffira de prendre pour a_1 un multiple commun de a et des valeurs de $\boldsymbol{a}$ aux points exceptionnels pour que la relation $\alpha / a_1 \delta$ soit vérifiée partout.

Soit $f(M)$ une fonction des points de C, rationnelle relativement à K. Si M est un point algébrique sur C, $f(M)$ sera un nombre du corps $K(M)$, qui pourra être considéré, dans ce corps, comme le quotient de deux idéaux premiers entre eux: $f(M) = \frac{\lambda}{\sigma}$; en un pôle de f, nous prendrons $\lambda = 1$, $\sigma = 0$, et en un zéro de f, $\lambda = 0$ et $\sigma = 1$. A tout point algébrique M correspond ainsi un idéal σ; la distribution qui prend la valeur σ en tout point M sera appelée la *distribution engendrée par* f, et sera notée $[f]$; elle est rationnelle relativement à K.

2. Nous nous bornerons dorénavant à considérer les distributions engendrées par des fonctions sur C, et les distributions déduites de celles-là par les opérations du produit et du pgcd; appelons distributions naturelles celles qu'on

[6] λ/μ signifie que l'idéal μ est divisible par λ.

peut obtenir ainsi. Nous allons montrer qu'à tout point algébrique sur C correspond une distribution naturelle indécomposable, c'est-à-dire qui n'est divisible par aucune distribution naturelle non équivalente à elle ou à 1; et toute distribution naturelle est équivalente à un produit bien déterminé de ces distributions indécomposables.

Jusqu'au § 4, nous désignerons par des minuscules latines les fonctions des points de C, rationnelles relativement à un corps K, ou bien la valeur en un point algébrique M d'une de ces fonctions; nous emploierons des minuscules grecques exclusivement pour désigner des idéaux entiers, valeurs en M de distributions sur C, ou bien ces distributions elles-mêmes. Nous écrirons des équations contenant des idéaux, où figurera le signe $+$: ces équations auront un sens purement symbolique, et signifieront que chaque terme est divisible par le pgcd de tous les autres; de telles équations peuvent être divisées par tout idéal entier qui divise tous les termes. Dans ces équations, un astérisque désignera un facteur idéal indéterminé.

Soient x, y deux fonctions des points de C, rationnelles relativement à K. *Si y n'a d'autres pôles que ceux de x*, avec des multiplicités au plus égales, $[x]$ *est divisible par* $[y]$. On a en effet: $ay^k + xP(x, y) + Q(y) = 0$, $a \neq 0$, P, Q étant de degré $\leq k-1$. Si donc $x = \frac{\lambda}{\sigma}$, $y = \frac{\mu}{\sigma}$, λ, μ, σ étant des idéaux premiers entre eux de $K(M)$, on aura: $a\mu^k + *\lambda + *\sigma = 0$, donc $(\lambda, \sigma)/a$. La distribution σ, qui est multiple de $[y]$, est donc équivalente à $[x] = \frac{\sigma}{(\lambda, \sigma)}$.

Il s'ensuit que *deux fonctions ayant mêmes pôles* (avec les mêmes multiplicités) *engendrent des distributions équivalentes*: car chacune de ces distributions est divisible par l'autre.

Deux fonctions x, y sans pôle commun engendrent des distributions premières entre elles. On a en effet: $ax^ky^l + P(x, y) = 0$, $a \neq 0$, P étant de degré $\leq k+l-1$ en x et y, de degré $\leq k$ en x et $\leq l$ en y. Si $x = \frac{\lambda}{\sigma}$, $y = \frac{\mu}{\tau}$, et $(\lambda, \sigma) = (\mu, \tau) = 1$ on a: $a\lambda^k\mu^l + *(\sigma, \tau) = 0$, d'où $(\sigma, \tau)/a$, sauf en un pôle de x ou de y: mais ces pôles sont en nombre fini, et en un tel pôle, par hypothèse, $(\sigma, \tau) \neq 0$, donc la remarque du § 1 s'applique.

Si f a parmi ses pôles tous les pôles communs de x et de y, $[f]$ est divisible par le pgcd de $[x]$, $[y]$. En effet, ajoutons préalablement à f une constante, de façon que f n'ait pour zéro aucun des pôles de y: cela remplace $[f]$ par une distribution équivalente. Cela fait, $\frac{x}{f}$ et y sont sans pôle commun. Soient $x=\frac{\lambda}{\sigma}$, $y=\frac{\mu}{\tau}$, $f=\frac{\alpha}{\delta}$, avec $(\lambda,\sigma)=(\mu,\tau)=(\alpha,\delta)=1$. $\left[\frac{x}{f}\right]$ et $[y]$ sont premières entre elles:

$$\left(\frac{\alpha\sigma}{(\alpha\sigma,\lambda\delta)},\tau\right)/a$$

d'où $(\sigma,\tau)/a(\alpha\sigma,\lambda\delta)$, et $(\sigma,\tau)/a\delta$.

Si f a pour pôles tous les pôles communs à x et y et ceux-là seulement, $[f]$ divisera $[x]$ et $[y]$ et sera divisible par le pgcd de $[x]$ et $[y]$, on aura donc:

$$[f]\sim([x],[y]).$$

Si les pôles communs à f et g sont les mêmes que les pôles communs à x et y, $[f]$ et $[g]$ seront divisibles par le pgcd de $[x]$ et $[y]$, et de même $[x]$ et $[y]$ seront divisibles par le pgcd de $[f]$ et $[g]$, donc:

$$([f],[g])\sim([x],[y]).$$

3. Par suite, si A est un point algébrique, le pgcd des distributions engendrées par deux fonctions dont A est le seul pôle commun est une distribution parfaitement définie, à une équivalence près, par la donnée de A; nous la noterons $\boldsymbol{d}_A$; si A et B sont distincts, $\boldsymbol{d}_A$ et $\boldsymbol{d}_B$ sont premières entre elles, car si x et y sont deux fonctions sans pôle commun, dont la première admet le pôle A et la seconde le pôle B, $[x]$ et $[y]$ seront premières entre elles, $\boldsymbol{d}_A$ divisera $[x]$, et $\boldsymbol{d}_B$ divisera $[y]$.

Soit alors f une fonction, rationnelle relativement à K, ayant pour pôles distincts les points $A_1, A_2, \ldots, A_m$ avec des multiplicités respectives $r_1, r_2, \ldots, r_m$. Choisissons $2m$ fonctions x_i, y_i de telle sorte que x_i, y_i soient rationnelles relativement à $K(A_i)$, aient A_i pour seul pôle commun, et que deux fonctions d'indices différents soient sans pôle commun. On aura: $\boldsymbol{d}_{A_i}\sim([x_i],[y_i])$. Or f a pour pôles les pôles communs à $\prod_{i=1}^{m} x_i^{r_i}$ et à $\prod_{i=1}^{m} y_i^{r_i}$; $[f]$ est donc équivalente au pgcd de $\left[\prod_i x_i^{r_i}\right]$ et $\left[\prod_i y_i^{r_i}\right]$, et divise par suite le pgcd de $\prod_i [x_i]^{r_i}$ et $\prod_i [y_i]^{r_i}$; mais pour $i\neq j$ $[x_i]$ et $[y_j]$ sont premières entre elles, on a donc:

$$\left(\prod_i [x_i]^{r_i}, \prod_i [y_i]^{r_i}\right) \sim \prod_i \boldsymbol{d}_{A_i}^{r_i}.$$

D'autre part f a parmi ses pôles tous les pôles communs à $x_i^{r_i}$ et $y_i^{r_i}$, $[f]$ est donc divisible par $\boldsymbol{d}_{A_i}^{r_i}$ quel que soit i, et par conséquent aussi par $\prod_i \boldsymbol{d}_{A_i}^{r_i}$ puisque $\boldsymbol{d}_{A_i}$ et $\boldsymbol{d}_{A_j}$ sont premières entre elles pour $i \neq j$. Donc enfin:

$$[f] \sim \prod_{i=1}^{m} \boldsymbol{d}_{A_i}^{r_i}$$

Faisons alors correspondre à tout point algébrique A de C, par une règle univoque mais arbitraire, deux fonctions x_A, y_A rationnelles relativement à $k(A)$ et ayant A pour seul pôle commun; supposons seulement que la règle choisie soit telle qu'à des points A conjugués relativement à k correspondent des fonctions x_A, y_A relativement conjuguées. Prenons pour $\boldsymbol{d}_A$ le pgcd des distributions $[x_A]$ et $[y_A]$; et soit $\omega(A, M)$ l'idéal que $\boldsymbol{d}_A$ fait correspondre au point M.

Soit f une fonction rationnelle relativement à K, de pôles (distincts ou non) $A_1, A_2, \ldots, A_n$, et de zéros $B_1, B_2, \ldots, B_n$. On aura:

$$[f] \sim \boldsymbol{d}_{A_1} . \boldsymbol{d}_{A_2} . \ldots \boldsymbol{d}_{A_n}, \quad \left[\frac{1}{f}\right] \sim \boldsymbol{d}_{B_1} . \boldsymbol{d}_{B_2} . \ldots \boldsymbol{d}_{B_n}.$$

En d'autres termes, nous avons démontré le théorème suivant:

Théorème de décomposition. — C étant une courbe algébrique rationnelle relativement à k, l'on peut faire correspondre à tout couple de points algébriques A, M sur C un idéal $\omega(A, M)$ du corps $k(A, M)$ de telle sorte que l'on ait, si f est une fonction rationnelle, arbitrairement choisie, d'un point de C, si $A_1, A_2, \ldots, A_n$ sont les pôles de f, $B_1, B_2, \ldots, B_n$ ses zéros et M un point algébrique quelconque:

$$f(M) = \frac{\lambda\, \omega(B_1, M) . \omega(B_2, M) . \ldots \omega(B_n, M)}{\mu\, \omega(A_1, M) . \omega(A_2, M) . \ldots \omega(A_n, M)}$$

λ, μ et le pgcd du numérateur et du dénominateur étant des idéaux bornés, c'est-à-dire divisant des entiers indépendants de M.

Il importe de remarquer que si un système de points $A_1, A_2, \ldots, A_n$ est rationnel, la distribution $\boldsymbol{d}_{A_1} . \boldsymbol{d}_{A_2} . \ldots \boldsymbol{d}_{A_n}$ est rationnelle, c'est-à-dire que l'idéal $\omega(A_1, M) . \omega(A_2, M) . \ldots \omega(A_n, M)$ est un idéal du corps $k(M)$: ce produit est en effet une norme ou un produit de normes relativement à $k(M)$. Pour une raison analogue, si $\boldsymbol{d}$ est une distribution rationnelle, faisant correspondre à tout point algébrique M un idéal $\delta(M)$, et si $M_1, M_2, \ldots, M_n$ forment un système rationnel, l'idéal $\delta(M_1).\delta(M_2).\ldots\delta(M_n)$ est un idéal du corps k.[7]

Observons encore, sans démonstration, que l'on peut (après avoir au besoin étendu le domaine de rationalité) admettre que $\omega(A, M)$ dépend symétriquement de A et de M, c'est-à-dire que $\omega(A, M) = \omega(M, A)$.

4. *Multiplicités à plusieurs dimensions.* — Les résultats précédents peuvent être étendus aux fonctions algébriques de plusieurs variables; une étude complète de ce cas serait cependant difficile, et exigerait sans doute une théorie préalable des idéaux dans les corps de fonctions que l'on aurait à considérer.[8] Nous nous occuperons seulement des variétés sans point singulier, en nous attachant aux résultats les plus simples et à ceux dont nous aurons besoin dans le chapitre suivant.

Soit donc V une variété algébrique à n dimensions, plongée dans un espace projectif à l dimensions, dépourvue de point singulier, et rationnelle, c'est-à-dire définie par des équations à coefficients rationnels relativement à k. Pour abréger, nous appellerons *surfaces* les variétés algébriques irréductibles à $n-1$ dimensions, situées sur V, et rationnelles relativement à un surcorps K de k (c'est-à-dire définies par des équations à coefficients dans K). U étant une surface, $k(U)$ désignera le plus petit surcorps de k relativement auquel U est rationnelle.

Nous aurons à considérer des fonctions sur V, rationnelles relativement à un surcorps K de k; une telle fonction est le quotient de deux formes de même degré par rapport aux coordonnées homogènes d'un point de V, les coefficients de ces formes étant dans K. Les infinis d'une fonction rationnelle relativement à K forment un système de surfaces (où chaque surface possède une multiplicité

---

[7] La définition des distributions rationnelles et la règle faisant correspondre à tout A des fonctions x_A, y_A ont été formulées justement de telle sorte qu'il en soit bien ainsi.

[8] Une telle théorie serait également indispensable pour asseoir sur des bases solides la théorie des fonctions algébriques de plusieurs variables et la géométrie algébrique (cf. pour les courbes algébriques le mémoire bien connu de Dedekind et Weber, *Theorie der algebraischen Funktionen einer Veränderlichen*, J. de Crelle, t. 92 (1882), p. 181). Elle rentre naturellement dans le cadre des travaux généraux de E. Noether (v. p. ex. *Abstrakter Aufbau der Idealtheorie in algebraischen Zahl- und Funktionenkörper*, Math. Ann. t. 96 (1926), p. 26) et de W. Krull (*Theorie der allgemeinen Zahlringe*, Math. Ann. t. 99 (1928), p. 51); elle présente cependant encore des difficultés considérables. Dans cet ordre d'idées, on consultera avec grand profit les travaux de B. L. van der Waerden, particulièrement *Zur Nullstellentheorie der Polynomideale*, Math. Ann. t. 96 (1926), p. 183, ainsi que le mémoire cité note [5].

déterminée), qui sera appelé le système d'infinis de la fonction et sera dit rationnel relativement à K. Soient deux ou plusieurs systèmes de surfaces, rationnels relativement à K: s'il n'y a aucune surface qui figure à la fois dans tous ces systèmes, ils seront dits premiers entre eux; dans le cas contraire, attribuons à chaque surface figurant à la fois dans tous ces systèmes la plus petite des multiplicités qu'elle y possède: on a ainsi un nouveau système, qui sera dit, lui aussi, rationnel relativement à K, et que nous nommerons le pgcd des systèmes initiaux. Soient de même deux ou plusieurs systèmes; et à chaque surface figurant au moins dans l'un d'entre eux attribuons une multiplicité égale à la somme des multiplicités qu'elle possède dans tous ces systèmes: le nouveau système ainsi formé sera appelé le produit des systèmes initiaux. Si un système S est le produit d'un autre T par un troisième, ce dernier est appelé le quotient de S par T et se notera $S:T$; on dira dans ce cas que S est multiple de T et T diviseur de S. Le ppcm (plus petit commun multiple) de plusieurs systèmes est le pgcd de tous les multiples communs de ces systèmes.[9] Soient $x_1, x_2, \ldots, x_m$ des fonctions rationnelles relativement à K, et soit S le ppcm des systèmes d'infinis de ces fonctions: S est multiple du système d'infinis de $\sum_1^m a_i x_i$, quelles que soient les constantes a_i, et est identique à ce système si les a_i sont pris au hasard; on nommera S le système d'infinis de la famille $x_1, x_2, \ldots, x_m$.

5. Comme pour les courbes, une distribution $\boldsymbol{d}$ sur V sera une fonction qui, à tout point algébrique M de V, fera correspondre un idéal δ du corps $K(M)$, de sorte qu'à des points conjugués relativement à K correspondent des idéaux conjugués relativement à K. Soit $f(M)$ une fonction rationnelle relativement à K; soit, en tout point algébrique M où f n'est pas indéterminée, $f=\frac{\lambda}{\sigma}$, λ et σ étant des idéaux premiers entre eux de $K(M)$, de sorte que $\lambda=0, \sigma=1$ en un zéro de f, et $\lambda=1, \sigma=0$ en un infini de f; soit $\lambda=\sigma=0$ aux points d'indétermination de f, qui sont les points communs aux systèmes d'infinis de f et de $\frac{1}{f}$; on dira que σ et λ sont les valeurs respectives, en M, des distributions

[9] Ces dénominations de pgcd, de produit, etc., reçoivent leur sens plein par la considération des idéaux dans le corps des fonctions rationnelles sur V. Nos »surfaces« et nos »systèmes de surfaces« ne sont autres, en effet, que les »*Primdivisoren*« et les »*Divisoren*« de B. L. van der Waerden (loc. cit. note [5], § 8), au travail duquel on pourra donc se reporter pour des démonstrations purement algébriques de nos affirmations.

$[f]$ et $\left[\frac{1}{f}\right]$ engendrées par f et $\frac{1}{f}$. Si $x_1, x_2, \ldots, x_m$ sont des fonctions rationnelles relativement à K, le ppcm des distributions qu'elles engendrent est une distribution qui est multiple de $\left[\sum_1^m a_i x_i\right]$ quelles que soient les constantes a_i, et qui sera dite *engendrée par la famille* $x_1, x_2, \ldots, x_m$: on la notera $[x_1, x_2, \ldots, x_m]$. Nous nous bornerons à considérer les distributions »naturelles», c'est-à-dire les distributions engendrées par des fonctions ou des familles de fonctions et les distributions qui se déduisent de celles-là par les opérations du produit et du pgcd.

Soient $\boldsymbol{d}, \boldsymbol{d}'$ deux distributions, faisant correspondre à un point M les idéaux δ, δ'; $\boldsymbol{d}$ sera dite divisible par $\boldsymbol{d}'$ si l'on a $\delta'/a\delta$, a étant un entier indépendant de M; si $\delta'/a\delta$ en tout M sauf en certains points M exceptionnels, $\boldsymbol{d}$ sera dite divisible par $\boldsymbol{d}'$ sauf en ces points; si ces points exceptionnels appartiennent tous à un système de surfaces déterminé, $\boldsymbol{d}$ sera dite divisible par $\boldsymbol{d}'$ presque partout. Deux distributions $\boldsymbol{d}, \boldsymbol{d}'$ seront dites équivalentes, équivalentes sauf en certains points, équivalentes presque partout, suivant que chacune est divisible par l'autre, divisible par l'autre sauf en certains points, divisible par l'autre presque partout. Deux ou plusieurs distributions seront dites premières entre elles, premières entre elles sauf en certains points, premières entre elles presque partout, suivant que leur pgcd est équivalent à 1, équivalent à 1 sauf en certains points, équivalent à 1 presque partout. Par exemple, si la fonction f est rationnelle relativement à K, $[f]$ et $\left[\frac{1}{f}\right]$ sont premières entre elles presque partout (partout sauf aux points d'indétermination de f).

6. Soient $x_1, x_2, \ldots, x_m$ des fonctions rationnelles relativement à K; soient S_ν et T_ν les systèmes d'infinis respectifs de x_ν et de $\frac{1}{x_\nu}$, et soit S le système d'infinis de la famille $x_1, x_2, \ldots, x_m$. On dira que $x_1, x_2, \ldots, x_m$ forment une *famille régulière* si, à tout point A de V, l'on peut faire correspondre un indice ν tel que A ne soit ni sur $S:S_\nu$ ni sur T_ν. S'il en est ainsi, m combinaisons linéaires indépendantes des x_ν, à coefficients constants, forment également une famille régulière.

Soit $x_1, x_2, \ldots, x_m$ une famille régulière, soit S son système d'infinis, et soit y une fonction dont le système d'infinis soit diviseur de S: *dans ces conditions,* $[y]$ *divise* $[x_1, x_2, \ldots, x_m]$. Considérons en effet, dans un espace projectif à $m+1$ dimensions, la variété algébrique irréductible décrite par le point de coordonnées homogènes $x_1, x_2, \ldots, x_m, y$, I quand le point argument décrit V: cette variété ne passe pas par le point (O, O, ..., O, I, O), car en tout point de V on peut déterminer ν de façon que $\frac{y}{x_\nu}$ y reste fini; elle est donc contenue dans une variété à m dimensions qui ne passe pas non plus par le point (O, O, ..., O, I, O); autrement dit, l'on a: $ay^k + \sum_i x_i P_i(x_1, x_2, \ldots, x_m, y) + Q(y) = 0$, $a \neq 0$, les P_i et Q étant de degré $\leq k-1$. Soient, en un point non situé sur S, $x_i = \frac{\lambda_i}{\sigma}$, $y = \frac{\mu}{\sigma}$, et $(\lambda_1, \lambda_2, \ldots, \lambda_m, \mu, \sigma) = 1$; on aura $a\mu^k + \Sigma * \lambda_i + * \sigma = 0$, d'où $(\lambda_1, \lambda_2, \ldots, \lambda_m, \sigma)/a$: σ, multiple de $[y]$, est donc équivalente à $[x_1, x_2, \ldots, x_m]$.

Il s'ensuit que *deux familles régulières, ayant même système d'infinis, engendrent des distributions équivalentes.*

Soient $x_1, x_2, \ldots, x_m$ des fonctions dont les systèmes d'infinis sont sans point commun: *elles engendrent des distributions premières entre elles presque partout,* ou, plus précisément, partout sauf aux points d'indétermination de l'une de ces fonctions. Considérons en effet, dans un espace à m dimensions, la variété algébrique irréductible décrite par le point $\frac{1}{x_1}, \frac{1}{x_2}, \ldots, \frac{1}{x_m}$ quand le point argument décrit V: cette variété ne passe pas par l'origine, elle est donc contenue dans une variété à $m-1$ dimensions qui n'y passe pas non plus; autrement dit, l'on a: $F\left(\frac{1}{x_1}, \frac{1}{x_2}, \ldots, \frac{1}{x_m}\right) = 0$, F ayant un terme constant $a \neq 0$. Si l'on pose, en un point où tous les x_ν ont des valeurs déterminées (finies ou infinies), $x_\nu = \frac{\lambda_\nu}{\sigma_\nu}$, avec $(\lambda_\nu, \sigma_\nu) = 1$, on aura: $a\lambda_1^{k_1}\lambda_2^{k_2}\cdots\lambda_m^{k_m} + \sum_1^m * \sigma_\nu = 0$, d'où $(\sigma_1, \sigma_2, \ldots, \sigma_m)/a$.

7. Considérons maintenant des fonctions $x_1, x_2, \ldots, x_m$ ayant respectivement $S_1, S_2, \ldots, S_m$ pour systèmes d'infinis, et telles que, si S est le pgcd des S_ν, les m quotients $S_\nu : S$ soient sans point commun. Soit d'autre part $f_1, f_2, \ldots, f_p$ une famille régulière dont le système d'infinis Σ soit multiple de S: *la distribution* $[f_1, f_2, \ldots, f_p]$ *sera divisible par* $([x_1], [x_2], \ldots, [x_m])$ *presque partout,* ou, plus précisément, partout sauf en un point d'indétermination de l'un des x_ν. En effet, d'après la définition des familles régulières, les systèmes d'infinis des mp fonctions $\frac{x_\nu}{f_i}$ sont sans point commun. Posons donc, en un point où les $\frac{x_\nu}{f_i}$ sont

déterminées, $x_\nu = \frac{\lambda_\nu}{\sigma_\nu}$, avec $(\lambda_\nu, \sigma_\nu) = 1$, et $[f_1, f_2, \ldots, f_p] = \delta, f_i = \frac{\alpha_i}{\delta}$. On aura: $\left(\frac{\alpha_i \sigma_\nu}{(\alpha_i \sigma_\nu, \lambda_\nu \delta)}\right)/a$, le premier membre désignant le pgcd des distributions engendrées par les mp fonctions $\frac{x_\nu}{f_i}$, d'où $(\sigma_1, \sigma_2, \ldots, \sigma_m)/a\delta$: cette relation est du reste vérifiée d'elle-même en un zéro de x_ν, car alors $\sigma_\nu = 1$, et en un point de Σ, car alors $\delta = 0$: elle est donc bien vérifiée partout sauf aux points d'indétermination des x_ν.

Soient alors m familles régulières $x_1^{(\nu)}, x_2^{(\nu)}, \ldots, x_{h_\nu}^{(\nu)}$ $(\nu = 1, 2, \ldots, m)$ ayant les systèmes S_ν pour systèmes d'infinis respectifs, et telles que, si S est le pgcd des S_ν, les $S_\nu : S$ soient sans point commun; et soit de nouveau $f_1, f_2, \ldots, f_p$ une famille régulière dont le système d'infinis soit multiple de S: $[f_1, f_2, \ldots, f_p]$ *sera divisible par le pgcd des m distributions* $[x_1^{(\nu)}, x_2^{(\nu)}, \ldots, x_{h_\nu}^{(\nu)}]$. Posons en effet, en un point M, $[f_1, f_2, \ldots, f_p] = \delta$ et $[x_i^{(\nu)}] = \sigma_i^{(\nu)}$; d'après ce qui précède, on pourra choisir l'entier a de manière à avoir $(\sigma_{i_1}^{(1)}, \sigma_{i_2}^{(2)}, \ldots, \sigma_{i_m}^{(m)})/a\delta$ quels que soient les indices i_ν et le point M, sauf peut-être si M est un point d'indétermination de l'un des $x_{i_\nu}^{(\nu)}$; mais si $x_{i_1}^{(1)}$, par exemple, est indéterminé en M, M sera sur S_1, et il y aura j_1 tel que $x_{j_1}^{(1)}$ soit déterminé et infini en M; remplaçons de même chacun des $x_{i_\nu}^{(\nu)}$ qui sont indéterminés en M par un $x_{j_\nu}^{(\nu)}$ déterminé et infini en M, et soit $j_\nu = i_\nu$ quand $x_{i_\nu}^{(\nu)}$ est déterminé en M: on aura, en M, $(\sigma_{j_1}^{(1)}, \sigma_{j_2}^{(2)}, \ldots, \sigma_{j_m}^{(m)})/a\delta$ et $\sigma_{j_\nu}^{(\nu)} = \sigma_{i_\nu}^{(\nu)}$ quel que soit ν. La relation $(\sigma_{i_1}^{(1)}, \sigma_{i_2}^{(2)}, \ldots, \sigma_{i_m}^{(m)})/a\delta$ est donc vérifiée en tout point quels que soient les i_ν; si donc, en M, $[x_1^{(\nu)}, x_2^{(\nu)}, \ldots, x_{h_\nu}^{(\nu)}] = \tau_\nu$, on a bien $(\tau_1, \tau_2, \ldots, \tau_m)/a\delta$ quel que soit M. Si l'on considère alors p familles régulières telles que leurs systèmes d'infinis respectifs aient S pour pgcd et que les quotients de ces systèmes par S soient sans point commun, elles engendrent des distributions dont le pgcd est équivalent au pgcd des $[x_1^{(\nu)}, x_2^{(\nu)}, \ldots, x_{h_\nu}^{(\nu)}]$, car chacun de ces pgcd, d'après ce qui précède, est divisible par l'autre; *si donc, S étant donné, on peut choisir de telles familles* d'une manière au moins, *le pgcd des distributions qu'elles engendrent est parfaitement déterminé* (à une équivalence près) *par la donnée de S*; on le nommera *la distribution appartenant à S*, et on le notera $\boldsymbol{d}_S$.

Soient $x_1, x_2, \ldots, x_m$ et $y_1, y_2, \ldots, y_p$ deux familles régulières, ayant pour systèmes d'infinis S et T, et considérons la famille constituée par les mp fonctions $x_i y_j$: *c'est une famille régulière ayant S.T pour système d'infinis*, que nous nommerons *le produit des familles* x_i *et* y_j; et *la distribution qu'elle engendre est équivalente au produit des distributions engendrées par les familles* x_i *et* y_j: car elle est équivalente à la distribution engendrée par la famille régulière, de système d'infinis ST, qui est constituée par les $3mp$ fonctions $x_i y_j$, $(x_i + 1) y_j$ et $x_i(y_j + 1)$; mais cette dernière famille engendre la distribution $[x_1, x_2, \ldots, x_m] . [y_1, y_2, \ldots, y_p]$, car cela résulte du fait qu'en général le ppcm de $[xy]$, $[(x+1)y]$ et $[x(y+1)]$ est $[x] . [y]$. Considérons alors m familles régulières, ayant respectivement pour systèmes d'infinis $S_1, S_2, \ldots, S_m$ et engendrant des distributions $\mathfrak{a}_1, \mathfrak{a}_2, \ldots, \mathfrak{a}_m$, et p autres familles régulières, ayant pour systèmes d'infinis $T_1, T_2, \ldots, T_p$ et engendrant des distributions $\mathfrak{b}_1, \mathfrak{b}_2, \ldots, \mathfrak{b}_p$; formons le produit de chacune des familles du premier groupe par chacune des familles du second: nous obtenons mp familles régulières, ayant pour systèmes d'infinis respectifs les systèmes $S_\mu T_\nu$, et engendrant respectivement les distributions $\mathfrak{a}_\mu \mathfrak{b}_\nu$. Soient S le pgcd des S_μ, T celui des T_ν, et supposons qu'il n'y ait aucun point commun aux systèmes $S_\mu : S$, ni aux systèmes $T_\nu : T$: alors le pgcd des $\mathfrak{a}_\mu$ est la distribution $\mathfrak{d}_S$ appartenant à S, et de même le pgcd des $\mathfrak{b}_\nu$ est $\mathfrak{d}_T$. Dans ce cas *il n'y a non plus aucun point commun aux mp systèmes* $(S_\mu T_\nu) : (ST)$, *de sorte que le pgcd* $\mathfrak{d}_S . \mathfrak{d}_T$ *des mp distributions* $\mathfrak{a}_\mu \mathfrak{b}_\nu$ *est équivalent à la distribution* $\mathfrak{d}_{S.T}$ *appartenant à* $S . T$: $\mathfrak{d}_{S.T} \simeq \mathfrak{d}_S . \mathfrak{d}_T$.

8. Or, la variété V étant sans point singulier, l'on peut faire correspondre, à tout système S, des familles régulières telles que leurs systèmes d'infinis aient S pour pgcd et que les quotients de ces systèmes par S soient sans point commun[10]: tout système étant un produit de »surfaces«, il suffit de montrer qu'il en est ainsi pour toute surface U. Soient en effet $X_0, X_1, \ldots, X_l$ les coordonnées homogènes d'un point de V, soit U une surface rationnelle relativement à K, et considérons l'ensemble des polynômes en $X_0, X_1, \ldots, X_l$, à coefficients rationnels relativement à K, qui s'annulent chaque fois que le point $(X_0, X_1, \ldots, X_l)$ se trouve sur U. D'après un théorème célèbre de Hilbert[11], on peut choisir dans cet ensemble des polynômes $P_1, P_2, \ldots, P_N$ en nombre fini, tels que tout

---

[10] Il est essentiel, pour qu'il en soit ainsi, que V soit sans singularité ou du moins transformable en une variété sans singularité par une transformation birationnelle et biunivoque sans exception; et il n'en serait pas ainsi, par exemple, sur un cône du second degré. Je dois cette remarque et cet exemple à B. L. van der Waerden.

[11] Hilbert, *Ueber die Theorie der algebraischen Formen,* Math. Ann. t. 36 (1890), p. 473 (v. § 1, Th. I). Cf. sur ce théorème les mémoires de E. Noether et B. L. van der Waerden déjà cités.

autre polynôme de l'ensemble soit de la forme $\sum_{1}^{N} P_i Q_i$, les Q_i étant des polynômes quelconques; dans le cas présent, on peut même supposer que les P_i sont homogènes, de degrés respectifs d_i. Soient $P_1, P_2, \ldots, P_\varrho$ ceux des P_i qui ne s'annulent pas en tout point de V: ils ne s'annulent simultanément en aucun point de V non situé sur U; si P_λ est l'un d'eux, les fonctions $\frac{X_0^{\alpha_0} X_1^{\alpha_1} \ldots X_l^{\alpha_l}}{P_\lambda}$, où l'on donne aux α tous les systèmes de valeurs entières ≥ 0 de somme d_λ, forment une famille régulière dont le système d'infinis est l'intersection Σ_λ de V avec la variété à $l-1$ dimensions $P_\lambda(X_0, X_1, \ldots, X_l)=0$. Et les systèmes $\Sigma_\lambda : U$ sont sans point commun. Car supposons un instant qu'ils passent tous par A: alors, en désignant par P un quelconque des polynômes qui s'annulent sur U et par Σ l'intersection de V avec $P=0$, on aurait $P=\Sigma P_i Q_i$, et $\Sigma : U$ passerait par A. Mais, A étant un point simple de V, V a en A une variété linéaire tangente à n dimensions: soient $Y_0 = Y_1 = \cdots = Y_n = 0$ les équations d'une variété linéaire L à $l-n-1$ dimensions qui ne coupe pas cette variété tangente, les Y étant des combinaisons linéaires des X à coefficients dans K; et soit $F(Y_0, Y_1, \ldots, Y_n)$ le polynôme irréductible en $Y_0, Y_1, \ldots, Y_n$ qui s'annule sur U, de sorte que $F=0$ sera l'équation de la variété projetant U à partir de L. Si nous prenons $P=F(Y_0, Y_1, \ldots, Y_n)$, le point A, étant simple sur V, aura sur U et sur Σ le même ordre de multiplicité, et par suite $\Sigma : U$ ne passera pas par A.

Faisons alors correspondre à toute surface U, par une règle univoque mais arbitraire, des familles régulières telles que leurs systèmes d'infinis respectifs aient U pour pgcd et que les quotients de ces systèmes par U soient sans point commun: supposons seulement que ces familles soient formées de fonctions rationnelles relativement à $k(U)$, et que les fonctions des familles correspondant à des surfaces conjuguées relativement à k soient respectivement conjuguées relativement à k. La règle adoptée permet de calculer en tout point algébrique la distribution $\boldsymbol{d}_U$ appartenant à une surface U, distribution qui n'était définie jusqu'à présent (en supposant qu'elle existât) qu'à une équivalence près; soit $\omega(U, M)$ la valeur de $\boldsymbol{d}_U$ en M, fournie par cette règle: c'est un idéal du corps $k(U, M)$ (c'est-à-dire du plus petit surcorps de k relativement auquel U et M sont rationnels).

9. Convenons de dire qu'un système de surfaces est constitué par les sur-

faces $U_1, U_2, \ldots, U_m$ s'il se compose de celles des U_i qui sont distinctes, chacune étant prise autant de fois qu'elle figure dans la suite $U_1, U_2, \ldots, U_m$. Nous avons démontré le théorème suivant:

Théorème. — Soit S un système de surfaces rationnel relativement à K, constitué par les surfaces $U_1, U_2, \ldots, U_m$: à S appartient une distribution $\boldsymbol{d}_S$ rationnelle relativement à K, et l'on a:

$$\boldsymbol{d}_S \backsim \boldsymbol{d}_{U_1} \cdot \boldsymbol{d}_{U_2} \cdot \ \ldots \ \boldsymbol{d}_{U_n}.$$

Soit x une fonction rationnelle relativement à K; soient S et T les systèmes d'infinis respectifs de x et de $\frac{1}{x}$. Considérons m familles régulières $f_1^{(\nu)}, f_2^{(\nu)}, \ldots, f_{h_\nu}^{(\nu)}$ $(\nu = 1, 2, \ldots, m)$ telles que leurs systèmes d'infinis respectifs soient des multiples $R_\nu T$ de T, et que les quotients R_ν soient sans point commun: alors le pgcd des m distributions $[f_1^{(\nu)}, f_2^{(\nu)}, \ldots, f_{h_\nu}^{(\nu)}]$, qui est multiple de $\left[\frac{1}{x}\right]$, est équivalent à $\boldsymbol{d}_T$; soit donc $\boldsymbol{a}$ une distribution telle que $\boldsymbol{d}_T \backsim \boldsymbol{a}\left[\frac{1}{x}\right]$. Les fonctions $xf_1^{(\nu)}, xf_2^{(\nu)}, \ldots, xf_{h_\nu}^{(\nu)}$ forment une famille régulière de système d'infinis $R_\nu S$; donc le pgcd des m distributions $[xf_1^{(\nu)}, xf_2^{(\nu)}, \ldots, xf_{h_\nu}^{(\nu)}]$ est équivalent à $\boldsymbol{d}_S$: mais il est équivalent à $\boldsymbol{a}[x]$, puisque x est égal en tout point au quotient des valeurs de $\left[\frac{1}{x}\right]$ et de $[x]$. Nous avons ainsi le théorème suivant:

Théorème de décomposition. — V étant une variété algébrique sans singularité, et rationnelle relativement à k, l'on peut faire correspondre à toute »surface» algébrique U et à tout point algébrique M sur V un idéal $\omega(U, M)$ du corps $k(U, M)$, ayant la propriété suivante: soit f une fonction arbitraire d'un point de V, rationnelle relativement à K, et soient respectivement $U_1, U_2, \ldots, U_p$ et $U'_1, U'_2, \ldots, U'_q$ les surfaces constituant les systèmes d'infinis de f et de $\frac{1}{f}$; on aura, en tout point algébrique M sur V:

$$f(M) = \frac{\lambda\omega(U'_1, M) \cdot \omega(U'_2, M) \cdot \ \ldots \ \omega(U'_q, M)}{\mu\omega(U_1, M) \cdot \omega(U_2, M) \cdot \ \ldots \ \omega(U_p, M)}$$

λ et μ étant des idéaux bornés, c'est-à-dire divisant des entiers indépendants de M.[12]

---

[12] Ici, contrairement au cas où V était à une dimension, le pgcd du numérateur et du dénominateur n'est plus nécessairement un idéal borné.

Observons que toutes les notions que nous avons définies jouissent, comme on dit, de l'*invariance relative,* c'est-à-dire qu'elles sont invariantes par toute transformation birationnelle et biunivoque sans exception. En particulier, nos résultats sont valables, non seulement pour les variétés sans singularités, mais encore pour celles qui sont en correspondance birationnelle et biunivoque sans exception avec une variété sans singularités.

10. Démontrons encore un résultat dont nous aurons besoin au chapitre II. Soit de nouveau V sans singularités, et soit t une transformation de V en elle-même qui, à tout point M de V, fasse correspondre sans exception un point bien déterminé tM de V dépendant rationnellement de M, de telle sorte que tout point P de V, sans exception, corresponde à r points bien déterminés, distincts ou confondus, qui seront appelés $t^{-1}P$: une telle transformation sera appelée une transformation $(1, r)$ sans exception de V en elle-même. U étant une surface sur V, et P un point qui décrit U, nous appellerons $t^{-1}U$ le système de surfaces composé des surfaces décrites par les points $t^{-1}P$, chacune de ces surfaces étant affectée d'une multiplicité égale au nombre de points $t^{-1}P$ qui coïncident avec un point pris génériquement sur elle; et, si S est un système de surfaces constitué par les surfaces $U_1, U_2, \ldots, U_m$, nous appellerons $t^{-1}S$ le produit des m systèmes $t^{-1}U_i$. De toute fonction $f(M)$, ayant S pour système d'infinis, l'on déduit au moyen de t une fonction $f(tM)$ ayant $t^{-1}S$ pour système d'infinis; et si les fonctions $f_1, f_2, \ldots, f_h$ forment une famille régulière de système d'infinis S, les fonctions $f_1(tM), f_2(tM), \ldots, f_h(tM)$ formeront une famille régulière de système d'infinis $t^{-1}S$.

Soit alors S un système quelconque, et considérons m familles régulières $f_1^{(\nu)}, f_2^{(\nu)}, \ldots, f_{h_\nu}^{(\nu)}$ $(\nu = 1, 2, \ldots, m)$ telles que leurs systèmes d'infinis aient S pour pgcd et que les m quotients soient sans point commun. Le pgcd des m distributions $[f_1^{(\nu)}, f_2^{(\nu)}, \ldots, f_{h_\nu}^{(\nu)}]$ est équivalent à $\boldsymbol{d}_S$: soit $\omega(S, M)$ sa valeur en un point M. Alors les m familles $f_1^{(\nu)}(tM), f_2^{(\nu)}(tM), \ldots, f_{h_\nu}^{(\nu)}(tM)$ seront régulières, et telles que leurs systèmes d'infinis aient $t^{-1}S$ pour pgcd et que les quotients soient sans point commun. Par conséquent le pgcd des distributions qu'elles engendrent est équivalent à $\boldsymbol{d}_{t^{-1}S}$: mais ce pgcd a pour valeur en M l'idéal $\omega(S, tM)$. Donc *la distribution qui a pour valeur* $\omega(S, tM)$ *en tout point algébrique* M *est équivalente à la distribution appartenant à* $t^{-1}S$. Si l'on connaît la distribution appartenant à S, on en déduit ainsi celle qui appartient à $t^{-1}S$. Ce résultat peut aussi s'écrire, en désignant par $\omega(t^{-1}S, M)$ la valeur en M d'une distribution appartenant à $t^{-1}S$: $\omega(S, tM) = \omega(t^{-1}S, M)$.

CHAPITRE II.

Les systèmes rationnels de p points sur les courbes de genre p.

11. Soit C une courbe algébrique de genre p, rationnelle relativement à k. Soient w_ν $(\nu = 1, 2, \ldots, p)$ les p intégrales normées de première espèce sur C. Prenons un système fixe Γ de p points $A_1, A_2, \ldots, A_p$ sur C: à tout système de p points $M_1, M_2, \ldots, M_p$ nous ferons correspondre le point de l'espace $(u_1, u_2, \ldots, u_p)$ qui a pour coordonnées:

$$u_\nu = \sum_{i=1}^{p} \int_{A_i}^{M_i} dw_\nu .$$

Convenons de considérer des points de l'espace (u) comme identiques si les différences de leurs coordonnées forment un système de périodes des intégrales w_ν. A tout système S de p points correspond alors un point u et un seul; et un point u correspond en général à un système S bien déterminé (ou en tout cas à une série linéaire complète de systèmes équivalents). En raison de cette correspondance, nous parlerons indifféremment du système S ou du point u qui lui correspond; cela conduit à *ne pas distinguer entre des systèmes équivalents*, et aussi, par exemple, à dire qu'un point u est rationnel relativement à K s'il correspond à un système rationnel relativement à K. Si les systèmes S, S', T correspondent aux points u, u', v, nous noterons $S + S' - T$ le système correspondant à $u + u' - v$, c'est-à-dire au point dont les coordonnées sont les combinaisons $u_\nu + u'_\nu - v_\nu$ des coordonnées de u, u', v: ce n'est là, du reste, que la notation courante en géométrie algébrique.

Dans ce qui suit, et jusqu'à la fin de ce chapitre, le mot de système désignera, sauf indication contraire, un système de p points sur C.

12. Γ étant le système fixe choisi plus haut, soit $f_\gamma(M)$ une fonction de degré $2p$ ayant chacun des points de Γ pour pôle double, et ayant des zéros doubles en p points formant un système γ. Si s est un système quelconque formé des points $M_1, M_2, \ldots, M_p$, nous posons:

$$F_\gamma(s) = h \, . f_\gamma(M_1) f_\gamma(M_2) \cdots f_\gamma(M_p),$$

h étant une constante que nous fixerons plus loin.

Considérons deux systèmes variables g, g' et deux systèmes fixes g_0, g'_0, ainsi que les systèmes $G = g + g' - \Gamma$ et $G_0 = g_0 + g'_0 - \Gamma$; soit φ la fonction de degré $2p$ qui a pour pôles les points de G et Γ et pour zéros ceux de g et g'; soit de même φ_0 la fonction ayant pour pôles G_0 et Γ et pour zéros g_0 et g'_0. Supposons que Γ et γ n'aient aucun point commun avec g, g', G, g_0, g'_0, G_0, et traçons sur la surface de Riemann de C un contour fermé $\mathfrak{L}$ divisant cette surface en deux morceaux, dont l'un $\mathfrak{J}$ contienne Γ et γ et l'autre $\mathfrak{E}$ contienne g, g', G, g_0, g'_0, G_0. La fonction $\psi = \frac{\varphi}{\varphi_0}$ aura pour pôles G, g_0, g'_0 et pour zéros G_0, g, g'.

Considérons l'intégrale:

$$\frac{1}{2\pi i}\int_{\mathfrak{L}} \log f_\gamma \,.\, d(\log\psi).$$

Dans $\mathfrak{E}$, $\log f_\gamma$ est régulier, cette intégrale aura donc pour valeur:

$$\log\left[\frac{F_\gamma(G)\,F_\gamma(g_0)\,F_\gamma(g'_0)}{F_\gamma(G_0)\,F_\gamma(g)\,F_\gamma(g')}\right]$$

D'autre part, quand on décrit $\mathfrak{L}$, $\log f_\gamma$ et $\log\psi$ reviennent à leurs valeurs initiales, on peut donc intégrer par parties et écrire notre intégrale:

$$-\frac{1}{2\pi i}\int_{\mathfrak{L}} \log\psi \,.\, d(\log f_\gamma).$$

Posons, s étant un système de points $M_1, M_2, \ldots, M_p$:

$$\Phi(s) = \psi(M_1)\,.\,\psi(M_2)\,.\;\ldots\;\psi(M_p)$$

on trouve, pour valeur de l'intégrale, $\log\psi$ étant régulier dans $\mathfrak{J}$: $2\log\frac{\Phi(\Gamma)}{\Phi(\gamma)}$.

Choisissons alors h de façon que $F_\gamma(g_0)\,F_\gamma(g'_0) = F_\gamma(G_0)$; nous aurons:

$$\frac{F_\gamma(G)}{F_\gamma(g)\,F_\gamma(g')} = \left[\frac{\Phi(\Gamma)}{\Phi(\gamma)}\right]^2, \quad G = g + g' - \Gamma \tag{A}$$

et en particulier, pour $g = g'$:

$$F_\gamma(G) = \left[F_\gamma(g)\frac{\Phi(\Gamma)}{\Phi(\gamma)}\right]^2, \quad G = 2g - \Gamma. \tag{B}$$

13. Supposons maintenant qu'il existe sur C des systèmes rationnels de p points, et que Γ, g_0, g'_0 soient de tels systèmes. Si les points u, v de l'espace (u) sont rationnels, les points $u \pm v$ le seront aussi: les points rationnels forment un *module* (ou, en d'autres termes, un groupe abélien par rapport à l'addition).

Nous nous proposons, au cours de ce chapitre, de démontrer le théorème suivant:

Théorème de la base finie. — Le module des points rationnels de l'espace (u) *possède une base formée d'un nombre fini de points.*

En d'autres termes, il suffit de connaître sur C un nombre fini de systèmes rationnels pour trouver rationnellement tous les autres.

Si ce théorème est vrai pour un surcorps K de k, il sera aussi vrai pour k. Car le module des points u rationnels relativement à k est contenu dans le module des points rationnels relativement à K et est de base finie si c'est le cas pour ce dernier. Cette remarque nous autorise à remplacer, au cours de la démonstration, k par tel surcorps que nous voudrons, sans que cela diminue en rien la généralité du résultat. Nous supposerons en particulier que *les* $2^{2p}-1$ *systèmes* γ (qui se déduisent de Γ par l'addition, au point correspondant à Γ dans l'espace (u), des $2^{2p}-1$ demi-périodes non nulles) *sont tous rationnels*: car il en est ainsi si l'on a remplacé k par un surcorps convenable.

Appliquons le théorème de décomposition à la fonction $f_\gamma(M)$; nous obtenons:

$$f_\gamma(M) = \frac{\lambda \eta^2(M)}{\mu H^2(M)}\cdot$$

$\eta(M)$ et $H(M)$ étant les valeurs en M de distributions rationnelles et λ et μ divisant des entiers fixes. On a donc, si S est un système rationnel formé des points $M_1, M_2, \ldots, M_p$:

$$F_\gamma(S) = h \cdot \frac{\lambda_1 \lambda_2 \ldots \lambda_p}{\mu_1 \mu_2 \ldots \mu_p}\left[\frac{\eta(M_1)\ldots\eta(M_p)}{H(M_1)\ldots H(M_p)}\right]^2$$

Soit $h = \frac{\varrho}{\sigma}$, ϱ et σ étant des idéaux entiers, et posons

$$\Omega = \frac{1}{\sigma \,.\, \mu_1 \ldots \mu_p}\cdot\frac{\eta(M_1)\ldots\eta(M_p)}{H(M_1)\ldots H(M_p)}:$$

Ω est un idéal de k. Prenons, dans chaque classe d'idéaux de k, un idéal fixe; si α est celui qui est de la classe de Ω, l'on aura:

$$F_\gamma(S) = (\varrho\sigma \,.\, \lambda_1 \ldots \lambda_p \,.\, \mu_1 \ldots \mu_p \,.\, \alpha^2) \times \left(\frac{\Omega}{\alpha}\right)^2$$

où le premier facteur est un idéal principal entier qui n'est susceptible que d'un nombre fini de valeurs: désignons celles-ci par $(m'_1), (m'_2), \ldots, (m'_M)$, les m'_i étant des entiers de k. Soit donc (m'_i) ce premier facteur et soit $\frac{\Omega}{\alpha} = (a')$, a' étant un nombre de k; $\frac{F_\gamma(S)}{m'_i a'^2}$ sera une unité, qu'on pourra écrire $\varepsilon_0^{k_0} \,.\, \varepsilon_1^{k_1} \ldots \varepsilon_r^{k_r}$ si $\varepsilon_0, \varepsilon_1 \ldots \varepsilon_r$ est une base pour le groupe des unités de k. Prenons l_i égal à 0 ou 1 suivant que k_i est pair ou impair; on aura:

$$F_\gamma(S) = m'_i \varepsilon_0^{l_0} \varepsilon_1^{l_1} \ldots \varepsilon_r^{l_r} \times \left(\varepsilon_0^{\frac{k_0 - l_0}{2}} \,.\, \varepsilon_1^{\frac{k_1 - l_1}{2}} \ldots \varepsilon_r^{\frac{k_r - l_r}{2}} \,.\, a'\right)^2;$$

$m'_i \varepsilon_0^{l_0} \ldots \varepsilon_r^{l_r}$ n'est susceptible que d'un nombre fini de valeurs distinctes, donc:

$$F_\gamma(S) = m \,.\, a^2 \qquad \text{(C)}$$

a étant un nombre de k, et m étant un entier qui ne prend qu'un nombre fini de valeurs distinctes quand on prend pour S tous les systèmes rationnels.

Si le système S correspond au point u, nous poserons $F_\gamma(u) = F_\gamma(S)$; $F_\gamma(u)$ est une fonction abélienne de u.

14. Disons que deux points rationnels u, v appartiennent à la même *classe*, et écrivons $u \infty v$, si chacun des $2^{2p} - 1$ nombres $\frac{F_\gamma(u)}{F_\gamma(v)}$, obtenus en choisissant γ de toutes les manières possibles, est le carré d'un nombre de k. (C) montre que le nombre h des classes est fini. (A) montre que si $u \infty v$, $u' \infty v'$, on a aussi $u + u' \infty v + v'$; il en résulte que par rapport à l'addition des systèmes, les classes forment un groupe abélien fini. La classe unité est la classe des points u tels que chacun des nombres $F_\gamma(u)$ soit le carré d'un nombre de k; dans ce cas nous écrivons $u \infty 0$. (B) montre que si u est un point rationnel, $2u \infty 0$: le groupe des classes n'a donc que des éléments d'ordre 2.

Inversement, *si* $u \infty 0$, *les* 2^{2p} *points* $\frac{u}{2}$ (qui se déduisent de l'un d'entre eux par l'addition de toutes les demi-périodes) *sont rationnels*. L'on a dans ce cas, par hypothèse:

$$\sqrt{F_\gamma(u)} = F_\gamma\left(\frac{u}{2}\right) \frac{\Phi(\Gamma)}{\Phi(\gamma)} = a_\gamma$$

a_γ étant un nombre de k qui dépend de γ. Dans cette équation, $\Phi(\Gamma)$ et $\Phi(\gamma)$ représentent les produits, étendus à tous les points de Γ et de γ respectivement, des valeurs de la fonction ψ qui a pour pôles les points du système u, de g_0 et de g'_0, pour zéros doubles les points du système $\frac{u}{2}$ et pour zéros simples ceux de G_0. Or si A et B sont deux points fixes, $\frac{\psi(A)}{\psi(B)}$ est une fonction abélienne de $\frac{u}{2}$; par suite $\frac{\Phi(\Gamma)}{\Phi(\gamma)}$ est une fonction abélienne de $\frac{u}{2}$, et il en est de même de la fonction $F_\gamma\left(\frac{u}{2}\right)\frac{\Phi(\Gamma)}{\Phi(\gamma)}$. Quand les coordonnées de u augmentent d'un système de périodes, cette dernière fonction, étant égale à $\sqrt{F_\gamma(u)}$, se trouve multipliée par un facteur ± 1: mais ce facteur ne peut être $+1$ quelle que soit la période, sans quoi la fonction serait une fonction abélienne de u; et en laissant fixes $p-1$ points du système u, la fonction, considérée comme fonction du $p^{\text{ième}}$, serait rationnelle sur C et aurait pour pôles simples les points de Γ et pour zéros simples ceux de γ, ce qui est impossible.

Il y a donc des périodes pour lesquelles la fonction se multiplie par -1; donc, parmi les 2^{2p} points $\frac{u}{2}$, il y en a 2^{2p-1} pour lesquels elle prend la valeur a_γ et 2^{2p-1} pour lesquels elle prend la valeur $-a_\gamma$. Soient g, g' des systèmes correspondant à des points pour lesquels elle prend *la même valeur*, on a:

$$\frac{F_\gamma(g)}{F_\gamma(g')}\cdot\frac{\Phi_g(\Gamma)}{\Phi_g(\gamma)}\cdot\frac{\Phi_{g'}(\gamma)}{\Phi_{g'}(\Gamma)}=+1.$$

Posons $\theta=\frac{\psi_{g'}}{\psi_g}$, c'est la fonction qui a pour pôles doubles les points de g et pour zéros doubles ceux de g'; et, si s est un système formé des points $M_1, M_2, \ldots, M_p$, soit $\Theta(s)=\theta(M_1)\,\theta(M_2)\ldots\theta(M_p)=\frac{\Phi_{g'}(s)}{\Phi_g(s)}$; l'égalité précédente devient:

$$\frac{F_\gamma(g)}{F_\gamma(g')}=\frac{\Theta(\Gamma)}{\Theta(\gamma)}$$

En se reportant aux définitions de F_γ et Θ, on voit que cette égalité est parfaitement symétrique en Γ et γ d'une part et g et g' de l'autre. Nous venons de démontrer que si Γ, γ, g sont donnés, il y a 2^{2p-1} choix de g' pour lesquels elle n'est pas satisfaite: donc, si g, g', Γ sont donnés, il y a 2^{2p-1} choix de γ pour lesquels elle n'est pas satisfaite. Autrement dit, de quelque manière que l'on choisisse g et g', il y a 2^{2p-1} choix de γ pour lesquels $F_\gamma(g)\frac{\Phi_g(\Gamma)}{\Phi_g(\gamma)}$ et $F_\gamma(g')\frac{\Phi_{g'}(\Gamma)}{\Phi_{g'}(\gamma)}$ ont des valeurs *rationnelles* opposées. Par suite, dans l'équation de degré 2^{2p} dont dépend la recherche des systèmes correspondant aux points $\frac{u}{2}$, les racines correspondant aux systèmes g, g' ne peuvent appartenir à un même facteur irréductible, et cela quels que soient g, g'; ces racines sont donc bien toutes rationnelles.

14 bis. (Observons, pour ceux qui connaissent la théorie des fonctions abéliennes, que les considérations précédentes ont des rapports étroits avec la théorie des demi-périodes syzygétiques et azygétiques, et peuvent servir à la reconstruire par une voie purement algébrique.

Remarquons aussi que, dans les §§ 11—14, nous aurions pu sans difficulté supplémentaire nous servir, non pas de la bissection des fonctions abéliennes, mais de la division par n, n étant un entier quelconque; au § 11, il aurait alors fallu appeler $f_\gamma(M)$ une fonction de degré np, ayant chacun des points de Γ pour pôle d'ordre n, et ayant des zéros d'ordre n en p points formant un système γ. Dans la formule (A), il n'y aurait qu'à remplacer, au second membre, l'exposant 2 par l'exposant n; la formule (B) serait remplacée par une autre, obtenue en itérant n fois la précédente, et qui donnerait $F_\gamma(ng-(n-1)\Gamma)$ comme puissance n-ième exacte. La suite subsiste presque sans modification, à condition de supposer qu'on a, au besoin, adjoint préalablement au corps k les racines n-ièmes de l'unité.

Cette remarque est importante, car il arrive, dans certaines questions, qu'il faille utiliser la division par n avec des valeurs élevées de n).

15. Supposons dorénavant qu'il y ait dans l'espace (u) une infinité de points rationnels (sans quoi le théorème de la base finie n'aurait pas besoin d'être démontré). Dans chaque classe, choisissons un tel point, et soient $a_1, a_2, \ldots, a_h$ les points ainsi choisis. Soit u un point rationnel quelconque, soit a celui des a_i qui est de la classe de u, on a $u+a \infty 0$, donc (§ 14) les points $\frac{u+a}{2}$ sont rationnels; soit u' l'un d'eux, soit de nouveau a' celui des a_i qui est de la classe de u': on obtient ainsi un point rationnel $u''=\frac{u'+a'}{2}$, sur lequel on opérera de

même, et ainsi de suite indéfiniment. Le théorème de la base finie sera démontré si nous faisons voir que la suite de ces opérations conduit nécessairement à un point $u^{(\nu)}$ faisant partie d'un nombre fini de points $b_1, b_2, \ldots, b_m$ déterminés a priori: car alors les a et les b forment ensemble une base pour le module des points rationnels de l'espace (u).

Pour achever la démonstration, nous étudierons, par les méthodes du chapitre précédent, la »variété jacobienne» de la courbe C: on appelle ainsi toute variété algébrique dont les points sont en correspondance birationnelle et biunivoque avec les séries linéaires complètes de systèmes de p points sur la courbe C; elle est aussi en correspondance biunivoque avec les points de l'espace (u), si l'on considère comme identiques des points de cet espace qui ne diffèrent que par un système de périodes; et elle est en correspondance birationnelle avec les systèmes de p points sur C.

v étant le vecteur de composantes $v_1, v_2, \ldots, v_p$, nous désignerons par $\vartheta(v)$ la fonction thêta des p variables v_ν qui est formée avec les périodes des intégrales normées $w_1, w_2, \ldots, w_p$.[13] Si P est un point (que nous prendrons algébrique) sur C, et si $\mathfrak{G}^{2p-2}$ désigne le système des $2p-2$ zéros d'une différentielle de première espèce, on sait qu'il y a 2^{2p} systèmes R_i de p points tels que $2R_i$ soit équivalent à $2P+\mathfrak{G}^{2p-2}$, chacun de ces systèmes correspondant à une des 2^{2p} demi-périodes; et si R est celui qui correspond à la demi-période 0, l'équation $\vartheta(u)=0$, où u désigne le point qui correspond à un système S, signifie que le point P fait partie d'un système équivalent à $R+S-\Gamma$. Nous supposerons que R, et par suite le point P, sont rationnels, ce qu'on obtient au besoin en remplaçant k par un surcorps.

Pour fixer les idées, nous nous servirons des fonctions thêta du 3e ordre de caractéristique 0: on sait qu'on appelle ainsi toute fonction entière $\Theta(v)$ des p variables $v_1, v_2, \ldots, v_p$ telle que $\dfrac{\Theta(v)}{\vartheta^3(v)}$ se reproduise lorsqu'on ajoute à v un système quelconque de périodes; il y a $P=3^p$ de ces fonctions qui sont linéairement indépendantes, toutes les autres s'exprimant linéairement en fonction de celles-là. Soit $\Theta(v)$ l'une d'entre elles, et soit u le point correspondant à un système $(M_1, M_2, \ldots, M_p)$: alors $\dfrac{\Theta(u)}{\vartheta^3(u)}$ est une fonction symétrique des coordonnées de $M_1, M_2, \ldots, M_p$, qui s'exprime rationnellement (avec des coefficients peut-

---

[13] Sur les propriétés, utilisées ici, des fonctions thêta, v. p. ex. Krazer-Wirtinger, *Enzykl. d. math. Wiss.* II, B. 7.

être irrationnels) en fonction de ces coordonnées. Réciproquement, soit f une fonction symétrique rationnelle de ces coordonnées, à coefficients rationnels ou non, telle que $f.\vartheta^3(u)$ soit fini pour tout u: $f.\vartheta^3(u)$ sera alors une fonction thêta du troisième ordre de caractéristique o. Or, R et P étant rationnels relativement à k, la condition, pour une fonction symétrique f des coordonnées des M_i, d'être telle que $f.\vartheta^3(u)$ soit toujours fini, est une condition rationnelle relativement à k: puisqu'elle est satisfaite par $P=3^p$ fonctions linéairement indépendantes, on peut choisir ces P fonctions de manière qu'elles soient rationnelles relativement à k: soient $f_1, f_2, \ldots, f_P$ les fonctions ainsi choisies, et soient $\Theta_i(u) = f_i.\vartheta^3(u)$ les fonctions thêta correspondantes.

16. Considérons, dans un espace projectif à $P-1$ dimensions, la variété V à p-dimensions décrite par le point de coordonnées homogènes $X_i = \Theta_i(u)$ ($i = 1, 2, \ldots, P$) quand u décrit l'espace (u); V est aussi la variété décrite par le point de coordonnées $f_1, f_2, \ldots, f_P$ quand $M_1, M_2, \ldots, M_p$ décrivent indépendamment la courbe C: c'est donc une variété algébrique rationnelle relativement à k. V n'est autre que la variété jacobienne de C, car: 1° à tout point u correspond un point et un seul de V; en effet, si toutes les fonctions Θ_i s'annulaient en un point u_0, la fonction $\vartheta(u-a)\vartheta(u-b)\vartheta(u+a+b)$, qui est une fonction thêta du troisième ordre et par conséquent de la forme $\sum_{i=1}^{P} c_i\,\Theta_i(u)$, s'annulerait en u_0 quels que soient a, b, ce qui n'est pas; 2° à tout point de V ne correspond qu'un point u, à un système de périodes près; sinon, en effet, il y aurait deux points u_0, v_0 et un nombre ϱ tels que l'on ait, quels que soient a, b:

$$\vartheta(u_0-a)\vartheta(u_0-b)\vartheta(u_0+a+b) = \varrho\,\vartheta(v_0-a)\vartheta(v_0-b)\vartheta(v_0+a+b)$$

ce qui est également impossible.

De plus, la variété jacobienne V est sans singularités. Car si un point u_0 correspondait à un point singulier de V, la matrice à P lignes et $p+1$ colonnes:

$$\left\| \Theta_i(u) \quad \frac{\partial\Theta_i(u)}{\partial u_1} \cdots \frac{\partial\Theta_i(u)}{\partial u_p} \right\| \qquad (i = 1, 2, \ldots, P)$$

serait de rang $< p+1$ en u_0, et il y aurait $c_0, c_1, \ldots, c_p$ tels que l'on ait en u_0, quelle que soit la fonction Θ du 3e ordre: $c_0\Theta + \sum_1^p c_\nu \frac{\partial\Theta}{\partial u_\nu} = 0$. Soit en particulier $\Theta(u) = \vartheta(u-u_0+a)\vartheta(u-b)\vartheta(u+u_0-a+b)$, a et b étant tels que $\vartheta(a)=0$,

$\vartheta(u_0-b)\vartheta(2u_0-a+b)\neq 0$. On devra avoir $\sum_1^p c_\nu \frac{\partial\vartheta(a)}{\partial a_\nu}=0$, et cela en tout point a où $\vartheta(a)=0$: mais on sait qu'à un tel point l'on peut faire correspondre un système de $p-1$ points $P_1, P_2, \ldots, P_{p-1}$ sur C, et réciproquement, de telle sorte que $a_\nu = a_\nu^{(0)} + \sum_1^{p-1}\int_A^{P_i} dw_\nu$, donc $\sum_{\nu=1}^{p}\frac{\partial\vartheta(a)}{\partial a_\nu}dw_\nu(P_i)=0$ $(i=1, 2, \ldots, p-1)$. Le déterminant $|c_\nu\, dw_\nu(P_i)|$ s'annulerait alors quels que soient les P_i: mais c'est impossible, puisque les différentielles dw_ν sont linéairement indépendantes.

Alors, les résultats du chapitre I s'appliquent à V. Soit $\Theta(u)=\sum_1^P e_i\Theta_i(u)$ une fonction du 3e ordre, s'exprimant en fonction des Θ_i avec des coefficients e_i rationnels relativement à k: l'équation $\Theta(u)=0$ définit sur V un système de surfaces rationnel relativement à k, qui est l'intersection de V par le plan $\sum_1^P e_i X_i=0$; soit $\omega(u)$ la valeur, en un point rationnel u, de la distribution qui appartient à ce système de surfaces: c'est un idéal du corps k. Soit, de plus, a un point rationnel fixe, et considérons la transformation qui, à tout point u, fait correspondre le point $U=2u-a$; U correspondra ainsi à 2^{2p} points u distincts. C'est une transformation $(1, 2^{2p})$ sans exception de V en elle-même. Si donc nous considérons le système de surfaces, défini par $\Theta(2u-a)=0$, qui est le transformé du système $\Theta(u)=0$ par cette transformation, la distribution appartenant à ce nouveau système aura pour valeur en u, en vertu du § 10, l'idéal $\omega(2u-a)$.

Soit maintenant ε une demi-période quelconque; elle correspond à un système γ que nous avons supposé rationnel (§ 13). Considérons la fonction:

$$F(u)=C\frac{\Theta^2(u)\,\vartheta^3(u-a-\varepsilon)\,\vartheta^3(u-a+\varepsilon)}{\Theta(2u-a)}.$$

a, ε et les coefficients e_i de $\Theta=\Sigma e_i\Theta_i$ étant rationnels, les systèmes d'infinis de F et de $\frac{1}{F}$ sur V sont des systèmes rationnels; si donc on a choisi convenablement le coefficient C, la fonction F est, sur V, une fonction rationnelle relativement à k. Soit $\eta(u)$ la distribution correspondant au système de surfaces défini par $\vartheta(u-a\pm\varepsilon)=0$; on aura:

$$F(u) = \frac{\lambda\, \omega^2(u)\, \eta^6(u)}{\mu\, \omega(2u - a)}$$

λ et μ divisant des entiers indépendants de u.

Supposons que $\vartheta(u - a \pm \varepsilon) \neq 0$, et par suite $\eta(u) \neq 0$, donc $N\eta(u) \geq 1$. En prenant les normes des deux membres, on obtient l'inégalité:

$$[N\omega(u)]^2 \leq m(a, \varepsilon) . |N F(u)| . N\omega(2u - a).$$

17. Admettons, pour simplifier le langage, que k soit normal, c'est-à-dire identique à ses conjugués (sinon on remplacerait k par un surcorps normal). Considérons les automorphismes de k, c'est-à-dire les transformations de k en lui-même qui conservent les relations rationnelles: ce sont les opérations qui constituent le groupe de Galois de k. Si k est imaginaire, ces automorphismes se répartissent en paires d'automorphismes imaginaires conjugués, et nous ne garderons qu'un automorphisme de chaque paire; si k est réel, nous garderons tous les automorphismes; soit σ égal à 2 dans le premier cas, à 1 dans le second; et soient en tout cas $A, \bar{A}, \bar{\bar{A}}, \ldots$ les automorphismes conservés, A étant l'automorphisme identique.

$\bar{A}$ transforme C en une courbe $\bar{C}$, également rationnelle relativement à k. Tout système de points (ou toute fonction) rationnel sur C est transformé en un système (ou en une fonction) rationnel sur $\bar{C}$. Choisissons sur $\bar{C}$ les p intégrales normées de première espèce, et formons avec leurs périodes la fonction thêta, $\bar{\vartheta}(v)$. A tout point rationnel u de l'espace (u) correspond un système rationnel S sur C, et par suite (au moyen de l'automorphisme $\bar{A}$) un système rationnel $\bar{S}$ sur $\bar{C}$, donc aussi un point rationnel $\bar{u}$ de l'espace $(\bar{u})$; et réciproquement; et si $\vartheta(u) = 0$, le point P fait partie d'un système équivalent à $R + S - \Gamma$, donc le point transformé $\bar{P}$ fait partie d'un système équivalent à $\bar{R} + \bar{S} - \bar{\Gamma}$, et $\bar{\vartheta}(\bar{u}) = 0$. Les fonctions symétriques rationnelles f_i des coordonnées de $M_1, M_2, \ldots, M_p$ sur C, telles que $f_i \vartheta^3(u)$ soit toujours fini, sont transformées en des fonctions symétriques rationnelles $\bar{f}_i$ des coordonnées de $\bar{M}_1, \bar{M}_2, \ldots, \bar{M}_p$ sur $\bar{C}$, telles que $\bar{f}_i . \bar{\vartheta}^3(\bar{u})$ soit toujours fini; et par suite V, variété jacobienne de C, qui est engendrée par le point $(f_1, f_2, \ldots, f_p)$, est transformée en $\bar{V}$, variété jacobienne de $\bar{C}$, engendrée par le point $(\bar{f}_1, \bar{f}_2, \ldots, \bar{f}_p)$. Nous poserons $\bar{\Theta}_i = \bar{f}_i \bar{\vartheta}^3$, et $\bar{\Theta} = \sum_1^p \bar{e}_i \bar{\Theta}_i$, si $\bar{A}$ transforme e_i en $\bar{e}_i$.

A $F(u)$ correspond, dans l'automorphisme $\bar{A}$, une fonction $\bar{F}$ rationnelle sur $\bar{V}$; les systèmes d'infinis de $\bar{F}$ et $\frac{1}{\bar{F}}$ étant les transformés de ceux de F et $\frac{1}{F}$ par l'automorphisme $\bar{A}$, $\bar{F}$ est de la forme:

$$\bar{F}(\bar{u}) = \bar{C}\,\frac{\bar{\Theta}^2(\bar{u})\,\bar{\vartheta}^3(\bar{u}-\bar{a}-\bar{\varepsilon})\,\bar{\vartheta}^3(\bar{u}-\bar{a}+\bar{\varepsilon})}{\bar{\Theta}(2\bar{u}-\bar{a})}.$$

$\bar{C}$ étant une certaine constante. Mais on a, pour u rationnel:

$$|N F(u)| = |F(u)\,.\,\bar{F}(\bar{u})\,.\,\bar{\bar{F}}(\bar{\bar{u}})\,.\;\ldots|^\sigma.$$

Posons alors, pour simplifier:

$$\Omega(u) = \frac{N\,\omega(u)}{|\,\Theta(u)\,.\,\bar{\Theta}(\bar{u})\,.\,\bar{\bar{\Theta}}(\bar{\bar{u}})\,.\;\ldots|^\sigma},\quad \varDelta(u,\bar{u},\ldots) = |\,\vartheta^3(u-a-\varepsilon)\,\bar{\vartheta}^3(\bar{u}-\bar{a}-\bar{\varepsilon})\ldots$$
$$.\,\vartheta^3(u-a+\varepsilon)\,\bar{\vartheta}^3(\bar{u}-\bar{a}+\bar{\varepsilon})\ldots|^\sigma.$$

L'inégalité de la fin du § 16 devient alors:

$$[\Omega(u)]^2 \leq m_1\,.\,\varDelta(u,\bar{u},\ldots)\,.\,\Omega(2u-a)$$

où le facteur m_1 ne dépend que de $a, \bar{a}, \ldots, \varepsilon, \bar{\varepsilon}, \ldots$.

18. Jusqu'à présent, nous étions convenus de ne pas distinguer, dans l'espace (u), entre des points ne différant que par un système de périodes. Abandonnant maintenant cette convention, choisissons dans chacun des espaces (u), $(\bar{u})$, ... un parallélotope de périodes $\Pi, \bar{\Pi}, \ldots$. Revenons alors aux notations du début du § 15, que nous préciserons comme il suit: soit u un point rationnel quelconque dans Π, nous définirons les points rationnels $u', u'', \ldots$ par récurrence; soit a_{i_ν} celui des points $a_1, a_2, \ldots, a_h$ du § 15 qui est de la classe de $u^{(\nu)}$, nous appellerons $u^{(\nu+1)}$ un point de Π tel que les coordonnées de $a^{(\nu)} = 2u^{(\nu+1)} - u^{(\nu)}$ ne diffèrent de celles de a_{i_ν} que par un système de périodes; nous appellerons $\bar{u}^{(\nu)}, \bar{\bar{u}}^{(\nu)}, \ldots$ les points rationnels de $\bar{\Pi}, \bar{\bar{\Pi}}, \ldots$ qui correspondent à $u^{(\nu)}$; et nous poserons $\bar{a}^{(\nu)} = 2\bar{u}^{(\nu+1)} - \bar{u}^{(\nu)}, \ldots$; dans ces conditions, si $a^{(\nu)}$ n'est pas nécessairement dans Π, il n'est pourtant susceptible que d'un nombre fini de positions, et il en est de même pour $\bar{a}^{(\nu)}, \bar{\bar{a}}^{(\nu)}, \ldots$. Dans la dernière inégalité trouvée, remplaçons alors $u, \bar{u}, \ldots, a, \bar{a}, \ldots$ par $u^{(\nu+1)}, \bar{u}^{(\nu+1)}, \ldots, a^{(\nu)}, \bar{a}^{(\nu)}, \ldots$; prenons pour ε une demi-période telle que $\vartheta(u^{(\nu+1)} - a^{(\nu)} \pm \varepsilon) \neq 0$, et prenons $\varepsilon, \bar{\varepsilon}, \ldots$ dans $\Pi, \bar{\Pi}, \ldots$. Il n'y a qu'un nombre fini de possibilités pour

$a^{(\nu)}$, $\bar{a}^{(\nu)}$, ..., ε, $\bar{\varepsilon}$, ...: à chacune correspond une valeur du facteur m_1, soit M_1 la plus grande de ces valeurs. De plus, $u^{(\nu+1)} - a^{(\nu)} \pm \varepsilon$, $\bar{u}^{(\nu+1)} - \bar{a}^{(\nu)} \pm \varepsilon$, ... ne peuvent se trouver que dans des portions finies des espaces (u), $(\bar{u})$, ...: dans ces conditions, $\Delta(u, \bar{u}, \ldots)$ admet une borne supérieure M_2. On a donc enfin:

$$[\Omega(u^{(\nu+1)})]^2 \leq M_1 M_2 \Omega(u^{(\nu)}).$$

Il en résulte que pour ν suffisamment grand, $\Omega(u^{(\nu)})$ sera inférieur à une constante, qui pourra être prise égale à $M_1 M_2 + 1$. Mais, u, $\bar{u}$, ... étant dans Π, $\bar{\Pi}$, ..., $|\Theta(u)\bar{\Theta}(\bar{u})\ldots|^\sigma$ admet une borne supérieure M_3. Posons $L = M_3(M_1 M_2 + 1)$; on aura, pour ν suffisamment grand:

$$N\omega(u^{(\nu)}) \leq L$$

le nombre L ne dépendant que de la fonction Θ considérée.

Le raisonnement précédent est en défaut si l'un des nombres $\Theta(u^{(\nu)})$ s'annule, car alors $\omega(u^{(\nu)}) = 0$ et $\Omega(u^{(\nu)})$ est indéterminé. Mais il est aisé de combler cette lacune en sautant, pour ainsi dire, des échelons dans la descente de u à u', de u' à u'', ... Appelons $F_\nu(u)$ la fonction qui se déduit de $F(u)$ en y remplaçant a par $a^{(\nu)}$ et ε par une demi-période, située dans Π, telle que $\vartheta(u^{(\nu+1)} - a^{(\nu)} \pm \varepsilon) \neq 0$. Supposons alors, pour fixer les idées, que l'on ait $\Theta(u^{(\nu)}) \neq 0$, $\Theta(u^{(\nu+1)}) = 0$, $\Theta(u^{(\nu+2)}) \neq 0$: dans ce cas, au lieu de passer de $u^{(\nu)}$ à $u^{(\nu+1)}$ au moyen de $F_\nu(u)$, puis de $u^{(\nu+1)}$ à $u^{(\nu+2)}$ au moyen de $F_{\nu+1}(u)$, nous passerons directement de $u^{(\nu)}$ à $u^{(\nu+2)}$ au moyen de la fonction $F_{\nu+1}(u) \,.\, F_\nu(2u - a^{(\nu+1)})$; en raisonnant sur elle comme nous avons fait plus haut sur $F(u)$, on arrive à l'inégalité $[\Omega(u^{(\nu+2)})]^4 \leq M_1^8 M_2^8 \Omega(u^{(\nu)})$, avec les mêmes quantités M_1 et M_2 que précédemment, ce qui conduit au même résultat.

19. Prenons pour $e_1, e_2, \ldots, e_P$ des entiers ordinaires (rationnels au sens absolu): nous avons démontré que si l'on pose $\Theta = \sum_{i=1}^{P} e_i \Theta_i$ et si $\omega(u)$ est la distribution correspondante, $N\omega(u^{(\nu)})$ est inférieur, pour ν assez grand, à une quantité déterminée qui ne dépend que des e_i. Soit en particulier $\omega_i(u)$ la distribution correspondant à Θ_i.

Soient $X_1^{(\nu)}, X_2^{(\nu)}, \ldots, X_P^{(\nu)}$ les coordonnées homogènes du point de V qui correspond à $u^{(\nu)}$; l'on a d'après le théorème de décomposition:

$$\frac{\sum_{i=1}^{P} e_i X_i^{(\nu)}}{X_i^{(\nu)}} = \frac{\Theta(u^{(\nu)})}{\Theta_i(u^{(\nu)})} = \frac{\lambda_i\, \omega(u^{(\nu)})}{\mu_i\, \omega_i(u^{(\nu)})}$$

λ_i et μ_i étant des idéaux bornés. Dans chaque classe d'idéaux de k choisissons un idéal α_k: $u^{(\nu)}$ étant rationnel, nous pouvons supposer que $X_1^{(\nu)}, X_2^{(\nu)}, \ldots, X_P^{(\nu)}$ sont des entiers de k et que leur pgcd est l'un des idéaux α_k, donc un idéal borné. Dans ces conditions, pour ν assez grand, $N\left(\sum_{i=1}^{P} e_i X_i^{(\nu)}\right)$ sera bornée, et cela quels que soient les e_i: mais, les e_i étant des entiers rationnels au sens ordinaire, cette norme est un polynôme homogène en $e_1, e_2, \ldots, e_P$, dont les coefficients sont des entiers ordinaires; pour ν assez grand, ce polynôme étant borné quelles que soient les valeurs attribuées aux variables e_i, ses coefficients seront eux-mêmes bornés et ne seront donc susceptibles que d'un nombre fini de valeurs, de sorte que le polynôme $N\left(\sum_{i=1}^{P} e_i X_i^{(\nu)}\right)$ ne sera plus susceptible que d'un nombre fini de déterminations. Alors $\sum_{i=1}^{P} e_i X_i^{(\nu)}$, qui, en tant que forme linéaire en $e_1, e_2, \ldots, e_P$, est un diviseur de ce polynôme, n'est plus susceptible elle-même, à un facteur constant près, que d'un nombre fini de déterminations, ou, en d'autres termes, le point de coordonnées homogènes $X_1^{(\nu)}, X_2^{(\nu)}, \ldots, X_P^{(\nu)}$ n'est plus susceptible, pour ν assez grand, que d'un nombre fini de positions $b_1, b_2, \ldots, b_m$. Dans ces conditions, d'après le § 15, le théorème de la base finie est complètement démontré.

Conclusion.

20. Reprenons l'étude de la courbe C relativement au domaine de rationalité primitif k; et rappelons d'abord la notion, due à Severi, de systèmes virtuels (gruppi virtuali). g et g' étant deux systèmes, composés respectivement de m et de n points, sur C, le symbole $g-g'$ est appelé un *système virtuel* de degré $m-n$; deux systèmes virtuels $g-g'$ et $h-h'$ de même degré sont dits *équivalents*, et sont considérés comme identiques, si $g+h'$ est équivalent à $g'+h$; un système virtuel est dit *effectif* s'il est équivalent à un système de points au sens ordinaire

du mot; il résulte du théorème de Riemann-Roch que, sur la courbe C de genre p, tout système virtuel de degré $\geqslant p$ est effectif. $g-g'$ et $h-h'$ étant deux systèmes virtuels, de degrés respectifs μ et ν, ils ont pour somme le système virtuel $(g+h)-(g'+h')$, de degré $\mu+\nu$, et pour différence le système virtuel $(g+h')-(g'+h)$ de degré $\mu-\nu$.

Un système virtuel sera dit *rationnel* s'il est équivalent à un système virtuel $g-g'$ tel que g et g' soient deux systèmes rationnels. La somme et la différence de deux systèmes virtuels rationnels étant encore de tels systèmes, ces systèmes forment un groupe abélien $\mathfrak{G}$. Leurs degrés forment donc un module d'entiers rationnels, et sont tous multiples du degré ϱ d'un certain système virtuel rationnel A_0. ϱ est un invariant de C par les transformations birationnelles à coefficients rationnels relativement à k; c'est du reste un diviseur de $2p-2$, car le système des $2p-2$ zéros d'une différentielle de première espèce est toujours équivalent à un système rationnel. Si A est un système virtuel rationnel quelconque, son degré sera $k\varrho$, et $A-kA_0$ sera de degré 0.

Il reste à étudier les systèmes virtuels rationnels de degré 0, qui forment un sous-groupe $\mathfrak{g}$ de $\mathfrak{G}$. Soit K un surcorps de k relativement auquel il existe un système rationnel Γ de p points: d'après le chapitre II, il y a des systèmes de p points en nombre fini, $g_1, g_2, \ldots, g_n$, qui forment une base de l'ensemble des systèmes de p points rationnels relativement à K. Alors, si B est un système virtuel de degré 0, rationnel relativement à k, $\Gamma+B$ est un système de degré p, donc *effectif*, et rationnel relativement à K: il sera donc de la forme $\Gamma+\sum_1^n m_i(g_i-\Gamma)$, et par suite B est équivalent à $\sum_1^n m_i(g_i-\Gamma)$. $\mathfrak{g}$, faisant partie du groupe de base finie composé de tous les systèmes virtuels de la forme $\Sigma m_i(g_i-\Gamma)$, est lui-même de base finie. On sait alors, d'après la théorie des groupes abéliens, que l'on peut trouver des éléments $B_1, B_2, \ldots, B_r, C_1, C_2, \ldots, C_s$, tels que l'on obtienne tous les éléments du groupe une fois et une seule au moyen de l'expression $\sum_1^r m_i B_i + \sum_1^s n_j C_j$ en donnant aux m_i toutes les valeurs entières, et à n_j (pour $1\leq j\leq s$) les valeurs $0, 1, 2, \ldots, \tau_j-1$, les τ_j étant des entiers dont chacun divise le suivant; $r, \tau_1, \tau_2, \ldots, \tau_s$ sont les invariants du groupe: r est sa dimension, $\tau_1, \tau_2, \ldots, \tau_s$ sont ses nombres de Poincaré. Nous avons donc le résultat final que voici:

Les systèmes virtuels de degré o, *rationnels relativement à* k, *forment un groupe abélien* $\mathfrak{g}$ *de base finie; en adjoignant à une base de* $\mathfrak{g}$ *un certain système virtuel rationnel* A_0, *on obtient une base du groupe abélien* $\mathfrak{G}$ *formé par tous les systèmes virtuels rationnels relativement à* k. *Les invariants* $r, \tau_1, \tau_2, \ldots, \tau_s$ *du groupe* $\mathfrak{g}$, *ainsi que le degré* ϱ *du système* A_0, *sont des invariants de la courbe* C *par les transformations birationnelles à coefficients dans* k.

21. Nous avons ainsi démontré l'existence des invariants pour chaque domaine de rationalité k contenant les coefficients de C, donc d'une infinité d'invariants arithmétiques de C, puisque k peut être choisi d'une infinité de manières; il serait aisé, du reste, de définir d'autres invariants encore: si par exemple $\mathfrak{g}_k$ et $\mathfrak{g}_K$ désignent les groupes formés respectivement par les systèmes virtuels de degré o rationnels relativement à k et à un surcorps K de k, les invariants du groupe quotient $\mathfrak{g}_K/\mathfrak{g}_k$ sont des invariants de C. Mais il serait sans doute difficile de déterminer les relations mutuelles de ces invariants, qui ne sont peut-être pas tous indépendants, et de trouver quelles sont les valeurs qu'ils sont susceptibles de prendre. Il serait particulièrement intéressant de savoir si, lorsque le genre p et le domaine de rationalité k sont donnés, l'invariant r peut prendre des valeurs aussi grandes qu'on veut: ce problème n'a même pas été abordé jusqu'ici dans le cas le plus simple, celui où $p = 1$ et où k se compose des nombres rationnels au sens ordinaire.

Avant tout, il importerait de donner une méthode qui permît de déterminer dans chaque cas la valeur exacte des invariants et de trouver effectivement une base du groupe des systèmes virtuels rationnels: la démonstration du théorème de la base finie n'est en effet qu'une démonstration d'existence; elle permet bien, au moins théoriquement, de trouver dans chaque cas une limite supérieure de r, mais elle ne semble pas susceptible de rien fournir de plus.

Mais admettons même qu'on connaisse une base du groupe $\mathfrak{G}$: on peut alors considérer comme connu l'ensemble des systèmes virtuels rationnels, et par suite tous les systèmes rationnels de m points pour $m \geq p$, puisque tout système virtuel de degré $\geq p$ est nécessairement effectif. En revanche, un système virtuel de degré $\leq p-1$ n'est pas effectif en général, et, lorsqu'on connaît la base de $\mathfrak{G}$, c'est un problème très difficile que d'en déduire les systèmes rationnels de moins de p points, et en particulier les *points rationnels,* qui sont précisément ce que l'on recherche dans la résolution des équations diophantiennes. Le problème le plus important de la théorie est sans doute précisément de savoir si, parmi tous les systèmes virtuels de degré $\leq p-1$ qui se déduisent d'une base finie, il peut s'en trouver une infinité d'effectifs: si la question devait être résolue par la négative, il s'ensuivrait en particulier que sur une courbe de genre $p > 1$ il n'y a qu'un nombre fini de points rationnels quel que soit le domaine de rationalité (par exemple l'équation de Fermat, $x^n + y^n = z^n$, n'aurait qu'un nombre fini de solutions pour chaque valeur de $n > 2$). Cette conjecture, déjà énoncée par Mordell (loc. cit. note [4]) semble confirmée en quelque mesure par un important résultat démontré récemment, et que je suis heureux de pouvoir citer ici grâce à l'obligeante permission de son auteur: »Sur toute courbe de genre $p > 0$, et quel que soit le corps k pris pour domaine de rationalité, il ne peut y avoir qu'un nombre fini de points dont les coordonnées soient des entiers de k».[14] Il est vrai que les points à coordonnées entières ne sont pas invariants par les transformations birationnelles, de sorte que ce résultat ne ressortit pas de ce que nous avons appelé l'arithmétique sur les courbes algébriques et se distingue essentiellement des questions que nous avons essayé d'aborder ici.

[14] La démonstration repose d'une part sur l'application, convenablement effectuée, du théorème de la base finie démontré dans le présent travail, et d'autre part sur une extension nouvelle des méthodes d'approximation des nombres algébriques qui tirent leur origine des travaux de Axel Thue. Les théorèmes antérieurs de Thue et de Siegel sur les équations indéterminées ne sont que des cas particuliers du résultat général cité ici.

[1929] Sur un théorème de Mordell

Il y a quelques années, Mordell a démontré [1] un théorème remarquable, qui avait été entrevu déjà par Poincaré, et que l'on peut énoncer brièvement comme il suit : C étant une cubique de genre 1, dont l'équation est à coefficients rationnels, les points à coordonnées rationnelles situés sur C peuvent tous se déduire rationnellement d'un nombre fini d'entre eux. Dans ma Thèse [2], j'ai obtenu, au sujet des courbes algébriques dont les coefficients se trouvent dans un corps algébrique fini, un résultat général qui se réduit au théorème de Mordell lorsqu'on l'applique au cas des cubiques et du corps des nombres rationnels ordinaires; mais dans ce cas particulier la démonstration peut être considérablement simplifiée par l'emploi de formules élémentaires de la théorie des fonctions elliptiques, et c'est ce que je me propose de faire voir ici. Je ne prétends pas que la démonstration qu'on va lire soit essentiellement différente de celle de Mordell; et je serai satisfait si j'ai contribué à mieux mettre en valeur les idées du mathématicien anglais.

1. Soit $y^2 = x^3 - Ax - B$ une cubique de genre 1 à coefficients entiers rationnels A, B [3]. Soit, comme d'habitude, pu la fonction elliptique définie par $p'^2 = 4p^3 - 4Ap - 4B$, de sorte que la

---

(1) *On the rational solutions of the indeterminate equations of the third and fourth degrees* (*Proc. of the Cambridge Philos. Soc.*, t. 21, 1922, p. 179).

(2) *L'arithmétique sur les courbes algébriques* (*Acta math.*, t. 52, 1929, p. 281) : je renvoie à ce travail pour la bibliographie de la question.

(3) Le polynome $x^3 - Ax - B$ est donc supposé sans racine double : mais rien, dans nos raisonnements, n'implique qu'il soit irréductible.

WEIL. 1

Reprinted from "Bulletin des Sciences Mathématiques" with permission of Gauthier-Villars.

cubique sera représentée paramétriquement par les équations

$$x = \mathfrak{p} \qquad y = \frac{1}{2}\mathfrak{p}'u;$$

u sera dit l'argument elliptique du point x, y, qui sera appelé aussi le point u. Soient de plus θ_1, θ_2, θ_3, les racines du polynome $x^3 - Ax - B$; i désignant l'un des trois indices 1, 2, 3, on vérifie aisément que la formule d'addition de la fonction elliptique $\mathfrak{p}u$ peut se mettre sous la forme

$$(A)\quad \mathfrak{p}(u+v) - \theta_i = \frac{1}{(\mathfrak{p}u-\theta_i)(\mathfrak{p}v-\theta_i)} \cdot \left[\frac{\mathfrak{p}'v(\mathfrak{p}u-\theta_i) - \mathfrak{p}'u(\mathfrak{p}v-\theta_i)}{2(\mathfrak{p}u-\mathfrak{p}v)}\right]^2$$

et la formule de multiplication par 2 peut de même s'écrire

$$(B)\qquad \mathfrak{p}(2u) - \theta_i = \left[\frac{\mathfrak{p}^2u + A - 2\theta_i\mathfrak{p}u - 2\theta_i^2}{\mathfrak{p}'u}\right]^2.$$

Nous allons étudier l'ensemble des points à coordonnées rationnelles sur la cubique. Considérons les arguments elliptiques de ces points, que nous appellerons les *points rationnels* sur la courbe; si les points d'arguments u et v sont rationnels, les points $u \pm v$ le seront aussi: cela résulte des formules d'addition des fonctions elliptiques, mais on peut le voir géométriquement; par exemple le point $u + v$ sera l'intersection avec la cubique de la droite joignant les points $-u$, $-v$, et s'obtiendra en résolvant une équation du troisième degré à coefficients rationnels dont deux racines sont connues et rationnelles. Dans ces conditions, on dit que l'ensemble des arguments des points rationnels sur la courbe forme un *module*; et notre but est de démontrer que ce module est *de base finie*, c'est-à-dire que nous voulons démontrer le théorème suivant :

Théorème de Mordell. — *L'on peut choisir sur la cubique des points rationnels en nombre fini, d'arguments elliptiques* u_1, u_2, ..., u_n, *de telle sorte que l'argument de tout autre point rationnel soit une combinaison linéaire des* u_i *à coëfficients entiers.*

2. Pour cela, nous considérerons, sur la cubique, les trois fonctions $x - \theta_i = \mathfrak{p}u - \theta_i$ $(i = 1, 2, 3)$; chacune d'elles possède un pôle double, à savoir le point à l'infini, d'argument elliptique $u = 0$,

et un zéro double, le point (θ_i, o) dont l'argument est égal à une demi-période. Sur une courbe de genre o, une telle fonction serait le carré d'une fonction rationnelle; il n'en est naturellement pas de même ici; mais on peut affirmer du moins que l'on aura, *en tout point rationnel* de la cubique,

$$x - \theta_i = \mu \alpha^2,$$

μ et α étant deux nombres du corps $k(\theta_i)$ (¹) dont le premier n'est susceptible *que d'un nombre fini de valeurs*. C'est ce qui résulte immédiatement d'un résultat très général, que j'ai nommé le théorème de décomposition et qui est démontré dans ma Thèse (Chap. I). Mais il est aisé de vérifier ce point par un calcul direct. Soient en effet ξ, Y, ζ les coordonnées homogènes d'un point rationnel sur la courbe, ξ, Y, ζ étant des entiers sans diviseur commun. Soit Z le p. g. c. d. (plus grand commun diviseur) de ξ et ζ; posons $\xi = XZ$. L'équation de la cubique donne

$$X^3 Z^3 = \zeta(Y^2 + A\xi\zeta + B\zeta^2);$$

mais Z est premier à Y, donc aussi au facteur entre parenthèses du second membre; Z^3 doit donc diviser ζ, et l'on peut poser $\zeta = \zeta_1 Z^3$, d'où $X^3 = \zeta_1(Y^2 + A\xi\zeta + B\zeta^2)$; mais, Z étant le p. g. c. d. de ξ et ζ, $\zeta_1 Z^2$ est premier à X, ce qui exige que $\zeta_1 = 1$. Les coordonnées du point considéré sont alors $\left(\frac{X}{Z^2}, \frac{Y}{Z^3}\right)$, Z étant premier à la fois à X et à Y (²).

L'équation de la cubique peut s'écrire maintenant (avec $i = 1$, 2 ou 3),

$$Y^2 = (X - \theta_i Z^2)[X^2 + \theta_i X Z^2 + (\theta_i^2 - A) Z^4] = P(X, Z^2)\,Q(X, Z^2).$$

Les deux facteurs du second membre sont des formes en X, Z^2, respectivement du premier et du second degré, et même des formes algébriquement premières entre elles (puisque $x^3 - Ax - B$ est

(¹) Comme d'habitude, nous désignons par $k(\theta_i)$ le corps de nombres algébriques qui est engendré par l'adjonction de θ_i au corps k des nombres rationnels.

(²) On remarquera que le même facteur Z figure respectivement au carré et au cube dans les dénominateurs de x et de y; cela tient à ce que, sur la cubique, le même point $u = o$ constitue un pôle double pour x et un pôle triple pour y; en vertu du « théorème de décomposition » déjà cité, le premier fait est une conséquence directe du second.

— 4 —

sans racine double par hypothèse), dont le résultant, non nul, est $3\theta_i^2 - A$; et en effet l'on a les identités

$$(3\theta_i^2 - A)X^2 = [(2\theta_i^2 - A)X + (\theta_i^2 - A)\theta_i Z^2]\,P(X, Z^2) + \theta_i^2 Q(X, Z^2),$$
$$(3\theta_i^2 - A)Z^4 = -(X + 2\theta_i Z^2)\,P(X, Z^2) + Q(X, Z^2).$$

Considérons maintenant les valeurs de $P(X, Z^2)$ et $Q(X, Z^2)$ en un point rationnel quelconque, ce seront deux entiers algébriques du corps $k(\theta_i)$; soit $\mathfrak{m}$ leur p. g. c. d., au sens de la théorie des idéaux. $\mathfrak{m}$ est un idéal de $k(\theta_i)$, et les identités précédentes montrent que $\mathfrak{m}$ est un diviseur commun de $(3\theta_i^2 - A)X^2$ et de $(3\theta_i^2 - A)Z^4$, donc un diviseur de $3\theta_i^2 - A$ puisque X et Z sont premiers entre eux; $\mathfrak{m}$ n'est donc susceptible que d'un nombre fini de valeurs. D'autre part on peut écrire les entiers algébriques $P(X, Z^2)$, $Q(X, Z^2)$ (ou plutôt les idéaux principaux correspondants) respectivement sous la forme $\mathfrak{m}\mathfrak{a}_0$, $\mathfrak{m}\mathfrak{b}_0$, $\mathfrak{a}_0$ et $\mathfrak{b}_0$ étant deux idéaux premiers entre eux; mais leur produit $\mathfrak{m}^2\mathfrak{a}_0\mathfrak{b}_0$ doit être égal au carré parfait Y^2, ce qui exige que chacun des idéaux $\mathfrak{a}_0$ et $\mathfrak{b}_0$ soit lui-même un carré parfait, comme on le constate au moyen de la décomposition en facteurs premiers. Posons donc $\mathfrak{a}_0 = \mathfrak{a}^2$, d'où

$$(X - \theta_i Z^2) = \mathfrak{m}\mathfrak{a}^2.$$

Dans chaque classe d'idéaux de $k(\theta_i)$ choisissons une fois pour toutes un idéal fixe, et soit $\mathfrak{n}$ celui qui est de la classe de $\mathfrak{a}$. Le nombre des classes étant fini, $\mathfrak{n}$ n'est susceptible que d'un nombre fini de valeurs, il en est donc de même pour le produit $\mathfrak{m}\mathfrak{n}^2$; mais celui-ci est de la classe de $\mathfrak{m}\mathfrak{a}^2 = (X - \theta_i Z^2)$, c'est-à-dire de la classe principale, on peut donc écrire : $\mathfrak{m}\mathfrak{n}^2 = (\mu_0)$, μ_0 étant un entier du corps $k(\theta_i)$ qui n'est lui-même susceptible que d'un nombre fini de valeurs. $\frac{\mathfrak{a}}{\mathfrak{n}}$ sera également de la classe principale, donc égal à (α_0), α_0 étant un nombre (entier ou non) de $k(\theta_i)$. Les idéaux principaux $(X - \theta_i Z^2)$ et $(\mu_0\alpha_0^2)$ étant tous deux égaux à $\mathfrak{m}\mathfrak{a}^2$, le quotient des nombres $X - \theta_i Z^2$ et $\mu_0\alpha_0^2$ sera une unité de $k(\theta_i)$. Le nombre d'unités fondamentales du corps $k(\theta_i)$ pourra être, suivant le cas, 1, 2 ou 3; supposons pour fixer les idées qu'il y en ait deux ε, ε'; il y aura des entiers h, h' tels que

$$X - \theta_i Z^2 = \mu_0\alpha_0^2\varepsilon^h\varepsilon'^{h'}.$$

— 5 —

Mais posons

$$h = 2k + l,\ h' = 2k' + l',$$

l et l' étant chacun égal à 0 ou 1; et posons enfin

$$\mu = \mu_0 \varepsilon^l \varepsilon'^{l'}, \qquad \alpha = \frac{\alpha_0 \varepsilon^k \varepsilon'^{k'}}{Z}.$$

On aura, comme nous l'avions annoncé,

$$x - \theta_i = \mu \alpha^2,$$

μ étant un entier de $k(\theta_i)$ qui n'est susceptible que d'un nombre fini de valeurs, et α étant un nombre de $k(\theta_i)$.

3. Convenons maintenant de dire que deux points rationnels, d'arguments u, v, appartiennent à la même *classe* si, pour chaque valeur de i, $\frac{pu - \theta_i}{pv - \theta_i}$ est le carré d'un nombre de $k(\theta_i)$; et écrivons dans ce cas $u \infty v$. Disons de même que le point u appartient à la classe unité, et écrivons $u \infty 0$, si, pour tout i, $pu - \theta_i$ est le carré d'un nombre de $k(\theta_i)$. Il résulte du paragraphe 2 que les classes de points rationnels sur la cubique sont en nombre fini. La formule (A) du paragraphe 1 montre que si $u \infty v$, $u' \infty v'$, l'on a $u + u' \infty v + v'$, et que si $u \infty v$, $u \pm v \infty 0$. La formule (B) du paragraphe 1 montre que $2u \infty 0$ quel que soit u rationnel. En d'autres termes, les classes forment, par rapport à l'addition, un groupe abélien fini dont tous les éléments sont d'ordre 2.

Soit alors u un point de la classe unité, et posons en conséquence $\pm\sqrt{x - \theta_i} = \alpha_i$, α_i étant un nombre de $k(\theta_i)$ et l'arbitraire des doubles signes étant restreint par les conditions suivantes :

1° Si θ_1, θ_2, θ_3 sont des irrationnelles conjuguées du troisième degré (c'est-à-dire si $x^3 - Ax - B$ est irréductible), le signe de α_1 sera arbitraire, mais on prendra pour α_2, α_3 les conjugués de α_1;

2° Si $x^3 - Ax - B$ a une seule racine rationnelle, par exemple θ_1, θ_2 et θ_3 étant des irrationnelles conjuguées du second degré, les signes de α_1, α_2 seront arbitraires, mais on prendra pour α_3 le conjugué de α_2;

3° Enfin, si θ_1, θ_2, θ_3 sont rationnels, les trois signes seront arbitraires.

Considérons alors les trois équations $\alpha_i = a + b\theta_i + c\theta_i^2$; θ_1, θ_2, θ_3 étant distincts, on peut les résoudre par rapport à a, b, c; a, b, c seront des fonctions symétriques de θ_1, θ_2, θ_3 dans le premier cas, des fonctions symétriques de θ_2, θ_3 dans le second; dans tous les cas a, b, c seront rationnels, et l'on aura

$$\wp u - \theta_i = (a + b\theta_i + c\theta_i^2)^2 \qquad (i = 1, 2, 3).$$

Désignons par v l'un quelconque des huit points

$$\pm \frac{u}{2} + \frac{m\omega + n\omega'}{2},$$

ω, ω' étant les périodes de $\wp u$, et m, n prenant les valeurs 0, 1. On aura $\wp(2v) = \wp u$, donc, d'après (B),

$$\frac{\wp^2 v + A}{\wp' v} - 2\frac{\wp v}{\wp' v}\theta_i - \frac{2}{\wp' v}\theta_i^2 = \varepsilon_i(a + b\theta_i + c\theta_i^2) \qquad (\varepsilon_i = \pm 1;\ i = 1, 2, 3).$$

A chacun des huit points v correspond une combinaison de signes $(\varepsilon_1, \varepsilon_2, \varepsilon_3)$; la même combinaison de signes ne peut correspondre à des points v distincts, car les égalités ci-dessus peuvent être résolues par rapport à $\frac{\wp^2 v + A}{\wp' v}$, $\frac{\wp v}{\wp' v}$, $\frac{1}{\wp' v}$ et permettent donc de calculer $\wp v$, $\wp' v$ d'une manière univoque en fonction des seconds membres. A chaque combinaison de signes correspond donc un point; soit v celui qui correspond à la combinaison de signes $(+1, +1, +1)$, il sera rationnel, car l'on aura

$$\frac{\wp^2 v + A}{\wp' v} = a, \qquad -2\frac{\wp v}{\wp' v} = b, \qquad -\frac{2}{\wp' v} = c,$$

d'où

$$\wp v = \frac{b}{c}, \qquad \wp' v = -\frac{2}{c};$$

et l'on aura (à une période près) $u = \pm 2v$ (¹). Tout point u de la classe unité est donc la forme $2u_1$. Il s'ensuit que, dans le langage de la théorie des groupes, le groupe des classes n'est autre

(¹) Si u était une demi-période, le raisonnement serait à modifier légèrement : il n'y aurait plus que quatre points v distincts; mais l'on aurait, par exemple, $\wp u - \theta_1 = 0$, on pourrait toujours prendre $\varepsilon_1 = +1$, et il n'y aurait plus que quatre combinaisons de signes $(+1, \varepsilon_2, \varepsilon_3)$: à chacune d'entre elles, et en particulier à $(+1, +1, +1)$, correspondrait encore un point v.

que le quotient du groupe de tous les points rationnels par le sous-groupe des points de la forme $2u$.

Choisissons dans chaque classe de points rationnels un point déterminé; soient $a_1, a_2, \ldots, a_h$ les points choisis. Si u_0 est un point rationnel quelconque, soit a_{i_0} celui des a_i qui est de la même classe, de sorte que $u_0 + a_{i_0} \infty 0$; d'après ce qui précède, il y aura un point rationnel u_1 tel que $u_0 + a_{i_0} = 2u_1$; soit de même a_{i_1} le point a qui est de la classe de u_1, il y aura un point rationnel u_2 tel que $u_1 + a_{i_1} = 2u_2$; en continuant ainsi, on aura une suite indéfinie de points rationnels $u_0, u_1, u_2, \ldots$. Nous allons montrer que l'on arrive nécessairement à un point u_ν dont les coordonnées homogènes $x_\nu z_\nu$, y_ν, z_ν^3 sont inférieures à des limites assignables à l'avance.

4. Pour cela, soit u un point rationnel quelconque, de coordonnées homogènes xz, y, z^3; soient ln, m, n^3 les coordonnées homogènes d'un point a pris parmi les a_i, soient XZ, Y, Z^3 celles du point $U = 2u - a$ et $x_1 z_1, y_1, z_1^3$ celles du point $2u = U + a$ (¹). Soit enfin ξ le plus grand des nombres $|x|$, z^2; soit Ξ le plus grand des nombres $|X|$, Z^2, et soit ξ_1 le plus grand des nombres $|x_1|$, z_1^2. Il y aura une constante g_1 (qui pourra être prise égale à $\sqrt{1 + |A| + |B|}$) telle que $|Y| \leq g_1 \Xi^{\frac{3}{2}}$.

La formule d'addition des fonctions elliptiques peut s'écrire

$$\mathfrak{p}(U + a) = \frac{(\mathfrak{p}U\mathfrak{p}a - A)(\mathfrak{p}U + \mathfrak{p}a) - 2B - \mathfrak{p}'U\mathfrak{p}'a}{(\mathfrak{p}U - \mathfrak{p}a)^2};$$

on en déduit

$$\frac{x_1}{z_1^2} = \frac{(lX - An^2Z^2)(n^2X + lZ^2) - 2Bn^4Z^4 - 2mnYZ}{(n^2X - lZ^2)^2};$$

$\dfrac{x_1}{z_1^2}$ étant irréductible, $|x_1|$ et z_1^2 sont respectivement inférieurs au numérateur et au dénominateur du second membre; il y a donc une constante g_2 (dépendant seulement du point a) telle que $\xi_1 < g_2 \Xi^2$.

(¹) Comme au paragraphe 2, nous prenons pour coordonnées homogènes de chacun des points considérés des entiers rationnels sans diviseur commun.

De plus, la formule (B), appliquée au point u, donne

$$\sqrt{x_1 - \theta_i z_1^2} = \frac{z_1}{2yz}[x^2 + A z^4 - 2\theta_i x z^2 - 2\theta_i^2 z^4] = p + q\theta_i + r\theta_i^2$$
$$(i = 1, 2, 3)$$

en appelant p, q, r les coefficients de 1, θ_i, θ_i^2 dans le second membre. Les premiers membres, $\sqrt{x_1 - \theta_i z_1^2}$, sont des entiers algébriques. Or on sait que si l'on a $\eta_i = p + q\theta_i + r\theta_i^2$, les η_i étant des entiers algébriques et p, q, r étant rationnels, et si l'on appelle $\Delta = 4A^3 - 27B^2$ le discriminant de l'équation en θ_1, θ_2, θ_3, les nombres Δp, Δq, Δr sont des entiers rationnels, qui s'expriment linéairement en fonction de η_1, η_2, η_3 avec des coefficients dépendant seulement des θ_i. Donc les nombres

$$\Delta(2p + Ar) = \frac{\Delta z_1}{yz} x^2 \qquad \text{et} \qquad -\Delta r = \frac{\Delta z_1}{yz} z^4$$

sont entiers; x et z étant premiers entre eux, $\frac{\Delta z_1}{yz}$ sera lui-même entier. De plus, $|\Delta(2p + Ar)|$ et $|\Delta r|$, s'exprimant linéairement en fonction des $\sqrt{x_1 - \theta_i z_1^2}$ avec des coefficients constants, seront $< g_3\sqrt{\xi_1}$, g_3 étant une constante convenable; $\frac{\Delta z_1}{yz}$ étant entier, il en sera *a fortiori* de même pour x^2 et z^4; et par suite $\xi < \sqrt{g_3 \xi_1^{\frac{1}{4}}}$, d'où $\xi < g_4\sqrt{\Xi}$, g_4 étant une constante qui ne dépend que du point a [1].

A chaque point a, pris parmi les a_i, correspond ainsi une constante g_4; soit G la plus grande de toutes ces constantes. Si le point u_ν du paragraphe 3 a pour coordonnées homogènes x_ν, z_ν, y_ν, z_ν^3, et si ξ_ν est le plus grand des nombres $|x_\nu|$, z_ν^2, on a $\xi_\nu < G\sqrt{\xi_{\nu-1}}$; K désignant un nombre arbitraire, supérieur à G^2, on aura, pour ν assez grand, $\xi_\nu < K$. Soient b_1, b_2, ..., b_f les points rationnels, en nombre fini, qui satisfont à cette inégalité; l'on aura

$$u_0 = 2u_1 - a_{i_0}, \quad \ldots, \quad u_{\nu-1} = 2u_\nu - a_{i_\nu}, \quad u_\nu = b_j.$$

---

(1) Le raisonnement ne pourrait tomber en défaut que si l'on avait $z_1 = 0$; mais comme cela n'est possible que pour un nombre fini de positions de u, il suffira de modifier, au besoin, la constante g_4 pour que l'inégalité finale reste valable même dans ce cas.

Par suite, u_0 étant un point rationnel quelconque, u_0 est une combinaison linéaire, à coefficients entiers, des a_i et b_j.

C. Q. F. D.

5. Il importe de faire observer que la démonstration précédente ne fournit pas de méthode de résolution des équations indéterminées de genre 1; car nous n'avons donné aucun moyen pour faire effectivement le choix des points $a_1, a_2, \ldots, a_h$. Mais du moins, grâce aux considérations exposées ici, il est aisé de ramener le problème de la résolution complète de l'équation $y^2 = x^3 - Ax - B$ à la question suivante :

Étant donnée une équation à coefficients entiers

$$y^2 = ax^4 + bx^3 + cx^2 + dx + e,$$

trouver une méthode qui permette, au bout d'un nombre limité d'opérations, soit d'obtenir une solution rationnelle de l'équation donnée, soit de reconnaître l'impossibilité d'une telle solution.

Il ne semble pas impossible que cette question puisse être résolue par des moyens analogues, du moins en principe, à ceux qui furent employés par Lagrange pour la résolution des équations indéterminées du second degré. Elle est d'un caractère essentiellement arithmétique, alors que le théorème de Mordell (ainsi que sa généralisation pour les courbes de genre quelconque) est avant tout de nature algébrique (¹). Elle est intimement liée, d'ailleurs, à la

(¹) A ce propos, il ne sera peut-être pas inutile de remarquer que les fonctions elliptiques ne sont intervenues dans cet article que pour la commodité de l'exposition, et qu'il serait facile de s'en passer tout à fait : nous nous sommes servis de la formule d'addition, mais on sait que celle-ci est entièrement équivalente à la formule (purement algébrique) qui donne la troisième intersection de la cubique étudiée avec la droite joignant deux points donnés sur la courbe. Il serait peut-être plus difficile de se passer des fonctions thêta dans la généralisation exposée dans ma Thèse, bien que celle-ci soit essentiellement algébrique, elle aussi : cela tient à ce que les méthodes transcendantes sont si bien adaptées à l'étude des fonctions abéliennes que l'on n'a jamais essayé de faire cette étude par des procédés purement algébriques.

théorie arithmétique des formes biquadratiques binaires; et elle ne paraît sans doute si difficile qu'en raison de l'ignorance presque complète où nous sommes au sujet de ces formes, comme du reste au sujet de la plupart des questions arithmétiques qui ne se ramènent pas directement à la théorie des idéaux.

(Extrait du *Bulletin des Sciences mathématiques*, 2e série, t. LIV, juin 1930).

89528 Paris. — Imp. Gauthier-Villars et Cie, quai des Grands-Augustins, 55.

[1932a] On systems of curves on a ring-shaped surface

Poincaré, in his paper of 1885 entitled "Sur les courbes définies par les équations différentielles"* has devoted a whole chapter (pp. 137—158 of the *Oeuvres*) to the study, under certain restrictive assumptions, of the systems of curves defined on a ring-shaped surface by a differential equation of the first order. He makes use of the "method of consequents," which he has also successfully applied to other problems. I shall give here a proof of Poincaré's results by a new method, which may have some advantages over that of Poincaré in this case, and possibly in other problems.

1. I shall follow Poincaré in replacing the original problem by the study of the solutions of a differential equation:

$$\frac{dy}{dx} = f(x, y)$$

where $f(x, y)$ is analytic and periodic both in x and in y with the period 1†.

By a characteristic we shall understand any curve $y = \phi(x)$ which is a solution of the differential equation. From the periodicity of f it follows that if $y = \phi(x)$ is a characteristic, and if p, q are any integers, the curve $y - q = \phi(x - p)$, deduced from $y = \phi(x)$ by a translation (p, q), is also a characteristic.

A point (ξ, η) is said to be above or below a characteristic $y = \phi(x)$ according as $\eta - \phi(\xi)$ is > 0 or < 0. Since no two characteristics can have a point in common unless they coincide, out of two distinct characteristics one must be entirely above the other.

---

* *J. de Liouville*, (IV) t. 1, p. 167; and *Oeuvres*, t. 1, pp. 90—158.

† Instead of the analyticity, it is enough to assume a Cauchy-Lipschitz condition for $f(x, y)$.

2. We shall now choose one particular characteristic C, given by $y = \phi(x)$; and by C (p, q) we shall understand the characteristic $y = q + \phi(x - p)$ deduced from C by the translation (p, q), p and q being any two integers. C (0, 0) is the same as C itself.

It is clear that C (0, 1) is above C, and C (0, —1) below C. Moreover, if C (p, q) is above C, C $(2p, 2q)$ will be above C (p, q) C $(3p, 3q)$ above C $(2p, 2q)$, etc., so that, when k is any positive integer, C (kp, kq) is above C. Similarly, C $(-p, -q)$, and therefore also C $(-kp, -kq)$, will be below C.

Now we shall put any rational number $\frac{q}{p}$ (p and q being integers, and $p > 0$) into class L or into class R, according as C (p, q) is below C or above C; from the preceding paragraph it follows that if $\frac{q}{p} = \frac{q'}{p'}$, $p > 0$, $p' > 0$, then C (p, q) and C (p', q') are both below C, both above C, or both coincide with C, so that there can be no ambiguity in the classification. The two classes exist, because if q is positive and very large C $(1, q)$ is above C and C $(1, -q)$ below C. If $\frac{q}{p}$ is not in class L, and if $\frac{s}{r} > \frac{q}{p}$, then $\frac{s}{r}$ is in R: C (rp, rq) is namely either above C or coincident with C; C (rp, sp) is above C (rp, rq) since it is deduced from it by the translation $(0, sp - rq)$, and $sp - rq > 0$; therefore C (rp, sp) is above C, and $\frac{sp}{rp} = \frac{s}{r}$ is in R. Similarly, if $\frac{q}{p}$ is not in R and if $\frac{s}{r} < \frac{q}{p}$, then $\frac{s}{r}$ is in L. This shows that all rational numbers, with possibly one exception, are included either in L or in R, and that L and R define a number μ, rational or irrational.

If $\frac{n}{m}$ is neither in L nor in R, then $\mu = \frac{n}{m}$; C (m, n) coincides with C; $\phi(x) - \frac{n}{m}x$ is a periodic function of x with the period m. We shall henceforward suppose that such is not the case.

3. p being given, let q be the greatest integer such that q/p is in L: then $(q+1)/p$ is in R, and $q \leqslant \mu p \leqslant q+1$. Any point $\{x+p, \phi(x)+q\}$

of C (p, q) is below C, and any point $\{ x+p, \phi(x)+q+1 \}$ of C $(p, q+1)$ is above C ; in other words

$$\phi(x)+q < \phi(x+p) < \phi(x)+q+1.$$

X being now any number > 0, let us apply these inequalities to $p = [X]$ and $x = (X)$ (integral and fractional parts of X). We have $p \leqslant x < p+1$, and if α and β are the minimum and maximum values of $\phi(x)$ in the interval (0, 1), we have $\alpha \leqslant \phi(x) \leqslant \beta$. Hence we ultimately obtain the inequality

$$\mu X + (\alpha - \mu - 1) < \phi(X) < \mu X + (\beta + 1).$$

The same again holds good for negative values of X, as we find by applying the above inequality to $x = X$ and $p = -[X]$. Thus we can write

$$\phi(X) = \mu X + 0(1).$$

This shows that the curve C has an asymptotic direction parallel to $y = \mu x$, and that it remains within a strip of finite breadth parallel to that direction.

4. To every characteristic C (p, q) we now attach the number $\tau = q - \mu p$, which we call its parameter ; and by the parameter τ of any other characteristic D, we shall understand the upper bound of the parameters of all curves C (p, q) which are below D. If C (p, q) is below D, C $(p+r, q+s)$ is below the curve D (r, s) deduced from D by the translation (r, s) : hence the parameter of D (r, s) is $\tau + s - \mu r$. We now define the function $\tau(x, y)$ as the parameter of the characteristic going through the point (x, y). When x is kept constant, $\tau(x, y)$ is obviously a non-decreasing function of y ; and we have

$$\tau(x+r, y+s) = \tau(x, y) + s - \mu r.$$

If μ is rational and $= n/m$, with n prime to m, $\tau(x, y)$ can take all values of the form k/m (k being any integer) and only those, and so is a discontinuous function. In that case, x_0 being arbitrarily chosen, let y_0 be the upper bound of the values of y for which $\tau(x_0, y) \leqslant 0$; and let D be the characteristic going through (x_0, y_0) ; any characteristic below D has a parameter $\leqslant 0$, and any characteristic above D has a parameter > 0: and the same will be true of the curves $D(\pm m, \pm n)$ deduced from D by the translations $(\pm m, \pm n)$, since these translations do not alter the parameter of any characteristic. Now, either these two curves coincide with D; or else one of them, say $D(m, n)$, will be below D: and then there will be some characteristic E below D and above $D(m, n)$, the parameter of which will be at the same time $\leqslant 0$ and > 0. This is a contradiction; so we conclude that D is transformed into itself by the translation (m, n); hence its equation is of the form $y = \psi(x)$ where $\psi(x) - n/m \cdot x$ is a periodic function of x with the period m.

5. Leaving to the reader a more detailed study of this case, we shall now assume that μ is irrational; so that in any interval (β, γ) there are infinitely many numbers of the form $q - \mu p$. Then $\tau(x, y)$ is a continuous function of x, y: if namely $\tau(a\ b) = \alpha$, and if ε is any positive quantity, we can find p, q and p', q' such that:

$$\alpha - \varepsilon < q - \mu p < \alpha < q' - \mu p' < \alpha + \varepsilon.$$

Then the curve $C(p, q)$ will be below the point (a, b), $C(p', q')$ will be above it; and any point between these two curves, and in particular any point within a sufficiently small neighbourhood of (a, b) will have a parameter comprised between $q - \mu p$ and $q' - \mu p'$.

We have now to distinguish between two cases: either $\tau(x, y)$ considered as a function of y alone (x being kept constant) is always increasing, or else it is constant in some intervals. This does not depend upon the particular value given to x: if, for instance for $x = x_0$, τ has the constant value τ_0 within the interval (y_0, y_1), it will have the same value at every point comprised between the two characteristics D_0 and D_1 which go through (x_0, y_0) and (x_0, y_1) respectively, and so, on any line $x =$ constant there will be an interval within which τ has the same constant value. Such values τ_0, taken by τ on infinitely many characteristics, will be called *critical values* of $\tau(x, y)$; and the region comprised between the lowest and the highest characteristic with the parameter τ_0 will be called the *critical strip* corresponding to that value. If $\tau(x, y)$ has a critical value τ_0, all numbers $\tau_0 + q - \mu p$ will be critical values of τ, and so there will be infinitely many critical values in every interval (and infinitely many critical strips between any two characteristics).

Within a critical strip there cannot be more than one curve C (p, q), since no two such curves have the same parameter. On the other hand, since the numbers $q - \mu p$ form an everywhere dense set there are infinitely many curves C (p, q) between any two characteristics not having the same parameter; and so the curves C (p, q) form a set which is dense everywhere in the plane, except within the critical strips if there are any.

6. To a given pair of values for x, τ, there corresponds one, and (unless the value for τ is critical) only one, value for y. y is thus defined as a function of x, τ; and, $\tau(x, y)$ being continuous in x, y, it follows that y is a continuous function of x, τ for all those values of x, τ which make it single-valued.

If, therefore, $\tau(x, y)$ has no critical values, $y(x, \tau)$ is always single-valued and continuous. Let us consider the transformation T given by

$$X = x, \quad Y = \tau(x, y) + \mu x;$$

and its inverse

$$x = X: \quad y = y(X, Y - \mu X).$$

It is a homeomorphic (*i.e.*, one-to-one and continuous) transformation between (x, y) and (X, Y). Moreover, if we replace (x, y) by $(x + p, y + q)$, (X, Y) is replaced by $(X + p, Y + q)$; and the converse is also true, as T is a one-to-one transformation. T transforms the characteristics in the plane (x, y) into parallel straight lines

$$Y = \mu X + \text{constant}.$$

It is easy to prove* that, if μ is irrational and if $\phi(X, Y)$ is a continuous function, periodic both in X and in Y with the period 1, the average of ϕ along a straight line $Y = \mu X + \text{constant}$ is equal to its average within the fundamental square $0 \leqslant x \leqslant 1$, $0 \leqslant y \leqslant 1$:

$$\lim_{x \to \infty} \frac{1}{x - x_0} \int_{x_0}^{x} \phi(x, y)\, dx = \int_0^1 \int_0^1 \phi(x, y)\, dx\, dy$$

---

* See for instance Weyl, "*Ueber die Gleichverteilung von Zahlen mod. Eins,*" *Math. Ann.*, t. 77 (1917)

the integral on the left-hand side being taken along $Y = \mu X +$ constant. It follows that if $\phi(x, y)$ is continuous and periodic both in x and in y with the period 1, then its average along a characteristic can be expressed by the formula

$$\text{(H)} \qquad \lim_{x \to \infty} \frac{1}{x - x_0} \int_{x_0}^{x} \phi(x, y)\, dx$$

$$= \int_0^1 dx \left[\int_0^1 \phi(x, y)\, d_y \tau(x, y) \right]$$

where the integral on the left-hand side is taken along a given characteristic, and the integral within brackets on the right-hand side is a Stieltjes integral taken for x = constant.

This formula is the expression, in this particular problem, of what is known as the "quasi-ergodic hypothesis."

7. If $\tau(x, y)$ has critical values, the transformation T ceases to be homeomorphic. Nevertheless, it can still be applied successfully to the study of the characteristics, and in particular to the proof of formula (H), which remains true even in this case, although here the "quasi-ergodic hypothesis" ceases to be true in its classical sense since the Stieltjes integral now vanishes identically on all the intervals where τ remains constant. This and other similar questions we shall leave to the reader.

[1932b] Sur les séries de polynomes de deux variables complexes

H. Cartan, dans un intéressant Mémoire ([2]), a souligné l'importance, pour la théorie générale des fonctions de plusieurs variables complexes, de l'extension à ces fonctions des résultats connus sur le développement en séries de polynomes, dans un domaine donné, des fonctions d'une seule variable. Il a donné aussi, dans ce même Mémoire, une condition nécessaire à laquelle doit satisfaire un « domaine d'holomorphie » Δ pour que toute fonction holomorphe dans Δ y soit développable en série de polynomes : il faut que Δ soit « convexe par rapport à la famille des polynomes ». Or cette condition est non seulement nécessaire, mais aussi suffisante. C'est ce qui résulte en effet du théorème suivant, que je me borne à énoncer dans le cas de deux variables, et qu'on vérifie sans difficulté :

Soient $X_1, X_2, \ldots, X_n$ *n polynomes en* x, y, *et soit* D *le domaine (s'il existe) qui est défini par les inégalités*

$$|X_i(x, y)| \leqq 1 \qquad (i = 1, 2, \ldots, n). \tag{1}$$

Soit σ_{ij} *(si elle existe) la variété à deux dimensions, située sur la frontière de* D, *qui est définie par les égalités et inégalités*

$$|X_i(x, y)| = |X_j(x, y)| = 1, \qquad |X_k(x, y)| \leqq 1 \qquad (k \neq i, j).$$

On peut alors déterminer des polynomes $\Phi_{ij}(\xi, \eta; x, y)$ *en* ξ, η, x, y, *de telle sorte que l'on ait, pour toute fonction* $f(x, y)$ *holomorphe dans le domaine fermé* D,

$$\frac{1}{(2\pi i)^2} \sum_{(i,j)} \int\int_{\sigma_{ij}} \frac{\Phi_{ij}(\xi, \eta; x, y) f(\xi, \eta)\, d\xi\, d\eta}{[X_i(\xi, \eta) - X_i(x, y)][X_j(\xi, \eta) - X_j(x, y)]} = f(x, y)$$

si (x, y) *est intérieur à* D;

$$= 0$$

si (x, y) *est extérieur à* D.

([2]) *Sur les domaines d'existence des fonctions de plusieurs variables complexes* (*Bull. Soc. Math.*, 59, 1931, p. 46-69); Cf. aussi le Mémoire *Zur Theorie der Regularitäts und Konvergenzbereiche*, par H. Cartan et P. Thullen, qui paraîtra prochainement dans les *Math. Ann.* et dont j'adopte ici la terminologie.

(2)

Le choix des Φ_{ij} se fait comme suit. Choisissons (ce qui est facile) des polynomes $P_i(\xi, \eta; x, y)$, $Q_i(\xi, \eta; x, y)$ tels que l'on ait identiquement

$$X_i(\xi, \eta) - X_i(x, y) \equiv (\xi - x)P_i + (\eta - y)Q_i.$$

On prendra alors

$$\Phi_{ij} \equiv P_i Q_j - P_j Q_i.$$

Ce théorème s'étend, du reste, au cas où l'on prend pour $X_1, X_2, \ldots, Z_n$ des fractions rationnelles, et il peut même être étendu, comme je me propose de le montrer ailleurs, à des cas beaucoup plus généraux. Il peut être appliqué avec fruit à divers problèmes concernant les fonctions de plusieurs variables complexes, et par exemple à la représentation des fonctions méromorphes dans un domaine donné. Quant à la réciproque du théorème de Cartan, elle se déduit aisément de la remarque suivante :

Dans le domaine D, *défini par les inégalités* (1), *toute fonction holomorphe* $f(x, y)$ *est développable en série de polynomes :* D est « normal ». Plus précisément, on a

$$f(x, y) = \sum_{(i, j)} \left[\sum_{\mu=0}^{\infty} \sum_{\nu=0}^{\infty} p_{ij,\mu\nu}(x, y) X_i^{\mu} X_j^{\nu} \right],$$

où les $p_{ij,\mu\nu}$ sont des polynomes de degré borné en x, y.

Il suffit, pour le voir, d'appliquer notre théorème, et de remplacer, sous le signe $\int$, $1/[X_i(\xi, \eta) - X_i(x, y)][X_j(\xi, \eta) - X_j(x, y)]$ par

$$\sum_{\mu=0}^{\infty} \sum_{\nu=0}^{\infty} \frac{X_i^{\mu}(x, y)}{X_i^{\mu+1}(\xi, \eta)} \frac{X_j^{\nu}(x, y)}{X_j^{\nu+1}(\xi, \eta)},$$

série uniformément convergente quand (ξ, η) est sur σ_{ij} et (x, y) dans un domaine complètement intérieur à D.

Peut-être ces remarques pourront-elles aussi servir à démontrer l'intéressante conjecture de H. Cartan, d'après laquelle tout domaine d'holomorphie simplement connexe serait un domaine normal.

(Extrait des *Comptes rendus des séances de l'Académie des Sciences*, t. 194, p. 1304, séance du 18 avril 1932.)

GAUTHIER-VILLARS ET Cie, IMPRIMEURS-LIBRAIRES DES COMPTES RENDUS DES SÉANCES DE L'ACADÉMIE DES SCIENCES.
94147-32 Paris. — Quai des Grands-Augustins, 55.

[1932c] Un théorème d'arithmétique sur les courbes algébriques

(avec C. Chevalley)

Généralisant des résultats dus à l'un de nous ([1]), nous allons esquisser la démonstration du théorème suivant :

Soit C *la courbe* $F(\xi, \eta) = 0$, *dont les coefficients se trouvent dans un corps algébrique fini* k, *le corps de base. Soit* Z *une fonction algébrique multiforme des points de* C, *non ramifiée sur* C, *racine d'une équation*

$$Z^n + f_1(\xi, \eta) Z^{n-1} + \ldots + f_n(\xi, \eta) = 0,$$

où les coefficients des f_i *sont supposés être également dans* k. *Alors, pour tout point algébrique* (ξ, η) *sur* C, *le discriminant relatif du corps* $k(\xi, \eta, Z)$ *par rapport à* $k(\xi, \eta)$ *divise un entier rationnel fixe.*

Soient L le corps des fonctions rationnelles $\varphi(\xi, \eta)$ à coefficients dans k, considérées comme fonctions de points sur C, et $R = L(Z)$. Soient P, P′ deux points auxiliaires fixes de C dont nous supposerons les coordonnées algébriques et préalablement adjointes à k. Soient respectivement o_P, O_P les anneaux des fonctions de L et de R finies partout, sauf en P. O_P, qui est l'ensemble des éléments de R entiers par rapport à o_P, est un o_P-module fini. Soit en effet ζ une fonction de o_P ; les éléments de O_P sont entiers par rapport à $k[\zeta]$, anneau des polynomes en ζ à coefficients dans k; donc, d'après un raisonnement connu, O_P possède une base (et même une base minima) par rapport à $k[\zeta]$, et cette base $\Phi_1, \Phi_2, \ldots, \Phi_m$ formera également une o_P-base (non minima) de O_P.

([1]) A. Weil, *Thèse*, Paris, 1928, et *Acta math.*, 52, 1928, p. 281.

(2)

Mais R étant non ramifié par rapport à L, la matrice

$$\mathfrak{M} = \left\| \begin{matrix} \Phi_1 & \Phi_2 & \ldots & \Phi_m \\ \Phi'_1 & \Phi'_2 & \ldots & \Phi'_m \\ \ldots & \ldots & \ldots & \ldots \\ \Phi_1^{(n-1)} & \Phi_2^{(n-1)} & \ldots & \Phi_m^{(m-1)} \end{matrix} \right\|$$

composée au moyen des Φ_i et de leurs conjugués par rapport à L, ne s'annule en aucun point de C. Désignant par Δ_i les déterminants d'ordre n de $\mathfrak{M}$, on désignera par $\mathfrak{M}^2$ l'ensemble des $\Delta_i \Delta_j (i, j = 1, 2, \ldots)$: ce sont des éléments de o_P qui ne s'annulent simultanément en aucun point de C.

Prenons maintenant pour ξ, η un point variable algébrique de C. D'après le théorème de décomposition ([1]), il existe un idéal entier ω_P du corps $k(\xi, \eta)$, ne dépendant (quand P est fixe) que de ξ, η, et tel que toute fonction φ de o_P ayant en P un pôle d'ordre d puisse s'écrire

$$\varphi = \frac{\delta}{\lambda . \omega_P^d},$$

δ et λ étant des idéaux entiers de $k(\xi, \eta)$ et λ divisant un entier fixe qui ne dépend que du choix de φ. D'autre part, d'après le même théorème, si nous mettons sous cette forme tous les éléments de $\mathfrak{M}^2$, le p.g.c.d. des numérateurs divise un entier fixe.

Supposons pour fixer les idées que $k(\xi, \eta, Z)$ soit bien de degré n par rapport à $k(\xi, \eta)$ (s'il n'en est pas ainsi le raisonnement doit subir quelques modifications d'ailleurs faciles à trouver). Il est possible, d'après ce qui a été dit, de trouver des entiers naturels a, e tels que les $\mu\Phi_i$ soient des entiers algébriques dès que μ est un entier de $k(\xi, \eta)$ multiple de $a . \omega_P^e$. Formons avec les $\mu\Phi_i$ une matrice $\mathfrak{M}'$ comme $\mathfrak{M}$ est formée avec les Φ_i; et formons $\mathfrak{M}'^2$ au moyen de $\mathfrak{M}'$ comme $\mathfrak{M}^2$ est formé au moyen de $\mathfrak{M}$. Les éléments de $\mathfrak{M}'^2$ seront des entiers de $k(\xi, \eta)$ dont le p.g.c.d. divisera $a_1 \mu^{2n}$, a_1 étant un entier fixe convenable. Mais ce p.g.c.d. est multiple du discriminant relatif $\mathfrak{d}$ de $k(\xi, \eta, Z)$ par rapport à $k(\xi, \eta)$. Or on peut choisir μ de manière que $\frac{\mu}{a . \omega_P^e}$ soit premier à un entier donné quelconque : donc $\mathfrak{d}$ divise $a_1 (a . \omega_P^e)^{2n}$.

Tout ceci subsiste si l'on remplace P par P'. Mais l'on sait que le p.g.c.d. de ω_P, $\omega_{P'}$ divise un entier fixe. Il en est donc de même de $\mathfrak{d}$.

C. Q. F. D.

([1]) *Loc. cit.*, Chap. I, § 2-3.

Si en particulier on se borne aux points ξ, η rationnels par rapport à k, on obtient le théorème suivant, qui paraît devoir jouer un rôle important dans la recherche des points rationnels sur une courbe :

La courbe C *et la fonction* Z *étant définies comme plus haut, la valeur de* Z *en un point rationnel quelconque de la courbe se trouve dans un surcorps fini de k assignable* à priori.

(Extrait des *Comptes rendus des séances de l'Académie des Sciences*, t. **195**, p. 570, séance du 3 octobre 1932.)

GAUTHIER-VILLARS ET Cie, IMPRIMEURS-LIBRAIRES DES COMPTES RENDUS DES SÉANCES DE L'ACADÉMIE DES SCIENCES
95236-32 Paris. — Quai des Grands-Augustins, 55.

[1934a] Über das Verhalten der Integrale erster Gattung bei Automorphismen des Funktionenkörpers

(avec C. Chevalley)

.... In zwei schönen Arbeiten haben Sie die linearen Substitutionsgruppen bestimmt, die dadurch entstehen, daß man auf die zur Kongruenzuntergruppe q-ter Stufe der Modulgruppe gehörigen Differentiale 1. Gattung die Substitutionen der vollen Modulgruppe ausübt[1]). Dabei sprachen Sie den Wunsch aus, man sollte die Theorie der algebraischen Funktionen „mit den Methoden der Algebra, unter Hervorhebung des Begriffes der Galoischen Gruppe" weiter behandeln. Deshalb mag es Sie vielleicht interessieren, daß wir für die von Ihnen aufgeworfene allgemeine Frage eine Lösung gefunden haben. Es handelt sich um folgendes Problem:

Es seien k der zu einer algebraischen Kurve gehörige Funktionenkörper, K eine endliche Galoische Erweiterung von k, $\mathfrak{G}$ die Galoische Gruppe von K in bezug auf k. Bei jedem Automorphismus aus $\mathfrak{G}$ erfahren die Differentiale 1. Gattung in K (oder allgemeiner die überall endlichen Differentialformen f-ten Grades in K) eine lineare Substitution, die eine Darstellung $\mathfrak{D}$ von $\mathfrak{G}$ erzeugt. Man möge die Darstellung $\mathfrak{D}$ bestimmen, d. h. in ihre irreduziblen Bestandteile zerlegen.

Es zeigt sich, daß $\mathfrak{D}$ nur von den topologischen Eigenschaften der Riemannschen Fläche von K in bezug auf k abhängt. Die Methode, die uns zur Auffindung und zum Beweise dieses Resultates geführt hat, ist einer Methode nachgebildet, die von Herbrand und Artin in der Zahlentheorie mehrfach mit großem Erfolge angewandt wurde. Erstens wird der relativ-zyklische Fall direkt behandelt, durch Anwendung des Riemann-Rochschen Satzes. Indem wir dann insbesondere die Eigenschaften von K in bezug auf seine zu zyklischen Untergruppen von $\mathfrak{G}$ gehörigen Unterkörper zum Ausdruck bringen, erhalten wir Charakterenrelationen, aus denen sich die gewünschte Zerlegung tatsächlich ablesen läßt[2]).

---

[1]) *Über ein Fundamentalproblem aus der Theorie der elliptischen Modulfunktionen*, Hamb. Abh. Bd. 6, S. 235—257; und *Über das Verhalten der Integrale 1. Gattung bei Abbildungen, insbesondere in der Theorie der elliptischen Modulfunktionen*, ebenda Bd. 8, S. 270—281. Vgl. auch *Die Riemannschen Periodenrelationen für die elliptischen Modulfunktionen*, Crelles J., Bd. 167 (1932), S. 337—345.

[2]) Schon Hurwitz hatte die Gruppe $\mathfrak{D}_1$ aufgestellt, insbesondere in seiner Abhandlung „Über algebraische Gebilde mit eindeutigen Transformationen in sich" (Math.

358

Reprinted from *Hamb. Abh.* 10, 1934, pp. 358–361.

Es seien $\mathfrak{r}$ und $\mathfrak{R}$ die Riemannschen Flächen von k bzw. K: $\mathfrak{R}$ liegt g-blättrig über $\mathfrak{r}$, wenn g die Ordnung von $\mathfrak{G}$ bedeutet, und ist entweder unverzweigt (dann ist sie im gewöhnlichen Sinne eine Überlagerungsfläche von $\mathfrak{r}$) oder besitzt gewisse Verzweigungspunkte C_1, $C_2, \cdots, C_l$. Die Gruppe $\mathfrak{G}$ ist mit der topologischen Gruppe der eventuell in $C_1, C_2, \cdots, C_l$ punktierten Fläche $\mathfrak{r}$ homomorph (isomorph mit unendlicher Meriedrie), und K ist durch Angabe des Homomorphismus zwischen beiden Gruppen vollständig definiert.

Nun gibt es in K P Differentiale 1. Gattung $dU_1, dU_2, \cdots, dU_P$: sie erfahren bei Anwendung eines beliebigen Automorphismus aus $\mathfrak{G}$ eine lineare Substitution, welche eine Darstellung $\mathfrak{D}_1$ erzeugt. Allgemeiner seien $\Omega_1, \Omega_2, \cdots, \Omega_{N_f}$ sämtliche linear-unabhängige, auf $\mathfrak{R}$ überall endliche Differentialformen f-ten Grades: darunter verstehen wir, wie üblich, unter Benutzung eines festen Differentials dw aus k, einen Ausdruck $\Phi\, dw^f$ mit Φ in K derart, daß in jedem Punkt von $\mathfrak{R}$, mit der Ortsuniformisierenden τ, $\Phi\left(\dfrac{dw}{d\tau}\right)^f$ endlich bleibt; N_f ist übrigens $= (2f-1)(P-1)$, wie sich leicht durch Anwendung des Riemann-Rochschen Satzes bestätigen läßt. Unter den Operationen von $\mathfrak{G}$ erfahren nun die Formen $\Omega_1, \Omega_2, \cdots, \Omega_{N_f}$ ebenfalls eine lineare Substitutionsgruppe $\mathfrak{D}_f$, also wieder eine Darstellung von $\mathfrak{G}$.

Wir wollen jetzt angeben, wie oft eine gegebene irreduzible Darstellung Δ von $\mathfrak{G}$ vom Grade r in der Darstellung $\mathfrak{D}_f$ enthalten ist. Wenn über dem Verzweigungspunkt C_μ $\dfrac{g}{n_\mu}$ Punkte von $\mathfrak{R}$ liegen, in denen die g Blätter von $\mathfrak{R}$ zu je n_μ zusammenhängen, entspricht einem positiven Umlauf um C_μ eine Klasse von konjugierten Elementen n_μ-ter Ordnung in $\mathfrak{G}$, und in der Darstellung Δ eine Klasse von Matrizen, die alle dieselben charakteristischen Wurzeln haben; unter diesen Wurzeln, die ja n_μ-te Einheitswurzeln sind, komme die Wurzel $e^{\frac{2\pi i\alpha}{n_\mu}}$ $N_{\mu,\alpha}$-mal vor. Dann lautet unser Ergebnis:

$\mathfrak{D}_f$ enthält die irreduzible Darstellung Δ N-mal, wo

$$N = r(2f-1)(p-1)$$
$$+\sum_{\mu=1}^{l}\sum_{\alpha=0}^{n_\mu-1} N_{\mu,\alpha}\left[(f-1)\left(1-\frac{1}{n_\mu}\right)+\left\langle\frac{f-1-\alpha}{n_\mu}\right\rangle\right]+\sigma$$

mit $\sigma = 1$ wenn $f = 1$ und Δ die identische Darstellung ist (dann ist natürlich $N = p$), *sonst immer $\sigma = 0$.* $\langle x\rangle = x - [x]$ bedeutet den Bruchteil von x.

Ann., Bd. 41 (1893), S. 403—441 (= Ges. Werke I, S. 391—430)); doch hat er die Untersuchung nur bis zur Bestimmung von $\mathfrak{D}_1$ im relativ-zyklischen Fall durchgeführt, was im wesentlichen durch seine Schlußformel (s. § 14) geleistet wird.

Da der allgemeine Beweis etwas langwierige Rechnungen erfordert, und da sich übrigens diese Formel noch von einem anderen Gesichtspunkte aus beweisen läßt[3]), wollen wir uns jetzt auf den wichtigen Spezialfall der *relativ-unverzweigten Erweiterung* beschränken und zugleich auf die Bestimmung von $\mathfrak{D}_1$, wodurch die anfangs angedeutete Methode am klarsten hervortreten wird. Wir nehmen also an, daß $\mathfrak{K}$ über $\mathfrak{r}$ unverzweigt sei: das Geschlecht P ist dann durch die einfache Formel gegeben:

$$P-1 = g\,(p-1).$$

Wir wählen in k ein festes Differential 1. Gattung dw: es hat auf $\mathfrak{r}$ $2p-2$ Nullstellen, die ein Punktsystem Γ^{2p-2} bilden.

Zuerst sei $\mathfrak{G}$ zyklisch, also $K = k\,(\varphi^{\frac{1}{g}})$; φ ist eine Funktion in k, deren Nullstellen (wegen der Unverzweigtheit) das g-fache eines Punktsystems G^n auf $\mathfrak{r}$, und deren Pole ebenfalls das g-fache eines Punktsystems H^n bilden. Wir setzen $\varepsilon = e^{\frac{2\pi i}{g}}$; die Operationen S_ν von $\mathfrak{G}$ sind gegeben durch $S_\nu\,\varphi^{\frac{1}{g}} = \varepsilon^\nu\,\varphi^{\frac{1}{g}}$ $(\nu = 0, 1, \cdots, g-1)$; $\mathfrak{G}$ besitzt g Darstellungen, sämtlich vom 1. Grad, $x' = \chi_a(S_\nu)\,x$, wobei die $\chi_a(S_\nu) = \varepsilon^{\nu a}$ $(a = 0, 1, \cdots, g-1)$ die Charaktere sind. Wenn $\mathfrak{D}_1$ in irreduzible Bestandteile zerlegt ist, gehört jedes Differential dU einem Charakter χ_a, und es ist dann $\varphi^{-\frac{a}{g}}\,dU$ ein eindeutiges Differential auf $\mathfrak{r}$, und $\varphi^{-\frac{a}{g}}\dfrac{dU}{dw}$ eine Funktion ψ im Grundkörper k:

$$dU = \psi \cdot \varphi^{\frac{a}{g}} \cdot dw.$$

Dieser Ausdruck soll überall endlich bleiben. ψ wird also (höchstens) auf dem Punktsystem $a\,G^n + \Gamma^{2p-2}$ unendlich, und muß außerdem auf $a\,H^n$ verschwinden (jeder Punkt wird natürlich mit der zugehörigen Multiplizität gezählt). Umgekehrt erzeugt jede solche Funktion ein zum Charakter χ_a gehöriges Differential 1. Gattung. Nach dem Riemann-Rochschen Satz gibt es aber für jedes $a \neq 0$ genau $p-1$ linear-unabhängige Funktionen ψ dieser Beschaffenheit; für $a = 0$ gibt es p Funktionen ψ, entsprechend den p Differentialen 1. Gattung in k. Also:

Im relativ-zyklischen Fall enthält $\mathfrak{D}_1$ die Hauptdarstellung p-mal, jede andere irreduzible Darstellung $(p-1)$-mal.

Jetzt sei $\mathfrak{G}$ beliebig. S bedeute ein Element von $\mathfrak{G}$ und m die Ordnung der von S erzeugten zyklischen Untergruppe (S): zu (S) gehört

[3]) Dieser zweite Beweis wird von einem von uns im nächsten Heft dieser Abhandlungen veröffentlicht werden.

ein Unterkörper k_1 von K vom Geschlecht p_1, wo $p_1 - 1 = \frac{g}{m}(p-1)$. Da $\mathfrak{D}_1$ die identische Darstellung sicher enthält (sogar p mal), entfernen wir letztere einmal aus $\mathfrak{D}_1$: $\mathfrak{D}_1$ sei also mit der Summe der identischen Darstellung und einer Darstellung $\mathfrak{D}'$ vom Grade $P-1$ äquivalent; es sei $\chi(S)$ der Charakter von S in $\mathfrak{D}'$. Wenn man $\mathfrak{D}'$ auf (S) betrachtet, enthält sie nach dem Obigen jede irreduzible Darstellung genau (p_1-1)-mal, was sich bekanntlich durch folgende Charakterenrelation ausdrücken läßt:

$$\frac{1}{m}\sum_{\nu=0}^{m-1}\chi(S^\nu)\,e^{-\frac{2\pi i a\nu}{m}} = \frac{g}{m}(p-1) \qquad (a = 0, 1, 2, \cdots, m-1).$$

Nach den χ aufgelöst ergeben diese Relationen einfach:

$$\chi(1) = g(p-1); \qquad \chi(S) = 0 \text{ für } S \neq 1.$$

Eine beliebige irreduzible Darstellung Δ vom Grade r mit dem Charakter χ_Δ ist also in $\mathfrak{D}'$

$$N' = \frac{1}{g}\sum_{S\subset\mathfrak{G}}\chi(S)\,\overline{\chi}_\Delta(S) = (p-1)\,r\text{-mal}$$

enthalten:

Im unverzweigten Fall besteht $\mathfrak{D}_1$ aus der Summe von der einmal genommenen identischen Darstellung und der $(p-1)$-mal genommenen regulären Darstellung.

Damit ist natürlich unsere Formel in diesem Spezialfall bewiesen. Im allgemeinen Fall läßt sich ein Beweis nach demselben Muster ohne Schwierigkeit nachbilden.

[1934b] Une propriété caractéristique des groupes de substitutions linéaires finis

Si à tout élément S d'un groupe l'on a fait correspondre une matrice $\mathfrak{M}_S$ à r lignes et r colonnes, de déterminant non nul, de telle sorte que

$$\mathfrak{M}_{S.T} = \mathfrak{M}_S . \mathfrak{M}_T,$$

l'on dit, comme on sait, que l'on a défini une représentation $\mathcal{D}$ de degré r du groupe. Soient $\mathcal{D}$, $\mathcal{D}'$ deux représentations de degrés r, r' : si l'on fait subir à une série de variables $x_1, x_2, \ldots, x_r$ la substitution $\mathfrak{M}_S$ de $\mathcal{D}$, à une autre série $y_1, y_2, \ldots, y_{r'}$ la substitution $\mathfrak{M}'_S$ de $\mathcal{D}'$, les produits x_i, y_j subiront une transformation $\mathfrak{M}_S \times \mathfrak{M}'_S$ (produit kroneckérien de $\mathfrak{M}_S$ et $\mathfrak{M}'_S$), et les matrices $\mathfrak{M}_S \times \mathfrak{M}'_S$ constituent une représentation $\mathcal{D} \times \mathcal{D}'$ de degré $r.r'$ du groupe, qui est dite le *produit* de $\mathcal{D}$ et $\mathcal{D}'$. D'autre part, les matrices

$$\begin{Vmatrix} \mathfrak{M}_S & 0 \\ 0 & \mathfrak{M}'_S \end{Vmatrix}$$

constituent une représentation $\mathcal{D} + \mathcal{D}'$ de degré $r + r'$, la *somme* de $\mathcal{D}$ et $\mathcal{D}'$. Enfin, $\mathcal{D}$ et $\mathcal{D}'$ sont dites *équivalentes*, et l'on écrit $\mathcal{D} \sim \mathcal{D}'$, si $r = r'$ et s'il existe une matrice C telle que $\mathfrak{M}_S = C . \mathfrak{M}'_S . C^{-1}$ quel que soit S. Si, comme d'habitude, $\chi(S) = \mathrm{Sp}(\mathfrak{M}_S)$ désigne la trace de $\mathfrak{M}_S$ ou *caractère* de $\mathcal{D}$, le caractère de $\mathcal{D} \times \mathcal{D}'$ sera $\chi(S).\chi'(S)$, celui de $\mathcal{D} + \mathcal{D}'$ sera $\chi(S) + \chi'(S)$; enfin, si $\mathcal{D} \sim \mathcal{D}'$, $\chi(S) = \chi'(S)$.

Si alors on ne distingue pas entre représentations équivalentes, les représentations d'un groupe forment une algèbre sur l'anneau des entiers rationnels. En particulier, si le groupe est fini, on démontre que toutes les représentations sont des combinaisons linéaires, à coefficients entiers, d'un nombre fini d'entre elles : d'où il suit que toute représentation $\mathcal{D}$ satisfait à une équation $\mathcal{D}^m + a_1 \mathcal{D}^{m-1} + \ldots + a_m . 1 \sim 0$ à coefficients entiers rationnels. Cette équation signifie que, si l'on fait passer dans le second

(2)

membre tous les termes a coefficient negatif, les deux membres sont des représentations équivalentes : il faut entendre naturellement que chaque membre est alors *somme* (au sens défini plus haut) de termes $\mathcal{D}^k$, $\mathcal{D}^k$ désignant le *produit* de k facteurs $\mathcal{D} \times \mathcal{D} \times \ldots \times \mathcal{D}$; 1 est la représentation identique ($r = 1$, $\mathfrak{M}_S = 1$). D'ailleurs on peut supposer que les matrices $\mathfrak{M}_S$ sont *unitaires-orthogonales* (nous dirons simplement *orthogonales*), c'est-à-dire que les substitutions linéaires définies par ces matrices conservent la forme hermitienne $x_1\bar{x}_1 + x_2\bar{x}_2 + \ldots + x_r\bar{x}_r$: car on démontre que toute représentation d'un groupe fini est équivalente à une telle représentation.

Mais considérons un instant le groupe de toutes les substitutions linéaires orthogonales à r variables : les matrices $\mathfrak{M}$ qui en sont les éléments en constituent une représentation $\mathcal{D}_0$, la plus simple de toutes; si $f(x)$ est un polynome à coefficients positifs, $f(\mathcal{D}_0)$, au sens défini tout à l'heure, en est une autre, de degré $f(r)$. Soit $f < \mathfrak{M} >$ la matrice, à $f(r)$ lignes et $f(r)$ colonnes, que $f(\mathcal{D}_0)$ fait correspondre à l'élément $\mathfrak{M}$ du groupe orthogonal (¹). On aura

$$f < \mathfrak{M}\mathfrak{M}' > = f < \mathfrak{M} > . f < \mathfrak{M}' >, \tag{1}$$

cette égalité exprimant que $f(\mathcal{D}_0)$ est une représentation. De plus, le caractère de $f(\mathcal{D}_0)$ sera $\mathrm{Sp} f < \mathfrak{M} > = f(\mathrm{Sp}\,\mathfrak{M})$.

Cela posé, nous allons d'abord retrouver le résultat indiqué plus haut. Soit $\mathcal{D}$ une représentation d'un groupe fini, qui fasse correspondre à l'élément S la matrice (orthogonale) $\mathfrak{M}_S$; les traces $\mathrm{Sp}(\mathfrak{M}_S) = \chi(S)$ sont des nombres algébriques, à savoir des sommes de racines de l'unité. Soit $F(x) = 0$ l'équation à coefficients entiers de plus bas degré qui ait pour racines tous les $\chi(S)$; et soit $F(x) = f(x) - g(x)$, f et g étant des polynomes à coefficients entiers positifs. Alors, les représentations $f(\mathcal{D})$, $g(\mathcal{D})$ du groupe, constituées par les matrices $f < M_S >$, $g < \mathfrak{M}_S >$, auront même caractère $f[\chi(S)] = g[\chi(S)]$, *et l'on sait que dans ce cas elles sont équivalentes :*

$$f < \mathfrak{M}_S > = C . g < \mathfrak{M}_S > . C^{-1}, \tag{2}$$

ce qui signifie précisément que $\mathcal{D}$ satisfait à l'équation $F(\mathcal{D}) \sim 0$.

Tout cela est bien connu. Mais je me propose de démontrer que récipro-

---

(¹) Cette matrice n'a, bien entendu, rien de commun avec la matrice $f(\mathfrak{M})$ à r^2 éléments qui s'obtient à partir de $\mathfrak{M}$ en formant les sommes et les produits au sens de l'algèbre des matrices.

(3)

quement, *si un groupe possède une représentation $\mathcal{D}$ de degré r par des matrices orthogonales, qui satisfasse à une équation algébrique* $F(\mathcal{D}) \sim 0$, *$\mathcal{D}$ ne se compose que d'un nombre fini de matrices distinctes :* si donc la représentation est isomorphe, *le groupe est fini.* Par hypothèse, en effet, on aura une équation (2), C étant une matrice fixe. Il nous suffit donc de démontrer que l'équation

$$f < \mathcal{M} > = C . g < \mathcal{M} > . C^{-1} \tag{3}$$

ne peut être satisfaite, C étant fixe, que par un nombre fini de matrices orthogonales $\mathcal{M}$ de degré r.

Or, d'après (1), les matrices solutions de (3) forment un groupe; celui-ci se trouve défini par les équations (3), et par celles qui expriment que $\mathcal{M}$ est orthogonale, équations toutes algébriques par rapport aux $2r^2$ paramètres réels dont dépend $\mathcal{M}$; la variété du groupe se compose donc d'un nombre fini de variétés algébriques irréductibles; d'ailleurs le groupe est clos, en vertu de l'orthogonalité. S'il avait une composante connexe qui ne se réduisît pas à un point, il en aurait une aussi qui contiendrait la matrice unité : ce serait un groupe clos, dont les matrices $\mathcal{M}$ constitueraient une représentation évidemment isomorphe. Mais le caractère $\chi(\mathcal{M}) = \mathrm{Sp}(\mathcal{M})$ de cette représentation est racine de l'équation algébrique $f(\chi) - g(\chi) = 0$: il n'est donc susceptible que de valeurs discrètes, et reste constant sur toute composante connexe du groupe. Or l'on sait que sur un groupe clos, en vertu des relations d'orthogonalité qui lient les caractères, il n'y a d'autre représentation à caractère constant que celle qui consiste en la seule matrice unité. Le groupe ne peut donc se composer que de points discrets en nombre fini, et le théorème est démontré.

Remarques de M. Elie Cartan *au sujet de la Communication précédente.*

La Note de M. Weil, en dehors des considérations sur l'Algèbre des représentations linéaires d'un groupe abstrait, contient le résultat remarquable qu'un groupe unitaire dont l'ensemble des traces est fini est lui-même fini. On peut donner de ce théorème une démonstration directe qui s'applique sans modification au théorème plus général suivant :

Si dans l'ensemble des valeurs distinctes que prennent les traces des substitutions d'un groupe linéaire unitaire G *à r variables, la trace r de la substitution identique est isolée, le groupe est fini.*

(4)

En effet soit $\overline{G}$ le groupe de fermeture de G, formé des opérations de G et de leurs éléments d'accumulation, et soit $\overline{g}$ la partie connexe de $\overline{G}$ contenant la substitution identique. $\overline{G}$ est un groupe clos ([1]) formé d'un nombre fini de familles connexes. L'ensemble $\overline{E}$ des traces de $\overline{G}$ est l'ensemble de fermeture de l'ensemble E des traces de G; la trace r est donc un élément isolé de $\overline{E}$; par suite les substitutions de $\overline{g}$ ont la trace constante r, ce qui n'est possible, $\overline{g}$ étant un groupe clos, que si $\overline{g}$ se réduit à l'opération identique : $\overline{G}$, et par suite G est donc fini.

Il ne suffit pas pour la validité du théorème que l'ensemble E contienne un élément isolé, comme le montre l'exemple du groupe infini

$$x' = e^{i\theta} x, \qquad y' = \pm e^{i\theta} y,$$

dont les traces sont $2e^{i\theta}$ et o.

Néanmoins *le théorème reste vrai si le groupe* G *est irréductible et si l'ensemble de ses traces contient un élément isolé non nul.* En effet si G était infini, $\overline{g}$ n'admettrait aucun invariant linéaire, sinon $\overline{G}$ transformerait linéairement entre eux ces invariants linéaires par un groupe fini et $\overline{G}$, étant irréductible, se réduirait à ce groupe fini. Soit alors a la trace isolée, qui est la trace commune de toutes les substitutions d'une partie connexe de $\overline{G}$. Soient a_{ij} les coefficients d'une de ces substitutions, m_{ij} ceux d'une substitution variable de $\overline{g}$, on aura

$$\sum_{i,j} a_{ji} m_{ij} = a;$$

or cette relation n'est possible que si a est nul, parce que la valeur moyenne de chaque coefficient m_{ij} dans la variété de $\overline{g}$ est nulle. Il y a donc contradiction.

[1934c] Une propriété caractéristique des groupes finis de substitutions

J'ai démontré (²), pour les groupes de substitutions *unitaires*, le théorème suivant :

Si un groupe $\mathcal{G}$ de substitutions linéaires satisfait, au sens de l'algèbre des représentations, à une équation algébrique

$$F(\mathcal{G}) \sim 0 \tag{1}$$

à coefficients entiers rationnels, le groupe n'a qu'un nombre fini d'éléments.

Dans les observations dont il a fait suivre cette Note, M. Cartan a montré que cette propriété, pour les groupes unitaires, était simplement conséquence du caractère discret de l'ensemble des traces du groupe. Il n'en est plus ainsi, naturellement, s'il s'agit de groupes non unitaires. Par exemple, le groupe

$$x' = x + \lambda y, \qquad y' = y,$$

où λ est une constante quelconque, possède l'unique trace 2 sans être fini. Cependant, le théorème énoncé subsiste sans restriction. Pour le voir, posons $F(x) = f(x) - g(x)$, f et g étant des polynomes à coefficients entiers positifs : si F est de degré n, nous pouvons supposer que f est de degré n et g de degré $n' < n$. Comme dans la Note citée, dont je conserverai les notations, il suffira de démontrer que l'équation

$$f < \mathfrak{M} > = C . g < \mathfrak{M} > . C^{-1} \tag{2}$$

ne peut être satisfaite, C étant une matrice fixe, que par un nombre fini de matrices $\mathfrak{M}$. Les matrices $\mathfrak{M} = \| m_{ij} \|$ qui satisfont à cette équation constituent, ici encore, un groupe composé d'un nombre fini de variétés algébriques irréductibles dans l'espace des m_{ij}; mais ce groupe n'est plus nécessairement clos. S'il se compose d'un nombre fini d'éléments, le théorème est démontré; sinon, il contiendra une composante irréductible V contenant la matrice unité, et V sera un groupe de Lie continu.

(²) *Comptes rendus*, **198**, 1934, p. 1739

(2)

Soient $\varepsilon_1, \varepsilon_2, \ldots, \varepsilon_r$ les racines caractéristiques de $\mathfrak{M}$; et soient respectivement μ_i, μ'_k celles de $f < \mathfrak{M} >$ et de $g < \mathfrak{M} >$. Les racines caractéristiques du produit kroneckérien de deux matrices étant les produits, deux à deux, des racines caractéristiques des facteurs, les μ_i, μ'_k seront des monomes $\varepsilon_1^{a_1}.\varepsilon_2^{a_2}\ldots.\varepsilon_r^{a_r}$ de degrés respectivement $\leqq n$ et $\leqq n'$; parmi les μ_i, en particulier, figurera certainement la racine ε_1^n. L'on pourra prendre $\mathfrak{M}$, sur V, dans un voisinage suffisamment petit de la matrice unité pour que toutes ces racines soient aussi voisines de 1 que l'on voudra, et leurs logarithmes, par conséquent, aussi voisins que l'on voudra de zéro. Si, dans ces conditions, les $\log\varepsilon_i$ ne sont pas tous nuls, soit $\log\varepsilon_1$ le plus grand d'entre eux en valeur absolue : on aura $|\log\mu'_k| \leqq n' |\log\varepsilon_1|$, et ε_1^n ne pourra figurer parmi les μ'_k, contrairement à l'équation (2), d'après laquelle $f < \mathfrak{M} >$ et $g < \mathfrak{M} >$ doivent avoir les mêmes racines caractéristiques. Les ε_i sont donc tous égaux à 1, sur V, dans un voisinage de l'unité, et par suite aussi sur toute la variété V, car ce sont des fonctions analytiques (et même algébriques) des m_{ij}.

Soit alors $\mathfrak{M}$ une matrice de V : ses racines caractéristiques étant égales à 1, ses diviseurs élémentaires sont de la forme $(x-1)^\lambda$, et l'on sait que si le diviseur élémentaire de plus haut degré est $(x-1)^\rho$, ρ est aussi le plus petit entier tel que $\mathfrak{M}$ satisfasse, dans l'algèbre des matrices de degré r, à l'équation $(\mathfrak{M}-1_r)^\rho = 0$. On déduit aisément de ce criterium, et des formes canoniques connues, que si les matrices $\mathfrak{M}$ et $\mathfrak{N}$ ont leurs racines caractéristiques toutes égales à 1, et que leurs diviseurs élémentaires de plus haut degré soient respectivement $(x-1)^\rho$ et $(x-1)^\sigma$, le diviseur élémentaire de plus haut degré de leur produit kroneckérien est $(x-1)^{\rho+\sigma-1}$. En particulier, le diviseur élémentaire de plus haut degré de $f < \mathfrak{M} >$ sera $(x-1)^{n\rho-n+1}$; celui de $g < \mathfrak{M} >$ sera $(x-1)^{n'\rho-n'+1}$, contrairement à (2), puisque d'après (2) $f < \mathfrak{M} >$ et $g < \mathfrak{M} >$ doivent avoir mêmes diviseurs élémentaires, à moins que l'on n'ait $\rho = 1$; mais alors $\mathfrak{M}$ est la matrice unité, c'est donc à cette matrice que se réduit la variété V, et le théorème est démontré.

(Extrait des *Comptes rendus des séances de l'Académie des Sciences*, t. 199, p. 180, séance du 16 juillet 1934.)

GAUTHIER-VILLARS, IMPRIMEUR-LIBRAIRE DES COMPTES RENDUS DES SÉANCES DE L'ACADÉMIE DES SCIENCES.
99905-34 Paris. — Quai des Grands-Augustins, 55.

[1935a] Über Matrizenringe auf Riemannschen Flächen und den Riemann-Rochschen Satz

1. Es seien k der zu einer algebraischen Kurve vom Geschlechte p gehörige Funktionenkörper, $\mathfrak{r}$ die Riemannsche Fläche von k, dw ein festes Differential 1. Gattung auf $\mathfrak{r}$. Zu jedem Punkte P von $\mathfrak{r}$ werde eine feste Ortsuniformisierende t gewählt, die eine Umgebung von P auf eine Umgebung von $t = 0$ abbildet. Wir betrachten *Vektoren* $V = (v_1, v_2, \cdots, v_r)$ mit r Komponenten in k sowie *Differentialvektoren* f-ten Grades in k, worunter wir Ausdrücke $V \cdot dw^f$ verstehen wollen. Vektoren werden im Sinne der Matrixmultiplikation mit r-reihigen Matrizen multipliziert, wobei wir bemerken, daß es zweierlei Vektoren gibt: solche, die als Matrizen *mit einer Zeile* zu betrachten sind, und die man rechts, aber nicht links mit einer r-reihigen Matrix multiplizieren darf, sowie auch Matrizen *mit einer Spalte*, wo die Verhältnisse umgekehrt liegen. Die Art eines Vektors wird jedesmal durch die Art der Formeln, worin er vorkommt, klar.

Nun seien auf $\mathfrak{r}$ endlich viele Punkte $P_1, P_2, \cdots, P_a$ gegeben, und zu jedem Punkt P_α eine quadratische r-reihige Matrix $\Theta = \Theta_\alpha(t)$ mit nicht identisch verschwindender Determinante, deren Elemente Funktionen des zu P_α gehörigen t und für $t = 0$ meromorph seien. Die Determinante $|\Theta_\alpha(t)|$ wird $= c\,t^{n_\alpha} + \cdots$, mit $c \neq 0$; wir setzen $n = \sum\limits_\alpha n_\alpha$. Dann gilt folgende *Verallgemeinerung des Riemann-Rochschen Satzes*[1])[1a]):

Die Anzahl N der linear-unabhängigen Vektoren V in k, die auf $\mathfrak{r}$ überall außer den Punkten P_α endlich sind und derart, daß in jedem Punkte P_α der Vektor $\Theta_\alpha(t) \cdot V$ endlich bleibt, wird gegeben durch:

$$N = n - r(p-1) + \sigma;$$

dabei bedeutet σ die Anzahl der linear-unabhängigen Differentialvektoren 1. Grades dJ, die überall außer den P_α endlich sind und derart, daß in jedem P_α der Vektor $dJ \cdot \Theta_\alpha^{-1}$ endlich bleibt.

---

[1]) Ein Teil dieses Satzes wurde schon von Ritter entdeckt: siehe Ritter, *Über Riemannsche Formenschaaren auf einem beliebigen algebraischen Gebilde*, Math. Ann. Bd. 47 (1896), S. 157—221, insbesondere § 9. Zahlreiche Arbeiten von R. König beziehen sich u. a. auch auf ähnliche Fragen; siehe z. B. R. König, Math. Ann. Bd. 79 (1919), S. 76 –135, sowie die darin zitierte Literatur.

[1a]) Vgl. auch die neuerdings erschienene Arbeit von E. Witt, *Riemann-Rochscher Satz und Z-Funktion im Hyperkomplexen*, Math. Ann. Bd. 110. S. 12 28.

Wir sagen, daß ein Differentialvektor f-ten Grades $U \cdot dw^f$ in einem Punkt P endlich bleibt (*auf* r, also *in bezug auf die Uniformisierende* t) wenn $\frac{U \cdot dw^f}{dt^f}$ in P endlich ist. Insbesondere sind die Komponenten der Vektoren dJ gewiß dann überall endlich, also Differentiale 1. Gattung, wenn sämtliche Elemente der Matrizen Θ_α für $t = 0$ endlich sind, weil nämlich $dJ = (dJ \cdot \Theta_\alpha^{-1}) \cdot \Theta_\alpha$.

Die in der Umgebung von $t = 0$ meromorphen Funktionen bilden einen Körper; die für $t = 0$ endlichen Funktionen bilden einen Ring, und zwar einen Hauptidealring mit den Idealen (t^m). Man kann also, wie bekannt (siehe z. B. VAN DER WAERDEN, *Moderne Algebra*, § 106), jede Matrix Θ in der Form schreiben: $\Theta = \Omega_1 \cdot \Delta \cdot \Omega$, wo Ω_1 und Ω zwei Matrizen mit in $t = 0$ endlichen Elementen und nicht verschwindender Determinante sind, und Δ eine Diagonalmatrix $\Delta = \|\delta_{ij} t^{\varphi(i)}\|$ bedeutet ($\varphi(i)$ ganz; $\delta_{ii} = 1$; $\delta_{ij} = 0$ für $i \neq j$). Die Bedingung „$\Theta \cdot V$ endlich" ist aber mit der Bedingung „$\Delta\,\Omega \cdot V$ endlich" ganz gleichbedeutend. Wir setzen $\Omega = \|\omega_{ij}(t)\|$.

In jedem Punkt P_α soll $\Delta\,\Omega \cdot V = W$ endlich sein[2]); es ist also $V = \Omega^{-1}\,\Delta^{-1} \cdot W$. Wir wählen e größer als alle $\varphi(i)$ und außerdem so groß, daß $e \cdot a > 2p - 2$: die Komponenten von V haben in P höchstens einen Pol e-ter Ordnung. Es ist also V unter den Vektoren zu suchen, die nur in den P_α unendlich werden, und zwar höchstens von der e-ten Ordnung: solche Vektoren bilden eine lineare Schar mit $r(ea - p + 1)$ Parametern, nach dem gewöhnlichen Riemann-Rochschen Satz. Die weiteren Bedingungen, denen V unterworfen ist, können aber in folgender Form geschrieben werden:

$$\text{(1)} \qquad \mathrm{Res}_{P_\alpha}\left[t^{\varphi(i)+\varrho} \sum_j \omega_{ij} v_j\right] = 0$$

$$(\alpha = 1, 2, \cdots, a;\ i = 1, 2, \cdots, r;\ \varrho = 0, 1, 2, \cdots, e - \varphi(i) - 1),$$

wo Res_{P_α} das Residuum in P_α bedeutet. Das sind $\sum_\alpha \sum_i (e - \varphi(i))$ Gleichungen, also, da $\sum_i \varphi(i)$ nichts anderes ist als n_α, $rae - n$ linearhomogene Gleichungen. Diese sind aber nicht notwendig unabhängig voneinander: es sei σ die Anzahl der wesentlich verschiedenen Relationen, die zwischen diesen Gleichungen bestehen. Dann hängt V, gemäß unserem Satze, nur noch von $n - r(p-1) + \sigma$ Parametern ab.

Es sei also eine Relation zwischen den Gleichungen (1) vorhanden:

$$\sum_\alpha \mathrm{Res}_{P_\alpha}\Big[\sum_{ij}\Big(\sum_\varrho C_i^{(\alpha,\varrho)} t^\varrho\Big) t^{\varphi(i)}\, \omega_{ij}\, v_j\Big] = 0.$$

[2]) Eigentlich müßte überall von $\varphi_\alpha(i)$, $\omega_{ij}^{(\alpha)}$ usw. die Rede sein: den Index α werden wir gewöhnlich weglassen.

Diese Relation soll identisch erfüllt werden, welche immer die Funktionen v_i sein mögen, wenn nur diese Funktionen höchstens in den P_α, und zwar höchstens von der e-ten Ordnung, unendlich werden. Das heißt, daß die Relationen:

$$(2) \qquad \sum_\alpha \mathrm{Res}_{P_\alpha}\left[\sum_i \left(\sum_\varrho C_i^{(\alpha,\varrho)} t^\varrho\right) t^{q(i)}\, \omega_{ij}\cdot v\right] = 0 \qquad (j = 1, 2, \cdots, r)$$

für jede solche Funktion v erfüllt sein sollen. Eine derartige Relation kann aber, wie wohlbekannt, nur dann bestehen, wenn sie mit einer Relation $\oint v\cdot dj = 0$ gleichbedeutend ist, wo dj ein Differential in k ist und das Integral auf einem vollen Rückkehrschnittsystem genommen wird. Den r Relationen (2) muß also ein Differentialvektor dJ entsprechen, derart, daß dJ außer in den P_α endlich bleibt, und in P_α:

$$dJ = \left\| \sum_i \left(\sum_\varrho C_i^{(\alpha,\varrho)} t^\varrho + \cdots\right) t^{q(i)}\, \omega_{ij} \right\| dt = \left\| \sum_\varrho C_i^{(\alpha,\varrho)} t^\varrho + \cdots \right\| dt \cdot \Delta\,\Omega$$

Das bedeutet aber eben, daß $dJ\cdot\Theta_\alpha^{-1}$ endlich ist. Umgekehrt entspringt jedem solchen Vektor dJ ein System von Relationen $\oint v\cdot dJ = 0$, die wieder in der Form (2) geschrieben werden können. Da übrigens die Konstanten $C_i^{(\alpha,\varrho)}$ nur dann sämtlich verschwinden können, wenn dJ selbst identisch verschwindet (sonst müßte nämlich dJ überall endlich sein und in den P_α lauter e-fache Nullstellen haben, also im ganzen $e\cdot a > 2p-2$ Nullstellen), so folgt, daß die Anzahl σ der Relationen (2) genau gleich der Anzahl der Vektoren dJ ist, w. z. b. w.

Ich bemerke noch, daß man in dieser Weise auch die Anzahl der *Matrizen* Φ im Körper k berechnen kann, welche überall außer den P_α endlich sind und derart, daß in P_α $\Theta_\alpha\cdot\Phi\cdot\Theta'_\alpha$ endlich bleibt: dabei sind die $\Theta_\alpha(t)$, $\Theta'_\alpha(t)$ r- bzw. r'-reihige Matrizen und Φ eine Matrix mit r Zeilen und r' Spalten in k.

2. Wir wollen nun unseren Satz auf folgende Frage anwenden. Es seien auf $\mathfrak{r}$ l Punkte $C_1, C_2, \cdots, C_l$ gegeben sowie eine zugehörige „Signatur", d. h. l natürliche Zahlen $n_1, n_2, \cdots, n_l$. $A_1, B_1, A_2, B_2, \cdots, A_p, B_p$ seien die Erzeugenden der topologischen Gruppe von $\mathfrak{r}$, und es bedeute C_μ einen positiven Umlauf um den Punkt C_μ: die A_i, B_j, C_μ sind die Erzeugenden der topologischen Gruppe der in den Punkten C_μ punktierten Fläche $\mathfrak{r}$ und genügen der Relation $R(A, B, C) = A_1 B_1 A_1^{-1} B_1^{-1} \cdots A_p^{-1} B_p^{-1} C_1 C_2 \cdots C_l = 1$.

Wir betrachten nun solche endlich- oder unendlichvieldeutigen Funktionen f auf $\mathfrak{r}$, die in ihrem ganzen Verlauf keine anderen Singularitäten haben als Pole und in den Punkten C_μ gelegene Verzweigungen, und zwar soll die Ordnung der Verzweigung in C_μ gleich n_μ oder ein Teiler von n_μ sein. Solche Funktionen werden eindeutig auf der unendlichvielblättrigen Überlagerungsfläche $\mathfrak{U}$ von $\mathfrak{r}$, die der durch die A, B, C erzeugten Gruppe entspricht, wenn man die A, B, C außer der Relation $R(A, B, C) = 1$ noch den weiteren Relationen $C_\mu^{n_\mu} = 1$ unterwirft; es sei G diese Gruppe, deren Elemente also geschlossene Wege auf der punktierten Fläche $\mathfrak{r}$ sind; f^S bedeute die Funktion, die aus f entsteht, wenn man f längs dem Wege S analytisch fortsetzt. Übrigens ist, wie bekannt, $\mathfrak{U}$ eine einfach zusammenhängende Fläche, die durch die zugehörige Grenzkreisuniformisierende ω auf den Einheitskreis abgebildet wird: ω ist eine automorphe Funktion (fonction fuchsienne), deren Gruppe der Gruppe G isomorph ist; da die n_μ endlich sind, liegt das Fundamentalpolygon von ω ganz im Innern des Einheitskreises. Die Funktionen f sind eindeutige meromorphe Funktionen von ω im Einheitskreis, und es ist $f^S = f(\omega^S)$. Wir wählen noch in jedem Punkt von $\mathfrak{U}$ als Ortsuniformisierende $\tau = t$ außerhalb der Punkte C_μ bzw. $\tau = t^{1/n_\mu}$ in C_μ.

Es sei nun eine Matrixdarstellung von G vom Grade r im Körper der komplexen Zahlen gegeben, also zu jedem S eine konstante Matrix $\mathfrak{M}_S$ mit nicht verschwindender Determinante, so daß $\mathfrak{M}_{ST} = \mathfrak{M}_S \cdot \mathfrak{M}_T$. Weiter sei $\Theta = \Theta(\omega)$ eine auf $\mathfrak{U}$ eindeutige Matrix mit nicht identisch verschwindender Determinante, die der Bedingung genügt: $\Theta^S = \mathfrak{M}_S \cdot \Theta$. Daß es eine solche Matrix gibt, ist der Inhalt des Existenzsatzes zum Riemannschen Problem, und wird am einfachsten durch die Poincaréschen „séries zètafuchsiennes“ bewiesen, die ja im vorliegenden Falle einer endlichen Signatur gewiß konvergieren. Unter einem Vektor auf $\mathfrak{U}$ verstehen wir einen Vektor $V = (v_1, v_2, \cdots, v_r)$ mit auf $\mathfrak{U}$ eindeutigen und meromorphen Komponenten; den Ausdruck $V \cdot dw^f$ nennen wir dann einen Differentialvektor f-ten Grades auf $\mathfrak{U}$; wir sagen, daß ein solcher Vektor in einem Punkte von $\mathfrak{U}$ endlich ist (in bezug auf die Uniformisierende τ!) wenn in diesem Punkte $\dfrac{V \cdot dw^f}{d\tau^f}$ endlich bleibt.

Wir fragen nun nach der Anzahl N der auf $\mathfrak{U}$ allenthalben endlichen Differentialvektoren f-ten Grades U, die der Bedingung genügen:

$$U^S = \mathfrak{M}_S \cdot U.$$

Aus dieser Gleichung folgt zunächst, daß $\Theta^{-1} \cdot U$ auf $\mathfrak{r}$ eindeutig wird; es ist also $U = \Theta \cdot V \cdot dw^f$, mit V in k, und es ist die Anzahl der Vektoren V in k zu berechnen, die die Eigenschaft haben, daß $\Theta \cdot V \cdot dw^f$ in bezug auf τ überall endlich bleibt. Nehmen wir noch an, daß dw lauter einfache Wurzeln hat, die in keinem der Punkte C_μ gelegen sind.

Die charakteristischen Wurzeln von $\mathfrak{M}_{C_\mu}$ sind n_μ-te Einheitswurzeln, da $(\mathfrak{M}_{C_\mu})^{n_\mu} = 1$ ist; wenn wir $\mathfrak{M}_{C_\mu}$ auf die Diagonalform reduzieren, wird also $\mathfrak{M}_{C_\mu} = A \cdot \mathfrak{E} \cdot A^{-1}$, mit $\mathfrak{E} = \left\| \delta_{ij}\, e^{\frac{2\pi i}{n_\mu} \cdot e_i} \right\|$. Wir dürfen dabei annehmen, daß $f \leqq e_i \leqq f + n_\mu - 1$. Es sei ferner $\mathfrak{D}(\tau) = \| \delta_{ij} \tau^{e_i} \|$ gesetzt, dann ist $\mathfrak{D}^{C_\mu} = \mathfrak{E} \cdot \mathfrak{D}$, also ist $\mathfrak{D}^{-1} \cdot A^{-1} \cdot \Theta = \Theta_0(t)$ eindeutig auf $\mathfrak{r}$ im Punkte C_μ. Es muß nun $A \mathfrak{D} \Theta_0 \cdot V \cdot \frac{d w^f}{d \tau^f}$ in C_μ endlich sein: setzen wir $\Theta_0 V = \| f_i(t) \|$, so bedeutet das, daß $\tau^{e_i} \cdot f_i(t) \cdot \tau^{f(n_\mu - 1)}$ $= t^f \cdot f_i(t) \cdot \tau^{e_i - f}$ endlich ist, also auch $t^f \cdot f_i(t)$ und $\Theta_0 \cdot V t^f$; und umgekehrt. Jetzt können wir den Riemann-Rochschen Satz anwenden.

Es habe nämlich $|\Theta|$ im Punkte C_μ die Ordnung h_μ in bezug auf τ: $|\Theta| = c\tau^{h_\mu} + \cdots$, $c \neq 0$; dann hat $|\Theta_0|$ in bezug auf t die Ordnung $\frac{1}{n_\mu}\left(h_\mu - \sum_{i=1}^{r} e_i\right)$, also $|\Theta_0 t^f|$ die Ordnung $\frac{h_\mu}{n_\mu} + \sum_{i=1}^{r} \left(f - \frac{e_i}{n_\mu}\right)$. In jedem anderen Punkte P von $\mathfrak{r}$, wo $|\Theta|$ verschwindet oder ein Element von Θ unendlich wird, sei die Ordnung von Θ gleich $h(P)$: wegen $\Theta^S = \mathfrak{M}_S \cdot \Theta$ ist $h(P)$ in allen über P gelegenen Punkten von $\mathfrak{U}$ dieselbe. In jeder der $2p - 2$ Nullstellen von dw ist ferner die Ordnung von $|\Theta\, dw^f|$ gleich $rf + h(P)$. Also ist nach dem verallgemeinerten Riemann-Rochschen Satze

$$N = rf(2p - 2) + \sum h(P) + \sum_\mu \left[\frac{h_\mu}{n_\mu} + \sum_{i=1}^{r} \left(f - \frac{e_i}{n_\mu} \right) \right] - r(p-1) + \sigma.$$

Nun ist aber das Integral $\oint d(\log|\Theta|)$, um die Berandung eines Blattes von $\mathfrak{U}$ (oder eines Fundamentalpolygons von ω) genommen, $= 0$, da $d(\log|\Theta|)$ ein eindeutiges Differential auf $\mathfrak{r}$ ist; also nach dem Cauchyschen Satze:

$$\sum h(P) + \sum_\mu \frac{h_\mu}{n_\mu} = 0.$$

Wenn wir noch mit $N_{\mu\alpha}$ die Anzahl derjenigen charakteristischen Wurzeln von $\mathfrak{M}_{C_\mu}$ bezeichnen, die $= e^{\frac{2\pi i \alpha}{n_\mu}}$ sind, d. h. die Anzahl der $e_i \equiv \alpha \ (n_\mu)$, so ist $\frac{e_i}{n_\mu} = \frac{f + n_\mu - 1}{n_\mu} - \left\langle \frac{f - 1 - \alpha}{n_\mu} \right\rangle$ ($\langle x \rangle = x - [x]$ bedeutet den Bruchteil von x), womit die endgültige Formel bewiesen ist:

$$N = r(2f - 1)(p - 1)$$
$$+ \sum_\mu \sum_{\alpha=1}^{n_\mu} N_{\mu\alpha} \left[(f-1)\left(1 - \frac{1}{n_\mu}\right) + \left\langle \frac{f - 1 - \alpha}{n_\mu} \right\rangle \right] + \sigma.$$

Es bleibt noch die Bedeutung von σ anzugeben. σ ist die Anzahl der Differentialvektoren dJ in k, mit der Eigenschaft, daß $\Omega = dJ \cdot \Theta^{-1} \cdot dw^{-f}$ außerhalb der C_μ und $dJ \cdot \Theta_0 \cdot t^{-f}$, also wieder (wie leicht zu ersehen) Ω in C_μ endlich bleibt:

σ ist die Anzahl der auf $\mathfrak{U}$ allenthalben endlichen Differentialvektoren Ω vom Grade $1-f$, die der Bedingung genügen:

$$\Omega^S = \Omega \cdot \mathfrak{M}_S^{-1}.$$

Insbesondere sei die Substitutionsgruppe $(\mathfrak{M}_S)$ endlich: wenn sie aus g verschiedenen Matrizen besteht, so sind Θ und die Vektoren U, Ω in einer algebraischen Erweiterung g-ten Grades von k enthalten. Wenn noch $f \geqq 1$ ist, so ist $\Omega \cdot dw^{f-1} = C$ ein allenthalben endlicher Vektor in einem algebraischen Funktionenkörper, also konstant. Im Falle $f = 1$ gibt es σ Vektoren C mit der Eigenschaft $C = C \cdot \mathfrak{M}_S^{-1}$, wenn die Gruppe $(\mathfrak{M}_S)$ die identische Darstellung genau σ mal enthält; im Falle $f > 1$ kann aber $C \cdot dw^{1-f}$ nur dann endlich bleiben, wenn $C = 0$, und es ist $\sigma = 0$. Damit sind sämtliche Resultate des im letzten Bande dieser Abhandlungen erschienenen Briefes von CHEVALLEY und mir an Herrn HECKE aufs neue bewiesen[3]).

[3]) CHEVALLEY-WEIL, *Über das Verhalten der Integrale 1. Gattung bei Automorphismen des Funktionenkörpers*, diese Abh. Bd. 10, S. 358–361.

[1935b] Arithmétique et géométrie sur les variétés algébriques

Au premier chapitre de ma thèse (1), j'ai donné, pour toute fonction rationnelle sur une courbe algébrique ou sur une variété algébrique sans point singulier, une décomposition en facteurs idéaux des valeurs numériques de la fonction, correspondant à sa décomposition symbolique en facteurs, ou plus exactement en diviseurs, au sens de l'algèbre sur la variété. Siegel a exposé à nouveau cette théorie, sous une forme quelque peu différente, au § 2 de la IIe partie de son mémoire de l'Académie de Berlin (2), en y ajoutant un complément important, à savoir une évaluation de l'ordre de grandeur des facteurs. Laissant celle-ci de côté, je me propose de remonter ici à la source de ces théorèmes de décomposition : nous la trouverons dans un *principe de transport*, par le moyen duquel tout théorème concernant l'algèbre d'une variété algébrique peut être traduit en un théorème d'arithmétique sur la même variété : en particulier, à la décomposition algébrique en diviseurs premiers, lorsqu'elle est possible, correspond toujours une décomposition arithmétique en facteurs, et c'est le contenu des théorèmes dont il s'agit. Mais la portée de ce principe ne s'arrête évidemment pas là ; je me bornerai à faire voir com-

(1) A. Weil, *L'arithmétique sur les courbes algébriques*, Acta Math., t. 52 (1929), p. 281.

(2) C. L. Siegel, *Ueber einige Anwendungen diophantischer Approximationen* (Abhandl. d. preuss. Ak. d. Wiss., Berlin, 1929), II. Teil : *Ueber diophantische Gleichungen*. La méthode d'exposition de Siegel au § 2 (« *Funktionenideale und Zahlenideale* » m'a fourni une partie des idées du présent travail.

Reprinted from *Act. Sc. et Ind.* no. 206, 1935, pp. 3–16, by permission of Hermann, éditeurs des sciences et des arts.

ment l'on en peut tirer par exemple, sous sa forme la plus générale, le *théorème des extensions non ramifiées*, déjà démontré, pour les courbes, par Chevalley et moi (1), et dont un cas particulier (celui qui se rapporte aux extensions relativement abéliennes) est à la base des démonstrations de Siegel dans le mémoire cité, et des miennes au second chapitre de ma thèse. Il semble permis d'espérer que la voie ainsi ouverte rendra possibles de nouveaux progrès dans l'étude des propriétés arithmétiques des variétés algébriques.

1. Soit k le corps de tous les nombres algébriques : ce sera pour nous le corps des constantes. Nous nous proposons de faire l'étude d'une variété irréductible V à p dimensions contenue dans un espace projectif R^n à n dimensions. Soient x_0, $x_1, \dots x_n$ les coordonnées homogènes dans R^n ; la variété V est définie, comme on sait (2), par l'ensemble des polynômes en x_0, $x_1, \dots x_n$ qui s'annulent sur elle, et cet ensemble constitue, dans l'anneau $k[x_0, x_1, \dots x_n]$ de tous les polynômes, un idéal premier $\mathfrak{P}$ qui possède une base finie $P_1, P_2, \dots P_r$. Soit k_1 le corps (fini) engendré par les coefficients des polynômes P_i : ce corps dépend du choix de la base ; mais si les coefficients d'une autre base de $\mathfrak{P}$ engendrent un corps k_2, et si k_3 désigne le plus grand corps contenu dans k_1 et dans k_2, je dis que l'on pourra trouver une base dont les coefficients soient dans k_3. Car posons $k_1 = k_3(\theta)$, et soit θ' un conjugué de θ relativement à k_3; il existe, comme on sait, des automorphismes de k qui laissent invariants tous les nombres de k_2 et changent θ en θ' ; un tel automorphisme laisse $\mathfrak{P}$ invariant, puisque $\mathfrak{P}$ a une base à coefficients dans k_2 : donc tous les conjugués de $P_1, P_2, \dots P_r$ par rapport au corps de base k_3 sont dans $\mathfrak{P}$, et l'on aura une nouvelle base de $\mathfrak{P}$ en formant tous les polynômes $Sp(\theta^\nu . P_i)$, Sp désignant la trace relative par rapport à k_3.

Il s'ensuit que si, parmi tous les corps tels que k_1, $k(V)$ désigne le corps de plus petit degré, $k(V)$ est contenu dans tous les k_1 et est bien défini par la variété V. On dira que c'est le corps de la variété, et que la variété est rationnelle par rapport à ce corps, ou par rapport à tout autre qui le contient.

(1) Chevalley-Weil, *C. R. Acad. d. Sc.*, t. 195 (1932), p. 570.

(2) Pour tout ce qui est algèbre, je renvoie, cela va sans dire, à l'ouvrage de B. L. van der Waerden, *Moderne Algebra* (Berlin, 1930-31), et plus particulièrement aux chapitres XIII et XIV.

2. Cela posé, désignons par Ω_0 l'anneau des classes de restes de l'anneau k $[x_0, x_1, \dots x_n]$ modulo $\mathfrak{P}$, et par K le corps des quotients de Ω_0 : K n'est autre que le corps des fonctions rationnelles sur la variété algébrique W définie par l'idéal $\mathfrak{P}$ dans l'espace affine S^{n+1} à $n+1$ dimensions $(x_0, x_1, \dots x_n)$: W est, dans S^{n+1}, un cône de sommet O, dont la base est une variété projectivement identique à V ; c'est une variété à $p+1$ dimensions. Mais Ω_0 n'est pas, en général, entier-fermé (1) dans le corps K : soit donc Ω l'anneau des éléments de K qui sont entiers par rapport à Ω_0. Tout élément f de K peut être exprimé en fonction *rationnelle* de $x_0, x_1, \dots x_n$; d'autre part, un tel élément appartiendra à Ω s'il est racine d'une équation algébrique :

$$f^m + p_1(x_0, x_1, \dots x_n) \cdot f^{m-1} + \dots + p_m(x_0, x_1, \dots x_n) \equiv 0 \ (\mathfrak{P})$$

dont les coefficients p_i soient des polynômes en $x_0, x_1, \dots x_n$.

Choisissons dans R^n une variété linéaire L à $n-p-1$ dimensions *sans point commun avec V*, et définie par des équations à coefficients rationnels :

$$\sum_{\nu=0}^{n} c_{i\nu} x_\nu = 0 \qquad (i = 0, 1, \dots p)$$

Posons $y_i = \sum_0^n c_{i\nu} x_\nu$: si l'on donne aux y_i des valeurs constantes arbitraires, ces équations définissent, dans l'espace affine S^{n+1}, une variété linéaire qui ne peut avoir de point commun à l'infini avec W, sinon L aurait des points communs avec V dans R^n ; en particulier cette variété ne peut avoir en commun avec W que des points en nombre fini, et cela quels que soient les y_i. Il en résulte que le corps K est une extension algébrique de degré fini du corps k $(y_0, y_1, \dots y_p)$ des fonctions rationnelles de $y_0, y_1, \dots y_p$, et, de plus, que les x_k sont, dans ce corps, des éléments *entiers* par rapport à l'anneau $\mathfrak{o} = k[y_0, y_1, \dots y_p]$ des polynômes en y_i ; il en est donc de même de tous les éléments de Ω_0, et par suite aussi de Ω, de sorte que

(1) « Ganz-abgeschlossen » : le terme allemand en usage et le terme français proposé ici paraissent également mal formés, et également difficiles à remplacer.

Ω, étant entier-fermé, n'est autre que l'ensemble des éléments de K entiers par rapport à $\mathfrak{o}$. Dans ces conditions, on sait que le théorème de la base finie est vrai dans Ω, c'est-à-dire que tout idéal de l'anneau Ω y possède une base finie (1). De plus, Ω possède une base finie $z_1, z_2, \dots z_q$ par rapport à $\mathfrak{o}$, d'où il suit que Ω est identique, dans K, à l'anneau des polynômes en y_i, z_j. D'ailleurs les opérations qui permettent d'exprimer un élément f de Ω, donné comme fonction rationnelle $f(x_0, x_1, \dots x_n)$, au moyen de la base $z_1, \dots z_q$ et des y_i, sont des opérations rationnelles, et par suite, si les z_j sont convenablement choisis, les constantes qui interviennent dans l'expression de f en fonction des y_i, z_j sont contenues dans le corps $k(f)$ engendré par les éléments de $k(V)$ et par les coefficients de $f(x_0, x_1, \dots x_n)$.

3. Dans la théorie des courbes algébriques, il est essentiel d'introduire, comme élément sur une courbe donnée dans l'espace, non le point géométrique, mais le point de la surface de Riemann ; Dedekind et Weber en ont donné les premiers la définition algébrique. Ici, nous aurons à nous servir d'une notion analogue :

Un point de W *est un homomorphisme de* Ω *sur* k, *c'est-à-dire une correspondance qui, à chaque élément de* Ω, *fasse correspondre un nombre de* k, *de telle sorte que toutes les relations algébriques soient conservées, et qu'aux* x_i *correspondent des nombres non tous nuls* (2).

Soit α un tel point, et soit f un élément de Ω ; l'on désignera par $f(\alpha)$ le nombre correspondant à f dans l'homomorphisme qui définit α. Deux points α, β sont distincts, s'il existe au moins un f pour lequel $f(\alpha) \neq f(\beta)$.

Il est clair, d'après ce qui précède, qu'un point est entièrement déterminé par les valeurs $y_i(\alpha)$, $z_j(\alpha)$ des y_i, z_j en ce point. Soit $k(\alpha)$ le corps fini engendré par ces valeurs et par les nombres de $k(V)$; si f est dans Ω, $f(\alpha)$ sera dans le corps $k(f, \alpha)$

(1) Van der Waerden, *op. cit.*, § 99. Je propose de dire « théorème de la base finie » pour le « Teilerkettensatz » des auteurs allemands : on sait, en effet, que les deux théorèmes sont équivalents (*ibid.*, § 80).

(2) Le point O est exclu, car c'est la théorie de V et non celle de W que nous avons en vue. Notre notion de point a des rapports étroits avec la notion d'*élément* sur une variété : sur celle-ci, on consultera les travaux de E. Kähler, et en particulier ses Leçons de Hambourg lithographiées (en cours de publication) sur la géométrie algébrique.

engendré par les éléments de $k(\alpha)$ et par ceux du corps $k(f)$ défini plus haut. Deux points étant identiques si les y_i, z_j y prennent mêmes valeurs, l'on peut toujours trouver dans Ω un élément f qui prenne en des points donnés distincts $\alpha_1, \alpha_2, \ldots \alpha_m$ des valeurs données $c_1, c_2, \ldots c_m$, car il suffit de choisir convenablement f sous la forme d'un polynôme en y_i, z_j. Enfin, des principes algébriques connus (1) montrent qu'à des valeurs données des y_i, non toutes nulles, correspondent des points α, en nombre fini, chacun avec une multiplicité déterminée.

Observons encore que l'on peut étendre l'homomorphisme α au corps K par la convention suivante : K étant corps des quotients de Ω, tout élément φ de K peut s'écrire, d'une infinité de manières, sous la forme $\varphi = \frac{f}{g}$, f et g étant dans Ω ; s'il est possible de choisir f et g de façon que $f(\alpha)$ et $g(\alpha)$ ne s'annulent pas tous deux, on posera $\varphi(\alpha) = \frac{f(\alpha)}{g(\alpha)}$ ou $\varphi(\alpha) = \infty$ suivant que $g(\alpha)$ est $\neq 0$ ou $= 0$; si c'est impossible, $\varphi(\alpha)$ sera indéterminé. On peut démontrer, dans ces conditions, que *Ω se compose de tous les éléments de* K *qui ne deviennent ni infinis ni indéterminés en aucun point de W.*

4. L'idéal $\mathfrak{P}$ est *homogène*, c'est-à-dire qu'il demeure invariant dans l'automorphisme T_λ du corps $k(x_0, x_1, \ldots x_n)$ qui transforme chacun des x_ν en $\lambda . x_\nu$, λ désignant une constante indéterminée non nulle, et qui laisse inchangées toutes les constantes. Par suite T_λ peut être considéré aussi comme un automorphisme du corps K en lui-même, et de l'anneau Ω en lui-même. Un élément *homogène de degré d* dans K sera un élément qui se multiplie par λ^d dans l'automorphisme T_λ. Un *idéal homogène* dans Ω sera un idéal *invariant par l'automorphisme* T_λ. Dans tout ce qui suit, *il s'agira uniquement d'idéaux homogènes.*

Tout élément f de Ω est somme d'éléments homogènes de degrés $\geqslant 0$. Par hypothèse, en effet, il est, dans K, racine d'une équation :

$$f^m + p_1(x) . f^{m-1} + \ldots + p_m(x) = 0. \tag{1}$$

Effectuons l'automorphisme T_λ : f est transformé en un élé-

(1) Van der Waerden, *op. cit.*, § 96.

ment f_λ du corps K (λ) des fonctions rationnelles de λ à coefficients dans K. Mais d'après l'équation (1), ou plutôt d'après sa transformée par T_λ, f_λ est algébrique entier par rapport à l'anneau K[λ] des polynômes en λ à coefficients dans K. f_λ doit donc appartenir à cet anneau même :

$$f_\lambda = \sum_d \lambda^d \cdot f_d \,;$$

appliquons à cette équation l'automorphisme T_μ ; comme l'on doit avoir $T_\mu(f_\lambda) = T_{\lambda\mu}(f)$, on voit que f_d est bien homogène de degré d.

Tout idéal homogène de Ω possède une base composée d'éléments homogènes. Soient en effet $\mathfrak{A}$ un tel idéal, et f un élément d'une base de $\mathfrak{A}$: $f_\lambda = \sum \lambda^d . f_d$ appartenant encore à $\mathfrak{A}$, et λ étant une constante indéterminée que l'on peut fixer à volonté, tous les f_d appartiennent à $\mathfrak{A}$; de sorte qu'en remplaçant, dans une base de $\mathfrak{A}$, tous les éléments par leurs composantes homogènes, on aura une base de l'espèce voulue.

5. T_λ transforme tout point α de W en un point α_λ : *on dira que l'ensemble de ces points constitue un point* π *de* V. Considérons un tel point π, soit α un point correspondant de W, et supposons par exemple que $y_0(\alpha) \neq 0$; soient de plus $v_1, v_2, \ldots v_r$ les composantes homogènes des éléments $z_1, z_2, \ldots z_q$, de degrés respectifs $d_1, d_2, \ldots d_r$; nous désignerons par $k(\pi)$ le corps engendré par les nombres de $k(\mathrm{V})$ et par les rapports $\dfrac{y_i(\alpha)}{y_0(\alpha)}$, $\dfrac{v_j(\alpha)}{y_0^{d_j}(\alpha)}$, rapports qui ne dépendent évidemment que de π ; $k(\pi)$ sera contenu dans $k(\alpha)$. π étant donné, l'on peut choisir α de façon que $k(\alpha) = k(\pi)$, et que, de plus, tous les $x_\nu(\alpha)$ soient entiers algébriques : nous supposerons toujours ces deux conditions réalisées par la suite. Remarquons d'autre part que tout élément f de Ω peut être supposé entier, non seulement par rapport à Ω_0, mais par rapport à l'anneau Ω_0' des polynômes en x_ν *à coefficients entiers algébriques*, à condition d'être multiplié préalablement par une constante convenable : nous supposerons qu'il en soit ainsi pour tous les éléments de Ω dont il sera question.

Soient alors π un point de V, α un point correspondant de W, et f un élément de Ω homogène de degré d. Désignons par (x) le plus grand commun diviseur de $x_0(\alpha)$, $x_1(\alpha)$, ... $x_n(\alpha)$: c'est un idéal entier du corps $k(\pi)$. *Je dis que l'idéal*

$$\frac{f(\alpha)}{(x)^d}$$

du corps $k(f, \pi)$ *est un idéal entier*. Considérons en effet l'équation (1) à laquelle satisfait f, et appliquons-lui l'automorphisme T_λ : le premier membre devient un polynome en λ, qui doit s'annuler identiquement; en particulier le terme en λ^{md} doit être nul ; autrement dit, f est racine, dans K, d'une équation analogue :

$$f^m + p_1'(x) \cdot f^{m-1} + \ldots + p'_m(x) = 0$$

où les coefficients p_1', p_2', ... p'_m sont des polynômes en x, *homogènes de degrés* d, $2d$, ... md respectivement ; d'ailleurs leurs coefficients, d'après l'hypothèse faite plus haut, sont entiers algébriques. Il suffit alors de passer à un surcorps de $k(f, \pi)$ où (x) soit idéal principal, et de diviser par $(x)^{md}$, pour voir que $\frac{f(\alpha)}{(x)^d}$ est entier algébrique dans ce corps, et par suite idéal entier dans $k(f, \pi)$. Cet idéal dépend d'ailleurs seulement de π, et non du choix de α.

6. Conservons ces notations, et soient $\mathfrak{A}$ un idéal (homogène) de Ω, et $(f_1, f_2, \ldots f_l)$ l'une de ses bases, composée d'éléments homogènes de degrés respectifs d_1, d_2, ... d_l. Comme pour $\mathfrak{P}$ au § 1, on démontre que l'on peut choisir cette base de manière que le corps engendré par $k(V)$ et par les coefficients de f_1, f_2, ... f_l soit le plus petit possible : désignons ce corps par $k(\mathfrak{A})$.

A l'idéal $\mathfrak{A}$ *et à tout point* π, *nous conviendrons alors de faire correspondre l'idéal entier du corps* $k(\mathfrak{A}, \pi)$, *défini par :*

$$\mathfrak{a}(\pi) = \left(\frac{f_1(\alpha)}{(x)^{d_1}}, \quad \frac{f_2(\alpha)}{(x)^{d_2}}, \quad \ldots \quad \frac{f_l(\alpha)}{(x)^{d_l}}\right).$$

Cet idéal, en tant que fonction du point π, *s'appellera une distribution sur* V.

Ainsi définie, la distribution dépend du choix de la base. *Nous allons introduire une notion d'équivalence pour les idéaux homogènes d'une part, pour les distributions d'autre part, au moyen de laquelle il y aura correspondance biunivoque entre classes d'idéaux et classes de distributions, et même isomorphie par rapport aux opérations du produit, du p. g. c. d.*, et toutes celles qui en dérivent. Ce sera le *principe de transport* annoncé dans l'introduction.

Pour cela, soit $\mathfrak{N}$ l'idéal $(x_0, x_1, \ldots x_n)$ dans Ω. *Deux idéaux homogènes* $\mathfrak{A}$, $\mathfrak{B}$ *seront dits équivalents si l'on a, pour des valeurs convenables des exposants* ρ, σ :

$$\mathfrak{A} . \mathfrak{N}^\rho \equiv 0\,(\mathfrak{B}), \qquad \mathfrak{B} . \mathfrak{N}^\sigma \equiv 0\,(\mathfrak{A}).$$

Si la première congruence seulement est vérifiée, on dira que $\mathfrak{A}$ est multiple de $\mathfrak{B}$ *au sens de l'équivalence.*

D'autre part, *deux distributions* $\mathfrak{a}(\pi)$, $\mathfrak{b}(\pi)$ *sont dites équivalentes s'il existe des constantes* c, d *telles que l'on ait, quel que soit* π :

$$c . \mathfrak{a}(\pi) \equiv 0\big(\mathfrak{b}(\pi)\big), \qquad d . \mathfrak{b}(\pi) \equiv 0\big(\mathfrak{a}(\pi)\big).$$

Si la première congruence seule est vérifiée quel que soit π, on dira que $\mathfrak{a}(\pi)$ est multiple de $\mathfrak{b}(\pi)$ *au sens de l'équivalence.*

7. Nous démontrerons alors le principe de transport sous la forme suivante :

Au sens de l'équivalence : 1° *la distribution* $\mathfrak{a}(\pi)$ *n'est pas changée par un changement de base de* $\mathfrak{A}$; 2° *à des idéaux équivalents correspondent des distributions équivalentes ;* 3° *à des idéaux multiples l'un de l'autre correspondent des distributions multiples l'une de l'autre ;* 4° *au produit de deux idéaux correspond le produit des distributions, au p. g. c. d. correspond le p. g. c. d.*

Il suffit de démontrer la 3ᵉ proposition : car la 2ᵉ n'en est que la double application, et la 1ʳᵉ est un cas particulier de la 2ᵉ. Quant à la 4ᵉ, elle est évidente. Soit donc $\mathfrak{A}$ un idéal homogène, de base $(f_1, f_2, \ldots f_l)$, et soit $\mathfrak{B} . \mathfrak{N}^\sigma \equiv 0\,(\mathfrak{A})$. Il suffit de faire la démonstration pour un idéal principal $\mathfrak{B} = (g)$; soient

$d_1, d_2, \ldots d_l$ et e les degrés de $f_1, f_2, \ldots f_l$ et g respectivement. Les éléments $g \cdot x_\nu^\sigma$ appartiennent tous à $\mathfrak{A}$, donc :

$$g \cdot x^\sigma = \sum_i F_i^{(\nu)} \cdot f_i$$

les $F_i^{(\nu)}$ étant des éléments de Ω. Appliquons à cette égalité l'automorphisme T_λ : on obtient une égalité qui doit être identiquement vérifiée en λ, donc les termes en $\lambda^{e+\sigma}$ doivent être égaux de part et d'autre; autrement dit, l'on pourra remplacer cette égalité par une autre semblable où les $F_i^{(\nu)}$ seront homogènes de degrés respectifs $e + \sigma - d_i$. De plus, en multipliant au besoin g par une constante c, on peut supposer que ces $F_i^{(\nu)}$ sont entiers par rapport à Ω'_0. Dans ces conditions, l'on aura, en passant à un corps où (x) est idéal principal et divisant par $(x)^{e+\sigma}$:

$$c \cdot \frac{g(\alpha)}{(x)^e} \cdot \frac{x_\nu^\sigma}{(x)^\sigma} \equiv 0\big(\mathfrak{a}(\pi)\big)$$

quel que soit ν, et par suite :

$$c \cdot \frac{g(\alpha)}{(x)^e} \equiv 0\big(\mathfrak{a}(\pi)\big)$$

ce qu'il fallait démontrer.

8. Les classes d'idéaux (homogènes) équivalents dans Ω ne sont pas autre chose que les *diviseurs* que l'on a l'habitude d'introduire dans la théorie des variétés algébriques. On voit l'avantage du recours aux coordonnées homogènes : les diviseurs, qui ne se prêtent qu'à un calcul symbolique, sont remplacés par des idéaux qu'on peut soumettre à toutes les opérations habituelles. Par le principe de transport, toute propriété algébrico-géométrique de V qui peut se mettre sous forme d'une relation entre ces idéaux peut être traduite arithmétiquement. Par exemple, si V est une courbe, tout idéal homogène dans Ω est équivalent à un produit de puissances d'idéaux premiers, chaque idéal premier se composant de tous les éléments qui s'annulent en un point de la courbe : il en résulte, pour les distributions correspondantes, une décomposition en produit de facteurs, qui est celle même qu'il s'agissait de retrouver. Il n'appartient pas à l'objet du présent travail que j'en fasse ici la

démonstration, ni que je recherche dans quelle mesure ces propriétés s'étendent à des variétés plus générales (1) : ce sont là des problèmes d'algèbre pure, qui appellent d'ailleurs encore bien des recherches, et je ne veux m'occuper ici que des relations entre arithmétique et algèbre. Mais je démontrerai le théorème suivant, qui non seulement met en lumière le sens géométrique de la notion de classe d'idéaux homogènes, et en quelque sorte la justifie, mais encore est à la base des principales applications arithmétiques :

Pour qu'un idéal soit équivalent à 1, il faut et il suffit qu'il ne s'annule en aucun point de V.

On dit qu'un idéal s'annule en un point π si tous ses éléments s'annulent aux points α correspondants. La condition étant évidemment nécessaire, il suffira, en vertu du théorème de Hilbert (2), de montrer qu'un idéal $\mathfrak{A}$ sans zéros sur V contient des polynômes en $x_0, x_1, \dots x_n$ qui ne s'annulent pas pour un système arbitrairement donné de valeurs non toutes nulles des x_ν : car alors les polynômes en x_ν contenus dans $\mathfrak{A}$ constituent un idéal, multiple de $\mathfrak{A}$, et diviseur d'une puissance convenable de $\mathfrak{N}$. Soit donc (x_ν^0) un tel système, et supposons d'abord qu'il lui corresponde un point de V : il lui correspond alors un système de valeurs non toutes nulles des y_i, et à celui-ci appartiennent des points $\alpha_1, \alpha_2, \dots$ en nombre fini ; $\mathfrak{A}$ contient, par hypothèse, des éléments qui ne s'annulent pas en l'un quelconque de ces points, et par suite aussi un élément f qui ne s'annule en aucun d'eux (par exemple une combinaison linéaire convenable des précédents). Formons la norme de f, prise dans le corps K relativement au corps $k(y_0, y_1 \dots y_p)$: ce sera un polynôme en $y_0, y_1, \dots y_n$ qui appartiendra à $\mathfrak{A}$ et ne s'annulera pas au point (x_ν^0). Si d'autre part le point (x_ν^0) n'est pas sur W, soit $P(x)$ un polynôme quelconque dans $\mathfrak{A}$: ou bien il ne s'annule pas en (x_ν^0), ou bien, s'il s'y annule, on peut lui ajouter un

(1) La démonstration se fait sans difficulté, pour les courbes, suivant les méthodes habituelles, ou encore en observant que dans ce cas, notre équivalence n'est pas autre chose que la « Quasigleichheit » de Van der Waerden et Artin (Van der Waerden, *op. cit.*, § 103). Pour les variétés, je rappellerai seulement que le théorème de décomposition reste vrai s'il n'y a pas de point singulier : il sera intéressant de démontrer le théorème algébrique qui certainement correspond à ce résultat.

(2) Le célèbre « Nullstellensatz » : Van der Waerden, *op. cit.*, § 75.

polynôme Q (x), appartenant à l'idéal $\mathfrak{P}$, et qui ne s'y annule pas. Le théorème est démontré.

9. Par une extension algébrique de V, nous entendons toute variété $\overline{V}$ (à p dimensions) qu'on puisse mettre en correspondance $(1, d)$ avec V, ou autrement dit toute extension algébrique finie de degré d du corps des fonctions rationnelles sur V. A une telle extension correspond une extension $\overline{W}$ de W, à savoir *une extension* $\overline{K}$ *de degré d du corps* K, engendrée par un élément Z *homogène de degré* 0. $k(\overline{V})$ sera le corps engendré par les éléments de k (V) et par les coefficients numériques de l'équation qui définit Z. L'automorphisme T_λ est bien défini dans $\overline{K}$ par la condition de laisser Z invariant.

Soit $\overline{\Omega}$ l'anneau des éléments de $\overline{K}$ qui sont entiers par rapport à Ω. Un *point* $\bar{\alpha}$ de $\overline{W}$, ce sera, ici encore, un homomorphisme de $\overline{\Omega}$ sur le corps des constantes qui donne aux x_ν des valeurs non toutes nulles; un point $\bar{\pi}$ de $\overline{V}$, ce sera un ensemble de points $\bar{\alpha}$ qui se déduisent les uns des autres par des automorphismes T_λ ; au moyen d'une base de $\overline{\Omega}$, l'on définit, comme plus haut, les corps $k(\bar{\alpha})$ et $k(\bar{\pi})$; nous supposerons le choix des $\bar{\alpha}$ soumis aux mêmes restrictions que celui des α, c'est-à-dire que nous supposerons $k(\bar{\alpha}) = k(\bar{\pi})$ et les $x_\nu(\bar{\alpha})$ entiers. Puisque $\overline{\Omega}$ contient Ω, il est clair qu'à tout point $\bar{\alpha}$ correspond un point α bien déterminé (et à tout point $\bar{\pi}$ un point π) ; et l'on aura :

$$k(\bar{\alpha}) \supseteqq k(\alpha).$$

Réciproquement, à tout point α correspondent des points α en nombre fini, chacun avec une multiplicité déterminée $\geqslant 1$; plus précisément, à tout α correspondent d points $\bar{\alpha}, \bar{\alpha}', \bar{\alpha}'', \dots \bar{\alpha}^{(d-1)}$ distincts ou confondus [1]. *Nous dirons que l'extension* $\overline{V}$ *est non ramifiée sur V si les* **d** *points* $\bar{\alpha}$ *correspondant à un point* α *sont toujours distincts quel que soit* α ; et c'est à de telles extensions que nous ferons l'application annoncée de nos résultats généraux, en démontrant le *théorème des extensions non ramifiées :*

Si $\overline{V}$ *est non ramifiée sur V, et si* π, $\bar{\pi}$ *désignent des points correspondants de V et* $\overline{V}$, *le discriminant relatif du corps* $k(\bar{\pi})$ *par*

(1) Cf. note (1), p. 7.

rapport au corps $k(\pi)$ divise une constante c indépendante de π. On peut dire que le corps $k(\bar{\pi})$ est presque non ramifié par rapport à $k(\pi)$: il serait dit non ramifié, comme on sait, si le discriminant relatif était égal à 1.

Nous pouvons, sans restreindre la généralité du résultat, supposer que $k(\bar{V}) = k(V)$ et que $\bar{K}$ est galoisien par rapport à K ; alors les corps $k(\bar{\alpha})$, $k(\bar{\alpha}')$, ... $k(\bar{\alpha}^{(d-1)})$ sont conjugués les uns des autres par rapport à $k(\alpha)$. Soit alors $Z_1, Z_2, \dots Z_s$ une base de $\bar{\Omega}$ par rapport à Ω, composée d'éléments homogènes que nous pouvons supposer entiers par rapport à Ω_0'. Avec les éléments de cette base et leur $d-1$ conjugués par rapport à K, formons la matrice :

$$M = \left\| \begin{matrix} Z_1 & Z_2 & \dots & Z_s \\ Z_1' & Z_2' & \dots & Z_s' \\ \dots & \dots & \dots & \dots \\ Z_1^{(d-1)} & Z_2^{(d-1)} & \dots & Z_s^{(d-1)} \end{matrix} \right\|$$

Au point $\bar{\alpha}$, les valeurs des éléments de M ne sont autres que $Z_i(\bar{\alpha})$, $Z_i(\bar{\alpha}')$, ... $Z_i(\bar{\alpha}^{(d-1)})$. Considérons les carrés des déterminants d'ordre d formés au moyen de M : ce sont des éléments homogènes de Ω; l'idéal de Ω qui admet ces éléments pour base sera appelé le *discriminant relatif* de $\bar{K}$ par rapport à K. Si $\bar{V}$ est non ramifiée sur V, ce discriminant n'a pas de zéros : car s'il s'annulait en α, la matrice M serait de rang $< d$ au point correspondant $\bar{\alpha}$, et l'on aurait des relations :

$$c_0 Z_i(\bar{\alpha}) + c_1 Z_i(\bar{\alpha}') + \dots + c_{d-1} Z_i(\bar{\alpha}^{(d-1)}) = 0 \qquad (i = 1, 2, \dots s)$$

Or tout élément F de $\bar{\Omega}$ peut s'écrire, par hypothèse, sous la forme $F = \sum f_i Z_i$, les f_i étant des éléments de Ω ; on aurait donc aussi :

$$c_0 F(\bar{\alpha}) + c_1 F(\bar{\alpha}') + \dots + c_{d-1} F(\bar{\alpha}^{(d-1)}) = 0$$

quel que soit F, contrairement à l'hypothèse que les points $\bar{\alpha}, \bar{\alpha}', \dots \bar{\alpha}^{(d-1)}$ sont distincts et que par conséquent l'on peut trouver un F prenant en ces points des valeurs arbitraires.

Le discriminant relatif est donc équivalent à 1; et, d'après les théorèmes généraux, sa valeur au point α doit diviser $c.(x)^{\rho}$, c désignant une constante convenable et ρ un exposant suffisamment grand. Or, les lignes de la matrice M, au point $\bar{\alpha}$, se composent d'entiers du corps $k(\bar{\alpha})$ et de leurs conjugués relativement à $k(\alpha)$: la valeur du discriminant en ce point est donc un idéal de $k(\alpha)$, multiple du discriminant relatif de $k(\bar{\alpha})$ par rapport à $k(\alpha)$; celui-ci divise donc $c.(x)$: mais alors il divise c, car il ne dépend que de π, et, π étant donné, l'on peut évidemment choisir α de façon que (x) soit premier à un idéal arbitraire. Le théorème est démontré.

Lorsqu'il s'agit d'une extension non ramifiée *abélienne*, sur une variété où l'on a un théorème de décomposition, le théorème se démontre beaucoup plus élémentairement. Il suffit de s'occuper d'une extension cyclique, engendrée par un élément $Z = \sqrt[n]{f}$, racine n-ième d'un élément homogène de degré 0 du corps K. Pour que l'extension soit non ramifiée, il faut que l'idéal principal (f), considéré comme idéal fractionnaire par rapport à l'anneau Ω dans le corps K, soit une puissance n-ième exacte ; mais alors l'idéal $f(\alpha)$, dans le corps $k(\alpha)$, peut être mis sous forme d'un quotient de deux idéaux entiers, dont chacun, en tant que distribution sur V, est équivalent à une puissance n-ième exacte, et le théorème s'ensuit. C'est sous cette forme que le théorème apparaissait implicitement au second chapitre de ma thèse, où le point de départ de la descente infinie n'était autre, en effet, que l'application du théorème des extensions non ramifiées à la variété jacobienne d'une courbe algébrique de genre p : il s'agissait là de l'extension abélienne non ramifiée de degré 2^{2p} de la jacobienne qui est fournie par la bissection des fonctions abéliennes. Dans le mémoire de Siegel déjà cité, c'est encore le même théorème, appliqué à des extensions abéliennes non ramifiées de très haut degré d'une courbe algébrique donnée, qui est à la base de tous les raisonnements ; Siegel recourt, il est vrai, au théorème final de ma thèse, mais une analyse détaillée du mémoire montre que c'est inutile, et que le théorème des extensions non ramifiées suffit à la démonstration : de sorte que *les résultats de Siegel sont indépendants de la méthode de descente infinie*. Il en est de même, naturellement, des beaux résultats de Mahler, qui étendent notablement ceux de Siegel, au moins pour le genre 1 (1). Cela

(1) K. Mahler, *Ueber die rationalen Punkte auf Kurven vom Geschlecht Eins*, Crelles J. Bd. 170 (1934) S. 168.

conduit à penser que l'application directe de la descente infinie aux points rationnels des courbes algébriques permettrait, si on savait la faire, d'aller beaucoup plus loin. Mais pour cela l'outil fourni par les fonctions abéliennes se révèle inadéquat : la nécessité apparaît d'en forger de plus puissants.

7583-34. — Tours, imprimerie ARRAULT et Cie.

[1935c] Sur les fonctions presque périodiques de von Neumann

J. von Neumann a récemment étendu la théorie des fonctions presque périodiques aux groupes les plus généraux ([1]); on peut présenter ses résultats comme il suit :

Soit G un groupe quelconque; soient s, t, u, x, y, ... des éléments de G; $f(x)$ une fonction définie sur G. On dit que $f(x)$ est *presque périodique* s'il est possible, quelle que soit la suite s_ν d'éléments de G, d'extraire de la suite de fonctions $f(x\, s_\nu\, y)$ une suite partielle convergeant *uniformément* par rapport à x et y. Une telle fonction est évidemment bornée.

Faisant usage d'une idée de Stepanoff et Tychonoff ([2]), nous appellerons *distance* de deux éléments s, t du groupe la borne supérieure $\delta(s, t)$ des valeurs de $|f(x\, s\, y) - f(x\, t\, y)|$ quand x, y décrivent G; elle satisfait aux relations suivantes :

$$\delta(s, t) = \delta(su, tu) = \delta(us, ut), \tag{1}$$

$$\delta(s, u) \leqq \delta(s, t) + \delta(t, u), \tag{2}$$

$$\delta(ss', tt') \leqq \delta(s, t) + \delta(s', t'). \tag{3}$$

Une suite s_ν sera dite convergente, au sens de la distance δ, si

$$\lim_{\mu, \nu \to \infty} \delta(s_\mu, s_\nu) = 0.$$

Dire que f est presque périodique, c'est dire qu'on peut extraire de toute suite une suite convergente.

Identifions alors entre eux tous les éléments de G qui sont à distance nulle les uns des autres : cela revient à former un certain groupe quotient G_1 de G; et complétons le groupe, ainsi « réduit », par l'adjonction de toutes les limites de suites convergentes : d'après (3), on obtient de cette manière un nouveau groupe $\overline{G}$, où G_1 est partout dense; ce groupe est

---

([1]) J. v. Neumann, *Trans. Am. Math. Soc.*, **36**, 1934, p. 445-492.

([2]) Stepanoff et Tychonoff, *Comptes rendus*, **196**, 1933, p. 1199.

(2)

compact; et l'on peut définir sur $\overline{G}$ la fonction f ainsi que la distance δ par la condition d'y être partout continues.

Autrement dit, une fonction presque périodique de von Neumann, définie sur un groupe G, permet de plonger une image homomorphe de G dans un groupe métrique compact $\overline{G}$ où elle est partout dense; $\overline{G}$ est l'*espace* de la fonction au sens de Stepanoff et Tychonoff. Si au lieu d'une fonction l'on en avait un nombre fini quelconque, l'on procéderait exactement de même en prenant par exemple pour δ la plus grande des distances définies au moyen de chaque fonction. De plus, si G lui-même est donné comme groupe topologique (ouvert) et qu'on se restreigne aux fonctions presque périodiques *continues* sur G, on vérifie sans peine que l'image d'un ensemble d'éléments de G, fermé et compact dans G, est un ensemble *fermé* dans $\overline{G}$, et que par suite G se trouve représenté dans $\overline{G}$ d'une manière *continue*.

Les réciproques sont évidentes : chaque fois qu'on aura plongé dans un groupe compact $\overline{G}$ une image homomorphe d'un groupe G (image continue si G est donné comme groupe topologique) toute fonction continue sur $\overline{G}$ est une fonction presque périodique sur G. La moyenne de f sur $\overline{G}$, définie par l'intégrale de Haar, n'est pas autre chose que la moyenne de f sur G telle que la définit von Neumann. Il n'y a plus qu'à appliquer au groupe $\overline{G}$ la théorie connue des représentations orthogonales des groupes compacts pour retrouver tous les principaux résultats de von Neumann; s'il s'agit de groupes abéliens, on retrouve les résultats classiques de Bohr et de Weyl.

Von Neumann a montré que ses fonctions presque périodiques n'existent pas toujours sur un groupe pris arbitrairement. Elles existent en tout cas (et c'est là, semble-t-il, ce qui fait le principal intérêt de la théorie) sur des classes étendues de groupes discrets dénombrables, par exemple les groupes dénombrables libres et quasi'libres (on entend par groupe quasi libre à $2p$ générateurs le groupe topologique d'une surface de genre p).

Mais soit G un groupe de Lie ouvert. Pour rechercher les fonctions presque périodiques, continues sur G, il suffit de rechercher les représentations orthogonales de G, ou plus généralement les représentations holomorphes et continues de G dans un groupe de Lie clos quelconque $\overline{G}$ Appelons quasi clos tout groupe de Lie qui est infinitésimalement le produit direct d'un groupe clos et d'un groupe abélien; d'après E. Cartan ([1]),

([1]) *La théorie des groupes finis et continus et l'Analysis situs* (*Mém. Sc. math.*, fasc. 42, 1930). Le théorème dont il s'agit n'est pas énoncé explicitement, mais résulte des paragraphes 41, 42, et 44.

(3)

toute image holomorphe continue d'un groupe de Lie (ou même d'un groupe connexe localement compact) dans un groupe clos ou quasi clos, est un groupe quasi clos. Soient g, g' deux sous-groupes invariants de G tels que $G/g = Q$ et $G/g' = Q'$ soient quasi clos; le quotient de G par l'intersection $g \cap g'$ est un sous-groupe du produit direct $Q \times Q'$, donc quasi clos; il y a donc un plus petit sous-groupe invariant g_0 tel que G/g_0 soit quasi clos; toute fonction presque périodique continue f sera constante sur g_0 et ses co-groupes (*Nebengruppen*); G/g_0 sera le produit direct d'un groupe abélien ouvert E (espace vectoriel à n dimensions) et d'un groupe clos Γ, ou bien le quotient de ce produit par un groupe fini; et f sera une fonction continue sur $E \times \Gamma$, presque périodique au sens de Bohr sur E. Autrement dit, sur un groupe de Lie, *les fonctions presque périodiques de von Neumann se ramènent à celles de Bohr*. S'il s'agit d'un groupe semi-simple, il est même inutile, d'après van der Waerden ([1]), de supposer la continuité de f.

([1]) *Math. Zeitschr.*, 36, 1933, p. 780-786.

(Extrait des *Comptes rendus des séances de l'Académie des Sciences*, t. 200, p. 38, seance du 2 janvier 1935.)

GAUTHIER-VILLARS, IMPRIMEUR-LIBRAIRE DES COMPTES RENDUS DES SÉANCES DE L'ACADÉMIE DES SCIENCES.
100936-35 Paris. — Quai des Grands-Augustins, 55.

[1935d] L'intégrale de Cauchy et les fonctions de plusieurs variables

Soit D un domaine univalent (*schlicht*) dans l'espace (x, y) de deux variables complexes, et soient $X_i\,(x, y)$ $(i = 1, 2, \ldots, N)$ N fonctions holomorphes dans D. Donnons-nous, dans le plan de chaque variable X_i, un domaine borné D_i dont la frontière C_i se compose d'arcs analytiques en nombre fini; soit $\Delta_i = D_i + C_i$; et considérons, dans D, l'ensemble des points satisfaisant aux conditions:

(I) $$X_i \in \Delta_i.$$

Nous désignerons par Δ une composante connexe ou la somme de plusieurs composantes connexes de cet ensemble, *Δ étant supposé complètement intérieur à D*, c'est-à-dire borné et tel que ses points frontières soient tous intérieurs à D. Soit S_i l'ensemble des points de Δ où $X_i \in C_i$; ce sera en général une variété à trois dimensions, engendrée par un ou plusieurs morceaux de la „variété caractéristique" $X_i\,(x, y) = \xi$ quand ξ décrit certains arcs de C_i. La frontière du „polyèdre" Δ se compose de la réunion des „faces" S_i: elle peut être considérée comme la somme de morceaux, en nombre fini, dont chacun est partout localement défini par des équations analytiques et est borné par des variétés également analytiques; d'après un théorème de van der Waerden[1]), elle peut donc être triangulée de telle manière que les S_i et leurs intersections deux à deux, trois à trois, etc., apparaissent comme sommes d'éléments ou simplexes, et que chaque simplexe soit un morceau de variété analytique n'ayant aucun point singulier à son intérieur. σ étant alors un simplexe orienté à deux dimensions dans cette subdivision, et $\varphi\,(x, y)$ une fonction holomorphe sur σ, on sait définir l'intégrale double $\int_\sigma \varphi\,(x, y)\,d\,x\,d\,y$[2]);

---

[1]) B. L. van der Waerden, *Topologische Begründung des Kalküls der abzählenden Geometrie*, Anhang I (*Triangulierbarkeit der algebraischen Gebilde*), Math. Annalen **102** (1930), S. 360. Cf. aussi B. O. Koopman and A. B. Brown, *On the Covering of Analytic Loci by Complexes*, Trans. Amer. Math. Soc. 34 (1932), p. 231.

[2]) En effet, σ est limite d'une suite croissante de simplexes σ_ν intérieurs à σ, dont tous les points sont donc réguliers, et sur lesquels l'intégrale est définie. Montrons que $\int \varphi\,(x, y)\,d\,x\,d\,y$, prise sur $\sigma - \sigma_\nu$, tend vers 0: φ est bornée; de plus, si

si, de plus, $\varphi(x, y)$ est holomorphe sur un complexe à trois dimensions pris sur la frontière de Δ, l'intégrale $\int \varphi(x, y)\, dx\, dy$, étendue à la frontière de ce complexe, s'annule: c'est le théorème de Cauchy-Poincaré, qui généralise le théorème de Cauchy sur l'intégrale des fonctions holomorphes d'une variable le long d'un contour fermé réductible à zéro.

Nous supposerons de plus que *les S_i n'ont deux à deux en commun aucun élément à plus de deux dimensions:* il en sera ainsi, en particulier, si les X_i sont deux à deux indépendants; il suffirait d'ailleurs toujours, pour satisfaire à notre condition, de donner au besoin aux contours C_i des déplacements infiniment petits convenables. Nous désignerons par σ_{ij} la somme des éléments à deux dimensions de l'intersection de S_i et S_j, c'est-à-dire des éléments frontières communs à S_i et S_j. L'orientation directe du polyèdre Δ induit une orientation bien déterminée de S_i, et celle-ci induit à son tour une orientation des éléments de σ_{ij}; nous conviendrons d'orienter ainsi σ_{ij}, de sorte que l'on aura $\sigma_{ij} = -\sigma_{ji}$; et la frontière orientée de S_i sera $\sum_j \sigma_{ij}$. Si donc $\varphi(x, y)$ est holomorphe sur S_i, l'on aura:

$$\text{(II)} \qquad \sum_j \int_{\sigma_{ij}} \varphi(x, y)\, dx\, dy = 0.$$

Mon objet est ici de démontrer une formule qui généralise, pour le polyèdre Δ, la formule de Cauchy:

$$f(x_0) = \frac{1}{2\pi i} \int \frac{f(x)\, dx}{x - x_0}.$$

Pour cela je ferai l'hypothèse suivante, dont je ne suis malheureusement pas arrivé à m'affranchir:

Je supposerai qu'à chacune des fonctions $X_i(x, y)$ l'on puisse faire correspondre deux fonctions $P_i(x, y; x_0, y_0)$, $Q_i(x, y; x_0, y_0)$ holomorphes en x, y, x_0, y_0 quand $(x, y) \in D$, $(x_0, y_0) \in D$, de façon que l'on ait identiquement:

$$\text{(III)} \qquad X_i(x, y) - X_i(x_0, y_0) = (x - x_0) P_i + (y - y_0) Q_i.$$

Il en sera ainsi, en particulier, quand les X_i sont des polynomes ou des fractions rationnelles. On pourrait, d'ailleurs, élargir quelque peu l'hypothèse ci-dessus, mais je ne m'y arrêterai pas.

$x = x_1 + i x_2$, $y = y_1 + i y_2$, $|dx\,dy| \leqq |dx_1\,dy_1| + |dx_1\,dy_2| + |dx_2\,dy_1| + |dx_2\,dy_2|$; il suffit donc de montrer, par exemple, que $\int |dx_1\,dy_1|$, prise sur $\sigma - \sigma_\nu$, tend vers 0: or l'aire de la projection de $\sigma - \sigma_\nu$ sur le plan $x_2 = y_2 = 0$ tend vers 0; d'autre part, σ étant analytique et compact, recouvre sa projection sur ce plan au plus M fois, M étant un entier *fixe*. $\int \varphi(x, y)\, dx\, dy$, prise sur σ_ν, tend donc vers une limite bien déterminée quand σ_ν tend vers σ. Cette limite sera par définition l'intégrale sur σ.

Dans ces conditions, soit $f(x, y)$ une fonction holomorphe en tous les points de Δ; considérons la somme d'intégrales:

$$\text{(IV)} \qquad \mathcal{J} = \frac{1}{(2\pi i)^2} \sum_{(i,j)} \int_{\sigma_{ij}} \frac{(P_i Q_j - P_j Q_i) f(x, y)\, dx\, dy}{[X_i(x, y) - X_i(x_0, y_0)]\,[X_j(x, y) - X_j(x_0, y_0)]}$$

la sommation étant étendue à toutes les combinaisons d'indices (i, j) deux à deux. Nous allons démontrer que l'on a[3]):

$$\text{(Va)} \qquad \mathcal{J} = f(x_0, y_0) \quad \textit{si } (x_0, y_0) \textit{ est un point intérieur de } \Delta;$$

$$\text{(Vb)} \qquad \mathcal{J} = 0 \qquad \textit{si } (x_0, y_0) \textit{ est extérieur à } \Delta.$$

Nous poserons $X_i = X_i(x, y)$; $X_i^0 = X_i(x_0, y_0)$; et:

$$\varphi_{ij}(x, y; x_0, y_0) = \frac{P_i Q_j - P_j Q_i}{(X_i - X_i^0)(X_j - X_j^0)}.$$

L'on vérifie facilement les *identités fondamentales:*

$$\text{(VI)} \qquad \varphi_{ij} + \varphi_{ji} = 0, \quad \varphi_{ij} + \varphi_{jk} + \varphi_{ki} = 0.$$

Traitons d'abord un cas particulier de (Vb): soit X_1^0 (par exemple) extérieur à Δ_1, et, pour $i \neq 1$, X_i^0 non situé sur C_i. Alors φ_{i1} est holomorphe sur S_i, car, sur S_i, $X_1 \in \Delta_1$, $X_i \in C_i$. D'après (VI) l'on a $\varphi_{ij} = \varphi_{i1} - \varphi_{j1}$, donc:

$$\begin{aligned}(2\pi i)^2 \mathcal{J} &= \sum_{(i,j)} \int_{\sigma_{ij}} (\varphi_{i1} - \varphi_{j1}) f\, dx\, dy \\ &= \sum_{i \neq 1} \sum_{j} \int_{\sigma_{ij}} \varphi_{i1} f\, dx\, dy \\ &= 0 \quad \text{d'après (II).}\end{aligned}$$

Soit maintenant le cas général. S'il s'agit de (Va), (x_0, y_0) est intérieur, $X_i^0 \in D_i$; s'il s'agit de (Vb), nous supposerons que X_i^0 ne soit pas sur C_i, de manière que les intégrales dans $\mathcal{J}$ n'aient aucun de leurs éléments infini; sinon on procéderait par continuité. Je dis que l'on peut toujours admettre que x et y figurent parmi les X_i: si, en effet, x n'y figurait pas, il suffirait de l'adjoindre en posant $X_{N+1} = x$, le domaine Δ_{N+1} correspondant étant pris assez grand pour contenir dans son intérieur toutes les valeurs prises par x dans Δ; la condition $x \in \Delta_{N+1}$ ne modifie alors en rien le domaine Δ, ni, par suite, la somme $\mathcal{J}$. De même pour y. Soient donc $X_1 = x$, $X_2 = y$; l'on prendra $P_1 = 1$, $Q_1 = 0$; $P_2 = 0$, et $Q_2 = 1$.

---

3) J'ai publié ce résultat dans ma note *Sur les séries de polynomes de deux variables complexes*, C. R. **194** (1932), p. 1304. Cf. dans la même direction S. Bergmann, *Über eine in gewissen Bereichen mit Maximumfläche gültige Integraldarstellung der Funktionen zweier komplexer Variabler I*, Math. Zeitschr. **39** (1934), S. 76.

Considérons maintenant les domaines Δ_1, Δ_2 comme variables, tous les autres restant fixes, et $\mathcal{J}$ comme fonction $\mathcal{J}(\Delta_1, \Delta_2)$ de ces domaines. Le théorème est évident si Δ_1 et Δ_2 sont des cercles infiniment petits Γ_1, Γ_2 tracés autour de x_0, y_0 respectivement: dans le cas (Va), parce que Δ se réduit alors au „dicylindre" $x \in \Gamma_1$, $y \in \Gamma_2$, et $\mathcal{J}$ à l'intégrale de Cauchy ordinaire;

$$\mathcal{J}(\Gamma_1, \Gamma_2) = \frac{1}{(2\pi i)^2} \int \frac{f(x, y)\, d\, x\, d\, y}{(x - x_0)(y - y_0)}$$

prise sur les contours de Γ_1, Γ_2; dans le cas (Vb), parce qu'alors Δ, donc $\mathcal{J}$, se réduisent à zéro.

Il ne nous reste plus qu'à montrer que $\mathcal{J}$ ne change pas quand on remplace Δ_1 par Γ_1, ou plus généralement par un domaine $\Delta_1' \subset \Delta_1$ contenant encore x_0 à son intérieur; car le même raisonnement vaudra pour Δ_2. Soit donc Δ_1 seul variable, et $\mathcal{J} = \mathcal{J}(\Delta_1)$; soit $\Delta_1' \subset \Delta_1$, D_1' l'ensemble des points intérieurs de Δ_1', $x_0 \in D_1'$; et soit $\Delta_1'' = \Delta_1 - D_1'$ la fermeture de $\Delta_1 - \Delta_1'$. L'on voit immédiatement que l'on a:

$$\text{(VII)} \qquad \mathcal{J}(\Delta_1) - \mathcal{J}(\Delta_1') = \mathcal{J}(\Delta_1'').$$

(Plus généralement, $\mathcal{J}$, de par sa structure, est une *fonction additive de domaine*). Mais $X_1^0 = x_0$ est extérieur à Δ_1''; nous savons qu'alors $\mathcal{J}(\Delta_1'') = 0$, et le théorème est démontré.

Il subsiste, et se démontre de même, pour n variables. Voici l'énoncé complet:

Soient, dans un domaine D de l'espace $(x) = (x_1, x_2, \ldots, x_n)$, N fonctions holomorphes $X_1, X_2, \ldots, X_N$; et, dans le plan de X_i, un domaine fermé borné Δ_i, dont la frontière C_i se compose d'arcs analytiques en nombre fini. Soit Δ une composante connexe ou la somme de plusieurs composantes connexes de l'ensemble défini dans D par les conditions:

$$X_i(x) \in \Delta_i.$$

Supposons Δ complètement intérieur à D; et, S_i désignant l'ensemble des points frontières de Δ où $X_i \in C_i$, supposons que les S_i n'aient n à n en commun aucun élément à plus de n dimensions; soit $\sigma_{i_1 i_2 \ldots i_n}$ la somme des éléments à n dimensions de l'intersection de $S_{i_1}, S_{i_2}, \ldots, S_{i_n}$, leur orientation étant définie par la suite des intersections

$$S_{i_1}, S_{i_1} \times S_{i_2}, \ldots S_{i_1} \times S_{i_2} \times \ldots \times S_{i_n} = \sigma_{i_1 i_2 \ldots i_n}.$$

Supposons d'autre part que l'on puisse faire correspondre à chaque $X_i(x)$ n fonctions $P_{i\nu}(x; x_0)$, holomorphes quand $(x) = (x_1, x_2, \ldots, x_n) \in D$ et $(x_0) = (x_1^0, x_2^0, \ldots, x_n^0) \in D$, et telles que l'on ait identiquement:

$$X_i(x) - X_i(x_0) = \sum_{\nu=1}^{n} (x_\nu - x_\nu^0)\, P_{i\nu}(x; x_0).$$

Soit $\delta_{i_1 i_2 \ldots i_n}(x; x_0)$ le déterminant formé avec les n lignes $(P_{i_1 \nu}, P_{i_2 \nu}, \ldots, P_{i_n \nu})$ $(\nu = 1, 2, \ldots, n)$. Cela posé, si $f(x)$ désigne une fonction holomorphe en tous les points de Δ, la somme

$$\mathfrak{J} = \frac{1}{(2\pi i)^n} \sum_{(i_1, i_2, \ldots, i_n)} \int_{\sigma_{i_1 i_2 \ldots i_n}} \frac{\delta_{i_1 i_2 \ldots i_n}(x; x_0)\, f(x)\, dx_1\, dx_2 \ldots dx_n}{[X_{i_1}(x) - X_{i_1}(x_0)][X_{i_2}(x) - X_{i_2}(x_0)] \ldots [X_{i_n}(x) - X_{i_n}(x_0)]}$$

est égale à $f(x_0)$ ou à 0, suivant que (x_0) est un point intérieur de Δ ou est extérieur à Δ.

Si l'on pose

$$\varphi_{i_1 i_2 \ldots i_n} = \frac{\delta_{i_1 i_2 \ldots i_n}(x; x_0)}{\prod_\nu [X_{i_\nu}(x) - X_{i_\nu}(x_0)]},$$

la seconde identité (VI) doit être remplacée par la suivante:

$$\varphi_{i_1 i_2 \ldots i_n} + \varphi_{i_2 i_3 \ldots i_{n+1}} + \varphi_{i_3 \ldots i_{n+1} i_1} + \cdots + \varphi_{i_{n+1} i_1 i_2 \ldots i_{n-1}} = 0.$$

La condition imposée aux S_i sera sûrement vérifiée, par exemple, si les X_i ne sont liés n à n par aucune relation. D'autre part les $P_{i\nu}$ existeront certainement si les X_i sont des polynomes ou des fractions rationnelles ou bien limites uniformes de telles fonctions dans D; j'ai déjà observé ailleurs[4]) que l'on en déduit alors immédiatement la possibilité de développer, dans Δ, une fonction *arbitraire* $f(x)$ en série de polynomes ou de fractions rationnelles.

---

[4]) loc. cit. [3]).

(Eingegangen am 6. 12. 1934.)

[1935e] Démonstration topologique d'un théorème fondamental de Cartan

On sait que la théorie des groupes semi-simples, telle qu'elle a été fondée par E. Cartan, repose sur le théorème suivant, valables pour les groupes semi-simples, mais que j'énoncerai pour les groupes clos :

Soit G *un groupe de Lie connexe et clos; soit* g *un sous-groupe abélien connexe clos maximum dans* G. *Tout sous-groupe abélien connexe* g' *de* G *est conjugué d'un sous-groupe de* g (c'est-à-dire transformé d'un tel sous-groupe par un élément de G).

L'analogie de ce théorème avec le célèbre théorème de Sylow sur les groupes finis est évidente, et sans doute profonde; aux groupes d'ordre p^n de la théorie des groupes finis correspondent, s'il s'agit de groupes de Lie clos, les groupes abéliens (et sans doute les groupes intégrables dans le cas général). Voici une démonstration du théorème de Cartan qui suit de près la démonstration classique du théorème de Sylow.

Montrons d'abord comment on peut construire g sans connaître les transformations infinitésimales de G. Tout groupe connexe, et par exemple G, contient au moins un élément s_0 d'ordre infini; si le groupe est clos, la fermeture, dans le groupe, du groupe cyclique infini engendré par s_0 est un groupe abélien clos g'_0; de plus, dans un groupe de Lie clos, tout sous-groupe fermé est un groupe de Lie clos ([1]), comprenant donc un nombre fini de composantes connexes; la composante de l'unité dans g'_0 est donc un groupe abélien g_0 *connexe, clos*, à $r_0 > 0$ dimensions. Soit γ_0 le sous-groupe clos formé par les éléments de G qui laissent g_0 invariant : si le groupe quotient γ_0/g_0 n'est pas fini, soit s_1 un élément de γ_0 auquel corresponde dans γ_0/g_0 un élément d'ordre infini; soient g''_1 la fermeture dans G du groupe cyclique infini engendré par s_1, g'_1 la composante connexe de l'unité dans g''_1 : g'_1 est un groupe abélien connexe, clos, dont les éléments sont échangeables au groupe g_0, et qui induit donc dans

---

([1]) E. Cartan, *La théorie des groupes finis et continus et l'*Analysis situs (*Mém. Sc. math.*, fasc. 42, 1930, § 27).

(2)

g_0 un groupe d'automorphismes; or les automorphismes d'un groupe abélien clos forment un groupe discontinu : les éléments de g' et ceux de g_0 sont donc tous permutables entre eux et engendrent un groupe abélien g_1 connexe, clos, à $r_1 > r_0$ dimensions. En continuant ainsi, on arrivera, si n est le nombre de dimensions de G, à un sous-groupe g à $r \leqq n$ dimensions, abélien, connexe, clos, et d'indice fini dans le groupe γ des éléments de G qui laissent g invariant. Le groupe des automorphismes induit par γ dans g joue, comme on sait, un rôle essentiel dans la théorie des représentations linéaires.

Considérons alors l'espace homogène clos H défini par g dans G ([1]) : ses points correspondent aux classes (*Nebengruppen*) sg; G y définit un groupe de transformations transitif, homomorphe à G; en particulier g y définit un groupe de transformations abélien qui laisse fixes les points sg pour lesquels $gsg = sg$, et ceux-là seulement, c'est-à-dire les points (*en nombre fini*) $\sigma_1 g = g$, $\sigma_2 g$, ..., $\sigma_l g$ correspondant aux éléments de γ.

Or, dans g, on peut choisir, d'une infinité de manières, un élément s dont les puissances successives soient partout denses dans g. Tout élément x qui transforme s en un élément $x^{-1}sx$ de g transforme g en lui-même, et appartient donc à γ; s, considérée comme transformation dans H, n'a par conséquent d'autres points fixes que les $\sigma_\nu g$; et dans un voisinage de l'unité, tout élément x appartient à g si $sxs^{-1}x^{-1}$ est dans g, donc il n'y a pas de transformation infinitésimale X autre que celles de g, telle que $sXs^{-1} - X$ soit dans g. Soient $X_1, X_2, \ldots, X_{n-r}, Y_1, Y_2, \ldots, Y_r$ les transformations infinitésimales de G, g étant engendré par les Y_α; soit

$$sX_i s^{-1} = \Sigma\gamma_{ij}X_j + \Sigma\gamma'_{i\alpha}Y_\alpha$$

le déterminant $|\gamma_{ij} - \delta_{ij}|$ (où $\delta_{ij} = 1$ ou 0 suivant que $i = j$ ou $i \neq j$) n'est pas nul, et son signe donne l'*indice* du point fixe $g = \sigma_1 g$ dans la transformation s de H en lui-même. Le déterminant analogue, obtenu en remplaçant s par $\sigma_\nu^{-1} s \sigma_\nu$, donne de même l'indice, pour s, du point fixe $\sigma_\nu g$: or, ce déterminant est égal au précédent. Les l points fixes de s dans H ont donc même indice ± 1; d'ailleurs, G étant connexe, la transformation s de H peut se déduire de la transformation identique par variation continue; d'après une importante théorie connue ([2]), il en résulte que la *caractéris-*

([1]) E. Cartan, *loc. cit.*, § 29.

([2]) La théorie topologique des points fixes de H. Hopf et Alexander. Voir par exemple H. Hopf, *Math. Zeitschr.*, 29, 1929, p. 493.

(3)

tique eulérienne de H (somme des nombres de Betti avec des signes alternés) est égale à $\pm l$. Celle-ci étant d'ailleurs nulle dans tout espace clos à un nombre impair de dimensions, on voit que $n - r$ est pair.

Soit maintenant t un élément quelconque de G : t, considéré comme transformation dans H, peut aussi se déduire de la transformation identique par variation continue, et a donc au moins un point fixe xg, sinon H, d'après les mêmes théorèmes, aurait une caractéristique nulle : t appartient donc à xgx^{-1}. *Les groupes transformés de g remplissent donc* G, et en particulier *tout élément de* G *est engendré par une transformation infinitésimale.* Si maintenant g' est un sous-groupe abélien connexe clos dans G, et qu'on applique ces résultats à un élément t de g' dont les puissances successives soient partout denses dans g' on obtient le théorème de Cartan.

(Extrait des *Comptes rendus des séances de l'Académie des Sciences*, t. 200, p. 518, séance du 11 février 1935.)

GAUTHIER-VILLARS, IMPRIMEUR-LIBRAIRE DES COMPTES RENDUS DES SÉANCES DE L'ACADÉMIE DES SCIENCES.
101259-35 Paris. — Quai des Grands-Augustins, 55.

[1936a] Les familles de courbes sur le tore

Il s'agit de l'étude d'une famille de courbes sur un tore: on suppose que par tout point du tore passe une courbe de la famille et une seule, et que la famille est sans singularité, c'est-à-dire qu'au voisinage de chaque point elle est topologiquement équivalente à une famille de droites parallèles. Le problème a été traité pour la première fois par Poincaré, dans sa théorie des équations différentielles; il supposait que la famille est définie par une équation différentielle

$$\frac{dx}{X(x, y)} = \frac{dy}{Y(x, y)},$$

où X, Y sont périodiques en x et y de période 1, satisfont à des conditions de Lipschitz et ne s'annulent pas simultanément. Ces hypothèses, au point de vue de l'étude de la famille, ne sont pas vraiment restrictives; mais Poincaré supposait de plus que X ne s'annule jamais, ce qui signifie que, dans le plan (x, y), qui est la surface de recouvrement universelle du tore étudié, toute courbe coupe chaque verticale $x = C$ en un point et un seul: on dit, dans ce cas, que les méridiens $x = C$ sont des courbes de section, et l'on constate aisément que le problème revient à l'étude des invariants topologiques d'une transformation homéomorphique d'un cercle en lui-même. Poincaré démontra qu'il y a, pour une telle transformation, trois cas possibles: ou bien les transformés d'un même point forment (quel que soit d'ailleurs ce point) un ensemble partout dense, et alors la transformation est topologiquement équivalente à une rotation d'angle irrationnel: cet angle (le „nombre de rotation") est alors l'unique invariant; ou bien ces transformés ont pour points d'accumulation un ensemble parfait non dense; ou bien enfin il existe un point au moins dont les transformés sont en nombre fini, c'est-à-dire (en revenant au tore) une courbe fermée appartenant à la famille.

Depuis Poincaré, divers auteurs se sont occupés du même problème: le résultat le plus intéressant est celui de Denjoy, qui démontre l'impossibilité du second cas quand la fonction définissant la transformation satisfait à certaines conditions très larges de régularité.

Dans la présente communication, l'auteur discute deux méthodes pouvant servir à l'étude de la question et d'autres analogues. La première, qui a déjà été développée dans un article du „Journal of the Indian Mathematical Society" [**19**, (1932), 109], consiste à considérer dans le plan (x, y), en même temps que la courbe C

de la famille, toutes les courbes $C_{p,q}$ qui s'en déduisent par une translation (p, q), p et q étant des entiers: la position relative de ces courbes par rapport à C permet, non seulement de déterminer le nombre de rotation, mais encore la transformation qui ramène la famille étudiée à une forme canonique. La méthode s'applique dans le cas de Poincaré, et plus généralement chaque fois que la famille ne présente pas de „col à l'infini" (au sens de Niemytzky). D'ailleurs cette dernière circonstance ne peut vraisemblablement pas se présenter si la famille ne contient pas de courbe fermée [1]. À cette méthode se relie encore le théorème suivant, d'ailleurs obtenu par une voie quelque peu différente: soit, sur le tore, une courbe de Jordan, image continue de la demi-droite $0 \leqslant t < +\infty$; on suppose que cette courbe soit sans point double; alors, si l'image de la courbe dans le plan (x, y), surface de recouvrement universelle du tore, tend vers l'infini avec t, elle y tend avec une direction asymptotique bien déterminée, c'est-à-dire que le rapport $\frac{x(t)}{y(t)}$ tend vers une limite quand t tend vers $+\infty$. Une généralisation très intéressante du problème étudié, qui paraît susceptible d'être abordée par la même méthode, est l'étude, sur une surface close de genre p, des solutions d'une équation différentielle du premier ordre n'ayant d'autres points singuliers que des cols, ou en termes topologiques, d'une famille de courbes dont tous les points singuliers sont d'indice négatif [2]. Un premier résultat est le suivant:

Sur le cercle hyperbolique, surface de recouvrement universelle de la surface étudiée, toute courbe de la famille tend, dans chaque direction, vers un point à l'infini bien déterminé.

La deuxième méthode discutée par l'auteur repose sur le théorème suivant:

Soit E un espace bicompact connexe, G un groupe de transformations biunivoques et bicontinues de E en lui-même qui soit isomorphe ou bien au groupe additif des entiers rationnels, ou bien au groupe additif des nombres réels; dans ces conditions, il existe dans E au moins une mesure de Radon, qui est laissée invariante par G

Considérons par exemple le cas où G se compose des puissances d'une même transformation s: soit P^s le transformé d'un point P; $f(P)$ étant une fonction continue quelconque, considérons la fonction $\varphi(P) = f(P^s) - f(P)$. Les fonctions $\varphi(P)$ forment dans l'espace fonctionnel des fonctions continues, une famille additive (un „module") d'ailleurs toute fonction φ s'annule au moins en un point, car si l'on prend pour P le point où f atteint sa borne inférieure, on aura $\varphi(P) \geqslant 0$, et de même là où f est maximum, $\varphi(P) \leqslant 0$: donc toute fonction φ est, dans l'espace des fonctions continues à une distance $\geqslant 1$ de la fonction constante $\Phi(P) = 1$. D'après un théorème général de Banach, il y a donc une fonctionnelle continue de fonction continue qui s'annule sur l'ensemble des φ; or une telle fonctionnelle est de la forme

$$F(f) = \int f(P)\, d\,\mu(P),$$

μ étant une mesure de Radon, d'où le théorème. Dans le cas du groupe continu la démonstration est analogue: P désignant le transformé de P par la transformation

[1] Depuis que cette communication a été faite, Magnier a obtenu la démonstration de ce résultat.

[2] Magnier a également obtenu sur cette question des résultats fort intéressants qui seront prochainement publiés.

qui correspond au paramètre t, on posera

$$\varphi(P)=\frac{df(P_t)}{dt}$$

chaque fois que cette dérivée existe (il est facile de voir qu'elle existe pour un ensemble de fonctions partout dense) [3].

En particulier, on peut appliquer ce théorème au groupe défini par une équation différentielle: P_t désignera la position atteinte par le point P, sur sa trajectoire, au bout du temps t; on pourra prendre par exemple pour E un tore, ou plus généralement un tore à un nombre quelconque de dimensions (produit topologique de cercles en nombre quelconque). Si d'autre part on prend le groupe engendré par une homéomorphie du cercle en lui-même, on retrouve les résultats de Poincaré, avec même quelques précisions supplémentaires. Par exemple, si l'on exclut le troisième cas (où un point n'aurait qu'un nombre fini de transformés distincts) la mesure invariante est définie d'une manière unique: d'autre part elle peut être décomposée en deux composantes, l'une qui est définie par une fonction absolument continue, l'autre qui est nulle sauf sur un ensemble de mesure (de Lebesgue) nulle; si l'on suppose que la transformation soit définie par une fonction à nombres dérivés bornés, on voit aussitôt que chacune des deux composantes doit être invariante, donc l'une d'elles s'annule. Il est très vraisemblable que si la transformation satisfait à certaines conditions de régularité c'est la seconde composante qui s'annule, et la mesure invariante est absolument continue.

---

[3] Le même théorème s'est trouvé avoir été démontré par une autre méthode par Bogoliouboff et Kryloff: cf. la communication de Bogoliouboff à cette même conférence, ainsi que des notes de ces deux auteurs parues aux „C. R." depuis lors. D'autre part, Markoff a remarqué aussitôt qu'on pouvait déduire ce résultat du théorème de point fixe dû à Tychonoff, et même qu'on pouvait l'étendre ainsi à un groupe abélien quelconque.

[1936b] Arithmetic on algebraic varieties

This article, written in answer to a kind invitation from the editors of the *Uspekhi Mat. Nauk*, will not contain any new results; its purpose is merely to give a survey of my investigations (including the most recent ones) in the arithmetical theory of algebraic varieties, and possibly to facilitate the reading of my papers dedicated to that subject.

We are concerned here with the arithmetical properties of algebraic varieties in general. That is to say: in the n-dimensional space, one considers a variety (which may be assumed to be irreducible) given by some algebraic equations whose coefficients belong to a given domain of rationality, ordinarily a field of algebraic numbers of finite degree. For instance, in the simplest case, one investigates a plane curve given by an equation $f(x,y) = 0$ with rational coefficients.

One wishes to study the arithmetical properties of such a curve, or of such a variety; more precisely (as is done in algebraic geometry) one wishes to study their *intrinsic* properties, i.e. those which are invariant under birational transformations. Here, however, we will restrict ourselves to those birational transformations whose coefficients belong to the given domain of rationality. Such intrinsic properties constitute what may be called the arithmetic on the variety.

Such problems have been considered for a long time in number theory. Whenever one asks for the *rational* solutions of an equation $f(x,y,z, \ldots) = 0$, or, what amounts to the same, the integral solutions of a *homogeneous* equation $F(X,Y,Z, \ldots) = 0$, one is in fact looking for the points with rational coordinates on an algebraic variety, and those points make up a set which is invariant under birational transformations with rational coefficients. Already the Greeks solved such questions; for instance, Diophantos gives the solution for $X^2 + Y^2 = Z^2$; Fermat's celebrated equation $X^n + Y^n = Z^n$ belongs to the same category. On the other hand, when one asks for the integral solutions of a non-homogeneous equation, for instance one with two unknowns $f(x,y) = 0$, this is a somewhat different kind of problem, since points with integral coordinates are not birationally invariant; nevertheless, as may be seen from Siegel's work, such questions are closely related to those we shall consider here.

It appears that Hilbert and Hurwitz (*Acta Math.*, vol.14, 1890) were the first to investigate diophantine equations from the point of view of the intrinsic properties of algebraic curves. They observed that, from this point of view, indeterminate equations have to be classified according to their *genus* and not according to their degree. They showed that the solutions in rational numbers of an equation $f(x,y) = 0$ of genus 0 can be reduced, by rational operations, to problems whose solution is known.

Somewhat later, Poincaré (*J. de Liouville*, (V) t.7, 1901), apparently unaware of the paper of Hilbert and Hurwitz, obtained the same results and outlined a research program for curves of higher genus. He made the first steps in the investigation of curves of genus 1 by the method of descent without reaching any clearcut results. He defined the *rank* of a curve of genus 1 as the smallest number of rational points from which all others can be derived rationally; he also defined the corresponding invariant for curves of higher genus.

Mordell (*Proc.Cambr.Phil.Soc.*, vol.21, 1922), again using the method of descent, obtained the first important result in that direction by proving that *the rank of a curve of genus* 1 *is finite;* he was restricting himself to the case where the domain of rationality is the field of rational numbers. By the same method I proved in my thesis (*Acta Math.*, vol.52, 1929) the finiteness of the rank for curves of arbitrary genus over an arbitrary field of algebraic numbers. Siegel, combining this result with the Thue-Siegel method of diophantine approximations, proved that the number of solutions in integers (in a given field of algebraic numbers) of an equation $f(x,y) = 0$ of genus > 0 is always finite. Mahler, by extending Siegel's method to p-adic fields, proved (in the case of genus 1) that the same result holds for those rational solutions whose denominators contain only finitely many given primes.

In all such investigations, it is essential to go as deeply as possible into the arithmetical aspect of the algebraic properties of the function-fields determined by a curve or a variety. There is in fact (as I have shown in my thesis and in a recent paper) a close parallelism between the arithmetical and the algebraic properties of such functions. In particular, this is expressed by what I have called "the theorem of decomposition" and "the theorem of unramified extensions".

As long as one is concerned only with special curves of a comparatively simple nature (e.g. plane cubics of genus 1), the consequences of these theorems can be obtained directly by more elementary means; but the use of such theorems becomes essential as soon as one takes up somewhat more general problems; therefore I shall begin with them.

In the theory of the fields of algebraic functions, it is usual to introduce a symbolical concept of divisors. For instance, in the case of an algebraic curve, every point of the Riemann surface determines (by definition) a prime divisor, and every symbolic product of such points, with positive or negative integral exponents, determines a divisor. To every function in the field, with zeros a_1, $a_2, \dots, a_m$ and poles $b_1, b_2, \dots, b_m$, one assigns the divisor

$$a_1 a_2 \dots a_m b_1^{-1} \dots b_m^{-1},$$

and conversely this divisor determines the function up to a constant factor. The introduction of homogeneous coordinates will enable us to consider, instead of the symbolical "divisors", ideals in the usual sense.

Let V be an irreducible algebraic variety in the n-dimensional projective space P^n with the homogeneous coordinates $(x_0, x_1, \dots, x_n)$: the rational functions on V can be written as homogeneous rational functions of degree 0 in $x_0, x_1, \dots, x_n$. Instead of this, we consider the field of all rational functions in $x_0, x_1, \dots, x_n$, homogeneous or not; we identify two such functions if they coincide on V, and we consider the ring Ω of those functions which are everywhere finite on V.

One finds that Ω can be obtained as follows. Let $\mathfrak{O}$ be the ring of polynomials in $x_0, x_1, \ldots, x_n$, with coefficients in the field of constants (this can be taken to be any algebraically closed field). Let $\mathfrak{P}$ be the prime ideal defining V, which consists of all the elements of $\mathfrak{O}$ vanishing on V. Let Ω_0 be the ring $\mathfrak{O}/\mathfrak{P}$ of polynomials modulo $\mathfrak{P}$; let K be the field of quotients of the ring Ω_0; then Ω consists of those elements of K which are integral over Ω_0. In the ring Ω, we consider the homogeneous ideals, i.e. those ideals which are invariant under the substitution of $(\lambda x_0, \lambda x_1, \ldots, \lambda x_n)$ for $(x_0, x_1, \ldots, x_n)$, for every $\lambda \neq 0$; it is easily seen that this is a necessary and sufficient condition for an ideal to have a basis consisting of homogeneous elements of Ω. These are the ideals which we will consider (instead of divisors) on varieties. More precisely, we will consider classes of such ideals; these are defined as follows.

Let $\mathfrak{N}$ be the ideal $(x_0, x_1, \ldots, x_n)$ in Ω; obviously it has no zeros on V. We regard $\mathfrak{N}$, and every ideal dividing some power of $\mathfrak{N}$, as equivalent to (1). Two ideals $\mathfrak{A}$ and $\mathfrak{B}$ will be regarded as equivalent if there are integers ρ, σ such that $\mathfrak{A}$ is a divisor of $\mathfrak{B}\mathfrak{N}^\sigma$, and $\mathfrak{B}$ is a divisor of $\mathfrak{A}\mathfrak{N}^\rho$. Obviously, when that is so, $\mathfrak{A}$ and $\mathfrak{B}$ have the same zeros on V. Conversely, one shows that every homogeneous ideal without zeros on V is equivalent to (1). In particular, when V is an algebraic curve in P^n, the elements of Ω which are 0 at a given point of the Riemann surface of V make up a prime ideal in the ring Ω; it is then easy to show that every homogeneous ideal in Ω is equivalent to a product of powers of such ideals.

Now we assume that the field of constants is the field of all algebraic numbers. To each homogeneous ideal of the ring Ω, we shall assign a function $\mathfrak{a}(\pi)$, defined at every point π of V, whose values are ideals in algebraic number-fields of finite degree.

By a point π of V, we understand (in analogy with the classical definition of Dedekind and Weber for the case of an algebraic curve) a non-trivial homomorphism of the ring Ω into the field of constants, assigning to every element of Ω an algebraic number, and in particular, to the x_i, values $x_i(\pi)$, not all 0, to be called the homogeneous coordinates of π. Two homomorphisms, one of which can be deduced from the other by a transformation $(x_i \to \lambda\, x_i)$, where λ is a non-zero constant, are to be identified with one another, i.e., they are regarded as defining one and the same point.

Now we consider in Ω a homogeneous principal ideal of the form $\mathfrak{A} = (f)$, where f is a homogeneous element of Ω of degree d. Let π be a "point" of V, with homogeneous coordinates $x_i(\pi)$ which may be assumed to be algebraic integers; let us write (x) for their g.c.d., this being an integral ideal in some algebraic number-field. Let $f(\pi)$ be the value of f at π. We put:

$$\mathfrak{a}(\pi) = \left(\frac{f(\pi)}{(x)^d}\right).$$

As this is homogeneous of degree 0, it depends only upon the point π and not upon the choice of its homogeneous coordinates; such functions will be called *distributions* on V.

For a given $\mathfrak{A}$, f can be chosen so that $\mathfrak{a}(\pi)$ is always an integral ideal. In fact, as f is in Ω, it is integral over the ring of polynomials in $x_0, x_1, \ldots, x_n$, so that it satisfies an equation

$$f^m + P_1(x_0,x_1,\ldots,x_n)f^{m-1} + P_2(x_0,x_1,\ldots,x_n)f^{m-2} + \ldots + P_m(x_0,x_1,\ldots,x_m) = 0,$$

where the P_i are polynomials in $x_0,x_1,\ldots,x_n$. For $x_0, x_1,\ldots,x_n$, substitute $\lambda x_0,\lambda x_1,\ldots,\lambda x_n$; as f is homogeneous of degree d, it is changed into $\lambda^d f$. The left-hand side of the above equation becomes then a polynomial in λ which must be identically 0. Writing that the coefficient of λ^{md} in it is 0, we get

$$f^m + P_1'(x_0,x_1,\ldots,x_n)f^{m-1} + P_2'(x_0,x_1,\ldots,x_n)f^{m-2} + \ldots + P_m'(x_0,x_1,\ldots,x_n) = 0,$$

where P_i', for each i, consists of the terms of degree id in P_i. Moreover, since, for a given $\mathfrak{A}$, f is determined only up to a constant factor, we may, after multiplying it by a suitable factor, assume that all the coefficients of the P_i' are algebraic integers. Let now π be a point of V. Take an algebraic number-field where the ideal (x) is a principal ideal. After dividing the above equation by $(x)^{dm}$, we see from it that $(x)^{-d}f$ is an algebraic integer, as stated above.

Let now $\mathfrak{A}$ be any homogeneous ideal in Ω. Let $f_1,f_2,\ldots,f_r$ be a basis of that ideal, consisting of homogeneous elements, and let $\mathfrak{A}_i$ be the principal ideal (f_i). To each $\mathfrak{A}_i$ we can assign as above a distribution on V, whose values may be assumed to be integral ideals. Then we assign to $\mathfrak{A}$ the g.c.d. of those distributions, and call this the distribution on V corresponding to $\mathfrak{A}$. Its value at a point π is an ideal $\mathfrak{a}(\pi)$ in some algebraic number-field. As this still depends upon the choice of the basis $f_1,f_2,\ldots,f_r$, we introduce a concept of equivalence for distributions; a distribution $\mathfrak{a}(\pi)$ is to be regarded as equivalent to (1) if there is a fixed integer a such that, for all π, the integral ideal $\mathfrak{a}(\pi)$ is a divisor of a; two distributions $\mathfrak{a}(\pi)$, $\mathfrak{b}(\pi)$ will be regarded as equivalent if there are two fixed integers c and d such that, for all π, $\mathfrak{a}(\pi)$ divides $c\mathfrak{b}(\pi)$, and $\mathfrak{b}(\pi)$ divides $d\mathfrak{a}(\pi)$. This being so, one shows that two different choices of the basis for an ideal $\mathfrak{A}$ determine equivalent distributions $\mathfrak{a}(\pi)$, $\mathfrak{a}'(\pi)$: more generally, *two equivalent ideals* $\mathfrak{A}$ *and* $\mathfrak{B}$ (in the sense explained above) *determine equivalent distributions*. In consequence, there is a kind of isomorphism between equivalence classes of homogeneous ideals ("divisors" on V) and the corresponding classes of equivalent distributions, in the sense that, to the product, or the g.c.d., of ideals, there corresponds the product, or the g.c.d., of the distributions determined by those ideals. In this manner, *from each algebraic property of the ring* Ω, *one can derive an arithmetical property*.

This has two particularly important consequences. Firstly, as we mentioned before, if V is a curve, each ideal $\mathfrak{A}$ is equivalent to a product of prime ideals, namely of those which correspond to the zeros of $\mathfrak{A}$ on V, each one being counted with its multiplicity. From this there follows immediately an arithmetical decomposition into factors of every function on the curve. One can show that the same theorem remains valid for algebraic varieties *without singular points*.

On the other hand, assume that we have an *unramified* extension of the field of algebraic functions on V, or in other words a correspondence (1,*d*) *without exception* between the points π of V and the points $\bar{\pi}$ of another variety $\bar{V}$. Algebraically this can be expressed by the fact that the discriminant of $\bar{V}$ relatively to V, which can be defined as an ideal in Ω, has no zero on V, so that it is equivalent to (1). Then the corresponding distribution is itself equivalent to (1). Consequently, for every point π of V, the discriminant of the field defined by $\bar{\pi}$ over the field defined by π divides a fixed integer, independent of π. The consequences of this fact for the theory of algebraic number-fields have yet to be explored; only one will be mentioned here. There is a constant D such that every field generated by the roots of an equation of degree 5 is contained in an extension of fixed degree, with a relative discriminant dividing D, of some absolutely metacyclic field of well-determined type(1); to prove this, one makes use of the one-parameter resolvent of the equation of the fifth degree which was discovered by Kronecker (cf. F. Klein, *Vorlesungen über das Ikosaeder*). This is related to a remark of Artin, according to which it happens infinitely often that the field generated by the roots of an equation of degree 5 is unramified over the field generated by the square root of the discriminant.

Up to now, the theory has been developed in a rather different direction. In the first place, in my thesis, I have applied the results described above to the study of abelian varieties. Under this name, one understands a variety of dimension p defined by a field of functions of p variables $u_1, u_2, \ldots, u_p$ with $2p$ periods. Such varieties are characterized by the fact that they admit a transitive abelian group of transformations into themselves, viz., the group of the translations in the space $(u_1, \ldots, u_p)$. Actually, in my thesis, only jacobian varieties were considered (determined by curves of genus p); however, if one chooses, on an abelian variety V, an algebraic curve C, the u_i become integrals of the first kind on C; moreover, if C has been chosen in general fashion, then V becomes a subvariety of the jacobian variety J of C, and problems about V can be reduced to problems about J. For instance, in order to show that the group of rational points on those varieties has a finite basis, it is enough to treat the case of jacobian varieties, which is somewhat easier in the present state of the theory.

Lefschetz has proved that every abelian variety can be represented as a variety without singular points in a suitable projective space. Of course we shall assume that the variety under consideration can be defined by equations with algebraic coefficients, and we take as domain of rationality an algebraic number-field of finite degree containing those coefficients and such constants as will be needed. Functions on the variety satisfy an addition theorem; if $f(u)$ is such then $f(u + v)$ is a rational function of the coordinates of u and v, with numerical coefficients which belong to the domain of rationality and can be determined al-

(1) This seems wrong, and the reason given for it makes no sense; cf. the commentary at the end of this volume. (*Note added in* 1978).

gebraically by the method of indeterminate coefficients. From this it follows that the representative points, in the space (u), of the points with rational coordinates on the variety make up a module; what is to be proved is that this module has a finite basis. This is the theorem which was proved by Mordell in the special case $p = 1$ over the field of rational numbers.

On our variety, we consider the transformation $(u_i \to 2u_i)$; this is a correspondence $(1,2^{2p})$ between the variety and itself; the inverse transformation is unramified, since it assigns to each point u the 2^{2p} points $\frac{u + \text{period}}{2}$, which differ from one another by half-periods. To this we can apply the theorem of unramified extensions; this will be done as follows. Let the $f_\nu(u)$ be functions generating the field K of functions on the variety. The extension generated by the functions $f_\nu(u/2)$ is of degree 2^{2p}, and its Galois group, after the adjunction of suitable constants, is no other than the group of monodromy, i.e. the fundamental group modulo 2; this is an abelian group with $2p$ generators of order 2. The extension in question can be generated by $2p$ functions

$$\varphi_\rho(u) = \sqrt{\mathrm{F}_\rho(u)} \quad (\rho = 1,2,\ldots, 2p),$$

each of which changes sign when one adds to u one of the $2p$ fundamental periods and is unchanged under the addition to u of anyone of the $2p - 1$ other periods; $\mathrm{F}_\rho(u)$ belongs to the field K.

Applying the theorem of unramified extensions to the extension of K of degree 2 generated by φ_ρ, we find that, for each rational point u, the field obtained by the adjunction of $\varphi_\rho(u)$ to the domain of rationality has over the latter a bounded discriminant; therefore there are only finitely many possibilities for it. In other words, for every rational point u, we can write

$$\mathrm{F}_\rho(u) = \varphi_\rho(u)^2 = \alpha_\rho \lambda_\rho^2$$

where λ_ρ and α_ρ belong to the domain of rationality and the factor α_ρ can take only finitely many values. In particular, if, for $\rho = 1,2,\ldots, 2p$, α_ρ has the value 1 (or, what amounts essentially to the same, if it is a square in the domain of rationality), then the functions $f_\nu(u/2)$ (which depend rationally upon the $f_\nu(u)$ and $\varphi_\rho(u)$) have rational values, and the points $\frac{u}{2}$ are rational. When that is so, we write $u \equiv 0$. Similarly we write $u \equiv v$ for two rational points u, v if the factors α_ρ have the same values for both (or, more generally, differ only by square factors).

Now we consider the function

$$\frac{\varphi_\rho(u + v)}{\varphi_\rho(u)\varphi_\rho(v)}.$$

It does not change under the addition of an arbitrary period to u or to v, and is therefore a rational function of the $f_\nu(u)$ and $f_\nu(v)$. Here again, after the adjunction of suitable constants to the domain of rationality, we may assume that the numerical constants which enter into the expression of those rational functions belong to that domain. Consequently,

$$\frac{\alpha_\rho(u+v)}{\alpha_\rho(u)\alpha_\rho(v)}$$

is a square in the domain of rationality. Similarly, $\varphi_\rho(2u)$ does not change under the addition of a period to u, and consequently $\alpha_\rho(2u)$ is a square. From these facts it follows that the relations $u \equiv v$, $u_1 \equiv v_1$ imply $u + u_1 \equiv v + v_1$, and that $2u \equiv 0$ for every rational point u. This shows that the relation $u \equiv 0$ is a necessary and sufficient condition for the point u to be the form $u = 2u_1$ for some rational point u_1; also, if we put into one and the same class two rational points u, v satisfying $u \equiv v$, those classes make up a finite additive group, which is no other than the quotient of the group of rational points u by the subgroup of the points $2u$.

This result (which remains valid if one makes use of the division by an arbitrary integer n instead of the division by 2) is all one needs in order to prove Siegel's theorem. For the proof of the theorem of the finite basis, however, one still needs the method of infinite descent; this is that same method which was discovered by Fermat and applied by him to the study of special cases of the problem we are discussing now.

In each class of rational points (for the relation $\equiv$), we choose a point a_i; thus we get finitely many points $a_1, a_2, \ldots, a_n$. Actually there is no effective method for making this choice, but, since we have proved that the number of classes is finite, we may assume that the choice has been made once for all. Let now u be any rational point on our variety. Among the points $a_1, \ldots, a_n$, let a_i be the one which belongs to the same class as u; then the point $u_1 = \frac{u - a_i}{2}$ is rational. Similarly, let a_{i_1} be in the same class as u_1; then the point

$$u_2 = \frac{u_1 - a_{i_1}}{2}$$

is rational; etc. We shall prove that, for m large enough, u_m will belong to a certain finite set $b_1, b_2, \ldots, b_k$; this will imply that u can be expressed as a linear combination of the points a_i, b_j, and our theorem will be proved. In order to do this, it will be enough to show that, if we write $(X_0^{(m)}, X_1^{(m)}, \ldots X_N^{(m)})$ for the homogeneous coordinates of u_m, which we may assume to be algebraic integers, then the norm $N(\Sigma e_\nu X_\nu^{(m)})$, for any given rational values of the e_ν, is bounded by a constant when m is large enough.

Here we may assume that the X_ν are theta-functions, and more precisely that they are all the linearly independent theta-functions of a given order r; if $r \geqslant 3$, they represent the given jacobian variety as a variety without singular points in some projective space. Then any linear combination $\Sigma e_\nu X_\nu$ is a theta-function of the same type; we denote it by $\Theta(u)$. Using the periodicity properties of theta-functions, it is easily seen that the function

$$F(u) = \frac{\Theta(u)^3\, \Phi(u)}{\Theta(2u + a)}$$

does not change under the addition to u of an arbitrary period, provided one has taken for Φ a theta-function of the same order r and of suitable characteristic. For instance one can take

$$\Phi(u) = \vartheta(u + 2a + b_1)\vartheta(u + 2a + b_2) \ldots \vartheta\ (u + 2a + b_r),$$

where the b_μ have only to satisfy the condition $\Sigma b_\mu = 0$; we also assume that a and the b_μ are rational points.

Now we apply the theorem of decomposition. The variety $\Theta(u) = 0$ is a subvariety of dimension $p - 1$ of the given jacobian; as above, it determines an ideal in the ring Ω belonging to the jacobian variety; this is the ideal consisting of the elements of Ω which vanish on the subvariety $\Theta(u) = 0$. To this ideal, there corresponds a distribution $\mathfrak{a}(u)$. Similarly, there is a distribution corresponding to the subvariety given by the equation $\Theta(2u + a) = 0$; in view of the manner in which these distributions have been constructed, one finds that the latter is no other than $\mathfrak{a}(2u + a)$. Applying now the theorem of decomposition, we get

$$(\mathrm{F}(u)) = \frac{\mathfrak{a}(u)^3 \mathfrak{b}(u)}{\mathfrak{a}(2u + a)},$$

where $\mathfrak{b}(u)$ is the distribution corresponding to $\Phi(u) = 0$. At any rate, this can always be achieved by a suitable choice of the distributions $\mathfrak{a}$, $\mathfrak{b}$, since they are determined only up to equivalence. Taking the norm over the field of rational numbers, we get

$$\mathrm{N}\mathfrak{a}(u)^3 \leqslant |\mathrm{NF}(u)|\mathrm{N}\mathfrak{a}(2u + a).$$

In order to estimate $|\mathrm{NF}(u)|$, we consider now all the automorphisms of the domain of rationality k (which, for simplicity, may be assumed to be a Galois extension of the field of rational numbers). Let A, $\overline{\mathrm{A}}, \ldots$ be those automorphisms, where A is the identity. Call C the curve whose jacobian is being studied. The automorphism $\overline{\mathrm{A}}$, for instance, transforms C into a curve $\overline{\mathrm{C}}$ of the same genus, and the jacobian of C into the jacobian of $\overline{\mathrm{C}}$. Moreover, if $\bar{\vartheta}$ is the theta-function belonging to the curve $\overline{\mathrm{C}}$, the automorphism $\overline{\mathrm{A}}$ transforms the subvariety $\vartheta(u) = 0$ of the jacobian of C into the subvariety $\bar{\vartheta}(u) = 0$ of the jacobian of $\overline{\mathrm{C}}$. In fact, it is known that those subvarieties can be defined in a purely algebraic manner without making use of the theta-functions. Clearly, then, the function F(u) is transformed into a function $\overline{\mathrm{F}}(\bar{u})$ which can be written as

$$\overline{\mathrm{F}}(\bar{u}) = \frac{\overline{\Theta}(\bar{u})^3\, \overline{\Phi}(\bar{u})}{\overline{\Theta}(2\bar{u} + \bar{a})}$$

in terms of theta-functions $\overline{\Theta}, \overline{\Phi}$ of order r; here $\bar{a}$ is the point, on the jacobian of $\overline{\mathrm{C}}$, obtained from a by the automorphism $\overline{\mathrm{A}}$. Then, if u is any rational point on the jacobian of C, and if, for each automorphism $\overline{\mathrm{A}}$ of k, we write $\bar{u}$ for the transform of u under $\overline{\mathrm{A}}$, we have

$$|\mathrm{NF}(u)| = \Pi|\overline{\mathrm{F}}(\bar{u})|$$

where the product is taken over all the automorphisms $\bar{A}$ of k. Write:

$$\Omega(u) = N\mathfrak{a}(u) \cdot \Pi|\bar{F}(\bar{u})|^{-1}, \quad \Psi(u) = \Pi|\bar{\Phi}(\bar{u})|.$$

We can now write the above inequality as follows:

$$\Omega(u)^3 \leqslant \Psi(u)\Omega(2u + a).$$

Now apply the infinite descent. Beginning, as explained above, with an arbitrary rational point u and making use of the points $a_1, a_2, \ldots, a_n$, chosen one in each class, we consider the sequence $u_1, u_2, \ldots$, defined by

$$u_m = 2u_{m+1} + a_{i_m},$$

where a_{i_m} is the one among the a_i which belongs to the same class as u_m. We may assume that $u, u_1, \ldots$ are all contained in a fixed parallelotope of periods, chosen once for all in the space (u). This implies that the a_{i_m}, which had been chosen only up to the addition of a period, are also in a bounded region of the same space. The automorphism $\bar{A}$ gives now

$$\bar{u}_m = 2\bar{u}_{m+1} + \bar{a}_{i_m}$$

and we may again assume that $\bar{u}, \bar{u}_1, \bar{u}_2, \ldots$ are in a fixed parallelotope of the space (u). Now we get

$$\Omega(u_{m+1})^3 \leqslant \Psi(u_m)\Omega(u_m).$$

In this inequality, the values taken by $\Psi(u_m)$ are bounded, since for each a_{i_m} the function Ψ is the absolute value of an entire function of the variables $u_m, \bar{u}_m$, etc., and these remain within a fixed bounded domain while the a_{i_m} can take only finitely many values. Consequently we get:

$$\Omega\,(u_{m+1})^3 \leqslant M\,\Omega(u_m),$$

hence, for sufficiently large m:

$$\Omega(u_m) \leqslant M'$$

and finally

$$N\mathfrak{a}(u_m) \leqslant M''$$

where M, M', M'' are absolute constants, independent of u.

In particular, write $X_\nu = \Theta_\nu(u)$ for the homogeneous coordinates on our variety, and call $\mathfrak{a}_\nu(u)$ the distribution corresponding to $\Theta_\nu(u) = 0$. After replacing those distributions by equivalent ones if necessary, we may assume that we have

$$\frac{X_\nu}{X_0} = \frac{\mathfrak{a}_\nu(u)}{\mathfrak{a}_0(u)}, \quad \frac{\Sigma e_\nu X_\nu}{X_0} = \frac{\mathfrak{a}(u)}{\mathfrak{a}_0(u)},$$

and also that, for each rational point u, the ideals $\mathfrak{a}_\nu(u)$, $\mathfrak{a}(u)$ are principal. At the same time, we may choose a set of homogeneous coordinates (X_ν) for the point u in such a way that $\mathfrak{a}_\nu(u)$ is no other than the principal ideal (X_ν) and that

$\mathfrak{a}(u)$ is the ideal $(\Sigma e_\nu X_\nu)$. Denoting now by $(X_\nu^{(m)})$ the homogeneous coordinates of the point u_m occurring in the "infinite descent", we find that, for m large enough, we have

$$|N(\Sigma e_\nu X_\nu^{(m)})| \leqslant M_1$$

where M_1 depends upon the e_ν (which may be taken as rational integers) but not upon the starting point u for the descent. In this inequality, the left-hand side is a polynomial in the e_ν, whose degree is equal to the degree of the domain of rationality. The inequality shows now that the coefficients of that polynomial, for sufficiently large m, are bounded by some constant and therefore can take only finitely many values. Consequently the linear form $\Sigma e_\nu X_\nu^{(m)}$ in the e_ν, which divides that polynomial, can assume only finitely many values up to a constant factor; the same must then be true of the point in projective space with the homogeneous coordinates $X_\nu^{(m)}$, as was to be proved.

We observe that, without changing anything in the proof, one can make use of the division by any integer m instead of the division by 2. This means that one considers the transformation $(u \to mu)$ of the jacobian into itself. The function F will then be

$$F(u) = \frac{\Theta(u)^{m^2-1}\Phi(u)}{\Theta(mu+a)}$$

and one gets the inequality

$$\Omega(u)^{m^2-1} \leqslant \Psi(u)\Omega(mu+a)$$

which shows that the "descent" becomes more and more advantageous as m becomes larger.

In conclusion, let me say a few words about Siegel's theorem and its proof.

One has to show that, on a curve of genus $p \geqslant 1$, there are only finitely many points with integral coordinates in a given algebraic number-field of finite degree. Let (x,y) be the coordinates of a point π on the curve. Using the theorem of decomposition, we can write x, y so that in the denominators we have the distribution $\mathfrak{a}(\pi)$ belonging to the divisor of the points at infinity on the curve. This, or at any rate some equivalent distribution, must take the value 1 at all points with integral coordinates. Conversely, if the distribution $\mathfrak{a}(\pi)$ belonging to some point P of the curve takes the value 1 for infinitely many rational points π, then all the functions which have no pole outside P take (after multiplication by a suitable constant factor) integral values at all these points.

Thus the question is to show that the equality $\mathfrak{a}(\pi) = 1$ cannot take place at infinitely many points on the curve. Thus formulated, the problem is invariant with respect to birational transformations. Siegel's method consists in evaluating at the points π, not rational functions on the curve, but functions belonging to unramified extensions of sufficiently high degree. Applying on the one hand the theorem of unramified extensions, and on the other hand the Thue-Siegel method of diophantine approximations, one obtains a contradiction. Mahler has shown that the same estimates, taken in the p-adic sense, give even stronger results.

We see thus that the theory is still in its initial stages. In the first place, both the theorem of the finite basis and Siegel's theorem are purely existential. We possess no effective method for the construction of the basis nor for the determination of the integral solutions. In the simplest case of curves of genus 1, the question depends upon the arithmetical theory of binary forms of degree 4, which is still in its infancy. Probably, for such forms, there is a theory of genera, analogous to the known theory for binary quadratic forms.

On the other hand, Siegel's theorem, for curves of genus > 1, is only the first step in the direction of the following statement:

On every curve of genus > 1, *there are only finitely many rational points.*

This seems extremely plausible, but undoubtedly we are still far from a proof. Perhaps one will have to apply here the method of infinite descent directly to the curve itself, rather than to associated algebraic varieties. But, first of all, it will be necessary to extend the theory of abelian functions to non-abelian extensions of fields of algebraic functions. As I hope to show, such an extension is indeed possible. In any case, we face here a series of important and difficult problems, whose solution will perhaps require the efforts of more than one generation.

THE SEVENTH CONFERENCE OF THE INDIAN MATHEMATICAL SOCIETY, TRIVANDRUM.

MATHEMATICS IN INDIAN UNIVERSITIES.

(Outline of a lecture to be delivered by Dr. A. Weil at the Trivandrum Conference of the Indian Mathematical Society on the 4th of April 1931.)

1. Improvements in the mathematical teaching in Indian Universities depend largely upon general improvements in the educational system in India. Mathematicians should dovote themselves to the task of making such improvements as lie within their power at present, and thus contributing their share towards general reforms, which in turn will enable them to make further progress.

2. No satisfactory results can be achieved unless reforms are made both in school-teaching (including the so-called intermediate courses) and in University teaching. So far as school-teaching is concerned, the efforts of mathematicians in the country should be mainly directed towards necessary changes in the curricula and towards the training of better teachers.

3. University teaching in mathematics should: 1° answer the requirements of all those who need mathematics for practical purposes; 2° train specialists in the subject; 3° give to all students that intellectual and moral training which any University, worthy of the name, has the duty to impart.

These objects are not contradictory but complementary to each other. Thus, a training for practical purposes can be made to play the same part in mathematics as experiments play in physics or chemistry. Thus, again, personal and independent thinking cannot be encouraged without at the same time fostering the spirit of research.

4. The study of mathematics, as well as of any other science, consists in the acquisition of useful reflexes and in that of independent habits of thought. The acquisition of useful reflexes should never be separated from the perception of their usefulness.

It follows that problem-solving should never be practised for its own sake; and particularly tricky problems must be excluded altogether. The purpose of problems is twofold: either to drill the student in the application of some method of special importance, or to develop his originality by guiding him along some new path. Drill is essentially a School-method, and ought to become unnecessary at the final stages of University teaching.

5. Rigour is to the mathematician what morality is to man. It does not consist in proving everything, but in maintaining a sharp distinction between what is assumed and what is proved, and in endeavouring to assume as little as possible at every stage.

The student should therefore be gradually accustomed, by means of startling examples, to question the truth of every unproved proposition, until at last he is able to deduce from the ordinary axioms everything that he has learnt.

6. Knowledge of a proof means the understanding of its machinery and the ability to reconstruct it. This implies: 1° perfect correctness in the definitions; 2° a faculty of connecting a given question with the general ideas underlying it; 3° a perception of the logical nature of any proof.

The teacher should therefore always follow, not the quickest nor even the most elegant method, but the method which is related to the most general principles. He should also point out everywhere the relation between the various elements of the hypothesis and the conclusion; students must be accustomed to draw a sharp distinction between premises and conclusion, between necessary and sufficient conditions, between a theorem and its converse.

7. The teaching of mathematics must be a source of intellectual excitement. This can be achived, at the higher stages, by taking the student to the brink of the unknown; at earlier stages, by making him solve for himself questions of theoretical or practical importance.

This is the method followed in the "seminars" of the German Universities, first organized by Jacobi a century ago, and even now the most prominent feature of the German system; division of labour between students in the study of a given group of questions is a common practice in these seminars, and proves to be a powerful incentive to work.

8. Theoretical lectures should neither be a reproduction of nor a comment upon any text-book, however satisfactory. The student's note-book should be his principal text-book.

In fact, taking down notes intelligently (not under dictation) and working them out carefully at home should be considered as an essential part of the student's work; and experience shows that it is not the least useful part of it.

9. The right of any topic to form part of any curriculum is to be tested according to: 1° its importance for modern mathematics or for the applications of mathematics to modern science or technique; 2° its relations with other branches of the curriculum; 3° the intrinsic difficulty of the ideas underlying it.

This involves a revision of the present curriculum. For instance, the idea of function, the process of differentiation and integration, should appear at an early stage, because of their enormous importance both for the theory and for the most ordinary practice. Because of its practical importance, numerical calculation, and all the devices connected with it, may well claim as prominent a place in an elementary course as statics and dynamics do at present.

[1936c] Mathematics in India

At present India has 18 universities; among these, the oldest and most important one, the University of Calcutta, was founded around the middle of the last century, while some are of quite recent creation. This number may seem impressive, even though it is hardly in proportion to the population of the country (300 million inhabitants). But one should not close one's eyes to the fact that, in the major part of these universities, scientific life has been non-existent until the last few years and is only just beginning to appear. In fact, the universities in India were founded and organized by the British for the purpose of preparing cadres for their administration; even at present, for a student of any merit, the most tempting perspective is offered by the main branches of the civil service, where he can look forward to a brilliant career and a high salary. The competitive examinations for entrance into the civil service are organized in such a way that a well-qualified student in his own special field (e.g. mathematics) can enter the competition with the best chances of success. It is understandable that, under such conditions, the whole organization of the universities is directed chiefly towards the coaching of students for those examinations, and even now this coaching is considered in many universities as the most important duty of the professors, far more so than purely scientific work. To this one must add the very unsatisfactory condition of elementary and of middle schools, due on the one hand to the poor preparation of the teachers and on the other hand to the exaggerated importance given to the study of the English language. All these circumstances have contributed to the creation of a most unfavorable atmosphere for the development of any scientific activity, and it is only quite recently that Indians have become aware of their scientific potential and begun to realize their abilities in that direction.

This change has been brought about, more perhaps than by anything else, by the romantic story of Ramanujan. This young man, whose career was blocked by his poor knowledge of English, had to vegetate in inferior clerical jobs, which he owed to the protection of some patrons who took an interest in his work; quite independently and without any encouragement, he pursued his own researches on number-theory, the theory of series and continued fractions. Having access only to mediocre and old-fashioned English text-books (in use even now in many Indian universities), he had no notion even of the convergence of series. By a lucky accident some of his results were brought to the notice of Hardy, who promptly made arrangements for his coming to England, about 1916. There Ramanujan wrote his most important papers, to which, within the next few years, he owed his election as Fellow of the Royal Society, a prestigious honor which until that time had not been granted to any Indian. But during his stay in England Ramanujan contracted tuberculosis; he died in 1920, soon after coming back home, and was never appointed to any university position. Thus he could not found a school and had no students, in contrast to what has been the case in the course of the last 15 years with another Indian scientist, the physicist C. V. Raman. At any rate Ramanujan's example has served to give scope to the ambition of many young men and direct them toward the field of scientific research. This is the new generation working now in Indian universities; they try gradually to change the spirit there and lift the level to that of the universities in the West.

In this evolution, an important role has been played by the University of Calcutta under the leadership of Asutosh Mukherjee, a man of eminent distinction, passionately devoted to the greatness of his country, who headed the University from 1916 to 1925. This university could thus have taken the lead in the study of mathematics in India; but Ganesh Prasad, a man not wholly devoid of talent, who until his death in 1935 held the professorship of mathematics there, failed to guide his students into any fruitful fields of investigation, and his influence, dominant for a long time not only in Calcutta but over the whole of Northern India, was in the final analysis detrimental to the progress of mathematics there. This is undoubtedly one of the reasons why the Bengalis (a highly gifted race to whom mathematical physics owes some notable achievements, e.g. the discovery by S. N. Bose of the so-called Einstein-Bose statistics) have not produced a single mathematician of any distinction except for Mukhopadhyaya, the author of some interesting papers on geometrical topics and in particular on the theory of ovals. In the last few years, one center for mathematical research has appeared in Allahabad, producing among others B. N. Prasad, a student of Titchmarsh and the author of some valuable work on trigonometric series. On the other hand, Panjab has produced the distinguished mathematician S. Chowla, now a professor at Andhra University on the Eastern coast of India (midway between Calcutta and Madras); his work on the analytic theory of numbers is well-known, and he is now creating his own school.

In contrast with this, the South has already produced a number of mathematicians, some of them of considerable merit: the majority of them are brahmins. Southern Indian brahmins have preserved cultural traditions which emphasize abstract thinking; so it is not surprising that mathematics found a favorable soil there for its development. Out of the same community have come the physicists C. V. Raman and Krishnan, and the astrophysicist Chandrasekhar.

In Madras (the chief cultural center of the Tamil country) two distinguished mathematicians are teaching at present. One is Ananda-Rau, the author of some beautiful work on Tauberian theorems, on Dirichlet series and on modular functions. The other is Vaidyanathaswami, who has worked chiefly on geometric topics and the properties of some algebraic curves. Under their influence, some young men are now beginning to work in these same fields.

In a younger generation than those two, Vijayaraghavan (perhaps the best among Hardy's students) has to his credit some deep work on Tauberian theorems, on continued fractions, on the order of magnitude of solutions of differential equations; he is at present teaching at Dacca in Bengal. A still younger mathematician of great talent, Kosambi (a former Harvard student) is now a professor in Poona, in a college affiliated with the University of Bombay; he works on tensor-geometry, and in particular on tensors related to systems of differential equations of the second order.

There are also, in various universities, a number of young people, often quite gifted but deprived of proper guidance, who, often without the proper foundations, are trying their hand at a variety of problems.

In this movement, it is not easy to discern any definite tendencies. The reason for this is not so much the insufficient qualification of the teachers as the fact that the well-qualified teachers are so few in number, and, above all, that none of them has yet achieved a reputation which would make it possible to start developing a school. On the other hand, a necessary factor for progress is the improvement of secondary education; this cannot be postponed any longer, but such improvement is still very slow. Nevertheless, the intellectual potentialities of the Indian nation are unlimited, and not many years would perhaps be needed before India can take a worthy place in world mathematics.

With T. Vijayaraghavan and two Aligarh students, 1931

[1936d] La mesure invariante dans les espaces de groupes et les espaces homogènes

HAAR a démontré l'existence d'une mesure invariante à gauche dans tout groupe topologique satisfaisant à des conditions très larges; J. v. NEUMANN a démontré l'unicité de cette mesure dans les groupes compacts. Mais ces résultats n'ont pas encore tout le degré de généralité voulue. Par quelques modifications apportées à la méthode de Haar, on peut d'abord montrer que la mesure invariante à gauche existe dans tout groupe topologique *localement bicompact*, et que cette mesure est *unique*. De l'unicité résultent les règles de calcul relatives à la mesure de Haar, qui n'avaient pas été démontrées encore jusqu'à présent; en particulier, la mesure est *relativement invariante* à droite, c'est-à-dire que par multiplication à droite par un élément du groupe elle se multiplie par un facteur numérique.

De là on peut tirer aussi les conditions nécessaires et suffisantes d'existence d'une mesure invariante ou relativement invariante dans un espace homogène défini par un groupe localement bicompact et un sous-groupe fermé de celui-ci; une telle mesure n'existe pas toujours, mais il y a toujours un espace, étroitement lié à celui qu'on étudie, où elle existe (par exemple il n'existe pas de mesure invariante dans l'espace projectif, mais dans l'espace affine à une dimension de plus il existe une mesure relativement invariante).

Un exposé détaillé de ces résultats et de leur démonstration paraîtra dans un fascicule du *Mémorial des Sciences Mathématiques* (Gauthier-Villars), sous le titre « Méthodes intégrales en Théorie des groupes ».

---

1 Résumé de la conférence faite le 22 octobre 1935 dans le cycle des *Conférences internationales des Sciences mathématiques* organisées par l'Université de Genève; série consacrée à *Quelques questions de Géométrie et de Topologie*.

L'Enseignement mathém., 35me année, 1936. 16

[1936e] La théorie des enveloppes en Mathématiques Spéciales

La théorie des enveloppes fait l'objet d'une leçon de Mathématiques Spéciales, qui n'est pas seulement, comme on sait, l'effroi des candidats à l'agrégation, mais pour les élèves une source d'embarras et un puits d'obscurités. Il n'y a plus guère, il est vrai, que les taupins les plus naïfs (si j'ose accoupler ces deux termes) qui se laissent encore troubler par le paradoxe bien connu: soit $F(x, y, \alpha) = 0$ une famille de courbes admettant une enveloppe, résolvons par rapport au paramètre α, l'équation de la famille devient $\Phi(x, y) = \alpha$, et où est passée l'enveloppe? Mais si l'on demande pourquoi *en général* une famille de courbes admet une enveloppe, tandis qu'*en général* une équation différentielle, de l'un des types étudiés en Mathématiques Spéciales, n'admet pas d'intégrale singulière; ou bien pourquoi, *en général*, une famille de courbes gauches n'admet pas d'enveloppe, alors qu'elle engendre une surface et qu'*en général*, sur une surface donnée (tout comme dans le plan) une famille de courbes en admet bien une, il peut arriver qu'un bon élève même se trouve étonné. Et demandons-nous pourquoi, dans la discussion du système d'équations $F(x, y, \alpha) = 0$, $F'_\alpha(x, y, \alpha) = 0$, on a l'habitude de parler du cas de l'enveloppe, des lieux de points singuliers et des courbes stationnaires, à l'exclusion de toute autre circonstance imaginable *a priori*, et sans démontrer aucunement que celles-là sont les seules possible: sans doute il y a là, dans le traitement classique de la question, une lacune à combler.

Or, il paraît possible, en modifiant quelque peu le point de vue, en introduisant quelques considérations géométriques auxiliaires, en précisant les théorèmes dont on a à se servir, d'éclaircir beaucoup le problème. Je ne sais pas du tout si les quelques idées que je vais exposer sont originales; peut-être sont-elles déjà familières à certains professeurs; mais je ne les crois pas généralement connues, et, à ce titre, elles méritent sans doute la publication.

Il me semble d'abord que le titre de la leçon est mal choisi: elle devrait s'intituler plutôt «*Théorie des familles de courbes planes à un paramètre*». L'équation d'une telle famille sera supposée de la forme $F(x, y, \alpha) = 0$; on pourrait supposer aussi que les courbes de la famille sont données elles-mêmes sous forme paramétrique: $x = f(t, \alpha)$, $y = g(t, \alpha)$; ce cas sera exclu pour le moment. D'ailleurs, tout comme on fait l'étude locale des courbes avant de faire leur étude globale, nous aurons ici à faire *l'étude locale de la famille de courbes* $F(x, y, \alpha) = 0$: étude locale *au voisinage d'un système de valeurs* (x_0, y_0, α_0) vérifiant l'équation $F = 0$. *C'est cette étude qui constitue l'objet véritable de la leçon.* Quant à l'étude globale des familles de courbes, on ne la fait en réalité, dans les classes de Spéciales, que sur des exemples particuliers: c'est là, comme on sait, un excellent sujet d'exercices.

Quant à l'outil à employer dans cette étude, ce sera nécessairement *le théorème des fonctions implicites*; et l'on va voir qu'il suffit de posséder ce théorème dans le cas d'*une seule équation à une seule fonction inconnue*: si l'équation $f(x, y, z) = 0$ est vérifiée pour (x_0, y_0, z_0), si f possède au voisinage de ce point des dérivées partielles continues, et si f'_z ne s'y annule pas, il existe une fonction $z(x, y)$ et une seule, définie et continûment dérivable dans un certain voisinage de (x_0, y_0), et prenant en ce point la valeur z_0.

De là résulte aussitôt une première conclusion essentielle sur la famille de courbes $F(x, y, \alpha) = 0$. Bien entendu, on suppose (une fois pour toutes) que F est continûment dérivable en x, y, α pour toutes les valeurs de ces variables dont il sera question. Soit (x_0, y_0, α_0) un système de valeurs satisfaisant à $F = 0$; on ne considère dorénavant que les valeurs de (x, y, α) voisines de celles-là. Dans ces conditions, *si* $F'_\alpha(x_0, y_0, \alpha_0) \neq 0$, *on peut résoudre en* α, et l'équation de la famille devient:

$$\alpha = \Phi(x, y).$$

Autrement dit, *par tout point* (x, y) dans un certain voisinage de (x_0, y_0) *passe une courbe de la famille et une seule* (dans un voisinage de la courbe C_{α_0} correspondant au paramètre α_0). On obtient évidemment l'équation différentielle de la famille de courbes en différentiant; c'est:

$$d\,\Phi \equiv \Phi'_x\,dx + \Phi'_y\,dy = 0.$$

Réciproquement, si une courbe E est tangente en chacun de ses points à une courbe de la famille, c'est une solution de cette équation différentielle; donc on a, sur E, $\Phi =$ constante, et E appartient à la famille: de sorte qu'il ne saurait, dans ce cas, y avoir d'enveloppe (c'est en somme le théorème d'unicité pour les équations différentielles du premier ordre).

Plus précisément, on peut considérer d'abord le cas où C_{α_0} possède en (x_0, y_0) un point régulier, c'est-à-dire où l'on n'a pas à la fois, en (x_0, y_0, α_0), $F'_x = 0$ et $F'_y = 0$: ce cas sera appelé le *cas général*, tout autre cas étant considéré comme exceptionnel (le cas général est celui qui correspond, par exemple, aux solutions d'une équation différentielle du premier ordre dans les conditions du théorème d'existence). Si maintenant on suppose $F'_\alpha \neq 0$, mais $F'_x = F'_y = 0$, on a des singularités dont les plus simples (les *cols* et les *centres*) correspondent au cas où C_{α_0} possède en (x_0, y_0) un point double à tangentes distinctes, réelles ou imaginaires. Comme il est naturel, l'hypothèse $F'_\alpha \neq 0$ conduit aux différentes dispositions présentées par les courbes de niveau sur les cartes géographiques, et cette remarque suggère de considérer dans tous les cas la famille $F = 0$ comme la famille des courbes de niveau (en projection sur Oxy) de la surface $F(x, y, z) = 0$. On voit alors que le *cas général* est celui de tous les points où le plan tangent n'est ni horizontal, ni vertical; et il y a des points exceptionnels de trois sortes: 1° plan tangent horizontal; 2° plan tangent vertical (points situés sur le contour apparent); 3° points singuliers de la surface (je suppose déjà connue la notion de plan tangent à une surface, indispensable pour un exposé intuitivement clair). On voit aussi déjà que $F'_\alpha = 0$ est la condition *nécessaire et suffisante* pour qu'on soit dans le 2e ou 3e cas, et que c'est une condition *nécessaire* pour qu'il y ait enveloppe.

Il n'est guère possible de faire une théorie générale des points exceptionnels de la première sorte (pas plus que des points multiples des courbes algébriques, les deux questions étant d'ailleurs étroitement liées). Observons seulement que, si l'équation de la famille a été mise sous forme résolue en α, ces points sont définis par $\Phi'_x = \Phi'_y = 0$: ils sont donc en général *isolés*; s'ils ne le sont pas, ils forment des courbes qui alors appartiennent nécessairement à la famille, puisque sur une telle courbe $d\Phi = 0$. De telles courbes d'ailleurs ne sont exceptionnelles qu'en apparence pour la famille, mais nous n'approfondirons pas ce point, qu'il est facile de mettre en évidence sur des exemples.

Nous ne pouvons songer, non plus, à faire une théorie des points de troisième sorte: disons seulement qu'ils peuvent être *isolés*, ou bien faire partie de *lignes singulières* pour la surface $F = 0$, et, dans ce cas, la projection d'une telle ligne sera un *lieu de points singuliers* pour les courbes de la famille.

Le cas qui nous reste à étudier est donc celui du *contour apparent*, qui est bien celui de l'enveloppe au sens classique: il est clair en effet que par tout point du contour apparent passe une courbe de niveau, qui sera tangente au contour apparent en projection horizontale. Supposons donc que l'on ait, au point (x_0, y_0, α_0), $F = F'_\alpha = 0$, et (par exemple) $F'_y \neq 0$. On pourra résoudre l'équation $F = 0$ par rapport à y, donc la supposer remplacée par l'équation équivalente:

$$y = f(x, \alpha)$$

de sorte que l'on aura $y_0 = f(x_0, \alpha_0)$ et $f'_\alpha(x_0, \alpha_0) = 0$. Le contour apparent sera défini, au voisinage du point étudié, par les équations:

$$y = f(x, \alpha), \qquad f'_\alpha(x, \alpha) = 0$$

et l'on aura plusieurs cas à distinguer suivant qu'en (x_0, y_0, α_0) il possède une tangente oblique, une tangente verticale, une tangente horizontale, ou un point singulier.

Dans les deux premiers cas, on aura, en (x_0, y_0, α_0), $(\partial^2 f/\partial x\, \partial\alpha) \neq 0$, de sorte qu'on pourra résoudre par rapport à x la deuxième des équations du contour apparent, et celui-ci s'écrira:

$$y = f(x, \alpha), \qquad x = \varphi(\alpha).$$

Ce sont là les équations du contour apparent, ou bien encore (en se plaçant dans le plan Oxy et considérant α comme un paramètre) *les équations paramétriques de l'enveloppe*. Celle-ci aura en (x_0, y_0) un point ordinaire si le contour apparent n'est pas à tangente verticale, c'est-à-dire si $\partial^2 f/\partial\alpha^2 \neq 0$, un point singulier (en général, un point de rebroussement) si $\partial^2 f/\partial\alpha^2$ s'annule en (x_0, y_0, α_0) sans s'annuler identiquement sur le contour apparent, et se réduit à un point si le contour apparent, au voisinage du point étudié, a une tangente constamment verticale, c'est-à-dire se réduit à un segment de droite verticale: dans ce dernier cas, toutes les courbes de la famille passent par le point (x_0, y_0) sans être tangentes à une même direction (puisque $\partial^2 f/\partial x\, \partial\alpha \neq 0$), et la famille présente un *nœud* en (x_0, y_0). Ce cas étant laissé de côté, supposons d'abord que la tangente en (x_0, y_0, α_0) ne soit pas verticale, donc que $\partial^2 f/\partial\alpha^2 \neq 0$; et soit, pour fixer les idées, $\partial^2 f/\partial\alpha^2 > 0$. Les sections de la surface par les plans $x =$ constante ont donc leur concavité tournée vers les y positifs: il en résulte que la projection de la surface est tout entière située, par rapport à l'enveloppe, du côté des y positifs. Soient A et B les deux régions déterminées par l'enveloppe, dans un voisinage du point (x_0, y_0), A se trouvant du côté des y positifs: on voit que la famille de courbes étudiée se trouve tout entière, au voisinage de (x_0, y_0, α_0), dans la région A. On voit de plus (en se plaçant encore dans les plans $x =$ constante et coupant, dans ces plans, par des droites $y =$ constante), que toute verticale ayant son pied dans la région A coupe la surface en deux points exactement, ces points venant se confondre quand le pied vient sur l'enveloppe; autrement dit, par tout point de la région A passent deux courbes de la famille, et par tout point de l'enveloppe passe une courbe et une seule de la famille, tangente en ce point à l'enveloppe. En particulier, tout point (x_1, y_1) de la courbe C_{α_0}, voisin de (x_0, y_0), appartient à une courbe C_{α_1} et une seule, voisine de C_{α_0}; le plan tangent à la surface en (x_1, y_1, α_1) n'étant ni horizontal ni vertical, on se trouve en ce point dans le cas général, de sorte que α_1 dépend d'une manière continue du point (x_1, y_1) quand celui-ci décrit un arc de la courbe C_{α_0}, situé dans un voisinage de (x_0, y_0) mais ne comprenant pas ce point; enfin, quand (x_1, y_1) tend vers (x_0, y_0) sur C_{α_0}, α_1 tend vers α_0, car il reste dans un voisinage de α_0 et ne saurait avoir aucune autre valeur limite. Le point (x_0, y_0), point de contact de C_{α_0} avec l'enveloppe, est donc bien aussi le point caractéristique de C_{α_0}, limite de l'intersection de C_{α_0} avec une courbe voisine de la famille (c'est ce qu'on verrait plus facilement encore si l'on supposait que, dans l'équation de la surface, $F(x, y, \alpha)$ est un polynome en α).

Le cas ci-dessus décrit est bien celui auquel on est accoutumé dans la théorie des enveloppes: le point (x_0, y_0) correspondant sera appelé un *point général* de l'enveloppe. Revenant à l'équation $F(x, y, \alpha) = 0$, il est facile de donner les conditions pour qu'on soit en un point général: le contour apparent étant déterminé en effet par l'intersection des surfaces $F = 0$, $F'_\alpha = 0$, il faut et il suffit, pour qu'il en soit ainsi, que les plans tangents à ces surfaces se coupent suivant une droite qui ne soit ni horizontale ni verticale. Or ils ont respectivement pour paramètres directeurs $(F'_x, F'_y, 0)$ et $(F''_{\alpha x}, F''_{\alpha y}, F''_{\alpha^2})$; on devra donc avoir, au point (x_0, y_0, α_0):

$$\frac{\partial^2 F}{\partial \alpha^2} \neq 0, \qquad \frac{\partial F}{\partial x}\frac{\partial^2 F}{\partial \alpha\, \partial y} - \frac{\partial F}{\partial y}\frac{\partial^2 F}{\partial \alpha\, \partial x} \neq 0.$$

La première condition exprime que l'on n'est pas en même temps en un point de l'enveloppe de la famille $F'_\alpha(x, y, \alpha) = 0$; la seconde exprime que les courbes $F(x, y, \alpha) = 0$ et $F'_\alpha(x, y, \alpha) = 0$ ne sont pas tangentes au point considéré.

Reste à étudier les *points exceptionnels* de l'enveloppe, où l'une au moins de ces conditions n'est pas vérifiée. Observons que si la tangente au contour apparent reste horizontale sur tout un arc, cet arc sera une courbe de niveau, donc (en projection horizontale) une courbe de la famille: on a une *courbe stationnaire*; suivant les définitions qu'on donne, on peut considérer qu'elle constitue ou non un arc d'enveloppe. Comme on a, dans ce cas, $\partial^2 f/\partial\alpha^2 \neq 0$, par tout point voisin de (x_0, y_0) et situé par rapport à l'enveloppe (en supposant $\partial^2 f/\partial\alpha^2 > 0$) du côté des y positifs, passent deux courbes de la famille: il peut arriver, d'ailleurs, que celles-ci se confondent en projection horizontale (par exemple si la surface est symétrique par rapport au plan $\alpha = \alpha_0$). Dans tous les autres cas, les points exceptionnels de l'enveloppe sont des points isolés. S'il s'agit d'un point du contour apparent à tangente verticale, ce sera en général, en projection, un point de rebroussement de l'enveloppe; et un calcul facile montre que dans ce cas la tangente de rebroussement n'est autre que la trace du plan tangent à la surface: toute courbe de la famille est donc tangente en un point et un seul à l'enveloppe, et la courbe C_{α_0} est tangente en (x_0, y_0) à la tangente de rebroussement de l'enveloppe. Si l'on a un point du contour apparent à tangente horizontale, on pourra, mettant de nouveau l'équation de la surface sous la forme $y = f(x, \alpha)$, résoudre en α l'équation $f'_\alpha(x, \alpha) = 0$, de sorte que les équations du contour apparent seront:

$$y = f(x, \alpha), \qquad \alpha = \psi(x).$$

On aura $\partial^2 f/\partial\alpha^2 \neq 0$, de sorte qu'ici encore toutes les courbes de la famille se trouveront dans l'une des deux régions déterminées par l'enveloppe; et tout point de cette région appartiendra à deux courbes de la famille. Mais, si l'on suppose $\partial^2\psi/\partial x^2 \neq 0$, et (pour fixer les idées) $\partial^2\psi/\partial x^2 > 0$, toute courbe de la famille correspondant à un $\alpha > \alpha_0$ touchera l'enveloppe en deux points voisins de (x_0, y_0), et toute courbe de la famille correspondant à un $\alpha < \alpha_0$ ne la touchera pas; C_{α_0} touche l'enveloppe en le seul point (x_0, y_0), ou, si l'on préfère, en deux points confondus. Si $\partial^2\psi/\partial x^2 = 0$, le contour apparent a un point d'inflexion.

Enfin, si le contour apparent a en (x_0, y_0, α_0) un point singulier, une étude générale est impossible. Le cas le plus simple est celui du point double à tangentes réelles distinctes: en projection horizontale, on a deux branches de l'enveloppe, tangentes l'une à l'autre en (x_0, y_0), et toute courbe de la famille est tangente à chacune de ces deux branches au voisinage de (x_0, y_0).

Nous n'avons pu faire une étude complète de tous les cas possibles. Du moins sommes-nous sûrs de n'en avoir laissé échapper aucun dans notre classification; et nous voyons de plus que les seuls points, exceptionnels pour la famille étudiée, qui puissent être distribués sur des courbes, sont ceux qui appartiennent aux courbes suivantes: 1° courbes de niveau à plan tangent horizontal; 2° lieux de points singuliers; 3° enveloppe proprement dite; 4° courbes stationnaires. Quant aux autres, ce seront des points isolés. Excepté pour les points généraux de l'enveloppe, notre étude ne dispense d'ailleurs pas de faire, sur chaque cas particulier, un examen plus approfondi.

Si maintenant l'on suppose que les courbes de la famille soient données sous forme paramétrique:

$$x = f(t, \alpha), \qquad y = g(t, \alpha),$$

on voit qu'on sera, au voisinage d'un point (t_0, α_0), dans le *cas général* si l'on peut résoudre ces équations en t, α, et si, par conséquent, le déterminant fonctionnel

$$\frac{\partial f}{\partial t}\frac{\partial g}{\partial \alpha} - \frac{\partial f}{\partial \alpha}\frac{\partial g}{\partial t}$$

ne s'annule pas. S'il s'annule, on peut reprendre toute l'étude sur des principes analogues à ceux qui ont été exposés ici. Mais il faut faire usage, comme on voit, du théorème des fonctions implicites pour deux équations à deux fonctions inconnues, donc, dépasser le cadre habituel des Mathématiques Spéciales. Si l'on tient à étudier ce problème, il est possible sans doute de tourner la difficulté; mais la nécessité ne paraît pas s'en imposer.

A. WEIL
Maître de conférences
à la Faculté des Sciences de Strasbourg

[1936f] Les recouvrements des espaces topologiques : espaces complets, espaces bicompacts

Note [1] de M. André Weil, présentée par M. Élie Cartan.

Soit E un ensemble fondamental; soit R une famille quelconque d'ensembles sur E; je désignerai par A^R la réunion de tous les ensembles de R qui ont au moins un élément commun avec le sous-ensemble A de E; si A se réduit au seul élément p, on écrira p^R pour A^R; on écrira A^{R^2} pour l'ensemble $(A^R)^R$. On dira qu'une famille R est *incluse* dans une famille R′, et l'on écrira $R < R'$, si l'on a $p^R \subset p^{R'}$ quel que soit p; on écrira $R \ll R'$ si tout ensemble de R est contenu dans un ensemble de R′, ce qui entraîne évidemment que $R < R'$. Enfin on écrira $R^2 < R'$ si $p^{R^2} \subset p^R$ quel que soit p.

Cela posé, supposons que E soit un espace topologique, c'est-à-dire un espace accessible au sens de Fréchet. On dira que la famille R est un *recouvrement* de E si, quel que soit p, p^R contient un ensemble ouvert contenant p. Si R se compose d'ensembles ouverts, ou bien si R se compose d'ensembles fermés en nombre fini, il suffira pour cela que E soit la réunion des ensembles de R.

Soit C une famille de recouvrements R. On dira que C est une *classe régulière de recouvrements* si les axiomes suivants sont satisfaits :

I. *Quels que soient* p *et l'ensemble ouvert* $\Omega \supset p$, *il y a un* R *dans* C *tel que* $p^R \subset \Omega$.

II. *Quels que soient* R *et* R′ *dans* C, *il y a* R″ *dans* C *tel que l'on ait* $R'' < R$ *et* $R'' < R'$.

III. *Quel que soit* R *dans* C, *il y a* R′ *dans* C *tel que* $R'^2 < R$.

Dans un espace métrique, on satisfera à ces axiomes en prenant pour R la famille des sphères de rayon r et en donnant à r un ensemble de valeurs admettant le point d'accumulation 0; dans un groupe topologique, on prendra pour R la famille $s\Omega$ déduite d'un même ensemble ouvert Ω par toutes les translations à gauche, et l'on obtiendra C en prenant pour Ω un système de voisinages de l'élément unité.

On peut d'ailleurs aussi se servir des classes régulières pour définir des topologies. Soit en effet E un ensemble fondamental quelconque; soit C une classe de familles R telles que E soit la réunion des ensembles de R, quelle que soit R dans C; supposons de plus que C satisfasse aux axiomes II et III, et qu'à tout couple d'éléments p, q de E corresponde au moins un R de C tel qu'aucun ensemble de la famille R ne contienne à la fois p et q. Dans ces conditions, on pourra définir une topologie dans E en prenant pour voisinages de p tous les ensembles p^R : tous les axiomes des espaces topologiques sont

---

(1) Séance du 16 mars 1936.

satisfaits, et C est une classe régulière de recouvrements dans l'espace topologique ainsi défini.

Grâce à un raisonnement qui m'a été communiqué par Pontrjagin pour le cas des groupes, on démontre que tout espace qui possède une classe régulière de recouvrements est complètement régulier, et est donc, d'après Tychonoff (1), l'image homéomorphe d'un sous-ensemble d'un tore à un nombre convenable de dimensions (a étant un nombre cardinal quelconque, fini ou non, dénombrable ou non, le tore à a dimensions est le produit direct de a groupes clos à un paramètre; c'est un groupe bicompact). La réciproque est évidente.

Soit F une famille d'ensembles fermés; on dira qu'elle satisfait au critère de Cauchy, ou que c'est une *famille de Cauchy,* si 1° l'intersection d'ensembles F *en nombre fini* n'est jamais vide et 2° quel que soit R dans C, il y a un F de la famille tel que $F \subset p^R$ pour tout $p \subset F$. Deux familles F, F′ sont équivalentes si les réunions d'un F et d'un F′ forment une famille de Cauchy. Alors, E sera dit *complet* par rapport à C si toute famille de Cauchy est équivalente à une famille réduite à un point; sinon, on démontre qu'on peut, d'une manière et d'une seule, *compléter* E par adjonction de points correspondant aux classes de familles de Cauchy équivalentes (2).

Un ensemble A est dit *relativement bicompact* par rapport à C si, quel que soit R dans C, A peut être recouvert par des ensembles p^R en nombre fini. On a alors le théorème suivant (dont la démonstration repose sur le raisonnement de Pontrjagin mentionné ci-dessus).

Pour que l'espace complet déduit de E *au moyen de la classe régulière* C *soit bicompact, il faut et il suffit que* E *soit relativement bicompact par rapport à* C.

Observons pour terminer que sur les bicompacts, les classes régulières ont des propriétés particulièrement simples, qui justifient le rôle important joué par ces espaces dans la topologie moderne. Convenons en effet de dire que deux classes de recouvrements C, C′ d'un espace E sont équivalentes si, quel que soit R dans C, il y a R′ dans C′ tel que $R' < R$, et inversement. Alors on démontre facilement que *sur un bicompact, toutes les classes régulières sont équivalentes : la classe de tous les recouvrements ouverts, et celle de tous les recouvrements ouverts finis sont régulières.* L'étude de cette dernière classe conduit directement à la théorie des spectres projectifs d'Alexandroff et à l'extension qu'en a donnée Kurosh (3) pour les bicompacts non séparables.

---

(1) *Math. Annal.*, **102,** 1930, p. 544.

(2) Pour le cas d'un espace linéaire, qui rentre dans la théorie exposée ici, puisque c'est un espace de groupe abélien d'un type particulier, cette notion (ainsi que la notion d'ensemble relativement bicompact) avait déjà été définie par von Neumann (*Trans. Am. Math. Soc.*, **37,** 1935, p. 1). La notion de groupe complet, mais définie au moyen de suites, apparaît déjà chez van Dantzig (*Math. Ann.*, **107,** 1932, p. 587).

(3) *Compos. Math.*, **2,** 1935, p. 471.

[1936g] Sur les groupes topologiques et les groupes mesurés

Note [1] de M. André Weil, présentée par M. Élie Cartan.

J'ai défini [2], dans un espace topologique, ce qu'il fallait entendre par une classe régulière C de recouvrements R; j'ai défini aussi les notions de famille de Cauchy, d'espace complet, d'ensemble relativement bicompact par rapport à une classe C. Ces notions trouvent leur application naturelle dans les groupes topologiques : car dans un tel groupe, si V est un voisinage de l'unité, la famille des ensembles sV, s décrivant le groupe, est un recouvrement, et les recouvrements obtenus en prenant pour V tous les voisinages de l'unité (dans un système quelconque de voisinages définissant la topologie du groupe) forment une classe régulière. Si le groupe donné G n'est pas complet, par rapport à cette classe, on pourra le compléter, et l'on obtiendra ainsi un espace, qui en général ne sera pas un groupe, mais dans lequel opère un groupe de transformations isomorphe à G. Il y aurait lieu aussi de considérer la classe formée par les recouvrements Vs, et la classe formée par les recouvrements $s\mathrm{V} \cap \mathrm{V}s$: en complétant le groupe par rapport à celle-ci, on obtiendra bien un groupe. Mais le cas le plus intéressant est celui où l'un au moins des voisinages de l'unité est relativement bicompact par rapport à la classe sV : dans ce cas, en complétant le groupe par rapport à cette classe, on obtiendra un groupe, qui sera localement bicompact.

On peut démontrer, en approfondissant quelque peu un résultat très connu de A. Haar [3], que dans tout groupe localement bicompact il existe une mesure invariante à gauche, et que cette mesure est unique. De plus, ce théorème admet une sorte de réciproque. J'appelle en effet *groupe mesuré* tout groupe (non pourvu *a priori* d'une topologie) où existe une mesure invariante à gauche telle qu'on puisse définir, au moyen de cette mesure, le produit de composition : il faut supposer pour cela que, si x et y désignent deux éléments du groupe, et si $f(x,y)$ est une fonction mesurable quelconque définie sur le produit direct du groupe par lui-même, $f(y^{-1}x,y)$ est aussi mesurable. Je démontre alors que, si l'on se donne des fonctions $f_i(x)$ en nombre *fini* quelconque, appartenant respectivement aux espaces fonctionnels L^{p_i} ($1 \leq p_i < +\infty$), c'est-à-dire telles que $\int |f_i(x)|^{p_i}\, dx$ soit fini, et si l'on se donne d'autre part un ensemble E mesurable de mesure finie non nulle et un nombre $\epsilon > 0$, il existe un sous-ensemble E′ de E, mesurable, de mesure non nulle, tel que l'on ait, quels que soient s, t dans E′,

$$\int |f_i(sx) - f_i(tx)|^{p_i}\, dx < \epsilon \qquad (i = 1, 2, \ldots).$$

---

(1) Séance du 23 mars 1936.

(2) *Comptes rendus*, **202**, 1936, p. 1002.

(3) *Ann. of Math.*, 2e série, **34**, 1933, p. 147.

Appelons W l'ensemble des s qui satisfont à cette inégalité quand on prend pour t l'élément unité. Du théorème qui vient d'être énoncé résulte que si l'on considère, A étant un ensemble fixe, le recouvrement du groupe constitué par tous les ensembles sA, et qu'on prenne pour A tous les ensembles mesurables de mesure finie non nulle, la classe de recouvrements obtenue est régulière et permet de définir une topologie dans le groupe. Cette topologie peut être définie encore au moyen de l'un des systèmes de voisinages de l'unité suivants, qui sont équivalents en vertu de ce qui précède : 1° le système de tous les ensembles W; 2° le système de tous les ensembles $A.A^{-1}$ quand on prend pour A tous les ensembles mesurables de mesure finie non nulle. De plus, on vérifie facilement que, si le groupe étudié est localement bicompact et qu'on ait raisonné sur la mesure invariante de Haar, la topologie ainsi définie n'est autre que celle même dont on est parti; en particulier, sur un tel groupe, tout ensemble $A.A^{-1}$ contient un voisinage de l'unité : par exemple, s'il s'agit du groupe additif des nombres réels, et si l'on prend pour x et y tous les nombres d'un ensemble de mesure intérieure positive, les valeurs prises par $y - x$ recouvriront tout un voisinage de 0: d'où résulte immédiatement que toute solution mesurable de $f(x + y) = f(x) + f(y)$ est bornée dans un voisinage de l'origine, donc continue, conformément à un théorème connu; de même, sur un groupe mesuré, toute représentation mesurable est continue.

Revenant maintenant au cas d'un groupe mesuré quelconque, et à la topologie qu'on y a définie au moyen des voisinages W, on voit aussitôt que la fermeture $\overline{E}$ d'un ensemble E peut être définie de deux manières équivalentes : 1° $\overline{E}$ est l'ensemble des s tels que sA et EA aient au moins un point commun quel que soit A mesurable de mesure finie non nulle; 2° m étant la mesure invariante, $\overline{E}$ est l'ensemble des s tels que l'on ait $m(sA \cap EA) = mA$ quel que soit A mesurable de mesure finie non nulle.

Enfin, on démontre que pour qu'un ensemble E soit relativement bicompact par rapport à la classe sW, il faut et il suffit qu'il existe un A mesurable de mesure finie non nulle tel que EA soit de mesure intérieure finie. On peut toujours trouver un W satisfaisant à cette condition, et par suite, si l'on complète le groupe donné G par rapport à la classe sW, on obtient un groupe localement bicompact $\hat{G}$; de plus, la mesure de Haar sur $\hat{G}$ est étroitement liée avec la mesure qu'on s'était donnée sur G, cette relation s'exprimant par le fait que toute fonction continue et intégrable sur $\hat{G}$ a même intégrale sur G et sur $\hat{G}$, l'intégrale étant prise dans un cas au moyen de la mesure donnée m et dans l'autre au moyen de la mesure de Haar. Si l'on se borne aux groupes complets on voit qu'il y a équivalence entre la notion de groupe mesuré et celle de groupe localement bicompact, toute mesure déterminant d'une manière unique une topologie et réciproquement.

[1936h] Sur les fonctions elliptiques $\mathfrak{p}$-adiques

Note de M. André Weil, présentée par M. Élie Cartan

On peut retrouver une partie des résultats contenus dans la Note ci-dessus de Mlle. E. Lutz par une autre voie, en uniformisant la courbe $y^2 = x^3 - Ax - B$, dans le corps $\mathfrak{p}$-adique, au moyen de développements en série formellement identiques à ceux des fonctions elliptiques en analyse ordinaire. On uniformise habituellement la courbe au moyen de la fonction de Weierstrass, par les formules $x = \wp u$, $y = \wp' u/2$; mais ces fonctions se prêtent mal à des développements en série autour de l'origine qu'on puisse aisément généraliser au cas $\mathfrak{p}$-adique; et l'on a vu dans la Note de Mlle. Lutz comment l'étude arithmétique du problème conduit à introduire le paramètre $t = x^{-1/2}$. Nous allons donc montrer comment on peut étendre aux corps $\mathfrak{p}$-adiques la définition de la fonction $\varphi(u) = [\wp u]^{-1/2}$; cette fonction satisfait à l'équation différentielle

$$\varphi'(u) = \frac{d\varphi}{du} = \sqrt{1 - A\varphi^4 - B\varphi^6}, \tag{1}$$

ou encore

$$du = \frac{d\varphi}{\sqrt{1 - A\varphi^4 - B\varphi^6}}, \tag{2}$$

et au moyen de cette fonction les coordonnées x, y d'un point de la courbe s'expriment par les formules

$$x = \frac{1}{\varphi^2}, \qquad y = \frac{\varphi'}{\varphi^3}. \tag{3}$$

D'ailleurs la fonction $\varphi(u)$ possède un théorème d'addition algébrique qu'on déduit aisément de celui de la fonction $\wp u$; si l'on pose $t = \varphi(u)$, $t' = \varphi(v)$, ce théorème s'écrit

$$\varphi(u + v) = \frac{t + t'}{\sqrt{1 + \Delta(u, v)}}, \tag{4}$$

où l'on a posé:

$$\Delta(u, v) = \frac{2tt'\left[A(t^2 + tt' + t'^2) + B(t^2 + tt' + t'^2)^2 + \dfrac{A^2}{4}t^2t'^2(t + t')^2\right]}{\varphi'(u)\varphi'(v) + 1 - \dfrac{A}{2}tt'(t^2 + t'^2) - Bt^3t'^3}.$$

Plaçons-nous maintenant dans un corps $\mathfrak{p}$-adique; soient A, B entiers dans ce corps, et supposons, pour simplifier, $p \neq 2$. On sait qu'alors les développements en série de $(1 + z)^{1/2}$ et de $(1 + z)^{-1/2}$ suivant les puissances de z (dont les coefficients n'ont en dénominateur que des puissances de 2) sont convergents $\mathfrak{p}$-adiquement dès que z est multiple de $\mathfrak{p}$; en développant alors en série, suivant les puissances de φ, le second membre de (2), et en intégrant formellement terme à terme, on obtient une fonction $u(\varphi)$, définie par un développement en série de puissances qui est convergent dès que φ est multiple de $\mathfrak{p}$; on vérifie facilement que u est entier dès que $\varphi \equiv 0\ (p^{1/p})$; plus précisément, soit ρ le plus grand nombre rationnel tel que (dans une extension convenable de $k_{\mathfrak{p}}$) p^ρ divise φ; u sera entier si $\rho > 1/p$; et si $\rho > 1/(p-1)$, c'est-à-dire si $\alpha = (p-1)\rho - 1 > 0$, on aura

$$\frac{u}{\varphi} \equiv 1 \qquad (p^\alpha).$$

Réciproquement, cherchons à définir la fonction $\varphi(u)$, au moyen de l'équation différentielle (1): il suffira de remarquer que la démonstration, au moyen des séries majorantes, du théorème d'existence des solutions des équations différentielles, reste valable dans les corps $\mathfrak{p}$-adiques. Dans le cas qui nous occupe, développons en série, suivant les puissances de φ, le second membre de (1), et dérivons cette équation $n - 1$ fois; on montre facilement par récurrence que $d^n\varphi/du^n$ s'exprime, au moyen de φ, par une série de puissances dont chaque coefficient est un polynome en A, B, et que ces polynomes en A, B ont pour coefficients numériques des nombres rationnels ordinaires dont les dénominateurs sont des puissances de 2. En faisant, dans ces formules, $u = 0$, d'où $\varphi = 0$, on obtiendra alors, pour $\varphi^{(n)}(0)$, des expressions $P_n(A, B)$ dont les valeurs seront des entiers $\mathfrak{p}$-adiques. Par conséquent la série

$$\sum_{n=1}^{\infty} \frac{P_n(A, B)}{n!} u^n$$

qui satisfait formellement à (1), possède même rayon de convergence $\mathfrak{p}$-adique que la série exponentielle, c'est-à-dire qu'elle définit une fonction $\varphi(u)$ chaque fois que $u \equiv 0\ (p^\rho)$ pour un $\rho > 1/(p-1)$. D'ailleurs, en analyse ordinaire, si A, B sont des nombres complexes tels que $4A^3 - 27B^2 \neq 0$, cette série définit, au voisinage de $u = 0$, une fonction qui satisfait à (4): cette propriété s'exprime par des identités *algébriques* auxquelles satisfont les polynomes $P_n(A, B)$, et reste donc valable en analyse $\mathfrak{p}$-adique.

On en conclut en particulier, en reprenant les notations de la Note de Mlle. Lutz, que, si m est un entier naturel quelconque tel que $m > e/(p-1)$, il y a correspondance biunivoque entre les points du groupe G_m et les valeurs de u multiples de $\mathfrak{p}^m$, c'est-à-dire que, pour $m > e/(p-1)$, G_m est isomorphe au groupe additif des entiers de $k_{\mathfrak{p}}$; on remarquera que Mlle. Lutz démontre le même théorème pour $m > e/4$, quel que soit p; on voit donc que les fonctions elliptiques $\mathfrak{p}$-adiques donnent un résultat un peu plus précis que le raisonnement direct pour $p > 5$, mais moins précis pour $p = 3$. Quant au cas $p = 2$, on peut aussi le traiter par les méthodes exposées ici; mais, 2 apparaissant au dénominateur des séries que nous avons obtenues, l'on trouve naturellement des rayons de convergence plus petits que pour p premier impair.

[1936i] Remarques sur des résultats récents de C. Chevalley

Note[1] de M. André Weil, présentée par M. Élie Cartan

C. Chevalley[2] vient de montrer comment on peut généraliser, aux extensions relativement abéliennes infinies d'un corps de nombres algébriques fini, la théorie des corps de classes; ce résultat est d'autant plus intéressant que le théorème fondamental de cette théorie, énoncé pour l'extension abélienne maximum d'un corps donné k, contient implicitement toute la théorie en question. Désignant par A cette extension abélienne maximum (c'est-à-dire le corps composé de toutes les extensions relativement abéliennes de k), Chevalley établit en effet un isomorphisme entre le groupe de Galois de A sur k, topologisé d'après W. Krull[3], et un certain groupe quotient d'un groupe abélien formé au moyen de k, et qu'il note k^*. Ce groupe k^*, tel que le définit Chevalley, est un groupe topologique qui ne satisfait pas à l'axiome de Hausdorff, ce qui serait une circonstance remarquable (car les espaces topologiques ne satisfaisant pas à cet axiome n'ont guère encore trouvé d'application en mathématiques) si elle n'était purement apparente: ce qui intervient en réalité, c'est en effet le groupe quotient de k^* par l'intersection de tous les voisinages U_m de l'unité dans k^*; et celui-là est un groupe localement bicompact qui satisfait bien à l'axiome en question. C'est lui qu'on obtiendrait si l'on désignait par k_p, lorsque p est un diviseur premier infini réel du corps k, un groupe réduit à deux éléments $+1$, -1 et, lorsque p est un diviseur premier infini imaginaire, un groupe réduit à un seul élément, ce qui permet de simplifier quelque peu l'exposition de Chevalley sans modifier aucun résultat.

Mais reprenons le problème résolu par Chevalley, et d'abord donnons-en un énoncé un peu plus net qu'il ne le fait lui-même. Il s'agit en effet, au moyen des résultats connus de la théorie du corps de classes, d'établir un isomorphisme entre le groupe de Galois de A/k et un groupe qu'on puisse construire au moyen des seuls éléments de k. Or, en examinant la solution, d'ailleurs fort élégante, de Chevalley, je me suis aperçu qu'on pouvait en imaginer beaucoup d'autres, dont certaines sont probablement, à certains égards, plus avantageuses même que la sienne, et c'est sur ce point que je voudrais attirer l'attention.

Le groupe Γ des caractères (au sens de la théorie de Pontrjagin) du groupe de Galois G de A/k (qui est abélien et bicompact) est en effet connu: c'est le groupe des caractères de toutes les extensions relativement cycliques de k ou, en d'autres termes, des caractères χ qui figurent dans les séries $L(s, \chi)$ qu'on forme sur k; un tel caractère, comme on sait, est un caractère du groupe multiplicatif des idéaux de k premiers à un certain diviseur f (le *conducteur* de χ), prenant la valeur 1 pour les

[1] Séance du 30 novembre 1936.

[2] *J. de Liouville*, 9e série, **15**, 1936, p. 359.

[3] *Math. Ann.*, **100**, 1928, p. 687.

idéaux $\equiv 1 (\bmod f)$; le groupe Γ est ainsi bien défini au moyen d'éléments du corps k, et G est déterminé comme groupe dual de Γ. Pour obtenir G sous forme plus maniable, on peut par exemple procéder comme suit. Soient p un diviseur premier quelconque dans k; $\mathscr{G}_p$ le groupe des idéaux de k premiers à p (c'est-à-dire le groupe de tous les idéaux de k si p est un diviseur infini); $\mathscr{G}_p^{(0)}$ le sous-groupe de $\mathscr{G}_p$ formé des idéaux principaux; $\mathscr{G}_p^{(n)}$ le sous-groupe de $\mathscr{G}_p^{(0)}$ formé des idéaux $\equiv 1 (\bmod p^n)$. Les groupes quotients successifs $\mathscr{G}_p/\mathscr{G}_p^{(n)}$ sont des groupes finis, dont chacun est homomorphe au suivant: ils possèdent donc une limite bien déterminée[1], qui est un groupe bicompact que nous désignerons par G_p; il est clair que le groupe Γ_p des caractères de G_p n'est autre que le groupe des caractères χ de k dont le conducteur ne contient pas d'autre diviseur premier que p; d'ailleurs, si p est infini, G_p est un groupe fini, car $\mathscr{G}_p^{(n)} = \mathscr{G}_p^{(1)}$ quel que soit $n \geq 1$, et même $\mathscr{G}_p^{(n)} = \mathscr{G}_p^{(0)}$ quel que soit n si p est imaginaire; en tout cas, si l'on désigne par $G_p^{(0)}$ le sous-groupe de G_p qui correspond à $\mathscr{G}_p^{(0)}$, $G_p/G_p^{(0)}$ est isomorphe au groupe des classes (absolues) de k, et cela quel que soit p: soit $C(a_p)$ la classe d'idéaux de k qui correspond dans cet isomorphisme à un élément a_p de G_p. Formons maintenant le produit direct G' de tous les groupes G_p; et, parmi les éléments $a = (a_p)$ de G', donnés par leurs coordonnées a_p dans chacun des G_p, considérons ceux qui sont tels que la classe $C(a_p)$ soit la même quel que soit p: ils forment un sous-groupe de G', dont on vérifie aisément qu'il est isomorphe au groupe des caractères de Γ, donc au groupe G qu'on se proposait de construire. Quant à établir *effectivement* un isomorphisme entre le groupe ainsi obtenu et le groupe de Galois de A/k, c'est ce qu'il est facile de faire au moyen de la loi de réciprocité.

Un autre groupe intéressant en cette sorte de question, c'est le groupe $\bar{\Gamma}$ des *Grössencharaktere* de E. Hecke[2]: il n'est pas difficile non plus de former le groupe $\bar{G}$ dual de $\bar{\Gamma}$, ce qui fournit, puisque $\bar{\Gamma}$ contient Γ, une nouvelle solution du problème ci-dessus. Il suffit pour cela, comme plus haut, de former pour chaque p le groupe $\bar{G}_p$ dual du groupe $\bar{\Gamma}_p$ des *Grössencharaktere* dont le conducteur ne renferme pas d'autre diviseur premier que p: pour cela, on commence par topologiser $\mathscr{G}_p$, en prenant pour voisinage de l'unité, n et $\varepsilon > 0$ étant arbitrairement choisis, l'ensemble des idéaux principaux (α) dans $\mathscr{G}_p$ tels que $\alpha \equiv 1 (\bmod p^n)$ et que $|\alpha^{(\nu)} - 1| < \varepsilon$ pour tous les conjugués $\alpha^{(\nu)}$ de α; si l'on «complète» $\mathscr{G}_p$, par rapport à cette famille de voisinages[3], on obtient précisément $\bar{G}_p$; il est inutile d'ailleurs de considérer les $\bar{G}_p$ correspondant à p infini. De même que plus haut, tous les $\bar{\Gamma}_p$ ont un sous-groupe commun $\bar{\gamma}_0$, celui des *Grössencharaktere* de conducteur 1, et par conséquent tout $\bar{G}_p$ possède un sous-groupe $\bar{G}_p^{(0)}$ tel que $\bar{G}_p/\bar{G}_p^{(0)}$ soit le groupe dual de $\bar{\gamma}_0$; alors $\bar{G}$ apparaît comme sous-groupe du produit direct de tous les $\bar{G}_p$, formé des éléments $a = (\bar{a}_p)$ tels que l'élément $\bar{C}(\bar{a}_p)$ de $\bar{G}_p/\bar{G}_p^{(0)}$ qui correspond à $\bar{a}_p$ soit le même quel que soit p.

---

[1] Au sens de J. Herbrand, *Comptes rendus*, **193**, 1931, p. 504.

[2] *Math. Zeitschr.*, **6**, 1920, p. 11.

[3] Au sens de la théorie que j'ai esquissée, *Comptes rendus*, **202**, 1936, p. 1147; voir aussi un Mémoire à paraître prochainement dans les *Public. de l'Inst. de Math. de Strasbourg*.

[1937] Sur les espaces à structure uniforme et sur la topologie générale

On sait que la notion de distance est utilisée dans de nombreux travaux de topologie (par exemple ceux d'Alexandroff et de son école), et l'on s'explique mal qu'elle soit venue à jouer un pareil rôle dans une branche des mathématiques où elle n'est, à proprement parler, qu'une intruse. Son emploi repose d'ailleurs sur les résultats d'Alexandroff et Urysohn, d'après lesquels il est possible de l'introduire dans tout espace localement compact, pourvu que celui-ci satisfasse au IIe axiome de dénombrabilité : on voit apparaître ici cette hypothèse du dénombrable (dite aussi, on ne sait pourquoi, de séparabilité), malfaisant parasite qui infeste tant de livres et de mémoires dont il affaiblit la portée tout en nuisant à une claire compréhension des phénomènes. Non seulement, en effet, la conscience d'un mathématicien, s'il en possède, doit répugner à faire intervenir une hypothèse superflue et étrangère à la question qu'il a en vue, mais encore on s'aperçoit de plus en plus que les espaces de caractère non dénombrable peuvent fournir souvent des moyens techniques précieux dont il est maladroit de se priver. Naturellement, lorsqu'on quitte le dénombrable, il n'est plus légitime de faire des notions de suite et de limite l'outil essentiel, et on doit les remplacer par d'autres dont le champ d'action soit moins restreint. A plus forte raison faudra-t-il abandonner la notion de distance ; et il convient de se demander ce qu'on pourra lui substituer.

Or, quand on essaye de raisonner sur les groupes topologiques, on s'aperçoit vite qu'on y retrouve, sans qu'ils soient en général métrisables, beaucoup des propriétés connues des espaces métriques ; et en effet, toutes ces propriétés ont une origine commune, qui est simplement la possibilité de comparer entre eux les voisinages donnés en tous les points de l'espace. Il n'en faut pas plus, en réalité, pour établir presque toutes les propriétés essentielles des espaces métriques : c'est ce que je me propose de faire voir

Reprinted from *Act. Sc. et Ind.* no. 551, 1937, pp. 3–40, by permission of Hermann, éditeurs des sciences et des arts.

dans le présent mémoire, après avoir formulé au § 1 le système d'axiomes auquel on se trouve tout naturellement conduit. J'appelle *uniformes* les espaces satisfaisant à ces axiomes, qui sont ceux où la notion de continuité uniforme a un sens : on a là une structure, beaucoup plus faible qu'une structure métrique, mais plus forte qu'une structure topologique ; d'ailleurs la structure topologique des espaces ainsi définis n'est pas quelconque : on trouve en effet, grâce à une idée de Pontrjagin qui joue un rôle important dans cette théorie, que ces espaces sont toujours complètement réguliers : ce théorème, et la théorie des espaces uniformes complets, forment l'objet du § 2. J'étudie ensuite (§§ 3 et 4), du point de vue de leur structure uniforme, les espaces compacts et localement compacts. Le § 5 donne l'application de ces résultats à la théorie des groupes topologiques ; le § 6 indique un autre aspect de la théorie des espaces uniformes, qui permet, je crois, de mieux comprendre le rôle que jouent, principalement depuis les travaux d'Alexandroff, les méthodes combinatoires dans l'étude des espaces compacts et localement compacts. Enfin ce travail se termine (§ 7) par quelques réflexions sur les axiomes en usage en topologie, qui aideront peut-être à distinguer parmi ces axiomes ceux qui n'ont qu'un intérêt historique ou de curiosité de ceux qui sont vraiment féconds (1).

1. Définitions et premiers exemples. — En raison de la multiplicité des systèmes d'axiomes en usage, il ne sera pas inutile d'abord de formuler ceux que nous suivons. Par un *espace topologique* j'entends un ensemble E où se trouve donnée une famille de sous-ensembles, dits *ensembles ouverts*, satisfaisant à l'axiome suivant :

(O_I) *Toute réunion d'ensembles ouverts est un ensemble ouvert.*

De plus, tous les espaces que nous considérerons satisferont aussi aux axiomes suivants :

(O_{II}) *Toute intersection d'ensembles ouverts en nombre fini est un ensemble ouvert.*

(1) Depuis la rédaction de ce travail, H. Cartan a découvert la notion de *filtre* (*C. R.*, t. 205 (1937), pp. 595 et 777), qui élimine définitivement le dénombrable de la topologie générale en se substituant à la notion de suite, et permet d'apporter d'importantes simplifications à la théorie des espaces uniformes et à celle des espaces compacts.

(O_{III}) *Quel que soit l'élément p de* E, $E - \{p\}$ *est un ensemble ouvert.*

La réunion d'une famille vide étant l'ensemble vide, et l'intersection d'une famille vide de parties de E étant E, il résulte de O_I et O_{II} que E et l'ensemble vide sont ouverts.

Ayant à nous servir aussi de la définition d'une topologie par des voisinages, nous allons donner les axiomes correspondants ; nous n'astreindrons pas nos voisinages à être des ensembles ouverts, suivant en cela Fréchet plutôt que Hausdorff. Par un *voisinage* d'un point p, dans un espace défini comme plus haut, nous entendons tout ensemble dont p est un point intérieur (c'est-à-dire qui contient un ensemble ouvert contenant p). Une famille de voisinages d'un point p sera appelée un *système fondamental de voisinages* pour ce point si tout voisinage de p contient un voisinage de la famille ; la famille de tous les ensembles ouverts contenant p constitue un exemple d'un tel système ; et si l'on se donne deux systèmes fondamentaux pour un même point, tout voisinage du premier système contient au moins un voisinage du second, et inversement : on dit que deux tels systèmes sont équivalents.

Supposons maintenant que dans un ensemble fondamental E l'on fasse correspondre à tout élément p une famille d'ensembles $V(p)$, qui sera le système de voisinages attaché à p, de façon à satisfaire aux axiomes suivants :

(V_I) *Tout* $V(p)$ *contient p.*

($V_{I'}$) *A tout* $V(p)$ *du système attaché à p, on peut faire correspondre un* $V'(p)$ *du même système, tel que* $V(p)$ *contienne au moins un* $V''(q)$ *du système attaché à chacun des éléments q de* $V'(p)$.

Cela étant, on dira qu'un ensemble est *ouvert* s'il contient au moins un $V(p)$ du système attaché à chacun de ses points p ; (O_I) est satisfait ; quant à (V_I), ($V_{I'}$), ils signifient que dans la topologie qu'on vient de définir p est bien un point intérieur de chacun des $V(p)$ du système qui lui est attaché ; il est clair alors que les $V(p)$ forment un système fondamental pour p ; il est clair aussi que si l'on remplace les systèmes $V(p)$ par d'autres systèmes d'ensembles attachés aux éléments p de E, et satisfaisant encore aux axiomes ci-dessus, les nouveaux systèmes définissent la même topologie que les premiers dans E s'ils leur sont respectivement équivalents, et dans ce cas seulement. Pour que les axiomes (O_{II}), (O_{III}) soient respectivement satisfaits, il faut et il suffit que les suivants le soient :

(V_{II}) *Toute intersection d'ensembles* V (*p*) *en nombre fini du système attaché à p contient un ensemble de ce système.*

(V_{III}) *Quels que soient p, q distincts dans* E, *il y a un* V(*p*) *du système attaché à p tel que* $q \notin V(p)$ (¹).

Un espace topologique E étant donné, l'intersection des ensembles ouverts de E avec un sous-ensemble A arbitrairement donné dans E forme une famille de sous-ensembles de A qui satisfait à (O_I), et détermine donc une topologie dans A ; on dira que celle-ci est *induite* dans A par celle de E ; les axiomes II, III sont satisfaits dans A s'ils le sont respectivement dans E.

Un espace E est dit *compact* s'il satisfait, non seulement aux axiomes I, II, III ci-dessus, mais encore aux deux suivants (dont le premier entraîne d'ailleurs (O_{III})) :

(O_{IV}) *Quels que soient p, q distincts dans* E, *il existe deux ensembles ouverts sans point commun qui contiennent respectivement p et q.*

(C) *De toute famille d'ensembles ouverts ayant pour réunion* E, *on peut extraire une famille finie ayant la même propriété.*

Un ensemble *fermé* F, dans un espace E, sera dit *compact* si c'est un espace compact dans la topologie induite sur lui par celle de E. Si un ensemble A, dans un espace E, a pour *fermeture* un ensemble compact, c'est-à-dire si le plus petit ensemble fermé $\bar{A}$ contenant A est compact, A sera dit *relativement compact par rapport à l'espace* E, ou simplement *compact* chaque fois qu'il n'y aura pas de confusion possible en ce qui concerne E.

Ces définitions, qui pour une part s'écartent des usages établis, appelleraient quelques remarques ; mais celles-ci trouveront mieux leur place en un autre lieu. Nous sommes maintenant à même d'aborder l'objet propre de ce travail.

On dira que dans un ensemble E on a défini un *système uniforme de voisinages* si l'on a fait correspondre à tout α pris dans un certain ensemble (non vide) d'indices, et à tout élément *p* de E,

---

(¹) Nous notons par le signe $\cap$ l'intersection, par $\cup$ la réunion de deux ensembles ; par $\bigcap_\alpha A_\alpha$ l'intersection, par $\bigcup_\alpha A_\alpha$ la réunion, d'une famille d'ensembles A_α ; par $\complement$ (A) le complémentaire d'un ensemble A ; les signes $\supset$, $\subset$, $\in$ signifient, comme d'habitude, « contient », « contenu dans », « élément de » ; les signes $\not\supset$, $\not\subset$, $\notin$ en sont les négations. Ces notations, de même que toutes les notations et définitions de ce mémoire, sont conformes à l'usage de N. Bourbaki et de ses collaborateurs.

un sous-ensemble $V_\alpha(p)$ de E, qui sera dit *le voisinage de p d'indice* α, et si les axiomes que voici sont satisfaits :

(U_I) *Quels que soient p et l'indice* α, *on a* $p \in V_\alpha(p)$; *quels que soient p, q distincts dans* E, *il y a un indice* α *tel que* $q \notin V_\alpha(p)$.

(U_{II}) *Quels que soient les indices* α, β, *il y a un indice* γ *tel que* $V_\gamma(p) \subset V_\alpha(p) \cap V_\beta(p)$ *quel que soit p.*

(U_{III}) *A tout indice* α *on peut faire correspondre un indice* β *tel que les deux relations* $p \in V_\beta(r)$, $q \in V_\beta(r)$ *entraînent* $q \in V_\alpha(p)$.

D'après (U_{III}), on peut, à l'indice β, faire correspondre γ tel que les relations $r \in V_\gamma(s)$, $p \in V_\gamma(s)$ entraînent $p \in V_\beta(r)$; en particulier, pour $s = p$, on voit qu'alors $r \in V_\gamma(p)$ entraîne $p \in V_\beta(r)$. Si donc α et β sont choisis comme dans (U_{III}) et γ comme on vient de le dire, les relations $r \in V_\gamma(p)$, $q \in V_\beta(r)$ entraîneront $q \in V_\alpha(p)$: autrement dit, quel que soit r dans $V_\gamma(p)$, on aura $V_\beta(r) \subset V_\alpha(p)$. Les $V_\alpha(p)$ satisfont donc à l'axiome (V_I), et évidemment à tous les autres axiomes (V), de sorte qu'ils définissent une topologie dans E.

Il est utile d'exprimer autrement les définitions ci-dessus, en se servant des notations de la théorie des correspondances. Soit $E^2 = E \times E$ le produit de E par lui-même, c'est-à-dire l'ensemble des couples (p, q) de deux éléments de E ; les éléments (p, q) et (q, p) sont considérés comme distincts si $p \neq q$. Tout sous-ensemble C de E^2 définit une correspondance entre éléments de E : C étant donné, on fera correspondre à tout élément p de E tous les éléments q de E tels que (p, q) soit dans C ; l'ensemble de ces éléments q sera noté $C(p)$, et plus généralement, si A est un sous-ensemble quelconque de E, l'ensemble des points q qui correspondent aux points p de A sera noté C(A) : c'est la réunion des $C(p)$ quand p décrit A. Nous noterons par Δ l'ensemble de tous les éléments (p, p) de E^2 (éléments « diagonaux ») : il définit la transformation identique. Si C et D sont deux sous-ensembles de E^2, nous désignerons par CD l'ensemble tel que l'on ait, quel que soit p, $CD(p) = C[D(p)]$, c'est-à-dire l'ensemble de tous les éléments (p, r) de E^2 tels qu'on puisse choisir q dans E de façon à avoir à la fois $(p, q) \in C$ et $(q, r) \in D$: c'est la règle habituelle pour le produit de deux correspondances, et ce produit est associatif ; Δ joue, par rapport à ce produit, le rôle d'un élément unité : on a toujours $C\Delta = \Delta C = C$; de plus, si $C \subset C'$, $D \subset D'$, on a $CD \subset C'D'$. Le transformé de C dans la transformation de E^2 en lui-même qui, à tout élément (p, q), fait correspondre l'élément (q, p) sera désigné par $\overset{-1}{C}$; si $F = CD$, on a $\overset{-1}{F} = \overset{-1}{D}\overset{-1}{C}$.

Nous pouvons maintenant désigner par V_α l'ensemble des éléments (p, q) de E^2 tels que $q \in V_\alpha(p)$: car avec cette notation, l'ensemble $V_\alpha(p)$, au sens de la théorie des correspondances, n'est pas autre chose que le voisinage $V_\alpha(p)$ dont on est parti. Au lieu de se donner le système des voisinages $V_\alpha(p)$ dans E, il revient évidemment au même de se donner la famille des ensembles V_α dans E^2 ; ceux-ci doivent satisfaire aux axiomes que voici, respectivement équivalents aux axiomes (U) :

(U'_I) *On a* $\bigcap_\alpha V_\alpha = \Delta$.

(U'_{II}) *Quels que soient* α, β, *il y a* γ *tel que* $V_\gamma \subset V_\alpha \cap V_\beta$.

(U'_{III}) *A tout* α *on peut faire correspondre* β *tel que* $V_\beta \overset{-1}{V_\beta} \subset V_\alpha$.

Tout sous-ensemble W de E^2 contenant l'un des V_α sera appelé un *entourage* de Δ dans E^2 ; on dira qu'une propriété des couples (p, q) est vérifiée dès que p, q sont suffisamment voisins l'un de l'autre si l'ensemble des couples (p, q) qui possèdent cette propriété constitue un entourage de Δ dans E^2 ; si W et W′ sont de tels entourages, $W \cap W'$, ainsi que $\overset{-1}{W}$, en est un aussi. La famille de tous les entourages de Δ dans E^2 ne change pas si on remplace la famille des V_α par une famille d'ensembles V'_λ telle que tout V_α contienne un V'_λ et que tout V'_λ contienne un V_α : quand il en sera ainsi, on dira que les familles V_α, V'_λ sont *équivalentes* et qu'elles définissent dans E une même *structure uniforme* ; un espace E où a été définie, au moyen d'une telle famille V_α, une structure uniforme, sera appelé un *espace uniforme* : une structure uniforme, donnée dans un espace E, implique dans cet espace une structure topologique bien déterminée, celle qui est définie par les voisinages $V_\alpha(p)$. D'après la définition connue des produits topologiques, E^2 possède alors aussi une structure topologique bien déterminée.

D'après (U'_{III}), on peut, à tout α, faire correspondre β tel que $\overset{-1}{V_\beta} \subset V_\alpha$, et par suite aussi $V_\beta \subset \overset{-1}{V_\alpha}$: les deux familles V_α, $\overset{-1}{V_\alpha}$ sont donc équivalentes ; en particulier, l'ensemble $\overset{-1}{V_\alpha}(p)$ des ponits q

tels que $p \in V_\alpha(q)$ est un voisinage de p, et les $\overset{-1}{V}_\alpha(p)$ forment un système fondamental de voisinages de p. La famille $V'_\alpha = V_\alpha \cap \overset{-1}{V}_\alpha$ est aussi équivalente à la famille V_α ; on a d'ailleurs $V'_\alpha = \overset{-1}{V'_\alpha}$; on pourra donc supposer, chaque fois que ce sera commode, que la structure de E est définie par des V_α satisfaisant à la condition $V_\alpha = \overset{-1}{V}_\alpha$ (ensembles « symétriques par rapport à Δ »).

Soit maintenant M un sous-ensemble de E^2, et considérons l'ensemble $M'_{\alpha\beta} = V_\beta M \overset{-1}{V}_\alpha$. Si d'abord M se réduit à un seul point (a, b), $M'_{\alpha\beta}$ est l'ensemble des points (p, q) tels que $p \in V_\alpha(a)$, $q \in V_\beta(b)$: c'est donc un voisinage de (a, b), et les $M'_{\alpha\beta}$ forment, quand on donne à α, β toutes les valeurs possibles, un système fondamental de voisinages de (a, b). Il s'ensuit que si M est quelconque, $M'_{\alpha\beta}$ contient un voisinage de chacun des points de M, donc un ensemble ouvert contenant M. D'autre part, pour qu'un point (p, q) appartienne à la fermeture $\overline{M}$ de M, il faut et il suffit qu'il y ait, quels que soient α, β, un point (a, b) de M tel que $a \in \overset{-1}{V}_\alpha(p)$, $b \in \overset{-1}{V}_\beta(q)$, c'est-à-dire tel que $p \in V_\alpha(a)$, $q \in V_\beta(b)$: mais s'il en est ainsi on a $(p, q) \in M'_{\alpha\beta}$, et réciproquement, et par conséquent $\overline{M} = \bigcap_{\alpha,\beta} M'_{\alpha\beta}$. On voit de même, si A est un sous-ensemble quelconque de E, que $V_\alpha(A)$ contient un ensemble ouvert contenant A, et que $\overline{A} = \bigcap_\alpha V_\alpha(A)$.

De là résulte, par exemple, qu'on peut toujours remplacer la famille V_α par une famille équivalente composée, soit d'ensembles fermés, soit d'ensembles ouverts. On déduit facilement, en effet, des axiomes (U′), qu'à tout α on peut faire correspondre un β tel que $V_\beta V_\beta \overset{-1}{V}_\beta \subset V_\alpha$: on a alors, d'après ce qui précède, $V_\beta \subset \overline{V}_\beta \subset V_\alpha$, et par suite les familles V_α et $\overline{V}_\alpha$ sont équivalentes. De même, si Ω_α désigne le plus grand ensemble ouvert contenu dans V_α (c'est-à-dire l'ensemble des points intérieurs de V_α), on a

$$V_\beta \subset \Omega_\alpha \subset V_\alpha,$$

de sorte que les familles V_α, Ω_α sont équivalentes.

L'exemple le plus connu d'une structure uniforme est fourni par les espaces métriques : E étant un tel espace, où est donnée une distance $\delta(p, q)$ satisfaisant aux axiomes habituels, soit α un nombre positif quelconque : on désignera par V_α l'ensemble des points (p, q) de E^2 tels que $\delta(p, q) < \alpha$; $V_\alpha(p)$ sera donc la sphère de centre p et de rayon α ; tous les axiomes (U') sont satisfaits ; en particulier, on a $V_\alpha V_\beta \subset V_{\alpha+\beta}$ d'après l'inégalité du triangle. Si d'ailleurs les ε_ν forment une suite de nombres positifs tendant vers O, les V_{ε_ν} forment une famille équivalente à la famille de tous les V_α : c'est dans ce fait qu'il faut chercher la raison du rôle joué par les hypothèses de dénombrabilité dans la théorie des espaces métrisables.

Un exemple, plus intéressant pour nous, de structure uniforme, est fourni par les groupes topologiques. Par un groupe topologique, j'entends un groupe G où est définie une topologie satisfaisant aux axiomes (O), et telle que la fonction $\Phi(x, y) = yx^{-1}$ soit une fonction continue de (x, y) dans G^2. Suivant l'usage, si A et B sont deux sous-ensembles d'un groupe G, je désigne par AB l'ensemble de tous les produits d'un élément de A par un élément de B ; si B se réduit à un seul élément x, le même ensemble sera noté Ax ; de plus, le transformé de A dans la transformation $(x \rightarrow x^{-1})$ sera noté $\overset{-1}{A}$. Si alors, dans un groupe topologique, on considère un système fondamental V_α de voisinages de l'élément unité e, et qu'on pose $V'_\alpha(x) = V_\alpha x$, les $V'_\alpha(x)$ forment dans G un système uniforme de voisinages, satisfaisant aux axiomes (U) : car (U_I), (U_{II}) résultent des axiomes topologiques généraux, et (U_{III}) équivaut à la continuité de la fonction $\Phi(x, y)$ au point (e, e) ; tout groupe topologique peut donc être considéré comme espace uniforme.

Il est utile d'observer que le calcul sur les sous-ensembles d'un groupe G peut être considéré comme un cas particulier du calcul défini plus haut pour les correspondances, c'est-à-dire pour les sous-ensembles d'un ensemble $E^2 = E \times E$. Faisons en effet correspondre à tout sous-ensemble A de G son *image inverse* $A' = \overset{-1}{\Phi}(A)$ dans G^2 au moyen de Φ, c'est-à-dire l'ensemble des éléments (x, y) de G^2 tels que $yx^{-1} \in A$: on vérifie facilement que si, dans G, $C = AB$, on a $C' = A'B'$ dans G^2, et réciproquement ; que si $D = \overset{-1}{A}$ dans G, on a $D' = \overset{-1}{A'}$ dans G^2, et réciproquement ; que $Ax = A'(x)$, et en général $AB = A'(B)$. Évidemment aussi $\Delta = \overset{-1}{\Phi}(e)$.

Ce qui précède nous permet, en vue d'applications ultérieures, de mettre les axiomes des groupes topologiques sous la forme suivante. Un groupe G sera dit un groupe topologique si l'on s'y est donné un système d'ensembles V_α, satisfaisant aux axiomes suivants :

(G_I) *On a* $\bigcap_\alpha V_\alpha = e$.

(G_{II}) *Quels que soient* α, β, *il y a* γ *tel que* $V_\gamma \subset V_\alpha \cap V_\beta$.

(G_{III}) *A tout* α *on peut faire correspondre un* β *tel que* $V_\beta \overset{-1}{V}_\beta \subset V_\alpha$.

(G_{IV}) *A tout* α *et à tout* x *dans* G *on peut faire correspondre un* β *tel que* $V_\beta \subset x^{-1}V_\alpha x$.

Les trois premiers, en effet, expriment que les $V'_\alpha = \overset{-1}{\Phi}(V_\alpha)$ satisfont aux axiomes (U') ; en même temps, (G_{III}) entraîne que $\Phi(x, y)$ est continue au point (e, e). Cela étant, pour que Φ soit continue au point (a, b), il faut et il suffit qu'on puisse trouver β, γ tels que $x \in V_\beta a$, $y \in V_\gamma b$ entraînent $yx^{-1} \in V_\alpha ba^{-1}$, c'est-à-dire tels que $V_\gamma ba^{-1}\overset{-1}{V}_\beta \subset V_\alpha ba^{-1}$, ou en posant $c = ba^{-1}$, $V_\gamma c\overset{-1}{V}_\beta \subset V_\alpha c$: s'il en est ainsi, on aura *a fortiori* $c\overset{-1}{V}_\beta \subset V_\alpha c$, donc $\overset{-1}{V}_\beta \subset c^{-1}V_\alpha c$, et, si δ est pris tel que $V_\delta \subset \overset{-1}{V}_\beta$, $V_\delta \subset c^{-1}V_\alpha c$, de sorte que ($G_{IV}$) est satisfait ; et réciproquement, soit γ tel que $V_\gamma\overset{-1}{V}_\gamma \subset V_\alpha$, β tel que $V_\beta \subset c^{-1}V_\gamma c$, on aura $\overset{-1}{V}_\beta \subset c^{-1}\overset{-1}{V}_\gamma c$, et $V_\gamma c\overset{-1}{V}_\beta \subset V_\gamma\overset{-1}{V}_\gamma c \subset V_\alpha c$.

Des espaces uniformes définis, par exemple, au moyen d'une métrique ou d'une structure de groupe topologique, on peut en déduire d'autres par les procédés suivants. Tout d'abord, si E est un espace uniforme, défini par une famille V_α dans E^2 satisfaisant aux axiomes (U'), et si A est un sous-ensemble quelconque de E, les ensembles $V_\alpha \cap (A \times A)$ forment dans $A^2 = A \times A$ une famille qui satisfait aux axiomes (U') ; et celle-ci est remplacée par une famille équivalente si on remplace la famille V_α par une autre équivalente : on définit donc ainsi sur A une structure uniforme bien déterminée, qu'on dira *induite* sur A par celle de E. En second lieu, soient E_i des ensembles quelconques, en nombre fini ou non, et $E = \prod_i E_i$ leur produit direct ; on peut évidemment considérer $E^2 = E \times E$ comme le produit direct des E_i^2 ; supposons qu'on ait défini dans chacun des E_i une structure uniforme au moyen d'une famille d'entourages de l'ensemble Δ_i des éléments diagonaux de E_i^2 ; choisissons, de toutes les manières possibles, des indices $i_1, i_2, \ldots, i_n$ en nombre fini, et, dans chacun des $E_{i_\nu}^2$ correspondant à ces indices, un entourage V_ν de Δ_{i_ν} (au sens de la structure uniforme donnée dans E_{i_ν}) ; soit V l'ensemble des points de E^2 dont la projection sur $E_{i_\nu}^2$ est dans V_ν pour $\nu = 1, 2, \ldots n$: les ensembles V forment dans E^2 une famille qui satisfait aux axiomes (U′), comme on le vérifie facilement : la structure uniforme ainsi définie dans E sera appelée le produit des structures qu'on s'était données dans les E_i. On vérifie facilement aussi que la topologie déterminée dans E par la structure uniforme ainsi obtenue est la même que celle qu'on obtient en considérant E comme produit topologique des E_i ; et, de même, que si un groupe G est le produit direct de groupes topologiques G_i (en nombre fini ou infini), la structure uniforme de G, en tant que groupe topologique, telle que nous l'avons définie précédemment, n'est autre que le produit des structures uniformes des G_i.

Un cas particulier intéressant est celui du tore à un nombre quelconque (fini ou non, dénombrable ou non) de dimensions ; on appellera tore à l dimensions, l étant un cardinal quelconque, et on désignera par T_l, le produit direct de l groupes isomorphes au groupe additif des nombres réels modulo 1 ; autrement dit, Λ étant un ensemble de puissance l, T_l sera le groupe additif des fonctions $x(\lambda)$, définies dans Λ et prenant leurs valeurs dans l'ensemble des nombres réels modulo 1. On sait (¹) que T_l est *compact*, et que tout espace compact, et plus généralement tout espace complètement régulier est homéomorphe à un sous-ensemble d'un T_l. D'autre part, d'après ce qui précède, on peut attribuer à tout T_l et à tout sous-ensemble d'un T_l une structure uniforme.

(¹) A. Tychonoff, *Ueber die topologische Erweiterung von Räumen*, Math. Ann. t. 102 (1930), p. 544-561.

2. Théorie générale des espaces uniformes. — THÉORÈME I. — *Tout espace uniforme est complètement régulier.*

Rappelons qu'un espace est dit complètement régulier si l'on peut, à tout point p de cet espace et à tout voisinage V de p, faire correspondre une fonction à valeurs réelles $\geqslant 0$, définie et continue dans tout l'espace, prenant la valeur O en p et la valeur 1 en dehors de V.

La démonstration qu'on va lire de ce théorème est identique à celle qui en a été donnée pour les groupes topologiques par Pontrjagin [1]. Un point p et un voisinage $V(p)$ de ce point étant donnés dans E, on pourra, d'après les axiomes (U′) et les remarques du § 1, définir de proche en proche une suite d'entourages V_ν de Δ dans E^2 telle que l'on ait

$$V_0(p) \subset V(p), \qquad \overset{-1}{V_\nu} = V_\nu,$$
$$V_{\nu+1}V_{\nu+1} \subset V_\nu \quad (\nu = 0, 1, 2, \cdots).$$

Soit $\tau = \sum_{\nu=0}^{r} \varepsilon_\nu / 2^\nu$ une fraction dyadique finie, $0 \leqslant \tau \leqslant 1$, chacun des « chiffres » ε_ν étant égal à 0 ou 1 ; posons en général, quel que soit V dans E^2, $V^\varepsilon = \Delta$ si $\varepsilon = 0$, $V^\varepsilon = V$ si $\varepsilon = 1$; alors, faisons correspondre à τ l'ensemble $U_\tau = V_r^{\varepsilon_r} V_{r-1}^{\varepsilon_{r-1}} \cdots V_1^{\varepsilon_1} V_0^{\varepsilon_0}$; en d'autres termes, on aura $U_0 = \Delta$, et, si $\tau = \sum_{\nu=1}^{s} 2^{-n_\nu}$ et $n_1 < n_2 < \ldots < n_s$,

$$U_\tau = V_{n_s} V_{n_{s-1}} \cdots V_{n_2} V_{n_1}.$$

Si $\tau = k/2^m$, $\tau' = (k+1)/2^m$, k étant entier, on aura $U_{\tau'} \supset V_m U_\tau$: il en est bien ainsi, en effet, pour $m = 0$, de sorte que nous pouvons procéder par récurrence sur m ; c'est évident aussi lorsque k est pair, car alors on a même $U_{\tau'} = V_m U_\tau$, par définition ; soit donc $k = 2h + 1$, et $\tau'' = h/2^{m-1}$; le théorème étant supposé vrai pour $m - 1$, on a $U_{\tau'} \supset V_{m-1} U_{\tau''}$, donc (puisque $V_m V_m \subset V_{m-1}$)

---

(1) Dans une lettre (inédite) à l'auteur, du 24 novembre 1936. Cf. aussi S. KAKUTANI, *Ueber die Metrisation der topologischen Gruppen*, Proc. Imp. Acad. Tokyo, vol. 12, p. 82 (Avril 1936), où apparaît la même idée, et dont je suis le mode d'exposition.

$U_{\tau'} \supset V_m V_m U_{\tau''}$; mais $U_\tau = V_m U_{\tau''}$, de sorte qu'on a bien $U_{\tau'} \supset V_m U_\tau$. Il s'ensuit en particulier que l'on a $U_\tau \subset U_{\tau'}$ chaque fois que $\tau \leqslant \tau'$.

Soit alors q un point de E ; soit $f(q)$, pour $q \neq p$, la borne supérieure des valeurs de τ telles que $q \notin U_\tau(p)$; et soit $f(p) = 0$. Si q est en dehors de $V(p)$, il est *a fortiori* en dehors de $V_0(p) = U_1(p)$, donc $f(q) = 1$. Cette fonction est continue : soit en effet $\tau = k/2^m$, k étant entier, et $\tau' = (k+1)/2^m$; si $f(q) < \tau$ on a $q \in U_\tau(p)$; si de plus $r \in V_m(q)$, on aura $r \in V_m U_\tau(p) \subset U_{\tau'}(p)$, donc $f(r) \leqslant \tau'$; on voit de même que si $f(r) < \tau$ et $q \in V_m(r)$, $f(q) \leqslant \tau'$. Puisque $\overset{-1}{V}_m = V_m$, cela revient à dire que si $(q, r) \in V_m$, l'intervalle formé par $f(q)$, $f(r)$ ne peut contenir à son intérieur un intervalle tel que (τ, τ'), et par conséquent, à plus forte raison, que l'on a alors $|f(r) - f(q)| < 2^{-m+1}$: d'où résulte bien la continuité de f.

On voit même que la fonction $f(q)$ est *uniformément continue* si l'on définit cette notion, comme il est naturel à présent, de la manière suivante :

Soient E, E′ deux espaces uniformes, dont les structures soient définies par deux familles V_α, V'_λ dans E^2 et E'^2 respectivement ; une fonction $p' = f(p)$, définie dans E, prenant ses valeurs dans E′, sera dite *uniformément continue* dans E si, à tout indice λ, on peut faire correspondre un α de façon que $(p, q) \in V_\alpha$ entraîne $(p', q') \in V'_\lambda$.

On peut, en modifiant légèrement la définition de la fonction de Pontrjagin, la remplacer par une fonction continue à la fois par rapport à p et q. Soit Σ une suite d'entourages $V_0, V_1, \ldots$ de Δ dans E^2, satisfaisant toujours aux conditions

$$\overset{-1}{V}_\nu = V_\nu, \qquad V_{\nu+1} V_{\nu+1} \subset V_\nu ;$$

définissons U_τ comme plus haut. Soit alors $F_\Sigma(p, q)$ la borne supérieure des valeurs de τ telles que $(p, q) \notin U_\tau \overset{-1}{U}_\tau$ si $p \neq q$; et soit $F_\Sigma(p, p) = 0$. On vérifie comme plus haut que si $r \in V_m(p)$ et $s \in V_m(q)$, on a $| F_\Sigma(r, s) - F_\Sigma(p, q)) | < 2^{-m+1}$: F est donc une fonction uniformément continue de (p, q) dans E^2 (E^2 est un espace uniforme, en tant que produit $E \times E$). De plus, F est symétrique, c'est-à-dire que $F_\Sigma(p, q) = F_\Sigma(q, p)$; et si $F_\Sigma(p, q) < 2^{-m-1}$, on a $(p, q) \in V_{m+1} \overset{-1}{V}_{m+1} \subset V_m$.

De là on peut déduire que tout espace uniforme est isomorphe (au sens de la structure uniforme) à un sous-ensemble d'un produit d'espaces métriques. Soit en effet Σ_λ une famille de suites Σ d'entourages de Δ dans E^2, ayant les propriétés énoncées plus haut; et supposons cette famille telle que tout entourage de Δ dans E^2 contienne l'un des termes de l'une des suites Σ_λ (ou en d'autres termes, que l'ensemble des termes des suites Σ_λ forme une famille d'entourages de Δ, équivalente à celle qui définit la structure uniforme de E) ; posons $F_{\Sigma_\lambda}(p, q) = \varphi_p^{(\lambda)}(q)$. Désignons, quel que soit λ, par $\mathcal{E}_\lambda$ l'espace des fonctions $f(q)$ à valeurs réelles, définies, continues et bornées dans E, cet espace étant considéré comme espace métrique (et par conséquent uniforme) avec la définition habituelle de la distance : $\delta(f, g)$ est la borne supérieure de $|f(q) - g(q)|$ dans E ; le produit $\mathcal{E} = \prod_\lambda \mathcal{E}_\lambda$ sera un espace uniforme. A tout point p de E correspond alors un point de $\mathcal{E}$ bien déterminé, à savoir celui dont la projection sur $\mathcal{E}_\lambda$ est $\varphi_p^{(\lambda)}(q)$ quel que soit λ. Cette correspondance est biunivoque, car si $r \neq p$ il y a un voisinage $V(p)$ de p tel que $r \notin V(p)$, donc un indice λ et un entier m tels que $F_{\Sigma_\lambda}(p, r) \geqslant 2^{-m}$, donc $\varphi_p^{(\lambda)}(r) > 0$, et par suite, puisque $\varphi_r^{(\lambda)}(r) = 0$, $\varphi_p^{(\lambda)} \neq \varphi_r^{(\lambda)}$. Et la correspondance est uniformément continue dans les deux sens (et par conséquent conserve la structure uniforme) : car si V est un entourage de Δ dans E^2, l'un des termes V_m de l'une des suites Σ_λ sera contenu dans V, et alors l'inégalité $|\varphi_p^{(\lambda)} - \varphi_r^{(\lambda)}| < 2^{-m-1}$ entraîne

$$| F_{\Sigma_\lambda}(p, q) - F_{\Sigma_\lambda}(r, q) | < 2^{-m-1}$$

quel que soit q, donc, pour $q = r$, $F_{\Sigma_\lambda}(p, r) < 2^{-m-1}$, d'où $(p, r) \in V_m \subset V$; inversement, si $\lambda_1, \lambda_2, \ldots, \lambda_n$ sont des indices λ en nombre fini, et si V est un entourage de Δ dans E^2 qui soit contenu dans le $(m+1)^{\text{ième}}$ terme de chacune des suites Σ_{λ_i}, on aura, si $(p, r) \in V$, $|\varphi_p^{(\lambda_i)} - \varphi_r^{(\lambda_i)}| < 2^{-m}$ pour $i = 1, 2\ldots, n$. En particulier, si la famille de suites Σ_λ comprend *une seule suite* Σ, E est isomorphe à un espace métrique ; mais on pourra évidemment trouver une telle suite Σ d'entourages V_ν de Δ chaque fois que la structure uniforme de E peut être définie au moyen d'une famille *dénombrable* d'entourages de Δ dans E^2 ; comme il en est ainsi, en particulier, pour tout espace métrique, nous avons le résultat suivant :

Pour qu'un espace uniforme E, *défini par une famille d'entourages* V_α *de* Δ *dans* E^2, *soit isomorphe (au sens de la structure uniforme) à un espace métrique, il faut et il suffit que la famille* V_α *soit dénombrable ou équivalente à une famille dénombrable.*

Le théorème I admet une sorte de réciproque, en ce sens que tout espace topologique complètement régulier E est susceptible de recevoir une structure uniforme : c'est ce qu'on a vu au § 1, une structure uniforme de E étant définie si l'on plonge E dans un tore T_I à un nombre convenable de dimensions. Mais on peut procéder autrement : nous allons montrer, en effet, que *tout espace topologique complètement régulier* E *possède une structure uniforme et une seule telle que toute fonction continue sur* E, *prenant ses valeurs dans un espace uniforme* U, *soit uniformément continue.* Puisque U, d'après ce qui précède, peut être considéré comme un sous-ensemble d'un produit d'espaces métriques, la condition imposée à la structure de E sera satisfaite si elle l'est pour toute fonction $f(p)$ prenant ses valeurs dans un espace métrique ; $f(p)$ étant une telle fonction, et δ la distance dans l'espace où elle prend ses valeurs, posons

$$\delta[f(p), f(q)] = F(p, q), \qquad \text{d'où} \qquad F(p, q) \leqslant F(p, r) + F(q, r) ;$$

$f(p)$ sera uniformément continue si, quel que soit $\varepsilon > 0$, on peut trouver α tel que $(p, q) \in V_\alpha$ entraîne $F(p, q) < \varepsilon$. Définissons alors sur E la structure uniforme suivante : considérons sur E^2 *toutes* les fonctions continues $F(p, q) \geqslant 0$, satisfaisant aux conditions $F(p, p) = 0$, $F(p, q) = F(q, p)$, $F(p, q) \leqslant F(p, r) + F(q, r)$, c'est-à-dire en somme aux axiomes de la distance (à l'exception de l'axiome $F(p, q) \neq 0$ si $p \neq q$) ; alors on prendra pour ensemble V_α, dans E^2, tout ensemble qu'on puisse définir au moyen d'un nombre fini de fonctions $F_i(p, q)$ et de nombres $\alpha_i > 0$ comme ensemble des points (p, q) satisfaisant aux inégalités $F_i(p, q) < \alpha_i$. Les V_α satisfont aux axiomes (U') : le seul point qu'il convienne de vérifier est que $\bigcap_\alpha V_\alpha = \Delta$; or, si $p \neq q$, il y aura (E étant complètement régulier) une fonction continue égale à 0 en p, à 1 en q ; alors, en posant $F(p, q) = |f(p) - f(q)|$, le point (p, q) ne sera pas dans l'ensemble V_α défini par $F(p, q) < 1$. De plus, d'après ce qui précède toute fonction continue sur E est bien uniformément continue pour la structure ainsi définie. Enfin, s'il y avait deux telles structures, la transformation identique de E en lui-même serait uniformément continue par rapport à toutes les deux, et celles-ci seraient bien identiques.

Les résultats qui précèdent permettent, si l'on veut, de déduire de la théorie des espaces métriques celle des espaces uniformes. Mais il paraît plus intéressant d'exposer celle-ci directement, et de retrouver ainsi, comme cas particulier, la théorie des espaces métriques ; c'est ce que nous allons faire à présent, en définissant d'abord la notion d'espace uniforme *complet*.

On dira qu'une famille d'ensembles C, dans un espace uniforme, est une *famille de Cauchy* si 1° l'intersection d'ensembles $C_1, C_2, \ldots, C_n$ de la famille, en nombre fini, n'est jamais vide, et si 2° à tout α correspond au moins un ensemble C de la famille tel que l'on ait $(p, q) \in V_\alpha$ quels que soient p et q dans C (1).

En désignant par $A \times B$ le sous-ensemble de E^2 formé de tous les points (a, b) tels que $a \in A$ et $b \in B$, la deuxième condition s'écrit $C \times C \subset V_\alpha$; on peut l'exprimer aussi en disant que $C \subset V_\alpha(p)$ quel que soit p dans C ; il en résulte, puisque tout ensemble C_1 de la famille a au moins un point p commun avec C, que $C \subset V_\alpha(C_1)$ quel que soit C_1 dans la famille.

On dira que deux familles de Cauchy C, D sont *équivalentes* si les réunions $C \cup D$ d'un ensemble C et d'un ensemble D forment une famille de Cauchy ; cette relation est évidemment symétrique. La famille $C \cup D$ satisfaisant toujours à la première condition ci-dessus, ce sera une famille de Cauchy si la seconde est remplie, c'est-à-dire si l'on peut, à tout α, faire correspondre C, D de façon que $C \cup D \subset V_\alpha(p)$ quel que soit p dans $C \cup D$; mais, comme tout ensemble D_1 de la seconde famille a au moins un point p commun avec D, on aura alors $C \subset V_\alpha(D_1)$. Réciproquement, supposons qu'on puisse, quels que soient D et α, trouver C tel que $C \subset V_\alpha(D)$: alors les deux familles sont équivalentes ; car, α étant donné, il y a β tel que $V_\beta V_\beta \overset{-1}{V}_\beta \subset V_\alpha$; soient alors D tel que $D \times D \subset V_\beta$, et C tel que $C \subset V_\beta(D)$, donc aussi $C \cup D \subset V_\beta(D)$, et

$$(C \cup D) \times (C \cup D) \subset V_\beta(D) \times V_\beta(D) :$$

(1) La première condition exprime que la famille C est une *base de filtre* au sens de H. Cartan (*loc. cit.*, p. 4, note (1)).

mais ce dernier ensemble est contenu, comme on le vérifie aussitôt, dans $V_\beta V_\beta \overset{-1}{V}_\beta \subset V_\alpha$, ce qui démontre la proposition : *pour que les familles* C, D *soient équivalentes, il faut et il suffit qu'on puisse, quels que soient* D *et* α, *choisir* C *tel que* $C \subset V_\alpha(D)$. Il en résulte en particulier que la relation d'équivalence est transitive : car si les familles C et C′ d'une part, C′ et C″ de l'autre, sont équivalentes, on pourra, quels que soient C″ et α, choisir β tel que $V_\beta V_\beta \subset V_\alpha$, puis C′ tel que $C' \subset V_\beta(C'')$ et C tel que $C \subset V_\beta(C')$, d'où $C \subset V_\alpha(C'')$. On voit aussi que si les C forment une famille de Cauchy, les ensembles $V_\alpha(C)$ d'une part, les ensembles $\overline{C}$ de l'autre, forment des familles de Cauchy équivalentes à C. Voici encore une autre forme de la condition d'équivalence : *pour que les familles de Cauchy* C, D *soient équivalentes, il faut et il suffit qu'on puisse faire correspondre, à tout* α, *un ensemble* C *et un ensemble* D *tels que* $C \times D \subset V_\alpha$; c'est suffisant, car on aura alors $D \subset V_\alpha(p)$ quel que soit p dans C, donc, puisque tout ensemble C_1 de la première famille a au moins un point p commun avec C, $D \subset V_\alpha(C_1)$ quel que soit C_1 ; réciproquement, les deux familles étant équivalentes, soient α quelconque, β tel que $V_\beta V_\beta \subset V_\alpha$, C tel que $C \times C \subset V_\beta$, et D tel que $D \subset V_\beta(C)$: quel que soit p dans C on aura $C \subset V_\beta(p)$, d'où $D \subset V_\beta V_\beta(p) \subset V_\alpha(p)$, donc $C \times D \subset V_\alpha$.

Une famille réduite à un seul point p est évidemment une famille de Cauchy ; pour qu'une famille C soit équivalente à la famille réduite au point p, il faut et il suffit qu'à tout α on puisse faire correspondre un C tel que $C \subset V_\alpha(p)$; ou bien encore, que l'on ait $p \in V_\alpha(C)$ quels que soient C et α. Mais $\overline{C} = \bigcap_\alpha V_\alpha(C)$; donc, *pour que la famille* C *soit équivalente au point* p, *il faut et il suffit que* p *appartienne à tous les* $\overline{C}$; on dira alors que la famille est *convergente.* Comme deux points distincts ne peuvent évidemment constituer deux familles équivalentes, une famille convergente C est équivalente à un point p et un seul. Observons que si les ensembles C d'une famille de Cauchy sont contenus dans un même ensemble compact, la famille est sûrement convergente : car alors l'intersection des $\overline{C}$ ne peut être vide.

Nous dirons alors qu'un espace uniforme est *complet* si toute famille de Cauchy y est convergente. Il résulte des remarques ci-dessus qu'un espace uniforme est certainement complet s'il est compact, ou bien s'il y a un α tel que $V_\alpha(p)$ soit compact quel que soit p.

Soient E un espace uniforme, A un sous-ensemble de E auquel nous attribuons la structure uniforme induite par celle de E. Une famille C de sous-ensembles de A sera une famille de Cauchy au sens de la structure de A si c'en est une au sens de E, et réciproquement ; deux familles de Cauchy dans A seront équivalentes dans A si elles le sont dans E, et réciproquement. En particulier, pour qu'une famille de Cauchy C dans A, équivalente dans E à un point p, soit convergente dans A, il faut et il suffit que p appartienne à A ; mais p appartient à tous les $\overline{C}$, donc en tout cas à $\overline{A}$; de sorte que si E est complet, et A fermé, A est complet. Réciproquement, soit p un point de $\overline{A}$: les ensembles $A \cap V_\alpha(p)$ forment une famille de Cauchy dans A, équivalente à p dans E, qui ne peut être convergente dans A que si p appartient à A. Par suite, *pour qu'un sous-ensemble* A *d'un espace uniforme* E *soit complet, il faut qu'il soit fermé* ; *et c'est suffisant si* E *est complet.* On voit en même temps que si E est complet, il y a correspondance biunivoque entre les points de $\overline{A}$ et les classes de familles de Cauchy équivalentes dans A.

On voit apparaître ainsi la possibilité de *compléter* un espace uniforme A, s'il n'est déjà complet ; cette possibilité trouve son expression dans le théorème suivant :

Théorème II. — *A tout espace uniforme* A, *on peut associer, d'une manière et essentiellement d'une seule, un espace complet* $\overline{A}$ *tel que* A *soit isomorphe à un sous-ensemble partout dense de* $\overline{A}$.

Nous savons déjà, en effet, que si un tel espace $\overline{A}$ existe, ses points seront en correspondance biunivoque avec les classes de familles de Cauchy équivalentes dans A ; désignons donc par $\overline{A}$ l'ensemble de ces classes, de sorte qu'à chacune d'elles corresponde un élément p de $\overline{A}$; en particulier, à la classe des familles équivalentes à un point a de A correspondra un élément de $\overline{A}$ qui sera encore noté a. Soient p, q deux éléments de $\overline{A}$, définis par deux familles de Cauchy C, D dans A ; nous écrirons $q \in W_\alpha(p)$ si l'on peut trouver un ensemble C, un ensemble D, et deux indices λ, μ tels que l'on ait, dans A^2, $V_\lambda(C) \times V_\mu(D) \subset V_\alpha$: cette propriété est bien indépendante des familles C, D qui définissent p, q, car si on remplace celles-ci par deux familles équivalentes C′, D′, la famille $V_\rho(C')$ sera équivalente à C′, donc à C, et l'on pourra trouver un C′ et un ρ tels que $V_\rho(C') \subset V_\lambda(C)$, et de même un D′ et un σ tels que $V_\sigma(D') \subset V_\mu(D)$, d'où $V_\rho(C') \times V_\sigma(D') \subset V_\alpha$. Les $W_\alpha(p)$ forment dans $\overline{A}$ un système de voisinages qui satisfait à (U_I), en vertu des conditions d'équivalence données plus haut pour les familles de Cauchy, et évidemment aussi à (U_{II}). Quant à (U_{III}), soient α quelconque, et β tel que $V_\beta \overset{-1}{V}_\beta \subset V_\alpha$; soient p, q, r dans $\overline{A}$, définis par les familles de Cauchy C, D, F, et tels que $p \in W_\beta(r)$, $q \in W_\beta(r)$; il y a donc $\lambda, \mu, \rho, \sigma$ tels que $V_\rho(F) \times V_\lambda(C) \subset V_\beta$, $V_\sigma(F) \times V_\mu(D) \subset V_\beta$; par suite, quels que soient a dans $V_\lambda(C)$, b dans $V_\mu(D)$, c dans F, on aura $(c, a) \in V_\beta$ ou $a \in V_\beta(c)$, et $(c, b) \in V_\beta$ ou $b \in V_\beta(c)$, donc $b \in V_\alpha(a)$ ou $(a, b) \in V_\alpha$, et par conséquent $V_\lambda(C) \times V_\mu(D) \subset V_\alpha$, ou $q \in W_\alpha(p)$. Les W_α définissent donc bien une structure uniforme dans $\overline{A}$. De plus, si a, b sont dans A et que $b \in W_\alpha(a)$, on a évidemment, *a fortiori*, $b \in V_\alpha(a)$, c'est-à-dire que $A \cap W_\alpha(a) \subset V_\alpha(a)$; réciproquement, α étant donné, soit β tel que $V_\beta V_\beta \overset{-1}{V}_\beta \subset V_\alpha$: alors, si $b \in V_\beta(a)$ et si $x \in V_\beta(a)$, $y \in V_\beta(b)$, on aura $(x, y) \in V_\beta V_\beta \overset{-1}{V}_\beta \subset V_\alpha$, donc

$$V_\beta(a) \times V_\beta(b) \subset V_\alpha,$$

et par conséquent $b \in V_\beta(a)$ entraîne $b \in W_\alpha(a)$. La structure uniforme, induite sur A par celle de $\overline{A}$, est donc celle même qu'on s'était initialement donnée dans A au moyen des V_α. A est partout dense dans $\overline{A}$, car donnons-nous un indice α et un point p de $\overline{A}$, défini par une famille C ; soient C et λ tels que $V_\lambda(C) \times V_\lambda(C) \subset V_\alpha$: on aura donc, quel que soit a dans C, $V_\lambda(C) \times V_\lambda(a) \subset V_\alpha$, donc $a \in W_\alpha(p)$, et par suite aussi $C \subset W_\alpha(p)$: on voit en même temps que la famille C est équivalente à p dans $\overline{A}$. Enfin $\overline{A}$ est complet ; car soit L une famille de Cauchy dans $\overline{A}$: il suffit, d'après ce qui précède, de montrer qu'elle est équivalente à une famille de Cauchy C dans A ; or, soit $C = A \cap W_\alpha(L)$; des ensembles

$$C_i = A \cap W_{\alpha_i}(L_i),$$

en nombre fini, ont au moins un point commun, car soient p un point commun aux L_i, α tel que $W_\alpha \subset \bigcap_i W_{\alpha_i}$, et a un point de

$A \cap W_\alpha(p)$: a appartiendra à tous les C_i ; il est immédiat, dans ces conditions, que les C forment une famille de Cauchy, équivalente à la famille $W_\alpha(L)$, donc à L.

L'existence de l'espace $\overline{A}$, jouissant des propriétés énoncées dans le théorème II, est ainsi démontrée. Son unicité va apparaître un peu plus loin comme un corollaire du théorème III.

L'importance de l'opération qui consiste à compléter un espace uniforme tient en grande partie à la possibilité de prolonger continûment, à l'espace complet, certaines fonctions continues données sur l'espace initial : par exemple, on engendre, au début de l'analyse, l'ensemble des nombres réels comme espace complet sur le corps des rationnels, et on le définit comme corps en y prolongeant les fonctions somme et produit. Soient en général E un espace uniforme, A un sous-ensemble de E, $f(a)$ une fonction continue, définie sur A, et prenant ses valeurs dans un espace uniforme U que nous pouvons supposer complet (sinon on le remplacerait par l'espace complet $\overline{U}$) ; on dira qu'on peut *prolonger continûment* la fonction f à $\overline{A}$ s'il existe une fonction $\overline{f}(p)$ continue sur $\overline{A}$, prenant ses valeurs dans U, et se réduisant à f sur A. *Pour que f puisse être continûment prolongée à $\overline{A}$, il faut et il suffit que l'image dans* U, *par f, de toute famille de Cauchy dans* A, *convergente dans $\overline{A}$, soit une famille de Cauchy dans* U. C'est nécessaire : car soit C une famille de Cauchy dans A, équivalente à un point p de $\overline{A}$, et soit $u = \overline{f}(p)$; soient $\Omega_\varepsilon(u)$ les voisinages qui définissent la structure uniforme de U ; quel que soit ε, il y aura, puisque $\overline{f}$ est continue en p, un α tel que si $a \in V_\alpha(p)$, $f(a) \in \Omega_\varepsilon(u)$; il y a un C tel que $C \subset V_\alpha(p)$, on a donc $f(C) \subset \Omega_\varepsilon(u)$; comme de plus des ensembles $f(C_i)$ en nombre fini ont évidemment toujours un point commun, on voit que les ensembles $f(C)$ forment une famille de Cauchy équivalente à $u = \overline{f}(p)$, ce qui montre de plus que $\overline{f}(p)$ est entièrement déterminé par les valeurs de f sur A, c'est-à-dire que *le prolongement est unique* s'il existe. Réciproquement, supposons la condition satisfaite, et soit p un point de $\overline{A}$: les $C_\alpha = A \cap V_\alpha(p)$ forment une famille de Cauchy dans A, équivalente à p dans $\overline{A}$, donc les $f(C_\alpha)$ forment une famille de Cauchy dans U, équivalente (puisque U est complet) à un point u de U ; si C' est une autre famille équivalente à p, les $C_\alpha \cup C'$ formeront encore une famille de Cauchy, donc aussi les $f(C_\alpha \cup C') = f(C_\alpha) \cup f(C')$, et par suite les $f(C')$ forment une famille équivalente à $f(C_\alpha)$, donc à u : à tout p de $\overline{A}$ correspond donc ainsi un point u bien déterminé dans U, et l'on peut poser $u = \overline{f}(p)$; si p est dans A, on peut prendre la famille C′ réduite à p, et l'on voit qu'alors $\overline{f} = f$. Donnons-nous maintenant l'indice ε, et soit η tel que $\Omega_\eta\Omega_\eta \subset \Omega_\varepsilon$; soient p, q deux points de $\overline{A}$, $u = \overline{f}(p)$, $v = \overline{f}(q)$, $C_\alpha = A \cap V_\alpha(p)$, $D_\beta = A \cap V_\beta(q)$: puisque $f(C_\alpha)$ est équivalente à u, on peut choisir α de façon que $f(C_\alpha) \subset \Omega_\eta(u)$, puis β de façon que $V_\beta V_\beta \subset V_\alpha$; alors, si $q \in V_\beta(p)$, on a $V_\beta(q) \subset V_\alpha(p)$, $D_\beta \subset C_\alpha$, et $f(D_\beta) \subset \Omega_\eta(u)$: mais, la famille $f(D_\beta)$ étant équivalente à v, on a $v \in \overline{f(D_\beta)} \in \Omega_\eta[f(D_\beta)]$ quel que soit β, donc $v \in \Omega_\eta\Omega_\eta(u) \subset \Omega_\varepsilon(u)$: autrement dit, $q \in V_\beta(p)$ entraîne $v \in \Omega_\varepsilon(u)$, et $\overline{f}$ est bien continue.

Le cas le plus intéressant est celui où f est uniformément continue : alors la condition ci-dessus est évidemment satisfaite. De plus, le prolongement $\overline{f}$ de f est alors uniformément continu sur $\overline{A}$. Pour le voir, montrons que si $E = \overline{A}$, et si une fonction f, donnée sur E, est uniformément continue sur A, elle l'est aussi sur E. Convenons, Ω étant un sous-ensemble quelconque de U^2, de désigner par $\overset{-1}{f}(\Omega)$ l'ensemble des points (p, q) de E^2 tels que $(f(p), f(q)) \in \Omega$; f sera uniformément continue sur E si, à tout ε, on peut faire correspondre α tel que $\overset{-1}{f}(\Omega_\varepsilon) \supset V_\alpha$; d'ailleurs, f étant uniformément continue sur A, on peut, quel que soit ε, choisir α de façon que $V_\alpha \cap (A \times A) \subset \overset{-1}{f}(\Omega_\varepsilon)$. Supposons, comme nous avons le droit de le faire, que les Ω_ε soient fermés dans U^2, et les V_α ouverts dans E^2 ; A étant partout dense dans E, $A \times A$ le sera dans E^2, donc $V'_\alpha = V_\alpha \cap (A \times A)$ le sera dans V_α, et l'on aura $\overline{V'_\alpha} = \overline{V_\alpha}$; Ω_ε étant fermé dans U^2, et f continue, $\overset{-1}{f}(\Omega_\varepsilon)$ sera fermé dans E^2, donc $\overline{V'_\alpha} \subset \overset{-1}{f}(\Omega_\varepsilon)$, et par conséquent $V_\alpha \subset \overset{-1}{f}(\Omega_\varepsilon)$, ce qu'il fallait démontrer. Nous pouvons donc énoncer le théorème suivant :

Théorème III. — *Soient* E *un espace uniforme,* A *un sous-ensemble de* E, $f(a)$ *une fonction, prenant ses valeurs dans un espace uniforme complet* U, *définie et uniformément continue sur* A ; *alors il existe une fonction* $\overline{f}(p)$ *et une seule, définie et continue sur*

$\overline{A}$, *prenant ses valeurs dans* U, *et se réduisant sur* A *à la fonction* f ; *et* $\overline{f}$ *est uniformément continue sur* $\overline{A}$.

Nous pouvons maintenant compléter la démonstration du théorème II ; soient pour cela E, E′ deux espaces uniformes complets, et A, A′ des sous-ensembles de E, E′ respectivement, tels que $\overline{A} = E$, $\overline{A'} = E'$: nous allons montrer que si les espaces uniformes A, A′ sont isomorphes, il en est de même de E, E′. Une isomorphie entre A et A′ n'est pas autre chose, en effet, qu'une correspondance biunivoque, uniformément continue dans les deux sens, entre A et A′ : il existera donc deux fonctions $a' = f(a)$, $a = g(a')$, inverses l'une de l'autre, uniformément continues, qui représentent, l'une A sur A′, l'autre A′ sur A ; d'après le théorème III, on pourra, d'une manière et d'une seule, déterminer deux fonctions $p' = \overline{f}(p)$, $p = \overline{g}(p')$, qui prolongent respectivement f et g ; la fonction $\overline{g}[\overline{f}(p)]$ est alors une transformation de E en lui-même qui coïncide avec la transformation identique sur A, donc, d'après le théorème III, sur tout l'espace E ; de même $\overline{f}[\overline{g}(p')]$ est la transformation identique de E′ en lui-même, et par conséquent les fonctions $\overline{f}(p)$, $\overline{g}(p')$ sont inverses l'une de l'autre et déterminent une correspondance biunivoque entre E et E′ ; comme elles sont uniformément continues, cette correspondance est une isomorphie : ce qui montre bien que l'espace complet $\overline{A}$ sur un espace uniforme A donné est entièrement déterminé à une isomorphie près.

3. Structure uniforme des espaces compacts. — Le théorème I fait déjà apparaître une relation entre les espaces uniformes et les espaces compacts. Tychonoff (*loc. cit.*) a montré, en effet, que la condition nécessaire et suffisante, pour qu'un espace *topologique* soit complètement régulier, est qu'il soit homéomorphe à un sous-ensemble d'un espace compact, ou encore à un sous-ensemble d'un tore T_l à un nombre convenable de dimensions ; c'est donc là en même temps une condition nécessaire et suffisante pour qu'un espace topologique puisse recevoir une structure uniforme, puisqu'on a vu au § 1 qu'on peut attribuer une telle structure à tout T et à tout sous-ensemble d'un T_l. En particulier, tout espace topologique compact est susceptible d'une structure uniforme ; mais de plus, fait très important, *cette structure est* *unique*, c'est-à-dire qu'elle est entièrement déterminée par la structure topologique du même espace, comme le montre le théorème que voici :

THÉORÈME IV. — *Soient* E *un espace uniforme compact*, V_α *la famille de sous-ensembles de* E^2 *qui définit la structure uniforme de* E ; *alors la famille* V_α *est équivalente à la famille de tous les sous-ensembles ouverts de* E^2 *qui contiennent* Δ.

Il suffit de démontrer que tout ensemble ouvert $\Omega \supset \Delta$ contient un V_α. Supposons, comme nous avons le droit de le faire, que les V_α soient fermés, et considérons la famille des ensembles fermés $F_\alpha = V_\alpha \cap \complement(\Omega)$; leur intersection est vide, car l'intersection des V_α est Δ qui est $\subset \Omega$. E^2 étant compact, il y a donc des ensembles F_{α_i} en nombre fini dont l'intersection est vide ; si alors on prend α tel que $V_\alpha \subset \bigcap_i V_{\alpha_i}$, on aura $V_\alpha \cap \complement(\Omega) = 0$, ou $V_\alpha \subset \Omega$.

De là résulte aussitôt le théorème suivant :

THÉORÈME V. — *Toute fonction* $f(p)$, *définie et continue sur un espace compact* E, *prenant ses valeurs dans un espace uniforme quelconque* U, *est uniformément continue.*

Supposons en effet que la structure uniforme de U soit définie par une famille d'ensembles *ouverts* Ω_ε : alors $\overset{-1}{f}(\Omega_\varepsilon)$ sera un ensemble ouvert dans E^2, et il n'y a qu'à appliquer le théorème IV. On voit en même temps que si A est un sous-ensemble de E, pour qu'une fonction continue, définie sur A et prenant ses valeurs dans un espace complet U, puisse être continûment prolongée à $\overline{A}$, il est non seulement suffisant (d'après le théorème III) mais aussi nécessaire qu'elle soit uniformément continue sur A.

Voici encore un résultat étroitement apparenté au théorème IV, et qui est bien connu dans la théorie des espaces métriques :

THÉORÈME VI. — *Soient* E *un espace uniforme compact*, V_α *la famille qui définit la structure uniforme de* E, $\mathcal{O}$ *une famille de sous-ensembles ouverts de* E *dont la réunion soit* E. *Alors il y a* α *tel que* $V_\alpha(p)$ *soit contenu dans un ensemble de* $\mathcal{O}$ *quel que soit* p.

Il suffirait, pour le voir, de montrer qu'il y a Ω ouvert dans E^2, tel que $\Omega(p)$ soit contenu dans un ensemble de $\mathcal{O}$ quel que soit p.

Mais il est plus commode de procéder directement : à tout point p de E on peut faire correspondre un indice α tel que $V_\alpha(p)$ soit contenu dans un ensemble de $\mathcal{O}$, donc un indice β tel que $V_\beta V_\beta(p)$ soit contenu dans ce même ensemble. E étant compact, on pourra donc déterminer des points p_i en nombre fini, tels que les $V_{\beta_i}(p_i)$ correspondants aient E pour réunion ; soit alors γ tel que $V_\gamma \subset \bigcap_i V_{\beta_i}$: quel que soit q dans E, il y aura un i tel que $q \in V_{\beta_i}(p_i)$, d'où $V_\gamma(q) \subset V_{\beta_i}V_{\beta_i}(p_i)$, et $V_\gamma(q)$ sera contenu dans un ensemble de $\mathcal{O}$, ce qui démontre le théorème.

Si l'espace uniforme E, défini par une famille V_α de sous-ensembles de E^2, est compact, on peut, quel que soit α, trouver des points p_i en nombre fini, tels que les $V_\alpha(p_i)$ aient E pour réunion. Mais il y a plus ; on a en effet le théorème suivant :

THÉORÈME VII. — *Soient* A *un espace uniforme* ; V^α *la famille de sous-ensembles de* A^2 *qui définit la structure de* A ; $\overline{A}$ *l'espace complet qu'on déduit de* A *en le complétant. Pour que* $\overline{A}$ *soit compact, il faut et il suffit que l'on puisse, à tout indice* α, *faire correspondre des points* a_i *de* A *en nombre fini de façon que* A *soit la réunion des* $V_\alpha(a_i)$.

C'est nécessaire : car soit β tel que $V_\beta \overset{-1}{V}_\beta \subset V_\alpha$; il y aura des points p_i de $\overline{A}$, en nombre fini, tels que $\overline{A} = \bigcup_i V_\beta(p_i)$, d'où, si l'on prend a_i dans $A \cap V_\beta(p_i)$, $\overline{A} = \bigcup_i V_\beta \overset{-1}{V}_\beta(a_i) = \bigcup_i V_\alpha(a_i)$.

Pour démontrer la réciproque, considérons à nouveau la fonction de Pontrjagin, ou plutôt la fonction $F_\Sigma(p,q)$ qui a été définie et dont les propriétés ont été décrites à la fin de la démonstration du théorème I. Donnons-nous cette fois une famille de suites Σ'_λ d'entourages de Δ dans A^2, telle qu'à tout entourage V de Δ dans A^2 corresponde au moins une suite Σ'_λ dont *le premier terme* soit contenu dans V ; posons, quels que soient la suite Σ'_λ et les points a, b dans A, $x_{b,\lambda}(a) = F_{\Sigma'_\lambda}(a, b)$; soit l la puissance de l'ensemble des indices (b, λ) : considérons l'espace I_l qui est le produit direct de l intervalles $0 \leqslant x \leqslant 1$, et qui est compact comme produit d'espaces compacts ; et faisons correspondre, à tout point a de A, le point $X(a)$ de coordonnées $x_{b,\lambda}(a)$ dans I_l : le théorème sera démontré si nous faisons voir que la correspondance entre A et son image $X(A)$ par la fonction $X(a)$ dans I_l est une isomorphie (au sens de la structure uniforme) : car alors, I_l étant un espace uniforme compact, donc complet, la fermeture $\overline{X(A)}$ de $X(A)$ dans I_l sera isomorphe à $\overline{A}$, et elle est bien compacte. Mais la fonction de Pontrjagin étant uniformément continue, il en est de même de la fonction $X(a)$: reste à montrer qu'elle définit une correspondance biunivoque entre A et $X(A)$, et que la fonction inverse est aussi uniformément continue.

Le premier point, en réalité, a déjà été traité plus haut, mais reprenons la démonstration. Soient a, a' deux points distincts de A ; d'après les hypothèses faites, il y aura une suite Σ'_λ dont le premier terme V_0 soit tel que $a' \notin V_0V_0(a)$; l'on aura alors $x_{a,\lambda}(a) = 0$, $x_{a,\lambda}(a') = 1$, donc $X(a') \neq X(a)$.

Quant au second point, soit V un entourage de Δ dans A^2 ; il y aura une suite Σ'_λ dont le premier terme soit contenu dans V ; soient $V_0, V_1, V_2, \ldots$ les termes de cette suite. D'après les propriétés de la fonction F_Σ, on aura $x_{b,\lambda}(a) < 1/8$ si $a \in V_4(b)$, et réciproquement on aura $a \in V_1(b)$ si $x_{b,\lambda}(a) < 1/4$. Choisissons maintenant des points b_i, en nombre fini, tels que $A = \bigcup_i V_4(b_i)$; posons $x_i(a) = x_{b_i,\lambda}(a)$; je dis que si l'on a $|x_i(a') - x_i(a)| < 1/8$ quel que soit i, on aura $a' \in V(a)$. En effet, il y aura une valeur au moins de l'indice i telle que $a \in V_4(b_i)$, d'où $x_i(a) < 1/8$, donc $x_i(a') < 1/4$, et par suite $a' \in V_1(b_i) \subset V_1\overset{-1}{V_4}(a) \subset V_0(a) \subset V(a)$. D'après la définition de la structure uniforme de I_l, cela signifie précisément que a est une fonction uniformément continue de $X(a)$, et le théorème est démontré.

Tout espace compact étant complet, on peut également énoncer le théorème VII sous la forme suivante :

Pour qu'un espace uniforme E *soit compact, il faut et il suffit qu'il soit complet, et qu'on puisse, quel que soit* α, *trouver des points* p_i *de* E *en nombre fini, tels que* $E = \bigcup_i V_\alpha(p_i)$.

On se sert parfois, plus commodément que du théorème VII, du critère que voici :

THÉORÈME VIII. — *Si, dans l'espace uniforme* A, *toute suite possède un point d'accumulation l'espace complet* $\overline{A}$ *qu'on en déduit est compact.*

Sinon en effet, d'après VII, il y aurait α tel que A ne pût être recouvert par des $V_\alpha(p_i)$ en nombre fini ; on pourrait donc choisir successivement des points $p_1, p_2, p_3, \ldots$ tels que $p_n \notin V_\alpha(p_i)$ pour $i = 1,2,\ldots, n-1$; et la suite p_i aurait un point d'accumulation p. Soit β tel que $V_\beta \overset{-1}{V}_\beta \subset V_\alpha$: il devra y avoir une infinité de points p_i dans $V_\beta(p)$, donc deux points p_i, p_j tels que $i < j$, $p_i \in V_\beta(p)$, $p_j \in V_\beta(p)$, d'où $p_j \in V_\alpha(p_i)$, contrairement à la définition des p_i.

4. Espaces uniformes localement compacts. — Pour exprimer qu'un espace uniforme complet est localement compact, il suffit d'écrire que chaque point possède un voisinage satisfaisant à la condition du théorème VII. Parmi les espaces de cette nature, il y a une catégorie particulièrement intéressante : je veux parler des espaces uniformes complets E tels qu'il existe une valeur de l'indice α pour laquelle *tous* les $V_\alpha(p)$ soient compacts ; ces espaces devraient être dits *uniformément localement compacts* si cette manière de parler n'offensait l'euphonie et même la grammaire. Ce sont leurs propriétés que nous allons examiner maintenant.

Introduisons d'abord une nouvelle notation. E étant un ensemble quelconque, W un sous-ensemble de E^2, nous poserons

$$\overset{1}{W} = W, \quad \overset{2}{W} = W \cdot W,$$

et, quel que soit l'entier naturel n, $\overset{n}{W} = \overset{n-1}{W} \cdot W$; et nous désignerons par $\overset{\infty}{W}$ la réunion de tous les $\overset{n}{W}$ pour $n = 1,2,3,\ldots$ Considérons en particulier un entourage V_α de Δ dans E^2, E étant un espace uniforme ; on aura $\overset{\infty}{V}_\alpha \supset V_\alpha \cdot \overset{\infty}{V}_\alpha \cdot V_\alpha$ quel que soit n, donc

$$\overset{\infty}{V}_\alpha = V_\alpha \cdot \overset{\infty}{V}_\alpha \cdot V_\alpha \,;$$

$\overset{\infty}{V}_\alpha$ contient donc un voisinage de chacun de ses points, c'est-à-dire que c'est un ensemble ouvert ; d'autre part, la fermeture de $\overset{\infty}{V}_\alpha$

étant contenue dans $V_\alpha \cdot \overset{\infty}{V}_\alpha \cdot V_\alpha$, $\overset{\infty}{V}_\alpha$ est un ensemble fermé. $\overset{\infty}{V}_\alpha$ est donc une somme de composantes connexes de E^2, et $\overset{\infty}{V}_\alpha(p)$ est, quel que soit p, une somme de composantes connexes de E, qu'on pourra appeler la α-composante de p dans E. Si en particulier E est connexe, on aura $\overset{\infty}{V}_\alpha = E^2$ et $\overset{\infty}{V}_\alpha(p) = E$ quels que soient α et p. Ces remarques vont nous servir à démontrer le théorème suivant :

Théorème IX. — *Soit* E *un espace uniforme connexe ; supposons qu'il y ait un entourage* V_α *de* Δ *dans* E^2, *tel que* $V_\alpha(p)$ *soit compact quel que soit* p. *Alors* E *est réunion dénombrable d'ensembles compacts.*

Soit en effet β tel que $V_\beta V_\beta \subset V_\alpha$; on aura, p étant arbitrairement choisi dans E, $E = \overset{\infty}{V}_\beta(p)$: il suffit donc de démontrer que $\overset{n}{V}_\beta(p)$ est compact, ce qui sera évident (par récurrence sur n) si nous faisons voir que $V_\beta(A)$ est compact quel que soit A compact dans E. Or, si A est compact, il y aura des points q_i, en nombre fini, tels que $A \subset \bigcup_i V_\beta(q_i)$: alors $V_\beta(A) \subset \bigcup_i V_\beta V_\beta(q_i) \subset \bigcup_i V_\alpha(q_i)$; les $V_\alpha(q_i)$ étant compacts par hypothèse, le théorème est démontré.

Mais on sait que tout espace localement compact E peut être, d'une manière et d'une seule, transformé en espace compact par l'adjonction d'un seul point, qu'on peut appeler le point à l'infini, auquel on attribue pour voisinages tous les complémentaires d'ensembles compacts dans E : si E est réunion dénombrable d'ensembles compacts, le point à l'infini possédera un système fondamental dénombrable de voisinages : nous dirons alors que E est *dénombrable à l'infini*. S'il en est ainsi, on vérifie facilement qu'on peut trouver une suite d'ensembles ouverts W_n dans E, dont la réunion soit E, tels que $\overline{W}_n \subset W_{n+1}$ et que $\overline{W}_n$ soit compact quel que soit n ; on pourra déterminer, sur l'ensemble fermé compact (donc complètement régulier) $\overline{W}_{n+1} - W_n$, une fonction continue $\varphi(p)$, comprise entre n et $n+1$, prenant la valeur n sur $\overline{W}_n - W_n$ et la valeur $n+1$ sur $\overline{W}_{n+1} - W_{n+1}$: on aura ainsi défini, sur l'espace E tout entier, une fonction $\varphi(p)$ continue, $\geqslant 0$, et tendant vers $+\infty$ si p tend vers le point à l'infini. Supposons maintenant qu'on ait représenté E, en tant qu'espace complètement régulier, sur un sous-ensemble d'un tore T_I à un nombre convenable de dimensions, et qu'au point p de E corresponde ainsi le point $x(p)$ de T_I; alors, en appelant D la demi-droite $0 \leqslant t < +\infty$, on peut, à tout point p de E, faire correspondre le point de coordonnées $\varphi(p), x(p)$ dans le produit $D \times T_I$; la correspondance est un homéomorphisme ; et l'image de E est un sous-ensemble *fermé* de $D \times T_I$. Si donc on attribue à D, par exemple, la structure uniforme qui est déterminée par la distance $\delta(t,t') = |t' - t|$, on en déduira une structure pour $D \times T_I$, puis une structure pour E, qui satisfera aux conditions du théorème IX. Par conséquent, *pour qu'un espace topologique* E, *connexe et localement compact, puisse recevoir une structure uniforme satisfaisant aux conditions du théorème* IX, *il faut et il suffit qu'il soit dénombrable à l'infini.*

5. Application à la théorie des groupes. — On a vu, au § 1, qu'on peut attribuer à tout groupe topologique une structure uniforme. Rappelons-en la définition : les V_α étant un système fondamental de voisinages de l'élément unité e, satisfaisant aux axiomes (G), les systèmes de voisinages $V'_\alpha(x) = V_\alpha \cdot x$ satisfont aux axiomes (U), et déterminent dans G une structure uniforme que nous appellerons la structure (V') ; si l'on pose $\Phi(x,y) = yx^{-1}$, cette structure peut aussi être définie par la famille d'ensembles $V'_\alpha = \overset{-1}{\Phi}(V_\alpha)$, qui satisfait aux axiomes (U').

Il est clair que si s est un élément fixe du groupe, la fonction $f(x) = xs$ est uniformément continue pour la structure (V') ; ou, ce qui revient au même, la transformation $(x \rightarrow xs)$ transforme la structure (V') en elle-même. La fonction $g(x) = sx$ est uniformément continue aussi, s étant fixe, car si α est donné on peut trouver β tel que $y \in V_\beta x$ entraîne $sy \in V_\alpha \cdot sx$: il suffit de prendre

$$V_\beta \subset s^{-1} V_\alpha s.$$

La structure (V') est donc aussi invariante par les transformations $(x \rightarrow sx)$.

En revanche, considérons la fonction $\varphi(x) = x^{-1}$. Pour qu'elle soit uniformément continue, il faut et il suffit que l'on puisse, quel que soit α, déterminer β de façon que $y \in V_\beta x$ entraîne

$$y^{-1} \in V_\alpha x^{-1},$$

c'est-à-dire de façon que $\overset{-1}{V}_\beta \in xV_\alpha x^{-1}$ quel que soit x. Il n'en sera pas ainsi en général, comme le montre l'exemple du groupe de toutes les substitutions linéaires à n variables pour $n \geqslant 2$; en général, par conséquent, la transformation $(x \to x^{-1})$ transforme la structure uniforme (V′) en une autre structure (V″), qu'il est facile de définir : on aura $V''_\alpha(x) = xV_\alpha$, et, en posant

$$\Psi(x, y) = x^{-1}y,$$

$V''_\alpha = \overset{-1}{\Psi}(V_\alpha)$. La fonction x^{-1} sera uniformément continue, et les structures (V′), (V″) seront identiques, si G est abélien, ou s'il est compact, ou plus généralement si c'est le produit direct d'un groupe abélien et d'un groupe compact ou si c'est un sous-groupe d'un tel produit ; la réciproque est vraie sous certaines conditions, mais ce n'est pas le lieu de le démontrer ici. D'ailleurs la fonction x^{-1} est uniformément continue sur G, pour la structure (V′), en même temps que la fonction $F(x,y) = xy$ l'est sur G^2 : pour que celle-ci le soit, en effet, il faut et il suffit qu'à tout α on puisse faire correspondre β, γ tels que $x' \in V_\beta x$, $y' \in V_\gamma y$ entraînent $x'y' \in V_\alpha xy$, c'est-à-dire tel que $V_\beta x V_\gamma \subset V_\alpha x$: on aura donc à plus forte raison $xV_\gamma \subset V_\alpha x$, et cela quel que soit x, donc x^{-1} est uniformément continue ; réciproquement, supposons x^{-1} uniformément continue, soient β tel que $V_\beta V_\beta \subset V_\alpha$, et γ tel que $V_\gamma \subset x^{-1}V_\beta x$ quel que soit x : on aura bien $V_\beta x V_\gamma \subset V_\beta V_\beta x \subset V_\alpha x$. On en déduit facilement que les *quatre* fonctions

$$\varphi(x) = x^{-1}, \quad F(x, y) = xy, \quad \Phi(x, y) = yx^{-1}, \quad \Psi(x, y) = x^{-1}y,$$

définies, la première sur G et les autres sur G^2, sont à la fois uniformément continues ; et, si elles le sont, les structures (V′), (V″) sont identiques. Si alors on complète le groupe G par rapport à (V′), on pourra prolonger, à l'espace complet $\overline{G}$ ainsi obtenu, les quatre fonctions en question, et par conséquent définir $\overline{G}$ comme groupe. En particulier, tout groupe abélien topologique peut être ainsi complété.

Les choses ne se passent plus de même dans le cas général : (V′) et (V″) seront distinctes, et, en complétant le groupe par rapport à l'une d'elles, on n'obtiendra en général plus un groupe, puisqu'on n'est pas sûr de pouvoir prolonger la fonction x^{-1} à l'espace obtenu. On pourrait d'ailleurs dans ce cas considérer une troisième structure définie par $V'''_\alpha(x) = V_\alpha x \cap xV_\alpha$; pour celle-ci

x^{-1} serait uniformément continue, mais xy ne le serait pas, et l'on n'aurait rien gagné. Cependant, si le groupe est complet par rapport à l'une des structures (V'), (V''), il l'est aussi par rapport à l'autre, de sorte que la notion de *groupe complet* a un sens bien défini.

Voici d'autre part un cas important où on peut compléter le groupe : c'est celui où les fonctions x^{-1}, xy, yx^{-1}, $x^{-1}y$, sans être uniformément continues sur tout le groupe G, le sont du moins sur un voisinage V_0 de l'élément unité : on démontre, comme plus haut, qu'elles le sont en même temps, ou plutôt (en supposant $\overset{-1}{V_0} = V_0$ pour simplifier l'écriture) que si la première l'est sur V_0, les trois autres le sont sur $V_0 \times V_0$, et réciproquement ; il faut et il suffit pour cela que l'on puisse, à tout α, faire correspondre β tel que $V_\beta \subset xV_\alpha x^{-1}$ quel que soit $x \in V_0$. Alors, quels que soient s, t, la fonction x^{-1} est uniformément continue sur $V_0 s$ (et aussi sur sV_0) par rapport à l'une ou l'autre des structures (V'), (V''), et xy, yx^{-1}, $x^{-1}y$ le sont sur $V_0 s \times V_0 t$; et, sur $V_0 s$ (ainsi que sur sV_0), les deux structures (V'), (V'') sont identiques : on peut dire qu'elles sont localement équivalentes sur G. Démontrons par exemple le dernier point : il suffira de faire voir que si $x \in V_0 s$, à tout α correspondra β tel que $yx^{-1} \in V_\beta$ entraîne $x^{-1}y \in V_\alpha$ et inversement ; si l'on pose $x = zs$, avec $z \in V_0$, on voit qu'on devra pouvoir faire correspondre, à tout α, un β tel que $z^{-1}V_\beta z \subset sV_\alpha s^{-1}$ quel que soit $z \in V_0$, et aussi, à tout α, un β tel que $zsV_\beta s^{-1}z^{-1} \subset V_\alpha$: ce qui est évident avec les hypothèses faites.

Dans les mêmes conditions aussi, toute famille de Cauchy pour (V') en sera une pour (V''), et réciproquement ; car soit C une telle famille : à tout β correspondra un C tel que, si x et y sont dans C, l'on ait $yx^{-1} \in V_\beta$, ou $y \in V_\beta x$, donc $C \subset V_\beta x$; en particulier il y aura C_0 et s tels que $C_0 \subset V_0 s$; alors il y aura dans C un x, à savoir un élément quelconque de $C \cap C_0$, tel que $x \in V_0 s$ et que $C \subset V_\beta x$; soit donc $x = zs$, avec $z \in V_0$, on aura $C \subset V_\beta zs$, donc $\overset{-1}{C}C \subset s^{-1}z^{-1}\overset{-1}{V_\beta}V_\beta zs$; on voit donc qu'à tout α on peut faire correspondre un indice β et un ensemble C, de façon que $\overset{-1}{C}C \subset V_\alpha$, ou (ce qui revient au même)

$$C \times C \subset \overset{-1}{\Psi}(V_\alpha) = V''_\alpha ;$$

ce qui démontre la proposition.

On voit donc qu'on obtient le même ensemble $\overline{G}$ en complétant G, soit par rapport à (V'), soit par rapport à (V'') ; les structures (V'), (V''), étendues à $\overline{G}$, sont encore localement équivalentes ; on peut, en vertu de l'uniforme continuité locale, prolonger à $\overline{G}$ les fonctions x^{-1}, xy, yx^{-1}, $x^{-1}y$; $\overline{G}$ est donc un groupe topologique, complet par rapport aux deux structures (V'), (V'') qu'on peut y définir. Résumons les résultats obtenus :

Théorème X. — *Soit* G *un groupe topologique, tel que la fonction x^{-1} soit uniformément continue dans un certain voisinage* V_0 *de l'unité. Alors l'on pourra, d'une manière et (essentiellement) d'une seule, représenter* G *comme sous-groupe partout dense d'un groupe* $\overline{G}$ *complet par rapport aux deux structures* (V'), (V'') *qu'on y a définies ; tout point de* $\overline{G}$ *possède un voisinage où la fonction x^{-1} est uniformément continue et où les structures* (V'), (V'') *sont identiques ; et tout point de* $\overline{G}^2$ *possède un voisinage où xy, yx^{-1}, $x^{-1}y$ sont uniformément continues.*

Un cas particulièrement intéressant est celui où il existe dans G un voisinage de l'unité V_0 tel que l'on puisse, quel que soit α, recouvrir V_0 au moyen d'ensembles $V_\alpha x_i$ *en nombre fini* : dans ce cas, l'hypothèse du théorème X est bien satisfaite, et $\overline{G}$ *est localement compact.* En effet, soit α quelconque ; soit β tel que

$$V_\beta V_\beta \overset{-1}{V}_\beta \subset V_\alpha ;$$

il y aura des x_i, en nombre fini, tels que $V_0 \subset \bigcup_i V_\beta x_i$, de sorte que tout $x \in V_0$ sera dans l'un des $V_\beta x_i$; l'on aura donc, quel que soit $x \in V_0$, $xV_\gamma x^{-1} \subset \bigcup_i V_\beta x_i V_\gamma x_i^{-1} V_\beta$; si donc on choisit γ_i tel que $V_{\gamma_i} \subset x_i^{-1} V_\beta x_i$, puis γ tel que $V_\gamma \subset \bigcap_i V_{\gamma_i}$, on aura $xV_\gamma x^{-1} \subset V_\beta V_\beta \overset{-1}{V}_\beta$ quel que soit $x \in V_0$, donc aussi $xV_\gamma x^{-1} \subset V_\alpha$: ce qui est bien la condition pour que x^{-1} soit uniformément continue dans V_0. Cela étant, le théorème VII, appliqué à V_0, montre que la fermeture de V_0 dans $\overline{G}$ est compacte, c'est-à-dire que $\overline{G}$ est bien localement compact.

6. Définition d'une structure uniforme par des recouvrements. — Soit de nouveau E un ensemble quelconque ; par un *recouvrement* R de E, nous entendrons une famille de sous-ensembles A_λ de E ayant E pour réunion ; le recouvrement R sera dit *fini* si les ensembles A_λ sont en nombre fini. A tout recouvrement R de E nous ferons correspondre le sous-ensemble de E^2 défini par

$$V_R = \bigcup_\lambda (A_\lambda \times A_\lambda) :$$

on a évidemment $V_R \supset \Delta$ et $\overset{-1}{V}_R = V_R$.

On dira que des recouvrements R d'un ensemble E forment une *classe régulière* si les ensembles V_R correspondants dans E^2 satisfont aux axiomes (U′), et par conséquent définissent une structure uniforme dans E, et par suite aussi une topologie dans E. Si E était déjà donné *a priori* comme espace topologique, l'on réservera le nom de classe régulière à celles pour lesquelles la topologie impliquée par la structure uniforme qu'elles définissent est la même que celle qu'on s'était donnée sur E ; il faut en particulier pour cela que $V_R(p)$ soit un voisinage de p quel que soit p : nous conviendrons donc aussi de réserver le nom de recouvrement, dans un espace topologique E, aux familles d'ensembles R ayant E pour réunion et telles de plus que $V_R(p)$ soit un voisinage de p quel que soit p. Il est clair d'ailleurs que $V_R(p)$ n'est pas autre chose que la réunion de ceux des ensembles A_λ du recouvrement R qui contiennent p ; et plus généralement $V_R(B)$ est la réunion de ceux des A_λ qui ont au moins un point commun avec B.

Un recouvrement sera dit ouvert s'il se compose d'ensembles ouverts, compact s'il se compose d'ensembles compacts, etc. Il est à peu près évident que *toute structure uniforme peut être définie au moyen d'une classe régulière de recouvrements, soit ouverts, soit fermés* : soit en effet une telle structure, définie par une famille d'ensembles V_α dans E^2 ; soit R_α le recouvrement constitué par la famille de tous les ensembles $V_\alpha(p)$, et posons $W_\alpha = V_{R_\alpha}$: on aura $W_\alpha \supset V_\alpha$, et, si $V_\beta \overset{-1}{V}_\beta \subset V_\alpha$, $W_\beta \subset V_\alpha$, ce qui montre que les R_α forment une classe régulière définissant dans E la structure même qu'on s'était donnée ; les recouvrements R_α seront ouverts ou fermés si l'on a pris les ensembles V_α ouverts ou fermés.

L'intérêt des recouvrements tient principalement au rôle qu'on peut leur faire jouer dans la théorie des espaces compacts et localement compacts, rôle qui est mis en évidence par les théorèmes que nous allons démontrer maintenant.

THÉORÈME XI. — *Sur un espace compact* E, *la classe de tous les recouvrements ouverts finis est régulière.*

En vertu du théorème IV, il suffit de montrer que si $\Omega \supset \Delta$ est ouvert dans E^2, on peut trouver des ensembles ouverts Ω'_i en nombre fini dans E, tels que $\bigcup_i \Omega'_i = E, \bigcup_i (\Omega'_i \times \Omega'_i) \subset \Omega$. Or on peut, à tout point p de E, faire correspondre un Ω'_p ouvert dans E, contenant p et tel que $\Omega'_p \times \Omega'_p \subset \Omega$; E étant compact, on peut extraire de la famille Ω'_p des ensembles Ω'_i en nombre fini dont la réunion soit encore E, ce qui démontre le théorème.

Réciproquement d'ailleurs, il résulte du théorème VII que toute classe régulière de recouvrements *finis* d'un ensemble E détermine sur E une structure uniforme telle que l'espace complet correspondant $\overline{E}$ soit compact. On peut se demander s'il existe des espaces topologiques, autres que les espaces compacts, sur lesquels la classe de tous les recouvrements finis soit régulière : j'ai trouvé qu'il en existe effectivement, mais qu'ils ne peuvent satisfaire au IIe axiome de dénombrabilité, et qu'ils ont des caractères quelque peu pathologiques ; un exemple en est fourni par un espace, dont la définition m'a été communiquée par Pontrjagin à propos d'une question différente, et que je désignerai par P. Soient l un cardinal quelconque supérieur au dénombrable, T_l le tore à l dimensions : alors P est l'ensemble des points de T_l dont toutes les coordonnées sont nulles à l'exception au plus d'une infinité dénombrable d'entre elles.

Dans les espaces localement compacts, on est amené à considérer les recouvrements *localement finis*, c'est-à-dire tels que tout ensemble compact n'ait de point commun qu'avec un nombre fini d'ensembles du recouvrement, et en particulier les recouvrements ouverts compacts, localement finis. D'après le théorème IX, si l'espace E est connexe, une classe de tels recouvrements dans E ne peut être régulière que si E est dénombrable à l'infini. Voici une sorte de réciproque de ce résultat :

THÉORÈME XII. — *Soit* E *un espace uniforme connexe ; supposons qu'il y ait un entourage* V_0 *de* Δ *dans* E^2, *tel que* $V_0(p)$ *soit compact quel que soit p Alors la structure uniforme de* E *peut être définie au moyen d'une classe régulière de recouvrements ouverts compacts localement finis.*

L'hypothèse implique naturellement que E soit localement compact, complet, et dénombrable à l'infini ; nous pouvons supposer de plus que les V_α qui définissent la structure de E sont ouverts, que $\overset{-1}{V}_\alpha = V_\alpha$, et nous borner à considérer les V_α contenus dans V_0, qui forment évidemment une famille équivalente à celle de tous les V_α. Soit $\varphi(p)$ la fonction continue définie au § 4, partout finie et $\geqslant 0$ dans E, et tendant vers $+\infty$ quand p tend vers le point à l'infini ; et soit F_n l'ensemble des points p où

$$n \leqslant \varphi(p) \leqslant n+1.$$

A tout indice α, nous ferons correspondre un indice β tel que $V_\beta V_\beta \subset V_\alpha$, un indice γ tel que $V_\gamma V_\gamma \subset V_\beta$, et des points p_i, en infinité dénombrable, tels que $\bigcup_i V_\gamma(p_i) = E$ et qu'il n'y ait qu'un nombre fini de p_i dans tout sous-ensemble compact de E ; on pourra par exemple obtenir les p_i en choisissant, dans chacun des F_n, des points $p_i^{(n)}$ en nombre fini tels que $\bigcup_i V_\gamma(p_i^{(n)}) \supset F_n$, et prenant l'ensemble de tous les $p_i^{(n)}$. Soit maintenant R_α le recouvrement formé par les ensembles $V_\beta(p_i)$, et soit $W_\alpha = V_{R_\alpha}$. Les $V_\beta(p_i)$ sont ouverts et compacts ; R_α est localement fini, car sinon il y aurait un ensemble $V_\beta(q)$ ayant des points communs avec une infinité de $V_\beta(p_i)$, donc une infinité de points p_i dans $\overset{-1}{V}_\beta V_\beta(q) \subset V_\alpha(q)$, ce qui n'est pas, puisque $V_\alpha(q)$ est compact. D'après le choix de β on a, quel que soit q, $V_\beta(q) \times V_\beta(q) \subset V_\alpha$, donc $W_\alpha \subset V_\alpha$. Enfin, soit p quelconque, q tel que $q \in V_\gamma(p)$: il y aura un p_i tel que $p \in V_\gamma(p_i)$, d'où $q \in V_\gamma V_\gamma(p_i) \subset V_\beta(p_i)$, et par conséquent $(p,q) \in W_\alpha$, ce qui montre que $V_\gamma \subset W_\alpha$: les W_α forment donc une famille équivalente à celle des V_α, et le théorème est démontré.

Il semble, d'ailleurs, que sur un espace connexe, localement compact, dénombrable à l'infini, la classe de tous les recouvrements ouverts compacts localement finis soit régulière ; mais je n'essayerai pas d'élucider ce point ici.

On sait d'ailleurs que l'existence de recouvrements finis des espaces compacts est à la source de l'application, à la théorie de ces espaces, des méthodes combinatoires ; tout recouvrement fini R possède en effet un *schéma combinatoire*, qui, pour tout système d'ensembles A_λ de R et de complémentaires $\complement(A_\mu)$ de tels ensembles, indique s'il y a, ou non, un point commun aux ensembles du système ; si l'on se restreint aux systèmes formés d'ensembles A de R, on obtient un extrait du schéma combinatoire, dont on se contente le plus souvent, et qui est le *nerf* du recouvrement ; du schéma combinatoire on peut déduire, par divers procédés, des complexes finis qu'on considère comme des approximations de l'espace compact étudié, approximations d'autant meilleures que le recouvrement se compose d'ensembles plus petits : le procédé le plus connu est celui d'Alexandroff, qui consiste à définir directement comme un complexe le nerf du recouvrement. De même, si l'on se donne deux recouvrements finis R, R′, leurs relations mutuelles peuvent être définies aussi par un schéma combinatoire (à savoir celui du recouvrement $R \cap R'$, constitué par toutes les intersections d'un ensemble de R et d'un ensemble de R′) ; et l'espace compact étudié sera complètement défini si l'on se donne les schémas combinatoires d'une classe régulière de recouvrements dans cet espace, ainsi que de leurs relations mutuelles ; réciproquement, on peut énoncer les conditions auxquelles doivent satisfaire de tels schémas pour définir un espace compact. Dans ce cadre général rentre la méthode d'Alexandroff et Kurosh (1) ; il est vrai que celle-ci fait usage de recouvrements fermés qui ne forment pas, au sens de nos définitions, une classe régulière, mais de ces recouvrements on déduit facilement des classes régulières de recouvrements ouverts, et réciproquement. Il est possible, d'ailleurs, que l'application des principes que nous avons exposés ici permette d'apporter plus de souplesse à l'emploi, dans la topologie des espaces compacts, des méthodes combinatoires. Des remarques analogues pourraient être faites sur la

(1) P. Alexandroff, *Untersuchungen über Gestalt und Lage abgeschlossener Mengen beliebiger Dimension*, Ann. of Maths., (II) 30 (1928), p. 101 ; et A. Kurosch, *Kombinatorischer Aufbau der bikompakten topologischen Räume*, Comp. Math. vol. 2 (1935), p. 471.

théorie des espaces localement compacts, les recouvrements localement finis prenant alors la place des recouvrements finis, et les complexes infinis celle des complexes finis.

7. Observations sur les axiomes topologiques. — Les mathématiciens qui, depuis une trentaine d'années, se sont occupés de topologie générale, ont introduit dans cette branche des mathématiques un ensemble complètement désordonné de notions et d'axiomes dont on peut se faire une idée, par exemple, en consultant la table des matières du livre que le premier d'entre eux chronologiquement, M. Fréchet, a publié sur *Les espaces abstraits*. Heureusement, la plupart de ces notions sont sans intérêt, comme l'évolution de la science le montre de plus en plus clairement ; et les résultats qui ont été exposés ici permettent encore un peu mieux, je crois, d'en mesurer l'importance respective.

Il semble que les seuls espaces qu'il soit vraiment utile de considérer sont ceux que nous avons appelés, au § 1, les espaces topologiques, c'est-à-dire ceux où l'on a défini la famille des ensembles ouverts de façon qu'elle satisfasse à l'axiome (O_I) : au moyen de tels espaces, on peut définir la notion de fonction continue, qui y satisfait aux théorèmes habituels (en particulier, une fonction continue de fonction continue est continue). Au lieu de partir de la notion d'ensemble ouvert, on pourrait partir de celle de voisinage (avec les axiomes (V_I), $(V_{I'})$), ou de celle d'ensemble fermé, ou de celle de fermeture, ou de celle de point intérieur à un ensemble : en formulant convenablement les axiomes dans chaque cas, ces diverses manières de procéder sont en effet complètement équivalentes.

La possibilité d'établir, dans les espaces satisfaisant au seul axiome (O_I), les propriétés élémentaires des fonctions continues, justifie la place donnée ici, d'après R. de Possel [1], à cet axiome. Cependant, il ne paraît pas qu'on ait eu, jusqu'à présent, à faire usage d'espaces topologiques qui ne satisfassent pas en même temps à l'axiome (O_{II}), et à un axiome de séparation ; c'est dans le choix de ce dernier, qui doit permettre, au moyen

(1) R. de Possel, *Espaces topologiques* (Séminaire de M. Julia, IIIe Année (1935-36), pp. 1-18) ; je me suis largement inspiré de cette conférence dans ce § et dans la formulation des axiomes topologiques au § 1.

des ensembles ouverts, de distinguer entre les points de l'espace, que règne encore quelque confusion. Je ne citerai que pour mémoire l'axiome de Kolmogoroff, moins intéressant dans la théorie des espaces topologiques que dans celle des espaces discrets [1] ; mais, cet axiome mis à part, il existe encore huit catégories d'espaces, à savoir les espaces accessibles de Fréchet (satisfaisant à (O_{III})), les espaces de Hausdorff (satisfaisant à (O_{IV})), les espaces réguliers, complètement réguliers, localement normaux, normaux, complètement normaux, et métrisables : chacune de ces catégories comprend la suivante ; les cinq premières sont définies par une condition locale, les trois autres par des conditions globales ; si l'on se borne aux espaces à base dénombrable (c'est-à-dire satisfaisant au IIe axiome de dénombrabilité), les six dernières catégories se confondent ; tout espace compact est normal, tout espace uniforme est complètement régulier.

Or, si l'on admet que les espaces topologiques les plus importants pour l'Analyse sont ceux qui sont définis par une structure uniforme (par exemple les espaces métriques ou les espaces de groupe) ou du moins ceux qui sont capables de recevoir une telle structure, il s'ensuit que la notion essentielle est celle d'espace complètement régulier. Dans cette manière de voir, l'intérêt de l'axiome de Fréchet, (O_{III}), consiste en ce qu'il fournit, dans certaines circonstances (par exemple pour les groupes topologiques), une condition suffisante (et, bien entendu, nécessaire) pour que l'espace soit complètement régulier ; la même remarque s'applique à l'axiome de Hausdorff, (O_{IV}), qui, pour les espaces satisfaisant à l'axiome (C), c'est-à-dire au théorème de Borel-Lebesgue, fournit de même une telle condition suffisante. En même temps, la théorie des espaces uniformes constitue une nouvelle justification du rôle capital et presque prépondérant qu'on a fait jouer jusqu'ici en topologie aux espaces compacts.

D'autre part, notre théorie conduit naturellement à se demander quels sont les espaces topologiques susceptibles d'une structure uniforme pour laquelle ils soient complets : ce serait une

---

(1) Ces espaces ont été introduits, comme on sait, par A. TUCKER et P. ALEXANDROFF. Il apparaît de plus en plus que leur théorie, qui n'est autre que celle des ensembles partiellement ordonnés, appartient moins à la topologie qu'elle ne la précède. Cf. P. ALEXANDROFF, *Diskrete Räume*, Mat. Sbornik, t. 2 (44) (1937), p. 501.

catégorie, peut-être nouvelle, d'espaces topologiques, qui ne serait pas non plus sans importance sans doute. Il se pourrait que dans l'étude de cette question il faille faire intervenir l'axiome des espaces normaux, dont nous n'avons pas eu à parler dans le courant de ce travail,mais qui,constituant une propriété commune des espaces compacts et des espaces métriques, a vraisemblablement un rôle à jouer dans la théorie des espaces uniformes.

[1938a] Généralisation des fonctions abéliennes

Te sequor humani generis decus, inque tuis nunc
Ficta pedum pono pressis vestigia signis
Non ita certandi cupidus quod propter amorem
Quod te imitari aveo; quid enim contendat hirundo
Cycnis, aut quidnam tremulis facere artubus haedi
Consimile in cursu possint et fortis equi vis?

Quelques-uns des plus brillants progrès de la mathématique moderne ont été accomplis, comme on sait, en arithmétique, en théorie des variétés algébriques, et en topologie. Or, non seulement ces domaines sont unis l'un à l'autre par d'étroits liens de parenté, et par des analogies qu'on n'a pas fini d'explorer et d'exploiter, mais encore les progrès réalisés sont marqués pour la plupart d'une empreinte commune, à savoir un caractère essentiellement *abélien*. Qu'il s'agisse du corps de classes, d'intégrales multiples sur les variétés algébriques, ou des propriétés d'homologie d'un espace, ce sont partout des groupes commutatifs qu'on fait intervenir, et c'est le plus souvent cette restriction qui entraîne le succès. Peut-être est-ce dans la dualité qu'il faut en chercher la raison, de sorte qu'au centre de toutes ces recherches l'on devrait placer la théorie de Pontrjagin. Déjà l'œuvre de Riemann sur les fonctions algébriques est profondément marquée de ce caractère, et ce n'est pas un effet du hasard que les fonctions abéliennes portent le même nom que les groupes abéliens, puisque la division de ces fonctions conduit (comme l'ont aperçu Abel, Galois et Jacobi) à des équations abéliennes, et que leur principal usage algébrique est de servir à engendrer et étudier les extensions relativement abéliennes des corps de fonctions algébriques d'une variable. Sans vouloir donner d'autres exemples, qu'il me soit permis de rappeler la principale contribution apportée à la topologie moderne par l'illustre géomètre à qui est dédié ce volume, la célèbre « Note sur quelques applications de l'indice de Kronecker » (1); l'objet de cette Note, ce sont bien des propriétés d'homologie, donc abéliennes.

Cette « mathématique abélienne » n'est pas encore achevée, il s'en faut : il lui manque par exemple la notion générale d'intégrale multiple, qui, lorsqu'elle sera trouvée, sera peut-être son principal outil. Mais elle constitue dès maintenant un corps de doctrine imposant, auquel sont consacrés de considérables Traités. En revanche, dès qu'on veut, dans les domaines énumérés plus haut, aller au delà, on se trouve enveloppé de ténèbres; à la vérité on a déjà commencé l'étude de problèmes spéciaux, que je ne m'essayerai pas à énumérer; en topologie surtout, des questions relatives à l'homotopie ont été abordées, non sans succès. Mais il y a place encore pour bien des recherches avant qu'on puisse espérer atteindre une vue d'ensemble; et c'est pourquoi j'ai entrepris d'examiner, du point de vue « non abélien », la théorie des fonctions algébriques d'une variable, avec l'espoir aussi qu'une généralisation des fonctions thêta soit susceptible de fournir à l'arithmétique un instrument puissant (2); le mémoire que voici, respectueusement offert en hommage à mon maître Jacques Hadamard, se propose seulement d'exposer un premier

(1) Appendice à J. Tannery, *Introduction à la théorie des fonctions d'une variable*, 2e édition, tome II, Hermann, Paris (1910), p. 437-477. La dernière section en est reproduite dans *Selecta* (Jubilé scientifique de M. Jacques Hadamard), Gauthier-Villars, Paris (1935), p. 271-275; tous les admirateurs de J. Hadamard auront déploré qu'on n'ait pu insérer dans ce beau volume la Note tout entière.

(2) Que la théorie « abélienne » de ces fonctions soit loin d'être achevée, c'est ce qui est démontré par les importantes découvertes de Siegel sur les fonctions modulaires de genre quelconque [*Ueber die analytische Theorie der quadratischen Formen* (*Ann. of Maths.*, vol. 36, 1935, p. 527), en particulier chap. III]. Si Siegel, en apparence, sort du domaine abélien, c'est qu'il aborde l'étude du groupe des automorphismes du groupe de Betti d'une surface de Riemann de genre p; mais le groupe de Poincaré n'intervient pas.

résultat atteint dans cette voie. La première partie est préliminaire, la deuxième contient le résultat dont il s'agit; la troisième en esquisse une application et pose quelques problèmes nouveaux.

CHAPITRE I.

LA NOTION DE DIVISEUR ET LE THÉORÈME GÉNÉRAL DE RIEMANN-ROCH.

1. Il s'agira ici d'un corps k de fonctions algébriques d'une variable, au sens classique, c'est-à-dire que le corps des constantes est celui des nombres complexes; k peut être considéré comme le corps des fonctions rationnelles sur une courbe algébrique. On désignera par $\mathfrak{r}$ la surface de Riemann de k, et par p son genre; les cas $p = 0$ et $p = 1$ ne sont pas exclus.

P étant un point quelconque de $\mathfrak{r}$, on désignera toujours par t une uniformisante locale de $\mathfrak{r}$ au voisinage de P, c'est-à-dire une variable qui représente conformément un voisinage de P dans $\mathfrak{r}$ sur un voisinage de $t = 0$ dans le plan de la variable complexe t. Sur $\mathfrak{r}$, on se donne une fois pour toutes une *signature* (finie), c'est-à-dire qu'à tout point P de $\mathfrak{r}$ on fait correspondre un entier $n = n(\mathrm{P}) \geqq 1$, de telle sorte que n soit égal à 1 partout sauf au plus en un nombre fini de points $\mathrm{P}_1, \mathrm{P}_2, \ldots, \mathrm{P}_l$; on posera $n_\mu = n(\mathrm{P}_\mu)$. En un point P quelconque, on posera toujours $\tau = t^{1/n}$, de sorte qu'on aura $\tau = t$ partout sauf aux points P_μ, où l'on aura $\tau = t^{1/n_\mu}$. On n'aura à considérer que des fonctions, uniformes ou non sur $\mathfrak{r}$, mais qui puissent être prolongées analytiquement suivant tout chemin sur $\mathfrak{r}$ sans qu'on rencontre jamais d'autres singularités que des pôles et des points critiques algébriques, et telles de plus qu'au voisinage de tout point P chacune de leurs branches soit une fonction méromorphe de la variable τ correspondante: ces fonctions ne pourront donc avoir d'autres points critiques que les P_μ, et auront en P_μ un ordre de ramification égal à n_μ ou à un diviseur de n_μ; elles ne sont autres que les fonctions uniformes et méromorphes sur une surface de Riemann $\mathfrak{R}$ à une infinité de feuillets, portée par $\mathfrak{r}$, et qu'on définit de la manière suivante. Soit $\mathfrak{r}'$ la surface $\mathfrak{r}$ après qu'on en a enlevé (si $l > 0$) les points P_μ : son groupe de Poincaré (ou groupe fondamental) peut être engendré, comme on sait, par $2p$ éléments A_i, $B_i (i = 1, 2, \ldots, p)$ correpondant aux rétrosections sur $\mathfrak{r}$, et l éléments correspondant aux points P_μ et que nous noterons C_μ, ces éléments étant liés par la seule relation

$$R(A, B, C,) = A_1 B_1 A_1^{-1} B_1^{-1} \ldots A_p B_p A_p^{-1} B_p^{-1} C_1 C_2 \ldots C_l = 1.$$

On sait qu'il y a une correspondance biunivoque entre les surfaces de recouvrement d'une surface donnée et les sous-groupes de son groupe de Poincaré : soit en particulier $\mathfrak{R}'$ la surface de recouvrement de $\mathfrak{r}'$ qui correspond au plus petit sous-groupe invariant contenant les l éléments $C_\mu^{n_\mu}$; à tout chemin fermé sur $\mathfrak{r}'$, tournant n_μ fois autour de P_μ dans un voisinage suffisamment petit de P_μ, correspondra alors un chemin fermé sur $\mathfrak{R}'$, de sorte que P_μ est pour $\mathfrak{R}'$ un point de ramification d'ordre n_μ, $\mathfrak{R}'$ se composant, au voisinage de P_μ, d'une infinité de cercles à n_μ feuillets, pointés en leur centre ; on obtient alors la surface $\mathfrak{R}$ en adjoignant à chacun de ces cercles un point correspondant à P_μ, et cela pour $\mu = 1, 2, \ldots, l$. La surface $\mathfrak{R}$ ainsi définie est simplement connexe ; si $l = 0$ elle n'est autre que la surface universelle de recouvrement de $\mathfrak{r}$; la variable ω qui la représente conformément sur le cercle unité est ce qu'on appelle, dans la théorie des fonctions automorphes, l'uniformisante principale de $\mathfrak{r}$ relative à la signature (P_μ, n_μ) ; quant à la variable τ définie plus haut, on peut la considérer comme une uniformisante locale de $\mathfrak{R}$ au voisinage d'un point P de $\mathfrak{r}$; en particulier, si ω_0 est l'une des valeurs prises par ω en un point P, on pourra prendre pour uniformisante locale $\tau = \omega - \omega_0$.

$\mathfrak{R}$ possède, comme on sait, un groupe $\mathfrak{G}$ de transformations en elle-même, chaque transformation de $\mathfrak{G}$ faisant correspondre à tout point de $\mathfrak{R}$ un point de $\mathfrak{R}$ porté par le même point de $\mathfrak{r}$; si l'on se sert de la representation de $\mathfrak{R}$ sur le cercle unité au moyen de l'uniformisante ω, $\mathfrak{G}$ apparaît comme un groupe fuchsien ; $\mathfrak{G}$ peut être considéré comme engendré par les $2p + l$ éléments A_i, B_i, C_μ, ceux-ci étant liés par les $l + 1$ relations :

$$R(A, B, C) = 1; \qquad C_\mu^{n_\mu} = 1 \qquad (\mu = 1, 2, \ldots, l).$$

Considéré comme groupe fuchsien sur ω, $\mathfrak{G}$ ne contient pas de substitution parabolique; il n'en aurait pas été de même si nous avions admis pour $\mathfrak{R}$ des ramifications d'ordre infini.

On désignera par K *le corps des fonctions uniformes et partout méromorphes sur* $\mathfrak{R}$: comme il a été dit, on aura principalement à considérer des fonctions de K; celles-ci peuvent être considérées aussi comme des fonctions de ω, méromorphes dans tout l'intérieur du cercle unité; parmi elles, les fonctions de k sont les fonctions fuchsiennes de ω, invariantes par le groupe $\mathfrak{G}$. On aura à considérer aussi des matrices sur k et sur K : ce seront les matrices dont les éléments appartiennent à k ou respectivement à K.

Soit de plus dj une différentielle, supposée donnée une fois pour toutes, du corps k, c'est-à-dire une expression $dj = y\,dx$, x et y étant deux éléments de k, x non constant, y non identiquement nul; par une différentielle de k ou respectivement de K, on entendra toute expression $f.dj$, f appartenant à k ou à K; de même, si F est une matrice sur k ou sur K, $F.dj$ sera appelée une matrice différentielle sur k ou sur K. Une différentielle $f.dj$ sera dite *finie* en un point de $\mathfrak{R}$ si $f.dj/d\tau$ y est finie (et par conséquent holomorphe), τ étant l'uniformisante locale correspondante; une matrice, ou une matrice différentielle, sera dite finie en un point de $\mathfrak{R}$, si chacun de ses éléments y est fini. Plus généralement, on peut avoir à considérer dans certains cas des expressions de la forme $f(dj)^a$ ou $F(dj)^a$, a étant quelconque (mais généralement entier) : une expression $F(dj)^a$ sera dite *finie* en un point de $\mathfrak{R}$ si $F(dj/d\tau)^a$ y est holomorphe. $d\omega$ est une différentielle de K, car $d\omega/dj$ appartient à K; elle est évidemment partout finie.

Soit maintenant S un élément quelconque du groupe $\mathfrak{G}$; soit $\omega' = S(\omega)$ la substitution fuchsienne correspondante. $F = F(\omega)$ désignant une fonction, une matrice, une différentielle ou une matrice différentielle sur K, $F[S(\omega)]$ sera encore de même nature; nous poserons :

$$F^S = F[S(\omega)]$$

de sorte qu'on aura en particulier $\omega^S = S(\omega)$. On aura toujours :

$$(F^S)^T = F^{ST}.$$

Les transformations $(F \to F^S)$ forment évidemment un groupe d'automorphismes de K en lui-même, qui laisse invariants les éléments de k

et ceux-là seulement. Si l'on interprète les éléments S de $\mathfrak{G}$ comme des chemins fermés tracés sur $\mathfrak{r}'$ à partir d'une origine fixe O, F^S n'est pas autre chose que la fonction (ou la matrice) déduite de F par prolongement analytique le long du chemin S. Nous supposons les notations choisies de telle manière que C_μ corresponde, dans cette interprétation, à un lacet d'origine O, tournant autour de P_μ dans le sens positif.

2. Soient P un point de $\mathfrak{r}$, et $n = n(P)$; soient t et $\tau = t^{1/n}$ les uniformisantes locales de $\mathfrak{r}$ et de $\mathfrak{R}$. On désignera par k_P le corps des fonctions de t, méromorphes dans un voisinage de $t = 0$. Le corps K_P des fonctions de τ, méromorphes dans un voisinage de $\tau = 0$, est évidemment une extension algébrique de degré n de k_P, $K_P = k_P(t^{1/n})$. Une expression $f.dt$ sera appelée une différentielle de k_P, ou de K_P, suivant que f est dans k_P ou dans K_P; $d\tau = (\tau^{1-n}/n)\,dt$ est une différentielle de K_P. On aura à considérer aussi des matrices, et des matrices différentielles, sur k_P et sur K_P.

Nous poserons $\zeta = e^{2\pi i/n}$, et, si $F(\tau)$ appartient à K_P, $F(\zeta\tau) = F^{C}$ et plus généralement $F(\zeta^\nu\tau) = F^{C^\nu}$, donc en particulier $\tau^{C^\nu} = \zeta^\nu\tau$. Les n transformations $(F \to F^{C^\nu})$ $(\nu = 0, 1, 2, \ldots, n-1)$ forment le groupe de Galois de K_P par rapport à k_P : elles laissent invariants les F qui appartiennent à k_P, et ceux-là seulement.

On dira qu'une matrice est de degré r si elle a r lignes et r colonnes; la matrice unité de degré r sera notée $1_r = \|\delta_{ij}\|$, en posant suivant l'usage $\delta_{ij} = 1$ si $i = j$ et 0 si $i \neq j$. Pour qu'une matrice M de degré r, sur un corps quelconque, possède une inverse M^{-1} dans ce même corps, il faut et il suffit, comme on sait, que son déterminant $|M|$ soit $\neq 0$: on dira alors qu'elle est *régulière;* les matrices régulières de degré r sur un corps forment un groupe multiplicatif. Soit maintenant F une matrice régulière de degré r sur le corps K_P : on appellera *indice* de F, et l'on notera $i(F)$, l'exposant ρ de t dans le premier terme du développement $|F| = at^\rho + \ldots$ du déterminant de F suivant les puissances (fractionnaires) croissantes de t; c'est évidemment un multiple entier de $1/n$; et l'on a, si F, F' sont deux matrices régulières de degré r sur K_P, $i(FF') = i(F) + i(F')$. L'indice $i(F)$ peut aussi être défini comme le nombre ρ tel que

$\log|F| - \rho \log t$ soit holomorphe en τ, ou que $d(\log|F|) - \rho . dt/t$ soit fini pour $\tau = 0$. *Si nous convenons de noter par* $\oint_P$ *une intégrale prise le long d'un contour infiniment petit entourant le point* $t = 0$ *dans le plan de la variable* t (de sorte qu'on ait $\oint_P dt/t = 2\pi i$, et $\oint_P f(\tau)\,dt = 0$ si f est holomorphe en τ), on pourra donc écrire

$$i(F) = \frac{1}{2\pi i}\oint_P d(\log|F|).$$

Si de plus on note, suivant l'usage, par $Sp(M)$ la *trace* d'une matrice M (somme des éléments de la diagonale principale), on sait (et l'on vérifie facilement) que $d(\log|F|) = Sp(F^{-1}\,dF)$, et par conséquent :

$$i(F) = \frac{1}{2\pi i}\oint_P d(\log|F|) = \frac{1}{2\pi i}\oint_P Sp(F^{-1}\,dF).$$

Une matrice régulière de degré r sur K_p sera dite *unitaire* (¹) si cette matrice U et son inverse U^{-1} sont holomorphes en τ au voisinage de $\tau = 0$: il faut et il suffit pour cela que U soit finie en $\tau = 0$ et que $i(U) = 0$. On sait (²) que toute matrice F régulière de degré r sur K_P peut être mise sous la forme

$$F = U_1 \Delta U,$$

U_1 et U étant des matrices unitaires et Δ étant une matrice de la forme

$$\Delta = \| \delta_{ij} \tau^{d_i} \|.$$

D'autre part, on vérifie facilement que toute matrice F de degré r peut être mise sous la forme $F = UF_1$, où F_1 est une matrice qui n'a que des éléments nuls au-dessous de la diagonale principale.

Nous pouvons maintenant définir la notion de *diviseur local.* Supposons d'abord, pour simplifier, que $n(P) = 1$; et soit Θ une matrice

---

(¹) Aucune confusion n'est à craindre ici entre cette notion et celle de substitution unitaire en géométrie hermitienne.

(²) *Voir* par exemple B. L. VAN DER WAERDEN, *Moderne Algebra*, Vol. II, chap. XV, § 106, p. 124 (Springer, Berlin 1931).

régulière de degré r sur $k_{\mathfrak{p}} = K_{\mathfrak{p}}$: alors, le *diviseur* (local) Θ sera par définition l'ensemble de toutes les matrices $U\Theta$, si l'on prend pour U toutes les matrices unitaires de degré r sur $K_{\mathfrak{p}}$; autrement dit, un *diviseur local*, de degré r, sera une *classe* (*Nebengruppe*) à gauche dans le groupe des matrices régulières de degré r sur $k_{\mathfrak{p}}$, suivant le sous-groupe des matrices unitaires. Dans le cas général, $n(\mathfrak{P})$ étant quelconque, nous entendrons encore par *diviseur local* de degré r une classe à gauche dans le groupe des matrices régulières de degré r sur $K_{\mathfrak{p}}$ suivant le sous-groupe des matrices unitaires, *pourvu que cette classe soit invariante par l'automorphisme* C *de* $K_{\mathfrak{p}}$; autrement dit, Θ étant une matrice régulière de degré r sur $K_{\mathfrak{p}}$, l'ensemble des matrices $U\Theta$, quand on prend pour U toutes les matrices unitaires de degré r sur $K_{\mathfrak{p}}$, sera appelé un diviseur local de degré r *pourvu que* Θ^{C} *appartienne à ce même ensemble*, qui sera appelé alors le diviseur Θ. Puisque $i(U\Theta) = i(\Theta)$ quelle que soit la matrice unitaire U, toutes les matrices d'un diviseur local ont même indice : celui-ci sera appelé l'*indice du diviseur*. D'après ce qu'on a dit, on peut toujours, Θ étant donné, choisir U de manière que la matrice $U\Theta$ n'ait que des éléments nuls au-dessous de la diagonale principale : on pourra donc toujours, quand ce sera utile, supposer que la matrice Θ qui définit un diviseur local est de cette forme. Si Θ définit un diviseur, et si F est une matrice régulière sur $k_{\mathfrak{p}}$, ΘF définit aussi un diviseur, qui ne change pas si l'on remplace Θ par $U\Theta$ et ne dépend donc que du diviseur Θ et de F : ce qu'on peut exprimer en disant que les diviseurs locaux admettent le groupe des matrices régulières sur $k_{\mathfrak{p}}$ comme groupe d'opérateurs à droite.

Soit Θ de degré r définissant un diviseur local, c'est-à-dire que $\Theta^{C} = V\Theta$, $V = V(\tau)$ étant unitaire; si $\Theta' = U\Theta$ est une autre matrice du même diviseur, on aura $\Theta'^{C} = V'\Theta'$ avec $V' = U^{C}VU^{-1}$, d'où en particulier, en faisant $\tau = 0$ et en posant $V(0) = A$ et $V'(0) = A'$, $A' = U(0)AU(0)^{-1}$. D'autre part, on a, pour $\nu = 0, 1, 2, \ldots, \Theta^{C^{\nu}} = V_{\nu}\Theta$ avec $V_0 = 1_r$, $V_1 = V$ et en général $V_{\nu+1} = V^{C^{\nu}}V_{\nu}$, d'où $V_{\nu}(0) = A^{\nu}$, et, pour $\nu = n$, $V_n = V_0 = 1_r$ et $V_n(0) = A^n = 1_r$; on sait que dans ces conditions la matrice A peut être ramenée à la forme diagonale par une substitution M, c'est-à-dire que l'on a $A = M^{-1}DM$, avec D de la forme

$$D = \| \delta_{ij} \zeta^{d_i} \| \qquad (0 \leqq d_1 \leqq d_2 \leqq \ldots \leqq d_r \leqq n-1);$$

les ζ^{d_i} sont les *racines caractéristiques* de la matrice A; puisque, pour toute autre matrice $\Theta' = U'\Theta$ du même diviseur, $A' = U(0) A U(0)^{-1}$, les ζ^{d_i} sont aussi les racines caractéristiques de A'; *elles ne dépendent donc que du diviseur considéré :* on les appellera *les racines caractéristiques du diviseur* Θ. On peut alors, en remplaçant au besoin Θ par $\Theta' = M\Theta$, supposer qu'on a déjà $A = D$, donc $V(0) = D$ et en général $V_\nu(0) = D^\nu$. Cela fait, posons maintenant

$$\overline{\Theta} = \sum_{\nu=0}^{n-1} D^{-\nu} \Theta^{C^\nu} = \left(\sum_{\nu=0}^{n-1} D^{-\nu} V_\nu \right) \Theta;$$

la matrice $\sum_\nu D^{-\nu} V_\nu$ est holomorphe en τ, et prend pour $\tau = 0$ la valeur $n.1_r$; elle est donc unitaire, et $\overline{\Theta}$ définit le même diviseur que Θ. D'autre part, on a évidemment $\overline{\Theta}^C = D\overline{\Theta}$. En remplaçant Θ par $\overline{\Theta}$, on voit donc qu'*on peut supposer le diviseur considéré défini par une matrice* Θ *telle que* $\Theta^C = D\Theta$.

Nous conviendrons maintenant *une fois pour toutes*, chaque fois qu'on se sera donné r entiers (quelconques) $d_1, d_2, \ldots, d_r$, de leur faire correspondre les matrices

$$D = \| \delta_{ij} \zeta^{d_i} \| \qquad \Delta = \| \delta_{ij} \tau^{d_i} \|,$$

de degré r sur le corps des constantes et sur K_P respectivement. On a $\Delta^C = D\Delta$, et, par suite, si Θ est tel que $\Theta^C = D\Theta$ et si l'on pose $\Theta_0 = \Delta^{-1}\Theta$, $\Theta_0^C = \Theta_0$, c'est-à-dire que Θ_0 est une matrice sur k_P. Nous avons donc démontré que *si un diviseur de degré r possède les racines caractéristiques* ζ^{d_i} $(i = 1, 2, \ldots, r)$, *il peut être défini au moyen d'une matrice* Θ *de la forme* $\Theta = \Delta\Theta_0$, $\Theta_0 = \Theta_0(t)$ *étant régulière de degré r sur* k_P; réciproquement, toute matrice de cette forme définit évidemment un diviseur. On peut même supposer, comme on a dit, que $0 \leqq d_1 \leqq d_2 \leqq \ldots \leqq d_r \leqq n-1$: le diviseur étant supposé donné, Δ est déterminé d'une manière unique par ces conditions.

Nous conviendrons de même, r' entiers d'_i étant donnés, de poser une fois pour toutes

$$D' = \| \delta_{ij}\zeta^{d'_i} \|, \qquad \Delta' = \| \delta_{ij}\tau^{d'_i} \|.$$

On rencontrera plusieurs fois, par la suite, des matrices $\Psi = \| \psi_{ij}(t) \|$, à r lignes et r' colonnes sur k_P, telles que $\Delta\Psi\Delta'^{-1}$ soit holomorphe en τ pour $\tau = 0$, et il importe de déterminer les matrices Ψ qui satisfont à cette condition. *Supposons* (comme il sera toujours permis de le faire) *que les entiers d_i, d'_j soient tous $\geqq 0$ et $\leqq n-1$*. On a

$$\Delta\Psi\Delta'^{-1} = \| \psi_{ij}(t)\tau^{d_i - d'_j} \|,$$

et $-n+1 \leqq d_i - d'_j \leqq n-1$. On voit alors immédiatement que ψ_{ij} est assujetti à la seule condition d'être holomorphe en t, si $d_i \geqq d'_j$, et doit de plus contenir t en facteur, si $d_i < d'_j$. *La condition nécessaire et suffisante, pour que $\Delta\Psi\Delta'^{-1}$ soit holomorphe en τ, les d_i et d'_j étant $\geqq 0$ e $\leqq n-1$, est que Ψ soit holomorphe en t, et que de plus $\psi_{ij}(0) = 0$ chaque fois que $d_i < d'_j$.*

3. Nous définirons maintenant les *diviseurs sur* $\mathfrak{r}$, *relatifs à la signature donnée* $n(P)$:

On dira qu'on a défini un *diviseur de degré r sur* $\mathfrak{r}$ (relatif à la signature donnée) si à tout point P de $\mathfrak{r}$ on a fait correspondre un diviseur local $\Theta = \Theta_P(\tau)$ de degré r, de telle sorte que $\Theta_P = 1$, partout sauf au plus pour un nombre fini de points P de $\mathfrak{r}$. Le nombre $\sum_P i(\Theta_P)$ sera appelé l'*indice total* du diviseur Θ, et se notera $I(\Theta)$.

Nous allons maintenant résoudre le problème suivant. Donnons-nous deux diviseurs Θ, Θ' sur $\mathfrak{r}$, de degrés respectifs r, r'; on se propose de rechercher les matrices Φ à r lignes et r' colonnes sur k, telles qu'en tout point P la matrice $\Theta\Phi\Theta'^{-1}$ soit finie (c'est-à-dire holomorphe par rapport à l'uniformisante τ correspondant à P); si $r = r' = 1$, le problème consiste à rechercher les fonctions de k qui admettent sur $\mathfrak{r}$ des pôles et des zéros donnés, et le nombre des fonctions linéairement indépendantes qui satisfont à ces conditions est donné par le théorème de Riemann-Roch; de même notre problème va nous amener à la généralisation de ce théorème dont nous avons besoin. D'après ce qu'on a vu au paragraphe 2, on peut, en chaque point P, supposer que Θ est de la forme $\Delta\Theta_0$, avec $\Delta = \| \delta_{ij}\tau^{d_i} \|$, $0 \leq d_i \leq n-1$, et $\Theta_0 = \| \theta_{ij}(t) \|$ étant régulière sur k_P; on posera de plus $\Theta_0^{-1} = \| \vartheta_{ij}(t) \|$; de même on peut supposer que

$$\Theta' = \Delta'\Theta'_0, \qquad \Delta' = \| \delta_{ij}\tau^{d'_i} \|, \qquad 0 \leq d'_i \leq n-1,$$
$$\Theta'_0 = \| \theta'_{ij}(t) \|, \qquad \Theta'^{-1}_0 = \| \vartheta'_{ij}(t) \|.$$

Soit alors $\Phi = \| \varphi_{ij} \|$; au point P, on aura

$$\Theta\Phi\Theta'^{-1} = \left\| \sum_{i,j} \theta_{hi}\varphi_{ij}\vartheta'_{jk}\tau^{d_h - d'_k} \right\| = \| \psi_{hk}\tau^{d_h - d'_k} \|$$

à condition de poser $\Psi = \Theta_0\Phi\Theta'^{-1}_0$, et $\Psi = \| \psi_{hk} \|$; $\Delta\Psi\Delta'^{-1}$ devra être holomorphe en τ pour $\tau = 0$, donc en tout cas Ψ devra être holomorphe en t, de sorte que les éléments φ_{ik} de $\Phi = \Theta_0^{-1}\Psi\Theta'_0$ ne devront avoir en P que des pôles d'ordre au plus égal à la somme des ordres de ceux des ϑ_{ij} et des θ'_{ij} qui ont en P un pôle de l'ordre le plus élevé. Faisons correspondre à tout point P un entier $b = b(P)$ qui soit au moins égal à cette dernière somme, en prenant $b = 0$ en tout point où $\Theta = 1_r$ et $\Theta' = 1_{r'}$, c'est-à-dire partout sauf en un nombre fini de points de $\mathfrak{r}$: alors, les fonctions φ_{ij} doivent être recherchées parmi les fonctions φ qui ont en tout point P un pôle d'ordre $b(P)$ au plus; si l'on a pris les $b(P)$ assez grands pour que $\sum_P b(P) > 2p-2$ (la somme du premier membre étant étendue à tous les points de $\mathfrak{r}$), on sait, d'après le théorème ordinaire de Riemann-Roch, que ces fonctions dépendent linéairement de $(\Sigma b) - p + 1$ paramètres exactement (ce résultat restant valable encore pour $p = 0$ et $p = 1$). D'autre part, nous ferons correspondre à tout point P un entier $a = a(P)$ tel que les θ_{ij}, ϑ'_{ij} aient en $t = 0$ un pôle d'ordre a au plus, en prenant encore $a(P) = 0$ partout où $\Theta = 1_r$, $\Theta' = 1_{r'}$.

Les φ_{ij} étant pris désormais parmi les fonctions φ, la matrice Φ dépend linéairement de $rr'[(\Sigma b) - p + 1]$ paramètres, assujettis à des relations qui expriment qu'en chaque point P les fonctions ψ_{hk} sont holomorphes, et même s'annulent si $d_h < d'_k$. Les fonctions ψ_{hk} ont en P, d'après les hypothèses faites, un pôle d'ordre au plus égal à $2a+b$; il suffit donc d'écrire que le résidu en P de $t^\rho\psi_{hk}(t)$ est nul pour $0 \leqq \rho \leqq 2a+b-1$, et aussi pour $\rho = -1$ si $d_h < d'_k$; en notant par Res_P le résidu en P, nous avons donc les équations

$$(A) \qquad \mathrm{Res}_P\, t^\rho \left[\sum_{i,j} \theta_{hi}\varphi_{ij}\mathfrak{S}'_{jk}\right] = 0$$

$$(h=1,2,\ldots,r;\ k=1,\ldots,r';\ \rho=0,1,2,\ldots,2a+b-1 \text{ et } = -1 \text{ si } d_h<d'_k).$$

Si $m = m(P)$ désigne le nombre de couples d'indices (h, k) tels que $d_h < d'_k$, on a ainsi, en chaque point P, $rr'(2a+b)+m$ équations, donc en tout un système de $\sum\limits_P [rr'(2a+b)+m]$ équations linéaires et homogènes à $rr'[(\Sigma b)-p+1]$ inconnues. Reste à déterminer le nombre exact de ces équations qui sont linéairement indépendantes, ou, ce qui revient au même, le nombre de relations linéaires qui subsistent entre leurs premiers membres. Une telle relation est un système de constantes $C_{hk}^{(P,\rho)}$ telles qu'on ait identiquement, quelles que soient les fonctions φ_{ij} prises dans la famille φ

$$\sum_{i,j}\left[\sum_P \mathrm{Res}_P\left(\sum_{h,k,\rho} C_{hk}^{(P,\rho)} t^\rho \theta_{hi}\varphi_{ij}\mathfrak{S}'_{jk}\right)\right] = 0.$$

Posons alors

$$R_{kh}^{(P)}(t) = \sum_\rho C_{hk}^{(P,\rho)} t^\rho,$$

ce sont des fractions rationnelles en t, ayant au plus (et seulement si $d_h < d'_k$) un pôle simple en $t=0$. On devra alors avoir, identiquement, pour toute fonction φ qui a en tout point P un pôle d'ordre $b(P)$ au plus

$$\sum_P \mathrm{Res}_P\left(\sum_{k,h} \mathfrak{S}'_{jk} R_{kh}^{(P)}\theta_{hi}\right)\varphi = 0 \qquad (1 \leqq i \leqq r;\ 1 \leqq j \leqq r').$$

Nous pouvons maintenant faire usage d'un théorème très important de la théorie des fonctions algébriques, mais qui n'est pas toujours indiqué explicitement dans les traités classiques, et dont voici l'énoncé avec les notations introduites plus haut. Si à tout point P de $\mathfrak{r}$ on a fait correspondre une fonction $F = F_P(t)$, méromorphe en t pour

$t = 0$, la condition nécessaire et suffisante pour que la relation

$$\sum_{P} \mathrm{Res}_P[F_P(t)\varphi] = 0$$

soit identiquement vérifiée par toutes les fonctions φ ayant en tout point P un pôle d'ordre $b = b(P)$ au plus, est qu'il existe une différentielle dI du corps k, satisfaisant en tout P à la congruence $dI/dt \equiv F_P(t) \pmod{t^b}$. La condition est évidemment suffisante, car on a, si ces congruences sont satisfaites :

$$\mathrm{Res}_P(F_P\varphi) = \frac{1}{2\pi i}\oint_P \varphi\, dI,$$

et l'on sait que la somme des « périodes logarithmiques » $\oint_P dj$ d'une intégrale abélienne $\int dj$ est toujours nulle. Montrons qu'elle est nécessaire : en effet, si F a en P un pôle d'ordre $\leq c = c(P)$, $\mathrm{Res}_P(F\varphi)$ est une forme linéaire par rapport aux coefficients de $t^{-b}, t^{-b+1}, \ldots, t^{c-1}$ dans le développement de φ en P, et la relation

$$\sum_{P} \mathrm{Res}_P(F\varphi) = 0$$

est une relation linéaire entre $\sum_{P}(b+c)$ quantités qui sont des coefficients de développements de φ; parmi ces quantités, il y en a (puisque par hypothèse $\Sigma b > 2p - 2$) exactement $(\Sigma b) - p + 1$ indépendantes, donc il y a entre elles exactement $(\Sigma c) - p + 1$ relations, qui peuvent évidemment toutes se mettre sous la forme ci-dessus. Or il y a précisément ce nombre de différentielles dI sur k telles que dI/dt ait en chaque P un pôle d'ordre $c(P)$ au plus : car dI sera de la forme $f.dj$, dj étant une différentielle fixe de k qui aura d pôles et par suite $2p - 2 + d$ zéros, et f étant une fonction de k qui devra avoir d zéros donnés et $(\Sigma c) + 2p - 2 + d$ pôles donnés, donc dépendra de $(\Sigma c) + p - 1$ paramètres d'après le théorème de Riemann-Roch. De plus on ne peut avoir $dI/dt \equiv 0 \pmod{t^b}$ en tout P, car alors dI n'aurait pas de pôle et aurait $\Sigma b > 2p - 2$ zéros sur $\mathfrak{r}$. Donc les relations $\sum_P \oint_P \varphi\, dI = 0$

sont au nombre de $(\Sigma c)+p-1$ et sont indépendantes, de sorte qu'on a bien là toutes les relations dont il s'agit.

Appliquant ce théorème à la question qui nous occupe, nous voyons qu'à tout système de constantes $C_{hk}^{(P,\rho)}$ ayant les propriétés indiquées correspondra une matrice différentielle dI et une seule, à r' lignes et r colonnes sur k, telle qu'on ait en tout point P

$$\frac{dI}{dt} \equiv \left\| \sum_{h,k} \mathfrak{Z}'_{jk} R_{kh}^{(P)} \mathfrak{g}_{hi} \right\| \qquad (\text{mod. } t^b);$$

on a donc, en désignant par $R = R_P(t)$ la matrice $\| R_{kh}^{(P)} \|$, et par M une matrice holomorphe en P

$$\frac{dI}{dt} = \Theta_0'^{-1} R \Theta_0 + t^b M,$$

d'où, en multipliant par $dt/d\tau = n\tau^{n-1}$, puis à gauche par Θ' et à droite par Θ^{-1}

$$\Theta' \frac{dI}{d\tau} \Theta^{-1} = n\tau^{n-1} \Delta'(R + \Theta'_0 M \Theta_0^{-1} t^b) \Delta^{-1};$$

mais, d'après la manière dont on a choisi b (au moins égal à la somme des ordres des pôles en P de tout élément de Θ'_0 et de tout élément de Θ_0^{-1}), $N = \Theta'_0 M \Theta_0^{-1} t^b$ est une matrice holomorphe en $t=0$; posons $N = \| N_{kh} \|$, on aura donc

$$\Theta' \frac{dI}{d\tau} \Theta^{-1} = n \| (R_{kh}^{(P)} + N_{kh}) \tau^{d'_k - d_h + n - 1} \|.$$

Mais on a $d'_k - d_h + n - 1 \geqq 0$, et $d'_k - d_h + n - 1 \geqq n$ si $d_h < d'_k$; il en résulte d'après les conditions imposées aux $R_{kh}^{(P)}$, que le second membre est holomorphe; autrement dit, dI *est telle que* $\Theta'.dI/d\tau.\Theta^{-1}$ *soit holomorphe en* τ *quel que soit* P : soit σ le nombre des matrices différentielles dI (linéairement indépendantes) qui ont cette propriété. Réciproquement, si dI est l'une quelconque de ces σ matrices, et qu'on désigne par $R = \| R_{kh} \|$, en tout point P, l'ensemble des termes de degré $\leqq 2a+b-1$ dans le développement de $\Theta'_0 . dI/dt . \Theta_0^{-1}$ suivant les puissances de t, on aura, S étant une matrice holomorphe,

$$\Theta'_0 \frac{dI}{dt} \Theta_0^{-1} = R + t^{2a+b} S,$$

d'où

$$\frac{dI}{dt} = \Theta_0'^{-1} R\Theta_0 + t^{2a+b}\Theta_0'^{-1} S\Theta_0,$$
$$\equiv \Theta_0'^{-1} R\Theta_0 \qquad (\text{mod. } t^b),$$

d'après la définition de a; le même calcul que ci-dessus montre alors que $R_{kh}^{(P)}\tau^{d'_k - d_h + n - 1}$ sera holomorphe en τ, donc que R_{kh} sera holomorphe en t si $d_h \geqq d'_k$ et aura en $t = 0$ au plus un pôle simple si $d_h < d'_k$, de sorte que les $R_{kh}^{(P)}$ satisfont à toutes les conditions requises, et que leurs coefficients $C_{kh}^{(P,\rho)}$ définissent bien une relation linéaire entre les équations (A); nous avons ainsi σ relations, qui sont bien toutes indépendantes entre elles, car si dI n'est pas identiquement nulle la matrice R qu'on vient d'en déduire ne le sera pas non plus.

Toute autre relation entre les équations (A) est alors évidemment une combinaison de l'une des σ relations qu'on vient d'obtenir avec une relation correspondant à $dI = 0$; il nous reste donc à compter combien il y a de systèmes de constantes $C_{hk}^{(P,\rho)}$, ou d'expressions $R_{kh}^{(P)}$, satisfaisant aux congruences

$$\Theta_0'^{-1} R\Theta_0 \equiv 0 \qquad (\text{mod. } t^b).$$

On aura $R = \Theta'_0 M \Theta_0^{-1} t^b$, M étant holomorphe; il en résulte d'abord comme plus haut que R est holomorphe, donc que les $R_{kh}^{(P)}$ sont des polynomes de degré $2a + b - 1$; et aussi que réciproquement, en prenant pour M une matrice holomorphe quelconque, et pour R l'ensemble des termes de degré $\leqq 2a + b - 1$ dans le développement de $\Theta'_0 M \Theta_0^{-1} t^b$, on obtiendra des polynomes $R_{kh}^{(P)}$ satisfaisant aux conditions voulues. Il ne reste donc plus qu'à déterminer en chaque point P, parmi les matrices de la forme $\Theta'_0 M \Theta_0^{-1} t^b$, le nombre n_P de celles qui sont incongrues entre elles modulo t^{2a+b} : à chacune d'elles correspondra une relation entre les équations (A), de sorte que le nombre total des relations entre ces équations sera $\sum_P n_P + \sigma$. Pour trouver n_P, mettons Θ_0 et Θ'_0 sous la forme canonique $\Theta_0 = U_1 E U$, $\Theta'_0 = U'_1 E' U'$, où U, U_1, U', U'_1 sont unitaires, et $E = \| \delta_{ij} t^{e_i} \|$, $E' = \| \delta_{ij} t^{e'_i} \|$ sont des matrices diagonales. Si l'on pose $M' = U' M U^{-1}$, M et M' seront holomorphes en même temps; de même les matrices $R = \Theta'_0 M \Theta_0^{-1} t^b$ et

$R' = U_1'^{-1} R U_1 = E' M' E^{-1} t^b$ seront en même temps, congrues à zéro modulo t^{2a+b}; n_P est donc aussi le nombre des matrices de la forme $E'M'E^{-1}t^b$ qui sont incongrues entre elles modulo t^{2a+b}, quand on prend pour M′ toutes les matrices holomorphes; or, si l'on pose $M' = \|f_{ij}(t)\|$, on aura

$$E'M'E^{-1}t^b = \|f_{ij}(t)\, t^{b+e'_i-e_j}\|,$$

de sorte qu'évidemment

$$\begin{aligned} n_P &= \sum_{i,j}(2a + e_j - e'_i) = 2arr' + r'\sum_j e_j - r\sum_i e'_i \\ &= 2arr' + r'i(\Theta_0) - ri(\Theta'_0). \end{aligned}$$

Le nombre de relations entre les équations (A) étant $\sum_P n_P + \sigma$, le nombre d'équations (A) indépendantes est

$$\sum_P [rr'b + m + ri(\Theta'_0) - r'i(\Theta_0)] - \sigma.$$

D'ailleurs, on a

$$i(\Theta_0) = i(\Theta) - i(\Delta), \qquad i(\Theta'_0) = i(\Theta') - i(\Delta').$$

Pour donner à nos résultats leur forme définitive, observons maintenant qu'on a $i(\Delta) = \sum_h d_h/n$, et de même pour Δ′, d'où

$$\begin{aligned} m + r'i(\Delta) - ri(\Delta') &= m + \sum_{h,k}\left(\frac{d_h - d'_k}{n}\right) \\ &= \sum_{d_h<d'_k}\left(1 + \frac{d_h - d'_k}{n}\right) + \sum_{d_h \geqq d'_k}\left(\frac{d_h - d'_k}{n}\right) \\ &= \sum_{h,k}\left\langle\frac{d_h - d'_k}{n}\right\rangle, \end{aligned}$$

en désignant en général par $\langle x \rangle$ la partie fractionnaire de x (la différence entre x et le plus grand entier $\leqq x$).

Désignons cette dernière expression par ν_P; et remarquons qu'elle ne change pas si l'on remplace les d_h, d'_k par des nombres qui leur soient respectivement congrus modulo n, et ne dépend donc que des ζ^{d_h}, $\zeta^{d'_k}$. En écrivant d'autre part $I(\Theta)$ (indice total du diviseur Θ)

au lieu de $\sum_{P} i(\Theta)$, et $I(\Theta')$ au lieu de $\sum_{P} i(\Theta')$, on voit que le nombre d'équations (A) indépendantes est

$$rr'\left(\sum_{P} b\right) + rI(\Theta') - r'I(\Theta) + \sum_{P} \nu_P - \sigma;$$

ce sont des équations linéaires et homogènes à $rr'(\Sigma b) - rr'(p-1)$ inconnues, et par conséquent la solution Φ du problème posé dépend de

$$N = r'I(\Theta) - rI(\Theta') - rr'(p-1) - \sum_{P} \nu_P + \sigma$$

paramètres. Nous avons ainsi démontré le *théorème de Riemann-Roch généralisé* (¹) :

Une signature $n(P)$ *étant donnée sur une surface de Riemann* $\mathfrak{r}$, *soient* Θ, Θ' *deux diviseurs sur* $\mathfrak{r}$, *de degré* r *et* r', *d'indice total* $I(\Theta)$ *et* $I(\Theta')$ *respectivement; soient, en chaque point* P *de* $\mathfrak{r}$, $\zeta^{d_i}(i = 1, 2, \ldots, r)$ *et* $\zeta^{d'_j}(j = 1, 2, \ldots, r')$, *respectivement, les racines caractéristiques des diviseurs* Θ *et* Θ'. *Alors le nombre de matrices* Φ (*à* r *lignes et* r' *colonnes sur le corps* k *des fonctions rationnelles sur* $\mathfrak{r}$) *linéairement indépendantes, telles qu'en tout point* $\Theta\Phi\Theta'^{-1}$ *soit fini, est*

$$N = r'I(\Theta) - rI(\Theta') - rr'(p-1) - \sum_{P} \sum_{i,j} \left\langle \frac{d_i - d'_j}{n} \right\rangle + \sigma,$$

σ *désignant le nombre de matrices différentielles* dI (*à* r' *lignes et* r *colonnes sur* k) *telles que* $\Theta' . dI/d\tau . \Theta^{-1}$ *soit fini en tout point.*

Introduisons maintenant une nouvelle définition très importante, celle de *classe de diviseurs* sur $\mathfrak{r}$ (pour la signature donnée). Soit Θ un diviseur de degré r, d'indice total $I(\Theta)$; si F est une matrice régulière de degré r sur k, ΘF sera encore un diviseur de degré r, et l'on aura

$$I(\Theta F) = I(\Theta) + \sum_{P} i(F) = I(\Theta),$$

(¹) *Cf.* dans ma Note des *Hamb. Abh.*, Bd. **11**, 1935, S. 110, un cas particulier de ce théorème [celui qui se rapporte au cas $n(P) = 1$, $r' = 1$, $\Theta' = 1$].

car le déterminant $|F|$ est un élément de k et a donc autant de zéros que de pôles, chacun compté avec sa multiplicité, et par suite $\Sigma i(F) = 0$. Alors, *tous les diviseurs* ΘF *seront dits équivalents au diviseur* Θ; cette relation d'équivalence est évidemment symétrique et transitive; l'ensemble des diviseurs ΘF équivalents à un même diviseur Θ sera appelé une *classe* de diviseurs. Si $r = r' = 1$, et si $n(P) = 1$ quel que soit P, on retrouve une notion classique.

Il est facile de voir par exemple que le nombre N du théorème de Riemann-Roch ne dépend que de la *classe* des diviseurs Θ, Θ' : supposons, en effet, qu'on remplace ceux-ci par des diviseurs équivalents $\Theta_1 = \Theta F$, $\Theta'_1 = \Theta' F'$; alors il y aura une correspondance biunivoque entre les matrices Φ sur k, telles que $\Theta\Phi\Theta'^{-1}$ soit partout fini, et les matrices Φ_1 sur k, telles que $\Theta_1\Phi_1\Theta_1'^{-1}$ soit partout fini, correspondance exprimée par la relation $\Phi_1 = F^{-1}\Phi F'$, de sorte que les nombres de matrices Φ et Φ_1 linéairement indépendantes seront les mêmes.

4. Pour la suite, il est nécessaire aussi d'examiner le *problème de Riemann-Roch non homogène :* j'entends par là la recherche des matrices Φ à r lignes et r' colonnes sur k, telles qu'en tout point P la matrice $\Theta(\Phi - H)\Theta'^{-1}$ soit finie, Θ et Θ' étant comme plus haut des diviseurs donnés, et $H = H_P(t)$ étant une matrice à r lignes et r' colonnes sur k_P, donnée en chaque point P, de telle facon que l'on ait $H_P = 0$ partout sauf pour un nombre fini de points P. Si l'on a $r = r' = 1$, et si $n(P) = 1$ quel que soit P, ce problème n'est autre que la recherche, sur $\mathfrak{r}$, des fonctions de k dont on se donne les pôles, et de plus, en un nombre fini de points, un certain nombre de termes du développement suivant les puissances de t.

Posons, en chaque point P, $H = \|\eta_{ij}(t)\|$. La matrice cherchée $\Phi = \|\varphi_{ij}\|$ devra être telle que $\Theta(\Phi - H)\Theta'^{-1}$ soit holomorphe en τ en tout point P; si l'on suppose, comme au paragraphe **3**, Θ et Θ' ramenés à la forme $\Theta = \Delta\Theta_0$, $\Theta' = \Delta'\Theta'_0$, et qu'on pose $\Psi = \Theta_0(\Phi - H)\Theta_0'^{-1}$, cela revient à dire que $\Delta\Psi\Delta'^{-1}$ doit être holomorphe en τ, donc en particulier Ψ holomorphe en t; mais on a $\Phi = \Theta_0^{-1}\Psi\Theta'_0 + H$; si donc on fait correspondre à tout point P un entier $b = b(P)$, assujetti aux mêmes conditions qu'au paragraphe **3**, et de plus au moins égal à l'ordre de celui des η_{ij} qui a en $t = 0$ un pôle de l'ordre le plus élevé, on voit que les φ_{ij} devront être cherchées parmi les fonctions φ de k qui ont en tout P un pôle d'ordre $\leqq b(P)$; de plus, les notations restant les mêmes qu'au paragraphe **3**, nous aurons pour déterminer les φ_{ij}, les équations

$$\text{(B)} \qquad \mathrm{Res}_P\, t^\rho \left[\sum_{i,j} \theta_{hi}\varphi_{ij}\mathfrak{I}'_{jk}\right] = \mathrm{Res}_P\, t^\rho \left[\sum_{i,j} \theta_{hi}\eta_{ij}\mathfrak{I}'_{jk}\right]$$

$(h=1, 2, \ldots, r;\ k=1, 2, \ldots, r';\ \rho=0, 1, 2, \ldots,\ 2a+b-1$, et $=-1$, si $d_h < d'_k$).

Pour que ces équations linéaires non homogènes soient compatibles, il faut et il suffit que toute relation linéaire à laquelle satisfassent identiquement les premiers membres, soit satisfaite par les seconds membres. Or toutes ces relations ont été déterminées au paragraphe **3**; on a vu qu'elles sont de deux sortes, σ d'entre elles correspondant biunivoquement aux σ matrices différentielles dI sur k, telles qu'en tout point $\Theta'.dI/d\tau.\Theta^{-1}$ soit fini; on a vu en effet qu'à chacune de ces matrices $dI = \|du_{ij}\|$ correspond une combinaison linéaire des premiers membres des équations (A), qui peut se mettre sous la forme

$$\sum_{i,j}\sum_{P}\oint_P \varphi_{ij}\, du_{ji} = 0,$$

et est vérifiée identiquement. Pour obtenir les conditions correspondantes relatives aux η_{ij}, il suffit évidemment de remplacer les φ_{ij} par les η_{ij}, puisque cette substitution est celle qui fait passer des premiers aux seconds membres des équations (B). Nous obtenons ainsi σ conditions, qui peuvent s'écrire

$$\sum_{P}\oint_P Sp(H\, dI) = 0.$$

D'autre part, en plus de ces σ relations entre les équations (A), on en a trouvé d'autres (au nombre de Σn_P), qu'on obtient toutes de la manière suivante : P étant quelconque sur $\mathfrak{r}$, et M étant une matrice holomorphe quelconque, à r lignes et r' colonnes sur k_P, on prend $R = \Theta'_0 M \Theta_0'^{-1} t^\nu$, et, en posant $R = \|R_{kh}\|$, il y a une combinaison linéaire des équations (A), qui s'écrit

$$\sum_{i,j} \mathrm{Res}_P \left(\sum_{h,k} \mathfrak{I}'_{jk} R_{kh} \theta_{hi}\right) \varphi_{ij} = 0,$$

c'est-à-dire

$$\mathrm{Res}_{\mathrm{P}}\, Sp(\mathrm{M}\Phi t^{b}) = 0,$$

et qui est identiquement vérifiée par Φ. La condition correspondante pour H s'obtient en remplaçant Φ par H; c'est donc

$$\mathrm{Res}_{\mathrm{P}}\, Sp(\mathrm{MH} t^{b}) = 0.$$

Mais celle-ci aussi est identiquement satisfaite, d'après la manière dont on a choisi b. On a donc le théorème suivant :

Soient Θ, Θ' *deux diviseurs sur* $\mathfrak{r}$, *de degrés respectifs* r *et* r' *; et soit, en chaque point* P *de* $\mathfrak{r}$, $\mathrm{H} = \mathrm{H}_{\mathrm{P}}(t)$ *une matrice à* r *lignes et* r' *colonnes sur* k_{P}, *nulle sauf pour un nombre fini de points* P. *Alors, pour qu'il existe une matrice* Φ, *à* r *lignes et* r' *colonnes sur* k, *telle qu'en tout point* P *la matrice* $\Theta(\Phi - \mathrm{H})\Theta'^{-1}$ *soit finie, il faut et il suffit que l'on ait*

$$\sum_{\mathrm{P}} \oint_{\mathrm{P}} Sp(\mathrm{H}\, d\mathrm{I}) = 0,$$

chaque fois que la matrice différentielle $d\mathrm{I}$, *à* r' *lignes et* r *colonnes sur* k, *est telle que* $\Theta' . d\mathrm{I}/d\tau . \Theta^{-1}$ *soit fini partout.*

Il est évident, d'ailleurs, que ces conditions sont nécessaires; mais il ne l'était pas qu'elles fussent suffisantes.

CHAPITRE II.

CLASSES DE DIVISEURS ET CLASSES DE REPRÉSENTATIONS.

5. On dit, comme on sait, qu'on a défini une *représentation de degré* r d'un groupe $\mathfrak{G}$ dans un corps si, à tout élément S de $\mathfrak{G}$, on a fait correspondre une matrice $\mathfrak{M}_{\mathrm{S}}$ régulière de degré r sur ce corps, de telle façon que l'on ait toujours

$$\mathfrak{M}_{\mathrm{ST}} = \mathfrak{M}_{\mathrm{S}} \mathfrak{M}_{\mathrm{T}}.$$

Il s'ensuit, en prenant pour S l'élément unité de $\mathfrak{G}$, qu'à celui-ci correspond la matrice unité 1_r, puis en prenant de nouveau S quelconque et $T = S^{-1}$, qu'à S^{-1} correspond la matrice inverse de $\mathfrak{M}_S$.

Nous aurons affaire uniquement aux représentations du groupe $\mathfrak{G}$, défini au paragraphe **1**, dans le corps des constantes, c'est-à-dire dans le corps de tous les nombres complexes : c'est toujours de celles-là qu'il s'agira quand nous parlerons de représentations. Il est essentiel pour nous qu'à toute représentation de degré r on puisse faire correspondre au moins une matrice Θ régulière de degré r sur le corps K, telle que l'on ait

$$\Theta^S = \mathfrak{M}_S \Theta.$$

La recherche d'une matrice Θ satisfaisant à ces conditions est un cas particulier de ce qu'on nomme, dans la théorie des équations différentielles linéaires, le problème de Riemann. Dans le cas qui nous occupe, on le résout, d'après Poincaré, au moyen des séries zêtafuchsiennes. ω étant l'uniformisante définie au paragraphe **1**, posons

$$\Theta_*(\omega) = \sum_S \mathfrak{M}_S^{-1} F(\omega^S) \left(\frac{d\omega^S}{d\omega}\right)^m,$$

$$\theta_*(\omega) = \sum_S f(\omega^S) \left(\frac{d\omega^S}{d\omega}\right)^m,$$

$F(\omega)$ étant une matrice régulière de degré r sur K, et f une fonction de K. La première série est une série « zêtafuchsienne », la deuxième une série « thêtafuchsienne » : Poincaré a démontré que si $\mathfrak{G}$ ne contient pas de substitution parabolique (ce qui est bien le cas ici) et si F, f satisfont à des conditions très larges (on peut prendre par exemple pour F, f des fonctions rationnelles en ω sans pôle sur le cercle unité), les deux séries sont absolument convergentes pour m, assez grand ; on vérifie alors immédiatement que l'on a

$$\Theta_*^S = \Theta_*(\omega^S) = \mathfrak{M}_S \Theta_*(\omega) \left(\frac{d\omega^S}{d\omega}\right)^{-m},$$

$$\theta_*^S = \theta_*(\omega^S) = \theta_*(\omega) \left(\frac{d\omega^S}{d\omega}\right)^{-m}.$$

Si de plus f et F sont choisies convenablement, $|\Theta_*|$ et θ_* ne s'annuleront pas identiquement; il suffit par exemple de donner à f et à F un seul pôle simple, par exemple en $\omega = 0$, dans l'intérieur du cercle unité, de façon qu'en $\omega = 0$, le déterminant $\omega^r|F|$ de ωF ne s'annule pas. Dans ces conditions, $\Theta = \Theta_*/\theta_*$ satisfera aux conditions imposées; il est clair qu'alors la matrice ΘF y satisfera également, si l'on prend pour F n'importe quelle matrice régulière de degré r sur k; réciproquement, si Θ_1 est une matrice quelconque satisfaisant à ces conditions, la matrice $F = \Theta^{-1}\Theta_1$ sera régulière de degré r sur K et invariante par le groupe $\mathfrak{G}$, ce sera donc une matrice régulière de degré r sur k, et l'on aura $\Theta_1 = \Theta F$.

Θ étant une matrice régulière sur K telle que $\Theta^S = \mathfrak{M}_S\Theta$, soit P un point de $\mathfrak{r}$: en un voisinage de ce point, la matrice Θ prend une infinité de valeurs qui se déduisent toutes de l'une quelconque Θ d'entre elles par multiplication à gauche par les matrices régulières $\mathfrak{M}_S$; si d'ailleurs $n(P) > 1$, c'est-à-dire si P est l'un des points P_μ, on a

$$\Theta^{C_\mu} = \mathfrak{M}_{C_\mu}\Theta;$$

par conséquent, d'après les définitions du paragraphe **2**, Θ définit en P un diviseur local, *indépendant de la valeur de Θ choisie en* P *pour le définir*. Puisque Θ permet ainsi de définir en tout point P de $\mathfrak{r}$ un diviseur local bien déterminé, Θ définit, au sens du paragraphe **3**, un diviseur sur $\mathfrak{r}$ (relatif à la signature donnée), qui sera appelé le *diviseur* Θ. Si l'on remplace Θ par une autre matrice $\Theta_1 = \Theta F$ jouissant des mêmes propriétés, F étant une matrice régulière de degré r sur k, on obtient, d'après nos définitions, un diviseur Θ_1 équivalent à Θ, et même on obtient ainsi tous les diviseurs équivalents à Θ en choisissant F convenablement. De plus, le déterminant $|\Theta|$ est une fonction de K, multiplicative sur $\mathfrak{r}$ (c'est-à-dire qui se reproduit à un facteur constant près par toute substitution S de $\mathfrak{r}$), ou, ce qui revient au même, $\log|\Theta|$ est une intégrale abélienne sur $\mathfrak{r}$, dont la somme des périodes logarithmiques est donc nulle, c'est-à-dire que l'on a

$$\sum_P \frac{1}{2\pi i}\oint_P d(\log|\Theta|) = \sum_P i(\Theta) = I(\Theta) = 0.$$

Soient maintenant $\mathfrak{M}_S$, $\mathfrak{M}'_S$ deux représentations, de degrés respectifs r, r'; soient Θ, Θ' deux matrices régulières de degrés r, r' sur K, telles que $\Theta^S = \mathfrak{M}_S\Theta$, $\Theta'^S = \mathfrak{M}'_S\Theta'$. On dira qu'une matrice, ou une matrice différentielle, M, à r lignes et r' colonnes sur K, appartient au *module* $(\mathfrak{M}_S, \mathfrak{M}'_S)$, si l'on a, quel que soit S,

$$M^S = \mathfrak{M}_S M \mathfrak{M}'^{-1}_S.$$

Il est clair qu'alors la matrice $\Theta^{-1} M \Theta'$ est invariante par $\mathfrak{G}$, et appartient donc à k, de sorte que la matrice la plus générale du module $(\mathfrak{M}_S, \mathfrak{M}'_S)$ est de la forme $\Theta\Phi\Theta'^{-1}$, Φ étant une matrice à r lignes et r' colonnes sur k. Si $\mathfrak{M}_S = \mathfrak{M}'_S$, le module $(\mathfrak{M}_S, \mathfrak{M}'_S)$ s'appellera aussi l'*anneau* $(\mathfrak{M}_S)$: le produit de deux matrices de l'anneau $(\mathfrak{M}_S)$ est évidemment une matrice du même anneau, d'où ce nom. Plus généralement, le produit d'une matrice du module $(\mathfrak{M}_S, \mathfrak{M}'_S)$ par une matrice du module $(\mathfrak{M}_S, \mathfrak{M}''_S)$ appartient au module $(\mathfrak{M}_S, \mathfrak{M}''_S)$; en particulier, le module $(\mathfrak{M}_S, \mathfrak{M}'_S)$ admet l'anneau $(\mathfrak{M}_S)$ comme anneau d'opérateurs à gauche, et l'anneau $(\mathfrak{M}'_S)$ comme anneau d'opérateurs à droite.

Les matrices, et les matrices différentielles, partout finies d'un module ou d'un anneau jouent dans la présente théorie un rôle très important. Les matrices Λ partout finies d'un anneau $(\mathfrak{M}_S)$ forment évidemment elles-mêmes un anneau, qu'on appellera le *noyau* de l'anneau $(\mathfrak{M}_S)$, ou plus brièvement le noyau $(\mathfrak{M}_S)$: d'après le théorème de Riemann-Roch, c'est une algèbre de rang fini sur le corps des constantes, qui contient d'ailleurs évidemment la matrice unité 1_r et tous ses multiples. Soient maintenant $\mathfrak{M}_S$, $\mathfrak{M}'_S$ deux représentations *de même degré* $r = r'$: elles seront dites *semblables* (1) s'il existe une matrice C régulière de degré r sur le corps des constantes, telle que $\mathfrak{M}'_S = C^{-1} \mathfrak{M}_S C$; alors la matrice constante C appartient au module $(\mathfrak{M}_S, \mathfrak{M}'_S)$, car on a

$$C = \mathfrak{M}_S C \mathfrak{M}'^{-1}_S.$$

On dira que deux représentations $\mathfrak{M}_S$, $\mathfrak{M}'_S$ *de même degré* $r = r'$ sont *équivalentes* s'il y a dans le module $(\mathfrak{M}_S, \mathfrak{M}'_S)$ une matrice M *régulière, partout finie*, c'est-à-dire une matrice M régulière de degré r sur K,

(1) On dit ordinairement, dans ce cas, qu'elles sont équivalentes; mais nous avons besoin de ce mot pour désigner une autre notion, comme on va le voir immédiatement.

partout finie, telle que

$$M^S = \mathfrak{M}_S M \mathfrak{M}_S'^{-1};$$

on voit, comme plus haut pour $|\Theta|$, que le déterminant $|M|$ est une fonction multiplicative et que $d(\log|M|)$ est une différentielle sur k, d'où il résulte que

$$\sum_P i(M) = \frac{1}{2\pi i}\sum_P \oint_P d(\log|M|) = 0;$$

mais, M étant partout holomorphe, on a $i(M) \geqq 0$, et par conséquent $i(M) = 0$ partout, c'est-à-dire que $|M|$ ne s'annule en aucun point de $\mathfrak{R}$, ou encore que $\log|M|$ est une intégrale abélienne de première espèce. Il en résulte que la matrice M^{-1}, qui appartient évidemment au module $(\mathfrak{M}_S', \mathfrak{M}_S)$, est partout finie elle aussi, donc que notre relation d'équivalence est bien symétrique; elle est évidemment transitive. De plus, toute représentation *semblable* à $\mathfrak{M}_S$ est aussi *équivalente* à $\mathfrak{M}_S$, d'après les remarques faites. L'ensemble des représentations équivalentes à $\mathfrak{M}_S$ sera appelé une *classe* de représentations.

Soit Θ, régulière de degré r sur K, telle que $\Theta^S = \mathfrak{M}_S\,\Theta$; ou, autrement dit, soit Θ une matrice régulière du module $(\mathfrak{M}_S, 1_r)$; soit $\mathfrak{M}_S'$ équivalente à $\mathfrak{M}_S$, c'est-à-dire qu'il y a une matrice M régulière, partout finie, dans le module $(\mathfrak{M}_S, \mathfrak{M}_S')$; alors

$$\Theta' = M^{-1}\Theta$$

est une matrice régulière du module $(\mathfrak{M}_S', 1_r)$; puisque d'ailleurs $|M|$ ne s'annule en aucun point, les diviseurs Θ et Θ' sont identiques. *Si donc à toute représentation* $\mathfrak{M}_S$ *nous faisons correspondre la classe de diviseurs* (bien déterminée d'après ce qui précède) *qui contient le diviseur* Θ, on voit qu'*à deux représentations équivalentes correspond même classe de diviseurs.* Supposons, réciproquement, qu'il en soit ainsi pour deux représentations $\mathfrak{M}_S$, $\mathfrak{M}_S'$ de degré r arbitrairement données; autrement dit, supposons qu'il y ait Θ et Θ' régulières, appartenant respectivement aux modules $(\mathfrak{M}_S, 1_r)$ et $(\mathfrak{M}_S', 1_r)$, et F régulière de degré r sur k, telles que les diviseurs ΘF et Θ' soient identiques : cela signifie, par définition, qu'en tout point P la matrice $M = \Theta F \Theta'^{-1}$ est unitaire; M est donc régulière et partout holomorphe, et appartient évidemment au module $(\mathfrak{M}_S, \mathfrak{M}'_S)$, c'est-à-dire que les deux représentations sont bien équivalentes.

A toute classe de représentations correspond ainsi une classe de diviseurs bien déterminée, et à deux classes de représentations distinctes correspondent des classes de diviseurs distinctes; il y a donc correspondance biunivoque entre les classes de représentations et certaines classes de diviseurs. Reste à déterminer ces dernières; cette détermination sera effectuée au paragraphe **7** et constituera le principal résultat de ce travail; elle se fera par l'application de nos résultats concernant le problème de Riemann-Roch non homogène. Mais auparavant, et bien que ce ne soit pas indispensable pour notre objet, nous allons appliquer le théorème de Riemann-Roch du paragraphe **3** à la détermination du nombre de paramètres qui figurent dans certains des éléments dont nous avons à parler; en dehors de son intérêt propre, cette application nous servira aussi à nous familiariser avec les méthodes de calcul dont il est fait usage dans cette théorie.

6. Proposons-nous d'abord de déterminer *le nombre des matrices différentielles* Ω *partout finies d'un module* $(\mathfrak{M}_S, \mathfrak{M}'_S)$. En désignant toujours par dj une différentielle fixe/k, par Θ et Θ' des matrices régulières appartenant aux modules $(\mathfrak{M}_S, 1_r)$ et $(\mathfrak{M}'_S, 1_{r'})$, toute matrice Ω sera de la forme

$$\Omega = \Theta\Phi\Theta'^{-1}\,dj,$$

Φ étant une matrice à r lignes et r' colonnes sur k; et il faudra choisir Φ de telle sorte qu'en tout point $\Omega/d\tau$ soit fini. On a donc à appliquer le théorème de Riemann-Roch aux deux diviseurs $\Theta.dj/d\tau$ et Θ'. L'indice total du premier est

$$I\left(\Theta\frac{dj}{d\tau}\right) = I(\Theta) + r\sum_{\mathfrak{p}} i\left(\frac{dj}{dt}\right) + r\sum_{\mathfrak{p}} i\left(\frac{dt}{d\tau}\right);$$

mais $I(\Theta) = 0$; $\Sigma i(dj/dt)$ est la différence entre le nombre de zéros et le nombre de pôles de dj sur $\mathfrak{r}$, donc $2p-2$; et $i(dt/d\tau)$ est égal à $i(\tau^{n-1})=(n-1)/n$; donc

$$\mathrm{I}\left(\Theta\frac{dj}{d\tau}\right)=r(2p-2)+r\sum_{\mathrm{P}}\left(1-\frac{1}{n}\right),$$

et naturellement $\mathrm{I}(\Theta')=0$. Soit maintenant P l'un des points P_μ où $n(\mathrm{P})>1$; $\mathfrak{M}_s$ étant une représentation du groupe $\mathfrak{G}$, on aura, puisque $\mathrm{C}_\mu^{n_\mu}=1$:

$$(\mathfrak{M}_{\mathrm{C}_\mu})^{n_\mu}=1_r$$

et les racines caractéristiques de $\mathfrak{M}_{\mathrm{C}_\mu}$ seront des racines $n_\mu^{\text{ièmes}}$ de l'unité; soient donc ζ^{d_i} ces racines, et de même $\zeta^{d'_j}$ celles de $\mathfrak{M}'_{\mathrm{C}_\mu}$. Puisque $\Theta^{\mathrm{C}_\mu}=\mathfrak{M}_{\mathrm{C}_\mu}\Theta$, les ζ^{d_i} seront aussi (d'après les définitions du paragraphe 3) les racines caractéristiques du diviseur local Θ au point P, et les $\zeta^{d'_j}$ seront celles du diviseur Θ'. On a de plus

$$\left(\Theta\frac{dj}{d\tau}\right)^{\mathrm{C}_\mu}=\mathfrak{M}_{\mathrm{C}_\mu}\zeta^{-1}\Theta\frac{dj}{d\tau},$$

donc les racines caractéristiques du diviseur $\Theta\, dj/d\tau$ sont celles de la matrice $\mathfrak{M}_{\mathrm{C}_\mu}\zeta^{-1}$, c'est-à-dire les nombres ζ^{d_i-1}. L'application du théorème de Riemann-Roch donne alors le nombre N des matrices Ω sous la forme

$$\mathrm{N}=rr'(p-1)+\sum_{\mathrm{P}}\left[rr'\left(1-\frac{1}{n}\right)-\sum_{i,j}\left\langle\frac{d_i-1-d'_j}{n}\right\rangle\right]+\sigma.$$

Mais on a, quels que soient α, β entiers,

$$1-\frac{1}{n}-\left\langle\frac{\alpha-1-\beta}{n}\right\rangle=\left\langle\frac{\beta-\alpha}{n}\right\rangle$$

et, par suite,

$$rr'\left(1-\frac{1}{n}\right)-\sum_{i,j}\left\langle\frac{d_i-1-d'_j}{n}\right\rangle=\sum_{i,j}\left\langle\frac{d'_j-d_i}{n}\right\rangle.$$

Si de plus on désigne par $\mathrm{N}_{\mu\alpha}$ le nombre de racines caractéristiques de $\mathfrak{M}_{\mathrm{C}_\mu}$ qui sont égales à ζ^α (pour $0\leq\alpha\leq n-1$), et par $\mathrm{N}'_{\mu\alpha}$ le nombre analogue pour $\mathfrak{M}'_{\mathrm{C}_\mu}$, on aura

$$\sum_{i,j}\left\langle\frac{d'_j-d_i}{n}\right\rangle=\sum_{\alpha,\beta}\mathrm{N}_{\mu\alpha}\mathrm{N}'_{\mu\beta}\left\langle\frac{\beta-\alpha}{n}\right\rangle.$$

D'autre part, σ désigne ici le nombre de matrices différentielles $d\mathrm{I}$ sur k telles que $\Theta'.d\mathrm{I}/d\tau(\Theta^{-1}d\tau/dj) = \Theta'.d\mathrm{I}/dj.\Theta^{-1} = \mathrm{M}$ soit partout fini ; M sera alors une matrice partout finie du module $(\mathfrak{M}'_s, \mathfrak{M}_s)$ et réciproquement, si M est une telle matrice, la matrice $d\mathrm{I} = \Theta'^{-1}\mathrm{M}\Theta\, dj$ est une matrice différentielle sur k de l'espèce voulue. Par conséquent :

Le nombre de matrices différentielles Ω partout finies du module $(\mathfrak{M}_s, \mathfrak{M}'_s)$ est égal à

$$\mathrm{N} = rr'(p-1) + \nu + \sigma,$$

σ désignant le nombre de matrices partout finies du module $(\mathfrak{M}'_s, \mathfrak{M}_s)$, et ν ayant la valeur

$$\nu = \sum_\mu \sum_{\alpha,\beta} \mathrm{N}_{\mu\alpha}\mathrm{N}'_{\mu\beta}\left\langle\frac{\beta-\alpha}{n_\mu}\right\rangle \sum_\mu \left[\frac{rr'}{2}\left(1-\frac{1}{n_\mu}\right) - \frac{1}{n_\mu}\sum_{\rho=1}^{n_\mu-1} \frac{S_\mu(\mathfrak{M}_{C_\mu}{}^{\rho})\, S_\mu(\mathfrak{M}_{C_\mu}{}^{1-\rho})}{1-\zeta_\mu{}^{\rho}}\right]$$

$$(\zeta_\mu = e^{2\pi i/n_\mu})$$

si l'on suppose que $e^{2\pi i\alpha/n_\mu}$ figure $\mathrm{N}_{\mu\alpha}$ fois parmi les racines caractéristiques de $\mathfrak{M}_{C_\mu}$ et $\mathrm{N}'_{\mu\alpha}$ fois parmi celles de $\mathfrak{M}'_{C_\mu}$.

En particulier, si $\mathfrak{M}'_s = \mathfrak{M}_s$, on obtient le nombre de matrices différentielles Ω partout finies de l'*anneau* $(\mathfrak{M}_s)$. Dans ce cas, on peut encore écrire, comme le montre un calcul facile,

$$\nu = \sum_\mu \sum_{\alpha<\beta} \mathrm{N}_{\mu\alpha}\mathrm{N}_{\mu\beta} = \frac{1}{2}\sum_\mu\left(r^2 - \sum_\alpha \mathrm{N}^2_{\mu\alpha}\right).$$

Si au lieu des matrices Ω on avait recherché les expressions Ω_f de la la forme $\Omega_f = \Theta\Phi\Theta'^{-1}(dj)^f$, telles qu'en tout point P la matrice $\Omega_f/(d\tau)^f$ soit finie, on aurait trouvé, tout aussi facilement, un résultat qui généraliserait ceux de deux Notes que j'ai publiées (l'une d'elles en commun avec C. Chevalley) dans les *Hamburger Abhandlungen* (1). Des cas particuliers du résultat ci-dessus jouent dans divers travaux de Hecke et de son école un rôle fort important : ils se rapportent à des problèmes où les représentations $\mathfrak{M}_s$, $\mathfrak{M}'_s$ se composent d'un nombre fini de matrices, et où par conséquent les matrices du module $(\mathfrak{M}_s, \mathfrak{M}'_s)$ sont dans une extension algébrique finie du corps k, ramifiée aux seuls points P_μ.

(1) C. Chevalley et A. Weil, *Hamb. Abh.*, Bd. **10**, 1934, S. 358 ; A. Weil, *ibid.*, Bd. **11**, 1935, S. 110.

Proposons-nous maintenant de déterminer le nombre de paramètres dont dépendent les représentations équivalentes à une représentation $\mathfrak{M}_S$ donnée. A une telle représentation $\mathfrak{M}'_S$ correspond au moins une matrice M régulière et partout finie du module $(\mathfrak{M}_S, \mathfrak{M}'_S)$; dM sera alors une matrice différentielle partout finie du même module, et $dM.M^{-1} = \Omega$ sera une matrice différentielle partout finie de l'anneau $(\mathfrak{M}_S)$. Réciproquement, soit Ω une matrice différentielle partout finie de l'anneau $(\mathfrak{M}_S)$; d'après la théorie des équations différentielles linéaires, on sait qu'il existe une matrice M de degré r sur K et une seule, satisfaisant à l'équation

$$dM.M^{-1} = \Omega,$$

et prenant en un point donné de $\mathfrak{R}$, par exemple au point $\omega = 0$, une valeur donnée M_0; en effet, si l'on développe l'équation ci-dessus, on voit que les r coefficients de chaque colonne de la matrice M ont à satisfaire dans l'intérieur du cercle $|\omega| < 1$ à un système de r équations différentielles linéaires du premier ordre à coefficients partout holomorphes dans ce cercle, et par conséquent sont bien définis par leurs valeurs initiales et sont holomorphes dans le même cercle; si, de plus, l'on a pris M_0 telle que $|M_0| \neq 0$, le déterminant $|M|$ sera partout $\neq 0$. De plus, on aura, en appliquant à l'équation différentielle ci-dessus la transformation S de $\mathfrak{G}$:

$$dM^S.(M^S)^{-1} = \Omega^S = \mathfrak{M}_S \Omega \mathfrak{M}_S^{-1},$$

ou bien

$$d(\mathfrak{M}_S^{-1} M^S).(\mathfrak{M}_S^{-1} M^S)^{-1} = \Omega,$$

c'est-à-dire que $\mathfrak{M}_S^{-1} M^S$ est solution de la même équation que M. Comme d'après les mêmes théorèmes élémentaires sur les systèmes d'équations différentielles linéaires toutes les matrices solutions de cette équation se déduisent de M par multiplication à droite par une matrice constante, il correspond à tout S de $\mathfrak{G}$ une matrice constante $\mathfrak{M}'_S$ telle que l'on ait

$$\mathfrak{M}_S^{-1} M^S = M \mathfrak{M}'^{-1}_S,$$

et en appliquant à cette équation la transformation T de $\mathfrak{G}$ on voit que $\mathfrak{M}'_S$ est une représentation de $\mathfrak{G}$, équivalente à $\mathfrak{M}_S$ à cause des propriétés de M.

On voit donc qu'à toute matrice différentielle Ω partout finie de l'anneau $(\mathfrak{M}_s)$ et à toute matrice M_0 régulière sur le corps des constantes correspond une représentation $\mathfrak{M}'_s$ équivalente à $\mathfrak{M}_s$. Le nombre $N = r^2(p-1) + \nu + \sigma$ de paramètres dont dépend (linéairement) Ω a été déterminé plus haut, σ étant le nombre de matrices Λ partout finies de l'anneau $(\mathfrak{M}_s)$ et ν ayant la valeur donnée précédemment. M_0 dépend de r^2 paramètres, et M dépend donc de $N + r^2 = pr^2 + \nu + \sigma$ paramètres. Soit M l'une de ces matrices, appartenant au module $(\mathfrak{M}_s, \mathfrak{M}'_s)$; si M' est une matrice analogue du même module, $M'M^{-1} = \Lambda$ sera une matrice régulière partout finie de l'anneau $(\mathfrak{M}_s)$, ou, suivant le terme introduit plus haut, une matrice régulière du *noyau* $(\mathfrak{M}_s)$; réciproquement, si Λ est une telle matrice, $M' = \Lambda M$ est une matrice régulière partout finie du module $(\mathfrak{M}_s, \mathfrak{M}'_s)$. Les matrices du noyau $(\mathfrak{M}_s)$ dépendent linéairement de σ paramètres; parmi elles se trouve la matrice unité 1_r, donc le déterminant d'une telle matrice n'est pas identiquement nul, et pour que ce déterminant soit nul il faut que les σ paramètres qui la définissent satisfassent à une certaine condition; il en résulte que les matrices *régulières* du noyau $(\mathfrak{M}_s)$ dépendent encore de σ paramètres (ou, pour mieux dire, forment une multiplicité à σ dimensions). En résumé, les matrices M qui permettent de définir les représentations $\mathfrak{M}'_s$ équivalentes à $\mathfrak{M}_s$ dépendent de $pr^2 + \nu + \sigma$ paramètres; parmi elles, celles qui définissent la même représentation $\mathfrak{M}'_s$ dépendent de σ paramètres. Par conséquent :

Les représentations $\mathfrak{M}'_s$ équivalentes à $\mathfrak{M}_s$ dépendent de

$$pr^2 + \nu = pr^2 + \sum_{\mu} \sum_{\alpha<\beta} N_{\mu\alpha} N_{\mu\beta}$$

paramètres, $N_{\mu\alpha}$ ayant le même sens que plus haut.

D'ailleurs, les représentations de $\mathfrak{G}$ pour lesquelles les entiers $N_{\mu\alpha}$ prennent des valeurs données forment une multiplicité dont le nombre de dimensions est égal à

$$r^2(2p-1) + 2\sum_{\mu} \sum_{\alpha<\beta} N_{\mu\alpha} N_{\mu\beta} + 1.$$

Ce résultat apparaît comme vraisemblable si l'on examine les équations auxquelles doivent satisfaire les matrices $\mathfrak{M}_{A_i}$, $\mathfrak{M}_{B_i}$, $\mathfrak{M}_{C_\mu}$ qui permettent de définir une telle réprésentation, et j'en ai obtenu une démonstration rigoureuse que ce n'est pas le lieu de donner ici. On en conclut que les *classes* de représentations pour lesquelles les $N_{\mu\alpha}$ prennent des valeurs données forment une multiplicité à

$$r^2(p-1)+1+\sum_{\mu}\sum_{\alpha<\beta} N_{\mu\alpha}N_{\mu\beta}$$

dimensions.

7. Venons-en au problème posé à la fin du paragraphe **5** : un diviseur étant donné sur $\mathfrak{r}$, il s'agit de savoir s'il correspond à une représentation $\mathfrak{M}_S$; d'après ce que nous savons, il faut d'abord, pour qu'il puisse en être ainsi, qu'il soit d'indice total o. Mais l'analyse que nous allons faire de ce problème nous permettra de retrouver cette condition.

Soit donc Θ un diviseur de degré r sur $\mathfrak{r}$, défini en chaque point P par un diviseur local $\Theta=\Theta_P(\tau)$: il s'agit de savoir s'il existe une matrice H, régulière de degré r sur K, qui au voisinage de chaque point de $\mathfrak{R}$ soit de la forme $H=U\Theta$, U étant unitaire, et qui soit telle que l'on ait

$$H^S=\mathfrak{M}_S H,$$

$\mathfrak{M}_S$ étant une représentation. Si cette dernière condition est vérifiée, $H^{-1}\,dH=dI$ sera une matrice différentielle de degré r sur k; réciproquement, si H est régulière de degré r sur K et telle que $H^{-1}\,dH=dI$ soit une matrice différentielle sur k, on voit comme dans un cas analogue au paragraphe **6**, par application de théorèmes élémentaires sur les systèmes de r équations différentielles linéaires du premier ordre, que H^S, étant solution de la même équation $(H^S)^{-1}\,d(H^S)=dI$, est de la forme $\mathfrak{M}_S H$, la matrice $\mathfrak{M}_S$ étant constante, puisque $\mathfrak{M}_S$ est régulière, et enfin que $\mathfrak{M}_S$ est une représentation de $\mathfrak{G}$.

Nous sommes donc ramenés à examiner si l'on peut trouver dI et faire correspondre à tout point P une matrice unitaire $U(\tau)$ sur K_P, de telle sorte qu'on ait en tout point P

$$(U\Theta)^{-1}d(U\Theta)=dI,$$

c'est-à-dire

$$U^{-1}dU=\Theta.dI.\Theta^{-1}-d\Theta.\Theta^{-1}.$$

Le second membre de cette dernière égalité doit donc être une matrice différentielle finie sur K_P. Réciproquement, s'il en est ainsi, cette égalité constitue pour les coefficients de chaque ligne de U un système de r équations différentielles linéaires du premier ordre, à coefficients holomorphes en τ dans un voisinage de $\tau = 0$, et possède donc une solution U_0 et une seule prenant en $\tau = 0$ la valeur 1_r, toutes les autres étant de la forme CU_0 avec C constant; dans ces conditions, l'équation

$$H^{-1}dH = dI$$

(considérée à nouveau comme système d'équations différentielles linéaires sur les coefficients de H), qui en apparence possède comme points singuliers tous les points où dI n'est pas fini, peut, au voisinage de chaque point P, se ramener à une équation régulière en U par la substitution $H = U\Theta$, et possède la solution générale $H = CU_0\Theta$, de sorte que toute solution H de $H^{-1}dH = dI$ est partout méromorphe en τ, c'est-à-dire appartient à K; si l'on définit une telle solution par sa valeur initiale H_0 en un point où $\Theta = 1_r$, en prenant par exemple $H_0 = 1_r$ en ce point, H sera une matrice *régulière* sur K et satisfera à toutes les conditions voulues.

On saura donc résoudre le problème posé, et définir une représentation $\mathfrak{M}_S$ correspondant au diviseur Θ, chaque fois qu'on pourra trouver une matrice différentielle dI de degré r sur k, telle que $\Theta . dI . \Theta^{-1} - d\Theta . \Theta^{-1}$ soit finie en tout point P; le calcul fait montre d'ailleurs qu'on peut, sans modifier cette condition, y remplacer Θ par toute matrice $\Theta' = U\Theta$ définissant le même diviseur local, ce qu'on vérifie aisément aussi par les formules

$$d\Theta' . \Theta'^{-1} = U\, d\Theta . \Theta^{-1} U^{-1} + dU . U^{-1},$$

d'où

$$\Theta' dI . \Theta'^{-1} - d\Theta' . \Theta'^{-1} = U(\Theta . dI . \Theta^{-1} - d\Theta . \Theta^{-1}) U^{-1} - dU . U^{-1}.$$

Mais le problème de la recherche de dI est un problème de Riemann-Roch non homogène au sens du paragraphe **4**; en effet, dj désignant toujours une différentielle fixe de k, on aura $dI = \Phi . dj$, Φ étant de degré r sur k, et le problème consiste à trouver Φ de façon que

$$\Theta \Phi \frac{dj}{d\tau} \Theta^{-1} - \frac{d\Theta}{d\tau} \Theta^{-1} = \Theta \frac{dj}{d\tau} \left(\Phi - \Theta^{-1} \frac{d\Theta}{dj} \right) \Theta^{-1}$$

soit fini partout; et si l'on suppose que Θ ait été ramené à la forme

$\Theta = \Delta\Theta_0(t)$, de sorte qu'on ait $\Theta^{\text{C}} = \text{D}\Theta$, on aura, en posant

$$\text{H} = \Theta^{-1}\, d\Theta/dj,$$

$\text{H}^{\text{C}} = \text{H}$, c'est-à-dire que H sera bien une matrice de degré r sur k_{P}.

Alors, d'après le paragraphe 4, la condition nécessaire et suffisante pour que le problème admette une solution est que l'on ait

$$\sum_{\text{P}} \oint_{\text{P}} Sp\left(\Theta^{-1}\frac{d\Theta}{dj}\,d\text{J}\right) = 0,$$

chaque fois que $d\text{J}$ est une matrice différentielle, de degré r sur k, telle que $\Theta.\,d\text{J}/d\tau.\,\Theta^{-1}\,d\tau/dj$ soit partout fini; ou plus simplement, en posant $d\text{J} = \Psi\,dj$, c'est que l'on ait

$$\sum_{\text{P}} \oint_{\text{P}} Sp(\Psi\Theta^{-1}\,d\Theta) = 0,$$

chaque fois que Ψ est une matrice de degré r sur k, telle que $\Theta\Psi\Theta^{-1}$ soit finie partout. On peut d'ailleurs, sans modifier cette condition, y remplacer Θ par $\Theta' = \text{U}\Theta$ quelle que soit la matrice unitaire U, car on a

$$\Theta'^{-1}\,d\Theta' = \Theta^{-1}\,d\Theta + \Theta^{-1}\,\text{U}^{-1}\,d\text{U}.\Theta,$$

et, par suite,

$$\oint_{\text{P}} Sp(\Psi\Theta'^{-1}\,d\Theta') = \oint_{\text{P}} Sp(\Psi\Theta^{-1}\,d\Theta) + \oint_{\text{P}} Sp(\Psi\,\Theta^{-1}\,\text{U}^{-1}\,d\text{U}.\Theta)$$
$$= \oint_{\text{P}} Sp(\Psi\Theta^{-2}\,d\Theta) + \oint_{\text{P}} Sp(\Theta\Psi\Theta^{-1}\,\text{U}^{-1}\,d\text{U}),$$

et ce dernier terme s'annule puisque $\Theta\Psi\Theta^{-1}$ et $\text{U}^{-1}\,d\text{U}$ sont finis en P. *Nous pouvons donc, en particulier, supposer qu'en chaque point* P *la matrice* Θ *n'a que des éléments nuls au-dessous de la diagonale principale.*

Observons maintenant que parmi les matrices Ψ de degré r sur k, telles que $\Theta\Psi\Theta^{-1}$ soit finie partout, se trouve en tout cas, la matrice 1_r, de sorte qu'on doit avoir

$$0 = \frac{1}{2\pi i}\sum_{\text{P}} \oint_{\text{P}} Sp(\Theta^{-1}\,d\Theta) = \sum_{\text{P}} i(\Theta) = \text{I}(\Theta),$$

ce que nous savions déjà. Supposons maintenant qu'il existe une autre matrice Ψ : les coefficients de son équation caractéristique, $P(\lambda) = |\Psi - \lambda . 1_r| = 0$, sont des éléments de k; mais, d'autre part, dans le voisinage d'un point P, Ψ a même équation caractéristique que la matrice holomorphe $\Theta\Psi\Theta^{-1}$, c'est-à-dire que les coefficients de $P(\lambda)$ sont partout finis : ce sont donc des constantes, les racines caractéristiques de Ψ sont aussi des constantes λ_i, et les diviseurs élémentaires de la matrice Ψ dans le corps k sont de la forme $(\lambda - \lambda_i)^{m_i}$. On sait alors (¹) qu'on peut réduire Ψ à la forme canonique par une substitution dans k, ou, en d'autres termes, qu'on peut écrire Ψ sous la forme

$$\Psi = FCF^{-1},$$

F étant une matrice régulière de degré r sur k, et C la matrice canonique correspondant aux diviseurs élémentaires $(\lambda - \lambda_i)^{m_i}$: celle-ci, comme on sait, a tous ses éléments nuls, sauf ceux de la diagonale principale qui sont respectivement égaux aux racines caractéristiques λ_i, et certains de ceux qui sont placés immédiatement au-dessus de la diagonale principale et qui peuvent être égaux à 1. En tout cas, C est constante. Remplaçons maintenant le diviseur Θ par le diviseur $\Theta_1 = \Theta F$: si le problème était possible pour Θ nous savons qu'il l'est encore pour Θ_1 et réciproquement, sa nature n'a donc pas changé par cette substitution; les matrices Ψ_1 telles que $\Theta_1\Psi_1\Theta_1^{-1}$ soit partout fini correspondent biunivoquement aux matrices Ψ par la relation $\Psi_1 = F^{-1}\Psi F$, et parmi elles se trouve la matrice $\Psi_1 = C$. Écrivons maintenant de nouveau Θ au lieu de Θ_1 : nous voyons que nous sommes ramenés au cas où il existe une matrice constante canonique C telle que $\Theta C\Theta^{-1}$ soit partout fini. On va maintenant distinguer deux cas, suivant que C a toutes ses racines caractéristiques égales ou non.

Dans le premier cas, tous les éléments de la diagonale principale de C ont même valeur λ_1; C n'a d'ailleurs que des éléments nuls au-dessous de la diagonale principale : et il en est de même, par hypothèse, de Θ, donc aussi de Θ^{-1} et de $d\Theta$. Dans ces conditions, on a $Sp(C\Theta^{-1}\, d\Theta) = \lambda_1 Sp(\Theta^{-1}\, d\Theta)$, et par conséquent

$$\sum_P \oint_P Sp(C\Theta^{-1}\, d\Theta) = 2\pi i \lambda_1 I(\Theta),$$

(¹) *Voir* par exemple B. L. VAN DER WAERDEN, *op. cit.* § 109, S. 138, et § 110.

de sorte que la condition relative à C est vérifiée d'elle-même si $I(\Theta) = 0$. Nous pouvons donc déjà énoncer le résultat suivant :

Soit Θ *un diviseur, d'indice total* $I(\Theta) = 0$; *si toute matrice* Ψ, *telle que* $\Theta\Psi\Theta^{-1}$ *soit partout fini, a toutes ses racines caractéristiques égales, le diviseur* Θ *correspond à une représentation de* $\mathfrak{G}$.

Considérons maintenant le cas où C a au moins deux racines caractéristiques distinctes, et peut par suite s'écrire sous la forme

$$C = \begin{Vmatrix} C' & 0 \\ 0 & C'' \end{Vmatrix}$$

où C', C'' sont des matrices canoniques de degrés respectifs r', r'' ($r' + r''$ étant égal à r) qui n'ont *aucune racine caractéristique commune* l'une avec l'autre. Adoptons maintenant la notation suivante, pour la commodité de l'écriture : chaque fois qu'une matrice M de degré r sera de la forme

$$M = \begin{Vmatrix} M' & M_1 \\ 0 & M'' \end{Vmatrix}$$

M' étant de degré r', M'' de degré r'', et M_1, par conséquent, une matrice à r' lignes et r'' colonnes, nous écrirons

$$M = (M', M'', M_1).$$

Le produit de M et de $N = (N', N'', N_1)$ est alors

$$MN = (M'N', M''N'', M'N_1 + M_1N''),$$

et l'inverse de M est

$$M^{-1} = (M'^{-1}, M''^{-1}, -M'^{-1}M_1M''^{-1}),$$

M étant régulière si M', M'' le sont et alors seulement.

En particulier, puisque la matrice Θ n'a que des éléments nuls au-dessous de la diagonale principale, on pourra l'écrire sous la forme $\Theta = (\Theta', \Theta'', \Theta_1)$, et l'on aura alors

$$\Theta C \Theta^{-1} = (\Theta' C' \Theta'^{-1}, \quad \Theta'' C'' \Theta''^{-1}, \quad -\Theta' C' \Theta'^{-1} \Theta_1 \Theta''^{-1} + \Theta_1 C'' \Theta''^{-1}).$$

Par hypothèse, cette matrice, que nous noterons $M = (M', M'', M_1)$, est holomorphe en τ; on voit d'ailleurs que l'on a

$$M' = \Theta' C' \Theta'^{-1}, \qquad M'' = \Theta'' C'' \Theta''^{-1}, \qquad M_1 = -M'\Theta_1\Theta''^{-1} + \Theta_1\Theta''^{-1}M''.$$

Posons $\Theta_1 \Theta''^{-1} = X$, de sorte que l'on aura

$$-M'X + XM'' = M_1.$$

Par rapport aux $r'r''$ éléments de la matrice X, cette relation constitue un système de $r'r''$ équations linéaires, non homogènes, à coefficients holomorphes en τ; *le déterminant de ce système ne s'annule pas en* $\tau = 0$, car sinon le système d'équations *homogènes* $M'(0)X = XM''(0)$ aurait une solution non nulle; or, l'équation caractéristique de M' est

$$|M' - \lambda . 1_{r'}| = |C' - \lambda . 1_{r'}| = 0,$$

de sorte qu'en faisant $\tau = 0$ dans cette équation on voit que $M'(0)$ a mêmes racines caractéristiques que C', et de même $M''(0)$ a mêmes racines caractéristiques que C''; $M'(0)$ et $M''(0)$ n'ont donc aucune racine caractéristique en commun, et l'équation $M'(0)X = XM''(0)$ n'a d'autre solution que $X = 0$ [1]. Par conséquent la matrice $X = \Theta_1 \Theta''^{-1}$, satisfaisant à l'équation $-M'X + XM'' = M_1$, est holomorphe en τ, et par suite la matrice $U = (1_{r'}, 1_{r''}, -X)$ est unitaire. Or, on a

$$U\Theta = (\Theta', \Theta'', 0),$$

c'est-à-dire que le diviseur local Θ n'est autre que le diviseur local $(\Theta', \Theta'', 0)$. On vérifie d'ailleurs immédiatement, en se reportant aux définitions, que Θ', Θ'' sont nécessairement eux-mêmes des diviseurs locaux, de degrés r', r'' respectivement.

Les raisonnements ci-dessus étant valables en tout point P, on voit que *si* C *a au moins deux racines caractéristiques distinctes*, il y a deux

---

[1] Rappelons brièvement la démonstration de ce résultat connu. Soient A, B deux matrices de degrés respectifs p, q; supposons qu'il existe $X \neq 0$, à p lignes et q colonnes, telle que $AX = XB$. Alors, quel que soit le polynome $P(x)$, on aura évidemment $P(A)X = XP(B)$. Prenons en particulier pour $P(x)$ le polynome caractéristique de A, $P(x) = |A - x . 1_p|$; on aura, comme on sait, $P(A) = 0$, donc $XP(B) = 0$, et par suite $|P(B)| = 0$, c'est-à-dire que $P(B)$ a au moins une racine caractéristique nulle; or, si l'on désigne par β_i les racines caractéristiques de B, celles de $P(B)$ sont $P(\beta_i)$: l'un des β_i est donc racine de $P(x) = 0$, c'est-à-dire que A et B ont bien une racine caractéristique commune.

diviseurs Θ', Θ'' sur $\mathfrak{r}$, de degrés respectifs r', r'', de manière qu'en tout point Θ puisse s'écrire sous la forme

$$\Theta = \begin{Vmatrix} \Theta' & 0 \\ 0 & \Theta'' \end{Vmatrix}$$

On dira, dans ce cas, que Θ *est complètement décomposable et qu'il est la somme des deux diviseurs* Θ', Θ''.

On voit donc déjà que *si un diviseur, d'indice total* 0, *n'est pas équivalent à un diviseur complètement décomposable, il correspond certainement à une représentation de* $\mathfrak{G}$.

Considérons maintenant de nouveau le diviseur Θ, somme de Θ' et de Θ''. Les matrices

$$\Psi_1 = \begin{Vmatrix} 1_{r'} & 0 \\ 0 & 0 \end{Vmatrix}, \qquad \Psi_2 = \begin{Vmatrix} 0 & 0 \\ 0 & 1_{r''} \end{Vmatrix}$$

étant évidemment telles que $\Theta\Psi_1\Theta^{-1}$, $\Theta\Psi_2\Theta^{-1}$ soient finis partout, écrivons les conditions correspondantes auxquelles doit satisfaire Θ. Ce sont

$$\sum_{P} \oint_{P} Sp(\Psi_1 \Theta^{-1} d\Theta) = \sum_{P} \oint_{P} Sp(\Theta'^{-1} d\Theta') = 2\pi i \mathrm{I}(\Theta') = 0,$$

et de même $\mathrm{I}(\Theta'') = 0$: *les deux diviseurs* Θ', Θ'' *dont* Θ *est la somme doivent être eux-mêmes d'indice total* 0. Si Θ' ni Θ'' n'est équivalent à un diviseur complètement réductible, ils correspondront alors respectivement à des représentations $\mathfrak{M}'_S$, $\mathfrak{M}''_S$ de degrés r', r'', et Θ correspondra à la représentation

$$\mathfrak{M}_S = \begin{Vmatrix} \mathfrak{M}'_S & 0 \\ 0 & \mathfrak{M}''_S \end{Vmatrix}$$

Sinon, on recommencera sur Θ', Θ'', ce qui fournit évidemment le résultat complet suivant :

Soit Θ *un diviseur de degré* r *sur* $\mathfrak{r}$, *équivalent à la somme de diviseurs* Θ_ν $(\nu = 1, 2, \ldots, m)$ *de degrés respectifs* r_ν, *dont aucun ne soit équivalent à un diviseur complètement décomposable. Alors la condition nécessaire et suffisante, pour que* Θ *corresponde à une représentation* $\mathfrak{M}_S$ *de* $\mathfrak{G}$, *est que chacun des diviseurs* Θ_ν *soit d'indice total* $I(\Theta_\nu) = 0$; *dans ce cas, chaque diviseur* Θ_ν *correspondra à une représentation* $\mathfrak{M}_S^{(\nu)}$ *de* $\mathfrak{G}$, *et* Θ *correspondra à la somme de ces représentations.*

Il résulte également de l'analyse ci-dessus que, si Θ est un diviseur sur $\mathfrak{r}$, *correspondant à une représentation* et par suite à une classe de représentations, et s'il y a une matrice Ψ, *ayant au moins deux racines caractéristiques distinctes*, telle que $\Theta\Psi\Theta^{-1}$ soit partout fini, alors l'une des représentations auxquelles correspond Θ est complètement réductible. Si, $\mathfrak{M}_S$ étant donnée, on prend pour Θ une matrice régulière du module $(\mathfrak{M}_S, 1_r)$, les matrices $\Lambda = \Theta\Psi\Theta^{-1}$ ne sont pas autre chose que celles du *noyau* $(\mathfrak{M}_S)$. On a donc le théorème suivant :

Pour qu'une représentation $\mathfrak{M}_S$ *soit équivalente à une représentation complètement réductible, il faut et il suffit que son noyau contienne des matrices ayant au moins deux racines caractéristiques distinctes.*

Une classe de représentations sera dite *complètement réductible* si elle contient une représentation complètement réductible. *Si donc une représentation appartient à une classe non complètement réductible, toutes les matrices de son noyau ont toutes leurs racines caractéristiques égales;* ce noyau est une *algèbre nilpotente avec élément unité*; on sait qu'on ne sait rien sur cette sorte d'algèbre ([1]).

CHAPITRE III.

CONCLUSIONS GÉNÉRALES.

Nous avons obtenu ainsi une correspondance biunivoque entre des êtres transcendants, les *classes de représentations de* $\mathfrak{G}$, et des êtres algébriques, les *classes de diviseurs sur* $\mathfrak{r}$ (relatives à la signature donnée) qui satisfont à certaines conditions que nous avons énoncées. Si l'on

---

([1]) « *We shun the somewhat unpleasant radicals* », dit dans un Mémoire récent (*Ann. of Maths.*, vol. 37, 1936, p. 711) H. Weyl, de la part de qui, moins que de tout autre, on aurait attendu cette profession de foi réactionnaire.

prend $r=1$, $n(\mathrm{P})=1$ partout, on retombe sur la correspondance entre les classes de diviseurs *au sens classique* et les classes de représentations de degré 1 du *groupe de Betti* de la surface de Riemann $\mathfrak{r}$, qui est à la base de la théorie des fonctions abéliennes.

De nos résultats on conclut facilement que les fonctions méromorphes $f(\mathfrak{M}_s)$ des représentations $\mathfrak{M}_s$ (c'est-à-dire les fonctions analytiques, partout méromorphes, des coefficients des matrices $\mathfrak{M}_{A_i}$, $\mathfrak{M}_{B_i}$, $\mathfrak{M}_{C_\mu}$), *constantes sur chaque classe de représentations équivalentes*, forment un *corps de fonctions algébriques*, dont la dimension a été trouvée plus haut et est égale à

$$r^2(p-1)+1+\sum_{\mu}\sum_{\alpha<\beta}\mathrm{N}_{\mu\alpha}\mathrm{N}_{\mu\beta}.$$

Ce corps, pour $r=1$, $n(\mathrm{P})=1$, n'est autre que le corps des fonctions abéliennes. Dans le cas général, je propose de l'appeler *le corps des fonctions hyperabéliennes* relatif au degré r et à la signature $n(\mathrm{P})$.

On sait que dans le cas classique, les classes de diviseurs (c'est-à-dire les classes de diviseurs de degré 1 au sens de notre théorie) forment un groupe abélien; d'où l'on conclut aisement que les fonctions abéliennes possèdent un théorème d'addition. Ici nous disposons, sur les représentations d'une part, sur les diviseurs de l'autre, de *deux* opérations : la *somme* d'abord, qui a été définie, et qui fait passer de deux représentations (ou de deux diviseurs) de degrés respectifs r, r' à une représentation (ou à un diviseur) de degré $r+r'$; ensuite le *produit kroneckérien*, dans le sens où on l'entend dans la théorie des représentations, et qui fait passer, de même, de deux éléments de degrés r, r' à un élément de degré rr'. On démontre sans aucune peine que si, dans une somme ou un produit, on remplace les deux éléments qui y figurent par des éléments équivalents au sens de notre théorie, la somme ou le produit est remplacé par un élément équivalent; de sorte que l'on a ainsi la définition de la somme et du produit pour les *classes* de représentations (ou de diviseurs); enfin la correspondance entre classes de représentations et classes de diviseurs n'est pas altérée par ces opérations.

On a obtenu ainsi un équivalent algébrique de l'algèbre des classes de représentations du groupe $\mathfrak{G}$. Par exemple, notre théorie permet de trouver *algébriquement* les extensions algébriques de k données par leur ramification et par leur groupe de Galois. Ce problème se ramène, en effet, à la détermination d'une matrice Θ du module $(\mathfrak{M}_S, 1_r)$ lorsque $\mathfrak{M}_S$ est une représentation du quotient $\mathfrak{G}/\mathfrak{G}_0$ de $\mathfrak{G}$ par un sous-groupe invariant donné $\mathfrak{G}_0$, *d'indice fini dans* $\mathfrak{G}$. Or, j'ai démontré (¹) que les représentations $\mathfrak{M}_S$ d'un groupe $\mathfrak{G}$ qui se composent d'un nombre fini de matrices distinctes sont entièrement caractérisées par le fait qu'elles satisfont, au sens de l'algèbre des représentations, à une équation algébrique à coefficients entiers rationnels. Reprenant les notations de la Note des *Comptes rendus* que je viens de citer, désignons par $f(x) - g(x) = 0$ l'équation à laquelle satisfait, dans l'algèbre des représentations, une représentation donnée de $\mathfrak{G}/\mathfrak{G}_0$, $f(x)$ et $g(x)$ étant deux polynomes à coefficients entiers rationnels positifs; comme dans cette Note, M étant une matrice quelconque de degré r, je désigne par $f < M >$ la matrice de degré $f(r)$ qui lui correspond au moyen de f dans l'algèbre des représentations du groupe linéaire; en d'autres termes, si $\mathfrak{D}$ est la représentation du groupe linéaire de degré r qui fait correspondre à toute matrice M cette matrice elle-même, $\mathfrak{D}^p$ sera la représentation de degré r^p qui à toute M fait correspondre le produit kroneckérien de M p fois par elle-même, $\mathfrak{D}^0 = 1$ sera la représentation de degré 1 qui à toute M fait correspondre 1, $a_p\,\mathfrak{D}^p$ sera la somme de a_p représentations $\mathfrak{D}^p$ et sera de degré $a_p r^p$, et, si $f(x) = \sum_p a_p x^p$, $f(\mathfrak{D})$ sera la somme des représentations $a_p\,\mathfrak{D}^p$ et sera de degré $f(r)$; $f < M >$ sera alors la matrice de degré $f(r)$ qui correspond à M dans cette représentation $f(\mathfrak{D})$. Soit donc $\mathfrak{M}_S$ une représentation de degré r de $\mathfrak{G}/\mathfrak{G}_0$, satisfaisant à l'équation $f(x) - g(x) = 0$, c'est-à-dire que les représentations $f < \mathfrak{M}_S >$ et $g < \mathfrak{M}_S >$ sont semblables, et *a fortiori* équivalentes au sens de notre théorie; soit Θ une matrice régulière du module $(\mathfrak{M}_S, 1_r)$: les diviseurs $f < \Theta >$ et $g < \Theta >$ sont donc équivalents. Puisqu'on peut considérer comme connue, par des opérations purement algébriques à partir du corps k, l'algèbre des diviseurs, on pourra déterminer d'une manière *algébrique* les diviseurs Θ_1 tels

(¹) *Comptes rendus*, **199**, 1934, p. 180.

que $f<\Theta_1>$, $g<\Theta_1>$ soient équivalents; un tel diviseur étant supposé trouvé, il y aura donc une matrice F régulière de degré $f(r)=g(r)$ sur k, telle que les diviseurs $f<\Theta_1>$ F et $g<\Theta_1>$ soient identiques. Reste à déterminer la matrice Θ elle-même : or, on montre facilement qu'elle satisfait à une équation

$$f<\Theta>\mathrm{F}=\mathrm{A}g<\Theta>,$$

A étant une matrice constante, et que réciproquement cette équation permet de déterminer la matrice constante A et la matrice Θ cherchée. Le problème est donc résolu. Si l'on suppose qu'il s'agisse d'une extension relativement cyclique de k (cas auquel peuvent se ramener toutes les extensions relativement abéliennes), et qu'on fasse en conséquence $r=1$, la méthode que nous venons d'esquisser n'est autre que la méthode classique, par division des périodes des fonctions abéliennes et extraction d'une racine $n^{\text{ième}}$ d'une fonction de k.

Je n'en dirai pas plus sur les directions dans lesquelles on peut songer à prolonger et appliquer la théorie exposée dans ce mémoire : pour mieux dire, je n'ai fait que démontrer, par le théorème de la deuxième Partie, la possibilité d'une théorie nouvelle qui reste à édifier. Pour une partie au moins de celle-ci, il est vraisemblable que la théorie classique des fonctions abéliennes pourra servir de modèle; il faudra en particulier rechercher si nos fonctions sont susceptibles de s'exprimer au moyen de fonctions transcendantes qui généralisent les fonctions thêta et puissent rendre les mêmes services. Il sera peut-être intéressant, d'autre part, d'étudier les intégrales des différentielles partout finies des modules ($\mathfrak{M}_S$, $\mathfrak{M}'_S$) et leurs périodes : on trouve par exemple que celles-ci satisfont à des relations bilinéaires qui généralisent celles de Riemann. Les représentations des groupes $\mathfrak{G}$ par des matrices $\mathfrak{M}_S$ *unitaires-orthogonales* (c'est-à-dire qui laissent invariantes la forme $\Sigma x_i\bar{x}_i$) ont des propriétés spéciales, et jouent certainement un grand rôle : en particulier, deux représentations de cette espèce ne peuvent être équivalentes sans être semblables; on serait tenté de conjecturer que toute classe de représentations contient une représentation unitaire-orthogonale, mais ce résultat n'est certainement pas vrai sans restriction. Enfin il est vraisemblable que la loi de réciprocité d'Artin, qu'il est possible d'énoncer pour les extensions relativement abéliennes d'un corps *k* de fonctions algébriques et qui est alors l'expression de la dualité entre éléments du groupe de Betti sur la surface de Riemann, possède un analogue non abélien qui trouvera sa place dans la nouvelle théorie. Je me borne, ici, à cette brève énumération de quelques problèmes, sur certains desquels je compte revenir en une autre occasion. En tout cas, le champ est assez vaste qui s'offre là aux investigations des chercheurs de bonne volonté

[1938b] Zur algebraischen Theorie der algebraischen Funktionen

... Bei Gelegenheit eines Vortrages im Juliaschen Seminar habe ich neuerdings eine Methode zur Begründung des Riemann-Rochschen Satzes ausgearbeitet, die sich eng an meinen Beweis des verallgemeinerten Riemann-Rochschen Satzes [1]) anschließt. Dabei wird der Cauchysche Integralsatz geradezu als Definition des Differentials gebraucht, was mit der auch in der modernen Topologie bekannten Dualität zwischen Funktionen und Differentialformen recht wohl im Einklang steht. Sachlich sind natürlich die so definierten Differentiale nichts anderes als die von Ihnen eingeführten [2]), wenigstens wenn der Funktionenkörper nicht ein solcher ist, wo die letzteren sämtlich verschwinden. Zu einer eingehenden Untersuchung des Zusammenhanges mit den F. K. Schmidtschen Differentiationen [3]), sowie mit den Ergebnissen Teichmüllers [4]) bin ich noch nicht gekommen. Meine Methode sei im folgenden kurz mitgeteilt.

1. Aus der schönen F. K. Schmidtschen Arbeit [5]) entnehme ich die Nr. **1—2** des § 3, sowie die Tatsache, daß zu jedem Element z aus dem Funktionenkörper K ein Divisor (z) gehört. Ich sage, z sei Multiplum eines Divisors $\mathfrak{a}$, wenn der Divisor (z) Multiplum von $\mathfrak{a}$ ist; wie üblich werden die Begriffe Multiplum von $\mathfrak{a}$, teilbar durch $\mathfrak{a}$ und $\equiv 0\ (\mathfrak{a})$ als gleichwertige Ausdrucksweisen gebraucht. Der Grad eines Divisors $\mathfrak{a}$ werde durch $n(\mathfrak{a})$ bezeichnet. Wenn $\mathfrak{p}$ ein Primdivisor ist, ist $n(\mathfrak{p})$ der Grad des zugehörigen Restklassenkörpers, der also in bezug auf den Konstantenkörper k eine Minimalbasis mit $n(\mathfrak{p})$ Elementen besitzt: $z_1, z_2, \ldots, z_{n(\mathfrak{p})}$ seien in K gelegene Vertreter dieser $n(\mathfrak{p})$ Elemente, t sei eine zu $\mathfrak{p}$ gehörige Ortsuniformisierende, d. h. ein Element aus K, dessen Divisor den Primdivisor $\mathfrak{p}$ genau zur ersten Potenz enthält; dann ist eindeutig jedem Element z aus K eine Entwicklung

$$z = \sum_{i=1}^{n(\mathfrak{p})} \sum_{\nu} c_{i\nu} z_i t^{\nu}$$

mit in k gelegenen Koeffizienten $c_{i\nu}$ zugeordnet; sie heiße (bei fest gewählten z_i, t) die zu $\mathfrak{p}$ gehörige Entwicklung von z.

---

[1]) A. Weil, Généralisation des fonctions abéliennes, Journal de Liouville (9) **17** (1938), p. 47.

[2]) H. Hasse, Theorie der Differentiale in algebraischen Funktionenkörpern mit vollkommenem Konstantenkörper, Crelles Journal **172** (1935), S. 55.

[3]) H. Hasse und F. K. Schmidt, Noch eine Begründung der Theorie der höheren Differentialquotienten usw., Crelles Journ. **177** (1937), S. 215 (insbesondere Zusatz von F. K. Schmidt, S. 223).

[4]) O. Teichmüller, Differentialrechnung bei Charakteristik p, Crelles Journ. **175** (1936), S. 89.

[5]) F. K. Schmidt, Zur arithmetischen Theorie der algebraischen Funktionen. I., Math. Zeitschr. **41** (1936), S. 415.

Reprinted from *Crelles J.* 179, 1938, pp. 129–133, with permission of Walter de Gruyter & Co.

Weiter sei x ein über k transzendentes Element von K; der Nennerdivisor $\mathfrak{d}$ von x sei durch die Primdivisoren $\mathfrak{p}_\varrho$ und durch keinen anderen teilbar; $\mathfrak{o}$ sei die Menge derjenigen Elemente aus K, deren Nennerdivisoren die $\mathfrak{p}_\varrho$ nicht enthalten: $\mathfrak{o}$ ist Integritätsbereich, und $x^{-1}\mathfrak{o}$ ist Hauptideal in $\mathfrak{o}$. Aus der Betrachtung der zu den $\mathfrak{p}_\varrho$ gehörigen Entwicklungen der Elemente aus $\mathfrak{o}$ folgert man leicht (wenn man noch den Unabhängigkeitssatz berücksichtigt, vgl. a. a. O.[5])), daß $\mathfrak{o}/x^{-1}\mathfrak{o}$ endlicher k-Modul vom Range $n(\mathfrak{d})$ ist; also gibt es in $\mathfrak{o}$ genau $n(\mathfrak{d})$ modulo $x^{-1}\mathfrak{o}$ linear-unabhängige Elemente w_i. Die w_i sind dann in bezug auf $k(x)$ linear-unabhängig; eine lineare Relation zwischen den w_i mit Koeffizienten aus $k(x)$ könnte nämlich in der Form

$$\sum_i P_i(x^{-1}) \cdot w_i = 0$$

geschrieben werden, wo die P_i Polynome in x^{-1} mit nicht sämtlich verschwindenden konstanten Gliedern a_i bedeuten; dann gehörte aber $\sum_i a_i w_i$ dem Ideal $x^{-1}\mathfrak{o}$ an, was der Definition der w_i widerspricht. Also ist $(K : k(x)) \geqq n(\mathfrak{d})$.

2. Jedem Divisor $\mathfrak{a}$ werde die lineare Schar $L(\mathfrak{a})$ der durch $\mathfrak{a}^{-1}$ teilbaren Elemente aus K zugeordnet; ihre Dimension sei mit $l(\mathfrak{a})$ bezeichnet (auch wenn sie unendlich sein sollte, da wir ihre Endlichkeit nicht als bekannt voraussetzen).

Wenn $\mathfrak{a}$ durch $\mathfrak{b}$ teilbar ist, so ist $L(\mathfrak{b})$ in $L(\mathfrak{a})$ enthalten. Betrachten wir die Entwicklungen eines z aus $L(\mathfrak{a})$, die zu den in $\mathfrak{a}$ oder $\mathfrak{b}$ (mit nichtverschwindendem Exponenten) vorkommenden Primdivisoren gehören; damit z durch $\mathfrak{b}^{-1}$ teilbar sei, ist das Verschwinden von genau $n(\mathfrak{a}) - n(\mathfrak{b})$ Koeffizienten dieser Entwicklungen notwendig und hinreichend. $L(\mathfrak{b})$ ist also ein durch $n(\mathfrak{a}) - n(\mathfrak{b})$ lineare Gleichungen definierter Untermodul von $L(\mathfrak{a})$, woraus für jeden durch $\mathfrak{b}$ teilbaren Divisor $\mathfrak{a}$ die Ungleichung

$$n(\mathfrak{a}) - l(\mathfrak{a}) \geqq n(\mathfrak{b}) - l(\mathfrak{b})$$

folgt. Da $n(1) = 0$, $l(1) = 1$ ist, so ist insbesondere, wenn $\mathfrak{a}$ ganz ist, $l(\mathfrak{a}) \leqq n(\mathfrak{a}) + 1$.

Ferner sei wieder $\mathfrak{d}$ der Nennerdivisor von x, und $n = (K : k(x))$ sei der (endliche) Grad von K über $k(x)$. Der Körper K besitzt in bezug auf $k(x)$ eine Basis aus n Elementen v_i, die wir als in bezug auf $k[x]$ ganz voraussetzen dürfen. m_0 sei eine ganze Zahl derart, daß sämtliche v_i durch $\mathfrak{d}^{-m_0-1}$ teilbar seien; dann sind für $m > m_0$ die $x^\mu v_i$ $(0 \leqq \mu < m - m_0;\ 1 \leqq i \leqq n)$ in bezug auf k linear-unabhängige Elemente aus $L(\mathfrak{d}^m)$; also ist

$$n(m - m_0) \leqq l(\mathfrak{d}^m) \leqq m \cdot n(\mathfrak{d}) + 1.$$

Daraus folgt (für großes m) $n \leqq n(\mathfrak{d})$, also $n = n(\mathfrak{d})$ wegen der früher bewiesenen Ungleichung $n \geqq n(\mathfrak{d})$; wenn man x^{-1} statt x betrachtet, sieht man ein, daß der Zählerdivisor von x ebenfalls den Grad n hat, woraus folgt, daß für äquivalente Divisoren $\mathfrak{a}$ und $\mathfrak{a}' = x\mathfrak{a}$ der Grad derselbe ist; andererseits ist dann $l(\mathfrak{a}) = l(\mathfrak{a}')$, da $L(\mathfrak{a}')$ aus $L(\mathfrak{a})$ durch Multiplikation mit x^{-1} hervorgeht. Da nun $n(\mathfrak{d}^m) - l(\mathfrak{d}^m) \leqq n m_0$ ist, so besteht die Ungleichung $n(\mathfrak{a}) - l(\mathfrak{a}) \leqq n m_0$ für jeden mit einer Potenz $\mathfrak{d}^m$ äquivalenten Divisor, also (wegen des oben Bewiesenen) auch für jeden Divisor, der einen solchen teilt. Das ist aber für jeden Divisor aus K der Fall; denn es genügt, dies für einen nicht in $\mathfrak{d}$ enthaltenen Primdivisor $\mathfrak{p}$ zu beweisen. Da aber der zugehörige Restklassenkörper in bezug auf k algebraisch ist, so gibt es ein durch $\mathfrak{p}$ teilbares $P(x)$ aus $k[x]$, dessen Zählerdivisor also einerseits durch $\mathfrak{p}$ teilbar, andererseits mit einer Potenz $\mathfrak{d}^m$ äquivalent ist.

Die Zahl $n(\mathfrak{a}) - l(\mathfrak{a}) + 1$ hat also, wenn $\mathfrak{a}$ sämtliche ganze Divisoren durchläuft, eine endliche obere Schranke $g \geqq 0$; mit $\mathfrak{g}$ sei im folgenden ein fest gewählter ganzer Divisor bezeichnet, derart, daß $n(\mathfrak{g}) - l(\mathfrak{g}) + 1 = g$ sei. Dann ist, wenn $\mathfrak{a}$ durch $\mathfrak{g}$ teilbar ist:

$$l(\mathfrak{a}) = n(\mathfrak{a}) + 1 - g.$$

3. Es sei $\mathfrak{b}$ beliebig und $\mathfrak{a}$ ein gemeinsames Multiplum von $\mathfrak{b}$ und $\mathfrak{g}$. Aus **1** folgt die Ungleichung $l(\mathfrak{b}) \geqq n(\mathfrak{b}) + 1 - g$. Genauer ist, wie oben bemerkt wurde, $L(\mathfrak{b})$ ein durch $n(\mathfrak{a}) - n(\mathfrak{b})$ lineare Gleichungen definierter Untermodul von $L(\mathfrak{a})$, und es ist, wenn zwischen diesen Gleichungen genau $r(\mathfrak{b})$ Relationen identisch bestehen:

$$l(\mathfrak{b}) = n(\mathfrak{b}) + 1 - g + r(\mathfrak{b}).$$

Jede solche Relation ist aber nichts anderes als eine lineare Relation $R(z) = 0$ zwischen endlich vielen Entwicklungskoeffizienten eines z aus $L(\mathfrak{a})$, die für jedes solche z erfüllt ist.

$\mathfrak{a}'$ sei ein Multiplum von $\mathfrak{a}$; $R'(z)$ sei ein linearer Ausdruck in endlich vielen Entwicklungskoeffizienten eines z aus $L(\mathfrak{a}')$, der für jedes solche z verschwindet. $L(\mathfrak{a})$ ist ein durch das Verschwinden gewisser Entwicklungskoeffizienten definierter Untermodul von $L(\mathfrak{a}')$; durch das Fortfallen der entsprechenden Glieder wird also aus $R'(z)$ ein linearer Ausdruck $R(z)$ in den Entwicklungskoeffizienten eines z aus $L(\mathfrak{a})$, der für jedes z aus $L(\mathfrak{a})$ verschwindet. Wir sagen dann, $R'(z)$ sei eine Fortsetzung von $R(z)$. Dabei kann $R(z)$ nur dann identisch verschwinden, wenn das schon für $R'(z)$ der Fall ist; denn sonst wäre $R'(z) = 0$ eine Relation zwischen den $n(\mathfrak{a}') - n(\mathfrak{a})$ Gleichungen, die $L(\mathfrak{a})$ innerhalb $L(\mathfrak{a}')$ definieren, und es wäre $l(\mathfrak{a}) - n(\mathfrak{a}) > l(\mathfrak{a}') - n(\mathfrak{a}')$, entgegen der Voraussetzung, daß $\mathfrak{a}$ durch $\mathfrak{g}$ teilbar ist. Jedes $R(z)$ besitzt also höchstens eine Fortsetzung.

Andererseits kann man zu einem gegebenen $R(z)$ einen Divisor $\mathfrak{b}$ so wählen, daß $\mathfrak{a}$ durch $\mathfrak{b}$ teilbar ist, und daß $R(z)$ nur solche Entwicklungskoeffizienten eines z aus $L(\mathfrak{a})$ enthält, deren Verschwinden ausdrückt, daß z zu $L(\mathfrak{b})$ gehört. $R(z) = 0$ ist also eine der $r(\mathfrak{b})$ Relationen zwischen den Gleichungen, die $L(\mathfrak{b})$ innerhalb $L(\mathfrak{a})$ definieren. Es ist aber $r(\mathfrak{b}) = l(\mathfrak{b}) - n(\mathfrak{b}) + g - 1$, und diese Anzahl ändert sich nicht, wenn man $\mathfrak{a}$ durch $\mathfrak{a}'$ ersetzt. Da jedes $R(z)$ höchstens eine Fortsetzung besitzt, muß also auch jedes $R(z)$ eine Fortsetzung besitzen. Mithin entsprechen sich die $R(z)$ und ihre Fortsetzungen $R'(z)$ eineindeutig, und wir dürfen die $R'(z)$ mit den $R(z)$ geradezu identifizieren.

Betrachten wir insbesondere die linearen Ausdrücke in endlich vielen Entwicklungskoeffizienten eines z aus $L(\mathfrak{g})$, die für jedes z aus $L(\mathfrak{g})$ verschwinden. Jedem solchen Ausdruck ordnen wir eineindeutig ein neues Ding ω zu, das ein Differential genannt werde; den Ausdruck selbst, sowie jede seiner Fortsetzungen, schreiben wir dann als $\oint z\omega$. Da man zu jedem z ein Multiplum $\mathfrak{a}$ von $\mathfrak{g}$ wählen kann, derart, daß z in $L(\mathfrak{a})$ enthalten ist, so hat (unabhängig von dieser Wahl, wie man sofort einsieht) für jedes z aus K der Ausdruck $\oint z\omega$ einen Sinn.

Für jedes z aus K und jedes Differential ω besteht also die Gleichung $\oint z\omega = 0$. Insbesondere ist, wenn x und ω fest gewählt sind, $\oint z \cdot x\omega = 0$ für jedes z aus K, also insbesondere für jedes z aus $L(\mathfrak{g})$ erfüllt; das heißt, daß der Ausdruck $\oint z \cdot x\omega$ ein Differential definiert, das mit $x\omega$ bezeichnet werde. Mit anderen Worten: Es läßt der Modul der Differentiale die Elemente des Körpers K als Operatoren zu.

4. Wir sagen, das Differential ω sei Multiplum von $\mathfrak{b}$, wenn für jedes z aus $L(\mathfrak{b})$ das Integral $\oint z\omega$ überhaupt keinen Entwicklungskoeffizienten von z mit einem nichtverschwindenden Koeffizienten enthält. Offenbar kann nach unseren Definitionen kein nichtverschwindendes Differential Multiplum von $\mathfrak{g}$ sein; also ist $r(\mathfrak{b})$ genau die Anzahl der Differentiale, die durch $\mathfrak{b}$ teilbar sind. Wenn ω durch $\mathfrak{b}$ und x durch $\mathfrak{a}$ teilbar ist, so ist $x\omega$ durch $\mathfrak{a}\mathfrak{b}$ teilbar.

Wenn ω Multiplum des Divisors 1 ist, so heiße ω ganz. Da $n(1) = 0$, $l(1) = 1$ ist, ist $r(1) = g$; es gibt also genau g ganze Differentiale. Es sei ω durch $\mathfrak{b}$ teilbar; dann wird $x\omega$ ganz, wenn x in $L(\mathfrak{b})$ liegt, also muß $l(\mathfrak{b}) \leqq g$ und folglich $n(\mathfrak{b}) \leqq 2g - 1$ sein. Es sei $\mathfrak{d}_\omega$ ein Teiler vom größten Grade des Differentials ω und $n(\omega)$ sein Grad. Es ist $n(\omega) \leqq 2g - 1$, und jeder Teiler $\mathfrak{b}$ von ω ist Teiler von $\mathfrak{d}_\omega$.

Wenn $\mathfrak{b}$ ganz und $\neq 1$ ist, ist $l(\mathfrak{b}^{-1}) = 0$, also $r(\mathfrak{b}^{-1}) = n(\mathfrak{b}) + g - 1$. Nehmen wir an, es gäbe zwei bezüglich K linear-unabhängige Differentiale ω, η; dann ist stets $x\omega \neq y\eta$; andererseits sind $x\omega$ und $y\eta$ durch $\mathfrak{b}^{-1}$ teilbar, wenn x zu $L(\mathfrak{b}\mathfrak{d}_\omega)$ bzw. y zu $L(\mathfrak{b}\mathfrak{d}_\eta)$ gehört. Mithin ist

$$l(\mathfrak{b}\mathfrak{d}_\omega) + l(\mathfrak{b}\mathfrak{d}_\eta) \leqq n(\mathfrak{b}) + g - 1,$$

also

$$2n(\mathfrak{b}) + n(\omega) + n(\eta) + 2 - 2g \leqq n(\mathfrak{b}) + g - 1.$$

Für großes $n(\mathfrak{b})$ ist das gewiß unmöglich. Also sind ω, η bezüglich K nicht unabhängig, d. h. wenn ω ein festes Differential ist, so ist jedes Differential in der Form $x\omega$ darstellbar.

$\mathfrak{b}$ sei jetzt ein ganzes Multiplum von $\mathfrak{g}\mathfrak{d}_\omega^{-1}$ und $\neq 1$; dann ist einerseits

$$r(\mathfrak{b}^{-1}) = n(\mathfrak{b}) + g - 1.$$

Andererseits ist $r(\mathfrak{b}^{-1})$ die Anzahl der Differentiale $x\omega$, die durch $\mathfrak{b}^{-1}$ teilbar sind, also gleich $l(\mathfrak{b}\mathfrak{d}_\omega)$ oder (da $\mathfrak{b}\mathfrak{d}_\omega$ durch $\mathfrak{g}$ teilbar ist) gleich $n(\mathfrak{b}) + n(\omega) + 1 - g$. Mithin ist $n(\omega) = 2g - 2$. Und für beliebiges $\mathfrak{b}$ ist allgemein $r(\mathfrak{b}) = l(\mathfrak{d}_\omega \mathfrak{b}^{-1})$. Damit ist alles bewiesen.

Der Anschluß an den gewöhnlichen Differentialbegriff im separablen Falle ergibt sich aus der von Ihnen [2]) bewiesenen Tatsache, daß $\oint z\,dx = 0$ ist, daß also dx als ein Differential im obigen Sinne betrachtet werden kann.

5. Zum Schluß möchte ich noch die Analogie mit den von Chevalley in die Zahlentheorie eingeführten Idealelementen [6]) andeuten. Es sei $K_\mathfrak{p}$ der zum Primdivisor $\mathfrak{p}$ gehörige Lokalkörper, der aus K durch Abschließung in bezug auf die entsprechende Bewertung hervorgeht oder auch als Körper der formalen Entwicklungen $\sum_{i,\nu} c_{i\nu} z_i t^\nu$ definiert werden kann (er erscheint so als hyperkomplexes System über dem Körper der Potenzreihen $\sum_\nu c_\nu t^\nu$, da die z_i Gleichungen von der Form $z_i z_j = \sum_{k,\nu} c_{ijk\nu} z_k t^\nu$ genügen); die Einbettung von K in $K_\mathfrak{p}$ ist ein Isomorphismus $I_\mathfrak{p}$. Nun betrachten wir im direkten Produkt aller $K_\mathfrak{p}$ den Ring $\mathfrak{R}$ derjenigen Elemente, deren Komponenten bis auf endlich viele ganz sind; durch die $I_\mathfrak{p}$ wird K in $\mathfrak{R}$ isomorph eingebettet. Ein Element α von $\mathfrak{R}$ sei *Fasteinheit* genannt, wenn es in $\mathfrak{R}$ eine Reziproke α^{-1} besitzt; dazu ist notwendig und hinreichend, daß keine Komponente von α verschwinde, und daß die Komponenten von α, bis auf endlich viele, Einheiten der betreffenden $K_\mathfrak{p}$ seien. Jedes Element von K, mit Ausnahme von 0, ist Fasteinheit; die multiplikative Gruppe der Fasteinheiten ist nichts anderes als die Chevalleysche Gruppe der Idealelemente.

$\mathfrak{O}$ sei der Ring aller Elemente in $\mathfrak{R}$, deren sämtliche Komponenten ganz sind; dann gibt es eine eineindeutige Zuordnung zwischen den Divisoren $\mathfrak{a}$ in K und denjenigen Hauptidealen $(\alpha) = \alpha\mathfrak{O}$ in $\mathfrak{R}$, die von einer Fasteinheit α erzeugt werden; $L(\mathfrak{a})$ ist dann nichts anderes als der Durchschnitt von K mit dem Ideal $\alpha^{-1}\mathfrak{O}$.

Jetzt werde $\mathfrak{R}$ dadurch topologisiert, daß man jedem Element ζ_0 aus $\mathfrak{R}$ und jeder Fasteinheit α eine Umgebung von ζ_0 zuordnet, nämlich die Menge aller solcher ζ, für die $\zeta - \zeta_0$ in $\alpha\mathfrak{O}$ liegt. R ist dann topologischer Ring; jedes abgeschlossene $\mathfrak{O}$-Ideal in R

---

[6]) C. Chevalley, Généralisation de la théorie du corps de classes pour les extensions infinies, Journal de Liouville (9) **15** (1936), p. 359 (vgl. auch A. Weil, Remarques sur des résultats récents de C. Chevalley, C. R. Paris **203** (1936), p. 1208). Auf den Zusammenhang zwischen dieser Arbeit und meinen Ausführungen wurde ich durch Chevalley aufmerksam gemacht.

besteht aus allen Fastmultiplen eines gewissen Divisors in bezug auf eine gewisse Menge von Primdivisoren (wobei der F. K. Schmidtsche Begriff der Fastmultiplen, a. a. O. [5]), in naheliegender Weise für die Elemente von $\mathfrak{R}$ erklärt wird), und umgekehrt ist jede solche Menge abgeschlossenes $\mathfrak{O}$-Ideal in $\mathfrak{R}$.

Nun läßt sich, genau so wie oben in Nr. **3** der Ausdruck $\oint z\omega$, hier der Ausdruck $\oint \zeta\omega$ für jedes ζ aus $\mathfrak{R}$ definieren; er wird dabei eine stetige lineare Funktion in $\mathfrak{R}$, wenn man den Körper k (in welchem diese Funktion ihre Werte annimmt) mit der diskreten (Hausdorffschen) Topologie versieht. Umgekehrt ist jede in $\mathfrak{R}$ stetige lineare Funktion, die in k ihre Werte annimmt und auf dem in $\mathfrak{R}$ gelegenen isomorphen Bild von K verschwindet, von der Form $\oint \zeta\omega$. Die Relationen $\oint z\omega = 0$ sind also nichts anderes, als die Gleichungen, die die abgeschlossene Hülle des Bildes von K innerhalb $\mathfrak{R}$ definieren.

Die obigen Ausführungen sind übrigens die beste Grundlage für die Klassenkörpertheorie im Gebiete der algebraischen Funktionen. Eine solche Theorie besteht nämlich in viel genauerem Sinne, als bisher bemerkt wurde, wie ich im klassischen Falle (wo der Konstantenkörper aus den komplexen Zahlen besteht) bestätigt habe; doch sei diese Frage auf eine andere Gelegenheit verschoben.

Straßburg, den 7. Februar 1938.

Eingegangen 9. Februar 1938.

[1938c] «Science Française»

J'en ai assez. J'aime voyager à l'étranger; mes amis savent que mon amour-propre national n'est pas chatouilleux à l'excès, et j'ai pris dès longtemps l'habitude d'entendre, sans trop m'émouvoir, qu'on discute, parfois sans bienveillance, de mon pays, de ses hôtels, de ses femmes, de ses politiciens. Qu'y ferais-je, si tout cela est vrai? que m'importe, si tout cela est faux? Mais j'en ai assez, quand je rencontre un chimiste, qu'il me demande invariablement: "Pourquoi la chimie française est-elle tombée si bas?"; si c'est un biologiste: "Pourquoi la biologie française va-t-elle si mal?"; si c'est un physicien: "Pourquoi la physique française..." mais je n'achève pas, c'est toujours la même question dont on me rebat les oreilles, et j'en suis encore à chercher la réponse. Bien sûr, quand je demande des précisions, il arrive qu'on reconnaisse qu'il existe encore chez nous, dans tel ou tel domaine, quelques savants fort distingués. Quant à moi, mathématicien tout à fait ignorant de toute science sinon de la mienne, je ne puis discuter; souvent je me risque, en réponse à l'éternelle question, à suggérer "Mais un tel ...?" et je cite un nom, illustre chez nous; mais j'ai fini par y renoncer, car pour une fois qu'on m'avoue "En effet, il y a tout de même un tel," trop souvent l'illustre collègue est assommé aussitôt d'un mot dédaigneux, d'un sourire, ou simplement d'un haussement d'épaule....

Entendons-nous: les mœurs de la gent universitaire, depuis quelque douze ans que je la fréquente, me sont un peu connues, et qu'on ne vienne pas me parler ici de jalousie, d'ignorance ou de préjugé: on n'expliquera pas ainsi que tous ces collègues étrangers, et surtout les jeunes, me posent toujours, à peu près dans les mêmes termes, la même question. Ils reconnaissent sans se gêner, de quelque pays qu'ils soient, l'importance des centres scientifiques anglais, américains, russes, allemands; ils savent apprécier aussi, parfois avec beaucoup de chaleur, les mérites de tel savant français. Ce ne peut être la jalousie qui les fait tous parler; il y a autre chose; il y a, faut-il le dire, un fait: ils doivent avoir raison. Cela est fâcheux; expliquons-le comme nous pouvons, mais mieux vaut le reconnaître; mieux vaut même, comme je le fais ici à dessein, s'exagérer peut -être l'étendue du mal que de sottement fermer les yeux. Assez parlé (avec des majuscules) de Science Française, assez invoqués les mânes de Pasteur, de Poincaré, de Lavoisier: qu'ils se reposent en paix, car ils l'ont bien mérité, ce repos qu'on ne veut pas accorder à leurs ombres; la Science Française, après tout, c'est nous, c'est les vivants, et leurs noms ne sont pas une mine dont on nous ait octroyé la concession à perpétuité; si nous ne savons pas nous examiner avec sévérité, sans complaisance facile, d'autres le font pour nous. Quelques-uns diront "Qu'importe?"; je ne parle pas pour ceux-là. Quant à moi, je l'ai dit, une question cent fois répétée est venue à bout de mes nerfs; j'en ai assez, il faut que je parle, ça n'y changera peut-être rien, mais ça me soulagera.

Elle va donc si mal, cette pauvre science française, dont on a tant rebattu les oreilles au badaud public? au nom de laquelle on a organisé des souscriptions pour laquelle on a créé un ministère? Est-ce manque de talents? Il se pourrait, et il faudrait alors en rechercher les causes; l'organisation de notre enseignement, de nos Facultés, de nos grandes écoles, ne guide peut-être pas toujours nos jeunes gens les mieux doués vers les voies qui leur conviendraient le mieux. Universitaire moi-même, je n'ai pas la naïveté de croire, ou de vouloir faire croire (malgré nombre d'assentiments trop faciles) que la science, et la science universitaire, possède une vertu si éminente qu'il y faille acheminer bon gré mal gré la fleur de nos écoles et la crème de nos universités; mais enfin, le recrutement de nos institutions scientifiques est un problème qu'il ne serait peut-être pas inutile d'examiner sans trop de délais; on ne fabriquera pas à volonté des génies, mais qui sait, il s'en trouve peut-être qui manquent leur voie, et, si ce sont là des spéculations vaines, en tout cas on peut, par une organisation méthodique, former pour les maîtres éventuels un terrain favorable.

Mais voilà: où sont-ils à présent, ces maîtres, et s'ils ne sont pas là, vont-ils nous tomber du ciel? Car comprenons-le bien: si les étrangers nous disent que dans trop de domaines la France, en tant que centre d'études, n'existe plus, ils veulent dire qu'elle manque de maîtres; non qu'il s'agisse d'âge; je parle de ces hommes, parvenus au premier rang, qui s'y maintiennent; de ces hommes, peu nommés des journaux, insoucieux des diversions de la publicité et de la politique, autour desquels se forment les écoles et se groupent, avides d'idées plutôt que de places, les jeunes gens; pour tout dire, des maîtres, non des pontifes. Nous en avons, certes, je veux le croire, nous en avons, je ne veux pas désespérer, nous en avons, j'en pourrais nommer bien un ou deux parmi ceux de ma spécialité, et en dehors de celle-ci j'ai déjà dit que je n'y entends rien. Il y en a; mais enfin je soupçonne, malgré des bonimenteurs pas toujours désintéressés, que ce ne sont pas ceux qu'on nous dit, et qu'il n'y en a pas tant qu'on ne nous le fait croire. Oui, je sais bien: les prix Nobel, les membres de l'Institut, les professeurs à la Sorbonne ... les dictateurs au placement des jeunes et à la distribution des vivres: car il faut bien vivre.

Oui, je me trompe, mon Cher Collègue, je l'avoue; il y a X et Y devant qui tout le monde s'incline, et puisque je n'entends rien à leurs travaux je puis bien m'incliner aussi. Mais admettez un instant, voulez-vous, que pour telle autre spécialité j'aie raison; examinons ensemble les conséquences. Supposons que dans tel ou tel domaine, disons la Théorie des Nombres (il ne me coûte rien d'en parler, elle n'est pas enseignée dans les universités françaises), les maîtres véritables soient venus à faire défaut; que les chaires les plus en vue et les positions dominantes se trouvent occupées par des hommes, non pas ignorants ou sans compétence, mais sans éclat, ou, chose peut-être plus grave encore, par de ces savants (ils sont nombreux, et, pour des raisons qu'il faudrait bien examiner, ils le sont tout particulièrement dans les universités françaises) à qui quelques travaux brillants ont valu au début de leur carrière une réputation qu'ils n'ont pu ou ne se sont pas souciés de soutenir. Que va-t-il se passer, si de tels hommes (chargés d'honneurs, sans doute, et de titres) sont installés au pouvoir? Car, reconnaissons-le, c'est un pouvoir véritable qu'ils détiennent; pouvoir de distribuer les places; pouvoir, plus important encore lorsqu'il s'agit de science expérimentale (c'est pourquoi chaque matin en me levant je remercie Dieu de m'avoir fait mathématicien) d'allouer les crédits de laboratoire et les moyens de recherche; pouvoir, de par les positions qu'ils occupent, d'attirer à soi les jeunes, et de conserver pour soi des collaborateurs qui à d'autres sont refusés. De ces jeunes, que va-t-il arriver? Quel est l'avenir d'une science dont l'enseignement est une fois tombé entre les mains de pontifes de cette espèce? Maints exemples, que j'ai pu étudier (et non pas seulement en France, qu'on le croie bien; je ne crois pas tout parfait ailleurs, et j'ai observé en d'autres pays des phénomènes tout semblables), permettent de donner de ce qui doit se passer une description assez précise: le tableau clinique de la maladie (comme disent, je crois, les médecins) est bien connu. De tels hommes ne tardent pas à tomber en dehors des grands courants de la science; non pas de la Science Française, mais de la science (sans majuscule) qui est universelle; ils travaillent, souvent honnêtement, de très bonne foi et non sans talent, ou d'autres fois ils font semblant de travailler, mais en tout cas ils sont étrangers aux grands problèmes, aux idées vivantes de la science de leur époque; et à leur suite, c'est toute leur école qui se trouve égarée dans des eaux stagnantes (parfois bourbeuses, mais cela c'est une autre histoire); des jeunes gens bien doués passent les années les plus importantes de leur carrière scientifique, les premières, à travailler à des problèmes sans portée et dans des voies sans issue. Il faudrait les envoyer à l'étranger, ces jeunes gens, les initier à toutes les méthodes, à toutes les idées; car, quand bien même il s'agirait du maître le plus éminent, qu'est-ce que l'élève d'un seul maître? Mais quoi? l'on a trop peur de perdre des collaborateurs et des disciples, et, à leur place, de voir revenir des juges, des juges sévères. Qu'il est préférable de les garder auprès de soi, de s'en faire aider, de les maintenir autant qu'il se peut dans des voies tracées! Qu'ils aient du talent, c'est bien; qu'ils soient sages de plus, et (sans nuire à la hiérarchie ni à l'ordre d'ancienneté) toutes les voies leur sont ouvertes; et s'ils sont sages, le talent même après tout n'est pas indispensable, une bonne petite chaire les récompensera.

Bien sûr, le génie perce quand même; le génie se fait toujours sa place, à travers tous les obstacles; bien sûr... (je n'en suis pas si sûr que ça). Oui, mais pour le génie même que d'années perdues; quel retard, quelles sordides difficultés; et tous les autres, ceux qui auraient pu faire œuvre utile, maintenir, en attendant la venue du génie, une tradition honorable et parfois glorieuse, tous ces autres, quoi d'eux? Souvent ils s'aperçoivent des années perdues; un peu trop tard, ils se remettent à l'école; ils tentent de se refaire une place dans la colonne en marche, quand leur esprit a perdu sa souplesse et sa plasticité; ils se hissent avec difficulté à un échelon où d'autres avant eux parvinrent, puis, l'effort fourni, ils y restent, ils sont dépassés. Ils y restent, et l'histoire recommence. ... Une fois provincialisé, une fois tombé dans l'ornière, on y reste. Sauf miracle, bien sûr: car l'esprit, c'est le miracle; mais n'y comptons pas trop, ou plutôt, le miracle arrive à qui aura su le mériter.

Mériter le miracle: c'est tout le travail du savant, pour qui le miracle c'est l'idée. Et quand le miracle c'est le génie, ne croyons pas qu'il ne faille le mériter aussi. Un tas de savants éminents crie au public "De l'argent! de l'argent! la science coûte cher!" C'est vrai, la science coûte cher; bibliothèques, laboratoires modernes, instruments de travail indispensables, ne s'obtiennent pas à peu de frais; et si autrefois, et même quoi qu'on nous dise aujourd'hui, l'on a pu faire avec des moyens très modestes d'importantes découvertes, l'on n'imagine guère que la science dans son ensemble puisse avancer de même. Je vous ferai de bonne chère, disait maître Jacques, si vous me donnez bien de l'argent. Il avait raison, Mais est-ce tout, quand la nation, désireuse qu'on lui fasse de bonne science, a donné de l'argent à maître Jacques? Maître Jacques est membre de l'Institut, prix Nobel peut-être; il occupe un rang distingué dans la Légion d'Honneur. Va-t-il nous donner de bonne science? En dehors de ma spécialité, je l'ai dit, je suis Français moyen, désireux qu'on fasse de l'argent que je verse chaque année à l'Etat le meilleur usage; de ma spécialité je ne parle pas, car là c'est par mes travaux que je puis agir, mieux que par des paroles sans doute vaines. J'ai voulu décharger ma bile.... Je n'ai pas tout dit; je n'ai pas parlé de la rigidité de notre système universitaire; de l'occasion manquée, lorsque tant de savants éminents, chassés d'Allemagne, étaient prêts à accepter n'importe où la place la plus modeste: l'Angleterre, l'Amérique les ont recueillis tandis que nos universités, retranchées derrière de commodes règlements, les laissaient partir; je n'ai rien dit de la dispersion d'efforts dans des universités provinciales trop nombreuses, où s'enlisent, faute d'un milieu où ils se sentiraient encouragés, tant de jeunes savants. Le système est médiocre, ou mauvais; mais un système meilleur, ce ne serait tout au plus qu'une machine mieux graissée. Qu'importe le système? Ce sont les hommes qui importent.

[1939a] Sur l'analogie entre les corps de nombres algébriques et les corps de fonctions algébriques

On connaît diverses analogies entre les corps de nombres algébriques et les corps de fonctions algébriques d'une variable; le but de cette note est, par des moyens tout élémentaires, de préciser en quelques points cette analogie.

Soit K un corps de nombres algébriques, de degré n. Comme on sait, on est conduit à introduire dans l'étude de K des éléments qui correspondent aux points de la surface de Riemann d'un corps de fonctions algébriques d'une variable, et que pour cette raison nous appellerons les «points» de K: on fait correspondre un tel «point» P à toute représentation isomorphe et partout dense de K dans un «corps local» K_P qui peut être, soit le corps des nombres réels, soit le corps des nombres complexes, soit un corps de nombres P-adiques (au sens de Hensel); bien entendu, deux représentations de K ne devront pas être considérées comme distinctes si elles se déduisent l'une de l'autre par un isomorphisme des corps locaux correspondants. Si K_P est le corps des nombres réels, P s'appellera un point réel à l'infini de K; si K_P est le corps des nombres complexes, P s'appellera un point imaginaire à l'infini de K; si K_P est un corps P-adique, P correspondra à un idéal premier $\mathfrak{p}$ de K.

Soit α un élément de K; soit α_P l'élément de K_P qui correspond à α dans la représentation de K dans K_P définie par P. Nous poserons:

$I_P(\alpha) = \log|\alpha_P|$ si P est un point réel à l'infini;

$I_P(\alpha) = 2\log|\alpha_P|$ si P est un point imaginaire à l'infini;

$I_P(\alpha) = -n \cdot \log N(\mathfrak{p})$ si P est un point de K correspondant à l'idéal premier $\mathfrak{p}$, celui-ci figurant avec l'exposant n dans l'expression de l'idéal principal (α) comme produit de puissances d'idéaux premiers distincts.

Les théorèmes élémentaires connus sur la norme montrent qu'on a, avec ces notations:

$$\sum_P I_P(\alpha) = 0,$$

la sommation étant étendue à tous les points P de K. Bien entendu, $I_P(\alpha)$ ne diffère de zéro que pour un nombre fini de points P de K, de sorte que la somme du premier membre ne comprend qu'un nombre fini de termes non nuls. Cette relation doit être considérée comme analogue arithmétique du théorème algébrique suivant: soit K un corps de fonctions algébriques d'une variable; x étant un élément de K, et P un point de la surface de Riemann de K, soit $I_P(x)$ l'ordre de x au point P, c'est-à-dire l'entier égal à n si x a en P un pôle d'ordre n, à $-n$ si x a en P un zéro d'ordre n, et à 0 si x n'est ni nul, ni infini en P; on aura:

$$\sum_P I_P(x) = 0,$$

égalité qui peut être considérée comme un cas particulier du théorème de Cauchy, puisqu'elle résulte de l'égalité:

$$\int d(\log x) = 0,$$

lorsque l'intégrale est étendue à un contour formé de $2g$ rétrosections (g étant le *genre* de K).

Considérons maintenant, dans le corps de fonctions algébriques K, le théorème de Riemann–Roch. Celui-ci peut être énoncé sous la forme suivante[1]. Supposons donné, pour chaque point P, un entier n_P, de telle façon que n_P ne diffère de zéro que pour des points P en nombre fini; soit $n = \sum n_P$ (la sommation étant étendue à tous les points P). Le théorème de Riemann–Roch indique combien il y a d'éléments linéairement indépendants du corps K qui satisfassent, quel que soit P, à la condition

$$\mathrm{I}_P(x) \leq n_P$$

En particulier, il indique que, dès que n est assez grand (et, d'une manière précise, dès que $n > 2g - 2$), ce nombre est $n - g + 1$.

Revenons à un corps K de nombres algébriques; supposons donné pour tout «point» P de K, un nombre réel n_P, de façon que n_P ne diffère de zéro que pour des points P en nombre fini, et que de plus, si P correspond à un idéal premier $\mathfrak{p}$ de K, n_P soit de la forme $\nu(\mathfrak{p}) \cdot \log \mathrm{N}(\mathfrak{p})$, le facteur $\nu(\mathfrak{p})$ étant entier Posons $n = \sum n_P$. Soit N le nombre des éléments α de K qui satisfont, quel que soit P, à la condition:

$$\mathrm{I}_P(\alpha) \leq n_P.$$

Cette condition, si on l'applique d'une part à tous les points P correspondant à des idéaux premiers $\mathfrak{p}$ de K, donne

$$\alpha \in \mathfrak{a} = \prod \mathfrak{p}^{-\nu(\mathfrak{p})}$$

où le second membre ne comprend, en vertu de la définition de n_P et de $\nu(\mathfrak{p})$, qu'un nombre fini de facteurs différents de 1, et a donc un sens bien défini. D'autre part, la même condition, appliquée aux points à l'infini de K, donne, pour chaque point réel à l'infini

$$|\alpha_P| \leq e^{n_P}$$

et, pour chaque point imaginaire à l'infini:

$$|\alpha_P|^2 \leq e^{n_P}$$

Si, alors, on désigne par $\alpha_1, \alpha_2, \ldots, \alpha_n$ une base de l'idéal $\mathfrak{a}$, de sorte que tout élément de $\mathfrak{a}$ soit de la forme:

$$\alpha = x_1\alpha_1 + x_2\alpha_2 + \cdots + x_n\alpha_n,$$

N apparaîtra comme le nombre de points $(x_1, x_2, \ldots, x_n)$ à coordonnées entières

[1] Cf. A. Weil, Zur algebraischen Theorie der algebraischen Funktionen, Journal de Crelle, t. 179 (1938), p. 129.

qui se trouvent dans un domaine de l'espace à n dimensions défini par certaines inégalités élémentaires. Nous nous contenterons ici de l'évaluation assez grossière de N qui est fournie par le volume de ce domaine, volume qu'il est facile de calculer élémentairement. On trouve ainsi:

$$\log N = n - \log(2^{-r_1-r_2}\pi^{-r_2}\sqrt{|d|}) + \varepsilon,$$

où r_1 est le nombre des points réels à l'infini de K, r_2 le nombre des points imaginaires à l'infini de K, d le discriminant de K, et où ε est aussi petit qu'on veut dès que, les $\nu(\mathfrak{p})$ étant supposés fixes, chacun des nombres n_{P} relatifs aux points à l'infini de K est suffisamment grand.

Pour avoir une formule entièrement analogue au théorème de Riemann–Roch, il faut observer de plus que les racines de l'unité dans K, et elles seules, satisfont à la condition $\mathrm{I}_{\mathrm{P}}(\alpha) = 0$ quel que soit P: elles jouent donc le rôle que jouent les constantes dans un corps de fonctions algébriques. Si, dans un corps K de fonctions algébriques, un élément x satisfait en tout point P à la condition $\mathrm{I}_{\mathrm{P}}(x) \leq n_{\mathrm{P}}$, il en sera de même de même de cx si c est une constante arbitraire: on a le droit de voir dans ce facteur constant arbitraire l'origine du terme $+1$ du théorème de Riemann–Roch. De même, si, dans un corps de nombres K, un élément α satisfait quel que soit P à la condition $\mathrm{I}_{\mathrm{P}}(\alpha) \leq n_{\mathrm{P}}$, le produit de α par une racine de l'unité contenue dans K y satisfait aussi. Cela conduit à poser, en désignant par w le nombre de racines de l'unité contenues dans K:

$$g = \log(2^{-r_1-r_2}\pi^{-r_2}\cdot w\sqrt{|d|}),$$

et à écrire la formule ci-dessus sous la forme:

$$\log N = n - g + \log w + \varepsilon;$$

le nombre g, qui apparaît ainsi comme le «*genre*» du corps K, joue, comme on sait, un rôle important dans la théorie de la fonction zêta de ce corps. On est conduit à penser, en même temps, que le rôle joué par la quantité $g - 1$ dans la théorie des corps de fonctions sera joué en arithmétique par $g - \log w$; ce qu'on peut confirmer par la remarque suivante. Soit K′ un corps contenant K, non ramifié par rapport à K, et de degré relatif f; s'il s'agit de corps de fonctions algébriques d'une variable, les genres g, g' de K, K′, sont liés entre eux par la relation:

$$g' - 1 = f(g - 1);$$

dans le cas arithmétique, le genre étant défini comme ci-dessus, on vérifie facilement que l'on a:

$$g' - \log w' = f(g - \log w).$$

Nous allons maintenant montrer qu'à côté de la formule:

$$\sum_{\mathrm{P}} \mathrm{I}_{\mathrm{P}}(\alpha) = 0$$

qui est une traduction des résultats classiques sur les normes, l'on peut mettre une formule non moins élémentaire relative aux traces. Soit α un élément de K; pour simplifier le langage dans ce qui va suivre, on supposera que α engendre K, c'est-à-dire que, n étant le degré de K, α est racine d'une équation *irréductible* de degré n, à coefficients rationnels:

$$F(t) = t^n - r \cdot t^{n-1} + \cdots = 0$$

Par rapport au corps des nombres réels $F(t)$ se décompose en r_1 facteurs du premier degré, et r_2 facteurs du second degré, correspondant respectivement aux points à l'infini réels et imaginaires de K. Posons, si P est un point réel à l'infini de K, $T_P(\alpha_P) = \alpha_P$; si P est un point imaginaire à l'infini, $T_P(\alpha_P) = \alpha_P + \bar{\alpha}_P$ (la barre dénotant suivant l'usage l'imaginaire conjugué). On aura donc l'expression suivante de la trace r de α:

$$r = \sum_P T_P(\alpha_P)$$

la sommation étant étendue aux points à l'infini de K.

Soit de même p un nombre premier rationnel; k désignant le corps des nombres rationnels, on désignera par k_P le corps *p-adique* correspondant à p. Le polynome $F(t)$ se décomposera, par rapport à k_P, en autant de facteurs que p possède dans K de diviseurs premiers; chacun de ceux-ci définira un point P de K, et le corps K_P contiendra k_P; on désignera par $T_P(\alpha_P)$ la trace de α_P par rapport au corps k_P: c'est un nombre de k_P, et le facteur de $F(t)$ correspondant à P, s'il est de degré m, commencera par les termes $t^m - T_P(\alpha_P) \cdot t^{m-1} + \cdots$ On aura donc:

$$r = \sum_P T_P(\alpha_P)$$

la sommation étant étendue cette fois à tous les points P correspondant aux idéaux premiers de K qui divisent p.

Mais, si u est un nombre quelconque de k_P, il existe des entiers rationnels a, b tels que $u - a \cdot p^{-b}$ soit un entier de k_P; le nombre $u' = a \cdot p^{-b}$ est bien déterminé, modulo 1, par cette condition: il détermine donc un élément du groupe additif des nombres réels modulo 1, qu'on appellera la partie polaire de u. En particulier, désignons par $t_P(\alpha_P)$ la partie polaire de $T_P(\alpha_P)$; posons

$$r' = \sum_P t_P(\alpha_P)$$

la sommation étant étendue cette fois aux points P correspondant à tous les idéaux premiers de K; $t_P(\alpha_P)$ étant nul chaque fois que α_P est entier, c'est-à-dire chaque fois que $I_P(\alpha_P) \leq 0$, la somme du second membre ne contient qu'un nombre fini de termes non nuls. Quel que soit le nombre premier p, le nombre rationnel $r - r'$ est entier dans k_P: $r - r'$ est donc entier rationnel, c'est-à-dire que $r \equiv r'$ (mod 1).

Posons alors, chaque fois que P est un point à l'infini de K, $t_P(\alpha_P) \equiv -T_P(\alpha_P)$ (mod 1). La combinaison des résultats ci-dessus donne la formule que nous avions en vue:

$$\sum_P t_P(\alpha_P) \equiv 0 \pmod 1$$

la sommation étant étendue à tous les points de K.

Cette formule, bien entendu, reste vraie même si α n'engendre pas K.

Soit maintenant ω un élément de K; l'application de la formule ci-dessus à $\omega\,\alpha$ donne:

$$\sum_{P} t_P(\omega_P \alpha_P) \equiv 0.$$

Si, ω étant laissé fixe, on pose $f_P(\alpha_P) = t_P(\omega_P \alpha_P)$,, f_P est un caractère du groupe additif des nombres de K_P (c'est-à-dire une représentation continue de ce groupe dans le groupe additif des nombres réels modulo 1). On a ainsi une infinité de relations entre des caractères $f_P(\alpha_P)$. Réciproquement, supposons qu'on ait fait correspondre, à tout point P de K, un caractère $f_P(\alpha_P)$ du groupe additif des nombres de K_P, de telle manière que, pour α entier dans K, les $f_P(\alpha_P)$ soient tous nuls à l'exception d'un nombre fini d'entre eux, et qu'ils soient liés, quel que soit α dans K, par la relation

$$\sum_{P} f_P(\alpha_P) \equiv 0.$$

Il est facile de montrer que dans ces conditions il existe un nombre ω de K tel que l'on ait, quel que soit P:

$$f_P(\alpha_P) \equiv t_P(\omega_P \alpha_P).$$

Autrement dit, nous avons trouvé toutes les relations de la forme indiquée entre caractères locaux des nombres de K. Cela montre que la relation:

$$\sum_{P} t_P(\omega_P \alpha_P) \equiv 0$$

doit être considérée comme l'analogue arithmétique de la relation (cas particulier du théorème de Cauchy dans la théorie des fonctions algébriques):

$$\int x\omega = 0,$$

où x est un élément quelconque d'un corps de fonctions algébriques K, ω une différentielle appartenant au même corps, et où l'intégrale est prise le long d'un contour formé de $2g$ rétrosections.

[1939b] Sur les groupes à p^n éléments

Dans la théorie des groupes à un nombre fini d'éléments, les groupes dont le nombre d'éléments est une puissance de nombre premier (qu'on appelle plus brièvements p-groupes, ou encore groupes à p^n éléments) jouent un rôle important: ils apparaissent en effet dans le théorème de Sylow, qui est à la base de toutes les recherches sur la structure des groupes finis. Ils ont fait l'objet entre autres, dans ces dernières années, de très beaux travaux de P. Hall[1]; on pourra aussi consulter à leur sujet le chapitre IV de l'intéressant petit livre de H. Zassenhaus, *Lehrbuch der Gruppentheorie* (Hamburg, 1937), et un article de W. Magnus[2].

Il reste cependant beaucoup à faire en ce domaine; en particulier, les analogies avec la théorie des groupes de Lie nilpotents, plusieurs fois signalées, n'ont pas encore été suffisamment exploitées. Dans cette note, nous indiquerons rapidement quelques résultats que nous avons obtenus dans cet ordre d'idées.

1. Dans un groupe fini, nous nous servirons du signe $\circ$ pour désigner le commutateur de deux éléments, c'est-à-dire que nous posons

$$x \circ y = x^{-1}y^{-1}xy.$$

Nous nous servons du même signe, dans une algèbre de Lie, pour désigner l'opération, non commutative ni associative, qui, avec l'addition, sert à définir une telle algèbre («crochet de Jacobi»), ce symbolisme étant celui qui met le mieux les analogies en évidence tout en dérangeant le moins les conventions admises.

g et g' étant deux sous-groupes d'un groupe G, on désignera par $g \circ g'$ le sous-groupe engendré par tous les commutateurs d'un élément de g avec un élément de g'. On posera $G^{(1)} = G$, $G^{(2)} = G \circ G$, et $G^{(m)} = G \circ G^{(m-1)}$; G est dit *nilpotent*, comme on sait, si l'un des $G^{(m)}$ se réduit à l'unité; on sait que tout groupe à p^n éléments est nilpotent, et que tout groupe fini nilpotent est produit direct de groupes à p^n éléments (H. Zassenhaus, loc. cit., p. 107).

Soit L un groupe libre à r générateurs; définissons-y une topologie, en prenant pour famille des voisinages de l'unité la famille des sous-groupes $L^{(m)}$; cette topologie joue, dans les travaux de P. Hall cités ci-dessus, un rôle très important. L n'est pas complet par rapport à cette topologie; si on le complète, on obtient un groupe $\bar{L}$, qui intervient implicitement dans les travaux de P. Hall.

Soit G un groupe nilpotent, et supposons que $G^{(c+1)}$ soit le premier des «commutateurs» $G^{(m)}$ qui se réduise à l'unité: G est alors dit de *classe c*. Supposons aussi que G puisse être engendré par des éléments en nombre fini et soit r le plus petit nombre d'éléments engendrant G: G est alors dit de *rang r*, et l'on peut définir G comme groupe quotient, soit du groupe libre L à r générateurs par un

---

[1] P. Hall, *Proc. L. M. S.* 1933.

[2] W. Magnus, *Jahresber. d. D. M. V.* 1938.

sous-groupe invariant Γ (qui contiendra $L^{(c+1)}$) soit du groupe $\bar{L}$ défini ci-dessus par un sous-groupe invariant fermé $\bar{\Gamma}$. Il serait intéressant de savoir si, G étant donné, le sous-groupe Γ est défini d'une manière unique, à un automorphisme près de L; en tout cas, l'on peut montrer assez facilement que, G étant donné, $\bar{\Gamma}$ est défini d'un manière unique dans $\bar{L}$, à un automorphisme près de $\bar{L}$.

2. Pour aller plus loin, il convient d'étudier de plus près la structure du groupe $L_m = L/L^{(m)} = \bar{L}/\bar{L}^{(m)}$. Nous poserons:

$$A_m = L^{(m)}/L^{(m+1)}$$

de sorte que les A_m sont des groupes abéliens. Désignons par $a_1, a_2, \ldots, a_r$ les générateurs de L: les résultats de P. Hall sur les commutateurs d'ordre quelconque permettent de voir facilement que A_m est un groupe abélien libre de rang fini, et qu'on peut obtenir une base de A_m formée d'éléments $a_\nu^{(m)}$ qui sont des commutateurs d'ordre m des a_ν, ou (plus précisément) sont de la forme $a_\nu^{(m)} = a_\lambda \circ a_\mu^{(m-1)}$

Dans ces conditions, tout élément de L_m pourra s'écrire, d'une manière et d'une seule, sous la forme d'un produit de puissances des éléments $a_1, a_2, \ldots a_r$; $a_1^{(2)}$, $a_2^{(2)} \ldots$; $a_1^{(3)}, a_2^{(3)}, \ldots; \ldots$; $a_1^{(m-1)}, a_2^{(m-1)}, \ldots$, pris *dans cet ordre*: soit $x_{l,\nu}$ l'exposant de l'élément $a_\nu^{(l)}$ dans l'expression ainsi formée d'un élément x de L_m: les $x_{l,\nu}$ sont des entiers (positifs, négatifs ou nuls) qui seront appelés les coordonnées de x.

Soit y un autre élément de L_m, de cordonnées $y_{l,\nu}$. Le groupe L_m pourra être considéré comme connu si l'on connaît les expressions des coordonnées du produit $z = xy$ en fonction des coordonnées de x et de y. Or, en procédant par récurrence suivant m, on vérifie facilement que les coordonnées de z peuvent s'écrire comme *polynômes à coefficients entiers* en $x_{l,\nu}$, $y_{l,\nu}$, polynômes qu'il n'y a pas de difficulté à former explicitement pour les petites valeurs de m. Ces polynômes seront désignés par $P_{l,\nu}$, de sorte que l'on pourra considérer les équations.

$$z_{l,\nu} = P_{l,\nu}(x_{i,\lambda}, y_{j,\mu}) \tag{1}$$

comme étant les équations du groupe. Les équations (1) définissent un groupe de transformations sur l'ensemble des points à coordonnées entières $(x_{l,\nu})$ d'un espace à un nombre convenable de dimensions: comme les calculs qui permettraient de vérifier que ces équations définissent bien un groupe sont purement algébriques, il s'ensuit que, si l'on interprète les $x_{l,\nu}$ comme des variables continues, les formules (1) définissent un *groupe de Lie*.

3. Au lieu de raisonner comme ci-dessus sur des groupes, raisonnons sur des algèbres de Lie. Soit $\mathfrak{A}$ une algèbre de Lie *libre* à r générateurs; posons $\mathfrak{A}^{(2)} = \mathfrak{A} \circ \mathfrak{A}$, et $\mathfrak{A}^{(m)} = \mathfrak{A} \circ \mathfrak{A}^{(m-1)}$, de sorte que $\mathfrak{A}^{(m)}$ sera la sous-algèbre invariante de $\mathfrak{A}$ qui est engendrée par des «crochets» d'ordre m. Le quotient $\mathfrak{A}_m = \mathfrak{A}/\mathfrak{A}^{(m)}$ sera alors une algèbre de Lie (à un nombre fini de dimensions en tant qu'espace vectoriel sur le corps de base); c'est une algèbre nilpotente de classe m, et toute algèbre de classe $c \leq m$, susceptible d'être engendrée par r éléments au plus, peut être représentée comme quotient de celle-là par une sous-algèbre invariante convenable.

Cela posé, j'ai démontré que $\mathfrak{A}_m$ *est précisément l'algèbre de Lie des transformations infinitésimales du groupe de Lie défini par les équations* (1). La démonstration procède par récurrence suivant m; elle s'appuie essentiellement, d'une part sur les résultats de P. Hall, et d'autre part sur le fait (démontré indépendamment par G. Birkhoff et E. Witt) qu'il n'y a pas d'autres relations, identiquement vérifiées dans toutes les algèbres de Lie, que celles qui sont conséquence de $x \circ y = -y \circ x$ et de l'identité de Jacobi.

4. On peut aussi, dans les équations (1), considérer les $x_{l,v}$ comme les éléments d'un corps k quelconque; ces équations définiront alors un groupe, qu'il est légitime d'appeler encore un groupe de Lie, sur ce corps. Le cas où k est un corps p-adique est particulièrement intéressant. En effet, tout groupe G à p^n éléments pourra être obtenu comme quotient d'un groupe L_m par un sous-groupe qui contiendra entre autres toutes les puissances p^n-ièmes d'éléments de L_m. On en conclut facilement qu'on pourra aussi obtenir G comme quotient du groupe de Lie p-adique, défini sur le corps p-adique par les équations (1), par un sous-groupe invariant fermé convenablement choisi. On peut espérer que ce résultat permettra bientôt d'appliquer à la théorie des groupes à p^n éléments les méthodes de la théorie des groupes de Lie, ce qui devrait ouvrir la voie à de nouveaux progrès.

5. Il est curieux d'observer qu'on peut, d'une autre manière encore, associer une algèbre de Lie à tout groupe nilpotent G. Formons, comme plus haut, les groupes successifs $G^{(m)}$, et considérons les groupes quotients $B_m = G^{(m)}/G^{(m+1)}$, qui sont abéliens. Soit B le groupe abélien, somme directe de tous les B_m, de sorte que chacun des B_m pourra être considéré comme un sous-groupe de B. Soit x un élément de G, autre que l'unité; soit m le plus grand entier tel que $G^{(m)}$ contienne x, et soit b l'élément qui correspond à x dans le groupe quotient $B_m = G^{(m)}/G^{(m+1)}$: b pourra être considéré comme élément de B, de sorte qu'à tout élément x de G, autre que l'unité, on a ainsi fait correspondre un élément $b = f(x)$ de B; enfin, à l'unité de G, on fera correspondre l'unité de B.

Soient x, y deux éléments de G, $z = x \circ y$ leur commutateur; soient $b = f(x)$, $c = f(y)$, $d = f(z)$ les éléments correspondants de B; on vérifie facilement (toujours à partir des résultats de P. Hall) que d ne dépend que de b et c; nous poserons $d = b \circ c$: le signe $\circ$, bien entendu, ne désigne pas ici un commutateur (le groupe B étant abélien). Mais, le groupe abélien B étant écrit additivement, l'opération $\circ$ jouit de toutes les propriétés du crochet de Jacobi; B peut donc être considérée comme une algèbre de Lie, à un nombre fini d'éléments, associée à G; le nombre d'éléments de B est d'ailleurs le même que celui de G. Mais G n'est pas déterminé d'une manière unique par B, et les propriétés de G ne se réflètent que partiellement dans celles de B. Il semble que les résultats qu'on peut obtenir par la considération de B soient moins intéressants que ceux qui relèvent de la méthode esquissée aux paragraphes 2–4.

[1940a] Une lettre et un extrait de lettre à Simone Weil

Rouen, 26 mars 1940.

Quelques pensées que j'ai eues dernièrement, sur le sujet de mes travaux arithmético-algébriques, peuvent passer pour une réponse à l'une de tes lettres, où tu me questionnais sur ce qui fait pour moi l'intérêt de ces travaux. Je me décide donc à les noter, au risque que la plus grande partie te soit incompréhensible.

Les réflexions qui suivent sont de deux sortes. Les unes portent sur l'histoire de la théorie des nombres; tu croiras peut-être en comprendre le début: tu ne comprendras rien à la suite. Les autres portent sur le rôle de l'analogie dans la découverte mathématique, examiné sur un exemple précis, et tu en auras peut-être quelque profit. Je t'avertis que tout ce qui concerne l'histoire des mathématiques, dans ce qui suit, repose sur une érudition tout à fait insuffisante, que c'est pour une bonne part une reconstitution *a priori*, et que, même si c'est ainsi que les choses ont dû être (ce qui n'est pas prouvé), je ne saurais affirmer que c'est ainsi qu'elles ont été. En mathématiques, d'ailleurs, presque autant qu'en toute autre chose, la ligne de l'histoire a des tournants.

Après ces précautions oratoires, abordons l'histoire de la théorie des nombres. Elle est entièrement dominée par la loi de réciprocité. C'est le *theorema aureum* de Gauss (? j'aurais besoin de rafraîchir ma mémoire sur ce point: Gauss aimait beaucoup les noms de ce genre, il avait aussi un *theorema egregium*, et je ne sais plus which is which), publié par lui en 1801 dans ses *Disquisitiones* qui n'ont commencé à être lues et comprises que vers 1820 par Abel, Jacobi, Lejeune Dirichlet, et qui sont restées pendant près d'un siècle la bible de l'arithméticien. Mais pour dire ce qu'est cette loi, dont l'énoncé avait été connu déjà d'Euler et de Legendre [Euler l'avait trouvée empiriquement, comme aussi Legendre; Legendre prétendit de plus en donner une démonstration dans son Arithmétique, qui supposait vrai, paraît-il, quelque chose d'à peu près aussi difficile que le théorème; mais il se plaignit amèrement du "vol" commis par Gauss, qui, sans connaître Legendre, retrouva, empiriquement aussi, l'énoncé, en donna deux très belles démonstrations dès les *Disquisitiones*, et plus tard jusqu'à 4 ou 5 autres, toutes fondées sur des principes différents]: pour expliquer, dis-je, ce qu'est la loi de réciprocité il faut remonter plus haut.

L'algèbre à ses débuts se donnait à tâche de rechercher, à des équations données, les solutions dans un domaine également donné, qui pouvait être celui des nombres positifs, celui des nombres réels, plus tard celui des nombres complexes. On n'avait pas encore conçu cette idée si ingénieuse, caractéristique de l'algèbre moderne, de se donner l'équation et *ensuite* de fabriquer *ad hoc* un domaine où elle ait une solution (je ne dis pas de mal de cette idée, qui s'est montrée extrêmement féconde; Poincaré a quelque part, d'ailleurs, de belles réflexions, à propos de résolution par radicaux, sur le processus général par lequel, après avoir cherché longtemps en vainement à résoudre tel problème par tel procédé donné à l'avance, les mathématiciens renversent les termes de la question et partent du problème pour fabriquer les méthodes adéquates). On avait donc, par les nombres négatifs, résolu, toutes les fois que c'est possible, l'équation du second degré; quand l'équation n'avait pas de solution, la formule habituelle en donnait d' "imaginaires," sur lesquelles on conservait beaucoup de doutes (il en fut ainsi jusqu'à Gauss, justement, et à ses contemporains); à cause justement de ces imaginaires, la formule dite de Cardan ou de Tartaglia, pour la résolution par radicaux de l'équation du 3e degré, n'était pas sans donner quelques inquiétudes. Quoi qu'il en soit, quand Gauss, dans ses *Disquisitiones*, partit de la notion de congruence pour bâtir dessus un exposé systématique, il était naturel, de même, de chercher à résoudre, après les congruences du 1er degré, celles du 2nd (une congruence est une relation entre entiers a, b, m, qui s'écrit $a \equiv b$ modulo m, ou en abrégé $a \equiv b(\text{mod } m)$ ou $a \equiv b(m)$, et signifie que a et b ont même reste dans la division par m, ou $a - b =$ multiple de m; une congruence du 1er degré est $ax + b \equiv 0(m)$, du 2nd: $ax^2 + bx + c \equiv 0(m)$, etc.); elles se ramènent (par le même procédé par lequel on ramène l'équation ordinaire du 2nd degré à une extraction de racine) à $x^2 \equiv a(\text{mod } m)$; si celle-ci a une solution, on dit que a est résidu quadratique de m, sinon que a est non-résidu (1 et -1 sont résidus de 5, 2 et -2 non-résidus). Si ces notions étaient apparues depuis longtemps avant Gauss, ce n'est pas qu'on fût parti de la notion de congruence: mais elle se présentait d'elle-même dans les problèmes "diophantiens" (résolution d'équations en entiers ou en rationnels) qui formait l'objet des plus importants travaux de Fermat; l'équation diophantienne du ler degré, $ax + by = c$, équivaut à la congruence du 1er degré $ax \equiv c(\text{mod } b)$; les équations du 2nd degré des types étudiés par Fermat (décompositions en carrés, $x^2 + y^2 = a$, équations $x^2 + ay^2 = b$, etc.) ne sont pas équivalentes à des congruences, mais celles-ci, et en particulier la distinction des nombres en résidus et non-résidus, y jouent un grand rôle, qui n'apparaît pas à vrai dire chez Fermat (il est vrai qu'on ne possède pas ses démonstrations, mais il paraît avoir utilisé d'autres principes sur lesquels nous sommes à peu près renseignés), mais qui, autant que je sais (de 2e main) est déjà bien en évidence chez Euler.

La loi de réciprocité, donc, permet, étant donnés deux nombres premiers p, q, de savoir si q est, ou non, résidu (quadratique) de p, pourvu que l'on sache *a*) si p est, ou non, résidu de q; *b*) si p et q sont respectivement $\equiv 1$ ou $\equiv -1$ modulo 4 (ou bien, pour $q = 2$, si p est $\equiv 1, 3, 5$ ou 7 modulo 8). Par exemple, on a $53 \equiv 5 \equiv 1(\text{mod } 4)$, et 53 non-résidu de 5, *donc* 5 non-résidu de 53. Comme le problème pour les nombres non premiers se ramène aisément au problème pour les nombres premiers, cela donne un moyen facile de déterminer si a est, ou non, résidu de b dès qu'on sait les décomposer en facteurs premiers. Mais cette utilité "pratique" n'est rien. L'essentiel est qu'il y ait des *lois*. Il est évident que les résidus de m sont répartis en progressions arithmétiques de raison m, puisque si a est résidu il en est de même de tous les $mx + a$; mais il est beau et surprenant que les nombres premiers p *dont* m est résidu soient précisément ceux qui appartiennent à certaines progressions arithmétiques de raison $4m$; pour les autres m est non-résidu; cela apparaît encore plus admirable, si l'on songe que, d'autre part, la répartition des nombres premiers dans une progression arithmétique *donnée* $Ax + B$ (on sait d'après Dirichlet qu'il y en a toujours une infinité pourvu évidemment que A, B soient premiers entre eux) n'est soumis à aucune loi connue, autre que statistique (nombre approximatif de ces nombres qui sont $\leq T$, qui, pour A donné, est le même quel que soit B premier à A) et paraît, sur chaque cas concret qu'on examine numériquement, aussi "fortuite" qu'une liste de coups sortis à la roulette.

Le reste des *Disquisitiones* contient surtout

1. la théorie définitive des formes quadratiques à 2 variables, $ax^2 + bxy + cy^2$, aboutissant *entre autres* à la résolution complète du problème qui a donné naissance à cette théorie: savoir si $ax^2 + bxy + cy^2 = m$ a des solutions en entiers.

2. l'étude des racines n-ièmes de l'unité, et, comme nous dirions, la théorie de Galois *pour les corps engendrés par ces racines* et leurs sous-corps (le tout sans utiliser les imaginaires dans l'écriture, ni d'autres fonctions que les trigonométriques, et aboutissant à la condition nécessaire et suffisante pour que le n-gone régulier soit constructible par règle et compas), cela apparaissant comme une application de la détermination faite au début, comme préliminaire à la résolution des congruences, du groupe multiplicatif des nombres modulo m. Je ne parle pas de la théorie des formes quadratiques à plus de 2 variables, qui a eu peu d'influence jusqu'ici sur la marche générale de la théorie des nombres.

Les recherches ultérieures de Gauss ont eu surtout pour objet l'étude des résidus cubiques et biquadratiques (définis par $x^3 \equiv a$ et $x^4 \equiv a (\text{mod } m)$); les derniers sont un peu plus simples; Gauss reconnut qu'il n'y a pas de résultat simple à espérer en restant dans le domaine des entiers ordinaires et qu'il faut passer aux entiers "complexes" $a + b\sqrt{-1}$ (à propos de quoi il inventa, en même temps à peu près qu'Argand, la représentation géométrique des nombres complexes par des points du plan, par quoi furent définitivement dissipés tous les doutes touchant les "imaginaires"). Pour les résidus cubiques, il faut recourir aux "entiers" $a + bj$, a et b entiers, j = racine cubique de 1. Gauss s'en aperçut aussi, et songea même (on en a la trace dans ses notes) à étudier le domaine des racines n-ièmes de l'unité, en pensant en même temps en tirer la démonstration du "théorème de Fermat" ($x^n + y^n = z^n$ impossible) qu'il entrevoyait comme une très minime application (c'est lui qui le dit) d'une telle théorie. Mais il se heurta au fait qu'il n'y a plus là décomposition unique en facteurs premiers (sauf justement pour i et j, racines 4e et 3e de l'unité, et je crois aussi pour les racines 5ièmes).

Voilà bien des fils épars; il a fallu 125 ans pour les démêler et les assembler de nouveau en un même écheveau. Les grands noms sont Dirichlet (qui introduisit dans la théorie des formes quadratiques les fonctions zêta ou fonctions L, par quoi il prouva entre autres que toute progression arithmétique contient une infinité de nombres premiers; mais surtout on n'a eu depuis qu'à se conformer à son modèle pour appliquer ce type de fonctions en théorie des nombres), Kummer (qui débrouilla les corps des racines de l'unité en inventant les facteurs "idéaux," et alla assez loin dans la théorie de ces corps pour obtenir des résultats sur le théorème de Fermat), Dedekind, Kronecker, Hilbert, Artin. Voici maintenant une esquisse du tableau d'ensemble qui se dégage de tout ça.

Je ne puis rien dire sans me servir de la notion de corps, qui, si l'on s'en tient à la définition, est assez simple (c'est un ensemble où l'on sait effectuer les "quatre opérations" élémentaires, celles-ci possédant les propriétés habituelles de commutativité, associativité, distributivité); d'extension algébrique d'un corps k (c'est un corps k', contenant k, dont tout élément α soit racine d'une équation algébrique $\alpha^n + c_1\alpha^{n-1} + \cdots + c_{n-1}\alpha + c_n = 0$ à coefficients $c_1, \ldots, c_n$ *dans* k); enfin d'extension *abélienne* d'un corps k; cela veut dire une extension algébrique de k dont le *groupe de Galois* soit abélien c'est-à-dire commutatif. Il serait illusoire de donner de plus amples explications sur les extensions abéliennes; il vaut mieux dire que c'est presque la même chose, mais non la même chose, qu'une extension de k obtenue par adjonction de racines n-ièmes (racines d'équations $x^n = a$, a dans k); si k contient, quel que soit l'entier n, n racines n-ièmes de l'unité (distinctes), alors c'est exactement la même chose (mais le plus souvent on s'intéresse à un corps qui n'a pas cette propriété). Si k contient n racines n-ièmes de l'unité (pour un n donné), alors toute extension abélienne de degré n (c'est-à-dire pouvant être engendrée par adjonction à k d'*une* racine d'une équation de degré n) peut être engendrée par des racines m-ièmes (avec m diviseur de n). Cette notion s'est présentée à Abel dans ses recherches sur les équations résolubles par radicaux (Abel ne connaissait d'ailleurs pas la notion de groupe de Galois, qui éclaire toutes ces questions). Il est impossible d'indiquer ici comment ces recherches d'Abel ont été influencées par les résultats de Gauss (voir plus haut) sur la division du cercle et les racines n-ièmes de l'unité (qui engendrent une extension *abélienne* du corps des rationnels), ni quels rapports elles ont eus avec des travaux de Lagrange, avec les propres travaux d'Abel sur les fonctions elliptiques (dont la division donne lieu, comme l'a vu Abel, à des équations *abéliennes* [les racines engendrent des extensions abéliennes], résultat déjà connu mais non publié par Gauss tout au moins pour le cas particulier dit de la lemniscate) et sur les fonctions abéliennes, ainsi que ceux de Jacobi sur le même sujet (c'est même Jacobi qui a inventé les "fonctions abéliennes" au sens actuel et leur a donné ce nom, v. son mémoire "*De transcendentibus quibusdam abelianis*"), ni avec les travaux de Galois (qui n'ont été compris que peu à peu, et très tardivement; il n'y a *aucune* trace dans Riemann qu'il en ait tiré le moindre profit, *bien que* (la chose est bien remarquable) Dedekind, Privatdozent à Göttingen et ami intime de Riemann, ait, dès 1855 ou 6, donc quand Riemann était en pleine production, fait un cours sur les groupes abstraits et la théorie de Galois).

Savoir si a (non multiple de p) est résidu de p (premier), c'est savoir si $x^2 - a = py$ a des solutions; en passant au corps de $\sqrt{a}$, cela donne $(x - \sqrt{a})(x + \sqrt{a}) = py$, donc dans ce corps p n'est pas premier à $x - \sqrt{a}$ que pourtant il ne divise pas. Dans le langage des idéaux, cela revient à dire que dans ce corps p n'est pas premier, mais se décompose en deux facteurs idéaux premiers. On est donc en présence du problème: k étant un corps (ici le corps des rationnels), k' (ici, k' déduit de k par adjonction de $\sqrt{a}$) une extension algébrique de k, savoir si un idéal (ici, un nombre) premier dans k reste premier dans k' ou s'il se décompose en idéaux premiers, et comment: a étant supposé donné, la loi de réciprocité indique les p dont a est résidu, donc résout le problème pour le cas particulier en question. Ici et dans tout ce qui suit, les corps k, k', etc. sont des corps de nombres algébriques (racines d'équations algébriques à coefficients rationnels).

Lorsqu'il s'agit de résidus biquadratiques, on a affaire à un corps engendré par $\sqrt[4]{a}$; mais un tel corps n'est pas *en général* une extension abélienne du "corps de base" k à moins que l'adjonction d'une racine 4ième de a n'entraîne en même temps celles des trois autres, ce qui exige (puisque, si α est l'une d'elles, les autres sont $-\alpha$, $i\alpha$, $-i\alpha$) que k contienne $i = \sqrt{-1}$; c'est pourquoi on n'aura rien de simple si on prend pour corps de base le corps des rationnels, mais que tout marche bien si on prend (comme Gauss) le corps des "rationnels complexes" $r + si$ (r, s rationnels). De même pour les résidus cubiques. Dans ces cas, on étudie la décomposition, dans le corps k' obtenu par adjonction d'une racine 4e (resp. 3e) à partir d'un corps de base k contenant i (resp. j), d'un idéal (ici, d'un nombre) premier de k.

Eh bien[1], ce problème de la décomposition dans k' des idéaux de k est résolu complètement lorsque k' est une extension abélienne de k, et la solution est très simple et généralise directement et d'une manière évidente la loi de réciprocité. Aux progressions arithmétiques où se trouvent les nombres premiers, résidus de a, se substituent des classes d'idéaux, dont la définition est assez simple. Les classes de formes quadratiques à deux variables, étudiées par Gauss, correspondent à un cas particulier de ces classes d'idéaux, comme il avait été reconnu par Dedekind; les méthodes analytiques de Dirichlet (par les fonctions zêta ou L) pour l'étude des formes quadratiques, se transportent très aisément aux classes d'idéaux les plus générales qu'on ait à considérer en cette théorie; par exemple, au théorème de la progression arithmétique correspondra le résultat suivant: dans chacune de ces classes d'idéaux dans k, il y a une infinité d'idéaux premiers, donc une infinité d'idéaux de k qui se décomposent d'une manière donnée dans k'. Enfin, la décomposition des idéaux de k en classes détermine k' d'une manière unique: et, par le théorème dit *loi de réciprocité d'Artin* (parce qu'il contient implicitement la loi de Gauss et toutes ses généralisations connues), il y a une correspondance (un "isomorphisme") entre le groupe de Galois de k' par rapport à k, et le "groupe" des classes d'idéaux dans k. On a donc, lorsqu'on sait ce qui se passe dans k, une connaissance complète des extensions *abéliennes* de k. Ce n'est pas qu'il n'y ait plus rien à faire sur les extensions abéliennes (par exemple, on peut engendrer celles-ci par les nombres $e^{2\pi i/n}$ si k est le corps des rationnels, donc au moyen de la fonction exponentielle; si k est le corps de $\sqrt{-a}$, a entier positif, on sait engendrer ces extensions au moyen de fonctions elliptiques ou liées aux fonctions elliptiques; on ne sait rien pour tout autre k). Mais ces questions sont bien débrouillées et on peut dire que *tout* ce qui a été fait en arithmétique depuis Gauss jusqu'à ces dernières années consiste en variations sur la loi de réciprocité: on est parti de celle de Gauss; on aboutit, couronnement de tous les travaux de Kummer, Dedekind, Hilbert, à celle d'Artin, *et c'est la même*. Cela est beau, mais un peu vexant. Nous en savons un peu plus que Gauss, sans doute; mais ce que nous savons de plus, c'est justement (ou peu s'en faut) que nous n'en savons pas plus.

Cela explique que, depuis quelque temps déjà, les mathématiciens aient mis à l'ordre du jour le problème des lois de décomposition non-abéliennes (problème sur k, k', lorsque k' est une extension quelconque, non-abélienne, de k; il s'agit toujours de corps de nombres algébriques). Ce qu'on en sait se réduit à peu de

[1] Poincaré aimait beaucoup cette interjection pour commencer un paragraphe. Je ne m'y risquerais pas sans son exemple.

chose; ce peu, c'est Artin qui l'a trouvé. A chaque corps est attachée une fonction zêta, trouvée par Dedekind; si k' est une extension de k, la fonction zêta attachée à k' se décompose en facteurs; c'est Artin qui a découvert cette décomposition; lorsque k' est une extension abélienne de k, ces facteurs sont identiques aux fonctions L de Dirichlet, ou plutôt à leur généralisation pour le corps k et les classes d'idéaux dans k, et l'identité entre ces facteurs et ces fonctions *est* (exprimée autrement) la loi de réciprocité d'Artin; c'est même ainsi qu'Artin arriva d'abord à formuler cette loi à titre de conjecture hardie (il paraît que Landau se moqua de lui), quelque temps avant de pouvoir la démontrer (chose curieuse, sa démonstration est une simple transposition de la démonstration d'un autre résultat, parue entre temps, par Tchebotareff, qu'il ne manque pas d'ailleurs de citer; et cependant c'est Artin, et à juste titre, qui a la gloire de la découverte). En d'autres termes, la loi de réciprocité n'est pas autre chose que la loi de formation des coefficients des séries qui représentent les facteurs d'Artin (dits eux-mêmes "fonctions L d'Artin"). Comme la décomposition en facteurs reste valable si k' est une extension non abélienne, c'est à ces facteurs, à ces "fonctions L non abéliennes" qu'il est naturel de s'attaquer pour rechercher la loi de formation de leurs coefficients. Il faut remarquer que, dans le cas abélien, on sait que les fonctions de Dirichlet, et par conséquent les fonctions d'Artin qui n'en diffèrent point, sont des fonctions entières. On ne sait rien de tel dans le cas général: il y a donc là, comme le signalait déjà Artin, un point où faire porter l'attaque (je m'excuse de la métaphore): *puisque* les moyens connus de l'arithmétique ne paraissent pas permettre de démontrer que les fonctions d'Artin sont des fonctions entières, on peut espérer qu'en le démontrant on aura ouvert une brèche qui permette d'entrer dans la place (je m'excuse de l'aggravation de la métaphore).

La brèche étant bien défendue (puisqu'elle a résisté à Artin), il faut donc passer en revue l'artillerie et les moyens de sape dont on dispose (je m'excuse, etc.[2]). Et voilà où intervient l'*analogie* annoncée dès le début, et qui, comme Tartuffe, n'apparaît qu'au 3e acte.

On croit assez généralement qu'il n'y a plus rien à faire sur les fonctions algébriques d'une variable, parce que Riemann, qui a découvert sur ces fonctions à peu près tout ce que nous en savons (j'en excepte les travaux de Poincaré et Klein sur l'uniformisation, et ceux de Hurwitz et Severi sur les correspondances) ne nous a laissé l'énoncé d'aucun grand problème qui les concerne. Je suis sans doute au monde l'un de ceux qui en savent le plus sur ce sujet; sans doute parce que j'ai eu la chance (en 1923) de l'apprendre directement dans Riemann, dont le mémoire est certes l'une des plus grandes choses que mathématicien ait jamais écrites; il n'y en a pas un seul mot qui ne soit considérable. Le chapitre n'est d'ailleurs pas clos; cela résulte par exemple de mon mémoire du J. de Liouville (voir l'introduction de ce mémoire). Je n'ai pas, bien entendu, la sottise de me comparer à Riemann; mais ajouter si peu que ce soit à Riemann, c'est déjà, comme on dirait en

---

[2] Le lecteur qui aura la patience d'aller jusqu'au bout verra qu'en fait d'artillerie on dispose d'une inscription trilingue, de dictionnaires, d'un adultère, et d'un pont qui est une plaque tournante, sans parler de Dieu et du diable, qui jouent aussi leur rôle dans la comédie.

grec, faire quelque chose, même si pour cela on s'aide (en le disant ou sans le dire) de Galois, de Poincaré et d'Artin.

Quoi qu'il en soit, vers l'époque (1875 à 1890) où Dedekind créait la théorie des idéaux dans les corps de nombres algébriques (dans les fameux "XIes Suppléments": Dedekind a publié 4 éditions des Leçons de Dirichlet sur la théorie des nombres, professées à Göttingen dans les dernières années de la vie de Dirichlet, et admirablement rédigées par Dedekind; parmi les appendices ou "Suppléments" de ces Leçons, dont rien en apparence n'indique s'ils sont œuvre originale de Dedekind, et qui ne le sont d'ailleurs qu'en partie, figure à partir de la 2e édition un exposé de la théorie des idéaux en 3 versions entièrement différentes suivant l'édition), il découvrait que des principes analogues permettent d'établir, par voie purement algébrique, les principaux résultats dits "élémentaires" de la théorie des fonctions algébriques d'une variable, obtenus par Riemann par voie transcendante; il publia, en commun avec Weber, un exposé de ces résultats, déduit de ce principe. Jusque là, quand il était question de fonctions algébriques, il s'agissait toujours d'une fonction y d'une variable x, définie par une équation $P(x, y) = 0$ où P est un polynome *à coefficients complexes.* Ce dernier point était essentiel pour l'application des méthodes de Riemann; avec celles de Dedekind au contraire, on peut prendre les coefficients dans un corps (dit "corps des constantes") quelconque puisque les raisonnements sont *purement algébriques.* Ce point sera important dans un moment.

Les analogies ainsi mises en évidence par Dedekind sont d'ailleurs assez aisées à concevoir. Aux entiers se substituent les polynomes en x, à la divisibilité des entiers celle des polynomes (on sait bien, et l'on enseigne même dans les lycées, qu'il règne de part et d'autre des lois tout à fait analogues, par exemple pour la formation du p.g.c.d.), aux rationnels les fractions rationnelles, aux nombres algébriques les fonctions algébriques. A première vue, l'analogie reste superficielle; aux problèmes les plus profonds de la théorie arithmétique (décomposition des idéaux premiers) ne correspond rien dans celle des fonctions algébriques, et inversement. Hilbert alla plus loin dans l'intelligence de ces matières; il vit par exemple qu'au théorème dit de Riemann–Roch correspond en arithmétique les résultats de Dedekind sur l'idéal appelé "différente"; cette vue de Hilbert n'a été publiée par lui que dans un compte-rendu à peu près inconnu (qui m'a été signalé par Ostrowski), mais elle a été transmise par voie orale, ainsi que d'autres idées qu'il eut sur le même sujet. Les lois non écrites de la mathématique moderne interdisent absolument qu'on fasse état par écrit de pareilles vues qui ne sont susceptibles ni d'un énoncé précis ni à plus forte raison de démonstration. A vrai dire, s'il n'en était pas ainsi, l'on serait accablé d'écrits encore beaucoup plus stupides sinon plus inutiles que ceux qui se publient tous les jours dans les périodiques. Mais on aimerait que Hilbert eût fixé par écrit tout ce qu'il avait dans l'esprit là-dessus.

Examinons de plus près cette analogie. Dès qu'elle s'est traduite par la possibilité de transporter une démonstration telle quelle d'une théorie à l'autre, elle a déjà cessé sur ce point d'être féconde; elle l'aura cessé tout à fait si un jour on arrive d'une manière sensée et non artificielle, à fondre les deux théories en une seule. De même, vers 1820, les mathématiciens (Gauss, Abel, Galois, Jacobi) se laissaient, avec angoisse et délices, guider par l'analogie entre la division du cercle (problème de Gauss) et la division des fonctions elliptiques. Aujourd'hui nous montrons, bien facilement, que l'un et l'autre problème donnent lieu à des équations abéliennes; nous avons la théorie (je parle de la théorie purement algébrique, il ne s'agit pas d'arithmétique en cet instant) des extensions abéliennes. Finie l'analogie: finies les deux théories, finis ces troubles et délicieux reflets de l'une à l'autre, ces caresses furtives, ces brouilleries inexplicables; nous n'avons plus, hélas, qu'une seule théorie, dont la beauté majestueuse ne saurait nous émouvoir. Rien n'est plus fécond que ces attouchements quelque peu adultères; rien ne donne plus de plaisir au connaisseur, soit qu'il y participe, soit même qu'en historien il les contemple rétrospectivement, ce qui ne va pas néanmoins sans un peu de mélancolie. Le plaisir vient de l'illusion et du trouble des sens; partie l'illusion, obtenue la connaissance, on atteint l'indifférence en même temps; il y a du moins là-dessus, dans la Gîtâ, un tas de çlokas plus définitifs les uns que les autres. Mais revenons à nos fonctions algébriques.

Que ce soit dû à la tradition hilbertienne ou à l'attrait de ce sujet, les analogies entre fonctions et nombres algébriques ont occupé l'esprit de tous les grands arithméticiens de notre temps; extensions abéliennes et fonctions abéliennes, classes d'idéaux et classes de diviseurs, il y avait là matière à bien des jeux d'esprit séduisants, dont quelques-uns risquaient d'être trompeurs (ainsi l'intervention des fonctions thêta dans l'une et l'autre théorie). Mais pour en tirer quelque chose, il y fallait deux moyens techniques d'invention assez récente. D'une part, la théorie des fonctions algébriques, celle de Riemann, repose *essentiellement* sur l'idée d'invariance birationnelle; par exemple, s'il s'agit du corps des fonctions *rationnelles* d'une variable x, on introduit (je prends d'abord le cas du corps de constantes des nombres complexes) les *points* qui correspondent aux différentes valeurs complexes de x, y compris le point à l'infini, noté symboliquement par $x = \infty$, et défini par $1/x = 0$; le fait que ce point joue exactement le même rôle que tous les autres est essentiel. Soit $R(x) = a(x - \alpha_1)\ldots(x - \alpha_m)/(x - \beta_1)\ldots(x - \beta_n)$ une fraction rationnelle, avec sa décomposition en facteurs; elle aura les zéros $\alpha_1, \ldots, \alpha_m$, les infinis $\beta_1, \ldots, \beta_n$, et le point ∞ comme zéro si $n > m$, comme infini si $n < m$. Dans le domaine des *nombres* rationnels, on a toujours la décomposition en facteurs premiers, $r = p_1, \ldots, p_m/q_1, \ldots, q_n$, chaque facteur premier correspondant à un facteur binome $(x - \alpha)$; mais rien en apparence ne correspond au point à l'infini. Si donc on modèle la théorie des fonctions sur la théorie des nombres algébriques, on est contraint de faire jouer un rôle tout à fait spécial, *dans les démonstrations*, au point à l'infini, quitte à l'expulser de l'énoncé définitif des résultats: c'est ainsi que faisaient Dedekind–Weber, c'est ainsi qu'ont fait tous les auteurs qui ont écrit sur la théorie purement algébrique des fonctions algébriques d'une variable, au point que j'ai été le premier[3], il y a 2 ans, à donner (au J. de Crelle) une démonstration purement algébrique des principaux théorèmes de cette théorie, aussi birationnellement invariante (c'est-à-dire n'attribuant à aucun point un rôle spécial) que les démonstrations de Riemann; et cela n'a pas seulement une importance méthodique. Quoi qu'il en soit, c'est bien d'avoir atteint ce résultat pour les corps de fonctions, mais il semble qu'on perde ainsi de vue notre analogie. Pour rétablir

[3] Un peu excessif, parce que les démonstrations, à vrai dire très détournées, de l'école italienne (Severi surtout) sont, en principe, de cette espèce, bien que rédigées en langage classique.

celle-ci, il faut introduire, dans la théorie des *nombres* algébriques, quelque chose qui réponde au point à l'infini de la théorie des fonctions. C'est à quoi l'on a atteint, et de la manière la plus satisfaisante, par la théorie dite des "valuations." Cette théorie, qui n'est pas difficile mais que je ne puis expliquer ici, s'appuie sur la théorie, due à Hensel, des corps p-adiques: définir un idéal premier dans un corps (celui-ci donné *abstraitement*), c'est représenter "isomorphiquement" celui-ci dans un corps p-adique: le représenter de même dans le corps des nombres réels ou complexes, *c'est* (dans cette théorie) définir un "idéal premier à l'infini." Cette dernière notion est due à Hasse (qui était élève de Hensel), ou peut-être à Artin, ou à tous deux. *Si on la suit dans toutes ses conséquences*, elle permet déjà, à elle seule, de rétablir l'analogie en beaucoup de points où elle semblait défaillante: elle permet même de découvrir sur les corps de nombres des résultats très simples et élémentaires, et qui pourtant étaient restés inaperçus (voir ma note de 1939 dans la Revue Rose, qui contient sur tout cela quelques détails). Ce n'est pas tant de ce point de vue qu'on s'en est servi jusqu'ici que pour donner des énoncés satisfaisants des principaux résultats de la théorie des extensions abéliennes (j'ai oublié de dire que celle-ci s'appelle le plus souvent "théorie du corps de classes"). Un point important est que le corps p-adique, ou respectivement le corps réel ou complexe, correspondant à un idéal premier, joue exactement le rôle, en arithmétique, que joue en théorie des fonctions le corps des développements en série *au voisinage d'un point*: c'est pourquoi on l'appelle *corps local.*

Avec tout cela, nous avons fait de grands progrès; mais ce n'est pas assez. La théorie, purement algébrique, des fonctions algébriques sur un corps de constantes *quelconque* n'est pas assez riche pour qu' on puisse en tirer un enseignement utile. La théorie "classique" (c'est-à-dire Riemannienne) des fonctions algébriques sur le corps des constantes des nombres complexes l'est infiniment plus; mais d'une part elle l'est trop, et dans la masse des faits des analogies très réelles se brouillent; et surtout, elle est trop loin de la théorie des nombres. On serait très embarrassé s'il n'y avait pas de pont entre les deux.

Et voilà justement que Dieu l'emporte sur le diable: ce pont existe; c'est la théorie des corps de fonctions algébriques sur les corps de constantes finis (c'est-à-dire à un nombre fini d'éléments: dits aussi champs de Galois, et autrefois "imaginaires de Galois" parce que Galois les définit et les étudia le premier; ce sont les extensions algébriques du corps à p éléments formé par les nombres $0, 1, 2, \ldots, p - 1$ lorsqu'on calcule sur eux modulo p, $p =$ nombre premier). Ils apparaissent déjà chez Dedekind. Un jeune étudiant de Göttingen, tué en 1914 ou 1915, étudia, dans sa dissertation parue en 1919 (travail entièrement personnel, dit Landau son maître) les fonctions zêta pour certains de ces corps, et montra que les méthodes ordinaires de la théorie des nombres algébriques s'y appliquent. Artin, en 1921 ou 1922, reprit la question, encore du point de vue de la fonction zêta; F. K. Schmidt fit le pont entre ces résultats et ceux de Dedekind–Weber, en mettant la définition de la fonction zêta sous forme birationnellement invariante. Dans ces dernières années, ces corps ont formé un sujet d'étude favori pour Hasse et son école; Hasse y a remporté quelques beaux succès.

J'ai parlé de pont; il serait plus juste de dire plaque tournante. D'une part l'analogie avec les corps de nombres est tellement étroite et manifeste qu'il n'est pas de raisonnement ni de résultat d'arithmétique qui ne se transporte presque mot pour mot à ces corps de fonctions. En particulier, il en est ainsi pour tout ce qui concerne les fonctions zêta et les fonctions d'Artin; et il y a plus: les fonctions d'Artin *dans le cas abélien* sont *des polynomes*, ce qu'on peut exprimer en disant que ces corps fournissent un modèle *simplifié* de ce qui se passe dans les corps de nombres; ici, il y a donc lieu de conjecturer que les fonctions d'Artin non abéliennes sont encore des polynomes: *c'est justement de quoi je m'occupe en ce moment*, tout donnant lieu de croire que tout résultat acquis pour ces corps pourra inversement, pourvu qu'on le formule comme il convient, se transporter aux corps de nombres.

Mais d'autre part, entre ces corps de fonctions et les corps "Riemanniens", la distance n'est pas si grande qu'un patient apprentissage ne nous puisse enseigner l'art de passer de l'un à l'autre, et de profiter pour l'étude des premiers des connaissances acquises sur les seconds, et des moyens extrêmement puissants que nous offre, dans l'étude de ces derniers, le calcul intégral et la théorie des fonctions analytiques. Ce n'est pas, à beaucoup près, que tout cela soit facile; mais on finit par apprendre à y voir quelque chose, bien qu'encore confusément. L'intuition y fait beaucoup; je veux dire la faculté de voir un rapport entre choses en apparence tout à fait dissemblables; elle ne laisse pas d'égarer aussi assez souvent. Quoi qu'il en soit, mon travail consiste un peu à déchiffrer un texte trilingue; de chacune des trois colonnes je n'ai que des fragments assez décousus; j'ai quelques notions sur chacune des trois langues: mais je sais aussi qu'il y a de grandes différences de sens d'une colonne à l'autre, et dont rien ne m'avertit à l'avance. Depuis quelques années que j'y travaille, j'ai des bouts de dictionnaire. Quelquefois c'est sur une colonne que je fais porter mes efforts, quelquefois sur l'autre. Mon grand travail du Journal de Liouville a fait avancer beaucoup la colonne en "Riemannien"; par malheur, une grande partie du texte ainsi déchiffré n'a sûrement pas de traduction dans les deux autres langues: reste une partie, qui m'est très utile. En ce moment, je travaille sur la colonne du milieu. Tout ça est assez amusant. Ne crois pas cependant que ce travail sur plusieurs colonnes soit une chose fréquente en mathématique; sous une forme aussi nette, c'est à peu près un cas unique. Ce genre de travail me convient d'ailleurs tout particulièrement; il est incroyable à quel point des gens aussi distingués que Hasse et ses élèves, et qui ont fait de ce sujet la matière de leurs plus sérieuses réflexions pendant des années, ont, non seulement négligé, mais dédaigné de parti pris la voie riemannienne: c'est au point qu'ils ne savent plus lire les travaux rédigés en Riemannien (Siegel se moquait un jour de Hasse qui lui avait déclaré être incapable de lire mon mémoire de Liouville) et qu'ils ont retrouvé quelquefois avec beaucoup de peine, en leur dialecte, des résultats importants déjà connus, comme ceux de Severi sur l'anneau des correspondances, retrouvés par Deuring. Mais le rôle de ce que je nomme analogies, pour ne pas être toujours aussi net, n'en est pas moins important. Il y aurait grand intérêt à étudier ce genre de choses sur une période pour laquelle on serait bien pourvu de textes; le choix en serait délicat.

P. S. Je t'envoie ça sans relire (...). Je crains (...) d'avoir paru faire une part à mes recherches qui dépasse mes intentions; c'est que, pour expliquer (suivant ton désir) comment se sont orientées ces recherches, j'ai bien été forcé d'insister sur les trous que j'ai voulu combler. En parlant des analogies entre nombres et fonctions, je ne voudrais pas avoir donné l'impression d'être le seul qui les entende: Artin y a profondément réfléchi, lui aussi, et c'est tout dire. Il est curieux de noter qu'un travail (signé par un élève d'Artin qui n'est pas autrement connu, de sorte qu'on doit, jusqu'à preuve du contraire, présumer qu'Artin en est l'auteur) paru il y a 2 ou 3 ans donne peut-être le seul exemple d'un résultat de la théorie classique, obtenu par *double* traduction à partir d'un résultat arithmétique (sur les fonctions zêta abéliennes), et qui est nouveau et intéressant. Et Hasse, dont le talent et la patience réunis finissent par lui faire une manière de génie, a eu sur ce sujet des idées très intéressantes. D'ailleurs (trait caractéristique, et qui doit t'être sympathique, de l'école algébrique moderne) tout cela se diffuse par tradition orale ou épistolaire beaucoup plus que par des publications orthodoxes de sorte qu'il est difficile de faire, dans le détail, l'histoire de tout ça.

Tu doutes, et avec quelque raison, que les axiomatiques modernes soient du travail dans une matière dure. Quand j'ai inventé (je dis bien inventé, et non découvert) les espaces uniformes, je n'avais pas du tout l'impression de travailler dans une matière dure, mais plutôt l'impression que doit avoir un sculpteur de métier qui s'amuserait à faire un bonhomme de neige. Mais tu ne vois sans doute pas que les mathématiques modernes ont pris, non seulement une étendue, mais une complexité telle qu'il est devenu urgent, *si* la mathématique doit subsister et ne pas se dissocier en un tas de petits bouts de recherches, d'accomplir un énorme travail d'unification, qui absorbe en quelques théories simples et générales tout le substrat commun des diverses branches de la science, supprime les inutilités et laisse intact ce qui est vraiment le détail spécifique de chaque grand problème. C'est là tout ce qu'il peut y avoir de bon (et ce n'est pas peu de chose) dans ces axiomatiques. C'est aussi tout le sens de Bourbaki. Il ne t'échappera pas du reste (pour reprendre la métaphore militaire) que dans tout cela il y a de grands problèmes de stratégie. Et il est aussi commun de savoir la tactique qu'il est rare (et beau, dirait Gondi) d'entendre la stratégie. Je comparerai donc (malgré l'incohérence des métaphores) ces grands édifices axiomatiques aux communications à l'arrière du front: on n'a jamais remporté beaucoup de gloire dans le corps de l'intendance ni dans le train des équipages, mais que ferait-on si de braves gens ne se consacraient à ces besognes subalternes (où ils gagnent d'ailleurs fort bien et assez aisément leur subsistance). Le danger n'est que trop grand que les divers fronts finissent, non par manquer de vivres (le Conseil de la Recherche est là pour ça), mais par s'ignorer les uns les autres et perdent leur temps, les uns comme les Hébreux au désert, les autres comme Hannibal à Capoue. L'organisation actuelle de la science ne tient (malheureusement, pour les sciences expérimentales; en mathématique le dommage est beaucoup moins grand) aucun compte du fait qu'il y a extrêmement peu d'hommes capables d'embrasser tout le front d'une science, de saisir, non pas seulement les points faibles de la résistance, mais ceux qu'il importe le plus d'emporter, l'art de masser les troupes, de faire coopérer tel secteur au succès de tel autre, etc. Bien entendu, quand je parle de troupes le terme (pour le mathématicien du moins) est essentiellement métaphorique, chaque mathématicien étant à lui seul ses propres troupes. Si, sous l'impulsion donnée par certains maîtres, certaines "écoles" ont pu avoir de notables succès, le rôle de l'individu en mathématique reste prépondérant. D'ailleurs, il est devenu impossible d'appliquer des vues de ce genre à l'ensemble de la science; il ne peut plus y avoir personne qui puisse même seulement dominer assez la mathématique et la physique à la fois pour régler leur marche alternée ou simultanée; toute tentative de "planification" tombe dans le grotesque, et il faut s'en remettre au hasard et aux spécialistes.

Extrait d'une lettre du 29 *février* 1940:

... Quant à parler à des non-spécialistes de mes recherches ou de toute autre recherche mathématique, autant vaudrait, il me semble, expliquer une symphonie à un sourd. Cela peut se faire; on emploie des images, on parle de thèmes qui se poursuivent, qui s'entrelacent, qui se marient ou qui divorcent; d'harmonies tristes ou de dissonances triomphantes: mais qu'a-t-on fait quand on a fini? Des phrases, ou tout au plus un poème, bon ou mauvais, sans rapport avec ce qu'il prétendait décrire. La mathématique, de ce point de vue, n'est pas autre chose qu'un art, une espèce de sculpture dans une matière extrêmement dure et résistante (comme certains porphyres employés parfois, je crois, par les sculpteurs). Michel-Ange a exprimé, au premier quatrain d'un sonnet admirable, cette idée (que j'imagine plus ou moins platonicienne) que le bloc de marbre contient, au sortir de la carrière, l'œuvre sculptée, et que le travail de l'artiste consiste à enlever ce qui est de trop: dans ses dernières années, d'ailleurs, il a de plus en plus profité des accidents du bloc de marbre, formant l'œuvre par l'extérieur et laissant le plus possible la surface brute (colosses des jardins Boboli, aujourd'hui au musée à Florence, et surtout sa dernière œuvre que les ignorants prétendent inachevée, la Pietà (ou plutôt la descente de croix) du Palazzo Rondanini à Rome). Le mathématicien est tellement soumis au fil, au contrefil, à toutes les courbures et aux accidents mêmes de la matière qu'il travaille, que cela confère à son œuvre une espèce d'objectivité. Mais l'œuvre qui se fait (et c'est cela à quoi tu t'intéresses) est œuvre d'art et par là même inexplicable (elle seule est à elle-même son explication). Cependant, si la critique d'art est un genre vain et vide, l'histoire de l'art est peut-être possible: et l'on n'a jamais, que je sache, examiné l'histoire des mathématiques de ce point de vue (à l'exception de Dehn, autrefois à Francfort, maintenant à Trondheim en Norvège, mais qui n'a jamais rien écrit là-dessus). Et il est tout à fait vain de se lancer là-dedans sans une étude approfondie des textes: encore, vu l'absence de toute étude préparatoire, faut-il choisir une période qui s'y prête. A ce propos, connais-tu Desargues? Dehn m'en a longuement parlé à Oslo, en mai dernier. J'ai dit une fois à Cavaillès qu'il y aurait lieu d'étudier les débuts des fonctions elliptiques (Gauss, Abel, Jacobi, et même Euler et Lagrange, et tous les auteurs mineurs), mais il faut pour cela des connaissances que tu n'as pas. Pour l'algèbre babylonienne ...

[1940b] Sur les fonctions algébriques à corps de constantes fini

Je vais résumer dans cette Note la solution des principaux problèmes de la théorie des fonctions algébriques à corps de constantes fini; on sait que celle-ci a fait l'objet de nombreux travaux, et plus particulièrement, dans les dernières années, de ceux de Hasse et de ses élèves; comme ils l'ont entrevu, la théorie des correspondances donne la clef de ces problèmes; mais la théorie algébrique des correspondances, qui est due à Severi, n'y suffit point, et il faut étendre à ces fonctions la théorie transcendante de Hurwitz.

Soient k un corps à q éléments; $\bar{k}$ son extension algébriquement fermée; k_n le corps à q^n éléments contenu dans $\bar{k}$; σ l'automorphisme de $\bar{k}$ qui, à $\omega \in \bar{k}$, fait correspondre ω^q. Soit $\mathfrak{R}$ l'anneau déduit du corps des rationnels par complétion par rapport à la famille de toutes les valuations l-adiques relatives à des l premiers et premiers à q. Soit $\lg(\omega)$ un isomorphisme fixe du groupe multiplicatif des $\omega \neq 0$ de $\bar{k}$ sur le groupe additif $\mathfrak{R}$ modulo 1.

Soient K un corps de fonctions algébriques, de dimension 1, de genre g, sur le corps de constantes k; K_n le composé de K et k_n, $\bar{K}$ celui de K et $\bar{k}$; σ l'automorphisme de $\bar{K}$ qui coïncide avec σ sur $\bar{k}$ et laisse invariants les éléments de K. Par un *point* on entend un diviseur premier sur $\bar{K}$.

Soit G le groupe des classes de diviseurs de degré zéro et d'ordre premier à q sur $\bar{K}$: on l'identifiera, au moyen d'un isomorphisme fixe, avec le groupe additif des vecteurs, c'est-à-dire des matrices à $2g$ lignes et 1 colonne, modulo 1 sur l'anneau $\mathfrak{R}$. Si $\mathfrak{d}$ est un diviseur de degré 0 sur $\bar{K}$, la classe de $\mathfrak{d}^{q^h}$ sera, pour h assez grand, un élément $\mathfrak{a}_h$ de G, et $H(\mathfrak{d}) \equiv q^{-h}\mathfrak{a}_h \pmod 1$ est un élément de G qui ne dépend pas de h : $H(\mathfrak{d})$ est un homomorphisme, sur G, du groupe des diviseurs de degré 0. L'automorphisme σ de $\bar{K}$ induit un automorphisme de G, qui s'écrit $(\mathfrak{a} \to I\mathfrak{a})$, I étant une matrice de degré $2g$ sur $\mathfrak{R}$, telle que

(2)

$I \equiv I^{-1} \equiv 0 \pmod 1$. Le groupe des classes sur K_n, d'ordre premier à q, est l'ensemble des $\mathbf{a} \in G$ tels que $(I^n - 1)\mathbf{a} \equiv 0 \pmod 1$. On posera $J = \lim_n (I^n - 1)/(q^n - 1)$, limite prise suivant le filtre engendré par les idéaux $\neq 0$ sur l'anneau des entiers rationnels.

Soient $\mathfrak{c}$ un diviseur sur $\overline{K}$, $\mathfrak{c} = \prod_i P_i^{m_i}$ sa décomposition en produit de diviseurs premiers, ou points, sur $\overline{K}$. Si $\varphi \in \overline{K}$ n'a ni pôle ni zéro aux points P_i, on posera $\varphi(\mathfrak{c}) = \prod_i \varphi(P_i)^{m_i}$.

Il y a deux matrices A, B de degré $2g$ sur $\mathcal{R}$, $\equiv 0 \bmod 1$ et jouissant des propriétés suivantes. Soit $\mathfrak{d}$ un diviseur sur K_n, tel que $\mathfrak{d}^{q^n-1}$ soit de classe unité; soit $\varphi \in K_n$ tel que $(\varphi) = \mathfrak{d}^{q^n-1}$; soit $\mathbf{b} = H(\mathfrak{d})$. On désigne par M^T la transposée de la matrice M, donc par $\mathbf{b}^T$ la matrice à une ligne et $2g$ colonnes transposée de $\mathbf{b}$. Alors on a, pour tout diviseur $\mathfrak{c}$ de degré 0 sur K_n, en posant $\mathbf{a} = H(\mathfrak{c})$,

$$\lg \varphi(\mathfrak{c}) \equiv \mathbf{b}^T . A . (I^n - 1) . \mathbf{a} \pmod 1.$$

Soient encore $\mathfrak{c}$, $\mathfrak{c}'$ deux diviseurs sur $\overline{K}$, tels que $\mathfrak{c}^m$, $\mathfrak{c}'^m$ soient de classe unité; soient $(\varphi) = \mathfrak{c}^m$, $(\varphi') = \mathfrak{c}'^m$, avec $\varphi \in \overline{K}$, $\varphi' \in \overline{K}$. On posera

$$(\mathfrak{c}, \mathfrak{c}')_m = \frac{\varphi(\mathfrak{c}')}{\varphi'(\mathfrak{c})}:$$

c'est une racine $m^{\text{ième}}$ de l'unité, qui ne dépend que de m et des classes de $\mathfrak{c}$, $\mathfrak{c}'$, et l'on a, si $\mathbf{a} = H(\mathfrak{c})$, $\mathbf{a}' = H(\mathfrak{c}')$

$$\lg(\mathfrak{c}, \mathfrak{c}')_m \equiv \lg \varphi(\mathfrak{c}') - \lg \varphi'(\mathfrak{c}) \equiv m . \mathbf{a}^T . B . \mathbf{a}' \pmod 1.$$

Les matrices A, B satisfont aux relations

$$I^T . A . I = q . A; \qquad I^T . B . I = q . B; \qquad B = A . J - J^T . A^T; \qquad B^T = -B,$$

et il résulte de la théorie du corps de classes que A^{-1} et J^{-1} existent et que $A^{-1} \equiv J^{-1} \equiv 0 \pmod 1$.

Soit C une correspondance (m_1, m_2) sur $\overline{K}$, qui peut aussi être considérée, d'après Severi, comme un diviseur (de dimension 1) sur la variété des couples (ordonnés) de points sur $\overline{K}$; la réciproque de C, qui est une correspondance (m_2, m_1), sera notée C'. A toute classe de diviseurs de degré 0, d'ordre premier à q, sur $\overline{K}$, C fait correspondre une pareille classe : C induit donc un homomorphisme de G dans lui-même, qui s'écrit $(\mathbf{a} \to L\mathbf{a})$, L étant une matrice de degré $2g$ sur $\mathcal{R}$, telle que $L \equiv 0 \pmod 1$; C' définit de même une matrice L'. On a $L' = A^{-1} . L^T . A$; et L, L' sont permutables avec J et avec $A^{-1} B$.

(3)

Voici un lemme important : si $m_1 = g$, on a en général (c'est-à-dire à des conditions qu'il est inutile de préciser ici) $2m_2 = \mathrm{Tr}(LL')$, Tr désignant la trace. Comme toute correspondance C est équivalente à une correspondance C_1 pour laquelle il en est ainsi (c'est-à-dire a même matrice L que C_1), on voit que $\mathrm{Tr}(LL')$ est toujours un entier rationnel > 0. Du lemme suit aussi que le nombre des points coïncidents de C est $m_1 + m_2 - \mathrm{Tr}(L)$. En particulier, écrivant $K = k(x, y)$, notant $K' = k(x', y')$ un corps isomorphe à K, et notant $k(x, y, x', y')$ la variété des couples de points sur $\overline{K}$, soit Σ la correspondance $(1, q)$ définie par $x' = x^q$, $y' = y^q$; la matrice L qu'elle définit n'est autre que la matrice I définie plus haut; les points coïncidents de Σ sont les points sur $\overline{K}$, rationnels par rapport à k, ils sont au nombre de $q + 1 - \mathrm{Tr}(I)$. On en déduit que le polynome caractéristique de I, $P(u) = |E - uI|$, n'est autre que le polynome défini par $P(q^{-s}) = (1 - q^{-s})(1 - q^{1-s})\zeta_K(s)$, où ζ_K est la fonction ζ de K. De plus Σ', réciproque de Σ, a pour matrice qI^{-1} : appliquant alors à la correspondance $C = a_0 + a_1\Sigma + a_2\Sigma^2 + \ldots + a_{2g-1}\Sigma^{2g-1}$, où les a_i sont des entiers rationnels, l'inégalité $\mathrm{Tr}(LL') > 0$, on démontre l'hypothèse de Riemann pour ζ_K.

Enfin, soit K extension galoisienne du corps K_0 sur le même corps de constantes k; les automorphismes s du groupe de Galois Γ de K sur K_0 induisent un groupe d'automorphismes $[\mathfrak{a} \to L(s)\mathfrak{a}]$ de G, donc une représentation $L(s)$ de Γ, de degré $2g$ sur $\mathfrak{R}$; les résultats ci-dessus permettent d'en déterminer le caractère; I étant permutable avec les $L(s)$, $P(u)$ se décompose en facteurs qui ne sont autres que les fonctions d'Artin sur K_0, relatives aux caractères simples de Γ : il est ainsi démontré que ces fonctions, même dans le cas non abélien, sont des polynomes, dont on trouve facilement le degré. L'hypothèse que K est galoisien sur K_0 n'a été faite ici que pour simplifier l'énoncé de résultats valables pour une extension quelconque de degré fini.

(Extrait des *Comptes rendus des séances de l'Académie des Sciences*, t. **210**, p. 592-594, séance du 22 avril 1940.)

GAUTHIER-VILLARS, IMPRIMEUR-LIBRAIRE DES COMPTES RENDUS DES SÉANCES DE L'ACADÉMIE DES SCIENCES
114252-40 Paris. — Quai des Grands-Augustins, 55.

[1940c] Calcul des probabilités, méthode axiomatique, intégration

La théorie des probabilités, qui a fourni le sujet de quelques-uns des travaux les plus pénétrants de l'analyse moderne, a donné l'occasion aussi, plus peut-être qu'aucune autre branche des mathématiques (sans en excepter même la logique ni la théorie des ensembles) d'énoncer des non-sens et des absurdités. Il était réservé à la méthode axiomatique moderne d'éclaircir définitivement les questions de principe posées par les probabilités, ou tout au moins celles de ces questions qui sont d'ordre mathématique: c'est désormais chose faite, et il n'y a plus guère, pour en discuter, que quelques retardataires qui s'attachent encore, pour des raisons d'habitude ou d'amour-propre, à des idées périmées. D'ici quelques années, les discussions acharnées auxquelles ce sujet a donné lieu paraîtront aussi incompréhensibles que, pour nous, les disputes du calcul infinitésimal à ses débuts ou de la théorie des nombres négatifs jusqu'à l'époque de Descartes. C'est ce que nous nous proposons d'expliquer ici. Mais, tout d'abord, il est nécessaire de dire quelques mots de la méthode axiomatique et de la distinction entre théorie mathématique et théorie physique.

Partant de l'ensemble des mathématiques telles qu'elles existent, comme les linguistes partent de l'ensemble des textes connus d'une langue pour en dresser la grammaire et le dictionnaire, les logiciens modernes ont fait une découverte de très grande importance: c'est qu'il n'est rien dans les mathématiques telles qu'elles sont qui ne puisse, en définitive, par une analyse plus ou moins serrée, se ramener à des combinaisons d'un fort petit nombre d'éléments, combinaisons faites d'après un fort petit nombre de règles (parmi celles-ci figurent entre autres des règles qui correspondent à celles du syllogisme classique); si, comme on peut toujours le faire en principe, on remplace les éléments dont il s'agit par des signes convenus, ce qui constitue le «langage symbolique» des logiciens, on a donc une sorte de jeu qu'on peut comparer, si l'on veut, au jeu d'échecs, bien qu'il ne s'y trouve jamais qu'un seul partenaire, et qu'il ne s'y agisse pas de perdre ou de gagner mais bien d'aller de combinaison en combinaison en se laissant guider par des préoccupations que la seule règle du jeu ne saurait en général suggérer. Que les mathématiques se ramènent à ces combinaisons d'éléments symboliques, c'est ce qu'on exprime en disant qu'elles sont *formalisables*: elles le sont, c'est un fait qu'on peut aujourd'hui considérer comme démontré, bien que la traduction effective et explicite en langage formel n'ait été faite que pour quelques chapitres élémentaires; tout mathématicien compétent sait comment il faudrait procéder pour formaliser n'importe quelle théorie mathématique, de celles du moins dont les résultats sont reconnus, par le *consensus* commun des mathématiciens, comme rigoureusement démontrés: car les exigences de la découverte feront toujours que certain résultats nouveaux ne seront obtenus tout d'abord que par des inductions, probantes aux yeux des spécialistes, avant d'être confirmés en toute rigueur.

De même qu'après s'être mis d'accord sur la grammaire d'une langue, rédigée d'après un ensemble de textes supposés donnés, on peut s'en servir pour reconnaître, parmi d'autres textes, ce qui est écrit en cette langue et ce qui ne l'est point, de même, après avoir constitué cette grammaire générale des mathématiques qu'est la logique mathématique moderne, on en tire une définition des mathématiques, à laquelle il conviendra de se tenir, tant qu'on n'aura pas de raisons très sérieuses pour l'élargir: est mathématique tout ce qui est formalisable suivant les règles de cette logique. Cela revient, généralement parlant, à qualifier de mathématique toute théorie qui, prenant pour point de départ un petit nombre d'axiomes clairement formulés, procède en faisant abstraction de tout ce qui ne se trouve pas dans ces axiomes (ou dans une théorie mathématique déjà construite), et en particulier de l'origine de ceux-ci. Là se trouve la véritable distinction d'avec les théories physiques même les plus mathématiques d'aspect: tous les physiciens savent qu'il n'est de bonne physique théorique que si le contact n'est jamais perdu avec la «réalité physique» sous-jacente aux calculs; rien n'est plus contraire aux habitudes d'esprit du mathématicien, et c'est pourquoi celui-ci est si rarement en état de s'occuper avec succès de physique théorique ou même d'en comprendre les démarches. Disons pour les connaisseurs, à titre d'exemple, qu'en ce sens la théorie cinétique des gaz est une théorie physique, la théorie du potentiel une théorie mathématique; cela ne veut pas dire naturellement que dans celle-ci un certain contact avec la réalité physique ne puisse être des plus utiles au chercheur, comme l'ont montré encore quelques-uns des travaux les plus modernes sur ce sujet: mais on peut, à volonté, perdre ce contact, sûr d'obtenir néanmoins des résultats corrects, et sûr même de retrouver ce contact quand on voudra. Que l'on puisse, au cours de longs raisonnements de nature formelle, oublier complètement l'origine des éléments qu'on y a fait entrer, et qu'à la conclusion de ces raisonnements on obtienne des résultats qu'on applique avec succès à l'étude de problèmes naturels concrets, c'est là certes un sujet de spéculation métaphysique: pour les mathématiciens c'est seulement un fait; un fait fort heureux, puisqu'il leur vaut leurs chaires et leurs traitements, mais un fait incontestable: les mathématiques, comme on dit, sont «susceptibles d'applications».

De ce point de vue, il ne semble pas que le calcul des probabilités diffère essentiellement de n'importe quelle branche des mathématiques. M. Borel a d'ailleurs fait observer avec raison que dans l'application de toute théorie mathématique à l'expérience intervient en tout cas un élément qui relève des probabilités, à savoir l'erreur expérimentale. Le calcul des probabilités permet de faire certaines prédictions: d'une manière précise, il autorise à prédire tout événement dont là probabilité calculée diffère de 1 de moins d'une quantité qu'on juge négligeable; et, là comme ailleurs, si l'expérience ne se conforme pas à la prévision ainsi faite, on ne jugera pas que le calcul soit en faute, mais bien qu'on l'a appliqué à une hypothèse inexacte. Par exemple, la probabilité pour que, jetant un dé 60 fois de suite, on fasse plus de 30 fois un six, est de l'ordre de 10^{-8}; si cela arrive, on conclura que l'hypothèse physique qui a été faite implicitement, suivant laquelle le dé était symétrique et par suite la probabilité de chaque face égale à $1/6$, était erronée, et que le dé est pipé: de même, si, dans une mesure géodésique, on trouvait la somme des angles d'un triangle différant de 180° d'une quantité qui dépasse notablement l'ordre de grandeur prévu des erreurs de mesure, on conclura que la mesure est à rejeter; les deux conclusions sont de même nature bien qu'un chicaneur puisse perdre son temps à faire observer qu'après tout «il est improbable mais non impossible» qu'un dé correct tombe 30 fois de suite sur la même face; à quoi on peut répondre qu'il est aussi «improbable mais non impossible» que tel jour les rayons lumineux, fatigués de suivre toujours la ligne droite, se soient amusés à un trajet plus capricieux (d'après la mécanique quantique il y a même, en effet, une probabilité non nulle pour qu'il leur prenne cette fantaisie). Il faut cependant observer qu'avant de pouvoir affirmer, avec si peu de précision que ce soit (par exemple à 1/100 près), que l'expérience a confirmé la valeur 1/6 attribuée à la probabilité de jeter le six, il faudrait procéder à un nombre de coups qui dépasse de loin le temps dont dispose un expérimentateur, et qu'il serait infiniment plus rapide de vérifier que le dé est mécaniquement symétrique (c'est-à-dire que son centre de gravité est bien au centre du cube, et que son ellipsoïde d'inertie est une sphère). Mais cette objection ne s'applique pas aux questions de physique atomique où, justement, les expériences (par exemple la désintégration d'un atome de radium) se répètent avec une fréquence suffisante pour donner à la mesure de la probabilité toute la précision désirable.

C'est donc pour nous un fait que la théorie des probabilités existe et qu'elle est susceptible de certaines applications. Mais prétendre formuler un critère formel par lequel on puisse décider à l'avance si le calcul des probabilités sera applicable à telle sorte d'événement, c'est une recherche stérile; on ne prouve le mouvement qu'en marchant; on ne démontre la possibilité d'appliquer une théorie à telle question qu'en l'y appliquant effectivement, et avec succès. Aucun critère ne permettra jamais de savoir que les théorèmes de la géométrie euclidienne qui concernent les lignes droites sont applicables aux rayons lumineux dans le vide ou dans un milieu homogène et isotrope, et ne le sont pas à ces mêmes rayons dans un milieu hétérogène: cela se constate. De même pour les probabilités. L'expérience prouve qu'on arrivera à des conclusions justes en attribuant à tel événement telle probabilité: cela veut dire que si, à partir de cette hypothèse, on trouve que la probabilité de tel autre événement est égale à 1 à une quantité près qu'on regarde comme négligeable dans les conditions de l'expérience, on pourra prédire que cet événement aura lieu, et cette prédiction se vérifiera. De ce point de vue, l'hypothèse que tel événement a une probabilité, et que cette probabilité est égale à p, est une assertion précise; cette assertion n'a qu'un rapport très lointain avec la possibilité de contracter une assurance et, *a fortiori*, avec celle de trouver une personne disposée à tenir un pari sur cet événement; ce qui suffit à détruire le paradoxe de Laplace suivant lequel «la probabilité d'un événement est d'autant mieux définie que notre ignorance à son sujet est plus grande». Un parieur invétéré, invité à parier sur un événement au sujet duquel il ne sait absolument rien, pariera naturellement à 1 contre 1: cela ne veut pas dire que la probabilité de l'événement soit bien définie, ni qu'elle soit $\frac{1}{2}$. Qu'on réfléchisse par exemple à la question suivante: un probleme d'examen doit, d'après le programme, porter, soit sur la physique, soit sur la chimie; quelle est la probabilité pour que ce problème porte sur la physique, dans chacune des trois hypothèses suivantes: *a*) on ne sait rien que ce qui vient d'être dit; *b*) on sait qu'au cours des six dernières années le problème a porté quatre fois sur la physique et deux sur la chimie (tous les étudiants savent que, dans ces circonstances, il est justement à craindre que la chimie ne réapparaisse); *c*) en plus des données précédentes, *on sait que le problème est déjà imprimé.*

Il serait facile de multiplier les paradoxes, sans aboutir à une autre conclusion que celle qui a été indiquée: la théorie des probabilités est applicable là où elle est applicable; et les parieurs se comporteront toujours, en définitive, d'après leur «flair», tout en ayant avantage, dans certains cas (dont la nature se précise par l'expérience), à tenir compte des indications fournies par le calcul des probabilités. De ce point de vue, les compagnies d'assurance sont des parieurs d'une espèce particulière, et parmi les problèmes qui leur sont posés il en est beaucoup auxquels le calcul des probabilités n'est en aucune manière applicable: quelle était par exemple la probabilité pour que le paquebot *Normandie* fût détruit par le feu en 1937? Il est clair que c'est là un «cas d'espèce», et que la fixation de la probabilité à tel chiffre échappe à toute vérification. Les méthodes employées par les compagnies d'assurance en ces cas d'espèces sont tout à fait indépendantes du calcul des probabilités. Nous avons déjà observé plus haut, d'ailleurs, qu'une hypothèse sur la probabilité d'un événement n'est vérifiable, et ne doit done être considérée comme ayant un sens, que si cet événement est susceptible de se produire un grand nombre de fois. Mais comme cette circonstance a donné lieu à la confusion si ordinaire entre probabilité et fréquence, et que cette confusion a grandement contribué à obscurcir certaines discussions modernes sur les fondements du calcul des probabilités, il convient d'insister sur ce point. On sait que les compagnies d'assurance sur la vie payent, et même assez bien, des actuaires qui, entre autres occupations, appliquent au calcul des primes les théorèmes de la théorie des probabilités; on considère dans ces raisonnements la mort d'un homme comme un «événement aléatoire» (c'est-à-dire soumis aux théorèmes en question) dont la probabilité est fournie par les tables de mortalité, et est donc définie comme fréquence ou en termes plus courants comme pourcentage; on sait aussi que les compagnies d'assurance sur la vie font assez bien leurs affaires. Est-ce à dire qu'il faille voir là, comme on le dit parfois, une «vérification du calcul des probabilités»? Est-ce à dire surtout que cela donne le droit de voir une probabilité partout où l'on a calculé, sur des nombres suffisamment grands, une fréquence? Observons d'abord que les compagnies appliquent en général, aux chiffres calculés par les actuaires, de tels coefficients de sécurité que les risques de perte deviennent négligeables. Supposons d'autre part qu'un actuaire désire connaître quelle était la probabilité, pour un Européen du XIVe siècle, de mourir dans le cours d'une année déterminée, et se serve pour cela de chiffres de mortalité datant de 1348: l'ordre de grandeur des chiffres sur lesquels porte la statistique (à savoir la population européenne à cette date) est largement suffisant pour que notre savant prenne toute confiance dans le taux qu'il aura calculé; si ce taux lui paraît élevé, il attribuera peut-être ce fait à la mauvaise hygiène médiévale. Sera-t-il donc autorisé à fonder là-dessus des calculs? Le premier historien venu lui répondra: «Point du tout; 1348 est l'année de la grande peste, dont le *Décaméron* nous a laissé une description célèbre; trente ans après, l'Europe se ressentait encore des conséquences de l'excessive mortalité de cette année-là, et subissait des troubles sociaux très graves dus à une rupture d'équilibre entre l'offre et la demande sur le marché du travail». Et à vrai dire, les actuaires ne sont pas si férus de leurs fréquences qu'ils ignorent les très fortes variations qui, même à notre époque soucieuse d'hygiène, peuvent se produire, pour toute sorte de raisons, dans les taux de mortalité; il y a là un risque contre lequel les compagnies ont diverses manières de se couvrir; elles le font entre autres en traitant à leur tour ces variations comme un événement «aléatoire» sur lequel elles contractent une réassurance, soit auprès d'elles-mêmes (par un fonds de réserve approprié) soit auprès d'une autre compagnie; ce procédé, comparable à la méthode des épicycles dans l'astronomie grecque, ou à celle des développements trigonométriques empiriques utilisés dans le calcul des marées, peut avoir naturellement une valeur pratique, mais ne permet en aucune manière de voir, dans les taux de mortalité calculés en tant que fréquences, des probabilités au sens strict du mot. Pour ceux qui identifient probabilité et fréquence, démontrons encore que le nombre des naissances dans une population de N individus est proportionnel, non pas à N comme on l'enseigne communément, mais à N^2. Soient a et $1 - a$ les proportions de mâles et de femelles dans cette population (par exemple les singes d'un jardin zoologique), proportions que nous considérons, suivant l'usage, comme «statistiquement» invariables; soit p la probabilité pour qu'un mâle déterminé féconde une femelle déterminée dans l'unité de temps, probabilité définie comme fréquence; soit n le nombre moyen de petits par portée, dans l'espèce considérée; n'est-il pas clair que le nombre de naissances par unité de temps sera $n.p.a(1 - a)N^2$? Evidemment, c'est la définition de p qui est en faute; mais, *formellement*, notre raisonnement ne se distingue en aucune manière de ceux qui se font d'ordinaire en statistique ou en théorie cinétique des gaz (il deviendrait exact, d'ailleurs, pour une espèce si peu dense que la rencontre de deux individus y fût un événement tout à fait exceptionnel; pourvu toutefois que rien n'y favorisât, même à l'époque des amours, la rencontre d'un mâle et d'une femelle). Concluons donc de nouveau qu'il est vain de chercher à délimiter par un critère formel le champ d'applications du calcul des probabilités et surtout de croire que la définition de la probabilité par une fréquence (ou, ce qui revient au même en principe, la notion de «collectif») soit une panacée qui dispense de faire usage des règles ordinaires de la méthode scientifique.

Nous ne nous serions pas étendus si longuement sur les rapports entre la théorie des probabilités et ses applications, si, par une confusion étrange, on n'avait prétendu en tirer des arguments en faveur de telle ou telle axiomatique du calcul des probabilités. Il est pourtant clair que la possibilité d'appliquer à telles questions concrètes une théorie mathématique ne dépend que des *résultats* de celle-ci, et non point du tout du choix des axiomes qu'on met à sa base. Précisons ce point: une théorie mathématique consiste en un certain ensemble de propositions qui présentent entre elles divers liens logiques, et peuvent, presque toujours de beaucoup de manières, se déduire les unes des autres. Ces déductions ou démonstrations sont l'affaire exclusive, bien entendu, du mathématicien; celui qui applique la théorie à telle question concrète n'a pas besoin de les connaître; quand le physicien traitant d'optique a besoin d'une proposition de géométrie élémentaire, peu lui chaut que le manuel de géométrie qu'il consulte considère comme un axiome le postulat des parallèles ou bien le déduise de quelque axiome équivalent. Mais le mathématicien qui rédige un exposé de la théorie ne saurait voir les choses de cette manière; sachant à l'avance, comme c'est le cas dans un travail de ce genre, les résultats c'est-à-dire l'ensemble des propositions qu'il désire faire figurer dans son exposé, il doit d'une part s'assurer que ces résultats n'impliquent pas contradiction (ce qui ne serait qu'un assez faible inconvénient dans une théorie physique, où le contact avec l'expérience est le principal moyen de se préserver de l'erreur, mais serait fatal dans une théorie mathématique où l'on ne dispose pas d'un pareil moyen) ; il doit aussi faire parmi tous ces résultats un choix de propositions dont les autres puissent se déduire d'apres les règles, et il doit s'inspirer dans ce choix, qui est libre en principe, de toutes les considérations de simplicité, d'opportunité, d'élégance, qui pourront lui venir à l'esprit. C'est qu'en effet, lorsqu'on dit qu'en mathématiques on a le droit de choisir librement les axiomes, on ne s'explique pas toujours assez clairement: cela veut dire, d'une part, que des propositions non contradictoires peuvent toujours (du moins si l'on donne à ces mots l'interprétation technique qui convient[1]) fournir le point de départ d'une théorie mathématique, intéressante ou non, utile ou non; cela veut dire, d'autre part, qu'ayant en vue une théorie déterminée on a presque toujours le choix entre un grand nombre de systèmes d'axiomes équivalents. L'enseignement de la géométrie élémentaire, par exemple, gagnerait beaucoup en clarté si ce dernier fait était mis en lumière, et si l'on expliquait que l'ordre logique dans lequel sont présentés les théorèmes est très largement affaire de convention et susceptible de toute sorte de modifications; l'auteur du présent article, par exemple, bien qu'il ait depuis fort longtemps été reçu à la première partie du baccalauréat, se souvient encore d'avoir été incapable d'apprendre, en vue de cet examen, la géométrie dans l'espace, non pas qu'il n'en ait connu fort bien tous les théorèmes, mais parce qu'il n'avait pu fournir l'effort de mémoire nécessaire pour ranger ceux-ci dans un ordre fixe dont ses professeurs ne lui disaient pas qu'il est assez arbitraire; et, passé maintenant examinateur, il n'en sait pas plus long là-dessus mais se trouve annuellement en présence de candidats aussi embarrassés qu'il le fut lui-même autrefois.

Cela étant, le mathématicien qui se propose d'écrire un traité moderne de calcul des probabilités se trouve en présence de deux questions: s'agit-il là d'une théorie mathématique c'est-à-dire formalisable? comment choisir, à supposer qu'il en soit ainsi, les axiomes de cette théorie? Bien entendu, la première question ne peut se résoudre sans la seconde, puisque l'une et l'autre ne se résolvent qu'en rangeant les résultats connus du calcul des probabilités, ou en tout cas les principaux d'entre eux, dans un certain ordre et les déduisant de ceux d'entre eux qu'on aura érigés en axiomes. La première question étant supposée résolue par l'affirmative, il devient naturellement permis de donner à la seconde des réponses variées, entre lesquelles l'expérience seule peut permettre de choisir la meilleure ou les meilleures.

---

[1] On consultera utilement à ce sujet le §8 de la *Théorie des Ensembles* de N. Bourbaki (*Eléments de Mathématique*, par N. Bourbaki, Ire partie, Livre I, fascicule 1, Hermann, Paris 1939) dont il sera rendu compte dans un prochain n° de cette Revue.

Or, un exposé entièrement satisfaisant de la théorie des probabilités, conforme aux exigences de l'axiomatique moderne, a été publié il y a quelques années par le mathématicien russe Kolmogoroff, qui a ainsi tranché définitivement la première des questions posées ci-dessus, sur laquelle jusqu'alors on pouvait conserver des doutes. De plus, il a eu le grand mérite de mettre clairement en évidence les rapports étroits, ou plutôt l'identité substantielle, qu'il y a entre les fondements de la théorie des probabilités et ceux de la théorie moderne de la mesure et de l'intégration. Ces constatations faites, et ces théories existant d'une manière palpable et indiscutable, il ne reste donc plus qu'à leur choisir une base axiomatique qui permette d'en faire un exposé aussi simple et clair que possible. Si en même temps les notions qui apparaîtront dans ces axiomes sont celles mêmes qui interviennent dans les applications, il faudra s'en féliciter: mais cette considération ne saurait être décisive dans le choix des axiomes; encore moins doit-elle être la seule dont ce choix s'inspire; c'est assez dire que, même si la notion de fréquence dans une série d'épreuves avait pour les applications du calcul des probabilités une importance aussi capitale que l'ont prétendu quelques auteurs (et nous avons dit plus haut pourquoi nous n'en croyons rien) cela n'obligerait nullement à faire partir de là un exposé didactique de la théorie, comme se sont efforcés à le faire les auteurs qui, à la suite de M. von Mises, ont mis à la base la notion de «collectif»; il est établi que le système primitif de M. von Mises était entaché de contradiction; les modifications qu'on y a apportées depuis pour le sauver de cet inconvénient (fatal, nous l'avons dit, pour une théorie mathématique), n'ont atteint leur but qu'au prix de complications très considérables; il ne semble donc pas que la notion de collectif puisse être destinée à figurer, autrement qu'à titre purement historique, dans les exposés futurs de théorie des probabilités.

A plus forte raison, le mathématicien n'a pas à tenir compte de répugnances sentimentales comme celles de tel actuaire qui, dans une publication récente, après avoir indiqué comment il procède au début de ses cours sur les probabilités (il s'agit d'un raisonnement qui, pris à la lettre, conduirait à attribuer à *toute* probabilité la valeur $\frac{1}{2}$) s'écrie: «On épargne ainsi aux statisticiens de s'engager dans la voie épineuse de la théorie de la mesure, tout en reconnaissant la haute valeur de ces constructions pour les mathématiques pures». Sans doute s'est-il trouvé de même au XVIIe siècle des professeurs pour dire: «Ainsi épargne-t-on aux calculateurs de s'engager dans la voie épineuse des nombres négatifs, tout en reconaissant la haute valeur de ces constructions pour les mathématiques pures». Il y a aussi, dit-on, dans une certaine école d'ingénieurs (qui n'est pas en France) un vieux professeur qui, chaque année, s'exprime ainsi: «Messieurs, les mathématiciens ont des nombres qu'ils nomment imaginaires. Ils sont mathématiciens, leurs calculs ne font de mal à personne; mais vous, Messieurs, dont chaque erreur peut coûter des vies humaines, je vous supplie de ne pas suivre les dangereux errements de ceux qui introduisent les imaginaires dans des calculs d'ingénieurs ...» Quant à notre actuaire, il serait bien surpris si on lui apprenait que, tel M. Jourdain, chaque fois qu'il fait un raisonnement de calcul des probabilités, il fait de la théorie de la mesure sans le savoir. Voici, en effet, un morceau du dictionnaire qui a été donné pour la première fois, croyons-nous, par M. Kolmogoroff dans le travail dont nous parlions plus haut:

Probabilités	*Mesure et intégration*
(1) x = événement «aléatoire», dont les déterminations «possibles» forment un ensemble E.	x = variable susceptible de prendre ses valeurs dans un ensemble E.
(2) Probabilité pour que x appartienne à une certaine partie A de l'ensemble E des déterminations «possibles» de x.	Mesure de la partie A de l'ensemble E.
(3) Valeur moyenne d'une fonction $f(x)$.	Intégrale de $f(x)$ sur E.

Bien entendu, l'ensemble E des déterminations «possibles» de l' «événement» x peut être à un nombre fini d'éléments: c'est le cas dans le jet d'un dé, l' «événement» étant le chiffre qu'on amène, et E étant à six éléments; il peut être infini: c'est le cas si l' «événement» est la position d'un point dans l'espace, et par exemple, en théorie cinétique, la position d'une molécule. En tout cas, le «dictionnaire» dont nous avons donné le début fait, de toute proposition sur les probabilités, une proposition sur la mesure. La réciproque n'est pas entièrement vraie, parce qu'avec les notations ci-dessus la probabilité pour que x appartienne à E est nécessairement 1, E comprenant par définition *toutes* les déterminations de x; les propositions de théorie des probabilités apparaissent ainsi comme des cas particuliers des propositions de théorie de la mesure, ceux où l'on considère un ensemble de mesure totale égale à 1. A cela près, il n'y a aucune différence entre les fondements des deux théories: cela ne veut pas dire qu'il n'y ait pas lieu de faire de distinction entre elles, car, joints dans leur commencement, leurs cours se séparent bientôt; nous avons déjà dit que la connaissance des axiomes ne détermine nullement la suite de combinaisons qui constituera une théorie et qu'il faut s'y laisser guider par des préoccupations que les axiomes n'impliquent point; c'est bien ce qui se vérifie ici. On pourrait, à vrai dire, en tirer argument pour donner aux deux théories des bases axiomatiques distinctes: mais on ne voit guère quels avantages compenseraient les graves inconvénients de cette manière de faire. Il est vrai que notre actuaire de tout à l'heure va renouveler ses plaintes de se voir infliger tout un fatras d'ensembles baroques, de fonctions follement discontinues, de passages à la limite répétés une infinité de fois et autres instruments de torture auxquels, dit-il, il n'est pas disposé à soumettre son cerveau. Le mathématicien serait sans doute en droit de dédaigner les plaintes de cet homme mais il ne peut pas ne pas faire réflexion qu'il est étrange, en vérité, que l'intégrale moderne, instrument infiniment plus robuste, plus souple et plus maniable que celle dont disposaient ses prédécesseurs, exige tout l'appareil de la théorie des fonctions la plus raffinée. Or, il n'en est nullement ainsi; c'est ce que nous voulons maintenant essayer de faire apercevoir.

L'intégrale moderne a été créée par M. Lebesgue; ses découvertes ont eu une telle importance pour la théorie de la mesure et de l'intégration que voici près de quarante ans qu'on marche dans ses traces. Ce n'est pas assurément qu'on n'ait fait depuis la Thèse de M. Lebesgue des progrès notables dans cette voie, progrès qu'on appréciera en comparant à cette Thèse une monographie récente telle que le livre de M. Saks. Mais, M. Lebesgue ayant fait jouer le premier rôle, dans sa théorie, à la mesure, définie par lui comme fonction «complèment additive» d'ensemble, tous ses successeurs ont cru devoir l'imiter en ce point décisif. Or, le moment est venu, croyons-nous, par une analyse plus serrée, de chercher à décomposer ses découvertes en leurs éléments constitutifs, pour y distinguer ce qui est essentiel au maniement d'une intégrale, et ce qui a trait aux propriétés particulières des ensembles sur lesquels on a le plus souvent à opérer. Une telle analyse, par laquelle on ne rend certes pas moins justice à M. Lebesgue qu'à le suivre de trop près, est en effet possible[2]; ct voici une esquisse sommaire des premiers résultats auxquelles elle conduit.

Dans une théorie de la mesure et de l'intégration, et pour autant qu'on puisse séparer ces deux notions si étroitement apparentées (mais moins cependant, comme on va le voir, qu'on ne l'a pensé jusqu'ici), on conviendra certes que la mesure est le moyen, l'intégrale est le but: ce n'est qu'à une époque assez récente qu'on s'est occupé de mesure d'ensembles, tandis que depuis le XVIIe siècle il n'est pas d'Analyse mathématique sans intégration. En calcul des probabilités même, où à la mesure correspond la probabilité et à l'intégrale la valeur moyenne, tous ceux qui ont eu à appliquer le calcul des probabilités savent que celle-là n'intervient le plus souvent qu'à travers celle-ci; ce qui apparaîtrait encore plus clairement si l'on n'avait pris l'habitude, dans cette théorie, de mettre autant que possible la probabilité en évidence. Il importe donc, avant tout, de bâtir une théorie de l'intégrale, qui aboutisse aussi vite que possible à toutes les propriétés qui font de l'intégrale de Lebesgue un instrument si commode à manier, quitte au besoin, si les résultats plus subtils de la théorie de la mesure n'y rentrent pas, à en faire après coup, à l'usage des spécialistes, un chapitre additionnel.

Où en était donc, avant M. Lebesgue, la théorie de l'intégrale, et en quoi était-elle inférieure à la théorie moderne? On savait intégrer toutes les fonctions continues (nous voulons dire par là, bien entendu, qu'on avait une définition de l'intégrale de ces fonctions, qui même en principe se prêtait au calcul numérique, et s'y prêtait fort bien grâce à quelques perfectionnements). On savait aussi intégrer quelques fonctions discontinues, mais c'étaient de celles qui, à nos sens blasés, paraissent «pratiquement» continues, de sorte que nous pouvons en faire abstraction pour simplifier. Que vous faut-il donc de plus, demanderait sans doute notre actuaire, et est-il bien indispensable de s'engager dans la voie épineuse des fonctions discontinues? Ce qu'il nous fallait de plus, et ce que M. Lebesgue nous a apporté, le voici. Examinant un cas particulier, considérons toutes les fonctions $f(x)$ d'une variable réelle x, définies et continues sur l'intervalle $(0, 1)$. Une telle fonction sera définie approximativement, du point de vue du calcul numérique, par la donnée de ses valeurs pour $x = 0, 1/n, 2/n, \ldots, (n-1)/n, 1$, et cela d'autant mieux que n sera plus grand (en pratique, bien entendu, n sera le plus souvent une puissance de 10); autrement dit, on peut la représenter approximativement par un point

[2] Une théorie de l'intégration, fondée en partie sur les considérations qui vont suivre, sera exposée dans un fascieule à paraître des *Eléments de Mathématique* de N. Bourbaki, déjà cités, fascicule qui contiendra aussi les premiers principes du calcul des probabilités.

d'un espace à $n + 1$ dimensions, de coordonnées:

$$X_0 = f(0), \quad X_1 = f\left(\frac{1}{n}\right), \quad X_2 = f\left(\frac{2}{n}\right), \ldots, X_n = f(1).$$

Soient $f(x)$, $g(x)$ deux de nos fonctions, et considérons dans l'espace à $n + 1$ dimensions leurs points représentatifs; par une généralisation très naturelle de la formule bien connue qui donne en géométrie analytique la distance de deux points, on posera comme distance de ces points représentatifs la racine carrée du nombre:

$$[f(0) - g(0)]^2 + \left[f\left(\frac{1}{n}\right) - g\left(\frac{1}{n}\right)\right]^2 + \cdots + [f(1) - g(1)]^2.$$

Ce nombre, si n augmente indéfiniment, augmente indéfiniment, mais en le divisant par $n + 1$ (ce qui revient, pour chaque n, à changer l'unité de distance), on obtient un nombre qui tend vers la limite

$$\int_0^1 [f(x) - g(x)]^2 \, dx.$$

Convenons donc de définir comme «distance» des fonctions $f(x)$, $g(x)$, la racine carrée de cette intégrale; cette distance possède en effet beaucoup de propriétés qu'on a coutume d'attribuer à la distance; elle ne s'annule que si $f(x)$ et $g(x)$ sont identiques; elle satisfait à l'inégalité dite «du triangle» qui généralise l'inégalité $AB \leq AC + CB$ bien connue en géométrie élémentaire. Mais considérons une suite de fonctions $f_1(x)$, $f_2(x)$, $f_3(x), \ldots$ dont les distances mutuelles deviennent aussi petites qu'on veut; s'ensuit-il qu'elles tendent vers une limite, c'est-à-dire qu'il existe une fonction $f(x)$ telle que la distance des fonctions $f_1, f_2, \ldots$ à $f(x)$ devienne aussi petite qu'on veut? Les exemples les plus simples montrent qu'il n'en est pas ainsi, lorsqu'on s'astreint à prendre $f(x)$, elle aussi, parmi les fonctions continues: c'est ce que les mathématiciens expriment en disant que les fonctions continues forment, par rapport à la distance définie ci-dessus, un «espace» qui n'est pas «complet». Il en est d'elles, de ce point de vue, comme de l'ensemble des points d'abscisse rationnelle sur une droite, pour la distance ordinaire.

Que fait donc M. Lebesgue? Il étend tellement, à des fonctions si générales, le champ de définition de l'intégrale, qu'il obtient enfin un espace «complet», formé par conséquent d'éléments qui sont des fonctions, continues ou discontinues, de la variable x, et l'expérience montre que le principal avantage de sa théorie, dans la plupart des applications (nous ne disons pas dans toutes) consiste à disposer d'espaces «complets» (celui dont nous avons parlé, et bien d'autres), le passage à la limite dans ceux-ci étant infiniment plus facile et exigeant bien moins de précautions que ce ne serait le cas autrement. Or, lorsque le mathématicien se trouve en présence d'un ensemble qui, en un sens ou en un autre, lui apparaît comme «incomplet», il dispose d'un procédé extrêmement général pour résoudre la difficulté: c'est la *complétion* par «adjonction» d'éléments symboliques; les détails techniques du procédé varient, mais le principe en est toujours le même. C'est ainsi, par exemple, qu'en géométrie projective on «complète» le plan par «adjonction» de points à l'infini, points qui n'en sont pas, bien entendu, au sens de la géométrie élémentaire; bien entendu aussi, toute proposition de géométrie projective peut, en remontant aux définitions, être traduite en une proposition de géométrie élémentaire (où il ne soit pas question de points à l'infini), mais au prix le plus souvent de telles complications de langage qu'on préfère avec raison s'en dispenser; en revanche, les méthodes de la géométrie projective permettent très souvent de démontrer des résultats (par exemple sur les coniques) où n'apparaissent pas les points à l'infini, c'est-à-dire qu'alors ceux-ci n'ont servi que d'intermédiaire commode dans les démonstrations. Il en va de même pour nos ensembles de fonctions: qu'on les complète suivant les besoins, sans s'occuper de donner aux éléments qu'on leur «adjoint» une interprétation autre que symbolique; ces éléments ne seront donc pas des fonctions, mais ce qu'on pourrait nommer, par analogie avec les points à l'infini, des «fonctions fictives»; ces éléments étant ceux mêmes que dans la théorie de M. Lebesgue on interprète comme des fonctions véritables (pourvu du moins qu'on veuille bien qualifier ainsi les fonctions hautement discontinues qu'on est obligé d'introduire, à quoi le mathématicien ne fera pas difficulté mais le physicien ou l'actuaire ne consentira qu'avec peine), il va de soi qu'on pourra opérer sur eux avec la même liberté et la même facilité que sur les fonctions «mesurables» dans la théorie en usage. Et après tout, bien que ce point soit de peu d'importance aux yeux du mathématicien, l'on reste plus près de l'«intuition» physique en ne considérant comme fonctions effectives que les fonctions continues (ou tel autre ensemble de fonctions qu'on voudra poser à la base), et n'introduisant toutes les autres qu'à titre d'éléments symboliques qu'on sait intégrer, dont on sait prendre les valeurs moyennes, mais dont les valeurs individuelles pour chaque valeur de la variable n'ont pas plus de sens pour le mathématicien qu'elles n'en ont pour l'expérimentateur.

Voici donc les grandes lignes de l'exposé auquel on est conduit, exposé que pour simplifier nous nous contentons d'esquisser pour le cas des probabilités (c'est, comme nous l'avons dit, le cas d'un ensemble de mesure totale égale à 1). On suppose donné l'ensemble E des déterminations «possibles» de la variable «aléatoire» ou «événement» x; on suppose donné un ensemble Φ de fonctions $f(x)$, à valeurs numériques, définies sur E, et on suppose qu'à chacune de ces fonctions on ait fait correspondre un nombre qui s'appellera sa *valeur moyenne* $M(f)$; et cela de manière à satisfaire aux conditions suivantes:

(I) Si $f_1(x), f_2(x), \ldots, f_n(x)$ sont des fonctions, en nombre quelconque, appartenant à Φ, et si $F(u_1, u_2, \ldots u_n)$ est une fonction continue de n variables, la «fonction de fonction» $F[f_1(x), f_2(x), \ldots, f_n(x)]$ appartient à Φ.

(II) Si $f(x) \geq 0$ quel que soit x, on a $M(f) \geq 0$; si $f(x) = 1$ quel que soit x, $M(f) = 1$; si $f(x)$ et $g(x)$ appartiennent à Φ et si a, b sont des constantes, on a $M(af + bg) = a\,M(f) + b\,M(g)$.

Voici deux exemples où ces conditions sont bien satisfaites:

(*a*) Exemple du jeu de dé: E est l'ensemble des six chiffres 1, 2, 3, 4, 5, 6; Φ est l'ensemble de *toutes* les fonctions $f(x)$ définies sur E: une telle fonction est connue bien entendu lorsqu'on connaît chacune de ses valeurs $a_1 = f(1)$, $a_2 = f(2), \ldots$, $a_6 = f(6)$; $M(f)$ est la moyenne (au sens ordinaire) $(a_1 + a_2 + \cdots + a_6)/6$.

(*b*) (Probabilités continues) E est l'intervalle $(0, 1)$; Φ est l'ensemble des fonctions $f(x)$ définies et continues sur E; $M(f)$ est la moyenne de f sur l'intervalle

E, c'est-à-dire (puisque E est de longueur 1) l'intégrale de $f(x)$ sur E. On peut d'ailleurs, sans rien changer d'essentiel, élargir Φ en y comprenant toutes les fonctions «continues par morceaux» (c'est-à-dire qui n'aient qu'un nombre fini de discontinuités, en chacune desquelles elles aient une limite à gauche et une limite à droite).

Les axiomes ci-dessus permettent, avant toute adjonction, d'obtenir déjà beaucoup de résultats très importants, et en particulier toutes les inégalités classiques, ainsi que la définition de l'intégrale double et une première version du théorème de Lebesgue–Fubini[3] : on a là une première théorie qu'on peut qualifier d' «élémentaire» et qui est déjà suffisante pour un très grand nombre d'applications; elle suffit en particulier pour tout ce qui concerne le calcul des probabilités «combinatoire», c'est-à-dire où les déterminations «possibles» de l'événement aléatoire sont en nombre fini. Procédant ensuite à l'adjonction d'éléments symboliques, d'après les principes esquissés plus haut, on obtient une seconde théorie qui permet de faire à peu près tout ce qu'on fait couramment avec l'intégrale de Lebesgue et ses généralisations; observons en passant que la théorie des mesures «simplement additives» y rentre tout naturellement, ce qui comble une importante lacune des exposés connus. Enfin, dans une troisième étape, on traitera des résultats plus profonds de la théorie de M. Lebesgue, et principalement des propriétés spécifiques de l'intégrale sur un espace topologique compact ou localement compact.

On ne manquera pas d'observer que jusqu'ici nous n'avons à aucun moment fait allusion aux définitions classiques de la probabilité, du genre de celle qui est due à Laplace, par les «événements également probables»: c'est qu'en effet cette idée si importante n'est nullement à sa place au début du calcul des probabilités, où elle soulève des difficultés insurmontables (telles que le paradoxe de Laplace lui-même, cité plus haut, sur la probabilité «d'autant mieux définie que notre ignorance est plus grande»), mais vient s'insérer tout naturellement à la suite de la théorie que nous venons d'esquisser. On n'a pas assez remarqué, croyons-nous, que, dans presque tous les cas où l'on arrive à attribuer *a priori* une valeur déterminée à une probabilité, c'est grâce à la présence d'un groupe de transformations: quand on ne dispose pas d'un tel groupe, l'on ne peut guère faire autre chose que d'introduire, dans la loi de probabilité dont on admet l'existence, une fonction ou un coefficient susceptible seulement de détermination empirique[4]. Si l'on attribue aux six faces d'un dé la même probabilité, qui est alors nécessairement $\frac{1}{6}$, c'est en raison de l'existence du groupe des symétries du cube, groupe qui laisse inchangées les conditions de l'expérience. De même s'il s'agit de probabilités continues. Partout on se trouve en présence d'un seul et même théorème, concernant l'existence et l'unicité (sous des conditions très larges, mais que nous ne pouvons énoncer ici) d'une mesure, ou ce qui revient au même, d'une distribution de probabilité

---

[3] Nous entendons par là le résultat capital, connu sous le nom de «théorème de Fubini». Nous dirions même simplement «théorème de Lebesgue», l'apport de M. Fubini en cette question étant sans comparaison moindre que celui de M. Lebesgue, s'il n'apparaissait désirable d'éviter les confusions qui ne manqueraient pas de se produire avec un grand nombre d'autres théorèmes du même auteur.

[4] Il arrive parfois que, dans ces cas mêmes, quelques-uns des résultats qu'on obtient soient indépendants du choix qu'on peut faire de ce coefficient ou de cette fonction : tel est le principe de la célèbre méthode dite «des fonctions arbitraires».

invariante par un groupe de transformations donné: théorème essentiellement dû au mathématicien hongrois Haar, et qui n'a été démontré qu'assez récemment.

Nous ne saurions terminer cet exposé sans indiquer qu'il est une branche du calcul des probabilités qui n'a pas encore, à notre connaissance, fait l'obiet d'un traitement axiomatique correct, bien que le germe en soit peut-être contenu dans quelques travaux récents tels que ceux de M. Neymann: nous voulons parler des «probabilités des causes», domaine important à cause de ses applications à la statistique mathématique. On sait que cette dernière a pour objet principal de permettre à l'expérimentateur, en présence de certaines séries de chiffres représentant les variations concomitantes de diverses variables, de décider, par le calcul de certains «coefficients de corrélation», si les variables dont il s'agit sont ou non indépendantes. Il semble que la réponse à une pareille question doive nécessairement comporter un élément subjectif difficilement «formalisable» sinon par une pure et simple convention arbitrairement fixée. Et à la vérité, sans méconnaître les services considérables que la statistique mathématique a rendus à la science (et en particulier aux sciences biologiques), il faut bien constater que les ouvrages de statistique se réduisent en définitive à des collections de recettes et de préceptes que nous voulons croire heureusement choisis, mais qui, se trouvant sous forme hautement algébrique et comportant même parfois l'emploi de logarithmes, d'exponentielles et d'intégrales, jouissent, aux yeux du profane, de tout le prestige de l'exactitude mathématique, alors que les soi-disant «démonstrations» dont on les entoure, si hautement techniques qu'elles soient, n'ont le plus souvent aucun sens pour le mathématicien et consistent simplement en considérations heuristiques plus ou moins probantes. La statistique moderne paraît avoir enfin résolu le problème légendaire qui consistait, connaissant la longueur du navire et la durée de la traversée (du temps de la navigation à voiles on y ajoutait la hauteur du grand mât) à calculer l'âge du capitaine: transmettez ce problème à n'importe quel institut spécialisé, et l'on vous adressera bientôt un savant mémoire, où, non sans tableaux de chiffres et graphiques, seront calculés tous les coefficients de corrélation entre les variables ci-dessus. Nous ne disons pas que tout cela soit inutile ni dépourvu de sens: mais il serait grandement à souhaiter que les problèmes posés par la statistique et par les «probabilités des causes» fussent bientôt élucidés en toute rigueur, d'une manière entièrement satisfaisante pour le mathématicien, en se plaçant sur le terrain d'une théorie axiomatique correcte, et séparant ce qui est susceptible de démonstration et ce qui est purement conventionnel. Après quoi il ne serait sans doute pas très difficile, avec un minimum de formules et de détails techniques, de mettre les résultats obtenus à la portée de ceux qui voudraient en faire usage. Il est à croire aussi qu'un traitement rigoureux conduirait à une appréciation plus exacte des divers résultats dont se servent aujourd'hui les statisticiens, en permettant de juger de leur valeur mathématique. Quant à savoir s'il convient de les appliquer à tel genre de question, il ne faut pas attendre du mathématicien qu'il formule là-dessus des règles invariables. Nulle mathématique ne dispensera jamais d'avoir du bon sens.

[1940d] L'intégration dans les groupes topologiques et ses applications (Dédicace et Introduction)

A MONSIEUR

MONSIEUR ÉLIE CARTAN

Comment, MONSIEUR, ne se mêlerait-il pas de l'inquiétude à la fierté que je ressens d'inscrire votre nom en tête de cet ouvrage ? Combien n'ai-je pas lieu de craindre qu'un tel travail, et s'agissant d'un tel sujet, n'apparaisse peu digne d'un patronage si illustre ? Et, quelque satisfaction que je trouve à dire publiquement ce que je vous dois, n'y aurait-il pas de la présomption à rien prétendre ajouter aux paroles prononcées en votre jubilé ? A cette cérémonie (où j'eus le chagrin de ne vous pouvoir présenter cet écrit que, vous le savez, j'y destinais), l'on a célébré éloquemment votre œuvre, votre enseignement, votre exemple. Mais aura-t-on jamais trop dit ce que vous fûtes pour nous, pour cette génération de mathématiciens français qui trouva sa place dans le temps d'un bref entre-deux-guerres ? En ces années qu'on nommait l'après-guerre, nous eûmes en vous, jeunes étudiants, le plus probe, le plus consciencieux des professeurs ; mais personne, et vous moins que tout autre, ne nous disait l'importance de vos idées, la portée de vos conceptions. Nous voyageâmes ; en Italie, en Allemagne, en Amé-

---

eprinted from *L'intégration dans les groupes topologiques et ses applications,* Hermann, Paris, 1940, by ermission of Hermann, éditeurs des sciences et des arts.

rique, nous connûmes d'autres maîtres. D'apprentis nous devînmes compagnons. Alors, mieux préparés, nous avons repris l'étude de votre œuvre, dont l'étendue nous avait découragés, dont la profondeur nous était restée cachée ; alors, admis par vous peu à peu aux privilèges d'un commerce familier, nous avons connu le prix de telle parole qui vous échappait comme par mégarde, si discrète souvent qu'autrefois nous ne l'eussions pas entendue. Mais si ces jeunes gens — dont l'un continue votre nom en même temps que votre œuvre — aimaient à se presser autour de vous, ils n'y étaient pas amenés seulement par l'ardeur de s'instruire, ou par le charme de ces entretiens. A une époque où les approches du temple du savoir ressemblent quelquefois à celles de la bourse, où l'on y court le risque d'être étourdi par des troupes bruyantes de marchands et de bateleurs, nous avions besoin de nous affermir dans notre croyance qu'une vie donnée toute à la science est encore possible, sans faiblesses ni compromissions : auprès de vous nous en trouvions chaque jour la certitude. Et même, s'il n'est d'amitié qu'entre égaux, ne nous avez-vous pas fait sentir, en nous accordant ce que j'oserai bien nommer de l'amitié, que chacun de nous pouvait espérer de s'égaler à vous en quelque manière, par une parfaite sincérité, un entier dévouement à la science, par l'honnêteté irréprochable du bon artisan à son ouvrage ? Avec un tel exemple devant nos yeux, comment, malgré tout ce qui vous met si fort au-dessus de nous, ne nous serions-nous pas efforcés d'en être dignes ? Voilà, MONSIEUR, faiblement exprimé, ce que nous avons reçu de vous ; et voilà pourquoi c'est tant d'honneur pour moi, de cette retraite d'où je vous écris, que de pouvoir ici me dire,

MONSIEUR,

Votre très-respectueux et très-reconnaissant
élève et admirateur,

ANDRÉ WEIL.

INTRODUCTION

Diverses monographies ont été publiées dans les dernières années sur la théorie des groupes ; citons en particulier le célèbre fascicule de E. Cartan [**16**]. Mais ces livres, pour la plupart, laissent volontairement de côté presque tout ce qui touche à l'intégration dans l'espace de groupe. Cette méthode féconde, dont Hurwitz paraît s'être servi le premier en 1897 [**25**], et qui depuis lors avait permis à I. Schur [**57**], H. Weyl [**70**] et E. Cartan lui-même [**15**] d'étudier les représentations linéaires des groupes de Lie clos, a reçu dans les dernières années une extension considérable. En 1933, A. Haar a démontré [**21**] que l'existence d'une mesure invariante dans un espace de groupe est liée à des conditions topologiques très simples et très générales, à savoir essentiellement la compacité locale du groupe. Cette importante découverte a permis presque aussitôt d'avancer beaucoup dans l'étude des groupes compacts, des groupes abéliens, des représentations. L'objet du présent fascicule est de réunir et d'exposer systématiquement ces résultats, de les compléter sur quelques points, de simplifier et de clarifier les méthodes dans l'espoir d'ouvrir la voie à de nouveaux progrès.

Les questions étudiées ici ont donné naissance à une abondante littérature, dispersée en de nombreux périodiques ; les définitions et les notations changent d'un mémoire à l'autre ; beaucoup de résultats ne sont démontrés que moyennant des hypothèses inutilement restrictives, dont il n'est pas toujours aisé de les affranchir : aussi a-t-on cru rendre service au lecteur en donnant le plus souvent des démonstrations concises mais complètes ; en revanche, il n'est pas apparu possible de donner, à chaque pas de l'exposé, des références bibliographiques, de sorte que l'absence de référence, à propos d'une définition ou d'un théorème, n'indique nullement qu'il s'agisse d'une nouveauté. Il n'a donc le plus souvent été donné d'indication bibliographique, dans le courant du texte, que lorsqu'il a fallu faire appel à des théories ou à des résultats non exposés ici ; mais l'on trouvera, à la fin de chaque paragraphe, des notes bibliographiques et critiques, et à la fin du fascicule une bibliographie, qui d'ailleurs ne sauraient prétendre à être exhaustives; il n'a pu malheureusement être tenu compte de ce qui a paru après 1938. En ces questions où les définitions et les notations sont mal fixées, l'on s'est efforcé de choisir celles qui semblaient se prêter le mieux au développement ultérieur de la théorie ; cela conduisait inévitablement à retoucher sur quelques points la terminologie reçue ; on a essayé de faciliter la tâche du lecteur au moyen d'un index et d'une table des notations.

Sur le contenu du fascicule, qu'il suffise de dire ici qu'il a fallu faire la place assez large à l'aspect proprement topologique de la théorie des groupes, mais que les questions traitées ont été choisies avant tout parce qu'elles étaient liées en quelque manière à l'application des méthodes intégrales.

[1941] On the Riemann hypothesis in function-fields

A year ago[1] I sketched the outline of a new theory of algebraic functions of one variable over a finite field of constants, which may suitably be described as transcendental, in view of its close analogy with that portion of the classical theory of algebraic curves which depends upon the use of Abelian integrals of the first kind and of Jacobi's inversion theorem; and I indicated how this led to the solution of two outstanding problems, viz., the proof of the Riemann hypothesis for such fields, and the proof that Artin's non-abelian L-functions on such fields are polynomials. I have now found that my proof of the two last-mentioned results is independent of this "transcendental" theory, and depends only upon the algebraic theory of correspondences on algebraic curves, as due to Severi.[2]

Γ being a non-singular projective model of an algebraic curve over an algebraically closed field of constants, the variety of ordered couples (P, Q) of points on Γ has the non-singular model $\Gamma \times \Gamma$ (in a bi-projective space); correspondences are divisors on this model, additively written; they form a module $\mathfrak{C}$ on the ring Z of rational integers. Let Γ_A, Γ'_B, Δ, respectively, be the loci of points (P, A), (B, P) and (P, P), on $\Gamma \times \Gamma$, A and B being fixed on Γ and P a generic point of Γ (in the precise sense defined by van der Waerden[3]). The intersection number (C, D) of C and D being defined by standard processes[4] for irreducible, non-coinciding correspondences C, D, will be defined for any C and D which have no irreducible component in common, by the condition of being linear both in C and in D. The degrees $r(C)$, $s(C)$, and the coincidence number $f(C)$ of C are defined as its intersection numbers with a generic Γ_A, with a generic Γ'_B and with Δ, respectively. Transformation $(P, Q) \rightarrow (Q, P)$, which is a birational, one-to-one involution of $\Gamma \times \Gamma$ into itself, transforms a correspondence C into a correspondence which will be denoted by C'. To every rational function φ on $\Gamma \times \Gamma$ is attached a divisor (the divisor of its curves of zeros and poles), i.e., a correspondence C_φ; and $(C_\varphi, D) = 0$ whenever it is defined. Let $\mathfrak{C}_0$ be the module of all correspondences of the form

---

Sur les fonctions algébriques à corps de constantes fini, C.R.t. 210 (1940), p. 592.

F. Severi, *Trattato di Geometria algebrica*, vol. 1, pt. 1, Bologna, Zanichelli 1926, chapter VI. It should be observed that Severi's treatment, although undoubtedly containing all the essential elements for the solution of the problems it purports to solve, is meant to cover only the classical case where the field of constants is that of complex numbers, and doubts may be raised as to its applicability to more general cases, especially to characteristic $p \neq 0$. A rewriting of the whole theory, covering such cases, is therefore a necessary preliminary to the applications we have in view.

A generic point of an irreducible variety of dimension n is a point, the coördinates of which satisfy the equations of the variety and generate a field of degree of transcendency n over the field of constants. Cf. B. L. van der Waerden, *Einführung in die algebraische Geometrie*, Berlin, Springer 1939, chap. IV, 29.

B. L. van der Waerden, Zur algebraischen Geometrie XIII, *Math. Ann.*, **115**, 359, and XIV, *Ibid.* 619.

$C_\varphi + \sum a_i\Gamma_{Ai} + \sum b_j\Gamma'_{Bj}$: if $C \in \mathfrak{C}_0$, then $f(C) = r(C) + s(C)$ (whenever $f(C)$ is defined), since this is true for $C = C_\varphi$ (both sides then being 0) and for $C = \Gamma_A$, $C = \Gamma'_B$. Put $\mathfrak{R} = \mathfrak{C} - \mathfrak{C}_0$; an element γ in $\mathfrak{R}$ is a coset in $\mathfrak{C}$ modulo $\mathfrak{C}_0$, and it can be shown that there always is a C in this co-set for which $f(C)$, $r(C)$, $s(C)$ are defined, so that, putting $\sigma(\gamma) = r(C) + s(C) - f(C)$, $\sigma(\gamma)$ is defined as a linear function over $\mathfrak{R}$. If γ_0 in $\mathfrak{R}$ corresponds to Δ in $\mathfrak{C}$, $\sigma(\gamma_0) = 2g$, where g is the genus of Γ. If $C \in \mathfrak{C}_0$, we have $C' \in \mathfrak{C}_0$, and so the reciprocal relation $(C \rightleftarrows C')$ in $\mathfrak{C}$ induces a similar relation $(\gamma \rightleftarrows \gamma')$ in $\mathfrak{R}$; and $\sigma(\gamma') = \sigma(\gamma)$.

The product of correspondences now being defined essentially as in Severi, $\mathfrak{C}$ becomes a ring, with Δ as unit-element; $\mathfrak{C}_0$ is two-sided ideal in $\mathfrak{C}$, so that $\mathfrak{R}$ also can be defined as ring, with unit-element γ_0: we write $\gamma_0 = 1$. It is found that the degrees of $C \cdot D$ are $r(C) \cdot r(D)$, $s(C) \cdot s(D)$; and that (C, D) is the same as $(C \cdot D', \Delta) = f(C \cdot D')$, and hence is equal to $r(C) \cdot s(D) + r(D) \cdot s(C) - \sigma(\gamma \cdot \delta')$ if γ, δ are the elements of $\mathfrak{R}$ which correspond to C, D. It follows that $\sigma(\gamma\delta) = \sigma(\delta\gamma)$. From $\sigma(n \cdot 1) = 2ng$ it follows that ring $\mathfrak{R}$ has characteristic 0.

Defining the complementary correspondence to C as in Severi,[5] it is found that the generic complementary correspondence to C is irreducible and has degrees (g, m), where $2m = \sigma(\gamma\gamma')$: it follows that $\sigma(\gamma\gamma') \geq 0$, and that $\sigma(\gamma\gamma') = 0$ only if $\gamma = 0$.

Now, let k (as in my note[1]) be the Galois field with q elements; k_n its algebraic extension of degree n; $\bar{k}$ its algebraic closure. Let $K = k(x, y)$ be a separable algebraic extension of $k(x)$; $K_n = k_n(x, y)$; $\bar{K} = \bar{k}(x, y)$. Then $(x, y) \to (x^q, y^q)$ defines a correspondence I, of degrees 1, q, on a non-singular model Γ of field $\bar{K}$; I^n is the correspondence of degrees 1, q^n, defined by $(x, y) \to (x^{q^n}, y^{q^n})$; and $I \cdot I' = q \cdot \Delta$ (more generally, any correspondence C, such that $r(C) = 1$, satisfies $C \cdot C' = s(C) \cdot \Delta$). Let ι be the element of $\mathfrak{R}$ which corresponds to I; we have $\iota \cdot \iota' = q$. The intersections of I^n with Δ, which are all found to be of multiplicity 1, are those points of Δ which have coördinates in k_n, so that the number ν_n of such points (i.e., of points on Γ with coördinates in k_n) is $f(I^n) = 1 + q^n - \sigma(\iota^n)$. But the numerator of the zeta-function $\zeta_K(s)$ of K is[6] a polynomial

$$P(u) = u^{2g} - (1 + q - \nu_1)u^{2g-1} + \cdots,$$

of degree $2g$, in $u = q^s$; and, putting $P(u) = \prod_i (u - \alpha_i)$, the numerator of the zeta-function of K_n is

$$P_n(u^n) = \prod_i (u^n - \alpha_i^n) = u^{2ng} - (1 + q^n - \nu_n)u^{n(2g-1)} + \cdots,$$

so that we find that $\sum \alpha_i^n = 1 + q^n - \nu_n = \sigma(\iota^n)$.

Now, let $F(x) = \sum a_\mu x^\mu$ be any polynomial with coefficients in Z; apply $\sigma(\gamma\gamma') \geq 0$ to $\gamma = F(\iota)$; using $\iota \cdot \iota' = q$, $\sigma(1) = 2g$, and $\sigma(\iota'^n) = \sigma(\iota^n) = \sum \alpha_i^n$, we find

$$\sum_\mu a_\mu^2 \cdot 2g + 2 \sum_{\mu<\nu} a_\mu a_\nu q^\mu \cdot \sum_i \alpha_i^{\nu-\mu} \geq 0.$$

---

[5] Loc. cit.,[2] chap. VI, No. 75 (pp. 228–229) and No. 84 (pp. 259–267). Severi's treatment can be somewhat clarified and simplified at this point, as will be shown elsewhere.

[6] H. Hasse, Über die Kongruenzzetafunktionen, *Sitz.-ber. d. Preuss. Akad. d. Wiss.* **1934**, 250.

The functional equation of $\zeta_K(s)$ implies that to every root α_i of $P(u)$ there is a root $\alpha'_i = q/\alpha_i$, so that our inequality can be written as $\sum F(\alpha_i)F(\alpha'_i) \geq 0$. The left-hand side of this is a quadratic form in the coefficients of F, which is ≥ 0 for all integral values, and therefore also for all real values, of these coefficients. If α_1 is such that $\alpha_1\bar{\alpha}_1 = |\alpha_1|^2 \neq q$, i.e., $\alpha'_1 \neq \bar{\alpha}_1$, suppose, first, that $\alpha'_1 \neq \alpha_1$; put $\alpha_2 = \alpha'_1$; a polynomial $F(x)$ can be found, with real-valued coefficients, which vanishes for all roots of $P(u)$ except $\alpha_1, \alpha_2, \bar{\alpha}_1, \bar{\alpha}_2$, and takes prescribed values z_1, z_2 at α_1, α_2: then $\sum F(\alpha_i)F(\alpha'_i) = z_1 z_2 + \bar{z}_1\bar{z}_2$, which becomes <0 for suitable z_1, z_2: this contradicts our previous inequality. We reason similarly if $\alpha'_1 = \alpha_1$. Thus all roots of $P(u)$ must satisfy $|\alpha_i|^2 = q$, which is the Riemann hypothesis for ζ_K.

A detailed account of this theory, including the application to Artin's L-functions, and of the "transcendental" theory as outlined in my previous note is being prepared for publication.

[1942] Lettre à Artin

July 10, 1942

Dear Artin,

I have now reached a stage in my work on correspondences where I feel it will be helpful if I make a general survey of the theory, for you and a few such people. This seems all the more desirable, as I now find that the final writing up is going to involve a recasting of the intersection theory in algebraic geometry (since I am not altogether pleased with v. d. Waerden's treatment of this subject); this means that things may not get ready for quite a while.

1. *Preliminaries.* Once for all, we select a ground-field k, of characteristic $p\,(=0$ or any prime). All fields to be mentioned will be (algebraic or transcendental) extensions of k, which we assume, once for all, to be subfields of a fixed field which we take to be algebraically closed and of infinite degree of transcendency over k; the elements of this field are called quantities. A quantity is constant if algebraic over k, variable otherwise. The field of reference may be temporarily changed from k to another field K (an extension of k), this being indicated by the words "over K," "relatively to K," etc. When we say that some quantities are kept fixed, we mean that they are temporarily adjoined to the field of reference. By the dimension of an extension of k, we mean its degree of transcendency over k, provided this is finite. We write (x) for a set of quantities, which (unless the contrary is stated) are understood to be in finite number, i.e. $(x) = (x_1, \ldots, x_n)$. Sets of quantities, say (x), (y), (z), are called independent if the dimension of $k(x, y, z)$ is the sum of the dimensions of $k(x)$, $k(y)$, $k(z)$. We say that $k(x)$, of dimension n, is separably generated over k if it is a separably algebraic extension of a field $k(u_1, \ldots, u_n)$.

We say that a set of n quantities (x') is a specialization of $(x) = (x_1, \ldots, x_n)$ if $F(x) = 0$ implies $F(x') = 0$ whenever $F(x_1, \ldots, x_n)$ is a polynomial with constant coefficients (i.e. with coefficients in the algebraic closure $\bar{k}$ of k; not merely with coefficients in k). If (x), (x') have the same dimension over k, they are called generic specializations of each other; two extensions of k are called birationally equivalent if and only if they can be written as $k(x)$, $k(x')$, where (x), (x') are generic specializations of each other. I prove that, if $k(y)$ is birationally equivalent to $k(x)$, and $k(v)$ to $k(u)$, and if $k(x)$, $k(u)$ are independent extensions of k, and also $k(y)$, $k(v)$, then $k(x, u)$ and $k(y, v)$ are birationally equivalent.

A set of n quantities $(x_1, \ldots, x_n)$ is also called a point in affine n-space A^n; the dimension of this point P being the dimension of $k(x) = k(P)$; independent points, birationally equivalent points, specialization of a point are easily defined. If $\mathfrak{P}$ is the ideal in $\bar{k}[X_1, \ldots, X_n]$, consisting of all polynomials in that ring which are 0 at P, $\mathfrak{P}$ is said to define an algebraic variety, the locus of P; P is called a generic point of that variety V, and every specialization of P is called a point of V a basis of $\mathfrak{P}$ is called a set of equations of V. I show that there is a smallest algebraic extension k_V of k, such that a set of equations can be found for V with coefficients in k_V; k_V can be characterized as the smallest purely inseparable extension of the algebraic closure k_1 of k in $k(x)$, such that $k_V(x)$ is separably generated over k_V; this proves that k_V depends only upon the field $k(x)$, i.e. it is the same for birationally equivalent varieties; if $k_V = k$, we say that V is rational over k.

By the above definition, the locus of a given point $P = (x)$ depends upon the field of reference; its dimension can be lowered if k is replaced as field of reference by an extension K. However, I prove that a set of equations for the locus of P remains such if k is replaced as field of reference by an extension K independent of $k(P)$; in that case, I say that P has the same locus over K as over k.

If P is a point in m-space, Q in n-space, (P, Q) is a point in $(m + n)$-space; I prove that, if P and Q are independent, a set of equations for the locus of (P, Q) is obtained by putting together a set of equations for the locus V of P and a set of equations for the locus W of Q; the locus of (P, Q) therefore depends only upon V and W, and will be denoted by $V \times W$. Products of more than two factors are similarly defined.

All the above definitions can be extended in the usual way to projective spaces, except the last one (direct products); the simplest way of obviating the difficulty about products is to replace the projective n-space P^n by the product D^n of n factors, each of which is a projective 1-space $D = P^1$; this is a "multiprojective" space. All algebraic varieties henceforward are to be taken in such a space D^n.

Simple points on a variety are defined by the rank of the matrix of partial derivatives to a set of equations of the variety (after a change of coordinates which brings back the point to finite distance, if any one of its coordinates was ∞). The product of non-singular varieties is non-singular.

2. *Intersections.* Let V be a non-singular variety of dimension n. By an r-cycle on V, I understand an element of the Abelian group, the generators of which are the r-dimensional subvarieties of V; $(n - 1)$-cycles are also called divisors. The degree of a 0-cycle is the sum of the coefficients when it is expressed as a linear combination of points.

Let V be rational over k; let W be a subvariety of V, of dimension r; let $W_1, W_2, \ldots, W_m$ be all the distinct varieties (including W) into which W is transformed by all automorphisms of $\bar{k}$ over k; let p^f be the smallest integer such that k_W is separable over $k^{p^{-f}}$; then $p^f \cdot \sum_{i=1}^{m} W_i$ is called the prime r-cycle belonging to W (over k); if P is a generic point of W, p^f can also be defined as the smallest integer such that, writing $k_1 = k^{p^{-f}}$, $k_1(P)$ is separably generated over k_1; and m is the degree over k of the largest separable algebraic extension of k contained in $k(P)$. The prime r-cycles generate a subgroup of the group of all r-cycles, the elements of which are said to be rational over k.

I take for granted the possibility of defining the intersection of an r-cycle A and an s-cycle B on V as an $(r + s - n)$-cycle, provided no variety of dimension $>r + s - n$ is contained in a component of A and in a component of B, the intersection having the property of associativity (proved by van der Waerden in his Annalen paper) and a few simple properties, concerning intersections on product-varieties, which are usually taken as evident, and which I shall not list for the moment (this will be done, of course, in my full account). Also, if cycles are rational over k, their intersection is rational over k.

Let X be a variety of dimension r on the product $V \times W$ of two nonsingular varieties; a generic point of X can be written as (P, Q), where P is on V and Q on W;

let Y be the locus of P; if Y has the dimension r, then $\bar{k}(P, Q)$ is an algebraic extension of $\bar{k}(P)$, and, if d is its degree, I say that the projection on V of the r-cycle X is the r-cycle $d \cdot Y$; if Y has a dimension $<r$, I say that the projection of the r-cycle X is the r-cycle 0. By linearity, I define $\text{proj}_V(X)$ for all cycles X on $V \times W$, provided $\dim X \leq \dim V$.

Here are examples of those properties of the intersection which have to be proved if one is to handle this operation with some convenience (the $\cdot$ denotes the intersection, and $\times$ the direct product):

(A) If A, B are on V, and C, D on W, then $(A \times C) \cdot (B \times D) = (A \cdot B) \times (C \cdot D)$;

(B) If A is in $V \times W$, and B in V, then $(\text{proj}_V A) \cdot B = \text{proj}_V[A \cdot (B \times W)]$;

(C) If A, B are in V, and Δ is the diagonal in $V \times V$, i.e. the locus of (M, M) if M is a generic point of V, then $A \cdot B = \text{proj}_V[(A \times B) \cdot \Delta]$.

The difficulty lies, not in proving any one of these properties, but in making a full list of them, so that the usual procedures in algebraic and especially in enumerative geometry may become correct.

I now define, as usual, the divisor belonging to a function $f(P)$ on a variety V, i.e. to an element $f(P)$ of the field $k(P)$, where P is a generic point; this divisor is rational over k. "Equivalence" (written $\sim$), "multiple of," etc., are defined as usual. I show that, if K is an extension of k, independent of $k(P)$, and X is a divisor on V, rational over k, the (linear) set of all elements in $K(P)$ which are multiples of X has a basis consisting of elements of $k(P)$; this applies, for instance, if $K = \bar{k}$ (a consequence is that, if a curve has a non-singular model which is rational over k, its genus is not altered by any extension of the ground-field; genus being defined by the Riemann–Roch theorem).

Let U be an m-cycle on $V \times W$, where m is the dimension of V, so that $\text{proj}_V U = d \cdot V$; let X be a divisor on $V \times W$; I prove that, if $X \sim 0$, then $\text{proj}_V(U \cdot X) \sim 0$.

Let A be an r-cycle on $V \times W$; P, Q being generic points of V, W, call W_P the locus of (P, Q) for fixed P; put $A(P) = \text{proj}_W(A \cdot W_P)$, which is an $(r - m)$-cycle on W (m being the dimension of V, and $r \geq m$), rational over $k(P)$ if A is rational over k; and the mapping $A \to A(P)$ is a homomorphism of the group of r-cycles on $V \times W$, rational over k, *onto* the group of $(r - m)$-cycles on W, rational over $k(P)$; $A(P) = 0$ if and only if A belongs to the group of r-cycles which is generated by those varieties on $V \times W$ which are loci of points (R, S), where R is of dimension $<m$. If A is a divisor on $V \times W$, $A(P)$ is a divisor on W; if $A \sim 0$, $A(P) \sim 0$; conversely, if $A(P) \sim 0$, then $A = A' + A''$, where $A' \sim 0$ and $A''(P) = 0$.

(I forgot to mention that I use the well-known criterion for multiplicity 1 in intersection-theory: a component of the intersection of two subvarieties of V is to be taken with coefficient 1 if the tangent linear varieties to the latter have an intersection of the proper dimension)

3. *Curves.* I make use of the following known facts from the theory of curves: (a) to a given curve, rational over k, there is a non-singular birationally equivalent curve over a purely inseparable extension of k; (b) the Riemann–Roch theorem; (c) local power-expansions of functions and differentials on the curve, when $\bar{k}$ is taken as field of reference; (d) residues of differentials being defined by the power-expansion, for $\bar{k}$ as field of reference, the sum of residues of a differential is 0.

Lettre à Artin

4. *Correspondences.* From now on, Γ is a non-singular curve, rational over k, of genus g. A correspondence is a divisor on $\Gamma^2 = \Gamma \times \Gamma$. I write $(P, Q)' = (Q, P)$ (symmetry operator on $\Gamma \times \Gamma$), and define C' accordingly when C is a correspondence. I write Γ_A for the locus of (A, M), A being fixed and M generic on Γ, and define $\Gamma_{\mathfrak{a}}$, $\mathfrak{a}$ being any divisor on Γ, by linearity in $\mathfrak{a}$; $\Gamma_{\mathfrak{a}}$ is rational over k if $\mathfrak{a}$ is rational over k. I write Δ for the diagonal, the locus of (M, M).

As explained in §2, a correspondence C, rational over k, determines a divisor $C(P)$ on Γ, rational over $k(P)$, where P is a generic point of Γ; if r is the degree of $C(P)$, I write $r = r(C)$; I write $r'(C) = r(C')$. I write $C(\mathfrak{a}) = \mathrm{proj}_\Gamma(C \cdot \Gamma_{\mathfrak{a}})$: if m is the degree of the divisor $\mathfrak{a}$, $C(\mathfrak{a})$ is a divisor of degree rm. If $\mathfrak{a} \sim 0$, $\Gamma_{\mathfrak{a}} \sim 0$ and therefore $C(\mathfrak{a}) \sim 0$; C thus induces a homomorphism of the group of classes of divisors on Γ into itself.

I write $C \equiv 0$ if C belongs to the group generated by the correspondences ~ 0, the correspondences $\Gamma_{\mathfrak{a}}$ and the $\Gamma'_{\mathfrak{a}}$; by §2, C is $\equiv 0$ if and only if $C(P) \sim C(Q)$ for any two points P, Q.

I define $f(C)$ as the degree of $C \cdot \Delta$, if none of the components of C is Δ. If $C \sim 0$, we have $r(C) = r'(C) = 0$, and $f(C)$ is 0 if defined; therefore this will hold for all C, provided we define $f(\Delta)$ as $f(D_0)$, where D_0 is some definite correspondence $\sim \Delta$. This is easily calculated by taking $\varphi(M)$ in $k(M)$, where M is generic on Γ, and writing as $\Delta - D_0$ the divisor belonging to $\varphi(M) - \varphi(N)$ on Γ^2; this gives $f(D_0) = 2 - 2g$, and so $f(\Delta) = 2 - 2g$.

If $C \equiv 0$, we have $r(C) + r'(C) = f(C)$, since this is true for $C \sim 0$, for $C = \Gamma_{\mathfrak{a}}$, and for $C = \Gamma'_{\mathfrak{a}}$. If, from now on, we denote by γ the class of equivalence determined by C with respect to the relation $\equiv$, we see that $r(C) + r'(C) - f(C)$ depends only upon γ; we write it as $\sigma(\gamma)$. This is linear in γ; γ' being the class of C', $\sigma(\gamma') = \sigma(\gamma)$.

5. *Products of correspondences.* Consider the product Γ^3 of three factors isomorphic to Γ, which, in order to distinguish them, we call $\Gamma^{(i)}$ $(i = 1, 2, 3)$; write proj_{12} for the projection of a cycle in Γ^3 on the product of the first two factors, etc. Let C, D be two correspondences; the isomorphism between $\Gamma \times \Gamma$ and $\Gamma^{(1)} \times \Gamma^{(2)}$ maps C into a cycle which we call $C^{(12)}$, etc. Now consider

$$E = \mathrm{proj}_{13}[(C^{(12)} \times \Gamma^{(3)}) \cdot (\Gamma^{(1)} \times D^{(23)})].$$

This is a correspondence (defined except when C contains a component Γ'_A and D the component Γ_A; strictly speaking, E is a divisor on $\Gamma^{(1)} \times \Gamma^{(3)}$, which we map back into $\Gamma \times \Gamma$, thus getting a correspondence), which is, by definition, the product DC of D and C. By the associativity of intersections, and such properties of intersections of products as have been referred to in §2, the following is easily proved: (a) if $E = DC$, $E(P) = D[C(P)]$; (b) associativity of the product; (c) $f(DC) = f(CD)$, both being equal to the degree of $C \cdot D'$ or of $C' \cdot D$; and it is clear that (d) $(DC)' = C'D'$. From (a) and the above criteria for equivalence, it follows that $DC \equiv 0$ if $D \equiv 0$ or if $C \equiv 0$. (Of course, all these statements are true provided the products occurring in them are defined.) This makes it easy to define the product $\delta\gamma$ of two classes of correspondences (with respect to the relation $\equiv$), this being associative (by (b)) and such that $(\delta\gamma)' = \gamma'\delta'$ (by (d)). By (a) we have $r(DC) = r(D) \cdot r(C)$, hence $r'(DC) = r'(D) \cdot r'(C)$ by (d); this and (c) gives $\sigma(\gamma\delta) = \sigma(\delta\gamma)$.

Δ is a right- and left-unit in the product of correspondences. We now write

$R(\Gamma)$, or simply R, for the ring whose elements are the classes of correspondences γ, and call it the ring of correspondences on Γ. It has a unit-element, the class of Δ, which we write as 1; we have $\sigma(1) = 2g$. (Observe that, for the moment, $R(\Gamma)$ is built up from all correspondences which are rational over k or any extension, algebraic or transcendental, of k, generated over k by a finite number of "quantities"; it will soon be seen that this is not really necessary).

6. *Positivity of* $\sigma(\gamma\gamma')$. Let C be a correspondence, which I first assume to be effective (i.e. a linear combination with positive coefficients of curves on Γ^2); put $r = r(C)$, $s = s(C)$. I consider the product CC': put $C'(Q) = \sum_{i=1}^{s} P_i$, and $C(P_i) = \sum_{j=1}^{r} Q_{ij}$, where the P_i, Q_{ij} are algebraic over $K(Q)$, if C is rational over K. But $C'(Q) = \sum P_i$ implies that all points (P_i, Q) are on C, and therefore Q is one of the Q_{ij}, say $Q_{i1} = Q$. Therefore we can write $CC' = s \cdot \Delta + E$, where E is an effective correspondence determined by $E(Q) = \sum_{i=1}^{s} \sum_{j=2}^{r} Q_{ij}$. In particular, if $r = 1$, we have $CC' = s \cdot \Delta$. We now consider $f(CC') = s(2 - 2g) + f(E)$, under the additional assumption that $C(P)$ is a sum of distinct points. (I ought to have mentioned at the beginning of this Section that C is also assumed to have no component of the form Γ_A or Γ'_A). As every P_i is generic on Γ over K, we have $Q_{ij} \neq Q$ for $j \neq 1$, hence Δ is not a component of E. Now consider the product $\Gamma^{r+1} = \prod_{\alpha=0}^{r} \Gamma^{(\alpha)}$ of $r + 1$ factors isomorphic to Γ; write it as $\Gamma^{(0)} \times \Gamma^r$, with $\Gamma^r = \prod_1^r \Gamma^{(\alpha)}$; if P is a generic point on Γ, and $C(P) = \sum Q_j$, consider in Γ^r the 0-cycle consisting of the $r!$ points obtained from $(Q_1, \ldots, Q_r)$ by a permutation: this is rational over $K(P)$, so that (by §2) it can be written as $A(P)$, A being a 1-cycle in Γ^{r+1} and P being considered as a generic point on $\Gamma^{(0)}$. Now it is easy to see that the projection of A on $\Gamma^{(1)} \times \Gamma^{(2)}$ is $(r - 2)!E$, E being as defined above. Write Δ_{ij} for the subvariety of Γ^{r+1} of dimension r determined by $\mathrm{proj}_i = \mathrm{proj}_j$, and put $\nabla = \sum_{ij} \Delta_{ij}$, where the sum is taken over the $r(r - 1)/2$ couples of indices $i, j = 1, 2, \ldots, r$. Then the degree of the intersection $A \cdot \nabla$ is seen to be $r(r - 1)/2 \cdot \deg(A \cdot \Delta_{12}) = \frac{1}{2} \cdot r! \deg(E \cdot \Delta) = \frac{1}{2} \cdot r! f(E)$.

Now let C be an arbitrary correspondence, rational over K, and $r(C) = r$. Let $\mathfrak{a}$ be a constant divisor on Γ, of degree r; let $P, A_1, \ldots, A_g$ be $g + 1$ independent generic points on Γ over K; consider the divisor $C(P) - \mathfrak{a} + \sum_{i=1}^{g} A_i$, of degree g, which is rational over $K(\mathfrak{a}, A_i, P)$, and generic over $K(P)$; by the Riemann–Roch theorem, it is equivalent to at least one effective divisor $\sum_{i=1}^{g} Q_i$; by the genericity (i.e. for reasons of dimension), the Q_i are independent over $K(P)$, therefore (by Riemann–Roch) uniquely determined and distinct. We call C_0 the effective correspondence such that $C_0(P) = \sum Q_i$; it belongs to the same class as C, and we have $r(C_0) = g$; as C_0 is effective, $r'(C_0) = s$ is ≥ 0, and is 0 only if C_0 is of the form $\Gamma'_{\mathfrak{a}}$ (i.e. if the Q_i are constant over $K(A_i)$), in which case $C \equiv C_0 \equiv 0$. Moreover, there is no point $\bar{P}$ on Γ such that the divisor $C_0(\bar{P}) = \sum \bar{Q}_i$ is "special" (in the sense of the Riemann–Roch theorem; this is obvious if $\bar{P}$ is generic over $K(A_i)$, but needs a proof otherwise). For denote by $\mathfrak{k}$ the canonical divisor, of degree $2g - 2$ (divisor of zeros of some differential); $C_0(\bar{P})$ is special if $g - 2$ points $\bar{R}_h$ can be found, such that $C_0(\bar{P}) + \sum_h \bar{R}_h \sim \mathfrak{k}$, i.e., writing $\mathfrak{b} = \mathfrak{k} + \mathfrak{a}$, $\sum_i A_i \sim \mathfrak{b} - C(P) - \sum_h \bar{R}_h$; this is impossible for reasons of dimension, as the left-hand side is a generic divisor of degree g over K, and the right-hand side is of dimension $\leq g - 1$ over K. (Observe that the latter cannot be a special divisor, since $\sum A_i$ is not such). We now write C instead of C_0, and apply to it the results of the earlier part of this Section, as the assumptions made there are fulfilled by this C. The 1-cycles E on Γ^2, and A on Γ^{g+1}, being defined as there, (we have now $r = g$), we have $\deg(A \cdot \nabla) = \frac{1}{2} \cdot g! f(E)$. On the other hand, let ω be a differential of the first kind of Γ, $\mathfrak{k} = \sum_1^{2g-2} B_\nu$ the divisor of its zeros, $\varphi_i \cdot \omega$ $(i = 1, 2, \ldots, g)$ the g differentials of the first kind on Γ; consider, on Γ^{g+1}, the determinant $|\varphi_i(Q_j)|$; this becomes 0 for $Q_i = Q_j$ and when $(Q_1, \ldots, Q_g)$ is a special divisor, and ∞ when $Q_i = B_\nu$; let S be the variety determined on Γ^{g+1}, considered as the locus of $(P, Q_1, \ldots, Q_g)$, by the condition that $(Q_1, \ldots, Q_g)$ be special; let $V_{i\nu}$ be the variety determined by $Q_i = B_\nu$; then the divisor belonging to $|\varphi_i(Q_j)|$ on Γ^{g+1} is of the form $\nabla + m \cdot S - \sum_{i,\nu} V_{i\nu}$ (m happens to be $=1$, but this is a little less obvious, and irrelevant); the degree of its intersection with A must be 0, therefore $\frac{1}{2} \cdot g! f(E) = \sum_{i,\nu} \deg(A \cdot V_{i\nu})$; but it is easy to see that $\deg(A \cdot V_{i\nu}) = (g-1)! s$, so that we get $f(E) = (2g-2)2s$, hence $f(CC') = (2g-2)s$; as $r(CC') = r'(CC') = gs$, this gives, if γ is the class of C, $\sigma(\gamma\gamma') = 2s$. Therefore $\sigma(\gamma\gamma') > 0$ except for $\gamma = 0$.

7. *Consequences of* $\sigma(\gamma\gamma') > 0$. In the first place, we see that, if n is an integer, $n \cdot \gamma$ is $\neq 0$ if $\gamma \neq 0$. Therefore our ring R can be imbedded in an algebra over the rational number-field.

We can also show now that R can be built up from correspondences which are rational over $\bar{k}$. For let C be rational over K; we can write K as $k(R)$, where R is a generic point of a variety U over k; let R_1 be a simple point on U with algebraic coordinates over k, and C_1 the corresponding specialization of C (this is best defined by means of an intersection), which is rational over $k_1 = k(R_1)$; I shall prove that $C \equiv C_1$. Replacing C by $C - C_1$, it is enough to show that if $C_1 \equiv 0$, $C \equiv 0$; but this is a consequence of the fact that, if γ, γ_1 are the classes of C, C_1, we have $\sigma(\gamma\gamma') = \sigma(\gamma_1\gamma_1')$, since these are defined by numbers of intersection, and this follows from the principle of conservation in intersection theory (which, by the way, can be shown to be a special case of the associativity of intersection).

Furthermore, we can show that R contains no nilpotent ideal. For, if N is such, so is $RNR + RN'R$ which is two-sided and symmetric; we may, therefore, assume that $N = N' = RNR$, and $N^\rho = 0$; if $\rho > 1$, take $\nu \in N^{\rho-1}$; then $\nu' \in N$, $\nu\nu' = 0$, $\sigma(\nu\nu') = 0$, $\nu = 0$; hence $N^{\rho-1} = 0$ and so by induction $N = 0$. We shall show later that R has a finite basis over the ring of rational integers; it will follow that the algebra $\mathfrak{A}$ derived from R is semi-simple. For the moment, this is seen to be true, at least, of any symmetric subalgebra $\bar{\mathfrak{A}}$ of $\mathfrak{A}$ of finite rank over the rational number-field (symmetric = invariant by $\gamma \rightleftarrows \gamma'$).

In general, it is easily seen that, if $\bar{\mathfrak{A}}$ is any semi-simple algebra over rational numbers, the sum of the simple algebras $\mathfrak{A}_\lambda$, and $\sigma(\gamma)$ is a linear function, with rational numbers as its values, of the elements γ of $\bar{\mathfrak{A}}$, with the property $\sigma(\delta\gamma) = \sigma(\gamma\delta)$, then σ must be of the form $\sigma(\gamma) = \sum_\lambda \mathrm{Sp}_\lambda[\zeta_\lambda \cdot \mathrm{Tr}(\gamma_\lambda)]$, where $\gamma = \sum \gamma_\lambda$ is the decomposition of γ according to the $\mathfrak{A}_\lambda$, ζ_λ is in the center $\mathfrak{Z}_\lambda$ of $\mathfrak{A}_\lambda$, Tr denotes the reduced trace in $\mathfrak{A}_\lambda$ over $\mathfrak{Z}_\lambda$, and Sp_λ is the trace in $\mathfrak{Z}_\lambda$ over the rational field; this is the trace of a representation of $\bar{\mathfrak{A}}$ in algebraic numbers if and only if all ζ_λ are rational integers. Now assume further the existence of an involutorial anti-automorphism $\gamma \rightleftarrows \gamma'$ in $\bar{\mathfrak{A}}$, with the property $\sigma(\gamma\gamma') > 0$ for $\gamma \neq 0$ and $\sigma(\gamma') = \sigma(\gamma)$; this leaves each $\mathfrak{A}_\lambda$ invariant, as otherwise $\gamma \in \mathfrak{A}_\lambda$ would imply $\gamma\gamma' = 0$. It is then easily seen that each $\mathfrak{Z}_\lambda$ must be either (a) totally real, in which case ζ_λ is totally positive, or (b) an extension $\mathfrak{Z}_\lambda^0(\sqrt{-\theta_\lambda})$ of a totally real field $\mathfrak{Z}_\lambda^0$, with θ_λ and ζ_λ in $\mathfrak{Z}_\lambda^0$ and totally positive (apply $\sigma(\gamma\gamma') > 0$, $\sigma(\gamma') = \sigma(\gamma)$ to the center!). I leave aside a more detailed investigation of the structure of $\overline{\mathfrak{A}}$ under these conditions, which is easily carried out, yielding essentially the same results as the particular case treated by H. Weyl in his "Generalized Riemann matrices" (Ann. vol. 37).

All this, of course, applies to $\mathfrak{A}$ (assuming, for the moment, that it is of finite rank); some further information about $\mathfrak{A}$ may be obtained from the results we shall get about l-adic representations of R, defined by the divisors of finite order; these also yield some meagre information about the structure of the ring R in $\mathfrak{A}$, which is a far more difficult problem than that of $\mathfrak{A}$ (even in the classical case where theta functions are available).

8. *The zeta-function and the L-functions.* (As to the zeta-function cf. my note in the Proc. Nat. Ac., vol. 27, p. 345). If M is a generic point on the non-singular curve Γ (as above), with the coordinates $x_i(M)$, Γ being rational over the ground-field k with q elements, let M' be the point defined by the coordinates $x_i(M') = [x_i(M)]^q$, which is also a generic point of Γ. The locus of (M, M') on Γ^2 is a curve which defines the correspondence I; we have $I(M) = M'$, and so $r(I) = 1$. As well-known, $r'(I)$, which is the degree of $\bar{k}(M)$ over $\bar{k}(M')$, is q (for, if x_1 is a separating variable in $k(M)$, i.e. if $k(M)$ is separable over $k[x_1(M)]$, the adjunction of $x_1(M')^{1/q}$ to $k(M')$ gives a field over which $k(M)$ is both separable and purely inseparable, therefore $k(M)$ itself, so that the degree is $\leq q$; nor can it be $<q$, for then $\bar{k}(M')$ would have to contain $x_1(M')^{1/p}$ and x_1 would not be separating). The points of intersection of I and Δ are obviously the points on Δ which are rational over k; by taking the tangents to I and to Δ at those points, it is seen (since those tangents are distinct) that the multiplicity of those points in $I \cdot \Delta$ is 1; similarly for $I^n \cdot \Delta$ for every n. Now we have (as easily seen from the product expansion of $\zeta(s)$) $D[\log \zeta(s)] = \sum_{n=0}^{\infty} v_{n+1} \cdot q^{-ns}$, where v_n is the number of rational points on Γ over k_n (the extension of k of degree n), i.e. $v_n = \deg(I^n \cdot \Delta)$, and where $D = d/d(q^{-s})$; hence, if $P(q^{-s}) = (1 - q^{-s})(1 - q^{1-s})\zeta(s)$:

$$D \cdot \log P(q^{-s}) = \sum_{n=0}^{\infty} \sigma(\iota^{n+1}) \cdot q^{-ns}$$

if ι is the class of the correspondence I. Since it is a known consequence of the series expansion of ζ and of the Riemann–Roch theorem that P is a polynomial of degree $2g$, $P(q^{-s}) = \prod_{i=1}^{2g} (1 - \alpha_i \cdot q^{-s})$, it follows that $\sigma(\iota^n) = \sum_{i=1}^{2g} \alpha_i^n$. The proof of the Riemann hypothesis then follows as in my note in the Proc.

Now I come back for a moment to the case of an arbitrary k; let K_0 be any field between k and $K = k(M)$, of dimension 1 over k, and such that K is separable over K_0. Let ξ be an isomorphism of K over K_0 into a field K^ξ; define M^ξ by $x_i(M^\xi) = [x_i(M)]^\xi$. Then the locus of (M, M^ξ) on Γ^2 defines a correspondence; the study of the correspondences thus defined is closely connected with the Galois theory of K over K_0; if G is the Galois group of the smallest Galoisian extension of K_0 containing K, and g is the subgroup which leaves K invariant, the linear combinations of the correspondences defined as just explained form an algebra, isomorphic to the subalgebra of the group algebra of G which is generated by the double co-sets $g\xi g$.

Lettre à Artin

I shall not pursue that any further except in the case when K itself is Galoisian over K_0; then, calling C_ξ the correspondence defined by (M, M^ξ) and ξ its class (i.e. the corresponding element in R), the ξ generate a subalgebra of R which is isomorphic to the group algebra of G. We have $r(C_\xi) = r'(C_\xi) = 1$, and $(C_\xi)' = C_{\xi^{-1}}$, so that $\xi' = \xi^{-1}$. The points of intersection of C_ξ and Δ are given by $M = M^\xi$; their multiplicity is obtained by taking local power expansions; assuming that P is such a point of intersection, $\mathfrak{P}$ the prime divisor over k to which P belongs, it is easily found (at least assuming that P is separable over k; I have not considered the case of inseparability, for the only reason that it does not occur for finite k and so is not needed for the L-functions) that this multiplicity is i if ξ belongs to the i-th ramification-group, V_i, and not to V_{i+1} (the group of inertia, T, is counted as V_1; V_i is defined by $t^\xi \equiv t \bmod t^i$ if t is the local uniformizing variable). Therefore we may write, for $\xi \neq 1$, $\sigma(\xi) = 2 - \sum_P i$. By your theorem on conductors, this is the trace of a representation of the group, and contains $(2g_0 - 2) \cdot r_\chi + f_\chi$ times the irreducible representation of character χ, if r_χ is the degree of χ ($r_\chi = \chi(1)$), f_χ the degree of the conductor of χ in K/K_0 (this conductor being considered as a divisor on the curve defined by the field K_0), and g_0 being the genus of K_0. This gives me the opportunity of observing that your theorem on conductors is equivalent to the following: if K is a Galoisian extension of a field K_0 with a perfect valuation, either $\mathfrak{p}$-adic field or field of power-series over a finite field, and d is the exponent of the discriminant, then there is a representation of the Galois group, of degree d, the trace being given by $X(\xi) = -i$ if ξ is in V_i and not in V_{i+1}; obviously the theorem, which I am going to discuss further down, stating that our $\sigma(\gamma)$ is the trace of a representation of R, is a theorem "in the large" which bears a relationship to your "local" result; as to the latter, I believe that it would be exceedingly interesting to define directly some representation of the Galois group which would have the trace $X(\xi)$; this would of course give another proof for your theorem, but might even give the key to the non-abelian class-field theory in the local case.

Now I come back to a finite k of q elements. In that case, it is easily shown that, if C is any correspondence, rational over k, C commutes with I. (The converse is also true.) This implies for instance (when the finiteness of the rank of R is proved) that there is a power ι^n of ι in the center of R. What I am now interested in, however, is the subalgebra of R generated by ι and the ξ, which consists of the linear combinations of the $\xi \cdot \iota^n$. The points of intersection of C_ξ and I^n are all found to be simple, with the result that, for $n \neq 0$, $\sigma(\xi\iota^n) = 1 + q^n - v_n(\xi)$, where $v_n(\xi)$ is the number of those points P such that the corresponding point P_0 on the curve K_0 is rational over k_n and that (calling m the degree of the prime divisor to which P_0 belongs, T the group of inertia to the prime divisor to P, φ the Frobenius substitution which is well-defined mod T) ξ is in $\varphi^{n/m} \cdot T$. This may sound complicated, but it had the simple consequence that (if d is the degree of K/K_0)

$$D \cdot \log L(s, \chi) = \frac{1}{d} \cdot \sum_{n=0}^{\infty} \sum_{\xi} \chi(\xi) \cdot \sigma(\xi\iota^{n+1}) \cdot q^{-ns}$$

Now, *if* we could show that $\sigma(\gamma)$, at least on the subalgebra of R generated by the ξ and ι, is the trace of a representation, it would easily follow that $L(s, \chi)$ is a polynomial of degree $(2g_0 - 2)r_\chi + f_\chi$ (I omit details). For the moment, from the positivity of the ζ_λ which occur in the formula given for $\sigma(\gamma)$ in §7, it merely follows that $L(s, \chi)$ is a product of polynomials with positive (and, as does not follow from this but is otherwise known, rational) exponents and therefore is nowhere infinite (cf. your remarks on this point in your paper on the L-function).

This concludes what I call (at least so far as the purely algebraico-geometric side is concerned) the elementary part of the theory. It should be noted that the contents of our §§4, 5, 6 are substantially a re-arrangement of Severi's results (*Trattato* chap. VI); his treatment, however, is lacking in rigour (but, being concerned only with the "classical" case, he had the theta functions, i.e. Hurwitz's theory, to guarantee the correctness of his results); moreover, he does not explicitly introduce our ring R, nor the "trace" $\sigma(\gamma)$, nor does he notice that the properties of σ give the key to the structure of R (or at least of $\mathfrak{A}$).

That part of the theory is called elementary, because it does not depend upon the use of the group of divisors of finite order on the curve, makes no use of Abel's theorem, and no explicit use of the Jacobian variety (although our use of Γ^g in §6 is nothing but a cheap substitute for the latter). By the Jacobian variety $J = J(\Gamma)$ of the curve Γ, I understand, as usual, a variety, the generic point M of which is in birational correspondence with a generic class of divisors on Γ, i.e. (by Riemann–Roch) with $\sum_{i=1}^{g} M_i$, where the M_i are g independent generic points; in other words, $k(M)$ is the same as the field of symmetric functions of $M_1, \ldots, M_g$ in $k(M_i)$, which we denote by $k((M)_s)$. I am trying to prove that there always is a non-singular model of J, the points of which are in one-to-one correspondence with the classes of divisors of degree 0 on Γ (this has been proved in the classical case, by the use of thetas, by Lefschetz in 1921 and again by me in my thesis). In the meanwhile, when a non-singular model has to be used in order to apply the theory of intersections, Γ^g can be used as a makeshift (as in §6 above); the effect of this is often nothing worse than a factor $g!$ in the intersection numbers.

The following Section, which is still elementary in the sense that it makes no use of divisors of finite order, gives indications on a still incomplete part of my investigations.

9. *The norm* $\nu(\gamma)$. (I shall express myself as if the existence of a model for J, as above described, had been established; it would be easy to dispense with this, but it would needlessly complicate the statements). Let u be a generic point on J, representing a class of divisors of degree 0 on Γ; as explained above, this class is transformed by a correspondence C into a class which depends only upon γ (the class of C with respect to $\equiv$), and can therefore be written as $v = \gamma u$. Now, consider the locus of $(u, \gamma u)$ in $J^2 = J \times J$, which is a subvariety of J^2 of dimension g; I call $\nu(\gamma)$ its intersection number with a generic variety $v =$ constant (cf. §2 for more precise definitions); this is the same as the degree of $\bar{k}(u)$ over its subfield $\bar{k}(\gamma u)$ if $\bar{k}(\gamma u)$ is of dimension g over $\bar{k}$, and is 0 if $\bar{k}(\gamma u)$ is of dimension $<g$. By §5, we have $(\delta\gamma)u = \delta(\gamma u)$, hence (using again the general theorems on intersections) $\nu(\delta\gamma) = \nu(\delta) \cdot \nu(\gamma)$. I want to show that, while σ had the characteristic properties of a trace, ν is the corresponding norm. This is easily proved in the classical case (by topological means or by theta functions) by showing that σ and γ are the trace and the norm of the representation of R consisting of the linear substitutions of degree $2g$ induced

by the correspondences on the Betti group of Γ. An algebraic equivalent for the Betti group will be found later in the divisors of finite order, by which we shall define representations of R, but the connection between these and σ and ν is less easily established. I intend to proceed as follows.

Take $2g + 2$ independent generic points a_ρ $(0 \leq \rho \leq 2g)$ and b on J; on $J^2 = J \times J$, considered as the locus of point (v, w), call V_ρ the variety of dimension g defined by $v - \rho \cdot w = a_\rho$, and W the variety of dimension g defined by $w = b$. I hope to prove that the g-cycle $\sum_{\rho=0}^{2g} (-1)^\rho \cdot \binom{2g}{\rho} \cdot V_\rho - (2g)!\, W$ is equivalent to 0 in the sense of Severi (equivalence defined by continuous systems) which will imply that its intersection with an arbitrary g-cycle has the degree 0. Taking for the latter the locus of the point $(\gamma u, \delta u)$, where u is generic on J and γ, δ are two elements of R, it follows that we have

$$\sum_\rho (-1)^\rho \cdot \binom{2g}{\rho} \cdot \nu(\gamma - \rho \cdot \delta) = (2g)!\, \nu(\delta). \tag{A}$$

This means that $\nu(\gamma + t \cdot \delta)$, considered as a function of the integer t, satisfies a linear difference equation of order $2g$, of the form $(\omega - 1)^{2g}$. $P(t) =$ constant, where ω is the operator $\omega P(t) = P(t + 1)$, and this shows that $\nu(\gamma + t \cdot \delta)$ is a polynomial in t, of degree $2g$, with highest coefficient $\nu(\delta)$. For $\gamma = 0$, $\delta = 1$, this gives the important result $\nu(t) = t^{2g}$. This result would be a consequence of de Jonquières' formula (cf. Severi's *Trattato*, where he gives Torelli's proof, based on the theory of correspondences; I think that this, at any rate for t prime to p, could without much difficulty be straightened out with the help of Abel's theorem, see below §11); I shall give a different proof further on, restricted to the case where k is a Galois field and t is prime to p, and based on the fact that the numerator of the zeta-function is of degree $2g$ (a "transcendental" proof!).

Now, by induction on r, it is easily seen that $\nu(\sum_{i=0}^{r} t_\mu \gamma_\mu)$ is a homogeneous polynomial in the t's, of degree $2g$; this is so, in particular, for $\nu(\sum_0^r t_\mu \cdot \gamma^\mu)$. Put $\nu(\gamma + t) = P(t) = \prod_{i=1}^{2g} (t + \alpha_i)$; and put $F(X) = \sum_0^r t_\mu X^\mu$. When $F(X)$ is of the form $\prod_1^r (X + a_\mu)$, where the a_μ are integers, then we have

$$\nu[F(\gamma)] = \prod_\mu \nu(\gamma + a_\mu) = \prod_\mu P(a_\mu) = \prod_i F(\alpha_i).$$

Since $\nu[F(\gamma)]$ and $\prod_i F(\alpha_i)$ are homogeneous polynomials in the coefficients of F, of degree $2g$, and are equal whenever all the roots of $F(X)$ are integers, they must be always equal. Thus we have $\nu[F(\gamma)] = \prod_1^{2g} F(\alpha_i)$.

Now, in order to establish the relationship between ν and σ which is expressed (with the above notations) by $\sigma(\gamma) = \sum_i \alpha_i$, or by the equivalent formula $\nu(\gamma + t) = t^{2g} + \sigma(\gamma) \cdot t^{2g-1} + \cdots$, which would be a consequence of the difference equation

$$\sum_{\rho=0}^{2g-1} (-1)^\rho \cdot \binom{2g-1}{\rho} \cdot \nu(\gamma + \rho) = -(2g-1)!\,[\sigma(\gamma) + g(2g-1)], \tag{B}$$

I hope to be able to apply the same method, i.e., writing both sides in (B) as intersection numbers in $J \times J$, to derive it from an equivalence, in the sense of Severi, between suitable varieties in J^2. Matters here may be a little more complicated than for (A).

10. *Applications of* $\nu(\gamma)$. In this Section, I shall take for granted the relations (A) and (B) and their consequences as derived in §8, and also the fact (which will be fully proved further on) that R has a finite basis; σ and ν are at once extended to $\mathfrak{A}$. Now, if we write for a "generic" γ in the algebra $\mathfrak{A}$ (i.e. one which is expressed in terms of a basis of $\mathfrak{A}$ with indeterminate coefficients) the fact that $\sigma(\gamma^n) = \sum_1^{2g} \alpha_i^n$ where the α_i are the roots of the polynomial $\nu(\gamma + t)$, and compare this with the formula given for $\sigma(\gamma)$ in §7, we find that the ζ_λ must be integers with the sum $2g$, i.e. this would (under the assumption of (A) and (B)) prove that σ is the trace of a representation of $\mathfrak{A}$, of degree $2g$, by algebraic numbers. It then becomes obvious that ν is the corresponding norm. From this would follow, as explained in §8, that the L functions are polynomials, as well as other consequences which will be found below in the "transcendental" part.

I observe that the non-abelian laws of decomposition would be completely known if we had a known expression for the coefficients in the series expansion (and not merely in the product expansion) of the L functions (the known expression for the abelian L functions being equivalent with the laws of class-field theory); therefore, the fact that the L functions are polynomials of a known degree would, if proved, contain an essential part of the laws of decomposition.

As to the relationship between the above proof for the Riemann hypothesis and Hasse's proof for $g = 1$, this can now be expressed very simply. For $g = 1$, our ring R reduces to his ring of meromorphisms (indeed, the latter is nothing but the representation of R by the transformations $u \to \gamma u$, which we have used in §9; for $g = 1$, of course, J is the same as Γ). His fundamental invariant, $N(\mu)$ in his notation, is the same as our $\nu(\gamma)$; by a lucky accident, for $g = 1$, it happens that $\nu(\gamma) = \frac{1}{2} \cdot \sigma(\gamma\gamma')$, which explains both the success of his method for $g = 1$ and the impossibility of generalizing it to higher g. His fundamental formula, $N(\mu + \nu) + N(\mu - \nu) = 2 \cdot N(\mu) + 2 \cdot N(\nu)$, is identical with our formula (A) for $g = 1$ (replace N, μ, ν by ν, $\gamma + \delta$, δ resp.). The method of proof outlined in §9 for (A) can easily be carried out for $g = 1$, giving a much simpler proof than Hasse's for this formula (thanks, of course, to the powerful machinery of intersection theory).

We now leave the "elementary" part altogether.

The "transcendental" method depends upon the use of the divisors (or, properly speaking, of the classes of divisors) of finite order. Let us assume, as would follow from §9, that $\nu(t) = t^{2g}$; this implies, for $t \not\equiv 0 \bmod p$, that there are exactly t^{2g} distinct classes of divisors of order t on our curve Γ (such divisors, of course, need not be rational over k, but must be algebraic over k). The structure of the group of these classes is thereby well-determined: it is the direct product of $2g$ groups, each of which is isomorphic to the additive group of all rational numbers, of denominator prime to p, taken modulo 1; the latter group is the same as the multiplicative group of all roots of unity in the field of algebraic numbers, if $p = 0$, or as the multiplicative group of all elements $\neq 0$ in the algebraically closed field over a field of p elements, if $p \neq 0$. Little is lost, however, if we refrain from assuming the results of §9; only we shall not know (except, much later, in the special case of a finite k) that the matrices we are going to define are of degree $2g$. But we need a weaker substitute for the results of §9, which we shall now derive from Abel's theorem (this, moreover, is likely to prove a necessary foundation for the theory of the Jacobian manifold, and so possibly for a full proof of the results in §9).

11. *Abel's theorem and the divisors of finite order.* If K is an extension of k, I say that a mapping D of K into K is a derivation in K over k if

$$D(x + y) = Dx + Dy, D(xy) = x \cdot Dy + Dx \cdot y,$$

and if D is 0 on k. I prove that K is a separable algebraic extension of k if and only if there is no derivation, other than 0, in K over k.

I state and prove Abel's theorem in the following form. As before, Γ is a non-singular curve, rational over k; M being a generic point on Γ, let $\varphi(M) \cdot dx(M)$ be a differential of the first kind on Γ. Let P_i be points on the curve (algebraic or not over k), and m_i integers, such that $\sum_i m_i \cdot P_i \sim 0$; let D be a derivation in $k(P_i)$ over k (as usual, $k(P_i)$ means $k(P_1, P_2, \ldots)$, the field generated by all coordinates of all the P_i). Then $\sum_i m_i \cdot \varphi(P_i) \cdot D[x(P_i)] = 0$.

Now, let n be prime to p; take a constant divisor $\mathfrak{a}$, of degree $(n-1)g$. Let $M_1, \ldots, M_g$ be g independent generic points on Γ, and define $N_1, \ldots, N_g$ by the condition $n. \sum_i M_i \sim \mathfrak{a} + \sum_i N_i$; then, applying Abel's theorem to a derivation D in $\bar{k}(M_i, N_j)$ over $\bar{k}(N_j)$ and all the differentials of the first kind, we find that $D[x(M_i)] = 0$ ($x(M)$ denotes, of course, a separating variable in $k(M)$), which, by the above results, shows that the M_i are algebraic and separable over $\bar{k}(N_i)$; in particular, $\bar{k}(N_i)$ must be of dimension g (since $\bar{k}(M_i)$ is such), and so the N_i are g independent generic points on Γ. As the N_i are all distinct, they are separably algebraic over $\bar{k}((N_i)_s)$ (the field of symmetric functions in the N_i, cf. §8); for the same reason, the divisor $\sum_i N_i$ cannot be special, and therefore is uniquely determined by the M_i. All this shows that $\bar{k}((M_i)_s)$ is a separable algebraic extension of $\bar{k}((N_i)_s)$, the degree of which, in agreement with §8, we call $\nu(n)$. It is clear that $\nu(m \cdot n) = \nu(m) \cdot \nu(n)$, and so $\nu(n)$ is known if we know $\nu(l)$ for every prime $l \neq p$.

Now it is clear that, for given (generic and independent) N_i, the $\nu(n)$ divisors $\sum_i M_i$ are in one-to-one correspondence with the classes of divisors of order n, which therefore form a group of order $\nu(n)$, so that $\nu(n)$ divides a power of n. This gives $\nu(l) = l^\lambda$ where λ is an integer which may depend upon l, and $\nu(l^n) = l^{\lambda n}$ From now on, l will be a prime, other than p, chosen once for all. The group of all those classes of divisors, the order of which is of the form l^n, will be called, for short, the group of l-divisors; as the number of its elements of order l^n is known for every n, its structure is fully determined; it is the additive group of vectors modulo 1 in a λ-dimensional vector-space over the field of l-adic numbers, and we write its elements as such vectors. The additive group of l-adic numbers mod 1 is isomorphic with the multiplicative group of (l^n)-th roots of unity ($n = 0, 1, 2, \ldots$) in $\bar{k}$, and we choose, once for all, a definite isomorphism $\lg(\omega)$ of the latter onto the former.

12. *The Riemann matrix B.* In this Section, we take as ground-field $\bar{k}$ rather than k. If $\mathfrak{a} = \sum_i m_i \cdot A_i$ is any algebraic divisor on Γ, and $\varphi(M)$ any element of $\bar{k}(M)$, we shall write $\varphi(\mathfrak{a}) = \prod_i \varphi(A_i)^{m_i}$ whenever none of the A_i is a zero or a pole of φ.

Then, if we write (φ) for the divisor belonging to φ, we have $\psi((\varphi)) = \varphi((\psi))$ whenever both sides are defined. (This is of course a "law of reciprocity"). For let

$F(\varphi, \psi) = \sum_{i=0}^{m} \sum_{j=0}^{n} a_{ij} \cdot \varphi^i \psi^j = 0$ be the irreducible equation in φ, ψ, with coefficients a_{ij} in $\bar{k}$; put $(\varphi) = \mathfrak{a} - \mathfrak{a}_1$, $(\psi) = \mathfrak{b} - \mathfrak{b}_1$; then $\varphi(\mathfrak{b}) = (-1)^m \cdot a_{00}/a_{m0}$, etc. (slight and obvious modifications if $\varphi(M)$, $\psi(M)$ do not generate $\bar{k}(M)$ over $\bar{k}$).

Let now $\mathfrak{c}$, $\mathfrak{c}'$ be two divisors, the classes of which are of order m, so that we may write $\mathfrak{c}^m = (\varphi)$, $\mathfrak{c}'^m = (\varphi')$. If we write $(\mathfrak{c}, \mathfrak{c}')_m = \varphi(\mathfrak{c}')/\varphi'(\mathfrak{c})$, this is an m-th root of unity, which depends only upon the classes of $\mathfrak{c}$, $\mathfrak{c}'$, as easily seen from the above "law of reciprocity." (Of course, $\mathfrak{c}$ and $\mathfrak{c}'$ can always be chosen within their classes so that they have no point in common, so that our symbol is defined). If the value of the symbol is known for two mutually prime values of m, say m and m', it is known for $m \cdot m'$. We consider it for $m = l^n$; then $\lg(\mathfrak{c}, \mathfrak{c}')_{l^n}$ is a bilinear function of the l-adic vectors $\mathbf{a}$, $\mathbf{a}'$ mod 1 which (by the above convention) represent the classes of $\mathfrak{c}$, $\mathfrak{c}'$, the value of this function being an l-adic number mod 1; as $\lg(\mathfrak{c}, \mathfrak{c}')_{l^n}$ is defined for $\mathfrak{c}$, $\mathfrak{c}'$ of order l^n, and has then a value which is $\equiv 0 \bmod l^{-n}$, it is easily seen that it can be written as $\lg(\mathfrak{c}, \mathfrak{c}')_{l^n} \equiv l^n \cdot {}^t\mathbf{a} \cdot B_n \cdot \mathbf{a}'$, where we agree (once for all) that ${}^tM$ denotes the transposed of a matrix M, therefore ${}^t\mathbf{a}$ the transposed of the vector $\mathbf{a}$, so that the matrix-product ${}^t\mathbf{a} \cdot B_n \cdot \mathbf{a}'$ is a number; here $\equiv$ means (as always for lg and all quantities defined mod 1) $\equiv$ mod 1, and B_n is a square matrix of degree λ, with l-adic integers as elements, these being, however, defined only mod l^n. But now the fact (obvious from the definition of our symbol) that

$$(\mathfrak{c}^l, \mathfrak{c}'^l)_{l^{n-1}} = [(\mathfrak{c}, \mathfrak{c}')_{l^n}]^l$$

gives $B_n \equiv B_{n-1} \bmod l^{n-1}$, which shows that there is a uniquely defined matrix B, with l-adic integers as coefficients, such that $B_n \equiv B \bmod l^n$. We may write, therefore:

$$\lg(\mathfrak{c}, \mathfrak{c}')_{l^n} \equiv l^n \cdot {}^t\mathbf{a} \cdot B \cdot \mathbf{a}'.$$

It is clear that B is skew-symmetric, ${}^tB = -B$.

In the "classical" case (k = complex numbers), where classes of divisors can be represented by sums of Abelian integrals, B is found to be the same as the matrix which appears in Riemann's bilinear relations between periods; this is also the same as the topological intersection matrix for the Betti group of the Riemann surface, and, by taking the canonical basis for this Betti group in the usual manner (retrosections) is seen to have the elementary divisors 1. As to the purely algebraic theory of this matrix B, it is hidden in the §§11–14 of my thesis (Acta t.52); so well hidden, I must confess, that I myself was not aware of its being there until lately. The main result is that all the elementary divisors of B are 1, i.e. that λ is even and that B can be brought, by a change of basis on the vectors which represent the group of l-divisors, into the well-known canonical form, consisting of a certain number of blocks

$$\begin{pmatrix} 0 & 1 \\ -1 & 0 \end{pmatrix}$$

astride the diagonal. By the theory of alternating forms, this will follow if I prove that the determinant of B is $\not\equiv 0 \bmod l$, i.e. if I prove that there is no class $\mathfrak{c}_0$ other than 0, of order l, such that $(\mathfrak{c}_0, \mathfrak{c})_l = 1$ for every class $\mathfrak{c}$ of order l.

Suppose that there is such a $\mathfrak{c}_0$, and put $l \cdot \mathfrak{c}_0 = (\varphi_0)$. Take a constant divisor $\mathfrak{a}$, of degree $(l-1)g$, and, as in §11, the generic divisors $\mathfrak{m} = \sum_{i=1}^{g} M_i$, $\mathfrak{n} = \sum_{i=1}^{g} N_i$, such that $l \cdot \mathfrak{m} \sim \mathfrak{a} + \mathfrak{n}$; write $\bar{k}(\mathfrak{m})$ for $\bar{k}((M_i)_s)$, and similarly $\bar{k}(\mathfrak{n})$, so that $\bar{k}(\mathfrak{m})$ is a separable extension of $\bar{k}(\mathfrak{n})$, of degree l^{λ}. There is $\psi(M)$, uniquely determined up to a factor in $\bar{k}(\mathfrak{m}, M)$, such that $(\psi) = l \cdot \mathfrak{m} - \mathfrak{a} - \mathfrak{n}$; therefore $\psi(\mathfrak{c}_0)$ is well determined and in $\bar{k}(\mathfrak{m})$ (we assume that there is no point in common between $\mathfrak{a}$ and $\mathfrak{c}_0$). The law of reciprocity between φ_0, ψ gives: $\varphi_0(\mathfrak{n}) \cdot \varphi_0(\mathfrak{a}) = [\varphi_0(\mathfrak{m})/\psi(\mathfrak{c}_0)]^l$. Now, all the $\mathfrak{m}$'s to a given (generic) $\mathfrak{n}$ are of the form $\mathfrak{m} + \mathfrak{c}$, with $\mathfrak{c}$ of order l; replacing $\mathfrak{m}$ by $\mathfrak{m} + \mathfrak{c}$ multiplies $\varphi_0(\mathfrak{m})/\psi(\mathfrak{c}_0)$ by the factor $(\mathfrak{c}_0, \mathfrak{c})_l$. If this is 1 for all $\mathfrak{c}$, we see from this (and from the separability of $\bar{k}(\mathfrak{m})$ over $\bar{k}(\mathfrak{n})$) that $\varphi_0(\mathfrak{m})/\psi(\mathfrak{c}_0)$ is in $\bar{k}(\mathfrak{n})$, therefore $\varphi_0(\mathfrak{n}) = \prod_i \varphi_0(N_i)$ is the l-th power of an element of $\bar{k}(\mathfrak{n})$, and a fortiori of $\bar{k}(N_i)$; taking all the N_i fixed except N_1, we see that this implies that $\varphi_0(N_1)$ is an l-th power in $\bar{k}(N_i)$ over $\bar{k}(N_2, \ldots, N_g)$, so that $\mathfrak{c}_0 \sim 0$ over the latter field and so over $\bar{k}$.

13. *l-adic representation of correspondences.* We know (§4) that a correspondence C, of class γ, defines a homomorphism of the group of all divisors on Γ into itself, which depends only upon γ; this must therefore induce a homomorphism of the group of l-divisors into itself. Representing the latter by l-adic vectors mod 1, it is easily seen that every such homomorphism operates on those vectors as a square matrix, which we denote by $L = L(\gamma)$, the elements of which are l-adic integers. By §5, this is a representation of the algebra R; its degree is the integer we have called λ, which we now know to be even (from §8 it would follow that $\lambda = 2g$).

I now show that, if $L(\gamma) \equiv 0 \bmod l^n$, there is a δ in R such that $\gamma = l^n \cdot \delta$. It is clearly enough to consider the case $n = 1$. As before, take a constant $\mathfrak{a}$ and generic $\mathfrak{m}, \mathfrak{n}$ such that $l \cdot \mathfrak{m} \sim \mathfrak{a} + \mathfrak{n}$. If C is a correspondence of class γ, then, by assumption, the class of $C(\mathfrak{m})$ is not altered if $\mathfrak{m}$ is changed into $\mathfrak{m} + \mathfrak{c}$, with $\mathfrak{c}$ of order l; put $C(\mathfrak{m}) \sim \mathfrak{b} + \mathfrak{r}$, with $\mathfrak{b}$ constant (of suitable degree) and $\mathfrak{r} = \sum_{i=1}^{g} R_i$. Then, as in a similar question in §12, we see, taking into account the separability of $\bar{k}(\mathfrak{m})$ over $\bar{k}(\mathfrak{n})$, that $\mathfrak{r}$ is rational over $\bar{k}(\mathfrak{n})$, and therefore over $\bar{k}(N_i)$. Take again all the N_i fixed except N_1, and, that being so, define a correspondence D by $D(N_1) = \mathfrak{r}$, this correspondence being rational over $\bar{k}(N_2, \ldots, N_g)$. We then see that, if $\mathfrak{m}'$, $\mathfrak{n}'$ are generic divisors, independent of $\mathfrak{m}$, $\mathfrak{n}$, with the corresponding relation between them, $D(\mathfrak{n}') \sim C(\mathfrak{m}') + \mathfrak{d}$, with a constant $\mathfrak{d}$, which gives $C(\mathfrak{m}') \sim l \cdot D(\mathfrak{m}') +$ constant, hence $\gamma = l \cdot \delta$ if δ is the class of D.

It follows that the representation $\gamma \to L(\gamma)$ of R is isomorphic. For, if $L(\gamma) = 0$, there is, to every n, a δ in R such that $\gamma = l^n \cdot \delta$. But $\sigma(\gamma\gamma') = l^{2n} \cdot \sigma(\delta\delta')$ shows that n cannot be arbitrarily large unless $\gamma = 0$. (This shows that $\lambda \neq 0$, since R contains at least a unit-element).

Now suppose that γ_i $(i = 0, 1, \ldots, m)$ are elements of R, such that there is a linear relation with l-adic coefficients between the $L(\gamma_i)$. From the above, it follows that to every n there are rational integers x_i, not all $\equiv 0 \bmod l$, and a δ in R such that $\sum_0^m x_i \cdot \gamma_i = l^n \cdot \delta$. Put $\gamma = \sum_0^m u_i \cdot \gamma_i$, with indeterminates u_i, and consider the quadratic form in the u_i, $F(u) = \sigma(\gamma\gamma')$; we have $\partial F/\partial u_i = 2 \cdot \sigma(\gamma \cdot \gamma_i')$. We see that there is, for every n, a solution, in integers not all $\equiv 0 \bmod l$, to $\partial F/\partial u_i \equiv 0 \bmod l^n$, hence the equations $\partial F/\partial u_i = 0$ have a solution in l-adic numbers and therefore also in rational integers. If we take, therefore, γ_i $(i = 1, 2, \ldots, m)$ such that the $L(\gamma_i)$ are linearly independent and form a basis for the set of all matrices $L(\gamma)$ over the l-adic number-field, we see that, to every γ_0 in R, there are integers m_i such that

$0 = \sum_0^m m_i \cdot \gamma_i$; these are determined by the linear equations $\partial F/\partial u_i = 0$, therefore m_0 divides the (non-vanishing) determinant $|\sigma(\gamma_i \gamma_j')|$ of order m and is bounded. This shows that R is of finite rank over the rational integers, with all the consequences derived therefrom in §7.

We now prove that $B \cdot L(\gamma') = {}^t L(\gamma) \cdot B$ (cf. the classical case of Riemann matrices), which defines the anti-automorphism $\gamma \rightleftarrows \gamma'$ in terms of the representation $L(\gamma)$. From the definition of B, we see that this is equivalent with $(\mathfrak{c}, C'(\mathfrak{d}))_{l^n} = (C(\mathfrak{c}), \mathfrak{d})_{l^n}$ for any two divisors $\mathfrak{c}, \mathfrak{d}$ of order l^n. This follows at once from the definition of these symbols, if we notice that, when $(\varphi) = l^n \cdot \mathfrak{c}$, then, putting $\varphi_1(M) = \varphi[C'(M)]$, we have $(\varphi_1) = l^n \cdot C(\mathfrak{c})$, and similarly for $\mathfrak{d}$.

Finally, if we call l-content of a rational or l-adic integer the highest power of l which divides it, we see that $\nu(\gamma)$, as defined in §9, has the same l-content as the determinant det $L(\gamma)$: for, if $\nu(\gamma) \neq 0$, the l-content of $\nu(\gamma)$ is the number of l-divisors which are mapped on 0 by γ, and this is the same as the l-content of det $L(\gamma)$, which therefore is then $\neq 0$; on the other hand, $\nu(\gamma) = 0$ implies det $L(\gamma) = 0$; for, if det $L(\gamma) \neq 0$, then (as $L(\gamma)$ is a faithful representation) there is δ_1, in the algebra $\mathfrak{A}$, such that $\gamma\delta_1 = 1$, and so δ in R such that $\gamma\delta = m$, with m a rational integer, hence $\nu(\gamma) \cdot \nu(\delta) = \nu(m) \neq 0$ (at least if we assume, as we shall do in the rest of this Section, the results of §9). If we call, as in §9, α_i the roots of $\nu(\gamma + t)$, and β_j those of det $L(\gamma + t)$ (the latter being algebraic over the l-adic field), we see that, for every polynomial $F(X)$ with rational integers as coefficients, $\nu(F(\gamma)] = \prod F(\alpha_i)$ and det $L[F(\gamma)] =$ det $F[L(\gamma)] = \prod F(\beta_j)$ have the same l-content; this obviously implies that the α_i and the β_j are the same (in particular, that they are in equal number; but, assuming the results of §9, we already knew that, since they give $\nu(t) = t^{2g}$ and $\lambda = 2g$). Hence $\nu(\gamma) =$ det $L(\gamma)$, and so (using the results of §9) $\sigma(\gamma) = \mathrm{Sp}\, L(\gamma)$.

14. *Class-field theory for a finite field of constants.* If k is the field with q elements, we put $I = L(\iota)$, ι being the class of the correspondence I defined in §8 (there will be no confusion between the correspondence I and the matrix I). From §8 and §13 (using the results of §9) we deduce that the numerator $P(q^{-s})$ of the zeta-function is given by $P(q^{-s}) = \det(1 - q^{-s} \cdot I)$.

We have seen that $\iota \cdot \iota' = q$; applying to I the formula $L(\gamma') = B^{-1} \cdot {}^t L(\gamma) \cdot B$, we get ${}^t I \cdot B \cdot I = q \cdot B$.

Let X be an arbitrary matrix in l-adic integers, such that det $X \not\equiv 0 \bmod l$; let x be an l-adic integer, $\not\equiv 0 \bmod l$. Then it is easily seen that there is a matrix Y in l-adic numbers (integers or not), such that $(X^n - 1)/(x^n - 1) \equiv Y \bmod l^m$ as soon as n is a multiple of a suitable integer $n_0(m)$. We write

$$Y = \lim \frac{X^n - 1}{x^n - 1},$$

the limit to be understood as just explained (it is a limit according to the "filter" generated by the ideals $\neq 0$ on the ring of rational integers, in the language of N. Bourbaki, Topologie). In particular, we consider the matrix

$$J = \lim \frac{I^n - 1}{q^n - 1},$$

which will be justified if I show that det $I \not\equiv 0 \bmod l$. In fact, if A is any *algebraic* point on Γ, with coordinates $\xi_i = x_i(A)$, and $A' = I(A)$ is the corresponding point by I, with coordinates ξ_i^q, A' may also be deduced from A by the automorphism of $\bar{k}(M)$ (M = generic point of Γ) which leaves the $x_i(M)$ invariant and transforms every $\xi \in \bar{k}$ into ξ^q; the same holds therefore for divisors and classes of divisors on Γ; the matrix $I = L(\iota)$ therefore defines an automorphism of the group of l-divisors, which means that det $I \not\equiv 0 \bmod l$. If a class of l-divisors, represented by the vector $\mathbf{a}$, contains a rational divisor over k, then it is invariant by that automorphism, and therefore $I \cdot \mathbf{a} \equiv \mathbf{a}$ or $(I - 1) \cdot \mathbf{a} \equiv 0 \bmod 1$. As to the converse, assume, more generally, that k is arbitrary, k' Galoisian over k, and that a class of divisors contains a rational divisor $\mathfrak{a}$ over k' and is invariant by the Galois group of k' over k, so that, if ξ is an element of that group, we have $(\varphi_\xi) = \mathfrak{a}^\xi - \mathfrak{a}$, with φ_ξ in $k'(M)$, M generic on Γ. This gives $\varphi_\xi^\eta = c_{\xi,\eta} \cdot \varphi_{\xi\eta}/\varphi_\eta$, with $c_{\xi,\eta}$ in k'; $c_{\xi,\eta}$ is a "system of factors" which defines a "crossed product" over k; if we assume that this system of factors is equivalent to 1 (as must always be the case for a finite field k), we may, by a suitable choice of the φ_ξ, assume that $c_{\xi,\eta} = 1$. Then, d being arbitrary in k', and putting $\psi = \sum_\eta d^\eta \cdot \varphi_\eta$, we see that $\psi^\xi = \psi/\varphi_\xi$, and so, writing $(\psi) = \mathfrak{b} - \mathfrak{a}$, we get $\mathfrak{b} \sim \mathfrak{a}$, $\mathfrak{b}^\xi = \mathfrak{b}$; k' being Galoisian and hence separable over k, $\mathfrak{b}^\xi = \mathfrak{b}$ implies that $\mathfrak{b}$ is rational over k. (N.B. I do not know whether the same is true in general, i.e. whether a class of divisors, rational over a separable extension of k, and invariant by all automorphisms of $\bar{k}$ over k must always be rational over k; by Riemann–Roch, it is easily seen that this is so whenever there is a rational point on Γ over k). Therefore $(I - 1)\mathbf{a} \equiv 0 \bmod 1$ is necessary and sufficient for the class represented by $\mathbf{a}$ to be rational over k, and hence $(I^n - 1)\mathbf{a} \equiv 0$ is necessary and sufficient for it to be rational over k_n.

By the finiteness of the basis of the ring of correspondences, and by §7, we see that there is an extension k_n of k such that every class of correspondences contains a rational correspondence over k_n; then, by §8, ι^n is in the center of the ring of correspondences. It follows that all matrices $L(\gamma)$ commute with I^n, and therefore *a fortiori* with J, since $J = \lim_s (I^{ns} - 1)/(q^{ns} - 1)$.

We also see that the number of the classes of l-divisors which are rational over k_n is the l-content of $\det(I^n - 1)$, which, from the definition of J, is the same as the l-content of $(q^n - 1)^\lambda \cdot \det(J)$ provided n is a multiple of a suitable n_0. This is the same as the l-content of the number h_n of rational classes over k_n. But it is known (by Riemann–Roch) that, if $P(q^{-s})$ is the numerator of the zeta-function, $h = P(1)$ is the number of rational classes over k, and similarly for k_n; if α_i $(i = 1, \ldots, 2g)$ are the roots of P, it is known that the numerator of the zeta-function of Γ over k_n is the polynomial with the roots α_i^n (this has already played an essential part in the proof of the Riemann hypothesis), so that $h_n = \prod_{i=1}^{2g} (\alpha_i^n - 1)$. This remains so if we interpret P as a polynomial over the l-adic number-field, in which case the α_i become elements of a finite extension of the l-adic field; we may then write $\omega_i = \lim(\alpha_i^n - 1)/(q^n - 1)$, since the α_i are prime to l (they all divide $P(0) = q^g$); it follows that the l-content of h_n is the same as that of $(q^n - 1)^{2g} \cdot \prod_{i=1}^{2g} \omega_i$, provided n is a multiple of a suitable integer. Thus $\lambda = 2g$. (All this assumes implicitly that $\omega_i \neq 0$, det $J \neq 0$; but, if x is an integer, prime to l, in an extension of the l-adic field, $y = \lim(x^n - 1)/(q^n - 1)$ cannot be 0, as follows from the proof of existence of y;

and, applying this to the characteristic roots of the matrices X, Y for

$$Y = \lim \frac{X^n - 1}{q^n - 1},$$

it follows that det $Y \neq 0$). (N.B. The fact that $\det(I^n - 1)$ has the same l-content as $\prod_1^{2g} (\alpha_i^n - 1)$ suggests again that the α_i are the characteristic roots of I, and that P is its characteristic polynomial; this would of course be a consequence of $\sigma(\iota^n) = \sum_1^{2g} \alpha_i^n$, which was proved in §8, and of $\sigma(\gamma) = \mathrm{Sp}\, L(\gamma)$ which was proved in §13 on the assumption of the results of §9).

Knowing now that $\lambda = 2g$ is independent of l, it is convenient not to restrict oneself to the consideration of one l at a time. Let G be the group of all classes of divisors of degree 0, rational over $\bar{k}$; let G_0 be the group of all such elements of G of order prime to q; as all elements of G are of finite order (since every such element is rational over some finite extension k' of k, and therefore is an element of the finite subgroup of G consisting of all rational classes over k'), every element of G is (in one and only one way) the sum of an element of order p^m and an element in G_0; we call $H(\mathfrak{c})$ the element of G_0 which thus corresponds to the class of a given divisor $\mathfrak{c}$ of degree 0, rational over $\bar{k}$. If r is prime to q, the number of elements of G, or of G_0, of order r or dividing r is r^{2g}; G_0 is therefore isomorphic to the additive group of vectors mod 1 in a $2g$-dimensional vector-space over a ring $\mathfrak{R}$ defined as follows: $\mathfrak{R}$ is obtained from the ring of rational numbers by completing it with respect to the set of all l-adic valuations corresponding to primes l other than p. The additive group $\mathfrak{R}$ mod 1 is then isomorphic to the multiplicative group of all elements of $\bar{k}$ other than 0. We change our notations accordingly, calling now $\lg(\omega)$ an isomorphism, chosen once for all, of the latter group into that additive group. Elements of $\mathfrak{R}$ which are limits of rational integers are called the integers in $\mathfrak{R}$; the additive group of all integers in $\mathfrak{R}$ is the direct product of the additive groups of l-adic integers for all l other than p; in other words, an integer x in $\mathfrak{R}$ is determined by its "components" x_l, these being l-adic integers, and conversely, if, for every $l \neq p$, we choose an l-adic integer x_l, this determines an integer x in $\mathfrak{R}$.

The matrix B of §12 belonged to a definite $l \neq p$; if, accordingly, we rename it B_l, and call B the matrix of degree $2g$, whose elements are integers in $\mathfrak{R}$, and whose components are the B_l, this B will have the following properties:

(1) If $\mathfrak{c}$, $\mathfrak{c}'$ are two divisors whose classes are of order m, and $\mathbf{a} = H(\mathfrak{c})$, $\mathbf{a}' = H(\mathfrak{c}')$ are the corresponding vectors mod 1 over $\mathfrak{R}$, then

$$\lg(\mathfrak{c}, \mathfrak{c}')_m \equiv m \cdot {}^t\mathbf{a} \cdot B \cdot \mathbf{a}' \bmod 1.$$

(2) By a suitable change of basis on the vectors $H(\mathfrak{c})$ of G_0, B can be written in canonical form with g blocks

$$\begin{pmatrix} 0 & 1 \\ -1 & 0 \end{pmatrix}$$

astride the diagonal.

Again, a class of correspondences γ in the ring of correspondences operates on the vectors of G as a matrix $L = L(\gamma)$, of which the matrices $L(\gamma)$ of §13 are the l-adic components, and with corresponding properties; for instance, we have again

$B \cdot L(\gamma') = {}^tL(\gamma) \cdot B$. Writing $I = L(\iota)$, we have ${}^tI \cdot B \cdot I = q \cdot B$; I^{-1} exists and has integral elements; and a class of divisors, of order prime to p, contains a rational divisor $\mathfrak{c}$ over k_n if and only if $\mathbf{a} = H(\mathfrak{c})$ is such that $(I^n - 1) \cdot \mathbf{a} \equiv 0 \bmod 1$. Now, let φ be in $k(M)$, $\mathfrak{p} = \sum_0^{d-1} P_i$ a rational prime divisor over k, of degree d, and m an integer, such that $q \equiv 1 \bmod m$. Assuming that (φ) has no point in common with $\mathfrak{p}$, and putting $K = k(M)$, we see that $K(\varphi^{1/m})$ is non-ramified at $\mathfrak{p}$ over K, and we call $s(\mathfrak{p})$ the Frobenius substitution of $K(\varphi^{1/m})$ over K at $\mathfrak{p}$; we write $(\varphi^{1/m})^{s(\mathfrak{p})} = \varepsilon \cdot \varphi^{1/m}$, where ε is an m-th root of 1 (and therefore an element of k). Now $s(\mathfrak{p})$ is defined by $(\varphi^{1/m})^{s(\mathfrak{p})} \equiv (\varphi^{1/m})^{q^d} \bmod \mathfrak{p}$, which gives $\varepsilon = [\varphi(P_i)]^{q^d - 1/m}$. But, for a suitable ordering of the P_i, we have $\varphi(P_i) = \varphi(P_0)^{q^i}$, since they can be obtained from one of them P_0 by the automorphisms of k_d over k. This gives $\varepsilon = [\prod_{i=0}^{d-1} \varphi(P_i)]^{q-1/m} = \varphi(\mathfrak{p})^{q-1/m}$. If we write $\varepsilon = (\varphi/\mathfrak{p})$, and define the symbol $(\varphi/\mathfrak{c})$, for any rational divisor $\mathfrak{c}$ over k with no point in common with (φ), by the condition of depending multiplicatively upon $\mathfrak{c}$, this shows that $(\varphi/\mathfrak{c}) = \varphi(\mathfrak{c})^{q-1/m}$. An immediate consequence of this is that, if $\mathfrak{c} = (\psi)$ and ψ has the value 1 at every point where φ is 0 or ∞ (i.e. if $\mathfrak{c} \sim 1 \bmod \mathfrak{f}$, where $\mathfrak{f}$ is the conductor of $K(\varphi^{1/m})$ over K) then $(\varphi/\mathfrak{c}) = 1$; this is the first part of the law of reciprocity. It is probably possible, following up this line of thought, to get the full results of class-field theory for our function-fields. In what follows, I shall, however, take those results for granted (they have been proved by Witt, by the same methods as those used for number-fields).

Now, let $\mathbf{b}$ be a vector mod 1 over $\mathfrak{R}$, $\mathbf{u}$ an integral vector over $\mathfrak{R}$; we define a bilinear function $\lambda(\mathbf{b}, \mathbf{u})$, whose values are elements of $\mathfrak{R}$ mod 1, as follows. Let $\mathfrak{d}$ be a divisor in G_0, corresponding to $\mathbf{b}$; let n be such that $(I^n - 1)\mathbf{b} \equiv 0 \bmod 1$ (i.e. that $\mathfrak{d}$ or some divisor equivalent to $\mathfrak{d}$ is rational over k_n) and that $(q^n - 1)\mathbf{b} \equiv 0$. Put $\mathbf{a} = (I^n - 1)^{-1} \cdot \mathbf{u}$ (from the fact that the l-content of $\det(I^n - 1)$ is the same as that of h_n for every $l \neq p$, it follows that $I^n - 1$ has an inverse, or more precisely that $h_n \cdot (I^n - 1)^{-1}$ is a matrix with integral elements), and call $\mathfrak{c}$ a rational divisor over k_n, such that $H(\mathfrak{c}) = \mathbf{a}$. Take φ in $k_n(M)$, such that $(\varphi) = (q^n - 1)\mathfrak{d}$; we put $\lambda(\mathbf{b}, \mathbf{u}) \equiv \lg \varphi(\mathfrak{c}) \bmod 1$, and show that this is independent of the choice of $\mathfrak{d}$, n and $\mathfrak{c}$. For, if n is fixed, and $\mathfrak{c} \sim 0$, we have $\mathfrak{c} = (\psi)$, with ψ in $k_n(M)$; hence $\varphi(\mathfrak{c}) = \psi((\varphi)) = \psi(\mathfrak{d})^{q^n - 1}$, and this is 1 since $\psi(\mathfrak{d})$ is in k_n; similarly, if $\mathfrak{d} \sim 0$, we write $\mathfrak{d} = (\theta)$, $\varphi = \theta^{q^n - 1}$, $\varphi(\mathfrak{c}) = \theta(\mathfrak{c})^{q^n - 1}$. This shows that, for a given n, $\varphi(\mathfrak{c})$ depends only upon $\mathbf{a}$, $\mathbf{b}$. It is now enough to show that $\varphi(\mathfrak{c})$ does not change if we replace n by a multiple $\bar{n} = r \cdot n$ of n; we take correspondingly $\bar{\varphi} = \varphi^{q^{nr} - 1/q^n - 1} = \varphi^{1 + q^n + \cdots + q^{n(r-1)}}$; we define $\bar{\mathfrak{c}}$ by $H(\bar{\mathfrak{c}}) = \bar{\mathbf{a}} = (I^{rn} - 1)^{-1} \cdot \mathbf{u}$, $\bar{\mathfrak{c}}$ rational over k_{rn}; this gives $\mathbf{a} = (1 + I^n + \cdots + I^{n(r-1)}) \cdot \bar{\mathbf{a}}$; as I^n operates on divisors in the same way as the generating automorphism of $\bar{k}$ over k_n, this shows that $\mathfrak{c}$ is equivalent to, and may be replaced by, the sum of the r conjugates of $\bar{\mathfrak{c}}$ over k_n. This gives $\bar{\varphi}(\bar{\mathfrak{c}}) = \varphi(\bar{\mathfrak{c}}) \cdot \varphi(\bar{\mathfrak{c}})^{q^n} \cdots \varphi(\bar{\mathfrak{c}})^{q^{n(r-1)}} = \varphi(\mathfrak{c})$, as we wanted to prove. But it is easily shown that a bilinear function $\lambda(\mathbf{b}, \mathbf{u})$, such as we have just defined, must be of the form ${}^t\mathbf{b} \cdot A \cdot \mathbf{u}$, where A is an integral matrix over $\mathfrak{R}$. This proves the existence of such a matrix A, with the following property: for any n, let φ be in $k_n(M)$, $(\varphi) = (q^n - 1)\mathfrak{d}$, $H(\mathfrak{d}) = \mathbf{b}$; let $\mathfrak{c}$ be a rational divisor over k_n, of degree 0, and $H(\mathfrak{c}) = \mathbf{a}$; then we have $\lg \varphi(\mathfrak{c}) = {}^t\mathbf{b} \cdot A \cdot (I^n - 1) \cdot \mathbf{a}$.

For a given n and φ, we have shown that $\varphi(\mathfrak{c})$ is the same as the symbol $(\varphi/\mathfrak{c})$

for the extension $K_n(\varphi^{1/q^n-1})$ of $K_n = k_n(M)$. From the existence theorems in class-field theory, it follows that, if this extension is of degree m over K_n, i.e. if the divisor $\mathfrak{d}$ is exactly of order m, there is a $\mathfrak{c}$ such that $(\varphi/\mathfrak{c})$ is an arbitrary m-th root of 1; this is now easily seen to be equivalent with the fact that A has an inverse A^{-1} with integral elements.

Let C be a correspondence of class γ, rational over k_n, and $L = L(\gamma)$ the corresponding matrix. Keeping the above notations, and writing (as in §13) $\varphi_1(M) = \varphi[C'(M)]$, we have $(\varphi_1) = (q^n - 1) \cdot C(\mathfrak{d})$, and therefore

$$\lg \varphi_1(\mathfrak{c}) = {}^t(L \cdot \mathbf{b}) \cdot A \cdot (I^n - 1) \cdot \mathbf{a} = {}^t\mathbf{b} \cdot {}^tL \cdot A \cdot (I^n - 1) \cdot \mathbf{a};$$

this is the same as

$$\lg \varphi[C'(\mathfrak{c})] = {}^t\mathbf{b} \cdot A \cdot (I^n - 1) \cdot L(\gamma') \cdot \mathbf{a} = {}^t\mathbf{b} \cdot A \cdot L(\gamma') \cdot (I^n - 1) \cdot \mathbf{a},$$

where, C and C' being rational over k_n, $L(\gamma')$ commutes with I^n. As this is true, C being given, when we replace n by any multiple of n, this implies that $A \cdot L(\gamma') = {}^tL(\gamma) \cdot A$. As a similar relation has already been proved with B instead of A, comparison of the two shows that every matrix $L(\gamma)$ commutes with $B^{-1} \cdot A$. Our relation, applied to $I = L(\iota)$, also shows that ${}^tI \cdot A \cdot I = q \cdot A$.

Finally, let $\mathfrak{c}$, $\mathfrak{c}'$ be rational over k_n and of order $q^n - 1$; $H(\mathfrak{c}) = \mathbf{a}$, $H(\mathfrak{c}') = \mathbf{a}'$; put $(\varphi) = (q^n - 1)\mathfrak{c}$, $(\varphi') = (q^n - 1)\mathfrak{c}'$. Then we have $\lg \varphi(\mathfrak{c}') = {}^t\mathbf{a} \cdot A \cdot (I^n - 1) \cdot \mathbf{a}'$, $\lg \varphi'(\mathfrak{c}) = {}^t\mathbf{a}' \cdot A \cdot (I^n - 1) \cdot \mathbf{a}$; on the other hand, we have $\lg \varphi(\mathfrak{c}') - \lg \varphi'(\mathfrak{c}) = (q^n - 1) \cdot {}^t\mathbf{a} \cdot B \cdot \mathbf{a}'$. This gives a relation between A and B; putting again $J = \lim(I^n - 1)/(q^n - 1)$, we get (omitting the calculations) $B = A \cdot J - {}^tJ \cdot {}^tA$. This completes the proof of all statements in my C.R. note, except for $J^{-1} \equiv 0 \bmod 1$, which I find mentioned there "as a consequence of class-field theory" but do not see how to prove at present (I believe I had a proof at the time).

It should be observed that most of the above is mainly concerned (explicitly or implicitly) with non-ramified abelian extensions of a function-field $k(M)$. I intend also to take up the investigation, on similar lines, of ramified extensions. This should prove to be of some importance; for, when one looks for a possibility of extending our theory to number-fields, one meets at the outset the following difficulty. Our proof for the Riemann hypothesis depended upon the extension of the function-fields by roots of unity, i.e. by constants; the way in which the Galois group of such extensions operates on the classes of divisors in the original field and its extensions gives a linear operator, the characteristic roots (i.e. the eigenvalues) of which are the roots of the zeta-function. On a number field, the nearest we can get to this is by the adjunction of l^n-th roots of unity, l being fixed; the Galois group of this infinite extension is cyclic, and defines a linear operator on the projective limit of the (absolute) class groups of those successive finite extensions; this should have something to do with the roots of the zeta-function of the field. However, our extensions here are ramified (but only at a finite number of places, viz. the prime divisors of l). Thus a preliminary study of similar problems in function-fields might enable one to guess what will happen in number-fields.

[1943a] The Gauss-Bonnet theorem for Riemannian polyhedra

(jointly with C. Allendoerfer)

TABLE OF CONTENTS

1. Introduction. The classical Gauss-Bonnet theorem expresses the "curvatura integra," that is, the integral of the Gaussian curvature, of a curved polygon in terms of the angles of the polygon and of the geodesic curvatures of its edges. An important consequence is that the "curvatura integra" of a closed surface (or more generally of a closed two-dimensional Riemannian manifold) is a topological invariant, namely (except for a constant factor) the Euler characteristic.

One of us(1) and W. Fenchel(2) have independently generalized the latter result to manifolds of higher dimension which can be imbedded in some Euclidean space. For such manifolds, they proved a theorem which we shall show to hold without any restriction, and which may be stated as follows:

THEOREM I. *Let M^n be a closed Riemannian manifold of dimension n, with the Euler-Poincaré characteristic χ; let $dv(z)$ be the Riemannian volume-element at the point with local coordinates z^μ $(1 \leqq \mu \leqq n)$; let $g_{\mu\nu}$ be the metric tensor, $g = |g_{\mu\nu}|$ its determinant, $R_{\mu_1\mu_2\nu_1\nu_2}$ the Riemannian curvature tensor at the same point; and define the invariant scalar $\Psi(z)$ by:*

$$\Psi(z) = (2\pi)^{-n/2} \cdot \frac{1}{2^n(n/2)!} \sum_{\mu,\nu} \frac{\epsilon^{(\mu)}\epsilon^{(\nu)}}{g} \cdot R_{\mu_1\mu_2\nu_1\nu_2} R_{\mu_3\mu_4\nu_3\nu_4} \cdots R_{\mu_{n-1}\mu_n\nu_{n-1}\nu_n} \quad \textit{for } n \textit{ even} \tag{1}$$

$$\Psi(z) = 0 \textit{ for } n \textit{ odd.}$$

Presented to the Society, December 30, 1941 under the title *A general proof of the Gauss-Bonnet theorem*; received by the editors April 23, 1942.

(1) C. B. Allendoerfer, *The Euler number of a Riemann manifold*, Amer. J. Math. vol. 62 (1940) p. 243.

(2) W. Fenchel, *On total curvatures of Riemannian manifolds.* (I), J. London Math. Soc. vol. 15 (1940) p. 15. The concluding words of this paper show that the author contemplated an extension of his method which was to give him "a formula of Gauss-Bonnet type." We do not know whether such an extension has been published, or even carried out.

Then:

$$\chi = \int_{M^n} \Psi(z) dv(z).$$

Here and throughout this paper a sign such as $\sum_{\mu,\nu}$ indicates summation over all indices μ_i, ν_i, these indices running *independently* over their whole range; and $\epsilon^{(\mu)}$ is the relative tensor $\epsilon^{\mu_1\mu_2\cdots\mu_n}$ defined by $\epsilon^{(\mu)}=+1$ if $(\mu_1, \mu_2, \cdots, \mu_n)$ is an even permutation of $(1, 2, \cdots. n)$, $\epsilon^{(\mu)}=-1$ if it is an odd permutation, and $\epsilon^{(\mu)}=0$ otherwise. Owing to the symmetry properties of the curvature tensor it is readily seen that each term in our sum occurs $2^n(n/2)!$ times or a multiple of that number; for that reason, in our arrangement of the numerical factor, the sign Σ is preceded by the inverse of that integer, so that the sum under Σ, together with the factor immediately in front of it, is (except for $1/g$) a polynomial in the R's with integer coefficients; similar remarks apply to the other formulae in this paper. On the other hand, it may be convenient, for geometric reasons, to define the curvature as $K=\omega_n/2\cdot\Psi(z)$, where ω_n is the surface-area of the unit-sphere S^n in R^{n+1}, so that the curvature is 1 for that sphere if n is even(3); Theorem I then gives $\int K dv(z) = \omega_n \cdot \chi/2$.

It does not seem to be known at present whether every closed Riemannian manifold can be imbedded in a Euclidean space. However, the possibility of local imbedding, at least in the analytic case, has been proved by E. Cartan(4), and this naturally suggests applying the same method of tubes, which was developed for closed imbedded manifolds in the above-mentioned paper(1), to the cells of a sufficiently fine subdivision of an arbitrary manifold. This gives a theorem on imbedded cells which is the n-dimensional analogue of the Gauss-Bonnet formula; the corresponding theorem for polyhedra will emerge as the main result of the present paper; except for details which will be filled in later, this can be stated as follows.

In a Riemannian manifold M^n, let M^r be a differentiable submanifold of dimension $r<n$; we assume that M^r is regularly imbedded in M^n, that is, taking local coordinates ζ^i on M^r and z^μ on M^n, that the matrix $\|\partial z^\mu/\partial\zeta^i\|$ is of rank r. We introduce the following tensors. First, we write:

$$\mathrm{P}_{i_1i_2j_1j_2} = \sum_{\mu\nu} R_{\mu_1\mu_2\nu_1\nu_2} \cdot \frac{\partial z^{\mu_1}}{\partial\zeta^{i_1}} \cdot \frac{\partial z^{\mu_2}}{\partial\zeta^{i_2}} \cdot \frac{\partial z^{\nu_1}}{\partial\zeta^{j_1}} \cdot \frac{\partial z^{\nu_2}}{\partial\zeta^{j_2}}, \tag{2}$$

(3) It will be noticed that for n even the numerical factor in $1/2\cdot\omega_n\cdot\Psi(z)$ as calculated from (1) has, owing to the value of $1/2\cdot\omega_n=2^{n/2}\cdot(2\pi)^{n/2}\cdot(n/2)!/n!$, a simple rational value.

(4) E. Cartan, *Sur la possibilité de plonger un espace riemannien donné dans un espace euclidien*, Annales de la Société Polonaise de Mathématique vol. 6 (1927) p. 1. This followed a paper by M. Janet under the same title, ibid. vol. 5 (1926) p. 38, where an incomplete proof of the same theorem is given; Janet's proof was completed by C. Burstin, *Ein Beitrag zum Problem der Einbettung der Riemannschen Räume in euklidischen Räumen*, Rec. Math. (Mat. Sbornik) N.S. vol. 38 (1931) p. 74.

those being the components of the curvature tensor of the imbedding manifold M^n in the directions which are tangent to M^r. Next, let x be a normal vector to M^r in M^n, with the covariant components x_μ; we write

$$\Lambda_{ij}(x) = -\sum_\nu x_\nu\left[\frac{\partial^2 z^\nu}{\partial\zeta^i\partial\zeta^j} + \sum_{\lambda\mu}\begin{Bmatrix}\nu\\ \lambda\mu\end{Bmatrix}\frac{\partial z^\lambda}{\partial\zeta^i}\cdot\frac{\partial z^\mu}{\partial\zeta^j}\right]. \tag{3}$$

where

$$\begin{Bmatrix}\nu\\ \lambda\mu\end{Bmatrix}$$

are the Christoffel symbols in M^n. The Λ's are linear combinations of the coefficients of the second fundamental form of M^r in M^n. We now introduce, for $0 \leqq 2f \leqq r$, the combinations

$$\Phi_{r,f}(\zeta, x) = \frac{1}{2^{2f}\cdot f!(r-2f)!}\sum_{i,j}\frac{\epsilon^{(i)}\cdot\epsilon^{(j)}}{\gamma} \cdot P_{i_1i_2j_1j_2}\cdots P_{i_{2f-1}i_{2f}j_{2f-1}j_{2f}}\cdot\Lambda_{i_{2f+1}j_{2f+1}}(x)\cdots\Lambda_{i_rj_r}(x) \tag{4}$$

where γ is the determinant of the metric tensor γ_{ij} on M^r. Let now S^{n-r-1} be the unit-sphere in the normal linear manifold $N^{n-r}(\zeta)$ to M^r at ζ; calling ξ an arbitrary point on that sphere, that is, an arbitrary unit-vector(5), normal to M^r at ζ, we denote by $d\xi$ the area-element at ξ on S^{n-r-1}; and finally, we consider the expression(6)

$$\Psi(\zeta, \xi \mid M^r) = \frac{\pi^{-n/2}\Gamma(n/2)}{2}\cdot\sum_{f=0}^{[r/2]}\frac{\Phi_{r,f}(\zeta, \xi)}{(n-2)(n-4)\cdots(n-2f)}\cdot d\xi, \tag{5}$$

which can be integrated over the whole or part of the sphere S^{n-r-1}.

Let now P^n be a Riemannian polyhedron, that is, a manifold with a boundary, the boundary consisting of polyhedra P^r_λ of lower dimensions (precise definitions will be given in §7); z^μ and ζ^i being local coordinates in P^n and P^r_λ, respectively, in the neighborhood of a point ζ of P^r_λ, we consider the set $\Gamma(\zeta)$ of all unit-vectors ξ at that point, with components ξ_μ such that $\sum_\mu \xi_\mu\cdot dz^\mu/ds \leqq 0$ when the derivatives dz^μ/ds are taken along any direction contained in the angle of P^n at ζ (for more details, see §§6–7). $\Gamma(\zeta)$ is found to be a spherical cell, bounded by "great spheres," on the unit-sphere S^{n-r-1} in the normal linear manifold to P^r_λ at ζ, and is what we call the "outer angle" of P^n at ζ.

(5) We consistently (except for a short while in the proof of Lemma 8, §7) make no distinction between vectors and their end points, and therefore none between unit-vectors and points on the unit-sphere.

(6) In view of the geometrical nature of the problem, one may suspect that the numerical coefficients in Ψ are connected with areas of spheres; and bringing out such connections may point the way to geometrical interpretations of our formulae. For instance, we have: $\pi^{-n/2}\cdot\Gamma(n/2)/(2\cdot 2^{2f}\cdot f!(r-2f)!(n-2)(n-4)\cdots(n-2f)) = 2/(\omega_{n-2f-1}\cdot\omega_{2f}\cdot(2f)!(r-2f)!2^f)$.

Our main theorem, which includes Theorem I as a particular case, expresses in terms of the above quantities the *inner characteristic* $\chi'(P^n)$ of P^n, that is, the Euler-Poincaré characteristic of the open complex consisting of all *inner* cells in an arbitrary simplicial or cellular subdivision of P^n; our methods would enable us to give a similar expression for the ordinary characteristic. The result is as follows:

THEOREM II. *P^n being a Riemannian polyhedron, with a boundary consisting of the polyhedra P^r_λ, we have:*

$$(-1)^n\chi'(P^n) = \int_{P^n} \Psi(z)dv(z) + \sum_{r=0}^{n-1}\sum_{\lambda}\int_{P^r_\lambda} dv(\zeta)\int_{\Gamma(\zeta)} \Psi(\zeta, \xi \mid P^r_\lambda).$$

It will be shown in §6 how the method of tubes, applied to an imbedded cell in a Euclidean space, leads directly to the formula in Theorem II for such a cell. Sections 2–3 give the necessary details on dual angles and outer angles, and contain the proof of the important additivity property for outer angles in affine space, which is stated in Theorem III; this may be considered as a theorem in spherical geometry, and is a wide generalization of some known results on polyhedra in R^3; it also includes some results of Poincaré on the angles of Euclidean and spherical polyhedra. Sections 4–5 are mainly devoted to the definition of the tube of a curved cell, and the investigation of its topological properties.

The proof of the main theorem then follows in §7, where it is shown how the additivity property for outer angles, proved in §2, implies an additivity property for the right-hand side in the formula in Theorem II; hence Theorem II is true for a polyhedron P^n if it is true for every polyhedron in a subdivision of P^n. In particular, it is true for an analytic cell because, by Cartan's theorem, every cell in a sufficiently fine subdivision of such a cell is imbeddable; by an elementary approximation theorem of H. Whitney, it is therefore true for an arbitrary cell. Hence it holds for every polyhedron which can be triangulated into cells; but it is known that every polyhedron can be so triangulated, and this completes the proof. Owing to the very unsatisfactory condition of our present knowledge of differentiable polyhedra, it has been found necessary to include, in §7, the proof of some very general lemmas on the subdivisions of such polyhedra; and the section concludes with some remarks about the validity of Theorem II for more general types of polyhedra than those we are dealing with.

2. **Dual angles in affine space.** It has often been observed that the word "angle" as used in elementary geometry is ambiguous, for it sometimes refers to a subset of the plane bounded by two rays and sometimes to what essentially is a 1-chain on the unit-circle. In order to preserve analogies with elementary geometry, we shall here use the word "angle" both for certain subsets of an affine vector-space R^n and for certain $(n-1)$-chains in the mani-

fold of directions from O in R^n; this will be done in such a way that no confusion may arise. Even in affine space we shall adopt the unit-sphere S^{n-1}, that is, the surface $\sum_\mu (x^\mu)^2=1$, as a convenient homeomorphic image of the manifold of directions from O in R^n; in the present section, any other such image could be used just as well to the same purpose.

In this section, R^n will denote an affine n-dimensional space over the field of real numbers. Assuming that a basis has been chosen in R^n once for all, we denote by x^μ $(1 \leqq \mu \leqq n)$ the components of a vector x in R^n with respect to that basis. As functions of x, the n components x^μ are linear forms in R^n; and they constitute a basis for the vector-space $\overline{R}^n$ of all linear forms $(y, x) = \sum_\mu y_\mu \cdot x^\mu$ over R^n; the y_μ are then the components, with respect to that basis, of the form (y, x), or, as we may say for short, of the form y. We call $\overline{R}^n$ the dual space to R^n. We shall consider linear manifolds V^r in R^n, which, throughout §§2–3, should be understood to contain O; throughout this paper, the superscript, when used for a space or manifold, should be understood to indicate the dimension. To every V^r in R^n corresponds in $\overline{R}^n$ the dual manifold $\overline{V}^{n-r}$, consisting of all linear forms which vanish over V^r (this should not be confused with the dual space to V^r when the latter is considered as an affine space).

Convex angles in R^n may be defined in two ways, which may be considered as dual to each other: (a) a convex angle is the set of points x in R^n which satisfy a finite number of given inequalities $(b_\nu, x) \geqq 0$; (b) a convex angle is the set of points $x = \sum_\rho u_\rho \cdot a_\rho$, where the a_ρ are a finite number of given points, and the numbers u_ρ take all values greater than or equal to 0. It is well known that these two definitions are equivalent. Throughout this paper, all angles will be convex angles, and we shall often omit the word "convex."

A convex angle C is said to be of *dimension* r and of *type* s if r and s are the dimensions of the smallest linear manifold V^r such that $V^r \supset C$ and of the largest linear manifold V^s such that $C \supset V^s$; if $r=s$, the angle reduces to V^r and will be called *degenerate*; otherwise $r>s$. In the notation of angles, the superscript will usually denote the dimension and a Latin subscript the type of the angle whenever it is desirable to indicate either or both. A Greek subscript will be used to distinguish among angles of the same dimension and type.

Let C be an r-dimensional angle, contained in the linear manifold V^r; a point of C will be called an *inner* point if there is a neighborhood of that point in V^r which is contained in C; such points form a subset of C which is open with respect to the space V^r; if C is defined by the inequalities $(b_\nu, x) \geqq 0$, a point a in C will be an inner point if, and only if, all those of the forms (b_ν, x) which do not vanish on V^r are greater than 0 at a. For $r=0$, V^r and C both reduce to the point O, which is then considered as an inner point of C. The points of an angle which are not inner points constitute a set which is the union of angles of lower dimension; such points are limits of inner points.

LEMMA 1. *Let C be a convex angle of dimension r, with at least one point a in the open half-space $(b, x)>0$; then its intersection, D, with the closed half-space $(b, x)\geqq 0$ is a nondegenerate angle of the same dimension.*

For all points of C, in a sufficiently small neighborhood of a, will be in D; among those points there are inner points of C, forming an open set in the V^r which contains C, so that D is r-dimensional. Moreover, D contains a and not $-a$, and so cannot be degenerate.

Let C be a convex angle of dimension m; a finite set $\mathfrak{D}$ of distinct convex angles C_λ^r $(0\leqq r\leqq m;\ 1\leqq\lambda\leqq N_r)$ will be called a *subdivision* of C into convex angles whenever the two following conditions are fulfilled: (a) every point of C is an inner point of at least one C_λ^r in $\mathfrak{D}$; (b) if two angles C_λ^r, C_μ^s in $\mathfrak{D}$ are such that there is an inner point of C_λ^r which is contained in C_μ^s, then $C_\lambda^r\subset C_\mu^s$. From (b), it follows that no two distinct angles in $\mathfrak{D}$ can have an inner point in common. The angles in $\mathfrak{D}$ can be considered, in the usual way, as forming a combinatorial complex. A subdivision of an angle C is called *degenerate* if it contains a degenerate angle V^r of a dimension $r>0$; as O then is an inner point of V^r and is in all the angles of $\mathfrak{D}$, it follows that all those angles contain V^r and are of type at least r, as well as C itself. If $\mathfrak{D}$ is nondegenerate, it is easily shown to contain angles of all dimensions less than or equal to m and greater than or equal to 0, and in particular the angle C^0 which is the point O. An angle C_λ^r in $\mathfrak{D}$ will be called an *inner* angle if one of its points is an inner point of C; otherwise we call it a boundary angle. All angles C_λ^m of the highest dimension in $\mathfrak{D}$ are inner angles.

Let (b_ι, x) be linear forms in R^n, ι running over a finite set of indices I; for every partition of I into three parts K, L, M, consider the angle defined by $(b_\kappa, x)\geqq 0$ $(\kappa\in K)$, $(b_\lambda, x)\leqq 0$ $(\lambda\in L)$, $(b_\mu, x)=0$ $(\mu\in M)$; all those angles, or rather those among them which are different from each other, form a subdivision of R^n. If this process is applied to the set of all linear forms which are needed to define some given angles C, C', C'', $\cdots$ in finite number, then the angles of the resulting subdivision which are contained in C form a subdivision of C; and the same applies to C', C'', $\cdots$.

The intersection of a convex angle of dimension $r\geqq 1$ with the unit-sphere S^{n-1} in R^n, or, as we shall also say, its *trace* on S^{n-1}, will be called a *spherical cell* of dimension $r-1$. If the angle is degenerate, so is the cell. A nondegenerate cell is homeomorphic to an "element" (a closed simplex) of the same dimension. A degenerate cell is a sphere.

Let Γ be the trace of C^m on S^{n-1}; let $\mathfrak{D}$ be a subdivision of C^m. The traces Γ_λ^{r-1} of the angles C_λ^r of $\mathfrak{D}$ on S^{n-1} for $1\leqq r\leqq m$ form a subdivision of Γ into cells, and so, if $\mathfrak{D}$ is nondegenerate, into topological elements. We can therefore apply elementary results in combinatorial topology to the calculation of the Euler-Poincaré characteristic of such subdivisions.

LEMMA 2. *Let $\mathfrak{D}$ be a nondegenerate subdivision of the angle C^m, consisting* *of the angles* C^r_λ $(0 \leqq r \leqq m;\ 1 \leqq \lambda \leqq N_r)$; *let* N'_r *be the number of inner angles of dimension* r *in* $\mathfrak{D}$; *and write*:

$$\chi(\mathfrak{D}) = \sum_{r=0}^{m} (-1)^r \cdot N_r, \qquad \chi'(\mathfrak{D}) = \sum_{r=0}^{m} (-1)^r \cdot N'_r.$$

Then, if C^m *is nondegenerate, we have* $\chi(\mathfrak{D}) = 0$, $\chi'(\mathfrak{D}) = (-1)^m$; *if* C^m *is degenerate,* $\chi(\mathfrak{D}) = \chi'(\mathfrak{D}) = (-1)^m$.

This follows at once from the well known value of the characteristic for elements and for spheres, and from the fact that $N_0 = 1$, $N'_0 = 0$.

Let now C be a convex angle in R^n, defined as the set of all points $x = \sum_\rho u_\rho \cdot a_\rho$, where the a_ρ are given points and the u_ρ take all values greater than or equal to 0. A linear form (y, x) will be less than or equal to 0 on C if, and only if, $(y, -a_\rho) \geqq 0$ for all ρ; the set of all points y in $\overline{R}^n$ with that property is therefore a convex angle $\overline{C}$. The relationship between C and $\overline{C}$ is easily shown to be reciprocal; we shall say that C and $\overline{C}$ are *dual* to each other. If two angles C, D are such that $C \supset D$, then their dual $\overline{C}$, $\overline{D}$ are such that $\overline{C} \subset \overline{D}$. If an angle is degenerate and reduces to the linear manifold V^r, then its dual is the dual manifold $\overline{V}^{n-r}$. It follows that if $V^r \supset C \supset V^s$, then $\overline{V}^{n-r} \subset \overline{C} \subset \overline{V}^{n-s}$; if, therefore, C is of dimension r and type s, its dual $\overline{C}$ is of dimension $n-s$ and type $n-r$.

LEMMA 3. *Let* $\overline{C}$ *be the dual of an angle* C *of type* s, *and* $C \supset V^s$. *A point* b *of* $\overline{C}$ *is an inner point of* $\overline{C}$ *if and only if the form* (b, x) *is less than* 0 *at all points of* C *other than those of* V^s.

Let C, as above, be the set of points $x = \sum_\rho u_\rho \cdot a_\rho$ when the u's take all values greater than or equal to 0. Then $\overline{C}$ is defined by the inequalities $(y, -a_\rho) \geqq 0$, is of dimension $n-s$, and is contained in the dual $\overline{V}^{n-s}$ to V^s. We have seen that b is an inner point of $\overline{C}$ if and only if $(b, -a_\rho) > 0$ for all those values of ρ for which $(y, -a_\rho)$ does not vanish on $\overline{V}^{n-s}$, that is, for which a_ρ does not lie in V^s; this obviously implies the truth of our lemma.

We now introduce the unit-sphere $\overline{S}^{n-1}$ in $\overline{R}^n$ (to which our earlier remarks about spheres apply); and we shall use the subdivisions of $\overline{S}^{n-1}$, induced by the subdivisions of $\overline{R}^n$ into convex angles, in order to define chains on $\overline{S}^{n-1}$ in the sense of combinatorial topology. All chains should be understood to be $(n-1)$-chains on $\overline{S}^{n-1}$ built up from such subdivisions, the ring of coefficients being the ring of rational integers. We make the usual identifications between certain chains belonging to different subdivisions, by the following rule: if $\mathfrak{D}'$ is a refinement of $\mathfrak{D}$, and a cell Γ^{n-1} of $\mathfrak{D}$ is the union of cells Δ^{n-1}_α of $\mathfrak{D}'$, we put $\Gamma^{n-1} = \sum_\alpha \Delta^{n-1}_\alpha$. With that convention, any n-dimensional angle $\overline{C}$ defines a chain, namely, the cell $\Gamma = \overline{C} \cap \overline{S}^{n-1}$, taken with coefficient $+1$ in a suitable subdivision. An angle of dimension less than n is considered as defining the chain 0. Angles being given in $\overline{R}^n$ in finite number, there are always subdivisions of $\bar{S}^{n-1}$ in which the traces of all those angles appear as chains: we get such a subdivision by making use of all the linear forms which appear in the definition of our angles, as previously explained.

Let C be any convex angle in R^n, and $\bar{C}$ its dual; the chain defined by $\bar{C}$ on $\bar{S}^{n-1}$ will be called the *outer angle* belonging to C, and will be denoted by $\Omega(C)$; that is the chain consisting of the cell $\bar{C}\cap\bar{S}^{n-1}$ if $\bar{C}$ is of dimension n, that is if C is of type 0; if C is of type greater than 0, $\bar{C}$ is of dimension less than n, and $\Omega(C)=0$. With that definition, we have the following theorem:

THEOREM III. *In a subdivision $\mathcal{D}$ of a convex angle C of dimension m, let C_λ^r $(0\leqq r\leqq m;\ 1\leqq\lambda\leqq N_r')$ be the inner angles; let $\Omega(C)$ and $\Omega(C_\lambda^r)$ be the outer angles belonging to C and to C_λ^r, respectively. Then*:

$$\sum_{r=0}^{m}\sum_{\lambda=1}^{N_r'}(-1)^r\cdot\Omega(C_\lambda^r) = (-1)^m\cdot\Omega(C).$$

We may assume that $\mathcal{D}$ is nondegenerate, as otherwise C and all C_λ^r are of type greater than 0 and $\Omega(C)=\Omega(C_\lambda^r)=0$. Let Γ be any $(n-1)$-cell in a subdivision of $\bar{S}^{n-1}$ in which $\Omega(C)$ and all $\Omega(C_\lambda^r)$ are sums of cells; put $e=1$ or 0 according as Γ is contained in $\Omega(C)$ or not, and $e_{r,\lambda}=1$ or 0 according as Γ is contained in $\Omega(C_\lambda^r)$ or not. We have to prove that $\sum_{r,\lambda}(-1)^r\cdot e_{r,\lambda}=(-1)^m\cdot e$.

Take first the case $e=1$. Then Γ is contained in the dual $\bar{C}$ of C, and therefore in the duals of all C_λ^r, which all contain $\bar{C}$; all the $e_{r,\lambda}$ are equal to 1, and our formula reduces to $\sum_r(-1)^r\cdot N_r' =(-1)^m$, which is contained in Lemma 2.

Take now the case $e=0$. Let b be an inner point of Γ; call E the angle, or closed half-space, determined by $(b, x)\geqq 0$ in R^n; call I the subset of E defined by $(b, x)>0$. As b is not in $\bar{C}$, C has a point in I, and therefore (by Lemma 1) $D=C\cap E$ is an angle of dimension m. Similarly, C_λ^r has a point in I if, and only if, $e_{r,\lambda}=0$, and then $D_\lambda^r=C_\lambda^r\cap E$ is a nondegenerate angle of dimension r. Every inner point of D is an inner point of C, therefore an inner point of a C_λ^r; it must be, then, an inner point of the corresponding D_λ^r, which shows that those D_λ^r which correspond to values of r, λ such that $e_{r,\lambda}=0$ are the inner angles of a subdivision of D; if M_r' is the number of such D_λ^r for a given dimension r, we have therefore, by Lemma 2, $\sum_r(-1)^r\cdot M_r' =(-1)^m$; hence, in that case, $\sum_r\sum_\lambda(-1)^r\cdot e_{r,\lambda}=\sum_r(-1)^r\cdot(N_r' - M_r')=0$, which completes the proof.

Theorem III applies to angles of any dimension and type, and in particular to degenerate angles. Whenever C is of type greater than 0, $\Omega(C)$ is 0.

We observe here that it is merely in order to simplify our exposition that we do not deal with re-entrant, that is, non-convex angles; all our results apply automatically to such angles, provided Theorem III is used to *define* the corresponding outer angles; we mean that, $\mathcal{D}$ being a subdivision of a non-convex angle C into convex angles, $\Omega(C)$ should be defined by the formula in Theorem III; Theorem III may then be used to show that this $\Omega(C)$ does not depend upon the choice of $\mathcal{D}$. Even self-overlapping angles could be treated in the same way.

3. **Dual angles in Euclidean space.** In view of the use to be made of dual angles in §§5–7, we add some remarks on the few circumstances which are peculiar to the case of Euclidean spaces. We therefore assume that a positive-definite quadratic form $\sum_{\mu\nu} g_{\mu\nu}\cdot x^\mu x^\nu$, with constant coefficients $g_{\mu\nu}$, is given in the space R^n of §2. As usual, this is used primarily in order to identify R^n with the dual space $\overline{R}^n$ by means of the formulae $y_\mu = \sum_\nu g_{\mu\nu}\cdot x^\nu$, or, calling $\|g^{\mu\nu}\|$ the inverse matrix to $\|g_{\mu\nu}\|$, $x^\mu = \sum_\nu g^{\mu\nu}\cdot y_\nu$; the two spaces being thus identified, x^μ and y_μ are called the contravariant and the covariant components, respectively, of the vector which they define; they are the same when, and only when, cartesian coordinates are chosen in R^n. We have $(x, x') = \sum_{\mu\nu} g_{\mu\nu}\cdot x^\mu x'^\nu$; two vectors are called orthogonal if $(x, x') = 0$. The unit-sphere $S^{n-1} = \overline{S}^{n-1}$ in R^n is then naturally taken to be the set of all unit-vectors defined by $(x, x) = 1$; only in cartesian coordinates does it appear as $\sum_\mu (x^\mu)^2 = 1$. The dual manifold $\overline{V}^{n-r}$ to a given linear manifold V^r is now the orthogonal or normal manifold to V^r, consisting of all vectors which are orthogonal to every vector in V^r.

Every linear manifold V^r may now itself be regarded as a Euclidean space, and identified with the dual space; if C is an angle in V^r, we may therefore consider its dual *taken within* V^r, which will be an angle in V^r, as well as its dual in R^n. When applied to an angle of given dimension and type, this leads to the following results, which we state in the notation best suited to later applications.

Let R^N be a Euclidean space; let A_r be an angle of dimension n and type r in R^N, contained in the linear manifold T^n and containing the linear manifold T^r; put $q = N - n$, call N^q the orthogonal manifold to T^n, and N^{n-r} the orthogonal manifold to T^r within T^n: the orthogonal manifold to T^r in R^N is then the direct sum $N^{n-r} + N^q$, consisting of all sums of a vector in N^{n-r} and a vector in N^q.

If we take cartesian coordinates w^α $(1 \leqq \alpha \leqq N)$ so that the r first basis-vectors are in T^r, the $n - r$ next ones in N^{n-r}, and the q last ones in N^q, the angle A_r can be defined by $w^{n+\rho} = 0$ $(1 \leqq \rho \leqq q)$ and by a finite number of inequalities of the form $\sum_{\sigma=1}^{n-r} b_\sigma \cdot w^{r+\sigma} \geqq 0$. It is then readily seen that the dual $\overline{A}^{N-r}$ of A_r in R^N, and its dual $\overline{A}^{n-r}$ taken within T^n, are related by the formula: $\overline{A}^{N-r} = \overline{A}^{n-r} + N^q$, which means that $\overline{A}^{N-r}$ consists of all sums of a vector in $\overline{A}^{n-r}$ and a vector in N^q; in other words, a vector is in $\overline{A}^{N-r}$ if and only if its orthogonal projection on T^n belongs to $\overline{A}^{n-r}$. Moreover, $\overline{A}^{n-r}$ is the same as the dual, taken within N^{n-r}, of the trace of A_r on N^{n-r}, that trace being an angle of dimension $n - r$ and of type 0. In this way, questions concerning the dual of an angle of arbitrary dimension and type may be reduced to similar questions concerning the dual of an angle of type 0 and of the highest dimension in a suitable space. The same, of course, could be done in an affine space if desired.

4. **Convex cells and their tubes**(7). We consider an affine space R^N, and its dual $\overline{R}^N$. The linear manifolds which we shall now introduce do not necessarily contain O.

A convex cell in R^N is a compact set of points defined by a finite number of inequalities $(b_\nu, z) \geqq d_\nu$. It is said to be of dimension n if n is the dimension of the smallest linear manifold W^n containing it; it is then known to be homeomorphic to an n-dimensional element. K^n being an n-dimensional cell, contained in the linear manifold W^n, an inner point of K^n is a point, a neighborhood of which in W^n is contained in K^n. Inner points of K^n form an open set in W^n; the closure of that set is K^n, and its complement in K^n, that is, the boundary of K^n, consists of a finite number of convex cells K^r_λ, where r takes all values greater than or equal 0 and less than or equal to $n-1$. We shall count K^n as one of the K^r_λ; with that convention, the K^r_λ, for $0 \leqq r \leqq n$, form a combinatorial complex of dimension n. K^r_λ is a convex cell in a linear manifold W^r_λ; the inner points of K^r_λ are those which belong to no K^s_μ for $s < r$. Every point in K^n is an inner point of one K^r_λ and one only; and, if an inner point of K^r_λ belongs to K^s_μ, then $K^r_\lambda \subset K^s_\mu$.

z being a point in K^n, the points $x = \xi \cdot (z' - z)$, where z' describes K^n and ξ takes all values greater than or equal to 0, form a convex angle, which can be defined by some of the inequalities $(b_\nu, x) \geqq 0$; this will be called the angle of K^n at z; conversely, if x is any point in that angle, $z + \epsilon \cdot x$ will be in K^n for all sufficiently small $\epsilon \geqq 0$. The angle of K^n at z is of dimension n, and contained in the linear manifold V^n, the parallel manifold to W^n through O; if z is an inner point of K^r_λ, the angle of K^n at z is of type r and contains V^r_λ, the parallel manifold to W^r_λ through O; it depends only upon r and λ, and will be denoted by $C_{r,\lambda}$; its dual $\overline{C}^{N-r}_\lambda$ is of dimension $N-r$ and type $N-n$.

LEMMA 4. *Let v be a vector in $\overline{R}^N$; v is in $\overline{C}^{N-r}_\lambda$ if, and only if, there is a real number e such that $(v, z) = e$ on K^r_λ and $(v, z) \leqq e$ on K^n; v is an inner point of $\overline{C}^{N-r}_\lambda$ if, and only if, there is an e such that $(v, z) = e$ on K^r_λ and $(v, z) < e$ for all z in K^n except those in K^r_λ.*

As to the first point, let v be in $\overline{C}^{N-r}_\lambda$; let z_0 be in K^r_λ; put $e_0 = (v, z_0)$. For every z in K^n, $z - z_0$ is in $C_{r,\lambda}$, therefore $(v, z - z_0) \leqq 0$, hence $(v, z) \leqq e_0$; therefore e_0 is the least upper bound of (v, z) on K^n and cannot depend upon the choice of z_0 in K^r_λ, so that $(v, z) = e_0$ for all z in K^r_λ; this proves the first point. Conversely, suppose that $(v, z) = e$ for one z in K^r_λ, and that $(v, z') \leqq e$ for all z'

(7) Tubes of convex bodies and of surfaces are of course nothing new, being closely related to the familiar topic of parallel curves and surfaces. On some aspects of this topic which belong to elementary geometry, the reader may consult W. Blaschke, *Vorlesungen über Integralgeometrie*. II, Hamburger Mathematische Einzelschrift, no. 22, Teubner, Leipzig and Berlin, 1937, in particular §37; on p. 93 of that booklet, he will find careful drawings of the tube of a triangle in the plane, and of a tetrahedron in 3-space. The volume of the tube of a closed manifold was recently calculated by H. Weyl, *On the volume of tubes*, Amer. J. Math. vol. 61 (1939) p. 461; part of H. Weyl's calculations will be used in our §6.

in K^n; we have $(v, z'-z) \leqq 0$ for all z' in K^n; this gives $(v, x) \leqq 0$ for all x in $C_{r,\lambda}$, and so v is in $\bar{C}_\lambda^{N-r}$. The second part can now easily be deduced from Lemma 3.

K^n being compact, every linear form (v, z) has on K^n a least upper bound e; the intersection of K^n with the linear manifold $(v, z) = e$ is then one of the cells K_λ^r. This fact, combined with Lemma 4, shows that the angles $\bar{C}_\lambda^{N-r}$ constitute a subdivision of $\bar{R}^N$, according to our definition in §2. The angle C_n of K^n at every inner point is degenerate, and reduces to V^n; its dual $\bar{C}^{N-n}$ is therefore the dual manifold $\bar{V}^{N-n}$ to V^n; the subdivision of $\bar{R}^N$ which consists of the $\bar{C}_\lambda^{N-r}$ is therefore nondegenerate if $N=n$, and degenerate if $N>n$. We leave it as an exercise to the reader to verify that, conversely, every subdivision of R^N into convex angles can be thus derived from a convex cell, or rather from a class of convex cells, in R^N. We observe incidentally that Theorem III of §2 could now be applied; taking $N=n$, which is the only significant case, the $\Omega(\bar{C}_\lambda^{n-r})$ are now the spherical cells determined by the $C_{r,\lambda}$ on the unit-sphere S^{n-1}. In particular, assuming that we are in a Euclidean space, and calling $\mu(C_{r,\lambda})$ the spherical measure of the cell determined by $C_{r,\lambda}$ (which is nothing else than the measure of the "solid angle" $C_{r,\lambda}$), we find that $\sum_{r=0}^{n}\sum_\lambda(-1)^r \cdot \mu(C_{r,\lambda}) = 0$; this is the main result on Euclidean polyhedra in H. Poincaré's paper(8) on polyhedra in spaces of constant curvature; his results on spherical polyhedra could also be derived by similar methods.

Now we take R^N as a Euclidean space, distance and scalar product being defined by means of a fundamental quadratic form (y, y); and we consequently identify $\bar{R}^N$ with R^N, as we did in §3. Let y be any point in R^N; its set-theoretical distance $\delta(y)$ to K^n is a continuous function of y. Let $z = z(y)$ be the nearest point to y in K^n; as K^n is a compact convex set, $z(y)$ is uniquely defined and depends continuously upon y; the vector $v = y - z(y)$, which is of length $\delta(y)$, therefore also depends continuously upon y. That being so, we have $(y-z', y-z') \geqq (v, v)$ for every z' in K^n. Let x be a vector in the angle of K^n at z; $z' = z + \epsilon \cdot x$ is in K^n for sufficiently small $\epsilon \geqq 0$, and then $y - z' = v - \epsilon \cdot x$, so that, for small ϵ, we have $(v - \epsilon \cdot x, v - \epsilon \cdot x) \geqq (v, v)$. That implies that $(v, x) \leqq 0$. If, therefore, z is an inner point of K_λ^r, so that the angle at z is $C_{r,\lambda}$, v is in $\bar{C}_\lambda^{N-r}$. Conversely, let v be in $\bar{C}_\lambda^{N-r}$, and z be an inner point of K_λ^r; as $z'-z$ is in $C_{r,\lambda}$ for every z' in K^n, the same calculation will show that z is the point in K^n nearest to $z+v$.

We now consider the set Θ^N of all points y in R^N whose distance $\delta(y)$ to K^n is at most 1, and we call it the Euclidean tube of K^n in R^N. As Θ^N is a compact convex set and contains an open set in R^N, it is homeomorphic to an N-dimensional closed element. On the other hand, let B^N be the set of all vectors v in R^N such that $(v, v) \leqq 1$, the boundary of which is the unit-sphere S^{N-1}; let $T(K^n)$ be the subset of the direct product $K^n \times B^N$, consisting of all

(8) H. Poincaré, *Sur la généralisation d'un théorème élémentaire de géométrie*, C. R. Acad. Sci. Paris vol. 140 (1905) p. 113.

elements (z, v) of that product such that, if z is an inner point of K_λ^r, v is in $\overline{C}_\lambda^{N-r}$. We have shown that the relation $y=z+v$ defines a one-to-one bicontinuous correspondence between Θ^N and $\mathcal{T}(K^n)$; the latter, therefore, is a closed subset of $K^n \times B^N$, homeomorphic to B^N; by means of the correspondence defined by $y=z+v$, we identify once for all Θ^N and $\mathcal{T}(K^n)$. Calling $(z(y), v(y))$ the point in $\mathcal{T}(K^n)$ which is thus identified with y in Θ^N, we see that the boundary of Θ^N consists of all points y for which $v(y)$ is on S^{N-1}; in other words, the mapping $y \rightarrow v(y)$ of the tube into B^N maps the boundary into the boundary. As every v is in at least one $\overline{C}_\lambda^{N-r}$, the image of the tube by the mapping $v(y)$ covers the whole of B^N. If we consider a vertex $z_0 = K_\rho^0$ of K^n, and take for v_0 an inner point of the angle $\overline{C}_\rho^N$, all vectors v sufficiently near to v_0 in R^N belong to $\overline{C}_\rho^N$ and to no other angle $\overline{C}_\lambda^{N-r}$, as $\overline{C}_\rho^N$ is an angle of the highest dimension in the subdivision of R^N which consists of the $\overline{C}_\lambda^{N-r}$. Every such vector v, therefore, is the image, by $v(y)$, of the point $y=z_0+v$ and of no other point of Θ^N. This shows that in the neighborhood of such a v_0 the mapping $v(y)$ has the local degree $+1$, and so, as it maps boundary into boundary, it has the degree $+1$ everywhere, provided of course that both Θ^N and B^N are given the orientation induced by that of R^N.

5. **Curved cells and their tubes.** From now onwards, K^n will be a convex cell in an affine space R^n; the object of §§5–6 will be to discuss differential-geometric properties of K^n corresponding to the Riemannian structure determined on it by a certain choice of a ds^2. We write the coordinates in K^n as z^μ $(1 \leqq \mu \leqq n)$; and we choose coordinates ζ^i $(1 \leqq i \leqq r)$ on each one of the cells K_λ^r $(1 \leqq r \leqq n-1)$; for instance, we may choose the ζ^i from among the z^μ, taking care to select such as are independent on K_λ^r, and this may be understood for definiteness, although playing no part in the sequel. In what follows, $N=n+q$ is any integer greater than or equal to n; and we make for §§5–6 the following conventions about the ranges of the various letters which will occur as indices:

$$1 \leqq \alpha \leqq N; \quad 1 \leqq \mu, \nu \leqq n; \quad 1 \leqq i, j \leqq r; \quad 1 \leqq \rho \leqq q; \quad 1 \leqq \sigma \leqq n-r.$$

We shall consider real-valued functions $\phi(z)$, defined on K^n. As usual, such a function is said to be of class C^1 (on K^n) if it has a differential $d\phi = \sum_\mu \phi_\mu(z) \cdot dz^\mu$ with coefficients $\phi_\mu(z) = \partial\phi/\partial z^\mu$ which are continuous functions over K^n; class C^m is defined inductively, ϕ being of class C^m if it is of class C^1 and the $\partial\phi/\partial z^\mu$ are of class C^{m-1}.

Local properties of K^n as a differentiable space are those which remain invariant under a differentiable change of local coordinates with jacobian different from 0. Such properties include the intrinsic definition of the tangent affine space $T^n(z)$ and of the angle of K^n at the point z as follows. $T^n(z)$ is the vector-space consisting of all differentiations $X\phi$, defined over the set of all functions ϕ of class C^1 in a neighborhood of z, which can be expressed as $X\phi = \lim \xi \cdot [\phi(z'') - \phi(z')]$, where z' and z'' both tend to z within K^n, and ξ

tends to $+\infty$. The vectors $X_\mu\phi=\partial\phi/\partial z^\mu$ form a basis for $T^n(z)$, so that every point of $T^n(z)$ can be written as $X\phi=\sum_\mu x^\mu\cdot\partial\phi/\partial z^\mu$; we shall denote by x the point of $T^n(z)$ which, for that basis, has the components x^μ. As in §2, the dual space $\overline{T}^n(z)$ to $T^n(z)$ is the space of the linear forms $(y, x)=\sum_\mu y_\mu\cdot x^\mu$; the elements x of $T^n(z)$ and y of $\overline{T}^n(z)$ are known in tensor-calculus as contravariant and covariant vectors, respectively.

The angle of K^n at z is the subset of $T^n(z)$, consisting of all those differentiations $X\phi$ which can be expressed as $X\phi=\lim \xi\cdot[\phi(z')-\phi(z)]$, where z' tends to z within K^n and ξ tends to $+\infty$; by the correspondence which maps every point $x=(x^\mu)$ in $T^n(z)$ onto the point with coordinates x^μ in the affine space R^n containing K^n, that angle is transformed into the angle of K^n at z as defined in §4, the difference between the two being of course that the latter was defined in affine space whereas the definition of the former refers to K^n as a differentiable space. The relationship between them implies that, if $z=z(\zeta)$ is an inner point of K^r_λ, having in K^r_λ the coordinates ζ^i, the angle at z is of dimension n and type r; we then denote it by $A_{r,\lambda}(\zeta)$; the linear manifold $T^r_\lambda(\zeta)$ contained in $A_{r,\lambda}(\zeta)$ will be identified as usual with the tangent affine space to K^r_λ by the formulae $\partial\phi/\partial\zeta^i=\sum_\mu\partial\phi/\partial z^\mu\cdot\partial z^\mu/\partial\zeta^i$; it is spanned by the r linearly independent vectors $(\partial z^\mu/\partial\zeta^i)$. We denote by $\overline{A}^{n-r}_\lambda(\zeta)$ the dual angle to $A_{r,\lambda}(\zeta)$, which is of dimension $n-r$ and type 0; it is contained in the linear manifold $N^{n-r}_\lambda(\zeta)$ of all vectors $y=(y_\mu)$ such that $(y, x)=0$ for x in $T^r_\lambda(\zeta)$.

We now consider mappings $f(z)=(f^\alpha(z))$ of K^n into an affine space R^N; $f(z)$ is said to be of class C^m if each $f^\alpha(z)$ is of class C^m. A mapping $f(z)=(f^\alpha(z))$ will be said to define an n-dimensional *curved cell* (K^n, f) if it is of class C^1 and the n vectors $(\partial f^\alpha/\partial z^\mu)$ in R^N are linearly independent for every z in K^n. As usual, the linear manifold spanned by the vectors $(\partial f^\alpha/\partial z^\mu)$ in R^N is identified with the tangent affine space $T^n(z)$ to K^n at z by identifying point $x=(x^\mu)$ in $T^n(z)$ with the vector $(\sum_\mu x^\mu\cdot\partial f^\alpha/\partial z^\mu)$ in R^N; $T^n(z)$ thus appears as imbedded in R^N. The manifold $T^r_\lambda(\zeta)$, as a submanifold of $T^n(z)$ when $z=z(\zeta)$ is in K^r_λ, is thus also imbedded in R^N, and as such is spanned by the vectors $(\partial f^\alpha/\partial\zeta^i)=(\sum_\mu\partial z^\mu/\partial\zeta^i\cdot\partial f^\alpha/\partial z^\mu)$. In the same imbedding, the angle $A_{r,\lambda}(\zeta)$ appears as an angle of dimension n and type r in R^N, contained in $T^n(z)$ and containing $T^r_\lambda(\zeta)$. As the vectors $(\partial f^\alpha/\partial\zeta^i)$ are independent, the mapping f, when restricted to K^r_λ, defines a curved cell (K^r_λ, f) of dimension r in R^N.

We now take R^N as a Euclidean space; cartesian coordinates being chosen for convenience, the distance is defined by the form $(w, w)=\sum_\alpha(w^\alpha)^2$. The quadratic differential form $(df, df)=\sum_\alpha(df^\alpha)^2=\sum_{\mu,\nu}g_{\mu\nu}\cdot dz^\mu dz^\nu$ is nondegenerate, under the assumptions made on f, and defines a Riemannian geometry on K^n; this amounts to making the tangent affine space $T^n(z)$ into a Euclidean space, either by means of its imbedding in R^N or intrinsically by $(x, x)=\sum_{\mu,\nu}g_{\mu\nu}\cdot x^\mu x^\nu$; the $g_{\mu\nu}$ are functions of z alone. We may then identify $T^n(z)$ with its dual $\overline{T}^n(z)$, as in §3, by the correspondence $y_\mu=\sum_\nu g_{\mu\nu}\cdot x^\nu$; calling, as usual, $\|g^{\mu\nu}\|$ the inverse matrix to $\|g_{\mu\nu}\|$, we have then $x^\mu=\sum_\nu g^{\mu\nu}\cdot y_\nu$; the

y_μ are called the covariant components of the tangent vector x, and the quantities $\sum_\mu x^\mu \cdot \partial f^\alpha / \partial z^\mu$ are its components in R^N.

The Riemannian geometry thus defined in K^n induces on each K_λ^r a Riemannian geometry, with the fundamental form $(df, df) = \sum_{ij} \gamma_{ij} \cdot d\zeta^i d\zeta^j$, where $\gamma_{ij} = \sum_{\mu\nu} g_{\mu\nu} \cdot \partial z^\mu / \partial \zeta^i \cdot \partial z^\nu / \partial \zeta^j$. The determinants of the matrices $\|g_{\mu\nu}\|$, $\|\gamma_{ij}\|$ are denoted by g and γ, respectively; we have $g>0$, $\gamma>0$.

We now call $N^q(z)$ the orthogonal linear manifold to $T^n(z)$ in R^N, that is, the normal linear manifold to the cell at z; and, taking $z = z(\zeta)$ to be an inner point of K_λ^r, we apply to $A_{r,\lambda}(\zeta)$ the results of §3. Identifying, as we now do, $\overline{T}^n(z)$ with $T^n(z)$, the dual linear manifold $N_\lambda^{n-r}(\zeta)$ to $T_\lambda^r(\zeta)$ within $T^n(z)$ appears as the orthogonal manifold to $T_\lambda^r(\zeta)$ within $T^n(z)$, that is, the normal manifold to the subcell (K_λ^r, f); the orthogonal manifold to $T_\lambda^r(\zeta)$ within R^N is then $N_\lambda^{n-r}(\zeta) + N^q(z)$. The dual angle $\overline{A}_\lambda^{n-r}(\zeta)$ to $A_{r,\lambda}(\zeta)$ within $T^n(z)$ is now an angle of dimension $n-r$ and type 0 in the normal manifold $N_\lambda^{n-r}(\zeta)$; it is the same as the dual, taken within $N_\lambda^{n-r}(\zeta)$, of the trace of $A_{r,\lambda}(\zeta)$ on $N_\lambda^{n-r}(\zeta)$. Finally, the dual $\overline{A}_\lambda^{N-r}(\zeta)$ of $A_{r,\lambda}(\zeta)$ within R^N is an angle of dimension $N-r$ and type q, and can be written as $\overline{A}_\lambda^{N-r}(\zeta) = \overline{A}_\lambda^{n-r}(\zeta) + N^q(z)$; this means that a vector w is in $\overline{A}_\lambda^{N-r}(\zeta)$ if, and only if, its orthogonal projection on $T^n(z)$ is in $\overline{A}_\lambda^{n-r}(\zeta)$.

It should be observed that the dual angle $\overline{A}_\lambda^{n-r}(\zeta)$ to $A_{r,\lambda}(\zeta)$, as originally defined in the dual affine space $\overline{T}^n(z)$ to $T^n(z)$, depends only upon K^n regarded as a differentiable space, irrespective of the choice of f or of a Riemannian structure; and we write that a vector y in $\overline{T}^n(z)$, given by its components y_μ, is in $\overline{A}_\lambda^{n-r}(\zeta)$ by writing that $\sum_\mu y_\mu \cdot X(z^\mu) \leq 0$ for every differentiation X contained in the angle of K^n at $z(\zeta)$. On the other hand, the angles in R^N and in $T^n(z)$ which we have identified with $\overline{A}_\lambda^{n-r}(\zeta)$, and which, for short, we also denote by the same symbol, depend, the former upon the choice of the mapping f, the latter merely upon the $g_{\mu\nu}$.

We now define the *tube* $\mathcal{T}(K^n, f)$ of the curved cell (K^n, f) as the subset of $K^n \times B^N$ which consists of all points (z, w) of that product such that, if z is an inner point of K_λ^r and $z = z(\zeta)$, then w is in $\overline{A}_\lambda^{N-r}(\zeta)$. Whenever f is an affine mapping, that is, when the f^α are linear functions, the tube $\mathcal{T}(K^n, f)$ is the same as the tube $\mathcal{T}(L^n)$ of the convex cell $L^n = f(K^n)$, as defined in §4. Furthermore, if (K^n, f) is an arbitrary cell, the set $\Theta_\delta(K^n, f)$ of all points at a set-theoretical distance δ from $f(K^n)$ in R^N is easily shown to be the same as the set of all points $y^\alpha = f^\alpha(z) + \delta \cdot w^\alpha$ when (z, w) describes $\mathcal{T}(K^n, f)$, and it seems very likely that these relations define a one-to-one correspondence between $\Theta_\delta(K^n, f)$ and $\mathcal{T}(K^n, f)$ provided f itself is a one-to-one mapping and provided δ is sufficiently small.

The central result of this paper is now implicit in the following lemma, which will turn out to contain the Gauss-Bonnet formula for curved cells:

LEMMA 5. *The mapping* $(z, w)\rightarrow w$ *of the tube* $\mathcal{T}(K^n, f)$ *into* B^N *has everywhere the degree* 1.

The lemma has been proved in §4 for the Euclidean tube of a convex cell. The general case will be reduced to that special case by continuous deformation.

As a preliminary step, we consider the topological space, each point of which consists of a point z in K^n and a set of q mutually orthogonal unit-vectors in $N^q(z)$. This is a fibre-space over K^n, the fibre being homeomorphic to the group of all orthogonal matrices of order q; therefore, by Feldbau's theorem(9), it is the direct product of K^n with the fibre; that implies that it is possible to choose the q vectors $n_\rho(z)$ as continuous functions of z in K^n so as to satisfy the above conditions for every z. We call $n_\rho^\alpha(z)$ the components of $n_\rho(z)$ in R^N.

Let now $z=z(\zeta)$ be an inner point of K_λ^r, and w a point in R^N; call x, u the orthogonal projections of w on $T^n(z)$ and $N^q(z)$, respectively; call x_μ the covariant components of x, u^ρ the components of u with respect to the basis-vectors $n_\rho(z)$, so that we have

$$w^\alpha = \sum_{\mu,\nu} \frac{\partial f^\alpha}{\partial z^\mu}\cdot g^{\mu\nu}\cdot x_\nu + \sum_\rho n_\rho^\alpha(z)\cdot u^\rho .$$

We have, then, $(w, w)=(x, x)+(u, u)=\sum_{\mu,\nu}g^{\mu\nu}\cdot x_\mu x_\nu+\sum_\rho(u^\rho)^2$; and (z, w) is in the tube $\mathcal{T}(K^n, f)$ if and only if x is in $\overline{A}_\lambda^{n-r}(\zeta)$ and $(w, w)\leqq 1$.

All that applies to the special case when $f^\alpha(z)$ is replaced by $\sum_\mu\delta_\mu^\alpha\cdot z^\mu$, that is, by z^μ for $\alpha=\mu\leqq n$ and by 0 for $\alpha>n$, in which case the tube becomes the Euclidean tube Θ^N of a convex cell; therefore, $z=z(\zeta)$ being again an inner point of K_λ^r, (z, v) will be in Θ^N if and only if the vector in $\overline{T}^n(z)$ with the components $v_\mu=v^\mu$ $(1\leqq\mu\leqq n)$ is in $\overline{A}_\lambda^{n-r}(\zeta)$, and $\sum_\alpha(v^\alpha)^2\leqq 1$. Writing, therefore,

$$x_\mu = \left(\frac{\sum_{\mu,\nu}g^{\mu\nu}(z)\cdot v_\mu v_\nu}{\sum_\mu v_\mu^2}\right)^{-1/2}\cdot v_\mu \qquad (1 \leqq \mu \leqq n),$$

$$u^\rho = v^{n+\rho} \qquad (1 \leqq \rho \leqq q)$$

these formulae, together with the formulae above, define a homeomorphic correspondence between the points (z, v) of the Euclidean tube Θ^N and the points (z, w) of $\mathcal{T}(K^n, f)$.

We now assume coordinates to be such that 0 is in K^n; calling τ a parameter taking the values $0\leqq\tau\leqq 1$, the point $\tau\cdot z=(\tau\cdot z^\mu)$ is in K^n if z is in K^n. For every $\tau>0$, we consider the curved cell $(K^n, \bar{f})$ defined by $\bar{f}(z)=f(\tau\cdot z)/\tau$. Putting $\partial f^\alpha/\partial z^\mu=f_\mu^\alpha(z)$, we have, for the cell $(K^n, \bar{f})$, $\partial\bar{f}^\alpha/\partial z^\mu=f_\mu^\alpha(\tau\cdot z)$, $\bar{g}_{\mu\nu}(z)=g_{\mu\nu}(\tau\cdot z)$, $\bar{g}^{\mu\nu}(z)=g^{\mu\nu}(\tau\cdot z)$, and we may take as normal vectors to that

(9) J. Feldbau, *Sur la classification des espaces fibrés*, C. R. Acad. Sci. Paris vol. 208 (1939) p. 1621.

cell $\bar{n}_\rho(z) = n_\rho(\tau\cdot z)$. That being so, the above formulae for the transformation of Θ^N into $\mathcal{T}(K^n, \bar{f})$ show that this transformation depends continuously upon τ, and therefore that the tube $\mathcal{T}(K^n, \bar{f})$ is deformed continuously when τ varies. When τ tends to 0, these formulae tend to the corresponding formulae for the cell (K^n, f_0) defined by $f_0^\alpha(z) = \sum_\mu f_\mu^\alpha(0)\cdot z^\mu$ when the normal vectors for (K^n, f_0) are taken as $n_\rho^0(z) = n_\rho(0)$; f_0 being affine, (K^n, f_0) is a convex cell, to which the results of §4 apply.

Lemma 5 follows easily. For the image of our tube in B^N by the mapping $(z, w)\rightarrow w$ is deformed continuously when the tube is so deformed; the image of its boundary remains in S^{N-1}. The degree is therefore constant during the deformation; as it is $+1$ for $\tau = 0$, it is $+1$ for $\tau = 1$, which was to be proved.

6. **The Gauss-Bonnet formula for imbedded cells.** We put

$$dw = dw^1\cdot dw^2 \cdots dw^N.$$

A special consequence of Lemma 5 in §5 is that the integral of dw over the tube $\mathcal{T}(K^n, f)$ is equal to the integral of the same differential form over B^N, that is, to the volume $v(B^N)$ of the interior of the unit-sphere in R^N. Therefore, calling $I_{r,\lambda}$ the integral of $dw/v(B^N)$ over the set of those points (z, w) in the tube for which z is an inner point of K_λ^r, we have

$$\sum_{r=0}^{n}\sum_{\lambda} I_{r,\lambda} = 1.$$

This becomes the Gauss-Bonnet formula when the $I_{r,\lambda}$ are expressed intrinsically in terms of the Riemannian geometry on K^n. The calculation depends upon a lemma which immediately follows from a formula proved in a recent paper by H. Weyl(10).

LEMMA 6. *Let* $\|\Lambda_{ij}\|$, $\|L_{ij}^\rho\|$ *be* $q+1$ *matrices of order* r; *and write*

$$\mathrm{P}_{i_1i_2j_1j_2} = \sum_\rho \left(L^\rho_{i_1j_1}\cdot L^\rho_{i_2j_2} - L^\rho_{i_1j_2}\cdot L^\rho_{i_2j_1}\right).$$

Then the integral of $\left|\Lambda_{ij}+\sum_\rho L_{ij}^\rho\cdot u^\rho\right|\cdot du^1\cdot du^2\cdots du^q$, *taken over the volume* $\sum_\rho (u^\rho)^2 \leqq c^2$, *is equal to*:

$$v(B^q)\cdot\sum_{f=0}^{[r/2]} k_{q,f}\cdot c^{q+2f}$$

$$\cdot\sum_{i,j}\frac{\epsilon^{(i)}\epsilon^{(j)}}{2^{2f}\cdot f!(r-2f)!}\mathrm{P}_{i_1i_2j_1j_2}\cdots \mathrm{P}_{i_{2f-1}i_{2f}j_{2f-1}j_{2f}}\Lambda_{i_{2f+1}j_{2f+1}}\cdots\Lambda_{i_rj_r}$$

where $k_{q,f} = 1/(q+2)(q+4)\cdots(q+2f)$, *and the conventions about summation are as explained in* §1.

(10) Loc. cit., Footnote 7, p. 470. Similar calculations may also be found in W. Killing, *Die nicht-euklidischen Raumformen in analytischer Behandlung*, Teubner, Leipzig, 1885, p. 255.

Our calculation of $I_{r,\lambda}$ will be valid under the assumption that the mapping $f(z)$ is of class C^2; in order, however, to be able to introduce the Riemannian curvature tensor, we assume from now onwards that $f(z)$ is of class C^3. In the course of the calculation of $I_{r,\lambda}$, we simplify notations by omitting the subscript λ.

We may calculate I_r by cutting up the cell K^r into small subsets, and cutting up I_r correspondingly; we take those subsets to be cells of a subdivision of K^r, and so small that it is possible to define, on each of them, q vectors $n_\rho(\zeta)$ of class C^1 and $n-r$ vectors $\nu_\sigma(\zeta)$, also of class C^1, satisfying the following conditions: the $n_\rho(\zeta)$ are an orthonormal basis for the normal linear manifold $N^q(z)$ at $z(\zeta)$; the $\nu_\sigma(\zeta)$ are an orthonormal basis for the normal manifold $N^{n-r}(\zeta)$ to $T^r(\zeta)$ in $T^n(z)$; and, calling ν_σ^α, n_ρ^α the components of those vectors in R^N, the matrix $\Delta = \|\partial f^\alpha/\partial\zeta^i \; \nu_\sigma^\alpha \; n_\rho^\alpha\|$ has a determinant greater than 0. The latter determinant can then be calculated by observing that, if Δ^T is the transpose of Δ and $\Gamma = \|\gamma_{ij}\|$, we have

$$\Delta^T \cdot \Delta = \begin{Vmatrix} \Gamma & 0 \\ 0 & 1 \end{Vmatrix}$$

and therefore $(|\Delta|)^2 = \gamma$, so that $|\Delta| = +\gamma^{1/2}$.

$z = z(\zeta)$ belonging to one of our subsets in K^r, let (z, w) be in the tube $\mathcal{T}(K^n, f)$. Let x, u be the orthogonal projections of w on $T^n(z)$ and $N^q(z)$, respectively; x is in $\bar{A}^{n-r}(\zeta) \subset N^{n-r}(\zeta)$, so that x can be written as $\sum_\sigma \nu_\sigma(\zeta) \cdot t^\sigma$; let u^ρ be the components of u with respect to the basis n_ρ. We have:

$$w^\alpha = \sum_\sigma v_\sigma^\alpha(\zeta) \cdot t^\sigma + \sum_\rho n_\rho^\alpha(\zeta) \cdot u^\rho.$$

As these are functions of ζ, t, u of class C^1, we can express dw in terms of $d\zeta = d\zeta^1 \cdot d\zeta^2 \cdots d\zeta^r$, $dt = dt^1 \cdot dt^2 \cdots dt^{n-r}$, $du = du^1 \cdot du^2 \cdots du^q$:

$$dw = \left| \sum_\sigma \frac{\partial \nu_\sigma^\alpha}{\partial \zeta^i} \cdot t^\sigma + \sum_\rho \frac{\partial n_\rho^\alpha}{\partial \zeta^i} \cdot u^\rho \; \nu_\sigma^\alpha \; n_\rho^\alpha \right| \cdot d\zeta \cdot dt \cdot du.$$

The determinant is best calculated by multiplying its matrix to the left by Δ^T, the determinant of which has been found to be $+\gamma^{1/2}$; that gives a matrix of the form

$$\begin{Vmatrix} M & 0 \\ * & 1 \end{Vmatrix},$$

which has the determinant $|M|$. That gives:

$$dw = \left| \Lambda_{ij} + \sum_\rho L_{ij}^\rho \cdot u^\rho \right| \cdot \gamma^{-1/2} d\zeta \cdot dt \cdot du$$

if we put

$$\Lambda_{ij} = \sum_{\alpha,\sigma} \frac{\partial f^{\alpha}}{\partial \zeta^{i}} \cdot \frac{\partial v_{\sigma}^{\alpha}}{\partial \zeta^{j}} \cdot t^{\sigma}, \qquad L_{ij}^{\rho} = \sum_{\alpha} \frac{\partial f^{\alpha}}{\partial \zeta^{i}} \cdot \frac{\partial n_{\rho}^{\alpha}}{\partial \zeta^{j}} \cdot$$

In the integration of this, orientation has to be considered. Call t, u the points with the coordinates (t^{σ}), (u^{ρ}), respectively, in two auxiliary spaces P^{n-r}, P^{q}; we also consider the point with the coordinates ζ^{i}, t^{σ}, u^{ρ} in the space $P^{N}=K^{r}\times P^{n-r}\times P^{q}$. The formulae $z=z(\zeta)$, $w=\sum_{\sigma}v_{\sigma}\cdot t^{\sigma}+\sum_{\rho}n_{\rho}\cdot u^{\rho}$ define the portion of the tube now under consideration as a homeomorphic image of class C^{1} of the subset of P^{N} defined as follows: ζ is in a given subset of K^{r}; t is such that $x=\sum_{\sigma}v_{\sigma}\cdot t^{\sigma}$ is in $\overline{A}^{n-r}(\zeta)$; and $\sum_{\sigma}(t^{\sigma})^{2}+\sum_{\rho}(u^{\rho})^{2}\leqq 1$. As $\overline{A}^{n-r}$ depends continuously upon ζ, that set is the closure of an open set in P^{N}. Call now o_1, o_2, o_3 any orientations of K^{r}, P^{n-r}, P^{q}, respectively; the factors in the product $P^{N}=K^{r}\times P^{n-r}\times P^{q}$ being ordered as written, o_1, o_2, o_3 define an orientation $o_1\times o_2\times o_3$ in P^{N}, and therefore a local orientation, also denoted by $o_1\times o_2\times o_3$, in the part of the tube which we are discussing. On the other hand, the mappings $(t)\rightarrow\sum_{\sigma}v_{\sigma}\cdot t^{\sigma}$, $(u)\rightarrow\sum_{\rho}n_{\rho}\cdot u^{\rho}$ of P^{n-r}, P^{q} onto $N^{n-r}(\zeta)$, $N^{q}(z)$ transform o_2, o_3 into orientations, also denoted by o_2, o_3, of $N^{n-r}(\zeta)$, $N^{q}(z)$. We now choose for o_1, o_2, o_3 the natural orientations of K^{r}, P^{n-r}, P^{q}, respectively, defined by the coordinates ζ^{i}, t^{σ}, u^{ρ} taken in each case in their natural order. The condition on the sign of $|\Delta|$ which served to define the v_{σ}, n_{ρ} amounts to saying that the orientations o_1, o_2, o_3 of $f(K^{r})$, $N^{n-r}(\zeta)$, $N^{q}(z)$ at $z=z(\zeta)$ define, when taken in that order, the natural orientation of R^{N}. That being so, we now show that the local orientation of the tube defined as $o_1\times o_2\times o_3$ coincides with that orientation Ω of the tube as a whole which ensures the validity of Lemma 5. That is easily verified for the tube of a convex cell, by identifying it with a subset Θ^{N} of R^{N} as in §4. In the general case we use the deformation of our tube into that of a convex cell, by means of which we proved Lemma 5; for, in such a deformation, the manifolds $N^{n-r}(\zeta)$, $N^{q}(z)$ vary continuously, and therefore we have $o_1\times o_2\times o_3=\Omega$ during the whole deformation, since this is true for one value $\tau=0$ of the parameter.

We can now proceed to integrate dw by first integrating with respect to u while ζ and t are kept constant; u is to be given all values such that $\sum_{\rho}(u^{\rho})^{2}\leqq 1-\sum_{\sigma}(t^{\sigma})^{2}$. We first observe that, by differentiating the relations $\sum_{\alpha}\partial f^{\alpha}/\partial\zeta^{i}\cdot v_{\sigma}^{\alpha}=0$, $\sum_{\alpha}\partial f^{\alpha}/\partial\zeta^{i}\cdot n_{\rho}^{\alpha}=0$ which express that v_{σ}, n_{ρ} are normal vectors to $T^{r}(\zeta)$, we get the following expressions for Λ_{ij}, L_{ij}^{ρ}:

$$\Lambda_{ij} = -\sum_{\alpha} \frac{\partial^{2} f^{\alpha}}{\partial \zeta^{i}\partial \zeta^{j}} \cdot x^{\alpha}, \qquad L_{ij}^{\rho} = -\sum_{\alpha} \frac{\partial^{2} f^{\alpha}}{\partial \zeta^{i}\partial \zeta^{j}} \cdot n_{\rho}^{\alpha}$$

where $x^{\alpha}=\sum_{\sigma}v_{\sigma}^{\alpha}\cdot t^{\sigma}$ are the components of the vector x in R^{N}; these are the negatives of coefficients of the so-called "second fundamental forms" of $f(K^{r})$ in R^{N}. The Λ_{ij} are thus seen not to depend upon the choice of the basis-vectors v_{σ} in $N^{n-r}(\zeta)$, but only upon the vector x; as such, we shall now call them $\Lambda_{ij}(x)$; it is known that they are intrinsic quantities with respect to the

Riemannian geometry in K^n, and can be expressed by formula (3) in §1, if we denote by x_μ the covariant components of x; we have $x_\mu = \sum_\alpha \partial f^\alpha / \partial z^\mu \cdot x^\alpha$.

The application of Lemma 6 further leads to the introduction of the quantities

$$\mathrm{P}_{i_1 i_2 j_1 j_2} = \sum_\rho (L^\rho_{i_1 j_1} \cdot L^\rho_{i_2 j_2} - L^\rho_{i_1 j_2} \cdot L^\rho_{i_2 j_1}),$$

which also are known to be intrinsic quantities, their expression in terms of the curvature tensor in K^n being given by formula (2) in §1. We now distinguish two cases:

(a) If $r = n$, the ζ^i in the foregoing calculation should be read as z^μ, and γ as g; there are no ν_σ, no t^σ, no Λ_{ij}. Integrating dw first with respect to u, we get, by straightforward application of Lemma 6:

$$I_n = \int_{K^n} \Psi(z) dv(z),$$

where $\Psi(z)$ is defined by formula (1) in §1.

(b) If $r < n$, the integration of dw with respect to u by Lemma 6 gives, if we define the functions $\Phi_{r,f}(\zeta, x)$ by formula (4) in §1

$$v(B^q) \cdot \sum_{f=0}^{[r/2]} k_{q,f} \cdot \left[1 - \sum_\sigma (t^\sigma)^2\right]^{(q/2)+f} \cdot \Phi_{r,f}(\zeta, x) \cdot dv(\zeta) \cdot dt,$$

where $dv(\zeta) = \gamma^{1/2} \cdot d\zeta$ is the intrinsic volume-element in K^r. We may push the integration one step further, by writing $x = a \cdot \xi$, $x_\mu = a \cdot \xi_\mu$, $t^\sigma = a \cdot \tau^\sigma$, where $\sum_\sigma (\tau^\sigma)^2 = 1$ and $0 \leqq a \leqq 1$; ξ_μ are thus the covariant components of vector ξ, τ^σ its components with respect to the basis ν_σ, and ξ is on the unit-sphere in $N^{n-r}(\zeta)$; ξ describes a spherical cell $\Gamma(\zeta)$, the trace on that sphere of $\overline{A}^{n-r}(\zeta)$; $\Gamma(\zeta)$ is the outer angle in $N^{n-r}(\zeta)$ of the trace of $A_r(\zeta)$ on $N^{n-r}(\zeta)$. Calling $d\xi$ the area-element or spherical measure on that sphere, we have $dt = a^{r-1} \cdot da \cdot d\xi$. We can now carry out the integration in a, which involves only the elementary integral $\int_0^1 (1-a^2)^{(q/2)+f} \cdot a^{n-2f-1} \cdot da$, and thus find

$$I_r = \int_{K^r} dv(\zeta) \int_{\Gamma(\zeta)} \Psi(\zeta, \xi \mid K^r),$$

where Ψ is defined by formula (5) in §1. This, combined with our earlier result $\sum_{r,\lambda} I_{r,\lambda} = 1$, completes the proof of Theorem II for K^n, with the Riemannian structure defined by the $g_{\mu\nu}$, if we observe that the inner characteristic of K^n is $\chi'(K^n) = (-1)^n$.

It may be observed that, for $r = n-1$, the outer angle $\Gamma(\zeta)$ is reduced to a point, namely, the unit-vector ξ on the outer normal to K^{n-1} in the tangent space to K^n; the integral in $d\xi$ should then be understood to mean the value of the integrand at that point. Similarly, for $r = 0$, K^r is reduced to a point, and the integral in $dv(\zeta)$ should be understood correspondingly. In the latter case, I_0 contains only one term, corresponding to $f=0$, which is simply the spherical measure of the outer angle $\Gamma(\zeta)$, measured with the area of the sphere taken as the unit. In the case of a Euclidean convex cell, the terms I_0 in our formula are the only ones which do not reduce to 0.

As a preparation to §7, we furthermore have to prove some identities concerning the application of the above results to cells of lower dimension imbedded in K^n. Let L^p be a convex cell, ϕ a one-to-one mapping of class C^3 of L^p into K^n, such that (L^p, ϕ) is a curved cell; we assume that $0 \leqq p \leqq n-1$. For simplicity of notations, we identify L^p with its image in K^n by ϕ, and call (L^p, f) the curved cell which according to earlier conventions should be written as (L^p, h) where h is the product of the two mappings f, ϕ. L^r denoting either L^p or, for $0 \leqq r \leqq p-1$, any one of the boundary cells of L^p, we choose coordinates ζ^i on L^r, and again identify L^r with its image in K^n. The part of the tube of (L^p, f) which corresponds to L^r then consists of all points (z, w) in $K^n \times B^N$ for which $z=z(\zeta)$ is an inner point of L^r, $(w, w) \leqq 1$, and w is in the dual in R^N to the angle of L^p at this point; the latter angle is in the tangent linear manifold to L^p, which as before should be considered as imbedded in the tangent linear manifold $T^n(z)$ to K^n at the same point, and is of dimension p and type r; we denote it by $B_r(\zeta)$. Let $N^{n-r}(\zeta)$ be the normal linear manifold to L^r at ζ; the dual to $B_r(\zeta)$ in R^N consists of all vectors w whose projection x on $T^n(z)$ belongs to the dual to $B_r(\zeta)$ in $T^n(z)$, which is contained in $N^{n-r}(\zeta)$. Let L'^r be an open subset of L^r, so small that we may define on it q vectors n_ρ and $n-r$ vectors ν_σ precisely as before (K^r being replaced by L^r). The calculation and integration of dw for that part of the tube consisting of all points (z, w) with z in L'^r now proceeds, without any change, just as before; the case $r=n$ does not arise, as $r \leqq p \leqq n-1$; calling I'_r the integral of $dw/v(B^N)$ over that part of the tube, we have, therefore:

$$I'_r = \int_{L'^r} dv(\zeta) \int_{\Gamma(L^p,\zeta)} \Psi(\zeta, \xi \mid L^r),$$

where we now denote by $\Gamma(L^p, \zeta)$ the trace on the unit-sphere in $N^{n-r}(\zeta)$ of the dual to $B_r(\zeta)$ in $T^n(z)$. On the other hand, we could have applied our method to L^p itself, considered intrinsically and not as imbedded in K^n; this, for $r=p$, would have given us

$$I'_p = \int_{L'^p} \Psi_0(\zeta) dv(\zeta),$$

if we denote by $\Psi_0(\zeta)$ the invariant built up in L^p just as $\Psi(z)$ was built up in K^n. As this is true for any sufficiently small L'^p, we get, for every inner point ζ of L^p, the identity

$$\Psi_0(\zeta) = \int_{\Gamma(L^p,\zeta)} \Psi(\zeta, \xi \mid L^p), \tag{6}$$

where $\Gamma(L^p, \zeta)$ being as above defined, is easily seen to be the full sphere in $N^{n-p}(\zeta)$. Similarly, for $0 \leqq r \leqq p-1$, we denote by $\Psi_0(\zeta, \xi_0 \mid L^r)$ the quantity, similar to Ψ, which is built up in L^p from the Riemannian structure defined on L^p by its imbedding in K^n, from the imbedded submanifold L^r, and from a unit-vector ξ_0 normal to L^r in the tangent linear manifold $T^p(\zeta)$ to L^p; and calling $\Gamma_0(L^p, \zeta)$ the trace on the unit-sphere of the dual to $B_r(\zeta)$ in $T^p(\zeta)$, we get as before, ζ being any inner point of L^r:

$$\int_{\Gamma_0(L^p,\zeta)} \Psi_0(\zeta, \xi_0 \mid L^r) = \int_{\Gamma(L^p,\zeta)} \Psi(\zeta, \xi \mid L^r). \tag{7}$$

The identities (6), (7) contain only quantities which are intrinsic in K^n for the Riemannian structure defined in K^n by the metric tensor $g_{\mu\nu}$. They have just been proved for the case in which the $g_{\mu\nu}$ are defined by a mapping f of K^n into R^N; however, they depend only upon the $g_{\mu\nu}$ and their derivatives of the first and second order at point $z(\zeta)$. It is easy to define a small cell K'^n containing a neighborhood of point $z(\zeta)$ in K^n, and a mapping f' of K'^n into a Euclidean $R^{N'}$, so that (K'^n, f') is a curved cell and that the $g'_{\mu\nu}$ defined by f' over K'^n have, together with their derivatives of first and second order, prescribed values at $z(\zeta)$; in fact, we may do that by taking any analytic $g'_{\mu\nu}$ satisfying the latter conditions, and apply Cartan's theorem(4), but there are of course more elementary methods of obtaining the same result. As (6), (7) are purely local properties of the Riemannian cell K^n and of the imbedded L^p, L^r, they are thus shown to hold without any restriction. They could, of course, be verified by direct calculation; this would be straightforward but cumbersome, and would require another application of Lemma 6.

7. **The Gauss-Bonnet formula for Riemannian polyhedra.** We first define Riemannian polyhedra as follows.

Let P^n be a compact connected topological space, for which there has been given a covering by open subsets Ω_ι and a homeomorphic mapping ϕ_ι of each Ω_ι onto an n-dimensional convex angle C_ι which may be R^n; if the ϕ_ι and the inverse mappings ψ_ι are such that every $\phi_\kappa[\psi_\iota(x)]$ is of class C^m at every $x \in C_\iota$ such that $\psi_\iota(x) \in \Omega_\kappa$, P^n will be called an n-dimensional differentiable polyhedron of class C^m. As noted before (§2), re-entrant angles would lend themselves to similar treatment but are purposely avoided for simplicity's sake.

By a differentiable cell of class C^m, we understand a differentiable polyhedron of class C^m which can be put into a one-to-one correspondence of class C^m with a convex cell.

The beginning of §5 provides a definition for the tangent affine space and the angle of a differentiable cell at any one of its points; those definitions, being purely local, apply without any change to a differentiable polyhedron. If C is the angle of P^n at the point z, z has a neighborhood homeomorphic to C; if C is of type r, we say that z is of type r in P^n. Points of type n in P^n are called *inner* points of P^n. Points of type at most r (where $0 \leqq r \leqq n$) form a closed, and therefore compact, subset of P^n, the closure of the set of the points of type r; if the latter consists of N_r connected components, the former is the union of N_r, and not of less than N_r, differentiable polyhedra P_λ^r of dimension r. A point of type r is an inner point of one of the P_λ^r, and of no other P_μ^s; if an inner point of P_λ^r is contained in P_μ^s, then $P_\lambda^r \subset P_\mu^s$. The P_λ^r, for $0 \leqq r \leqq n-1$, will be called the *boundary polyhedra* of P^n.

By a regular subpolyhedron Q^p in P^n, we understand the one-to-one image of a polyhedron Q_0^p in P^n, provided it satisfies the following conditions: ζ^i being local coordinates in Q_0^p at any point, and z^μ local coordinates in P^n at the image of that point, the functions $z^\mu(\zeta)$ which locally define the mapping are of the same class C^m as the polyhedron P^n, and the matrix $\|\partial z^\mu/\partial\zeta^i\|$ is of rank p. Each boundary polyhedron P_λ^r of P^n is a regular subpolyhedron of P^n.

We say that a finite set of distinct regular subpolyhedra Q_ρ^r of P^n forms a *subdivision* $\mathfrak{D}$ of P^n if the following conditions are fulfilled: (a) each point of P^n is an inner point of at least one Q_ρ^r in $\mathfrak{D}$; (b) if Q_ρ^r and Q_σ^s, in $\mathfrak{D}$, are such that there is an inner point of Q_ρ^r contained in Q_σ^s, then $Q_\rho^r \subset Q_\sigma^s$. From (b), it follows that no two polyhedra in $\mathfrak{D}$ can have an inner point in common unless they coincide.

P^n and its boundary polyhedra P_λ^r thus form a subdivision of P^n, which we call the *canonical* subdivision. If $\mathfrak{D}$ is any subdivision of P^n, those polyhedra Q_σ^s in $\mathfrak{D}$ which are contained in a given polyhedron Q_ρ^r in $\mathfrak{D}$ form a subdivision of Q_ρ^r.

LEMMA 7. *If Q^r is a polyhedron in a subdivision $\mathfrak{D}$ of P^n, all inner points of Q^r have the same type in P^n.*

An inner point of Q^r obviously has a type at least r in P^n; hence the lemma is true for $r=n$; we prove it by induction, assuming it to hold for all Q_σ^s in $\mathfrak{D}$ with $s>r$. Let ζ be an inner point of Q^r; call s its type in P^n, so that $s \geqq r$; ζ is then inner point of some P_λ^s; we need only show that all points of Q^r, sufficiently near to ζ, are in P_λ^s. That will be the case if all points of P_λ^s, sufficiently near to ζ, are in Q^r; for then, since P_λ^s and Q^r are of class at least C^1 and regular in P^n, we must have $s=r$, and P_λ^s, Q^r must coincide in a neighborhood of point ζ. If that is not so, then ζ must be a limiting point of inner points of P_λ^s which are not in Q^r; as each of the latter points is an inner point of a polyhedron in $\mathfrak{D}$, and there is only a finite number of such polyhedra, it follows that there is a Q^t in $\mathfrak{D}$, such that ζ is a limiting point of inner points of Q^t, each of which is an inner point of P_λ^s and is not in Q^r. This implies that $\zeta \in Q^t$, and therefore $Q^r \subset Q^t$; hence $t>r$, as otherwise an inner point of Q^r

would be inner point of Q^t, and Q^r would be the same as Q^t. By the induction assumption, the lemma holds for Q^t; as there are inner points of Q^t which are inner points of P_λ^s, we have, therefore, $Q^t \subset P_\lambda^s$, and so $Q^r \subset P_\lambda^s$; this proves the lemma.

An immediate consequence is that all the polyhedra, in a subdivision $\mathcal{D}$ of P^n, which are contained in a given boundary polyhedron P_λ^r of P^n, form a subdivision of that P_λ^r; this can be expressed by saying that every subdivision of P^n is a refinement of the canonical subdivision. In particular, if a polyhedron Q^r, in a subdivision $\mathcal{D}$ of P^n, contains at least one inner point of P^n, all inner points of Q^r are inner points of P^n; Q^r is then called an *inner polyhedron* of the subdivision.

LEMMA 8. *$\mathcal{D}$ being a subdivision of P^n, and z any point of P^n, the angles at z of those polyhedra in $\mathcal{D}$ which contain z form a subdivision of the angle of P^n at z; the inner angles in the latter subdivision are the angles of the inner polyhedra in $\mathcal{D}$ which contain z.*

In the proof of this lemma, we shall denote by $A(Q)$, Q being any regular subpolyhedron of P^n, the angle of Q at z, if $z \in Q$, and the null-set otherwise. Let x be any vector in $A(P^n)$, defined by an operator $X\phi = \lim \xi \cdot [\phi(z') - \phi(z)]$, where z' tends to z within P^n and ξ tends to $+\infty$; as every z' is an inner point of a Q_ρ^r in $\mathcal{D}$, and there is only a finite number of such Q_ρ^r, we may define x by a sequence of z', all belonging to one and the same Q_ρ^r; $A(Q_\rho^r)$ then contains x. Let Q^r be a polyhedron of the lowest dimension in $\mathcal{D}$, such that $x \in A(Q^r)$; if x were not an inner point of $A(Q^r)$, it would be in the angle at z of a boundary polyhedron Q'^s of Q^r, with $s < r$. The polyhedra in $\mathcal{D}$ which are contained in Q^r form a subdivision of Q^r, and so, by Lemma 7, those which are contained in Q'^s form a subdivision of Q'^s; x would therefore be in the angle at z of one of the latter polyhedra, which would be of dimension at most s, in contradiction with the definition of Q^r. This shows that x is an inner vector of $A(Q^r)$. Suppose, that, at the same time, x is an inner vector of $A(P^n)$; and let x be defined by $X\phi = \lim \xi \cdot [\phi(z') - \phi(z)]$ where the z' are in Q^r; all z', sufficiently near to z, must be inner points of P^n (otherwise x would not be an inner point of $A(P^n)$), and so Q^r must be an inner polyhedron of the subdivision $\mathcal{D}$. On the other hand, if x is not an inner point of $A(P^n)$, it must be in the angle at z of a boundary polyhedron P_λ^r of P^n; since those polyhedra of $\mathcal{D}$ which are contained in P_λ^r form a subdivision of P_λ^r, it follows, as above, that x is then an inner point of an angle $A(Q^s)$, where Q^s is a polyhedron in $\mathcal{D}$ and is contained in P_λ^r.

The proof of the lemma will now be complete if we show that, whenever Q_ρ^r and Q_σ^s belong to $\mathcal{D}$ and there is an inner point of $A(Q_\rho^r)$ contained in $A(Q_\sigma^s)$, Q_ρ^r itself is contained in Q_σ^s. Using induction, we may, in doing this, assume that the lemma is true for all subdivisions of polyhedra of dimension less than n (the lemma is obviously true when P^n has the dimension 1). The question being purely local, we need consider only a small neighborhood of z in P^n, which we may identify with a convex angle in R^n; by the distance of two points in that neighborhood, we understand the Euclidean distance as measured in R^n. Let Q^r be a polyhedron in $\mathcal{D}$, such that $z \in Q^r$; let x be an inner vector of $A(Q^r)$, defined as above by an operator $X\phi = \lim \xi \cdot [\phi(z') - \phi(z)]$, where we may assume that z' runs over a sequence of inner points of Q^r tending to z. In R^n, the direction of the vector zz' tends to that of the vector x. Our lemma will be proved if, assuming furthermore that x is in the angle at z of a polyhedron in $\mathcal{D}$ which does not contain Q^r, we show that this implies a contradiction. But the latter assumption implies that, if w is a nearest point to z' in the union W of those polyhedra in $\mathcal{D}$ which contain z and do not contain Q^r, the direction of the vector zw tends to that of x; we need therefore only show that this implies a contradiction.

w must be contained in a polyhedron Q^s_σ belonging to $\mathcal{D}$ and containing Q^r, since otherwise it could not be a nearest point to z' in W. Let Q^m_μ be the polyhedron in $\mathcal{D}$ of which w is an inner point; this is contained in Q^s_σ, and cannot contain Q^r; it is therefore, by Lemma 7, contained in one of the boundary polyhedra Q'^t of Q^s_σ. As there are only a finite number of possibilities for Q^s_σ, Q^m_μ, Q'^t, we may, by replacing the sequence of points z' by a suitable subsequence, assume that these are the same for all w. We now identify a neighborhood of z in Q^s_σ with a convex angle in a Euclidean space R^s; as z, z', w, Q^r, Q'^t are contained in Q^s_σ, we may, in the neighborhood of z, identify them with corresponding points and subsets of that convex angle, and x with the corresponding vector in that same angle.

We have assumed that the direction of the vector zw tends to that of x; therefore Q^r cannot be the same as Q^s_σ, for w is on the boundary of Q^s_σ, and x is an inner vector of Q^r. Therefore Q^r is contained in a boundary polyhedron Q''^u of Q^s_σ; the directions of the vectors zz', zw tend to the direction of x; each point w is in Q'^t, each point z' in Q''^u, and, in the neighborhood of z, Q'^t and Q''^u are the same as two boundary angles of the convex angle Q^s_σ; therefore x must be in the angle at z of $Q'^t \cap Q''^u$, which, by Lemma 7 (applied to Q^s_σ), is the union of polyhedra of $\mathcal{D}$, so that x is in the angle at z of one of the latter polyhedra. Therefore (applying the induction assumption to Q''^u) Q^r is contained in that polyhedron, and a fortiori in Q'^t. Hence, applying the induction assumption to Q'^t, we get $Q^r \subset Q^m_\mu$, which contradicts an earlier statement.

We now define a *cellular* subdivision of a polyhedron P^n as a subdivision $\mathcal{D}$, every polyhedron Z^r_ρ in which is a differentiable cell (of the same class as P^n). The application of the results of §6 to arbitrary polyhedra depends upon the following lemma:

LEMMA 9. *Every differentiable polyhedron admits a cellular subdivision.*

This is essentially contained in the work of S. S. Cairns on triangulation, and also in a subsequent paper of H. Freudenthal on the same subject([11]), and need not be proved here.

On a differentiable polyhedron, it is possible to define differentials and differential forms in the usual manner. Such a polyhedron will be called a Riemannian polyhedron if there has been given on it a positive-definite quadratic differential form, locally defined everywhere, in terms of local coordinates z^μ, as $\sum_{\mu,\nu} g_{\mu\nu} dz^\mu dz^\nu$. We make once for all the assumption that our Riemannian polyhedra are of class at least C^3, and that the $g_{\mu\nu}$, which locally define their Riemannian structure, are of class at least C^2 wherever defined. If P^n is such a polyhedron, and Q^p any regular subpolyhedron of P^n, the Riemannian structure of P^n induces again such a structure on Q^p; if ζ^i are local coordinates at a point ζ in Q^p, and the functions $z^\mu(\zeta)$ define the local imbedding of Q^p in P^n at that point, the structure of Q^p at that point is defined by the form $\sum_{i,j}\gamma_{ij}d\zeta^i d\zeta^j$, where $\gamma_{ij}=\sum_{\mu,\nu} g_{\mu\nu}\partial z^\mu/\partial\zeta^i\cdot\partial z^\nu/\partial\zeta^j$. We shall denote by $dv(z)$ the intrinsic volume-element in P^n at z, and by $dv(\zeta)$ the same in Q^p at ζ.

On a Riemannian polyhedron P^n, satisfying the above assumptions, we can define locally at every point z the Riemannian curvature tensor, and hence, by formula (1) of §1, the invariant $\Psi(z)$. Let now Q^p be a regular subpolyhedron of P^n, and ζ a point of Q^p; we shall denote by $N^{n-p}(\zeta)$ the normal linear manifold to Q^p at ζ, which is a submanifold of the tangent space to P^n at ζ. We denote by $\Gamma(Q^p, \zeta)$ the trace, on the unit-sphere, of the dual angle, taken in the tangent space to P^n, of the angle of Q^p at ζ. Furthermore, x being any vector in $N^{n-p}(\zeta)$, we define $\Psi(\zeta, x|Q^p)$ by formulae (2), (3), (4), (5) of §1.

Let now R^s be a polyhedron in a subdivision of Q^p. If $s=p=n$, we define $I(Q^p, R^s)$ as the integral of $\Psi(z)\cdot dv(z)$ over R^s. If $s<n$, we define $I(Q^p, R^s)$ as the integral of $\Psi(\zeta, \xi|R^s)dv(\zeta)$ when ζ describes the set of inner points of R^s and ξ describes, for each ζ, the spherical cell $\Gamma(Q^p, \zeta)$. This implies that $I(Q^p, R^s)=0$ if the inner points of R^s are of type greater than s in Q^p, because $\Gamma(Q^p, \zeta)$ has then a dimension less than $n-s-1$. If, therefore, we consider the sum $\sum_{s,\sigma} I(Q^p, R^s_\sigma)$, taken over all polyhedra R^s_σ of a subdivision of Q^p, this sum has the same value as the similar sum taken for the canonical subdivision of Q^p; the value of that sum is therefore independent of the subdivision by means of which it is defined, and we may write:

$$\sigma(Q^p) = \sum_{s=0}^{p}\sum_{\sigma} I(Q^p, R^s_\sigma),$$

the sum being taken over all polyhedra of any subdivision of Q^p.

([11]) See S. S. Cairns' expository paper, *Triangulated manifolds and differentiable manifolds*, in *Lectures in topology*, University of Michigan Conference of 1940, University of Michigan Press, 1941, p. 143, where references will be found to Cairns', Freudenthal's and Whitehead's publications.

$\Psi(z)$ has been defined by using P^n as the underlying Riemannian space. If, on the other hand, we use Q^p as underlying space, we may, substituting p for n in formula (1) of §1 and using the metric and curvature tensors of Q^p, define the similar invariant for Q^p, which we denote by $\Psi_0(\zeta)$. Similarly, ξ_0 being a normal unit-vector to R^s in the tangent space to Q^p at a point ζ of R^s, we define $\Psi_0(\zeta, \xi_0 | R^s)$ by the formulae, similar to (2)–(5) of §1, where Q^p is taken as underlying space instead of P^n. We also define $\Gamma_0(Q^p, \zeta)$ as the trace, on the unit-sphere, of the dual angle, taken in the tangent space to Q^p, of the angle of Q^p at ζ. And we define $I_0(Q^p, R^s)$ as the integral of $\Psi_0(\zeta)dv(\zeta)$ over R^s if $s=p$, and, if $s<p$, as the integral of $\Psi_0(\zeta, \xi_0 | R^s)dv(\zeta)$ when ζ describes the set of inner points of R^s and ξ_0 describes, for each ζ, the spherical cell $\Gamma_0(Q^p, \zeta)$. By the same argument as above, we see, that the sum

$$\sigma_0(Q^p) = \sum_{s,\sigma} I_0(Q^p, R^s_\sigma),$$

taken over all polyhedra R^s_σ of a subdivision of Q^p, is independent of that subdivision. This sum, taken for the canonical subdivision of Q^p, is the same (except for slight changes of notations) as the sum that occurs in the right-hand side of the formula in Theorem II of §1, when that theorem is applied to Q^p. With our present notations, we may, therefore, re-state our Theorem II in the following terms:

THEOREM II. *For every Riemannian polyhedron Q^p, $\sigma_0(Q^p) = (-1)^p \cdot \chi'(Q^p)$.*

We shall first prove that $\sigma(Q^p) = \sigma_0(Q^p)$. As $\sigma(Q^p)$, $\sigma_0(Q^p)$ can be defined from the canonical subdivision of Q^p, it will be enough to prove that, for every Q^r_ρ in that subdivision (that is, either Q^p or one of its boundary polyhedra), $I(Q^p, Q^r_\rho) = I_0(Q^p, Q^r_\rho)$; and this will be proved if we prove that

$$(6') \qquad \Psi_0(\zeta) = \int_{\Gamma(Q^p,\zeta)} \Psi(\zeta, \xi | Q^p)$$

whenever ζ is an inner point of Q^p, and

$$(7') \qquad \int_{\Gamma_0(Q^r,\zeta)} \Psi_0(\zeta, \xi_0 | Q^r) = \int_{\Gamma(Q^r,\zeta)} \Psi(\zeta, \xi | Q^r)$$

whenever ζ is an inner point of a boundary polyhedron Q^r of Q^p. But these identities have been proved, as formulae (6) and (7) of §6, in the particular case when P^n is a Riemannian cell; they are purely local, and depend only upon the angle of Q^p at ζ, the $g_{\mu\nu}$ and their first and second derivatives and the first and second derivatives of the $z^\mu(\zeta)$ at that point; hence they hold in general.

We now prove the important *additivity property* of the function $\sigma(Q^p) = \sigma_0(Q^p)$:

LEMMA 10. *For any subdivision of P^n, the formula holds:*

$$(-1)^n\sigma(P^n) = \sum_{r,\rho}{}'(-1)^r\sigma(Q^r_\rho)$$

where $\sum'$ denotes summation over all inner polyhedra Q^r_ρ of the subdivision.

Call S the sum on the right-hand side. Replacing the $\sigma(Q^r_\rho)$ by their definition, we see that

$$S = \sum_{r,\rho,s,\sigma} \epsilon_{r,\rho,s,\sigma} I(Q^r_\rho, Q^s_\sigma),$$

where the sum is taken over all values of r, ρ, s, σ, and $\epsilon_{r,\rho,s,\sigma}$ has the value $(-1)^r$ whenever $Q^r_\rho \supset Q^s_\sigma$ and Q^r_ρ is an inner polyhedron of the subdivision; and the value 0 otherwise. We may write, therefore:

$$S = \sum_{s,\sigma} J_{s,\sigma},$$

where $J_{s,\sigma}$ is defined by

$$J_{s,\sigma} = \sum_{r,\rho} \epsilon_{r,\rho,s,\sigma} I(Q^r_\rho, Q^s_\sigma);$$

the latter sum may be restricted to those values of r, ρ for which Q^r_ρ contains Q^s_ρ and is an inner polyhedron.

We first calculate $J_{s,\sigma}$ in the case $s=n$; the sum then contains only one term, and we have:

$$J_{n,\sigma} = (-1)^n I(Q^n_\sigma, Q^n_\sigma) = (-1)^n I(P^n, Q^n_\sigma).$$

We now take the case $s<n$. From the definition of $I(Q^r_\rho, Q^s_\sigma)$, it follows that $J_{s,\sigma}$ is the integral of $\Psi(\zeta, \xi | Q^s_\sigma)dv(\zeta)$ when ζ describes the set of inner points of Q^s_σ, and the integration in ξ, for each ζ, is over the chain:

$$\Delta = \sum_{r,\rho} \epsilon_{r,\rho,s,\sigma} \Gamma(Q^r_\rho, \zeta).$$

Now $\Gamma(Q^r_\rho, \zeta)$, as a chain on S^{n-s-1}, is the same as the outer angle, taken in $N^{n-s}(\zeta)$ according to our definitions in §2, of the trace on $N^{n-s}(\zeta)$ of the angle of Q^r_ρ at ζ. In the sum for Δ, we have all those Q^r_ρ which are inner polyhedra of the subdivision and which contain Q^s_σ, that is, which contain ζ (since ζ is an inner point of Q^s_σ); by Lemma 8, their angles at ζ are the inner angles of a subdivision of the angle of P^n at ζ; since all those angles contain the tangent manifold to Q^s_σ at ζ, their traces on $N^{n-s}(\zeta)$ bear the same relationship to the trace on $N^{n-s}(\zeta)$ of the angle of P^n; we may therefore apply to the outer angles of those traces Theorem III of §2, which gives here $\Delta = (-1)^n\Gamma(P^n, \zeta)$, and therefore:

$$J_{s,\sigma} = (-1)^n I(P^n, Q^s_\sigma),$$

which proves the lemma.

Lemma 10 shows that if Theorem II holds for every cell in a certain cellular subdivision of P^n, it holds for P^n; for, if all Q_ρ^r are cells and Theorem II holds for them, we have $\sigma(Q_\rho^r) = (-1)^r\chi'(Q_\rho^r) = 1$, and the right-hand side of the formula in Lemma 10 reduces to the inner characteristic of P^n, as calculated from the given subdivision. Since every polyhedron admits a cellular subdivision, it will now be enough to prove Theorem II for cells. By §6, we know it to hold for an "imbeddable" cell K^n, that is, for one in which the $g_{\mu\nu}$ are defined, as in §6, by a mapping f of K^n into a Euclidean space R^N.

We next take the case of an analytic cell, which we may define by taking a convex cell K^n, and $n(n+1)/2$ functions $g_{\mu\nu}(z)$, analytic over K^n, such that the quadratic form with the coefficients $g_{\mu\nu}(z)$ is positive-definite for every z in K^n. By Cartan's theorem(12), every point of K^n has a neighborhood which can be analytically and isometrically imbedded in a Euclidean space. If, therefore, we subdivide K^n into sufficiently small convex cells (for example, by parallel planes), the Riemannian structure induced on any one of the latter by the given structure in K^n can be defined by an analytic mapping into some Euclidean space, and therefore the results of §6 apply to all cells in that subdivision. Therefore Theorem II holds for K^n.

We now take an arbitrary cell, defined as above by a convex cell K^n and functions $g_{\mu\nu}(z)$ over K^n, the latter being only assumed to be of class C^2; by a theorem of H. Whitney(13), the $g_{\mu\nu}(z)$ can be uniformly approximated, together with their first and second derivatives, by analytic functions and their derivatives. But the expression $\sigma(K^n)$, considered (for a given K^n) in its dependence upon the $g_{\mu\nu}$, depends continuously upon the $g_{\mu\nu}$ and their first and second derivatives; for the integrands Ψ are rational expressions in the $g_{\mu\nu}$, their first and second derivatives, and the components ξ_μ of vector ξ; the denominators in the Ψ consist merely of the determinants g, γ, which are bounded away from 0; $dv(z)$ is $g^{1/2}\cdot dz$, $dv(\zeta)$ is $\gamma^{1/2}\cdot d\zeta$. As to ξ, we may put $\xi_\mu = \omega\cdot\bar{\xi}_\mu$, where $\bar{\xi}_\mu$ describes the trace of the dual of the angle of K^n at ζ on the surface $\sum_\mu(\bar{\xi}_\mu)^2 = 1$, which is independent of the $g_{\mu\nu}$, and $\omega = (\sum_{\mu\nu} g^{\mu\nu}\cdot\bar{\xi}_\mu\bar{\xi}_\nu)^{-1/2}$. Expressing ξ_μ, $d\xi$ in terms of the $\bar{\xi}_\mu$, we get expressions which are continuous in the $g_{\mu\nu}$. Since $\sigma(K^n)$ is equal to 1 whenever the $g_{\mu\nu}$ are analytic, it follows that it is always 1, and this completes our proof.

Our main result is thus proved in full. Owing, however, to the very unsatisfactory condition in which the theory of differentiable polyhedra has remained until now, the scope of our Theorem II may not be quite adequate for some applications, and we shall add a few remarks which properly belong

(12) Loc. cit. Footnote 4.

(13) H. Whitney, *Analytic extensions of differentiable functions defined in closed sets*, Trans. Amer. Math. Soc. vol. 36 (1934) p. 63 (see Lemma 2, p. 69 and Lemma 5, p. 74; as to the latter lemma, which is due to L. Tonelli, cf. C. de la Vallee Poussin, *Cours d'analyse infinitésimale*, vol. 2, 2d edition, Louvain-Paris, 1912, pp. 133–135).

to that theory (to which part of this section may also be regarded as a contribution).

One would feel tempted to regard as a differentiable polyhedron any compact subset of a differentiable manifold which can be defined by a finite number of inequalities $\phi_\nu(z) \geqq a_\nu$, where the ϕ_ν are functions of the same class C^m as the manifold; and one would wish to be able to apply the Gauss-Bonnet formula to such sets.

Now, a compact set P determined, on a manifold M^n of class C^m, by inequalities $\phi_\nu(z) \geqq a_\nu$, the ϕ_ν being functions of class C^m in finite number, actually is a differentiable polyhedron of class C^m, according to our definitions, if the following condition is fulfilled: (A) For any subset S of the set of indices ν, consisting of s elements, and any point z of M^n satisfying $\phi_\sigma(z) = a_\sigma$ for $\sigma \in S$ and $\phi_\nu(z) > a_\nu$ for $\nu \notin S$, the matrix $\|\partial\phi_\sigma/\partial z^\mu\|$ (where σ runs over S and μ ranges from 1 to n) is of rank s. In fact, if condition (A) is fulfilled, let z be any point of P; call S the set of all those indices σ for which $\phi_\sigma(z) = a_\sigma$; by condition (A), their number s is at most n, and we may take the $\phi_\sigma(z)$ as s of the local coordinates at z; the neighborhood of z in P is then an image of class C^m of the angle determined in R^n by the s inequalities $x_\sigma \geqq 0$.

If condition (A) is not satisfied, P need not be a differentiable polyhedron, and indeed it can be shown by examples that "pathological" circumstances may occur. It can be shown, however, that condition (A) is fulfilled, in a suitable sense, for "almost all" values of the a_ν, when the ϕ_ν are given. This gives the possibility of extending the validity of Theorem II to cases when (A) is not fulfilled, by applying it to suitable neighboring values of the a_ν and passing to the limit. Alternatively, almost any "reasonable" definition of a differentiable polyhedron, more general than ours, will be found to be such that our proofs of Lemmas 7 and 8 will remain valid; all our further deductions will then hold provided triangulation is possible.

Finally, it may also be observed that the set P, defined as above by inequalities $\phi_\nu(z) \geqq 0$, can be considered as a limiting case of the set P^n_ϵ defined by the inequalities $\phi_\nu(z) \geqq 0$, $\prod_\nu \phi_\nu(z) \geqq \epsilon$, where ϵ is any number greater than 0. The latter is a polyhedron with a single boundary polyhedron P^{n-1}_ϵ which is a compact manifold of dimension $n-1$; it may be considered as derived from P by "rounding off the edges." We may therefore apply Theorem II to P^n_ϵ; and it is to be expected that the formula thus obtained will tend to a formula of the desired type when ϵ tends to 0. In fact, this idea could probably be used in order to derive our main theorem from the special case of polyhedra P^n bounded by a single $(n-1)$-dimensional manifold.

HAVERFORD COLLEGE,
HAVERFORD, PA.

[1943b] Differentiation in algebraic number-fields

Analogies with function-fields have long ago led E. Noether and others to the conjecture that the theory of the different in number-fields can be built upon some arithmetical analogue of differentiation. This is now done, by defining a derivation modulo an ideal $\mathfrak{a}$ in a number-field as an operator D with the following properties: (a) D maps the ring $\mathfrak{o}$ of integers in the field into the ring $\mathfrak{o}/\mathfrak{a}$; (b) $D(\alpha + \beta) = D\alpha + D\beta$; (c) if $\bar{\alpha}$, $\bar{\beta}$ are the classes of α, β mod $\mathfrak{a}$, then $D(\alpha\beta) = \bar{\alpha} \cdot D\beta + \bar{\beta} \cdot D\alpha$; D is essential if there is α in $\mathfrak{o}$, such that $D\alpha$ is not a zero-divisor in $\mathfrak{o}/\mathfrak{a}$. The different is then the least common multiple of all ideals modulo which there exists an essential derivation. This is easily extended to the relative different, to p-adic fields, and so on.

Reprinted from Bulletin of the American Mathematical Society, Vl. 49, p. 41 by permission of the American

[1945] A correction to my book on topological groups

On p. 28 of my monograph on topological groups,[2] implicit use is made of the following proposition: "If G is a topological group, and g a closed invariant subgroup of G, then the factor-group G/g cannot have a dimension greater than that of G." This is a very plausible but hitherto unproved result; the assertions on the dimension of a projective limit (IGTA, p. 28) must therefore partake of its conjectural nature. However, the results on the dimension of compact groups and of locally compact abelian groups (IGTA, chap. 5, §25, and chap. 6, §29) can be justified by dealing with a special case of that proposition; to do so, is the purpose of the present note. Since no satisfactory theory of dimension exists except for "separable metrizable" spaces,[3] it will be enough to consider the case of groups which are metrizable and separable. A compact group which satisfies these conditions will be called *enumerably compact* in this note; such a group has at most enumerably many irreducible linear representations; it follows from this, and from the results of IGTA, §25, that it is the projective limit of a *sequence* of compact Lie groups. The result to be proved is now as follows.

THEOREM. *Let G be an enumerably compact group. Let g_0 be a closed invariant subgroup of G such that G/g_0 is a Lie group. Let U_0 be a neighborhood of the unit-element in G/g_0, homeomorphic to the interior of a sphere; and let X be the set of all elements of G, the image of which in G/g_0 is in U_0. Then X is homeomorphic to the (topological) direct product $U_0 \times g_0$.*

Let ϕ be the canonical mapping of G on the factor-group $G_0 = G/g_0$, i.e., the mapping in which, to every element of G, corresponds its co-set with respect to g_0. As is well known, our theorem will be proved if we show that we can find in G a system of representatives U for U_0, i.e., a homeomorphic image $U = \psi(U_0)$ of U_0 in G such that the inverse ψ^{-1} of ψ coincides on U with ϕ. In order to do that, we write G

Received by the editors August 7, 1944.

[1] Guggenheim Fellow.

[2] *L'intégration dans les groupes topologiques et ses applications*, Actualités Scientifiques et Industrielles, Hermann, Paris, 1940; this book will be quoted as IGTA. I am much indebted to H. Samelson for having first pointed out to me the conjectural nature of the result in question, and also for the following correction to the same book: on p. 26, lines 8 and 15, the word "invariant" should be omitted.

[3] Cf. W. Hurewicz and H. Wallman, *Dimension theory*, Princeton, 1941 (see the Appendix).

as projective limit of a sequence of Lie groups $G_n = G/g_n$, where the g_n, for $n = 0, 1, 2, \cdots$, are a sequence of closed invariant subgroups of G, beginning with the given subgroup g_0, such that $g_n \supset g_{n+1}$ for every n, and with no common element other than the unit-element of G. If we put $\gamma_n = g_{n+1}/g_n$, we can consider γ_n as a subgroup of $G_n = G/g_n$; it is a closed invariant subgroup of G_n, and we have (by IGTA, §3) $G_n = G_{n+1}/\gamma_{n+1}$; let ϕ_n be the canonical mapping of G_{n+1} on the factor-group $G_n = G_{n+1}/\gamma_{n+1}$. We now define by induction, for every n, a homeomorphic image U_n of U_0 in G_n as follows. Assuming that U_n has been defined, we may consider its inverse image by ϕ_n, in G_{n+1}, as a fibre-space with the base-space U_n and with fibres which are homeomorphic to γ_{n+1}; as U_n is homeomorphic to U_0, that is, to the interior of a sphere of a certain dimension, it follows from this, by Feldbau's theorem,[4] that this inverse image is homeomorphic to the topological product of U_n and of γ_{n+1}, and that we can find in it a continuous system of representatives, which we call U_{n+1}, for the base U_n. Then U_{n+1} is a homeomorphic image $U_{n+1} = \psi_n(U_n)$ of U_n in G_{n+1}, and the inverse ψ_n^{-1} of the homeomorphic mapping ψ_n of U_n on U_{n+1} is no other than ϕ_n. That being so, let x_0 be any point in U_0, and put $x_{n+1} = \psi_n(x_n)$ for $n = 0, 1, 2, \cdots$; as we have $x_n = \phi_n(x_{n+1})$ for every n, the sequence $(x_0, x_1, x_2, \cdots)$ defines a point x in the projective limit G of the sequence $G_0, G_1, G_2, \cdots$; if now we write $x = \psi(x_0)$, ψ is a mapping of U_0 in G, with the properties which were required for the proof of our theorem.

COROLLARY. *If a factor-group of an enumerably compact group G is a Lie group of dimension n, then G itself has at least the dimension n.*

The above proof suggests that the conjectural proposition mentioned at the beginning of this note is related to the following problem. Let G be a topological group, g a closed subgroup of G, and $H = G/g$ the homogeneous space determined by G and g (IGTA, §2), that is, the space of cosets of g in G; can G be considered as a fibre-space, with base H and with fibres homeomorphic to g, according to any one of the known definitions of fibre-spaces?[5] One may expect the answer to be in the affirmative, provided a point in H has a system of neighborhoods which are all homotopic to zero (that is, contractible to a point) in H.

UNIVERSITY OF EREWHON,
EREWHON, UT.

[4] J. Feldbau, *Sur la classification des espaces fibrés*, C. R. Acad. Sci. Paris vol. 208 (1939) p. 1621.

[5] Cf., for example, R. H. Fox, *On fibre-spaces*, Bull. Amer. Math. Soc. vol. 49 (1943) p. 555.

[1946a] Foundations of algebraic geometry (Introduction)

Δὸς ποῦ στῶ

Algebraic geometry, in spite of its beauty and importance, has long been held in disrepute by many mathematicians as lacking proper foundations. The mathematician who first explores a promising new field is privileged to take a good deal for granted that a critical investigator would feel bound to justify step by step; at times when vast territories are being opened up, nothing could be more harmful to the progress of mathematics than a literal observance of strict standards of rigor. Nor should one forget, when discussing such subjects as algebraic geometry, and in particular the work of the Italian school, that the so-called "intuition" of earlier mathematicians, reckless as their use of it may sometimes appear to us, often rested on a most painstaking study of numerous special examples, from which they gained an insight not always found among modern exponents of the axiomatic creed. At the same time, it should always be remembered that it is the duty, as it is the business, of the mathematician to prove theorems, and that this duty can never be disregarded for long without fatal effects. The experience of many centuries has shown this to be a matter on which, whatever our tastes or tendencies, whether "creative" or "critical", we mathematicians dare not disagree. As in other kinds of war, so in this bloodless battle with an ever retreating foe which it is our good luck to be waging, it is possible for the advancing army to outrun its services of supply and incur disaster unless it waits for the quartermaster to perform his inglorious but indispensable tasks. Thus for a time the indiscriminate use of divergent series threatened the whole of analysis; and who can say whether Abel and Cauchy acted more as "creative" or as "critical" mathematicians when they hurried to the rescue? One would be lacking in a sense of proportion, should one compare the present situation in algebraic geometry to that which these great men had to face; but there is no doubt that, in this field, the work of consolidation has so long been overdue that the delay is now seriously hampering progress in this and other branches of mathematics. To take only one instance, a personal one, this book has arisen from the necessity of giving a firm basis to Severi's theory of correspondences on algebraic curves, especially in the case of characteristic $p \neq 0$ (in which there is no transcendental method to guarantee the correctness of the results obtained by algebraic means), this being required for the solution of a long outstanding problem, the proof of the Riemann hypothesis in function-fields. The need to remedy such defects has been widely felt for some time; and, during the last twenty years, various authors, among whom it will be enough to mention F. Severi, B. L. van der Waerden, and more recently O. Zariski, have made important contributions towards this end. To them the present book owes of course a great deal; nor is its title intended to suggest that further efforts in the same direction are now superfluous. No treatment of the foundations of algebraic geometry may claim to be exhaustive unless it includes (among other

vii

topics) the definition and elementary properties of differential forms of the first and second kind, the so-called "principle of degeneration", and the method of formal power-series; but, concerning these subjects, nothing more than some cursory remarks in Chap. IX will be found in this book. Therefore some account of its exact scope, and of its relationship to earlier work, must now be given.

The main purpose of the book is to present a detailed and connected treatment of the properties of intersection-multiplicities, which is to include all that is necessary and sufficient to legitimize the use made of these multiplicities in classical algebraic geometry, especially of the Italian school. At the same time, this book seeks to deserve its title by being entirely self-contained, assuming no knowledge whatsoever of algebraic geometry, and no knowledge of modern algebra beyond the simplest facts about abstract fields and their extensions, and the bare rudiments of the theory of ideals. In a treatment of this kind, particular attention must be and has been given to the language and the definitions. Of course every mathematician has a right to his own language — at the risk of not being understood; and the use sometimes made of this right by our contemporaries almost suggests that the same fate is being prepared for mathematics as once befell, at Babel, another of man's great achievements. A choice between equivalent definitions is of small moment, and two theories which consist of the same theorems are to be regarded as identical, whatever their starting points. But in such a subject as algebraic geometry, where earlier authors left many terms incompletely defined, and were wont to make (sometimes implicitly) assumptions from which we wish to be free, all terms have to be defined anew, and to attach precise meanings to them is a task not unworthy of our most solicitous attention. Our chief object here must be to conserve and complete the edifice bequeathed to us by our predecessors. "From the Paradise created for us by Cantor, no one shall drive us forth" was the motto of Hilbert's work on the foundations of mathematics. Similarly, however grateful we algebraic geometers should be to the modern algebraic school for lending us temporary accommodation, makeshift constructions full of rings, ideals and valuations, in which some of us feel in constant danger of getting lost, our wish and aim must be to return at the earliest possible moment to the palaces which are ours by birthright, to consolidate shaky foundations, to provide roofs where they are missing, to finish, in harmony with the portions already existing, what has been left undone. How much the present book contributes to this, our readers, and future algebraic geometers, must judge; at any rate, as has been hinted above, and as will be shown in detail in a forthcoming series of papers, its language and its results have already been applied to the re-statement and extension of the theory of correspondences on algebraic curves, and of the geometry on Abelian varieties, and have successfully stood that test.

Our results include all that is required for a rigorous treatment of so-called "enumerative geometry", thus providing a complete solution of Hilbert's fifteenth problem. They could be said, indeed, to belong to enumerative geometry, had it not become traditional to restrict the use of this phrase to a body of special problems, pertaining to the geometry of the projective spaces and of certain rational varieties (spaces of straight lines, of conics, etc.), whereas we shall emphasize the geometry on an arbitrary variety, or at least on a variety without multiple points. The theory of intersection-multiplicities, however, occupies such a central position among the topics which constitute the foundations of algebraic geometry, that a complete treatment of it necessarily supplies the tools by which many other such topics can be dealt with. In deciding between alternative methods of proof for the theorems in this book, consistency, and the possibility of applying these methods to further problems, have been the main considerations; for instance, one will find here all that is needed for the proof of Bertini's theorems, for a detailed ideal-theoretic study (by geometric means) of the quotient-ring of a simple point, for the elementary part of the theory of linear series, and for a rigorous definition of the various concepts of equivalence. In consequence, the author has deliberately avoided a few short cuts; this is not to say that there may not be many more which he did not notice, and which our readers, it is hoped, may yet discover.

Our method of exposition will be dogmatic and unhistorical throughout, formal proofs, without references, being given at every step. A history of enumerative geometry could be a fascinating chapter in the general history of mathematics during the previous and present centuries, provided it brought to light the connections with related subjects, not merely with projective geometry, but with group-theory, the theory of Abelian functions, topology, etc.; this would require another book and a more competent writer. As for my debt to my immediate predecessors, it will be obvious to any moderately well informed reader that I have greatly profited from van der Waerden's well-known series of papers[1], where, among other results, the intersection-product has for the first time been defined (not locally, however, but only under conditions which ensure its existence "in the large"); from Severi's sketchy but suggestive treatment of the same subject, in his answer to van der Waerden's criticism of the work of the Italian school[2]; and from the topological theory of intersections, as developed by Lefschetz and other contemporary mathematicians. No direct use, however, will be made of their work; at the same time, I believe that whatever, in their results, pertains to the general intersection-theory on algebraic varieties is included in the theorems of the present volume, either as special cases or as immediate consequences. The attentive reader will also detect in many places the influence of O. Zariski's recent work[3]; what he cannot easily imagine is how much benefit I have derived, during the whole period of preparation of this book, from personal contacts both with Zariski and with Chevalley, from their freely given advice and suggestions, and from access to their unpublished manuscripts.

Some brief details of the contents of the various chapters may now be given, more elaborate comments being reserved for Chap. IX. The first three chap-

[1] Published in the Math. Ann. between 1927 and 1938.

[2] In the Hamb. Abh., vol. 9 (1933), p. 335.

[3] In a number of papers published since 1940 in the Amer. J. Math., the Trans. Amer. Math. Soc., and the Ann. of Math. Detailed references need not be given here, especially since these investigations are soon to be published in book-form.

ters are preliminary, and intended to prepare the ground for the geometric theories which follow, by stating and proving all the purely algebraic results on which the latter depend. Chap. I and II are elementary, that is, they make no use of any result in abstract algebra beyond the general theory of abstract fields, and Hilbert's theorem of the existence of a finite basis for ideals of polynomials. The notion of specialization, the properties of which are the main subject of Chap. II, and (in a form adapted to our language and purposes) the theorem on the extension of a specialization (th. 6 of Chap. II, §2) will of course be recognized as coming from van der Waerden. Chap. III is mainly devoted to the proof of the crucial theorem on the multiplicity of a proper specialization (th. 4 of Chap. III, §4), on which our whole theory of intersection-multiplicities will rest. This is the only part of the book where "higher" methods of proof (viz. formal power-series, and the representation of an ideal in a Noetherian ring as intersection of primary ideals) are used; the reader who is willing to take that theorem for granted, or successful in constructing a simpler proof of it, will not require, in all the rest of the book, any knowledge of these methods, or of anything beyond what has been mentioned above. As will be indicated in Chap. IX, it is possible to prove the same theorem, by means of Zariski's results on birational correspondences, without making any use of formal power-series; on the other hand, Chevalley, by giving[4], for some of the main results in the theory of intersections, alternative proofs which begin by establishing the corresponding theorems for algebroid varieties, has shown how the ring of formal power-series can be given the principal role, instead of the subordinate one which it plays in our treatment. Both authors make extensive use of the more technical parts of the abstract theory of ideals; this will be avoided in this book, by following a middle course (which is not, however, a compromise) between these two tendencies. It was not part of our purpose to investigate the connections between these several methods; this is a problem which still remains to be worked out.

The geometric language is then introduced in Chap. IV, which develops the elementary theory of algebraic varieties in affine spaces. The next two chapters contain the definition of intersection-multiplicities, which proceeds step by step, their main properties being stated and proved at every stage in such a way that the next step can then be taken and these properties correspondingly extended. Chap. V deals with the intersections of an arbitrary variety and of a linear variety in an affine space, first (in §1) when these varieties have complementary dimensions, then (in §2) in general; §3 contains some applications of these results to the theory of simple points. The general case is treated in Chap. VI, which includes all those results on intersection-multiplicities which are of a purely local nature.

A somewhat more explicit justification has to be given for the notions introduced in Chap. VII. It is well known that classical algebraic geometry does not usually deal with varieties in affine spaces, but with so-called projective models; the main feature which distinguishes the latter from the former is that they are,

[4] Trans. Amer. Math. Soc., vol. 57 (1945), pp. 1–85.

in a certain sense, "complete", or, in the topological case (when the ground-field is the field of complex numbers), compact. Nevertheless, local properties of varieties in projective spaces are almost always to be studied most conveniently on affine models of such varieties. There is now no reason why affine models, which can thus be pieced together so as to give a complete description of a given variety in a projective space, may not be pieced together differently; and there are problems (e.g. those concerning the Jacobian variety of a curve over a field of characteristic $p \neq 0$, of which it is not known whether it possesses a one-to-one non-singular projective model) which cannot at present be handled otherwise than by such a procedure. This idea, inspired by the usual definition of a topological manifold by means of overlapping neighborhoods, leads to the definition of an "abstract variety" in Chap. VII. The main definitions and results of the previous chapters, which are of a "local" nature, can be extended without difficulty to such varieties; and new results "in the large" can be proved about them, because they can be assumed to be complete, while varieties in affine spaces can never be so. In particular, it is then possible to prove the theorem on intersections which provides the keystone for the whole theory; this is th. 8 of Chap. VII, §5, a result closely related to the topological principle known as "Hopf's inverse homomorphism", and of the first importance, not only for the theory itself, but also for all its applications to specific geometric problems, since it enables one to introduce or withdraw at will as many auxiliary elements (points, varieties, etc.) as may be required at any time.

The last § of Chap. VII gives a translation of the main results of intersection-theory into a new language, particularly well adapted to applications, the "calculus of cycles". One main source of ambiguity, in the work of classical algebraic geometers and sometimes even in that of more modern writers, lies in their use of the word "variety", or of the word "curve" when they are dealing merely with the geometry on surfaces. As long as a "curve" or a "variety" is irreducible, there can be no uncertainty about it; but when, in the course of its "continuous variation" (however this may be defined), it splits up into several components, it is not always easy to know whether the resulting geometric entity is meant as a point-set, the union of irreducible varieties which need not even have the same dimension, or as a sum of varieties of the same dimension (a "virtual variety" in the sense of Severi), each multiplied with a well-determined integer which is its multiplicity. In the hope of doing away once for all with the resulting confusion (for those who will adopt our language, or at any rate an equivalent one which may be translated into ours term for term), two separate terms will be used here for these two kinds of entities, instead of the one term "reducible variety" which has previously been applied to both: "bunches of varieties" for the former, and (as in modern topology) "cycles" for the latter, while the word "variety" will be reserved for "absolutely irreducible algebraic varieties", i.e. for those which are irreducible over an algebraically closed ground-field and therefore remain so after an arbitrary extension of that field. An algebraic calculus of cycles can then be developed, closely analogous to the algebra of homology-classes constructed by modern topologists: the main difference between the two is that, while the latter deals with classes, the former operates with the cycles themselves, but is unable, because of this, to have an intersection-product defined without any restrictive assumption. This, as will be seen, entails, in the practical handling of the calculus, a certain amount of inconvenience, which probably could be avoided, as the analogy suggests, by substituting, for the cycles, classes of cycles modulo a suitable concept of equivalence. If a coherent theory of linear equivalence could be built up, it would seem to be the best fitted for this purpose; at the present moment, "continuous" or even "numerical" equivalence would probably offer better prospects of immediate success. This book makes no attempt to proceed in that direction; but all the means for doing so are, it is hoped, provided in Chap. VII and Chap. IX.

Chap. VIII gives, on the basis of the results of the preceding chapters, a detailed treatment of the theory of divisors on a variety, both for its own sake and in order to provide the reader with some examples of the use of our calculus. The divisors which we consider here, and which are defined by means of the intersection-theory, are substantially the same as the "divisors of the first kind" of modern algebraists; they are so at any rate on every normal variety, which, by Zariski's results (partly reproduced and extended in our Appendix II), is enough to make our theory applicable to all cases. The contents of this chapter include all that is needed for the theory of the linear equivalence of divisors (and, in particular, of "virtual curves", i.e., in our language, of cycles of dimension 1, on surfaces), and consequently for the foundation of the theory of linear series on a variety.

A point is thus reached in the systematic development of algebraic geometry, of which this volume may be regarded as the preliminary part, from which one may, with better perspective, look back on the course which has been hitherto followed, and make plans for the continuation of the voyage. This will be done in Chap. IX; it contains such general comments as could not appropriately be made before, formulates problems, some of them of considerable importance, and, in some cases, makes tentative suggestions about what seems to be at present the best approach to their solution; it is hoped that these may be helpful to the reader, to whom the author, having acted as his pilot until this point, heartily wishes Godspeed on his sailing away from the axiomatic shore, further and further into open sea.

[1946b] Sur quelques résultats de Siegel

I. Un théorème de géométrie des nombres

1. Soit G le groupe des substitutions linéaires réelles, de déterminant 1, à n variables; soit Γ le sous-groupe de G, formé des substitutions de G à coefficients entiers. Le groupe G opère transitivement sur l'ensemble des vecteurs autres que 0 de l'espace S^n à n dimensions; cet ensemble peut donc (1) s'écrire sous la forme G/g, g étant le sous-groupe de G formé des substitutions qui laissent invariant le vecteur (1, 0, ... 0). D'autre part. Γ est le sous-groupe de G qui laisse invariant le réseau $\mathcal{R}_0$ des vecteurs de S^n à composantes entières; on peut donc identifier l'espace homogène G/Γ avec l'ensemble des transformés $\mathcal{R}$ du réseau $\mathcal{R}_0$ par les substitutions de G. Par un *réseau* dans S^n, nous entendrons un tel transformé de $\mathcal{R}_0$; autrement dit, un réseau $\mathcal{R}$ sera l'ensemble des combinaisons linéaires, à coefficients entiers, de n vecteurs $x_1, \ldots,$ x_n dans S^n pourvu que le déterminant $|x_1\ x_2\ \ldots\ x_n|$ formé au moyen de ces vecteurs soit égal à ± 1; nous identifions donc G/Γ avec l'ensemble des réseaux.

D'après IGTA, § 8, il existe une mesure de Haar invariante à la fois à gauche et à droite dans le groupe G (parce que c est un

(*) Trabalho apresentado à Sociedade Matemática de S. Paulo. Manuscrito recebido pela F. G. V. em outubro de 1945.

(1) Cf. A. Weil, *L'intégration dans les groupes topologiques et ses applications*, Paris, Hermann et Cie. (Actualités Scientifiques et industrielles n° 869), 1940. Ce livre sera désigné par IGTA dans la suite du présent article. Pour le résultat ci-dessus, v. IGTA, § 2.

1 (Sum. Bras. Mat., Vol. I, Fasc. 4, pág. 21)

Reprinted from *Summa Brasiliensis Mathematicae* 1, 1946, pp. 21–39.

groupe de Lie simple) et dans le groupe Γ (parce que c'est un groupe discret). Il existe donc (IGTA, § 9) une mesure invariante dans l'espace homogène G/Γ, ou autrement dit dans l'espace des réseaux; on peut donc parler de l'intégrale, sur G/Γ, d'une fonction de réseau $F(\mathcal{R})$, cette intégrale étant en tout cas définie lorsque $F(\mathcal{R})$ est continue sur G/Γ et nulle en dehors d'une partie compacte de G/Γ; si de plus on montre que l'espace G/Γ tout entier est de mesure finie, ou, comme nous dirons, de volume fini, on aura le droit de parler de la valeur moyenne d'une fonction $F(\mathcal{R})$ sur G/Γ.

D'autre part, si $x=(x_1, \ldots, x_n)$ désigne un vecteur générique de S^n, l'élément de volume $dx=dx_1 \ldots dx_n$ détermine une mesure invariante sur l'espace homogène G/g; ceci implique en particulier (IGTA, § 9) que la mesure de Haar sur g est invariante à gauche et à droite. Soit $f(x)$ une fonction dans S^n, intégrable au sens de Riemann, et nulle en dehors d'un ensemble compact; $\mathcal{R}$ étant un réseau quelconque dans S^n, formons la somme $F(\mathcal{R}) = \sum_{\substack{x \in \mathcal{R} \\ x \neq 0}} f(x)$, étendue à tous les vecteurs de $\mathcal{R}$ autres que 0. Siegel, dans un travail récent (2), a démontré que, dans ces conditions, la moyenne de $F(\mathcal{R})$ sur l'espace G/Γ des réseaux est définie et égale à $\int_{S^n} f(x)dx$ Si en particulier on prend pour $f(x)$ la fonction caractéristique d'un ensemble borné A, mesurable au sens de Jordan, il suit de là que le volume de A est égal à la valeur moyenne, sur l'ensemble des réseaux $\mathcal{R}$, du nombre des points de $\mathcal{R}$, autres que 0, qui sont contenus dans A. On reconnaît là un résultat de "géométrie intégrale"; mais, dans la "géométrie intégrale" telle qu'elle a été pratiquée jusqu'ici, par exemple par Blaschke et ses élèves, on s'est peu occupé de groupes discontinus; le théorème de Siegel indique qu'il y a là un champ de recherches fécond. Aussi n'est-il pas sans intérêt de considérer la même question d'un point de vue plus général.

---

(2) C. L. Siegel, *A mean value theorem in geometry of numbers*, Ann. of Math., vol. 46 (1945), p. 340.

2. Soit G un groupe localement compact, que nous supposerons "unimodulaire", c'est-à-dire (IGTA, § 8) que la mesure de Haar y est invariante à la fois à gauche et à droite; soit g un sous-groupe fermé de G, unimodulaire également. Il existe alors (IGTA, § 9) une mesure invariante et (à un facteur près) une seule dans l'espace homogène G/g. Soit x un élément générique de G; posons $x'=x.g$; x' est une classe suivant g dans G, c'est-à-dire un élément de G/g; nous désignerons par dx' l'élément de volume invariant dans G/g. Toute fonction de x', définie sur G/g, peut aussi être considérée comme fonction de x, définie sur G, et constante sur toute classe suivant g; si $f(x)$ est une telle fonction, nous écrirons $\int_{G/g} f(x)dx'$ l'intégrale prise sur G/g, au moyen de la mesure invariante dx', de la fonction définie par $f(x)$ sur G/g; cette intégrale est définie en tout cas chaque fois que $f(x)$ est continue, et nulle en dehors d'une partie compacte de G/g, c'est-à-dire (IGTA, § 3) lorsque $f(x)$ est continue sur G et qu'il existe une partie compacte C de G telle que $f(x)=0$ pour $x \notin C.g$; l'ensemble de ces fonctions sera désigné par L(G/g); on notera $L_+(G/g)$ l'ensemble des fonctions $\geqslant 0$ de L(G/g).

Soit γ un sous-groupe fermé unimodulaire de g; ce qui précède s'applique alors aussi à l'espace homogène g/γ; nous désignerons par u un élément générique de g, par $u'=u.\gamma$ l'élément correspondant de g/γ, qui est une classe suivant γ dans g, et par du' l'élément de volume invariant dans g/γ. Nous écrirons aussi $x''=x.\gamma$; c'est là un élément générique de G/γ; nous désignerons par dx'' l'élément de volume invariant dans G/γ.

Soit $\varphi(x)$ une fonction de $L(G/\gamma)$; si s est un élément de G, la transformée de φ par la transformation $x\gamma \rightarrow s^{-1}x\gamma$ de G/γ en lui-même est la fonction $S\varphi$ définie par $S\varphi(x)=\varphi(s^{-1}x)$; on a aussi $S\varphi \in L(G/\gamma)$. Posons :

$$(1) \qquad F_\varphi(x)=\int_{g/\gamma} \varphi(xu)du' \;, \quad I(\varphi)=\int_{G/g} F_\varphi(x)dx'$$

Alors (cf. IGTA, § 9) on a $F_\varphi \in L(G/g)$, et, pour $s\in G$, $F_{S\varphi}=S(F_\varphi)$, donc $I(S\varphi)=I(\varphi)$. Ceci implique (cf. IGTA, § 7 et § 9) que $I(\varphi)$

n'est autre, à un facteur constant près, que l'intégrale de φ sur G/φ, prise au moyen de la mesure invariante dx''; autrement dit, il y a une constante c telle qu'on ait $I(\varphi)=c.\int_{G/\gamma}\varphi(x)dx''$

3. Soit maintenant $f(x)$ une fonction continue $\geqslant 0$ sur G/γ. Soit Φ l'ensemble des fonctions $\varphi\epsilon L_+(G/\gamma)$, telles qu'on ait $\varphi(x)\leq f(x)$ quel que soit x. La fonction F_φ étant définie, pour $\varphi\epsilon\Phi$, par la relation (1), posons

$$F(x)=\sup_{\varphi\epsilon\Phi} F_\varphi(x).$$

Comme les F_φ appartiennent à $L_+(G/g)$, $F(x)$ est une fonction constante sur les classes suivant g, c'est-à-dire qu'on peut la considérer comme fonction de $x'=x.g$ définie sur G/g, et est semi-continue inférieurement; et on a $0\leq F(x)\leq+\infty$. D'ailleurs, si C est une partie compacte quelconque de g/γ, il y a $\varphi\epsilon\Phi$ telle qu on ait $\varphi(xu)=f(xu)$ pour $u'\epsilon C$; il suit de là qu'on a, quel que soit x :

$$F(x)=\int_{g/\gamma} f(xu)du'.$$

De plus, si $\varphi\epsilon\Phi$ et $\varphi'\epsilon\Phi$, il y a $\varphi''\epsilon\Phi$ telle que $\varphi''\geqslant\varphi$ et $\varphi''\geqslant\varphi'$; on peut prendre par exemple $\varphi''=\max(\varphi, \varphi')$. On a alors $F_{\varphi''}\geqslant F_\varphi$ et $F_{\varphi''}\geqslant F_{\varphi'}$; d après la théorie de l'intégration, il résulte de là, et du fait que les F_φ appartiennent à $L_+(G/g)$, qu'on a :

$$\int_{G/g} F(x)dx'=\sup_{\varphi\epsilon\Phi}.\int_{G/g} F_\varphi(x)dx'=\sup_{\varphi\epsilon\Phi} I(\varphi)=c.\sup_{\varphi\epsilon\Phi}\int_{G/\gamma}\varphi(x)dx''.$$

Mais, si C'' est une partie compacte quelconque de G/γ, il y a $\varphi\epsilon\Phi$ telle que $\varphi(x)=f(x)$ pour $x''\epsilon\ C''$, et on a donc

$$\int_{G/\gamma} f(x)dx''=\sup_{\varphi\epsilon\Phi}\int_{G/\gamma}\varphi(x)dx''.$$

On a donc :

$$\int_{G/g} F(x)dx' = c . \int_{G/\gamma} f(x)dx''. \tag{2}$$

Bien entendu, dans cette dernière relation, les deux membres peuvent avoir la valeur $+\infty$.

4. Soit maintenant Γ un sous-groupe fermé de G, contenant γ, et que nous supposerons aussi unimodulaire; ce qui précède s'applique alors aussi aux groupes G, Γ, γ. Soit ξ un élément générique de Γ; posons $\bar{x} = x . \Gamma$, et $\xi' = \xi . \gamma$; désignons par $d\bar{x}$ et $d\xi'$ les éléments de volume invariants dans les espaces homogènes G/Γ et Γ/γ; et, φ étant une fonction de $L(G/\gamma)$, posons :

$$F'_\varphi(x) = \int_{\Gamma/g} \varphi(x\xi)d\xi' \quad , \quad I'(\varphi) = \int_{G/\Gamma} F'_\varphi(x)d\bar{x}.$$

Alors on a $F'_\varphi \epsilon L(G/\Gamma)$, et il y a une constante c' telle qu'on ait $I'(\varphi) = c' . \int \varphi(x)dx''$ quelle que soit φ. Si de plus $f(x)$ est, comme au n.° 3, une fonction continue $\geqslant 0$ sur G/γ, et qu'on pose

$$F'(x) = \int_{\Gamma/g} f(x\xi)d\xi' ,$$

$F'(x)$ sera une fonction semi-continue inférieurement sur G/Γ, et on aura

$$\int_{G/\Gamma} F'(x)d\bar{x} = c' . \int_{G/\gamma} f(x)dx'' \tag{3}$$

Supposons maintenant que l'espace homogène g/γ *ait un volume fini* V; et prenons pour $f(x)$ une fonction constante sur les classes suivant g, donc *a fortiori* sur les classes suivant γ. On aura, quel que soit $u \epsilon g$, $f(xu)=f(x)$, donc, $F(x)$ étant définie comme plus haut, $F(x)=V.f(x)$, de sorte que la relation (2) devient

$$V.\int_{G/g} f(x)dx' = c.\int_{G/\gamma} f(x)dx'' .$$

La relation (3), et la définition de $F'(x)$, donnent alors

$$(4) \qquad (c'V/c).\int_{G/g} f(x)dx' = \int_{G/\Gamma} d\bar{x} \int_{\Gamma/\gamma} f(x\xi)d\xi'$$

La relation (4) est donc vérifiée chaque fois que $f(x)$ est une fonction $\geqslant 0$, continue sur G/g. En particulier, toutes les fois que $f(x)$ est une telle fonction et que le premier membre de (4) est fini, il en est de même du second; il en est ainsi par exemple pour $f \epsilon L_+(G/g)$. Il résulte de là que la relation (4) est vérifiée aussi chaque fois que $f(x)$ est une fonction continue sur G/g, et telle que $\int_{G/g} |f(x)|dx' < +\infty$ Elle reste valable aussi pour certaines classes de fonctions discontinues; mais nous n'examinerons pas ce point.

Enfin, s'il est possible de choisir $f(x)$, continue et $\geqslant 0$ sur G/g, de façon que l'intégrale $\int_{G/g} f(x)dx'$ ait une valeur finie A et que $\int_{\Gamma/} f(x\xi)d\xi'$ ait, pour $x \epsilon G$, une borne inférieure m non nulle, on peut conclure de (4) que l'espace homogène G/Γ a un volume fini, au plus égal à $c'VA/cm$ Il en sera ainsi, en particulier, si Γ est discret et s'il existe dans G/g un ensemble fermé F de mesure finie, tel que l'on ait $F.\Gamma=G$; car alors on pourra prendre pour $f(x)$ une fonction continue et $\geqslant 0$ sur G/g, prenant la valeur 1 sur F, et d'intégrale finie sur G/g; en effet, l'espace homogène Γ/γ étant discret, l'intégrale $\int_{\Gamma/\gamma} f(x\xi)d\xi'$ n'est autre que la somme des valeurs de $f(x\xi)$ en tous les points de cet espace; et il résulte des conditions $F.\Gamma=G$, $f=1$ sur F, qu'il existe, quel que soit $x \epsilon G$, un $\xi \epsilon \Gamma$ tel que $f(x.\xi)=1$.

5. Ce qui précède s'applique en particulier au problème traité par Siegel; il suffit pour cela de prendre pour G, g et Γ les groupes dont il a été question plus haut au n.° 1; G sera donc maintenant le groupe des substitutions linéaires à n variables, de déterminant 1, et G/g et G/Γ seront, respectivement l'ensemble des vecteurs de S^n, autres que 0, et l'espace des réseaux dans S^n. Nous poserons de plus $\gamma = \mathrm{g} \cap \Gamma$. Les résultats du n° 4 vont nous permettre de démontrer, par récurrence sur n, que l'espace homogène G/Γ est de volume fini, et vont nous fournir en même temps, du résultat de Siegel énoncé au n° 1, une démonstration qui ne fait aucun usage de la théorie de la réduction des formes quadratiques.

Pour $n=1$, tous les groupes ci-dessus se réduisent à l'élément unité, et il n'y a rien à démontrer. Soit G′ le groupe des substitutions linéaires à n—1 variables, de déterminant 1, c'est-à-dire le groupe (multiplicatif) des matrices d'ordre n—1, de déterminant 1; soit Γ′ le sous-groupe de G′, formé des matrices de G′ à coefficients entiers; procédant par récurrence, nous supposons qu'on a démontré que G′/Γ′ est de volume fini Mais le sous-groupe g de G n'est autre que le groupe des matrices d'ordre n, de la forme

$\begin{Vmatrix} 1 & w \\ 0 & X \end{Vmatrix}$, où w est un vecteur de S^{n-1} (c'est-à-dire une ligne de

n—1 quantités), et X une matrice d'ordre n—1, de déterminant 1, c'est-à-dire un élément de G′; celles de ces matrices pour lesquelles X est à coefficients entiers, c'est-à-dire pour lesquelles on a $X \in \Gamma'$, forment un sous-groupe h de g, et celles pour lesquelles X et w sont à coefficients entiers forment un sous-groupe de h qui n'est autre que le groupe $\gamma = \mathrm{g} \cap \Gamma$. Cela posé, on vérifie facilement que l'espace homogène g/h est isomorphe à G′/Γ′, et est donc de volume fini par hypothèse, et d'autre part que h/γ est compact et par suite de volume fini: h/γ est homéomorphe a un tore à n—1 dimensions. Dans ces conditions, la formule (2) du n° 3, appliquée aux trois groupes g, h, γ et à la fonction $f(x)=1$, montre que g/γ est de volume fini.

Il suit de là qu'on peut appliquer aux quatre groupes G, g, Γ, γ, les résultats du n° 4, et en particulier la formule (4). Nous allons maintenant écrire à nouveau cette dernière formule avec des notations mieux adaptées à ce cas particulier.

6. Un élément générique du groupe G sera ici une matrice X d'ordre n, de déterminant 1. La fonction $f(X)$, définie sur G/g, doit être constante sur les classes suivant g; cela revient à dire qu'elle ne dépend que des coefficients de la première colonne de la matrice X; si donc nous posons $X = \| x_{ij} \|$, on pourra écrire $f(X) = \varphi(x_{11}, \ldots, x_{n1})$, φ étant une fonction définie en tous les points de S^n sauf au point 0. L'élément de volume invariant dans G/g est $dx_{11} \ldots dx_{n1}$, de sorte que l'intégrale qui figure au premier membre de la relation (4) s'écrit ici $\int_{S^n} \varphi(t) dt_1 \ldots dt_n$. D'autre part, Γ/γ est discret, de sorte que l'intégrale invariante d'une fonction sur cet espace n'est autre que la somme des valeurs de la fonction étendue à tous les points de l'espace; d'ailleurs deux éléments de Γ, c'est-à-dire deux matrices de déterminant 1 à coefficients entiers, appartiennent à une même classe suivant γ si elles ont même première colonne, et en ce cas seulement. L'intégrale qui, dans (4), s'écrit $\int_{\Gamma/\gamma} f(x\xi) d\xi'$, devient donc ici la somme $\sum_{(M)} f(X.M)$, où M parcourt un système complet de représentants des classes suivant γ dans Γ, c'est-à-dire la somme $\sum_{(m)} \varphi(X.m)$, où m parcourt l'ensemble des vecteurs de S^n qui peuvent former la première colonne d'une matrice M de Γ. Mais il est bien connu que ces vecteurs sont les vecteurs $m = (m_1, \ldots, m_n)$ à coefficients entiers premiers entre eux. Si de plus nous dénotons par $d(X)$ la mesure invariante dans l'espace homogène G/Γ, et par C le facteur constant qui, dans (4), apparaît sous la forme $c'V/c$, nous obtenons.

$$C. \int_{S^n} \varphi(t) dt = \int_{G/\Gamma} \Big[\sum_{(m)} \varphi(X.m) \Big] d(X) \tag{5}$$

Dans cette formule, comme il a été dit, la somme $\sum_{(m)}$ du second membre est étendue à l'ensemble des vecteurs $m = (m_1, \ldots m_n)$ de S^n à coefficients entiers premiers entre eux, c'est-à-dire à l'ensemble des vecteurs "primitifs" du réseau $\mathcal{R}_0$ des vecteurs à coefficients entiers; on dit en effet qu'un vecteur d'un réseau est primitif s'il n'est pas multiple entier d'un autre vecteur du réseau. On peut dire aussi que $\sum_{(m)}\varphi(X.m)$ est la somme des valeurs prises par φ aux extrémités des vecteurs primitifs du réseau $\mathcal{R}$, transformé de $\mathcal{R}_0$ par la substitution X. De là on déduit facilement (cf. Siegel, loc. cit.) une formule analogue à (5), où la sommation est étendue à tous les vecteurs non nuls du réseau. En effet, a étant un entier positif quelconque, remplaçons dans (5) la fonction $\varphi(t)=\varphi(t_1, \ldots t_n)$ par $\varphi(at)=\varphi(at_1, \ldots, at_n)$; on obtient :

$$C.a^{-n}.\int_{S^n}\varphi(t)dt = \int_{G/\Gamma}\Big[\sum_{(m)}\varphi(X.am)\Big]d(X) .$$

Faisons parcourir à a l'ensemble de tous les entiers positifs, et faisons la somme des relations ainsi obtenues; il vient, en posant $C'=C.\sum_a a^{-n}=C.\zeta(n)$:

$$C'.\int_{S^n}\varphi(t)dt = \int_{G/\Gamma}\Big[\sum_{(r)}\varphi(X.r)\Big]d(X) , \tag{6}$$

où la somme $\sum_{(r)}$ est étendue cette fois à *tous* les vecteurs $r=(r_1, \ldots, r_n)$, autres que 0, du réseau $\mathcal{R}_0$, c'est-à-dire à tous les vecteurs de S^n, autres que 0, à composantes entières. Il revient au même de dire que $\sum_{(r)}\varphi(X.r)$ est la somme des valeurs prises par φ en tous les points, autres que 0, du réseau $\mathcal{R}$ transformé de $\mathcal{R}_0$ par la substitution X.

Pour que notre démonstration par récurrence soit complète, nous avons encore à faire voir que G/Γ est de volume fini. Or il existe dans S^n des ensembles compacts K tels que tout réseau $\mathcal{R}$ (au sens du n° 1, c est-à-dire transformé de $\mathcal{R}_0$ par une substitution de déterminant 1) ait au moins un point, autre que 0, dans K; on peut en effet, en vertu du théorème de Minkowski, prendre par exemple pour K n'importe quel ensemble convexe symétrique de centre 0 et de volume $\geqslant 2^n$. Dans (6), prenons alors pour φ une fonction de $L_+(S^n)$, égale à 1 sur un tel ensemble K; on a $\sum_{(r)}\varphi(X.r)\geqslant 1$ quel que soit X, de sorte que le second membre est au moins égal au volume de G/Γ; celui-ci est donc fini, ce qui complète la démonstration. On obtient un résultat un peu plus précis, sans faire appel au théorème de Minkowski, en appliquant, comme le fait Siegel (3), la méthode de Gauss-Dirichlet. Prenons pour ψ une fonction de $L_+(S^n)$, et appliquons (6) à $\varphi(t)=\varepsilon^n.\psi(\varepsilon t)$; il vient

$$C'.\int_{S^n}\psi(t)dt=\int_{G/\Gamma}S(X,\ \varepsilon).d(X)$$

en posant

$$S(X,\ \varepsilon)=\varepsilon^n.\sum_{(r)}\psi(\varepsilon X.r)$$

Mais, d'après le principe de l'intégrale de Riemann, $S(X,\ \varepsilon)$ tend vers $\int_{S^n}\psi(t)dt$ quand ε tend vers 0, pour tout $X\epsilon G$; $S(X,\ \epsilon)$ tend même uniformément vers $\int\psi(t)dt$, pour ε tendant vers 0, sur toute partie compacte de G. On en conclut que toute partie compacte de G/Γ a un volume $\leq C'$, et par suite que G/Γ a un volume au plus égal à C'. Siegel démontre, au moyen de la théorie de la réduction des formes quadratiques, qu'il existe une fonction $S_1(X)$, d'intégrale finie sur G/Γ, telle qu'on ait $S(X,\ \varepsilon)\leq S_1(X)$ quel que soit ε, ce qui lui permet de déduire du calcul ci-dessus que le volume de G/Γ est égal à C'. Nous allons déduire ce même résultat de la théorie de la transformation de Fourier (IGTA. nº 22).

Pour cela, nous écrirons (6) de la manière suivante :

$$(6')\qquad C'.\int_{S^n}\varphi(t)dt+V.\varphi(0)=\int_{G/\Gamma}\Big[\sum_{(a)}\varphi(X.a)\Big].d(X)\ ,$$

(3) Loc. cit., nº 4.

V désignant le volume de G/Γ, et la sommation dans le second membre étant étendue cette fois à *tous* les vecteurs $a=(a_1, \ldots, a_n)$ à composantes entières. Soit $\psi(w)$ la transformée de Fourier de φ:

$$\psi(w) = \int_{S^n} \varphi(t) \, . \, e^{-2\pi i . \Sigma_\nu t_\nu w_\nu} \, dt .$$

Considérons la fonction $\sum_{(a)} \varphi\Big[X.(a+u)\Big]$; c'est une fonction périodique de (u); les coefficients de son développement de Fourier se calculent facilement, et l'on obtient

$$\sum_{(a)} \varphi\Big[X.(a+u)\Big] = \sum_{(b)} \psi({}^tX^{-1}.b) \, . \, e^{2\pi i . \Sigma_\nu b_\nu u_\nu} ,$$

$(b)=(b_1, \ldots, b_n)$ parcourant aussi l'ensemble des vecteurs à composantes entières, et ${}^tX$ désignant la transposée de X. Si en particulier on suppose qu'on a pris pour φ le produit de composition (au sens du groupe additif des vecteurs dans S^n) de deux fonctions de $L_+(S^n)$, il résulte de théorèmes connus (v. p. ex. IGTA, § 22) que la série de Fourier ci-dessus est uniformément convergente; on peut donc y faire $u=0$, ce qui donne :

$$\sum_{(a)} \varphi(X.a) = \sum_{(b)} \psi({}^tX^{-1}.b) \ .$$

D'autre part, moyennant la même hypothèse sur φ, φ est la transformée de Fourier de ψ, de sorte qu'on a en particulier $\varphi(0) = \int_{S^n} \psi(w) dw$, et ψ est une fonction continue sur S^n, telle que $\int_{S^n} |\psi(w)| dw < +\infty$ (IGTA, § 30). La formule (6′) donne donc:

$$C' . \psi(0) + V . \int_{S^n} \psi(w) dw = \int_{G/\Gamma} \Big[\sum_{(b)} \psi({}^tX^{-1}.b) \Big] . d(X) .$$

Mais l'application $X \to {}^tX^{-1}$ est un automorphisme de G qui transforme Γ en lui-meme, et définit donc un automorphisme de G/Γ; étant involutif, cet automorphisme laisse invariant l'élément de volume $d(X)$. Dans ces conditions, l'application de (6') à ψ donne, par comparaison avec le résultat que nous venons de trouver :

$$C'.\psi(0)+V.\int_{S^n}\psi(w)dw = C'.\int_{S^n}\psi(w)dw+V.\psi(0),$$

ce qui s'écrit aussi :

$$(C'-V).\Big[\int_{S^n}\varphi(t)dt-\varphi(0)\Big]=0.$$

Comme cette relation doit être satisfaite chaque fois que φ est prise comme il a été dit, on a $C'=V$. La formule (6) s'écrit alors :

$$(7) \qquad \int_{S^n}\varphi(t)dt = 1/V \int_{G/\Gamma}\Big[\sum_{(r)}\varphi(X.r)\Big]\,d(X)\,,$$

la sommation ayant le même sens que dans (6), c'est-à-dire qu'elle est étendue à tous les vecteurs r à composantes entières, autres que 0. Le second membre de cette formule n'est autre que la moyenne de $\sum_{(r)}\varphi(X.r)$, prise sur G/Γ. C'est bien là le résultat de Siegel énoncé au n° 1. Il résulte de notre démonstration qu'il est valable chaque fois que φ est une fonction continue $\geqslant 0$, et aussi chaque fois que φ est une fonction continue (à valeurs réelles ou complexes) telle que $\int_{S^n}|\varphi(t)|dt<+\infty$. L extension de (7) à certaines classes de fonctions discontinues n'offre pas de difficulté. Si d'autre part l'élément de volume $d(X)$ a été explicitement choisi, l'examen de notre méthode montre qu'elle fournit, tout comme celle de Siegel, la détermination par récurrence du volume V de l'espace homogène G/Γ.

II. Groupes de transformations dans les espaces homogènes

7. Nous allons examiner maintenant, du point de vue de la théorie des espaces homogènes, des résultats démontrés par Siegel dans un autre travail récent. (4). On va voir que la considération systématique des espaces homogènes (au lieu des "domaines fondamentaux" de la théorie classique), et l'élimination des hypothèses superflues (en particulier celles de dénombrabilité) permettent de simplifier et de généraliser énoncés et démonstrations. Nous suivrons d'ailleurs de près le mémoire de Siegel. Commençons par un résultat qui correspond à son n° 9 :

Proposition 1. Soit G un groupe connexe; soit Γ un sous-groupe de G; soit Ω un ensemble ouvert dans G, tel que l'on ait $\Omega.\Gamma=G$. Soit A l'ensemble $A=\Gamma\cap(\Omega^{-1}.\Omega)$. Alors on a $\Gamma=A^{\infty}$

La relation $\Gamma=A^{\infty}$ signifie (IGTA, § 3) que Γ est le sous-groupe de G engendré par l'ensemble des éléments de A. Soient en effet σ et τ deux éléments de Γ. Si $\Omega.\sigma$ et $\Omega.\tau$ ont un élément commun, c'est-à-dire s'il existe $\omega\epsilon\Omega$ et $\omega'\epsilon\Omega$ tels que $\omega\sigma=\omega'\tau$, on aura $\sigma\tau^{-1}= =\omega^{-1}\omega'$, de sorte que $\sigma\tau^{-1}$ appartiendra à la fois à Γ et à $\Omega^{-1}.\Omega$, donc à A; on a donc alors $\sigma\epsilon A.\tau$; si de plus τ appartient à A^{∞}, il en sera de même de σ. On conclut de là que $\Omega.\sigma$ et $\Omega.\tau$ ne peuvent avoir d'élément commun si τ appartient à A^{∞} et σ au complémentaire $K=\Gamma\cap C(A^{\infty})$ de A^{∞} dans Γ. Les ensembles $\Omega.A^{\infty}$ et $\Omega.K$ sont donc sans point commun; mais ils sont tous deux ouverts (IGTA, § 2), et leur réunion est $\Omega.\Gamma=G$; comme G est connexe, l'un d'eux doit être vide. Ce n'est pas $\Omega.A^{\infty}$, puisque A contient certainement l'élément unité de G. On a donc $K=\varnothing$, c'est-à-dire $\Gamma=A^{\infty}$.

---

(4) C. L. Siegel; *Discontinuous groups*, Ann. of Math., vol. 44 (1943), p. 674.

8. Soient maintenant E et E′ deux espaces topologiques séparés (5), et f une application continue de E dans E′. Dans les espaces (à base dénombrable) que l'on a à considérer habituellement, on est amené à distinguer les applications f telles que, de toute suite P_n de points de E dont l'image par f soit convergente dans E′, on puisse extraire une suite convergente. En topologie générale, il convient de substituer à cette propriété la suivante : (A) l'image réciproque, par f, de toute base de filtre convergente sur E′ a au moins un point adhérent dans E. On peut démontrer que cette propriété est équivalente à la suivante: (A′) quel que soit le point $P' \epsilon E'$, l'ensemble $f^{-1}(P')$ des points $P \epsilon E$ tels que $f(P)=P'$ est compact; et, quel que soit l'ensemble fermé F dans E, son image $F'=f(F)$ par f est fermée dans E′. De plus, si f possède l'une des propriétés équivalentes (A) et (A′), elle possède aussi la suivante (B) quel que soit C' compact dans E′, l'ensemble $f^{-1}(C')$ des points de E dont l'image par f appartient à C' est compact. On démontre, d'autre part, que, si E′ est localement compact, alors (B) entraine (A) et (A′). Comme nous nous intéressons principalement ici aux espaces localement compacts, nous laisserons au lecteur le soin de vérifier ce qui précède, et nous prendrons pour point de départ la définition suivante :

Définition 1. Soient E et E′ deux espaces localement compacts, et f une application continue de E dans E′. On dira que f est *propre* si l'image réciproque $f^{-1}(C')$ par f de toute partie compacte C' de E′ est compacte.

Proposition 2. Soient E et E′ localement compacts; soit f une application continue de E dans E′. Pour que f soit propre, il faut et il suffit que tout point de E′ ait un voisinage V' tel que $f^{-1}(V')$ soit compact.

C'est évidemment nécessaire. Quant à la suffisance, soit C' un compact dans E′; tout point de C' a un voisinage dont l'image réciproque est compacte, donc C' peut être recouvert par un nombre fini de tels voisinages; l'union de ces derniers est alors un ensemble contenant C', dont l'image réciproque est compacte.

(5) En topologie générale, nous suivons la terminologie de N. Bourbaki, *Eléments de Mathématique*, Livre III (Topologie Générale), Chap. I et II. Paris, Hermann et Cie., 1940.

9. Soit maintenant G un groupe localement compact; soient g et Γ deux sous-groupes fermés de G. Si $P=sg$ est une classe suivant g, c'est-à-dire un élément de l'espace homogène G/g, et si σ est un élémént de Γ, alors σ transforme P en le point $\sigma P=\sigma sg$ de G/g; si P est laissé fixe, la correspondance $\sigma\rightarrow\sigma P$ définit donc une application de Γ dans G/g. Il est bien connu que cette application est continue; pour le vérifier, il suffit d'observer qu'un voisinage du point $\sigma P=\sigma sg$ dans G/g n'est pas autre chose que l'ensemble des classes suivant g contenues dans $V.\sigma sg$, où V est un voisinage de l'unité dans G; l'ensemble $\Gamma\cap V.\sigma$ est alors un voisinage de σ dans Γ, et, si τ est un élément de cet ensemble, on a bien $\tau P=\tau sg\epsilon V.\sigma sg$.

DÉFINITION 2. Soient G un groupe localement compact, g et Γ deux sous-groupes fermés de G; pour $\sigma\epsilon\Gamma$, $P=sg\epsilon G/g$, posons $\sigma P=\sigma sg$. On dira que Γ est *propre* sur G/g si, quel que soit P, la correspondance $\sigma\rightarrow\sigma P$ est une application propre de Γ dans G/g.

Les notations restant les mêmes que ci-dessus dans tout ce qui va suivre, nous allons d'abord donner des critères pour que Γ soit propre sur G/g.

PROPOSITION 3. Chacune des conditions suivantes est nécessaire et suffisante pour que Γ soit propre sur G/g.

(1) Quel que soit $s\epsilon G$, et quelle que soit la partie compacte C de G, $\Gamma\cap C.g.s$ est compact.

(2) quel que soit $s\epsilon G$, et quelle que soit la partie compacte C de G, il y a une partie compacte C' de Γ, et une partie compacte C'' de g, telles que $\sigma s\xi\epsilon C$, $\sigma\epsilon\Gamma$, $\xi\epsilon g$, entraîne $\sigma\epsilon C'$, $\xi\epsilon C''$;

(3) quels que soient $s\epsilon G$, $t\epsilon G$, il y a un voisinage W de l'unité dans G tel que $\Gamma\cap W.t.g.s$ soit compact.

Par définition, en effet, Γ est propre sur G/g si, quelle que soit la partie compacte C_1 de G/g, et quel que soit $P\epsilon G/g$, l'ensemble des $\sigma\epsilon\Gamma$ tels que $\sigma P\epsilon C_1$ est compact. Or, d'après IGTA, § 3, les parties compactes de G/g sont les images dans G/g des parties compactes de G, c'est-à-dire que ce sont les ensembles de classes suivant g de la forme C.g, où C est une partie compacte de G Soit $P=sg$; la relation $\sigma P\epsilon C.g$ équivaut à $\sigma s\epsilon C.g$, c'est-à-dire $\sigma\epsilon C.g.s^{-1}$;

l'image réciproque dans Γ, par l'application $\sigma \rightarrow \sigma P$, de l'ensemble C.g est donc $\Gamma \cap C.g.s^{-1}$. Comme s est un élément arbitraire de G, on peut écrire s au lieu de s^{-1}; on obtient ainsi la condition (1). Procédant exactement de même à partir de la condition nécessaire et suffisante fournie par la prop. 2, on obtient la condition (3). Montrons que (1) entraîne (2): en effet, si C est compact, et qu on ait $\sigma s\xi = x\epsilon C$, $\sigma \epsilon \Gamma$, $\xi \epsilon g$, on a $\sigma = x\xi^{-1}s^{-1}\epsilon C.g.s^{-1}$, donc, en posant $C' = \Gamma \cap C.g.s^{-1}$, $\sigma \epsilon C'$ λ, et C' est compact d'après (1); on a alors aussi $\xi = s^{-1}\sigma^{-1}x\epsilon s^{-1}.C'^{-1}.C$, et ce dernier ensemble est compact (IGTA, § 3); on satisfait donc à (2) en posant $C'' = g \cap s^{-1}.C'^{-1}C$. Réciproquement, (2) entraîne (1); car, si C est compact, et qu'on ait $\sigma = x.\xi s$, $\sigma \epsilon \Gamma$, $x \epsilon C$, $\xi \epsilon g$, on a $\sigma s^{-1}\xi^{-1} = x \epsilon C$, donc il y a, d'après (2), C' compact tel que cette relation entraîne $\sigma \epsilon C'$, c'est-à-dire qu'on a $\Gamma \cap C.g.s \subset C'$.

Proposition 4. Pour que Γ soit propre sur G/g, il faut et il suffit que g le soit sur G/Γ.

En effet, dans la condition (2) de la prop. 3, les groupes Γ et g jouent des rôles symétriques.

Proposition 5. Pour que Γ soit propre sur G/g, il suffit que l'un des groupes Γ et g soit compact. D'autre part, si G/Γ est compact, et si Γ est propre sur G/g, ou bien g propre sur G/Γ, alors g est compact.

Il résulte imédiatement, en effet, de la définition 1, que toute application continue d'un espace compact dans un espace localement compact est propre. Si donc Γ est compact, il est propre sur G/g. Si g est compact, g est propre sur G/Γ, donc, d'après la prop. 4, Γ l'est aussi sur G/g. D'autre part, il résulte aussi de la définition 1 qu'une application continue d'un espace localement compact E dans un espace compact E' ne peut être propre si E n'est pas compact; car E est l'image réciproque de E'. Si donc G/Γ est compact, et g propre sur G/Γ, g est compact; il en est de même, d'après la prop. 4, si G/Γ est compact, et Γ propre sur G/g.

10. Siegel a montré, sur l'exemple des groupes discontinus, c'est-à-dire des groupes propres discrets, que, dans la seconde partie de notre prop. 5, la condition "G/Γ compact" peut être remplacée par la condition "G/Γ de mesure finie". D'après notre prop. 4, il nous suffira, pour démontrer le résultat de Siegel avec toute la généralité qu'il comporte, de faire voir que, si l'espace homogène G/g est de mesure finie, et si Γ est propre sur G/g, Γ est compact. Nous suivrons la méthode de Siegel, analogue à la démonstration bien connue du théorème de "retour infini" de Poincaré, et qui repose sur le lemme suivant :

Lemme. Soit E un ensemble; soit m une mesure donnée sur une famille de parties de E, et pour laquelle E lui-même soit mesurable et de mesure finie. Soit A_n ($n=0, 1, 2, \ldots$) une famille dénombrable de parties mesurables de E, dont les mesures $m(A_n)$ aient une borne inférieure m_0 non nulle. Alors l'ensemble des points de E qui appartiennent à une infinité d'ensembles A_n est non vide, mesurable, et de mesure au moins égale à m_0.

En effet, cet ensemble n'est autre que l'intersection de tous les ensembles $B_n = \bigcup_{\nu \geqslant 0} A_{n+\nu}$; on a $m(E) \geqslant m(B_n) \geqslant m(A_n) \geqslant m_0$; les B_n forment une suite décroissante d'ensembles mesurables de mesure finie, de sorte que leur intersection est mesurable et a pour mesure $\lim m(B_n) \geqslant m_0$.

Soit maintenant T un ensemble de transformations biunivoques de l'ensemble E en lui-même; supposons que chacune de ces transformations transforme tout ensemble mesurable dans E en un ensemble mesurable de même mesure. Pour $\sigma \epsilon T$, $P \epsilon E$, soit σP le transformé de P par σ; soit A une partie mesurable de E, de mesure positive, et soit σA le transformé de A par σ; on aura $m(\sigma A) = = m(A)$. Soit σ_n une suite quelconque d'éléments de T; alors, d'après le lemme, l'ensemble des points de E qui appartiennent à une infinité d'ensembles $\sigma_n A$ n'est pas vide; autrement dit, il existe un point P de E, tel que l'on ait $\sigma_n P \epsilon A$ pour une infinité de valeurs de n. Si en particulier T est un espace topologique, et que nous sachions que l'ensemble des σ tels que $\sigma P \epsilon A$ est compact, quel que soit P, on pourra affirmer que, de toute suite d'éléments de T, on peut extraire une suite convergente. Comme on sait, cette propriété entraine la compacité de T dans l'un ou l'autre des cas suivants : (a) T est un espace séparé de base dénombrable; (b) T est un espace uniforme complet (6). Comme en particulier tout groupe localement compact peut être considéré comme espace uniforme complet (IGTA, § 3), nous pouvons énoncer le résultat suivant :

Proposition 6. Soit E un ensemble, de mesure finie pour une mesure m donnée sur une famille de parties de E. Soit Γ un groupe localement compact de transformations biunivoques de E en lui-même, conservant la mesure m. Soit A une partie mesurable de E, de mesure non nulle, et telle que l'ensemble des éléments σ de Γ pour lesquels on a $\sigma P \epsilon A$ soit compact quel que soit $P \epsilon E$. Alors le groupe Γ est compact.

Considérons de nouveau maintenant un groupe G localement compact, et deux sous-groupes fermés de G, Γ et g. Sur G, la mesure de Haar est invariante à gauche, et est multipliée, dans une translation à droite s, par un facteur constant Δ (s) (IGTA, § 8). Supposons que g soit unimodulaire (ce sera le cas, en particulier, si g est discret); alors (IGTA, § 9) il existe dans G/g, à un facteur constant près, une mesure m et une seule, telle que l'on ait, quels que soient sϵG et A mesurable dans G/g, $m(sA) = \Delta(s) . m(A)$; si donc il existe un ensemble A de mesure finie, invariant par toutes les transformations sϵG, on aura Δ (s) = 1 quel que soit s, G sera unimodulaire, et la mesure m sera invariante; ce sera le cas, en particulier, si G/g est de mesure finie (cf. Siegel, loc. cit., lemme 5).

Si donc nous supposons g unimodulaire, et G/g de mesure finie, il y aura dans G/g une mesure m invariante par toutes les transformations de G, donc en particulier par toutes les transformations de Γ. Supposons de plus que Γ soit propre sur G/g, et soit A une partie compacte de G/g, de mesure non nulle. Alors la prop. 6 montre que Γ est compact. Pour énoncer le résultat

(6) N. Bourbaki, loc. cit., p. 113, exercice 3 (cf. A. Weil, *Sur les espaces à structure uniforme*, Paris, Hermann et Cie., 1937).

auquel nous sommes ainsi arrivés, nous échangerons les rôles de g et de Γ dans ce qui précède :

PROPOSITION 7. Soient G un groupe localement compact, Γ et g deux sous-groupes fermés de G; supposons G et Γ unimodulaires, et G/Γ de volume fini (pour la mesure invariante dans G/Γ). Alors, pour que Γ soit propre sur G/g, il faut et il suffit que g soit compact.

Comme Siegel l'a bien mis en évidence, c'est ce résultat qui explique le rôle prépondérant joué, dans la théorie des sous-groupes discrets d'un groupe G, par les espaces homogènes G/g définis au moyen de sous-groupes compacts g de G.

FACULDADE DE FILOSOFIA, CIÊNCIAS E LETRAS DA UNIVERSIDADE DE SÃO PAULO

Resumo. Êste trabalho apresenta novas demonstrações e generalizações de resultados recentes de Siegel sôbre a teoria dos grupos. A primeira parte refere-se à integração nos espaços homogêneos, e permite reobter, de modo simples, a partir de resultados muito gerais, um importante teorema de Siegel sôbre a geometria dos números, de que uma parte já havia sido percebida anteriormente por Minkowski; pode-se considerar esta aplicação como um primeiro exemplo da introdução da geometria integral na teoria dos grupos descontínuos. A segunda parte é, ao contrário, de natureza topológica, e mostra como se pode vantajosamente considerar os espaços homogêneos em lugar dos "domínios fundamentais" da teoria clássica dos grupos pròpriamente discontínuos, apênas generalizando a definição bem conhecida dêstes últimos grupos.

Imprensa Nacional — Rio de Janeiro — Brasil — Março — 1946

[1947a] L'avenir des mathématiques

« Il y a eu autrefois, dit Poincaré dans sa conférence de Rome sur l'avenir des mathématiques, des prophètes de malheur ; ils répétaient que tous les problèmes étaient résolus, qu'après eux il n'y aurait plus qu'à glaner... » Mais, ajoute-t-il, « les pessimistes se sont toujours trouvés forcés de reculer... de sorte qu'à présent je crois bien qu'il n'y en a plus. »

Notre foi dans le progrès, notre croyance en l'avenir de notre civilisation, ne sont plus si fermes ; elles se sont vues ébranlées par des chocs trop brutaux. Il ne nous paraît plus du tout légitime, comme Poincaré n'hésitait pas à le faire, d' « extrapoler » du passé et du présent au futur. Le mathématicien, interrogé sur l'avenir de sa science, se trouve en droit de poser la question préalable : quel est l'avenir que se prépare l'espèce humaine ? Les formes de pensée, fruits de l'effort soutenu des quatre ou cinq derniers millénaires, sont-elles autre chose qu'un éclair fugitif ? Que si, craignant de tomber dans la métaphysique, on préfère se tenir sur le terrain, presque aussi mouvant, de l'histoire, les mêmes questions réapparaissent, en d'autres termes seulement : assistons-nous au début d'une nouvelle éclipse de la civilisation ? Notre devoir, plutôt que de nous livrer aux joies égoïstes du travail créateur, n'est-il pas de regrouper, en vue d'un simple effort de conservation, les éléments essentiels de notre culture, afin qu'un jour nos descendants les retrouvent intacts à l'aube d'une nouvelle Renaissance ?

Ces questions ne sont pas de pure rhétorique ; de la réponse que chacun leur donne, ou plutôt (car il n'est pas de réponse à de pareilles questions) de l'attitude que chacun prend en face d'elles dépend dans une large mesure la direction qu'il donnera à son effort intellectuel. Avant d'écrire sur l'avenir des mathématiques, il était nécessaire de les poser, comme le croyant se purifiait avant de consulter l'oracle. A nous maintenant d'interroger le destin.

La mathématique, telle que nous la connaissons, nous paraît l'une des formes nécessaires de notre pensée. L'archéologue, il est vrai, et l'historien nous révèlent des civilisations d'où elle fut absente. Sans les Grecs, il est douteux qu'elle eût jamais été plus qu'une technique, au service d'autres techniques ; et peut-être voyons-nous se former sous nos yeux un type de société humaine où elle ne sera pas autre chose. Mais à nous, dont les épaules ploient sous l'héritage de la pensée grecque, à nous qui traînons encore nos pas dans les sillons tracés par les héros de la Renaissance, une civilisation sans mathématiques semble inconcevable. De même que le postulat des parallèles, le postulat de la survie des mathématiques s'est dépouillé à nos yeux de son « évidence » ; mais, tandis que celui-là ne nous est plus nécessaire, nous ne saurions nous passer de celui-ci.

Assurément, le clinicien des idées, qui, sans se hasarder à des prédictions à lointaine échéance, limite son pronostic à un avenir immédiat, aperçoit, lorsqu'il examine la mathématique contemporaine, plus d'un symptôme favorable. Tout d'abord, tandis que telle science aujourd'hui, par la puissance presque illimitée que confère son usage arbitraire, est en passe de devenir monopole de caste, trésor jalousement gardé sous le sceau d'un secret nécessairement fatal à toute activité proprement scientifique, le mathématicien véritable semble peu exposé aux tentations du pouvoir et à la camisole de force du secret d'Etat. « La mathématique, disait G. H. Hardy dans une célèbre leçon inaugurale, est une science inutile. J'entends par là qu'elle ne peut servir directement, ni à l'exploitation de nos semblables, ni à leur extermination. »

Il est certes peu d'hommes, à notre époque, aussi complètement libres dans le jeu de leur activité intellectuelle que le mathématicien. Si des idéologies d'État s'attaquent parfois à sa personne, jamais encore elles ne se sont mêlées de juger ses théorèmes ; chaque fois que de soi-disant mathématiciens, pour complaire aux puissants du jour, ont tenté de plier leurs confrères au joug d'une orthodoxie, ils n'ont récolté que le mépris pour fruit de leurs travaux. Qu'un autre hante les antichambres pour se faire accorder le coûteux appareillage sans lequel il n'est guère de prix Nobel : un crayon et du papier, c'est tout ce qu'il faut au mathématicien ; encore peut-il s'en passer à l'occasion. Il n'est même pas pour lui de prix Nobel dont la conquête désirée le détourne du travail longuement mûri vers le résultat brillant mais passager. Dans le monde entier, on enseigne, bien ou mal, les mathématiques ; le mathématicien exilé — et qui, de nos jours, peut se croire à l'abri de l'exil ? — trouve partout le gagne-pain modeste qui lui permet en quelque mesure de poursuivre ses travaux. Il n'est pas jusqu'en prison qu'on ne puisse faire de bonnes mathématiques, si le courage ne faut.

A ces « conditions objectives », ou plutôt, comme dirait notre médecin, à ces symptômes externes, viennent s'en ajouter d'autres que fournit un examen clinique plus approfondi. La mathématique vient de prouver sa vitalité en traversant l'une de ces crises de croissance auxquelles elle est accoutumée de longue date, et qu'on nomme d'un nom bizarre « crises des fondements » ; elle l'a traversée, non seulement sans dommage, mais avec grand profit. Chaque fois que de vastes territoires viennent d'être conquis au raisonnement mathématique, il est nécessaire de se demander quels sont les moyens techniques permis dans l'exploration du domaine nouveau. On désire que tels objets aient telles propriétés, on désire que tels modes de raisonnement soient légitimes, on se comporte comme s'ils l'étaient en effet ; le pionnier qui agit ainsi n'ignore pas qu'un jour la police viendra faire cesser le désordre et remettre tout sous l'empire de la loi commune. C'est ainsi que les Grecs, lorsqu'ils définirent les premiers le rapport des grandeurs avec assez de précision pour se poser le problème de l'existence de grandeurs incommensurables, semblent avoir cru et désiré que tous les rapports fussent rationnels, et avoir basé sur cette hypothèse provisoire la première ébauche de leurs raisonnements géométriques ; quelques-uns des plus grands progrès de la mathématique grecque sont liés à la découverte de leur erreur initiale sur ce point. De même, quand s'est ouverte l'ère de la théorie des fonctions et du calcul infinitésimal, on a voulu que toute expression analytique définisse une fonction, et qu'en même temps toute fonction soit dérivable ; nous savons aujourd'hui que ces exigences n'étaient pas compatibles. La dernière crise, née des modes de raisonnement sophistiques auxquels se prêtait à ses débuts la théorie « naïve » des ensembles, a eu pour nous un résultat non moins heureux, qu'on peut considérer comme définitivement acquis. Nous avons appris à faire remonter toute notre science à une source unique, composée seulement de quelques signes et de quelques règles d'emploi de ces signes, réduit sans doute inexpugnable, où nous ne saurions nous enfermer sans risque de famine, mais sur lequel il nous sera toujours loisible de nous replier en cas d'incertitude ou de danger extérieur. Que le mathématicien doive constamment tirer de son « intuition » de nouveaux éléments de raisonnement de nature alogique ou « prélogique », c'est ce qui ne paraît plus soutenable qu'à quelques esprits attardés. Si certaines branches des mathématiques n'ont pas encore été axiomatisées, c'est-à-dire ramenées à un mode d'exposition où tous les termes sont définis et tous les axiomes explicités à partir des notions premières de la théorie des ensembles, c'est seulement parce qu'on n'a pas encore eu le temps de le faire. Il se peut sans doute qu'un jour nos successeurs désirent introduire en théorie des ensembles des modes de raisonnement que nous ne nous permettons pas ; il se peut même, bien que les travaux des logiciens modernes rendent cette éventualité bien peu probable, que l'expérience fasse découvrir un jour, dans les modes de raisonnement dont nous faisons usage, le germe d'une contradiction que nous n'apercevons pas aujourd'hui ; une révision générale deviendra alors nécessaire ; on peut être assuré dès maintenant que l'essentiel de notre science n'en sera pas affecté.

Mais, si la logique est l'hygiène du mathématicien, ce n'est pas elle qui lui fournit sa nourriture ; le pain quotidien dont il vit, ce sont les grands problèmes. « Une branche de la science est pleine de vie, disait Hilbert, tant qu'elle offre des problèmes en abondance ; le manque de problèmes est signe de mort. » Certes ils ne manquent pas à notre mathématique ; et le moment ne serait peut-être pas mal choisi à présent pour en dresser une liste, comme le faisait Hilbert dans la conférence fameuse que nous venons de citer. Parmi ceux mêmes de Hilbert, plusieurs subsistent comme des objectifs lointains, mais non inaccessibles, qui ne cesseront de provoquer des recherches, peut-être pendant plus d'une génération : le cinquième problème, sur les groupes de Lie, en est un exemple. L'hypothèse de Riemann, après qu'on eut perdu l'espoir de la démontrer par les méthodes de la théorie des fonctions, nous apparaît aujourd'hui sous un jour nouveau, qui la montre inséparable de la conjecture d'Artin sur les fonctions L, ces deux problèmes étant deux aspects d'une même question arithmético-algébrique, où l'étude simultanée de toutes les extensions cyclotomiques d'un corps de nombres donné jouera sans doute le rôle décisif. L'arithmétique gaussienne gravitait autour de la loi de réciprocité quadratique ; nous savons maintenant que celle-ci n'est qu'un premier exemple, ou pour mieux dire le paradigme, des lois dites « du corps de classes », qui gouvernent les extensions abéliennes des corps de nombres algébriques ; nous savons formuler ces lois de manière à leur donner l'aspect d'un ensemble cohérent ; mais, si plaisante à l'œil que soit cette façade, nous ne savons si elle ne masque pas des symétries plus cachées. Les automorphismes induits sur les groupes de classes par les automorphismes du corps, les propriétés des restes de normes dans les cas non cycliques, le passage à la limite (inductive ou projective) quand on remplace le corps de base par des extensions, par exemple cyclotomiques, de degré indéfiniment croissant, sont autant de questions sur lesquelles notre ignorance est à peu près complète, et dont l'étude contient peut-être la clef de l'hypothèse de Riemann ; étroitement liée à celles-ci est l'étude du conducteur d'Artin, et en particulier, dans le cas local, la recherche de la représentation dont la trace s'exprime au moyen des caractères simples avec des coefficients égaux aux exposants de leurs conducteurs. Ce sont là quelques-unes des directions qu'on peut et qu'on doit songer à suivre afin de pénétrer dans le mystère des extensions non abéliennes ; il n'est pas impossible que nous touchions là à des principes d'une fécondité extraordinaire, et que le premier pas décisif une fois fait dans cette voie doive nous ouvrir l'accès à de vastes domaines dont nous soupçonnons à peine l'existence ; car jusqu'ici, pour amples que soient nos généralisations des résultats de Gauss, on ne peut dire que nous les ayons vraiment dépassés.

Dans le cadre même des extensions abéliennes, nous n'avons non plus fait aucun progrès vers la généralisation des théorèmes du « rêve de jeunesse de Kronecker », l'engendrement des corps de classes dont l'existence nous est connue, par des valeurs de fonctions analytiques. Si l'on a pu, sans grande difficulté, compléter l'œuvre inachevée de Kronecker et achever de résoudre ce problème, au moyen de la multiplication complexe, dans le cas des corps quadratiques imaginaires, la clef du problème général, que Hilbert regardait comme l'un des plus importants des mathématiques modernes, nous échappe encore, malgré les conjectures de Hilbert lui-même et les tentatives de ses disciples. Faut-il la chercher dans les nouvelles fonctions automorphes de Siegel, par exemple dans ses fonctions modulaires de plusieurs variables ? Ou bien la théorie, aujourd'hui assez avancée, des endomorphismes des variétés abéliennes peut-elle nous être ici de quelque secours ? Il est trop tôt pour hasarder là-dessus des conjectures plausibles ; mais, dût la réponse être négative, on ne peut manquer d'obtenir des résultats intéressants en examinant ces questions de plus près.

Ce qui précède met déjà en évidence, non seulement la vitalité de l'arithmétique moderne, mais aussi les liens étroits qui, aujourd'hui comme au temps d'Euler et au temps de Jacobi, l'unissent aux parties les plus profondes de la théorie des groupes et de la théorie des fonctions. Cette unité essentielle, dont les manifestations sont si diverses et multiples, se retrouve sur bien d'autres points. L'introduction par Hermite des variables continues dans la théorie des nombres a abouti à l'étude systématique des groupes discontinus de nature arithmétique au moyen des groupes continus dans lesquels ils se laissent plonger, des espaces riemanniens symétriques associés à ces groupes, des propriétés différentielles et topologiques de leurs domaines fondamentaux (ou plutôt, dans le langage moderne, de leurs espaces quotients), et des fonctions automorphes qui y appartiennent. L'œuvre de Siegel, continuant la grande tradition de Dirichlet, d'Hermite, de Minkowski, nous a ouvert ici des voies toutes nouvelles. D'un côté, nous rejoignons par là Fermat, Lagrange et Gauss, la représentation des nombres par les formes, et les genres de formes quadratiques. En même temps commence à se préciser à nos yeux le principe si fécond d'après lequel l'aspect global d'un problème arithmétique peut, en certaines circonstances, se reconstituer à partir de ses aspects locaux. Par exemple, nous voyons à maintes reprises, chez Siegel, le nombre de solutions de tel problème arithmétique dans le corps des nombres rationnels exprimé au moyen des nombres définis par les problèmes locaux correspondants, densités de solutions dans le corps réel et dans les corps p-adiques pour toutes les valeurs du nombre premier p ; c'est là un principe, analogue au théorème des résidus sur la surface de Riemann d'une courbe algébrique, auquel il y a lieu de rattacher aussi les célèbres « séries singulières » qui apparaissent dans l'application de la méthode de Hardy-Littlewood aux problèmes de la théorie analytique des nombres. Est-il possible d'en donner un énoncé général, qui permette d'un seul coup d'obtenir tous les résultats de cette nature, de même que la découverte du théorème des résidus a permis de calculer par une méthode uniforme tant d'intégrales et de séries qu'on ne traitait auparavant que par des procédés disparates ? Ce n'est pas là encore, semble-t-il, un problème pour l'avenir immédiat ; il n'en est que plus important d'en préparer la solution par l'examen de cas particuliers bien choisis. C'est le même principe qui fournira peut-être un jour la raison profonde de l'existence des produits eulériens, dont les recherches de Hecke viennent seulement de nous révéler l'extrême importance en théorie des nombres et en théorie des fonctions ; ici, ce sont les classes mêmes des formes quadratiques, et non pas seulement comme avec Siegel leurs genres, que nous commençons à atteindre ; en même temps, nous nous trouvons au cœur de la théorie des fonctions modulaires, que ces travaux ont renouvelée entièrement, et de la théorie des fonctions *thêta*. Ce domaine est encore pour nous si mystérieux, les questions qui s'y posent sont si nombreuses et si fascinantes, que toute tentative pour les classer par ordre d'importance serait prématurée.

Mais en même temps, Siegel nous a appris, par voie arithmétique, à construire des groupes discontinus, et des fonctions automorphes ; c'est un domaine où la pure théorie des fonctions n'avait pas fait un pas depuis Poincaré ; et il est vraisemblable, en effet, que, tout comme il est arrivé pour les fonctions d'une variable, l'étude approfondie de fonctions spéciales de plusieurs variables complexes devra préparer le terrain à tout essai de théorie générale. Dans les recherches de Siegel, l'étude géométrique, locale et globale, des domaines fondamentaux, c'est-à-dire en réalité de variétés à structure analytique complexe, tend à prendre un rôle prépondérant. On rejoint par là l'œuvre immense de Cartan, et ses prolongements de toute sorte ; du même coup, on se trouve d'emblée au cœur de la topologie moderne, la théorie des espaces fibrés, et on voit apparaître les invariants de Stiefel-Whitney et leurs généralisations ; ce sont là deux domaines dont l'intime liaison était soupçonnée depuis quelque temps, mais entre lesquels la jonction vient d'être faite grâce aux découvertes d'un géomètre chinois, S. S. Chern, elles-mêmes provoquées en partie par des considérations de géométrie algébrique. Les variétés algébriques, en effet, ou du moins les variétés sans singularités sur le corps complexe, ne sont pas autre chose qu'une classe particulière, et particulièrement intéressante, de variétés à structure analytique complexe ; plus précisément, ce sont des variétés qu'on peut, du moins dans tous les cas connus, munir de l'une de ces métriques hermitiennes remarquables qu'a introduites Kähler à propos de fonctions de plusieurs variables complexes, et dont des résultats encore mal éclaircis de S. Bergmann fournissent aussi des exemples. C'est par l'emploi systématique, bien que non explicite, de ces métriques que Hodge, généralisant les classiques résultats de Riemann, a obtenu récemment les premiers théorèmes d'existence sur ce type de variétés ; si l'on n'ose espérer que de telles méthodes puissent un jour nous donner l'uniformisation des variétés algébriques (qui d'ailleurs, contrairement à ce qui se passe pour les courbes, ne peut se faire en général par des fonctions non ramifiées), leur extension aux intégrales de seconde et de troisième espèce est déjà chose faite et aplanira sans doute les voies vers des résultats généraux du type du théorème de Riemann-Roch. La généralisation analogue des méthodes de Hodge aux formes différentielles avec singularités dans le domaine réel pose des problèmes encore plus importants ; elle paraît liée, d'une part, à des propriétés locales des systèmes de type elliptique auxquels satisfont les formes harmoniques ; d'autre part, elle semble inséparable d'une extension de la théorie de de Rham qui permettrait d'obtenir la torsion homologique d'unevariété par les formes différentielles avec singularités. Si en effet les résultats de de Rham ont éclairci définitivement un certain aspect de la relation entre groupes d'homologie et intégrales multiples, et jouent par là un rôle fondamental dans les travaux de Hodge et de Chern, ils ne rendent jusqu'à présent accessibles aux méthodes différentielles que les groupes d'homologie sur les nombres réels ; et d'ailleurs l'analogie si frappante et si féconde entre chaînes et formes différentielles, que ces résultats mettent en évidence, reste jusqu'ici un simple principe heuristique, en attendant qu'on réussisse à donner une base commune à ces deux notions ; c'est seulement dans quelques cas particuliers, et par exemple dans quelques-uns des beaux travaux par lesquels Ahlfors a renouvelé dans ces dernières années la théorie des fonctions analytiques, qu'on a réussi, en exprimant des formes différentielles comme sommes de chaînes (par des mesures de Radon dans l'espace des chaînes), à convertir ce principe en méthode de démonstration.

Mais, tandis que la géométrie algébrique reçoit ainsi une nouvelle impulsion des développements les plus récents de la topologie et de la géométrie différentielle, elle ne manque pas non plus de problèmes purement algébriques, au sujet desquels, grâce aux méthodes élémentaires de l'algèbre moderne, il ne nous est plus nécessaire de faire dériver nos connaissances des éclairs d'intuition de quelques mortels privilégiés. La théorie des surfaces, brillamment mais trop rapidement explorée par l'école italienne, doit faire place à présent à une théorie générale des variétés algébriques, affranchie d'hypothèses restrictives sur la nature du corps de base et sur l'absence de singularités. La structure des groupes de classes de diviseurs par rapport aux divers concepts connus d'équivalence (linéaire, continue, numérique), la recherche des extensions non ramifiées, abéliennes d'abord, puis non abéliennes, d'un corps de fonctions algébriques, constituent les premières questions à résoudre ; grâce aux résultats, acquis ou du moins plausibles, des géomètres italiens, nous savons à peu près deviner les réponses ; et leur solution, qui peut-être est déjà à notre portée, doit ouvrir la voie à d'importants progrès. D'autre part, l'étude de la géométrie algébrique sur tel ou tel corps de base particulier en est encore à ses premiers tâtonnements ; si la géométrie algébrique sur le corps complexe, à peu près exclusivement étudiée depuis près d'un siècle, a abouti, par les méthodes qui lui sont propres (méthodes topologiques et méthodes transcendantes), aux importants résultats que nous connaissons, il est vraisemblable que d'autres corps de base, corps finis, corps p-adiques, corps de nombres algébriques, méritent chacun d'être examiné à part, par des méthodes appropriées à leur objet. C'est ainsi que la géométrie sur un corps fini semble constituer une sorte de plaque tournante, à partir de laquelle on peut à volonté orienter les recherches, soit vers la géométrie algébrique proprement dite, avec les puissants instruments dont elle dispose déjà, soit vers la théorie des nombres ; c'est par là justement que nous commençons à mieux comprendre la nature de la fonction *zêta* et le vrai caractère de l'hypothèse de Riemann ; de même, avant d'aborder la détermination des extensions d'un corps de nombres algébriques par leurs propriétés locales, il conviendra peut-être de résoudre le problème analogue, déjà fort difficile, au sujet des fonctions algébriques d'une variable sur un corps de base fini, c'est-à-dire d'étendre à ces fonctions les théorèmes d'existence de Riemann. Pour ne citer qu'un cas particulier, le groupe modulaire, dont la structure détermine les corps de fonctions d'une variable complexe ramifiés en trois points seulement, joue-t-il le même rôle, tout au moins en ce qui concerne les extensions de degré premier à la caractéristique, quand le corps de base est fini ? Il n'est pas impossible que toutes les questions de ce genre puissent se traiter par une méthode uniforme, qui permettrait, d'un résultat une fois établi (par exemple par voie topologique) pour la caractéristique 0, de déduire le résultat correspondant pour la caractéristique p ; la découverte d'un tel principe constituerait un progrès de la plus grande importance. Du même ordre, mais plus difficiles encore, sont les problèmes que posent les recherches modernes sur les groupes finis. La théorie des groupes finis simples est-elle l'analogue de la théorie des groupes de Lie simples ? Il semblerait prématuré d'aborder cette question de front dès maintenant ; c'est par des voies détournées, et en particulier par l'étude des p-groupes, qu'on a, dans ces dernières années, fait quelque progrès dans cette direction. Ici, comme en bien d'autres questions d'algèbre et de théorie des nombres, un élément nouveau vient d'être introduit par la définition des groupes d'homologie d'un groupe abstrait ; on doit à Eilenberg et MacLane, à propos de recherches de H. Hopf de pure topologie combinatoire, la découverte de cette notion, qui généralise les notions déjà si fécondes de caractère et de système de facteurs ; elle devra être soumise pendant quelque temps à une étude systématique avant qu'on puisse en mesurer la portée et les possibilités d'application.

Si l'arithmétique, entendue au sens le plus large, est toujours pour ses adeptes la reine des mathématiques, et si pour cette raison nous nous sommes laissé aller à traiter avec prédilection de ce qui la concerne, ce n'est pas à dire que les autres branches des mathématiques présentent moins de problèmes dignes d'un effort soutenu. L'œuvre seule d'un Cartan contient de quoi occuper plusieurs générations de géomètres. La théorie générale des systèmes en involution n'a pas été menée jusqu'au bout par son auteur, qui n'a pu, semble-t-il, surmonter toutes les difficultés d'ordre algébrique qu'elle présente. Sur la théorie, si importante sans doute, mais pour nous si obscure, des « groupes de Lie infinis », nous ne savons rien que ce qui se trouve dans les mémoires de Cartan, première exploration à travers une jungle presque impénétrable ; mais celle-ci menace de se refermer sur les sentiers déjà tracés, si l'on ne procède bientôt à un indispensable travail de défrichement. La théorie moderne des groupes de Lie proprement dits, par des méthodes qui combinent celles de Cartan et celles de la topologie, est loin d'être achevée ; dans la théorie même des groupes semi-simples, et dans celle des espaces riemanniens symétriques qui leur sont associés, nous ne savons atteindre à bien des résultats que par des vérifications *a posteriori*, en faisant usage de notre connaissance (due à Cartan, elle aussi) de tous les groupes simples. Mais surtout, comme il a été indiqué plus haut, nous trouvons maintenant, dans la théorie topologique des espaces fibrés, dans les théorèmes de de Rham et dans la notion de groupe d'homotopie, les outils appropriés à l'étude globale des géométries généralisées de Cartan. Pour n'en donner qu'un exemple, la formule classique de Gauss-Bonnet, seul résultat jusqu'à ces derniers temps qui exprimât un invariant topologique par l'intégrale d'une forme différentielle de caractère invariant, ne nous apparaît plus maintenant que comme le premier terme de toute une série de formules que la méthode de Chern nous rend accessibles, et dont la recherche systématique vient à peine d'être entreprise.

Mais, si les systèmes en involution doivent, en principe, nous permettre d'atteindre tout ce qui, dans les équations aux dérivées partielles, peut se ramener au problème local de Cauchy-Kovalewski, ce n'est là qu'un aspect du problème d'existence des solutions de ces équations ; et cet aspect, à bien des égards, n'est même pas le plus intéressant. Sortis de là, nous nous trouvons en présence de résultats importants, dont certains ont été obtenus seulement à date récente, sur des équations de types très particuliers, principalement elliptique et hyperbolique ; mais, bien que l'étude de ces types, à laquelle la physique mathématique a conduit nos prédécesseurs il y a plus d'un siècle, soit loin d'être achevée, il ne convient pas de s'y arrêter indéfiniment. Le système auquel satisfait la partie réelle d'une fonction analytique de plusieurs variables complexes ne rentre dans aucun de ces types simples ; or, par les méthodes propres à la théorie des fonctions analytiques, nous avons appris par exemple que les singularités les plus générales qu'elles puissent présenter sont, en un certain sens qu'il est encore difficile de préciser, composées de singularités élémentaires qui sont des variétés caractéristiques ; c'est ainsi du moins qu'on peut interpréter les théorèmes de Hartogs et de E. E. Levi; sous cette forme, ils présentent une analogie évidente avec les résultats connus sur les équations hyperboliques, analogie qui suggère de chercher, dans l'approfondissement des notions de variété caractéristique et de solution élémentaire, le germe d'une théorie générale. Par ailleurs, nous trouvons, dans les travaux de Delsarte, et dans ceux de S. Bergmann et de ses élèves, les premiers exemples de transformations d'équations aux dérivées partielles les unes dans les autres au moyen d'opérateurs intégraux ou intégro-différentiels ; il y a là, semble-t-il, le principe de développements entièrement nouveaux, et d'une classification des systèmes d'équations aux dérivées partielles qui sortirait complètement du cadre tracé par les méthodes classiques. En particulier, comme l'a montré Delsarte, les séries de fonctions orthogonales, auxquelles conduisent naturellement les problèmes elliptiques, se trouvent transformées ainsi en séries appartenant à des types beaucoup plus généraux, dont on retrouve quelques exemples isolés en analyse classique, mais dont l'étude générale pose des problèmes du plus grand intérêt. Ici, le mathématicien ne pourra plus se contenter de l'espace de Hilbert, outil qui lui est devenu aussi familier que la série de Taylor ou l'intégrale de Lebesgue ; est-ce dans la théorie des espaces de Banach qu'il faudra chercher l'instrument approprié, ou faudra-t-il recourir à des espaces plus généraux ? Il faut avouer que les espaces de Banach, pour intéressants et utiles qu'ils se soient déjà montrés, n'ont pas amené encore en analyse la révolution que certains en attendaient ; mais ce serait jeter le manche après la cognée que d'en abandonner déjà l'étude, avant d'en avoir mieux exploré les diverses possibilités d'application. Peut-être cependant sont-ils à la fois trop généraux pour se prêter à une théorie aussi précise que celle de l'espace de Hilbert, et trop particuliers pour l'étude des opérateurs les plus intéressants. Par exemple, ils ne comprennent pas l'espace des fonctions indéfiniment dérivables ; or, c'est seulement dans celui-ci qu'on peut définir les opérateurs de L. Schwartz, qui représentent formellement les dérivées de tout ordre de fonctions arbitraires ; il y a là peut-être le principe d'un calcul nouveau, reposant en définitive sur le théorème de Stokes généralisé, et qui nous rendra accessibles les relations entre opérateurs différentiels et opérateurs intégraux. Déjà des idées de ce genre ont rendu de grands services dans des problèmes particuliers, par exemple sous le nom de lemme de Haar en calcul des variations, ainsi que dans certains travaux de Friedrichs sur les opérateurs différentiels. De même, le théorème bien connu d'après lequel la moyenne d'une fonction harmonique sur un cercle est égal à sa valeur au centre exprime qu'un certain opérateur, défini par une distribution de masses dans le plan, est, en un certain sens, combinaison linéaire des valeurs du laplacien dans le domaine fermé limité par le cercle. A ces questions se rattache aussi le problème, déjà cité, de la représentation des formes différentielles comme sommes de chaînes, que pose la théorie de de Rham. Dans ces recherches, on voit peut-être s'ébaucher un calcul opérationnel, destiné à devenir d'ici un siècle ou deux un instrument aussi puissant que l'a été pour nos prédécesseurs et pour nous-mêmes le calcul différentiel.

Tout ceci ne concerne guère que l'étude locale ou semi-locale des équations aux dérivées partielles ; et en effet, en dehors des cas simples qu'on peut traiter par la théorie de l'espace de Hilbert ou par les méthodes directes du calcul des variations, l'étude globale des équations aux dérivées partielles, par exemple sur une variété analytique compacte, semble trop difficile pour qu'on puisse songer à l'aborder d'ici longtemps. Mais l'étude globale des équations différentielles ordinaires pose un grand nombre de problèmes intéressants, difficiles mais déjà à notre portée ; il suffira d'en donner pour exemple la belle démonstration toute récente, par E. Hopf, du caractère ergodique des géodésiques sur toute variété riemannienne compacte à courbure partout négative. On peut rattacher aussi à ce sujet l'étude des équations de van der Pol, et des oscillations dites de relaxation, l'une des très rares questions intéressantes qui aient été posées aux mathématiciens par la physique contemporaine ; car l'étude de la nature, autrefois l'une des principales sources de grands problèmes mathématiques, semble, dans les dernières années, nous avoir emprunté beaucoup plus qu'elle ne nous a rendu.

* * *

Mais l'énumération qui précède, tout incomplète qu'elle ne puisse manquer de paraître aux yeux de nos collègues, aura lassé sans doute l'attention de plus d'un lecteur ; encore n'avons-nous, faute de place et faute de la compétence nécessaire, parlé, ni de géométrie des nombres, ni d'approximations diophantiennes, ni de calcul des variations, ni de calcul des probabilités, ni d'hydrodynamique ; nous n'avons d'autre part fait aucune mention de bien des problèmes aujourd'hui en sommeil, qu'il suffirait d'une idée nouvelle pour éveiller et rendre à la vie mathématique. C'est qu'à vrai dire nous ne pouvions ni ne voulions jalonner la route au futur développement de notre science ; ce serait là une tâche vaine qu'on ne saurait même entreprendre sans ridicule, car le grand mathématicien de l'avenir, comme celui du passé, fuira les chemins battus; c'est par des rapprochements imprévus, auxquels notre imagination n'aura pas su atteindre, qu'il résoudra, en les faisant changer de face, les grands problèmes que nous lui léguerons. Nous nous étions proposé, en passant en revue quelques-unes des branches principales de notre mathématique, d'en mettre en évidence à la fois la robuste vitalité et l'unité foncière. Non seulement, nous croyons l'avoir montré, les problèmes se présentent en foule ; mais il en est peu de véritablement importants qui ne soient liés étroitement à d'autres en apparence fort éloignés. Lorsqu'une branche des mathématiques cesse d'intéresser tout autre que les spécialistes, c'est qu'elle est bien près de la mort, ou du moins de la paralysie d'où seul le bain vivifiant aux sources de la science pourra la tirer. « La mathématique, disait Hilbert dans la conclusion de sa conférence de 1900 (conclusion qui serait ici à citer tout entière), est un organisme dont la force vitale a pour condition l'indissoluble union de ses parties. »

Est-ce à dire que la mathématique soit en passe de devenir science d'érudition, qu'il ne doive plus être possible d'y faire œuvre créatrice que blanchi sous le harnois, usé par les longues années de veille en compagnie de tomes poussiéreux ? Ce serait aussi un signe de déclin ; car, force ou faiblesse, elle n'est guère science à se nourrir de détails minutieusement recueillis au cours d'une longue carrière, de lectures patientes, d'observations ou de fiches amassées une à une pour former le faisceau d'où sortira enfin l'idée. En mathématique plus peut-être qu'en toute autre branche du savoir, c'est tout armée que jaillit l'idée du cerveau du créateur ; aussi le talent mathématique a-t-il coutume de se révéler jeune ; et les chercheurs de second ordre y ont un rôle plus mince qu'ailleurs, le rôle d'une caisse de résonance pour un son qu'ils ne contribuent pas à former. Qu'en mathématique un vieillard puisse faire œuvre utile ou même géniale, il en est des exemples, mais rares, et qui chaque fois nous remplissent d'étonnement et d'admiration. Si donc la mathématique doit subsister telle qu'elle est apparue jusqu'ici à ses adeptes, il faut que les complications techniques dont plus d'un sujet s'y trouve hérissé ne soient qu'apparentes ou provisoires, il faut que, dans l'avenir comme par le passé, les grandes idées soient simplificatrices, que le créateur soit toujours celui qui débrouille, pour lui-même et pour les autres, l'écheveau le plus complexe de formules ou de notions. Déjà Hilbert se demandait : « Ne va-t-il pas devenir impossible au chercheur individuel d'embrasser toutes les branches de notre science ? » et justifiait sa réponse négative, non seulement par l'exemple, mais en observant que tout progrès important en mathématique est lié à la simplification des méthodes, à la disparition d'anciens développements devenus inutiles, à l'unification de domaines jusque là étrangers. Il est probable que par exemple les contemporains d'Apollonius, ou ceux de Lagrange, ont connu cette même impression de complexité croissante qui aujourd'hui tend à nous accabler. Sans doute, un mathématicien moderne ne connaît plus si bien qu'Apollonius, ou qu'un candidat à l'agrégation, tels détails de la théorie des coniques ; nul ne croit pour cela que celle-ci doive former une science autonome. Peut-être le même sort est-il réservé à telles de nos théories dont nous sommes le plus fiers. L'unité des mathématiques n'en sera pas menacée.

Le danger est ailleurs. Pour être de nature plus contingente, il ne nous en paraît pas moins sérieux ; et nous ne pensons pas pouvoir conclure nos réflexions sur l'avenir des mathématiques sans en dire quelques mots. Nous l'avons dit, notre civilisation même nous semble attaquée de toutes parts ; mais c'était là parler en termes trop généraux. *Ne sutor ultra crepidam* ; c'est en mathématiciens qu'il nous faut jeter un regard sur le monde d'aujourd'hui. Notre tradition est saine ; sommes-nous assurés de la transmettre intacte ? En quelques pays d'Europe, et surtout en Allemagne jusqu'au début du régime hitlérien, on trouvait, il n'y a pas longtemps encore, un enseignement universitaire, appuyé sur un enseignement secondaire solide, qui assurait à l'apprenti mathématicien à la fois les connaissances spécifiques et la culture générale sans lesquelles rien d'important ne peut être fait. Que voyons-nous aujourd'hui ? En France, aucune des branches essentielles des mathématiques modernes n'est enseignée, sinon par raccroc, dans nos universités ; c'est en vain qu'on chercherait dans celles-ci un cours qui mette l'étudiant avancé au contact d'un seul des grands problèmes que nous avons énumérés ; les éléments mêmes y sont trop souvent enseignés de telle manière que l'étudiant a tout à réapprendre s'il veut pousser plus loin ; l'extrême rigidité d'un mandarinat fondé sur de désuètes institutions académiques fait que toute tentative de renouvellement, si elle ne reste purement verbale, paraît vouée à l'échec. L'Italie, autrefois siège d'une école mathématique florissante, semble tombée dans un état de sclérose, analogue à celui dont la France se trouve menacée, mais qui a eu là des effets encore plus prompts et plus destructeurs. Quant à l'U.R.S.S. nous ne saurions (faute d'expérience personnelle) juger du point de vue qui nous intéresse ici, de son enseignement, secondaire et supérieur ; on compte en ce pays nombre de mathématiciens de premier ordre ; mais il leur est rigoureusement interdit, semble-t-il, d'en franchir les frontières ; et il n'est guère possible qu'à la longue une telle pratique, si elle devait subsister, ait d'autre résultat que l'asphyxie lente de toute vie scientifique ; l'histoire de notre science, la plus lointaine comme la plus récente, montre suffisamment à quel point les contacts d'un pays à l'autre, non pas séances d'apparat où l'on boit des toasts entre deux avions, mais séjours prolongés d'étudiants et de maîtres auprès d'universités étrangères, sont une condition indispensable de tout progrès. Des conditions plus favorables, croyons-nous, se rencontrent en Angleterre, et dans quelques-unes de ces nations de l'Europe occidentale qui ne sont petites que dans les statistiques militaires. Quant à l'Allemagne, l'avenir seul peut montrer si elle retrouvera en elle-même les éléments nécessaires pour renouer avec la brillante tradition interrompue par quinze ans d'abêtissement collectif. Au delà de l'Atlantique, enfin, nous voyons un grand pays, qui compte les universités par centaines, les étudiants par centaines de mille, et où, suivant le mot de H. Morrison, le grand spécialiste américain des problèmes d'enseignement, « on a voulu l'éducation des masses, on a la production de masse en matière d'éducation ». Thorstein Veblen, dans un petit livre trop peu lu, a tracé un jour le tableau de l'enseignement supérieur aux États-Unis, et l'a fait de main de maître ; indiquons seulement comment on forme le futur mathématicien, en ce pays qui produit plus de « mathématiciens » que peut-être tout le reste du monde. On y voit l'étudiant, dans les cas les plus favorables, disposer de trois ou quatre ans, vers la fin de son séjour à l'université, pour acquérir à la fois les connaissances, la méthode de travail, et l'élémentaire initiation intellectuelle, à quoi rien de ce qu'il a connu jusque là n'a pu en rien le préparer ; sa seule ressource est alors de se réfugier dans la spécialisation la plus étroite, grâce à quoi, s'il est intelligent et bien guidé, il pourra parfois faire œuvre utile ; encore risque-t-il fort, par la suite, de ne pas résister aux effets abrutissants de l'enseignement purement mécanique qu'il devra, pour gagner son pain, infliger à autrui après l'avoir lui-même trop longtemps subi. Qu'en d'autres domaines la production de masse, ainsi entendue, puisse avoir d'heureux résultats, c'est ce que nous ne sommes pas qualifié pour examiner ; les lignes qui précèdent font assez voir qu'il ne saurait en être ainsi en mathématiques. Par malheur, si, dans un pays dépourvu, il est vrai, de solides traditions intellectuelles, la plausible doctrine de l'éducation à la portée de tous a eu de pareilles conséquences, n'est-il pas à craindre que la contagion ne s'étende à une Europe affaiblie par une catastrophe sans précédent ?

Mais si, comme Panurge, nous posons à l'oracle des questions trop indiscrètes, l'oracle nous répondra comme à Panurge : Trinck ! Conseil auquel le mathématicien obéit volontiers, satisfait qu'il est de croire étancher sa soif aux sources mêmes du savoir, satisfait qu'elles jaillissent toujours aussi pures et abondantes, alors que d'autres doivent recourir aux ruisseaux boueux d'une actualité sordide. Que si on lui fait reproche de la superbe de son attitude, si on le somme de s'engager, si on demande pourquoi il s'obstine en ces hauts glaciers où nul que ses congénères ne peut le suivre, il répond avec Jacobi : « Pour l'honneur de l'esprit humain. »

André Weil.

[1947b] Sur la théorie des formes différentielles attachées à une variété analytique complexe

Soit V une variété compacte, à structure analytique complexe, de dimension réelle $2n$ (i. e. de dimension complexe n) ; autrement dit, au voisinage de tout point de V, on s'est donné un système de n coordonnées locales, complexes, et les formules de passage d'un système de coordonnées locales à un autre, en un point commun aux domaines où ils sont respectivement valables, sont analytiques (complexes). Ceci implique naturellement sur V, du point de vue réel, une structure C^{ω}, c'est-à-dire une structure analytique réelle, et a fortiori une structure différentiable d'ordre N quel que soit N.

Supposons maintenant qu'on ait défini sur V une structure hermitienne, au moyen d'un ds^2, donné localement au voisinage de tout point, par une expression de la forme $ds^2 = \sum_{\nu=1}^{n} \omega_\nu \overline{\omega}_\nu$, où les ω_ν sont n combinaisons linéaires, linéairement indépendantes, des différentielles dz_ν des coordonnées (complexes) locales $z_1, \ldots, z_n$. A ce ds^2 est associée de manière *invariante* (pour la structure analytique complexe donnée sur V) la forme différentielle extérieure de degré 2, $\Omega = \frac{i}{2}\sum_\nu \omega_\nu \wedge \overline{\omega}_\nu$ (où $\wedge$ dénote la multiplication extérieure). La métrique donnée sera dite *kählerienne* si l'on a $d\Omega = 0$. Sur les notions qui précèdent, cf. le mémoire de Chern[1]), en particulier pp. 87 et 109—112.

Du point de vue réel, le ds^2 donné détermine sur V une structure de variété riemannienne, de sorte qu'on peut en déduire, comme dans le livre de Hodge[2]), p. 109, et dans votre mémoire en commun avec P. Bi-

---

[1]) *S.S.Chern*, Characteristic classes of Hermitian manifolds, Ann. of Maths. vol. 47 (1946), p. 85.

[2]) *W.Hodge*, The theory and applications of harmonic integrals, Cambridge 1941; ce livre sera cité „Hodge".

dal[3]), n° 2, un opérateur $*$, opérant sur les formes différentielles sur V; il est facile d'ailleurs de définir directement cet opérateur, sans revenir à la structure réelle, en indiquant comment il transforme l'expression locale d'une forme au moyen des formes ω_ν, $\overline{\omega}_\nu$ qui interviennent dans la définition locale du ds^2. Si θ est une forme de degré p, sa transformée par $*$, que j'écrirai $*\theta$ (et non $\theta*$) est de degré $2n - p$, et on a $**\theta = (-1)^p\theta$. Au moyen de $*$, et de l'opérateur d (différentiation extérieure), on définit, comme dans votre mémoire[3]), les opérateurs $\delta = *d*$, $\Delta = \delta d + d\delta$; Δ est permutable avec $*$, d et δ. D'autre part, si, dans l'expression de θ par les ω_ν, $\overline{\omega}_\nu$, on remplace les ω_ν, $\overline{\omega}_\nu$, respectivement, par $i\,\omega_\nu$, $-i\,\overline{\omega}_\nu$, on obtient une forme, de degré p, que je vais désigner par $C\theta$; l'opérateur C, qui dépend seulement de la structure analytique complexe de V (et non du ds^2), est substantiellement identique à l'opérateur P' de Hodge (Hodge, p. 188). L'analyse de Hodge fait encore intervenir les deux opérateurs qui, à la forme θ, font respectivement correspondre les formes $\Omega \wedge \theta$ et $(-1)^p *(\Omega \wedge *\theta)$; en les désignant par L et Λ, on aura $*\Lambda = L*$; Λ est substantiellement l'opérateur $P^{(1)}$ de Hodge (p. 171). Il y a, entre tous ces opérateurs, de curieuses relations algébriques, qu'on peut, en se guidant sur Hodge, déterminer complètement, et sur lesquelles reposent en dernière analyse les résultats de son chapitre IV; en particulier, les calculs au moyen desquels il démontre ses théorèmes I (p. 165), et II (p. 167), donnent essentiellement les résultats *purement locaux* suivants: *si la métrique donnée sur V est kählerienne, on a* $\Lambda d - d\Lambda = C^{-1}\,\delta\,C$, *et Δ est permutable avec Λ, L et C*. C'est de là que découlent tous les résultats de Hodge, sauf ceux de son n° 44 et leurs conséquences; quant à ces derniers, ils tiennent au fait que, chez Hodge, V est supposée plongée dans un espace projectif, et que, pour la métrique kählerienne particulière qu'il utilise, la forme Ω est homologue (au sens de votre théorie) au cycle défini sur V par l'une quelconque de ses sections planes.

Hodge a montré comment on peut tirer de là une théorie complète des formes différentielles de première espèce, *de degré* 1; pour les formes de degré $p > 1$, sa théorie ne donne au contraire que des résultats partiels. Je me propose, en me limitant de même aux formes de degré 1, de montrer comment sa méthode s'étend aux formes de 2e et 3e espèce. D'abord, pour qu'une forme *fermée* θ, de degré 1, soit localement de la forme $\theta = \sum_\nu F_\nu(z_1, \ldots, z_n)\cdot dz_\nu$, où les z_ν sont les coordonnées locales (complexes) et les F_ν des fonctions analytiques (au sens complexe), il faut et il

[3]) *P. Bidal* et *G. de Rham*, Les formes différentielles harmoniques, Comm. Math. Helv. vol. 19 (1946) p. 1—49.

suffit qu'on ait $C\theta = i\theta$; ce ne serait pas suffisant si on ne supposait pas θ fermée (c'est-à-dire telle que $d\theta = 0$) ; de plus, pour une forme θ de degré 1, on a $\Lambda\theta = 0$, et il résulte donc de la formule $\Lambda d - d\Lambda = C^{-1}\delta C$ que les relations $d\theta = 0$, $C\theta = i\theta$ entraînent $\delta\theta = 0$.

De ce dernier résultat local, on conclut aussitôt, en particulier, que toute forme différentielle de première espèce, au sens de la géométrie algébrique, est harmonique ; plus précisément, si $\theta_1, \ldots, \theta_q$ sont les différentielles de première espèce, linéairement indépendantes, sur V (c'est-à-dire une base pour l'ensemble des formes fermées de degré 1 sur V qui satisfont à $C\theta = i\theta$), les $2q$ formes $\theta_\mu, \bar{\theta}_\mu$ sont harmoniques et linéairement indépendantes ; si de plus il y avait une forme harmonique réelle de degré 1, θ', indépendante des $\theta_\mu, \bar{\theta}_\mu$, on aurait $\Delta C\theta' = C\Delta\theta' = 0$, et par suite, en vertu de vos résultats, $d(C\theta') = 0$; la forme $\theta' - i \cdot C\theta'$ serait alors une différentielle de première espèce, indépendante des θ_μ. Comme cela est impossible, on voit qu'il y a exactement $2q$ formes harmoniques linéairement indépendantes sur V, donc, d'après les théorèmes d'existence, que le premier nombre de Betti de V, sur le groupe additif des réels, est $2q$. Telle est la belle démonstration que Hodge a donnée de ce résultat bien connu et fondamental en géométrie algébrique ; nous le retrouvons ici, débarrassé de toute hypothèse superflue, c'est-à-dire valable pour toute variété à structure analytique complexe sur laquelle on s'est assuré de l'existence d'une métrique kählerienne. Il serait d'ailleurs très intéressant de savoir s'il existe une telle métrique sur toute variété à structure analytique complexe.

Passons aux formes avec singularités. Disons, pour abréger, qu'une forme est *régulière* si, en tout point où elle est définie, elle s'exprime localement au moyen des $dz_\nu, d\bar{z}_\nu$, avec des coefficients qui soient des fonctions deux fois continument différentiables des parties réelles et imaginaires des z_ν ; disons qu'une forme de degré 1 est *méromorphe* si, en tout point où elle est définie, elle est de la forme $\sum_\nu F_\nu(z) \cdot dz_\nu$, où les $F_\nu(z)$ sont des fonctions méromorphes des z_ν ; disons qu'une forme θ a, dans un ensemble ouvert W_0, la partie singulière θ_0 si θ_0 est méromorphe et si $\theta - \theta_0$ est régulière dans W_0. Supposons V recouverte par des ensembles ouverts W_h, dans chacun desquels on se soit donné une forme méromorphe *fermée* θ_h, de telle sorte que, quels que soient h et k, la forme $\eta_{hk} = \theta_h - \theta_k$ soit régulière dans $W_h \cap W_k$. *Nous voulons savoir s'il existe une forme méromorphe fermée sur V, ayant, quel que soit h, la partie singulière θ_h dans W_h.* Il est clair qu'on peut, sans restreindre la généralité, supposer les W_h assez petits pour qu'il existe dans chacun un système de coordonnées locales. En remplaçant aussi, au besoin, les W_h par des ensembles plus petits, on peut supposer que η_{hk} est régulière en tout point de l'adhérence de $W_h \cap W_k$, pour toute valeur de h et de k.

On peut alors déterminer des formes ζ_h, respectivement définies et régulières dans les W_h, telles qu'on ait $\zeta_h - \zeta_k = \eta_{hk}$ dans $W_h \cap W_k$ pour toute valeur de h et k; en effet, si on suppose déjà définies les formes $\zeta_1, \ldots, \zeta_{h-1}$, la détermination de ζ_h revient à la solution d'un problème de Whitney dans W_h (prolongement d'une fonction numérique réelle, deux fois continument différentiable, donnée sur une partie fermée d'un espace euclidien, à l'espace euclidien entier, ou à une partie de celui-ci). De plus, on a, dans $W_h \cap W_k$, $d(\eta_{hk}) = 0$, $C(\eta_{hk}) = i\eta_{hk}$, donc, comme on a vu, $\delta(\eta_{hk}) = 0$, ce qui donne $d\zeta_h = d\zeta_k$, $\delta\zeta_h = \delta\zeta_k$; il y a donc des formes σ, τ, régulières sur V, telles qu'on ait dans W_h, pour tout h, $\sigma = d\zeta_h$, $\tau = \delta\zeta_h$. D'après le théorème fondamental d'existence, sous la forme que vous lui avez donnée (théorème H de votre mémoire [3]), n° 5), il y a une forme ω, régulière sur V, satisfaisant à $\Delta\omega = \delta\sigma + d\tau$, c'est-à-dire à $\Delta(\omega - \zeta_h) = 0$ dans W_h. De ce qui précède résulte qu'il y a une forme ψ sur V, définie dans chaque W_h par la relation $\psi = \omega - \zeta_h + \theta_h$, et ayant donc la partie singulière θ_h dans W_h quel que soit h; et on a $\Delta\psi = \Delta\theta_h = 0$ dans W_h quel que soit h, donc partout sur V, d'où $\Delta C\psi = C\Delta\psi = 0$, et par suite, en posant $\psi_1 = \frac{1}{2}(\psi + i \cdot C\psi)$, $\Delta\psi_1 = 0$. Mais on a, dans W_h, $\theta_h + i \cdot C\theta_h = 0$; comme $\omega - \zeta_h$ est régulière dans W_h, ψ_1 l'est donc aussi; ψ_1 est donc une forme régulière sur V, et par suite la relation $\Delta\psi_1 = 0$ entraîne, par votre théorie des formes harmoniques, $d\psi_1 = 0$. Posons maintenant $\theta = \psi - \psi_1 = \frac{1}{2}(\psi - i \cdot C\psi)$. On a $C\theta = i\theta$, et, d'après ce qui précède, θ a la partie singulière θ_h dans W_h, pour tout h; de plus, on a $d\theta = d\psi = d(\omega - \zeta_h)$ dans W_h, de sorte que $d\theta$ est régulière sur V; et, en vertu de la relation évidente $\Delta d = d\Delta = d\delta d$, on a $\Delta(d\theta) = 0$, c'est-à-dire que la forme $d\theta$ est harmonique sur V. Dans ces conditions, si $d\theta$ est homologue à zéro, on aura $d\theta = 0$, et θ sera une solution du problème posé plus haut; réciproquement, si θ' est une telle solution, c'est-à-dire une forme méromorphe fermée ayant la partie singulière θ_h dans W_h pour tout h, la forme $\lambda = \theta - \theta'$ sera régulière et on aura $d\theta = d\lambda$, ce qui montre qu'alors $d\theta$ est homologue à zéro. Donc, pour que notre problème ait une solution, il faut et il suffit qu'on ait $d\theta \sim 0$, c'est-à-dire que la forme régulière $d\theta$ ait toutes ses périodes nulles.

Or on peut déterminer comme suit les périodes de $d\theta$. Soit C un „cycle singulier" de dimension 2, formé de „simplexes" dont chacun soit image continument différentiable, dans un des W_h, d'un simplexe euclidien; à chacun de ces simplexes, je fais correspondre d'une manière déterminée, mais arbitraire, l'un des W_h qui le contiennent ; cela permet d'écrire C comme somme, $C = \sum_h C_h$, de chaînes C_h respectivement contenues dans les W_h ; si $f(C_h)$ est la frontière de C_h, on a $\sum_h f(C_h) = 0$.

Mais, la forme σ étant celle qui a été définie plus haut, on a $d\theta = d\omega - \sigma$, donc $d\theta \sim -\sigma$; et, par définition de σ, on a :

$$\int_C \sigma = \sum_h \int_{C_h} d\zeta_h = \sum_h \int_{f(C_h)} \zeta_h \,.$$

On peut supposer de plus, par une petite déformation de C, que $f(C_h)$ ne rencontre pas l'ensemble (à $2n - 2$ dimensions réelles) où les coefficients méromorphes de θ_h deviennent infinis ; alors, en posant $\xi = \zeta_h - \theta_h$, la relation $\sum_h f(C_h) = 0$ entraîne $\sum_h \int_{f(c_h)} \xi = 0$ puisque ξ est alors une forme définie sur V, ayant $-\theta_h$ pour partie singulière dans W_h ; on en conclut :

$$\int_C \sigma = \sum_h \int_{f(C_h)} \zeta_h = \sum_h \int_{f(C_h)} \theta_h \,.$$

Mais on a $d\theta_h = 0$; l'intégrale de θ_h, sur un cycle contenu dans W_h, est ce qu'on appelle, en théorie des fonctions, une „période logarithmique" ; plus précisément, on sait que l'intégrale $\int_{f(C_h)} \theta_h$ est égale au nombre d'intersection (indice de Kronecker) de C_h et du cycle, défini dans W_h modulo la frontière de W_h, qu'on obtient en prenant dans W_h la somme algébrique des variétés polaires de θ_h affectées respectivement de coefficients égaux aux périodes logarithmiques de θ_h pour ces variétés.

Mais il résulte des hypothèses sur les θ_h que, dans $W_h \cap W_k$, θ_h et θ_k ont mêmes variétés polaires, chacune ayant même période logarithmique pour θ_h et θ_k ; on a donc le droit de parler des variétés polaires du système de formes θ_h, et, pour chacune, de la période logarithmique qui lui correspond ; chacune de ces variétés est, localement au voisinage de chacun de ses points, une sous-variété algébroïde de V (au sens analytique complexe), de dimension complexe $n - 1$; si on les affecte de coefficients respectivement égaux aux périodes logarithmiques correspondantes, on obtient sur V un cycle „analytique" à $2n - 2$ dimensions („cycle algébrique", au sens de la géométrie algébrique, si V est une variété algébrique), qu'on peut appeler le „cycle polaire" du système de formes θ_h. Si on désigne ce cycle par Z, on a donc $\int_C \sigma = (C \cdot Z)$, c'est-à-dire, au sens de votre théorie, $\sigma \sim Z$, et $d\theta \sim -Z$. En définitive, *pour que notre problème ait une solution, il faut et il suffit que le cycle polaire du système de formes* θ_h *soit homologue à zéro*. Si on suppose en particulier que les θ_h soient des dérivées logarithmiques de fonctions méromorphes, on retrouve (dans le cas où V est variété algébrique) un théorème important de Lefschetz sur les formes de troisième espèce. Si on suppose que les θ_h ont toutes leurs périodes logarithmiques nulles, on obtient un théorème d'existence pour les formes de deuxième espèce, qui, en principe, était connu dans le cas des surfaces[4]) comme conséquence de quelques-uns des résultats les plus profonds de la théorie des surfaces algébriques ; peut-être permettra-t-il, réciproquement, de retrouver ceux-ci, par une voie plus sûre et plus facile ; dans le cas des variétés de dimension quelconque, je le crois nouveau.

Il serait sans doute intéressant de chercher à étendre ce qui précède au cas d'une variété V ayant une frontière F (en faisant sur celle-ci des hypothèses de régularité convenables) ; cela suppose que votre méthode s'applique à ce cas plus général, c'est-à-dire en somme aux problèmes aux limites pour les formes harmoniques, ce qui ne semble pas douteux. Dans le cas particulier où les θ_h sont des dérivées logarithmiques, et où V est un domaine univalent („schlicht") de l'espace de n variables complexes, on est en présence du „problème de Cousin", bien connu dans la théorie des fonctions de n variables complexes; on peut espérer obtenir par cette voie les conditions topologiques nécessaires et suffisantes pour que le problème de Cousin ait une solution dans un domaine arbitrairement donné. Dans ce cas, d'ailleurs, on peut prendre $ds^2 = \sum_\nu dz_\nu d\bar{z}_\nu$, et je crois que la méthode de résolution du problème de Cousin à laquelle on est ainsi conduit n'est autre que celle de Poincaré, débarrassée de toute complication accessoire. Il n'est peut-être pas sans intérêt non plus, à propos des considérations ci-dessus, de rappeler que la méthode de S. Bergmann, en théorie des fonctions de n variables complexes, aboutit précisément à la définition d'une métrique *kählerienne* invariante.

J'aurais aussi souhaité pouvoir déduire de la théorie des formes harmoniques l'important théorème de Lefschetz qui donne les conditions nécessaires et suffisantes pour qu'un „cycle soit algébrique" (cf. e. g. Hodge n^0 51.2, pp. 214—216) ; plus exactement, on se demande, sur une variété analytique complexe V, à n dimensions complexes, si une classe d'homologie donnée à $2n-2$ dimensions (sur le groupe des entiers) contient un cycle analytique, c'est-à-dire de la forme $\sum_\varrho a_\varrho \cdot V_\varrho$, où les V_ϱ sont des

[4]) Cf. *O. Zariski* Algebraic surfaces (Erg. d. Math. III 5 Berlin 1935), p. 124.

sous-variétés analytiques de V à $n-1$ dimensions complexes (algébroïdes au voisinage de chacun de leurs points), et les a_ϱ sont entiers ; on voit facilement qu'il faut pour cela que les périodes des formes harmoniques d'un certain type s'annulent, et le théorème de Lefschetz, sous la forme que lui a donnée Hodge, dit que c'est suffisant sur une variété algébrique plongée dans un espace projectif. Il me paraît plus intéressant de se demander si une classe d'homologie donnée contient un cycle analytique *positif*, c'est-à-dire de la forme ci-dessus avec des a_ϱ entiers $\geqslant 0$; on obtient, comme condition nécessaire, que les périodes de certaines formes doivent s'annuler, et que les périodes d'autres formes doivent former une matrice hermitienne positive définie. Lorsque V est, topologiquement, un tore à $2n$ dimensions, avec une structure analytique complexe invariante par le groupe du tore, le problème ci-dessus n'est pas autre chose que le problème d'existence des fonctions thêta, et on montre, par construction explicite de ces fonctions, que les conditions nécessaires auxquelles on est amené sont suffisantes ; mais, dans le cas général, je ne vois pas qu'on puisse faire de même. Une question très voisine de celle-là est la suivante : supposons donnée comme plus haut, sur la variété analytique complexe V, une métrique kählerienne ; supposons que la forme Ω associée à celle-ci ait toutes ses périodes entières ; s'ensuit-il que Ω soit homologue à un cycle analytique positif ?

(Reçu le 8 novembre 1946.)

DRUCK : ART. INSTITUT ORELL FÜSSLI AG., ZÜRICH

[1948a] Sur les courbes algébriques et les variétés qui s'en déduisent (Introduction)

Dans le développement de la géométrie sur les variétés algébriques, les variétés déduites des courbes algébriques ont toujours occupé une place privilégiée, due à la fois à l'importance de leurs propriétés particulières, et à la simplicité de leur mode de génération, qui fait de leur étude une introduction naturelle à toute théorie générale. Déjà dans les mémorables travaux de Riemann, la variété jacobienne d'une courbe algébrique joue un rôle essentiel, bien qu'encore implicite ; et la théorie des correspondances sur une courbe, abordée pour la première fois dans toute sa généralité par Hurwitz au moyen des méthodes de Riemann, et reprise ensuite par les géomètres italiens, et en particulier Castelnuovo et Severi par voie algébrico-géométrique, n'est pas autre chose, comme ces derniers l'ont bien mis en évidence, que l'étude de la variété des couples de points d'une courbe algébrique, c'est-à-dire du produit de la courbe par elle-même.

C'est principalement de ces variétés qu'il va être question dans le présent mémoire et dans ceux qui lui feront suite ; je me propose d'en reprendre l'étude *ab ovo*, par des méthodes apparentées à celles de l'école italienne, mais non sans tirer parti en même temps (autant qu'il est possible lorsqu'il s'agit de corps abstraits) des lumières que jettent sur ces questions la topologie et les méthodes transcendantes.

Ce n'est pas le lieu de revenir ici sur l'insuffisance, maintes fois signalée, des démonstrations des géomètres italiens ; j'espère au contraire montrer par l'exemple qu'il est possible de donner à leurs méthodes toute la rigueur nécessaire sans leur rien faire perdre en puissance ni en fécondité. La plupart des résultats qui seront démontrés ici n'ont rien d'essentiellement nouveau dans le cas où le corps

Reprinted from *Sur les courbes algébriques et les variétés qui s'en déduisent,* Hermann, Paris, by permission of Hermann, éditeurs des sciences et des arts.

des constantes est celui des nombres complexes ; mais, comme on le verra, quelques-unes des applications les plus intéressantes de notre théorie portent sur le cas où la caractéristique du corps de base n'est pas nulle.

Nous aurions eu le droit, compte tenu de la différence de langage, d'adapter à notre usage les résultats des travaux de F. K. Schmidt, de H. Hasse, et d'autres auteurs, sur les corps de fonctions algébriques d'une variable, travaux qui contiennent entre autres la démonstration du théorème de Riemann-Roch dans toute sa généralité, c'est-à-dire pour un corps de base quelconque. Il a paru préférable de retrouver d'abord ces mêmes résultats directement, sans rien supposer connu des travaux en question ; c'est ce qui sera fait dans la première partie, par la considération du produit de la courbe par elle-même, dont justement l'étude détaillée formera le sujet principal de ce qui doit suivre ; dans le § I, nous donnerons la démonstration, par cette voie, du théorème de Riemann-Roch et des résultats qui s'y rattachent ; le § II contient la théorie des différentielles sur une courbe algébrique. La deuxième partie est consacrée à la théorie élémentaire des correspondances sur une courbe, et aux applications de cette théorie, parmi lesquelles se trouvera entre autres la démonstration de l'hypothèse de Riemann et de la conjecture d'Artin, pour une courbe à corps de base fini. Dans le mémoire suivant se trouveront les résultats plus profonds de la théorie des correspondances qui dépendent de l'étude de la variété jacobienne et des représentations matricielles déduites des diviseurs d'ordre fini.

[1948b] Variétés abéliennes et courbes algébriques (Introduction)

Voici la suite du travail dont les deux premières parties (« Théorie des courbes » et « Théorie élémentaire des correspondances sur une courbe ») ont paru en un volume de cette même collection (¹). Dans la démonstration du théorème principal de la IIᵉ partie (le th. 10 du § 11, n° 14) on avait déjà (au n° 14) vu apparaître le produit de g facteurs égaux à la courbe étudiée, g étant le genre de celle-ci. Lorsqu'on cherche à approfondir et développer la théorie des correspondances, on s'aperçoit bientôt que le produit en question n'intervient que comme succédané de la variété jacobienne de la courbe, et que seule l'étude directe de la jacobienne permet à la fois de retrouver, en leur donnant leur véritable sens, les résultats acquis et de les dépasser. Ce serait d'ailleurs trop restreindre l'objet des recherches que de se borner, parmi les variétés abéliennes, aux jacobiennes des courbes; au contraire, l'étude des jacobiennes, et la théorie générale des variétés abéliennes, se prêtent un mutuel secours, de sorte qu'il convient de les mener de front. Telle est la matière du présent mémoire, où l'on retrouvera entre autres, par voie purement algébrique et sans se borner à la caractéristique 0, la plupart des résultats obtenus dans le « cas classique » (corps des nombres complexes) par les auteurs qui ont traité de ces questions, depuis Riemann, Weierstrass et Poincaré jusqu'à Lefschetz et Albert. Les nécessités de la démonstration imposaient bien entendu de ne

(¹) *Sur les courbes algébriques et les variétés qui s'en déduisent*, Publ. Inst. Math. Strasb. (1945) = Act. Sc. et Ind. n° 1041, Hermann et Cᶦᵉ, Paris 1948. Les renvois aux deux parties de ce volume seront faits simplement par les mots Iʳᵉ partie, IIᵉ partie.

Reprinted from *Variétés abeliennes et courbes algebriques*, Hermann, Paris, by permission of Hermann, éditeurs des sciences et des arts.

faire de leurs travaux aucun usage direct; il ne sera renvoyé qu'à mon livre *Foundations of Algebraic Geometry* (²) et au volume cité (¹); encore, de ce dernier, le lecteur n'a-t-il guère à retenir que le théorème de Riemann-Roch.

Dans le cas classique, la plupart des démonstrations se font le plus facilement, soit par les méthodes transcendantes qui remontent à Riemann, soit, comme Lefschetz l'a fait voir le premier, au moyen de la topologie combinatoire. Ici il nous faudra suivre une marche tout à fait différente, et à certains égards bien plus pénible. On notera cependant combien la théorie gagne (et cela, même dans le cas classique) à la mise en œuvre systématique des moyens d'action offerts par nos §§ I, II, III, et en particulier par les th. 1 (n° 7), 6 (n° 15) et 9 (n° 20); déjà Castelnuovo avait reconnu le parti qu'on peut tirer de ce dernier (³), sans qu'il soit pourtant facile d'en trouver chez lui une formulation ni encore moins une justification précise. Je dois avertir aussi que l'une des raisons d'être du présent travail a été de fournir, non seulement au lecteur, mais avant tout à l'auteur l'occasion de se familiariser avec l'emploi des méthodes qui reposent sur le livre cité plus haut; et bien des simplifications se présentent au cours de cet apprentissage qui n'étaient pas apparues de prime abord. Par exemple, l'emploi systématique de l'opération $\overset{-1}{f}(Y)$ définie au n° 3 (dont il faudrait d'abord formuler les propriétés essentielles, telles qu'elles résultent des théorèmes de F-VII), permettrait de rédiger d'une manière beaucoup plus concise un grand nombre de démonstrations, surtout à partir du § VI; on me pardonnera, j'espère, de n'être pas revenu sur un travail depuis longtemps terminé pour y apporter ces améliorations que je me contente de suggérer au lecteur. Pour des simplifications plus substantielles, le développement futur de la géométrie algébrique ne saurait manquer sans doute d'en faire apparaître.

(²) Am. Math. Soc. Colloquium, New-York 1946; nous renvoyons à ce livre par la lettre F suivie de l'indication du chapitre, du §, et du théorème (ou proposition); par exemple F-VIII$_1$, prop. 2, pour la prop. 2 du chap. VIII, § 1.

(³) V. par ex. le beau mémoire *Sugli integrali semplici appartenenti ad una superficie irregolare* (Rend. Acc. Linc. (V) XIV, 1905), reproduit (n° XXVI) dans G. Castelnuovo, *Memorie Scelte*, Bologna 1937. La démonstration du théorème de Poincaré à partir du principe en question, qu'on trouvera au n° 51 du présent travail, est par exemple substantiellement identique à celle qu'en donne Castelnuovo, pour le cas classique, au n° 9 de ce mémoire.

[1948c] On some exponential sums

It seems to have been known for some time[1] that there is a connectio between various types of exponential sums, occurring in number-theory and the so-called Riemann hypothesis in function-fields. However, as was unable to find in the literature a precise statement for this relationship I shall indicate it here, and derive from it precise estimates for such sums including the Kloosterman sums.

Let k be a finite field of q elements; consider the field $k(t)$ of rationa functions in one transcendental element t, with coefficients in k; geo metrically, this is the function-field, over the ground-field k, of a projective straight line. On that straight line, we consider divisors, i.e., formal sums of points with integral (positive or negative) coefficients; and we limit ourselves, once for all, to divisors which are rational over k, i.e., such that conjugate points over k have the same coefficient. A divisor is called finite if it does not contain the point at infinity with a non-zero coefficient. Except for the notation, finite positive divisors are essentially the same as ideals in the ring $k[t]$; to every such divisor $\mathfrak{a}$, we attach the polynomial $P_{\mathfrak{a}}(t) = t^n + a_1 t^{n-1} + \ldots + a_n$ which generates the corresponding ideal, i.e., whose zeros are the points in $\mathfrak{a}$, with multiplicities respectively equal to their coefficients in $\mathfrak{a}$; as $\mathfrak{a}$ is assumed to be rational over k, $P_{\mathfrak{a}}(t)$ has its coefficients in k; and n is the degree of $\mathfrak{a}$. Every finite divisor $\mathfrak{m}$ can be written as $\mathfrak{m} = \mathfrak{a} - \mathfrak{b}$, where $\mathfrak{a}$, $\mathfrak{b}$ are finite positive divisors; to $\mathfrak{m}$, we attach the function $R_{\mathfrak{m}}(t) = P_{\mathfrak{a}}(t)/P_{\mathfrak{b}}(t)$; we have $\mathfrak{m} \sim 0$ if and only if $\mathfrak{a}$ and $\mathfrak{b}$, i.e., $P_{\mathfrak{a}}(t)$ and $P_{\mathfrak{b}}(t)$, are of the same degree, and then there is one and only one function in $k(t)$ having $\mathfrak{m}$ as its divisor and taking the value 1 at infinity, viz., $R_{\mathfrak{m}}(t)$ itself.

Let χ be a character of the multiplicative group k^* of the non-zero elements in k. Let $\mathfrak{d}$ be a finite divisor, consisting of the points ξ_ν with the coefficients a_ν; if $R(t)$ is in $k(t)$, we shall write $R(\mathfrak{d}) = \Pi_\nu R(\xi_\nu)^{a_\nu}$ whenever none of the $R(\xi_\nu)$ is 0 or ∞; as $\mathfrak{d}$ is rational over k, $R(\mathfrak{d})$ is in k. We shall assume that no a_ν is a multiple of the order of χ.

Furthermore, let ω be a character of the multiplicative group of power series in an indeterminate T with coefficients in k; we assume that ω has the value 1 for every series reduced to a monomial cT^m. According to the usual definition, we say that ω has the conductor (T^N) if it has the value 1 for every power-series which is $\equiv 1$ mod. T^N, and if N is the smallest integer with that property. Then the values of ω are p^s-th roots of unity, if p is the characteristic of k, and s is such that $p^s \geqslant N$. We shall write, for $x \in k$, $\lambda(x) = \omega(1 - xT)$. To every function $R(t)$ in $k(t)$, we can attach a power-series $R(1/T)$, arising from the expansion of the rational function $R(1/T)$ according to increasing powers of T; this is no other than the usual expansion of $R(t)$ at infinity. Then $\omega[R(1/T)]$ is defined; in particular, as $\omega(T) = 1$, we have $\omega[(1 - xT)/T] = \lambda(x)$. Now, for every finite divisor $\mathfrak{m}$ with no point in common with $\mathfrak{d}$, we write

$$\varphi(\mathfrak{m}) = \omega[R_{\mathfrak{m}}(1/T)]\cdot\chi[R_{\mathfrak{m}}(\mathfrak{d})]. \qquad (1)$$

This depends multiplicatively upon $\mathfrak{m}$, i.e., $\varphi(\mathfrak{m} + \mathfrak{n}) = \varphi(\mathfrak{m})\varphi(\mathfrak{n})$. Furthermore, if $\mathfrak{m} \sim 0$, and if there is a function $R(t)$ in $k(t)$, having $\mathfrak{m}$ as its divisor, taking the value 1 at every point ξ_ν, and such that $R(1/T) \equiv 1$ mod. T^N, we have $\varphi(\mathfrak{m}) = 1$; for $R(t)$ can then be no other than $R_{\mathfrak{m}}(t)$. According to well-known definitions, this shows that $\varphi(\mathfrak{m})$ is an Abelian character over the field $k(t)$, whose conductor consists of the point at infinity with the coefficient N, and of the points ξ_ν with the coefficient 1; if d is the number of points ξ_ν in $\mathfrak{b}$, the degree of that conductor is therefore $N + d$; hence, by a known theorem,[2] the L-series belonging to this character is a polynomial of degree $N + d - 2$; calling α_i its roots, we have thus

$$\sum_{\mathfrak{a}} \varphi(\mathfrak{a}) \cdot u^{n(\mathfrak{a})} = \prod_{i=1}^{N+\alpha-2} (1 - \alpha_i u), \tag{2}$$

where the sum in the left-hand side is extended to all finite positive divisors $\mathfrak{a}$ with no point in common with $\mathfrak{b}$, and where $n(\mathfrak{a})$ is the degree of $\mathfrak{a}$. Writing that the terms in u are equal on both sides, we get

$$\sum \varphi(\mathfrak{a}) = -\sum_i \alpha_i, \tag{3}$$

where the sum in the left-hand side is now extended only to the finite positive divisors of degree 1. These are in one-to-one correspondence with the polynomials $P_{\mathfrak{a}}(t) = t - x$, with $x \in k$. For such a divisor, we have

$$R_{\mathfrak{a}}(1/T) = P_{\mathfrak{a}}(1/T) = (1 - xT)/T,$$

hence $\omega[R_{\mathfrak{a}}(1/T)] = \lambda(x)$, and also

$$R_{\mathfrak{a}}(\mathfrak{b}) = \prod_\nu (\xi_\nu - x)^{a_\nu} = (-1)^a R_{\mathfrak{b}}(x),$$

with $a = \Sigma a_\nu$. Then (3) can be written as

$$\sum \lambda(x)\chi[R_{\mathfrak{b}}(x)] = (-1)^{a+1}\sum \alpha_i, \tag{4}$$

where the sum in the left-hand side is over all the elements x of k, other than the ξ_ν if any of these is in k. We may extend that sum to all elements x of k by agreeing that $\chi(0) = \chi(\infty) = 0$.

By class-field theory, the character $\varphi(\mathfrak{m})$ belongs to an Abelian extension of $k(t)$, and its L-series divides the zeta-function of that extension. Therefore, by the Riemann hypothesis,[3] all the α_i have the absolute value $\sqrt{q}$, hence

$$|\sum \lambda(x)\chi[R_{\mathfrak{b}}(x)]| \leqslant (N + d - 2)\sqrt{q}. \tag{5}$$

For instance, we can define a character ω, of conductor (T^2), by putting, for every series of constant term 1:

$$\omega(1 + x_1 T + x_2 T^2 + \ldots) = -\psi(x_1),$$

where ψ is a character of the additive group of k, not everywhere equal to 1. This gives

$$|\sum \psi(x)\chi[R_{\mathfrak{b}}(x)]| \leqslant d\sqrt{q}.$$

If the characteristic p of k is not 2, we have $d = 2$ for $R_{\mathfrak{b}}(t) = t^2 - a$, $a \neq 0$; hence, in that case,

$$|\sum\psi(x)\chi(x^2 - a)| \leqslant 2\sqrt{q}.$$

If, in this, we take for χ the character of k^* of order 2 (equal to 1 for squares, and to -1 for non-squares, in k^*), an elementary transformation[4] shows that the sum in the left-hand side is identical with the so-called Kloosterman sum $\Sigma\psi(cx + dx^{-1})$, for $4cd = a;$ hence

$$|\sum_{x\neq 0}\psi\ (cx + dx^{-1})| \leqslant 2\sqrt{q},$$

and, in the case of a prime field of p elements, with $p \neq 2$:

$$|\sum_{x=1}^{p-1} e^{2\pi i/p\ (cx + d/x)}| \leqslant 2\sqrt{p}.$$

Furthermore, it is easily seen, e.g., by induction on n, that, if $F(x)$ is[4] any polynomial in x of degree n, with coefficients in k, such that $F(0) = 0$, there exists at least one character ω, of conductor (T^N) for some $N \leqslant n + 1$, such that, with the above notations, $\lambda(x) = \psi[F(x)]$. Then (5) gives:

$$|\sum\psi[F(x)]\chi[R_b(x)]| \leqslant (n + d - 1)\sqrt{q}.$$

[1] Cf., for example, H. Rademacher's excellent report on analytic number theory, *Bull. A. M. S.*, **48**, 379–401 (1942).

[2] Weissinger, J., *Hamb. Abhandl.*, **12**, 115–126 (1938).

[3] Weil, A., *Pub. Inst. Math. Strasbourg* (*N.S.*, no. 2), pp. 1–85 (1948).

[4] Davenport, H., *Crelles J.*, **169**, 158–176 (1933); cf. in particular Th. 5, p. 172.

[1949a] Sur l'étude algébrique de certains types de lois de mariage

En ces quelques pages, écrites à la prière de C. Lévi-Strauss, je me propose d'indiquer comment des lois de mariage d'un certain type peuvent être soumises au calcul algébrique, et comment l'algèbre et la théorie des groupes de substitutions peuvent en faciliter l'étude et la classification.

Dans les sociétés dont il s'agit ici, les individus, hommes et femmes, sont répartis en classes, la classe de chacun étant déterminée, d'après certaines règles, par celles de ses parents; et les règles du mariage indiquent, suivant les classes auxquelles appartiennent respectivement un homme et une femme, si le mariage entre eux est possible ou non.

Dans une telle société, la totalité des mariages possibles peut donc se répartir en un certain nombre de types distincts; ce nombre est égal au nombre de classes entre lesquelles se répartit la population, s'il y a une formule unique qui, pour un homme d'une classe donnée, indique dans quelle classe il a le droit de choisir sa femme (ou, en d'autres termes, la sœur d'un homme de quelle classe il peut épouser); si au contraire il y a plusieurs de ces formules, alternant entre elles d'une manière déterminée, le nombre des types de mariage possibles pourra être double, triple, etc., du nombre des classes.

Soit donc, en tout cas, n le nombre de types de mariage;

nous les désignons arbitrairement par n symboles, par exemple $M_1, M_2, ..., M_n$. Nous ne considérons que des lois de mariage satisfaisant aux deux conditions suivantes :

(A) Pour tout individu, homme ou femme, il y a un type de mariage et un seul qu'il (ou elle) a le droit de contracter.

(B) Pour tout individu, le type de mariage qu'il (ou elle) est susceptible de contracter dépend uniquement de son sexe et du type de mariage dont il (ou elle) est issu.

Par conséquent, le type de mariage que peut contracter un fils issu d'un mariage de type M_i (i étant l'un des nombres 1, 2, ..., n) est une *fonction* de M_i, que nous pouvons, suivant la notation mathématique en usage en pareil cas, désigner par $f(M_i)$; il en sera de même pour une fille, la fonction correspondante, que nous désignerons par $g(M_i)$, étant ordinairement distincte de la précédente. La connaissance des deux fonctions f et g détermine complètement, du point de vue abstrait, les règles de mariage dans la société étudiée. Ces règles pourront donc se représenter par un tableau à trois lignes, dont la première énumère les types de mariage M_1, ..., M_n, tandis que la seconde et la troisième donnent respectivement les valeurs correspondantes des deux fonctions f et g.

Prenons un exemple simple. Soit une société à quatre classes, à échange généralisé, suivant le type suivant.

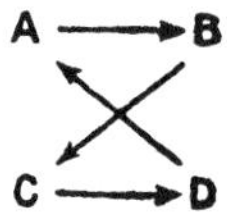

Il y a quatre types de mariage : (M_1) homme A, femme B; (M_2) homme B, femme C; (M_3) homme C, femme D; (M_4) homme D, femme A. Admettons de plus que les enfants d'une mère de classe A, B, C, D soient respectivement de classe B, C, D, A. Alors notre tableau est le suivant :

(Type de mariage des parents). .		M_1	M_2	M_3	M_4
(Type de mariage du fils). . . .	$f(M_i) =$	M_3	M_4	M_1	M_2
(Type de mariage de la fille). . .	$g(M_i) =$	M_2	M_3	M_4	M_1

De plus, comme il apparaît sur l'exemple ci-dessus, f et g sont des substitutions, ou, comme on dit aussi en pareil cas, des *permutations* entre M_1, ..., M_n; cela veut dire que, dans notre tableau, la seconde ligne (celle qui donne les valeurs de f) et la troisième (qui donne les valeurs de g) sont, comme la première, formées des symboles M_1, ..., M_n, rangés simplement dans un ordre différent de celui où ils figurent dans la première ligne. En effet, s'il n'en était pas ainsi, certains types de mariage disparaîtraient dès la seconde génération. Ceci montre déjà que notre étude relève de la théorie des permutations entre n éléments, théorie qui remonte à Lagrange et Galois, et qui a été poussée assez loin depuis.

Nous introduisons maintenant une nouvelle condition :

(C) Tout homme doit pouvoir épouser la fille du frère de sa mère.

Exprimons algébriquement cette condition. Considérons un frère et une sœur, issus d'un mariage de type M_i; le frère devra contracter un mariage $f(M_i)$, de sorte que sa fille contractera un mariage $g[f(M_i)]$; la sœur devra contracter un mariage $g(M_i)$, de sorte que son fils contractera un mariage $f[g(M_i)]$; la condition (C) s'exprimera donc par la relation :

$$f[g(M_i)] = g[f(M_i)].$$

Cette condition est connue, en théorie des groupes, sous le nom de *permutabilité* des substitutions f et g. Les couples de substitutions permutables peuvent être étudiés et classifiés suivant des principes connus. Dans le langage de la théorie des groupes (qu'il n'est malheureusement guère possible de traduire en termes non techniques sans de très longues explications), le *groupe de permutations* engendré par f et g est un groupe abélien, qui, ayant deux générateurs, est nécessairement cyclique, ou bien produit direct de deux groupes cycliques.

Ici s'introduit une nouvelle condition, que nous exprimerons au moyen de la définition suivante. Nous dirons qu'une société est *réductible* s'il est possible d'y distinguer deux ou plusieurs sous-populations, de telle manière qu'il n'y ait jamais aucun lien de parenté entre individus de l'une et individus de l'autre. Dans le cas contraire, la société sera dite *irréductible*. Il est clair que, du point de vue de l'étude purement abstraite des types de lois de mariage, on peut se borner à considérer les sociétés irréductibles, puisque, dans une société réductible, tout se passe comme si chaque sous-population constituait une société distincte, qui, elle, est irréductible. Par exemple, considérons un système à échange restreint :

$$\mathrm{A} \rightleftarrows \mathrm{B}$$
$$\mathrm{C} \rightleftarrows \mathrm{D}$$

donc à quatre types de mariage : (M_1) homme A, femme B; (M_2) homme B, femme A; (M_3) homme C, femme D; (M_4) homme D, femme C. Supposons de plus que tout enfant soit de même classe A, B, C ou D que sa mère. Cette société est évidemment réductible, et se compose de deux sous-populations, formées, l'une des classes A et B, l'autre des classes C et D. Le tableau des fonctions f et g pour cette société est le suivant :

$$\begin{array}{ccccc} & M_1 & M_2 & M_3 & M_4 \\ f(M_i) = & M_2 & M_1 & M_4 & M_3 \\ g(M_i) = & M_1 & M_2 & M_3 & M_4 \end{array}$$

Supposer qu'on a affaire à une société irréductible, c'est supposer, dans le langage de la théorie des groupes, que le groupe défini ci-dessus (groupe abélien de permutations engendré par f et g) est *transitif*. Un tel groupe, s'il est cyclique, est de structure extrêmement simple; si c'est un produit direct de deux groupes cycliques, les possibilités sont plus variées, et les principes de classification à employer sont plus compliqués; mais, en tout cas, ces questions peuvent être traitées suivant des méthodes connues. Nous nous bornerons ici à énoncer les résultats qu'on obtient dans le cas d'un groupe cyclique. Il est nécessaire pour cela d'indiquer le principe bien connu de la numération modulo n.

Soit n un entier quelconque. Calculer modulo n, c'est calculer en remplaçant toujours tout nombre par le reste qu'il laisse dans la division par n. Par exemple, la « preuve par 9 » bien connue en arithmétique élémentaire consiste à calculer modulo 9. De même, si l'on convient de calculer modulo 10, et qu'on ait à ajouter 8 et 7, on écrit 5; si l'on a à multiplier 3 par 4, on écrit 2; si l'on a à multiplier 2 par 5, on écrit 0; etc. Cela s'écrit ainsi : $8+7\equiv 5 \pmod{10}$; $3\times 4\equiv 2 \pmod{10}$; $2\times 5\equiv 0 \pmod{10}$; etc.; il est convenu, dans tout calcul de ce genre, de remplacer le signe $=$ par le signe $\equiv$ (qui se lit « congru à »). Dans le calcul modulo 10, on n'écrit jamais 10 ni un nombre plus grand que 10, de sorte qu'il n'y a, dans ce calcul, que 10 nombres, à savoir 0, 1, 2, ..., 9.

Reprenons donc le cas d'une société irréductible à groupe cyclique. Alors il est possible de distinguer dans cette société un certain nombre n de classes, et de les numéroter de 0 à $n-1$ de telle sorte qu'un homme de classe x épouse toujours une femme de classe $x + a$ (mod. n), et que les enfants d'une femme de classe x soient toujours de classe $x + b$ (mod. n), a et b étant deux nombres fixes, et tous les calculs étant faits modulo n. Par exemple, dans le système à échange généralisé décrit plus haut, on a $n = 4$, $a = 1$, $b = 1$, comme on le voit en numérotant les classes A, B, C, D par 0, 1, 2, 3, respectivement.

Nous allons maintenant montrer comment on peut formuler

et discuter algébriquement un exemple plus complexe. Nous supposons un système à huit classes, comportant deux formules de mariage à appliquer alternativement :

A1 B1
A2 B2
C1 D1
C2 D2
A1 B1
A2 B2
C1 D1
C2 D2

Nous admettons de plus que la classe des enfants est déterminée comme suit par celle de la mère :

(Classe de la mère) .	A1	A2	B1	B2	C1	C2	D1	D2
(Classe des enfants) .	C2	C1	D2	D1	A1	A2	B1	B2

Enfin, il faut, pour que notre méthode s'applique, admettre une règle d'alternance, entre les formules (I) et (II), qui satisfasse à la condition (B) du début. Nous ferons ici, pour la commodité du calcul, une hypothèse plus précise, qui est peut-être inutilement restrictive, mais dont nous nous contenterons : c'est que la formule de mariage, (I) ou (II), a laquelle doit se conformer un individu déterminé, dépend uniquement de son sexe et de la formule, (I) ou (II), suivant laquelle s'est fait le mariage de ses parents.

Il y a ici seize types de mariage, suivant la classe des époux et la formule qui s'applique. Nous ne les numéroterons pas de 1 à 16, mais d'une manière qui se prêtera mieux au calcul. Dans tout ce qui suit, *les calculs doivent être entendus modulo* 2; dans la numération modulo 2, il n'y a que deux nombres, 0 et 1; la table de multiplication est la suivante : $0 \times 0 \equiv 0$, $0 \times 1 \equiv 0$, $1 \times 0 \equiv 0$, $1 \times 1 \equiv 1$; la table d'addition est la suivante : $0 + 0 \equiv 0, 0 + 1 \equiv 1, 1 + 0 \equiv 1, 1 + 1 \equiv 0$.

Cela posé, nous notons chaque classe d'un triple indice (a, b, c), chacun des indices a, b et c étant l'un des nombres de la numération modulo 2, c'est-à-dire 0 ou 1, et cela suivant les règles que voici :

1° a est 0 si la classe est A ou B, 1 si c'est C ou D.
2° b est 0 si la classe est A ou C, 1 si c'est B ou D.
3° c est 0 pour la sous-classe 1, et 1 pour la sous-classe 2.

Par exemple, si un homme ou une femme est de classe $C2$, nous dirons, dans notre notation, qu'il ou elle est de classe (1, 0, 1).

Chaque type de mariage sera noté d'un quadruple indice (a, b, c, d), où (a, b, c) est le symbole désignant la classe du mari, et où d est 0 si le mariage obéit à la formule (I), et 1 s'il obéit à la formule (II). Ainsi, dans un mariage (1, 0, 1, 1), le mari est de classe (1, 0, 1), c'est-à-dire $C2$, et, le mariage se faisant suivant la formule (II), la femme est de classe $D1$, c'est-à-dire (1, 1, 0); de plus, les enfants sont de classe $B1$, c'est-à-dire (0, 1, 0).

D'une manière générale, dans les mariages de formule (I), si le mari est de classe (a, b, c), la femme est de classe $(a, b+1, c)$; dans les mariages de formule (II), si le mari est de classe (a, b, c), la femme est de classe $(a, b+1, c+1)$, tout ceci se vérifiant par examen direct des cas un par un. Donc, dans un mariage (a, b, c, d), le mari est de classe (a, b, c), et la femme est de classe $(a, b+1, c+d)$.

D'autre part, si une femme est de classe (x, y, z), ses enfants sont de classe $(x+1, y, x+z+1)$, ceci se vérifiant encore par examen direct. Il s'ensuit que, dans un mariage (a, b, c, d), les enfants sont de classe $(a+1, b+1, a+c+d+1)$.

Il faut maintenant préciser notre hypothèse sur l'alternance entre les formules (I) et (II). Nous admettrons que l'on est dans l'un des quatre cas suivants : (i) les enfants suivent toujours la formule des parents; (ii) les enfants suivent toujours la formule opposée à celle des parents, de sorte que les formules alternent de génération en génération; (iii) les fils suivent la formule des parents, et les filles la formule opposée; (iv) les filles suivent la formule des parents, et les fils la formule opposée. Chacun de ces cas va être noté par un double indice (p, q), comme suit : p est 0 si le fils suit la formule des parents (cas (i) et (iii)), et 1 dans le cas contraire (cas (ii) et (iv)); q est 0 si la fille suit la formule des parents (cas (i) et (iv)), et 1 dans le cas contraire (cas (ii) et (iii)).

Cela étant, on trouve, par vérification directe à partir des résultats obtenus ci-dessus, que les fonctions f et g définies précédemment peuvent s'exprimer ici par les formules suivantes :

$$f(a, b, c, d) \equiv (a+1, b+1, a+c+d+1, d+p) \quad (\text{mod. } 2)$$
$$g(a, b, c, d) \equiv (a+1, b, a+c+q+1, d+q) \quad (\text{mod. } 2).$$

Reste à écrire que ces substitutions sont permutables, ce qui exprime, comme nous savons, que le mariage avec la fille du frère de la mère est toujours permis. Le calcul se fait facilement, et donne :

$$(a, b+1, c+d+1) \equiv (a, b+1, c+d+q+1) \quad (\text{mod. } 2).$$

Ceci montre que q ne peut être 1; les cas (ii) et (iii) sont donc exclus par la condition (C), et il n'y a d'autre cas possible que (i) et (iv); le premier de ceux-ci est celui d'une société réductible, composée de deux sous-populations dont l'une se marie toujours suivant la formule (I), et l'autre toujours suivant la formule (II). Si nous laissons ce cas de côté, il reste le cas (iv), où l'on a $p = 1$, $q = 0$. Les fonctions f et g sont alors celles-ci :

$$f(a, b, c, d) \equiv (a+1, b+1, a+c+d+1, d+1) \quad (\text{mod. } 2)$$
$$g(a, b, c, d) \equiv (a+1, b, a+c+1, d) \quad (\text{mod. } 2).$$

Au moyen de ces formules, on peut aisément soumettre au calcul toutes les questions relatives à cette loi de mariage. Par exemple, demandons-nous si le mariage avec la fille de la sœur du père est possible. Dans le cas général, il est facile de voir qu'une condition nécessaire et suffisante pour qu'il en soit ainsi est que f et g satisfassent à la relation

$$f[f(M_i)] = g[g(M_i)].$$

Pour la loi qu'on vient d'étudier, un calcul immédiat montre que cette relation n'est vérifiée pour aucun choix des indices a, b, c, d; aucun homme de la société en question ne peut donc épouser la fille de la sœur de son père; un calcul analogue montre que ce genre de mariage serait toujours permis, au contraire, dans une société qui appliquerait toujours la formule (I), ou toujours la formule (II).

Examinons enfin si la société ci-dessus est irréductible. Il y a des méthodes générales pour traiter un problème de ce genre; mais ici il est plus facile de remarquer que la combinaison b-d est « invariante » par les substitutions f et g, c'est-à-dire qu'elle a la même valeur pour le symbole à quatre indices (a, b, c, d), et pour les symboles qui s'en déduisent par les substitutions f et g, respectivement. Ceci implique l'existence de deux sous-populations distinctes, l'une composée de tous les conjoints possibles des mariages de type (a, b, c, d) pour lesquels on a $b - d \equiv 0$, c'est-à-dire $b = d$, et l'autre comprenant les conjoints des mariages (a, b, c, d) pour lesquels on a $b - d \equiv 1$, c'est-à-dire $b \neq d$. Autrement dit, nous avons affaire ici à une société réductible, qui se décompose en les deux sous-populations suivantes :

1°	Les	hommes	de classe	A ou C	qui se marient suivant	la formule	(I);
	—	—	—	B ou D	—	—	(II);
	—	femmes	—	A ou C	—	—	(II);
	—	—	—	B ou D	—	—	(I);

2°	Les	hommes	de classe	A ou C	qui se marient suivant	la formule	(II);
	—	—	—	B ou D	—	—	(I);
	—	femmes	—	A ou C	—	—	(I);
	—	—	—	B ou D	—	—	(II);

Bien entendu, comme nous l'avons déjà fait remarquer plus haut, ces calculs ne sont valables que si l'alternance entre les formules (I) et II) se fait suivant l'une des règles simples que nous avons indiquées. S'il n'en était pas ainsi, le calcul serait à modifier; et, si les règles d'alternance ne satisfaisaient pas à la condition (B), le problème ne serait plus susceptible d'être traité par notre méthode.

[1949b] Numbers of solutions of equations in finite fields

The equations to be considered here are those of the type

$$a_0 x_0^{n_0} + a_1 x_1^{n_1} + \cdots + a_r x_r^{n_r} = b. \tag{1}$$

Such equations have an interesting history. In art. 358 of the *Disquisitiones* [1 a],[1] Gauss determines the Gaussian sums (the so-called cyclotomic "periods") of order 3, for a prime of the form $p=3n+1$, and at the same time obtains the numbers of solutions for all congruences $ax^3-by^3\equiv 1 \pmod p$. He draws attention himself to the elegance of his method, as well as to its wide scope; it is only much later, however, viz. in his first memoir on biquadratic residues [**1b**], that he gave in print another application of the same method; there he treats the next higher case, finds the number of solutions of any congruence $ax^4-by^4\equiv 1 \pmod p$, for a prime of the form $p=4n+1$, and derives from this the biquadratic character of 2 mod p, this being the ostensible purpose of the whole highly ingenious and intricate investigation. As an incidental consequence ("*coronidis loco,*" p. 89), he also gives in substance the number of solutions of any congruence $y^2\equiv ax^4-b \pmod p$; this result includes as a special case the theorem stated as a conjecture ("*observatio per inductionem facta gravissima*") in the last entry of his *Tagebuch* [**1c**];[2] and it implies the truth of what has lately become known as the Riemann hypothesis, for the function-field defined by that equation over the prime field of p elements.

Gauss' procedure is wholly elementary, and makes no use of the Gaussian sums, since it is rather his purpose to apply it to the determination of such sums. If one tries to apply it to more general cases, however, calculations soon become unwieldy, and one realizes the necessity of inverting it by taking Gaussian sums as a starting point. The means for doing so were supplied, as early as 1827, by Jacobi, in a letter to Gauss [**2a**] (cf. [**2b**]). But Lebesgue, who in 1837 devoted two papers [**3a, b**] to the case $n_0= \cdots =n_r$ of equation (1), did not

Received by the editors October 2, 1948; published with the invited addresses for reasons of space and editorial convenience.

[1] Numbers in brackets refer to the bibliography at the end of the paper.

[2] It is surprising that this should have been overlooked by Dedekind and other authors who have discussed that conjecture (cf. M. Deuring, Abh. Math. Sem. Hamburgischen Univ. vol. 14 (1941) pp. 197–198).

succeed in bringing out any striking result. The whole problem seems then to have been forgotten until Hardy and Littlewood found it necessary to obtain formulas for the number of solutions of the congruence $\sum_i x_i^n \equiv b \pmod{p}$ in their work on the singular series for Waring's problem [4]; they did so by means of Gaussian sums. More recently, Davenport and Hasse [5] have applied the same method to the case $r=2$, $b=0$ of equation (1) as well as to other similar equations; however, as they were chiefly concerned with other aspects of the problem, and in particular with its relation to the Riemann hypothesis in function-fields,[3] the really elementary character of their treatment does not appear clearly.

As equations of type (1) have again recently been the subject of some discussion (cf. e.g. [6]), it may therefore serve a useful purpose to give here a brief but complete exposition of the topic. This will contain nothing new, except perhaps in the mode of presentation of the final results, which will lead to the statement of some conjectures concerning the numbers of solutions of equations over finite fields, and their relation to the topological properties of the varieties defined by the corresponding equations over the field of complex numbers.

We consider equation (1) over a finite field k with q elements; the a_i are in k, and not 0; the n_i are integers, which we assume to be >0 (only trifling modifications would be required if some were <0). We shall first discuss the case $b=0$.

Let therefore N be the number of solutions in k of the equation

$$a_0 x_0^{n_0} + \cdots + a_r x_r^{n_r} = 0.$$

For each i, let $d_i = (n_i, q-1)$ be the g.c.d. of n_i and $q-1$; for each i and for each u in k, let $N_i(u)$ be the number of solutions of the equation $x^{n_i} = u$; $N_i(u)$ is 1 for $u=0$, and is otherwise equal to d_i or to 0 according as u is or is not a d_ith power in k. Put $L(u) = \sum_{i=0}^{r} a_i u_i$; we have

$$N = \sum_{L(u)=0} N_0(u_0) \cdots N_r(u_r), \tag{2}$$

where the sum is taken over all sets of values for the u_i satisfying $L(u)=0$, or, as we may say, over all points $(u) = (u_0, \cdots, u_r)$ in the

[3] As to this, cf. H. Hasse, J. Reine Angew. Math. vol. 172 (1935) pp. 37–54. I regret that I did not quote either of these papers, where the connection between various kinds of exponential sums and the Riemann hypothesis is quite clearly expressed, in my recent note on the same subject, Proc. Nat. Acad. Sci. U.S.A. vol. 34 (1948) pp. 204–207.

linear variety defined by $L(u)=0$ in the vector-space of dimension $r+1$ over k.

If k^* is the multiplicative group of all non-zero elements in k, we shall denote by the letter χ any character of k^*; as k^* is cyclic of order $q-1$, such a character is fully determined if one assigns its value at a generating element w of k^* (a "primitive root"), and this value may be any $(q-1)$th root of unity. Selecting such an element w once for all, we shall denote by χ_α the character of k^* determined by $\chi_\alpha(w)=e^{2\pi i\alpha}$, where α is a rational number satisfying $(q-1)\alpha\equiv 0 \pmod 1$. We also put $\chi_\alpha(0)=0$ for $\alpha\not\equiv 0 \pmod 1$ and $\chi_\alpha(0)=1$ for $\alpha\equiv 0 \pmod 1$. Then we have

$$N_i(u) = \sum_\alpha \chi_\alpha(u) \qquad (d_i\alpha \equiv 0 \pmod 1,\ 0 \leqq \alpha < 1).$$

In fact, for $u=0$, both sides have the value 1; for $u\neq 0$, the right-hand side can be written as $\sum_{\nu=0}^{d_i-1}\zeta^\nu$, with $\zeta=\chi_{1/d_i}(u)$; and ζ is then a d_ith root of unity, equal to 1 if and only if u is a d_ith power in k^*.

Using this in (2), we get:

$$N = \sum_{u,\alpha} \chi_{\alpha_0}(u_0)\cdots\chi_{\alpha_r}(u_r)$$
$$(L(u) = 0;\ d_i\alpha_i \equiv 0 \pmod 1,\ 0 \leqq \alpha_i < 1).$$

As there are q^r points in $L(u)=0$, the terms in the above sum which correspond to $\alpha_0=\cdots=\alpha_r=0$, being all equal to 1, give a sum q^r. We now show that those terms for which some, but not all, of the α_i are 0, give a sum 0. In fact, consider e.g. those for which $\alpha_0,\cdots,\alpha_{s-1}$ have given values, other than 0, and $\alpha_s=\cdots=\alpha_r=0$, with $s\leqq r$; as there are q^{r-s} points (u) in the variety $L(u)=0$ for which $u_0,\cdots,u_{s-1}$ have arbitrarily assigned values, the sum of those terms is

$$q^{r-s}\prod_{i=0}^{s-1}\Bigl(\sum_{u_i}\chi_{\alpha_i}(u_i)\Bigr),$$

and this is 0 since each factor is 0. This gives

$$N = q^r + \sum_{u,\alpha} \chi_{\alpha_0}(u_0)\cdots\chi_{\alpha_r}(u_r)$$
$$(L(u) = 0;\ d_i\alpha_i \equiv 0 \pmod 1,\ 0 < \alpha_i < 1).$$

In this, we replace the u_i, respectively, by u_i/a_i, and get

$$N = q^r + \sum_\alpha \chi_{\alpha_0}(a_0^{-1})\cdots\chi_{\alpha_r}(a_r^{-1})\cdot S(\alpha)$$
$$(d_i\alpha_i \equiv 0 \pmod 1,\ 0 < \alpha_i < 1),$$

if we put, for any values of α_i satisfying $(q-1)\alpha_i\equiv 0 \pmod 1$, $\alpha_i\not\equiv 0$

(mod 1):

$$S(\alpha) = S(\alpha_0, \cdots, \alpha_r) = \sum_{\Sigma u_i=0} \chi_{\alpha_0}(u_0) \cdots \chi_{\alpha_r}(u_r).$$

As to the latter sum, the terms for which $u_0=0$ are 0, and we may exclude them; we may then put $u_i=u_0v_i$ $(1 \leqq i \leqq r)$; the terms, in our sum, corresponding to given values of the v_i (satisfying $1+\sum_{i=1}^r v_i=0$) give

$$\chi_{\alpha_1}(v_1) \cdots \chi_{\alpha_r}(v_r) \sum_{u_0 \neq 0} \chi_\beta(u_0),$$

with $\beta=\sum_{i=0}^r \alpha_i$, and this last sum is $q-1$ for $\beta \equiv 0$ (mod 1), and 0 otherwise, so that in the latter case $S(\alpha)$ is 0.

Let us therefore define, for any set of α_i satisfying the conditions

$$(q-1)\alpha_i \equiv 0, \qquad \alpha_i \not\equiv 0, \qquad \sum_{i=0}^r \alpha_i \equiv 0 \pmod 1,$$

a number $j(\alpha)$ by the relation

$$\begin{aligned} j(\alpha) &= \sum_{1+v_1+\cdots+v_r=0} \chi_{\alpha_1}(v_1) \cdots \chi_{\alpha_r}(v_r) \\ &= \frac{1}{q-1} \sum_{u_0+\cdots+u_r=0} \chi_{\alpha_0}(u_0) \cdots \chi_{\alpha_r}(u_r). \end{aligned}$$

In terms of the $j(\alpha)$, the number N of solutions of $\sum_{i=0}^r a_i x_i^{n_i}=0$ is now seen to be given by

$$(3) \qquad N = q^r + (q-1)\sum_\alpha \chi_{\alpha_0}(a_0^{-1}) \cdots \chi_{\alpha_r}(a_r^{-1}) \cdot j(\alpha)$$

$$(d_i\alpha_i \equiv 0;\ \sum \alpha_i \equiv 0 \pmod 1;\ 0 < \alpha_i < 1).$$

The $j(\alpha)$ may be called the Jacobi sums for the field k; they were first introduced and studied, for the case of a prime field, by Jacobi [**2a, b**], later by Stickelberger [**7**], and more recently by Davenport and Hasse [**5**]. They are closely related to the Gaussian sums for k:

$$g(\chi) = \sum_{x \in k} \chi(x)\psi(x),$$

where ψ is a character of the additive group of k, chosen once for all, and not everywhere equal to 1, and where χ is any one of the above defined multiplicative characters, other than χ_0. For the convenience of the reader, we shall briefly recall some of the known properties of these sums. In the first place, in the sum which defines $g(\chi)$, we may, as χ is not χ_0, restrict x to be $\neq 0$. Then we get

$$g(\chi)\bar{g}(\chi) = \sum_{y\neq 0}\sum_{x\neq 0} \chi(xy^{-1})\psi(x-y),$$

where we may substitute xy for x in the sum for x, and then interchange the order of summations:

$$g(\chi)\bar{g}(\chi) = \sum_{x\neq 0} \chi(x)\sum_{y\neq 0}\psi[(x-1)y].$$

As the sum of all values of ψ on k is 0, the second sum has the value $q-1$ for $x=1$, and -1 for $x\neq 1$; as the sum of all values of χ on k^* is 0, this gives

$$g(\chi)\bar{g}(\chi) = q. \tag{4}$$

Now, in the definition of $g(\chi)$, write tx for x with any $t\neq 0$ in k; this gives

$$g(\chi) = \chi(t)\sum_x \chi(x)\psi(tx),$$

hence, using (4), and interchanging x and t:

$$\chi(x) = \frac{g(\chi)}{q}\sum_t \bar{\chi}(t)\bar{\psi}(tx),$$

which is also true for $x=0$; this is the Fourier expansion of $\chi(x)$ on k according to the additive characters of k. Using this in the definition of $j(\alpha)$, we get

$$(q-1)j(\alpha) = q^{-r-1}\cdot g(\chi_{\alpha_0})\cdots g(\chi_{\alpha_r})\sum_t \bar{\chi}_{\alpha_0}(t_0)\cdots\bar{\chi}_{\alpha_r}(t_r)$$
$$\sum_{\Sigma u_i=0}\bar{\psi}\left(\sum_i t_i u_i\right).$$

But, in the additive group of all vectors $(u)=(u_0,\cdots,u_r)$, the vectors satisfying $\sum u_i=0$ form a subgroup of q^r elements, on which $\bar{\psi}(\sum t_i u_i)$ is a character; the sum of the values of this character on the subgroup must therefore be either q^r, if the character has the constant value 1, or 0 otherwise. The former case occurs if and only if all the t_i are equal, since otherwise we can solve the equations $\sum u_i=0$, $\sum t_i u_i=z$, where z is any element of k, e.g. one such that $\psi(z)\neq 1$. As we have $\sum \alpha_i\equiv 0 \pmod 1$ by the definition of $j(\alpha)$, this gives

$$j(\alpha) = \frac{1}{q}\, g(\chi_{\alpha_0})\cdots g(\chi_{\alpha_r}).$$

As a consequence, we have

$$j(\alpha)\bar{j}(\alpha) = q^{r-1},$$

and therefore

$$| N - q^r | \leqq M(q - 1)q^{(r-1)/2},$$

where M is the number of systems of rational numbers α_i satisfying

$$n_i\alpha_i \equiv 0, \sum \alpha_i \equiv 0 \pmod 1, 0 < \alpha_i < 1,$$

and is therefore an integer depending only upon the n_i.

From the above results, we can easily derive the number N_1 of solutions of the equation $\sum_{i=0}^{r} a_i x_i^{n_i} + 1 = 0$. In fact, let N, as before, be the number of solutions of $\sum_{i=0}^{r} a_i x_i^{n_i} = 0$, and let N' be the number of solutions of $\sum_{i=0}^{r} a_i x_i^{n_i} + x_{r+0}^{q-1} = 0$. The previous results apply to the latter equation, with $d_{r+1} = n_{r+1} = q-1$. But, since x_{r+1}^{q-1} has the value 1, except for $x_{r+1} = 0$, we have

$$N' = (q - 1)N_1 + N.$$

This gives at once an expression for N_1; in order to write it more conveniently, we shall define the symbol $j(\alpha)$ even in the case when some, but not all, of the α_i are 0. Let the β_j be numbers, satisfying $(q-1)\beta_j \equiv 0$, $\sum_j \beta_j \equiv 0 \pmod 1$, and not all $\equiv 0 \pmod 1$; assume that s of them are $\equiv 0 \pmod 1$, and let $\alpha_0, \cdots, \alpha_r$ be the others, in any order; then we put $j(\beta) = (-1)^s j(\alpha)$. This being so, the formula for N_1 can be written as

$$N_1 = q^r + \sum_{\alpha} \chi_{\alpha_0}(a_0^{-1}) \cdots \chi_{\alpha_r}(a_r^{-1}) j\left(\alpha_0, \cdots, \alpha_r, -\sum_{i=0}^{r} \alpha_i\right)$$

$$(d_i\alpha_i \equiv 0 \pmod 1, 0 < \alpha_i < 1),$$

and we get, as before:

$$| N_1 - q^r | \leqq M_1 q^{r/2},$$

where M_1 is now given by

$$M_1 = (d_0 - 1) \cdots (d_r - 1) < n_0 n_1 \cdots n_r.$$

It is a matter of considerable interest to be able to compare the number of solutions of an equation (or, more generally, the number of rational points on an algebraic variety) in a given finite field and in all the extensions of finite degree of that field. This can easily be done, for the type of equations under consideration in this note, if we use a relation, due to Davenport and Hasse [5], between Gaussian sums in a finite field and in its extensions. We shall first give a brief account, in elementary language, of the proof of Davenport and Hasse for this relation.

Let k' be an extension of k, of degree ν; for y in k', let $N(y)$ and $T(y)$ denote the norm and the trace of y, respectively, over k. If w denotes, as before, a generator of the multiplicative group k^*, there is a generator z of k'^*, such that $N(z)=w$; then, if we denote, as before, by $\chi'_\alpha(y)$ the multiplicative character on k' determined by $\chi'_\alpha(z)=e^{2\pi i\alpha}$, we have, for $(q-1)\alpha\equiv 0 \pmod 1$, $\chi'_\alpha(y)=\chi_\alpha[N(y)]$. We also put $\psi'(y)=\psi[T(y)]$; this is an additive character of k', not everywhere equal to 1 since it is known that $T(y)$ maps k' *on* k. Let now $g'(\chi'_\alpha)$ be the Gaussian sum in k':

$$g'(\chi'_\alpha) = \sum_{y\in k'} \chi'_\alpha(y)\psi'(y).$$

The theorem of Davenport and Hasse is as follows:

$$-g'(\chi'_\alpha) = [-g(\chi_\alpha)]^\nu. \tag{5}$$

In order to prove this, consider the polynomials with coefficients in k, and highest coefficient 1; to every such polynomial

$$F(X) = X^n + c_1X^{n-1} + \cdots + c_n,$$

of degree $n\geqq 1$, we attach the number

$$\lambda(F) = \chi_\alpha(c_n)\psi(c_1).$$

For two such polynomials F_1, F_2, we have $\lambda(F_1F_2)=\lambda(F_1)\lambda(F_2)$. If we also denote by $n(F)$ the degree of such a polynomial F, and by U an indeterminate, this gives the formal identity

$$1 + \sum_F \lambda(F)\cdot U^{n(F)} = \prod_P [1-\lambda(P)\cdot U^{n(P)}]^{-1},$$

where the sum in the left-hand side is taken over *all* polynomials F over k, of degree $\geqq 1$, with highest coefficient 1, and the product in the right-hand side is taken over all *irreducible* polynomials P over k, with highest coefficient 1. As usual, this follows at once from the fact that every F can be expressed in a unique manner as product of powers of irreducible polynomials.

In the sum in the left-hand side, consider first the terms which correspond to polynomials $F(X)=X+c$ of degree 1; the sum of these terms is equal to $g(\chi_\alpha)U$. As to the sum of the terms corresponding to any given degree $n>1$, it is 0, since, with the above notations, it is equal to

$$q^{n-2}\sum_{c_n} \chi_\alpha(c_n) \sum_{c_1} \psi(c_1)\cdot U^n,$$

where both sums are taken over k and are therefore 0. This gives

$$(6) \qquad 1 + g(\chi_\alpha)U = \prod_P [1 - \lambda(P)\cdot U^{n(P)}]^{-1}.$$

Similarly, if $F'(X) = X^n + d_1X^{n-1} + \cdots + d_n$ is a polynomial over k', we write

$$\lambda'(F') = \chi'_\alpha(d_n)\psi'(d_1),$$

and, taking another indeterminate U', get the formal identity

$$(6') \qquad 1 + g'(\chi'_\alpha)U' = \prod_{P'} [1 - \lambda'(P')\cdot U'^{n(P')}]^{-1}$$

where the product is taken over all irreducible polynomials P' over k', with highest coefficient 1.

Now let P be as above; let P' be one of the irreducible factors of P over k'; let $-\xi$ be one of the roots of P'. Then ξ generates over k an extension $k(\xi)$ of degree $n = n(P)$, and over k' an extension $k'(\xi)$ of degree $n' = n(P')$; as $k'(\xi)$ is the composite of $k(\xi)$ and k', its degree over k must be the l.c.m. of the degree n of $k(\xi)$ over k, and of the degree ν of k' over k, i.e. equal to $n\nu/d$ if we write $d = (n, \nu)$. This gives $n' = n/d$; hence P has over k' exactly d irreducible factors, all of degree n/d. Moreover, if a and b are respectively the norm and the trace of ξ, taken in $k(\xi)$ relatively to k, we have

$$P(X) = X^n + bX^{n-1} + \cdots + a,$$

hence

$$\lambda(P) = \chi_\alpha(a)\psi(b).$$

Similarly, if a' and b' are the norm and the trace of ξ, taken in $k'(\xi)$ relatively to k', we have

$$\lambda'(P') = \chi'_\alpha(a')\psi'(b') = \chi_\alpha(Na')\psi(Tb'),$$

where Na' and Tb' are the norm of a' and the trace of b', taken in k' relatively to k; hence Na' and Tb' are respectively equal to the norm and to the trace of ξ, taken in $k'(\xi)$ relatively to k. We can therefore also obtain Na' by taking the norm of ξ in $k'(\xi)$ relatively to $k(\xi)$, this being equal to $\xi^{\nu/d}$, and then the norm of this in $k(\xi)$ relatively to k, which is $a^{\nu/d}$. Hence we have $Na' = a^{\nu/d}$, and similarly $Tb' = (\nu/d)b$, and therefore

$$\lambda'(P') = \lambda(P)^{\nu/d}.$$

Now, in the right-hand side of (6′), we can put together the d factors corresponding to all the irreducible factors of P over k'; if, moreover, we replace U' by U^ν, we get

$$[1 - \lambda(P)^{\nu/d}U^{\nu n/d}]^{-d},$$

which can also be written as

$$\prod_{\rho=0}^{\nu-1} [1 - \lambda(P)\cdot(\zeta^\rho U)^n]^{-1}$$

where ζ is any primitive νth root of unity. This gives

$$\begin{aligned} 1 + g'(\chi_\alpha')U^\nu &= \prod_{\rho=0}^{\nu-1}\prod_P [1 - \lambda(P)\cdot(\zeta^\rho U)^{n(P)}]^{-1} \\ &= \prod_{\rho=0}^{\nu-1} (1 + g(\chi_\alpha)\zeta^\rho U) \\ &= 1 + (-1)^{\nu+1}g(\chi_\alpha)^\nu U^\nu, \end{aligned}$$

which proves (5).

Now, N_ν being the number of solutions of an equation of type (1), with or without constant term, over the extension of degree ν of the ground-field k, it is easy, using the above results, to give a simple expression for the "generating power-series" for N_ν, i.e. for the formal power-series $\sum_1^\infty N_\nu U^\nu$; this turns out to be the expansion of a certain rational function in U. We shall, however, illustrate this idea by considering the case of the homogeneous equation

$$a_0x_0^n + \cdots + a_rx_r^n = 0, \tag{7}$$

considered as the equation of a variety (without singular points) in the projective space P^r of dimension r over k. The number $\overline{N}$ of rational points over k, on that variety, is related to the number N of solutions of the same equation in affine space by $N=1+(q-1)\overline{N}$, so that, putting $d=(n, q-1)$, we get, from our earlier results:

$$\overline{N} = 1 + q + \cdots + q^{r-1} + \sum_\alpha \bar{\chi}_{\alpha_0}(a_0) \cdots \bar{\chi}_{\alpha_r}(a_r)\cdot j(\alpha)$$

$$(d\alpha_i \equiv 0, \textstyle\sum \alpha_i \equiv 0 \text{ (mod 1)}; 0 < \alpha_i < 1).$$

Now call $\overline{N}_\nu$ the number of rational points, on the variety defined by (7), over the extension k_ν of k of degree ν; we shall calculate the series $\sum_1^\infty \overline{N}_\nu U^{\nu-1}$.

In order to do this, consider any set of rational numbers $\alpha_0, \cdots, \alpha_r$ satisfying $n\alpha_i \equiv 0$, $\sum\alpha_i \equiv 0$ (mod 1), $0<\alpha_i<1$. For this set, let

$\mu=\mu(\alpha)$ be the smallest integer such that $(q^{\mu}-1)\alpha_i\equiv 0 \pmod 1$ for $0\leqq i\leqq r$; then the extensions k_ν of k such that $(q^{\nu}-1)\alpha_i\equiv 0 \pmod 1$ are those for which ν is a multiple of μ, and those only. Choosing a primitive root in k_μ, we can now, as before, define in k_μ the characters χ_{α_i}, the Gaussian sums $g(\chi_{\alpha_i})$, and the Jacobi sum

$$j(\alpha) = \frac{1}{q} g(\chi_{\alpha_0}) \cdots g(\chi_{\alpha_r}).$$

Furthermore, if we denote by χ'_{α_i}, $g'(\chi'_{\alpha_i})$ and $j'(\alpha)$ the corresponding characters and sums for the extension $k'=k_{\lambda\mu}$ of k of degree $\lambda\mu$, where λ is any integer, we get from our earlier results:

$$\chi'_{\alpha_i}(a_i) = \chi_{\alpha_i}(a_i)^{\lambda},\ g'(\chi'_{\alpha_i}) = (-1)^{\lambda-1}g(\chi_{\alpha_i})^{\lambda},\ j'(\alpha) = (-1)^{(\lambda-1)(r-1)}j(\alpha)^{\lambda}.$$

Then we get:

$$(8)\quad \begin{aligned} \sum_1^{\infty} \overline{N}_\nu U^{\nu-1} = &- \sum_{h=0}^{r-1} \frac{d}{dU}\log(1-q^hU) \\ &+ (-1)^r \sum_{\alpha} \frac{1}{\mu(\alpha)}\frac{d}{dU}\log\left[1-C(\alpha)\cdot U^{\mu(\alpha)}\right] \\ &(n\alpha_i \equiv 0,\ \textstyle\sum \alpha_i \equiv 0 \pmod 1;\ 0<\alpha_i<1) \end{aligned}$$

where we have put

$$C(\alpha) = (-1)^{r-1}\overline{\chi}_{\alpha_0}(a_0)\cdots\overline{\chi}_{\alpha_r}(a_r)\cdot j(\alpha).$$

Furthermore, it is easily seen that $C(q\alpha)=C(\alpha)$, since $x\to x^q$ is an automorphism of k_μ which leaves the a_i invariant. Therefore, in the last sum in (8), the $\mu(\alpha)$ terms corresponding to the set $(\alpha)=(\alpha_0,\cdots,\alpha_r)$ and to the sets $(q^\rho\alpha)$ for $1\leqq\rho\leqq\mu-1$ are all equal, so that, putting them together, we can make the denominator $\mu(\alpha)$ disappear.

Let A be the number of solutions, in rational numbers α_i, of the system $n\alpha_i\equiv 0$, $\sum\alpha_i\equiv 0 \pmod 1$, $0<\alpha_i<1$. Then one finds[4] that the Poincaré polynomial (in the sense of combinatorial topology) of the variety defined, in the projective space P^r over complex numbers, by an equation of the form

$$c_0x_0^n+\cdots+c_rx_r^n=0$$

is equal to

[4] As obligingly communicated to me by P. Dolbeault in Paris.

$$\sum_{h=0}^{r-1} X^{2h} + A \cdot X^{r-1}.$$

This, and other examples which we cannot discuss here, seem to lend some support to the following conjectural statements, which are known to be true for curves, but which I have not so far been able to prove for varieties of higher dimension.

Let V be a variety without singular points, of dimension n, defined over a finite field k with q elements. Let N_ν be the number of rational points on V over the extension k_ν of k of degree ν. Then we have

$$\sum_1^{\infty} N_\nu U^{\nu-1} = \frac{d}{dU} \log Z(U),$$

where $Z(U)$ is a rational function in U, satisfying a functional equation

$$Z\left(\frac{1}{q^n U}\right) = \pm\, q^{n\chi/2} U^\chi Z(U),$$

with χ equal to the Euler-Poincaré characteristic of V (intersection-number of the diagonal with itself on the product $V \times V$).

Furthermore, we have:

$$Z(U) = \frac{P_1(U)P_3(U) \cdots P_{2n-1}(U)}{P_0(U)P_2(U) \cdots P_{2n}(U)},$$

with $P_0(U) = 1 - U$, $P_{2n}(U) = 1 - q^n U$, and, for $1 \leqq h \leqq 2n-1$:

$$P_h(U) = \prod_{i=1}^{B_h} (1 - \alpha_{hi} U)$$

where the α_{hi} are algebraic integers of absolute value $q^{h/2}$.

Finally, let us call the degrees B_h of the polynomials $P_h(U)$ the *Betti numbers* of the variety V; the Euler-Poincaré characteristic χ is then expressed by the usual formula $\chi = \sum_h (-1)^h B_h$. The evidence at hand seems to suggest that, if $\overline{V}$ is a variety without singular points, defined over a field K of algebraic numbers, the Betti numbers of the varieties $V_\mathfrak{p}$, derived from $\overline{V}$ by reduction modulo a prime ideal $\mathfrak{p}$ in K, are equal to the Betti numbers of $\overline{V}$ (considered as a variety over complex numbers) in the sense of combinatorial topology, for all except at most a finite number of prime ideals $\mathfrak{p}$. For instance, consider the Grassmann variety $G_{m,r}$, the points of which are the r-dimensional linear varieties in a projective m-dimensional space, over a field with q elements. The number of rational points on the variety is easily seen to be $F(q)$, where F is the polynomial defined by

$$F(X) = \frac{(X^{m+1} - 1)(X^{m+1} - X) \cdots (X^{m+1} - X^r)}{(X^{r+1} - 1)(X^{r+1} - X) \cdots (X^{r+1} - X^r)}.$$

Then, if the above conjectures are true, the Poincaré polynomial of the Grassmann variety $G_{m,r}$ over complex numbers must be $F(X^2)$. This is indeed so, as can easily be verified from the well-known results of Ehresmann [8].[5]

BIBLIOGRAPHY

1. C. F. Gauss, *Werke*: (a) vol. I, pp. 445–449; (b) vol. II, pp. 67–92; (c) vol. X_1, p. 571.

2. C. G. Jacobi, *Gesammelte Werke*: (a) vol. VII, pp. 393–400; (b) vol. VI, pp. 254–274.

3. V. A. Lebesgue: (a) J. Math. Pures Appl. vol. 2 (1837) pp. 253–292; (b) J. Math. Pures Appl. vol. 3 (1838) pp. 113–144.

4. G. H. Hardy and J. E. Littlewood, Math. Zeit. vol. 12 (1922) pp. 161–188.

5. H. Davenport and H. Hasse, J. Reine Angew. Math. vol. 172 (1935) pp. 151–182.

6. L. K. Hua and H. S. Vandiver, Proc. Nat. Acad. Sci. U.S.A. vol. 34 (1948) pp. 258–263.

7. L. Stickelberger, Math. Ann. vol. 37 (1890) pp. 321–367.

8. Ch. Ehresmann, Ann. of Math. vol. 35 (1934) pp. 396–443.

THE UNIVERSITY OF CHICAGO

[5] *Added in proof*. Results, substantially identical to our formula (3), have just been published by L. K. Hua and H. S. Vandiver, Proc. Nat. Acad. Sci. U.S.A. vol. 35 (1949) pp. 94–99.

[1949c] Fibre-spaces in algebraic geometry

The notion of "abstract variety" makes it possible for the algebraic geometer to imitate closely the definitions and procedures which have been so fruitfully applied by modern topologists to the theory of fibre-bundles.

On an algebraic variety, the words "open" and "closed" will be used in the sense of the Zariski topology: a closed set is a bunch of varieties (finite union of irreducible sub-varieties of the given one), an open set is the complement of a closed set. A covering of a variety V will be a covering of V by open sets in finite number. The latter restriction is inessential, and could be replaced by the assumption that all varieties and mappings under consideration at any moment have a common field of definition.

Let V be an (abstract) variety, (V_i) a covering of V. Let G be a group-variety in the following sense: G is an (abstract) variety, complete or not, for which one has defined (1) a point e of G (the unit-element of the group), (2) an everywhere biregular birational correspondence between G and itself, transforming each point x of G into a point denoted x^{-1}, and (3) an everywhere regular rational mapping of $G \times G$ into G, transforming each point (x, y) of $G \times G$ into a point of G denoted by xy, in such a way that the usual group axioms are fulfilled. Furthermore, assume that G operates as a transformation-group on an (abstract) variety F. This means that one has defined an everywhere regular rational mapping of $G \times F$ into F, transforming each point (x, u) of $G \times F$ into a point denoted by xu, in such a way that $eu = u$ for all u, and $x(yu) = (xy)u$ for all x, y, u. In order to define a fibre-bundle over V, with fibre F and group G, one must define, for each pair (i, j), a rational mapping $s_{ij}(M)$ of V into G, regular at all points of $V_i \cap V_j$, in such a way that $s_{ik}(M) = s_{ij}(M)s_{jk}(M)$ when M is generic over a common field of definition for all the s_{ij}. We consider then, for each pair (i, j), the birational correspondence between $V_i \times F$ and $V_j \times F$ which, to every point (P, u) of the former, assigns the point $(P, s_{ji}(P)u)$ of the latter; the variety X obtained from the $V_i \times F$ by identifying corresponding points for these birational correspondences will be called the *(G, F)-fibre-bundle*, defined over the *base-space* V by the covering (V_i) and the set of mappings (s_{ij}). If a subset of the covering (V_i) is still a covering of V, then the fibre-bundle defined over V by this subset, and by the corresponding mappings s_{ij}, will not be considered as different from X. Furthermore, if one defines for each i a mapping $t_i(M)$ of V into G, everywhere regular on V_i, then the fibre-bundle defined by the V_i and by the mappings $s'_{ij}(M) = t_i(M)^{-1}s_{ij}(M)t_j(M)$ can be identified with X in the usual manner, and the two sets of mappings s_{ij}, s'_{ij} will be considered as defining the same bundle.

A fibre-bundle X over a variety V has a natural mapping p onto V, which will be called the *projection*. If f is a rational mapping of V into X, such that $p \circ f$ is the identity mapping of V onto V, then the image of V under f will be called a *cross-section* of X. In other words, a cross-section of X is a subvariety W of X such that p

induces on W a birational transformation of W into V; if this is everywhere biregular, i.e. if f is everywhere regular, then W will be called a *regular* cross-section.

The simplest kind of fibre-spaces is that for which the group G is the multiplicative group on the affine straight line from which one has taken out the point O. As fibre F, one may take the projective straight line with the group $x \to cx$ operating on it, so that G leaves the points O and ∞ invariant on F. In the fibre-space X, there corresponds to each one of these points a regular cross-section, which will be denoted by C_0 or C_∞ respectively. Let C be any cross-section of X other than C_0 or C_∞; assume, for the sake of simplicity, that the base-space V is non-singular. Then the two intersection-products $C \cdot C_0$, $C \cdot C_\infty$ are defined; and the cycle $Z = p(C \cdot C_0 - C \cdot C_\infty)$ is a divisor on the base-space V. It is easy to show that, if C is replaced by another cross-section C', Z is replaced by a divisor Z' linearly equivalent to Z. The class of Z, with respect to linear equivalence, is therefore an invariant of the bundle X. Conversely, it is easy to see that, given any divisor Z on V, there is one and only one (G, F)-bundle over V such that $p(C \cdot C_0 - C \cdot C_\infty)$ is the given divisor Z. In other words, the bundles over V, with the group G, are in one-to-one correspondence with the divisor-classes on V with respect to linear equivalence.

A further type of bundles which can be completely classified is the following; let the base-space V be a (complete) curve; let F be the affine straight line, under the group $x \to ax + b$ $(a \neq 0)$. Then a full set of invariants consists of a divisor-class on V (in the sense of linear equivalence), and of a class of additive *idèles* on V. The next case which is being investigated is that of the full projective group (group of fractional linear transformations) on the projective straight line, the base-space still being a curve. This problem can be described as that of the classification of ruled surfaces. It is remarkable that this should prove to be, from the present point of view, a problem of considerable difficulty and interest.

More generally, one may consider the case in which the base-space is an arbitrary variety V, and G is the linear group in n variables operating on an n-dimensional affine space F. This will be the case, for example, for the *tangent fibre-bundle* to a non-singular variety V of dimension n. The consideration of this bundle leads to a purely algebraic definition of the Euler-Poincaré characteristic (substantially equivalent, as one would expect, with the known definition of the Zeuthen–Segre invariant of an algebraic variety), of the "canonical divisor", and of further invariants of the Stiefel–Whitney–Chern type, corresponding to what has sometimes been called the "canonical cycles" of various dimensions. Similarly, if W is a subvariety of V, the neighborhoods of the 1st, 2nd, ... order of W on V can best be described as fibre-bundles over W, belonging to suitable groups of linear substitutions. It seems that there are close connections between these and Zariski's holomorphic functions along W on V, as well as with Goldman's investigations on the Riemann–Roch theorem on surfaces.

Finally, it should be pointed out that the definition of a fibre-bundle, as given here, is probably not general enough for certain types of applications, e.g. those in which the base-space V is replaced by an algebraic number-field (the points of V being then replaced by the prime spots of the field). Even within the narrower field of algebraic geometry, Chow's recent work points the way to a far more general concept of fibre-bundle, which will probably prove very useful. We thus stand at the threshold of a very promising new field of research, which it will certainly take many years to develop fully.

[1949d] Théorèmes fondamentaux de la théorie des fonctions thêta (d'après des mémoires de Poincaré et Frobenius)

Riemann savait déjà, et avait communiqué à Hermite, que les périodes de toute fonction méromorphe $2n$ fois périodique de n variables satisfont à certaines relations et inégalités qui permettent de former, à partir de ces périodes, des séries thêta; sans doute s'était-il servi de ce résultat pour exprimer, au moyen de telles séries, toutes les fonctions en question. Ce résultat a fait l'objet de travaux de Weierstrass, de Picard et Poincaré, d'Appell, puis de nouveau de Poincaré. Il a une importance fondamentale pour la géométrie des variétés abéliennes (sur le corps complexe).

1. La dernière démonstration de Poincaré [2], qui s'apparente à sa démonstration du théorème de Cousin, peut être simplifiée beaucoup au moyen d'un lemme qui joue aussi un rôle essentiel dans les démonstrations modernes des théorèmes de de Rham:

LEMME 1.—*Soit V une variété compacte indéfiniment différentiable. Soit (U_i) un recouvrement ouvert fini de V. Supposons donnée dans $U_i \cap U_j$, chaque fois que cette intersection n'est pas vide, une forme différentielle ζ_{ij} de degré p, à coefficients indéfiniment différentiables, de sorte qu'on ait $\zeta_{ik} = \zeta_{ij} + \zeta_{jk}$ dans $U_i \cap U_j \cap U_k$ chaque fois que ce dernier ensemble n'est pas vide* (ce qui implique $\zeta_{ii} = 0, \zeta_{ji} = -\zeta_{ij}$). *Alors il existe des formes ζ_i de degré p, respectivement définies dans les U_i, à coefficients indéfiniment différentiables, telles que l'on ait $\zeta_{ij} = \zeta_i - \zeta_j$ dans $U_i \cap U_j$ chaque fois que cet ensemble n'est pas vide.*

En effet, soit (F_i) une partition différentiable de l'unité, subordonnée au recouvrement (U_i). On posera $\zeta_i = \sum_j F_j \zeta_{ij}$, étant entendu que chaque terme du second membre est à remplacer par 0 en tout point où il n'est pas défini[1].

Soient E un espace vectoriel de dimension m sur les réels, D un sous-groupe discret de E, de rang m; le groupe quotient E/D est alors un tore T^m, qui peut être considéré comme variété différentiable de dimension m. Pour un choix donné d'un système de coordonnées $x_1, \ldots, x_m$ dans E, les différentielles dx_i définissent dans T^m des formes différentielles de degré 1, et toute forme ζ sur le tore peut être exprimée au moyen de celles-là, sous la forme $\sum_{(i)} f_{i_1 \ldots i_p}(x) \cdot dx_{i_1} \cdots dx_{i_p}$; par $I(\zeta)$, on désignera la forme obtenue en remplaçant, dans cette expression, chaque coefficient par sa valeur moyenne sur le tore; de même, si D est un opérateur

[1] L'énoncé du lemme ci-dessus, ainsi que sa démonstration, représentent une amélioration, due à N. Hamilton, du texte de l'exposé de 1949 [Juin 1957].

différentiel (par exemple $D = \partial/\partial x_i$), on désignera par $D\zeta$ la forme obtenue en remplaçant, dans l'expression ci-dessus de ζ, chaque coefficient $f_{(i)}$ par $Df_{(i)}$. On aura $I(\partial\zeta/\partial x_i) = 0$ (intégration par parties).

LEMME 2.—*Soit* $\|a_{ij}\|$ *la matrice d'une forme quadratique définie positive; soit* $\Delta = \sum a_{ij}(\partial^2/\partial x_i \partial x_j)$. *Soit* λ *une forme sur le tore, à coefficients* (réels ou complexes) *indéfiniment différentiables. Alors, pour qu'il existe une forme* μ, *à coefficients indéfiniment différentiables, telle que* $\Delta\mu = \lambda$, *il faut et il suffit que* $I(\lambda) = 0$; *si* $\lambda = 0$, *la forme* μ *est alors à coefficients constants.*

Il suffit évidemment de faire la démonstration pour chaque coefficient séparément, c'est-à-dire pour des fonctions. Si on prend pour base, dans E, un système de m générateurs du groupe D, toute fonction indéfiniment différentiable sur le tore possède une série de Fourier $\sum_{(n)} c_{n_1 \ldots n_m} e(\sum n_i x_i)$ (en posant $e(t) = e^{2\pi i t}$), absolument et uniformément convergente, et indéfiniment différentiable terme à terme. Le résultat s'ensuit aussitôt.

Supposons maintenant que E soit l'espace $\mathbf{C}^n$ (espace vectoriel de dimension n sur le corps $\mathbf{C}$ des complexes), d'où $m = 2n$. Les z_h désignant les coordonnées complexes dans $\mathbf{C}^n$, tout système de coordonnées réelles dans cet espace sera formé de combinaisons linéaires des z_h, $\bar{z}_h$; sur le tore T^{2n}, on pourra donc exprimer les formes différentielles au moyen des dz_h, $d\bar{z}_h$. Le lemme 2 s'appliquera pour

$$\Delta = \sum \frac{\partial^2}{\partial z_h \partial \bar{z}_h}.$$

Soit $f(z)$ une fonction méromorphe dans $\mathbf{C}^n$, admettant pour périodes tous les vecteurs du groupe D; on peut aussi considérer f comme fonction partout méromorphe sur le tore T^{2n}, celui-ci étant considéré comme variété à structure analytique complexe. En vertu de résultats élémentaires classiques, on peut, au voisinage de tout point de $\mathbf{C}^n$ (ou de T^{2n}) écrire f comme quotient φ/ψ de fonctions holomorphes premières entre elles (dans l'anneau des fonctions holomorphes au point considéré, c'est-à-dire sans facteur commun non inversible dans cet anneau). Si on recouvre T^{2n} par des ouverts U_i, dans chacun desquels f possède une telle expression φ_i/ψ_i, alors, dans $U_i \cap U_j$, la fonction $\varphi_i/\varphi_j = \psi_i/\psi_j$ sera une fonction holomorphe inversible (sans zéro).

Supposons, plus généralement, qu'on se soit donné dans T^{2n} une variété analytique complexe de dimension (complexe) $n-1$; on entendra par là une partie fermée de T^{2n} qui, dans un voisinage suffisamment petit de chacun de ses points, puisse être définie par une équation $\varphi = 0$, où φ est holomorphe au point en question. On pourra alors former un recouvrement ouvert fini (U_i) du tore, tel que, dans chaque U_i, la variété en question soit définie par une équation $\varphi_i = 0$, les φ_i étant respectivement holomorphes dans les U_i et telles que φ_i/φ_j soit holomorphe dans $U_i \cap U_j$ quels que soient i, j (ce qui implique, en échangeant i et j, que ces fonctions sont inversibles). On supposera, pour fixer les idées, que les U_i sont images homéomorphes dans le tore de boules ouvertes U_{i0} de $\mathbf{C}^n$ (pour la distance $(\sum z_h \bar{z}_h)^{1/2}$). Soit U_{id} la translatée de U_{i0} par le vecteur $d \in D$; les U_{id} forment un recouvrement de $\mathbf{C}^n$.

Posons $\zeta_{ij} = d\log(\varphi_i/\varphi_j)$; ce sont des formes différentielles de degré 1, respectivement définies dans les $U_i \cap U_j$, et satisfaisant aux conditions du lemme 1. Soient donc ζ_i des formes à coefficients indéfiniment différentiables, respectivement définies dans les U_i, et telles que $\zeta_{ij} = \zeta_i - \zeta_j$ dans $U_i \cap U_j$. Puisque ζ_{ij} est à coefficients holomorphes, on a $\partial\zeta_{ij}/\partial\bar{z}_h = 0$, donc, quels que soient i, j, h, $\partial\zeta_i/\partial\bar{z}_h = \partial\zeta_j/\partial\bar{z}_h$ dans $U_i \cap U_j$; on peut donc définir une forme α_h de degré 1, à coefficients indéfiniment différentiables sur le tore, comme étant égale à $\partial\zeta_i/\partial\bar{z}_h$ dans U_i quel que soit i. Posons $\lambda = \sum_h (\partial\alpha_h/\partial z_h)$; on aura $\lambda = \Delta\zeta_i$ dans U_i quel que soit i. On a $I(\lambda) = 0$, donc (lemme 2) il existe μ tel que $\Delta\mu = \lambda$. Posons $\zeta_i' = \zeta_i - \mu$; ce sont des formes respectivement définies dans les U_i, à coefficients indéfiniment différentiables, satisfaisant à $\Delta\zeta_i' = 0$, et à $\zeta_{ij} = \zeta_i' - \zeta_j'$ dans $U_i \cap U_j$.

Ecrivons ζ_i' sous la forme $\sum u_{ih} dz_h + \sum v_{ih} d\bar{z}_h$; par définition, $\Delta\zeta_i' = 0$ signifie qu'on a $\Delta u_{i_h} = \Delta v_{i_h} = 0$; si donc on pose $\zeta_i'' = \sum u_{ih}\, dz_h$, on aura encore $\Delta\zeta_i'' = 0$; et, comme les ζ_{ij} ne contiennent que les dz_h (et non les $d\bar{z}_h$), on aura encore $\zeta_{ij} = \zeta_i'' - \zeta_j''$ dans $U_i \cap U_j$ quels que soient i, j. De plus, on a $d\zeta_{ij} = 0$, donc, dans $U_i \cap U_j$, $d\zeta_i'' = d\zeta_j''$; on peut donc définir une forme ω (de degré 2) sur le tore, comme étant égale à $d\zeta_i''$ dans U_i quel que soit i. Comme les opérateurs d et Δ permutent, on aura $\Delta\omega = 0$; par suite ω est à coefficients constants, donc de la forme $\sum_{h<k} a_{hk}\, dz_h\, dz_k + \sum_{h,k} b_{hk}\, d\bar{z}_h\, dz_k$ avec a_{hk}, b_{hk} constants.

Cela posé, considérons, dans la boule U_{id} dans $\mathbf{C}^n$, la forme

$$\eta_{id} = \zeta_i'' - \sum_{h<k} a_{hk} z_h dz_k - \sum_{h,k} b_{hk} \bar{z}_h dz_k;$$

on a $d\eta_{id} = 0$, de sorte qu'on peut écrire $\eta_{id} = df_{id}$, où f_{id} est une fonction dans U_{id}; de plus, comme η_{id} ne contient que les dz_h (et non les $d\bar{z}_h$), f_{id} est une fonction holomorphe dans U_{id}. Alors, chaque fois que deux boules U_{id}, $U_{jd'}$ auront une intersection non vide, on aura, dans cette intersection, $d\log(\varphi_i/\varphi_j) = d(f_{id} - f_{jd'})$, ce qui implique que la fonction $\varphi_i \cdot e^{-f_{id}}$, holomorphe dans U_{id}, admet, dans $U_{jd'}$, un prolongement analytique qui ne diffère de la fonction $\varphi_j \cdot e^{-f_{jd'}}$ que par un facteur constant. Chacune de ces fonctions admet donc un prolongement analytique $F(z)$ à tout l'espace $\mathbf{C}^n$, qui est une fonction entière; dans chacune des boules U_{id}, $F(z)$ ne diffère de φ_i que par un facteur qui est une fonction holomorphe inversible; et, quels que soient $d, d' \in D$, la différentielle $d\log[F(z + d')/F(z + d)] = \eta_{id} - \eta_{id'}$ est de la forme $\sum c_h dz_h$ avec des c_h constants.

On appellera *fonction thêta*, relative au sous-groupe discret D (de rang $2n$) de l'espace $\mathbf{C}^n$, toute fonction entière $F(z)$ telle que, pour tout $d \in D$, $F(z + d)/F(z)$ soit de la forme $e(\sum c_h z_h + b)$ ("fonctions intermédiaires" dans la terminologie de Poincaré, "Jacobische Functionen" dans celle de Frobenius). On a donc démontré que *toute sous-variété analytique complexe, de dimension complexe* $n - 1$, *du tore* $T^{2n} = \mathbf{C}^n/D$, *est la variété des zéros d'une fonction thêta* (et, plus précisément, d'une fonction thêta qui s'annule avec la multiplicité 1 sur chaque composante irréductible de la variété donnée).

Le groupe D étant donné, les fonctions thêta qui y appartiennent forment un monoïde multiplicatif, dont les éléments inversibles sont les fonctions thêta sans zéros. Celles-ci sont de la forme $e[P(z)]$, où $P(z)$ est une fonction entière telle que $P(z + d) - P(z)$ soit une fonction linéaire des z_h quel que soit $d \in D$; les dérivées secondes de $P(z)$ sont donc des fonctions entières périodiques, donc bornées, donc constantes, et par suite $P(z)$ est un polynome du 2e degré; réciproquement, si $P(z)$ est tel, $e[P(z)]$ est une fonction thêta pour tout groupe D; une telle fonction sera dite triviale. Ce qui précède démontre aussi le théorème suivant: *toute fonction méromorphe dans* $\mathbf{C}^n$, *admettant pour périodes tous les vecteurs de D, peut s'écrire, d'une manière et essentiellement d'une seule* (c'est-à-dire à des facteurs près qui sont des fonctions thêta triviales) *comme quotient de deux fonctions thêta premières entre elles* (c'est-à-dire sans facteur commun non trivial dans le monoïde des fonctions thêta appartenant à D).

2. L'étude algébrique des fonctions thêta a été faite en détail par Frobenius, dans deux mémoires peu connus mais fort intéressants [1]. Ce qui suit reproduit quelques-uns de ses résultats, obtenus par une voie légèrement différente.

Supposons d'abord, plus généralement, qu'on ait un espace vectoriel E de dimension m sur les réels, un sous-groupe discret D de E de rang m, et une fonction $F(x)$ à valeurs complexes, telle que $\log F(x + d)/F(x)$ soit une fonction linéaire (non homogène) quel que soit $d \in D$. Prenons pour base, dans E, un système de m générateurs de D; en notation matricielle, un point x de E sera une matrice à m lignes et 1 colonne, et un vecteur de D sera une matrice n à composantes entières. Par hypothèse, quel que soit n dans D, on a $F(x + n) = F(x) \cdot e[L_n(x)]$, où $L_n(x)$ est linéaire; on devra avoir $L_{n+n'}(x) \equiv L_n(x + n') + L_{n'}(x) \pmod 1$, d'où on conclut facilement à l'existence de matrices A, A_0, et d'un vecteur b, tels que

$$F(x + n) = F(x) \cdot e[{}^t n \cdot A \cdot x + \tfrac{1}{2}{}^t n \cdot A_0 \cdot n + {}^t b \cdot n]; \tag{1}$$

de plus, A_0 doit être une matrice symétrique, et on doit avoir $A \equiv A_0 \pmod 1$, donc $A \equiv {}^t A \pmod 1$, de sorte que la matrice $B = A - {}^t A$ est une matrice alternée à coefficients entiers.

[Soient n, n' deux vecteurs à composantes entières, x_0 un point de E, et P le parallélogramme de sommets x_0, $x_0 + n$, $x_0 + n'$, $x_0 + n + n'$; si on suppose que F ne s'annule en aucun point du contour de P, l'intégrale $1/2\pi i \cdot \int d \log F(x)$, prise le long de ce contour, a la valeur ${}^t n \cdot B \cdot n'$. Si on est dans des conditions telles que l'équation $F(x) = 0$ définisse dans le tore $T^m = E/D$ une variété Z à m-2 dimensions (réelles), ${}^t n \cdot B \cdot n'$ sera le nombre (algébrique) d'intersections de Z avec le cycle image de P dans T^m, ce qui montre que la matrice B détermine la classe d'homologie (à m-2 dimensions) de Z dans le tore.]

Supposons maintenant que m soit pair, et qu'on mette sur E une structure d'espace vectoriel sur le corps des complexes; celle-ci sera complètement définie si on se donne la matrice J correspondant à la multiplication scalaire des vecteurs par i; on aura $J^2 = -1$. Pour qu'une expression ${}^t a \cdot x$ soit une forme linéaire dans E pour la structure complexe de E, il faut et il suffit qu'on ait ${}^t a \cdot J = i \cdot {}^t a$; de même, si M est une matrice symétrique à coefficients complexes, pour que ${}^t x \cdot M \cdot x$ soit une forme quadratique dans les coordonnées complexes, dans E, il faut et il suffit que $MJ = iM$.

Supposons que $F(x)$ satisfasse à (1) et soit une fonction entière pour la structure complexe de E. Alors, quel que soit n à composantes entières, ${}^t n \cdot A \cdot x$ sera forme linéaire (complexe) dans E, ce qui donne $AJ = iA$. Soit $A = X + iY$, avec X et Y réels; on aura donc $X = YJ$. Comme $B = A - {}^t A$ est réel, on aura $B = X - {}^t X$,

$Y = {}^tY$, d'où ${}^tX = {}^tJ \cdot Y$, $B = YJ - {}^tJ \cdot Y$, $BJ = -Y - {}^tJ \cdot Y \cdot J$; on voit donc que $S = BJ$ est une matrice symétrique; on voit aussi que la forme alternée de matrice B, et la forme quadratique de matrice S, sont invariantes par J, ce qui s'exprime par $B = {}^tJ \cdot B \cdot J$, $S = {}^tJ \cdot S \cdot J$.

Convenons de dire que la fonction thêta $F(x)$ est *normale* si l'on a ${}^tA = -\bar{A}$ et $b = \bar{b}$. Alors ${}^tX = -X = -\frac{1}{2} \cdot B$, $Y = -XJ = -\frac{1}{2} \cdot BJ$, d'où $A = \frac{1}{2} \cdot B(1 - iJ) = \frac{1}{2} \cdot (B - iS)$. D'autre part, une fonction thêta triviale est de la forme

$$e(\tfrac{1}{2} \cdot {}^tx \cdot M \cdot x + {}^tr \cdot x),$$

avec $M = {}^tM$, $MJ = iM$, et ${}^tr \cdot J = i \cdot {}^tr$. Si on multiplie la fonction thêta $F(x)$, satisfaisant à (1), par celle-ci on obtient une fonction analogue, pour laquelle A, A_0, b, sont remplacés par $A + M$, $A_0 + M$, $b + r$; *et la matrice B n'est pas changée*. On peut, d'une manière et d'une seule, multiplier $F(x)$ par une fonction triviale de manière à obtenir une fonction normale. Posons en effet $A_1 = \frac{1}{2}(B - iS)$, et $M = A_1 - A$; comme on a $A_1 - {}^tA_1 = B = A - {}^tA$, on a $M = {}^tM$; comme $AJ = iA$ et $A_1J = iA_1$, on a $MJ = iM$; r sera alors déterminé de manière unique par la condition que ${}^tr \cdot x$ soit une forme linéaire (complexe) ayant une partie imaginaire donnée, à savoir la partie imaginaire de $-{}^tb \cdot x$.

Soit alors $F(x)$ une fonction thêta normale; A_0 aura même partie imaginaire que A, à savoir $-(iS/2)$; on a dans ces conditions

$$|F(x + n)|^2 = |F(x)|^2 \cdot \exp[\pi(2 \cdot {}^tn \cdot S \cdot x + {}^tn \cdot S \cdot n)],$$

c'est-à-dire que $|F(x)|^2 \cdot \exp(-\pi{}^tx \cdot S \cdot x)$ est périodique, donc bornée, de sorte qu'on a $|F(x)|^2 \leq C \cdot \exp(\pi \cdot {}^tx \cdot S \cdot x)$. Soit x_0 un vecteur $\neq 0$; le vecteur qui en résulte par multiplication scalaire complexe par $u + iv$ est le vecteur $ux_0 + v \cdot Jx_0$; si donc x_1 est un point fixe, $F[x_1 + ux_0 + v \cdot Jx_0]$ sera une fonction entière de $u + iv$; elle est majorée en valeur absolue par $(Ce^{\pi U})^{1/2}$, avec

$$U = {}^t(x_1 + ux_0 + vJx_0)S(x_1 + ux_0 + vJx_0),$$

d'où (en tenant compte de $S = {}^tJ \cdot S \cdot J$, $SJ = -{}^tJ \cdot S$):

$$U = (u^2 + v^2){}^tx_0 \cdot S \cdot x_0 + 2 \cdot {}^tx_1(uSx_0 + vSJx_0) + {}^tx_1Sx_1.$$

Si donc il existe x_0 tel que ${}^tx_0 \cdot S \cdot x_0 < 0$, $F(x)$ est identiquement nulle; la forme quadratique de matrice S est donc définie ou semi-définie positive; cela étant, ${}^tx_0 \cdot S \cdot x_0 = 0$ entraîne $Sx_0 = 0$, et aussi ${}^t(Jx_0)S(Jx_0) = 0$, donc $SJx_0 = 0$, donc $U = {}^tx_1Sx_1$, de sorte que F est bornée, donc constante, sur toute droite complexe parallèle à la direction déterminée par le vecteur x_0. On en conclut que, si le rang de S est $m' < m$, la fonction $F(x)$ peut s'écrire comme fonction thêta de $m'/2$ variables complexes. Si on exclut ce cas, on voit que S est *définie* positive.

On a ainsi obtenu des conditions nécessaires pour qu'à des matrices J, B données appartiennent des fonctions thêta; on doit avoir $J^2 = -1$, B doit être une matrice alternée à coefficients entiers, et BJ doit être la matrice d'une forme définie ou semi-définie positive. Quant à la réciproque, on se bornera, pour simplifier le langage, au cas où B est de rang m, donc BJ définie; le résultat essentiel est alors le suivant: A, A_0 et b étant tels qu'il a été dit (c'est-à-dire satisfaisant à $AJ = iA$, $A - {}^tA = B$, $A_0 = {}^tA_0 \equiv A \pmod 1$, b quelconque), *le nombre de fonctions thêta linéairement indépendantes, satisfaisant à* (1), *est* (det $B)^{1/2}$ (on notera que det B est le carré d'un entier, le "pfaffien" de B). Frobenius en donne deux démonstrations; dans la première, on réduit B, par la théorie des diviseurs élémentaires, à la forme

$$\begin{pmatrix} 0 & D \\ -D & 0 \end{pmatrix},$$

où D est une matrice diagonale; cela fait, on voit que les $m/2$ premiers vecteurs de base sont linéairement indépendants, non seulement sur le corps des réels, mais aussi sur le corps des complexes, et qu'en multipliant une fonction thêta satisfaisant à (1) par une fonction thêta triviale convenable, on obtient une fonction admettant ces $m/2$ vecteurs pour périodes; alors, avec les coordonnées complexes obtenues en prenant ces vecteurs pour base, la fonction peut s'écrire sous forme de série de Fourier; en l'écrivant ainsi, avec des coefficients indéterminés, on arrive aussitôt au résultat annoncé, ainsi qu'à l'expression des fonctions cherchées au moyen de "séries thêta".

La deuxième démonstration de Frobenius peut, avec nos notations, s'exposer comme suit. D'après ce qui précède, on peut se borner aux fonctions normales (${}^tA = -\bar{A}$, b réel). A côté de l'espace donné $E = \mathbf{C}^n$ où la structure complexe est définie par la matrice J, et où on recherche les fonctions thêta satisfaisant à (1), considérons en un autre, E', où la structure complexe sera définie par $-J$, et où on recherchera les fonctions thêta satisfaisant à

$$G(y + m) = G(y) \cdot e[-{}^tm \cdot \bar{A} \cdot y - \tfrac{1}{2}{}^tm \cdot \bar{A}_0 \cdot m - {}^tb \cdot m], \tag{1'}$$

et aussi l'espace produit $E \times E'$, de structure complexe

$$\begin{pmatrix} J & 0 \\ 0 & -J \end{pmatrix},$$

et l'équation

$$H(x + n, y + m) = H(x, y)e[{}^t(n - m)(Ax + \bar{A}y) + \tfrac{1}{2}{}^t(n - m)A_0(n - m) + {}^tb(n - m)]. \tag{2}$$

Comme $A_0 \equiv A \pmod 1$, on a $A_0 = A + C$, avec C entier, d'où $A_0 + \bar{A}_0 = 2C + A + \bar{A} \equiv B \pmod 2$; on vérifie alors que, si $F(x)$ est solution de (1), et $G(y)$ de (1'), $H(x, y) = F(x)G(y)e(-{}^tyAx)$ l'est de (2). De plus, les relations $AJ = iA$, $(-{}^tJ)A = {}^t(\bar{A}J) = {}^t(-i\bar{A}) = iA$ montrent que ${}^tyAx$ est une forme bilinéaire complexe sur $E \times E'$; et, si $F(x)$ est une fonction holomorphe dans E, $\overline{F(y)}$ l'est dans E'. On en conclut:

1) la relation $G(y) = \overline{F(y)}$ établit une correspondance biunivoque ("antilinéaire" sur le corps des complexes) entre les fonctions thêta $F(x)$, solutions de (1), et les fonctions thêta $G(y)$, solutions de (1'); en particulier, ces deux problèmes ont même nombre N (fini ou non) de solutions linéairement indépendantes sur le corps des complexes;

2) si $F(x)$, $G(y)$ sont de telles fonctions, $H(x, y) = F(x)G(y)e(-{}^tyAx)$ est une fonction thêta, solution de (2); réciproquement, si $H(x, y)$ est une fonction thêta, solution de (2), alors, quel que soit x_0, $H(x_0, y)e({}^tyAx_0)$ est une fonction thêta

solution de (1′) dans E', et, quel que soit y_0, $H(x, y_0)e({}^t y_0 Ax)$ est une fonction thêta solution de (1) dans E; on en conclut facilement que le nombre de fonctions thêta $H(x, y)$ dans $E \times E'$, solutions de (2), linéairement indépendantes sur le corps des complexes, est N^2.

Posons $w = \frac{1}{2}[(1 - iJ)x + (1 + iJ)y]$; les composantes du vecteur w sont des formes linéaires complexes dans $E \times E'$ (car $(1 - iJ)J = i(1 - iJ)$), et forment dans cet espace un système de coordonnées complexes (car les w, $\bar{w}$ sont linéairement indépendants). Si, au lieu de $H(x, y)$, nous écrivons $H(w)$, $H(w)$ sera fonction entière des w; comme $A = \frac{1}{2}(B - iBJ)$, on a $Ax + \bar{A}y = Bw$; si, dans (2), nous faisons d'abord $n = m$, puis $m = 0$, on voit que (2) équivaut au système des relations:

$$\begin{aligned} &H(w + n) = H(w), \\ &H(w + \tfrac{1}{2}(1 - iJ)n) = H(w)e[{}^t nBw + \tfrac{1}{2}{}^t nA_0 n + {}^t bn]. \end{aligned} \tag{2'}$$

En vertu de la première, on peut écrire

$$H(w) = \sum c_{(n)} \cdot e({}^t n \cdot w),$$

la sommation étant étendue à tous les vecteurs n à composantes entières. En substituant dans la deuxième relation (2′), on obtient

$$c_{(r+Bn)} = c_{(r)} \cdot e[-\tfrac{1}{2}{}^t nA_0 n - bn - \tfrac{1}{2}{}^t r(1 - iJ)n],$$

quels que soient r, n à composantes entières. Il s'ensuit que la série écrite pour $H(w)$ est combinaison linéaire, à coefficients constants, des séries

$$H_r(w) = e({}^t r \cdot w)\Theta[Bw + b - \tfrac{1}{2}(1 - i{}^t J)r],$$

où on a posé

$$\Theta(z) = \sum_{(n)} e(-\tfrac{1}{2}{}^t n \cdot A_0 \cdot n + {}^t n \cdot z)$$

(sommation étendue à tous les vecteurs n à composantes entières). En raison de $A_0 \equiv \frac{1}{2}(B - iS) \pmod 1$, et du fait que S est *définie* positive, la série thêta est absolument et uniformément convergente dans tout domaine borné, et on a

$$\Theta(z + An) = \Theta(z)e({}^t n \cdot z + \tfrac{1}{2}{}^t n \cdot A_0 \cdot n),$$

d'où résulte que chacune des séries $H_r(w)$ définit bien une fonction thêta satisfaisant à (2′); si D est, comme toujours, le groupe des vecteurs n à composantes entières, et si D' désigne le sous-groupe des vecteurs de la forme Bn, où n est à composantes entières, D/D' est un groupe fini, d'ordre égal à $\det B$; on obtiendra un système complet de fonctions $H_r(w)$ linéairement indépendantes en prenant pour r un système complet de représentants de D/D' dans D. On a donc $N^2 = \det B$; on a aussi, en donnant à y une valeur constante, le moyen d'exprimer par des séries thêta les fonctions thêta $F(x)$ satisfaisant à (1) dans l'espace E.

Les mémoires de Frobenius contiennent encore un grand nombre de résultats intéressants, qu'on ne peut mentionner ici. Notons seulement qu'on déduit aussitôt de ce qui précède que, si on se donne $n + 2$ fonctions thêta de n variables complexes, satisfaisant à une même équation (1), les monômes de degré suffisamment élevé formés avec ces fonctions ne peuvent être linéairement indépendants; il s'ensuit, d'après ce qu'on a vu, que $n + 1$ fonctions méromorphes, $2n$ fois périodiques, de n variables complexes, ne peuvent être algébriquement indépendantes. Un raisonnement analogue permet de voir que, s'il existe des fonctions méromorphes de n variables, admettant $2n$ périodes données, qui ne puissent s'écrire comme fonctions de combinaisons linéaires de ces variables en nombre moindre que n, ces fonctions forment un corps de fonctions algébriques de dimension n (extension algébrique de degré fini d'une extension transcendante pure de dimension n du corps des constantes).

La plupart des résultats connus sur les fonctions et les variétés abéliennes (dans le "cas classique" où le corps des constantes est le corps des complexes) se déduit très facilement de ce qui précède, et de la connaissance de l'anneau de cohomologie sur le tore.

Bibliographie

1. Frobenius, G. Über die Grundlagen der Theorie der Jacobischen Funktionen, J. für die reine und angew. Math., t. 97, 1884, p. 16–48 et p. 188–223.

2. Poincaré, Henri. Sur les propriétés du potentiel et sur les fonctions abéliennes, Acta Math. t. 22 (1899), p. 89–177; Œuvres, t. IV, p. 162–244.

[1949e] Géométrie différentielle des espaces fibrés

(I)

Soit G un groupe de Lie (connexe ou non, compact ou non); soit $A(G)$ son algèbre de Lie (espace des vecteurs tangents en l'élément neutre e de G, avec la loi de composition notée $[X, Y]$). Pour $s \in G$, $X \in A(G)$, on notera $\mathrm{ad}(s)X$ le transformé de X par l'automorphisme intérieur $x \to sxs^{-1}$ de G (groupe adjoint). D'autre part, la translation à droite $x \to xs^{-1}$ fait correspondre, à tout vecteur tangent en s à G, un vecteur de $A(G)$; comme fonction linéaire (à valeurs dans $A(G)$), définie sur l'espace des vecteurs tangents en s, on peut dire que c'est une forme différentielle (de degré 1), à coefficients vectoriels (dans $A(G)$), définie au point s de G; comme s est quelconque, on a ainsi une forme différentielle définie sur G, à coefficients vectoriels dans $A(G)$, qui sera notée symboliquement $ds \cdot s^{-1}$; si on prend une base dans $A(G)$, les coefficients de la forme $ds \cdot s^{-1}$ pour cette base sont les formes de degré 1 invariantes à droite sur G. Si on pose $X = ds \cdot s^{-1}$, on aura $dX = \frac{1}{2}[X, X]$. Si $u \to s(u)$ est une application différentiable d'une variété U dans G, alors $ds(u) \cdot s(u)^{-1}$ (image réciproque de $ds \cdot s^{-1}$ par l'application) sera une forme de degré 1 sur U, vectorielle à coefficients dans $A(G)$. En particulier, pour l'application $(x, y) \to xy$ de $G \times G$ dans G, on a $d(xy) \cdot (xy)^{-1} = dx \cdot x^{-1} + \mathrm{ad}(x)(dy \cdot y^{-1})$.

Maintenant, donnons-nous une fois pour toutes un espace fibré principal E de groupe G, dont la base V soit une variété différentiable. Soit (V_i) un recouvrement de V (fini ou non) par des boules ouvertes; pour chaque V_i, on choisira une fois pour toutes une représentation de la partie correspondante de E comme produit $V_i \times G$; alors, à chaque couple (i, j) appartient une application continue s_{ij} de $V_i \cap V_j$ dans G, telle que, pour $z \in V_i \cap V_j$, le point de E, de coordonnées (z, s) dans $V_j \times G$, ait dans $V_i \times G$ les coordonnées $(z, s_{ij}(z)s)$. On aura $s_{ik} = s_{ij}s_{jk}$, quels que soient i, j, k, partout où les deux membres ont un sens. Posons $\alpha_{ij} = ds_{ij} \cdot s_{ij}^{-1}$; ce sont des formes différentielles de degré 1, vectorielles, définies respectivement dans les $V_i \cap V_j$; et on aura $\alpha_{ik} = \alpha_{ij} + \mathrm{ad}(s_{ij})\alpha_{jk}$ dans $V_i \cap V_j \cap V_k$.

Soient ω_i des formes différentielles de degré 1, vectorielles (à coefficients dans $A(G)$), respectivement définies dans des V'_i formant encore un recouvrement de V, tels que $V'_i \subset V_i$ pour tout i. On dira que les ω_i définissent une *connexion* appartenant à l'espace fibré E si on a $\alpha_{ij} = \mathrm{ad}(s_{ij})\omega_j - \omega_i$ dans $V'_i \cap V'_j$ quels que soient i, j. On démontre aisément qu' *à l'espace fibré E* (arbitrairement donné) *il appartient toujours une connexion au moins*, et par suite une infinité [Démonstration: on procède par récurrence sur les V_i supposés en nombre fini ou dénombrable (le cas général sera laissé au lecteur à titre d'exercice); chaque ω_i a des valeurs imposées dans l'intersection de V_i avec les V_j précédents, et ces conditions sont cohérentes en vertu des relations données plus haut entre les α_{ij}; on remplace les V_i par des V'_i un peu plus petits, comme d'habitude, pour s'épargner toute difficulté à la frontière]. On va désormais supposer une connexion ω_i choisie une fois pour toutes; et on écrira V_i au lieu de V'_i. On posera $\Omega_i = d\omega_i + \frac{1}{2}[\omega_i, \omega_i]$; ce sont des formes différentielles (vectorielles) de degré 2, respectivement définies dans les V_i; on vérifie immédiatement qu'on a $\Omega_i = \mathrm{ad}(s_{ij})\Omega_j$.

Soit, d'une manière générale, $M(s)$ une représentation linéaire du groupe G, opérant sur un espace vectoriel T. Le groupe G opérant ainsi sur T au moyen de $M(s)$, on peut définir un espace fibré E' de fibre T, dérivé de l'espace principal E; une section de E' sera définie sur chaque V_i par une équation $t = f_i(z)$, où f_i est une application continue de V_i dans T, et où les f_i sont liés entre eux par les relations $f_i = M(s_{ij})f_j$ quels que soient i, j (relations valables respectivement dans les $V_i \cap V_j$); un système de fonctions f_i ayant ces propriétés sera appelé un *tenseur* d'espèce $M(s)$, appartenant à l'espace fibré E. Plus généralement, soit F_p l'espace fibré des formes différentielles (ordinaires) de degré p sur la variété V; la fibre est la p-ième puissance extérieure du dual de l'espace des vecteurs tangents en un point de V, le groupe est le groupe linéaire. Considérons le produit fibré de E' et de F_p; une section de ce produit ne sera pas autre chose qu'un système de formes θ_i, où θ_i est une forme différentielle de degré p, vectorielle à coefficients dans T, définie dans V_i, et où l'on a dans $V_i \cap V_j$, quels que soient i, j, $\theta_i = M(s_{ij})\theta_j$; un tel système sera appelé *forme différentielle tensorielle de degré p, d'espèce M(s)*, ou pour abréger *tenseur* quand il ne pourra y avoir de confusion.

On voit en particulier que le système de formes Ω_i défini ci-dessus à partir de la connexion ω_i est une forme tensorielle de degré 2, d'espèce $\mathrm{ad}(s)$; cette forme sera appelée le *tenseur de courbure* ou plus brièvement la *courbure* attachée à la connexion donnée. L'annulation de ce tenseur est (en vertu du théorème de Frobenius) la condition nécessaire et suffisante pour qu'on puisse définir, pour tout i, une application s_i de V_i dans G satisfaisant à $\omega_i = -ds_i \cdot s_i^{-1}$; quand il en est ainsi, posons $s'_{ij} = s_i^{-1}s_{ij}s_j$; on vérifie aussitôt qu'on a $ds'_{ij} \cdot s'^{-1}_{ij} = 0$, c'est-à-dire que s'_{ij} est constante sur chaque composante connexe de $V_i \cap V_j$; il s'ensuit que les s'_{ij} définissent encore un espace fibré sur V si on remplace la topologie donnée sur G par la topologie discrète; un tel espace est un revêtement; en particulier, si V est simplement connexe, il s'ensuit qu'en ce cas l'espace fibré E est trivial.

[Ici il vaudrait mieux suivre Ehresmann (C.R.t.202 (1936), p. 2033); identifiant les espaces fibrés donnés respectivement par les s_{ij} et par les $s'_{ij} = s_i^{-1}s_{ij}s_j$, on identifiera de même les connexions données respectivement par (s_{ij}, ω_i) et par (s'_{ij}, ω'_i) avec $\omega'_i = \mathrm{ad}(s_i^{-1})(\omega_i + ds_i \cdot s_i^{-1})$; alors, pour qu'on puisse obtenir $\omega'_i = 0$, il faut et il suffit qu'on puisse résoudre $\omega_i = -ds_i \cdot s_i^{-1}$, donc qu'on ait $\Omega_i = 0$.]

Opérations tensorielles.

Soient u, v deux formes tensorielles, de degrés p, q, d'espèces $M(s)$, $N(s)$; si R, S sont les espaces sur lesquels opèrent les représentations $M(s)$, $N(s)$, soit $A(x, y)$ une forme bilinéaire définie pour $x \in R$, $y \in S$, et à valeurs dans un espace T sur lequel opère une représentation $P(s)$ de G; supposons-la compatible avec les opérations du groupe G, c'est-à-dire qu'on a $A[M(s)x, N(s)y] = P(s)A(x, y)$. Dans ces conditions, $A(u, v)$ sera une forme tensorielle de degré $p + q$, d'espèce $P(s)$. De même pour les applications multilinéaires. En particulier, $u \otimes v$ sera une forme tensorielle de degré $p + q$, d'espèce $M(s) \otimes N(s)$.

Si u est une forme tensorielle, du n'en sera pas une en général (on aura $du_i \neq M(s_{ij})du_j$); c'est ce qui motive l'introduction d'une connexion. Mais désignons par $M(X)$ la représentation de l'algèbre de Lie $A(G)$ associée à la représentation $M(s)$ de G. On vérifie immédiatement les relations

$$dM(s_{ij}) = M(s_{ij})M(\omega_j) - M(\omega_i)M(s_{ij}),\ M(\Omega_i) = dM(\omega_i) + M(\omega_i)^2.$$

Dans ces conditions, u étant une forme tensorielle de degré p, d'espèce $M(s)$, posons $Du_i = du_i + M(\omega_i)u_i$, ou, comme désormais nous écrirons en pareil cas pour abréger (en supprimant l'indice i):

$$Du = du + M(\omega)u.$$

Il est immédiat que Du est une forme tensorielle de degré $p + 1$, d'espèce $M(s)$; on l'appellera la *différentielle tensorielle* (ou différentielle covariante) de la forme tensorielle u; bien entendu, cette opération dépend de la connexion. On a les formules fondamentales

$$D(\Omega) = 0,\ D^2u = D(Du) = M(\Omega)u,$$

et, si $A(x, y)$ est une forme bilinéaire (mêmes notations que plus haut), permettant de définir une forme tensorielle $A(u, v)$, de degré $p + q$, d'espèce $P(s)$, à partir de formes u, v de degrés p, q, d'espèces $M(s)$, $N(s)$:

$$D(A(u, v)) = A(Du, v) + (-1)^p A(u, Dv).$$

[*Exemple*: soit, en géométrie riemannienne, $ds^2 = \sum_1^n \xi_\nu^2$; alors $\xi = (\xi_1, \ldots, \xi_n)$ est une forme tensorielle de degré 1, attachée à l'espace fibré défini par le ds^2 pour le groupe orthogonal, et à la représentation de celui-ci comme groupe orthogonal à n variables. Alors (Cartan) on détermine la connexion d'une manière unique par la condition $D\xi = 0$. De même en géométrie hermitienne, à condition que le ds^2 soit kählérien.]

Ces définitions permettent en particulier d'étudier commodément l'anneau des formes invariantes (à droite) sur l'espace fibré principal E. Soit de nouveau $X = ds \cdot s^{-1}$ la forme de degré 1, vectorielle à coefficients dans $A(G)$. Dans chaque $V_i \times G$, une forme invariante à droite peut s'exprimer comme somme de formes multilinéaires alternées en X, les coefficients étant des formes définies dans V_i; mais une telle expression n'est pas tensoriellement invariante. On introduira donc, dans chaque $V_i \times G$, la forme $Z_i = X + \omega_i = ds \cdot s^{-1} + \omega_i$; en vertu des formules de transformations de coordonnées entre les $V_i \times G$, cette forme est liée à Z_j, dans $(V_i \times G) \cap (V_j \times G)$, par $Z_i = \mathrm{ad}(s_{ij})Z_j$; et on a, par un calcul facile

$$D(Z) = \tfrac{1}{2}[Z, Z] + \Omega.$$

Dans ces conditions, une forme différentielle, invariante à droite dans E, peut se décomposer *canoniquement* (relativement à la connexion donnée!) en sommes de formes, dont chacune est multilinéaire alternée d'un certain degré en Z; si, pour fixer les idées, on choisit une base dans $A(G)$, et qu'on désigne par Z^ν les composantes de Z pour cette base, une telle forme, de degré p en Z, pourra s'écrire $\sum u_{\nu_1, \nu_2, \ldots, \nu_p} Z^{\nu_1} Z^{\nu_2} \ldots Z^{\nu_p}$, où les $u_{\nu_1, \ldots, \nu_p}$ représentent les composantes d'une forme différentielle tensorielle (de degré $m - p$ si le degré total de la forme qu'on vient d'écrire est m), dont l'espèce est donnée par la représentation de G opérant sur les cochaînes de degré p de G (c'est donc ${}^t\mathrm{ad}(s)^{-1}$ pour $p = 1$, et en général c'est la représentation associée à ad(s) et opérant sur la puissance extérieure p-ième du dual de $A(G)$). Pour différentier une telle forme, il suffira d'appliquer les formules qui précèdent; posons

$$u = \sum u_{\nu_1, \nu_2, \ldots, \nu_p} Z^{\nu_1} Z^{\nu_2} \ldots Z^{\nu_p}.$$

On aura (puisque u est "scalaire" ou "invariante"), $du = Du$, d'où

$$du = \sum Du_{\nu_1, \ldots, \nu_p} Z^{\nu_1} \ldots Z^{\nu_p} + (-1)^{m-p}/(p+1) \cdot \sum \delta u_{\nu_0, \ldots, \nu_p} Z^{\nu_0} \ldots Z^{\nu_p} + p(-1)^{m-p} \cdot \sum u_{\nu_1, \nu_2, \ldots, \nu_p} \Omega^{\nu_1} Z^{\nu_2} \ldots Z^{\nu_p},$$

où δ désigne l'opérateur de cobord des cochaînes de G (qui, appliqué à une forme tensorielle de l'espèce des cochaînes de degré p, donne une forme tensorielle de l'espèce des cochaînes de degré $p + 1$); l'intervention de δ vient du fait que, sur un produit direct $V \times G$ où l'on a pris la connexion $\omega = 0$, d'où $\Omega = 0$, $Z = ds \cdot s^{-1}$, $D = d$, la formule doit se réduire à ses deux premiers termes tels qu'ils sont écrits ci-dessus.

Au moyen de ces formules, on met facilement en équations le "problème de Koszul" ou "problème de transgression," qui consiste à se donner un cocycle invariant A de la cohomologie de G, et à rechercher une forme de E, induisant A sur chaque fibre, et dont la différentielle soit une forme de la base V. Observons d'abord que, si C est une cochaîne invariante (donc un cocycle) de l'algèbre de Lie de G, de degré p, et si, pour le choix qu'on a fait de la base de $A(G)$, les composantes de C (considéré comme élément antisymétrique du produit tensoriel de p facteurs égaux au dual de $A(G)$) sont $c_{\nu_1, \ldots, \nu_p}$, alors C est, sur la variété V, un tenseur d'espèce "cochaîne de degré p de $A(G)$" (cela en vertu de l'hypothèse d'invariance), satisfaisant, (en vertu de la même hypothèse) à $D(C) = 0$, de sorte qu'on définira une forme u_C de degré p sur E en posant $u_C = 1/p! \sum c_{\nu_1, \ldots, \nu_p} Z^{\nu_1} \ldots Z^{\nu_p}$; u_C est canoniquement associée à C (la connexion étant fixée!), et induit bien le cocycle C sur chaque fibre; et on aura

$$D(u_C) = 1/(p-1)! \sum c_{\nu_1, \nu_2, \ldots, \nu_p} \Omega^{\nu_1} Z^{\nu_2} \ldots Z^{\nu_p}.$$

Soit alors A un cocycle invariant; le problème de la transgression de A consiste (A étant de degré impair $2m - 1$) à déterminer une suite de formes $u_A^{(i)}$ pour $0 \leq i \leq 2m - 2$, avec $u_A^{(0)} = u_A$, de telle sorte que $u_A^{(i)}$ soit "de degré $2m - 1 - i$ dans la fibre" c'est-à-dire de la forme $\sum u_{\nu_1, \ldots, \nu_h} Z^{\nu_1} \ldots Z^{\nu_h}$ avec $h = 2m - 1 - i$, où $u_{\nu_1, \ldots, \nu_h}$ est une forme tensorielle de degré i, et de sorte qu'en posant $w_A = \sum_{i=0}^{2m-2} u_A^{(i)}$, dw_A ne contienne plus Z. Avant d'examiner ce problème, on va d'abord, en le supposant résolu, démontrer le "théorème de Chern–Chevalley":

G étant supposé connexe et semi-simple. soit $\mathfrak{A}$ l'anneau des formes invariantes à droite sur E. Soient A_i les cocycles invariants primitifs de G ($i = 1, \ldots, R$, R = rang de G); supposons qu'à chacun on ait réussi à attacher, comme il a été dit, une forme $w_i = w_{A_i} = u_{A_i} + \cdots$ telle que dw_i soit dans la base. Soit $\mathfrak{A}_K$ ("anneau de Koszul") le sous-anneau de $\mathfrak{A}$ engendré par les w_i et les formes de la base. Alors, *si une forme u de $\mathfrak{A}$ est telle que du soit dans $\mathfrak{A}_K$, u est dans* $\mathfrak{A}_K + d(\mathfrak{A})$ (corollaire: *l'anneau de cohomologie de $\mathfrak{A}_K$ est le même que celui de* $\mathfrak{A}$; c'est donc aussi l'anneau de cohomologie de E lorsque E, donc V et G, sont compacts, puisqu'alors, par intégration, on voit que la cohomologie de $\mathfrak{A}$ est la même que celle de l'anneau de de Rham sur E). Démonstration:

Pour tout ensemble d'indices $I = \{i_1, \ldots, i_r\}$ supposés rangés par ordre croissant ($1 \leq i_1 < \cdots < i_r \leq R$), posons $A_I = A_{i_1} \ldots A_{i_r}$; soit d_I le degré du cocycle invariant A_I; les classes de cohomologie des A_I dont le degré a une valeur donnée forment une base pour le groupe de cohomologie de $A(G)$ de ce degré. Posons aussi $w_I = w_{i_1} \cdots w_{i_r}$; c'est une forme de degré d_I sur E, dont la décomposition canonique s'écrit $w_I = u_{A_I} + \cdots$ (c'est-à-dire que la somme des termes de w_I, de plus haut degré dans la fibre, est la forme u_{A_I} attachée au cocycle invariant A_I de la manière expliquée plus haut).

Cela posé, considérons une forme v de l'anneau $\mathfrak{A}$, telle que dv soit dans $\mathfrak{A}_K$; considérons sa décomposition canonique, et supposons que celle-ci commence par un terme de degré p dans la fibre: $v = v_p + \cdots$, où v_p est de la forme

$$v_p = \sum v^{(p)}_{\nu_1, \ldots, \nu_p} Z^{\nu_1} \ldots Z^{\nu_p},$$

les termes non écrits étant de degré strictement moindre que p. Par hypothèse, on aura $dv = \sum z_I w_I$, les z_I étant des formes de la base, la somme étant étendue à tous les ensembles d'indices I. Mais la décomposition canonique de dv commence par un terme de degré $p + 1$ qui, en vertu des formules données plus haut, n'est autre, à un facteur constant $\lambda = \pm 1/(p + 1)$ près, que $\sum \delta v^{(p)}_{\nu_0, \ldots, \nu_p} Z^{\nu_0} \ldots Z^{\nu_p}$. Cela étant, considérons, parmi les termes $z_I w_I$ qui ont un coefficient $z_I \neq 0$, ceux pour lesquels le degré d_I a sa plus grande valeur, et soit q cette valeur; dans ces conditions, la décomposition canonique de $\sum z_I w_I$ n'aura que des termes de degré $\leq q$ dans la fibre, et le terme de degré q ne sera autre que $\sum' z_I u_{A_I}$, où la sommation est étendue seulement aux I tels que $d_I = q$. Si donc $q > p + 1$, on conclut de là qu'on a $\sum' z_I A_I = 0$; si $q = p + 1$, on conclut que la forme tensorielle (de l'espèce "cochaîne de degré q") $\sum' z_I A_I$ n'est autre que $\lambda \cdot \delta v^{(p)}$; l'une et l'autre hypothèse implique contradiction (comme on le voit aussitôt en passant à des coordonnées locales) en vertu du fait qu'aucune combinaison linéaire, à coefficients réels non tous nuls, des A_I de degré donné q ne peut être cohomologue à 0. Par conséquent, on a $q \leq p$; par suite $\delta v^{(p)} = 0$, puisque la décomposition canonique de $\sum z_I w_I$ ne peut, dans ces conditions, contenir de terme de degré $> p$. Autrement dit, $v^{(p)}$ est un cocycle, et peut donc être mis sous la forme $v^{(p)} = \sum t_I A_I + \delta y$, où les t_I sont des formes de la base, et y est une forme différentielle tensorielle de l'espèce "cochaîne de degré $p - 1$" [en effet: cela est vrai localement, comme on le voit en passant en coordonnées locales; les t_I sont déterminés par cette formule d'une manière unique, ce qui montre leur caractère invariant; pour qu'on puisse en dire autant de y, il faut se donner une règle qui fixe y d'une manière unique quand δy est connu; le plus simple est d'utiliser la forme quadratique fondamentale, non dégénérée par hypothèse, et de fixer y par la règle que la chaîne associée à y par la forme quadratique soit un bord]. Dans ces conditions, si on remplace la forme donnée v par la forme

$$v - \sum t_I w_I - d\left(\sum y_{\nu_1, \ldots, \nu_{p-1}} Z^{\nu_1} \ldots Z^{\nu_{p-1}}\right),$$

on se trouve ramené à traiter la question pour une forme dont la décomposition canonique ne contient que des termes de degré strictement inférieur à p, ce qui démontre le théorème par récurrence sur p.

On va maintenant revenir au problème de transgression, d'abord sans supposer G semi-simple, ni connexe. Considérons l'anneau des polynomes $P(X)$ en une variable vectorielle X prenant ses valeurs dans l'algèbre de Lie $A(G)$; un polynome homogène $P(X)$ de degré $p+1$ de cet anneau définit une forme multilinéaire symétrique, qui sera écrite $P(X_0, \ldots, X_p)$, les X_i étant $p+1$ vecteurs dans $A(G)$. On peut aussi, dans $P(X_0, \ldots, X_p)$, mettre à la place des X_i des formes différentielles vectorielles, définies sur une variété quelconque, à coefficients dans $A(G)$, et alors une permutation des X_i laissera la forme inchangée au signe près, le changement éventuel de signe dépendant du degré des X_i. On dira que le polynome $P(X)$ est invariant si on a $P(\mathrm{ad}(s)X) = P(X)$ quel que soit s dans G, ou, ce qui revient au même, $P(\mathrm{ad}(s)X_0, \ldots, \mathrm{ad}(s)X_p) = P(X_0, \ldots, X_p)$; cela entraîne l'invariance par rapport aux transformations infinitésimales, et est même équivalent à celle-ci si G est connexe, cette invariance s'exprimant par

$$\sum_{i=0}^{p} P(X_0, \ldots, X_{i-1}, [Z, X_i], X_{i+1}, \ldots, X_p) = 0$$

quels que soient les X_i et Z dans $A(G)$; cette même formule reste vraie si on remplace Z et les X_i par des formes différentielles vectorielles, de degrés respectifs d, e_i, à condition de multiplier le i-ième terme par $(-1)^{d(e_1 + \cdots + e_{i-1})}$. On désignera par $\mathfrak{J}$ l'anneau des polynomes invariants. Soit maintenant $X(s) = ds \cdot s^{-1}$ la forme différentielle fondamentale sur le groupe G, vectorielle à coefficients dans $A(G)$; on a vu que $dX(s) = \frac{1}{2}[X(s), X(s)]$. A tout polynome $P(X)$, homogène de degré $p+1$, dans l'anneau $\mathfrak{J}$, correspond une forme sur G, $P(X(s), dX(s), \ldots, dX(s))$, de degré $2p+1$, qui est évidemment invariante (à gauche et à droite), et, comme telle, fermée; on a donc identiquement, pour un tel polynome, $P(dX(s), dX(s), \ldots, dX(s)) = 0$. On en conclut aussitôt que les polynomes homogènes $P(X)$ de $\mathfrak{J}$ pour lesquels on a $P(X(s), dX(s), \ldots, dX(s)) = 0$ forment un *idéal* homogène $\mathfrak{J}'$ (il serait plus correct de dire que ce sont les combinaisons linéaires de tels polynomes qui forment $\mathfrak{J}'$), et même que $\mathfrak{J}'$ contient l'idéal engendré par tous les polynomes décomposables de l'anneau $\mathfrak{J}$ (polynomes de la forme P_1P_2, où P_1, P_2 sont des polynomes homogènes de $\mathfrak{J}$, de degrés strictement positifs).

Soit $P(X)$ un polynome de $\mathfrak{J}$, homogène de degré $p+1$; la forme multilinéaire associée étant $P(X_0, \ldots, X_p)$, nous poserons $Q(X, Y) = P(X, Y, \ldots, Y)$; Q est linéaire en X, et de degré p en Y. Si X, Y, Z sont des vecteurs dans $A(G)$, et t une variable réelle auxiliaire prenant ses valeurs dans l'intervalle $[0, 1]$, on aura:

$$P(X - Y + Z) - P(X) = -(p+1) \int_0^1 Q(Y - 2tZ, X - tY + t^2Z)dt.$$

Notons d'autre part qu'on aura, en vertu de l'invariance de P par rapport aux transformations infinitésimales de G:

$$Q([Z, X], Y) + pP(X, [Z, Y], Y, \ldots, Y) = 0;$$

si, dans cette relation, on remplace X et Z par des formes différentielles vectorielles de degré 1, et Y par une forme différentielle vectorielle de degré 2, elle subsistera avec $-$ au lieu de $+$.

Soient W, X, Y, Z quatre variables vectorielles, dans $A(G)$; définissons un polynome $F(W, X, Y, Z)$, linéaire en W, et de degré p dans l'ensemble des variables X, Y, Z, par la formule:

$$F(W, X, Y, Z) = -(p+1) \int_0^1 Q(W, X - tY + t^2Z)dt.$$

Ce polynome est invariant, c'est-à-dire qu'on a

$$F(\mathrm{ad}(s)W, \mathrm{ad}(s)X, \mathrm{ad}(s)Y, \mathrm{ad}(s)Z) = F(W, X, Y, Z),$$

de sorte qu'on aura une forme différentielle sur la base V de l'espace fibré principal E si on remplace W, X, Y, Z par des formes différentielles tensorielles d'espèce $\mathrm{ad}(s)$. En particulier, soit u une forme différentielle de degré 1 sur V, tensorielle d'espèce $\mathrm{ad}(s)$; Ω étant toujours le tenseur de courbure, et D la différentielle tensorielle, Ω, Du et $[u, u]$ seront des formes de degré 2, d'espèce $\mathrm{ad}(s)$; on a $D(\Omega) = 0$, $D(Du) = [\Omega, u]$, et $[u, [u, u]] = 0$ (cette dernière relation étant valable pour toute forme à coefficients dans $A(G)$). De là, et de la relation

$$Q([u, u], v) = pP(u, [u, v], v, \ldots, v)$$

valable (d'après ce qu'on a vu) chaque fois que v est une forme de degré 2, tensorielle d'espèce $\mathrm{ad}(s)$, on conclut facilement

$$dQ(u, \Omega - t \cdot Du + \tfrac{1}{2}t^2[u, u]) = Q(Du - t[u, u], \Omega - tDu + \tfrac{1}{2}t^2[u, u]),$$

et par suite:

$$dF(u, \Omega, Du, \tfrac{1}{2}[u, u]) = P(\Omega - Du + \tfrac{1}{2}[u, u]) - P(\Omega).$$

Cette relation est fondamentale. En premier lieu, supposons qu'on change la connexion, en remplaçant les ω_i par des $\omega'_i = \omega_i - u_i$ satisfaisant aux mêmes conditions, ce qui donne $\mathrm{ad}(s_{ij})u_j - u_i = 0$, c'est-à-dire que u est une forme tensorielle d'espèce $\mathrm{ad}(s)$; la nouvelle courbure est alors

$$\Omega' = d\omega' + \tfrac{1}{2}[\omega', \omega'] = \Omega - du - [\omega, u] + \tfrac{1}{2}[u, u] = \Omega - Du + \tfrac{1}{2}[u, u].$$

La formule ci-dessus montre donc que $P(\Omega') - P(\Omega)$ est homologue à 0. Bien entendu, $P(\Omega)$ est une forme fermée, en raison de l'invariance de P, et de $D(\Omega) = 0$. Donc, *la classe de cohomologie de la forme $P(\Omega)$ est un invariant de l'espace fibré E, indépendant du choix de la connexion*,

De plus, remplaçons, dans notre formule, u par la forme Z introduite précédemment dans l'espace fibré E, forme définie localement par $Z_i = ds \cdot s^{-1} + \omega_i$; comme on a $\Omega - DZ + \tfrac{1}{2}[Z, Z] = 0$, il vient:

$$dF(Z, \Omega, DZ, \tfrac{1}{2}[Z, Z]) = -P(\Omega),$$

ce qui montre que la différentielle de la forme

$$F(Z, \Omega, DZ, \tfrac{1}{2}[Z, Z]) = F(Z, \Omega, \Omega + \tfrac{1}{2}[Z, Z], \tfrac{1}{2}[Z, Z])$$

est une forme de la base. Or, en posant toujours $X(s) = ds \cdot s^{-1}$, cette forme se réduit, sur la fibre, à $F(X(s), 0, dX(s), dX(s))$, Mais on a, par définition du polynome F:

$$F(W, O, Y, Y) = -(p + 1) \int_0^1 Q(W, (t^2 - t)Y)dt = (-1)^{p+1}C_p \cdot Q(W, Y),$$

où on a posé

$$C_p = (p + 1) \int_0^1 t^p(1 - t)^p dt = 1 \Big/ \binom{2p + 1}{p}.$$

Autrement dit, *la forme qu'on vient de construire opère la "transgression" de la forme $P(X(s), dX(s), \ldots, dX(s))$ du groupe G.* Sous certaines hypothèses, cela implique, comme on sait, que cette forme, si elle n'est pas nulle, est un cocycle primitif de G.

Dans le cas où G est *connexe* et *semi-simple*, nous proposons les conjectures suivantes:

Tout cocycle invariant primitif de G peut être écrit sous la forme $P(X(s), dX(s), \ldots, dX(s))$, où P est un polynome de $\mathfrak{J}$. Si R est le rang du groupe, le rang de $\mathfrak{J}/\mathfrak{J}'$, considéré comme module sur les réels, est $R + 1$; et on peut choisir des représentants, dans $\mathfrak{J}$, d'une base de ce module, sous la forme $1, P_1, \ldots, P_R$, de telle manière que les cocycles $P_i(X(s), dX(s), \ldots, dX(s))$ soient tous les cocycles primitifs de G, et que de plus ces $R + 1$ polynomes *engendrent* l'anneau $\mathfrak{J}$.

(II) *Addenda*

On peut donner, comme suit, (d'après Ehresmann, C.R. t.206 16 mai 1938, p. 1433) la définition invariante d'une connexion. En premier lieu, sur toute variété différentiable, on peut définir une forme différentielle de degré 1, tensorielle d'espèce "vecteur tangent": c'est la forme bilinéaire fondamentale qui établit la dualité entre l'espace des vecteurs tangents en un point et son dual (application identique de l'espace des vecteurs tangents sur lui-même!), c'est-à-dire qu'en notation tensorielle c'est le tenseur δ_i^j, ou encore, dans les notations de Chern, dP si P est point générique de la variété; sur une variété de groupe, cette forme se notera ds, s étant l'élément générique du groupe; la translation à droite s^{-1} applique l'espace des vecteurs tangents en s sur l'algèbre de Lie $A(G)$ (espace des vecteurs tangents en e), ce qui explique que $ds \cdot s^{-1}$ puisse noter la forme fondamentale invariante à droite, comme il a été indiqué (et de même $s^{-1}ds$ note la forme invariante à gauche).

Soit maintenant, comme plus haut, E un espace fibré principal, de groupe G, de base V; en chaque point P de E, considérons l'espace $S(P)$ des vecteurs tangents à la fibre qui passe par P (espace vectoriel, de dimension égale à celle de $A(G)$); on définit ainsi un espace fibré sur E. Cet espace est d'ailleurs trivial du point de vue topologique; car, chaque fibre de E pouvant être identifiée à l'espace de groupe G d'une manière qui est bien définie à une translation *à gauche* près sur G, si on choisit une base dans $A(G)$ et qu'on la transporte aux espaces de vecteurs tangents en tous les points de G par translation *à gauche*, on pourra ainsi la transporter à tous les $S(P)$. Mais, lorsqu'on a ainsi introduit une base dans chaque $S(P)$, les opérations du groupe G, opérant *à droite* dans l'espace fibré principal E, ne transformeront pas ces bases les unes dans les autres, mais les modifieront par des transformations du *groupe adjoint*. Si donc, dans chaque $S(P)$, on considère, non seulement la base qu'on vient de définir, mais toutes celles qui s'en déduisent par les opérations du groupe adjoint, on obtient une structure qui est invariante par les opérations de G opérant à droite sur E; c'est là une structure d'espace fibré, de base E, dont la fibre a la structure de $A(G)$ sur lequel opère le groupe adjoint; soit T cet espace fibré, qui est ainsi canoniquement défini sur E; on pourra définir sur E des formes tensorielles d'espèce T.

Dans ces conditions, *définir une connexion sur* V, c'est *définir sur* E *une forme différentielle de degré* 1, *tensorielle d'espèce* T, *invariante* (par G opérant à droite sur E), et *induisant sur chaque fibre la forme fondamentale dP* (l'espace fibré induit par T sur chaque fibre étant bien entendu identifié avec l'espace des vecteurs tangents de la fibre). Si Y est une telle forme, alors, dans la représentation par "cartes" au moyen d'un recouvrement (V_i) de V, la forme Z définie dans (I) par $Z_i = ds \cdot s^{-1} + \omega_i$ ne sera pas autre chose que $Z_i = Y \cdot s^{-1}$, ce qui montre comment on obtient les ω_i à partir de Y quand Y est donné, et réciproquement.

Grâce au fait que l'espace T est représentable, de la manière qui a été dite, comme espace fibré trivial, on peut aussi présenter les choses sans utiliser la notion de forme tensorielle. Il revient au même en effet, au lieu de se donner la forme Y ci-dessus, de se donner la forme $Y' = s \cdot Z_i = s \cdot Y \cdot s^{-1}$; c'est là *une forme différentielle de degré 1 sur E, à coefficients vectoriels prenant leurs valeurs dans $A(G)$* (autrement dit, quand on prend une base dans $A(G)$, les composantes de Y' deviennent des formes différentielles sur E au sens habituel), *satisfaisant à la relation $Y'(Ps) = \mathrm{ad}(s^{-1})Y'(P)$* ($P$ désignant un point générique de E, et Ps le transformé de P par $s \in G$), et *induisant sur chaque fibre la forme $s^{-1}ds$ invariante à gauche*; on peut exprimer les deux dernières conditions à la fois en écrivant, pour P et s tous deux variables, $Y'(Ps) = s^{-1}ds + ad(s^{-1})Y'(P)$, où le premier membre désigne l'image réciproque de la forme Y' par l'application $(P, s) \rightarrow Ps$ de $E \times G$ sur E. C'est la définition d'Ehresmann (loc. cit.).

Cela posé, supposons que E soit un espace de groupe, $E = \tilde{G}$, donc que V soit l'espace homogène $V = \tilde{G}/G$ des classes à droite, $P = xG$, dans $\tilde{G}$ suivant G; on demande s'il existe une *connexion invariante* (par $\tilde{G}$ opérant à gauche sur V) dans l'espace homogène V. Pour cela, il faut et il suffit que les formes Y, Y', définies plus haut dans $E = \tilde{G}$ soient invariantes *à gauche* dans le groupe $\tilde{G}$; autrement dit, si n et $N + n$ sont les dimensions de G et $\tilde{G}$ respectivement, et si on a choisi une base dans $A(G)$ (et la base duale dans l'espace vectoriel des formes différentielles à gauche de G, à savoir la base formée par les composantes $y_i(s)$, pour la base choisie dans $A(G)$, de la forme fondamentale $s^{-1}ds$ du groupe G), les composantes $y_i'(x)$ de la forme Y' seront n formes invariantes à gauche sur $\tilde{G}$, qui, sur le sous-groupe G, se réduisent respectivement aux formes $y_i(s)$, et telles que les $y_i'(xs)$, pour $s \in G$, se déduisent des $y_i'(x)$ par la substitution $\mathrm{ad}(s^{-1})$ du groupe adjoint de G. Si on désigne par $w_h(x)$, pour $h = 1, \ldots, N$, N formes invariantes à gauche sur $\tilde{G}$ qui s'annulent sur G, il s'ensuit que les opérations du groupe adjoint de $\tilde{G}$, correspondant aux éléments s du sous-groupe G, transforment les w_h entre elles, et les y_i' entre elles; réciproquement, si on peut choisir une base (w_h, y_i') pour les formes invariantes à gauche dans $\tilde{G}$ de manière que cette condition soit satisfaite, les y_i' définiront sur l'espace homogène $V = \tilde{G}/G$ une connexion invariante. Il revient au même de dire que, dans l'algèbre de Lie de $\tilde{G}$, on doit pouvoir choisir un espace vectoriel, supplémentaire de la sous-algèbre qui est l'algèbre de Lie de G, invariant par les substitutions du groupe adjoint relatives aux éléments de G. C'est donc là la condition nécessaire et suffisante pour l'existence d'une connexion invariante dans V; plus précisément, il y a correspondance biunivoque entre les connexions invariantes dans V, et les espaces supplémentaires invariants en question. La condition est satisfaite par exemple chaque fois que G est connexe, et $A(G)$ réductive dans $A(\tilde{G})$, donc en particulier quand V est riemannien symétrique.

Pour avoir, localement, la connexion invariante dans V définie conformément aux définitions précédentes, il suffit de représenter par "cartes" l'espace homogène $\tilde{G}$ de base V, au moyen d'un recouvrement (V_i) de V, et de sections définies localement pour chaque V_i, c'est-à-dire, pour chaque i, d'une application continue $f_i(u)$ de V_i dans $\tilde{G}$ telle que, pour tout u dans V_i, $f_i(u)$ soit dans la fibre appartenant à u (autrement dit, $f_i(u)$ est le "repère mobile" choisi au point u). Cela étant, on aura $\omega_i(u) = Y'[f_i(u)]$, c'est-à-dire que ω_i n'est autre que la forme induite par Y' sur la section correspondant à V_i, lorsqu'on identifie cette section avec V_i. On en conclut que, lorsqu'on écrit les formules de Maurer–Cartan relatives aux y_i',

$$dY' = F(Y', Y') + H(W, W),$$

où F et H sont deux formes bilinéaires alternées et W est le vecteur de composantes w_h (de sorte que F détermine la structure du sous-groupe G), c'est le terme $H(W, W)$ qui détermine le tenseur de courbure.

On en conclut que les résultats de (I), appliqués au cas de la connexion invariante dans un espace homogène, fournissent les résultats algébriques de Koszul et Chevalley. En particulier, les formules à la fin de (I) permettent de faire explicitement la transgression dans le cas algébrique (algèbre de Lie, et sous-algèbre admettant un espace supplémentaire invariant), pour tout cocycle de la sous-algèbre représentable dans celle-ci par la forme $P(X, dX, \ldots, dX)$. On va maintenant montrer, d'après Chevalley, qu'il en est bien ainsi pour tout cocycle invariant primitif d'une algèbre de Lie semi-simple.

Démonstration de Chevalley. On gardera la forme différentielle de degré 1, vectorielle dans $A(G)$, $X = ds \cdot s^{-1}$, avec $dX = \frac{1}{2}[X, X]$; on introduira aussi un vecteur Z de $A(G)$, à composantes scalaires (commutant entre elles et avec les composantes de X).

On identifiera les cochaînes de $A(G)$ de degré p avec les formes multilinéaires alternées à p variables vectorielles dans $A(G)$; si $F(X_1, \ldots, X_p)$ est une telle forme, la cochaîne correspondante n'est pas autre chose que $F(X, \ldots, X)$; et, si $dF(X_0, \ldots, X_p)$ est la forme multilinéaire correspondant au cobord de cette cochaîne, on aura

$$dF(X, \ldots, X) = p \cdot F(dX, X, \ldots, X) = p \cdot F(\tfrac{1}{2}[X, X], X, \ldots, X);$$

réciproquement, cette formule peut être considérée comme définissant l'opérateur d. Plus généralement, soit $F(X_1, \ldots, X_p)$ une forme multilinéaire, alternée ou non; soit F_0 la forme antisymmétrisée correspondante; on aura $F_0(X, \ldots, X) = F(X, \ldots, X)$, et réciproquement cette formule, jointe à la condition que F_0 est alternée, détermine F_0, et la cochaîne correspondante n'est autre que $F(X, \ldots, X)$; de plus, le cobord de cette cochaîne est

$$F(dX, X, \ldots, X) - F(X, dX, X, \ldots, X) + \cdots + (-1)^{p-1}F(X, \ldots, X, dX).$$

Si $F(Z_1, \ldots, Z_p)$ est une forme multilinéaire, à p variables vectorielles (à composantes scalaires), cette forme sera *invariante* si l'on a, quel que soit Z_0 dans $A(G)$,

$$\sum_{i=1}^{p} F(Z_1, \ldots, Z_{i-1}, [Z_0, Z_i], Z_{i+1}, \ldots, Z_p) = 0.$$

On en conclut immédiatement, par exemple, qu'une forme invariante alternée est un cocycle, ce qui revient à $F(\frac{1}{2}[X, X], X, \ldots, X) = 0$.

Géométrie différentielle des espaces fibrés

Soit $T(p, q)$ l'espace vectoriel des formes multilinéaires à $p + q$ variables vectorielles (dans $A(G)$), alternées dans les p premières variables, et symétriques dans les q dernières; une telle forme $F(X_1, \ldots, X_p; Z_1, \ldots, Z_q)$ sera bien déterminée par la connaissance de $F(X, \ldots, X; Z, \ldots, Z)$, qui est dans le produit tensoriel de l'espace des cochaînes de degré p et de l'espace des polynomes homogènes de degré q dans les composantes de Z. On identifiera une forme de $T(p, q)$ avec l'élément $F(X, \ldots, X; Z, \ldots, Z)$ qu'elle détermine. Cela permet de définir l'opérateur d (cobord portant sur la partie antisymétrique de F) par

$$dF(X, \ldots, X; Z, \ldots, Z) = p \cdot F(dX, X, \ldots, X; Z, \ldots, Z);$$

cet opérateur applique $T(p, q)$ dans $T(p + 1, q)$.

On définira d'autre part deux opérateurs, a et b, qui appliqueront $T(p, q)$ dans $T(p - 1, q + 1)$ et dans $T(p + 1, q - 1)$, respectivement, au moyen des relations:

$$aF(X, \ldots, X; Z, \ldots, Z) = p \cdot F(X, \ldots, X, Z; Z, \ldots, Z)$$

$$bF(X, \ldots, X; Z, \ldots, Z) = q \cdot F(X, \ldots, X; X, Z, \ldots, Z).$$

En notation tensorielle, ces opérateurs consistent, respectivement, à faire passer un indice de la partie antisymétrique de l'ensemble des indices de F à la partie symétrique et symétriser sur celle-ci, et à faire l'opération inverse. Pour $p = 0$, on posera $aF = 0$, et pour $q = 0$ on posera $bF = 0$. Si $F(X_1, \ldots, X_p; Z_1, \ldots, Z_q)$ est une forme multilinéaire quelconque de $p + q$ variables, et si F_0 est la forme de $T(p, q)$ qui satisfait à $F_0(X, \ldots, X; Z, \ldots, Z) = F(X, \ldots, X; Z, \ldots, Z)$, on aura:

$$aF_0(X, \ldots, X; Z, \ldots, Z) = \sum_{i=1}^{p} (-1)^{p-i} F(X, \ldots, X, \overset{i}{Z}, X, \ldots, X; Z, \ldots, Z)$$

où Z occupe la place de X_i dans le terme écrit de la somme du second membre, et de même

$$bF_0(X, \ldots, X; Z, \ldots, Z) = \sum_{j=1}^{q} F(X, \ldots, X; Z, \ldots, Z, \overset{j}{X}, Z, \ldots, Z).$$

De là, on déduit facilement l'identité $(ab + ba)F = (p + q)F$ si F est dans $T(p, q)$, et $a^2F = b^2F = 0$. On en déduit aussi, si F est dans $T(p, q)$:

$$(ad - da)F(X, \ldots, X; Z, \ldots, Z) = (-1)^p p \cdot F([Z, X], X, \ldots, X; Z, \ldots, Z).$$

Si de plus F est invariante, on aura, pour tout vecteur Z_0:

$$0 = p \cdot F([Z_0, X], X, \ldots, X; Z, \ldots, Z) + q \cdot F(X, \ldots, X; [Z_0, Z], Z, \ldots, Z),$$

d'où, puisque $[Z, Z] = 0$ (Z étant scalaire), $(ad - da)F = 0$ pour F invariant; autrement dit, appliqués aux formes invariantes de $T(p, q)$, les opérateurs a, d commutent. Bien entendu, les opérateurs d, a, b, appliqués à des formes invariantes, donnent des formes invariantes.

Les notations ci-dessus permettent d'écrire comme suit le problème de la transgression tel qu'il a été formulé dans (I). On part d'une cochaîne invariante (qui est donc un cocycle), F_0, de degré m, considérée comme élément de $T(m, 0)$. Il s'agit de former une suite de formes F_i avec $i = 1, \ldots, p$, où $p = [m/2]$, donc

$m - 2p = 0$ ou 1, de telle sorte que F_i soit une forme invariante de $T(m - 2i, i)$, et que l'on ait, pour $i = 0, 1, \ldots, p - 1$, $aF_i = dF_{i+1}$; on posera $G = aF_p$; G sera une forme invariante de $T(0, p + 1)$ (c'est-à-dire une forme multilinéaire symétrique invariante de degré $p + 1$) si $m - 2p = 1$, et sera 0 si $m = 2p$.

Supposons d'abord le problème résolu; on va montrer alors, par récurrence sur i, qu'il existe pour tout i deux formes invariantes H_i, H'_i, dans $T(m - 2p + 2i, p - i)$ et dans $T(m - 2p + 2i - 1, p - i)$ respectivement, telles que l'on ait:

$$(m - p) \cdots (m - p + i)F_{p-i} = (bd)^i bG + abH_i + dH'_i.$$

C'est vrai, pour $i = 0$, avec $H_0 = F_p$, $H'_0 = 0$, en vertu de $aF_p = G$, $(ab + ba)F_p = (m - p)F_p$. En supposant que ce soit vrai pour i, on obtient la relation analogue pour $i + 1$, au moyen de $d(dH'_i) = 0$, $da(bH_i) = ad(bH_i)$ (parce que bH_i est invariant), $(ab + ba)dbH_i = (m - p + i + 1)dbH_i$, avec

$$H'_{i+1} = (m - p + i + 1)bH_i,$$

$$H_{i+1} = (m - p) \cdots (m - p + i)F_{p-i-1} - dbH_i,$$

formules qui mettent en évidence le caractère invariant de H_{i+1}, H'_{i+1}. Pour $i = p$, on aura donc $(m - p) \cdots m \cdot F_0 = (bd)^p bG + abH_p + dH'_p$, avec H_p dans $T(m, 0)$, et H'_p dans $T(m - 1, 0)$. Mais alors $bH_p = 0$; et H'_p est une cochaîne invariante de degré $m - 1$, de sorte qu'on a $dH'_p = 0$; par suite F_0, à un facteur numérique près, n'est autre que $(bd)^p bG$. On en conclut d'abord que *m est impair* (puisque dans le cas contraire G serait 0), $m = 2p + 1$. De plus, on voit immédiatement, par récurrence sur i, qu'on a

$$(bd)^i bG(X, \ldots, X; Z, \ldots, Z) = (p+1)p \cdots (p - i + 1)G(\overset{i \text{ fois}}{dX, \ldots, dX}, X, \overset{p-i \text{ fois}}{Z, \ldots, Z}),$$

et par suite, pour $i = p$

$$\binom{2p + 1}{p} F_0(X, \ldots, X) = G(X, dX, \ldots, dX).$$

Il s'agit à présent de déterminer la suite des formes F_i. Observons d'abord que si on a déterminé $F_1, \ldots, F_i$, on aura $d(aF_i) = a(dF_i) = a(aF_{i-1}) = 0$ d'après $a^2 = 0$, de sorte que aF_i est (dans sa partie antisymétrique) un cocycle (le même raisonnement vaut pour $i = 0$, en vertu de $dF_0 = 0$). Maintenant on introduit l'hypothèse que F_0 est un cocycle invariant *primitif*, c'est-à-dire que son produit intérieur par toute chaîne invariante de dimension $1, 2, \ldots, m - 1$ est nul; et on ajoute, aux conditions énoncées pour les F_i, la condition que chaque F_i pour $i > 0$ ait, en tant que cochaîne (c'est-à-dire dans sa partie antisymétrique) un produit intérieur nul avec toutes les chaînes invariantes de dimension ≥ 1. S'il en est ainsi de F_i, il en sera évidemment de même de aF_i, ce qui implique en particulier que aF_i est un cocycle orthogonal à tous les cycles invariants de sa dimension, donc un cobord, c'est-à-dire qu'il existe des formes F'_{i+1} telles que $aF_i = dF'_{i+1}$. De plus, un lemme de Koszul dit (le groupe G étant par hypothèse semisimple) qu'il existe des F'_{i+1} satisfaisant à cette relation, et dont le produit intérieur avec les chaînes invariantes de degré ≥ 1 soit encore nul. Cela étant, considérons l'ensemble des F'_{i+1} ayant cette dernière propriété, et satisfaisant à une relation $dF'_{i+1} = c \cdot aF_i$, où c est un élément quelconque du corps de base (corps des réels, ou tout autre); ces F'_{i+1} forment un espace vectoriel, qui (en vertu de l'hypothèse d'invariance faite sur F_i) est transformé dans lui-même par les opérations de l'algèbre de Lie, c'est-à-dire que c'est un espace de représentation pour celle-ci, qui admet le sous-espace invariant de codimension 1 formé par les F'_{i+1} satisfaisant à $dF'_{i+1} = 0$; en vertu de la semisimplicité de $A(G)$ on en conclut que ce sous-espace admet un supplémentaire invariant, qui est donc de dimension 1; dans ce supplémentaire, il y aura donc une forme *invariante* F_{i+1}, satisfaisant à $dF_{i+1} = aF_i$, ainsi qu'à la condition de produit intérieur nul. Cela étant, on peut continuer la récurrence, ce qui démontre le théorème.

(III)

(4.*vi*.49)... Ayant revu mes démonstrations et celles de Chevalley, j'en tire ce qui suit. Soit A l'algèbre de Lie du groupe G, de dimension n, avec constantes de structure c^i_{jk}; les notations sont prises de telle sorte que les formules de Maurer–Cartan pour les formes invariantes *à droite* (écrites ψ^i, avec $i = 1, \ldots, n$) soient $d\psi^i = \frac{1}{2}\sum c^i_{jk}\psi^j\psi^k$, les formules analogues pour les formes invariantes *à gauche* étant les mêmes avec $-c^i_{jk}$ au lieu de c^i_{jk}; j'écris d'ailleurs les formules ci-dessus sous la forme $d\psi = \frac{1}{2}[\psi, \psi]$, avec $\psi = \sum \psi^i \otimes X_i$, où les X_i sont la base de A (duale de la base du dual de A formée par les ψ^i), ce qui fait de ψ la forme bilinéaire fondamentale qui établit la dualité entre A et son dual (considérée comme élément du produit tensoriel de A par l'algèbre extérieure des cochaînes). Sous cette forme, "la" formule de Maurer–Cartan est intrinsèque.

Cela posé, considérons une algèbre graduée B, engendrée par un élément unité (noté 1), et par $2n$ éléments notés respectivement W^i, Z^i, les W^i étant de degré 1 et les Z^i de degré 2, avec les seules relations $uv = (-1)^{pq}vu$ pour u, v homogènes de degrés respectifs p, q; cette algèbre B n'est autre naturellement que le produit tensoriel de l'algèbre de Grassmann engendrée par les W^i et de l'algèbre des polynomes à n variables Z^i; comme telle, elle est bigraduée, et, si un de ses éléments F est homogène de degré p dans les W^i, q dans les Z^i (donc de degré total $p + 2q$), il peut, d'une manière et d'une seule, être écrit sous la forme $F(W, \ldots, W; Z, \ldots, Z)$, où $F(X_1, \ldots, X_p; Z_1, \ldots, Z_q)$ est une forme multilinéaire dans les $p + q$ séries de n variables X_i, Z_j, alternée dans les X_i et symétrique dans les Z_j; on écrira en abrégé $F = F(W, \ldots, W; Z, \ldots, Z)$, ou même $F = F(W, Z)$.

On introduit maintenant dans B une *antidérivation*, qu'il suffira de définir pour les W^i, Z^i, ce qui se fait par les formules $dW^i = Z^i - \frac{1}{2}\sum c^i_{jk}W^jW^k$, $dZ^i = \sum c^i_{jk}Z^jW^k$, ou en abrégé $dW = Z - \frac{1}{2}[W, W]$, $dZ = [Z, W]$. D'autre part, on fait opérer le groupe sur l'algèbre B, en le faisant opérer sur W, Z au moyen du groupe adjoint, $\mathrm{ad}(s)W$, $\mathrm{ad}(s)Z$, et prolongeant canoniquement; du point de vue purement algébrique, on étend les transformations infinitésimales de G à l'algèbre B, considérée comme produit tensoriel de l'algèbre des cochaînes (formes invariantes à gauche) de G par l'algèbre somme directe des produits tensoriels symétriques (de tous degrés) du dual de A par lui-même. Soit B_0 la sous-algèbre de B (stable par rapport à la dérivation) formée des éléments invariants.

Cela posé, il résulte des papiers précédents que, si E est un espace fibré principal de groupe G, l'algèbre des formes différentielles sur E contient une image homomorphe de l'algèbre B définie ci-dessus. Avec les notations desdits papiers, on n'aura qu'à poser localement $\overline{W} = \mathrm{ad}(s^{-1})\omega_i + s^{-1}ds$, $\overline{Z} = \mathrm{ad}(s^{-1})\Omega_i$; autrement dit, $\overline{W}$ n'est pas autre chose que la forme notée Y' dans (II) (et que la forme notée $p(\xi + d\xi)$ par Ehresmann dans sa note des C.R. du 16 mai 1938), forme définissant la *connexion*; $\overline{Z}$ est la forme définissant la *courbure*; l'algèbre des formes différentielles engendrée (sur le corps des réels) par les composantes $\overline{W}^i$, $\overline{Z}^i$ de $\overline{W}$, $\overline{Z}$ (composantes qui sont des formes différentielles sur E, de degrés 1 et 2 respectivement) est une image homomorphe de B (en tant qu'algèbre graduée différentielle). Cet homomorphisme de B, dans l'algèbre des formes sur E, dépend du choix de la connexion, mais (en un sens qu'on peut préciser) ce choix est sans influence sur les conséquences qu'on en tire du point de vue de l'homologie de E.

En particulier, si E est un groupe contenant G comme sous-groupe, et si l'algèbre de Lie du groupe E contient un sous-espace supplémentaire de l'algèbre de Lie A de G, invariant par G, l'algèbre des cochaînes (formes différentielles invariantes à gauche sur E) du groupe E contiendra une image homomorphe de B, comme suit. Dans le dual de l'algèbre de Lie de E (espace des formes de degré 1, invariantes à gauche), prenons une base, formé des formes η^α orthogonales à $A(G)$, et d'une base ψ^i d'un supplémentaire invariant du sous-espace orthogonal à $A(G)$. Les formules de Maurer–Cartan s'écriront $d\psi^i = \gamma^i - \frac{1}{2}\sum c^i_{jk}\psi^j\psi^k$, avec $\gamma^i = -\frac{1}{2}\sum c^i_{\alpha\beta}\eta^\alpha\eta^\beta$; $d\eta^\alpha = \ldots$, où les c^i_{jk} sont naturellement toujours les constantes de structure du groupe G. On a, dans ces conditions, $d\gamma^i = \sum c^i_{jk}\gamma^j\psi^k$, ce qui montre bien que les ψ^i, γ^i engendrent une sous-algèbre de l'algèbre des cochaînes de E, stable par rapport à d, et qui, en tant qu'algèbre différentielle graduée, est image homomorphe de B. On comprend donc que ce soit la structure de B qui joue le rôle décisif dans beaucoup de problèmes d'espaces fibrés, et en particulier de groupe et sous-groupe (ce qui met bien en évidence le rôle essentiel de l'hypothèse "il existe un sous-espace supplémentaire invariant"). C'est ce qui se passe entre autres dans le problème de transgression, ce problème étant résolu, en vertu de mes formules et de la démonstration de Chevalley, *dans l'algèbre* B_0 (éléments invariants de B). En effet, de ce point de vue, ce problème se pose comme suit. Soit B' l'idéal engendré par les Z^i dans B; il est stable par rapport à d, et on peut, d'une manière évidente, identifier B/B' avec l'algèbre différentielle des cochaînes de G; cette identification étant faite, soit p l'application canonique de B sur B/B'. *Faire la transgression* d'un cocycle u du groupe G, ce sera déterminer un élément $F = F(W, Z)$ de B_0, dont l'image par p dans B/B' soit le cocycle u, et tel que dF soit dans la sous-algèbre de B engendrée par les Z^i. Cela revient à dire que $F(W, 0)$ est donné, et qu'on doit avoir une relation $dF(W, Z) = P(Z)$, où P est un polynome dans les Z^i. C'est ce qui est fait dans (II); ou, ce qui revient au même, on peut dire que le cocycle invariant primitif donné peut être écrit

$$P(W, \tfrac{1}{2}[W, W], \ldots, \tfrac{1}{2}[W, W]),$$

où P est un polynome invariant; et, pour tout cocycle de cette forme, il résulte de (I) qu'on peut prendre (à un facteur constant près)

$$F(W, Z) = \int_0^1 P(W, H, \ldots, H) \cdot (1 - t)^p dt,$$

avec $H = Z - \frac{1}{2}t[W, W]$, si le polynome P est de degré $p + 1$ (donc le cocycle primitif correspondant de degré $2p + 1$).

(IV)

(15.*vi*.49) ... Soit, comme précédemment, P un polynome invariant (tenseur invariant symétrique), et soit de nouveau

$$F(W, Z) = \int_0^1 P(W, H, \ldots, H) \cdot (1 - t)^p dt$$

avec $H = Z - \frac{1}{2}t[W, W]$, le degré de P étant $p + 1$. On aura $P(Z) = (p + 1)dF(W, Z)$, et

$$F(W, 0) = c_p \cdot P(W, \tfrac{1}{2}[W, W], \ldots, \tfrac{1}{2}[W, W]), \quad c_p = \frac{(p!)^2}{(2p + 1)!}(-1)^p.$$

Dans l'algèbre engendrée par $3n$ éléments W^i, Z^i, X^i, de degrés 1, 2, 1, avec $dW = Z - \frac{1}{2}[W, W]$, $dZ = [Z, W]$, $dX = \frac{1}{2}[X, X]$, posons

$$Q(X, W, Z) = \iint P(X, W, L, \ldots, L)dudv,$$

l'intégrale double étant étendue au triangle $u \geq 0, v \geq 0, u + v \leq 1$, avec L donné par

$$L = vZ + \tfrac{1}{2}(v^2 - v)[W, W] + \tfrac{1}{2}(u^2 - u)[X, X] - uv[W, X].$$

On vérifie qu'on a $dL = [uX - vW, L]$, puis

$$p \cdot dQ = F(W, Z) + F(X, 0) - F(W + X, Z).$$

En particulier, on a

$$F(W, 0) + F(X, 0) - F(W + X, 0) = p \cdot dQ(X, W, 0),$$

ce qui montre que $F(W, 0)$ est bien un cocycle *primitif*.

Une autre intégrale double, tout á fait analogue (mais pour une autre algèbre, à savoir le produit tensoriel de deux algèbres toutes deux isomorphes à l'algèbre B, ou autrement dit l'algèbre engendrée par $4n$ éléments W, Z, W', Z', de degrés 1, 2, 1, 2, avec $dW = Z - \frac{1}{2}[W, W]$, $dZ = [Z, W]$, $dW' = Z' - \frac{1}{2}[W', W']$, $dZ' = [Z', W']$), permet de démontrer ceci: une connexion étant choisie dans l'espace fibré principal E au moyen de formes $\overline{W}$ avec les formes de courbure $\overline{Z}$ (notations de (III)) la transgression du cocycle primitif qui appartient à P se fait par la forme $w = F(\overline{W}, \overline{Z})$; si on fait un autre choix de la connexion, on aura une autre forme $w' = F(\overline{W}, \overline{Z}')$; cela posé, la forme $w' - w$ est la somme d'une forme *de la base* et d'une forme *homologue à zéro* dans E. Cela permet de voir, dans l'application du théorème de Chevalley, comment se transforme l'expression d'une classe de cohomologie de E (au moyen des formes de la base et des formes qui font la transgression), quand on change le choix de la connexion, et de conclure à l'invariance, vis-à-vis de ce choix, de diverses propriétés de cette expression.

[1950a] Variétés abéliennes

Je me propose ici de résumer brièvement quelques résultats déjà acquis sur les variétés abéliennes, ainsi que d'autres que, faute d'avoir fini d'en rédiger des démonstrations complètes, je puis seulement annoncer comme vraisemblables. Je citerai par F et par VA mes livres «Foundations of Algebraic Geometry» (New York, 1946) et «Variétés abéliennes et courbes algébriques» (Paris, 1948).

1. Une *variété abélienne* (VA, p. 28) est une «variété abstraite» (F, chap. VII) «complète» (*ibid.*) sur laquelle est donnée une loi de composition *partout définie* qui en fait un groupe. Ce groupe est nécessairement abélien (théorème de Chevalley, VA, p. 25). Dans le cas classique où le corps des constantes est celui des nombres complexes, on peut, de la manière habituelle, topologiser la variété, ce qui en fait un tore à $2n$ dimensions (réelles) si la dimension de la variété est n (au sens de la géométrie algébrique); dans ce cas, on peut identifier la variété avec le groupe quotient de l'espace de n variables complexes (considéré comme groupe additif) par un sous-groupe discret de rang $2n$, engendré par $2n$ vecteurs ou «périodes» qui doivent nécessairement satisfaire aux relations bilinéaires et inégalités de Riemann (cf. A. Weil, *Séminaire Bourbaki*, mai 1949); on peut aussi, ce qui est plus commode à certains égards, identifier la variété au quotient de l'espace R^{2n} par le sous-groupe des vecteurs à composantes $\equiv 0 \pmod 1$, la structure complexe étant alors définie par la matrice J, à $2n$ lignes et $2n$ colonnes, qui correspond à la multiplication par i au sens de la structure complexe; cette matrice doit alors satisfaire à $J^2 = -1$; de plus, les relations de Riemann s'expriment par le fait qu'il existe une matrice symétrique gauche B, à déterminant $\neq 0$, à coefficients entiers, telle que la matrice BJ soit symétrique et définie positive.

Si A est une variété abélienne, V une variété quelconque, et f une application de V dans A (au sens de la géométrie algébrique, c'est-à-dire définie au moyen de fonctions rationnelles des coordonnées d'un point générique de V), f est définie en tout point simple de V (VA, p. 27, th. 6). De ce fait fondamental, on déduit par exemple que toute application d'une variété rationnelle dans une variété abélienne est constante (VA, p. 34), et surtout que *toute application d'une variété abélienne dans une variété abélienne est composée d'un homomorphisme et d'une translation* (VA, p. 34, th. 9).

Soit V une variété quelconque; supposons qu'il existe une variété abélienne A, et une application f de V dans A, ayant les propriétés suivantes: 1° toute application g de V dans une variété abélienne B peut se mettre sous la forme $g = h \circ f$, où h est une application de A dans B (composée nécessairement d'un homomorphisme et d'une translation, d'après ce qui précède); 2° l'image $f(V)$ de V dans A n'est pas contenue dans une translatée de sous-variété abélienne de A. Ce sont là des propriétés d' «application universelle» (Bourbaki, Alg., chap. III, app. III). L'existence d'une telle variété A est acquise dans les cas suivants: *a*) V est une *courbe*; on peut prendre pour A la *variété jacobienne* J de la courbe, qui est de dimension g si g est

Reprinted from *Colloque d'Algèbre et Théorie des Nombres*, C.N.R.S., Paris, 1950, pp. 125–127.

le genre de la courbe (VA, p. 67, th. 18; et p. 77, th. 21); les points de J sont en correspondance biunivoque avec les classes de diviseurs de degré 0 sur la courbe (au sens de l'équivalence linéaire); *b*) V est une variété sans singularités, définie sur le corps des nombres complexes, et on peut définir, sur V, une métrique kählérienne (A. Weil, *Commentarii*, vol. 20, p. 110): c'est le cas par exemple si V est sous-variété, sans point multiple, de l'espace projectif complexe[1]; alors, si le premier nombre de Betti de V est $2q$, il existe sur V q différentielles de première espèce, de degré 1; les $2q$ périodes de ces différentielles définissent une variété abélienne A de dimension q, et les intégrales de ces différentielles, modulo les périodes, définissent une application f de V dans A; la variété A a été considérée principalement par Albanese, et pourrait s'appeler «variété d'Albanese» de V (ou mieux, pour les raisons qu'on verra plus loin, «variété de Picard duale» de V). Dans le cas général, l'existence de A résultera de la théorie de la variété de Picard (v. plus loin). On notera que, V étant donnée, A et f sont définis d'une manière unique, s'ils existent (A à un isomorphisme près, f à une translation près). On notera aussi que la jacobienne d'une courbe a été définie comme variété abstraite dans VA, mais que, dans un mémoire qui doit paraître prochainement aux *Ann. of Math.*, W. L. Chow l'a définie comme sous-variété (sans point multiple) d'un espace projectif, et cela *sans avoir à élargir le corps de base* (sur lequel la courbe est définie).

Dans le cas classique (nombres complexes), la plupart des résultats essentiels sur les variétés abéliennes découlent de leur structure topologique (tores à $2n$ dimensions), et de la représentation des fonctions sur ces variétés comme quotients de fonctions thêta; il est immédiat par exemple que, sur une telle variété de dimension algébrique n (et topologique $2n$), le nombre des points d'ordre a est a^{2n}. En géométrie algébrique abstraite, les mêmes résultats restent valables, mais leur démonstration est souvent plus difficile, et repose principalement sur la considération systématique des courbes tracées sur la variété, et de leurs jacobiennes.

2. Là où, en géométrie algébrique classique (sur les nombres complexes), on voit apparaître les intégrales de différentielles de première espèce (de degré 1), on se servira toujours, en géométrie algébrique abstraite, d'applications de la variété donnée dans des variétés abéliennes (qui, le cas échéant, peuvent se ramener à l' «application universelle» dans la «variété d'Albanese» dans la mesure où l'existence en aura été démontrée). De même, là où apparaissent, dans le cas classique, les intégrales (simples) de deuxième et troisième espèce, on se servira, dans le cas abstrait, d'applications dans des variétés de groupe commutatif non complètes. Dans le cas classique, ces variétés ont été récemment introduites par Severi, qui (dans un volume «*Funzioni quasi-abeliane*», Rome, 1947) en a entrepris l'étude systématique. L'outil naturel, pour une théorie abstraite, est la notion de «variété fibrée» (A. Weil, «*Algebraic Geometry and Algebraic Number-Theory Conference* [*Abstracts*]», Chicago, 1949, p. 55).

Soit G_m le groupe multiplicatif à une variable: du point de vue de la géométrie algébrique, c'est là la droite projective D d'où on a enlevé les points 0, ∞, avec la loi de composition $(z, z') \to zz'$. Soit de même G_a le groupe additif à une variable:

---

[1] Ce cas est traité dans un mémoire de J. Igusa, à paraître prochainement.

c'est D d'où on a enlevé ∞, avec la loi de composition $(t, t') \to t + t'$. On peut considérer G_m, G_a comme opérant tous deux (non transitivement) sur D, au moyen des lois $(z, w) \to zw$, $(t, w) \to t + w$ (pour z sur G_m, t sur G_a, w sur D), lois qui sont partout définies. Soit G un produit de groupes (en nombre fini) isomorphes, soit à G_m, soit à G_a; soit A une variété abélienne. Une *extension de* G *par* A sera une variété de groupe commutatif, admettant un sous-groupe isomorphe à G, tel que le quotient soit isomorphe à A; il paraît vraisemblable qu'on obtient ainsi toutes les variétés de groupe commutatif. Le cas où G se réduit, soit à G_m, soit à G_a, peut être étudié dès à présent, sans difficulté, au moyen des résultats déjà acquis dans la théorie des variétés fibrées. En particulier, une extension Z de G_m par A est une variété fibrée de base A, ayant pour fibre le groupe G_m; on peut lui associer la variété fibrée complète Z′, définie au moyen du même groupe opérant (comme il a été dit) sur la droite projective D; Z′ est complète et Z n'est autre que le complément, dans Z′, de l'union des deux sections qui correspondent aux points 0, ∞ de D; notons ces sections A_0, A_∞. Là où, en géométrie classique apparaît une intégrale (simple) de troisième espèce, on a à introduire en géométrie abstraite une application de V dans une variété telle que Z; aux pôles de l'intégrale de troisième espèce correspondront ici les intersections de l'image de V avec les sections A_0, A_∞ (les multiplicités de ces intersections correspondant aux «résidus» des pôles); aux intégrales de deuxième espèce correspondent de même les applications de V dans les extensions de G_a par des variétés abéliennes.

Si U est une variété quelconque, les variétés fibrées de base U, de groupe G_m, peuvent être caractérisées par un invariant, qui est une classe de diviseurs sur U (au sens de l'équivalence linéaire). A toute extension de G_m par une variété abélienne A doit correspondre une classe de diviseurs sur A. Réciproquement, étant donné, sur A, la classe des diviseurs linéairement équivalents à un diviseur X, on peut toujours construire une variété fibrée de base A, de groupe G_m, d'invariant X, et cette variété est unique. Pour qu'on puisse définir, sur cette variété, une structure de groupe qui en fasse une extension de G_m par A, il faut et il suffit que X soit «continument» (ou «algébriquement») équivalent à 0 ($X \equiv 0$ avec la notation de VA, p. 107); en ce cas, on démontre que l'extension d'invariant X est déterminée d'une manière unique, à un isomorphisme près.

3. Les résultats suivants, certainement vrais s'il s'agit de variétés sans singularités sur le corps des complexes, ne peuvent encore être considérés comme définitivement acquis dans le cas général. Soit V une variété normale. Il existe alors une variété abélienne A, la *variété de Picard* de V, de dimension égale à l'irrégularité de V, dont les points sont en correspondance biunivoque avec les classes de diviseurs sur V (au sens de l'équivalence linéaire) qui sont équivalentes à 0 au sens de l'équivalence «continue» (ou mieux algébrique).

Si A est une variété abélienne, la variété de Picard de A est une variété abélienne A′ de même dimension, «isogène» à A (VA, p. 96), c'est-à-dire que chacune des variétés A, A′ admet un homomorphisme sur l'autre; réciproquement, A est la variété de Picard de A′; A, A′ seront dites *duales* l'une de l'autre. Cette dualité jouit des principales propriétés des types de dualité connus, sans rentrer dans aucun d'eux; les variétés quotients de A′ sont en dualité avec les sous-variétés de A; si f est un homomorphisme de A dans une variété abélienne B, on peut définir un homomorphisme dual, f', de la duale B′ de B dans A′. Dans le cas classique, si la variété A, de dimension n, est définie comme il a été expliqué plus haut par une matrice J à $2n$ lignes et $2n$ colonnes (avec $J^2 = -1$), la variété duale A′ sera définie par ${}^tJ^{-1} = -{}^tJ$.

Si A est la variété de Picard de V, la variété duale A′ de A n'est autre que la «variété d'Albanese» dont il a été question plus haut.

Je possède, pour ces résultats, des esquisses de démonstrations, qui reposent sur des critères d'équivalence généralisant des critères classiques (cf. Zariski, «*Algebraic Surfaces*», p. 88–89 et p. 127–128), et principalement les suivants. Soit V^n une variété normale plongée dans un espace projectif P^N; soit L^{N-n} une variété linéaire générique dans P^N, par rapport à un corps de définition k de V: soit K le corps obtenu en adjoignant à k les coefficients des équations $F_i(X) = 0$ $(i = 1, 2, \ldots, n)$ de L. Soit C_t la courbe intersection de V et de la variété linéaire $F_i(X) - t_i F_n(X) = 0$ $(i = 1, 2, \ldots, n - 1)$, $t = (t_1, \ldots, t_{n-1})$ étant générique sur K; C_t est une courbe irréductible, sans point multiple, ne passant par aucun point multiple de V. Dans ces conditions:

(Premier critère). Il existe sur V des diviseurs A_i (en nombre fini), ayant la propriété suivante. Soit X un diviseur sur V, rationnel par rapport à un corps K′ contenant K; soit $u = (u_1, \ldots, u_{n-1})$ générique sur K′. Alors, si l'intersection $X \cdot C_u$ est linéairement équivalente à 0 sur C_u, X est linéairement équivalent sur V à un cycle de la forme $\sum a_i A_i$ (a_i entiers).

(Deuxième critère). Soit X_M un diviseur sur V dépendant algébriquement d'un paramètre M, qu'on peut supposer être un point générique d'une variété W par rapport à un corps de définition K′ de W (autrement dit, on a $X_M = pr_V[Z \cdot (V \times M)]$, où Z est un diviseur sur $V \times W$). On suppose que, pour toute application f de V dans une variété abélienne A, l'application $M \to Sf[X_M \cdot C_t]$ de W dans A soit constante (c'est l'application qui, à M, fait correspondre la somme dans A des images par f des points d'intersection de X_M et C_t, comptés avec leurs multiplicités). Dans ces conditions, X_M est linéairement équivalent à un diviseur fixe (indépendant de M).

[1950b] Number-theory and algebraic geometry

Mr. Chairman, Ladies and Gentlemen,

The previous speaker concluded his address with a reference to Dedekind and Weber. It is therefore fitting that I should begin with a homage to Kronecker. There appears to have been a certain feeling of rivalry, both scientific and personal, between Dedekind and Kronecker during their life-time; this developed into a feud between their followers, which was carried on until the partisans of Dedekind, fighting under the banner of the "purity of algebra", seemed to have won the field, and to have exterminated or converted their foes. Thus many of Kronecker's far-reaching ideas and fruitful results now lie buried in the impressive but seldom opened volumes of his Complete Works. While each line of Dedekind's XIth Supplement, in its three successive and increasingly "pure" versions, has been scanned and analyzed, axiomatized and generalized, Kronecker's once famous *Grundzüge* are either forgotten, or are thought of merely as presenting an inferior (and less pure) method for achieving part of the same results, viz., the foundation of ideal-theory and of the theory of algebraic number-fields. In more recent years, it is true, the fashion has veered to a more multiplicative and less additive approach than Dedekind's, to an emphasis on valuations rather than ideals; but, while this trend has taken us back to Kronecker's most faithful disciple, Hensel, it has stopped short of the master himself.

Now it is time for us to realize that, in his *Grundzüge*, Kronecker did not merely intend to give his own treatment of the basic problems of ideal-theory which form the main subject of Dedekind's life-work. His aim was a higher one. He was, in fact, attempting to describe and to initiate a new branch of mathematics, which would contain both number-theory and algebraic geometry as special cases. This grandiose conception has been allowed to fade out of our sight, partly because of the intrinsic difficulties of carrying it out, partly owing to historical accidents and to the temporary successes of the partisans of purity and of Dedekind. It will be the main purpose of this lecture to try to rescue it from oblivion, to revive it, and to describe the few modern results which may be considered as belonging to the Kroneckerian program.

Let us start from the concept of a point on a variety, or, what amounts to much the same thing, of a specialization. Take for instance a plane curve C, defined by an irreducible equation $F(X, Y) = 0$, with coefficients in a field k. A point of C is a solution (x, y) of $F(X, Y) = 0$, consisting of elements x, y of some field k' containing k. In order to define the function-field on the curve, we identify two polynomials in X, Y if they differ only by a multiple of F, i.e., we build the ring $k[X, Y]/(F)$, and we take the field of fractions $\mathfrak{K}$ of that ring: in particular, X and Y themselves determine the elements $\bar{X} = X \bmod F$,

90

$\bar{Y} = Y \bmod F$, of $\mathfrak{K}$, and $(\bar{X}, \bar{Y})$ is a point of C, called generic since it does not satisfy any relation over k except $F(\bar{X}, \bar{Y}) = 0$ and its consequences. Then any point (x, y) of C, with coordinates in an extension k' of k, determines a homomorphism σ of the ring $k[X, Y]/(F)$ into k', defined by putting $\sigma(\bar{X}) = x$, $\sigma(\bar{Y}) = y$, and $\sigma(\alpha) = \alpha$ for every $\alpha \in k$; this homomorphism is also called a *specialization* of that ring, and a *generic* one if it is an isomorphism of it into k'; consequently, (x, y) will be called a specialization of $(\bar{X}, \bar{Y})$, and will be called generic if σ is generic.

Our homomorphism σ has been so defined as to preserve the elements of the "ground-field" k; but this restriction, usual as it is in algebraic geometry, may well prove too narrow for some purposes. If, for example, we consider a curve $F(X, Y, t) = 0$, depending upon a parameter t, where F is a polynomial in X, Y, t with coefficients in a field k, then the coefficients of the equation of the curve are in the field $k(t)$. However, with our curve, we naturally associate the surface $F(X, Y, T) = 0$; the curve then appears as a plane section of that surface by the plane $T = t$. Because of this changed point of view, the parameter t, previously frozen by its inclusion in the field of "constants", is now liberated and available for specialization; and so we are free now to consider as a specialization of our ring $k[X, Y, t]/(F(X, Y, t))$ any homomorphism of that ring into an extension k' of k, still preserving the elements of k, but mapping $\bar{X} = X \bmod F, \bar{Y} = Y \bmod F$, $\bar{t} = t \bmod F$ onto any three elements x', y', t' of k' satisfying $F(x', y', t') = 0$. Thus no longer restricted to the exclusive consideration of the "generic" curve belonging to the family $F(X, Y, t) = 0$, we are enabled to consider any specialization $F(X, Y, t') = 0$ of that curve, and the whole surface $F(X, Y, t) = 0$ spanned by that family.

This shifting of our point of view necessitates a re-examination of the concept of ground-field and of the field of definition of a variety. The previous speaker has mentioned, as one of the main achievements of modern algebraic geometry, the possibility of operating over quite arbitrary ground-fields. One should not be blind, however, to the somewhat illusory nature of this achievement. As our knowledge of algebraic curves is fairly extensive, there is, it is true, a great deal that we can say on the curve $F(X, Y, t) = 0$ depending upon the parameter t, in the example discussed above; and we should not possess that knowledge if our methods of proof were not valid over the ground-field $k(t)$. But as we have pointed out, all we can say on the curve $F(X, Y, t) = 0$ is but part of the theory of the surface $F(X, Y, T) = 0$. This may be at the present moment, and it is in fact, one of the best ways of acquiring some knowledge of the geometry on that surface; but the fact remains that, in the final analysis, any statement on a variety with a larger ground-field boils down to a statement on a variety (of higher dimension, and therefore intrinsically more difficult to study) over a smaller ground-field.

Now consider, with Kronecker, that, in most problems of algebraic geometry, only a finite number of points and varieties occur at a time; these will necessarily have a common field of definition which is finitely generated over the prime field, i.e., which is generated over the prime field (the field Q of rational numbers if the characteristic is 0, and otherwise a finite field) by a finite number of quantities $(t_1, \cdots, t_N)$; if these are considered as parameters, and are made available for specialization, then, in the final analysis, *every statement we can make can be thought of as a theorem in algebraic geometry over an absolutely algebraic ground-field*, i.e., either *over a finite field* or *over an algebraic number-field* of finite degree. While this realization, of course, cannot in any way detract from the methodological importance of arbitrary ground-fields as one of the chief tools of modern algebraic geometers, it gives us some insight into the deep meaning of Kronecker's view, according to which the absolutely algebraic fields are the natural ground-fields of algebraic geometry, at any rate as long as purely algebraic methods (as distinct from analytical or topological methods) are being used. Now these are fields with strongly marked individual features, which will undoubtedly have to be taken more and more into account as algebraic geometry develops along more Kroneckerian lines. For instance, the field with q elements can be characterized by the fact that its elements are invariant under the automorphism $x \to x^q$ of any field containing it; this must have a profound influence on the geometry over that field; and recent work connected with the Riemann hypothesis ([11e]) fully confirms that expectation. Another fact, so far an isolated one, in the same direction, is the existence of matrices, associated with curves over a finite field, which bear a curious resemblance with the period-matrices of abelian integrals in the classical theory (cf. [11d]).

We are now in a position to discuss specializations again from our broadened point of view. If e.g. $F(X, Y) = 0$ is the equation of a curve, with coefficients in a subring R of a field k, then any homomorphism σ of the ring $R[X, Y]/(F)$ into a field k' will be called a specialization of that ring; if in particular it preserves (or at least if it maps isomorphically) the elements of R, then it can be extended to a homomorphism of $k[X, Y]/(F)$ which preserves the elements of k.

As Kronecker realized, this affects our concept of dimension. Take for instance, instead of our curve, a hypersurface $F(X_1, \cdots, X_n) = 0$ in n-dimensional space, with coefficients in a subring R of a field k; let $\mathfrak{R}$ denote the ring $R[X_1, \cdots, X_n]/(F)$. Then the dimension $n - 1$ of that variety can be defined as the degree of transcendency, over the ground-field k, of the function-field on the variety, i.e., of the field of fractions of $\mathfrak{R}$, or, equivalently, as the maximum number of successive specializations $\sigma, \sigma', \sigma'', \cdots$, of $\mathfrak{R}$ onto a ring $\mathfrak{R}'$, of $\mathfrak{R}'$ onto a ring $\mathfrak{R}''$, etc., each one of which preserves the elements of R, and none of which is an isomorphism; the rings $\mathfrak{R}', \mathfrak{R}'', \cdots$ are understood to be "integral domains" (i.e., subrings of fields). If we remove the condition that the specializations σ must preserve the elements of R, but merely require that they should preserve the elements of the "prime ring" (the ring Z of integers if the characteristic is 0, the ring of integers mod p if it is $p > 1$), this gives us the dimension over the prime field, or absolute dimension. So far, we have not crossed the boundaries of ordinary algebraic geometry, even though we may have pushed down the ground-field to an absolutely algebraic field. In particular, if the characteristic is $p > 1$, every homomorphism must preserve the elements of the prime field, and so there is no temptation, nor even any possibility, for us to cross those boundaries. However, if the characteristic is 0, there are homomorphisms which do not preserve the characteristic; as soon as we allow these to enter the picture, we are within a wider area, where algebraic geometry and number-theory commingle and cannot be kept apart; and, as a consequence, the proper concept of dimension is the Kroneckerian concept. Since our sequences of specializations $\sigma, \sigma', \cdots$ can now be increased by one which changes the characteristic from 0 to some $p > 1$, it follows that the Kroneckerian dimension is higher by 1 than that of algebraic geometry proper. For instance, a curve over an algebraic number-field has the Kroneckerian dimension 2.

In this sense, the only two cases of dimension 1 are those of a curve over a finite field, and of an algebraic number-field. In fact, it has been well known, ever since Kronecker and Dedekind, that there are far-reaching analogies between these two cases, and these have been among the chief sources of progress in both directions; indeed, we have reached a stage where we can deal simultaneously with large segments of both theories, not merely the more elementary ones, but also class-field theory and part of the theory of the zeta-function. It is true that these analogies are still incomplete at some crucial points; new concepts are clearly needed before we can transport to number-fields, even conjecturally, the facts about the Jacobian variety of a curve which have recently led to the proof of the Riemann hypothesis ([11e], [11f]). Nevertheless, our knowledge of these topics is fairly extensive, whereas the same can hardly be said of the problems in higher dimensions.

It is true that the theory of local rings has been extensively developed, largely by its initiator Krull (cf. e.g. [6]), and more recently by Chevalley ([2]), I. Cohen ([4]), and others. Such rings arise as follows: σ being, as above, a specialization, say, of the ring $\mathfrak{R} = R[X, Y]/(F)$ defined by a curve $F(X, Y) = 0$, it can be extended to a homomorphic mapping of the ring $\mathfrak{R}'$ of those elements u/v of the field of fractions $\mathfrak{K}$ of $\mathfrak{R}$, for which u, v are in $\mathfrak{R}$ and $\sigma v \neq 0$, by putting $\sigma(u/v) = \sigma u/\sigma v$; $\mathfrak{R}'$ is the specialization-ring, and the ideal of non-units in $\mathfrak{R}'$, which is the kernel of σ, is the specialization-ideal; $\mathfrak{R}'$ is called a local ring, and its completion, with respect to the topology defined on it by the powers of the specialization-ideal, is a complete local ring; experience shows that it is desirable to confine oneself to integrally closed specialization-rings, and this leads to Zariski's fundamental concept of normality. Up to now geometers have used only characteristic-preserving specializations; therefore all their local rings contain a field, and have the same characteristic as their residue-class ring. Fortunately algebraists have not confined themselves to that case, so that their work is immediately available for the more general geometry that we are envisaging here.

We are thus led to modify the Kroneckerian view that the "true" or "natural" ground-fields in algebraic geometry are the absolutely algebraic fields; this is so as long as ground-fields are considered from the purely algebraic point of view, without any additional structure. However, it is now clear that the study of a family of varieties at, or rather in the neighborhood of, a given specialization of the parameter leads at once to the consideration of algebraic varieties over complete local rings and their fields of fractions; some recent work by Chow ([3]) may be considered as pertaining to this subject, of which the "geometry on a variety in the neighborhood of a subvariety" (as exemplified chiefly by Zariski's theory of holomorphic functions ([12]) forms a natural extension. That this does not contradict the Kroneckerian outlook, but has its root in it, is clearly shown by the fact that the theory of local rings was originated by Hensel; his p-adic rings, in fact, are the complete local rings attached to the specializations of the rings of integers in algebraic number-fields. Hence the local study, say, of an algebraic curve $F(X, Y) = 0$ with coefficients in the ring Z of rational integers, "at" the specialization of Z determined by a prime p, amounts to enlarging the ground-field to the p-adic field. Thus the p-adic fields appear as another kind of "natural" ground-field, and one may expect that the geometry over such fields will acquire more and more importance as it learns to develop its own methods. One may quote here E. Lutz's results on elliptic curves ([7]), showing that the group of points on such a curve has a subgroup of finite index, isomorphic to the additive group of integers in the ground-field; similar results undoubtedly hold for Abelian varieties of any dimension. In his beautiful thesis, Chabauty ([1]), following ideas of Skolem ([10]), has shown how the method of p-adic completion, with respect to a more or less arbitrary prime p, can yield deep results about varieties over an algebraic number-field; there, as already in Skolem's work, the problem concerns the intersection of an algebraic variety and of a multiplicative group; by p-adic completion, the latter becomes an algebroid variety defined by linear differential equations. Of course geometry over finite fields may in a certain sense be obtained from the geometry over p-adic fields by reduction modulo p, so that the latter may be said to contain all that the former contains, and a good deal more; but little use has been made so far of the relations between these two kinds of geometries, and little is known about them.

But the geometry over p-adic fields, and more generally over complete local rings, can provide us only with local data; and the main tasks of algebraic geometry have always been understood to be of a global nature. It is well known that there can be no global theory of algebraic varieties unless one makes them "complete", by adding to them suitable "points at infinity," embedding them, for example, in projective spaces. In the theory of curves, for instance, one would not otherwise obtain such basic facts as that the numbers of poles and of zeros of a function are equal, or that the sum of residues of a differential is 0. One way of doing this (which, however, is effective only in the case of dimension 1) consists in considering the valuations of the field of functions on the curve; on a given affine model $F(X, Y) = 0$, each simple point defines a valuation, viz., that one which assigns, to each function on the curve, the order of the pole or zero it may have at that point; and all valuations, with a finite number of exceptions, can be so obtained; the exceptions correspond to the "multiple points" and to the "points at infinity", and give an invariant definition for these. Correspondingly, if we apply this idea to an algebraic number-field (also a one-dimensional problem), we obtain satisfactory formulations for global theorems, entirely analogous to the theorems on algebraic curves, provided we allow for "archimedean" valuations with somewhat weaker properties than those of algebraic geometry and than the p-adic valuations on number fields, viz., those for which the completed field is the field of real or that of complex numbers. Thus it appears that algebraic geometry over the complex number-field is, after all, a legitimate object of study, no less necessary or useful than geometry over p-adic fields; and so the door is opened to topology, function-theory, differential geometry, and partial differential equations. This, at any rate, is the logical way in which algebraic geometry over complex numbers ought to have been born, had mathematics consisted solely of number-theory and algebra. That it came into being quite differently, and that it developed so far ahead of other branches of geometry, is a historical accident; it is indeed a fortunate one, having allowed free play to a tool which is invaluable as long as one is aware of its limitations; I need hardly tell you that I am referring to our spatial intuition.

We are now ready to consider in more specific terms the few known results in the "geometry over integers", which, following Kronecker, I have been trying to define; and for this we must turn first of all, naturally, to Kronecker himself. His great work on elliptic functions ([5b]), or rather its algebraic part (as distinct from the equally profound analytical theory), gives us a first example of an investigation of that kind; this consists in *the study of the equation* $Y^2 = 1 - \rho X^2 + X^4$ *over the ring* $Z[\rho]$, where ρ is an indeterminate, and is chiefly concerned with the transformation of elliptic functions. Jacobi's results on this subject are interpreted as defining, for every *odd* prime p, a correspondence between two generic points (x, y, ρ), (x', y', ρ') of the surface $Y^2 = 1 - \rho X^2 + X^4$, where $x' = x^n F(1/x)/F(x)$, $y' = G(x)/F(x)^2$, ρ' is algebraic over $Q(\rho)$, and F, G are polynomials with algebraic coefficients over $Q(\rho)$. Let σ be a root of $1 - \rho X^2 + X^4 = 0$, and σ' a root of $1 - \rho' X^2 + X^4 = 0$. Then Kronecker proves the following facts. The coefficients of F, G are in the field $Q(\sigma, \sigma')$; if divisibility relations are understood in the sense of integral algebraic elements over $Z[\rho]$, then σ' and all the roots of $G(X)$ are *units*; and $F(X)$ is of the form

$$F(X) = \pi X^{p-1} + \pi \sum_{i=1}^{p-2} \gamma_i X^{p-i-1} + 1,$$

where π *and the* γ_i *are integral over* $Z[\rho]$; furthermore, π is of degree $p + 1$ over $Q(\rho)$, *and has the norm* p over that field. The main results on complex multiplication, and its application to the class-field theory of imaginary quadratic fields, can be derived from these facts by specialization of the parameter ρ. It is very probable that a reconsideration of this splendid work from a modern point of view would not merely enrich our knowledge of elliptic function-fields, but would also reveal principles of great importance for any further development of algebraic geometry over integers.

Now, coming back to the *Grundzüge*, take Kronecker's well-known and supposedly outmoded device for the introduction of ideals. This consists in associating with the elements $a_0, a_1, \cdots, a_m$ of a ring the linear expression $a_0 + \sum_{i=1}^m u_i a_i$, or, when the homogeneous notation happens to be more suitable, the linear form $\sum_{i=0}^m u_i a_i$, in the indeterminates u_i; thus the u_i are new variables adjoined to the ring, a feature which, in the eyes of orthodox Dedekindians, is a fatal blemish of this procedure. If, for instance, the a_i are in the ring $k[X, Y]/(F)$ determined by a plane curve $F(X, Y) = 0$ with coefficients in a field k, the ideal generated by them means substantially the same as the set of common zeros of the a_i, counted with their multiplicities; and this is again nothing else than the "fixed part" of the linear series cut by the variable linear variety $\sum_{i=0}^m u_i X_i = 0$ through the point 0, in the affine space of dimension $m + 1$, on the model of the given curve which is the locus of the point $(a_0, \cdots, a_m)$. If we translate this into the projective language, we find ourselves at the heart of the theory of linear series; and a slight extension of Kronecker's idea could lead us very naturally to such thoroughly "modern" topics as, for example, the associated form of a variety in projective space (the "Chow coordinates"). There is thus every reason to believe that the same idea will reacquire its full meaning in number-theory as soon as the interpenetration of number-theory and algebraic geometry, which Kronecker sought to realize, has been accomplished. Let us for instance try to define for number-fields a concept corresponding to the degree of a projective curve. If $f_0, f_1, \cdots, f_m$ are the coordinates of a generic point of a curve, and the u_i are indeterminates, the degree is the number of "variable" zeros of $\sum_i u_i f_i(x)$; this must be equal to the number of fixed poles minus the number of fixed zeros; in other words, if at every point P of the curve we put $n(P) = \inf_i \omega_P(f_i)$, where $\omega_P(f)$ indicates the order of f at P, then the degree of the curve is $d = -\sum_P n(P)$. If we replace the f_i by numbers ξ_i belonging to an extension k of degree n of the rational number-field Q and if ξ is the point $\xi = (\xi_0, \cdots, \xi_m)$ in the projective m-space, we are thus led to consider the number $H(\xi) = \prod_v \sup_i v(\xi_i)$, where the product is taken over all absolute values (p-adic or archimedean) of k; $H(\xi)$ does not change if the ξ_i are replaced by $\rho\xi_i$, with $\rho \in k$. This concept is essentially due to Siegel [9][1]; as D. G. Northcott indicates [8a], it is more convenient, for arithmetical purposes, to introduce the number $h(\xi) = H(\xi)^{1/n}$, which depends only upon the point ξ and not upon the field k. We shall call $h(\xi)$ the *height* of the point ξ. Following Kronecker, we may associate with the point ξ, with coordinates in k, the form $F(u) = r \cdot N_{k/Q}(\sum \xi_i u_i)$, where the u_i are indeterminates, and the rational number r is so chosen that the coefficients of $F(u)$ are rational integers without common divisor. Then we have $F(u) \ll (h(\xi) \cdot \sum u_i)^n$ (which means

[1] Cf. also H. Hasse, Monatshefte für Mathematik vol. 48 (1939) p. 205. Actually there is a slight discrepancy between Northcott's definition of $H(\xi)$ and that of Siegel and Hasse; we follow the latter.

that every coefficient of F is at most equal in absolute value to the corresponding one in the right-hand side): hence, if n_0 and h_0 are given, there is at most a finite number of points ξ for which $n \leqslant n_0$, $h(\xi) \leqslant h_0$. This is Northcott's lemma ([8a]; cf. [11h]), which is at the bottom of the application of the "infinite descent" to elliptic curves, and, more generally, to Abelian varieties over algebraic number-fields ([11a]; cf. [8b] and [11c]).

The height of a variable point on a curve or on a variety can best be studied by means of the theory of distributions; this is the only chapter of Kroneckerian geometry which has been developed beyond the rudiments. Let us first consider a curve C, defined over an algebraic number-field k; if it is rational, i.e., if its function-field is the field $k(t)$ generated over k by a single variable t, every function $f(t)$ on it can be written as $f(t) = \gamma \prod_i (t - a_i)^{m_i}$, where γ is a constant, the a_i are the poles and zeros of the function, and the integers m_i are their multiplicities (counted positively for a zero, negatively for a pole). If the curve is not rational, such a representation is not possible, except in a merely symbolical manner, or else by means of transcendental multi-valued functions which cannot be used for arithmetical purposes. Let us, however, consider for a moment a definite embedding of k in the field of complex numbers, so that C is defined over that field; and consider merely absolute values. Then one can attach to each point A of C a continuous real-valued function $d_A(M)$ on C, with $0 \leqslant d_A(M) \leqslant 1$, which is 0 when $M = A$ and only then, in such a way that if a function $f(M)$ belonging to the function-field of C (over k or even over the field of complex numbers) has the zeros and poles A_i with the multiplicities m_i, then

$$f(M) = \gamma(M) \prod_i d_{A_i}(M)^{m_i},$$

where $\gamma(M)$ is an *inessential* factor in the sense that there are constants γ_1, γ_2, both > 0, such that $\gamma_1 \leqslant \gamma(M) \leqslant \gamma_2$ for all M. This can easily be verified by elementary topological methods. It can also be proved by an algebraic argument, which remains valid if the field of complex numbers is replaced by the algebraic closure of the p-adic field, and also if the curve C is replaced by a variety. Reduced to its essential features, this argument can be described as follows. If V is a variety in an affine space, defined over the complex number-field or over a p-adic field, and if it does not contain the origin, then there is a polynomial $P(X_1, \cdots, X_n)$, vanishing on V and not at 0, with coefficients in the ground-field; this means that all points of V must satisfy an equation

$$1 = \sum a_{\nu_1 \cdots \nu_n} X_1^{\nu_1} \cdots X_n^{\nu_n},$$

where all terms in the right-hand side are of degree $\geqslant 1$; therefore, if $(x_1, \cdots, x_n)$ is such a point, $\sup_i |x_i|$ cannot be arbitrarily small, and precisely it must be $\geqslant 1$ or $\geqslant (\sum |a_{\nu_1 \cdots \nu_n}|)^{-1}$; here $|\quad|$ denotes of course the ordinary or the p-adic absolute value, as the case may be.

So far we have considered only one absolute value, ordinary or p-adic, at a time, and so we have obtained, in this sense, merely "local" results; global results come from the consideration of all absolute values simultaneously; or else, what amounts to the same thing, one can treat the archimedean absolute values separately, in the manner indicated above, and then deal simultaneously with all the others. This is done by remarking that, if a variety V is defined over an algebraic number-field k, and does not go through 0, its points must, as above, satisfy an equation

$$a_0 = \sum a_{\nu_1 \cdots \nu_n} X_1^{\nu_1} \cdots X_n^{\nu_n}$$

whose coefficients are algebraic integers in k; and then if $(x_1, \cdots, x_n)$ is a point on V, with algebraic coordinates, the G.C.D. of the numerators of the fractional principal ideals $(x_1), \cdots, (x_n)$ must divide the principal ideal (a_0) of k. Out of this very simple fact one derives all the known results of the theory of distributions, one of whose main results is the following "theorem of decomposition":

Let C be a curve, defined over an algebraic number-field k. One can attach to each algebraic point A on C a function $\mathfrak{a}_A(M)$, defined at all algebraic points M of C, whose value at M is an ideal of the algebraic number-field $k(A, M)$, so that the following properties hold: $\mathfrak{a}_A(M)$ is 0 when $M = A$ and only then; and whenever f is a function on C, having the zeros and poles A_i with the multiplicities m_i, then the principal fractional ideal $(f(M))$ has the expression

$$(f(M)) = \mathfrak{c}(M) \prod \mathfrak{a}_{A_i}(M)^{m_i},$$

where $\mathfrak{c}(M)$ is an inessential fractional ideal in the sense that both $\mathfrak{c}(M)$ and $\mathfrak{c}(M)^{-1}$ divide a fixed natural integer. Furthermore, exactly the same result holds for every nonsingular projective variety V of any dimension r, except that, of course, the ideal-valued functions $\mathfrak{a}(M)$ are then attached, not to the points of V, but to the subvarieties of V of dimension $r - 1$.

As we have said above, this becomes a truly global result if we combine it with the corresponding result over complex numbers. When this is done, one finds inequalities for the height of a variable point on a projective variety, which is found to depend essentially only upon the class of the divisors in the linear series determined on the variety by its hyperplane sections. In particular, let C be a curve of degree d in a projective space; let C' be a curve, birationally equivalent to C, of degree d', in the same or in another projective space; let M, M' be corresponding points on C, C', with algebraic coordinates; then, to every ϵ, there are constants γ_1, γ_2, both > 0, such that

$$\gamma_1 h(M)^{1/d-\epsilon} \leqslant h(M')^{1/d'} \leqslant \gamma_2 h(M)^{1/d+\epsilon}$$

for all pairs of corresponding points M, M' on C; in this sense, the "order of magnitude" of $h(M)^{1/d}$ is independent of the projective model chosen for C. This is the decisive inequality for Siegel's proof of the fact that a nonrational curve can have at most a finite number of points with integral coordinates in a given algebraic number-field ([9]; cf. [11h]). The same approach also leads very simply to Northcott's inequalities ([8]; cf. [11h]); these contain as special cases the inequalities by which it was first proved that the points on an Abelian variety, with coordinates in a given algebraic number-field, form a finitely generated group ([11a]; cf. [11c]), so that a thoroughly "modernized" version of that proof could now be given.

I should like to conclude with a brief discussion of a very interesting conjecture, due, I believe, to Hasse. As we have said, from the Kroneckerian point of view the fields of dimension 1 are the number-fields and the function-fields of curves over finite fields; to each one of these there belongs a zeta-function, the properties of which may be said to epitomize in analytic garb some of the more important properties of the field. It is therefore reasonable to guess that similar functions can be attached to fields of higher dimension, and in the first place to the fields of dimension 2, i.e., to the curves over an algebraic number-field, and to the surfaces over a finite field. Consider the latter problem first: let S be a surface over the finite field k of q elements; and define N_ν, for each ν, as the number of points on the surface with coordinates in the extension k_ν of degree ν of the ground-field; the analogy with curves, as well as the consideration of some special cases, makes it very natural ([11g]) to introduce the function $Z(q^{-s})$, where $Z(U)$ is defined by $Z(0) = 1$, $d \log Z(U)/dU = \sum_1^\infty N_\nu U^{\nu-1}$, and to expect that this will have the essential properties of a zeta-function over a finite field; i.e., that it is a rational function of U, that it satisfies a functional equation, and that it satisfies a suitably modified Riemann hypothesis; even the first property seems exceedingly difficult to prove at present, except in special cases. Now, suppose that we have on S a family of curves $C(t)$ depending upon a parameter t; for simplicity assume that $C(t)$ depends rationally upon t, and that no two curves $C(t)$ have a point in common. If we give to t a value which is algebraic over k, $C(t)$ will be defined over $k(t)$, and a zeta-function will be attached to it, defined in a manner similar to that employed for S. As the number of points on S with coordinates in k_ν is obviously the sum of the same numbers for all the curves $C(t)$, it follows at once that $Z(U)$ is the product of the zeta-functions attached to the curves $C(t)$, provided that we take only one representative for each set of curves conjugate to each other over k. Now this definition may at once be transported to number-fields: if C is a curve over the algebraic number-field K, given by an equation $F(X, Y) = 0$, then, for almost all prime ideals $\mathfrak{p}$ of K, the equation $F = 0$, reduced modulo $\mathfrak{p}$, will define a curve of the same genus as C over the finite field of $q = N(\mathfrak{p})$ elements; this has a zeta-function; and we are thus led to consider *the product of these zeta-functions for all* $\mathfrak{p}$, which is precisely the function previously defined by Hasse, of which he conjectured that it can be continued analytically over the whole plane, that it is meromorphic, and that it satisfies a functional equation. In a few simple cases, this function can actually be computed; e.g., for the curve $Y^2 = X^3 - 1$ it can be expressed in terms of Hecke's L-functions for the field $k(\sqrt[3]{1})$; this example also shows that such functions have infinitely many poles, which is a clear indication of the very considerable difficulties that one may expect in their study.

REFERENCES

1. C. CHABAUTY, *Sur les équations diophantiennes liées aux unités d'un corps de nombres algébriques fini*, Annali di Matematica (IV) vol. 17 (1938) p. 127.

2. C. CHEVALLEY, *On the theory of local rings*, Ann. of Math. vol. 44 (1943) p. 690.

3. W. L. CHOW, *Algebraic systems of positive cycles in an algebraic variety*, Amer. J. Math. vol. 72 (1950) p. 247.

4. I. S. COHEN, *On the structure and ideal theory of complete local rings*, Trans. Amer. Math. Soc. vol. 59 (1946) p. 54.

5. L. KRONECKER, a) *Grundzüge einer arithmetischen Theorie der algebraischen Grössen*, Werke, vol. II, Leipzig, Teubner, 1897, pp. 237-387.

b) *Zur Theorie der elliptischen Funktionen*, Werke, vol. IV, Leipzig-Berlin, Teubner, 1929, pp. 345-495.

6. W. KRULL, *Dimensionstheorie in Stellenringen*, J. Reine Angew. Math. vol. 179 (1938). p. 204.

7. E. LUTZ, *Sur l'équation $y^2 = x^3 - Ax - B$ dans les corps $\mathfrak{p}$-adiques*, J. Reine Angew. Math. vol. 177 (1937) p. 238.

8. D. G. NORTHCOTT, a) *An inequality in the theory of arithmetic on algebraic varieties*, Proc. Cambridge Philos. Soc. vol. 45 (1949) p. 502.

b) *A further inequality in the theory of arithmetic on algebraic varieties*, ibid. p. 510.

9. C. L. SIEGEL, *Über einige Anwendungen diophantischer Approximationen*, Abhandlungen der Preussischen Akademie der Wissenschaften (Jahrgang 1929, no. 1), Berlin, 1930.

10. TH. SKOLEM, *Einige Sätze über $\mathfrak{p}$-adische Potenzreihen mit Anwendung auf gewisse exponentielle Gleichungen*, Math. Ann. vol. 111 (1935) p. 399.

11. A. WEIL, a) *L'arithmétique sur les courbes algébriques*, Acta Math. vol. 52 (1928) p. 281 (Thèse, Paris 1928).

b) *Arithmétique et géométrie sur les variétés algébriques*, Actualités Scientifiques et Industrielles, no. 206 (Exp. math. à la mém. de J. Herbrand XI), Paris, Hermann et Cie, 1935.

c) *Arithmetic of algebraic varieties* (Russian), Uspehi Matematičeskih Nauk, vol. 3 (1937) p. 101.

d) *Sur les fonctions algébriques à corps de constantes fini*, C. R. Acad. Sci. Paris vol. 210 (1940) p. 592.

e) *Sur les courbes algébriques et les variétés qui s'en déduisent*, Actualités Scientifiques et Industrielles, no. 1041 (Publ. Inst. Math. Strasb. VII), Paris, Hermann et Cie, 1948.

f) *Variétés abéliennes et courbes algébriques*, Actualités Scientifiques et Industrielles, no. 1064 (Publ. Inst. Math. Strasb. VIII), Paris, Hermann et Cie, 1948.

g) *Numbers of solutions of equations in finite fields*, Bull. Amer. Math. Soc. vol. 55 (1949) p. 497.

h) *Arithmetic on algebraic varieties*, Ann. of Math. vol. 53 (1951) pp. 412-444.

12. O. ZARISKI, *Theory and applications of holomorphic functions on algebraic varieties*, Memoirs of Amer. Math. Soc., no. 5 (1951).

UNIVERSITY OF CHICAGO,
CHICAGO, ILL., U. S. A.

[1951a] Arithmetic on algebraic varieties

D. G. Northcott has recently contributed some interesting new theorems ([4a], [4b]) to a subject which I introduced in my thesis [1] under the above-given title, and which had been further developed by Siegel [2] and myself [3]. It is my purpose here, by making explicit some concepts which had remained implicit in these papers, to supply what seems to be the proper algebraic foundations for that theory, and to give a comprehensive account of its results, including some new ones, up to date.

BIBLIOGRAPHY

[1] A. WEIL, *L'arithmétique sur les courbes algébriques*, Thèse, Paris 1928 = Acta Math. 52 (1928), pp. 281–315.

[2] C. L. SIEGEL, *Über einige Anwendungen diophantischer Approximationen*, Abhandl. d. Preuss. Akad. d. Wiss., Berlin 1929.

[3] A. WEIL, *Arithmétique et géométrie sur les variétés algébriques*, Exposés math. publiés à la mémoire de J. Herbrand (XI), Act. Sc. et Ind. n° 206, Hermann et Cie, Paris 1935.

[4] D. G. NORTHCOTT, (a) *An inequality in the theory of arithmetic on algebraic varieties*, Proc. Cambridge Philos. Soc. 45 (1949), pp. 502–509; (b) *A further inequality in the theory of arithmetic on algebraic varieties*, ibid. pp. 510–518.

I. THE ALGEBRAIC FOUNDATIONS.

1. Specializations and valuations. Let K be a field; we denote by K_∞ the set consisting of K, with its structure as a field, and one additional element, denoted by ∞; the domain of definition of the algebraic operations in K is extended, in the usual manner, to K_∞ by putting $a/\infty = 0$, $a \pm \infty = \infty$, for $a \in K$; $a.\infty = a/0 = \infty$ for $a \in K_\infty$, $a \neq 0$. A function taking its values in K_∞ will frequently be said, incorrectly but more briefly, to take its values in K, when the context makes the meaning sufficiently clear.

By a *ring*, we shall always understand a commutative ring without zero-divisors, with a unit-element $1 \neq 0$. By a *specialization* of a ring A we understand a homomorphism f of A into some ring, such that $f(1) = 1$. Two specializations f, f' are called equivalent if $f' = g \circ f$, where g is an isomorphism of $f(A)$ onto $f'(A)$; thus a specialization of A is completely determined up to equivalence by its kernel $\mathfrak{p} = \overset{-1}{f}(0)$, which is a prime ideal of A. Let K be a field, A a subring of K, f a specialization of A with values in a field L; put $\mathfrak{p} = \overset{-1}{f}(0)$; by the *specialization-domain* of f we understand the subset of K_∞ consisting of all elements of the form u/v, with $u \in A, v \in A, u$ or $v \notin \mathfrak{p}$; f is canonically extended to that domain by putting $f(u/v) = f(u)/f(v)$. By the *specialization-ring* and the *specialization-ideal* of f we understand the subsets of the domain of f defined by $f(x) \neq \infty$, and by

Reprinted from *Annals of Mathematics*, Vol. 53, pp. 412–444, by permission of Princeton University Press

$f(x) = 0$, respectively. The specialization-ring of f is A if and only if $\mathfrak{p}$ is the set of all non-units of A, i.e. of all non-invertible elements of A. Any ring A in which the set $\mathfrak{p}$ of all non-units is an ideal will be called a *specialization-ring*, and $\mathfrak{p}$ is called its *specialization-ideal*; this is of course a prime ideal; as $\mathfrak{p}$ is the maximal ideal in A, $A/\mathfrak{p}$ is a field called the *residue-field* of A; the canonical mapping of A onto $A/\mathfrak{p}$ is called the canonical specialization of A. A ring A is a specialization-ring if and only if x is a unit in A whenever $1 - x$ is a non-unit in A.

2. A subring R of a field K is called a *valuation-ring of* K if $K_\infty = R \cup R^{-1}$; such a ring is always a specialization-ring, and its specialization-ideal will be called its *valuation-ideal*; the extension to K_∞ of its canonical specialization, or of any specialization equivalent to it, will be called a *place* of K. If such a place maps R into a field L, it is said to be *L-valued*. If $R = K$, the place is an isomorphism of K onto a field K'; such a place is called *trivial*.

If A is a ring we denote by $U(A)$ the multiplicative group of units, i.e. of invertible elements of A; if K is a field, $U(K)$ is the group K^* of non-zero elements of K. If A is any subring of a field K, the relation $y \in xA$ between elements x, y of K^* is a preorder relation on the group K^* (i.e. $y \in xA$, $z \in yA$, imply $z \in xA$; and $y \in xA$ implies $yz \in xzA$), and it induces an ordering on the group $K^*/U(A)$; this is a total ordering if and only if A is a valuation-ring of K. Conversely, let ω be a homomorphism of K^* into a totally ordered group Γ (which we shall write additively); we extend ω to a mapping of K_∞ into the union Γ_∞ of Γ and of a set of two elements $\{-\infty, +\infty\}$ by putting $\omega(0) = +\infty$, $\omega(\infty) = -\infty$; in Γ_∞, we put $-\infty < \alpha < +\infty$, $-\infty + \alpha = -\infty$, $+\infty + \alpha = +\infty$ for all $\alpha \in \Gamma$. Such a homomorphism ω is called a *valuation* of K if its satisfies $\omega(x + y) \geqq \inf [\omega(x), \omega(y)]$ for all x, y in K, hence also for all x, y in K_∞; then the elements x of K such that $\omega(x) \geqq 0$ form a valuation-ring R of K, whose group of units and valuation-ideal are the subsets respectively determined by $\omega(x) = 0$ and by $\omega(x) > 0$. Two valuations ω, ω' are called *equivalent* if $\omega' = \lambda\circ\omega$, where λ is an isomorphism of the ordered group $\omega(K^*)$ onto the ordered group $\omega'(K^*)$. Let R be any valuation-ring of K; the canonical mapping ω of K^* onto $\Gamma = K^*/U(R)$ is a valuation of K if Γ is given the order determined by the preorder relation $y \in xR$ on K^*; this is called the canonical valuation of K, belonging to R; every valuation ω' of K, such that R is the ring of elements x for which $\omega'(x) \geqq 0$, is then equivalent to ω. Thus there is a one-to-one correspondence between (a) the valuation-rings of K, (b) the canonical valuations of K, (c) the classes of mutually equivalent valuations of K, (d) the classes of mutually equivalent places of K. To a trivial place of K there corresponds the trivial valuation of K, which maps K^* into 0.

3. Let A be a specialization-ring in a field K, and $\mathfrak{p}$ its maximal ideal. Let ω be a valuation of K, R its valuation-ring, and $\mathfrak{P}$ its valuation-ideal. Then we say that ω, or R, or any one of the places of K corresponding to ω and R, are *algebraic over A* if the following conditions are satisfied: (a) ω is $\geqq 0$ on A, i.e. $R \supset A$; (b) ω is > 0 on $\mathfrak{p}$, i.e. $\mathfrak{P} \supset \mathfrak{p}$; then we have $A \cap \mathfrak{P} = \mathfrak{p}$, so that we may identify the residue-field $A/\mathfrak{p}$ of A with a subfield of the residue-field $R/\mathfrak{P}$ of R; (c) the field $R/\mathfrak{P}$ is algebraic over $A/\mathfrak{p}$. If A is a subfield k of K, condition (b) is of course trivially satisfied. If A is a specialization-ring of K, $\mathfrak{p}$ its maximal ideal, and k a subfield of K, we shall also say that A is *algebraic over* k if $A \supset k$, so that the canonical mapping of A onto $A/\mathfrak{p}$ maps k isomorphically onto its image, and if the residue-field $A/\mathfrak{p}$ of A is algebraic over the image of k in it under that mapping.

Let the specialization-ring A in K be algebraic over the subfield k of K. Then a valuation ω of K is algebraic over A if and only if it is $\geqq 0$ on A and algebraic over k. In fact, these conditions are obviously necessary. Assume now that they are satisfied; call again $\mathfrak{p}$ the maximal ideal of A, R the valuation-ring of ω, $\mathfrak{P}$ its valuation-ideal. Identify k with its image in $R/\mathfrak{P}$; then $R/\mathfrak{P}$ is algebraic over k. The image of A in $R/\mathfrak{P}$ contains k and is a subring of $R/\mathfrak{P}$; such a subring must be a field, since every non-zero element z in it, being algebraic over k, has a reciprocal $1/z$ in $k[z]$. Therefore the kernel $A \cap \mathfrak{P}$ of the homomorphism of A onto its image in $R/\mathfrak{P}$ is the maximal ideal $\mathfrak{p}$ of A, so that the condition (b) in our definition is satisfied. The rest is obvious.

4. We shall now prove that, if A is any specialization-ring in a field K, there are valuations of K which are algebraic over A. This is in substance the same as the theorem on the extension of specializations in algebraic geometry, and can also be expressed as follows:

THEOREM 1. *Every specialization of a subring A of a field K, taking its values in an algebraically closed field Ω, can be extended to an Ω-valued place of K.*

In fact, by Zorn's lemma, among all the specializations of subrings of K with values in Ω which extend the given one, there must be a maximal specialization, i.e. one which cannot be further extended. Let therefore f be such a maximal specialization; let it be defined on a ring R; we have to show that $K_\infty = R \cup R^{-1}$. Put $\mathfrak{p} = \overset{-1}{f}(0)$; R is a specialization-ring and $\mathfrak{p}$ is its maximal ideal, for otherwise could be extended to the ring of elements u/v with $u \in R$, $v \in R$, $v \notin \mathfrak{p}$, and would not be maximal. Therefore $R/\mathfrak{p}$ is a field, which we may identify with $f(R)$; put $k = f(R) = R/\mathfrak{p}$. Let x be in K, and not in R; put $R' = R[x]$; we prove that $R'\mathfrak{p} = R'$. In fact, if $R'\mathfrak{p} \neq R'$, Zorn's lemma shows that there must be, among the R'-ideals containing $\mathfrak{p}$ but not 1, a maximal ideal $\mathfrak{p}'$. Then $R \cap \mathfrak{p}'$ is an R-ideal containing $\mathfrak{p}$ but not 1, hence $R \cap \mathfrak{p}' = \mathfrak{p}$. Let F be the canonical homomorphism of R' onto $R'/\mathfrak{p}'$; on R, F induces the canonical homomorphism of R onto $R/(R \cap \mathfrak{p}') = R/\mathfrak{p} = k$, which is f; hence it maps $R' = R[x]$ onto $k[\xi]$, with $\xi = F(x)$. If ξ is algebraic over k, there is an isomorphism σ of $k(\xi)$ into Ω which leaves the elements of k invariant. If ξ is transcendental over k, let σ be the homomorphism of $k[\xi]$ onto k defined by $\sigma(\xi) = 0$, $\sigma(\alpha) = \alpha$ for $\alpha \in k$. In both cases $\sigma \circ F$ is a specialization of R' with values in Ω and it coincides with f on R; as $R' \neq R$, this contradicts the assumption that f is maximal. Hence we have $R'\mathfrak{p} = R'$, i.e. $1 \in \mathfrak{p}R[x]$, and so there is a relation $1 - \sum_{\mu=0}^{m} \varpi_\mu x^\mu = 0$, with $\varpi_\mu \in \mathfrak{p}$ for $0 \leqq \mu \leqq m$; similarly, if $x^{-1} \notin R$, there must be a relation $1 - \sum_{\nu=0}^{n} \varpi'_\nu x^{-\nu} = 0$, with $\varpi'_\nu \in \mathfrak{p}$ for $0 \leqq \nu \leqq n$. We may assume that each one of the two relations we have just written is one of smallest degree among all the relations of the same form. Now, if $m \geqq n$, multiply the former relation by $1 - \varpi_0'$, the latter by $\varpi_m x^m$, and add them; if $n \geqq m$, multiply the former by $\varpi_n' x^{-n}$, the latter by $1 - \varpi_0$, and add them; in both cases we get a relation of the same form as one of those we have written, but of smaller degree. Hence the assumption $x \notin R$, $x^{-1} \notin R$ implies contradiction.

5. The following elementary theorem and its corollaries are also not new:

THEOREM 2. *Let A be a subring of a field K, f a specialization of A, and $x = (x_\alpha)$ a set of elements of K. Then the following assertions are equivalent:* (a) *there is a polynomial $P \in A[X] = A[(X_\alpha)]$, such that $P(x) = 0$ and $f[P(0)] \neq 0$;* (b) *there is no specialization g of $A[x]$, coinciding with f on A, and such that $g(x_\alpha) = 0$ for all α.*

Let $\mathfrak{A}$ be the ideal in $A[X]$ consisting of all those P for which $P(x) = 0$. If g has the properties stated in (b), then $g[P(x)] = f[P(0)]$ for all $P \in A[X]$. Hence $f[P(0)] = 0$ for all $P \in \mathfrak{A}$, and so (a) implies (b). Assume now that (a) is false, i.e. that $f[P(0)] = 0$ for all $P \in \mathfrak{A}$. Then the mapping $P \rightarrow f[P(0)]$, being a specialization of $A[X]$ which vanishes on $\mathfrak{A}$, determines a specialization of $A[X]/\mathfrak{A}$, which we may identify with $A[x]$; this specialization has the properties stated in (b).

COROLLARY 1. *Let A be a subring of a field K, and $x = (x_\alpha)$ a set of elements of K. Then the following assertions are equivalent:* (a_1) *there is a polynomial $P \in A[X]$ such that $P(x) = 0$, $P(0) = 1$;* (b_1) *there is no specialization g of $A[x]$ such that $g(x_\alpha) = 0$ for all α;* (c_1) *no valuation of K is $\geqq 0$ on A and > 0 at x_α for every α.*

Let $\mathfrak{A}$ be as in the proof of Theorem 2. If g is as in (b_1), then $g[P(x)] = g[P(0)]$ for all $P \in A[X]$, hence $g[P(0)] = 0$ for all $P \in \mathfrak{A}$; therefore (a_1) implies (b_1). Assume now that (a_1) is false. As the mapping $P \rightarrow P(0)$ is a homomorphism of $A[X]$ onto A, the image $\mathfrak{a}$ of $\mathfrak{A}$ by it is an ideal in A; (a_1) being false, we have $\mathfrak{a} \neq A$; hence $\mathfrak{a}$ is contained in some maximal ideal $\mathfrak{p}$ in A, other than A. As $\mathfrak{p}$ is prime, the canonical mapping f of A onto $A/\mathfrak{p}$ is a specialization of A. As $f(\mathfrak{a}) = 0$, (a) of Theorem 2 is false for f, and so, by Theorem 2, f can be extended to a specialization g of $A[x]$ such that $g(x_\alpha) = 0$ for all α; hence (b_1) is false. As to (c_1), it is equivalent to (b_1) by Theorem 1.

COROLLARY 2. *Let A be a specialization-ring in a field K, and $x = (x_\alpha)$ a set of elements of K. Then the following assertions are equivalent:* (a_2) *there is a polynomial $P \in A[X]$ such that $P(x) = 0$, $P(0) = 1$;* (b_2) *no valuation of K is $\geqq 0$ on A and >0 at x_α for every α;* (c_2) *no valuation of K is algebraic over A and >0 at x_α for every α.*

In fact, if f is the canonical specialization of A, (a_2) is equivalent to saying that there is no $P \in A[X]$ such that $P(x) = 0, f[P(0)] \neq 0$, since $f(A)$ is a field; by Theorem 2 and Theorem 1, this is equivalent to (c_2). As to (a_2), (b_2), they are equivalent by Corollary 1.

6. Valuation-functions. Let K be a field, and A a subring of K; by $\mathbf{V}(K/A)$ we shall denote the set of all non-trivial canonical valuations of K which are $\geqq 0$ on A; if A is a specialization-ring in K, and in particular if it is a subfield of K, we shall denote by $\mathbf{V}_0(K/A)$ the set of all non-trivial canonical valuations of K which are $\geqq 0$ on A and algebraic over A. If A is the prime ring of K (i.e. the ring of rational integers if the characteristic of K is 0, and the prime field k_0 of p elements if the characteristic of K is $p > 1$), $\mathbf{V}(K/A)$ is the set of all non-trivial canonical valuations of K; this will also be denoted by $\mathbf{V}(K)$.

If $\mathbf{V}$ is any subset of $\mathbf{V}(K)$, we shall denote by $\mathbf{F}'(\mathbf{V})$ the product $\prod_{\omega \in \mathbf{V}} \omega(K^*)$ of all the value-groups $\omega(K^*)$ for $\omega \in \mathbf{V}$, with its structure as an ordered group; as each one of its factors is a totally ordered group, hence a lattice, this product is a lattice, i.e. sup and inf are defined, as binary operations, hence also as operations on finite sets of elements, and they have the usual properties; in particular they are mutually distributive. If $\mathbf{V}' \subset \mathbf{V}$, $\mathbf{F}'(\mathbf{V}')$ is a partial product of $\mathbf{F}'(\mathbf{V})$, so that there is a natural homomorphism, viz. the projection, of $\mathbf{F}'(\mathbf{V})$ onto $\mathbf{F}'(\mathbf{V}')$.

For each $\mathbf{V} \subset \mathbf{V}(K)$ and each $x \in K^*$, $\omega(x)$ is a function of ω, defined on $\mathbf{V}$, whose value at ω is an element of $\omega(K^*)$; this function determines an element of $\mathbf{F}'(\mathbf{V})$ which will be denoted by $[x]_{\mathbf{V}}$, or usually by $[x]$; we have $[1] = 0$, $[1/x] = -[x]$, $[xy] = [x] + [y]$, i.e. the mapping $x \to [x]$ is a homomorphism of the group K^* (with the trivial ordering, for which no two elements are comparable unless they are equal) into $\mathbf{F}'(\mathbf{V})$. We shall denote by $\mathbf{F}(\mathbf{V})$ the smallest subgroup of $\mathbf{F}'(\mathbf{V})$ containing $[x]$ for all $x \in K^*$, and closed with respect to the (binary) operations sup, inf in $\mathbf{F}'(\mathbf{V})$; the elements of this ordered group $\mathbf{F}(\mathbf{V})$ will be called the *valuation-functions* on $\mathbf{V}$. We shall write $\mathbf{F}(K)$, $\mathbf{F}(K/A)$, $\mathbf{F}_0(K/A)$, for $\mathbf{F}(\mathbf{V}(K))$, $\mathbf{F}(\mathbf{V}(K/A))$, $\mathbf{F}(\mathbf{V}_0(K/A))$, respectively. If we extend $\mathbf{F}(\mathbf{V})$ by the adjunction of one element $+\infty$, we write $[0] = +\infty$.

Because of the distributivity of sup, inf, every valuation-function can be written in the form $X = \inf_\mu \sup_i [x_{\mu,i}]$, where $(x_{\mu,i})_{1 \leqq \mu \leqq m; 1 \leqq i \leqq h_\mu}$ is a finite family of elements of K^*. Also because of the distributivity, the same element can be written as $X = \sup_{i(\mu)} \inf_\mu [x_{\mu, i(\mu)}]$, where μ runs over the set $\{1, \cdots, m\}$, and $i(\mu)$ over the set of all mappings of that set into the set of integers, satisfying $1 \leqq i(\mu) \leqq h_\mu$ for every μ. This gives $-X = \inf_{i(\mu)} \sup_\mu [1/x_{\mu, i(\mu)}]$. If $Y = \inf_\nu \sup_j [y_{\nu,j}]$ is another valuation-function, then $X + Y = \inf_{\mu,\nu} \sup_{i,j} [x_{\mu,i} y_{\nu,j}]$. The order relation will be completely determined by the knowledge of the valuation-functions which are $\succ 0$; and $X = Y$ is equivalent to $X - Y \succ 0$ and $Y - X \succ 0$. Since $\inf_\mu \sup_i [x_{\mu,i}] \succ 0$ if and only if $\inf_i [1/x_{\mu,i}] \prec 0$ for every μ, we see that the structure of $\mathbf{F}(\mathbf{V})$ is completely determined by the knowledge of those finite subsets (x_i) of K^* which are such that $\inf_i [x_i] \prec 0$ in $\mathbf{F}(\mathbf{V})$. In the cases in which we are interested, criteria for this are given by the corollaries of Theorem 2. In fact, if A is any subring of K, corollary 1 of Theorem 2 shows that $\inf_i [x_i] \prec 0$ in $\mathbf{F}(K/A)$ if and only if there is a polynomial $P \in A[X]$ such that $P(x) = 0$ and $P(0) = 1$; if A is a specialization-ring in K, the same criterion holds for $\mathbf{F}_0(K/A)$, by corollary 2 of Theorem 2; hence, in that case, the canonical homomorphism of $\mathbf{F}(K/A)$ onto $\mathbf{F}_0(K/A)$ is an isomorphism. From this it follows at once that a necessary and sufficient condition for $[y] \succ \inf_i [x_i]$ to hold in $\mathbf{F}(K/A)$, or in $\mathbf{F}_0(K/A)$, is that y

and the x_i should satisfy a relation $P(y, x_1, \cdots, x_n) = 0$, where P is a homogeneous polynomial with coefficients in A, such that $P(1, 0, \cdots, 0) = 1$. In particular, we have $[y] > 0$ if and only if y is integral over A, and $[y] = 0$ if and only if both y and $1/y$ are so. If k is a subfield of K, we have $[y] = 0$ in $\mathbf{F}(K/k)$ for the elements y of K^* which are algebraic over k, and only for those, and $[y] > 0$ only for those and for 0.

From what we have just proved it follows that, if A is a subring of K, the set A' of all elements of K which are integral over A is the set of all elements at which all the valuations in $\mathbf{V}(K/A)$ are $\geqq 0$, i.e. the intersection of their valuation-rings; hence A' is a ring, and $\mathbf{V}(K/A') = \mathbf{V}(K/A)$. In particular, if k is a subfield of K and k' its algebraic closure in K we have $\mathbf{V}(K/k') = \mathbf{V}(K/k)$, and $\mathbf{F}(K/k') = \mathbf{F}(K/k)$.

7. Valuation-functions and divisors. We shall now consider fields of functions on an algebraic variety V; the language will be that of F-VIII,[1] except that we do not include the constant ∞ among our functions. We shall say that a point P lies on a divisor X, or that X goes through P, if P lies on some component of X, and that some divisors have no point in common if there is no point lying on every one of them. If x is any non-zero function on V, (x), $(x)_0$ and $(x)_\infty$ denote the divisor of (x), and its divisors of zeros and of poles, respectively; the latter are positive divisors without common component.

Let $x_1, \cdots, x_n$ be functions on the variety V; let k be a field of definition for V and the x_i, M a generic point of V over k, and $x_i(M)$ the value of x_i at M; then the fields $k(x_1, \cdots, x_n)$, $k(x_1(M), \cdots, x_n(M))$ are isomorphic over k, and so every specialization $x' = (x_1', \cdots, x_n')$ of $(x_1(M), \cdots, x_n(M))$ over k is also one of $(x_1, \cdots, x_n)$ over k; if it is a specialization of $(x_1(M), \cdots, x_n(M))$ over $M \to P$ with respect to k, where P is a point of V, then we say that it is a specialization of $(x_1, \cdots, x_n)$ at P; this is the same as to say that $P \times x'$ is a point of the graph of the mapping $(x_1, \cdots, x_n)$ of V into a product of n projective straight lines; hence it does not depend upon the choice of M. A function x which does not admit the specialization ∞ at P is integral over the specialization-ring of P; if every such function is in that ring, i.e. is defined at P, we say that V is normal at P; V is called normal if it is so at all its points. If V is normal at P and its dimension is n, no multiple subvariety of V of dimension $n - 1$ can go through P.

Lemma 1. *Let V be a variety of dimension n, and P a point of V not contained in any multiple subvariety of V of dimension $n - 1$. Let x be a function on V, other than 0. Then, if 0 is a specialization of x at P, P must lie on $(x)_0$; if ∞ is a specialization of x at P, P must lie on $(x)_\infty$. If P does not lie on $(x)_\infty$, and if V is normal at P, then x is defined and finite at P.*

If 0 is a specialization of x at P, $P \times 0$ lies on the graph Γ of x; hence, by F-VII$_4$, prop. 8, the intersection $\Gamma \cap (V \times 0)$ has a component of dimension at least $n - 1$ going through $P \times 0$; this must be of dimension $n - 1$, as other-

[1] By this, I mean my *Foundations*, Chap. VIII; by F-VII$_4$, the same, Chap. VII, §4; etc.

wise it would coincide both with Γ and with $V \times 0$, which are of dimension n; this would give $\Gamma = V \times 0$, i.e. $x = 0$. Thus that component must be of the form $X \times 0$, where X is a subvariety of V of dimension $n - 1$ and going through P, hence simple on V. As $X \times 0$ is contained in Γ, X is a component of $(x)_0$. The next assertion follows from this by replacing x by $1/x$, and the rest follows immediately.

THEOREM 3. *Let V be a complete abstract variety of dimension r without multiple subvarieties of dimension $r - 1$; let k be a field of definition for V. Let K be the field of functions on V which have k as a field of definition; let $x_1, \cdots, x_n$ be elements of K, other than 0. Then, for the relation* $\inf_i[x_i] \prec 0$ *to hold in* $\mathbf{F}(K/k)$, *it is necessary that the divisors $(x_i)_0$ should have no common component, and sufficient that they should have no common point.*

Let M be a generic point of V over k. Assume first that $\inf_i[x_i]$ is not $\prec 0$; then $(0, \cdots, 0)$ must be a specialization of $(x_1, \cdots, x_n)$, or, what is the same thing, of $(x_1(M), \cdots, x_n(M))$, over k; this can be extended so as to include a specialization P of M over k; as V is complete, P is a point of V. Then, for every i, 0 is a specialization of x_i at P; and so, by Lemma 1, P lies on all the $(x_i)_0$. Now assume that the $(x_i)_0$ have a common component X; this must be a subvariety of V of dimension $r - 1$, algebraic over k; let P be a generic point of X over $\bar{k}$. By F-VIII$_1$, prop. 5, the x_i are defined at P, and take the value 0 there; so $(0, \cdots, 0)$ is a specialization of $(x_1, \cdots, x_n)$ over k.

COROLLARY 1. *Let V, k and K be as in Theorem 3. Let $(x_1, \cdots, x_n)$, $(y_1, \cdots, y_m)$ be two sets of non-zero elements of K such that $(x_i) = X_i - Z$, $(y_j) = Y_j - Z$, where Z is a divisor and the X_i, Y_j are positive divisors on V. Then, if the X_i have no point in common, we have* $\inf_i[x_i] \prec \inf_j[y_j]$ *in* $\mathbf{F}(K/k)$; *if at the same time the Y_j have no point in common, we have* $\inf_i[x_i] = \inf_j[y_j]$ *in* $\mathbf{F}(K/k)$.

We have $(x_i/y_j) = X_i - Y_j$, hence $(x_i/y_j)_0 \prec X_i$; if the X_i have no point in common, the same is true a fortiori of the positive divisors $(x_i/y_j)_0$ for each j, so that $\inf_i[x_i/y_j] \prec 0$, i.e. $\inf_i[x_i] \prec [y_j]$ for each j, by Theorem 3. The rest follows immediately.

COROLLARY 2. *Let V, k, K be as in Theorem 3. Let $(x_{\mu,i})$, (y_j) be two sets of non-zero elements of K such that $(x_{\mu,i}) = T + X_{\mu,i} - U_{\mu,i}$, $(y_j) = T + Y_j - V_j$, where T is a divisor and the $X_{\mu,i}$, $U_{\mu,i}$, Y_j, V_j are positive divisors. Then, if the divisors $\sum_i X_{\mu,i}$ have no point in common, and the divisors V_j also have no point in common, we have* $\inf_\mu \sup_i[x_{\mu,i}] \prec \sup_j[y_j]$ *in* $\mathbf{F}(K/k)$.

The conclusion is equivalent to $\inf_\mu[x_{\mu,i(\mu)}] \prec \sup_j[y_j]$, i.e. to $\inf_{\mu,j}[x_{\mu,i(\mu)}/y_j] \prec 0$, for all mappings $i(\mu)$, notations being as in No. 3. But

$$(x_{\mu,i(\mu)}/y_j) = X_{\mu,i(\mu)} + V_j - U_{\mu,i(\mu)} - Y_j.$$

Let P be any point on V; by our assumptions, there is μ such that P does not lie on any of the $X_{\mu,i}$, and so in particular not on $X_{\mu,i(\mu)}$; and there is a j such that P does not lie on V_j; so P does not lie on $X_{\mu,i(\mu)} + V_j$. By Theorem 3 this proves our assertion.

COROLLARY 3. *Let V, k, K be as in th. 3. Let $(x_{\mu,i})$, $(y_{\nu,j})$ be two sets of non-zero* *elements of K such that* $(x_{\mu,i}) = T + X_{\mu,i} - U_{\mu,i}$, $(y_{\nu,j}) = T + Y_{\nu,j} - V_{\nu,j}$, *where T is a divisor and the* $X_{\mu,i}$, $U_{\mu,i}$, $Y_{\nu,j}$, $V_{\nu,j}$ *are positive divisors, satisfying the following conditions:* a) *the divisors* $\sum_i X_{\mu,i}$ *have no point in common;* b) *for each* μ *the divisors* $U_{\mu,i}$ *have no point in common;* c) *the divisors* $\sum_j Y_{\nu,j}$ *have no point in common;* d) *for each* ν *the divisors* $V_{\nu,j}$ *have no point in common. Then we have* $\inf_\mu \sup_i [x_{\mu,i}] = \inf_\nu \sup_j [y_{\nu,j}]$ *in* $\mathbf{F}(K/k)$*; and this element of* $\mathbf{F}(K/k)$ *is* $\succ 0$ *if and only if* $T \succ 0$.

Put $X = \inf_\mu \sup_i [x_{\mu,i}]$, $Y = \inf_\nu \sup_j [y_{\nu,j}]$. By corollary 2 we have $X \prec \sup_j [y_{\nu,j}]$ for each ν, hence $X \prec Y$; we get $Y \prec X$ similarly. If T is positive, Theorem 3 shows that $\inf_i [1/x_{\mu,i}] \prec 0$ for each μ, hence $X \succ 0$. Assume now that $X \succ 0$, i.e. that $\inf_i [1/x_{\mu,i}] \prec 0$ for each μ; then, by Theorem 3, the divisors $(x_{\mu,i})_\infty$ are without common component for each μ. But if T has a component A with a coefficient <0 there must be a μ such that A is not a component of $\sum_i X_{\mu,i}$, since these divisors have no common point; for that value of μ, A must be a common component of all the $(x_{\mu,i})_\infty$. This shows that there cannot be a component such as A, i.e. that $T \succ 0$.

8. If T is a divisor, rational over k, and the $x_{\mu,i}$ are in K, we shall say that the element $X_T = \inf_\mu \sup_i [x_{\mu,i}]$ of $\mathbf{F}(K/k)$ is *attached to* T if the set $x_{\mu,i}$ satisfies the conditions a), b) of corollary 3 of Theorem 3, i.e. if

$$(x_{\mu,i}) = T + X_{\mu,i} - U_{\mu,i},$$

where the $X_{\mu,i}$, $U_{\mu,i}$ are positive divisors such that the divisors $\sum_i X_{\mu,i}$, and for each μ the divisors $U_{\mu,i}$ have no point in common. Corollary 3 of Theorem 3 shows that, if there is such an element X_T, it is uniquely determined. To the divisor (x) is attached the element $X_{(x)} = [x]$ of $\mathbf{F}(K/k)$.

It is easy to see that, if $X_T = \inf_\mu \sup_i [x_{\mu,i}]$ is attached to T, then $-X_T = \inf_{i(\mu)} \sup_\mu [1/x_{\mu,i(\mu)}]$ is attached to $-T$; hence, by corollary 3 of Theorem 3, $X_T \prec 0$ if and only if $T \prec 0$, and so $X_T = 0$ if and only if $T = 0$. If, moreover, $X_{T'} = \inf_\nu \sup_j [x'_{\nu,j}]$ is attached to T', then $X_T + X_{T'} = \inf_{\mu,\nu} \sup_{i,j} [x_{\mu,i} x'_{\nu,j}]$ is attached to $T + T'$. This shows that the divisors to which an element of $\mathbf{F}(K/k)$ is attached form a group, and that $T \to X_T$ is an isomorphic mapping of that ordered group into the ordered group $\mathbf{F}(K/k)$.

In particular, T being as above, assume that there are two sets of non-zero elements x_μ, u_ν of K such that $(x_\mu) = T + X_\mu - Z$, $(u_\nu) = U_\nu - Z$, where Z is a divisor, the X_μ are positive divisors with no point in common, and the U_ν are positive divisors with no point in common. Put

$$X_T = \inf_\mu \sup_\nu [x_\mu/u_\nu] = \inf_\mu [x_\mu] - \inf_\nu [u_\nu];$$

then, by our definitions, X_T is attached to T. One sees at once that the divisors T for which there exist sets x_μ, u_ν satisfying these conditions form a group.

One says that a divisor T is "everywhere locally equivalent to 0" (or "everywhere locally a complete intersection") if, for each point P on V, there is a function x such that P does not lie on $T - (x)$. If $X_T = \inf_\mu \sup_i [x_{\mu,i}]$ is attached to T, then corresponding to each P there are μ, i such that P does not lie on

$T - (x_{\mu,i})$, so that T is everywhere locally equivalent to 0; on a projective variety V the converse of this is also true. Here we shall only deal with the non-singular case:

THEOREM 4. *Let V be a non-singular projective variety defined over a field k; let T be a divisor on V rational over k. Then there are functions x_μ, u_ν on V, defined over k, such that $(x_\mu) = T + X_\mu - Z$, $(u_\nu) = U_\nu - Z$, where Z is a divisor, the X_μ are positive divisors with no point in common, and the U_ν are positive divisors with no point in common.*

As mentioned above, the divisors T with that property form a group, so that it is enough to prove the theorem under the assumption that T is a prime rational divisor over k. Let r, n be the dimensions of V and of the ambient projective space P^n. We shall use homogeneous coordinates; this amounts to considering, instead of V, the corresponding cone of dimension $r + 1$ in the affine space S^{n+1}. By a form we understand a homogeneous polynomial in the homogeneous coordinates $X_0, \cdots, X_n$; we define, in an obvious manner, the divisor (F) on V of a form F which is not 0 on V. In the ring $k[x] = k[X_0, \cdots, X_n]$ let $\mathfrak{A}$ be the homogeneous prime ideal generated by the forms which are 0 on the components of T. If F is any form in $\mathfrak{A}$, not 0 on V, we have $(F) > T$. Take $(r + 1)(n + 1)$ independent variables $z_{\rho i}$ over k; put $Z_\rho = \sum z_{\rho i} X_i$ $(0 \leqq \rho \leqq r)$, and $k_z = k(z) = k(z_{00}, \cdots, z_{rn})$. Consider the ideal $\mathfrak{A}_z = k_z[X]\mathfrak{A}$ generated by $\mathfrak{A}$ in the ring $k_z[X]$, and the ideal $\mathfrak{A}' = \mathfrak{A}_z \cap k_z[Z]$ in $k_z[Z] = k_z[Z_0, \cdots, Z_r]$. By well-known elementary theorems, $\mathfrak{A}'$ is a homogeneous prime ideal of dimension $r - 1$ in $k_z[Z]$, hence a principal ideal, which can be generated by an element $P(z, Z)$ of that ring, where P is a polynomial in the $z_{\rho i}$ and the Z_ρ, homogeneous in the Z_ρ, with coefficients in k. Geometrically speaking, $P = 0$ is the equation of the "monoid" determined by T and by the linear variety $Z_0 = \cdots = Z_r = 0$ in the projective space P^n, or of the projecting cylinder of T in the direction $Z_0 = \cdots = Z_r = 0$ in the associated affine space S^{n+1}. Let d be the degree of P in the Z_ρ; we can write $P(z, Z) = \sum_\mu p_\mu(z) F_\mu(X)$, where the p_μ are in $k[z]$, and the F_μ are forms of degree d in $k[X]$, linearly independent over k. As P is 0 on T, the F_μ must be in $\mathfrak{A}$. Moreover, if M is any point on V, and the $z_{\rho i}$ have been chosen as independent variables, not merely over k, but over $k(M)$, it is known (since M is simple on V) that M does not lie on the positive divisor $(P) - T$ on V; geometrically speaking, the intersection of $P = 0$ with V is reduced to T in a "neighborhood" of M. Hence, corresponding to every point M on V, there is a μ such that M does not lie on $(F_\mu) - T$. Now let $M_\nu(X)$ be all the monomials of degree d in $X_0, \cdots, X_n$, in any order; take for $M_0(X)$ one such monomial which is not 0 on V; put $x_\mu = F_\mu/M_0$ for all the μ such that F_μ is not 0 on V, and $u_\nu = M_\nu/M_0$ for all the ν such that M_ν is not 0 on V. Put $X_\mu = (F_\mu) - T$, $U_\nu = (M_\nu)$, $Z = U_0 = (M_0)$. These functions and divisors on V satisfy the requirements of our theorem.

II. ABSOLUTE VALUES, DISTRIBUTIONS, HEIGHTS.

9. Absolute values. By an *absolute value* on a field K, we understand a function v on K, with values in the closed interval $[0, +\infty]$, such that $v(0) = 0$, $v(1) = 1$,

$v(xy) = v(x)v(y)$ and $v(x + y) \leqq v(x) + v(y)$ for all x, y in K; this is called *trivial* if $v(x) = 1$ for all $x \neq 0$. We put $v(\infty) = +\infty$.

If v is as above, the subset of K defined by $v(x) < +\infty$ is a subring R of K. Since $v(x) = +\infty$ implies $v(1/x) = 0$, we have $K_\infty = R \cup R^{-1}$, i.e. R is a valuation-ring of K; the valuation-ideal $\mathfrak{P}$ of R is the set defined by $v(x) = 0$. Since $v(-x)^2 = v(x)^2 = v(x^2)$ we have $v(-x) = v(x)$; hence, if $v(y) = 0$, we have both $v(x + y) \leqq v(x)$ and $v[(x + y) + (-y)] \leqq v(x + y)$, hence $v(x + y) = v(x)$; therefore v induces an absolute value v', which is nowhere $+\infty$, on the residue-field $K' = R/\mathfrak{P}$.

In a finite field every element $\neq 0$ is a root of unity; hence there is no non-trivial absolute value. On the other hand, if K is of characteristic 0 it contains the ring Z of the rational integers, and the field Q of rational numbers; v being an absolute value on K, and $\mathfrak{P}$ being defined as above, $Z \cap \mathfrak{P}$ must be either $\{0\}$ or a prime ideal $(p) = pZ$ in Z; in the latter case v induces an absolute value, which must be the trivial one, on the finite field $Z/(p)$, i.e. we have $v(a) = 0$ or 1 for $a \in Z$ according as $a \equiv 0$ or $a \not\equiv 0$ mod. p.

If x, y are in K, and such that $v(y) \leqq v(x)$, then we have, for every integer $n > 0$, $v(x + y)^n \leqq \sum_{r=0}^{n} v(C_r^n)v(x)^n$, where the C_r^n are binomial coefficients. Hence, if K is of characteristic $p > 1$, or if it is of characteristic 0 and v is $\leqq 1$ on Z, we have $v(x + y)^n \leqq (n + 1)v(x)^n$ for all n, whence $v(x + y) \leqq v(x)$. In other words, in those two cases, we have $v(x + y) \leqq \sup[v(x), v(y)]$ for all x, y in K. When that is so, the subset of K defined by $v(x) \leqq 1$ is a valuation-ring R_1 of K, contained in R; its valuation-ideal $\mathfrak{P}_1$ is the set defined by $v(x) < 1$; and the mapping $x \rightarrow v(x)$ of the group of units $U(R)$ of R into the real line is a homomorphism of $U(R)$ into the multiplicative group of real numbers >0, with the kernel $U(R_1)$. Let $\Gamma = K^*/U(R_1)$ be the value-group of the canonical valuation ω of K associated with R_1; the image γ of $U(R)$ in Γ is then a subgroup of Γ; and what we have said shows that there is an order-reversing isomorphism λ of γ into the multiplicative group of real numbers >0, with the following properties: a) $v(x) = \lambda[\omega(x)]$ for $\omega(x) \in \gamma$, i.e. for $x \in U(R)$; b) $v(x) = 0$ for $\omega(x) > \gamma$, i.e. $x \in \mathfrak{P}$; c) $v(x) = +\infty$ for $\omega(x) < \gamma$, i.e. $x \notin R$.

In particular, assume that the characteristic of K is 0, that $v \leqq 1$ on Z, and that $Z \cap \mathfrak{P} = \{0\}$; then $Z \cap \mathfrak{P}_1$ is either $\{0\}$, in which case v is trivial on Z, hence on Q, or it is a prime ideal $(p) = pZ$ in Z; then we have $v(a) = 1$ for $a \in Z$, $a \notin \mathfrak{P}_1$, i.e. $a \not\equiv 0$ mod. p, and $0 < v(p) < 1$; and if $r = p^n a/b$, where a, b, n are integers, and a, b are prime to p, we have $v(r) = v(p)^n$. When that is so, v will be called *p-adic*, and *normed* if $v(p) = 1/p$. It is clear that every p-adic absolute value is of the form $v(x)^\rho$, where v is p-adic and normed, and $\rho > 0$.

Finally, assume that K is of characteristic 0, and that the absolute value v is not everywhere $\leqq 1$ on Z; as we have seen, this implies $Z \cap \mathfrak{P} = \{0\}$, and hence $v \neq +\infty$ on Z. It is known that in this case v must induce on Q an absolute value of the form $v(r) = |r|^\rho$, where ρ is a constant satisfying $0 < \rho \leqq 1$; v is then called *archimedean*, and *normed* if $\rho = 1$. As $Q \cap \mathfrak{P} = \{0\}$, Q is mapped isomorphically into the residue-field $K' = R/\mathfrak{P}$; that being so, it is known that

K' may be identified with a subfield of the field C of complex numbers in such a way that $v'(x') = |x'|^\rho$. In other words, every archimedean absolute value is of the form $v(x) = |f(x)|^\rho$, where f is a C-valued place of K, with the valuation-ring R, and $0 < \rho \leqq 1$.

An absolute value will henceforth be called *proper* if it is either p-adic or archimedean, and normed. The above discussion shows that every absolute value which takes other values than 0 and 1 on the prime ring (i.e. Z if K is of characteristic 0, and the prime field otherwise) is of the form $v(x)^\rho$, where v is proper and $\rho > 0$; if v is archimedean ρ must also be $\leqq 1$.

As the set of elements of a field K where a non-archimedean absolute value is $\leqq 1$ is a valuation-ring, and hence (by No. 6) integrally closed, such an absolute value is $\leqq 1$ on the ring of algebraic integers in K; for a similar reason, every proper absolute value on K is $< +\infty$ on the algebraic closure of Q in K.

By an *algebraic number-field* we shall understand a finite algebraic extension of Q. On such a field k it is known that the proper non-archimedean absolute values are in a one-to-one correspondence with the prime ideals in k; the proper p-adic absolute values correspond to the prime divisors of p in k; for each p they are finite in number. The proper archimedean absolute values of k are also finite in number, and are in a one-to-one correspondence with the isomorphisms of k into the real number-field and with the pairs of mutually conjugate isomorphisms of k into the complex number-field C.

If k is an algebraic number-field we define a *k-divisor* as a real-valued function $\delta(v)$ of the proper absolute values on k, with the following properties: (a) $\delta(v) > 0$ for all v's, and $\delta(v) = 1$ for all but a finite number of the v's; (b) for each non-archimedean v, there is an $\alpha \in k^*$ such that $\delta(v) = v(\alpha)$. If $\alpha \in k^*$, $v(\alpha)$ is a k-divisor; so is every function of v obtained from functions of this form by the operations of sup and inf. If K is any field containing k we may extend any k-divisor δ to a function of the proper absolute values on K by putting $\delta(w) = \delta(v)$ when w is a proper absolute value on K which induces v on k.

10. Let A be any subring of a field K; let the x_i be in K, and such that $\inf_i[x_i] \prec 0$ in $\mathbf{F}(K/A)$; then, by corollary 1 of Theorem 2, there is a polynomial $P \in A[X]$ such that $P(x) = 0$ and $P(0) = 1$; in other words there is a relation $1 = \sum_{\nu=1}^{n} a_\nu M_\nu(x)$, where the a_ν are in A, and the M_ν are monomials of degree $\geqq 1$. Let v be any absolute value on K; either $\sup_i v(x_i) \geqq 1$, or $v(x_i) < 1$ for all i; assume that we are in the latter case. Then, putting $\alpha = \sup_\nu v(a_\nu)$, we have $1 \leqq n\alpha \sup_i v(x_i)$ always, and $1 \leqq \alpha \sup_i v(x_i)$ if v is non-archimedean. This shows that our assumption on the x_i implies

$$\sup_i v(x_i) \geqq \gamma_v = \inf_\nu(1, v(a_\nu^{-1})/n_v),$$

with $n_v = n$ or 1 according as v is archimedean or not. Therefore:

THEOREM 5. *Let K be a field, and A a subring of K; let v_0 be an absolute value on K which is $< +\infty$ on A. Let the x_i be in K, and such that $\inf_i[x_i] \prec 0$ in $\mathbf{F}(K/A)$. Then there is a constant $\gamma > 0$ such that $\sup_i v(x_i) \geqq \gamma$ for all the absolute values v on K which coincide with v_0 on A.*

Now, in addition to the assumptions made above on K, A and the x_i, assume that K is of characteristic 0, that A is a specialization-ring in K, and that A is absolutely algebraic, i.e. algebraic over the prime field Q; according to No. 3, this means that $A \supset Q$, and that $A/\mathfrak{p}$ is algebraic over Q, where $\mathfrak{p}$ is the maximal ideal of A. Let v be any absolute value on K which is 0 on $\mathfrak{p}$; then, for $a \in A$, $v(a)$ depends only upon the class of a mod. $\mathfrak{p}$, i.e. upon the image a' of a in $A/\mathfrak{p}$, and we can write $v(a) = v'(a')$, where v' is an absolute value on $A/\mathfrak{p}$. The a_ν being defined as above, we have $\sup_i v(x_i) \geqq \gamma_v = \inf_\nu(1, v'(a_\nu'^{-1})/n_v)$. Let k be the subfield of $A/\mathfrak{p}$ generated by the a_ν' over Q; this is an algebraic number-field. As the normed archimedean absolute values v' on k are finite in number, there is a real number $\rho > 0$ such that $v'(a_\nu'^{-1})/n \geqq \rho$ for all such v' and all ν; then, if $r \in Q$ is such that $0 < r \leqq \inf(1, \rho)$, we have $\sup_i v(x_i) \geqq v(r)$ for all the archimedean absolute values v on K which are 0 on $\mathfrak{p}$. Let m be an integer >0 such that all the ma_ν' are algebraic integers; then we have $v'(a_\nu'^{-1}) \geqq v'(m)$ for all non-archimedean absolute values v' on k and all ν. Therefore:

THEOREM 6. *Let K be a field of characteristic 0, A an absolutely algebraic specialization-ring in K, and $\mathfrak{p}$ the maximal ideal in A. Let the x_i be in K, and such that* $\inf_i[x_i] \prec 0$ *in* $\mathbf{F}(K/A)$. *Then there are a rational number $r > 0$ and an integer $m > 0$ such that, if v is any absolute value on K which is 0 on $\mathfrak{p}$,* $\sup_i v(x_i) \geqq \inf(v(r), v(m))$.

If A and $\mathfrak{p}$ are as in Theorem 6, we shall say that an absolute value v on K *belongs properly to A* if it is proper and if it is 0 on $\mathfrak{p}$; v' being defined as before, v' is then a proper absolute value on $A/\mathfrak{p}$, and so is $< +\infty$ on $A/\mathfrak{p}$ since $A/\mathfrak{p}$ is algebraic over Q; therefore v must be $< +\infty$ on A. We can now rephrase the most important case of Theorem 6 as follows:

THEOREM 6′. *Let K be a field of characteristic 0, and A an absolutely algebraic specialization-ring in K. Let the x_i be in K, and such that* $\inf_i[x_i] \prec 0$ *in* $\mathbf{F}(K/A)$. *Then there is a Q-divisor δ such that* $\sup_i v(x_i) \geqq \delta(v)$ *for all the absolute values v on K which belong properly to A.*

11. Distributions. As in No. 6, let the $x_{\mu,i}$ be a finite set of elements of a field K; in No. 6, we have attached to it the element $X = \inf_\mu \sup_i [x_{\mu,i}]$ of $\mathbf{F}(K)$; now we also attach to it the function $\Delta_x(v) = \sup_\mu \inf_i v(x_{\mu,i})$ of the absolute values v on K, with values in $[0, +\infty]$. Such a function, or its restriction to various subsets of the set of all absolute values on K, will be called a *distribution*; Δ_x will be called the distribution *belonging to the expression* $\inf_\mu \sup_i [x_{\mu,i}]$; we also say that it is a distribution belonging to the element X of $\mathbf{F}(K)$, or, as the case may be, of one of the groups $\mathbf{F}(K/A)$, defined by that same expression. The distribution belonging to the expression $\inf_{i(\mu)} \sup_\mu [1/x_{\mu,i(\mu)}]$ of $-X$ is Δ_x^{-1}; if $y_{\nu,j}$ is another set of elements of K, and if we put $Y = \inf_\nu \sup_j [y_{\nu,j}]$, the distribution $\Delta_{xy}(v)$ belonging to the expression $\inf_{\mu,\nu} \sup_{i,j} [x_{\mu,i} y_{\nu,j}]$ of $X + Y$ is equal to $\Delta_x(v)\Delta_y(v)$ whenever this product is defined, that is except when one of its factors is 0 and the other $+\infty$.

First let A be a subring of K, and v_0 an absolute value on K which is $< +\infty$ on A, and apply Theorem 5. Let X, Y, Δ_x, Δ_y be defined as above; then, if

$X \prec Y$ in $\mathbf{F}(K/A)$, there is a constant $\gamma > 0$ such that $\Delta_x(v) \geqq \gamma\Delta_y(v)$ for all absolute values v on K coinciding with v_0 on A. In fact, the distribution belonging to the expression $\sup_{i(\mu),\nu}\inf_{\mu,j}[x_{\mu,i(\mu)}/y_{\nu,j}]$ of $X - Y$ is equal to $\Delta_x(v)\Delta_y(v)^{-1}$ except when $\Delta_x(v)$, $\Delta_y(v)$ are both 0 or both $+\infty$; by Theorem 5, for each $i(\mu)$ and each ν there must be a $\gamma > 0$ such that $\sup_{\mu,j}v(x_{\mu,i(\mu)}/y_{\nu,j}) \geqq \gamma$ for all v's coinciding with v_0 on A; replacing all these γ's by the smallest one among them, we get $\Delta_x(v)\Delta_y(v)^{-1} \geqq \gamma$ except when $\Delta_x(v)$, $\Delta_y(v)$ are both 0 or both $+\infty$, which is equivalent to what we had to prove. From this it follows that, if $X = Y$ in $\mathbf{F}(K/A)$, there are constants γ, γ', both >0, such that $\gamma\Delta_y(v) \leqq \Delta_x(v) \leqq \gamma'\Delta_y(v)$ for all v's coinciding with v_0 on A. In particular, if $X \succ 0$ we have $X = \sup(X, 0)$, so that this last inequality holds if we take for Δ_y the distribution $\Delta_y(v) = \sup_\mu\inf_i(v(x_{\mu,i}), 1) = \inf(\Delta_x(v), 1)$ belonging to the expression

$$Y = \sup(X, 0) = \inf_\mu\sup_i([x_{\mu,i}], [1]).$$

Quite similarly, the application of Theorem 6′ gives the following results. Let K be of characteristic 0, and let A be an absolutely algebraic specialization-ring in K. Let X, Y, Δ_x, Δ_y be defined as before. Then, *if $X \prec Y$ in $\mathbf{F}(K/A)$, there is a Q-divisor δ such that $\Delta_x(v) \geqq \delta(v)\Delta_y(v)$ for all absolute values v on K belonging properly to A*. From this it follows that, *if $X = Y$ in $\mathbf{F}(K/A)$, there are Q-divisors δ, δ' such that $\delta(v)\Delta_y(v) \leqq \Delta_x(v) \leqq \delta'(v)\Delta_y(v)$ for all absolute values v on K belonging properly to A*; we express this by saying that Δ_x, Δ_y are then *quasi-equal*. As above it follows that, if $X \succ 0$, $\inf(\Delta_x(v), 1)$ is a distribution and is quasi-equal to $\Delta_x(v)$.

12. The size of a distribution. By the *multiplicity* of a proper absolute value v of an algebraic number-field k we understand the degree of the completion of k over the completion of Q, both with respect to v. By $\prod_{v/k}$ we denote a product taken over all the proper absolute values v on k, each one of these being repeated a number of times equal to its multiplicity. Then if α is an element of k^* we have the "product-formula" $\prod_{v/k} v(\alpha) = 1$. If v is a proper absolute value of multiplicity μ on k, and if k' is an extension of k of finite degree d, the sum of the multiplicities of the proper absolute values on k' that induce v on k is equal to μd.

If δ is a k-divisor, we put $S_k(\delta) = \prod_{v/k}\delta(v)$; then, if k' is an extension of k of degree d, we have $\prod_{v'/k'}\delta(v') = S_k(\delta)^d$. By the *size* of a k-divisor δ we shall understand the number $s(\delta) = S_k(\delta)^{1/n}$, where $n = [k:Q]$ is the degree of k over Q; then the size of the k'-divisor determined by δ is again equal to $s(\delta)$. If δ is a k-divisor, we have $0 < s(\delta) < +\infty$. If δ is a function which, for all proper absolute values v on k, is identically 0 or identically $+\infty$, then we put $s(\delta) = 0$ or $s(\delta) = +\infty$, respectively.

Now if Δ is a distribution on a field K of characteristic 0, we consider the restriction of Δ to those absolute values of K which are of the form $v\circ f$, where f is a $\bar{Q}$-valued[2] place of K, and v a proper absolute value on $\bar{Q}$; then if Δ belongs

[2] As usual, $\bar{k}$ denotes the algebraic closure of k. In particular, $\bar{Q}$ is the field of all algebraic numbers, as we denote by Q the field of rational numbers.

to the expression $\inf_\mu \sup_i [x_{\mu,i}]$, we have $\Delta(v \circ f) = \sup_\mu \inf_i v[f(x_{\mu,i})]$. The $x_{\mu,i}$ being given, denote by k_f, for each f, the extension of Q generated by the $f(x_{\mu,i})$ (or, more correctly, by those of the $f(x_{\mu,i})$ which are not ∞); then for a given f, either $\Delta(v \circ f)$ is 0 for all v's (viz., if, for each μ, there is an i such that $f(x_{\mu,i}) = 0$), or it is $+\infty$ for all v's (viz., if there is a μ such that $f(x_{\mu,i}) = \infty$ for all i's), or else it is a k_f-divisor. So we may put $\Sigma(f) = s[\Delta(v \circ f)]$; this is a function of the $\bar{Q}$-valued places of K, with values in $[0, +\infty]$, which we call the *size* of Δ.

From our results of No. 11 about distributions we immediately get corresponding results about their sizes. If two distributions Δ, Δ' are quasi-equal, then there are constants γ, γ', both >0, such that their sizes Σ, Σ' satisfy the inequality $\gamma\Sigma'(f) \leqq \Sigma(f) \leqq \gamma'\Sigma'(f)$ for all f; this will be the case, therefore, if Δ and Δ' belong to one and the same element of $\mathbf{F}(K/Q)$. Similarly, if Σ_x, Σ_y are the sizes of distributions Δ_x, Δ_y, belonging respectively to two elements X, Y of $\mathbf{F}(K/Q)$, and if $X \prec Y$ in $\mathbf{F}(K/Q)$, there is a constant $\gamma > 0$ such that $\Sigma_x(f) \geqq \gamma\Sigma_y(f)$ for all f.

If x is any element of K^*, the size $\Sigma_{[x]}(f)$ of the distribution $\Delta_{[x]}(v) = v(x)$ belonging to the expression $[x]$ is given by $\Sigma_{[x]}(f) = s(v[f(x)])$; this is equal to 0, $+\infty$, or 1, according as $f(x)$ is 0, ∞, or an algebraic number other than 0. From this it follows that, if Σ is the size of a distribution belonging to an element X of $\mathbf{F}(K/Q)$, and Σ' the size of a distribution belonging to $X + [x]$, there are constants γ, γ', both >0, such that $\gamma\Sigma'(f) \leqq \Sigma(f) \leqq \gamma'\Sigma'(f)$ except possibly for those f for which $f(x) = 0$ or ∞.

13. The height of a point. Let $(\alpha_0, \cdots, \alpha_n)$ be a set of $n+1$ elements of $\bar{Q}_\infty = \bar{Q} \cup \{\infty\}$; let k be any algebraic number-field containing all the α_i which are not ∞; for every proper absolute value v on k put $\delta(v) = \sup_i v(\alpha_i)$; this is either 0 for all v (viz., if all the α_i are 0), or $+\infty$ for all v (viz., if some α_i is ∞), or a k-divisor. Put $h(\alpha) = s(\delta)$; this does not depend upon the choice of k. If ξ is any non-zero algebraic number we have $h(\xi\alpha) = h(\alpha)$, so that in particular, if the α_i are all $\neq \infty$ and not all 0, $h(\alpha)$ depends only upon the point α in the projective space P^n with the homogeneous coordinates $(\alpha_0, \cdots, \alpha_n)$; then, if e.g. $\alpha_0 \neq 0$, we have $\sup_i v(\alpha_i) \geqq v(\alpha_0)$, hence $h(\alpha) \geqq s[v(\alpha_0)] = 1$. So we have $1 \leqq h(\alpha) < +\infty$ whenever α is a point in P^n, i.e. when the α_i are all $\neq \infty$ and not all 0. Also, if σ is any automorphism of $\bar{Q}$, it merely induces a permutation of the proper absolute values of any normal extension of Q, so that we have $h(\alpha^\sigma) = h(\alpha)$ for every α.

If α is a point of P^n with algebraic coordinates, $h(\alpha)$ will be called the *height* of α; this is a slight modification of a concept introduced by Northcott [4a][3]. Let us also denote by $d(\alpha)$ the degree over Q of the extension of Q generated by the α_i/α_j; then *the number of points* α in P^n *for which* $d(\alpha) \leqq d_0$, $h(\alpha) \leqq h_0$,

---

[3] Siegel ([2]) first attached to a point α, with coordinates in k, the number equal, in our notation, to $S_k(\delta)$, with δ as above; cf. H. Hasse, *Monatshefte f. Math.* 48 (1939), p. 205, where that number is called the height of α. Northcott saw the advantage of using a number independent of k; the one he uses (called by him the "complexity" of α) differs from our $h(\alpha)$ by a factor $\geqq 1$ and $\leqq n+1$.

is finite when n, d_0 and h_0 are given. Also this important theorem is due to Northcott, and his proof for it is as follows. If $d(\alpha) = d$ we may take the α_i themselves in a field k of degree d over Q; then by definition, we have $h(\alpha)^d = \prod_{v/k} \sup_i v(\alpha_i)$. In this product, the partial product corresponding to the archimedean absolute values can be written as $\prod_\sigma \sup_i |\alpha_i^\sigma|$, the product being taken over all the distinct isomorphisms σ of k into the field C of complex numbers. On the other hand, if v is the proper p-adic absolute value on k corresponding to the prime ideal $\mathfrak{p}$ of k, and if μ is its multiplicity, then $v(\alpha_i)^\mu$ is equal to $N(\mathfrak{p})^{-\rho_i}$, where $N(\mathfrak{p})$ is the norm of $\mathfrak{p}$, taken in k over Q, and ρ_i is the exponent of $\mathfrak{p}$ in the expression of the fractional ideal (α_i) in k as a product of powers of prime ideals. Therefore, if $\mathfrak{m}$ is the G.C.D. of the principal ideals (α_i) in k, we have

$$h(\alpha)^d = N(\mathfrak{m})^{-1} \prod_\sigma \sup_i |\alpha_i^\sigma| .$$

Now let $U_0, \cdots U_n$ be indeterminates; consider the polynomial

$$F(U) = \prod_\sigma \left(\sum_{i=0}^n \alpha_i^\sigma U_i \right);$$

it is homogeneous of degree d with rational coefficients; if m is the (possibly fractional) G.C.D. of its coefficients, then $F_0 = F/m$ has mutually prime integral coefficients. Obviously m is an integral multiple of $N(\mathfrak{m})$; as a matter of fact, Gauss' lemma shows that $m = N(\mathfrak{m})$, but this is not needed here. Therefore $F_0(U)$ is majorized by $\Phi(U) = \left[h(\alpha) \sum_{i=0}^n U_i \right]^d$, in the sense that the (ordinary) absolute value of each coefficient in F_0 is at most equal to the corresponding coefficient in Φ. Hence, for given d and n, there can be only a finite number of polynomials F_0 corresponding to points α for which $h(\alpha) \leqq h_0$. But such an F_0, if it can be factored into linear forms, can be so factored essentially in only one way, and so can correspond to no more than d points α in P^n.

Let $\alpha = (\alpha_i)$, $\beta = (\beta_j)$ be two absolutely algebraic points in two projective spaces P^n, P^m, respectively; let γ be the point in P^{nm+n+m} with the homogeneous coordinates $(\alpha_i \beta_j)$; then we have $h(\gamma) = h(\alpha)h(\beta)$; and the corresponding result holds for points in any number. In particular, in the projective space of dimension $(n + 1)^m - 1$, call $T_m(\alpha)$ the point whose homogeneous coordinates are all the products $\alpha_{i_1}\alpha_{i_2} \cdots \alpha_{i_m}$, where the i_μ run independently over the set $\{0, 1, \cdots, n\}$; then we have $h[T_m(\alpha)] = h(\alpha)^m$. It is well-known, and easy to verify, that T_m is a one-to-one biregular mapping of P^n onto a non-singular subvariety of the projective space of dimension $(n + 1)^m - 1$.

As to the effect on the height of a change of coordinates in P^n, it is easy to see (reasoning as in No. 10) that, if L is any matrix with $m + 1$ rows and $n + 1$ columns and with coefficients in $\bar{Q}$, there is a Q-divisor δ such that for $\alpha' = L(\alpha)$, $\sup_j v(\alpha_j') \leqq \delta(v) \sup_i v(\alpha_i)$; hence there is a constant γ such that $h(\alpha') \leqq \gamma h(\alpha)$. In particular, if L is an invertible square matrix, or, what amounts to the same thing, if it defines a change of coordinates in P^n, there are two constants γ, γ', both >0, such that $\gamma h(\alpha) \leqq h(\alpha') \leqq \gamma' h(\alpha)$. This, however, is only a special case of the results which will be proved presently.

14. Let $x_0, \cdots, x_n$ be elements, not all 0, of a field K of characteristic 0. Let Δ_x be the distribution on K which belongs to the expression $X = \inf_i[x_i]$, and let Σ_x be its size; thus, for every $\bar{Q}$-valued place f of K, we have $\Sigma_x(f) = s[\Delta(v \circ f)] = s(\sup_i v[f(x_i)])$. In other words, if we put $\xi_f = (f(x_0), \cdots, f(x_n))$, we have $\Sigma_x(f) = h(\xi_f)$. Thus every theorem on the size of distributions gives a theorem on the height of the points of a "projective model" of K. In particular:

THEOREM 7. *Let $(x_0, \cdots, x_n)$, $(y_0, \cdots, y_m)$ be two sets of non-zero elements in a field K of characteristic* 0; *let t be a transcendental quantity over K. For every $\bar{Q}$-valued place f of $K(t)$, put $\xi_f = (f(tx_0), \cdots, f(tx_n))$, $\eta_f = (f(ty_0), \cdots, f(ty_m))$. Put $X = \inf_i[x_i]$, $Y = \inf_j[y_j]$. Then, if $X \prec Y$ in $\mathbf{F}(K/Q)$, there is a constant $\gamma > 0$ such that $h(\xi_f) \geqq \gamma h(\eta_f)$ for all f; if $X = Y$ in $\mathbf{F}(K/Q)$, there are constants γ, γ', both >0, such that $\gamma h(\eta_f) \leqq h(\xi_f) \leqq \gamma' h(\eta_f)$.*

Put $X' = \inf_i[tx_i] = [t] + X$, $Y' = \inf_j[ty_j] = [t] + Y$; if we have $X \prec Y$ in $\mathbf{F}(K/Q)$, we also have $X \prec Y$ in $\mathbf{F}(K(t)/Q)$, hence $X' \prec Y'$ in $\mathbf{F}(K(t)/Q)$; if $X = Y$ in $\mathbf{F}(K/Q)$, $X' = Y'$ in $\mathbf{F}(K(t)/Q)$. As we have seen above that $h(\xi_f)$, $h(\eta_f)$ are nothing else than the sizes of the distributions on $K(t)$ belonging respectively to X' and to Y', our assertions are contained in the results of No. 12.

We shall now combine this with the results of No. 7, but first give some preliminary definitions and results. If V is a variety defined over a field k, and $x_0, \cdots, x_n$ are functions, not all 0, defined over k on V, there is a mapping φ of V into the projective space P^n, such that, if P is any point of V at which the x_i are all defined and $\neq \infty$ and not all 0, $\varphi(P)$ is the point with the homogeneous coordinates $(x_0(P), \cdots, x_n(P))$; φ is defined over k, and, as such, is determined by the fact that, if M is generic on V over k, $\varphi(M)$ is the point with the homogeneous coordinates $(x_0(M), \cdots, x_n(M))$. If some of the x_i are 0, φ maps V into a linear subvariety of P^n, which can be identified with a projective space of lower dimension; so there is no real loss of generality in assuming that none of the x_i is 0. If V is complete the points of the image $\varphi(V)$ of V by φ are the points x' of P^n whose homogeneous coordinates $(x'_0, \cdots, x'_n)$ are specializations of $(tx_0, \cdots, tx_n)$ over k, t being any transcendental quantity over $k(x_0, \cdots, x_n)$. We say that φ is the mapping of V into P^n *determined by* the set $(x_0, \cdots, x_n)$. If z is any non-zero function on V, φ is also the mapping of V into P^n determined by the set of functions $(zx_0, \cdots, zx_n)$. In particular, if P is a point of V, and if a function z on V can be found such that the functions $x'_i = zx_i$ are all defined and $\neq \infty$ and not all 0 at P, then φ is defined at P, and $\varphi(P)$ is the point $(x'_0(P), \cdots, x'_n(P))$ in P^n. In particular, assume that $(x_i) = X_i - Z$, where the X_i are positive divisors, and Z is any divisor on V; let P be a point not on X_0 at which V is normal; then, if we take $z = 1/x_0$, and put again $x'_i = zx_i = x_i/x_0$, we have $(x'_i) = X_i - X_0$, and so, by Lemma 1 of No. 7, the x'_i are all defined and finite at P, and not all 0 since $x'_0 = 1$; so φ is defined at P, hence in general at every point not lying on all the X_i at which V is normal.

15. THEOREM 8. *Let V be an abstract variety, complete and normal, defined over* *an algebraic number-field k. Let* $(x_0, \cdots, x_n)$, $(y_0, \cdots, y_m)$ *be two sets of functions other than* 0, *defined over k on V; let* φ, ψ *be the mappings of V into the projective spaces* P^n, P^m, *respectively determined by these two sets. Assume that* $(x_i) = X_i - Z$, $(y_j) = Y_j - Z$, *where the* X_i, Y_j *are positive divisors. Then, if the* X_i *have no common point,* φ *is everywhere defined;* ψ *is defined at every point P which does not lie on all the* Y_j; *and there is a constant* $\gamma > 0$ *such that* $h[\varphi(P)] \geqq \gamma h[\psi(P)]$ *at all the absolutely algebraic points P of V which do not lie on all the* Y_j. *If at the same time the* Y_j *have no common point, then also* ψ *is everywhere defined, and there are constants* γ, γ', *both* > 0, *such that* $\gamma h[\psi(P)] \leqq h[\varphi(P)] \leqq \gamma' h[\psi(P)]$ *at all absolutely algebraic points P of V.*

We have already seen above that ψ is defined at each point which does not lie on all the Y_j, and φ at each point which does not lie on all the X_i; so φ is everywhere defined. Let K be the field of functions defined over k on V. By corollary 1 of Theorem 3, No. 7, we have $\inf_i[x_i] \prec \inf_j[y_j]$ in $\mathbf{F}(K/k)$, or, what is the same thing by No. 6, in $\mathbf{F}(K/Q)$; by the same corollary, we have $\inf_i[x_i] = \inf_j[y_j]$ in $\mathbf{F}(K/Q)$ if the Y_j have no common point. Now let P be a point on V, not lying on Y_0, say; put $z = 1/y_0$, $x_i' = zx_i = x_i/y_0$, $y_j' = zy_j = y_j/y_0$; if t is a transcendental quantity over K, $(x_0', \cdots, x_n', y_0', \cdots, y_m')$ is a specialization of $(tx_0, \cdots, tx_n, ty_0, \cdots, ty_m)$ over k. We have $(x_i') = X_i - Y_0$, $(y_j') = Y_j - Y_0$, and so, by Lemma 1 of n° 7, the x_i', y_j' are all defined and finite at P; as $y_0' = 1$, and as P does not lie on all the X_i, neither all the x_i' nor all the y_j' are 0 at P, and so $\varphi(P)$, $\psi(P)$ are respectively the points with the homogeneous coordinates $(x_0'(P), \cdots, x_n'(P))$, $(y_0'(P), \cdots, y_m'(P))$. These $n + m + 2$ quantities form a specialization of $(x_0', \cdots, x_n', y_0', \cdots, y_m')$, hence also one of $(tx_0, \cdots, tx_n, ty_0, \cdots, ty_m)$ over k; this is absolutely algebraic if P is absolutely algebraic; by Theorem 1, it can then be extended to a $\bar{Q}$-valued place f of the field $K(t)$. Our theorem now appears as a special case of Theorem 7.

COROLLARY. *Let V and k be as in Theorem 8; let the* x_μ, u_ν *and* y_j *be three sets of functions, defined over k on V, such that* $(x_\mu) = T + X_\mu - Z$, $(u_\nu) = U_\nu - Z$, $(y_j) = Y_j - T$, *where the* X_μ, *the* U_ν, *and the* Y_j, *are positive divisors, the* X_μ *have no common point, and the* U_ν *have no common point. Let* φ, ω, ψ *be the mappings of V into projective spaces, respectively determined by the sets* (x_μ), (u_ν), (y_j). *Then* φ, ω *are everywhere defined;* ψ *is defined at all the points which do not lie on all the* Y_j; *and there is a constant* γ *such that* $h[\psi(P)] \leqq \gamma h[\omega(P)]/h[\varphi(P)]$ *at all absolutely algebraic points P of V, not lying on all the* Y_j. *If, moreover, the* Y_j *have no common point, then* ψ *is everywhere defined, and there are constants* γ, γ', *both* >0, *such that* $\gamma' h[\omega(P)]/h[\varphi(P)] \leqq h[\psi(P)] \leqq \gamma h[\omega(P)]/h[\varphi(P)]$ *at all absolutely algebraic points P of V.*

In fact, we obtain these results by applying Theorem 8 to the two sets (u_ν), $(x_\mu y_j)$.

Northcott's main theorems ([4a], Theorem 2 = [4b], Theorem 2; [4b], Theorem 1) are special cases of the corollary of Theorem 8. He takes for V a projective variety, and for φ the mapping T_m defined above in No. 13. His assumption that V be non-singular is necessary for his method of proof (using the "decomposition theorem"; cf. *infra*, §III), but not for the validity of his results.

Theorem 8 can also be conveniently expressed in the language of "linear series". Every mapping φ of a variety V into a projective space P^n determines uniquely a "linear series" without fixed component, consisting of the positive divisors $\overset{-1}{\varphi}(L) = pr_V[\Gamma \cdot (V \times L)]$ on V, where Γ is the graph of the mapping φ in $V \times P^n$, and where one takes for L all hyperplanes, i.e. all linear varieties of dimension $n - 1$, in P^n. Conversely, it is well-known that every linear series without fixed component can be so obtained, and essentially in only one way. All the divisors in a linear series are linearly equivalent to each other, i.e. each linear series is contained in a class of divisors (for linear equivalence). Now we can rephrase Theorem 8, or rather (for the sake of brevity) its latter half, as follows:

THEOREM 8′. *Let V be an abstract variety, complete and normal, defined over an algebraic number-field k. Let φ, ψ be two mappings of V into projective spaces, both defined over k; assume that the linear series without fixed components, respectively defined by φ and by ψ, are both without fixed points, and that the divisors in one series are linearly equivalent to the divisors in the other. Then φ, ψ are everywhere defined, and there are constants γ, γ', both >0, such that*

$$\gamma h[\psi(P)] \leqq h[\varphi(P)] \leqq \gamma' h[\psi(P)]$$

at all absolutely algebraic points P of V.

16. With the notations of the corollary of Theorem 8, suppose now that we have two other sets of functions x'_ρ, u'_σ such that $(x'_\rho) = T + X'_\rho - Z'$, $(u'_\sigma) = U'_\sigma - Z'$, where the X'_ρ are positive divisors without common point and so are the U'_σ, and T is the same as before; call φ', ω' the mappings of V into projective spaces respectively defined by the sets (x'_ρ), (u'_σ). Applying Theorem 8 to the two sets $(x_\mu u'_\sigma)$, $(x'_\rho u_\nu)$, we see that the two functions $h[\omega(P)]/h[\varphi(P)]$, $h[\omega'(P)]/h[\varphi'(P)]$ are equivalent, in the sense that each is less than a constant multiple of the other; in this sense, the "order of magnitude" of such a function depends only upon T. Moreover, it does not change if T is replaced by a linearly equivalent divisor T'; for, if $(z) = T' - T$, put $x'_\mu = zx_\mu$; the two sets (x'_μ), (u_ν) have the same properties with respect to T' as (x_μ), (u_ν) with respect to T; and they define the same mappings φ, ω.

Now assume that V is a non-singular projective variety defined over an algebraic number-field k. Consider all the classes of divisors on V (with respect to linear equivalence) which contain absolutely algebraic divisors, i.e. divisors which are rational over $\bar{k} = \bar{Q}$. For every such class C, choose an absolutely algebraic divisor T in C, and choose two sets x_μ, u_ν of functions on V defined over $\bar{k}$, and having, with respect to T, the properties described in the corollary of Theorem 8; Theorem 4 of No. 8 tells us that such choices are always possible. Call φ, ω the mappings of V into projective spaces defined by the sets (x_μ), (u_ν) respectively; and put $h(C, P) = h[\omega(P)]/h[\varphi(P)]$ for every absolutely algebraic point P on V; for every such P we have $0 < h(C, P) < +\infty$. When C is given, any other choice of T and of the x_μ, u_ν leads to a function $h'(C, P)$ equivalent to $h(C, P)$; i.e., there are constants γ, γ', both >0, such that

$$\gamma h(C, P) \leqq h'(C, P) \leqq \gamma' h(C, P).$$

In particular, if T, (x_μ), (u_ν) is a permissible choice for C, so is $-T$, (u_ν), (x_μ) for $-C$; therefore *$h(-C, P)$ is equivalent to $h(C, P)^{-1}$*, in the sense defined above. If at the same time T', (x'_ρ), (u'_σ) is a permissible choice for a class C', then $T + T'$, $(x_\mu x'_\rho)$, $(u_\nu u'_\sigma)$ is one for $C + C'$; and therefore *$h(C + C', P)$ is equivalent to $h(C, P)h(C', P)$*.

Let ψ be a mapping of V, defined over $\bar{k}$, into a projective space; ψ determines a linear series without fixed components; let $\mathfrak{B}(\psi)$ be the set of points lying on all the divisors of this series (the "base-points" of the series); let C be the class to which the divisors in that linear series belong. Then, by the corollary of Theorem 8, ψ is defined everywhere outside $\mathfrak{B}(\psi)$; and *there is a constant γ such that $h[\psi(P)] \leqq \gamma h(C, P)$ at all the absolutely algebraic points P of V which do not lie in $\mathfrak{B}(\psi)$*. If, moreover, $\mathfrak{B}(\psi) = \emptyset$, i.e. if the linear series is without "base-points", then ψ is everywhere defined and *$h[\psi(P)]$ is equivalent to $h(C, P)$*.

More generally, C being given as above, let $\mathfrak{B}(C)$ be the set of those points which lie on all the positive divisors belonging to the class C. Let T, (x_μ), (u_ν) be the divisor and the sets of functions which have been chosen for the determination of $h(C, P)$. As T is rational over $\bar{k}$, it is easy to show by means of F-VIII$_3$, Theorem 10, that there is a finite set of functions y_j, defined over $\bar{k}$, such that $(y_j) = Y_j - T$, where the Y_j are positive divisors (obviously belonging to the class C), and that every function y satisfying $(y) \succ -T$ is a linear combination of the y_j; $\mathfrak{B}(C)$ is then the set of points lying on all the Y_j; if the class C contains no positive divisor, then the set (y_j) is empty and $\mathfrak{B}(C) = V$; otherwise, let ψ be the mapping of V into a projective space, determined by the set (y_j). By the corollary of Theorem 8, there is a constant $\gamma > 0$ such that

$$h(C, P) \geqq \gamma h[\psi(P)].$$

If there is only one function y_j, then ψ maps V into P^0, i.e. onto a point, and $h[\psi(P)] = 1$; in any case, we have $h[\psi(P)] \geqq 1$ when $\psi(P)$ is defined. Therefore, *for every C there is a constant $\gamma > 0$ such that $h(C, P) \geqq \gamma$ for all absolutely algebraic points P, not in $\mathfrak{B}(C)$*. Of course, if $\mathfrak{B}(C) = V$, i.e. if there is no positive divisor in the class C, this statement gives no information about $h(C, P)$.

III. The theorem of decomposition.

17. We shall now apply the results of No. 8 not merely to heights, i.e. to the sizes of distributions, as in No. 16, but to the distributions themselves. More precisely, V being a variety defined over a field k, and K being the field of functions defined over k on V, we wish to discuss distributions on K in their relation with the divisors on V.

First let V be an abstract variety, complete and normal, defined over a field k. Until the end of No. 18 we shall restrict the use of the words "function on V", "point of V", and "place", as follows: by a point on V we shall understand one that is rational over k; by the functions on V we understand those that have k as a field of definition; we call K the field of those functions; by a place we understand a k-valued place of K/k, i.e. a k-valued place of K that induces on k the identical automorphism. Once for all (until the end of No. 18), we choose an absolute value v on k, everywhere $< +\infty$ on k, hence everywhere >0 on k^*. On K, we consider only such absolute values as are of the form $v\circ f$, where f is a place (in the present sense of the word). Consequently, if Δ is a distribution on K, we write $\Delta(f)$ instead of $\Delta(v\circ f)$.

Every place f, being a simultaneous specialization of all elements of K, determines a specialization P of a generic point of V over k; as V is complete, this must be a point of V (in our present sense of the word), and is called the *center* of f; then, if x is a function on V defined at P we have $f(x) = x(P)$.

We shall say that a distribution Δ is *defined at a point* P if it takes the same value for all the places f with their center at P; then we write $\Delta(P)$ for that value. Consider a distribution $\sup_\mu \inf_i v[f(x_{\mu,i})]$; it will be defined at P if every one of the distributions $\inf_i v[f(x_{\mu,i})]$ is defined at P. Now consider a distribution of the form $\Delta(f) = \inf_i v[f(x_i)]$; this will be defined at P if at least one of the x_i is defined and is equal to 0 at P, in which case $\Delta(P) = 0$, or also if all the x_i are defined at P, in which case $\Delta(P) = \inf_i v[x_i(P)]$. In particular, assume that $(x_i) = X - U_i$, where X and the U_i are positive divisors; if e.g. P does not lie on U_0, then either P lies on X, in which case $x_0(P) = 0$ and $\Delta(P) = 0$, or it does not, in which case all the x_i are defined at P, and $\Delta(P) = \inf_i v[x_i(P)]$; as $x_0(P) \neq \infty$, $\Delta(P) \neq +\infty$; so Δ is defined and $<+\infty$ at every point P not lying on all the U_i, and it is 0 at such a point P if and only if P lies on X.

Now, as in No. 8 and No. 16, consider functions x_μ, u_ν such that

$$(x_\mu) = T + X_\mu - Z, \qquad (u_\nu) = U_\nu - Z,$$

where T, the X_μ, and the U_ν, are positive divisors, the X_μ, and likewise the U_ν, being without common points. By what we have just seen, the distribution Δ_T, belonging to the expression $\inf_\mu \sup_\nu [x_\mu/u_\nu]$, is everywhere defined and $<+\infty$ on V, and is 0 only on T; this distribution will be said to be *attached to* the positive divisor T. The results of No. 11 show that any other distribution Δ'_T attached in this sense to the divisor T (i.e., by means of another similar choice of the x_μ, u_ν) is equivalent to Δ_T, by which we mean that for all P $\gamma\Delta_T(P) \leqq \Delta'_T(P) \leqq \gamma'\Delta_T(P)$, with constant $\gamma > 0$, $\gamma' > 0$. Similarly we see that $\inf(\Delta_T(P), 1)$ is a distribution equivalent to $\Delta_T(P)$, and so can be substituted everywhere for Δ_T in our final results, in stating which we may therefore take our distributions Δ_T to be $\leqq 1$. Also, if Δ_T, $\Delta_{T'}$ are respectively attached to the positive divisors T, T', any distribution attached to $T + T'$ is equivalent to $\Delta_T(P)\Delta_{T'}(P)$. Finally, if T, T' are equivalent divisors such that $(z) = T' - T$, and if Δ_T has been defined by means of functions x_μ, u_ν, then a distribution attached to T' can be defined by means of the functions zx_μ, u_ν; this will be $\sup_\mu \inf_\nu v[f(zx_\mu/u_\nu)]$, hence equal to $v[z(P)]\Delta_T(P)$ at every point P not lying on T nor on T'; and so there are constants γ, γ', both >0, such that $\gamma\Delta_{T'}(P)/\Delta_T(P) \leqq v[z(P)] \leqq \gamma'\Delta_{T'}(P)/\Delta_T(P)$ unless P lies both on T and on T'.

18. The field k can be topologized by taking, as distance of two elements x, y, the real number $v(x - y)$; this defines a topology on every finite-dimensional vector-space over k, i.e. on the set of points with coordinates in k in the affine space S^n, for every n. For that topology on k, polynomials with coefficients in k are continuous functions; hence the zeros of any ideal in $k[X_1, \cdots, X_n]$, with coordinates in k, form a closed set. Every birational correspondence defined over k between varieties, also defined over k, in affine spaces, is bicontinuous at every pair of points with coordinates in k at which it is biregular. Thus a topology is defined on the set of points (in our present sense, i.e. rational over k) on our abstract variety V; for that topology, the set of points lying on a divisor T, rational over k, is closed; and every function x is continuous at every point at which it is defined and finite; hence also $v(x)$ is continuous at such points. Now let $x_0, \cdots, x_n$ be functions such that $(x_i) = X - U_i$, where X and the U_i are positive divisors, rational over k. Let P be a point of V, and assume for the sake of definiteness that P lies on $U_{r+1}, \cdots, U_n$ and not on $U_0, \cdots, U_r$, where $r \geqq 0$. Put $\Delta(Q) = \inf_i v[x_i(Q)]$; we have $\Delta(Q) = 0$ if Q lies on X and not on U_0, and $\Delta(Q) = v[x_0(Q)] \cdot \sup_i v[u_i(Q)]^{-1}$, with $u_i = x_0/x_i$, if Q does not lie on X nor on U_0. As $(u_i) = U_i - U_0$, we have $u_i(P) = 0$ for $r + 1 \leqq i \leqq n$, and so there is a neighborhood $\mathfrak{V}$ of P having no point in common with any of the divisors $U_0, \cdots, U_r$, such that $v[u_i(Q)] \leqq 1$ for $Q \in \mathfrak{V}$, $r + 1 \leqq i \leqq n$. As $u_0 = 1$, we have, therefore, $\sup_i v[u_i(Q)] = \sup_{0 \leqq i \leqq r} v[u_i(Q)]$ for $Q \in \mathfrak{V}$, hence $\Delta(Q) = \inf_{0 \leqq i \leqq r} v[x_i(Q)]$ for $Q \in \mathfrak{V}$; as $x_0, \cdots, x_r$ are defined and finite in $\mathfrak{V}$, this shows that Δ is continuous in $\mathfrak{V}$ and so in particular at P. Therefore every distribution Δ_T, attached to a positive divisor T, is everywhere continuous on V.

If now we take for V a non-singular projective variety, and apply Theorem 4 of No. 8, we get the following result:

THEOREM 9. *Let V be a non-singular projective variety defined over a field k. Let v be an absolute value, everywhere $< +\infty$, on k. Then to every prime rational divisor W over k on V one can attach a function $\Delta_W(P)$, defined at all the points P of V which are rational over k, taking its values in* [0, 1], *in such a way that the following properties hold:*

(a) *$\Delta_W(P)$ is 0 if and only if P lies on W, and it is continuous everywhere for the topology defined by v;*

(b) *if z is any function, defined over k on V, with the divisor $(z) = \sum_i m_i W_i$, where the W_i are prime rational divisors over k, then there are constants γ, γ', both >0, such that*

$$\gamma \prod_i \Delta_{W_i}(P)^{m_i} \leqq v[z(P)] \leqq \gamma' \prod_i \Delta_{W_i}(P)^{m_i}$$

at all points P, rational over k on V, at which z is defined.

If k is the complex number-field C, and v is the ordinary absolute value on C, it is easy to verify Theorem 9 by elementary topological methods, and to extend it to all compact complex-analytic manifolds.

19. Now we consider an abstract variety V, complete and normal, over an algebraic number-field k. We restrict the words "function on V", "point of V", "place", just as in n° 17, taking, however, as "ground-field", not k, but its algebraic closure $\bar{k} = \bar{Q}$, i.e. the field of all algebraic numbers. So "a function on V" will be one that has $\bar{k}$ as a field of definition, and K will be the field of such functions; a "point of V", or simply "a point", will be one that is rational over $\bar{k}$, i.e. absolutely algebraic; "a place" will be an absolutely algebraic, i.e. $\bar{k}$-valued, place of K, that induces on $\bar{k}$ the identical automorphism. We consider only such absolute values on K as are of the form $v \circ f$, where f is a place (in our present sense), and v a proper absolute value on $\bar{k} = \bar{Q}$. Accordingly, distributions are written $\Delta(v \circ f)$.

Let Δ_x be the distribution belonging to the expression $\inf_\mu \sup_i [x_{\mu,i}]$; if a finite algebraic extension k' of k is a field of definition for all the $x_{\mu,i}$, we say that Δ_x is *defined over* k'. If σ is any automorphism of $\bar{k}$ over k, it can be extended in one and only one way to an automorphism of K, leaving invariant every function on V which has k as a field of definition; the latter automorphism being also denoted by σ, we denote by Δ_x^σ the distribution belonging to the expression $\inf_\mu \sup_i [x_{\mu,i}^\sigma]$; this will be the same as Δ_x whenever σ induces the identical automorphism on k'. If f is a place of K, we denote by f^σ the place defined by

$$f^\sigma(x) = [f(x^{\sigma^{-1}})]^\sigma;$$

then if P is the center of f, P^σ is the center of f^σ. If, at the same time, we denote by v^σ the absolute value on $\bar{k}$ defined by $v^\sigma(\xi) = v(\xi^{\sigma^{-1}})$ for all $\xi \in \bar{k}$, we have $\Delta_x(v \circ f) = \Delta_x^\sigma(v^\sigma \circ f^\sigma)$.

We shall say that the distribution Δ, defined over k', is *defined at a point* P of V if it satisfies the following conditions: (a) for each v, $\Delta(v \circ f)$ has the same value $\Delta(P, v)$ for all places f having their center at P; (b) either $\Delta(P, v) = 0$ for all v, or $\Delta(P, v) = +\infty$ for all v, or $\Delta(P, v)$ depends only upon the absolute value induced by v on $k'(P)$, and, as such, is a $k'(P)$-divisor. Just as in No. 17, one sees that the distribution $\Delta(v \circ f) = \inf_i v[f(x_i)]$ is defined at the point P if $(x_i) = X - U_i$, where X and the U_i are positive divisors, and P does not lie on all the U_i.

Now we can proceed just as in Nos. 17–18, and obtain the following theorem:

THEOREM 10. *Let V be a non-singular projective variety of dimension r, defined over an algebraic number-field k. Then to every absolutely algebraic $(r - 1)$-dimensional subvariety W of V one can attach a function $\Delta_W(P, v)$, defined for all absolutely algebraic points P of V and all proper absolute values v of $\bar{k} = \bar{Q}$, taking its values in* $[0, 1]$, *in such a way that the following properties hold:*

(a) *$\Delta_W(P, v)$ is 0 if and only if P lies on W; and, for given v, W, $\Delta_W(P, v)$ is a continuous function of P for the topology defined on V by v;*

(b) *if k_W is the smallest extension of k over which W is defined, then, for each P not on W, $\Delta_W(P, v)$ depends only upon the absolute value induced by v on $k_W(P)$, and, as such, is a $k_W(P)$-divisor;*

(c) *if σ is any automorphism of $\bar{k}$ over k, $\Delta_{W^\sigma} = \Delta_W^\sigma$ for all W;*

(d) *if z is a function, defined over $\bar{k}$ on V, with the divisor $(z) = \sum_i m_i W_i$, then there are Q-divisors δ, δ', such that*

$$\delta(v) \prod_i \Delta_{W_i}(P, v)^{m_i} \leqq v[z(P)] \leqq \delta'(v) \prod_i \Delta_{W_i}(P, v)^{m_i}$$

for all v, and for all absolutely algebraic P at which z is defined.

If one pays attention only to the non-archimedean absolute values, then $\Delta_W(P, v)$ determines, for each W and P, an (integral) ideal $\mathfrak{a}_W(P)$ in the field $k_W(P)$; this ideal is 0 if and only if P lies on W; and (d) asserts that for a given z there are non-zero rational numbers r, r' such that, if k' is a common field of definition for z and the W_i, the principal ideal $(z(P))$ in $k'(P)$ is a multiple of $r \prod_i \mathfrak{a}_{W_i}(P)^{m_i}$ and divides $r' \prod_i \mathfrak{a}_{W_i}(P)^{m_i}$ for all P at which z is defined.

Some further properties of the distributions Δ_W can easily be deduced from our general theory. Consider for instance *a set of varieties W_λ without common point*; then (as observed by Northcott, [4a], Lemma 3) *there is a Q-divisor δ such that* $\sup_\lambda \Delta_{W_\lambda}(P, v) \geqq \delta(v)$ *for all v and P*. For each λ, in fact, Δ_{W_λ} is quasi-equal to a distribution belonging to an expression $\inf_\mu \sup_\nu [x_{\lambda,\mu}/u_{\lambda,\nu}]$, with

$$(x_{\lambda,\mu}) = W_\lambda + X_{\lambda,\mu} - Z_\lambda, \qquad (u_{\lambda,\nu}) = U_{\lambda,\nu} - Z_\lambda,$$

where, for each λ, the $X_{\lambda,\mu}$ are positive divisors without common point, and so are the $U_{\lambda,\nu}$. The distribution $\sup_\lambda \Delta_{W_\lambda}$ is then quasi-equal to the distribution belonging to $\inf_{\lambda,\mu} \sup_\nu [x_{\lambda,\mu}/u_{\lambda,\nu}]$, and so, by No. 11, all we need do is to show that this last expression is $\prec 0$ in $\mathbf{F}(K/Q) = \mathbf{F}(K/\bar{k})$, i.e. that $\inf_{\lambda,\mu}[x_{\lambda,\mu}/u_{\lambda,\nu(\lambda,\mu)}] \prec 0$ for each choice of the function $\nu(\lambda, \mu)$; this is an immediate consequence of Theorem 3 of No. 7, and of our assumptions.

Finally, we have the following relation between our distributions Δ_W and the functions $h(C, P)$ defined in No. 16. Let W be an absolutely algebraic $(r - 1)$-dimensional subvariety of V, and let $C(W)$ be the class of the divisor W. Let the x_μ, u_ν be a "permissible choice" of functions for W, i.e. one such that $(x_\mu) = W + X_\mu - Z$, $(u_\nu) = U_\nu - Z$, where the X_μ are positive divisors without common point, and so are the U_ν. Let φ, ω be the mappings of V into projective spaces determined by the sets of functions (x_μ), (u_ν); then the function $h'(P) = h[\omega(P)]/h[\varphi(P)]$ is equivalent to the function $h(C(W), P)$ defined (by means of a similar choice) in No. 16; and the distribution Δ' belonging to the expression $\inf_\mu \sup_\nu [x_\mu/u_\nu]$ is quasi-equal to Δ_W. Let f be a place, and P its center; assume for the sake of definiteness that P is not in U_0; put $x'_\mu = x_\mu/u_0$, $u'_\nu = u_\nu/u_0$. We have

$$h[\omega(P)] = s(\sup_\nu v[u'_\nu(P)]);$$

also, if P is not in W, the x'_μ are not all 0 at P, and then $h[\varphi(P)] = s(\sup_\mu v[x'_\mu(P)])$. In all cases, we have

$$\Delta'(P, v) = \sup_\mu \inf_\nu v[f(x'_\mu/u'_\nu)] = \sup_\mu v[x'_\mu(P)]/\sup_\nu v[u'_\nu(P)].$$

Therefore we have $s[\Delta'(P, v)] = h'(P)$ if P is not on W. Hence:

THEOREM 11. *Notations being as in Theorem* 10, *call $C(W)$ the class of the divisor W; let $h(C(W), P)$ be the function belonging to this class, as defined in No.* 16. *Then there are two constants γ, γ', both >0, such that*

$$\gamma h(C(W), P)^{-1} \leqq s[\Delta_W(P, v)] \leqq \gamma' h(C(W), P)^{-1}$$

for all absolutely algebraic points P on V which do not lie on W.

IV. The case of curves.

20. Heights. When applied to curves, or algebraically speaking to algebraic function-fields of degree of transcendency 1, our theory undergoes far-reaching simplifications due to the fact that, if K is such a function-field over a ground-field k, the set $\mathbf{V}(K/k)$ of non-trivial valuations of K, trivial on k, is nothing else than the set of all prime rational divisors over k on a complete non-singular model of K; our group $\mathbf{F}(K/k)$ of "valuation-functions" can therefore be identified in that case with the group of rational divisors over k on such a model. In other words, there is then no distinction to be made between valuation-functions and divisors; and our whole algebraic theory reduces to the usual theory of divisors on a curve. All we need do is therefore to summarize the main results of our arithmetical theory in that case.

Let therefore Γ be a curve, which we may assume to be given as a non-singular curve in a projective space, defined over an algebraic number-field k. Consider the group of all the divisor-classes C on Γ which contain absolutely algebraic divisors. To each such class C, we have learned (in No. 16) to attach a function $h(C, P)$, defined at all absolutely algebraic points P of Γ, with values in the open interval $]0, +\infty[$, and with the following properties:

(a) *$h(-C, P)$ is equivalent to $h(C, P)^{-1}$; and, if C' is another class, $h(C + C', P)$ is equivalent to $h(C, P)h(C', P)$;*

(b) *If the class C contains a positive divisor, there is a constant $\gamma > 0$ such that $h(C, P) \geqq \gamma$ for all P;*

(c) *if φ is a mapping, defined over $\bar{k}$, of Γ into a projective space, and C is the class of the divisors in the linear series* (without fixed point) *determined on Γ by φ, then $h[\varphi(P)]$ is equivalent to $h(C, P)$.*

We recall that two functions $h(P)$, $h'(P)$ are said to be equivalent if each is less than a constant multiple of the other.

One more important property of the functions $h(C, P)$ can be deduced from the theorem of Riemann-Roch (Siegel [2]). Let A, B be two absolutely algebraic points on Γ; let g be the genus of Γ; by that theorem, the class of the divisor $(m + g)A - mB$ contains a positive divisor for every value of the integer m. But we may take m as large as we please, and so there is, for each $\varepsilon > 0$, a constant $\gamma > 0$ such that $h(C(A), P) \geqq \gamma h(C(B), P)^{1-\varepsilon}$, where $C(A)$, $C(B)$ denote the classes of the divisors A, B. If for a fixed A we put $h_0(P) = \sup(1, h(C(A), P))$, we get the following result:

(d) *there is a function $h_0(P)$, taking its values in $[1, +\infty[$, such that, to every class C of divisors of degree d, and to every $\varepsilon > 0$, there are constants γ, γ', both >0, for which*

$$\gamma h_0(P)^{d-\varepsilon} \leqq h(C, P) \leqq \gamma' h_0(P)^{d+\varepsilon}$$

for all P.

From this, and from Northcott's theorem (No. 13), it follows in particular that $\log h(C, P)/\log h_0(P)$ tends to the degree d of the class C when P runs through any infinite sequence of distinct points of bounded degree over k on Γ. It is also easy now to obtain Siegel's second fundamental inequality ([2], p. 52), in a slightly more general form. Let $x_1, \cdots, x_n$ be functions defined over k on Γ; put $x_0 = 1$; let φ be the mapping of Γ into P^n determined by $(x_0, \cdots, x_n) = (1, x_1, \cdots, x_n)$. Let P be a point of Γ such that all the $x_i(P)$ are algebraic integers; then, for each non-archimedean absolute value v, we have $v[x_i(P)] \leqq 1$. From this it follows that $\sup_{0 \leqq j \leqq n} v[x_i(P)] = 1$, and hence that

$$h[\varphi(P)] = \left(\prod_\sigma \sup_i | x_i(P)^\sigma |\right)^{1/m},$$

where m is the degree of $k(P)$ over Q, and σ runs over all the m isomorphisms of $k(P)$ into the complex number-field. Also, if C is the class of the divisors in the linear series (without fixed point) determined by φ on Γ, $h[\varphi(P)]$ is equivalent to $h(C, P)$; so, if d is the degree of that class, i.e. the degree of the divisor $\sup_i(x_i)_\infty$, there is, to every $\varepsilon > 0$, a $\gamma > 0$ such that $h[\varphi(P)] \geqq \gamma h_0(P)^{d-\varepsilon}$. With these notations we have, therefore, $\sup_{i,\sigma} | x_i(P)^\sigma | \geqq \gamma h_0(P)^{d-\varepsilon}$, for all points P such that all the $x_i(P)$ are algebraic integers. For $n = 1$ and $k(P) = k$, this is Siegel's result.

21. Distributions. Here the subvarieties W of V in the general theory of No. 19 become points on Γ, so that the distributions $\Delta_W(P, v)$ of No. 19 become functions $\Delta_A(P, v) = \Delta(A, P, v)$ of pairs of points A, P, and of absolute values v on $\bar{k}$. This suggests going over to the product $\Gamma \times \Gamma$ of Γ by itself; this can of course be represented as a non-singular projective variety; as usual, we denote the diagonal on it by Δ.

By Theorem 4 of No. 8, we can find on $\Gamma \times \Gamma$ two sets of functions x_μ, u_ν, defined over k, such that $(x_\mu) = \Delta + X_\mu - Z$, $(u_\nu) = U_\nu - Z$, where the X_μ are positive divisors without common point, and so are the U_ν; let $\Delta(P, Q, v)$ be the distribution belonging to the expression $\inf_\mu \sup_\nu [x_\mu/u_\nu]$ on $\Gamma \times \Gamma$; this is defined at all points (P, Q) of that surface. Let A be any (absolutely algebraic) point on Γ; if $A \times \Gamma$ is a component of Z with the coefficient m, take any function z, defined over k on $\Gamma \times \Gamma$, such that $A \times \Gamma$ is a component of the divisor (z), with the coefficient $-m$; then $A \times \Gamma$ is not a component of $Z' = Z + (z)$. Put $x'_\mu = z x_\mu$, $u'_\nu = z u_\nu$; the x'_μ, u'_ν will then induce functions x''_μ, u''_ν on $A \times \Gamma$; x''_μ is 0 if $A \times \Gamma$ is a component of X_μ, whereas otherwise its divisor is $(x''_\mu) = (A \times A) + X''_\mu - Z''$, with $X''_\mu = X_\mu \cdot (A \times \Gamma)$, $Z'' = Z' \cdot (A \times \Gamma)$; and the divisors X''_μ, corresponding to non-zero x''_μ have no common component, since such a point would lie on all the X_μ. Similarly the divisors of the non-zero u''_ν are given by $(u''_\nu) = U''_\nu - Z''$, where the U''_ν have no common component. From this, it follows that $\Delta_A(P, v) = \Delta(A, P, v)$ is a distribution attached to the divisor A on Γ. If now we replace $\Delta(P, Q, v)$ by $\inf(1, \Delta(P, Q, v), \Delta(Q, P, v))$, which is a distribution quasi-equal to it by n° 11, we can state our results as follows:

There is a function $\Delta(P, Q, v)$ of pairs of absolutely algebraic points P, Q on Γ, and of proper absolute values v on $\bar{k}$, with values in [0, 1], *and with the following properties*:

(a) $\Delta(P, Q, v) = \Delta(Q, P, v)$ *for all* P, Q; $\Delta(P, Q, v) = 0$ *if and only if* $P = Q$;

for a given v, $\Delta(P, Q, v)$ *is a continuous function of* (P, Q) *for the topology defined by* v *on* $\Gamma \times \Gamma$;

(b) *for given* P, Q, *with* $P \neq Q$, $\Delta(P, Q, v)$, *as a function of* v, *is a* $k(P, Q)$*-divisor*;

(c) *if* σ *is any automorphism of* $\bar{k}$ *over* k, $\Delta(P, Q, v) = \Delta(P^\sigma, Q^\sigma, v^\sigma)$;

(d) *if* $P \neq P'$, *there is a* Q*-divisor* δ (depending upon P, P') *such that* $\sup\,(\Delta(P, Q, v), \Delta(P', Q, v)) \geqq \delta(v)$ *for all* v *and* Q;

(e) *if* z *is a function defined over* $\bar{k}$ *on* Γ, *with the divisor* $(z) = \sum_i m_i A_i$, *there are* Q*-divisors* δ, δ', *such that for all* P *and* v,

$$\delta(v) \prod_i \Delta(A_i, P, v)^{m_i} \leqq v[z(P)] \leqq \delta'(v) \prod_i \Delta(A_i, P, v)^{m_i};$$

(f) *for each* A *on* Γ, $s[\Delta(A, P, v)]$, *as a function of* P, *is equivalent to* $h(C(A), P)^{-1}$, *where* $C(A)$ *is the class of the divisor* A, *and* h *is as in No.* 20. In particular, to each A and each $\varepsilon > 0$, there are constants γ, γ', both >0, such that

$$\gamma h_0(P)^{-1-\varepsilon} \leqq s[\Delta(A, P, v)] \leqq \gamma' h_0(P)^{-1+\varepsilon},$$

where $h_0(P)$ is as in No. 20.

If we pay attention only to the non-archimedean absolute values v, $\Delta(P, Q, v)$ determines an integral ideal $\mathfrak{a}(P, Q)$ of the field $k(P, Q)$, the properties of which are implicit in those given above. In particular, if z is as in (e), and k' is a finite extension of k over which z and the A_i are defined, then there are non-zero rational numbers r, r' such that the principal ideal $(z(P))$ in $k'(P)$ is a multiple of $r\prod_i \mathfrak{a}(A_i, P)^{m_i}$, and divides $r'\prod_i \mathfrak{a}(A_i, P)^{m_i}$, for all P. Also, in the last inequality in (f), if we restrict the product implicit in the symbol s to the non-archimedean v, then, since the factors thus left out are all $\leqq 1$, the first half of the inequality remains true. If $d(P)$ is the degree of $k(A, P)$ over Q, and N denotes the norm (over Q) of ideals in $k(A, P)$, we thus find that, if A and $\varepsilon > 0$ are given, there is a constant γ such that $N(\mathfrak{a}(A, P))^{1/d(P)} \leqq \gamma h_0(P)^{1+\varepsilon}$ for all P. This, for $k(P) = k$, is Siegel's first fundamental inequality ([2], p. 50).

V. Valuation-functions and local ideals.

22. We now abandon the arithmetical considerations of §§II, III, IV, and go back to the algebraic theory of §I; our purpose is in part to provide some substantial motivation for our concept of valuation-functions "attached" to divisors (No. 8), which may seem to have been introduced solely on the ground of expediency. This will require some further general concepts.

If A is a subring of a field K, let us write K_A for K when it is taken, not with its structure as a field, but merely with its structure as an A-module. Let the x_i be a finite set of elements of K; they generate a submodule $M = \sum_i x_i A$ of K_A; if ω is a valuation of K which is $\geqq 0$ on A, we have $\inf_i \omega(x_i) = \inf_{x \in M} \omega(x)$, and so the element $\inf_i [x_i]$ of $\mathbf{F}(K/A)$ is completely determined by the module M.

If K is the field of fractions of the ring A, then a fractional A-ideal in K is defined to be any submodule of K_A which, as an A-module, is isomorphic to an ideal in the ring A, or, what is the same thing, which is contained in xA for some $x \in K$. Any finitely generated submodule $I = \sum_i x_i A$ of K_A is a fractional A-ideal; as above, this determines the element $\inf_i [x_i]$ of $\mathbf{F}(K/A)$. If A' is the integral closure of A, the set of the $x \in K$ such that $[x] \succ \inf_i [x_i]$ in $\mathbf{F}(K/A)$ is a fractional A'-ideal I'; if $A = A'$, and $I = I'$, I is sometimes called "complete"[4] or "integrally closed".[5]

Let K be the field of fractions of the ring A; let $I = \sum_i x_i A$, $J = \sum_j y_j A$ be two finitely generated fractional A-ideals in K, determining respectively the elements $X = \inf_i [x_i]$, $Y = \inf_j [y_j]$ of $\mathbf{F}(K/A)$; then the A-ideals $I + J$ and $I \cdot J$ determine respectively the elements $\inf (X, Y)$ and $X + Y$ of $\mathbf{F}(K/A)$, while $I \cap J$, if it is finitely generated, determines an element Z of $\mathbf{F}(K/A)$ satisfying $Z \succ \sup (X, Y)$; if $I \supset J$ we have $X \prec Y$, but the converse need not be true. Thus there is only an incomplete parallelism between valuation-functions and ideals. The two A-ideals I, J will be called *equivalent* if $X = Y$, i.e. if they determine the same element of $\mathbf{F}(K/A)$.

23. From now on, the "ground-field" k will remain fixed once for all; V will be a variety (mostly abstract) defined over k; the word "function" will be restricted to functions on V having k as a field of definition; K will be the field of such functions. The word "valuation" will be restricted to valuations of K which vanish on k, that is to elements of $\mathbf{V}(K/k)$. By a "point" we understand any point on V, not necessarily rational nor even algebraic over k.

Each point P on V determines a subring A_P of K, the "specialization-ring of P in K", consisting of the functions on V which are defined and finite at P; to say that A_P is integrally closed is the same as to say that V is normal at P relatively to k. If P, Q are two points on V, we have $A_P \supset A_Q$ if and only if Q is a specialization of P over k, and $A_P = A_Q$ if and only if P and Q are generic specializations of each other over k.

From now on, let V be a complete abstract variety. Let ω be any valuation in $\mathbf{V}(K/k)$; if the place f of K belongs to ω, then it is trivial on k, i.e. it induces on k an isomorphism σ of k onto some field k'; the isomorphism σ^{-1} of k' onto k can then be extended to an isomorphism τ of $f(K)$ into some field L (more correctly, into $L_\infty = L \cup \{\infty\}$), and then $f' = \tau \circ f$ is a place of K, equivalent to f, which induces on k the identical automorphism. Such a place f' determines a specialization P of a generic point of V over k, which, since V is complete, is a point of V; then P is such that ω is $\geqq 0$ on A_P, and 0 on the maximal ideal of A_P; if Q is any other point with these two properties, then $A_Q = A_P$, and Q is a generic specialization of P over k; if Q is merely such that ω is $\geqq 0$ on A_Q, then $A_Q \subset A_P$, and Q is a specialization of P over k. Thus the points Q such that $\omega \geqq 0$ on A_Q are those which lie on the union of the components of the locus of P over k; this union is called the *center* of ω.

---

[4] Cf. O. Zariski, Am. J. of Math. 60 (1938), p. 151.

[5] Cf. W. Krull, *Idealtheorie*, Erg. d. math. Wiss. IV-3, Berlin 1935, pp. 128–129. Krull's "fundamental theorem" (p. 129), identifying "integrally closed" ideals with "valuation-ideals", is substantially equivalent to our corollary 1 of Theorem 2 (No. 5), and to the consequences derived from it in No. 6.

From this, it follows that $\mathbf{V}(K/k) = \bigcup_{P \epsilon V} \mathbf{V}(K/A_P)$; and so an element of $\mathbf{F}(K/k)$ is completely determined by the elements it induces in the groups $\mathbf{F}(K/A_P)$ for all P. These are not independent; in fact, it follows from what we have seen that $\mathbf{V}(K/A_P) \cap \mathbf{V}(K/A_Q)$ is the set of all valuations whose center contains both P and Q.

24. Consider an element X of $\mathbf{F}(K/k)$; this is a function $X(\omega)$ of the valuations $\omega \epsilon \mathbf{V}(K/k)$, and, for any P on V, its canonical image X_P in $\mathbf{F}(K/A_P)$ is the restriction of the function $X(\omega)$ to the valuations $\omega \epsilon \mathbf{V}(K/A_P)$. Let y_j be a set of elements of K, and put $Y = \inf_j[y_j]$; if $X_R = Y_P$, i.e. if $X(\omega) = Y(\omega)$ for $\omega \epsilon \mathbf{V}(K/A_P)$, we say that X_P is *defined by* the A_P-ideal $I_P = \sum_j y_j A_P$, and also that X is *defined at* P by that ideal. If X and P are given there need not exist an ideal I_P defining X at P; and, if there is one, it is determined only up to equivalence. If X is such that it is defined at every point P of V by an A_P-ideal I_P, we say that it is *definable by local ideals*. If that is so, and if the I_P are given, they determine X_P for every P, and so X is uniquely determined. We shall now obtain some necessary and sufficient conditions for a set of local ideals I_P to determine an element X of $\mathbf{F}(K/k)$.

It will be convenient to use some topological terms. On $\mathbf{V}(K/k)$ Zariski has introduced a (non-separated) topology which can be defined as follows. For each $x \epsilon K$, let Ω_x be the set of those $\omega \epsilon \mathbf{V}(K/k)$ for which $\omega(x) \geqq 0$. The open sets in the Zariski topology are those which can be obtained from the Ω_x by the operations of union and of finite intersection. More important for us, however, are those sets which can be obtained from the Ω_x by the operations of finite union and finite intersection; these will be called *finitely open*; every such set can be defined by a relation $X(\omega) \geqq 0$, with $X \epsilon \mathbf{F}(K/k)$. As shown by Zariski, and as one can easily verify, using corollary 1 of Theorem 2, his open sets, hence a fortiori the finitely open sets, satisfy the "compactness axiom": every covering of $\mathbf{V}(K/k)$ by such sets contains a finite covering.

On the other hand, we define as closed sets on V itself (relatively to the ground-field k) all bunches of subvarieties of V which are normally algebraic over k; in other words, the union of all conjugates over k of a subvariety of V which is algebraic over k will be a closed subset of V; and all finite unions of such sets will be closed sets. The complements of these will be the open sets on V; clearly they satisfy the compactness axiom. The locus over k of a point P of V is the smallest closed subset containing P, i.e. it is the closure of P; hence, if it is contained in the union of two closed sets, it must be contained in one of them. This applies in particular to the center of a valuation. If W, W' are two open subsets of V, and if a valuation ω is in $\mathbf{V}(K/A_P) \cap \mathbf{V}(K/A_{P'})$, with $P \epsilon W$ and $P' \epsilon W'$, then the center of ω cannot be contained in the complement $C(W)$ of W, nor in $C(W')$, and so is not contained in $C(W) \cup C(W') = C(W \cap W')$; hence there is a $Q \epsilon W \cap W'$ such that $\omega \epsilon \mathbf{V}(K/A_Q)$.

Let Ω be a finitely open set in $\mathbf{V}(K/k)$; then the set W of the points P of V such that $\mathbf{V}(K/A_P) \subset \Omega$ is open. In fact, let Ω be defined by $X(\omega) \geqq 0$, with $X = \inf_\mu \sup_i [x_{\mu,i}]$; then it is the intersection of the sets Ω_μ respectively defined by $\inf_i \omega(1/x_{\mu,i}) \leqq 0$, and W is the intersection of the corresponding subsets of V, so that it is enough to prove our statement for each Ω_μ. Taking complements, what we have to prove amounts to this: $y_1, \cdots, y_m$ being given elements of K, the set Y of points P, such that there exists an $\omega \in \mathbf{V}(K/A_P)$ for which $\omega(y_j) > 0$ for all j, is closed. In fact, Y is the set of points P such that $(0, \cdots, 0)$ is a specialization of $(y_1, \cdots, y_m)$ at P. So, if Γ is the graph in $V \times S^m$ of the mapping $(y_1, \cdots, y_m)$ of V into S^m, we have $Y \times 0 = \Gamma \cap (V \times 0)$, which proves our assertion.

In particular, if X, Y are two elements of $\mathbf{F}(K/k)$, the set of points P such that $X_P = Y_P$, i.e. such that $X(\omega) = Y(\omega)$ for all $\omega \in \mathbf{V}(K/A_P)$, is open; of course, it may be empty. Now, for each element Y of $\mathbf{F}(K/k)$ of the form $Y = \inf_j[y_j]$, consider the set $W(Y)$ of the points P of V such that $X_P = Y_P$, i.e. such that X is defined at P by the ideal $\sum_j y_j A_P$; if we assume that X is definable by local ideals, the open sets $W(Y)$ form a covering of V, from which one can therefore extract a finite covering. In other words, there exists a finite covering of V by open sets W_λ, and, for each λ, an element $Y_\lambda = \inf_j[y_{\lambda,j}]$ of $\mathbf{F}(K/k)$, such that $X_P = (Y_\lambda)_P$ for each $P \in W_\lambda$, that is, such that X is defined by the ideal $\sum_j y_{\lambda,j} A_P$ at every $P \in W_\lambda$, for each λ.

25. Assume that to every P on V we have assigned a fractional A_P-ideal I_P in K; the I_P will be said to form a *coherent system of local ideals* if there is a finite covering of V by open sets W_λ, and, for each λ, a set $y_{\lambda,j}$ of elements of K, such that, whenever $P \in W_\lambda$, the ideals I_P and $\sum_j y_{\lambda,j} A_P$ are equivalent. Then:

THEOREM 12. *Let a fractional A_P-ideal I_P in K be given for every point P on V; the I_P will define an element X of $\mathbf{F}(K/k)$ if and only if they form a coherent system.*

We have just proved that this condition is necessary. In order to prove that it is sufficient we need various lemmas, and in the first place the following one on abstract varieties.

LEMMA. *Let V be an abstract variety defined over k; let a finite covering of V be given by subsets W_λ of V, open on V relatively to k. Then there is an abstract variety $V' = [V'_\rho; \emptyset; T'_{\sigma\rho}]$, defined over k by affine varieties V'_ρ with empty frontiers, and by the birational correspondences $T'_{\sigma\rho}$ between the V'_ρ, such that:* (a) *there is an everywhere biregular birational correspondence T between V' and V over k;* (b) *for each ρ, the image $T(V'_\rho)$ of V'_ρ on V by T is contained in some W_λ.*

In stating (b), we have identified each V'_ρ with the corresponding subset of V', i.e. with the set of those points of V' which have a representative in V'_ρ. In proving the lemma, we may, if necessary, replace the covering W_λ by a finite subcovering, and so assume that the W_λ are finite in number. Each W_λ is then an abstract variety defined by a finite number of affine representatives $W_{\lambda\alpha}$ with frontiers $F_{\lambda\alpha}$. Consider one of them, say $W_{\lambda\alpha}$; it is a variety in an affine space S^N; let $(x_1, \cdots, x_N)$ be a generic point of it over k. Take a finite "basis," i.e. a finite set of generators, for the ideal in $k[X_1, \cdots, X_N]$, consisting of the polynomials which are 0 on $F_{\lambda\alpha}$; let the $P_h(X)$ be those elements in that set which are not 0 on $W_{\lambda\alpha}$. For each h let $W'_{\lambda\alpha h}$ be the locus of $(x_1, \cdots, x_N, 1/P_h(x))$ over k in S^{N+1}. As our varieties V'_ρ we take all the $W'_{\lambda\alpha h}$, with the obvious birational correspondences between them; these have all the properties stated in our lemma.

26. If a coherent system of local ideals is given on V, there is a covering of V with the properties stated in the definition of such systems in No. 25; to this covering we apply the lemma above, and then identify V with V' by means of the correspondence T. Then, after an obvious change of notations, the situation can be described as follows. We have an abstract variety $V = [V_\alpha ; T_{\beta\alpha}]$ given by the affine representatives V_α (with empty frontiers), and the birational correspondences $T_{\beta\alpha}$ between the V_α, all these being defined over k; put $\Omega_\alpha = \bigcup_{P \in V_\alpha} \mathbf{V}(K/A_P)$; by No. 24, we have $\Omega_\alpha \cap \Omega_\beta = \bigcup_{P \in V_{\alpha\beta}} \mathbf{V}(K/A_P)$, with $V_{\alpha\beta} = V_\alpha \cap V_\beta$. Also, for each α we have a set $y_{\alpha,j}$ of elements of K; and, for $Y_\alpha = \inf_j [y_{\alpha,j}]$, we have $Y_\alpha(\omega) = Y_\beta(\omega)$ whenever $\omega \in \Omega_\alpha \cap \Omega_\beta$, for all α, β. In order to prove Theorem 12 we have to construct an $X \in \mathbf{F}(K/k)$ such that $X(\omega) = Y_\alpha(\omega)$ for $\omega \in \Omega_\alpha$, for all α.

Assume that we have constructed elements $X_{\alpha\beta}$ of $\mathbf{F}(K/k)$ for all $\alpha \neq \beta$, such that $X_{\alpha\beta} \geqq Y_\alpha$ on Ω_α, and $X_{\alpha\beta} \leqq Y_\beta$ on $\Omega_\beta \cap C(\Omega_\alpha)$. Then, for each α, put $X'_\alpha = \inf_{\beta \neq \alpha} X_{\alpha\beta}$, $X''_\alpha = \inf(Y_\alpha, X'_\alpha)$, and $X = \sup_\alpha X''_\alpha$. Take any $\omega \in \Omega_\alpha$; we have $X_{\alpha\beta}(\omega) \geqq Y_\alpha(\omega)$ for all $\beta \neq \alpha$, hence $X'_\alpha(\omega) \geqq Y_\alpha(\omega)$, $X''_\alpha(\omega) = Y_\alpha(\omega)$. Also, for each $\beta \neq \alpha$ we have either $\omega \in \Omega_\beta$ or $\omega \in C(\Omega_\beta)$; in the first case we have $Y_\beta(\omega) = Y_\alpha(\omega)$, and so $X''_\beta(\omega) \leqq Y_\alpha(\omega)$, while in the second case

$$X_{\beta\alpha}(\omega) \leqq Y_\alpha(\omega), \qquad X'_\beta(\omega) \leqq Y_\alpha(\omega), \qquad X''_\beta(\omega) \leqq Y_\alpha(\omega).$$

As we have $X''_\beta(\omega) = Y_\alpha(\omega)$, and, for all $\beta \neq \alpha$, $X''_\beta(\omega) \leqq Y_\alpha(\omega)$, we have

$$X(\omega) = Y_\alpha(\omega);$$

hence X is as required. So all we need do is to construct $X_{\alpha\beta}$ for each pair $\alpha \neq \beta$. Again, for a given pair $\alpha \neq \beta$, assume that we have constructed, for each j, an element Z_j of $\mathbf{F}(K/k)$ such that $Z_j \geqq Y_\alpha$ on Ω_α, and $Z_j(\omega) \leqq \omega(y_{\beta,j})$ for $\omega \in \Omega_\beta \cap C(\Omega_\alpha)$; then one sees at once that $X_{\alpha\beta} = \inf_j Z_j$ will be as required. As $Y_\alpha = Y_\beta$ on $\Omega_\alpha \cap \Omega_\beta$, we have, for each j, $\omega(y_{\beta,j}) \geqq Y_\alpha(\omega)$ on $\Omega_\alpha \cap \Omega_\beta$. So our problem will be solved if we prove the following lemma:

27. LEMMA. *Let V, V' be two affine varieties, defined and birationally equivalent over k; let x, x' be corresponding generic points of V, V' over k; put $K = k(x) = k(x')$. Put $\Omega = \bigcup_{P \in V} \mathbf{V}(K/A_P)$, $\Omega' = \bigcup_{Q \in V'} \mathbf{V}(K/A_Q)$. Let the y_j and y' be non-zero elements of K such that $\omega(y') \geqq \inf_j \omega(y_j)$ for all $\omega \in \Omega \cap \Omega'$. Then there is a finite set of monomials $M_\nu(x)$ in the coordinates of x such that, if we put $Z = \inf_{\nu,j}[M_\nu(x) y_j]$, we have $Z(\omega) \geqq \inf_j \omega(y_j)$ for all $\omega \in \Omega$, and $Z(\omega) \leqq \omega(y')$ for all $\omega \in \Omega'$.*

In fact, Ω is no other than the set $\mathbf{V}(K/k[x])$ of the valuations which are $\geqq 0$ on the ring $k[x]$ generated over k by the coordinates of x; for those coordinates are in A_P for every P on V, and so, for $P \in V$, we have $A_P \supset k[x]$, and therefore $\mathbf{V}(K/A_P) \subset \mathbf{V}(K/k[x])$; and if ω is $\geqq 0$ on $k[x]$, a place belonging to ω and inducing on k the identical automorphism will induce a finite specialization P of x over k, i.e. a point of V, and then we have $\omega \in \mathbf{V}(K/A_P)$. Similarly we have $\Omega' = \mathbf{V}(K/k[x'])$, whence $\Omega \cap \Omega' = \mathbf{V}(K/k[x, x'])$. As $\omega \in \Omega$ implies that ω is $\geqq 0$ on $k[x]$, we have then $\omega(M_\nu(x)) \geqq 0$ for every monomial $M_\nu(x)$, so that the first inequality in our lemma is satisfied for every choice of the monomials $M_\nu(x)$; it remains for us to show that the last inequality is satisfied for a suitable choice of the $M_\nu(x)$.

We do not change either our assumptions or our conclusions if we replace everywhere y' by 1, and each y_j by y_j/y'. So we may assume that $y' = 1$. Then our assumption is that $\inf_j \omega(y_j) \leqq 0$ for all $\omega \in \mathbf{V}(K/k[x, x'])$; and we have to prove that, for some suitable choice of the $M_\nu(x)$, $\inf_{\nu,j} \omega(M_\nu(x)y_j) \leqq 0$ for all $\omega \in \mathbf{V}\ (K/k[x'])$. By corollary 1 of Theorem 2 (No. 5), our assumption implies that there is a polynomial P in the indeterminates Y_j, with coefficients in $k[x, x']$, such that $P(y) = 0$, $P(0) = 1$. So we have a relation $1 + \sum_\lambda p_\lambda N_\lambda(y) = 0$, with $p_\lambda \in k[x, x']$, the N_λ being monomials of degree $\geqq 1$ in the y_j. This can also be written as $1 + \sum_{\nu=1}^{n} q_\nu(x')M_\nu(x)N'_\nu(y) = 0$, with $q_\nu \in k[x']$, the M_ν being monomials in the coordinates of x, and the N' monomials of degree $\geqq 1$ in the y_j. Now put $M_0(x) = 1$, and $w_{\nu,j} = M_\nu(x)y_j$, for all j, and $0 \leqq \nu \leqq n$; then we have $w_{0,j} = y_j$; so, for each ν, if we choose j_ν so that y_{j_ν} is a factor of $N'_\nu(y)$, $M_\nu(x)N'_\nu(y)$ can be written as the product of w_{ν,j_ν} and of some of the $w_{0,j}$, i.e. as a monomial $R_\nu(w)$ of degree $\geqq 1$ in the $w_{\nu,j}$. Therefore we have the relation $1 + \sum_\nu q_\nu(x')R_\nu(w) = 0$; by corollary 1 of Theorem 2, this proves our conclusion, so that the proof of our lemma, and with it that of Theorem 12, are now complete.

28. As an example, we shall apply our results to systems of principal local ideals. Assume again that V is a complete abstract variety defined over a field k; let X be an element of $\mathbf{F}(K/k)$; and assume that X can be defined by a coherent system of principal local ideals. For each $y \neq 0$ in K, let W_y be the set of points P of V for which $X_P = [y]_P$, i.e. such that $X(\omega) = \omega(y)$ for all $\omega \in \mathbf{V}(K/A_P)$; the W_y are open subsets of V, and our assumption means that they form a covering of V. Therefore there is a finite covering of V by open subsets W_λ, and, for each λ, a $y_\lambda \in K^*$, such that, for all $P \in W_\lambda$, we have $X(\omega) = \omega(y_\lambda)$ for $\omega \in \mathbf{V}(K/A_P)$. Then we must have $\omega(y_\lambda y_\mu^{-1}) = 0$ for $\omega \in \mathbf{V}(K/A_P)$ and $P \in W_\lambda \cap W_\mu$; this means that neither 0 nor ∞ can be a specialization of $y_\lambda y_\mu^{-1}$ at any point of $W_\lambda \cap W_\mu$. Conversely, if a finite covering of V by open sets W_λ and a set of functions y_λ on V have this last property, then we can choose, for each P on V, a λ such that $P \in W_\lambda$; for that λ, put $I_P = y_\lambda A_P$; these will form a coherent system of principal local ideals. When such sets W_λ and such functions y_λ are given, we shall say, briefly, that they form a *(W, y)-system*.

Now, r being the dimension of V, assume that V has no multiple subvarieties of dimension $r - 1$. Then, by Lemma 1 of No. 7, a (W, y)-system can be defined as consisting of a finite covering of V by open sets W_λ, and of functions $y_\lambda \neq 0$ on V, such that, for all λ, μ, all the components of $(y_\lambda/y_\mu) = (y_\lambda) - (y_\mu)$ are contained in the closed set $C(W_\lambda \cap W_\mu) = C(W_\lambda) \cup C(W_\mu)$, i.e. either in $C(W_\lambda)$ or in $C(W_\mu)$. Such a system being given, there is one and only one divisor T such that, for each λ, all the components of $T - (y_\lambda)$ are contained in $C(W_\lambda)$. In fact, we can construct such a divisor T by taking as its components all the $(r - 1)$-dimensional subvarieties A of V such that there is a λ for which A is a component of (y_λ) and is not contained in $C(W_\lambda)$, and by taking as the coefficient of such a variety A in T its coefficient in (y_λ); this is unambiguous, for, if at the same time A is a component of (y_μ) and is not contained in $C(W_\mu)$, then it cannot be a component of $(y_\lambda) - (y_\mu)$, and so it has the same coefficient in (y_μ) as in (y_λ). Since to every point P on V there is a λ such that P is not in $C(W_\lambda)$, the divisor T is uniquely determined, and is everywhere locally equivalent to 0, in the sense defined in No. 8; it is also clear that it is rational over k.

Conversely, let T be a divisor, rational over k, and everywhere locally equivalent to 0; then to every point P of V there is a function y_P such that P is contained in the complement W_P of the union of the components of the divisor $T - (y_P)$; so the open sets W_P form a covering of V, from which one can extract a finite covering W_{P_λ}; then the W_{P_λ} and y_{P_λ} form a (W, y)-system which determines T as above. As this system also determines a coherent system of local ideals, hence an element X of $\mathbf{F}(K/k)$, we can summarize part of our results as follows:

THEOREM 13. *Let V be a complete abstract variety of dimension r defined over k without multiple subvarieties of dimension $r - 1$; let K be the field of functions defined over k on V. Let T be a divisor on V, rational over k, everywhere locally equivalent to* 0. *Then there is an element X_T of $\mathbf{F}(K/k)$ with the following property: if P is any point on V, and if $y \in K$ is such that $T - (y)$ has no component going through P, then $X(\omega) = \omega(y)$ for every $\omega \in \mathbf{V}(K/A_P)$. The mapping $T \to X_T$ is an isomorphism of the ordered group of divisors T onto the subgroup of the ordered group $\mathbf{F}(K/k)$, consisting of all the elements definable by principal local ideals.*

It may be seen at once that, if there exists an element of $\mathbf{F}(K/k)$ "attached" to the divisor T in the sense defined in No. 8, this must be the same as the divisor X_T defined in Theorem 13. The converse of this is also true under fairly general assumptions, and in particular if V is a non-singular projective variety; for, in that case, the element X_T, defined in Theorem 13, can be written as $X_T = \inf_\mu \sup_\nu [x_\mu/u_\nu]$, where the x_μ, u_ν are the functions described in Theorem 4 of No. 8. This is the true justification for the concepts introduced in No. 8.

Finally, if the variety V is normal, a (W, y)-system can also be defined as one consisting of a finite covering of V by open sets W_λ, and of functions $y_\lambda \neq 0$ on V such that, for all λ, μ, the function $y_{\lambda\mu} = y_\lambda/y_\mu$ is everywhere defined, finite and $\neq 0$ in $W_\lambda \cap W_\mu$; these are exactly the conditions under which a covering W_λ of V and a system of functions $y_{\lambda\mu}$ can be used to define a "fibre-space" over V, with the multiplicative group in one variable. In fact, the fibre-space which is so defined is precisely the one whose invariant is the class (for linear equivalence) containing the divisor T defined by the given (W, y)-system.

APPENDIX

Divisorial valuations

As in §V we consider a variety V of dimension r defined over a field k, and the field K of functions defined over k on V. A valuation in $\mathbf{V}(K/k)$ will be called *divisorial* if its residue-field has the degree of transcendency $r - 1$ over k;

we shall write $\mathbf{V}_d(K/k)$ for the set of all such valuations, and $\mathbf{F}_d(K/k)$ for $\mathbf{F}[\mathbf{V}_d(K/k)]$, i.e. for the ordered group of the restrictions to $\mathbf{V}_d(K/k)$ of the valuation-functions in $\mathbf{F}(K/k)$. It is well-known that the value-group $\omega(K^*)$ of every divisorial valuation ω is isomorphic to the additive group of integers, with which it may be canonically identified. We shall prove here that $\mathbf{F}_d(K/k)$ is isomorphic to $\mathbf{F}(K/k)$, or, more precisely, that the canonical homomorphism of $\mathbf{F}(K/k)$ onto $\mathbf{F}_d(K/k)$ is an isomorphism; from this it will follow that all our results hold true if $\mathbf{F}(K/k)$ is replaced everywhere by $\mathbf{F}_d(K/k)$.

In view of our results in No. 3, what we have to prove is that, if $x_1, \cdots, x_n$ is any set of elements of K, $\inf_i[x_i] < 0$ in $\mathbf{F}_d(K/k)$ implies the same in $\mathbf{F}(K/k)$, or, in other words, that, if $0 = (0, \cdots, 0)$ is a specialization of $x = (x_1, \cdots, x_n)$ over k, there is a valuation in $\mathbf{V}_d(K/k)$ which is >0 at the x_i; this is well-known, and may be proved as follows. By Theorem 1, it will be enough to show that, for every $s < r$, there are s independent variables $t_1, \cdots, t_s$ over k in K such that 0 is still a specialization of the set x over $k(t_1, \cdots, t_s)$; using induction on s, one sees that one need only do this for $s = 1 < r$. If there exists a transcendental element t_1 in K over $K' = k(x)$, this will be as required; so we may suppose that K' has the dimension $r \geqq 2$ over k, and proceed to select t_1 out of K'. Let U be the locus of x over k in the affine space S^n; by F-App. II, prop. 5 and 6, there are quantities $y = (y_1, \cdots, y_m)$ in K', finite at every point of U, and such that the locus U' of (x, y) over k in S^{n+m} is relatively normal with respect to k at all its points. Let y' be one of the specializations of y over $x \to 0$ with respect to k; these are all finite, hence algebraic over k; so the point $P = (0, y')$ is on U' and is algebraic over k. Every element of $K' = k(x) = k(x, y)$ which is finite at P is defined at P. More generally, every element u of K' which has only a finite number of specializations at P is defined at P; for, if k is infinite, this assumption on u implies that there is a $c \in k$ such that $1/u - c$ is finite at P, hence defined there; and if k is finite it is perfect, so that U' is (absolutely) normal at P, and we may reason in the same manner, taking for c a constant which is transcendental over k. Hence all we need do is to find an element t_1 of K' which is not defined at P. To do this, take a hyperplane $L(X, Y) = 0$ in S^{n+m}, going through P, algebraic over k, and not containing U'. As each component of its intersection with U' has the dimension $r - 1 \geqq 1$, the hyperplanes which contain such a component will make up a linear variety of dimension $\leqq n + m - 2$ in the $(n + m - 1)$-dimensional projective space of hyperplanes through P. Hence there is a hyperplane $L'(X, Y) = 0$, going through P, algebraic over k, such that neither this nor any of its conjugates over k contains any component of the intersection of U' with $L = 0$. Put

$$F(X, Y) = \prod_\sigma L^\sigma(X, Y), \quad F'(X, Y) = \prod_\sigma L'^\sigma(X, Y),$$

where σ runs over all automorphisms of some finite normal extension of k containing the coefficients in L and L'; and put $t_1 = F(x, y)/F'(x, y)$. As $(t_1)_0$ and $(t_1)_\infty$ both have components going through P, both 0 and ∞ are specializations of t_1 at P, so that t_1 is not defined at P, and solves our problem.

THE UNIVERSITY OF CHICAGO

[1951b] Sur la théorie du corps de classes

I. Rappel de résultats connus.

Nous allons rappeler d'abord, en la mettant sous la forme qui nous parait la plus appropriée, l'interprétation donnée par Chevalley ([5a], [5b]), au moyen des idèles, des théorèmes fondamentaux de Takagi (complétés par Artin) sur la théorie des corps de classes. Soit k un corps de nombres algébriques, de degré fini sur le corps des rationnels, ou bien un corps de fonctions algébriques de dimension 1 sur un corps de constantes fini. Par une valuation v de k, on entend un homomorphisme du groupe multiplicatif k^* des éléments non nuls de k dans le groupe additif R des reels, tel que $v(k^*) \neq \{0\}$ et qu'en posant $f(x) = e^{-\lambda v(x)}$ pour $x \in k^*$ et $f(0)=0$, la fonction $f(x)$ satisfasse à $f(x+y) \leq f(x) + f(y)$ pourvu que λ soit un nombre positif suffisamment petit; si alors on complète k par rapport à la "distance" $f(x-y)$, on obtient un corps k_v localement compact; k_v ne change pas si on multiplie v par un facteur constant positif; on convient de ne pas distinguer deux valuations qui ne diffèrent que par un tel facteur. On peut "normer" les valuations de k, c'est-à-dire multiplier chacune par un facteur convenable, de telle sorte que l'on ait $\sum_v v(x) = 0$ quel que soit $x \in k^*$, la somme étant étendue à toutes les valuations essentiellement distinctes de k; c'est la formule dite "du produit" ([2]), récrite en notation additive. On désignera encore par v la valuation v étendue par continuité à k_v. On dit, comme on sait, que v est archimédienne si k_v est isomorphe, soit au corps des réels, soit au corps des complexes; on dira dans le premier cas que v est réelle, dans le second que v est complexe. Dans tout autre cas l'ensemble des valeurs de v, sur k ou sur k_v, est un sous-groupe discret de R, et on dit que v est discrète; k_v est alors isomorphe, soit à un corps $\mathfrak{p}$-adique, soit a un corps de séries formelles à une variable sur un corps de constantes fini, suivant que k est un corps de nombres ou de fonctions. On notera k_v^* le groupe multiplicatif des éléments non nuls de k_v; et, si v est discrète, on désignera par U_v le groupe des unités de k_v, c'est-à-dire le sous-groupe de k_v^* sur lequel v prend la valeur 0; U_v est alors un groupe compact, et k_v^*/U_v est isomorphe au groupe additif

Reprinted by permission of the editors of *J. Math. Soc. Japan*.

Z des entiers. Si v est archimédienne complexe, on posera $U_v = k_v^*$. Si v est archimédienne réelle, on désignera par U_v le groupe multiplicatif des éléments >0 de k_v^*, k_v étant en ce cas identifié avec le corps des réels. Dans le groupe (non topologique) $\prod_v k_v^*$, où le produit est étendu à toutes les valuations v de k, considérons le sous-groupe I_k des éléments $a = (a_v)$ tels que $a_v \in U_v$ sauf au plus pour des valuations v en nombre fini ; les éléments de I_k s'appellent, comme on sait, les *idèles* de k. Sur I_k, on définit une topologie comme suit : sur le sous-groupe $U = \prod_v U_v$ de I_k, on prend pour topologie la topologie produit de celles des U_v ; et on impose à I_k la condition que I_k/U soit un groupe discret, ou autrement dit on prend la famille de tous les voisinages de l'élément neutre dans U comme système fondamental de voisinages de cet élément dans I_k. Muni de cette topologie, I_k s'appellera *le groupe des idèles de k* ; c'est un groupe abélien séparé, localement compact. Si k est un corps de fonctions, U est compact, et U et I_k sont totalement discontinus. Si k est un corps de nombres, le produit $H_k = \prod' U_v$, étendu aux seules valuations archimédiennes v de k, est la composante connexe de l'élément neutre dans I_k, et dans U ; en ce cas, U/H_k est compact, et U/H_k et I_k/H_k sont totalement discontinus. Si, pour tout idèle $a = (a_v)$, on pose $d(a) = \sum_v v(a_v)$, la somme étant étendue à toutes les valuations de k, d est un homomorphisme de I_k sur le groupe additif R des réels si k est un corps de nombres, et (les valuations étant convenablement normées) sur le groupe additif Z des entiers si k est un corps de fonctions. Si, pour chaque v, i_v est l'isomorphisme "naturel" de k dans k_v, on définit un isomorphisme de k^* dans I_k en posant, pour $x \in k^*$, $i(x) = (i_v(x))$; le groupe $P_k = i(k^*)$ s'appelle le groupe des idèles principaux de k ; on l'identifie parfois avec k^* quand il n'y a pas de danger de confusion ; en vertu de la formule du produit, l'homomorphisme d prend la valeur 0 sur P_k.

De plus, P_k est un sous-groupe *discret* de I_k. En effet, si k est un corps de fonctions, $P_k \cap U$ se réduit au groupe multiplicatif des constantes non nulles, donc à un groupe fini ; si k est un corps de nombres, $P_k \cap U$ est l'image $i(E)$ du groupe E des unités totalement positives de k ; et, comme il ne peut y avoir qu'un nombre fini d'entiers de k dont les images dans les corps k_v correspondant à toutes les valuations archimédiennes v de k soient bornées en valeur absolue, il n'y a à plus forte raison qu'un nombre fini d'éléments de $i(E)$ dans un voisinage compact de l'élément neutre de U. Par conséquent, le groupe $C_k=I_k/P_k$ est un groupe séparé, localement compact, localement isomorphe à I_k; C_k s'appellera *le groupe des classes d'idèles de k*. Si k est un corps de nombres, les caractères de C_k sont les *Grössencharaktere* de Hecke ([8]), au moyen desquels sont formées les séries L de Hecke attachées au corps k.

Comme l'homomorphisme d, défini plus haut sur I_k au moyen de $d(a)=\sum_v v(a_v)$ pour $a=(a_v)$, prend la valeur 0 sur P_k, on en déduit, par passage au quotient, un homomorphisme de C_k, sur R ou sur Z suivant le cas; soit C_k^0 le noyau de celui-ci, c'est-à-dire le sous-groupe de C_k où il prend la valeur 0: *Le groupe C_k^0 est compact*: c'est ce qui résulte, si k est un corps de fonctions, du fait que les classes de diviseurs de degré 0 sont en nombre fini, et, si k est un corps de nombres, du théorème de Dirichlet et du fait que les classes d'idéaux de k sont en nombre fini. Il s'ensuit que C_k est isomorphe au produit direct de C_k^0 et de C_k/C_k^0, ce dernier groupe étant isomorphe à R ou à Z suivant que k est un corps de nombres ou de fonctions.

Soit alors A_k l'extension abélienne maximale de k; elle est bien définie, à un isomorphisme près, comme la réunion, dans une extension algébriquement close de k, de toutes les extensions abéliennes de k de degré fini. Pour énoncer le théorème fondamental de la théorie du corps de classes, supposons d'abord que k soit un corps de fonctions, sur un corps de constantes fini k_0 à q éléments. Alors A_k contient une extension algébriquement close $\bar{k}_0$ de k_0. Soit G_k^0 le sous-groupe du groupe de Galois de A_k sur k formé des automorphismes qui laissent invariants tous les éléments de k_0; on peut le considérer comme groupe de Galois de A_k sur le composé de k et de $\bar{k}_0$; muni de la topologie habituelle, c'est un groupe compact. Soit G_k le sous-groupe du groupe de Galois de A_k sur k, formé des automorphismes qui induisent sur $\bar{k}_0$ un automorphisme de la forme $\xi\rightarrow\xi^{q^d}$, où d est un entier quelconque; on topologisera G_k par la condition que G_k/G_k^0 soit un groupe discret (isomorphe à Z). Cela posé, *la théorie du corps de classes affirme l'existence d'un isomorphisme canonique entre C_k et G_k*. On peut dire qu'elle donne une interprétation de C_k au moyen d'un groupe de Galois.

Si k est un corps de nombres, une telle interprétation n'est plus possible, puisqu'en raison de l'existence de valuations archimédiennes C_k et

C_k^0 ne sont plus totalement discontinus. Mais soient $D_k^{\cdot}$ la composante connexe de l'élément neutre dans C_k, et G_k' le groupe de Galois de A_k sur k; G_k' est compact. *La théorie du corps de classes affirme ici l'existence d'un isomorphisme canonique entre $C_k'=C_k/D_k$ et G_k'*; elle donne donc une interprétation, sinon de C_k, tout au moins de C_k' au moyen d'un groupe de Galois.

La recherche d'une interprétation pour C_k si k est un corps de nombres, analogue en quelque manière à l'interprétation par un groupe de Galois quand k est un corps de fonctions, *me semble constituer l'un des problèmes fondamentaux de la théorie des nombres* à l'heure actuelle; il se peut qu'une telle interprétation renferme la clef de l'hypothèse de Riemann; il est plausible qu'il convienne de la chercher du côté de la théorie des espaces fibrés, dont l'importance se fait de plus en plus grande dans tant de branches des mathématiques, topologie bien entendu, mais déjà aussi géométrie algébrique, espaces de Hilbert, et bientôt sans doute arithmétique. Nous n'entendons pas aborder ici ces grands problèmes, mais traiter seulement une question préjudicielle, dont la solution montre en tout cas qu'on a le droit de songer à une interprétation de C_k telle que nous l'envisageons.

II. Position du problème.

Comme ci-dessus, soit k un corps de nombres ou de fonctions; soit K une extension galoisienne de k de degré fini; on désignera par $\mathfrak{g}(K/k)$ le groupe de Galois de K sur k. Si G est un groupe abélien, topologique ou non, attaché à K d'une manière invariante, les éléments de $\mathfrak{g}(K/k)$, c'est-à-dire les automorphismes de K laissant les éléments de k invariants, induiront en général d'une manière " naturelle " (si évidente le plus souvent qu'il sera inutile de la préciser) des automorphismes de G, de sorte que G sera " naturellement " muni d'une structure de groupe à opérateurs sur $\mathfrak{g}(K/k)$; si $x\in G$, et $\alpha\in\mathfrak{g}(K/k)$, on notera x^α le transformé de x par α. On appelle norme de x, et on note $N_{K/k}(x)$ ou plus brièvement $N(x)$, le produit $N(x)=\prod_\alpha x^\alpha$, étendu à tous les $\alpha\in\mathfrak{g}(K/k)$. On aura à considérer des systèmes de facteurs, et plus généralement des cocycles de diverses dimensions ([6]) de $\mathfrak{g}(K/k)$ dans G; un système de facteurs est un cocycle de dimension 2, dont la classe d'homologie détermine, à un isomorphisme près, une extension de G par $\mathfrak{g}(K/k)$.

En particulier, I_K et C_K peuvent ainsi être considérés comme groupes à opérateurs sur $\mathfrak{g}(K/k)$. D'autre part, si w est une valuation de K, w induit une valuation v sur k, et k_v peut être considéré comme canoniquement plongé dans K_w; alors, si a est un idèle de I_k, on définit un idèle $\bar{a}=(\bar{a}_w)$ de I_K en posant $\bar{a}_w=a_v$ pour toute valuation w de K, v étant la valuation induite par w sur k; on vérifie immédiatement que l'application $a\to\bar{a}$ est un isomorphisme de I_k dans I_K; et on identifiera le plus souvent I_k avec son image dans I_K par cet isomorphisme. On vérifie alors aisément que I_k n'est autre que l'ensemble des éléments de I_K qui sont invariants par tous les automorphismes de $\mathfrak{g}(K/k)$, d'où s'ensuit en particulier que l'on a $P_k=P_K\cap I_k$. Par passage au quotient, on voit alors que l'isomorphisme canonique de I_k dans I_K induit une représentation biunivoque de C_k dans C_K. Plus précisément, si W est un voisinage de l'élément neutre 1 dans I_K, tel que $P_K\cap(W^{-1}W)=\{1\}$, on a $P_K\cap I_kW=P_k$, d'où résulte que l'isomorphisme canonique de I_k dans I_K induit un *isomorphisme* de C_k dans C_K, au moyen duquel on identifiera le plus souvent C_k avec le sous-groupe correspondant de C_K. Si a est un représentant dans I_K d'un élément de C_K invariant par tous les automorphismes de $\mathfrak{g}(K/k)$, on aura, quel que soit $\alpha\in\mathfrak{g}(K/k)$, $a^{\alpha-1}=\xi_\alpha\in P_K$, d'où $\xi_{\alpha\beta}=\xi_\alpha^\beta\xi_\beta$, et par suite, en vertu d'un théorème célèbre de Hilbert (qu'on peut exprimer en disant que le premier groupe de cohomologie de $\mathfrak{g}(K/k)$ dans K^* est trivial), $\xi_\alpha=\eta^{1-\alpha}$ avec $\eta\in P_K$; donc $a'=a\eta$ est invariant par $\mathfrak{g}(K/k)$ et est dans I_k. On voit donc que C_k est l'ensemble des éléments de C_K qui sont invariants par tous les automorphismes de $\mathfrak{g}(K/k)$.

Si de plus k et K sont des corps de nombres, et si comme toujours D_k et D_K sont les composantes connexes de l'élément neutre dans C_k et C_K, il est clair que $D_k\subset D_K$, et par suite l'isomorphisme canonique de C_k dans C_K induit une représentation canonique de $C_k'=C_k/D_k$ dans $C_K'=C_K/D_K$; mais en général, comme on le verra au § III, celle-ci n'est pas biunivoque.

Si H est un groupe topologique non abélien, on notera H^c l'adhérence dans H du groupe engendré par les commutateurs de H, et par H^a le groupe quotient abélien $H^a=H/H^c$. On aura besoin de la notion de *transfert*: si H' est un sous-groupe fermé de H, d'indice fini, le transfert (" *Verlagerung* ") de H dans H' est une certaine représentation de H dans

H'^a, qu'on conviendra de noter $t_{H/H'}$; pour sa définition, cf. [14]. Comme H'^a est abélien, le noyau de $t_{H/H'}$ contient H^c, et par suite on déduit de $t_{H/H'}$, par passage au quotient, une représentation $\bar{t}_{H/H'}$ de H^a dans H'^a qu'on appellera le *transfert réduit* de H dans H'. Le transfert réduit est transitif, c'est-à-dire que, si H'' est un sous-groupe de H' d'indice fini, on a $\bar{t}_{H/H''}=\bar{t}_{H'/H''}\circ\bar{t}_{H/H'}$. Dans les cas que nous avons principalement en vue, H' sera un groupe abélien G attaché à K, admettant $\mathfrak{g}(K/k)$ comme groupe d'opérateurs, et H sera une extension de G par $\mathfrak{g}(K/k)$. Dans ce cas, soit (s_α) un système de représentants dans H des éléments α de $\mathfrak{g}(K/k)$; soit $a_{\alpha,\beta}=s_{\alpha\beta}^{-1}s_\alpha s_\beta$; alors $(a_{\alpha,\beta})$ est un système de facteurs de $\mathfrak{g}(K/k)$ dans G ; et, pour $x\in G$, on a $s_\alpha^{-1}xs_\alpha=x^\alpha$. Tout élément de H est alors de la forme $s_\alpha x$, avec $x\in G$, et on trouve que son transfert est

$$t_{H/G}(s_\alpha x)=(\prod_\beta a_{\alpha,\beta})\cdot N(x) ;$$

on vérifie aisément d'ailleurs que c'est là un élément de G invariant par tous les automorphismes de $\mathfrak{g}(K/k)$, ou autrement dit que c'est un élément du centre de H. En particulier, on a $t_{H/G}(x)=N(x)$, d'où $t_{H/G}(G)=N(G)$. Si $\mathfrak{g}(K/k)$ est un groupe cyclique engendré par un élément σ d'ordre n, on trouve que $t_{H/G}(s_\sigma)=s_\sigma^n$.

Maintenant, soit d'abord k un corps de fonctions, sur le corps de constantes fini k_0 à q élements ; K étant une extension galoisienne de k, de degré fini, l'extension abélienne maximale A_K de K est galoisienne sur k. Soit $G_{K,k}$ le sous-groupe du groupe de Galois de A_K sur k, formé des automorphismes qui induisent sur $\bar{k}_0$ un automorphisme de la forme $\xi\rightarrow\xi^{q^A}$; soit $G_{K,k}^0$ le sous-groupe de $G_{K,k}$ formé des automorphismes qui laissent invariants les éléments de $\bar{k}_0$; $G_{K,k}^0$ peut être considéré comme groupe de Galois de A_K sur le composé de k et de $\bar{k}_0$, et topologisé comme tel, ce qui en fait un groupe compact ; on topologisera $G_{K,k}$ par la condition que $G_{K,k}/G_{K,k}^0$ soit discret (et par suite isomorphe à Z). Alors le groupe que nous avons noté G_K est le sous-groupe fermé de $G_{K,k}$ qui laisse invariants les éléments de K ; et $G_{K,k}/G_K$ peut être identifié avec $\mathfrak{g}(K/k)$. Si en même temps on identifie G_K avec C_K au moyen de la théorie du corps de classes, alors il résulte de celle-ci que les automophismes induits sur $C_K=G_K$ par un système de représentants de $\mathfrak{g}(K/k)$ dans $G_{K,k}$ ne sont autres que les automorphismes " naturels " déterminés par $\mathfrak{g}(K/k)$ sur C_K. De plus, les groupes $G_{K,k}$ satisfont aux trois conditions suivantes, dont la première est une conséquence de la théorie du corps de classes[1], et les autres sont évidentes :

(A) On peut identifier G_k avec $G^a_{K,k}$, car $G^c_{K,k}$ est le sous-groupe fermé de $G_{K,k}$ formé des automorphismes qui laissent invariants les éléments de l'extension abélienne maximale A_k de k; le transfert réduit de $G_{K,k}$ dans G_K est donc une représentation de G_k dans le sous-groupe de G_K formé des éléments de G_K invariants par $\mathfrak{g}(K/k)$. Si donc on identifie G_k avec C_k, et G_K avec C_K, le transfert réduit de $G_{K,k}$ dans G_K détermine une représentation de C_k dans le sous-groupe C_k de C_K; *cette représentation est l'isomorphisme canonique de C_k dans C_K*.

(B) Si k' est un corps intermédiaire entre k et K, *$G_{K,k'}$ est le sous-groupe de $G_{K,k}$ laissant invariants les éléments de k' ; c'est donc l'image réciproque de $\mathfrak{g}(K/k')$ dans $G_{K,k}$ par l'homomorphisme canonique de $G_{K,k}$ sur $\mathfrak{g}(K/k)=G_{K,k}/G_K$.*

(C) Soit K' une extension de K de degré fini, galoisienne sur k; $G^c_{K',K}$ est le sous-groupe de $G_{K',K}$ qui laisse invariants les éléments de l'extension abélienne maximale A_K de K; donc *on peut identifier $G_{K,k}$ avec $G_{K',k}/G^c_{K',K}$*, le sous-groupe G_K de $G_{K,k}$ s'identifiant alors avec $G^a_{K',K}$ conformément à (A).

De plus, pour les corps de fonctions, ces resultats, joints à ceux qui ont été énoncés précédemment, contiennent toute la théorie du corps de classes. En particulier, le " théorème de translation " pour les extensions galoisiennes est contenu dans (A), et le même théorème pour les extensions finies quelconques résulte aussitôt de (A) et (B).

Passons aux corps de nombres. Soit $G'_{K,k}$ le groupe de Galois de A_K sur k; c'est un groupe compact; le groupe de Galois G'_K de A_K sur K est un sous-groupe fermé de $G'_{K,k}$, qu'on peut identifier avec C'_K, et le groupe $G'_k=G'^a_{K,k}=G'_{K,k}/G'^c_{K,k}$ peut de même être identifié avec C'_k. On voit alors, comme tout à l'heure, que les groupes $G'_{K,k}$ satisfont à des conditions exactement analogues à (A), (B), (C), à cela près que l'isomorphisme canonique de C_k dans C_K doit être remplacé par la représentation canonique de C'_k dans C'_K, qui n'est pas biunivoque en général ; pour cette raison, (A) et (B) n'impliquent plus le théorème de translation.

(1) Bien que cette propriété (A) (ou " théorème de transfert ") ne semble pas avoir été jamais explicitement formulée, elle est contenue en substance dans les raisonnements d'Artin sur le " Hauptidealsatz " ([1b] ; cf. [7] et [9]). Pour la démonstration du théorème local correspondant, qui, lui, est beaucoup moins facile à vérifier, v. [5c].

On peut conjecturer que, si l'on savait interpréter convenablement les groupes C_k, on pourrait tirer de là une définition de groupes $G_{K,k}$ jouissant de propriétés analogues à celles qu'on vient d'énumérer. Alors $G_{K,k}$ *aurait un sous-groupe invariant fermé qu'on pourrait identifier canoniquement avec* C_K, *le quotient* $G_{K,k}/C_K$ *s'identifiant canoniquement avec* $\mathfrak{g}(K/k)$, *et* $G_{K,k}/D_K$ *avec* $G'_{K,k}$; *les automorphismes induits sur* C_K *par un système de représentants dans* $G_{K,k}$ *des éléments* α *de* $\mathfrak{g}(K/k)$ *seraient les automorphismes "naturels"* $x \rightarrow x^{\alpha}$ *de* C_K; *les groupes* $G_{K,k}$ *satisferaient aux conditions* (A), (B), (C); *et les diverses représentations de ces groupes les uns dans les autres qui figurent dans l'énoncé de ces conditions induiraient par passage au quotient les représentations correspondantes des groupes* $G'_{K,k}$ *les uns dans les autres.* En revanche, s'il n'existait pas de tels groupes $G_{K,k}$, ce serait signe que l'analogie entre corps de fonctions et corps de nombres ne s'étend pas complètement aux groupes C_k.

Pour que cette analogie soit parfaite, il faut d'ailleurs que les propriétés des groupes $G_{K,k}$ contiennent le théorème de translation. On se convainc aisément qu'il en sera ainsi pourvu qu'ils satisfassent, en plus des conditions ci-dessus, à la suivante :

(D) Soit t le transfert de $G_{K,k}$ dans C_K; t applique en tout cas $G_{K,k}$ dans C_k (et même sur C_k si (A) est satisfaite). Soient x un élément de $G_{K,k}$, x' son image dans $G'_{K,k}$, et x'' l'image de $t(x)$ dans $C'_k = G'_k$. Alors *l'automorphisme* x'' *de* A_k *doit être celui qui est induit sur* A_k *par l'automorphisme* x' *de* A_K.

Notre but est de construire des groupes $G_{K,k}$ possédant toutes les propriétés qu'on vient d'enoncer. D'une manière plus précise, il s'agit donc d'attacher à chaque couple de corps K, k, où K est galoisien sur k, un groupe topologique $G_{K,k}$, un isomorphisme f de C_K sur un sous-groupe invariant fermé de $G_{K,k}$, et un homomorphisme φ de $G_{K,k}$ sur $G'_{K,k}$, de noyau $f(D_K)$, de manière que $\varphi \circ f$ soit l'homomorphisme canonique de C_K sur le sous-groupe $C'_K = G'_K$ de $G'_{K,k}$ et que les autres conditions ci-dessus soient satisfaites. Nous montrerons que *les conditions* (B) *et* (D) *déterminent la solution du problème d'une manière unique*, et que *cette solution satisfait à* (A) *et* (C).(2)

(2) Si l'on ne considère que la structure du groupe $G_{K,k}$, celle-ci est déterminée par une classe de système de facteurs de $\mathfrak{g}(K/k)$ dans C_K. T. Nakayama a obtenu une autre caractérisation invariante de cette classe de système de facteurs; v. [10a], et aussi [10b], où on trouvera un grand nombre de résultats intéressants sur ce sujet.

III. Résultats auxiliaires.

On désignera par Z, Q, R et T les groupes additifs des entiers, des rationnels, des réels, et des réels modulo 1, respectivement.

Nous allons démontrer d'abord quelques résultats relatifs à un seul corps de nombres k. Soient r et s les nombres de valuations archimédiennes réelles et complexes de k, respectivement. Alors la composante connexe H_k de l'élément neutre dans I_k est isomorphe à $R^{r+s}\times T^s$. On désignera par H_k' le sous-groupe compact maximal de H_k; il est formé des idèles $a=(a_v)$ tels que $v(a_v)=0$, c'est-à-dire $|a_v|=1$, pour toute valuation v archimédienne complexe, et $a_v=1$ pour toute autre valuation de k. L'homomorphisme canonique de I_k sur C_k induit sur H_k' une représentation biunivoque, donc, puisque H_k' est compact, un isomorphisme, sur son image dans C_k; cette image sera désignée par D_k'; étant connexe, c'est un sous-groupe de D_k.

On dit, comme on sait, qu'un groupe abélien (noté multiplicativement) possède la propriété d'*unique divisibilité* si l'application $x\to x^n$ de ce groupe dans lui-même est un automorphisme quel que soit l'entier $n\neq 0$. On va montrer que *D_k/D_k' possède la propriété d'unique divisibilité.*

Soit $\mathfrak{m}$ un idéal entier de k, autre que (0); soit $\mathfrak{m}=\prod_i \mathfrak{p}_i^{m_i}$ sa décomposition en puissances d'idéaux premiers distincts; soit v_i la valuation (discrète) de k attachée à $\mathfrak{p}_i$; notons aussi $\mathfrak{p}_i$ l'idéal premier de k_{v_i}. On désignera alors par $I_\mathfrak{m}$ le groupe des idèles $a=(a_v)$ tels que $a_v\in U_v$ quelle que soit v, $a_v=1$ pour toute valuation archimédienne de k, et $a_{v_i}\equiv 1$ mod. $\mathfrak{p}_i^{m_i}$ pour tout i. Les $I_\mathfrak{m}$ sont compacts, et tout voisinage de l'élément neutre dans I_k contient tous les $I_\mathfrak{m}$ sauf un nombre fini d'entre eux. Il est immédiat que $H_kI_\mathfrak{m}$ est un sous-groupe ouvert de I_k, produit direct de H_k et $I_\mathfrak{m}$.

Comme plus haut, soit i l'isomorphisme canonique de k^* sur P_k; et, pour $\xi\in k^*$, soit $j(\xi)$ la projection de $i(\xi)$ sur le produit partiel $\prod_v' k_v^*$, où $\prod_v'$ désigne le produit étendu aux seules valuations archimédiennes de k. D'après le théorème de Dirichlet, j induit, sur le groupe E des unités totalement positives de k, un isomorphisme de E sur son image $j(E)$ dans $\prod_v' k_v^*$; et on a $j(E)\subset H_k$. Alors $H_k\cap P_kI_\mathfrak{m}$ est l'image $j(E_\mathfrak{m})$ du groupe $E_\mathfrak{m}$ des unités totalement positives de k qui sont $\equiv 1$ mod. $\mathfrak{m}$.

Soit encore f la représentation de H_k dans D_k induite sur H_k par l'homomorphisme canonique de I_k sur C_k ; soient D_k^*, H_k^* les groupes duaux (ou groupes des caractères ; cf. [13], chap. VI) de D_k et H_k, et soit f^* la duale (ou transposée) de f, qui est une représentation de D_k^* dans H_k^*. Pour qu'un caractère χ de H_k soit l'image par f^* d'un caractère de D_k, il faut et il suffit qu'il soit prolongeable à un caractère ψ de I_k qui prenne la valeur 1 sur P_k. Mais, ψ devant être continu, et le groupe $I_{\mathfrak{m}}$ pouvant être pris aussi petit qu'on veut, il y aura un $\mathfrak{m}$ tel que $\psi=1$ sur $I_{\mathfrak{m}}$, donc sur $P_k I_{\mathfrak{m}}$, d'où $\chi=1$ sur $H_k \cap P_k I_{\mathfrak{m}}=j(E_{\mathfrak{m}})$. Réciproquement, supposons que χ soit tel. Comme on a $H_k I_{\mathfrak{m}}=H_k \times I_{\mathfrak{m}}$, on pourra, d'une manière et d'une seule, prolonger χ à $H_k I_{\mathfrak{m}}$ par la condition que $\chi=1$ sur $I_{\mathfrak{m}}$; alors on a $\chi=1$ sur $H_k I_{\mathfrak{m}} \cap P_k I_{\mathfrak{m}}$. Comme $H_k I_{\mathfrak{m}}$ est ouvert dans I_k, donc dans $H_k I_{\mathfrak{m}} P_k$, on pourra dans ces conditions prolonger χ à $H_k I_{\mathfrak{m}} P_k$ d'une manière et d'une seule par la condition que $\chi=1$ sur P_k ; puis on pourra prolonger χ à un caractère de I_k. Ce raisonnement montre de plus que, si $\chi=1$ sur H_k, il y a un $\mathfrak{m}$ tel que $\psi=1$ sur $H_k I_{\mathfrak{m}} P_k$; ce dernier groupe étant ouvert dans I_k, il en est de même de son image dans C_k, image qui contient donc D_k, de sorte que le caractère de C_k qui se déduit de ψ par passage au quotient prend la valeur 1 sur D_k. On a ainsi démontré que f^* est une représentation biunivoque de D_k^* dans H_k^*, et que $f^*(D_k^*)$ est l'ensemble des caractères de H_k qui prennent la valeur 1 sur l'un des groupes $j(E_{\mathfrak{m}})$.

Mais, en vertu d'un théorème de Chevalley ([5c]), *si m est un entier >0, il existe un idéal $\mathfrak{m}\neq(0)$ tel que $E_{\mathfrak{m}} \subset E^m$* ; autrement dit, tout sous-groupe de E d'indice fini contient un groupe $E_{\mathfrak{m}}$. Comme les $E_{\mathfrak{m}}$ sont d'indice fini dans E, on voit que $f^*(D_k^*)$ est l'ensemble des caractères de H_k qui prennent la valeur 1 sur un sous-groupe d'indice fini de $j(E)$. Au moyen du théorème de Dirichlet sur les unités, on voit alors, élémentairement, que H_k^* peut être identifié avec $R^{r+s} \times Z^s$ de telle sorte que $f^*(D_k^*)$ se trouve identifié avec $R \times Q^{r+s-1} \times Z^s$, où Q est considéré comme sous-groupe de R. D'ailleurs, puisque C_k est isomorphe au produit de R et d'un groupe compact, il en est de même de D_k ; donc D_k^* est isomorphe au produit de R et d'un groupe discret. Il s'ensuit que D_k^* est isomorphe à $R \times Q^{r+s-1} \times Z^s$, R étant muni de la topologie habituelle, et Q et Z étant discrets. De plus, le dual de H_k/H_k' est le sous-groupe R^{r+s} de $H_k^*=R^{r+s} \times Z^s$; D_k' ayant été défini comme l'image de H_k' dans D_k, on conclut alors aisément que le dual de D_k/D_k' est isomorphe à $R \times Q^{r+s-1}$ et a donc la propriété d'unique divisibilité, ce qui entraîne que D_k/D_k' la possède aussi.

Convenons maintenant de désigner par Γ_k le groupe des idèles $a=(a_v)$ tels que $a_v=\pm 1$ pour toute valuation archimédienne réelle de k, et $a_v=1$ pour toute autre valuation ; c'est un groupe à 2^r éléments d'ordre 2, et on a $\prod'_v k_v=\Gamma_k\times H_k$. L'homomorphisme canonique de I_k sur C_k induit sur Γ_k un isomorphisme de Γ_k snr son image dans C_k, image qu'on désignera par γ_k. Alors, pour tout $\mathfrak{m}$, on a $(\Gamma_k H_k)\cap(P_k I_\mathfrak{m})=j(E'_\mathfrak{m})$, où $E_\mathfrak{m}'$ est le groupe des unités $\equiv 1$ mod. $\mathfrak{m}$ dans k. En vertu du théorème de Chevalley, on peut choisir $\mathfrak{m}$ de façon que toute unité de $E_\mathfrak{m}'$ soit totalement positive, donc que $E_\mathfrak{m}'=E_\mathfrak{m}$; on aura alors $(\Gamma_k H_k)\cap(P_k I_\mathfrak{m})\subset H_k$, d'où $\Gamma_k\cap H_k I_\mathfrak{m} P_k\subset\Gamma_k\cap H_k=\{1\}$. Mais, comme on vient de le voir, l'image de $H_k I_\mathfrak{m} P_k$ dans C_k contient D_k ; par suite l'image réciproque de D_k dans I_k est contenue dans $H_k I_\mathfrak{m} P_k$; elle est donc sans élément commun autre que 1 avec Γ_k. *On voit donc que l'on a* $\gamma_k\cap D_k=\{1\}$, d'où il s'ensuit que l'homomorphisme canonique de C_k sur C_k' induit sur γ_k un isomorphisme de γ_k sur son image γ_k' dans C_k'.

Soit maintenant K une extension galoisienne de k ; soit $\mathfrak{g}=\mathfrak{g}(K/k)$ son groupe de Galois. Comme D_K/D_K' a la propriété d'unique divisibilité, il résulte d'un raisonnement bien connu[(3)] que les groupes de cohomologie de $\mathfrak{g}$ dans D_K/D_K' sont triviaux, et par suite que ceux de $\mathfrak{g}$ dans D_K sont les mêmes que ceux de $\mathfrak{g}$ dans D_K' ; autrement dit, tout cocycle de $\mathfrak{g}$ dans D_K est homologue à un cocycle de $\mathfrak{g}$ dans D_K', et celui-ci ne peut être trivial dans D_K' que si le premier l'est dans D_K. Pour connaître les groupes de cohomologie de $\mathfrak{g}$ dans D_K, il suffit donc de déterminer ceux de $\mathfrak{g}$ dans D_K', ou, ce qui revient au même, dans H_K'. Mais la théorie de Galois permet de déterminer immédiatement la structure de H_K' en tant que groupe à opérateurs sur $\mathfrak{g}$. Si on groupe ensemble toutes les valuations complexes de K qui induisent une même valuation, réelle ou complexe, sur k, on voit que H_K' est produit direct de tores, dont chacun est invariant par $\mathfrak{g}$ et

---

(3) Avec la notation "homogène" de [6], soit $F(a_0,\cdots\cdots,a_d)$ un cocycle de dimension d d'un groupe fini $\mathfrak{g}$ d'ordre n dans un groupe G écrit additivement, sur lequel $\mathfrak{g}$ opère à gauche. Supposons que $x\to nx$ soit un automorphisme de G. Alors on a $F=\partial F'$, F' étant la cochaîne définie par $nF'(a_1,\cdots\cdots,a_d)=\sum_{\beta\in\mathfrak{g}} F(\beta,a_1,\cdots\cdots,a_d)$. Pour $d=0$, $F(a)$ est un cocycle si $F(a)=x=ax$ quel que soit a ; et le résultat qu'on vient d'énoncer subsiste si on convient de considérer ce cocycle comme trivial chaque fois que $x=\sum_\beta \beta y$, c'est-à-dire chaque fais que x est une trace (ou, en notation multiplicative, une norme) ; cette convention, qui diffère de celle de [6], semble plus indiquée quand $\mathfrak{g}$ est un groupe fini.

correspond, soit à une valuation complexe de k, soit à une valuation réelle de k qui se ramifie dans K; ceux de la première sorte sont de dimension $n=[K:k]$, et ceux de la seconde sorte sont de dimension $n/2$. Les premiers, en tant que groupes à opérateurs, sont tous isomorphes à $\Theta=\prod_{\lambda} T_\lambda$, où le produit $\prod_{\lambda}$ est étendu à tous les éléments λ de $\mathfrak{g}$, où $T_\lambda=T$ quel que soit λ, et ou le transformé de $x=(x_\lambda)$ par $\alpha\in\mathfrak{g}$ est $x^\alpha=(x_{\alpha\lambda})$. Considérons d'autre part un tore de la seconde sorte, correspondant à une valuation réelle v de k; soit w l'une des valuations complexes de K qui prolongent v. Le sous-groupe H de $\mathfrak{g}$ qui laisse w invariante est d'ordre 2; soit $H=\{\varepsilon,\sigma\}$, où ε est l'élément neutre de $\mathfrak{g}$, et σ est un élément d'ordre 2. Alors le tore de seconde sorte correspondant à v peut être identifié avec le sous-groupe Θ_σ de Θ formé des éléments $x=(x_\lambda)$ tels que $x_{\lambda\sigma}=-x_\lambda$ pour tout λ.

Les groupes de cohomologie de $\mathfrak{g}$ dans D'_K, ou dans H'_K, sont alors produits directs des groupes correspondants de $\mathfrak{g}$ dans les tores de première et de seconde sorte. Mais, en vertu d'un théorème général(4), les groupes de $\mathfrak{g}$ dans Θ sont triviaux; ceux de $\mathfrak{g}$ dans Θ_σ sont respectivement isomorphes à ceux de H dans T si H opère sur T par la loi $x^\sigma=-x$; et ces derniers sont triviaux dans les dimensions impaires, et d'ordre 2 dans les dimensions paires, en vertu des résultats connus sur la cohomologie des groupes cycliques ([6], p. 77). On conclut de là, en premier lieu, que *les groupes de cohomologie de* $\mathfrak{g}$ *dans* H'_K, D'_K *et* D_K *sont triviaux dans les dimensions impaires.*

Soient maintenant v_i $(1\leq i\leq r_0)$ toutes les valuations réelles de k qui se ramifient dans K; pour chacune, soit Θ_i le sous-groupe de H'_K formé des idèles $a=(a_w)\in H'_K$ tels que $a_w=1$ pour toute valuation w de K qui n'induit pas v_i sur k. D'après ce qui précède, il existe pour chaque dimension paire un cocycle non trivial b_i de $\mathfrak{g}$ dans Θ_i et un seul; b_i^2 est

---

(4) Il s'agit du théorème suivant. Soient $\mathfrak{g}$ un groupe fini, $\mathfrak{g}'$ un sous groupe de $\mathfrak{g}$; soit G un groupe abélien, sur lequel $\mathfrak{g}'$ opère à gauche. Soit $A=\prod_{\lambda\in\mathfrak{g}} A_\lambda$, où $A_\lambda=G$ quel que soit $\lambda\in\mathfrak{g}$; si $x=(x_\lambda)\in A$, soit $x^\alpha=(x_{\alpha\lambda})$; soit A_0 le sous-groupe de A formé des $x=(x_\lambda)$ tels que $x_{\lambda\sigma}=\sigma^{-1}x_\lambda$ quels que soient $\lambda\in\mathfrak{g}$ et $\sigma\in\mathfrak{g}'$. Soit f un cocycle de dimension d de $\mathfrak{g}$ dans A_0, $\mathfrak{g}$ opérant sur A_0 par la loi $(x,\alpha)\rightarrow x^\alpha$. Pour $\sigma_i\in\mathfrak{g}'$ $(1\leq i\leq d)$, soit $f'(\sigma_1,\cdots\cdots,\sigma_d)$ la coordonnée de $f(\sigma_1,\cdots\cdots,\sigma_d)$ relative à A_ε, ε étant l'élément neutre de $\mathfrak{g}$. Alors f' est un cocycle de $\mathfrak{g}'$ dans G; et la correspondance $f\rightarrow f'$ induit un isomorphisme du groupe de cohomologie de dimension d de $\mathfrak{g}$ dans A_0 sur celui de $\mathfrak{g}'$ dans G. Pour la démonstration, v. [10b].

un cocycle trivial de $\mathfrak{g}$ dans θ_i ; tout cocycle de $\mathfrak{g}$ dans H'_K de cette dimension est homologue à un cocycle et un seul de la forme $\Pi b_i^{f_i}$, où $f_i=0$ ou 1 pour $1 \leq i \leq r_0$; et tout cocycle de $\mathfrak{g}$ dans D_K est homologue à l'image d'un tel cocycle et d'un seul par l'isomorphisme canonique de H'_K sur D'_K.

Ce qui précède s'applique en particulier à la dimension 0 (cf.[2]). Tout élément x de D_K, invariant par $\mathfrak{g}$, est donc de la forme $y\prod_i a_i^{f_i}$, où y est "trivial" c'est-à-dire de la forme $N(z)=N_{K/k}(z)$ avec $z\in D_K$, et où a_i est l'image dans D'_K d'un élément $\bar{a}_i$ non trivial de θ_i, invariant par $\mathfrak{g}$. Mais les seuls éléments de θ_i invariants par $\mathfrak{g}$ sont les deux idèles (a_v) de I_k tels que $a_{v_i}=\pm 1$, et $a_v=1$ pour $v\neq v_i$; donc $\bar{a}_i$ est celui de ces idèles pour lequel $a_{v_i}=-1$. Soit $\gamma_{k,K}$ le sous-groupe de γ_k d'ordre 2^{r_0} qui est engendré par les a_i. On a donc démontré que le groupe $D_K\cap C_k$ des éléments de D_K invariants par $\mathfrak{g}$ est le groupe $N(D_K)\gamma_{k,K}$. On a vu plus haut que $\gamma_k\cap D_k=\{1\}$, donc a fortiori $\gamma_{k,K}\cap D_k=\{1\}$; d'ailleurs, D_k étant connexe, on a $D_k\subset D_K$, donc $D_k\subset D_K\cap C_k$; et, D_K étant connexe, $N(D_K)$ l'est aussi, d'où $N(D_K)\subset D_k$. *Il s'ensuit,* d'une part, *que* $D_k=N(D_K)$, *et,* d'autre part, *que* $D_K\cap C_k$ *est le produit direct de* D_k *et de* $\gamma_{k,K}$. Donc l'homomorphisme canonique de C_k sur C'_k induit sur $\gamma_{k,K}$ un isomorphisme de $\gamma_{k,K}$ sur son image dans C'_k, et celle-ci est l'image de $D_K\cap C_k$ dans C'_k, c'est-à-dire le noyau de la représentation canonique de C'_k dans C'_K.

IV. Transformation du problème.

Dans tout ce qui suit, chaque fois qu'on a a considérer un couple de corps K, k, où K est galoisien sur k, les groupes attachés à K, et en particulier C_K et $C'_K=G'_K$, doivent être considérés comme munis de leur structure de groupes à opérateurs sur $\mathfrak{g}(K/k)$.

Pour simplifier les notations, on identifiera toujours C_K avec son image $f(C_K)$ dans le groupe $G_{K,k}$ qu'on se propose de définir, au moyen de l'isomorphisme qu'on a noté f. Dans ces conditions, $G_{K,k}$ devient une extension de C_K par $\mathfrak{g}(K/k)$; et on a à définir, en même temps que $G_{K,k}$, un homomorphisme φ de $G_{K,k}$ sur $G'_{K,k}$, de noyau D_K. Le transfert réduit de $G_{K,k}$ dans C_K est alors en tout cas une représentation de $G^a_{K,k}$ dans le groupe C_k des éléments de C_K invariants par $\mathfrak{g}(K/k)$; ce doit être un isomorphisme de $G^a_{K,k}$ sur C_k (condition (A)). Si $k\subset k'\subset K$, et si $G_{K,k'}$ et φ' sont le groupe et l'homomorphisme attachés à K, k', il doit exister un isomorphisme ω de $G_{K,k'}$ sur l'image réciproque $\varphi^{-1}(G'_{K,k'})$, dans $G_{K,k}$, du sous-groupe $G'_{K,k'}$ de $G'_{K,k}$, induisant sur C_K l'automorphisme identique, et tel que $\varphi'=\varphi\circ\omega$ (condition (B)). Si $k\subset K\subset K'$, K' étant galoisien sur k, soient $G_{K',k}$ et φ'' le groupe et l'homomorphisme attachés à K', k; soit $H=\varphi''^{-1}(G'_{K',K})$; soit λ l'homomorphisme canonique de $G_{K',k}$ sur $G_{K',k}/H^c$; soit λ' l'homomorphisme canonique de $G'_{K',k}/G'^c_{K',K}$. Au moyen de l'isomorphisme qui existe entre H et $G_{K',K}$ en vertu de (B), et par application de (A) à $G_{K',K}$, on voit que le transfert réduit de H dans $C_{K'}$ détermine un isomorphisme τ de $H^a=H/H^c$ sur C_K. Il doit alors exister un isomorphisme η de $G_{K',k}/H^c$ sur $G_{K,k}$, coïncidant avec τ sur H/H^c, et tel que l'on ait $\varphi\circ\eta\circ\lambda=\lambda'\circ\varphi''$ (condition (C)). Enfin, la condition (D) doit être satisfaite.

Pour abréger, écrivons de nouveau $\mathfrak{g}$ au lieu de $\mathfrak{g}(K/k)$. Soit $s'=(s'_\alpha)$ un système de représentants dans $G'_{K,k}$ des éléments α de $\mathfrak{g}=G'_{K,k}/C'_K$; soit $a'_{\alpha,\beta}=s'^{-1}_{\alpha\beta}s'_\alpha s'_\beta$; $a'=(a'_{\alpha,\beta})$ est un système de facteurs, ou en d'autres termes un cocycle de dimension 2, de $\mathfrak{g}$ dans C'_K. Supposons construits $G_{K,k}$ et φ; pour chaque α, soit s_α un élément de $\varphi^{-1}(s'_\alpha)$; soit $a_{\alpha,\beta}=s^{-1}_{\alpha\beta}s_\alpha s_\beta$; $a=(a_{\alpha,\beta})$ est un système de facteurs de $\mathfrak{g}$ dans C_K, qui se réduit à a' modulo D_K. Les s'_α étant donnés, tout autre choix des s_α revient à remplacer ceux-ci par des éléments $s_\alpha x_\alpha$, avec $x_\alpha\in D_K$; en notant ∂x le "cobord" de la "cochaîne" (de dimension 1) $x=(x_\alpha)$, on voit que a est alors remplacé par $a(\partial x)$. A tout choix des s'_α se trouve ainsi attaché un ensemble $F(s')$ de cocycles a de $\mathfrak{g}$ dans C_K, ne différant les uns des autres que par des cobords de cochaînes de $\mathfrak{g}$ dans D_K. Si on change le choix des s'_α, ceux-ci seront remplacés par des éléments $s'_\alpha u'_\alpha$, où les u'_α sont des éléments quelconques de C'_K, donc des images dans C'_K d'éléments u_α de C_K, et alors $F(s')$ doit être remplacé par $F(s')\cdot(\partial u)$; on a donc $F(s'u')=F(s')\cdot(\partial u)$.

Réciproquement, s' et a' étant comme ci-dessus, soit a un système de facteurs de $\mathfrak{g}$ dans C_K, se réduisant à a' modulo D_K; construisons l'extension G de C_K par $\mathfrak{g}$ déterminée par le système de facteurs a; ce sera un groupe engendré par C_K et des représentants s_α des éléments de $\mathfrak{g}$, avec la loi de multiplication $(s_\alpha u)(s_\beta v)=s_{\alpha\beta}a_{\alpha,\beta}u^\beta v$ pour $u\in C_K$, $v\in C_K$; il est immédiat qu'alors on définit un homomorphisme φ de G sur $G'_{K,k}$ en posant $\varphi(s_\alpha)=s'_\alpha$ et en convenant que φ induit sur C_K l'homomorphisme canonique de C_K

sur C'_K. Soit $F(s')$ l'ensemble des systèmes de facteurs qui se déduisent de a par multiplication par le cobord d'une cochaîne de $\mathfrak{g}$ dans D_K; d'après ce qui précède, le fait de remplacer a par un autre système de facteurs appartenant à $F(s')$ équivaut à changer les représentants s_α des s'_α dans G, et fournit essentiellement le même groupe G et le même homomorphisme φ. Si u est une cochaîne de $\mathfrak{g}$ dans C_K, et u' son image dans C'_K, on obtiendra encore le même groupe G et le même homorphisme φ au moyen du système de représentants $(s'u')$ et d'un système de facteurs appartenant à l'ensemble $F(s')\cdot(\partial u)$.

On conviendra de désigner par $F_{K,k}(s')$ l'ensemble $F(s')$ des systèmes de facteurs de $\mathfrak{g}$ dans C_K relatif au système de représentants $s'=(s'_\alpha)$, et au groupe $G_{K,k}$ et à l'homomorphisme φ que l'on se propose de construire. On aura, avec les notations ci-dessus, $F_{K,k}(s'u')=F_{K,k}(s')\cdot(\partial u)$.

Supposons le groupe $G_{K,k}$ ainsi construit au moyen d'un système de facteurs $a\epsilon F_{K,k}(s')$; soient s_α les représentants correspondants des s'_α dans $G_{K,k}$; soit t le transfert de $G_{K,k}$ dans C_K. Pour $u\epsilon C_K$, on aura $t(s_\alpha u)=\prod_\beta a_{\alpha,\beta}N(u)$. En vertu de la condition (D), l'image de $t(s_\alpha u)$ dans $G'_k=C'_k$ doit déterminer sur A_k le même automorphisme qui est induit sur A_k par l'automorphisme de A_K déterminé par l'élément $s'_\alpha u'=\varphi(s_\alpha u)$ de $G'_{K,k}$. Comme G'_k est abélien, il suffit d'écrire cette condition, d'une part pour s_α, et d'autre part pour u; mais pour u elle n'est autre que le " théorème de translation " de la théorie du corps de classes. La condition (D) peut donc être remplacée par la condition suivante:

(D′) Pour $a\epsilon F_{K,k}(s')$, l'automorphisme induit sur A_k par l'automorphisme s'_α de A_K doit être celui qui est déterminé par l'image dans C'_k de l'élément $\prod_{\beta\epsilon\mathfrak{g}} a_{\alpha,\beta}$ de C_k.

Soit maintenant $\mathfrak{g}'$ un sous-groupe de $\mathfrak{g}$; soit k' le corps intermédiaire entre k et K qui correspond à $\mathfrak{g}'$. Si on tient compte de (B), la condition (D′), appliquée à K et k', donne ce qui suit:

(D″) Si $\alpha\epsilon\mathfrak{g}'$, l'automorphisme induit par s'_α sur $A_{k'}$ est celui qui est déterminé par l'image dans $C'_{k'}$ de l'élément $\prod_{\beta\epsilon\mathfrak{g}'} a_{\alpha,\beta}$ de $C_{k'}$.

Soit de plus R un système de représentants dans $\mathfrak{g}$ des classes à droite suivant $\mathfrak{g}'$; tout élément de $\mathfrak{g}$ se met donc, d'une manière et d'une seule, sous la forme $\alpha\rho$, avec $\alpha\epsilon\mathfrak{g}'$, $\rho\epsilon R$. Comme a est un système de facteurs, on a $a_{\alpha,\beta\rho}=a^{\rho}_{\alpha,\beta}a_{\alpha\beta,\rho}a^{-1}_{\beta,\rho}$, donc, pour $\alpha\epsilon\mathfrak{g}'$:

$$\prod_{\lambda\in\mathfrak{g}} a_{\alpha,\lambda}=\prod_{\beta\in\mathfrak{g}'}\prod_{\rho\in\mathfrak{h}} a_{\alpha,\beta\rho}=N_{k'/k}\Big(\prod_{\beta\in\mathfrak{g}'} a_{\alpha,\beta}\Big) \qquad \text{(N)}.$$

De là, et du théorème de translation de la théorie du corps de classes, il résulte immédiatement que, si (D″) est satisfaite pour un $\alpha\in\mathfrak{g}'$, (D′) l'est aussi pour ce même élément α. Donc, pour que (D′) soit satisfaite pour un élément α, il suffit que (D″) le soit pour α et pour le groupe cyclique $\mathfrak{g}'$ engendré par α. Autrement dit, pour que (D) soit satisfaite pour K et k, il suffit que la condition suivante le soit :

(E) Quel que soit $\alpha\in\mathfrak{g}$, soient $\mathfrak{g}_\alpha$ le groupe cyclique engendré par α, et k_α le corps correspondant ; alors l'automorphisme induit par s'_α sur A_{k_α} doit être celui qui est déterminé par l'image dans C'_{k_α} de l'élément $\prod_{\beta\in\mathfrak{g}_\alpha} a_{\alpha,\beta}$ de C_{k_α}.

Réciproquement, d'après ce qui précède, si (E) et (B) sont satisfaites, (D) le sera pour tous les couples K, k', où k' est l'un quelconque des corps intermédiaires entre K et k.

On va donc examiner de plus près le cas des extensions cycliques. Supposons $\mathfrak{g}$ engendré par un élément σ d'ordre n. On sait qu'on peut alors "normaliser" tout système de facteurs $x=(x_{\alpha,\beta})$ de $\mathfrak{g}$ dans un groupe G en normalisant le système correspondant $s=(s_\alpha)$ de représentants de $\mathfrak{g}$, dans l'extension de G par $\mathfrak{g}$ déterminée par x, par la condition $s_{\sigma^\mu}=s_\sigma{}^\mu$ pour $0\leq\mu\leq n-1$. Alors, si on pose $s_\sigma{}^n=\bar{x}$, $\bar{x}$ est un élément de G invariant par $\mathfrak{g}$; et, pour $0\leq\mu\leq n-1$, $0\leq\nu\leq n-1$, on a $x_{\sigma^\mu,\sigma^\nu}=1$ ou $\bar{x}$ suivant que $\mu+\nu\leq n-1$ ou $\mu+\nu\geq n$. Pour que x soit trivial, il faut et il suffit que $\bar{x}$ soit une norme. On conviendra d'identifier le système de facteurs normalisé x avec l'élément $\bar{x}$.

On a d'ailleurs ici $k\subset K\subset A_k\subset A_K$; et on sait ([5a]) que l'image réciproque dans C_k du sous-groupe de $G'_k=C'_k$ qui correspond à K n'est autre que $N(C_K)$; on peut donc identifier canoniquement $\mathfrak{g}$ avec $C_k/N(C_K)$. Soit a un élément de C_k dont l'image dans $\mathfrak{g}=C_k/N(C_K)$ soit σ ; soit a' son image dans C'_k ; soit s'_σ un élément de $G'_{K,k}$ ayant a' pour image dans $C'_k=G'_k=G'_{K,k}/G'^{0}_{K,k}$. Soit a^* l'élément représentatif d'un système de facteurs normalisé de $\mathfrak{g}$ dans C_K qui se réduise à a' modulo D_K ; a^* est un élément de C_K invariant par $\mathfrak{g}$, donc est dans C_k ; alors a^*a^{-1} est dans $D_K\cap C_k$; d'après le § III, a^* est donc de la forme $a^*=abz$, avec $b\in\gamma_{k,K}$, $z\in D_k$.

Soit $\mathfrak{g}'$ un sous-groupe de $\mathfrak{g}$, engendré par σ^d, où d est un diviseur de n; soit k' le corps correspondant. Supposons le système de représentants s' de $\mathfrak{g}$ dans $G'_{K,k}$ normalisé par $s'_{\sigma\mu}=s'^{\mu}_{\sigma}$ pour $0\leq\mu\leq n-1$; et, pour simplifier, notons aussi s' le système de représentants de $\mathfrak{g}'$ dans $G'_{K,k'}$ formé par les $s'^{d\nu}_{\sigma}$ pour $0\leq\nu<n/d$. Alors la condition (B) appliquée à k, k' et K montre que, si a^* est l'élément représentatif d'un système de facteurs normalisé appartenant à l'ensemble $F_{K,k}(s')$, c'est aussi l'élément représentatif d'un système normalisé appartenant à $F_{K,k'}(s')$. D'autre part, le transfert de s'_{σ} dans $G'_{K,k'}$ est l'image de s'^{d}_{σ} dans $G'_{K,k'}/G'^{c}_{K,k'}$; comme nous savons que ces groupes satisfont à (C), il s'ensuit que cette dernière image, c'est-à-dire l'automorphisme de $A_{k'}$ induit par s'^{d}_{σ}, est l'image dans $C'_{k'}$ de l'élément a de $C_k\subset C_{k'}$. Dans ces conditions, on vérifie aussitôt que (D$''$) sera satisfaite pour K et k' si l'image de a^*a^{-1} dans $C'_{k'}$ est 1, et réciproquement; cela équivaut à dire que $a^*a^{-1}=bz$ doit être dans $D_{k'}\cap C_k=\gamma_{k,k'}D_k$, ou encore que b doit être dans $\gamma_{k,k'}$. Pour $k'=k$, cette condition se réduit à $b=1$.

Soit v une valuation réelle de k qui se ramifie dans K, s'il en existe; soit w l'une des valuations de K qui la prolongent; prenons pour $\mathfrak{g}'$ le sous-groupe de $\mathfrak{g}$ qui laisse w invariante; comme $\mathfrak{g}'$ doit être d'ordre 2, n est alors pair, et on a $\mathfrak{g}'=\{\varepsilon,\sigma^{n/2}\}$. Puisque w est invariante par $\mathfrak{g}'=\mathfrak{g}(K/k')$, w induit sur k' une valuation réelle; il n'y a donc pas de valuation réelle de k qui se ramifie dans k', et on a $\gamma_{k,k'}=\{1\}$. Si donc (D$''$) est satisfaite pour K et k', (D$'$) est satisfaite pour K et k, et réciproquement. Si d'autre part il n'y a pas de valuation réelle de k qui se ramifie dans K, et en particulier si n est impair, on a $\gamma_{k,K}=\{1\}$; en ce cas (D$'$) est vérifiée d'elle-même pour K et k, et (D$''$) l'est pour K et tout corps k' intermédiaire entre K et k.

Revenons au cas d'une extension galoisienne quelconque K de k. Comme on l'a vu, compte tenu de (B), il faut et il suffit, pour que (D) soit satisfaite pour K et tout corps intermédiaire entre K et k, que (D$''$) le soit pour tout sous-groupe cyclique de $\mathfrak{g}$, ou, ce qui revient au même, que (E) le soit; et de plus notre étude des extensions cycliques nous a montré qu'il en sera ainsi pourvu que (D$''$) le soit pour les sous-groupes d'ordre 2, c'est-à-dire que (E) le soit pour les éléments d'ordre 2.

Pour appliquer cette condition, nous supposerons désormais tout système de facteurs $x=(x_{\alpha,\beta})$ de $\mathfrak{g}$ dans un groupe G normalisé par la condition que $x_{\varepsilon,\alpha}=x_{\alpha,\varepsilon}=1$ quel que soit α; cela revient, comme on sait, à normaliser le système correspondant $s=(s_\alpha)$ de représentants de $\mathfrak{g}$, dans l'extension de

G par $\mathfrak{g}$ déterminée par x, par la condition que s_ε soit l'élément neutre de cette extension. Sur un groupe à deux éléments, cette normalisation coïncide avec celle qui résulte des conventions faites ci-dessus pour les groupes cycliques. Cela étant entendu une fois pour toutes, on voit qu'au lieu de (E) il suffit de s'imposer la condition suivante :

(F) Quel que soit l'élément σ d'ordre 2 dans $\mathfrak{g}$, soit k_0 le corps correspondant au sous-groupe $\{\varepsilon, \sigma\}$ de $\mathfrak{g}$; alors l'automorphisme induit sur A_{k_0} par s'_0 doit être celui qui est déterminé par l'image dans C'_{k_0} de l'élément $a_{\sigma,\sigma}$ de C_{k_0}.

V. Solution du problème.

Avec les mêmes notations que plus haut, nous allons montrer maintenant, en premier lieu, qu'il existe un système de facteurs $a=(a_{\alpha,\beta})$ de $\mathfrak{g}$ dans C_K qui se réduit à a' modulo D_K et qui satisfait à (F), et que ces conditions déterminent a au cobord près d'une cochaîne de $\mathfrak{g}$ dans D_K. L'ensemble des systèmes de facteurs qui y satisfont étant désigné par $F_{K,k}(s')$ les groupes $G_{K,k}$ et les homomorphismes φ déterminés par les $F_{K,k}(s')$ satisfont trivialement à (B) ; nous ferons voir qu'ils satisfont aussi à (A) et à (C).

Pour cela, soient $a^*_{\alpha,\beta}$ des éléments de C_K se réduisant respectivement aux $a'_{\alpha,\beta}$ modulo D_K ; comme $\partial a'=1$, ∂a^* est une cochaîne de dimension 3 de $\mathfrak{g}$ dans D_K ; c'est évidemment un cocycle ; d'après le § III, celui-ci est trivial dans D_K, c'est-à-dire de la forme ∂z, où z est une cochaîne de $\mathfrak{g}$ dans D_K, et par suite a^*z^{-1} est un cocycle. Autrement dit, en remplacant a^* par a^*z^{-1}, on a le droit de supposer que a^* lui-même est un cocycle. Supposons le problème résolu ; soit $a\epsilon F_{K,k}(s')$; on a $a=a^*b$, où b est un cocycle de $\mathfrak{g}$ dans D_K qu'il s'agit de déterminer, ou plus exactement dont il s'agit de déterminer la classe d'homologie, puisque a n'est déterminé qu'à un cocycle trivial près de $\mathfrak{g}$ dans D_K. Autrement dit, il s'agit de déterminer un $a\epsilon F_{K,k}(s')$ parmi les cocycles a^*b quand on fait parcourir à b un système complet de représentants des classes de cohomologie de $\mathfrak{g}$ dans D_K. Un tel systeme a été déterminé au § III ; il se compose des images dans D'_K des cocycles $\prod_i b_i^{f_i}$, où b_i est un cocycle non trivial de $\mathfrak{g}$ dans le " tore de seconde sorte " Θ_i, et où $f_i=0$ ou 1, pour $1 \leq i \leq r_0$.

Soit maintenant σ un élément d'ordre 2 de $\mathfrak{g}$; soit a'_0 l'automorphisme de A_{k_0} induit par s'_0 ; soit a_0 un élément de C_{k_0} ayant a'_0 pour image dans

C'_{k_σ}. Le transfert de s'_σ de G'_{K,k_σ} dans C'_K est $a'_{\sigma,\sigma}$; en vertu de (A) appliquée à G'_{K,k_σ}, $a'_{\sigma,\sigma}$ est donc l'image de a'_σ par la représentation canonique de C'_{k_σ} dans C'_K. Autrement dit, $a^*_{\sigma,\sigma}$ et a_σ ont même image dans C'_K, c'est-à-dire que, si on pose $a_\sigma a^{*-1}_{\sigma,\sigma}=d_\sigma$, on a $d_\sigma \in D_K$. Comme d'ailleurs a^* est un système de facteurs normalisé, on a $a^{*\sigma}_{\sigma,\sigma}=a^*_{\sigma,\sigma}$, donc $a^*_{\sigma,\sigma}\in C_{k_\sigma}$, d'où, puisque $a_\sigma \in C_{k_\sigma}$, $d_\sigma \in D_K \cap C_{k_\sigma}$.

Soient de plus α quelconque dans $\mathfrak{g}$, et $\tau=\alpha^{-1}\sigma\alpha$; τ est aussi d'ordre 2; le cas $\tau=\sigma$ n'est pas exclu. On a, dans ces conditions, $\alpha\tau=\sigma\alpha$, $s'_\sigma s'_\alpha=s'_{\sigma\alpha}a'_{\sigma,\alpha}$, $s'_\alpha s'_\tau=s'_{\alpha\tau}a'_{\alpha,\tau}$, d'où :

$$s'_\tau=(s'^{-1}_\alpha s'_\sigma s'_\alpha)a'_{\alpha,\tau}a'^{-1}_{\sigma,\alpha}.$$

Mais, d'après la théorie du corps de classes, l'automorphisme de A_{k_τ} induit par $s'^{-1}_\alpha s'_\sigma s'_\alpha$ est l'image de a^α_σ dans C'_{k_τ} ; au moyen du théorème de translation, il s'ensuit que a_τ a même image dans C'_{k_τ} que $a_\sigma^\alpha N_{K/k_\tau}(a^*_{\alpha,\tau}a^{*-1}_{\sigma,\alpha})$, ou autrement dit n'en diffère que par un facteur $z\in D_{k_\tau}$.

D'autre part, comme a^* est un système de facteurs normalisé, on a $a^{*\alpha}_{\sigma,\sigma}=a^*_{\sigma,\sigma\alpha}a^*_{\sigma,\alpha}$, $a^{*\tau}_{\alpha,\tau}a^*_{\alpha\tau,\tau}=a^*_{\tau,\tau}$, $a^{*\tau}_{\sigma,\alpha}a^*_{\sigma\alpha,\tau}=a^*_{\sigma,\alpha\tau}a^*_{\alpha,\tau}$. En tenant compte de $\alpha\tau=\sigma\alpha$, on en tire $a^*_{\tau,\tau}=a^{*\alpha}_{\sigma,\sigma}N_{K/k_\tau}(a^*_{\alpha,\tau}a^{*-1}_{\sigma,\alpha})$. Par suite, on a $d_\tau=d_\sigma^\alpha z$, avec $z\in D_{k_\tau}$. Comme d'ailleurs d_σ est dans C_{k_σ}, c'est-à-dire est invariant par σ, d_σ^α est invariant par τ, donc est dans C_{k_τ} ; donc d_τ et d_σ^α sont tous deux dans $D_K\cap C_{k_\tau}$, qui est (§ III) le produit direct de D_{k_τ} et de $\gamma_{k_\tau,K}$; comme ils ne diffèrent que par le facteur z, ils ont donc même composante dans $\gamma_{k_\tau,K}$. Autrement dit, si on pose $d_\sigma=\xi_\sigma u_\sigma$, avec $\xi_\sigma\in\gamma_{k_\sigma,K}$, $u_\sigma\in D_{k_\sigma}$, on a $\xi_\tau=\xi^\alpha_\sigma$.

Cela posé, soit $a=a^*b$. Pour que a satisfasse à (F), il faut et il suffit que, pour tout σ d'ordre 2, $a_{\sigma,\sigma}a_\sigma^{-1}$ soit dans D_{k_σ}, ou autrement dit que l'on ait $a^*_{\sigma,\sigma}b_{\sigma,\sigma}a_\sigma^{-1}\in D_{k_\sigma}$, ou encore $b_{\sigma,\sigma}\in\xi_\sigma D_{k_\sigma}$.

Posons $b_{i\sigma}=(b_i)_{\sigma,\sigma}$; c'est un idèle de I_K, invariant par σ puisque les systèmes de facteurs b_i sont supposés normalisés. Par suite, $b_{i\sigma}$ est un idèle de I_{k_σ}, dont toutes les composantes relatives aux valuations discrètes de k_σ ont la valeur 1, et qu'on peut donc mettre sous la forme $b'_{i\sigma}b''_{i\sigma}$ avec $b'_{i\sigma}\in\Gamma_{k_\sigma}$, $b''_{i\sigma}\in H'_{k_\sigma}$; posons $b'_\sigma=\prod_i b'^{f_i}_{i\sigma}$, $b''_\sigma=\prod_i b''^{f_i}_{i\sigma}$. Alors $b_{\sigma,\sigma}$ est le produit des images de b'_σ et de b''_σ dans C_{k_σ} ; la première est dans γ_{k_σ}, la seconde dans D_{k_σ}. Si donc on désigne par Ξ_σ l'élément de Γ_{k_σ} qui a pour image ξ_σ dans γ_{k_σ}, on voit que la condition $b_{0,\sigma} \in \xi_\sigma D_{k_\sigma}$ équivaut à $b'_\sigma = \Xi_\sigma$. Donc, pour toute valuation réelle de k_σ, b'_σ et Ξ_σ doivent avoir la même composante, cette composante ne pouvant être que ± 1. D'ailleurs, comme l'image ξ_σ de Ξ_σ dans γ_{k_σ} est dans $\gamma_{k_\sigma, K}$, les composantes de Ξ_σ relatives aux valuations réelles de k_σ non ramifiées dans K ont la valeur 1 ; et il en est de même de $b_{i\sigma}$, qui, considéré comme élément de I_K, est dans Θ_i, donc a toutes ses composantes égales à 1 à l'exception de celles relatives aux valuations, toutes complexes, de K qui prolongent la valuation réelle v_i de k. Il s'ensuit que notre problème consiste à déterminer les f_i de telle sorte que, pour chaque σ, les composantes de b'_σ relatives aux valuations réelles de k_σ qui se ramifient dans K soient respectivement égales aux composantes correspondantes de Ξ_σ.

Pour chaque i, choisissons, parmi les valuations de K qui prolongent v_i, une valuation w_i ; les autres sont alors les valuations w_i^α, avec $\alpha \in \mathfrak{g}$. Soit σ_i l'élément d'ordre 2 de $\mathfrak{g}$ qui laisse w_i invariante ; on a $w_i^{\sigma_i \alpha} = w_i^\alpha$, de sorte qu'il n'y a bien que $n/2$ valuations w_i^α distinctes. Toute valuation réelle de k_σ qui se ramifie dans K induit sur k l'une des valuations v_i, et la valuation de K qui la prolonge est alors de la forme w_i^α ; comme celle-ci doit être invariante par σ, on a donc alors $\sigma = \alpha^{-1}\sigma_i\alpha$. Nous avons donc à exprimer que, pour chaque i et chaque $\alpha \in \mathfrak{g}$, les idèles $\prod_j b'^{f_j}_{j\sigma}$ et Ξ_σ, où l'on a pris $\sigma = \alpha^{-1}\sigma_i\alpha$, ont même composante relative à la valuation induite sur k_σ par w_i^α. Mais, pour $j \neq i$, $b_{j\sigma}$, donc aussi $b'_{j\sigma}$, a la composante 1 pour cette valuation ; d'autre part, pour cette valuation, qui est réelle sur k_σ, tout élément de H'_{k_σ}, donc en particulier $b''_{i\sigma}$, a la composante 1 ; enfin, il résulte d'un théorème déjà cité (v.[4]) que, pour cette valuation, $b_{i\sigma}$ a la composante -1, car dans le cas contraire le système de facteurs b_i serait trivial dans Θ_i. En définitive, on a donc à déterminer les f_i par la condition que la composante de Ξ_σ relative à la valuation induite par w_i^α sur k_σ soit égale à $(-1)^{f_i}$. Mais, d'après ce qu'on a démontré plus haut, on a $\xi_\sigma = \xi_{\sigma_i}^\alpha$, d'où $\Xi_\sigma = \Xi_{\sigma_i}^\alpha$. Autrement dit, la composante de Ξ_σ relative à w_i^α est égale à la composante de Ξ_{σ_i} relative à w_i ; cette dernière doit donc être égale à $(-1)^{f_i}$, et, si on prend les f_i tels qu'il en soit ainsi, ils fournissent une solution du problème. Cela achève la première partie de notre démonstration.

On désignera donc par $G_{K,k}$ et φ le groupe et l'homomorphisme déterminés par l'ensemble de sytèmes de facteurs $F_{K,k}(s')$ qu'on vient de construire ; ils satisfont à (D) par construction, et, comme on l'a déjà observé, ils satisfont trivialement à (B) ; pour $k\subset k'\subset K$, on identifiera donc dorénavant $G_{K,k'}$ avec son image dans $G_{K,k}$ par l'isomorphisme ω dont il a été question au début du § IV.

En particulier, s'il s'agit d'une extension cyclique, on a déjà déterminé au § IV un système de facteurs normalisé satisfaisant à la condition (D''), et qui par suite appartient à $F_{K,k}(s')$; c'est donc là un système de facteurs qui permet de définir $G_{K,k}$ dans ce cas.

On va montrer maintenant que $G_{K,k}$ est produit direct d'un groupe isomorphe à R et d'un groupe compact. On a vu en effet qu'il est ainsi de C_K, et on a défini au § I un homomorphisme d de C_K sur R, ayant pour noyau le sous-groupe compact maximal C_K^0 de C_K; la définition de d montre que d est invariant par tout automorphisme de K, de sorte que $\mathfrak{g}$ induit sur C_K/C_K^0 l'automorphisme identique. En se servant du fait que le groupe des représentations de R dans C_K^0 (et plus généralement dans tout groupe abélien) a la propriété d'unique divisibilité, on vérifie alors aisément qu'on peut écrire C_K comme produit direct $X\times C_K^0$, où X est isomorphe à R et a tous ses éléments invariants par $\mathfrak{g}$; il est clair que $X\subset D_K$. Soit $a=(a_{\alpha,\beta})\in F_{K,k}(s')$; alors les $d(a_{\alpha,\beta})$ forment un système de facteurs de $\mathfrak{g}$ dans R, nécessairement trivial, donc de la forme ∂b, où b est une cochaîne de $\mathfrak{g}$ dans C_K/C_K^0; en identifiant ce dernier groupe avec X, b devient une cochaîne de $\mathfrak{g}$ dans $X\subset D_K$; on voit donc qu'en remplaçant a par $a(\partial b^{-1})$, on peut supposer que a est un systéme de facteurs de $\mathfrak{g}$ dans C_K^0. Il est immédiat qu'alors $G_{K,k}$ est le produit direct de X et de l'extension de C_K^0 par $\mathfrak{g}$ déterminée par ce systéme. Il s'ensuit en particulier que $G_{K,k}^c$, adhérence du groupe engendré par les commutateurs de $G_{K,k}$ est compact ; et $G_{K,k}^a$ est produit direct d'un groupe isomorphe à R et d'un groupe compact.

Passons à la vérification de (A). Soit t le transfert de $G_{K,k}$ dans C_K ; nous devons faire voir d'abord que t applique $G_{K,k}$ sur C_k. Nous savons déjà que $t(G_{K,k})\subset C_k$, et que $t(G_{K,k})\supset t(C_K)=N(C_K)$. Si K est une extension cyclique, alors, d'après la détermination explicite de $F_{K,k}(s')$ donnée pour ce cas, nous savons qu'il y a dans $G_{K,k}$ un représentant s_σ du générateur σ de $\mathfrak{g}$ tel que $s_\sigma^n=a$, où a est dans C_K et tel que son image dans $\mathfrak{g}=C_k/N(C_K)$ soit σ ; comme on a en ce cas $t(s_\sigma)=s_\sigma^n$, on a donc bien $t(G_{K,k})=C_k$. Passons au cas général ; posons $T=t(G_{K,k})$, et soit T' l'image de T dans C_k'. Comme $G'_{K,k}$ satisfait à (A), l'image de T' dans C_K' par la représentation canonique de C'_k dans C'_K n'est autre que celle de C'_k ; il revient au même de dire que $TD_k\gamma_{k,K}=C_k$. Comme $D_k=N(D_K)\subset T$, il nous reste donc seulement à montrer que $T\supset\gamma_{k,K}$. Pour cela, v_i, w_i, σ_i ayant le même sens que précédemment, soit de nouveau $\bar{a}_i=(a_v)$ l'idèle de I_k tel que $a_{v_i}=-1$ et $a_v=1$ pour $v\neq v_i$. Posons $k_i=k_{\sigma_i}$; soit $\bar{c}_i=(c_w)$ l'idèle de I_K tel que $c_{w_i}=-1$ et $c_w=1$ pour $w\neq w_i$; $\bar{c}_i$ est invariant par σ_i, et est donc dans I_{k_i}. Le groupe $\gamma_{k,K}$ est engendré par les images a_i des $\bar{a}_i$ dans C_k. Comme notre résultat est vrai pour les extensions quadratiques, il l'est pour K et k_i, et il y a donc un élément s_i de G_{K,k_i} dont l'image, par le transfert de G_{K,k_i} dans C_K, soit l'image c_i de $\bar{c}_i$ dans C_{k_i}. La formule (N) du § IV donne alors $t(s_i)=N_{k_i/k}(c_i)=a_i$, ce qui achève la démonstration.

Montrons maintenant que le noyau de t est $G^c_{K,k}$. Comme $G'_{K,k}$ satisfait à (A), le transfert réduit de $G'_{K,k}$ dans C'_K n'est autre que la représentation canonique de $C'_k=G'^a_{K,k}$ dans C'_K et a donc pour noyau l'image γ' de $\gamma_{k,K}$ dans C'_k ; le transfert t' de $G'_{K,k}$ dans C'_K a donc pour noyau l'image réciproque N' de γ' dans $G'_{K,k}$; comme t' se déduit de t par passage au quotient, le noyau de t est donc contenu dans l'image réciproque N de N' dans $G_{K,k}$. Le groupe N' admet $G'^c_{K,k}$ comme sous-groupe d'indice égal à l'ordre de γ', c'est-à-dire à 2^{r_0}. D'autre part, comme l'adhérence $G^c_{K,k}$ du groupe des commutateurs de $G_{K,k}$ est compacte, son image dans $G'_{K,k}$ l'set aussi et est donc l'adhérence $G'^c_{K,k}$ du groupe des commutateurs de $G'_{K,k}$; et $G^c_{K,k}D_K$ est un sous-groupe fermé de $G_{K,k}$, image réciproque de $G'^c_{K,k}$ dans $G_{K,k}$. Il s'ensuit que N admet $G^c_{K,k}D_K$ comme sous-groupe d'indice 2^{r_0}. Soient de nouveau les s_i les éléments introduits tout à l'heure, tels que $t(s_i)=a_i$; comme $a_i\in\gamma_{k,K}$, l'image de a_i dans C'_K est 1, donc, si s'_i est l'image de s_i dans $G'_{K,k}$, on a $t'(s'_i)=1$, c'est-a-dire $s'_i\in N'$. d'où $s_i\in N$. Si d'autre part les e_i sont des entiers tels que $\prod_i s_i^{e_i}\in G^c_{K,k}\,D_K$, on a $t(\prod_i s_i^{e_i})\in t(D_K)$ c'est-à-dire $\prod_i a_i^{e_i}\in N(D_K)=D_k$, donc $\prod_i a_i^{e_i}=1$ puisque $\gamma_{k,K}\cap D_k=\{1\}$, et par suite $e_i\equiv 0$ mod. 2 quel que soit i. On voit donc que les 2^{r_0} éléments $\prod_i s_i^{e_i}$ de N qu'on obtient en prenant les e_i égaux à 0 ou 1 sont tous distincts modulo $G^c_{K,k}D_K$, et forment par suite un système complet de représentants des classes suivant ce groupe dans N.

Tout élément z de N est donc de la forme $z=xy\prod s_i^{e_i}$, avec $x\in G^c_{K,k}$, $y\in D_K$, et $e_i=0$ ou 1 pour $1\leq i\leq r_0$; on a alors $t(z)=N(y)\prod_i a_i^{e_i}$. Supposons qu'on ait $t(z)=1$; alors on a $\prod_i a_i^{e_i} \in N(D_K)$, donc, comme plus haut, $e_i=0$ quel que soit i, et $N(y)=1$. Le noyau de t est donc l'ensemble des $z=xy$, où $x\in G^c_{K,k}$, $y\in D_K$, et $N(y)=1$; et il reste à montrer qu'alors $y\in G^c_{K,k}$. D'ailleurs, si $w\in C_K$, on a $s_\alpha^{-1}w^{-1}s_\alpha w=w^{1-\alpha}\in G^c_{K,k}$, et il suffit de faire voir que y est dans le groupe engendré par les $w^{1-\alpha}$. Comme D_K/D'_K a la propriété d'unique divisibilité, on a $y=w^n u$, avec $w\in D_K$, $u\in D'_K$, et comme toujours $n=[K:k]$. On a alors $N(w)^n=N(u^{-1})\in D'_K$, donc, d'après la propriété d'unique divisibilité, $N(w)\in D'_K$. En posant $u_1=N(w)u$, on aura alors $y=(\prod_\alpha w^{1-\alpha})u_1$, $u_1\in D'_K$, $N(u_1)=1$. Il suffit donc de montrer que u_1 est alors dans le groupe engendré par les $v^{1-\alpha}$ avec $v\in D'_K$, $\alpha\in\mathfrak{g}$; et, comme D'_K est produit direct des tores de première et seconde sorte définis au § III, tout revient à démontrer que chacun de ces tores possède la propriété en question, ce qui ne fait pas de difficulté(5). Le noyau de t est donc bien $G^c_{K,k}$, c'est-à-dire que le transfert réduit $\bar{t}$ de $G_{K,k}$ dans C_K est une représentation biunivoque de $G^a_{K,k}$ sur C_k. Comme d'ailleurs chacun de ces derniers groupes est produit direct d'un groupe isomorphe à R et d'un groupe compact, il est facile, soit en examinant plus attentivement la nature de la représentation $\bar{t}$, soit par application de théorèmes généraux sur la représentation des groupes abéliens (cf. [13], chap. VI) de conclure que $\bar{t}$ est un isomorphisme, ce qui complète la vérification de (A).

Passons à (C) ; soit K' une extension de K, galoisienne sur k ; il s'agit de définir un isomorphisme η de $\Gamma=G_{K',k}/G^c_{K',K}$ sur $G_{K,k}$, ayant les propriétés indiquées au début du § IV. Le groupe Γ admet $G^a_{K',K}=G_{K',K}/G^c_{K',K}$ comme sous-groupe invariant fermé, le groupe quotient étant $G_{K',k}/G_{K',K}=\mathfrak{g}(K/k)$; en vertu de (A), le transfert réduit $\bar{t}$ de $G_{K',K}$ dans $C_{K'}$ est un isomorphisme de $G^a_{K',K}$ sur C_K. Soit φ'' l'homomorphisme de $G_{K',K}$ sur $G'_{K',k}$ attaché à K' et k ; on a vu que $\varphi''(G^c_{K',K})=G'^c_{K',K}$; par passage au quotient, φ'' définit donc un homomorphisme μ de Γ sur $G'_{K',k}/G'^c_{K',K}=G'_{K,k}$. Si on identifie $G^a_{K',K}$ avec C_K au moyen de $\bar{t}$, Γ devient une extension de C_K par $\mathfrak{g}(K/k)$, munie d'un homomorphisme μ sur $G'_{K,k}$; et il résulte de (D) appliquée à K' et K que μ coïncide sur C_K avec l'homomorphisme canonique de C_K sur C'_K. Dans ces conditions, tout revient à vérifier que Γ, muni de cet homomorphisme μ, satisfait à (F). Il revient au même de

(5) On notera l'analogie entre cette démonstration et celle qui a servi à déterminer les groupes de cohomologie de $\mathfrak{g}$ dans D_K ; il serait à souhaiter qu'on pût les réunir toutes deux en une seule.

vérifier (C) pour les systèmes de corps K', K, k', où k' est intermédiaire entre k et K et tel que $[K: k']=2$, ou encore de vérifier (C) pour K', K et k dans le cas où $[K: k]=2$. Supposons même, plus généralement, que K soit cyclique de degré n sur k; soient σ un générateur de $\mathfrak{g}(K/k)$, et ρ un représentant de σ dans $\mathfrak{g}(K'/k)$. Soient (s_α) un système de représentants de $\mathfrak{g}(K'/k)$ dans $G_{K',k}$, et (s'_α) son image dans $G'_{K',k}$; posons $a_{\alpha,\beta}=s_{\alpha\beta}^{-1}s_\alpha s_\beta$. Alors $(a_{\alpha,\beta})$ est un système de facteurs de $\mathfrak{g}(K'/k)$ dans $C_{K'}$ qui satisfait à (D'); en particulier, l'automorphisme de A_k induit par s'_ρ est celui qui est déterminé par l'image de $a=\prod_\alpha a_{\rho,\alpha}$ dans C'_k, le produit $\prod_\alpha$ étant étendu aux éléments α de $\mathfrak{g}(K'/k)$. Mais, comme $G_{K',k}/G_{K',K}$ n'est autre que le groupe cyclique $\mathfrak{g}(K/k)$, le transfert de s_ρ de $G_{K',k}$ dans $G_{K',K}$ est l'image de s_ρ^n dans $G^a_{K',K}$ par l'homomorphisme canonique de $G_{K',K}$ sur $G^a_{K',K}$. Le transfert réduit étant transitif, il s'ensuit que le transfert de s_ρ^n de $G_{K',K}$ dans $C_{K'}$ n'est autre que le transfert de s_ρ de $G_{K',k}$ dans $C_{K'}$, qui est égal à l'élément a de C_k défini plus haut. Autrement dit, quand on identifie $G^a_{K',K}$ avec C_K au moyen de $\bar{t}$, l'image de s_ρ^n dans $G^a_{K',K}$ se trouve identifiée avec a. Cela achève la démonstration.

Nous avons donc bien construit les groupes $G_{K,k}$ possédant les propriétés annoncées, et montré qu'ils sont seuls à les posséder. Il faut avouer que la vérification qui précède a été assez pénible (encore certains points ont-ils été seulement esquissés) ; peut-être pourra-t-on la simplifier, mais il ne faut sans doute pas s'attendre à obtenir une démonstration vraiment naturelle tant qu'on n'aura pas résolu le problème fondamental de l'interprétation des groupes C_k.

Tout ce qui précède s'applique en particulier si on prend pour k le corps Q des nombres rationnels. Si en même temps on prend une suite K_n de corps galoisiens sur Q, tels que $K_n \subset K_{n+1}$ quel que soit n, dont la réunion soit le corps de tous les nombres algébriques, on pourra construire les groupes $G_n=G_{K_n,Q}$, et, au moyen de (C), définir pour tout n un homomorphisme de G_{n+1} sur G_n, permettant de passer à la "limite projective" (cf. [13]) ; celle-ci est alors un groupe qui, en un sens qu'il est facile de préciser, est "universel" pour tous les groupes $G_{K,k}$, ceux-ci étant des groupes quotients de sous-groupes du "groupe universel" (de même que le groupe de Galois sur Q du corps de tous les nombres algébriques est "universel" pour les groupes $G'_{K,k}$).

VI. Application aux fonctions L.

Les résultats qui précèdent permettent d'obtenir une décomposition en facteurs des fonctions L de Hecke (" mit Grössencharakteren," c'est-à-dire définies sur un corps K au moyen d'un caractère quelconque de C_K), décomposition qui contient comme cas particulier celle qu'Artin a obtenue pour les fonctions L ordinaires (définies sur un corps K au moyen d'un caractère de C'_K). Pour cela, quelques préliminaires sont nécessaires.

Tout d'abord, soit Ω une extension finie ou infinie d'un corps de nombres k; soit v une valuation de Ω, non archimédienne, c'est-à-dire telle que $v(x+y)\geq \inf [v(x), v(y)]$; soit $\mathfrak{p}$ l'idéal premier de k associé à la valuation discrète induite par v sur k; on posera $q=N_{k/Q}(\mathfrak{p})$. Soit $\bar{\Omega}$ le corps complété de Ω au moyen de la valuation v (c'est-à-dire au moyen de la distance $e^{-v(x-y)}$); pour toute extension finie K de k, contenue dans Ω, on désignera par K_v l'adhérence de K dans $\bar{\Omega}$; K_v est isomorphe au complété de K par la valuation induite par v sur K; de plus, le composé $k_v(K)$ de k_v et K dans $\bar{\Omega}$ est un sous-espace vectoriel de K_v sur le corps k_v, donc est fermé dans K_v, et contient K, donc n'est autre que K_v. Si donc on désigne par Ω_v la réunion de tous les corps K_v, on aura $\Omega_v=k_v(\Omega)$, et Ω_v sera une extension algébrique, finie ou infinie, de k_v. On désignera par Ω_v^t la plus grande extension non ramifiée de k_v, contenue dans Ω_v; c'est l'extension de k_v engendrée par toutes les racines de l'unité d'ordre premier à q contenues dans Ω_v. On posera $\Omega_t=\Omega\cap\Omega_v^t$, et $\Omega_z=\Omega\cap k_v$; Ω_t et Ω_z s'appelleront le *corps d'inertie* et *le corps de décomposition* de v dans Ω, relativement à k.

Supposons de plus, à partir de maintenant, que Ω soit galoisien sur k; soit Γ son groupe de Galois, topologisé comme à l'ordinaire; les sous-groupes Γ_t, Γ_z de Γ qui correspondent respectivement à Ω_t et Ω_z s'appelleront les *groupes d'inertie* et *de décomposition* de v dans Γ. Si Ω est de degré fini sur k, ces notions coïncident avec celles qu'on définit ordinairement sous ces mêmes noms. En vertu d'un théorème général de théorie de Galois ([3], chap. V, § 10, n°4), Ω et k_v sont linéairement disjoints sur $\Omega_z=\Omega\cap k_v$, et on peut identifier le groupe de Galois Γ_z de Ω sur Ω_z avec celui de $\Omega_v=k_v(\Omega)$ sur k_v, un élément de ce dernier étant identifié avec l'élément de Γ_z, c'est-à-dire avec l'automorphisme de Ω, qu'il induit sur Ω; de plus, dans ces conditions, la relation $\Omega_t=\Omega\cap\Omega_v^t$ implique $\Omega_v^t=k_v(\Omega_t)$, et le groupe de Galois de Ω_v sur Ω_v^t peut être identifié avec Γ_t. Comme

Ω_v^t est abélien sur k_v, il s'ensuit que Γ_t est un sous-groupe invariant de Γ_z, et que Γ_z/Γ_t est abélien. Plus précisément, on définit un automorphisme φ (dit "de Frobenius") de Ω_v^t sur k_v en posant $\varepsilon^\varphi=\varepsilon^q$ pour toute racine ε de l'unité d'ordre premier à q dans Ω_v^t; et le groupe engendré par φ est partout dense dans le groupe de Galois de Ω_v^t sur k_v; ce dernier étant identifié avec Γ_z/Γ_t, on appellera *classe de Frobenius* de v dans Γ l'image réciproque Φ de φ dans Γ_z. Si $\sigma\in\Phi$, on a $\Phi=\sigma\Gamma_t$; et Γ_z est l'adhérence, dans Γ, du groupe Γ_f engendré par Φ, ou, ce qui revient au même, par Γ_t et σ.

Comme d'ailleurs la valuation v de k_v ne peut être prolongée que d'une seule manière à toute extension algébrique de k_v, et par suite à Ω_v, tout automorphisme de Ω_v sur k_v laisse v invariante; d'autre part, tout automorphisme de Ω sur k qui laisse v invariante peut être prolongé par continuité à un automorphisme de Ω_v qui laisse invariante l'adhérence k_v de k. Il s'ensuit que Γ_z n'est autre que le sous-groupe de Γ qui laisse v invariante. Quant à Γ_t, c'est le sous-groupe de Γ_z qui laisse invariantes toutes les racines de l'unité d'ordre premier à q dans Ω_v. Mais, dans toute extension algébrique de k_v, à tout élément x tel que $v(x)=0$ correspond une racine ε de l'unité d'ordre premier à q, et une seule, telle que $v(x-\varepsilon)>0$; de plus, comme $\Omega_v=k_v(\Omega)$, il correspond à tout $x\in\Omega_v$ un $y\in\Omega$ tel que $v(x-y)>0$. Donc Γ_t peut être défini comme le sous-groupe de Γ_z qui transforme tout $y\in\Omega$ tel que $v(y)\geq 0$ en un y' tel que $v(y-y')>0$; Φ peut être défini comme l'ensemble des éléments de Γ_z qui transforment tout $y\in\Omega$ tel que $v(y)\geq 0$ en un y' tel que $v(y'-y^q)>0$; et le groupe Γ_f engendré par Φ est l'ensemble des éléments σ de Γ_z tels qu'il existe un entier $n\in Z$ pour lequel on ait $v(y^\sigma-y^{q^n})>0$ pour tout $y\in\Omega$ tel que $v(y)\geq 0$. Soit alors K une extension finie de k, contenue dans Ω, et appartenant à un sous-groupe Γ' de Γ; il résulte de ce qui précède que les groupes de décomposition et d'inertie de v dans Γ' sont $\Gamma'_z=\Gamma_z\cap\Gamma'$ et $\Gamma'_t=\Gamma_t\cap\Gamma'$. Soit de plus $\mathfrak{P}$ l'idéal premier de K associé à la valuation induite sur K par v; et soit $N_{K/k}(\mathfrak{P})=\mathfrak{p}^f$, d'où $N_{K/Q}(\mathfrak{P})=q^f$; alors la classe de Frobenius de v dans Γ' est $\Phi'=\Phi^f\cap\Gamma'$; et K_v contient une racine primitive d'ordre q^f-1 de l'unité, d'où il suit que $\Phi^m\cap\Gamma'=\phi$ pour $m\not\equiv 0$ mod. f. Par suite, le groupe Γ'_f engendré par Φ' est donné par $\Gamma'_f=\Gamma_f\cap\Gamma'$.

On notera de plus que toutes les valuations de Ω qui prolongent une valuation donnée de k sont transformées les unes des autres par les automorphismes de Ω sur k, comme il résulte aussitôt du fait qu'il en est ainsi pour toute extension galoisienne de k de degré fini contenue dans Ω. Par suite, si $\mathfrak{p}$ est donné, les groupes Γ_z, Γ_t, Γ_f, et la classe Φ, sont déterminés à un automorphisme intérieur près de Γ; ils sont complètement déterminés si Γ est abélien.

Appliquons ce qui précède au cas où K est une extension galoisienne finie d'un corps de nombres k, et où on prend $\Omega = A_K$. Avec nos notations ordinaires, le groupe de Galois de Ω sur k sera $\Gamma = G'_{K,k}$, et K appartiendra au sous-groupe $\Gamma' = G'_K = C'_K$ de Γ. La valuation v étant comme ci-dessus, soit U_v, comme au § I, le sous-groupe de I_K formé des idèles dont la coordonnée relative à v (ou plutôt à la valuation induite sur K par v) est une unité de K_v, et dont toute autre coordonnée est 1; soit $\bar{p}$ un idèle dont la coordonnée p_v relative à v engendre l'idéal premier adhérence de $\mathfrak{P}$ dans K_v (c'est-à-dire est telle que $v(p_v)$ soit >0 et engendre le groupe des valeurs prises par v sur K), et dont toute autre coordonnée soit 1; U_v et $\bar{p}$ engendrent le groupe des idèles dont toute coordonnée, sauf celle relative à v, est 1, groupe qu'on peut identifier avec K_v^*. Soient V, V_0, p les images de K_v^*, U_v et $\bar{p}$ dans C_K; il est immédiat que V est un sous-groupe fermé de C_K, engendré par V_0 et p, et que l'homorphisme canonique de I_K sur C_K induit sur K_v^* un isomorphisme de K_v^* sur V. Soient V', V'_0, p' les images de V, V_0, p dans C'_K. Il résulte de la théorie du corps de classes (cf. [5a]) que le groupe d'inertie de v dans $\Gamma' = C'_K$ est $\Gamma'_t = V'_0$, que la classe de Frobenius de v dans Γ' est $\Phi' = p' V'_0$, et par suite que le groupe de décomposition Γ'_z de v dans Γ' est l'adhérence du groupe $\Gamma'_f = V'$ engendré par Φ'. De plus, la représentation de K_v^* sur V', induite par l'homomorphisme canonique de I_K sur C'_K, est fournie par le symbole de restes normiques; comme d'ailleurs on sait ([11]) que Ω_v est l'extension abélienne maximale de K_v, on conclut de là, et de la théorie du corps de classes local, que la représentation en question est biunivoque, donc en particulier, puisque U_v est compact, qu'elle induit sur U_v un isomorphisme de U_v sur V'_0.

Avec les mêmes notations que plus haut, on a donc, dans ces conditions, $\Gamma'_f = V' = \Gamma_f \cap G'_K$; on a aussi $\Omega_z \cap K = K_z$, c'est-à-dire que $\Gamma_z G'_K$ est l'image réciproque, dans $G'_{K,k}$, du groupe de décomposition $\mathfrak{g}_z = \mathfrak{g}(K/K_z)$ de v, ou autrement dit de $\mathfrak{P}$, dans $\mathfrak{g}(K/k) = G'_{K,k}/G'_K$. Comme G'_K est ouvert dans $G'_{K,k}$, et que Γ_f est partout dense dans Γ_z, on a donc $\Gamma_f G'_K = \Gamma_z G'_K = G'_{K,K_z}$, d'où il suit que l'image de Γ_f dans $\mathfrak{g}(K/k)$ est $\mathfrak{g}_z$. Par suite, Γ_f est une extension de $\Gamma'_f = V'$ par $\mathfrak{g}_z$.

Choisissons donc dans Γ_f un système de représentants s'_α des éléments α de $\mathfrak{g}_z$; ce seront en même temps des représentants des α dans G'_{K,K_z}. Si on pose $a'_{\alpha,\beta}=s'^{-1}_{\alpha\beta}s'_\alpha s'_\beta$, $(a'_{\alpha,\beta})$ est un système de facteurs de $\mathfrak{g}_z$ dans $V'\subset C'_K$; soit $a=(a_{\alpha,\beta})$ le système de facteurs de $\mathfrak{g}_z$ dans $V\subset C_K$ dont $(a'_{\alpha,\beta})$ est l'image dans V'; on va montrer que $a\epsilon F_{K,K_z}(s')$. D'après le § V, il suffira pour cela de faire voir qu'il en est bien ainsi dans le cas où $k=K_z$ et $[K:k]=2$. Supposons même plus généralement que K soit cyclique de degré n sur k, et que $k=K_z$; soit σ un générateur de $\mathfrak{g}(K/k)=\mathfrak{g}_z$; soit s'_σ un représentant de σ dans Γ_f; soit $a'=s'^n_\sigma$. Alors a' est dans V' et est invariant par σ; c'est donc l'image dans V' d'un élément a de k_v^*. Il s'agit de prouver que l'automorphisme de A_k induit par s'_σ est celui qui est déterminé par l'image de a dans C'_k. On a vu en effet qu'on peut identifier Γ_z avec le groupe de Galois de $\Omega_v=k_v(\Omega)$ sur k_v, et aussi que le sous-corps $k_v(A_k)$ de Ω_v est l'extension abélienne maximale de k_v. Il résulte alors du théorème de transfert local(6) que l'automorphisme de $k_v(A_k)$ induit par l'automorphisme s'_σ de Ω_v est celui qui correspond à a par le symbole de restes normiques; l'automorphisme de A_k induit par s'_σ est donc bien celui qui est déterminé par l'image de a.

Par conséquent on a en général $a\epsilon F_{K,K_z}(s')$; on peut donc choisir des représentants s_α des s'_α dans $G_{K,k}$ de telle sorte que $s^{-1}_{\alpha\beta}s_\alpha s_\beta=a_{\alpha,\beta}$ quels que soient α, β dans $\mathfrak{g}_z$. Soit H_z le sous-groupe de $G_{K,k}$ engendré par V et par les éléments s_α ainsi choisis; c'est un groupe fermé, puisqu'il admet le sous-groupe fermé V de C_K comme sous-groupe d'indice fini. Il est clair que l'homomorphisme canonique de $G_{K,k}$ sur $G'_{K,k}$ induit sur H_z une représentation biunivoque de H_z sur Γ_f; soient H_t et F les images réciproques de Γ_t et de Φ dans H_z par cette représentation; F est une classe dans H_z suivant H_t, et H_z est engendré par F. On a d'ailleurs $\Gamma'_t=\Gamma_t\cap G'_K=V'_0$; et on a $\Omega_t\cap K=K_t$, c'est-à-dire que $\Gamma'_tG'_K$ est l'image réciproque G'_{K,K_t}, dans $G'_{K,k}$, du groupe d'inertie $\mathfrak{g}_t$ de $\mathfrak{P}$ dans $\mathfrak{g}(K/k)$; on en conclut que Γ'_t est une extension de V'_0 par $\mathfrak{g}_t$, d'où il suit que H_t est une extension de V_0 par $\mathfrak{g}_t$, et est donc compact. Comme Γ'_t est invariant

(6) C'est le théorème local analogue à notre propriété (A) du § II; pour la démonstration, v. [5c]. On notera que, pour les besoins de notre démonstration, il suffirait de connaître ce théorème pour les extensions quadratiques; le cas général résulterait alors de ce qui suit.

dans Γ_z, donc dans Γ_f, H_t est invariant dans H_z ; et H_z/H_t est engendré par l'image dans ce groupe d'un élément quelconque de F. D'ailleurs H_z/H_t n'est pas fini, puisque H_t est compact et que H_z, qui contient le groupe non compact V, n'est pas compact. Donc H_z/H_t est isomorphe à Z.

Le groupe H_z dépend d'ailleurs du choix des s_α, choix que les conditions énoncées ci-dessus ne suffisent pas à déterminer. Mais tout autre choix, conforme à ces conditions, ne peut consister qu'à remplacer les s_α par $s_\alpha z_\alpha$, avec $z_\alpha \in D_K$ et $\partial z = 1$; comme le groupe de cohomologie de dimension 1 de $\mathfrak{g}_z$ dans D_K est trivial, on aura donc $z_\alpha = u^{\alpha-1}$, avec $u \in D_K$, d'où $s_\alpha z_\alpha = u s_\alpha u^{-1}$. Autrement dit, tout autre choix des s_α conduit à remplacer H_z par $uH_z u^{-1}$, avec $u \in D_K$; l'un quelconque de ces groupes s'appellera un *groupe de décomposition* de la valuation v dans $G_{K,k}$. Si H_z est fixé, H_t et F sont complètement déterminés et s'appelleront le *groupe d'inertie* et la *classe de Frobenius* de v dans H_z.

Si donc H_1 est un groupe de décomposition de v dans $G_{K,k}$, on a $H_1 \cap C_K = V$, et l'image de H_1 dans $G'_{K,k}$ est Γ_f. Réciproquement, si un sous-groupe H_1 de $G_{K,k}$ a pour image Γ_f dans $G'_{K,k}$, et si $H_1 \cap C_K \subset V$, H_1 est un groupe de décomposition de v dans $G_{K,k}$. En effet, soit t_α, pour chaque $\alpha \in \mathfrak{g}_z$, un représentant de s'_α dans H_1 ; comme t_α a même image que s_α dans $G'_{K,k}$, on a $t_\alpha = s_\alpha z_\alpha$, avec $z_\alpha \in D_K$, d'où $t_{\alpha\beta}^{-1} t_\alpha t_\beta = a_{\alpha,\beta}(\partial z)_{\alpha,\beta}$. Comme $H_1 \cap C_K \subset V$, $t_{\alpha\beta}^{-1} t_\alpha t_\beta$ doit être dans V, donc $(\partial z)_{\alpha,\beta}$ dans $D_K \cap V$. Comme l'homomorphisme canonique de C_K sur C'_K induit sur V une représentation biunivoque sur V', on a $V' \cap D_K = \{1\}$, d'où $\partial z = 1$, et par suite, comme tout à l'heure, $z = \partial u$, avec $u \in D_K$. De plus, comme Γ_f contient V' qui est image biunivoque de V, on doit avoir $H_1 \cap C_K = V$. On a donc $H_1 = uH_z u^{-1}$

Si on suppose seulement donné l'idéal premier $\mathfrak{p}$, ou, ce qui revient au même, la valuation induite par v sur k, alors, comme on a vu, Γ_z, Γ_f, Γ_t, Φ sont déterminés seulement à un automorphisme intérieur près de $G'_{K,k}$; il s'ensuit qu'alors H_z, H_t, F sont déterminés seulement à un automorphisme intérieur près de $G_{K,k}$; leurs transformés par un tel automorphisme seront dits un groupe de décomposition, un groupe d'inertie, et une classe de Frobenius de $\mathfrak{p}$ dans $G_{K,k}$. De même, si $\mathfrak{P}$ est donné, c'est-à-dire si v est donnée sur K seulement, H_z, H_t et F sont déterminés à un automorphisme intérieur près de $G_{K,k}$ laissant $\mathfrak{P}$ invariant, c'est-à-dire de la forme $x \to uxu^{-1}$ avec $u \in G_{K,K_z}$.

Avec les mêmes notations, soit de plus $\mathfrak{g}'$ un sous-groupe de $\mathfrak{g}(K/k)$, et soit k' le sous-corps correspondant de K. Comme, d'après ce qui précède, le groupe $H'_z = H_z \cap G_{K,k'}$ a pour image dans $G'_{K,k'}$ le groupe $\Gamma_f \cap G'_{K,k'}$, qui est le sour-groupe de $G'_{K,k'}$ défini comme Γ_f l'est dans $G'_{K,k}$, et qu'on a $H'_z \cap C_K = V$, H'_z est un groupe de décomposition de v dans $G_{K,k'}$. Soit $\mathfrak{p}'$ l'idéal premier de k' associé à la valuation induite par v sur k' ; et soit $N_{k'/k}(\mathfrak{p}') = \mathfrak{p}^f$. Comme on a vu que la classe de Frobenius de v dans $G'_{K,k'}$ est $\Phi^f \cap G'_{K,k'}$, et qu'on a $\Phi^m \cap G'_{K,k'} = \phi$ pour $m \not\equiv 0$ mod. f, il s'ensuit, par la correspondance biunivoque entre H'_z et son image dans $G'_{K,k'}$, que la classe de Frobenius de v dans H'_z est donnée par $F' = F^f \cap G_{K,k'}$ et qu'on a $F^m \cap G_{K,k'} = \phi$ pour $m \not\equiv 0$ mod. f; il s'ensuit que $F'^n = F^{nf} \cap G_{K,k'}$, et en particulier, pour $n=0$, que $H'_t = H_t \cap G_{K,k'}$ est le groupe d'inertie de v dans H'_z. En particulier, si $k' = K$, on a $H'_z = V$, $H'_t = V_0$, $F' = pV_0$.

Soit maintenant W l'image dans C_k du groupe des idèles de I_k dont toutes les composantes ont la valeur 1 à l'exception au plus de celle relative à la valuation induite par v sur k; W est le groupe de décomposition, dans C_k, de la valuation w induite par v sur A_k. Soit t le transfert de $G_{K,k}$ dans C_K; on a $t(V) = N(V) \subset W$; et, pour $\alpha \in \mathfrak{g}_z$, la formule (N) du § IV donne $t(s_\alpha) = N_{K_z/k}(\prod_{\beta \in \mathfrak{g}_z} a_{\alpha,\beta}) \in W$; on a donc $t(H_z) \subset W$. Les résultats qui précèdent, ainsi que l'application de la propriété (A) à $G'_{K,k}$, montrent d'ailleurs que l'image de $t(F)$ dans C'_k est la classe de Frobenius de w dans $C'_k = G'_k$, et que par suite l'image de $t(H_z)$ dans C'_k est le groupe engendré par cette classe, c'est-à-dire l'image de W dans C'_k. On en conclut immédiatement que $t(H_z) = W$, et que $t(H_t)$ et $t(F)$ sont respectivement le groupe d'inertie et la classe de Frobenius de w dans C_k.

Soit de plus K' une extension de K de degré fini, galoisienne sur k; au moyen de (C), identifions $G_{K,k}$ avec $G_{K',k}/G^c_{K',K}$. Soit $\bar{v}$ une valuation de $A_{K'}$, prolongeant la valuation v de A_K; soit $\bar{H}_z$ un groupe de décomposition de $\bar{v}$ dans $G_{K',k}$, et soient $\bar{H}_t$ et $\bar{F}$ le groupe d'inertie et la classe de Frobenius de $\bar{v}$ dans $\bar{H}_z$. On va montrer que les images de $\bar{H}_z$, $\bar{H}_t$, $\bar{F}$ dans $G_{K,k}$, par l'homomorphisme canonique de $G_{K',k}$ sur $G_{K,k} = G_{K',k}/G^c_{K',K}$, sont respectivement un groupe de décomposition de v dans $G_{K,k}$, et le groupe d'inertie et la classe de Frobenius correspondants. En effet, d'après ce que nous savons déjà, les images de ces images dans $G'_{K,k}$ sont les groupes Γ_z, Γ_t et la classe Φ ; d'autre part, d'après ce qu'on a démontré plus haut, $\bar{H}_z \cap G_{K',K}$ est un groupe de décomposition de $\bar{v}$ dans $G_{K',K}$, et par suite son image dans $C_K = G_{K',K}/G^c_{K',K}$, au moyen du transfert de $G_{K',K}$ dans $C_{K'}$, est V. Cela suffit, comme nous savons, pour démontrer notre assertion au sujet de l'image de $\bar{H}_z$ dans $G_{K,k}$; le reste s'ensuit immédiatement.

Par un caractère de $G_{K,k}$, on entendra la trace d'une représentation irréductible de $G_{K,k}$ par des matrices unitaires ; comme $G_{K,k}$ est produit direct d'un gronpe isomorphe à R et du groupe compact $G^0_{K,k}$, l'étude des caractères de $G_{K,k}$ se ramène à celle des caractères de $G^0_{K,k}$. Soit φ une fonction continue sur $G_{K,k}$, à valeurs numériques complexes, invariante par les automorphismes intérieurs de $G_{K,k}$; ce pourra être par exemple un caractère de $G_{K,k}$, ou une combinaison linéaire de tels caractères. Pour chaque idéal premier $\mathfrak{p}$ de k, choisissons une classe de Frobenius $F_\mathfrak{p}$ de $\mathfrak{p}$ dans $G_{K,k}$; si $H_\mathfrak{p}$ est le groupe d'inertie correspondant, $F_\mathfrak{p}$ est une classe suivant $H_\mathfrak{p}$ dans $G_{K,k}$, et il en est de même de $F_\mathfrak{p}^n$ quel que soit l'entier n. Comme $H_\mathfrak{p}$ est un sous-groupe compact de $G_{K,k}$, on peut définir sur $H_\mathfrak{p}$, d'une manière unique, la valeur moyenne des fonctions continues sur $H_\mathfrak{p}$ de façon que cette moyenne soit invariante par translation (ce sera l'intégrale prise au moyen de la mesure de Haar sur $H_\mathfrak{p}$, normée de telle sorte que l'intégrale de la constante 1 soit 1) ; et on peut transporter, par translation, cette notion de moyenne à toute classe suivant $H_\mathfrak{p}$ dans $G_{K,k}$, donc en particulier aux classes $F_\mathfrak{p}^n$. Dans ces conditions, soit $M(\varphi, \mathfrak{p}^n)$ la moyenne de φ sur $F_\mathfrak{p}^n$; tout autre choix de $F_\mathfrak{p}$ reviendrait à transformer $H_\mathfrak{p}$, $F_\mathfrak{p}$, $F_\mathfrak{p}^n$ par un automorphisme intérieur de $G_{K,k}$, donc ne changerait pas $M(\varphi, \mathfrak{p}^n)$ puisque φ est invariante par un tel automorphisme. Nous définirons alors une fonction $L(s, \varphi\,;\, K/k)$ par la formule

$$\log L(s, \varphi\,;\, K/k) = \sum_{\mathfrak{p},n} \frac{M(\varphi, \mathfrak{p}^n)}{n(N\mathfrak{p})^{ns}},$$

où l'on a posé $N\mathfrak{p} = N_{k/Q}(\mathfrak{p})$, et où la somme est étendue à tous les idéaux premiers $\mathfrak{p}$ de k, et à tous les entiers $n>0$.

Il est clair que $\log L(s, \varphi\,;\, K/k)$ dépend linéairement de φ. Si K' est une extension de K de degré fini, galoisienne sur k, soit φ' la composée de φ et de l'homomorphisme de $G_{K',k}$ sur $G_{K,k}$, défini en vertu de (C) ;

en particulier, si φ est un caractère de $G_{K,k}$, φ' en sera un de $G_{K',k}$. On a vu que l'image dans $G_{K,k}$ d'une classe de Frobenius de $\mathfrak{p}$ dans $G_{K',k}$ est une classe de Frobenius de $\mathfrak{p}$ dans $G_{K,k}$. On en conclut aussitôt qu'on a, dans ces conditions :

$$L(s, \varphi' ; K'/k)=L(s, \varphi ; K/k).$$

D'autre part, soit k' un corps intermédiaire entre k et K ; soit χ un caractère de $G_{K,k'}$, soit ψ la trace de la représentation imprimitive de $G_{K,k}$ (irréductible ou non) qui est " induite " par la représentation de $G_{K,k'}$ de trace χ. Si on tient compte des résultats démontrés plus haut, on trouve, au moyen d'un calcul tout à fait analogue à celui d'Artin ([1a]), et qui n'offre pas de difficulté :

$$L(s, \psi ; K/k)=L(s, \chi ; K/k').$$

Bien entendu, si $K=k$, et si χ est un caractère de C_k, $L(s, \chi ; k/k)$ n'est autre qu'une fonction L de Hecke (" mit Grössencharakteren ") attachée au corps k ; si χ est la constante 1, c'est la fonction zêta de k ; sinon, c'est une fonction entière satisfaisant à l'équation fonctionnelle établie par Hecke ([8]). D'autre part, si la représentation de $G_{K,k}$ de caractère χ a un noyau contenant D_K, χ peut être considéré comme un caractère de $G'_{K,k}$, et $L(s, \chi ; K/k)$ est l'une des séries L " non abéliennes " introduites et étudiées dar Artin ([1a], [1c]).

Il n'y a alors qu'à suivre Artin pas à pas pour obtenir toute la théorie des fonctions $L(s, \chi ; K/k)$ attachées aux caractères de groupes $G_{K,k}$. Le seul raisonnement dont l'extension n'est pas immédiate est la démonstration donnée par Artin du caractère algébroïde de ses fonctions. Mais nous allons même démontrer, au moyen du théorème de Brauer ([4]), que les fonctions $L(s, \chi ; K/k)$ sont méromorphes. D'après ce qui précède, il suffit de considérer les fonctions $L(s, \chi ; K/k)$ attachées aux caractères des représentations irréductibles primitives de $G_{K,k}$. Soit M une telle représentation, de degré r, de caractère χ ; un raisonnement classique (cf. [12], th. 168, p. 192) montre que M doit alors induire sur C_K une représentation de C_K de la forme $\omega(x)\cdot 1_r$, où 1_r désigne la matrice unité à r lignes et r colonnes, et où ω est un caractère de C_K invariant par les automorphismes de $\mathfrak{g}(K/k)$. Soient s_α des représentants dans $G_{K,k}$ des éléments de $\mathfrak{g}(K/k)$, et soit $a_{\alpha,\beta}=s_{\alpha\beta}^{-1}s_\alpha s_\beta$; alors les $\omega(a_{\alpha,\beta})$ forment un système de facteurs de $\mathfrak{g}(K/k)$ dans le groupe multiplicatif γ des nombres complexes de valeur absolue 1, $\mathfrak{g}(K/k)$ opérant trivialement sur γ(c'est-à-dire que tout élément de $\mathfrak{g}(K/k)$ y induit l'automorphisme identique). Soit γ_0 le sous-groupe de γ formé des racines n-ièmes de l'unité, où $n=[K:k]$; on sait que tout système de facteurs de $\mathfrak{g}(K/k)$ dans γ est équivalent à un système de facteurs de $\mathfrak{g}(K/k)$ dans γ_0, et on peut donc écrire $\omega(a_{\alpha,\beta})=\eta_{\alpha\beta}^{-1}\eta_\alpha\eta_\beta\zeta_{\alpha,\beta}$, où $\eta_\alpha\in\gamma$ et $\zeta_{\alpha,\beta}\in\gamma_0$ quels que soient α, β. Alors le sytème de facteurs $\zeta_{\alpha,\beta}$ définit une extension E de γ_0 par $\mathfrak{g}(K/k)$, qui est un groupe fini d'ordre n^2 dont le centre contient γ_0. Soient t_α des représentants dans E des éléments de $\mathfrak{g}(K/k)$; soit ω_0 l'automorphisme identique de γ_0, qu'on peut considérer comme un caractère de γ_0. Alors il y a une correspondance biunivoque entre les représentations N de degré s de $G_{K,k}$, induisant sur C_K la représentation $\omega(x)\cdot 1_s$, et les représentations N_0 de degré s de E, induisant sur γ_0 la représentation $\omega_0(\xi)\cdot 1_s$, correspondance déterminée par la formule $N(s_\alpha)=\eta_\alpha N_0(t_\alpha)$; si N est irréductible, il en est de même de N_0, et réciproquement. Soit en particulier M_0 la représentation de degré r de E qui correspond ainsi à M, et soit χ_0 son caractère.

D'autre part, si λ est une représentation de degré 1 d'un sous-groupe g de E, il est facile de vérifier que la représentation monomiale de $g\gamma_0$, induite par λ, est réductible et somme directe de représentations de degré 1 de $g\gamma_0$; et par suite la représentation monomiale de E, induite par λ, est somme directe de représentations monomiales induites par des représentations de degré 1 de $g\gamma_0$. D'après le théorème de Brauer, on peut écrire le caractère χ_0 de M_0 comme combinaison linéaire $\sum_i a_i\psi_i$, à coefficients entiers, de caractères ψ_i de représentations monomiales induites par des représentations λ_i de degré 1 de sous-groupes g_i de E ; d'après ce qu'on vient de dire, on a le droit de supposer de plus que chacun des g_i contient γ_0. On a alors, quels que soient $x\in E$ et $\xi\in\gamma_0$, $\chi_0(x\xi)=\chi_0(x)\omega_0(\xi)$ et $\psi_i(x\xi)=\psi_i(x)\lambda_i(\xi)$, d'où $\chi_0(x)=\sum_i a_i\psi_i(x)\lambda_i(\xi)\omega_0(\xi^{-1})$; en vertu de l'indépendance linéaire des caractères de γ_0, cette relation subsiste si on ne conserve au second membre que les termes pour lesquels $\lambda_i(\xi)=\omega_0(\xi)$. Autrement dit, on a le droit de supposer de plus que chacun des λ_i coïncide avec ω_0 sur γ_0. Cela étant, soit $\mathfrak{g}_i$ l'image de g_i dans $\mathfrak{g}(K/k)=E/\gamma_0$; soit k_i le sous-corps de K correspondant à $\mathfrak{g}_i$. A la représentation monomiale de caractère ψ_i, qui induit sur γ_0 la représentation $\omega_0(\xi)\cdot 1_s$ avec $s=[G:g_i]$, correspond, comme il a été expliqué, une représentation de $G_{K,k}$, induisant

$\omega(x)\cdot 1_s$ sur C_K; il est immédiat que cette représentation sera, elle aussi, monomiale, et induite par une representation θ_i de degré 1 de G_{K,k_i}; si φ_i en est le caractère, on aura $\chi=\sum_i a_i\varphi_i$, et par suite :

$$L(s, \chi ; K/k)=\prod_i L(s, \varphi_i ; K/k)^{a_i}=\prod L(s, \theta_i ; K/k_i)^{a_i}.$$

Comme les $L(s, \theta_i ; K/k_i)$ sont des fonctions de Hecke, cela achève la démonstration.

Bien entendu, il y a lieu de conjecturer, comme le fait Artin au sujet de ses fonctions L non abéliennes, que les fonctions L introduites ici sont des fonctions entières. Mais, comme la démonstration des conjectures analogues dans les corps de fonctions l'a fait apparaître nettement, la conjecture d'Artin est étroitement liée à l'hypothèse de Riemann ; c'est assez dire qu'elle dépasse les moyens de démonstration dont nous disposons à ce jour.

Bibliographie.

1. E. Artin: (a) *Über eine neue Art von* L-*Reihen*, Hamb. Abh. 3 (1923), p. 89; (b) *Idealklassen in Oberkörpern und allgemeines Reziprozitätsgesetz*, ibid. 7 (1930), p. 46; (c) *Zur Theorie der* L-*Reihen mit allgemeinen Gruppencharakteren*, ibid. 8 (1931), p. 292.

2. E. Artin and G. Whaples, *Axiomatic characterization of fields by the product formula for valuations*, Bull. Am. Math. Soc. 51 (1945), p. 469.

3. N. Bourbaki, *Algèbre*, Chap. IV-V, Hermann et Cie, Paris 1950.

4. R. Brauer, *On Artin's* L-*series with general group characters*, Ann. of Math. 48 (1947), p. 502.

5. C. Chevalley: (a) :*Généralisation de la théorie du corps de classes pour les extensions in finies*, J. de Liouville (IX) 15 (1936), p. 359; (b) *La théorie du corps de classes*, Ann. of Math. 41 (1940), p. 394; (c) *Deux théorèmes d'arithmétique*, ce vol. p. 36.

6. S. Eilenberg and S. MacLane, *Cohomology theory in abstract groups* I, Ann. of Math. 48 (1947), p. 51.

7. Ph. Furtwängler, *Beweis des Hauptidealsatzes*, Hamb. Abh. 7 (1930), p. 14.

8. E. Hecke, *Eine neue Art von Zetafunktionen und ihre Beziehungen zur Verteilung der Primzahlen*, Math. Zeitschr. 1 (1918), p. 357 und 6 (1919), p. 11.

9. S. Iyanaga, *Zum Beweis des Hauptidealsatzes*, Hamb. Abh. 10 (1934), p. 349.

10 (a). T. Nakayama, *Idèle-class factor-sets and class-field theory*, paraîtra dans Ann. of Math., (b) G. Hochschild and T. Nakayama, *Cohmology in class-field theory*, *ibid.*

11. F. K. Schmidt, *Zur Klassenkörpertheorie im Kleinen*, Crelles J. 162 (1930), p. 155.

12. A. Speiser, *Die Theorie der Gruppen von endlicher Ordnung*, 2te Aufl., J. Springer, Berlin 1927.

13. A. Weil, *L'intégration dans les groupes topologiques et ses applications*, Hermann et Cie, 2e éd., Paris 1951.

14. H. Zassenhaus, *Lehrbuch der Gruppentheorie* I, Teubner, Leipzig-Berlin 1937.

Commentaire

N.B. Dans ce commentaire, une référence telle que [1938a] renvoie à l'article du texte portant cet indicatif (cf. Table des Matières); [1938a]* renvoie au commentaire de l'article en question.

[1926] Sur les surfaces à courbure négative

Cette note fut suggérée par un exposé entendu au séminaire d'Hadamard au Collège de France; je suis heureux de trouver là une occasion, ou du moins un prétexte, pour dire quelques mots de ce séminaire auquel je dois une si grande part de ma formation mathématique.

Quand j'étais normalien, et bien des années après, il n'y avait pas d'autre "séminaire" à Paris, en mathématique du moins, que celui d'Hadamard au Collège de France, intitulé simplement, je crois, "Analyse de mémoires," et consacré en principe, mais sans exclusivité, aux publications récentes. Les exposés étaient répartis en début d'année par Hadamard qui pour cela réunissait ses collaborateurs chez lui, dans le bureau-bibliothèque de sa maison rue Jean-Dolent. Le choix des sujets était des plus éclectiques, le désir d'Hadamard étant que son séminaire offrît un panorama le plus étendu possible des mathématiques contemporaines. Aux séances du séminaire, qui en ce temps étaient hebdomadaires, c'était pour Hadamard qu'on parlait; il comprenait tout, pourvu que ce fût bien expliqué. Au besoin il intervenait pour réclamer des éclaircissements, souvent aussi pour en fournir lui-même à l'auditoire. Quiconque faisait l'exposé, jeune débutant ou mathématicien chevronné, était traité en égal; jamais Hadamard ne semblait conscient de sa supériorité; mais il arrivait souvent qu'il y eût plus à apprendre de ses commentaires que de l'exposé même. Je n'ai rencontré nulle part ailleurs l'équivalent de cette institution qui a joué un si grand rôle dans mon éducation mathématique, et, je pense, dans celle de mes contemporains.

Parmi les collaborateurs d'Hadamard, l'un des plus fidèles était Paul Lévy qui avait été son élève. Je crois bien que ce fut lui qui se chargea de rendre compte du travail de Carleman sur l'inégalité isopérimétrique sur les surfaces minima. Il y avait là matière à un exercice, auquel la haute réputation de Carleman semblait donner quelque lustre; peut-être Hadamard le suggéra-t-il lui-même. J'étais normalien, et tout plein de la lecture de Riemann, de Klein, de Poincaré; je ne tardai guère à soumettre mes remarques à Hadamard. Toujours bienveillant, il voulut m'encourager en me proposant de les publier. Je ne m'y résolus pourtant qu'à Rome en 1926, quand des maîtres bien intentionnés me conseillèrent, en vue de l'obtention de quelque bourse, de manifester mon existence par une publication. J'avais, ou je croyais avoir, des idées sur d'autres sujets, mais rien qui n'eût encore grand besoin de mûrir; je me rabattis sur Carleman, d'où la note ci-dessus.

[1927a-b] Sur les espaces fonctionnels; Sul calcolo funzionale lineare

"La théorie générale des espaces vectoriels topologiques," dit une Note Historique de Bourbaki (Livre V, Chap. V), "a été fondée dans la période qui va de 1920 à

1930 environ." Il était donc naturel à un débutant de tourner son attention de ce côté, et cela d'autant plus, en ce qui me concernait, que j'avais été soumis à l'influence d'Hadamard, qui de longue date s'intéressait à ce genre de question, y avait apporté lui-même sa contribution, et avait orienté dans ce sens Fréchet, puis Gâteaux et Paul Lévy. Aussi, partant pour Rome à l'automne de 1925, portais-je mes regards, vers les musées d'Italie assurément, mais aussi du côté de Volterra plutôt que vers les grands ténors de la géométrie algébrique italienne, dont néanmoins je ne manquai pas d'entendre les leçons, sans guère en tirer de profit immédiat.

Quant à Volterra, je ne puis rappeler ici sans émotion la "cara e buona imagine paterna" de cet homme si éminent à tous égards et qui fit tant pour m'encourager à mes débuts; à quoi s'ajouta l'amitié toute fraternelle qui bientôt me lia à son fils Edoardo, non moins illustre aujourd'hui que son père le fut autrefois.

L'œuvre de Vito Volterra est peu étudiée à présent. Les travaux dont il était le plus fier, les idées auxquelles il attachait le plus de prix ont subi une éclipse dont l'évolution naturelle des mathématiques n'est pas la seule cause. En fait, la pente de son esprit l'a porté constamment à soulever des questions et à mettre en circulation des points de vue qui dépassaient de bien loin en importance les résultats concrets de ses recherches. La notion de fonctionnelle, celle de produit de composition, se sont révélées infiniment plus fécondes que l'usage qu'il en a fait lui-même. Si neuve et originale qu'ait été son idée d'entreprendre une étude générale des équations intégrales, elle s'est trouvée rejetée dans l'ombre par la découverte de Fredholm, suivie bientôt à son tour par celles de Hilbert et de E. Schmidt. On peut en dire autant du rôle de précurseur qu'a joué Volterra vis-à-vis des travaux de Hodge et de ses disciples, rôle auquel Hodge a rendu hommage dans ses premières publications, mais qui semble oublié aujourd'hui. J'aurai plusieurs fois à revenir sur ce sujet (*cf.* [1934b,c]*, [1947b]*, [1952e]*, [1958a]*). Mais, lors de ce premier séjour à Rome, l'affection dont Volterra me donna tant de signes, et la patience attentive qu'il mit toujours à écouter mes rêveries mathématiques les plus informes, me firent concevoir l'ambition de rénover son bien-aimé "calcul fonctionnel." Son élève Fantappié, que je voyais fréquemment, cherchait cette rénovation du côté des fonctionnelles dites par lui analytiques; je prétendais y parvenir en introduisant dans le calcul fonctionnel les principes de la classification de Baire, à laquelle la lecture des livres de la "*Collection Borel*" m'avait conduit à attacher une importance bien exagérée. Je désirais tout particulièrement éclairer d'un jour nouveau le problème des équations intégrales dites alors "de première espèce," c'est-à-dire de la forme $\int K(x, y)\varphi(y)dy = f(x)$, en l'élargissant au delà du cadre de l'espace de Hilbert.

La suite a montré que je faisais fausse route, et il n'est guère étonnant que Courant, après m'avoir entendu patiemment, lui aussi, lorsque j'arrivai à Göttingen l'année suivante, ait confié à son entourage que je serais "unproduktiv". Je ne crois pas néanmoins que ces réflexions, auxquelles il me semble avoir consacré beaucoup de temps, m'aient été tout à fait inutiles, si peu qu'elles aient contribué à ma "productivité"; de ce dernier point de vue, il n'en est sorti que mes deux notes de 1927, et quelques démonstrations communiquées à Delsarte, qui en a fait état (pp. 5 et 15) dans son fascicule de 1932 au *Mémorial des Sciences Mathématiques*.

Quel est du reste le mathématicien digne de ce nom qui ne s'est jamais engagé dans une impasse, et à qui cela n'est même arrivé plus d'une fois?

[1927c, 1928] L'arithmétique sur les courbes algébriques

Jeune normalien, j'avais étudié Riemann, puis Fermat; je m'étais tôt persuadé que la fréquentation assidue des grands mathématiciens du passé est une source d'inspiration non moins féconde que la lecture des auteurs à la mode du jour. Il n'est donc pas étonnant qu'il me soit venu, comme à tant d'autres, l'ambition d'apporter ma contribution à l'étude des équations diophantiennes en général, et de celle de Fermat en particulier; mais il y fallait, pensais-je, un point de vue nouveau, qui ne pouvait être que celui de l'invariance birationnelle. Avais-je dès lors connaissance du mémoire de Hilbert et Hurwitz, et de celui de Poincaré, qui sont cités dans ma thèse? Je ne sais; la même idée a bien pu aussi m'être suggérée par la lecture de Riemann et par celle des cours polycopiés de Klein qui en forment en quelque sorte le commentaire; fort heureusement pour moi, la bibliothèque de l'Ecole Normale en contenait une collection bien complète.

Mes premiers essais sur ce sujet remontent à un séjour que je fis en Haute Maurienne pendant l'été de 1925. Dois-je penser que l'air des hauteurs me fut d'une inspiration salutaire? Je m'aperçus que les méthodes de Fermat et de ses successeurs reposent avant tout sur une observation très simple; c'est que, si l'on a par exemple $z^n = P(x, y)Q(x, y)$ en nombres entiers x, y, z premiers entre eux, où P, Q sont des polynomes algébriquement premiers entre eux, à coefficients entiers, homogènes de degrés respectifs p, $n - p$, alors $P(x, y)$ et $Q(x, y)$ sont "presque" des puissances n-ièmes exactes; cela veut dire qu'ils le sont, à des facteurs près susceptibles d'un nombre fini de valeurs seulement. Dans toute "descente infinie" à la manière de Fermat, le pas décisif consiste chaque fois en une application de ce principe. Je voulus le traduire en un langage birationnellement invariant, et n'y trouvai pas de difficulté, tout au moins dans les cas particuliers que j'examinai d'abord. J'était déjà tout près de ma note de 1927 et du premier chapitre de ma thèse.

A Rome, je m'étais tourné, comme j'ai dit, vers des réflexions d'un tout autre genre; quant aux conférences d'Enriques et de Severi, elles portaient sur la théorie des surfaces algébriques. Pour me ramener à l'arithmétique, il fallut la visite à Rome d'une mathématicienne de Chicago, auteur d'un "paper" sur les cubiques, paru aux *Trans. Am. Math. Soc.* de 1925; elle en distribua des tirés à part. Il s'y trouvait une bibliographie courte mais judicieuse, où figurait le mémoire de Mordell de 1922, aujourd'hui célèbre; je le lus aussitôt, et reconnus sans peine, dans la descente infinie telle que la pratiquait Mordell, une application du principe même dont je m'étais aperçu l'été précédent.

C'est surtout à Berlin, il me semble, au début de 1927, que je repris ces recherches; je crois que j'y mis au point, en ce qui concerne les courbes algébriques, le "théorème de décomposition" énoncé dans ma note [1927c], et qui, étendu aux variétés, fait l'objet du premier chapitre de ma thèse. Au printemps, de retour à Göttingen où j'avais déjà passé l'automne de 1926, je revins au travail de Mordell et aperçus assez soudainement la possibilité de transporter sa méthode aux courbes de genre quelconque.

A Göttingen, j'essayai, sans grand succès, d'intéresser à ces idées Emmy Noether et le petit cercle d'algébristes groupé autour d'elle. Mais Siegel, dont je fis alors la connaissance à Francfort et avec qui je me liai d'une amitié toujours vivace, en reconnut aussitôt la portée, et ses encouragements me furent précieux. Il ne me dit pas alors qu'au moyen du théorème de Mordell il avait déjà démontré que les points entiers sur une courbe de genre 1 sont en nombre fini; mais, dès que je fus en mesure de lui communiquer mon travail l'année suivante, il étendit son résultat aux courbes de genre quelconque; c'est de quoi il est fait mention à la fin de ma thèse, quoique Siegel n'y soit pas nommé.

Il me fallut plus d'un an pour mettre ces idées au point et les rédiger; ce fut ma thèse de doctorat. Il m'en aurait fallu plus, et elle se serait étendue sur plus de 35 pages, si j'avais été aussi exigeant, quant à la rigueur des raisonnements, que je le devins par la suite. Mon jury de thèse ne se montra pas plus difficile à cet égard; la tradition française, dont Emile Picard restait le plus illustre représentant, n'allait pas à réclamer une entière précision. Sur bien des points, particulièrement dans mon second chapitre, je crus pouvoir me borner à une esquisse, assurément trop sommaire, dont je me dispensai de justifier tous les détails. La suite a fait voir que le fond en était solide. La seule lacune sérieuse que j'y trouve à présent est celle qui justement est introduite, page 31, par les mots "il est aisé de combler cette lacune." Il me semble que j'aurais pu la combler, même avec les seuls moyens dont je disposais en ce temps; mais l'argument que je proposais pour cela était tout à fait inadéquat. On trouvera un exposé moderne de la question, basé sur la théorie des "hauteurs" (cf. [1951a]), dans l'article de Lang et Néron (*Am. J. of Math.* 1959).

Une autre circonstance faillit me retarder beaucoup. Mon ambition avait été de prouver aussi que, sur une courbe de genre >1, les points rationnels sont en nombre fini; c'est la "conjecture de Mordell". Je le dis à Hadamard. "Travaillez-y encore," me dit-il; "vous vous devez de ne pas publier un demi-résultat." Après quelques nouvelles tentatives, je décidai de ne pas suivre son conseil.

Tout cela n'a qu'un intérêt anecdotique. Mais il ne sera pas superflu de mentionner que Severi, lorsque je lui expliquai le résultat final de ma thèse au cours des années suivantes, me dit aussitôt: "C'est la même chose que mon théorème de la base pour les courbes sur une surface." Je regrette de n'avoir pas cherché à savoir d'où avait jailli chez lui cet éclair d'intuition; peut-être n'aurait-il pu le dire lui-même. Je n'étais pas capable alors d'y voir plus qu'une analogie toute superficielle. Severi avait raison; mais plus de vingt ans s'écoulèrent ensuite avant que Néron le prouvât en 1951 dans sa thèse en donnant du théorème de Severi, ou plutôt de l'énoncé plus général connu aujourd'hui sous le nom de "théorème de Néron-Severi", une démonstration par descente infinie inspirée des mêmes idées que la mienne (cf. l'article de Lang et Néron cité plus haut).

Par la suite, je devais revenir mainte fois aux questions que j'avais abordées ou même seulement effleurées dans ma thèse; cf. en particulier [1935b], [1948b], [1951a], [1954g], ainsi que les commentaires à ces travaux. On notera aussi que, dans ma conclusion (page 34), je posais déjà assez nettement la question du passage à la limite sur le corps de base, ou autrement dit, en langage moderne, la question de la structure du groupe des points algébriques de la jacobienne en tant que module de représentation du groupe de Galois de $\overline{\mathbf{Q}}$ sur le corps de base. C'est là une question qu'on a à peine commencé à aborder de nos jours.

[1929] Sur un théorème de Mordell

Une fois ma thèse achevée, j'observai que la méthode suivie permettait de mieux comprendre le travail de Mordell sur les courbes elliptiques et d'en donner un exposé simplifié; je crus qu'un tel exposé pourrait donner quelque idée de mon travail à ceux à qui ma thèse semblerait d'un accès difficile. Il me tenait à cœur aussi d'examiner si ma démonstration pouvait servir de point de départ à une méthode de résolution effective; même en se bornant au genre 1, il se trouva que ce n'était pas le cas. Tout se ramènerait à obtenir un algorithme permettant de déceler si une équation $y^2 = P(x)$, où P est un polynome de degré 4, possède une solution en nombres rationnels, et, dans l'affirmative, d'en déterminer une. Mais il est concevable qu'il n'existe pas de tel algorithme. Peut-être aussi en existe-t-il un quand P est de degré 4, mais non quand le degré de P reste indéterminé. Il est à souhaiter que les progrès de la logique mathématique permettent un jour d'aborder utilement ces questions.

[1932a] On systems of curves on a ring-shaped surface

Hadamard, dans son séminaire, avait coutume d'attirer l'attention sur "l'hypothèse ergodique" (ou "quasi-ergodique", comme on disait aussi en ce temps), en se référant, non seulement à l'œuvre de Poincaré pour laquelle il avait à juste titre une admiration sans bornes, mais aussi à celle des physiciens, Maxwell, Boltzmann et autres, qui avaient fondé sur cette "hypothèse" leurs exposés de théorie cinétique des gaz et de mécanique statistique. C'est dire que tous les auditeurs du séminaire avaient pleine conscience de l'importance du problème tel qu'il se posait à cette époque. Depuis mes visites à Francfort, je savais aussi que Siegel avait consacré beaucoup d'efforts à la mécanique céleste, bien qu'il n'eût encore rien publié sur ce sujet.

D'autre part Elie Cartan, dont j'avais commencé à étudier les écrits, avait bien mis en valeur, dans ses *Invariants Intégraux*, le fait qu'un système hamiltonien possède un volume invariant; ce fait jouait aussi un rôle essentiel dans la démonstration par Poincaré du théorème dit "de retour infini." De là à conclure qu'un tel système définit un groupe à un paramètre de transformations unitaires dans l'espace L^2 défini par ce volume, il n'y a qu'un pas à franchir, si aisé qu'aujourd'hui nous n'en prenons même plus conscience. Je crois me souvenir cependant que cette observation parut encore neuve à von Neumann quand je la lui communiquai en 1931; justement ses travaux venaient d'attirer l'attention sur la théorie des opérateurs hermitiens, bornés ou non, dans les espaces de Hilbert, opérateurs qui ne sont autres que les transformations infinitésimales des groupes unitaires à un paramètre dans ces mêmes espaces. Je cherchai à exploiter cette idée, mais j'en fus quelque peu découragé par Elie Cartan, qui ne crut pas qu'elle pût être d'aucune utilité en mécanique céleste. A vrai dire, il faut, pour aboutir par cette voie à des résultats concrets, non seulement que le système étudié ait un volume total V fini, mais surtout qu'il n'admette pas de partie mesurable invariante de volume >0 et $<V$, ce qui en général n'est pas plus facile à vérifier que l'hypothèse ergodique elle-même. Néanmoins, la même observation, faite indépendamment par Koopman, allait aboutir bientôt aux travaux de von Neumann sur la théorie ergodique, et surtout au beau théorème ergodique de G. D. Birkhoff. Comme il est bien connu, cette théorie a reçu par la suite un grand développement.

Plutôt que de persister dans cette voie, je préférai, une fois arrivé dans l'Inde au début de 1930 (cf. [1936c] et [1954b]*), revenir à Poincaré et à son célèbre travail sur les "caractéristiques du tore", que j'espérais améliorer en vue d'une généralisation aux tores de dimension >2. C'était là un problème trop difficile pour moi (sur les succès obtenus dernièrement à ce sujet, cf. J. Moser, *Ann. of Math. Studies* no. 77, 1973). Même pour le cas traité par Poincaré, je cherchai sans succès des critères permettant de distinguer entre les deux cas possibles lorsqu'il n'y a pas de trajectoire fermée, à savoir celui où les trajectoires sont partout denses et celui où elles s'accumulent au voisinage d'un ensemble parfait non dense; c'est le problème que Denjoy allait résoudre brillamment en 1932. Du moins j'obtins une démonstration simple et naturelle du théorème de Poincaré sur le "nombre de rotation". A ce moment j'étais encore en Inde, professeur à l'Université musulmane d'Aligarh (poste qui m'avait été procuré par Sylvain Lévi, le célèbre indianiste, dont j'avais suivi les cours au Collège de France). Sollicité de donner un travail au journal de la Société Mathématique Indienne, j'en profitai pour publier la démonstration en question.

[1932b] Sur les séries de polynomes de deux variables complexes

C'est encore à cause d'Hadamard que j'avais commencé à m'intéresser aux fonctions de plusieurs variables complexes, dès avant mon entrée à l'Ecole Normale en 1922; inspiré par son célèbre théorème (qui en fait remonte à Cauchy) sur le rayon de convergence d'une série de Taylor, je l'avais étendu aux séries à plusieurs variables, dont en effet il n'est pas difficile de déterminer le domaine de convergence comme enveloppe convexe d'une famille d'hyperplans dans un espace convenable. J'étais encore assez jeune pour me sentir encouragé par ce modeste succès; une fois entré à l'Ecole, je cherchai à approfondir mes connaissances sur les fonctions de plusieurs variables complexes. C'est ainsi que je découvris les beaux travaux de Hartogs, puis ceux de E. E. Levi; ils étaient alors fort peu connus en France; sur ce sujet, je proposai à Hadamard un exposé pour son séminaire, et il l'accepta volontiers. Je devais rencontrer Hartogs à Munich en 1927; c'était un homme des plus modestes, d'allure assez effacée, et cette rencontre n'ajouta rien à ce que j'avais appris par la lecture de ses travaux.

Avant de partir en Inde, j'eus une longue conversation sur les fonctions de plusieurs variables complexes avec Henri Cartan, qui, je crois, ne connaissait guère encore l'œuvre de Hartogs. Dans l'Inde, je repris ce thème de réflexion. La tradition française faisait entièrement reposer la théorie des fonctions d'une variable complexe sur l'intégrale de Cauchy; j'étais donc excusable de penser qu'une extension judicieuse de celle-ci aux fonctions de plusieurs variables aurait une importance comparable. D'autre part mes contacts avec Volterra et son calcul fonctionnel (cf. [1927a,b]) suggéraient naturellement de considérer toute valeur d'une fonction holomorphe dans un domaine, et tout particulièrement dans un "domaine d'holomorphie," comme "fonctionnelle" de ses valeurs sur la frontière. Mais l'exemple du polycylindre fait voir que, s'agissant d'une fonction de n variables, ses valeurs dans le domaine s'expriment au moyen de celles qu'elle prend sur une partie de la frontière de dimension réelle n, plutôt que sur toute la frontière qui est de dimension $2n - 1$. Je pensai donc faire un progrès notable en obtenant un résultat analogue pour des domaines définis par des inégalités $|F_i(z)| \leq 1$ en nombre fini. C'est l'objet essentiel de la note ci-dessus, que j'envoyai à Henri Cartan au début de 1932; je ne publiai la démonstration qu'un peu plus tard (v. [1935d]). Vers la même époque, S. Bergmann obtint indépendamment un résultat voisin du mien, mais peut-être moins complet. Il est à noter que j'avais dû me borner au cas où les fonctions F_i qui définissent le domaine sont des polynomes; cette restriction fut levée par divers auteurs quelques années plus tard; cf. en particulier le travail posthume de H. Hefer (*Math. Ann.* 122, 1950, pp. 276-278), où il est fait usage d'un résultat d'Oka datant de 1937.

[1932c] Un théorème d'arithmétique sur les courbes algébriques

Je n'avais pas encore renoncé à démontrer un jour la "conjecture de Mordell"; je ne désespérais même pas de pouvoir me rapprocher de ce but (lointain encore aujourd'hui) par une analyse attentive et un approfondissement des moyens mis en œuvre dans ma thèse, moyens dont l'efficacité ne me semblait pas épuisée par l'usage que j'en avais fait. Ce fut là, pendant plusieurs années, l'un de mes principaux thèmes de réflexion, et l'origine des travaux [1932c], [1934a,b,c,], [1935a,b], [1938a].

Depuis Fermat, le mécanisme de la descente infinie est toujours resté le même. Soit d'abord C une courbe elliptique, comme c'est toujours le cas chez Fermat et de nouveau chez Mordell. Le premier pas de la descente consiste essentiellement à relever tout point rationnel de C à un point rationnel sur une courbe C', à choisir parmi des courbes $C'_1, \ldots, C'_N$ en nombre fini, géométriquement non ramifiées sur C. Comme C est supposée elliptique, il suffit en fait de considérer le cas où les C'_i se déduisent de C par division par un entier $n \geq 2$, choisi à volonté. Ce premier pas permet assez facilement de conclure que le groupe C_k des points de C, rationnels sur le corps k de nombres algébriques qui sert de corps de base, est fini modulo n, c'est-à-dire que C_k/nC_k est un groupe fini; c'est ce qu'on appelle parfois le "petit théorème" de Mordell-Weil. Pour passer de là au "grand théorème" qui dit que C_k est à engendrement fini, il faut alors comparer la "hauteur" d'un point de C (évaluée par exemple au moyen de l'ordre de grandeur de ses coordonnées homogènes supposées entières) avec celle du point qui s'en déduit par relèvement à l'extension non ramifiée C'. Quand il s'agit, comme dans ma thèse, d'une courbe C de genre $g > 1$, on procède de même, mais sur la jacobienne de C, ce qui exige naturellement l'extension à la dimension g des théorèmes généraux qui sont à la base de la méthode de descente.

Soient K, K' les corps de fonctions sur C, C'; si C est elliptique, et si le corps de base k a été choisi assez grand, l'hypothèse que C' est non ramifiée sur C entraîne que K' est une extension abélienne de K, de sorte qu'on peut tout ramener au cas des extensions cycliques de la forme $K' = K(f^{1/n})$, où f est une fonction sur C dont les zéros et les pôles soient tous d'ordre n ou multiple de n. Quand il en est ainsi, la valeur de f, en tout point de C_k, est de la forme $\alpha\xi^n$, où α, ξ sont dans k et où α n'est susceptible que d'un nombre fini de valeurs; c'est une conséquence directe du " théorème de décomposition" de ma thèse, et c'est en somme le principe dont je m'étais aperçu tout au début de mes recherches. Ainsi formulé, il est d'ailleurs indépendant du genre de C et tient uniquement au fait que K' est cyclique et non ramifié sur K. De là à l'étendre aux extensions non ramifiées les plus générales, il n'y a qu'un pas assez aisé à franchir, mais qui donne déjà un résultat essentiellement plus fort; tel est l'objet de [1932c]. Mon espoir secret, bien entendu, était qu'il permettrait d'avancer en direction de la conjecture de Mordell; il n'en a pas été ainsi, que je sache, jusqu'à présent.

J'étais rentré de l'Inde en 1932; je voyais souvent Chevalley, qui, sorti de l'Ecole Normale, achevait sa thèse sur le corps de classes. Depuis l'accident de montagne où notre ami Jacques Herbrand avait trouvé la mort en 1931, âgé de 23 ans seulement, nous étions seuls en France à nous intéresser à l'arithmétique, et nous ne manquions pas de discuter souvent des questions qui nous occupaient l'un et l'autre. C'est de cette collaboration amicale que naquirent la note ci-dessus et le travail suivant.

[1934a] Ueber das Verhalten der Integrale erster Gattung bei Automorphismen des Funktionenkörpers

Je ne saurais plus dire qui, de Chevalley ou de moi, attira d'abord l'attention de l'autre sur la question traitée ici; elle rentrait tout naturellement dans le cadre des recherches auxquelles il a été fait allusion plus haut à propos de [1932c]. Comme il est indiqué en note, cette question avait été soulevée dès 1893 par Hurwitz dans son beau travail sur les automorphismes des courbes algébriques (*Werke* I, pp. 391–430); Hecke l'avait reprise en 1928, mais, tout en la formulant en termes généraux, il ne s'était intéressé qu'au cas particulier du groupe modulaire et de certains de ses sous-groupes de congruence (*Werke*, pp. 525–558). La méthode suivie dans [1934a] est celle même qui venait d'être largement utilisée par Artin et par Herbrand en théorie des nombres, et il est à supposer qu'elle fut suggérée par Chevalley, qui avait été le plus proche ami d'Herbrand et l'éditeur de ses écrits posthumes, et qui aussi avait travaillé auprès d'Artin à Hambourg et y avait connu Hecke. J'avais moi-même été accueilli fort gentiment par celui-ci lors d'une visite à Hambourg en 1932; cela nous donna l'idée de faire paraître notre démonstration sous forme d'une lettre à Hecke. Ce mode de publication a été fort en vogue au cours du siècle dernier; on en trouve maint exemple dans l'œuvre d'Hermite. Il permettait de s'exprimer plus librement et d'une manière moins impersonnelle que dans un mémoire du type classique. Peut-être est-il dommage que l'usage s'en soit à peu près perdu.

[1934b,c] Une propriété caractéristique des groupes finis de substitutions

En 1934, comme en témoignent ces deux notes et la suivante, le programme de recherches qui devait aboutir à mon mémoire du *Journal de Liouville* ([1938a]) était déjà assez avancé; au printemps de cette année, j'en donnai une esquisse d'ensemble dans une conférence au séminaire mathématique de Hambourg.

Après mon retour de l'Inde et une année passée à la Faculté des Sciences de Marseille, j'avais eu la chance de rejoindre Henri Cartan à Strasbourg. J'y trouvais la meilleure université de France en dehors de Paris, et, au département de mathématique, une excellente bibliothèque, dont la création remontait au temps où Strasbourg était une université allemande. Je me réjouissais aussi de la proximité de Siegel et de ses collègues de Francfort (principalement Max Dehn et Hellinger); malheureusement je n'en profitai pas longtemps. La situation en Allemagne ne tarda pas à se détériorer, encore plus vite que je n'avais su le prévoir, et mon voyage à Francfort et Hambourg au printemps de 1934 fut, je crois, le dernier que j'aie fait en ce pays jusqu'à la guerre. Je continuai, il est vrai, à voir Siegel assez régulièrement; mais ce fut en Suisse ou bien à Strasbourg même que nous fîmes en sorte de nous rencontrer.

Les deux notes dont il s'agit ici touchaient à un point assez spécial de mes recherches pour pouvoir en être détachées et publiées isolément. Afin de les replacer dans leur contexte (cf. [1938a], pp. 85–86), de plus amples explications sont nécessaires.

J'avais reconnu, dans la descente infinie telle que Fermat, Mordell et moi-même l'avions pratiquée, le rôle essentiel joué par les extensions abéliennes non ramifiées du corps des fonctions sur une courbe; les fonctions thêta apparaissaient surtout comme un outil, déjà presque algébrique (cf. [1928], n° 14 bis, p. 25, et [1929], p. 190, note (1)), destiné à construire ces extensions. Il s'agit là en somme de construire, sur la surface de Riemann de la courbe, les fonctions "multiplicatives" (c'est-à-dire celles qui, prolongées analytiquement, se reproduisent à des facteurs constants près) lorsque tous les multiplicateurs sont racines de l'unité.

Déjà dans l'œuvre de Riemann on discerne sans peine le rôle joué, plus ou moins explicitement, par les fonctions multiplicatives (cf. H. Weyl, *Die Idee der Riemannschen Fläche*, §17). Parmi celles-ci, il faut d'ailleurs distinguer celles qui sont à multiplicateurs constants, et dont il va être uniquement question ici, de celles qui admettent pour multiplicateurs des fonctions partout holomorphes et $\neq 0$; ce sont ces dernières que Riemann construisait au moyen des fonctions thêta, et dont il déduisait les premières. J'étais familier avec la présentation que Volterra avait donnée de ces fonctions au moyen de son "intégrale produit", et avec la généralisation qu'il en avait faite aux fonctions à valeurs matricielles (cf. les n°s XV et XX de ses *Opere Matematiche*, vol. I); Schlesinger, dans ses volumineuses publications, en avait popularisé l'idée sans rien y ajouter d'essentiel. Tant qu'il ne s'agit que de fonctions scalaires, l'existence de fonctions à système de multiplicateurs donné se ramène au classique "problème d'inversion de Jacobi"; pour les fonctions matricielles, la question analogue revient au problème dit "de Riemann" dans la théorie des équations différentielles linéaires. Ce dernier, qui tire son origine du travail de Riemann sur les fonctions hypergéométriques (*Werke*, pp. 67–83; cf. ibid., pp. 379–390), n'a été résolu dans toute sa généralité qu'assez tardivement (cf. Hilbert, *Grundzüge* ..., pp. 102–108); mais une solution partielle, suffisante pour l'usage que j'allais en faire, en était donnée par les séries "zêtafuchsiennes" de Poincaré lorsqu'elles sont convergentes.

Or ce sont de telles fonctions multiplicatives matricielles qu'on obtient lorsqu'on décompose les éléments d'une extension galoisienne non ramifiée du corps des fonctions sur une courbe suivant les représentations irréductibles du groupe de Galois (cf. [1934a]). Dès lors que je me proposais de faire un usage systématique de ces extensions (cf. [1932c]*), il s'imposait d'aborder l'étude de ces fonctions matricielles, et cela à la fois du point de vue algébrique et du point de vue transcendant. Lorsqu'il s'agit d'une fonction scalaire, le diviseur de la fonction joue un rôle essentiel dans cette étude; il y avait donc lieu de trouver pour les matrices une notion analogue. C'est ainsi que je fus conduit, tout d'abord dans le cas non ramifié (c'est-à-dire pour la signature "triviale" donnée partout par $n(P) = 1$), à la définition des diviseurs donnée dans [1938a], Chap. I.

Comme je devais m'en apercevoir une dizaine d'années plus tard, la donnée d'un tel diviseur revient à la donnée d'un système de "fonctions de transition" définissant sur la courbe un fibré vectoriel ("vector-bundle"); l'équivalence des diviseurs, telle qu'elle est définie dans [1938a], pp. 63–64, n'est pas autre chose que l'isomorphisme des fibrés qu'ils déterminent. Tant qu'on se borne à la signature triviale (qui correspond au cas non ramifié), on obtient ainsi des fibrés localement triviaux. Le cas d'une signature quelconque (mais finie; cf. aussi [1935a]*), qui ne tarda guère à s'introduire dans mes recherches, correspond à des fibrés à un nombre fini de fibres exceptionnelles; il peut s'interpréter aussi, soit par la considération du quotient du demi-plan hyperbolique par un groupe fuchsien à quotient compact (cf. A. Grothendieck, *Sém. Bourbaki* n° 141, 1956–57), soit en considérant la courbe étudiée comme quotient d'une courbe par un groupe fini d'automorphismes, soit encore au moyen des V-variétés de Satake (cf. [1949b]*). Pour simplifier le langage, je me bornerai ici au cas non ramifié; un système de multiplicateurs matriciels de rang r n'est alors pas autre chose qu'une représentation du groupe fondamental dans $GL(r, \mathbf{C})$.

Dans le cas classique $r = 1$ (cf. H. Weyl, *loc. cit.*), l'étude des fonctions multiplicatives repose d'une part sur la considération de leurs diviseurs et de l'autre sur celle de leurs systèmes de multiplicateurs; d'un côté comme de l'autre on aboutit à la théorie de la jacobienne, considérée, soit du point de vue algébrique, soit du point de vue transcendant. Les points de la jacobienne sont en correspondance biunivoque, d'une part avec les classes de diviseurs de degré 0, d'autre part avec les classes d'équivalence (au sens de [1938a], p. 69) des systèmes de multiplicateurs, ou, ce qui revient au même, avec les systèmes de multiplicateurs de valeur absolue 1 (puisqu'en ce cas on peut prendre ceux-ci comme représentants des classes d'équivalence). Cette dernière observation fait voir aussi que la jacobienne, en tant que variété réelle, s'identifie avec un tore, à savoir avec le groupe des caractères du groupe fondamental (ou, ce qui revient au même, du groupe d'homologie de la courbe). Tenant compte de ce qui a été dit plus haut sur le lien entre diviseurs et espaces fibrés, on peut dire que la jacobienne est la composante connexe de la variété des modules pour les fibrés vectoriels, à fibres de dimension 1, sur la courbe étudiée; c'est même ainsi qu'à présent on la définit de préférence.

La jacobienne possède une structure de groupe, déterminée du point de vue algébrique par l'addition des diviseurs et du point de vue transcendant par la multiplication des systèmes de multiplicateurs; c'est bien entendu la structure naturelle sur le groupe des caractères du groupe fondamental; d'autre part, du point de vue des fibrés vectoriels, elle s'interprète par le "produit tensoriel fibré." Comme l'avait vu Riemann, on en tire aussitôt la construction des extensions cycliques non ramifiées sur une courbe, puisque tout revient à obtenir les fonctions multiplicatives dont les multiplicateurs sont racines de l'unité; or il est clair à présent que celles-ci correspondent aux points d'ordre fini de la jacobienne, ou, du point de vue algébrique, aux classes de diviseurs d'ordre fini.

Tels étaient les résultats classiques pour $r = 1$. Dans le cadre d'une théorie des fonctions à valeurs matricielles de rang $r > 1$, j'avais trouvé que les deux définitions de la jacobienne, l'une algébrique par les classes de diviseurs, l'autre transcendante au moyen des systèmes de multiplicateurs, admettent des généralisations satisfaisantes; ce sont celles qui font l'objet, respectivement, du Chapitre I et du Chapitre II de [1938a]; je devais constater plus tard que l'une et l'autre s'interprètent bien dans le langage des fibrés vectoriels. Il s'agissait ensuite de généraliser de même la structure de groupe de la jacobienne et la caractérisation des extensions cycliques au moyen des points d'ordre fini de celle-ci. Il est clair d'ailleurs qu'une fonction matricielle multiplicative définit une extension algébrique lorsque son système de multiplicateurs (ou autrement dit, dans le cas non ramifié, la représentation du groupe fondamental à laquelle elle appartient) ne comporte qu'un nombre fini de matrices distinctes. On a donc à caractériser, parmi les représentations d'un groupe infini $\mathfrak{G}$, celles qui ont cette propriété. Mais, dès que $r > 1$, il n'y a rien d'analogue, dans l'ensemble des représentations de $\mathfrak{G}$ dans $GL(r, \mathbf{C})$, à la structure de groupe qui y apparaît d'elle-même pour $r = 1$. Je fus ainsi conduit à considérer simultanément les représentations de $\mathfrak{G}$ dans tous les groupes $GL(r, \mathbf{C})$ pour $r \geq 1$ et à y introduire les opérations de somme et produit "kroneckériens" (on dirait aujourd'hui "somme directe" et "produit tensoriel"); c'est la structure algébrique définie par ces opérations qu'il faut substituer à la structure naturelle de groupe pour $r = 1$, qui en est du reste un cas particulier. Je ne fus pas peu satisfait de constater qu'en effet cette notion contenait la solution de mon problème, et j'en fis aussitôt l'objet des deux notes [1934b,c]. Dans la première, il ne s'agit encore que de représentations unitaires, dont je soupçonnais qu'elles étaient destinées à jouer un rôle privilégié (cf. [1938a]*); pour ce cas, la démonstration est facile, et Elie Cartan, en présentant ma note, la fit même suivre d'un résultat plus fort. La démonstration, un peu plus délicate, pour les représentations linéaires quelconques est donnée dans [1934c].

[1935a] Ueber Matrizenringe auf Riemannschen Flächen und den Riemann-Rochschen Satz

Cette note, elle aussi, était extraite des recherches dont j'avais donné une esquisse à Hambourg en 1934 et qui allaient former le contenu de [1938a]. En fait, le "théorème de Riemann-Roch généralisé" de [1935a], p. 110, ne diffère guère du résultat principal du Chapitre I de [1938a], et de même la formule finale p. 114 est essentiellement équivalente à celle qui figure au Chapitre II, p. 73, de ce dernier travail.

Aussi bien dans [1935a] que dans [1938a], l'existence d'une "uniformisante principale" ("Grenzkreisuniformisierende") constitue une hypothèse essentielle, destinée entre autres à assurer l'existence et la convergence des "séries zêtafuchsiennes"; comme il est bien connu, cette hypothèse équivaut à l'inégalité

$$2p - 2 + \sum (1 - n_\mu^{-1}) > 0$$

relative à la "signature" donnée sur la courbe. C'est pure négligence de ma part, je suppose, d'avoir omis de formuler explicitement cette condition.

[1935b] Arithmétique et géométrie sur les variétés algébriques

Non seulement je souhaitais approfondir les résultats de ma thèse (cf. [1932c]*). mais j'éprouvais aussi le besoin de les asseoir sur des bases vraiment solides; c'est ce qu'avait commencé à faire Siegel dans son grand mémoire publié en 1930 par l'Académie de Berlin, et qui figure à présent au tome I de ses œuvres (cf., pp. 247–251, le chapitre intitulé "Funktionenideale und Zahlenideale"). Mais Siegel n'avait pas abordé les questions qui se posent au sujet des variétés de dimension > 1.

Dès mon séjour à Göttingen en 1926–27, mes conversations avec Emmy Noether et avec van der Waerden m'avaient initié à la théorie, dite alors "moderne", des idéaux dans les anneaux de polynomes et son application aux fondements de la géométrie algébrique; c'est à quoi il est même fait dans ma thèse (p. 11, note (8)) une allusion qui n'avait guère plu à Emile Picard. Ces idées commencèrent à se répandre à partir de 1930, à la suite de la publication de la *Moderne Algebra* de van der Waerden; mais pendant quelque temps leur mise en œuvre ne dépassa pas un niveau fort élémentaire. Heureusement pour moi, il se trouva que, pour l'objet que j'avais en vue, je n'eus pas besoin des résultats plus profonds de cette théorie, dont la plupart (comme par exemple le célèbre "main theorem" de Zariski, pour ne citer que celui-là) ne devaient faire leur apparition qu'à partir de la décade suivante. Je n'eus à me servir que du théorème de la base finie et des notions de clôture intégrale et d'idéal homogène. Zariski n'avait pas encore introduit en géométrie algébrique les "variétés normales"; c'est en somme cette notion et celle de normalisation que j'utilise sans les nommer, et dont je donne un début de théorie, aux §§1–4 et 9 de [1935b]; les "points" que j'y introduis sont en réalité les points géométriques de la normalisée de la variété projective étudiée, dont en même temps l'existence se trouve démontrée en substance au §4. On notera d'autre part qu'au §8 l'emploi du mot "diviseur" est tout à fait impropre (sauf s'il s'agit d'une courbe), à moins qu'on ne lui donne un sens beaucoup plus étendu que celui qu'il avait habituellement en 1935 et qu'il a conservé depuis; je ne sais si c'était là mon intention, mais en ce cas j'aurais dû le préciser.

Ce travail est l'un de ceux que les amis de Jacques Herbrand convinrent de dédier à sa mémoire; sans doute ce projet avait pris forme au cours des réunions où se constitua le groupe Bourbaki (cf. [1936f,g]*); et ce fut le futur éditeur de

Bourbaki, Enrique Freymann, qui se chargea de la publication. Notre intention avait été d'abord, il me semble, de réunir ces travaux en un volume; mais Freymann, qui tenait à sa formule de publication par fascicules, nous persuada d'en faire une série dans le cadre de sa collection des "Actualités Scientifiques et Industrielles" (qui du reste n'a jamais, que je sache, rien contenu d'industriel). Le père d'Herbrand, resté inconsolable de la perte de son fils unique et touché de notre initiative, facilita cette publication par une généreuse contribution financière.

[1935c] Sur les fonctions presque périodiques de von Neumann

Depuis l'automne de 1933, les mathématiciens français de ma génération avaient organisé à Paris, sous le patronage de Gaston Julia (car une telle entreprise, en ce temps, voulait un "patron") un séminaire qui dura jusqu'à la veille de la guerre; nous nous réunissions deux fois par mois à Paris, pour traiter chaque année d'un sujet différent. Presque tous les exposés furent rédigés, polycopiés et distribués; il s'en conserve une collection complète à Paris, à l'Institut Henri Poincaré.

La première année du séminaire avait été consacrée à la théorie, algébrique et arithmétique, "des groupes et des algèbres"; la seconde, 1934–35, le fut à "l'espace de Hilbert et ses applications". C'est évidemment pour une bonne part l'impression créée par les travaux de von Neumann, alors dans toute leur nouveauté, qui motivait ce dernier choix. Ces travaux avaient particulièrement mis en vedette la découverte par Haar d'une mesure invariante dans une classe assez vaste de groupes topologiques, son application au "dixième problème de Hilbert", et la théorie des fonctions presque périodiques, dont on put croire un moment qu'elle s'en trouvait entièrement rénovée. Von Neumann, avec qui j'avais depuis mes séjours en Allemagne d'excellentes relations personnelles, consentit volontiers à venir faire lui-même, en fin d'année scolaire, un exposé à notre séminaire.

Ce mouvement d'idées donna naissance à toute une série de travaux, presque tous cités dans la bibliographie de mon livre [1940d] sur l'intégration dans les groupes; j'avais mis ce livre en chantier dès 1935, sous le titre "Méthodes intégrales en théorie des groupes", et je le destinais au *Mémorial des Sciences Mathématiques* où je pensais qu'il ferait une suite naturelle au célèbre fascicule d'Elie Cartan, *L'Analysis Situs et la Théorie des Groupes*; c'est ainsi que mon livre est annoncé comme "devant paraître prochainement" dans mes exposés du séminaire Julia de mars et avril 1935 sur "La mesure de Haar" et sur " Les fonctions presque périodiques". Dans le premier, je donnais une variante de la méthode de Haar, intermédiaire entre celle-ci et celle que je devais adopter dans [1940d], et qui permettait déjà de démontrer l'unicité de cette mesure et d'en établir les règles d'emploi, celles-ci résultant aisément de l'unicité (cf. [1936d]). L'exposé d'avril 1935 n'était que le développement de la note [1935c]; il s'agit là d'idées qui étaient "dans l'air" à cette époque, et le point essentiel, à savoir la relation entre les fonctions presque périodiques sur un groupe G et les représentations de G dans des groupes compacts fut aperçu à peu près en même temps par van Kampen et peut-être par d'autres. On peut dire même que cette relation était implicite dans la définition que Bochner avait donnée des fonctions presque périodiques de Bohr, et il n'était besoin, pour l'expliciter, que des progrès de la topologie générale (y compris la théorie élémentaire des groupes topologiques) advenus depuis le travail de Bochner. Bien entendu, pour tirer de là les développements en série qui avaient formé l'essentiel de la théorie de Bohr, il fallait encore savoir étendre à tous les groupes compacts le théorème dit de Peter-Weyl (H. Weyl, *Ges. Abhandl.* II, 58–75); c'est justement ce que la mesure de Haar, une fois construite, permettait de faire sans aucun effort.

[1935d] L'intégrale de Cauchy et les fonctions de plusieurs variables

Cf. [1932b], dont cet article n'est que le développement, et [1932b]*.

[1935e] Démonstration topologique d'un théorème fondamental de Cartan

Cette démonstration est restée isolée, à ma connaissance. Elle témoigne surtout de mes efforts pour m'assimiler l'œuvre d'Elie Cartan sur la théorie des groupes de Lie, efforts qui malheureusement n'allèrent guère plus loin. Ce n'est assurément pas que j'en aie jamais méconnu l'importance, mais il est revenu à d'autres d'en faire un meilleur usage que moi.

[1936a] Les familles de courbes sur le tore

Ce travail est extrait du volume du *Matematičeskii Sbornik* (ou "Recueil Mathématique de Moscou") consacré à la "Première Réunion Topologique Internationale" qu'organisa Paul Alexandrov à Moscou en septembre 1935. Cette réunion mathématique internationale, la première organisée en U.R.S.S., fut aussi, tant que dura Staline, la dernière. Qu'elle ait eu lieu en 1935, avec la participation d'une pléiade de mathématiciens de tous pays parmi lesquels figuraient les plus distingués de ceux qui avaient touché de près ou de loin à la topologie, apparaît rétrospectivement comme une anomalie et presque comme un miracle. En ce temps-là, il ne manqua pas de mathématiciens pour y voir un signe d'un début de libéralisation du régime soviétique, et je ne fus pas loin moi-même de partager cette illusion, que les grands procès de Moscou n'allaient pas tarder à dissiper cruellement. On peut voir par exemple dans le livre de A. Weissberg, *Hexensabbat*, Frankfurt 1951 (v. Chap. V, pp. 267–268; cf. p. 223 de la traduction française, *L'Accusé*, Paris 1953) que des hommes infiniment mieux placés que moi et mes collègues pour juger de la situation en U.R.S.S. étaient tombés alors dans la même erreur et la payèrent chèrement.

C'est sans doute à mes relations personnelles avec Alexandrov, nouées chez Emmy Noether à Göttingen dès 1927, que je dus d'être invité à cette réunion, plutôt qu'à mes mérites en topologie, qui étaient des plus minces. Je cherchai à justifier ma présence en approfondissant un peu mes résultats de 1932 sur les courbes sur le tore (cf. [1932a]); non seulement je n'y réussis que très partiellement, mais je ne m'aperçus même pas que H. Kneser avait obtenu bien avant moi (*Math. Ann.* 91 (1924), pp. 135–154) des résultats bien plus complets que certains de ceux que j'annonçais. Quant aux recherches de A. Magnier dont il est question ici, il les abandonna par la suite sans rien publier sur ce sujet.

[1936b] Arithmetic on algebraic varieties

La gentillesse de mes collègues russes me permit de prolonger de plusieurs semaines mon séjour en U.R.S.S. à la suite de la conférence de topologie et de faire une série d'exposés, à l'Institut de Mathématique de l'Académie, sur mes recherches d'arithmétique; le texte, traduit en russe par les soins de mes amis, fut publié par les *Uspekhi* dont la fondation était encore toute fraîche; l'original ne s'en étant pas conservé, il en a été inséré ici une traduction anglaise. Ce n'est guère qu'un exposé sommaire et rapide du contenu de [1935b] et de [1928]; mais je dois retirer ce qui s'y trouve dit (p. 120), au sujet des corps engendrés par les racines d'une équation du 5e degré; je ne comprends plus ce que j'ai voulu dire là, et je suppose que je m'étais trompé. Quant à l'assertion d'Artin que je cite, je crois bien qu'il s'agit seulement d'une observation empirique dont il m'avait fait part lors d'une visite à Paris; il aurait constaté que les corps en question étaient "souvent" non ramifiés sur le corps quadratique qui s'y trouve contenu, et il proposait d'en chercher la raison. Peut-être pourrait-on aujourd'hui, pour commencer, demander à un ordinateur de confirmer ou bien d'infirmer l'observation d'Artin.

[1936c] Mathematics in India

C'est (retraduit en anglais, d'après la traduction russe qui fut publiée aux *Uspekhi*; cf. [1936b]*) le texte d'une causerie faite à Moscou; on y trouvera, je crois, une description assez objective de la situation universitaire en Inde à l'époque dont il s'agit, et en particulier de la situation des mathématiques dans ce pays. Depuis lors, comme on sait, celle-ci a changé grandement du fait de la création à Bombay du Tata Institute of Fundamental Research; en revanche, il faut malheureusement reconnaître que, dans les universités, le progrès a été bien moindre qu'il n'était permis de l'espérer.

[1936d] La mesure invariante dans les espaces de groupes et les espaces homogènes

En octobre 1935, l'Université de Genève organisa un petit colloque sur la théorie des groupes, auquel participa Elie Cartan; le texte ou bien le résumé des conférences du colloque fut publié dans *L'Enseignement Mathématique*. En ce qui me concerne, je me contentai d'un résumé très bref, renvoyant au surplus à mon futur volume ([1940d]). On y notera seulement l'importance croissante que je donnais aux espaces homogènes dans ma théorie de la mesure invariante; j'avais reconnu là, en particulier, le véritable fondement de la "géométrie intégrale" à laquelle Blaschke, depuis quelques années, avait donné une grande publicité par ses travaux et ceux de ses élèves. Cf. aussi [1935c]* et [1940c]*.

[1936e] La théorie des enveloppes en Mathématiques Spéciales

A Strasbourg, je participais, bien entendu, à la préparation des candidats à l'agrégation; traditionnellement, ce concours est censé destiné au recrutement des professeurs des lycées, et c'est encore à quoi il servait principalement à l'époque dont il s'agit; il consistait en épreuves écrites et en deux leçons à faire devant le jury du concours, sur des sujets tirés du programme des lycées. Ma tâche, comme celle de mes collègues, était d'une part d'entraîner les étudiants à la solution des problèmes, difficiles et presque toujours biscornus, auxquels ils allaient être confrontés à l'écrit; ayant été soumis moi-même à ce dressage au temps déjà lointain où j'étais étudiant, je n'acceptais qu'avec répugnance de le faire subir à autrui. En revanche, la pratique des leçons, sur des sujets relativement élémentaires, me paraissait et me paraît encore un excellent exercice, qu'il y aurait profit à introduire dans les pays où il ne se pratique pas. Sans doute fallait-il souvent s'armer de patience pour écouter attentivement la leçon faite par un étudiant; mais c'est presque toujours avec une réelle satisfaction qu'ensuite je dirigeais la discussion sur le sujet traité et la manière dont il avait été traité. L'art du professeur est en bonne partie rhétorique, ce mot étant pris dans sa véritable acception qui est l'art de parler en public. Comme tout bon discours, une bonne leçon suppose d'abord une bonne diction, et suppose aussi des idées claires et une solide charpente logique. Le contenu des leçons portait sur des sujets assez élémentaires pour qu'il fût possible d'y analyser les idées essentielles, d'en examiner les origines et l'aboutissement et de les replacer dans un cadre plus vaste. Souvent quelques notions historiques trouvaient naturellement leur place dans ces discussions.

La théorie des enveloppes des courbes planes figurait traditionnellement dans l'enseignement de "mathématiques spéciales" (la classe de préparation aux "grandes écoles," et à peu près l'équivalent d'une première année universitaire) et dans le programme des leçons d'agrégation. Sur ce point, il régnait, dans les manuels alors en usage, une grande confusion, due à l'absence de distinction nette entre le local et le global; naturellement elle se retrouvait dans les leçons de nos étudiants. C'est la critique que j'eus à en faire qui me fit rédiger la note ci-dessus. Cf. sur le même sujet l'article de Thom (*J. de Liouville* 41 (1962), pp. 177–192), qui, fondé sur sa théorie des singularités des applications différentiables, va naturellement beaucoup plus loin que le mien.

[1936f,g] Les recouvrements des espaces topologiques: espaces complets, espaces bicompacts; Sur les groupes topologiques et les groupes mesurés

Je continuais à travailler à mon livre sur l'intégration dans les groupes; je tenais à le faire précéder d'une mise au point, aussi définitive que possible, de la théorie élémentaire des groupes topologiques. J'avais eu des conversations à Moscou sur ce sujet, entre autres avec Pontrjagin; du reste ces questions étaient "dans l'air", comme il allait apparaître par exemple lorsque la métrisabilité des groupes topologiques de caractère dénombrable fut démontrée presque simultanément par Garrett Birkhoff, par Kakutani, et par Pontrjagin lui-même dans une lettre que je reçus de lui en 1936.

D'autre part, et déjà depuis 1934, le projet se dessinait des *Eléments de Mathématique* auxquels Nicolas Bourbaki allait donner son nom bientôt prestigieux (cf. [1971b]). Ce projet s'était tout naturellement formé à l'occasion des réunions du séminaire Julia, parmi quelques-uns des collaborateurs de ce séminaire, et commença à se préciser lorsque ceux-ci se réunirent en juillet 1935 pour leur premier congrès à Besse-en-Chandesse. La nécessité apparut immédiatement de mettre au point, pour ces *Eléments*, un exposé de topologie générale qui ne retînt, du fatras de notions disparates dont on disposait alors en ce domaine, qu'un minimum de principes vraiment utiles. Il devenait visible en particulier que les premiers essais d'axiomatisation de la topologie générale avaient attribué une importance excessive à la notion traditionnelle de limite, que d'ailleurs plusieurs auteurs (p. ex. E. Moore et S. Banach) avaient commencé à beaucoup assouplir. Le moment était venu aussi d'élargir de même les notions d'uniformité, de complétion, d'espace complet, dont l'importance était manifeste, mais qu'on avait pris l'habitude de faire dépendre de la notion d'espace métrique, alors que l'exemple des groupes topologiques indiquait que la métrique n'y joue aucun rôle essentiel.

Vers 1936, les collaborateurs de N. Bourbaki s'étaient mis d'accord pour adopter la notion de structure, et celle d'isomorphisme qui lui est liée, comme principe fondamental de classification des théories mathématiques; la notion de catégorie, d'un contenu mathématique beaucoup plus riche, ne devait se dégager que bien plus tard. Je pensai faire œuvre utile en introduisant en topologie générale une nouvelle structure, dite "uniforme," plus précise que la simple structure topologique, et tout juste suffisante pour servir de support à la construction d'espaces complets. La même idée, à peu de chose près, fut introduite aussi, dans le même temps, par L. W. Cohen (*Duke J.* 3 (1937), pp. 610–615) et par L. M. Graves (*Ann. of Math.* 38 (1937), pp. 61–64); pour moi, j'en vis surtout la justification dans le fait que tout espace compact possède une structure uniforme et une seule ([1936f]) et dans le fait qu'elle permet, par complétion, de définir une topologie localement compacte sur tout groupe "mesuré" ([1936g]). Bourbaki devait l'adopter dès l'année suivante; c'est à cette occasion, et même au cours d'une réunion des collaborateurs du Maître, que Henri Cartan y ajouta la notion de filtre qui vint ainsi se substituer fort heureusement à la limite généralisée "à la Moore-Smith," achevant ainsi de donner une forme quasi-définitive aux fondements de la topologie générale. Qui de nous aurait pu imaginer en ce temps qu'un jour des réformateurs trop zélés s'aviseraient d'introduire filtres et bases de filtres jusque dans l'enseignement secondaire?

[1936h] Sur les fonctions elliptiques *p*-adiques

En 1935, l'une de mes étudiantes, Elisabeth Lutz, proposa de rédiger sous ma direction un travail pour le "diplôme d'études supérieures." La rédaction d'un tel travail (à peu près ce qu'on nomme aujourd'hui "thèse de 3e cycle") était obligatoire, sauf en mathématiques, pour les candidats à l'agrégation; pour les mathématiciens, l'usage était d'y substituer un examen du type traditionnel mais portant sur un cours un peu spécialisé. Justement j'avais exposé la théorie élémentaire des corps de nombres algébriques dans un tel cours à Strasbourg, le premier peut-être à avoir jamais été professé en France sur ce sujet.

Depuis quelques années, l'importance des méthodes *p*-adiques avait commencé à être reconnue par tous les arithméticiens. Elles remontaient à Kummer, comme il est bien connu, et Eisenstein les avait appliquées entre autres à l'étude approfondie de la courbe elliptique $y^2 = 1 - x^4$. Hensel leur avait consacré une grande partie de son œuvre, leur demandant même plus qu'elles ne pouvaient donner. Hilbert et son école les avaient quelque peu dédaignées; mais elles venaient d'être remises en honneur par les travaux de Hasse, suivis bientôt par ceux de Siegel, sur les formes quadratiques, et par la thèse de Chevalley et les travaux de Hasse sur le corps de classes. Au séminaire Julia de 1933–1934, il leur avait été réservé une place importante, et j'y avais moi-même fait deux exposés élémentaires sur ce sujet, comme préliminaires à un exposé de Chevalley sur le corps de classes et la loi de réciprocité. Dans mon cours de Strasbourg sur les corps de nombres, j'avais largement fait usage de ces méthodes.

L'intérêt que je continuais à prendre aux courbes elliptiques sur les corps de nombres (cf. [1929]*) m'amenait ainsi tout naturellement à étudier les courbes elliptiques sur les corps p-adiques, et c'est ce sujet que je proposai à Elisabeth Lutz pour son mémoire de diplôme; elle obtint des résultats assez intéressants pour que Hasse en acceptât volontiers la publication dans le *Journal de Crelle* (vol. 177 (1937), pp. 238–247).

La méthode suivie par Mlle Lutz était tout élémentaire, apparentée á celle qui avait formé le point de départ de ma thèse et qui m'avait servi dans [1929]. L'objet de la note [1936h] est de faire voir qu'on obtient des résultats voisins, sinon identiques, au moyen de développements en série du type classique, mais interprétés au sens de la convergence p-adique. Cette méthode est celle même qui avait servi à Eisenstein en 1850 pour étudier la courbe $y^2 = 1 - x^4$, mais je ne m'en aperçus que beaucoup plus tard lorsque j'entrepris sérieusement l'étude de son œuvre. L'une et l'autre méthode sont exposées par Mlle Lutz dans son mémoire du *Journal de Crelle* (loc. cit.), avec un peu plus de détails qu'on n'en trouve dans sa note et dans la mienne aux *Comptes Rendus*.

[1936i] Remarques sur des résultats récents de C. Chevalley

Le travail de Chevalley dont il est question ici était une suite naturelle du mémoire posthume d'Herbrand, rédigé par Chevalley d'après les notes manuscrites de notre ami et publié aux *Math. Ann.* (vol. 108 (1933), pp. 699–717); celui-ci faisait suite lui-même au mémoire de Krull (*Math. Ann.* 100 (1928), pp. 687–698) sur la théorie de Galois des extensions infinies. Dans tous ces travaux, il s'agit en somme de transporter aux extensions infinies, par passage à la limite projective, les résultats déjà connus (théorie de Galois, théorie de la ramification, théorie du corps de classes) pour les extensions finies. Rétrospectivement, ces passages à la limite nous semblent des exercices assez faciles, mais c'est justement la notion de limite projective qu'il s'agissait de définir et de mettre au point; en fait, celle-ci ne commence à apparaître clairement, en ce qui concerne les groupes finis, qu'à partir du mémoire d'Herbrand cité plus haut.

C'est ainsi que Chevalley se trouva amené à formuler la théorie du corps de classes pour les extensions abéliennes infinies des corps de nombres algébriques de degré fini au moyen de la notion qu'il baptisa "élément idéal" (et "e.i." en abrégé); en allemand cela donna "ideales Element" et en abrégé "Idele", d'où Chevalley tira "idèle" en 1940. Les "adèles", version additive de la notion d'idèle, ne reçurent leur nom de baptême que près de 20 ans plus tard (cf. [1938b]*).

Pour franchir toutes ces étapes, un bon étudiant ne met guère plus de jours à présent qu'il n'y fallut d'années à l'époque dont il s'agit ici. J'avais moi-même plus d'une raison pour m'intéresser à cette évolution, et plus particulièrement au travail de Chevalley de 1936. D'une part je terminais la rédaction de mon livre ([1940d]), où les notions de complétion et de limite projective de groupes, et la dualité de Pontrjagin, figuraient nécessairement en bonne place. D'autre part j'attendais depuis longtemps quelque simplification décisive de la théorie du corps de classes qui me permît de voir clair dans celle-ci, et le travail de Chevalley apparaissait comme un pas dans la bonne direction.

Il peut sembler paradoxal qu'en introduisant le groupe I_k des idèles d'un corps k de nombres algébriques (extension finie de $\mathbf{Q}$), Chevalley ne lui ait pas attribué aussitôt sa topologie naturelle, mais l'ait muni plutôt d'une topologie non séparée, image réciproque de la topologie naturelle dans le quotient de I_k par la composante connexe de l'élément neutre; c'est encore cette dernière topologie qui figure dans le mémoire de Chevalley de 1940 (*Ann. of Math.* 41 (1940), pp. 394–418). La raison en est que c'est pour celle-ci que les sous-groupes fermés de I_k, contenant le groupe P_k des idèles principaux, sont en correspondance biunivoque avec les extensions abéliennes de k. Il revient au même de dire que, pour la topologie naturelle de I_k, les représentations de I_k/P_k dans $\mathbf{C}^\times$ sont les "Grössencharaktere" ou "caractères de Hecke", alors qu'avec celle de Chevalley on n'obtient ainsi que les caractères attachés aux extensions cycliques de k. Le peu de clarté avec lequel la "vraie" topologie de I_k est présentée dans ma note [1936i] illustre la difficulté qu'on pouvait encore trouver en 1936 à élucider ce genre de question; mais cette note témoigne aussi de l'importance que j'attachais dès lors, et depuis quelque temps sans doute, aux caractères de Hecke et aux fonctions L qu'on en déduit.

[1937] Sur les espaces à structure uniforme et sur la topologie générale

Cf. les commentaires à [1936f,g], dont ce travail n'est que le développement. Avec le recul que donnent les quarante dernières années, on sourira sans doute du zèle que j'apportais alors à l'expulsion du dénombrable; chassé par la porte, il a fini par rentrer par la fenêtre, avec les espaces paracompacts, les espaces polonais, etc. Cette occasion ne fut pas la seule où j'aie pris (le plus souvent par réaction contre une orthodoxie dominante) une position qui par la suite s'est révélée trop dogmatique. Ai-je toujours conservé l'esprit assez libre pour y renoncer quand il convenait? Je l'espère. Que celui qui est sans péché, etc.

[1938a] Généralisation des fonctions abéliennes

Le contenu de ce mémoire, aboutissement des recherches dont il a été question plus haut (cf. [1934b,c]* et [1935a]*), fit le sujet d'une série de conférences à Princeton au cours d'un séjour que je fis à l'Institute for Advanced Study de janvier à avril 1937; je ne fus pas médiocrement flatté de voir Hermann Weyl y assister fort régulièrement. L'Institute en était à ses débuts et opérait encore sur une très modeste échelle; il n'avait pas de bâtiment à lui et était hébergé à Fine Hall dans le commode édifice du département de mathématiques de l'Université (abandonné depuis, au grand regret des vieux princetoniens, pour une tour de 13 étages).

Ici encore (cf. [1935a]*), il est essentiel de se borner aux signatures qui satisfont à l'inégalité $2p - 2 + \sum (1 - n_\mu^{-1}) > 0$. Grâce à celle-ci, et grâce au fait que je me bornais aux "signatures finies," le groupe $\mathfrak{G}$ opérant sur l'uniformisante ω est un groupe fuchsien sans substitution parabolique (cf. [1935a], p. 113, et [1938a], p. 50) ou autrement dit à quotient compact. Il me semble que j'avais fait quelques tentatives pour m'affranchir de cette dernière hypothèse, mais que, pour ne pas compliquer ma tâche outre mesure, j'y avais bientôt renoncé. On sait à présent que, pour un tel groupe, la formule des traces, dite "de Selberg" ou "d'Eichler-Selberg," est de nature essentiellement algébrique; si l'on se borne à ce cas, elle est étroitement liée avec la formule de la page 73 de [1938a] (cf. D. A. Hejhal, *Springer Lecture-Notes* no. 548, p.433). C'est assez dire que, pour un groupe fuchsien à quotient non compact, j'aurais rencontré des difficultés de nature analytique que sans doute je n'eusse pas été en état de surmonter.

Avec le recul dont on dispose à présent, on peut dire que l'essentiel dans [1938a] est d'avoir inauguré l'étude des fibrés vectoriels sur une courbe algébrique, à fibres de dimension quelconque $r \geq 1$; subconsciemment je m'efforçais de construire pour ceux-ci des "variétés de modules" que, faute de notions claires sur ce sujet, j'aurais été bien en peine de définir. Pour le cas $r = 1$, cette construction était implicite dans les résultats de la théorie classique; la variété en question est la jacobienne de la courbe; sa définition algébrique par les classes de diviseurs détermine un corps de fonctions algébriques qui n'est autre que le corps des fonctions abéliennes, c'est-à-dire des fonctions méromorphes sur le tore complexe construit au moyen des périodes des intégrales de première espèce. C'est là ce qui, dans mon esprit, paraissait justifier le titre de mon mémoire et le nom de "fonctions hyperabéliennes" dont je crus pouvoir baptiser (p. 84) un corps de fonctions qui, à la vérité, restait fort mal défini. Quant à mon espoir d'exprimer celles-ci "au moyen de fonctions qui généralisent les fonctions thêta" (p. 86), mon échec a été total, et je croirais plutôt à présent qu'il n'existe rien de tel. Mais sait-on jamais?

Mon idée, toute confuse qu'elle fût, était de concevoir la "variété des modules" $J_r(\mathfrak{G})$, pour un groupe fuchsien $\mathfrak{G}$ donné et pour $r \geq 1$, comme quotient de la variété de toutes les représentations de $\mathfrak{G}$ dans $GL(r, \mathbf{C})$, munie de sa structure complexe naturelle, par la relation d'équivalence définie p. 84; j'avais aperçu aussi qu'une telle classe d'équivalence ne contient pas toujours de représentation unitaire, mais que, si elle en contient une, celle-ci est essentiellement unique (v. p. 86); j'avais même, il me semble, pressenti le rôle important que les représentations unitaires étaient destinées à jouer dans le développement futur de la théorie. On sait aujourd'hui que ce pressentiment était justifié; mais, pour clarifier ce qui chez moi était resté obscur, il a fallu trouver, pour les fibrés correspondant aux représentations unitaires, une caractérisation algébrique; c'est ce qu'a permis l'introduction par Mumford en 1962, dans un contexte plus général, des notions de "fibré stable" et de "fibré semistable." Pour le degré 0, les fibrés stables sont précisément ceux qui correspondent à une représentation unitaire irréductible (v. M. S. Narasimhan et C. S. Seshadri, *Ann. of Math.* 82 (1965), pp. 540–567); de là Seshadri a pu déduire la construction d'une "jacobienne généralisée" $J_r(\mathfrak{G})$

conçue cette fois comme modèle projectif normal de l'espace des classes de représentations unitaires de $\mathfrak{G}$, muni de la structure complexe appropriée (*Ann. of Math.* 85 (1967), pp. 303–336). C'est aussi à Seshadri qu'on doit l'extension de toute la théorie à la géométrie algébrique abstraite (en caractéristique quelconque).

J'étais loin de tout cela en 1938; mais je laissai aussi dans l'ombre plusieurs points auxquels j'aurais été en état de donner un plus ample développement. Par exemple, je me contentai d'une brève allusion (p. 86) aux périodes des différentielles partout finies appartenant à des représentations données du groupe $\mathfrak{G}$; en fait, j'avais reconnu que ces périodes définissent ce qu'on a appelé plus tard des cocycles, et j'avais construit les relations bilinéaires auxquelles elles satisfont. Voici l'essentiel de ce que je retrouve à ce sujet dans mes notes de cette époque.

Avec les notations de [1938a], soit Ω une matrice différentielle partout finie du "module" $(\mathfrak{M}_S, \mathfrak{M}'_S)$; désignant par ρ, ρ' les représentations $S \to \mathfrak{M}_S$, $S \to \mathfrak{M}'_S$ de $\mathfrak{G}$, et par ${}^t\rho^{-1}$, ${}^t\rho'^{-1}$ leurs contragrédientes, on dirait plutôt aujourd'hui que Ω est une différentielle vectorielle appartenant à la représentation $\rho \otimes {}^t\rho'^{-1}$. Ecrivons $\Omega = dU$, où U n'est définie qu'à une matrice constante près; on aura

$$\Omega^S = \mathfrak{M}_S \Omega \mathfrak{M}'^{-1}_S, \quad U^S = \mathfrak{M}_S U \mathfrak{M}'^{-1}_S + \mathfrak{P}(S)$$

où les $\mathfrak{P}(S)$ (les "périodes" de Ω) sont des matrices constantes satisfaisant aux relations

$$\mathfrak{P}(ST) = \mathfrak{P}(S) + \mathfrak{M}_S \mathfrak{P}(T) \mathfrak{M}'^{-1}_S$$

qu'on interpréterait à présent en disant que $\mathfrak{P}$ est un cocycle de $\mathfrak{G}$ pour la représentation $\rho \otimes {}^t\rho'^{-1}$; si on remplace U par $U + C$, $\mathfrak{P}$ est modifié par le cobord $C - \mathfrak{M}_S C \mathfrak{M}'^{-1}_S$. Ces mêmes notions, mais pour des représentations ρ moins générales, ont été introduites indépendamment par Eichler (*Math. Zeitschr.* 67 (1957), pp. 267–298), puis étudiées par Shimura (*J. Math. Soc. Japan* 11 (1959), pp. 291–311). Supposons toujours, comme dans [1938a], que $\mathfrak{G}$ est sans substitutions paraboliques, et soit U_μ la valeur de U au point fixe de la substitution C_μ; on a alors la relation

$$\mathfrak{P}(C_\mu) = U_\mu - \mathfrak{M}_{C_\mu} U_\mu \mathfrak{M}'^{-1}_{C_\mu} \tag{I}$$

qui exprime que $\mathfrak{P}$ est un cobord sur le sous-groupe cyclique de $\mathfrak{G}$ engendré par C_μ. Si on ne supposait plus que $\mathfrak{G}$ soit à quotient compact, mais seulement (comme le fait Shimura) que U conserve une valeur finie aux "pointes" du domaine fondamental de $\mathfrak{G}$, alors on verrait de même que $\mathfrak{P}$ est un cobord sur les sous-groupes engendrés par les éléments paraboliques de $\mathfrak{G}$, ou autrement dit que c'est un "cocycle parabolique."

Voici dans ces conditions comment j'écrivais les relations bilinéaires; pour simplifier l'écriture, on supposera qu'il s'agit, non d'un produit tensoriel $\rho \otimes {}^t\rho'^{-1}$, mais d'une seule représentation ρ; cela ne diminue pas la généralité du résultat. Alors Ω, U, $\mathfrak{P}$ sont à valeurs vectorielles, et la relation qui exprime que $\mathfrak{P}$ est un cocycle s'écrit $\mathfrak{P}(ST) = \mathfrak{P}(S) + \rho(S)\mathfrak{P}(T)$. Soient Ω', U', $\mathfrak{P}'$ appartenant de même à la représentation ${}^t\rho^{-1}$ de $\mathfrak{G}$, contragrédiente de ρ. Au moyen d'une "dissection canonique" de la surface de Riemann de la courbe, on peut obtenir pour $\mathfrak{G}$ un domaine fondamental dont le bord est un polygone curviligne à $4p + l$

côtés, correspondant respectivement aux générateurs A_i, B_i, A_i^{-1}, B_i^{-1}, C_μ de $\mathfrak{G}$. Les relations bilinéaires s'obtiennent alors, tout comme dans le cas classique, en intégrant la différentielle ${}^tU'.\Omega$ sur ce bord. J'obtins ainsi une relation de la forme

$$\sum_i {}^t\mathfrak{P}'(A_i')\rho(R_{i-1})\mathfrak{P}(A_i) - \sum_i {}^t\mathfrak{P}'(B_i')\rho(R_i)\mathfrak{P}(B_i) + \sum_\mu {}^t\mathfrak{P}'(C_\mu')\rho(S_{\mu-1})U_\mu = 0 \qquad \text{(II)}$$

où les U_μ, comme plus haut, satisfont à (I), et où les A_i', B_i', C_μ', R_i, S_μ sont définis comme suit. On détermine R_i, S_μ par récurrence au moyen de

$$R_0 = 1, \quad R_i = R_{i-1}A_iB_iA_i^{-1}B_i^{-1}; \qquad S_0 = R_p, \quad S_\mu = S_{\mu-1}C_\mu;$$

quant à A_i', B_i', C_μ', ce sont précisément les éléments définis dans [1964a] par les formules (8), (9), (10); ce sont, comme je le reconnus aussitôt, les images de A_i, B_i, C_μ par un automorphisme involutif de $\mathfrak{G}$, à savoir celui qui est noté φ dans [1964a], p. 154. Bien entendu, la relation bilinéaire (II) est équivalente à celle qui plus tard a été obtenue indépendamment par Shimura (loc. cit. §4, pp. 300–301); comme il l'a observé, elle reste valable même lorsque $\mathfrak{G}$ n'est pas à quotient compact, pourvu qu'on suppose que U, U' restent finis aux "pointes." On notera qu'en vertu de (I) l'absence de symétrie entre $\mathfrak{P}$ et $\mathfrak{P}'$ dans (II) est purement apparente. On constate de plus, par application de la formule de la page 73 de [1938a], que (II) donne *toutes* les relations linéaires entre les périodes $\mathfrak{P}'$ appartenant à la représentation ${}^t\rho^{-1}$ lorsqu'on prend pour $\mathfrak{P}$ toutes les périodes appartenant de même à ρ, et pour U_μ, pour chaque μ, toutes les matrices satisfaisant à (I).

Comme chez Riemann, on obtient de même des inégalités quadratiques entre les périodes, lorsque ρ est une représentation unitaire, en appliquant le même calcul à l'intégrale de ${}^t\bar{U}\cdot\Omega$ (cf. Shimura, loc. cit., §6); on a en effet, dans ce cas:

$$\frac{1}{i}\int {}^t\bar{U}\cdot\Omega = \frac{1}{i}\iint {}^t\bar{\Omega}\wedge\Omega \geq 0.$$

Si en particulier U a toutes ses périodes nulles, c'est-à-dire si c'est un vecteur holomorphe tel que $U^S = \rho(S)U$, il s'ensuit qu'il est constant et invariant par $\rho(\mathfrak{G})$. C'est ainsi que j'avais trouvé que deux représentations unitaires ne peuvent être équivalentes (au sens de [1938a], p. 69) que si elles sont "semblables" (cf. [1938a], p. 86), c'est-à-dire si elles se déduisent l'une de l'autre par un automorphisme intérieur du groupe unitaire.

C'est encore en me basant sur les notions ci-dessus que j'avais obtenu, pour la dimension de la variété des représentations de $\mathfrak{G}$ dans le groupe linéaire (et dans le groupe unitaire) la "démonstration rigoureuse" dont il est fait mention dans [1938a], p. 76, ligne 2; c'était celle même que j'ai reproduite dans [1964a], p. 156–157, à cela près que là elle a été étendue aux représentations de $\mathfrak{G}$ dans un groupe de Lie quelconque; cf. [1964a]*.

Pour terminer, j'observerai encore que, du point de vue des fibrés vectoriels, la construction des représentations correspondant aux extensions algébriques (éventuellement ramifiées) du corps des fonctions sur une courbe s'interprète algébriquement d'une manière très simple. Une extension galoisienne, de groupe de Galois $\mathfrak{g}$, n'est autre chose en effet qu'un fibré principal à fibre discrète isomorphe à $\mathfrak{g}$; si alors λ est une représentation de $\mathfrak{g}$ dans $GL(r, \mathbf{C})$, on peut faire servir λ à "étendre" le fibré en question à un fibré principal de fibre $GL(r, \mathbf{C})$, qui lui-même détermine un fibré vectoriel. Ces notions semblent jouer un rôle dans certains travaux tout récents sur le "corps de classes non abélien" sur les corps de fonctions à corps de base fini.

[1938b] Zur algebraischen Theorie der algebraischen.Funktionen

Comme on a vu, le théorème de Riemann-Roch était depuis longtemps un de mes principaux thèmes de réflexion; j'entends par là le théorème classique, relatif aux courbes algébriques; son extension aux variétés de dimension quelconque, tentée jadis par les géomètres italiens, n'a été réalisée que bien des années après, et je n'y ai pris aucune part.

Le titre de [1938b] était emprunté à Hecke, qui avait écrit en 1928 (*Werke*, p. 526):

"Letztere [die allgemeine Theorie der algebraischen Funktionen] hat man bisher mit den Methoden der Funktionentheorie... andererseits mit den Methoden der Arithmetik ... behandelt. Eine konsequente "Algebraische Theorie der algebraischen Funktionen" liegt noch nicht vor."

La première méthode est celle de Riemann. Si son efficacité était bien entendu limitée au corps des complexes, elle avait l'immense avantage d'être birationnellement invariante; c'est sur quoi Klein avait toujours insisté, et j'ai déjà dit (v. [1928]*) combien j'avais été influencé par cette idée dès mes premières recherches d'arithmétique. D'ailleurs, une fois acquis les théorèmes d'existence que Riemann tirait du "principe de Dirichlet," cette méthode était déjà très algébrique. Elle consistait en somme à plonger l'espace vectoriel K des fonctions partout méromorphes sur une surface de Riemann donnée (fonctions dont on n'a même pas à supposer l'existence *a priori*) dans l'espace Z des intégrales de 2e espèce. Les théorèmes d'existence montrent en particulier qu'on peut assigner à volonté les "parties polaires" (ou "parties principales") d'une intégrale de 2e espèce; si Z_1 est l'espace des intégrales de 1e espèce, on peut dire que Z/Z_1 s'identifie au quotient de l'espace des "adèles" par celui des "adèles entiers".

La méthode de Dedekind et Weber, traditionnellement dite "arithmétique", était ainsi nommée parce qu'elle était calquée sur celle qui avait servi à Dedekind dans la théorie des corps de nombres algébriques. Dans l'étude d'un corps K de fonctions algébriques, sur un corps de base k, elle mettait au premier plan l'anneau des éléments de K, entiers sur un anneau de polynomes $k[x]$ contenu dans K, et les idéaux de cet anneau, et se privait par là même des avantages que confère à la méthode riemannienne l'invariance birationnelle des moyens qu'elle met en œuvre. On peut en dire autant, à plus forte raison, de la méthode "géométrique" utilisée par Brill et Noether, à la suite de Clebsch, et développée ensuite par les géomètres italiens. D'ailleurs, à l'époque dont il s'agit, on ne pouvait guère encore songer à étendre les méthodes de ceux-ci à d'autres corps de base que celui des complexes. L'avantage de la méthode de Dedekind était de se prêter sans difficulté à une telle extension; c'est donc elle qui fut adoptée par F. K. Schmidt et par Hasse après que la thèse d'Artin (v. ses *Collected Papers*, pp. 1–94), faisant suite à un travail posthume de Kornblum (*Math. Zeitschr.* 5 (1919), pp. 100–111; sur Kornblum, v. la notice due à Landau, *ibid.* p. 100) eut attiré l'attention sur les corps de fonctions algébriques à corps de constantes fini et sur leurs fonctions zêta, et que F. K. Schmidt eut découvert, dans l'équation fonctionnelle de celles-ci, un équivalent partiel du théorème de Riemann-Roch. Les algébristes allemands ne tardèrent pas à trouver là un de leurs sujets favoris; c'est ainsi qu'ils étendirent aux corps en question toute la théorie dite "du corps de classes" et que Hasse donna ses célèbres démonstrations de l'hypothèse dite "de Riemann" pour les corps elliptiques, dont la deuxième, purement intrinsèque, ne semblait rien devoir à la géométrie.

En ce qui concerne le théorème de Riemann-Roch, je me sentais déjà très proche d'une démonstration vraiment algébrique au sens où l'entendait Hecke; le "théorème de Riemann-Roch non homogène" ([1935a], p. 112; [1938a], pp. 58–59) me semblait en contenir la clef. Le séminaire Julia de 1937–38, qui porta sur "*Les fonctions algébriques*" me donna l'occasion de mettre cette idée au point; la démonstration que j'en tirai y fut exposée par Pisot en janvier 1938; elle fait l'objet de [1938b]. Du reste, ce dernier travail finit par où il aurait dû commencer (p. 132–133), je veux dire par la définition d'un anneau $\mathfrak{R}$ (l'anneau des "adèles") attaché à tout corps K de fonctions algébriques, de sa topologie naturelle, et des "idèles" comme éléments inversibles de $\mathfrak{R}$ (cf. [1936i]*); en ce point l'influence des travaux de Chevalley et de mes conversations avec lui est manifeste. Les "différentielles" dont l'introduction était la nouveauté la plus substantielle de ma démonstration ne sont autres que les fonctions linéaires continues sur $\mathfrak{R}$ qui s'annulent sur K. En somme j'avais mis en évidence le rôle essentiel joué par la dualité dans la question, rôle qu'on aperçoit aussi, rétrospectivement, du fait de l'apparition de la différente dans les démonstrations dites arithmétiques. Plus tard le "théorème de Riemann-Roch non homogène" a trouvé sa généralisation naturelle dans le théorème de dualité de Serre (*Comm. Math. Helv.* 29 (1955), pp. 9–26; cf. aussi A. Grothendieck, *Sém. Bourbaki*, n° 149, mai 1957).

Comme l'a fait voir Iwasawa (*Ann. of Math.* 57 (1953), pp. 331–356, §4), on peut exprimer très simplement la démonstration du théorème de Riemann-Roch au moyen de la notion d'espace vectoriel localement linéairement compact, telle qu'elle a été définie par Chevalley dans Lefschetz, *Algebraic Topology* (Chap. II, no. 27). Un tel espace E, sur un corps discret k, est somme directe d'un produit et d'une somme (éventuellement infinis) d'espaces de dimension 1. On peut y attacher, aux sous-espaces X ouverts et linéairement compacts, une fonction $d(X)$ à valeurs dans $\mathbf{Z}$, telle que $\dim_k(X/X') = d(X) - d(X')$ quand $X \supset X'$. Si $k = \mathbf{F}_q$, E est localement compact, et il y a dans E une mesure de Haar μ telle que $\mu(X) = q^{d(X)}$ quand X est comme ci-dessus, donc ouvert et compact. Comme l'observe Iwasawa (*loc. cit.*), l'anneau $\mathfrak{R}$ des "adèles" d'un corps K de fonctions algébriques est un espace localement linéairement compact sur le corps k des constantes; K en est un sous-espace discret (ce dont j'étais trop novice pour m'apercevoir en 1938; v. [1938b], p. 133, ligne 11). Cela posé, à la différence près entre le cas général et le cas $k = \mathbf{F}_q$, la démonstration donnée par Iwasawa du théorème de Riemann-Roch est exactement celle que j'ai insérée plus tard au Chap. VI de ma *Basic Number Theory*, où je regrette de ne pas l'avoir cité à ce propos. Une analyse attentive montrerait qu'au fond elle peut être regardée comme une transcription dans un autre langage de celle qui figure dans [1938b].

[1938c] "Science Française"

Cf. [1955e] et [1955e]*.

[1939a] Sur l'analogie entre les corps de nombres algébriques et les corps de fonctions algébriques

Vers 1938–39, la *Revue Scientifique*, dite "*Revue Rose*," qui depuis longtemps ne faisait guère que végéter, chercha à élever son niveau et à élargir le cercle de ses collaborateurs; peut-être, sans la guerre, aurait-elle réussi à se rapprocher du *Nature* anglais, dont la France n'a jamais eu l'équivalent. Mes amis et moi-même, de notre côté, n'étions pas fâchés de pouvoir échapper au lit de Procruste des *Comptes Rendus* et des périodiques traditionnels. C'est ainsi que Delsarte publia dans la *Revue Rose*, sur l'enseignement et la recherche, trois importants articles (v. ses *Œuvres*, t. I, pp. 543–575), qui n'eurent du reste aucun écho; sans doute le moment n'était-il pas favorable, mais surtout ils n'étaient pas faits pour plaire aux puissants du jour. Pour des raisons bien différentes, ils ne plairaient pas mieux aujourd'hui.

Pour moi, je fus content de pouvoir faire paraître dans la *Revue Rose*, sur des sujets mathématiques, des réflexions qui n'auraient pu trouver place dans des publications de type conventionnel; c'est ce qui donna lieu à [1939a,b] et à [1940c].

La première de ces notes répond aux préoccupations dont il a déjá été question (v. [1938b]*; cf. [1940a]). Depuis la thèse d'Artin, les algébristes de l'école allemande exploraient les analogies entre corps de nombres et corps de fonctions sur les corps finis; à ce diptyque j'avais ajouté pour mon usage un troisième volet, la théorie riemannienne classique, avec laquelle je n'étais pas moins familier. Pour mieux dire (cf. [1940a]), j'aimais à voir là un "texte trilingue" (la "pierre de Rosette" de [1960a]) dont les trois colonnes devaient s'éclairer l'une l'autre, mais dont avant tout il s'agissait de combler les lacunes.

Par exemple, en face du théorème de Riemann-Roch, je cherchais à mettre la propriété correspondante des corps de nombres. Sans doute, si l'on acceptait de ne penser qu'aux corps de fonctions sur les corps finis, on pouvait substituer au théorème de Riemann-Roch l'équation fonctionnelle de la fonction zêta, qui lui est partiellement équivalente. Procédant en sens inverse, j'avais même observé qu'on pouvait formuler un théorème du type "Riemann-Roch" correspondant de même à l'équation fonctionnelle des fonctions L, mais il se trouva que là-dessus j'avais été devancé par un travail rédigé à Hambourg sous la direction d'Artin (J. Weissinger, *Hamb. Abh.* 12 (1938), p. 115). Artin lui-même, paraît-il, avait vu dans la formule de transformation de la fonction thêta (point crucial de la démonstration de Hecke pour l'équation fonctionnelle dans les corps de nombres) une sorte d'équivalent du théorème de Riemann-Roch.

Dans ma note [1939a], je mis en évidence une correspondance qui me parut plus satisfaisante parce qu'elle portait sur les trois colonnes de mon "texte trilingue";

bien entendu c'est la dualité dans le groupe additif des adèles (cf. [1938b]*) qui apparaît là, ainsi que dans la formule des traces démontrée dans la seconde partie de ma note. Compte tenu des principes élémentaires de la théorie de la mesure, le calcul qui donne l'analogue du genre pour les corps de nombres n'est rien autre que le calcul du volume de A_K/K, si A_K est l'anneau des adèles de K (cf. [1967c], Chap. V).

Est-il besoin d'ajouter que je ne perdais pas de vue la dualité dans le groupe multiplicatif (le groupe des "idèles")? Elle intervient brièvement au début de ma note, à propos de la norme; c'est à elle qu'il est fait allusion dans [1938a], p. 87, et dans [1938b], p. 133, à propos d'un analogue de la loi de réciprocité dans le cadre "riemannien". D'après des notes que j'ai conservées, j'en voyais l'essentiel dans l'intégrale $\iint d(\log f) \wedge d(\log g)$ prise dans l'intérieur du polygone fondamental (cf. [1938a]*), où, ce qui revient au même, l'intégrale $\int (\log f) d(\log g)$ prise sur le contour de celui-ci, lorsque f et g sont des fonctions multiplicatives (cf. [1928], § 12). Dans le cas ramifié, on obtient ainsi une relation bilinéaire entre les périodes (y compris les "périodes logarithmiques") de log f et log g, où, non sans raison, je voyais une sorte de loi de réciprocité. On trouve ainsi en particulier la relation $f((g)) = g((f))$ lorsque f et g appartiennent au corps des fonctions sur la courbe (cf. [1940b]* et [1942]).

[1939b] Les groupes à p^n éléments

Au course de plusieurs séjours à Cambridge, j'avais fait la connaissance de Ph. Hall et j'avais été vivement frappé par ses travaux sur les groupes finis et en particulier les p-groupes; le petit livre de Zassenhaus avait contribué à l'intérêt que j'y prenais. J'étais toujours aussi à la recherche d'analogies profitables (cf. [1935e]); il y en a une assez évidente entre groupes finis nilpotents et groupes de Lie unipotents (ou "de rang zéro," comme on disait jadis), et les travaux de Ph. Hall permettaient de lui donner un contenu précis. En même temps je trouvais là l'occasion de me familiariser avec les notions d'extension centrale et de systèmes de facteurs; dans la note ci-dessus, celles-ci sont implicites dans les démonstrations (par récurrence sur la "classe") qui en forment l'arrière-plan. J'apercevais même confusément que les caractères d'un groupe, puis ses systèmes de facteurs, forment le début d'une série qu'on devait pouvoir prolonger; je me souviens d'avoir dit à un ami, vers 1937, que je cherchais à définir "les nombres de Betti d'un groupe fini", donc, en termes modernes, des groupes de cohomologie. Cela semblait étrange alors; mais, comme on sait, ce pressentiment se trouva bientôt justifié.

Cette note contient une sérieuse erreur que Michel Lazard m'a signalée; c'est l'assertion introduite au §2 par les mots "on vérifie facilement". Comme le montrent, dès la classe 3, les exemples les plus simples, les polynomes qui expriment les coordonnées de $z = xy$ en fonction de celles de x et y ne sont pas à coefficients entiers; ils sont seulement à valeurs entières pour les valeurs entières rationnelles des arguments. De ce fait, les assertions du §4 perdent toute validité. Cf. la thèse de Lazard (*Ann. E.N.S.* 71 (1954), pp. 101–190).

[1940a] Une lettre et un extrait de lettre à Simone Weil

Au début de 1940, un différend avec les autorités françaises au sujet de mes "obligations" militaires fut cause que je séjournai de février à mai à la prison militaire de

Rouen, dite "Bonne Nouvelle" du nom du quartier de Rouen où elle se situait. En attendant de comparaître devant le tribunal, j'y jouissais d'une grande tranquillité, que finirent par m'envier mes camarades mobilisés. J'y entretenais une abondante correspondance, mathématique et autre, avec mes amis et ma famille. Les lettres que ma sœur m'y adressa ont été en grande partie publiées (v. Simone Weil, *Sur la science*, Gallimard 1966, pp. 211–252); de mes réponses il a été reproduit dans ce volume un extrait de l'une et le texte à peu près complet d'une autre. Quant à l'esquisse d'histoire de la théorie des nombres qui forme l'essentiel de celle-ci, on notera qu'elle a été écrite de mémoire sans l'aide d'aucune documentation; cela excusera, je pense, d'évidentes lacunes et quelques affirmations hasardeuses. J'eus tort de dire, même en 1940, que la théorie des formes quadratiques à plus de 2 variables avait eu "peu d'influence sur la marche générale de la théorie des nombres"; ce serait encore plus faux à présent. Pour Hilbert, au lieu de faire mention d'un obscur compte-rendu, j'aurais dû citer le texte de son XIIe problème, qui est tout à fait explicite sur les analogies dont j'entendais parler. Sur le "texte trilingue," cf. [1939a]* et [1960a].

[1940b] Sur les fonctions algébriques à corps de constantes fini

A Bonne-Nouvelle, j'étais ravitaillé en livres, un peu par la bibliothèque de l'établissement (vu les circonstances, elle n'était pas à dédaigner), mais aussi par les visites périodiques de ma famille. Sur le plan mathématique, j'étais surtout livré à mes propres réflexions. Peut-être avais-je à ma disposition le livre si suggestif de Lefschetz, *La Géométrie Algébrique et l'Analysis Situs*; en tout cas ce livre me tint compagnie un peu plus tard, quand je me retrouvai sous l'uniforme militaire en mai 1940.

En géométrie algébrique j'étais resté fort ignorant, malgré mes contacts avec les géomètres italiens en 1925–1926. J'avais dans ma bibliothèque, à Paris, le *Trattato* de Severi, mais je ne le connaissais que superficiellement, et point du tout l'œuvre de Castelnuovo; du *Trattato* je crois que j'avais surtout retenu la définition de l'anneau des correspondances, notion féconde qui allait tenir une grande place dans mes recherches. Mais je savais aussi que les questions de points fixes et de points de coïncidence de correspondances avaient, depuis Chasles et de Jonquières, joué un rôle capital en géométrie énumérative dès le siècle dernier. Surtout j'avais, dès l'Ecole Normale, étudié le mémoire classique de Hurwitz sur le même sujet (*Werke*, I, 163–188 = *Math. Ann.* 28 (1886)); c'est là (§10, pp. 178–180) que s'est trouvé établi pour la première fois le lien entre le nombre de points fixes d'une correspondance X sur une courbe C et la trace de la matrice par laquelle s'exprime l'action de X sur une base d'homologie de la surface de Riemann, ou, ce qui revient au même, de la jacobienne de C. Ce résultat ne nous apparaît plus aujourd'hui que comme un cas particulier du théorème de Lefschetz; mais Lefschetz, lorsqu'il obtint sa célèbre formule des points fixes (*Trans. A.M.S.* 28 (1926), pp. 1–49) a pu s'inspirer de Hurwitz (qu'il cite, p. 49) tout autant que des topologues dont il prenait la suite.

Je ne puis guère, à plus d'un tiers de siècle de distance, prétendre reconstituer avec certitude ma démarche de 1940; je vais m'y essayer cependant. Je dus me mettre d'abord à la recherche d'un analogue classique (cf. [1940a]) de l'hypothèse de Riemann. J'étais bien préparé du reste par mes réflexions antérieures (cf. p. ex. [1936i] et [1939a]*) à ne pas m'arrêter à la fonction zêta et à étendre cette recherche aux fonctions L, y compris les fonctions non abéliennes d'Artin. L'idée décisive fut assurément de voir qu'il s'agissait là de points fixes et de points de coïncidence de correspondances.

Depuis longtemps je suivais de près les travaux de G. de Rham. Je m'étais familiarisé avec sa notion de "courant", telle qu'il l'avait exposée par exemple dans sa conférence au colloque de Genève en 1935 (*Enseign. Math.* 35 (1936), pp. 213–228; cf. [1936d]*), et j'avais pris l'habitude, chaque fois que je rencontrais une question d'homologie (ou de cohomologie, comme on dirait plutôt aujourd'hui), de la soumettre au calcul par le moyen des formes différentielles; il s'y perdait la torsion, mais le plus souvent cela ne m'importait guère. C'est à cette même méthode, si ma mémoire ne me trompe, que je recourus pour m'assurer, dans le cas classique, de la validité du "lemme important" de ma note. Soit $J(\Gamma)$ la jacobienne de la courbe Γ; soit f l'application canonique (définie à une translation près) de Γ dans $J(\Gamma)$; si $\mathfrak{m} = \sum m_i P_i$ est un diviseur sur Γ, on écrira pour abréger $f(\mathfrak{m}) = \sum m_i f(P_i)$. Soit W la sous-variété de $J(\Gamma)$, image par f de l'ensemble des diviseurs $P_1 + \cdots + P_{g-1}$; à une translation près, c'est la variété des zéros de la fonction thêta de Riemann. Comme dans le lemme, soit C une correspondance sur Γ; elle détermine sur l'ensemble des classes de diviseurs de degré 0 sur Γ, donc sur $J(\Gamma)$, un endomorphisme L. Il est immédiat alors que la correspondance C_1 du lemme est celle qui fait correspondre à tout point M de Γ le diviseur positif $C_1(M)$ de degré g déterminé par $f[C_1(M)] = L[f(M)] + a$, où a est constant et choisi "génériquement" sur $J(\Gamma)$; il résulte même de la théorie classique que cette relation détermine $C_1(M)$ d'une manière unique pour tout M sur Γ. Soit d'ailleurs J l'automorphisme $z \to iz$ du revêtement universel de $J(\Gamma)$, celui-ci étant identifié avec l'espace vectoriel tangent à $J(\Gamma)$ en 0 et muni de sa structure complexe naturelle; si L est comme ci-dessus, il est clair que L est compatible avec cette structure, donc permutable avec J; réciproquement, si un endomorphisme L de $J(\Gamma)$ est permutable avec J, la construction ci-dessus détermine une correspondance C_1 à laquelle L est attaché comme on a dit.

Avec ces notations, on voit que l'entier m_2 du lemme est le nombre d'intersection de la courbe $L[f(\Gamma)]$ avec une translatée générique de la variété W; ce nombre est strictement positif si $L \neq 0$; il se calcule aisément dès qu'on connaît, au sens de la théorie des courants, les formes différentielles respectivement "homologues" à W et à $f(\Gamma)$, puisque de celle-ci on déduit aussitôt celle qui appartient de même à $L[f(\Gamma)]$. Or l'une et l'autre de ces formes s'écrivent immédiatement au moyen de la matrice d'intersection B des cycles sur la surface de Riemann de Γ; c'est là un exercice facile avec lequel j'étais familier, je crois, bien avant 1940. On trouve ainsi $2m_2 = \mathrm{tr}(L \cdot B^{-1} \cdot {}^tL \cdot B)$.

En même temps, afin de me mettre en état de revenir quand je voudrais à la caractéristique p, je repris l'idée d'utiliser systématiquement les classes de diviseurs d'ordre fini sur la courbe, ou autrement dit les points d'ordre fini de la jacobienne. Dès ma thèse (cf. dans celle-ci le §14 bis) j'avais vu là un moyen privilégié pour interpréter algébriquement la matrice B, et mes réflexions sur des analogues de la loi de réciprocité (cf. [1939a]*) m'avaient confirmé dans ces vues. Certes je ne pouvais encore imaginer qu'un jour on définirait, en toute caractéristique et pour toute dimension, des groupes de cohomologie pour les variétés algébriques, et que le groupe des points d'ordre fini de la jacobienne apparaîtrait alors comme le premier cas particulier non trivial de cette notion. Néanmoins mon sentiment était juste, et je n'avais, pour en tirer parti, qu'à reprendre les formules qui m'étaient connues (cf. [1939a]*) au sujet de l'intégrale $\int(\log f)d(\log g)$, dans le cas où f, g sont des fonctions multiplicatives dont tous les multiplicateurs sont racines m-ièmes de l'unité; si alors on désigne par $\mathfrak{c}$, $\mathfrak{c}'$ leurs diviseurs et qu'on pose $\varphi = f^m$, $\varphi' = g^m$, on obtient précisément, dans le cas classique, la formule de ma note relative à $\lg(\mathfrak{c}, \mathfrak{c}')_m$. Un calcul simple, qu'on trouvera dans [1942], §13, montre alors que, si C' se déduit de C par l'échange des deux facteurs de $\Gamma \times \Gamma$, et si L' se déduit de C' comme L de C, on a $B \cdot L' \equiv {}^tL \cdot B \bmod m$ quel que soit m, donc $L' = B^{-1} \cdot {}^tL \cdot B$, d'où, compte tenu de ce qui précède, la formule $2m_2 = \mathrm{tr}(LL')$ du lemme. Je retrouvais ainsi à mon insu (car j'ignorais tout de la théorie des matrices de Riemann) à la fois l'antiautomorphisme $L \to L'$ (dit "de Rosati") et la positivité de $\mathrm{tr}(LL')$ (cf. [1941]*).

Quant à déduire du lemme la formule de Hurwitz sur le nombre de points fixes de C, cela peut se faire par un raisonnement simple de géométrie énumérative lorsqu'on applique le lemme à C et à $C - \Delta$ (où Δ est la diagonale). Est-ce ainsi que je procédai, et avais-je momentanément oublié la formule de Hurwitz? Je ne sais; je croirais plutôt que je désirai réduire au minimum le nombre des résultats dont la transposition en caractéristique p allait devenir nécessaire.

A cet égard, la tâche qui s'offrait à moi était assez substantielle et devait me tenir occupé pendant plusieurs années. J'avais admis provisoirement qu'il y a m^{2g} classes de diviseurs d'ordre m quand m est premier à la caractéristique; mais je savais bien qu'il y avait là un point faible de ma méthode. Surtout le lemme, en caractéristique p, ne reposait que sur une analogie sans aucune force probante.

En d'autres circonstances, une publication m'aurait paru bien prématurée. Mais, en avril 1940, pouvait-on se croire assuré du lendemain? Il me sembla que mes idées contenaient assez de substance pour ne pas mériter d'être en danger de se perdre. Si j'en crois Dieudonné, qui vit Hasse à Paris quelques mois plus tard, celui-ci s'en montra fort scandalisé. Le compte-rendu qui parut au *Jahrbuch* de 1940 observa gravement qu'au "lemme important" près, dont il "convenait d'attendre la démonstration", la note n'avait rien à apprendre "aux algébristes allemands". Faut-il en conclure que l'esprit de ceux-ci avait été quelque peu grisé par les succès de leurs généraux?

Sur un point en tout cas ma note risquait d'induire en erreur en introduisant deux matrices A et B là où en réalité, comme je m'en aperçus bien des années plus tard, il n'y en a qu'une seule (cf. K. Iwasawa, *Ann. of Math.* 98 (1973), pp. 247 et 324–325). Pour abréger, je suivrai les notations de ma note, et en particulier celles qui servent à définir A; je poserai aussi $Q = q^n$ et $\tau = \sigma^n$, c'est-à-dire que τ est l'automorphisme de $\bar{K}$ sur K_n qui induit $\omega \to \omega^Q$ sur $\bar{k}$; $\mathfrak{c}$, $\mathfrak{d}$, φ sont invariants par τ. Soit $\mathfrak{m}$ un diviseur sur $\bar{K}$ tel que $\mathfrak{m}^{Q-1} \sim \mathfrak{c}$; soit $\psi \in \bar{K}$ tel que $(\psi) = \mathfrak{m}^{Q-1}\mathfrak{c}^{-1}$. On a:

$$\varphi((\psi)) = \varphi(\mathfrak{m})^{Q-1}\varphi(\mathfrak{c})^{-1} = \varphi(\mathfrak{m})^{\tau-1}\varphi(\mathfrak{c})^{-1}.$$

Posons encore $\theta = \psi^{\tau - 1}$, d'où $(\theta) = \mathfrak{m}^{(\tau - 1)(Q - 1)}$, puis:

$$\psi((\varphi)) = \psi(\mathfrak{d})^{Q-1} = \psi(\mathfrak{d})^{\tau - 1} = \theta(\mathfrak{d}).$$

La formule de réciprocité $\varphi((\psi)) = \psi((\varphi))$, déjà implicite dans la note (cf. [1942], §12), donne alors:

$$\varphi(\mathfrak{c}) = \varphi(\mathfrak{m}^{\tau - 1})\theta(\mathfrak{d})^{-1} = (\mathfrak{d}, \mathfrak{m}^{\tau - 1})_{Q-1}$$

et par suite, d'après la définition de B:

$$\lg \varphi(\mathfrak{c}) \equiv (Q - 1)\,{}^t\mathbf{b} \cdot B \cdot H(\mathfrak{m}^{\tau - 1}) \mod 1.$$

Mais τ détermine l'automorphisme I^n sur le groupe des classes de diviseurs d'ordre premier à p. On a donc, toujours avec les mêmes notations:

$$H(\mathfrak{m}^{\tau - 1}) \equiv (I^n - 1) \cdot H(\mathfrak{m}) \mod 1,$$

ce qui donne:

$$\lg \varphi(\mathfrak{c}) \equiv {}^t\mathbf{b} \cdot B \cdot (I^n - 1) \cdot (Q - 1) \cdot H(\mathfrak{m}) \mod 1;$$

on a aussi:

$$(Q - 1) \cdot H(\mathfrak{m}) \equiv H(\mathfrak{m}^{Q-1}) \equiv H(\mathfrak{c}) \equiv \mathbf{a} \mod 1,$$

et d'autre part, puisque $I' = B^{-1} \cdot {}^tI \cdot B = q \cdot I^{-1}$:

$$B \cdot (I^n - 1) = (Q \cdot {}^tI^{-n} - 1) \cdot B.$$

Or on a par hypothèse $(Q - 1)\mathbf{b} \equiv 0$ et $(I^n - 1)\mathbf{b} \equiv 0 \mod 1$. Il s'ensuit que ${}^t\mathbf{b}.\ B \cdot (I^n - 1) \equiv 0 \mod 1$, d'où finalement

$$\lg \varphi(\mathfrak{c}) \equiv {}^t\mathbf{b} \cdot B \cdot (I^n - 1) \cdot \mathbf{a} \mod 1,$$

c'est-à-dire $A = B$. Si l'on tient compte du fait (expliqué dans [1942]; §14) que dans ma note les propriétés de la matrice A reposaient sur la théorie du corps de classes pour le corps K, on pourra observer que, réciproquement, la relation $A = B$ qu'on vient de vérifier renferme une démonstration d'une partie tout au moins de cette même théorie. Ce même programme, comme on sait, a été réalisé d'une manière beaucoup plus complète, principalement par Serge Lang (cf. J.-P. Serre, *Groupes algébriques et corps de classes*, Hermann, Paris 1959).

[1940c] Calcul des probabilités, méthode axiomatique, intégration

Non seulement la rédaction de mon livre sur l'intégration dans les groupes, mais aussi le programme de travail de N. Bourbaki m'avaient amené à réfléchir sur les bases de la théorie de l'intégration. Depuis les origines de celle-ci chez Fermat, Pascal, Barrow, le débat s'est poursuivi entre l'intégrale et la mesure; s'il a toujours été évident que ces notions sont équivalentes, il faut bien, ne serait-ce que pour les nécessités de l'exposition, donner la priorité à l'une ou à l'autre, et c'est sur quoi les mathématiciens ne sont jamais bien tombés d'accord. Sous l'influence de Lebesgue, et en dépit du titre ("*Leçons sur l'Intégration*") de son principal ouvrage, l'accent avait été mis longtemps sur la mesure; une structure autonome d'"espace mesuré" semblait s'être dégagée des travaux de Carathéodory, Saks, von Neumann. C'est dans cet esprit que Dieudonné avait soumis à Bourbaki, vers 1937, un exposé déjà assez complet, un peu dans le genre du livre que Halmos (sans en avoir aucunement connaissance, bien entendu) devait consacrer au même sujet par la suite.

Pour moi, je m'étais persuadé qu'il convenait de prendre pour point de départ l'intégration des fonctions continues, ce qui supposait au préalable une topologie, compacte ou du moins localement compacte. J'allais même jusqu'à dénier toute raison d'être aux fonctions et ensembles mesurables, ne voyant dans ceux-ci qu'un moyen détourné de donner un support concret à la complétion de l'espace des fonctions continues, telle qu'elle résulte par exemple du théorème de Fischer-Riesz. Dans cet esprit, je voulais qu'on se bornât aux espaces localement compacts, qu'on y étudiât les fonctionnelles linéaires continues sur l'espace des fonctions continues à support compact, et qu'on tirât tout le reste de là par complétion. Cette conception, assurément trop extrême, me semblait justifiée par mes résultats sur les groupes; non seulement j'avais trouvé qu'il y a à peu près équivalence entre "groupes mesurés" et groupes localement compacts (cf. [1936g], et [1940d], App. I), mais aussi j'avais pu notablement simplifier ma démonstration de 1935 sur l'existence et l'unicité de la mesure de Haar en y substituant les fonctions continues à support compact aux fonctions caractéristiques de voisinages de l'élément neutre, après quoi la mesure proprement dite en avait disparu.

En Finlande, pendant l'été et l'automne de 1939, j'avais rédigé pour Bourbaki un premier projet sur l'intégration, que je reconstituai en partie pendant mon séjour à Bonne-Nouvelle. Par la suite, Bourbaki s'y rallia partiellement en limitant aux espaces localement compacts sa théorie de la mesure et de l'intégrale, tout en faisant leur place aux fonctions et ensembles mesurables. Mais il ne voulut pas voir qu'il tombait ainsi dans l'illogisme, puisqu'il se privait de reconnaître l'existence d'une structure induite sur une partie mesurable d'un espace localement compact chaque fois que cette partie n'est pas elle-même localement compacte; or tout ce qu'on peut en dire en général, en vertu du théorème de Lusin, c'est qu'elle contient, en un sens évident, "assez" de parties compactes. Le malheur voulut aussi que Bourbaki, en n'assujetissant ses espaces à aucune condition de dénombrabilité à l'infini, se condamnât à des distinctions byzantines, comme celle entre "presque partout" et "localement presque partout", qui rendent fort pénible l'emploi de son intégration. J'ai fini par penser qu'on obtiendrait une théorie plus efficace et plus cohérente en traitant d'abord, comme le fait Bourbaki, de l'intégrale et de la mesure dans les espaces compacts, puis en introduisant la catégorie des ensembles munis d'une famille $\mathfrak{F}$ de parties dont chacune porte une topologie compacte et une mesure; il n'y faudrait que deux axiomes, l'un prescrivant que $\mathfrak{F}$ est fermée par rapport à l'intersection et la réunion finies, l'autre disant que, si $X \in \mathfrak{F}$, $X' \in \mathfrak{F}$, et $X \supset X'$, alors X' porte la topologie et la mesure induites par celles de X. Non seulement cette notion s'applique bien à toute partie mesurable d'un espace mesuré compact ou localement compact, mais je crois qu'elle convient aussi aux problèmes modernes du calcul des probabilités. En fait, c'est justement pour cette dernière raison que Bourbaki finit par adopter une idée assez voisine de celle-là au Chapitre IX de son Intégration.

En 1940 on n'en était pas là. Mais Khintchine et Kolmogorov avaient démontré, d'une manière entièrement convaincante, que les fondements du calcul des probabilités sont identiques à ceux de la théorie de la mesure et de l'intégration, de sorte qu'en 1939, quand la *Revue Rose* me demanda le compte-rendu de quelques ouvrages sur les probabilités où s'exprimaient des vues tout contraires à celle-là, j'y vis l'occasion de leur donner le coup de grâce, si je pouvais, et en même temps d'esquisser mes idées sur l'intégration. Je rédigeai ce compte-rendu en 1939; j'en reçus les épreuves en 1940 à Bonne-Nouvelle; le premier fascicule des *Eléments* de Bourbaki venait tout juste de paraître. Il me fut suggéré de refondre mon article, d'en ôter les aspects trop directement polémiques et d'y supprimer toute mention des médiocres ouvrages qui en avaient fourni le prétexte. C'est ainsi qu'il parut et qu'il a été reproduit dans ce volume.

[1940d] L'intégration dans les groupes topologiques et ses applications

Cet ouvrage avait été entrepris en 1935 et destiné d'abord au *Mémorial des Sciences Mathématiques* que dirigeait H. Villat (cf. [1935c]*); je lui en remis le manuscrit complet à la fin de 1936, avant mon départ pour l'Amérique. Le règlement portait qu'un fascicule du *Mémorial* ne pouvait dépasser 64 pages. Villat me proposa de couper mon ouvrage en deux et d'en faire deux fascicules; j'y consentis à regret.

Rentré d'Amérique, je constatai en octobre 1937 que mon manuscrit dormait dans les cartons de Gauthier-Villars d'un sommeil paisible que rien ne semblait devoir interrompre; je me sentis délié de mes engagements envers Villat.

J'ai déjà dit (cf. [1935b]*) les liens d'estime et d'amitié qui s'étaient noués entre Freymann et moi. Il était convenu qu'il serait l'éditeur de Bourbaki; il ne s'en était pas laissé détourner par les sarcasmes de sorbonnards qui affectaient de n'y voir rien d'autre qu'un canular normalien. Je retirai mon manuscrit de chez Gauthier-Villars sous prétexte de le remanier, et le portai à Freymann. Je n'y touchai plus, sinon pour insérer une ou deux références dans la bibliographie; mais l'impression traîna. J'avais désiré l'offrir à Elie Cartan le jour de son jubilé scientifique; celui-ci fut célébré le 18 mai 1939, mais c'est seulement l'été suivant, en Finlande, que je terminai la correction des premières épreuves (les "placards"). Ensuite Freymann décida d'attendre mon retour en France avant d'aller plus loin. Ainsi ce fut à Bonne-Nouvelle que je corrigeai les secondes épreuves; j'y composai ("de cette retraite d'où je vous écris") la dédicace à Elie Cartan et j'y donnai le bon à tirer.

Dans cette "retraite", ma sœur m'avait fait porter les *Mémoires* de Retz; c'était l'un de ses auteurs favoris, et je le lisais sur sa recommandation. C'est sous cette impression que j'adoptai le style Louis XIII pour ma dédicace, qui fit l'objet d'un minutieux examen de la part de ma sœur, quant au fond et surtout quant à la forme. J'eus à insister pour le "Monsieur Monsieur" et autres archaïsmes qui risquaient d'être peu compris ou même mal interprétés. A l'abri de cet écran je crus pouvoir être sincère sans paraître brutal; que cela pût me faire taxer d'affectation ne m'importait guère.

Je n'ai pas à m'appesantir ici sur les événements qui suivirent, qui me transportèrent de Rouen dans le Cotentin, de là en Angleterre, puis à Marseille, à Clermont-Ferrand où l'université de Strasbourg avait pris refuge, puis de nouveau à Marseille d'où je m'embarquai en janvier pour les Etats-Unis, via la Martinique. Avant ce départ, mon livre avait enfin paru. Il avait été destiné aux Publications de l'Institut Mathématique de Strasbourg, mais il fallait tenir compte des susceptibilités de l'occupant; c'est pourquoi Clermont figura sur la page de titre. Du moins je pus en emporter en Amérique deux ou trois exemplaires, en même temps que le premier fascicule de Bourbaki. C'était le fascicule de résultats de la théorie des ensembles; il n'était pas encore muni du frontispice qui, à partir de 1950, fit l'ornement des tirages suivants, et qui a pu intriguer quelques lecteurs; c'était la photographie (rapportée par moi d'Olympie) de la célèbre métope où Hercule, sous l'œil sévère d'Athéna, procède au nettoyage des écuries d'Augias.

Pour mettre fin au récit des vicissitudes de mon ouvrage, j'ajouterai qu'aux Etats-Unis quelques mathématiciens, profitant de la législation du temps de guerre, firent reproduire en une édition "pirate" (mais légale) l'un de mes exemplaires. A son tour Kakutani, renvoyé au Japon après Pearl Harbor, emporta un exemplaire de celle-ci, qui fut la source d'une édition ("pirate" au second degré) au Japon. En revanche je crois que mon livre n'atteignit l'Union Soviétique que lorsqu'Elie Cartan l'apporta à Moscou, ainsi que les premiers volumes de Bourbaki, dans l'été de 1945. A ce moment, non seulement le livre de Pontrjagin avait paru depuis longtemps, mais surtout une bonne partie du sujet avait été renouvelée d'une manière décisive par les célèbres travaux de Gelfand sur les algèbres normées.

Sur le contenu même du livre, j'ai peu de chose à ajouter à ce qui a été dit plus haut (cf. [1935c]*, [1936d]*, [1936f,g]*). Je l'avais entrepris surtout avec l'espoir d'ouvrir la voie à une généralisation de la théorie des représentations des groupes finis et des groupes compacts; non seulement je n'atteignis pas la terre promise des représentations de dimension infinie, mais je m'arrêtai avant même de l'entrevoir. Je me décourageai trop tôt quand je vis que les coefficients des représentations de degré fini des groupes de Lie simples non compacts ne sont pas de carré intégrable; cela empêche, si on se propose d'explorer les représentations dans L^2, d'avancer du connu vers l'inconnu. Peut-être, pour une démarche aussi hardie, fallait-il l'esprit sans préjugé d'un physicien; ce sont bien en effet Dirac, Wigner, Bargmann qui ont ouvert la voie à cet égard, à propos du groupe de Lorentz.

Quant au reste, mon livre n'était pas sans contenir quelques innovations; mais la nouveauté en tenait peut-être surtout à l'esprit dans lequel il avait été conçu, et à sa "philosophie," pour employer un mot que quelques mathématiciens ont remis à la mode. Par tempérament je suis né arithméticien et algébriste, quelque peu géomètre, point du tout analyste. Le vrai analyste, pour se sentir à son aise, aime à disposer d'un arsenal d'instruments de précision, prêts à se fausser au moindre geste maladroit. Pour moi, dès qu'il s'agit d'analyse, mon instinct va à réduire cet attirail à un nombre aussi petit que possible d'outils grossiers mais robustes dont le mode d'emploi tienne en quelques règles simples; une fois ce résultat atteint, l'algébriste en moi peut reprendre le dessus. Dans mon livre, c'est avant tout un tel outillage que je voulus forger pour la théorie des groupes localement compacts; j'y mis par exemple la mesure ou plutôt l'intégrale invariante dans les groupes et espaces homogènes, le produit de composition, la dualité, la transformation de Fourier, la sommation de Poisson, le tout muni de ses règles d'emploi et débarrassé des restrictions artificielles qui jusque là en avaient quelque peu limité l'usage. L'accueil qu'y fit le public mathématique a montré que cela répondait à un besoin.

Malgré tout le soin que j'y apportai, le livre (est-il besoin de le dire ?) n'était pas exempt d'erreurs; je me suis efforcé de les corriger, ou tout au moins de les signaler, dans la 2ᵉ édition (Hermann, 1953). La plus fâcheuse concernait la démonstration du théorème de dualité au §28; je crois que la rectification que j'en ai donnée dans les *errata* de la 2ᵉ édition (p. 159) est satisfaisante; en tout cas, nombre de travaux parus depuis 1940 ont mis le résultat hors de doute.

[1941] On the Riemann hypothesis in function-fields

Arrivé à New York en mars 1941, et à Princeton peu après, j'y retrouvai mes amis Chevalley et Siegel, et bien d'autres. Quand Hermann Weyl sut dans quelles circonstances j'avais écrit ma note [1940b], et que ma démonstration de l'hypothèse de Riemann restait incomplète, il m'offrit plaisamment d'user de son influence pour me faire remettre en prison afin que j'achève mon travail dans les meilleures conditions.

A la lumière de nos connaissances actuelles, on peut dire que deux voies s'ouvraient pour démontrer l'hypothèse de Riemann sur les courbes. On pouvait en traiter comme d'un problème arithmétique, sans perdre de vue à aucun moment le fait que le corps de base est un corps fini; c'est en somme ce qu'avait fait Hasse dans le cas elliptique, et ce qu'a fait Deligne dans sa solution du même problème pour les variétés; on peut en dire autant de l'ingénieuse idée de Stepanov pour les courbes, si brillamment mise au point par Bombieri (*Sém. Bourb.* nº 430, Juin 1973). On peut d'autre part ramener le problème à une question de pure géométrie algébrique et traiter celle-ci directement en tant que telle. En 1940 je n'avais pas nettement pris parti entre ces deux voies; c'est dans la seconde que je m'engageai en 1941.

Au sujet de la géométrie algébrique, il régnait encore quelque confusion dans les esprits. Un nombre croissant de mathématiciens, et parmi eux les adeptes de Bourbaki, s'étaient convaincus de la nécessité de fonder sur la théorie des ensembles toutes les mathématiques; d'autres doutaient que cela fût possible. On nous objectait le calcul des probabilités (cf. [1940c]), la géométrie différentielle, la géométrie algébrique; on soutenait qu'il leur fallait des fondations autonomes, ou même (confondant en cela les nécessités de l'invention avec celles de la logique) qu'il y fallait l'intervention constante d'une mystérieuse intuition. Mais il était devenu de plus en plus difficile de conserver à l'égard de celle-ci une confiance illimitée; trop de fissures apparaissaient, donnant à craindre que l'édifice ne s'écroulât au prochain choc. C'est ce qu'avait éprouvé Zariski lorsqu'il rédigea son célèbre volume *Algebraic Surfaces*, dont le but avoué avait été avant tout l'examen critique des principales découvertes des géomètres italiens dans leur domaine de prédilection.

Le remède ne pouvait venir que d'une adhérence stricte aux principes de l'algèbre; encore fallait-il décider de quel côté se tourner. Emmy Noether, Hasse et leurs élèves, fidèles à la tradition de Dedekind, et induits en erreur peut-être par l'insistance excessive des Italiens sur la recherche d'invariants birationnels "absolus", donnèrent la priorité à l'étude des corps de fonctions algébriques (à engendrement fini sur le corps de base); leur intransigeance à cet égard ne finit par céder qu'à celle de l'école des schémas; tous ces débats sont heureusement oubliés à présent. Pour leur justification ils pouvaient alléguer d'abord le plein succès de leur méthode dans la théorie des courbes (cf. [1951c]), et aussi le fait que les méthodes géométriques classiques ne semblaient concevables que pour des variétés projectives "lisses" (c'est-à-dire sans singularités) définies sur le corps **C** des complexes. Les Italiens avaient commencé par admettre, provisoirement sans justification plausible, l'existence de tels modèles pour tout corps de fonctions algébriques sur **C**; mais, même en dimension 2, ils ne réussirent jamais à en donner une démonstration complète. C'est à ce problème, comme on sait, que Zariski a consacré une part notable de ses recherches, en se bornant du reste à la caractéristique 0; ses propres travaux, par exemple sur le théorème de Bertini, l'avaient longtemps porté à attribuer un caractère foncièrement pathologique à la géométrie algébrique en caractéristique p.

Quoi qu'il en soit, dès qu'il existe un modèle lisse pour un corps de dimension >1, il en existe une infinité qui ne sont pas isomorphes les uns aux autres; ce fait évident n'a pas peu contribué longtemps à la confusion sur ce sujet. Pour n'en prendre qu'un exemple qui eut une importance capitale pour moi à partir de 1940, la jacobienne $J(\Gamma)$ d'une courbe Γ de genre g est birationnellement équivalente au produit symétrique de Γ par elle-même g fois; de là à définir $J(\Gamma)$ comme "variété algébrique", c'est-à-dire, dans l'esprit du temps, comme variété projective lisse, il y a loin (cf. [1954g] et [1954g]*); on ne savait le faire qu'à l'aide des fonctions thêta. En 1940 j'avais jugé opportun de substituer à la jacobienne le groupe de ses points d'ordre fini. Mais je commençais à apercevoir qu'une notable partie de la géométrie italienne reposait exclusivement sur la théorie des intersections. Les travaux de van der Waerden, bien qu'ils fussent restés bien en deçà des besoins, donnaient lieu d'espérer que le tout pourrait un jour se transposer en caractéristique p sans modification substantielle. En particulier, mon "lemme important" de 1940 semblait dépendre avant tout de la théorie des intersections sur la jacobienne; c'est donc celle-ci qu'il me fallait.

En ce printemps de 1941, je vivais à Princeton d'une petite subvention de la fondation Rockefeller que m'avait procurée le biochimiste Louis Rapkine; c'était à tous égards un homme de grande valeur; j'avais coutume de l'appeler saint Louis Rapkine; il est mort en 1948, à 44 ans seulement. Je travaillais souvent dans le bureau de Chevalley à Fine Hall; bien entendu il était au courant de mes tentatives pour "définir" la jacobienne, c'est-à-dire pour en construire algébriquement un plongement projectif. Un jour, entrant chez lui, je le surpris en lui disant qu'il n'en était nul besoin; sur la jacobienne tout se ramène à des propriétés locales, et un morceau de jacobienne, joint à la propriété de groupe (l'addition des classes de diviseurs) y suffit amplement. L'idée m'en était venue sur le chemin de Fine Hall. C'était à la fois la notion de "variété abstraite" qui venait de prendre forme, et la construction de la jacobienne en tant que groupe algébrique, telle qu'elle figure dans [1948b].

Cette idée était moins originale que je ne le croyais. Beaucoup plus tard je la retrouvai, un peu confusément exprimée, dans le *Trattato* de Severi (v. pp. 283–284, et surtout le passage, p. 284, lignes 1–7: "A noi basta di osservare ..."). Je n'eus pas tort pourtant de croire avoir fait un progrès notable. Mais je me convainquis bientôt qu'à m'engager dans cette voie je serais encore bien loin de compte.

De nouveau la chance me servit. Je finis par comprendre que ce n'était pas tant mon lemme dont j'avais besoin; tout tenait aux propriétés de la trace σ et principalement à la positivité de $\sigma(\gamma\gamma')$. Or c'est là une question de pure géométrie algébrique pourvu qu'on introduise σ, non comme trace d'une matrice, mais par la formule des points fixes qui en devient ainsi la définition. Il est facile alors de vérifier que σ a les propriétés formelles d'une trace sur l'anneau des classes de correspondances.

En même temps je m'étais remis sérieusement à l'étude du *Trattato*. La trace σ n'y apparaît pas en tant que telle; mais il y est fort question d'un "difetto di equivalenza" dont la positivité est démontrée à la page 254. J'y reconnus bientôt mon entier $\sigma(\gamma\gamma')$; Hermann Weyl n'avait plus à me faire remettre en prison. Je voyais bien que, pour s'assurer de la validité des méthodes italiennes en caractéristique p, toutes les fondations seraient à reprendre, mais les travaux de van der Waerden, joints à ceux des topologues, donnaient à croire que ce ne serait pas au dessus de mes forces.

Encore une remarque historique: le nom de "difetto di equivalenza" est de R. Torelli; il suggère que les géomètres italiens voyaient dans les correspondances "sans valence" (c'est-à-dire non équivalentes à un multiple de l'identité) des êtres quelque peu anormaux. Quant à la positivité de cet entier, c'est l'une des plus belles découvertes de Castelnuovo (v. ses *Memorie Scelte*, n° XXVIII, pp. 509–517). Mais je ne lus Castelnuovo qu'en 1945 au Brésil; je constatai alors que Severi, dans le *Trattato* (p. 286-287) n'avait guère fait à son ancien la part qu'il méritait.

[1942] Lettre à Artin

Il ne m'a pas paru superflu d'insérer ici cette lettre inédite, pour montrer mon lent progrès depuis mes notes de 1940 et 1941 jusqu'à mes publications de 1946 et 1948. On observera par exemple qu'en 1942 je proposais encore une définition des "cycles premiers", sur un corps de caractéristique p, qui aurait causé des dégâts irréparables dans ma théorie des intersections si je m'y étais tenu. On notera aussi que, même à propos de la définition de la jacobienne, je me suis abstenu dans cette lettre de faire mention de mes idées sur les "variétés abstraites" (cf. [1941]*); évidemment je ne les jugeais pas assez mûres. Quant aux équivalences "au sens de Severi" dont j'espérais déduire les formules (A) et (B) du §9, je ne sais toujours pas si elles ont lieu; nos connaissances sur les sous-variétés des variétés abéliennes semblent trop maigres pour en décider. En 1942 j'avais seulement, dans le cas classique (sur le corps des complexes) vérifié la première (celle dont (A) s'ensuit) au sens de l'homologie; j'y faisais servir l'appareil si commode des formes différentielles (cf. [1940b]*). Que ces résultats soient vrais, en toute caractéristique, au sens de l'équivalence numérique, c'est ce qui résulte de la prop. 29, §IX, de [1948b].

[1943a] The Gauss–Bonnet theorem for Riemannian polyhedra

Pendant l'été de 1939 j'avais passé plusieurs semaines en compagnie d'Ahlfors dans une île minuscule du golfe de Finlande. Il cherchait à étendre aux fonctions de plusieurs variables complexes les méthodes géométriques qu'il avait si brillamment mises en œuvre, à la suite des frères Nevanlinna, dans la théorie des fonctions d'une variable; elles reposaient principalement sur la formule classique de Gauss-Bonnet. Ahlfors s'était persuadé, et me persuada, qu'une extension de celle-ci aux dimensions supérieures était justement l'outil qui lui manquait. Par malheur, cet optimisme n'était que partiellement justifié.

En 1941–42, grâce toujours aux subsides de la fondation Rockefeller, je séjournai au collège "quaker" de Haverford, sous prétexte de me former aux méthodes américaines d'enseignement du "calculus"; je m'y trouvais fort tranquille, dans un cadre des plus agréables. Allendoerfer y était mon collègue; il avait donné une démonstration de la formule de Gauss-Bonnet en dimension quelconque, mais restreinte aux variétés fermées plongées dans un espace euclidien; cela me remit en mémoire le problème d'Ahlfors. Assez vite nous conclûmes qu'on pouvait traiter le cas général en appliquant la méthode d'Allendoerfer aux variétés à frontière polyédrale, puis en utilisant des subdivisions simpliciales. C'est la démonstration exposée dans le travail ci-dessus. J'aurais voulu le rédiger avec les notations d'Elie Cartan, au moyen de formes différentielles; mon collègue insista en faveur des notations tensorielles auxquelles il était accoutumé; au fond cela n'importait guère.

Le théorème III, page 108, est resté isolé, que je sache; c'est un résultat de géométrie sphérique dont je ne connais pas d'autre application. Quant au fond de la démonstration de la formule de Gauss-Bonnet, il va sans dire qu'elle est de portée bien moindre que celle que Chern devait en donner bientôt, et qui a inauguré une ère nouvelle en géométrie différentielle. L'une et l'autre reposent sur la considération de fibrés sphériques ("sphere-bundles"); mais celui de Chern est intrinsèque, alors que le nôtre dépendait d'un plongement.

Le "théorème de Feldbau" dont il est fait usage p. 115 est celui d'après lequel un fibré localement trivial est trivial globalement si sa base est un polyèdre convexe. Cela est banal aujourd'hui; c'était loin de l'être quand Jacques Feldbau le publia en 1939. Ce jeune homme bien doué avait été mon étudiant à Strasbourg; sur le conseil d'Ehresmann, il me semble, je lui suggérai comme direction de travail les espaces fibrés. Il était alsacien, et juif; une fois la France envahie, il put travailler encore quelque temps, et même publier sous le pseudonyme de Jacques Laboureur. Pris par les Allemands, il mourut en déportation.

[1943b] Differentiation in algebraic number-fields

La notion de différente vient de Dedekind; il l'appelait "Grundideal"; le mot "différente" est dû à Hilbert. Linguistiquement il semble mal formé, mais Hilbert était coutumier du fait; son chef d'œuvre en ce genre est "parametrix," dont l'étymologie reste un mystère. C'est peut-être pure coïncidence si "différente" évoque l'idée de différentiation; néanmoins Emmy Noether avait déjà soupçonné un lien entre les deux notions. Ce lien, presque évident en caractéristique p, est indiqué ici pour les corps de nombres; pour un plus ample développement de la même idée, v. Y. Kawada, *Ann. of Math.* 54 (1951), pp. 302–314.

[1945] A correction to my book on topological groups

Parfois des mathématiciens américains m'ont naïvement posé des questions sur mon séjour en Utah; "Ut." est l'abréviation normale du nom de cet état, mais on y chercherait vainement la ville d'Erewhon (=NOWHERE) qu'a immortalisée Samuel Butler. Quand j'écrivais cette note, aucune université américaine digne de ce nom n'avait voulu de moi; je vivais d'une bourse de la fondation Guggenheim que m'avait procurée Hermann Weyl. L'usage en Amérique est de mettre au bas de toute publication le nom de l'institution à laquelle "appartient" (si l'on peut dire) l'auteur. Le plus approprié me sembla de dater ma note d'Erewhon, que tout naturellement je plaçai dans l'état d'Ut[opie].

[1946a] Foundations of algebraic geometry

Dès 1942, comme on a vu, j'avais commencé à établir la liste des propriétés fondamentales des intersections en géométrie algébrique. Ce faisant, je ne procédais pas à l'aveuglette. Quelques-unes de ces propriétés figuraient déjà chez v. d. Waerden, mais j'avais vu qu'elles ne suffiraient pas. Je me mis à mettre au point des démonstrations de géométrie algébrique, et en même temps je constituai un fichier. Au fur et à mesure de mon travail, je notais les propriétés plausibles du calcul des intersections que j'avais à faire intervenir, et chaque fois je rédigeais une fiche. Le fichier allait croissant, mais de temps à autre plusieurs fiches se réduisaient à une seule. Finalement il n'en resta qu'un assez petit nombre. Tout revenait à définir un nombre d'intersection qui y satisfît.

Je m'y employai, quelque peu au ralenti, de 1942 à 1944. Je n'étais pas en prison, mais soumis à un régime bien moins favorable à mon travail que celui que j'avais connu à Bonne-Nouvelle. J'avais dû, pour vivre, accepter un emploi dans un établissement qui se parait bien à tort du beau nom d'université, et dont Hermann Weyl m'aida à me tirer en 1944. Chevalley vint m'y voir; je lui communiquai mes fiches. C'est à la suite de cette visite qu'il obtint de son côté, dans un cadre un peu plus large même que le mien (celui des anneaux de séries formelles), une définition des nombres d'intersection possédant toutes les propriétés voulues (v. *Trans. A.M.S.* 57 (1945), pp. 1–85).

Tout cela était-il bien nécessaire? Rétrospectivement il apparaît que non, du moins pour l'objet que j'avais immédiatement en vue. Une partie notable de la géométrie algébrique telle qu'elle se présentait alors, et peut-être même telle qu'elle existe aujourd'hui, dépend seulement des intersections des cycles de dimension 1 avec ceux de codimension 1; pour celles-ci, la multiplicité peut se définir au moyen des seules valuations en dimension 1. En tout cas cela suffit pour établir les résultats essentiels de géométrie énumérative sur les courbes, et entre autres le théorème de Castelnuovo; l'un de mes étudiants, Frank Quigley, l'a démontré en 1953, avec tout le détail nécessaire, dans une thèse (restée inédite) de l'Université de Chicago. C'est peut-être une chance que je n'aie pas aperçu dès l'abord cette possibilité; peut-être n'aurais-je pas eu l'énergie d'aller au delà.

De même, si j'avais vu alors un moyen d'obtenir le plongement projectif de la jacobienne (cf. [1942], §8, et [1954g]), j'aurais pu être tenté de suivre l'exemple de v. d. Waerden en développant globalement la théorie des intersections pour les variétés projectives. Mais, faute d'y avoir réussi, je n'avais pas le choix. Il fallait traiter les intersections comme un problème strictement local, et, pour passer de là au global, fonder systématiquement la géométrie sur la notion de variété abstraite (cf. [1941]*).

A vrai dire, il n'y avait plus grande difficulté à cela. Il s'agissait seulement de transposer à la géométrie algébrique la traditionnelle méthode cartographique, qui consiste à décrire un pays, ou même le globe terrestre, par un atlas de cartes locales qu'on a soin de faire empiéter chacune sur ses voisines. C'est principalement à H. Weyl qu'on doit d'avoir introduit cette idée en mathématique dans son *Idee der Riemannschen Fläche* et d'en avoir fait un usage systématique. La même idée s'est trouvée réalisée ensuite par Hausdorff en ce qui concerne la topologie générale, dans la 1e édition (1914) de sa *Mengenlehre*, puis pour la géométrie différentielle dans les *Foundations of differential geometry* de Veblen et Whitehead.

Entre ces auteurs et moi, on notera une légère différence dans le mode de présentation de la méthode "cartographique". Chez eux, il s'agit de définir une structure sur un ensemble préexistant, en le recouvrant par des voisinages; chez moi cet ensemble n'apparaît qu'*a posteriori* par recollement de morceaux donnés individuellement à l'avance. Pour superficielle qu'elle soit, cette différence n'en a pas moins contribué à compliquer inutilement les définitions relatives aux variétés abstraites au Chap. VII de mes *Foundations*, et peut-être à rebuter bien des lecteurs. Mais en ce temps je n'avais guère le choix; la topologie dite de Zariski n'avait pas encore fait son apparition dans la théorie des variétés; Zariski avait seulement, dans une série de travaux publiés à partir de 1940, défini celle-ci dans la "Riemannian manifold" (l'ensemble de toutes les valuations) d'un corps de fonctions; d'ailleurs je crois que je répugnais encore moi-même à l'emploi de topologies non séparées. Une fois que j'en eus adopté l'usage (cf. [1949c]), il devenait possible d'améliorer beaucoup la présentation des variétés abstraites, mais je n'eus l'occasion de le faire qu'en 1962, lorsque, mon livre se trouvant épuisé, j'eus à en rédiger la deuxième édition.

J'aurais eu encore bien d'autres complications à surmonter si j'avais voulu aussi faire rentrer les variétés réductibles dans mon système; mais de bonne heure j'avais décidé une fois pour toutes de m'en tenir aux variétés absolument irréductibles (c'est-à-dire qui restent telles par toute extension du corps de base). Je savais bien qu'une fois ou l'autre la géométrie algébrique aurait à lever cette restriction; mais à chaque jour suffit sa peine.

Le livre se trouva terminé à l'automne de 1944; je séjournais alors à Swarthmore. Le choix de cette jolie localité de la banlieue de Philadelphie avait été motivé par le voisinage du collège où enseignait Arnold Dresden, un vieux professeur hollandais de mathématique dont l'amitié, au cours des années précédentes, m'avait été précieuse. C'est là que je me mis à rédiger l'introduction telle qu'elle est reproduite dans ce volume.

Le célèbre poète anglais W. H. Auden était alors collègue de Dresden à Swarthmore College. Il ne m'est jamais arrivé, comme à H. Weyl, de me plaindre du "joug qu'impose une langue étrangère"; néanmoins, je ne suis pas bilingue, et il est des circonstances où je m'en voudrais d'offenser l'oreille d'un lecteur un peu délicat sur la pureté de sa langue. Ce fut donc une chance pour moi que W. H. Auden voulût bien relire avec moi mon projet d'introduction et m'indiquer les corrections nécessaires. Je pus ainsi l'envoyer à l'American Mathematical Society avec le manuscrit complet, en décembre 1944, au moment de m'embarquer pour le Brésil; c'est de São Paulo que j'en corrigeai les épreuves.

[1946b] Sur quelques résultats de Siegel

Siegel était arrivé à Princeton en 1940; pendant tout mon séjour aux Etats-Unis, je l'avais vu souvent. Depuis longtemps, avec juste raison, il attachait une grande importance au calcul du volume des domaines fondamentaux pour les sous-groupes arithmétiques des groupes simples; il avait consacré à ce sujet, inauguré autrefois par Minkowski, plusieurs mémoires importants. A ce propos il s'était vivement intéressé à la formule générale de Gauss-Bonnet, d'où pouvait résulter, du moins pour les sous-groupes à quotient compact, une détermination topologique des volumes en question. Je crois même me souvenir qu'il avait cru un jour tirer de là des conclusions au sujet de valeurs de $\zeta(n)$ pour n impair >1, et s'était donné quelque mal pour les vérifier numériquement, avant de s'apercevoir qu'il s'agissait d'un cas où la courbure de Gauss-Bonnet est nulle.

De mon côté, je voyais dans ces calculs de volume une occasion de compléter sur quelques points la théorie de la mesure invariante dans les espaces homogènes, telle que je l'avais exposée dans mon livre [1940d], et de l'illustrer par des exercices non triviaux auxquels la "géométrie des nombres" se prêtait particulièrement bien. Justement Siegel venait de reprendre un travail de Hlawka sur ce sujet et d'en tirer une nouvelle méthode pour le calcul du volume de $SL(n, \mathbf{R})/SL(n, \mathbf{Z})$ (*Ges. Abhandl.* III, 39–46). Je constatai que par l'application de quelques résultats généraux, et par l'usage de la sommation à la Poisson, on pouvait simplifier la démonstration de Siegel et se passer de la réduction des formes quadratiques; cela fait l'objet de la 1e partie de [1946b]. Il n'y a eu aucune difficulté, par la suite, à transposer au cas "adélique" la méthode que j'y employais et à l'appliquer au calcul du "nombre de Tamagawa" (v. [1961a], Chap. III, pp. 50–55). La 2e partie de [1946b] donne l'exposition d'une partie d'un autre travail de Siegel (= *Ges. Abhandl.* II, 390–405) à la lumière de la théorie générale des espaces homogènes localement compacts.

[1947a] L'avenir des mathématiques

Je séjournai au Brésil du printemps 1945 à l'automne 1947 comme professeur à l'Université de São Paulo. Pendant l'été de 1945, je dus à Henri Laugier, alors directeur du C.N.R.S., de pouvoir me rendre à Paris pour quelques semaines. Etant donné les circonstances, ce n'était pas une mince faveur; elle me permit de reprendre contact avec mes amis restés en France. Ma correspondance avec eux n'avait jamais été complètement interrompue; à partir de ce moment, elle fut plus active que jamais.

C'est ce qui explique que F. Le Lionnais se soit adressé à moi en 1946 lorsqu'il rechercha des collaborateurs pour le volume qu'il se chargea de publier aux *Cahiers du Sud* sur *Les grands courants de la pensée mathématique*. Il y fit la part assez large à N. Bourbaki et ses collaborateurs, et ce fut lui qui prit l'initiative de me demander un article sur l'avenir des mathématiques, à quoi je consentis volontiers, au risque de me faire taxer d'inconscience ou de présomption (cf. p. 321 du volume en question).

Certes je ne me sentais pas en mesure de faire concurrence à Hilbert, en admettant même que ce qui avait été possible en 1900, et ne le serait plus en 1978, le fût encore en 1946. Mais je n'entendais pas non plus me livrer à un exercice de rhétorique comme l'avait fait en somme Poincaré, fort disertement à son habitude, lorsqu'il avait traité du même sujet au congrès international de Rome en 1908. Je prétendis échapper à ce dilemme en insérant, parmi des considérations générales que le lecteur appréciera à son gré, une série de questions ou plutôt de directions de recherche dont j'avais lieu de croire qu'elles pourraient être fécondes, et dont certaines me tenaient particulièrement à cœur. Pour subjective qu'en fût la liste, elle semble s'être trouvée en bonne partie justifiée par les progrès réalisés au cours des derniers trente ans, progrès qui, sur bien des points, en ont complètement renouvelé l'aspect.

J'avais cru devoir terminer mon article par une mise en garde contre l'enseignement des mathématiques tel qu'il se pratiquait en divers pays, principalement au niveau universitaire. Que dirais-je à présent? Je verrais sans doute encore plus de motifs de pessimisme, sinon tout à fait les mêmes, que je ne croyais en apercevoir en 1946. Mais je dois reconnaître aussi que mon pessimisme de 1946 ne s'est pas trouvé justifié par l'événement. En France, aux Etats-Unis, en URSS et ailleurs, les trente dernières années ont apporté en mathématiques une moisson variée et abondante qui ne le cède en rien à celle de périodes comparables du passé. Il serait bien téméraire d'extrapoler; mais cette constatation peut aider du moins à nous préserver d'un découragement prématuré.

[1947b] Sur la théorie des formes différentielles attachées à une variété analytique complexe

Il a déjà été fait allusion à l'intérêt croissant que j'avais pris, surtout à partir de mon arrivée à Strasbourg en 1933, à la topologie, au calcul différentiel extérieur, et tout spécialement aux travaux de Georges de Rham et à ceux de Hodge, qui formaient le lien naturel entre ces deux sujets. L'histoire de ces théories vaudrait assurément d'être traitée avec quelque ampleur; ici je me bornerai comme toujours à mes souvenirs personnels.

Je reçus mon initiation à la topologie à Berlin en 1927; Heinz Hopf y faisait un cours qui portait principalement sur les travaux de Brouwer. Nous étions voisins et faisions souvent ensemble, en tramway, le long trajet du Reichskanzlerplatz à l'Université. Un jour je m'avisai de lui demander vers quel sujet il envisageait de se tourner s'il venait à quitter la topologie. Il me répondit fort sérieusement qu'il ne la quitterait jamais. Il y a cinquante ans de cela; tant que Hopf a vécu, sa fidélité à la topologie ne s'est jamais démentie. Dans l'histoire des mathématiques, on citerait peu d'exemples d'un mariage aussi durable, aussi heureux et aussi fécond.

Pendant mon séjour à Strasbourg, de 1933 à 1939, mon horizon s'élargit beaucoup. En 1931, de Rham avait brillamment tiré au clair (*Comm. Math. Helv.* 3, pp. 151–153) le principe de la démonstration de Hodge pour la non-existence d'intégrales n-uples de $1^{\text{ère}}$ espèce sans périodes sur les variétés algébriques de dimension complexe n; cette note, et plus encore sa conférence de Genève en 1935 (*loc. cit.* [1940b]*) firent que je me pénétrai des idées de sa thèse et que je m'exerçai à en faire usage. Cette même conférence m'amena à suivre de près les travaux de Hodge sur les formes harmoniques, qui du reste, à leur point de départ (cf. *Proc. L.M.S.* 36 (1934), p. 257) ne faisaient que reprendre des idées de Volterra qui m'étaient déjà familières (cf. ses *Opere Matematiche*, vol. I, n°s XVIII–XXVI, et son livre *Theory of Functionals*, Dover 1959, Chap. III).

Henri Cartan et moi étions collègues à Strasbourg, chargés tous deux de l'enseignement du "calcul différentiel et intégral". Dans nos réflexions, la formule de Stokes généralisée tenait une grande place, comme elle en avait tenu une déjà dans l'œuvre de Poincaré et dans celle de Volterra avant d'aboutir chez Elie Cartan au calcul différentiel extérieur. Henri Cartan aimait discuter avec moi de la meilleure manière de faire entrer ce sujet dans notre enseignement; il me semble même que l'espoir de tirer au clair cette question et d'autres semblables ne fut pas étranger aux débuts de l'entreprise de N. Bourbaki.

Le livre de Kähler, *Einführung in die Theorie der Systeme von Differentialgleichungen*, parut en 1934, et la *Topologie* d'Alexandroff et Hopf en 1935; pour moi et mes contemporains, tous deux marquèrent une étape importante. L'impression produite fut pour beaucoup, je crois, dans le choix des sujets du séminaire Julia à cette époque; il porta sur la topologie en 1935–36 et sur l'œuvre d'Elie Cartan l'année suivante. Je participai au premier par un exposé sur les nombres d'intersection et le degré topologique, basé avant tout sur le chapitre XI d'Alexandroff-Hopf; j'y indiquais la possibilité d'une définition axiomatique des notions en question, préludant peut-être par là, sans m'en douter, à mes futurs travaux de géométrie algébrique. Au séminaire de 1936–37, j'eus à exposer, d'après Kähler, les principes du calcul différentiel extérieur, mais j'y fis une large part aussi aux "courants" tels que de Rham les concevait à cette époque, avant que la notion ne s'en fût élargie par l'apparition des distributions de Laurent Schwartz.

Les années suivantes virent le développement de la théorie de Hodge, dont le point culminant fut la publication de son ouvrage *Theory and applications of harmonic integrals*; il parvint à Princeton, il me semble, presque en même temps que j'y arrivai moi-même en 1941. Dans la démonstration d'existence des formes harmoniques, il s'y trouvait une sérieuse erreur qui fut remarquée par Bohnenblust, puis presque aussitôt réparée par Hermann Weyl. C'était en somme la répétition de ce qui était arrivé à Riemann avec le principe de Dirichlet. Sans doute Hodge s'était-il intéressé aux détails de cette démonstration tout aussi peu que Riemann, et avait-il eu la même confiance dans la justesse du résultat. Pour tous deux l'essentiel était ailleurs, et il est fort heureux que l'évènement leur ait donné raison; l'important pour eux avait été d'appliquer les théorémes d'existence à la géométrie algébrique. C'est aussi sur cet aspect du livre de Hodge que mon attention se porta pendant mon séjour au Brésil, tandis que H. Weyl, puis de Rham et Kodaira, s'attachaient d'abord à en consolider et élargir les bases.

Dans son mémoire aujourd'hui classique sur les variétés hermitiennes (*Ann. of Math.* 47 (1946), pp. 85–121), Chern avait marqué en passant l'intérêt qui s'attache, du point de vue de la géométrie différentielle, aux métriques hermitiennes "sans torsion", et il avait cité à ce sujet (p. 112) le travail assez peu connu de Kähler (*Hamb. Abhandl.* 9 (1933), pp. 173–186) où celui-ci avait le premier introduit cette sorte de structure. Depuis longtemps aussi, grâce aux relations amicales que j'avais nouées avec Kähler lors de mes visites à Hambourg bien avant la guerre, ce travail avait attiré mon attention. L'étude du livre de Hodge ne tarda pas à faire apparaître l'importance de ces métriques "sans torsion", ou, comme je proposai de dire, kählériennes.

Hodge, se bornant aux variétés projectives sans point singulier, avait utilisé pour l'espace projectif complexe une métrique introduite en 1898 par le hollandais Mannoury, qui n'était autre que le ds^2 kählérien bien connu aujourd'hui; sur chaque variété projective, il adoptait la métrique induite par celle de l'espace ambiant. De plus, il avait largement fait usage des notations du calcul tensoriel, où une "débauche d'indices" (comme a dit Elie Cartan) tend à masquer le fond des choses. A transcrire les formules de Hodge dans les notations de Cartan, il apparaît bientôt que la plupart de ses résultats sont de nature locale et tiennent exclusivement au caractère kählérien de sa métrique. Il n'y a alors qu'à suivre Hodge pour établir la liste des opérateurs qui sont à la base de ses calculs, ainsi que les identités entre ceux-ci. C'est ce que je fis en 1945 ou 1946 pendant mon séjour au Brésil.

Ce premier pas amenait naturellement à essayer d'étendre aux variétés kählériennes les résultats classiques concernant les intégrales de 2e et 3e espèce sur les surfaces de Riemann. Depuis longtemps, du reste, je m'intéressais aux intégrales avec singularités, dont j'espérais tirer une extension de la théorie de de Rham aux groupes d'homologie à coefficients entiers. Enfin l'étude que je faisais alors des variétés abéliennes en géométrie algébrique abstraite (cf. [1948b]) me portait à examiner les tores complexes du même point de vue à l'aide des fonctions thêta.

Heureusement pour moi le courrier aérien, encore assez incertain lors de mon arrivée au Brésil en 1945, avait pris peu à peu un rhythme régulier; j'entretenais avec mes amis d'Europe une abondante correspondance, où nous nous communiquions mutuellement idées et résultats. C'est une de mes lettres à G. de Rham que reproduit la note ci-dessus. On trouvera dans mon livre [1958a] le développement de presque tous les thèmes introduits dans cet article.

[1948a] Sur les courbes algébriques et les variétés qui s'en déduisent

Ce travail et le suivant, qui réalisent en le complétant le programme esquissé dans ma lettre de 1942 à Artin, ont été rédigés en 1945 et 1946 au Brésil. En 1971, l'éditeur les réunit en un seul volume.

L'état de la géométrie algébrique au moment où j'écrivais m'imposa une démarche pesante ("*coi piedi di piombo,*" comme Severi avait cru pouvoir dire de son propre mode d'exposition dans son *Trattato*) sur laquelle je me suis expliqué dans le postscriptum écrit pour l'édition de 1971. C'était dommage, mais je n'avais guère le choix. Ce que je perdais en brièveté et en élégance, je le gagnais en certitude.

Sur la IIe partie (pp. 28–85 de [1948a] et de l'édition de 1971), qui traite de la théorie "élémentaire" des correspondances, je n'ai plus rien à ajouter. En revanche, la Ière partie, qui est liée à mes premières réflexions sur les espaces fibrés en géométrie algébrique, mérite un retour en arrière.

Avant même d'être reçu à l'Ecole Normale en 1922, j'étais devenu, grâce aux conseils d'Hadamard, l'heureux possesseur, non seulement du *Cours d'Analyse* de Jordan, mais aussi du *Treatise on Natural Philosophy* de Thomson (Lord Kelvin) et Tait. Contrairement à ce qu'espérait peut-être Hadamard, celui-ci ne me convertit pas à la physique mathématique; du moins j'en étudiai fort attentivement le premier volume (Vol. I, Part I, Cambridge 1879) et en particulier le premier chapitre, qui, sous le titre *Kinematics*, contient une admirable introduction, originale d'un bout à l'autre, à la géométrie différentielle. Il y est traité, non seulement (comme dans les ouvrages classiques depuis Euler) des courbes et des surfaces, mais par exemple aussi (sous le titre de "twist") des bandes, c'est-à-dire en somme du voisinage du premier ordre d'une courbe sur une surface, en tant que notion autonome qui forme le lien entre la théorie des courbes et celle des surfaces; c'est de là que les auteurs tirent la théorie des géodésiques. Au fond il s'agit là de l'espace fibré induit sur la courbe par l'espace des vecteurs tangents à la surface ambiante. Il est clair que cette notion est étroitement apparentée à celle de "série caractéristique" si abondamment utilisée en théorie des surfaces par les géomètres italiens.

On a vu d'autre part (cf. [1943a]*) que, dès avant la guerre, j'avais commencé à suivre de près l'apparition des espaces fibrés en topologie, d'abord dans les travaux de Seifert, puis surtout dans ceux de Whitney dont Ehresmann m'avait de bonne heure signalé l'importance. Plus récemment les travaux de Chern sur la géométrie riemannienne, puis sur la géométrie hermitienne, avaient mis en évidence le rôle capital joué par ces mêmes espaces en géométrie différentielle globale.

Si je mets ici ces diverses notions côte à côte, ce n'est pas pour suggérer que les liens entre elles étaient clairs à mes yeux en 1945; ils ne le devinrent qu'assez lentement par la suite. J'ai voulu seulement indiquer la direction vers laquelle se portaient mes réflexions à cette époque et dans les années qui suivirent. Pour revenir à [1948a], il était apparu, en mettant au point la théorie des correspondances, que, si X est une courbe sur $\Gamma \times \Gamma$, et si ξ est la classe de correspondances qu'elle définit, la forme quadratique $\sigma(\xi\xi')$ qui jouait le rôle principal dans mes recherches est liée par une formule simple au nombre d'intersection $I(X \cdot X)$. En particulier, comme l'avait déjà indiqué Severi, le nombre d'intersection $I(\Delta \cdot \Delta)$ de la diagonale Δ avec elle-même est $2 - 2g$, où g est le genre, et la classe de diviseurs définie sur Δ par cette intersection est, au signe près, la classe canonique. Ces notions, qui se définissent en "géométrie sur la courbe", ou bien dans la théorie des corps de fonctions algébriques, par le théorème de Riemann-Roch, apparaissent donc, indépendamment de ce théorème, par la seule considération de la diagonale sur $\Gamma \times \Gamma$, ou pour mieux dire du voisinage du premier ordre de cette diagonale, donc en définitive comme invariants d'une "bande" ou encore d'un espace fibré. De là à penser que la notion de différentielle sur la courbe, et le théorème de Riemann-Roch lui-même, peuvent s'obtenir dans ce cadre, il n'y avait qu'un pas. Cela fit qu'un jour de 1945, allant visiter suivant ma coutume Zariski qui passait cette année-là à São Paulo, je lui dis: "Je viens de démontrer un théorème très important.– Quel théorème?–Le théorème de Riemann-Roch sur les courbes." Il trouva que je n'étais pas sérieux.

[1948b] Variétés abéliennes et courbes algébriques

Avant de partir au Brésil, j'avais mis sur pied, grâce à l'analogie avec les fonctions thêta, une théorie géométrique de la jacobienne qui comprenait le calcul du nombre de points d'ordre fini donné (premier à la caractéristique) et le fameux lemme de ma note de 1940, dont toutes les lacunes se trouvèrent ainsi heureusement comblées. J'avais aussi commencé à étendre ces résultats aux variétés abéliennes en général.

Je repris et complétai ces recherches au Brésil, en même temps que je m'exerçais à traiter ces mêmes questions dans le cas classique (cf. [1947b]*) et que j'étudiais les écrits, nouveaux encore pour moi, de Castelnuovo, d'Albanese, de R. Torelli. Le département de mathématique de la Faculté de Philosophie de São Paulo possédait une bonne bibliothèque, installée dans la belle villa dont il était le seul occupant; suivant l'usage brésilien de ce temps-là, on pouvait encore s'y faire servir un "cafézinho" à toute heure du jour. A ses débuts, vers 1935, la Faculté avait recruté des professeurs français pour les disciplines littéraires et les sciences sociales, et, pour les sujets scientifiques, des Italiens que la guerre avait obligés à rentrer chez eux; c'est ainsi qu'Albanese m'y avait précédé. En tout cas les écrits des géomètres italiens se trouvaient là bien au complet, et j'en profitai largement. En particulier, ce fut un mémoire de R. Torelli (cf. [1948b], §43, p. 160 de l'édition de 1971) qui me suggéra le moyen de faire servir les jacobiennes à l'étude générale des variétés abéliennes. Dans mon travail et dans ceux qui suivirent, cette méthode joue un rôle essentiel. Par la suite, Mumford a fait voir (dans ses *Abelian Varieties*, Oxford-Bombay 1970) comment on peut s'en passer quand on dispose de l'appareil cohomologique de la géométrie algébrique moderne; il va sans dire qu'en 1946 je ne pouvais même l'imaginer. C'est aussi au moyen de la cohomologie des variétés qu'on a pu trancher la question que j'avais laissée ouverte au §61 (p. 200 de l'édition de 1971).

A comparer [1948b] avec [1942] et [1940b], on observera qu'il n'y est plus question des matrices A et B; ce qui en a pris la place, c'est la matrice $E_l(X)$ attachée, pour $l \neq p$, à tout diviseur X sur une variété abélienne. J'ai déjà dit (v. [1940b]*) que $A = B$; mais je ne m'en aperçus que bien plus tard. Quant à B, c'est le cas particulier de $E_l(X)$ qui se rapporte au diviseur canonique Θ sur une jacobienne; cela résulte du début du chap. II de ma thèse ([1928]), et j'aurais dû le signaler dans [1948b]; ma démonstration en a été publiée par Igusa en 1956 (*Am. J. of Math.* 78, p. 155).

On notera aussi dans [1948b] quelques innovations terminologiques; elles seront discutées plus loin (v. [1950a]*).

[1948c] On some exponential sums

J'avais quitté São Paulo pour Chicago en septembre 1947. Mon séjour au Brésil avait été des plus agréables à tous égards, et mon travail en avait profité, d'autant plus que la présence de Zariski en 1945, et celle de Dieudonné en 1946 et 1947, m'avaient servi de stimulant. Le choc du premier contact avec la ville de Chicago, aggravé par de fâcheux problèmes de logement, n'en fut que plus déprimant. La note ci-dessus y fut rédigée à ce moment, pour répondre aux questions que m'adressaient des spécialistes de théorie analytique des nombres, peu capables par eux-mêmes de tirer les conséquences de l'hypothèse de Riemann sur les courbes. C'était un simple exercice, qui n'avait même pas le mérite de la nouveauté (cf. [1949b], p. 498, note (3)). Pour un exposé un peu plus détaillé et des résultats plus complets, le lecteur pourra se reporter à l'appendice V de ma *Basic Number Theory*, pp. 313–321 de la 3ᵉ édition (1974).

[1949a] Sur l'étude algébrique de certains types de lois de mariage

Je fis la connaissance de Claude Lévi-Strauss à New York pendant la guerre; nous devînmes amis. Il avait séjourné au Brésil et avait conservé, avec ses anciens collègues de la Faculté de Philosophie de São Paulo, d'excellentes relations dont il me fit profiter; ma nomination à cette Faculté fut entièrement son œuvre.

A New York, il s'était lancé dans un vaste travail de sociologie théorique qui devint sa thèse de doctorat (aujourd'hui célèbre) sur les structures élémentaires de la parenté. Un jour, dans l'étude d'un certain système de mariage, il se heurta à des difficultés inattendues et pensa qu'un mathématicien pourrait lui venir en aide.

D'après ce qu'ont observé les sociologues travaillant "sur le terrain", les lois de mariage des tribus indigènes d'Australie comportent un mélange de règles exogamiques et endogamiques dont la description et l'étude posent des problèmes combinatoires parfois compliqués. Le plus souvent le sociologue s'en tire par l'énumération de tous les cas possibles dans l'intérieur d'un système donné. Mais la tribu des Murngin, à la pointe Nord de l'Australie, s'était donné un système d'une telle ingéniosité que Lévi-Strauss n'arrivait plus à en dérouler les conséquences. En désespoir de cause il me soumit son problème.

Le plus difficile pour le mathématicien, lorsqu'il s'agit de mathématique appliquée, est souvent de comprendre de quoi il s'agit et de traduire dans son propre langage les données de la question. Non sans mal, je finis par voir que tout se ramenait à étudier deux permutations et le groupe qu'elles engendrent. Alors apparut une circonstance imprévue.

Les lois de mariage de la tribu Murngin, et de beaucoup d'autres, comportent le principe suivant: "Tout homme peut épouser la fille du frère de sa mère," ou, bien entendu, l'équivalent de celle-ci dans la classification matrimoniale de la tribu. Miraculcusement, ce principe revient à dire que les deux permutations dont il s'agit sont échangeables, donc que le groupe qu'elles engendrent est abélien. Un système qui à première vue menaçait d'être d'une complication inextricable devient ainsi assez facile à décrire dès qu'on introduit une notation convenable. Je n'ose dire que ce principe a été adopté pour faire plaisir aux mathématiciens, mais j'avoue qu'il m'en est resté une certaine tendresse pour les Murngin.

[1949b] Numbers of solutions of equations in finite fields

Dans [1974a] (p. 106; cf. aussi [1952d]*), j'ai raconté comment la lecture de Gauss, au cours d'un morne hiver à Chicago en 1947–48, m'amena aux résultats énoncés dans la note ci-dessus. Mes souvenirs ne sont plus assez précis pour me permettre de retrouver avec une entière certitude la voie qui me conduisit de ces résultats aux conjectures qui leur font suite; voici ce que je crois pouvoir en dire. Depuis longtemps j'étais familier avec la définition de la fonction zêta d'une courbe au moyen de la formule

$$\frac{d}{dU}\log Z(U) = \sum_{1}^{\infty} N_\nu U^{\nu-1} \tag{I}$$

où N_ν est le nombre de points sur la courbe, rationnels sur l'extension de degré ν du corps de base supposé fini. Je savais aussi que les propriétés simples de cette fonction, et principalement son équation fonctionnelle, tiennent au fait qu'on a choisi pour la courbe un modèle "complet" (par exemple projectif) sans point singulier, et qu'elles se perdent pour tout autre choix.

De Gauss j'avais tiré une formule qui donnait le nombre de solutions des équations de la forme (1) ([1949b], p. 497) dans un corps fini. Dès 1935, Hasse et Davenport avaient en somme appliqué cette même méthode au cas particulier de la "courbe de Fermat" $ax^n + by^n + cz^n = 0$ et en avaient tiré, au moyen de (I), la fonction zêta de celle-ci. Il est naturel que j'aie été tenté de faire de même pour les équations plus générales que j'examinais. J'eus l'agréable surprise de constater qu'en particulier, pour la variété projective "diagonale" donnée en coordonnées homogènes par l'équation

$$a_0 x_0^n + a_1 x_1^n + \cdots + a_r x_r^n = 0, \tag{II}$$

l'application de (I) donne une fonction zêta, non seulement rationnelle, mais satisfaisant à une équation fonctionnelle d'une forme particulièrement transparente.

A ce moment je ne connaissais pas les nombres de Betti des hypersurfaces de l'espace projectif; ce fut Dolbeault, quelques mois plus tard, qui voulut bien les calculer pour moi. D'ailleurs il me fallut du temps avant de pouvoir même imaginer que les nombres de Betti fussent susceptibles d'une interprétation en géométrie algébrique abstraite. Je crois que je fis un raisonnement heuristique basé sur la formule de Lefschetz. En géométrie algébrique classique, soit φ une application génériquement surjective de degré d d'une variété V de dimension n, lisse et complète, dans elle-même. Pour chaque ν, soit N_ν le nombre de solutions, supposé fini, de $P = \varphi^\nu(P)$, ou, pour mieux dire, le nombre d'intersection avec la diagonale, sur $V \times V$, du graphe de la ν-ième itérée de φ. Des raisonnements de topologie combinatoire classique font voir alors que la fonction $Z(U)$ définie par (I) satisfait à une équation fonctionnelle

$$Z(d^{-1}U^{-1}) = \pm(\sqrt{d}\,U)^\chi Z(U),$$

où χ est la caractéristique d'Euler-Poincaré de V, ou autrement dit (comme je le rappelais dans [1949b], p. 507) le nombre d'intersection de la diagonale avec elle-même sur $V \times V$. De là à espérer que la même formule pouvait s'appliquer, sur un corps de base fini $\mathbf{F}_q$, à l'application de Frobenius (pour laquelle on a $d = q^n$), et que mes calculs donnaient donc la valeur de χ pour l'hypersurface (II), il n'y avait qu'un pas à faire. Quand le résultat de Dolbeault m'eut permis de vérifier ce point, l'inspection de mes formules suggéra de lui-même les conjectures sur les nombres de Betti et l'"hypothèse de Riemann"; la comparaison avec les résultats connus sur les courbes, ainsi que l'examen des grassmanniennes et de quelques autres exemples simples, ne tarda pas à les confirmer.

Les travaux qui ont fait suite à cette note, et qui ont abouti à la démonstration complète des conjectures en question, sont trop connus pour qu'il y ait lieu d'en faire mention ici; mais il ne sera peut-être pas superflu d'attirer l'attention sur un autre aspect du même sujet. Satake a introduit en topologie (v. *Proc. Nat. Ac.* 42 (1956), pp. 359–363) une notion de V-variété qui s'étend d'elle-même à la géométrie algébrique. Il s'agit là d'espaces qui, localement au voisinage de tout point, sont munis d'un isomorphisme sur le quotient d'une variété "lisse" par un groupe fini d'automorphismes. Lorsqu'il s'agit de courbes algébriques sur le corps des complexes, cette notion ne diffère pas de celle de "surface de Riemann avec signature finie" (cf. [1938a]). Le quotient d'une variété lisse par un groupe fini est toujours une V-variété; mais la réciproque n'est pas vraie, comme le montre l'exemple d'un cône du second degré dans P^3 si l'on identifie d'une manière évidente un voisinage convenable du sommet avec le quotient d'un plan affine par le groupe d'ordre 2 donné par $x \to \pm x$. Sur cette notion, cf. aussi la 2e édition (1962) de mes *Foundations* ([1946a]), Chap. X, §6, p. 319. Son utilité ne me paraît pas douteuse; pour n'en donner qu'un exemple, elle permet de substituer, aux modèles pittoresques mais baroques de Kodaira et de Néron pour les surfaces elliptiques, des modèles non moins canoniques, mais plus simples et plus naturels, qui sont des V-variétés.

Comme Satake l'a fait voir, les V-variétés possèdent la plupart des propriétés des variétés lisses, à cela près que les nombres d'intersection peuvent y être fractionnaires; par exemple, sur le cône du second degré mentionné plus haut, le nombre d'intersection de deux génératrices est $\frac{1}{2}$. La question se pose de savoir si mes conjectures de 1949 restent valables pour les V-variétés complètes. Pour celles qui sont quotient d'une variété lisse par un groupe fini, cela n'est pas douteux; des spécialistes m'ont affirmé qu'il en est de même en général, mais il serait bon que ce point fût tiré au clair. Cela permettrait par exemple de simplifier notablement la démonstration, due à Ihara et à Deligne, de la conjecture de Ramanujan.

[1949c] Fibre-spaces in algebraic geometry

Marshall Stone venait de réorganiser de fond en comble le département de mathématique de Chicago; légitimement désireux d'un peu de publicité, il prit l'initiative d'un petit colloque qui se réunit à Chicago en janvier 1949. Les colloques, "symposia", camps de travail, etc., n'étaient pas encore à la mode; les occasions de se retrouver, entre spécialistes de sujets voisins, étaient bien moins fréquentes qu'elles ne le devinrent par la suite. Le sujet adopté fut la géométrie algébrique sous ses divers aspects, mais avec l'accent sur les liens avec l'arithmétique. J'en profitai pour esquisser mes idées du moment sur les espaces fibrés en géométrie algébrique.

Les espaces fibrés étaient apparus d'abord en topologie, comme il est bien connu, avec les "Faserräume" de Seifert, puis avec les "sphere-bundles" de Whitney. Leur rôle en géométrie différentielle, et tout particulièrement dans l'œuvre d'Elie Cartan, était longtemps resté implicite, mais s'était clarifié peu à peu grâce aux travaux d'Ehresmann et surtout à ceux de Chern. La démonstration par Chern de la formule de Gauss-Bonnet et sa découverte des classes caractéristiques des variétés à structure complexe ou quasi-complexe avaient inauguré une nouvelle époque en géométrie différentielle, et l'impression que j'en avais reçue avait été d'autant plus vive que j'en avais eu en quelque sorte la primeur; dès son arrivée à Princeton en 1943, et jusqu'à mon départ au Brésil l'année suivante, Chern et moi avions eu sur ces questions de fréquents échanges de vues qui furent pour nous le point de départ d'une amitié durable.

Des variétés à structure quasi-complexe à la "géométrie analytique complexe", la transition était toute simple (cf. H. Cartan, *Proc. Intern. Math. Congress*, Cambridge 1950, vol. I, pp. 152–164). Pour passer de là à la géométrie algébrique abstraite, il fallait la notion de variété abstraite, que j'avais introduite dans [1946a], mais aussi la topologie de Zariski, qui en forme le complément naturel. C'est bien, je crois, la théorie des espaces fibrés qui me convertit définitivement à l'usage de cette topologie, malgré quelques hésitations initiales (cf. [1946a]*). Une fois ce pas franchi, la définition des espaces fibrés en géométrie algébrique allait de soi. Du même coup mes anciennes recherches (cf. [1934b,c]* et [1938a]*) prenaient leur sens véritable, en faisant voir par exemple, pour les variétés fibrées de groupe $G_m = GL(1)$, que celles-ci se classifient au moyen des classes de diviseurs sur la base. Le développement de ces idées, dont je donnai un premier aperçu au colloque de Chicago, allait me fournir un de mes principaux thèmes de réflexion au cours des années suivantes (cf. [1952c]).

[1949d] Théorèmes fondamentaux de la théorie des fonctions thêta

Mon intérêt pour la théorie des fonctions thêta était né, comme on a vu, de ma lecture de Riemann; il n'avait fait que grandir au fur et à mesure de mes réflexions sur les variétés abéliennes. Au centre de cette théorie se trouve le théorème d'existence qui dit que tout diviseur positif sur un tore complexe est le diviseur des zéros d'une "fonction thêta" (au sens de [1949d]) sur le revêtement universel du tore. C'est là une variante du théorème d'Appell (dit parfois aussi "d'Appell-Humbert") suivant lequel toute fonction méromorphe $2n$ fois périodique de n variables complexes est quotient de deux fonctions thêta. En 1891, Appell en avait donné (pour le cas $n = 2$) une démonstration qui s'appuyait sur le fait, démontré précédemment par Poincaré, que toute fonction méromorphe de n variables est quotient de deux fonctions entières; ce dernier résultat, étendu par Cousin en 1895 à des domaines plus généraux que $\mathbf{C}^n$, est le plus souvent cité sous le nom de "théorème de Cousin," ce que je ferai aussi pour simplifier.

Une fois le théorème d'existence acquis, la théorie des fonctions méromorphes sur les tores complexes peut se développer d'une manière essentiellement algébrique; comme je m'en aperçus en 1949, il n'y a pour cela qu'à suivre Frobenius, que je ne connaissais point du tout jusque là. Quant à la démonstration du théorème d'existence, il en existe diverses variantes; à une exception près, celles-ci supposent la connaissance préalable du "théorème de Cousin". Celle qui fait exception forme le contenu du travail de Poincaré cité dans [1949d]; comme l'indique Poincaré, elle s'appuye sur les mêmes principes que sa démonstration du "théorème de Cousin", mais va droit au but qu'elle se propose.

Déjà dans ma note [1947b], j'avais attiré l'attention (p. 115) sur le lien entre les idées qui y sont esquissées et ces démonstrations de Poincaré. Revenant sur ce sujet en 1949, j'eus la satisfaction de voir qu'on pouvait tirer de là une démonstration du théorème d'existence, plus simple que celle de Poincaré tout en reposant au fond sur le même principe, et plus naturelle à mon gré que celles qui faisaient usage du "théorème de Cousin". Encore mon exposé de 1949 comportait-il une maladresse, à savoir un passage à la limite superflu dans l'application de la technique cohomologique rudimentaire que j'avais mise au point pour mon usage; par la suite un de mes étudiants de Chicago, Norman Hamilton, s'en aperçut et m'enseigna à y remédier (cf. [1952a]). C'est la version ainsi améliorée qui figure ci-dessus; pour l'essentiel, elle ne diffère pas de la démonstration du même théorème qui est donnée au Chapitre VI de mes *Variétés kählériennes* ([1958a]).

[1949e] Géométrie différentielle des espaces fibrés

A l'Université de Chicago, l'année était divisée en quatre trimestres, et chaque professeur avait droit à un trimestre de vacances; presque toujours je pris les miennes au printemps, d'avril à juin; j'en passais une bonne partie à Paris, ce qui me permettait de garder le contact avec mes amis et collègues et avec les jeunes mathématiciens français. Ainsi fis-je en 1949.

La théorie des espaces fibrés, y compris celle des espaces homogènes qui en est un cas particulier (puisqu'un tel espace G/g est la base du groupe G fibré par les classes xg suivant le sous-groupe g) était alors en plein essor, et son aspect cohomologique avait pris une grande importance. Grâce aux théorèmes de de Rham, celui-ci était inséparable de l'étude des formes différentielles sur les variétés fibrées, étude qui remontait aux célèbres travaux d'Elie Cartan sur la topologie des groupes de Lie et espaces homogènes compacts. Ces travaux ramenaient les problèmes relatifs à la cohomologie (à coefficients réels) de ces espaces à des questions purement algébriques sur la cohomologie des algèbres de Lie, où l'hypothèse de compacité peut être remplacée par celle de la semi-simplicité ou même de la réductivité de l'algèbre en question; c'est principalement à ce point de vue que s'étaient placés Chevalley, puis à sa suite Koszul; en 1949, celui-ci achevait de rédiger sa thèse (*Bull. Soc. Math. Fr.* 79 (1949), pp. 65–127). De son côté, Leray avait apporté à la même théorie une contribution de grande importance, entre autres par sa découverte de la méthode des suites spectrales. Tous ces développements, s'ajoutant aux travaux de Hopf et à ceux de Chern (cf. [1948a]* et [1949c]*) avaient mis en vedette la théorie des espaces fibrés, et Bourbaki lui-même, dès 1948, avait sollicité de ses collaborateurs des rapports sur ce sujet.

Toute cette fermentation d'idées ne pouvait me laisser indifférent. Mes contacts avec Chern m'avaient porté à diriger plus particulièrement mon attention vers l'aspect de la théorie qui touche à la géométrie différentielle; après plusieurs années de séparation, ces contacts venaient de se renouveler à l'arrivée de Chern aux Etats-Unis en janvier 1949, et j'allais le retrouver en juillet à Chicago où il devait être mon collègue pendant près d'une décade. Par chance, en ce printemps de 1949, Chevalley était aussi à Paris, ce qui fut l'occasion pour nous de contacts presque quotidiens et d'un abondant échange de papiers, auxquels bientôt Koszul et Henri Cartan devaient prendre part.

Sur ces questions, cf. les exposés de Cartan et de Koszul au *Colloque de Topologie* de Bruxelles de 1950 (C.B.R.M. 1951), le Chapitre III de S. S. Chern, *Topics in differential geometry* (I.A.S. 1951), et récemment le tome III du volumineux ouvrage de Greub, Halperin et Vanstone, *Connections, Curvature and Cohomology* (Acad. Press 1976). Je n'ai rien publié moi-même sur ce sujet; les textes inédits reproduits dans [1949e] datent de 1949. Le premier, (I), était adressé à Chevalley et se terminait par l'injonction d'avoir à démontrer la conjecture finale "dans les 48 heures, faute de quoi il sera signalé au rapport du général Eisenhower qui lui infligera la punition réglementaire"; Chevalley était en congé de Columbia University dont le président était alors le militaire en question. Effectivement, comme on peut le voir dans (II), il s'empressa de fournir la démonstration demandée; (I) et (II) furent communiqués aussitôt à Cartan et à Koszul, et peu après à Chern. Quant à (III) et (IV), ce sont des lettres à Koszul. Ces textes ont été reproduits ici tels quels; ils auraient été rédigés avec plus de soin, et j'en aurais unifié et plus amplement expliqué les notations, si je les avais destinés à la publication. Aussi convient-il d'y ajouter quelques observations.

Il a été proposé (*loc. cit.*) de baptiser "algèbre de Weil" l'algèbre différentielle graduée B définie dans (III); je préférerais l'appeler l'*algèbre universelle* attachée à l'algèbre de Lie $\mathfrak{g} = A(G)$ du groupe G; elle joue en effet, du point de vue algébrique, un rôle semblable à celui joué par "l'espace fibré universel" dans la théorie géométrique des espaces fibrés principaux de groupe G. Soit $\mathfrak{B}_G$ cette algèbre, engendrée, comme il est dit dans (III), par les éléments W^i, Z^i; si la base choisie pour $\mathfrak{g}$ est $(\xi_1, \ldots, \xi_n)$, on écrira, dans $\mathfrak{B}_G \otimes \mathfrak{g}$, $W_0 = \sum W^i \otimes \xi_i$, $Z_0 = \sum Z^i \otimes \xi_i$, et, par abus de langage, on dira que W_0, Z_0 sont des "éléments vectoriels" de $\mathfrak{B}_G$ (à valeurs dans $\mathfrak{g}$). On aura $Z_0 = dW_0 + \frac{1}{2}[W_0, W_0]$ et $dZ_0 = [Z_0, W_0]$, la seconde relation étant d'ailleurs conséquence de la première puisque les W^i et les Z^i sont respectivement de degrés 1 et 2 et que d est une "différentielle" (antidérivation de degré 1 et de carré nul). Soit $\mathfrak{X}$ n'importe quelle algèbre différentielle graduée; soit W un "elément de $\mathfrak{X}$ de degré 1, à valeurs dans $\mathfrak{g}$" (c'est-à-dire un élément de $\mathfrak{X} \otimes \mathfrak{g}$, à composantes de degré 1 dans $\mathfrak{X}$); posons $Z = dW + \frac{1}{2}[W, W]$; on a alors $dZ = [Z, W]$, et l'application $W_0 \to W$, $Z_0 \to Z$ détermine un morphisme de $\mathfrak{B}_G$ dans $\mathfrak{X}$, compatible avec la graduation et la différentielle.

Soit K le corps de base pour les algèbres ci-dessus; soit $T = K[t_1, \ldots, t_N]$ l'anneau des polynomes (commutatifs) en N indéterminées t_α sur K. Soit $\mathfrak{E}_1 = \sum T \cdot u_\alpha$ le module libre sur T, engendré par N éléments u_α; soit $\mathfrak{E} = \bigwedge \mathfrak{E}_1$ l'algèbre extérieure construite sur $\mathfrak{E}_1$, considérée comme algèbre graduée et munie de la différentielle δ donnée par $\delta(K) = 0$, $\delta t_\alpha = u_\alpha$, $\delta^2 = 0$.

Soit encore $\mathfrak{X}$ une algèbre différentielle graduée sur K; soit $\mathfrak{X}_n$ l'ensemble de ses éléments de degré n, et soit d sa différentielle. On considérera $\mathfrak{X} \otimes \mathfrak{E}$ comme algèbre bigraduée, munie des différentielles d, δ données par

$$d(x \otimes e) = (dx) \otimes e, \quad \delta(x \otimes e) = x \otimes (\delta e), \quad d\delta = \delta d.$$

Cela posé, soit W un élément de $(\mathfrak{X}_1 \otimes T) \otimes \mathfrak{g}$; comme précédemment, soit $Z = dW + \frac{1}{2}[W, W]$, d'où $dZ = [Z, W]$. Comme dans (I), soit P un polynome multilinéaire symétrique en les composantes de $p + 1$ vecteurs $X_1, \ldots, X_{p+1}$ de $\mathfrak{g}$. Si de plus P est "invariant" au sens de (I), on a l'identité (facile à vérifier):

$$\delta P(Z, Z, \ldots, Z) = (p + 1)dP(\delta W, Z, \ldots, Z).$$

Le cas qui nous concerne ici est celui où $N = 1$, $T = K[t]$, et où on a pris $W = W_0 \otimes (1 - t) + W_1 \otimes t$, ou plus brièvement $W = W_0(1 - t) + W_1 t$. Sur T, on a $\delta = (\partial/\partial t)\delta t$, et l'identité ci-dessus devient

$$\frac{\partial}{\partial t} P(Z, \ldots, Z) = (p + 1)dP(W_1 - W_0, Z, \ldots, Z).$$

On peut intégrer sur $0 \leq t \leq 1$; comme il ne s'agit que de polynomes en t, l'intégration aura un sens pourvu que K soit de caractéristique 0. En posant

$$Z_i = dW_i + \tfrac{1}{2}[W_i, W_i] \qquad (i = 0, 1),$$

cela donne:

$$P(Z_1) - P(Z_0) = (p + 1)d \int_0^1 P(W_1 - W_0, Z, \ldots, Z)\delta t,$$

où, pour la cohérence des notations, on a écrit δt dans l'intégrale, au lieu de l'habituel dt.

Si, dans cette formule, on prend $W = \omega - ut$, on obtient la formule fondamentale de (I); de même, en prenant $W_1 = 0$, donc $W = W_0(1 - t)$, on obtient celle de la fin de (III) et du début de (IV).

Plus généralement, pour $0 \leq \mu \leq p + 1$, écrivons $P_\mu(X, Y)$ pour le polynome $P(X, \ldots, X, Y, \ldots, Y)$ de degré μ en X et $p + 1 - \mu$ en Y. On a alors l'identité

$$(\mu + 1)\delta P_\mu(\delta W, Z) = (-1)^\mu(p + 1 - \mu)dP_{\mu+1}(\delta W, Z).$$

Soit Π l'intérieur d'un polyèdre dans $\mathbf{R}^{\mu+1}$, et soit Π' son bord; prenant $N = \mu + 1$, et supposant $K = \mathbf{R}$ (ou bien encore K quelconque de caractéristique 0, et Π à sommets rationnels), on peut, en un sens évident, intégrer dans Π les deux membres de la formule ci-dessus. Le théorème de Stokes donne alors:

$$(\mu + 1)\int_{\Pi'} P_\mu(\delta W, Z) = (-1)^\mu(p + 1 - \mu)d\int_\Pi P_{\mu+1}(\delta W, Z).$$

Pour obtenir la formule du deuxième paragraphe de (IV), on prendra $\mu = 1$, $W = W_1 \otimes t_1 + W_2 \otimes t_2$, on supposera $dW_1 + \frac{1}{2}[W_1, W_1] = 0$, et on intégrera dans le simplexe $t_1 \geq 0, t_2 \geq 0, t_1 + t_2 \leq 1$. Le même calcul, lorsqu'on ne suppose plus $dW_1 + \frac{1}{2}[W_1, W_1] = 0$, donne le résultat du dernier paragraphe de (IV). J'ignore si l'application de la même méthode à d'autres cas donne des résultats intéressants.

[1950a] Variétés abéliennes

Ce fut cette fois un colloque tenu à Paris, à la fin de septembre 1949, qui me donna l'occasion de reparler de variétés abéliennes, et en particulier de mettre au point le vocabulaire dont il me paraissait que cette théorie avait besoin.

Dès le temps où j'étais étudiant, j'ai pris un vif intérêt aux langues et à la linguistique (au sens où Meillet entendait ce mot, plutôt qu'à celui que certains lui donnent à présent). Peut-être est-ce pour cette raison qu'en mathématique j'ai toujours prêté grande attention à la terminologie et aux notations, et insisté auprès de mes amis et auprès de Nicolas Bourbaki pour qu'ils y attachent la même importance. Il est banal de dire que la mathématique est un langage; elle est bien plus que cela sans doute, mais elle est cela aussi, et mériterait peut-être d'être examinée comme telle par un linguiste qui eût en même temps de solides connaissances mathématiques; il est vrai qu'un tel oiseau n'est pas facile à trouver. Quoi qu'il en soit, les termes du langage mathématique sont le plus souvent des créations individuelles plutôt que collectives, et il ne manque pas d'exemples pour faire voir qu'un mot bien ou mal choisi peut faire avancer une théorie ou en retarder le progrès.

Au sujet des variétés abéliennes, la confusion du langage avait longtemps, comme il est naturel, reflété la confusion dans les idées. Déjà en pure théorie des groupes, on disposait de deux mots interchangeables, "commutatif" et "abélien"; cela n'avait guère d'inconvénient. Dans cette même théorie, l'emploi du mot "isomorphisme" avait mis du temps à se fixer; il avait longtemps servi à désigner la relation entre groupes dont l'un est image homomorphe de l'autre, et l'indispensable distinction entre isomorphisme et homomorphisme (au sens moderne de ces mots) se faisait au moyen d'adjectifs variés, comme par exemple "holoédrique" et "mériédrique" dont on etait redevable à Jordan. C'est seulement Bourbaki, semble-t-il, qui a une fois pour toutes réservé le mot d'isomorphisme aux applications biunivoques préservant la structure sur laquelle on fixe son attention. C'est pourquoi, dans [1948b], j'avais dû inventer le terme d'"isogène". Scorza avait qualifié deux matrices de Riemann M, M', à n lignes et $2n$ colonnes, d'"équivalentes" si les réseaux R, R', respectivement engendrés dans $\mathbf{C}^n$ par les colonnes de M et celles de M', peuvent être transformés l'un dans l'autre par un automorphisme de l'espace vectoriel $\mathbf{C}^n$; il les nommait "isomorphes" s'il existe un tel automorphisme qui applique R sur un réseau commensurable à R'. Le premier cas est celui où les variétés abéliennes $\mathbf{C}^n/R$, $\mathbf{C}^n/R'$ sont isomorphes; dans le second, elles sont isogènes. La terminologie de Scorza, généralement suivie par les auteurs qui avaient après lui traité des matrices de Riemann, était à la rigueur supportable tant que cette théorie était considérée indépendamment de celle des fonctions et variétés abéliennes qui en avait été la raison d'être; dès qu'on revenait à celles-ci, elle ne l'était plus.

Quant aux variétés abéliennes elles-mêmes, leur théorie avait longtemps souffert du fait que pour les Italiens des variétés birationnellement mais non birégulièrement équivalentes étaient à considérer comme divers "modèles" d'une seule et même "variété" (cf. [1941]*); sans doute auraient-ils mieux fait de dire "d'un seul et même corps de fonctions", mais ils étaient trop géomètres et trop peu algébristes pour cela. En dimension 2, l'usage était de parler de "surfaces hyperelliptiques", apparemment parce qu'on voyait là une extension immédiate de la notion de courbe elliptique; on connaissait le fait qui s'exprime en langage moderne en disant qu'une variété abélienne de dimension 2 sur **C**, définie par une forme de Riemann de diviseurs élémentaires (1, 1), est "en général" la jacobienne d'une courbe de genre 2, et que celle-ci est hyperelliptique, de sorte qu'il y avait du moins quelque cohérence dans le fait d'employer le mot "hyperelliptique" dans l'un et l'autre cas. En dimension $n > 2$, on parlait de "variétés de Picard"; celles-ci, tout comme les "surfaces hyperelliptiques" en dimension $n = 2$, étaient définies le plus souvent comme celles qui s'uniformisent par des fonctions abéliennes (c'est-à-dire par des fonctions méromorphes $2n$ fois périodiques de n variables); apparemment les quotients de "variétés abéliennes" (au sens moderne du mot) par des groupes finis, et par exemple les surfaces de Kummer, étaient inclus dans cette définition. Par une "matrice de Riemann", à la suite de Scorza, on entendait la matrice M des périodes d'un corps de fonctions abéliennes; l'idée s'était fait jour peu à peu que, parmi les "modèles" de ce corps, il y en a de privilégiés, à savoir les modèles sans point singulier en correspondance biunivoque avec le tore quotient de $\mathbf{C}^n$ par le réseau des périodes; mais il avait fallu Lefschetz pour en démontrer l'existence (cf. [1954g]).

Ce que nous appelons à présent la variété de Picard d'une variété V fut introduit par Castelnuovo en 1905 (v. ses *Memorie Scelte*, pp. 473–500) sous le nom de "variété de Picard attachée à V," ou plus explicitement, lorsque V était une surface, "attachée aux systèmes continus de courbes sur V". En 1913, Severi observa (v. ses *Opere Matematiche*, vol. II, pp. 381–386) que la matrice des périodes des intégrales simples de 1e espèce sur une surface V définit un corps de fonctions abéliennes, c'est-à-dire dans son langage une "variété de Picard", isogène (comme on dirait à présent) à celle qui est "attachée à V" d'après Castelnuovo, mais en général distincte de celle-ci. L'une et l'autre de ces variétés jouent leur rôle dans le mémoire d'Albanese sur les correspondances entre surfaces (*Ann. di Pisa* (II) 3 (1934), pp. 1–26 et 149–182); celui-ci eut le grand mérite (pp. 6–7) d'introduire une notion d'équivalence entre "groupes de points," c'est-à-dire entre cycles de dimension 0, qui contraste avec les notions plus fines mais peu maniables que Severi avait tenté d'introduire pour ces cycles; suivant Albanese, deux tels cycles positifs de même degré sont équivalents si les sommes d'intégrales simples de 1e espèce, prises de l'un à l'autre, s'annulent à une période près. Ce qu'on appelle à présent la "variété d'Albanese" est alors le quotient du groupe des cycles de degré 0 par cette relation. C'est là ce qui me suggéra de donner le nom d'Albanese à cette variété; par la suite Severi s'en plaignit amèrement. D'autre part, une fois adopté définitivement le terme de "variété abélienne" pour désigner la notion précise qu'il était devenu nécessaire de substituer à la notion vague de "variété de Picard", rien n'empêchait de se conformer approximativement à la terminologie italienne en ce qui concernait "la variété de Picard attachée à une variété *V*"; cette dernière notion, précisée comme il fallait, pouvait donc prendre le nom de "variété de Picard de *V*". Historiquement parlant, il eût été juste de lui donner le nom de Castelnuovo, mais il s'agissait de toucher le moins possible aux usages reçus plutôt que de rendre à ce maître un hommage mérité.

Deux points plus substantiels sont encore à mentionner ici. D'une part on notera, p. 126, que j'avais entrevu le rôle que pouvaient jouer aussi les variétés de groupe commutatif non complètes; je ne suis plus revenu là-dessus, mais la même idée s'est trouvée reprise quelques années plus tard par Rosenlicht qui l'a mise à la base de sa théorie des "jacobiennes généralisées" (cf. J.-P. Serre, *Groupes algébriques et corps de classes*, Hermann 1959, et les mémoires de Rosenlicht cités dans la bibliographie de cet ouvrage, p. 199). D'autre part, Severi ni Albanese n'avaient vu que la "variété de Picard" et la "variété d'Albanese" se déterminent l'une l'autre par une relation réciproque à laquelle je donnai le nom de dualité. Je l'avais constaté dans le cas classique au moyen de la théorie de Hodge. En 1949 j'eus le plaisir d'apprendre d'un jeune mathématicien japonais, J. Igusa, qu'il avait de son côté fait les mêmes constatations et obtenu par une méthode semblable des résultats plus complets peut-être que les miens. Je ne crois pas faire tort à la mémoire de Hodge en notant à ce propos que celui-ci, consulté à titre de "referee" sur le travail d'Igusa, le fit refuser pour la raison qu'il n'y voyait rien de nouveau; il est bien connu, disait-il à peu près, que la variété de Picard attachée à une variété est déterminée par la matrice des périodes des intégrales simples de 1e espèce. Sans doute Hodge avait-il parcouru trop vite le travail en question; mais cette anecdote montre aussi, je pense, combien la terminologie de Scorza pour les matrices de Riemann dites "isomorphes" avait contribué à obscurcir ce sujet. Je n'eus pas de peine, peu après, à obtenir ailleurs la publication du mémoire (v. *Am. J. of Math.* 74 (1952), pp. 1–22). Pour des résultats plus complets, v. [1952e].

[1950b] Number-theory and algebraic geometry

Sur divers aspects de cet exposé, cf. [1951a], [1952d] et [1952d]*, ainsi que le Chap. X de la 2e édition de mes *Foundations* ([1946a]). Mais mon désir, à l'occasion du congrès de Cambridge, était avant tout d'attirer l'attention sur l'opportunité d'entreprendre l'étude de la géométrie algébrique sur un anneau, et tout particulièrement sur **Z** ou sur l'anneau des entiers d'un corps de nombres algébriques, et aussi sur un anneau local et par exemple celui des entiers *p*-adiques. Sans doute l'évolution naturelle du sujet y aurait-elle conduit d'elle-même; quoi qu'il en soit, il a été satisfait à mon souhait dans une large mesure, d'abord, en ce qui concerne les anneaux locaux, par le travail de Shimura (*Am. J. of Math.* 77(1955), pp. 134–176), puis surtout par la théorie des schémas telle qu'elle a été créée par Grothendieck et développée par ses élèves et successeurs.

[1951a] Arithmetic on algebraic varieties

J'avais déjà commenté dans [1950b], pp. 96–99, le travail de Northcott qui m'a conduit aux résultats contenus dans [1951a]; il représentait le premier progrès notable dans la théorie des "distributions", au sens de [1928] et de [1935b], depuis ces derniers travaux et celui de Siegel qui datait de 1930. Il devenait opportun de donner de cette théorie un exposé d'ensemble qui tînt compte des progrès effectués plus récemment en géométrie algébrique. En ce qui concerne le cas le plus intéressant peut-être qui est celui des variétés abéliennes, cette théorie a été grandement perfectionnée depuis lors par la découverte, par Néron et Tate, d'une hauteur canonique sur ces variétés, possédant des propriétés particulièrement simples (cf. Néron, *Ann. of Math.* 82 (1965), pp. 249–331, et l'exposé de Serge Lang, *Sém. Bourbaki* n° 274, Mai 1964).

[1951b] Sur la théorie du corps de classes

L'idée de ce travail remonte, elle aussi, à mon séjour au Brésil. Si k est un corps de nombres algébriques et $C(k)$ le groupe des classes d'idèles de k, c'est-à-dire $k_A^\times/k^\times$ dans la notation usuelle, le groupe de Galois sur k de l'extension abélienne maximale k_{ab} de k n'est pas et ne peut pas être $C(k)$ puisque la composante connexe de l'élément neutre dans $C(k)$ n'est pas réduite à cet élément; c'est le quotient de $C(k)$ par cette composante (cf. [1936i]*). En revanche, si k est un corps de fonctions, le groupe de Galois de k_{ab} sur k est "à peu près" $C(k)$; plus précisément, c'en est une compactification. Mes réflexions sur les analogies entre corps de fonctions et corps de nombres m'amenaient à imaginer qu'il devait exister une interprétation pour $C(k)$ dans les corps de nombres, correspondant à l'interprétation de $C(k)$ au moyen d'un groupe de Galois dans l'autre cas. Comme je l'ai déjà marqué à propos de [1936i], j'avais toujours été porté à attacher une grande importance arithmétique aux fonctions L de Hecke ("mit Grössencharakteren") et jugeais artificiel d'attribuer aux fonctions L de la théorie du corps de classes, déterminées par les caractères d'ordre fini, un rôle par trop privilégié.

Or, si K est un corps de fonctions, et K une extension galoisienne de k de degré fini, de groupe $\mathfrak{g}$, le groupe de Galois de K_{ab} sur k définit une extension "naturelle" $W(K/k)$ de $\mathfrak{g}$ par $C(K)$ qui possède une série de propriétés ("fonctorielles", comme on dirait à présent), conséquences immédiates de la théorie de Galois. Cela suggérait qu'une éventuelle interprétation de $C(k)$ pour les corps de nombres permettrait de même de définir des groupes $W(K/k)$ dotés de propriétés analogues. Certes je me savais bien loin d'une telle interprétation; mais je crus que j'en rendrais l'existence plausible si je réussissais à construire *a priori* les groupes $W(K/k)$. Cela revenait à construire des systèmes de facteurs, ou en d'autres termes des classes de cohomologie, satisfaisant à certaines conditions "fonctorielles". Je me persuadai que c'était possible, sans pousser les démonstrations jusqu'au bout.

A Chicago, il m'arriva de m'expliquer là-dessus avec un collègue, qui me mit au défi de prouver mes dires. Comme en même temps les mathématiciens japonais me demandaient une contribution à un volume qu'ils se proposaient de dédier à Takagi, je crus ne pouvoir mieux faire que de mettre au point ma démonstration.

J'y eus plus de mal que je n'avais pensé, et n'y réussis même finalement qu'en faisant appel, d'une part à Chevalley, et de l'autre à Arnold Shapiro, jeune topologue de grand talent, mort prématurément en 1962, qui alors préparait sa thèse à Chicago. Celui-ci démontra pour moi un lemme d'algèbre homologique, relativement élémentaire, dont je n'arrivais pas à me dépêtrer; il dédaigna d'ailleurs de le publier, mais finalement je pus me référer pour ce lemme à un travail de Hochschild et Nakayama (cf. [1951b], p. 12, note (4)). Chevalley me communiqua la démonstration de deux théorèmes arithmétiques (cf. [1951b], p. 7, note (2), et p. 10, ligne 21) qu'à ma prière il publia dans le même volume (pp. 36–44) où parut mon travail.

Encore manquai-je de peu d'échouer au port. Mon manuscrit était déjà à Tokyo quand Nakayama, qui se trouvait alors à Urbana, y décela une erreur grossière. Trop confiant dans le résultat que j'escomptais, j'avais prétendu démontrer l'existence et l'unicité des groupes $W(K/k)$ moyennant les conditions que j'imposais à chacun de ces groupes individuellement, alors que c'est seulement la catégorie formée par les groupes $W(K/k)$ et par les homomorphismes des uns dans les autres qui est caractérisée par ses propriétés. Heureusement je pus rectifier mon erreur à temps; grâce à Nakayama, l'honneur était sauf.

Certains ont pris l'habitude d'appeler "groupes de Weil" les groupes $W(K/k)$, ainsi que les groupes locaux correspondants, qui sont beaucoup plus faciles à définir. Toute autre dénomination conviendrait mieux (par exemple celle de W-groupes, que j'ai adoptée dans la 2e édition de [1967c], App. II), et cela avant tout pour éviter la confusion avec les "groupes de Weyl" de la théorie des groupes semi-simples, dont il ne saurait être question de changer le nom. Assurément les perspectives ont évolué à l'égard de ces groupes à la suite des travaux modernes sur la théorie des représentations, et tout particulièrement de ceux de Langlands; mais il ne semble pas qu'on soit plus près à présent que je ne l'étais en 1951 d'en donner une interprétation, ou pour mieux dire une définition *a priori*, qui du même coup en établisse l'existence.

D'un certain point de vue, le principal résultat de ce travail est de donner la décomposition en facteurs des fonctions L de Hecke ("mit Grössencharakteren"), généralisant la décomposition des fonctions zêta en fonctions L "non abéliennes" qui avait été l'une des plus belles découvertes d'Artin. Aussi aurais-je pu intituler mon mémoire "le mariage d'Artin et de Hecke", et j'ai proposé ([1971a], p. 145) d'appeler "fonctions d'Artin-Hecke" les facteurs en question, qui sont les fonctions L relatives aux représentations irréductibles des groupes $W(K/k)$. Pour une présentation un peu différente de ce résultat, cf. aussi [1971a], pp. 145–150, ou bien [1972], pp. 8–11.